Word/Excel/PPT 2013 高效办公

启典文化◎编著

中国铁道出版社
CHINA RAILWAY PUBLISHING HOUSE

内 容 简 介

本书共14章，包含800个精心挑选的Word/Excel/PowerPoint实用技巧，按照共性操作、Word技巧、Excel技巧和PowerPoint技巧将全书划分为四个部分，其中，第一部分主要介绍对Word/Excel/PowerPoint 2013软件进行安装、启动和关闭、环境设置等共性操作的技巧；第二部分主要介绍使用Word 2013软件实现各种办公文档的制作与编辑的技巧；第三部分主要介绍使用Excel 2013软件实现表格的制作、数据的计算、管理和分析统计的技巧；第四部分主要介绍使用PowerPoint 2013软件制作与设计各种效果的演示文稿的技巧。

通过本书的学习，读者不仅能学会Word/Excel/PowerPoint软件的各种实用技巧，而且能够学会从哪些方面入手做出更优秀、更专业的文档、表格和演示文稿，从而达到从Word/Excel/PowerPoint使用新手晋升为高手的目的。

本书主要定位于希望快速掌握Word/Excel/PowerPoint 2013办公操作的初、中级用户，特别适合不同年龄段的办公人员、文秘、财务人员、公务员。此外，本书不仅适用于各类家庭用户、社会培训机构使用，也可作为各大中专院校及各类电脑培训班的办公教材使用。

图书在版编目（CIP）数据

Word/Excel/PPT 2013高效办公800秘技大全 / 启典文化编著. — 北京：中国铁道出版社，2015.8

ISBN 978-7-113-20331-3

Ⅰ. ①W… Ⅱ. ①启… Ⅲ. ①办公自动化－应用软件 Ⅳ. ①TP317.1

中国版本图书馆CIP数据核字（2015）第092393号

书　　名：Word/Excel/PPT 2013 高效办公 800 秘技大全
作　　者：启典文化　编著

策划编辑：武文斌　于先军　　**读者热线电话**：010-63560056
责任编辑：苏　茜　　**封面设计**：多宝格
责任印制：赵星辰

出版发行：中国铁道出版社（北京市西城区右安门西街 8 号　邮政编码：100054）
印　　刷：三河市兴达印务有限公司
版　　次：2015 年 8 月第 1 版　　2015 年 8 月第 1 次印刷
开　　本：700mm×1 000mm　1/16　印张：30.5　字数：598 千
书　　号：ISBN 978-7-113-20331-3
定　　价：59.80 元（附赠光盘）

前言
FOREWORD

在日常办公中，制作各种办公文档的首选软件是Microsoft公司的Word、Excel和PowerPoint（本书后面统一简称为PPT）3个组件，它们几乎可以完成所有日常办公中的文档制作、数据管理、计算与分析，以及各种报告或培训内容的演绎。为了让更多的用户学会使用这3个组件来快速、有效、专业地制作出各种常用的文档、表格和演示文稿，我们特精心策划，精选800个Word/Excel/PPT办公相关的实用技巧编成了本书。

本书内容导读

本书共14章，按叙述内容划分为四部分，精选了800个技巧，45个综合案例，其中：

第一部分包含第1章，主要介绍如何快速对Word/Excel/PPT 2013软件进行安装、启动和关闭、环境设置等共性操作的技巧，共46例。

第二部分包含第2章～第6章，主要介绍如何使用Word 2013软件实现各种办公文档的制作与编辑的技巧，共268例。

第三部分包含第7章～第10章，主要介绍如何使用Excel 2013软件实现表格的制作、数据的计算、管理和分析的技巧，共247例。

第四部分包含第11章～第14章，主要介绍如何使用PPT 2013软件实现制作与设计各种效果的演示文稿的技巧，共239例。

本书适用读者

本书主要定位于希望快速掌握Word/Excel/PPT 2013办公操作的初、中级用户，特别适合不同年龄段的办公人员、文秘、财务人员、公务员。此外，本书不仅适用于各类家庭用户、社会培训机构使用，也可作为各大中专院校及各类电脑培训班的办公教材使用。

由于编者经验有限，加之时间仓促，书中难免会有疏漏和不足之处，恳请专家和读者不吝赐教。

编 者

2015年5月

目录：以知识+案例双重导向结构，让您快速找到需求的内容。

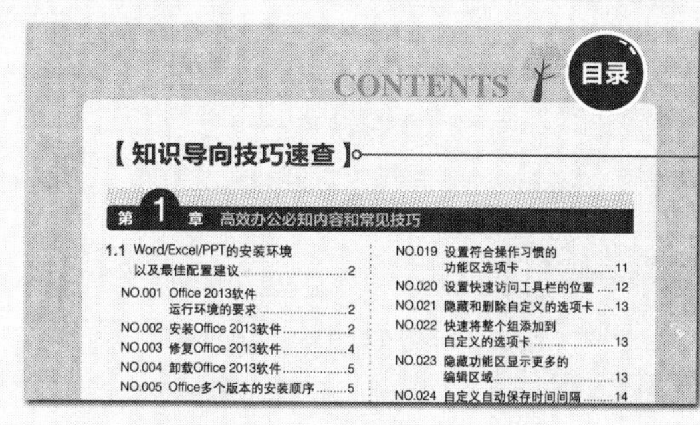

CONTENTS 目录

【知识导向技巧速查】

第 1 章 高效办公必知内容和常见技巧

知识导向目录

按照章节的顺序从前到后把每个技巧列举出来。全书内容安排从简单到复杂，读者可按照此顺序由浅入深进行学习，也可直接查询需要的技巧。

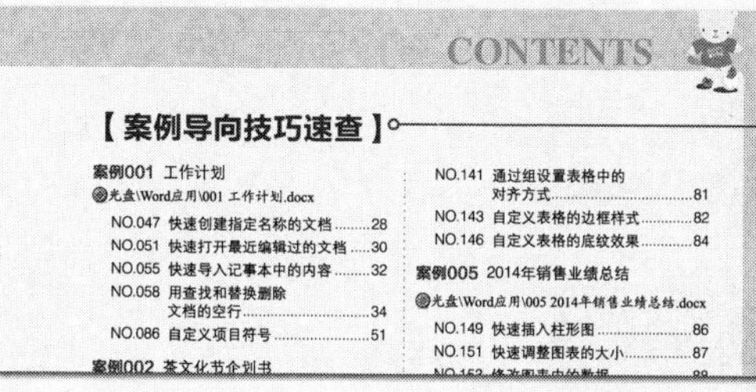

CONTENTS

【案例导向技巧速查】

案例导向目录

以案例为导向，将全书涉及该案例的技巧按照顺序列举出来，按照此方法学习可了解到案例的整个制作流程。

正文：以编号索引+图解操作，为您详解实用技巧。

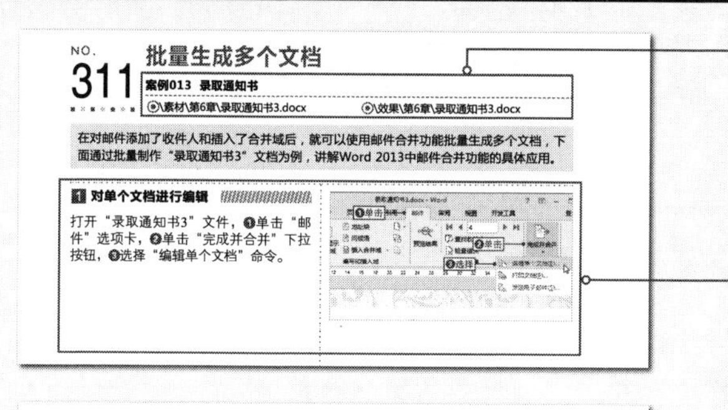

NO.311 批量生成多个文档

案例013 录取通知书

素材\第6章\录取通知书3.docx　　效果\第6章\录取通知书3.docx

在对邮件添加了收件人和插入了合并域后，就可以使用邮件合并功能批量生成多个文档，下面通过批量制作"录取通知书3"文档为例，讲解Word 2013中邮件合并功能的具体应用。

1 对单个文档进行编辑

打开"录取通知书3"文件，❶单击"邮件"选项卡，❷单击"完成并合并"下拉按钮，❸选择"编辑单个文档"命令。

素材效果

涉及素材和效果的主要技巧均提供相关文件，并标明所属案例（案例的最终效果文件可在光盘中查询使用）。

图解操作

通过操作步骤的方式图解技巧的实现过程。部分简单的技巧则采用正文+配图的方式讲解。

NO.306 编辑字段的顺序

为了调整收件人信息的排列效果，可以在"自定义地址列表"对话框中编辑字段的顺序，其操作是：打开"自定义地址列表"对话框，❶在"字段名"列表框中选择需要调整的字段，❷单击"上移"按钮即可将字段上移（或单击"下移"按钮即可将字段上移）。

编号索引

将技巧以编号索引的方式全书通编，方便读者快速定位。

光盘：教学视频+素材效果+附赠模板，真正物超所值。

本书名称

当前光盘书名，方便查找素材和效果文件。

导航按钮

图书内容简介：查看本书简介；
基础教学视频：相关视频教学；
超值附赠模板：赠送相关模板；
本书光盘文件：同步素材效果；
退出本书光盘：关闭光盘界面。

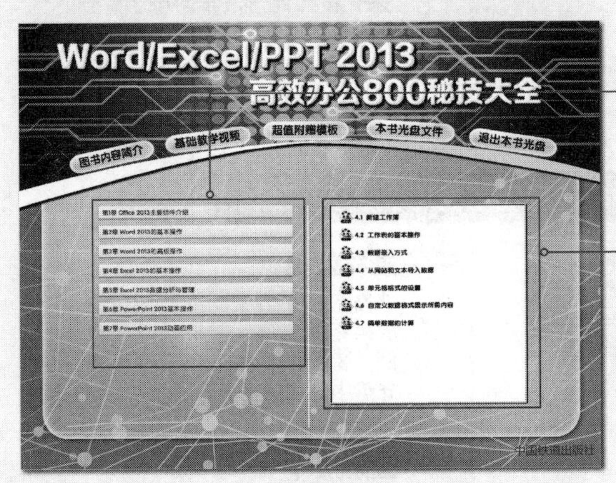

章节列表

单击“基础教学视频”按钮可打开章节列表，按照章节显示教学视频文件。

视频列表

单击章节名称后会显示本章对应的视频文件列表，单击任意视频名称，可打开其所在目录，双击视频文件可调用系统默认播放器播放视频文件。

注意

① 本书光盘只适用于计算机光驱，无法在DVD机、CD机、蓝光下播放。

② 若出现无法播放的情况，请及时到购买图书处换置。

CONTENTS 目录

【知识导向技巧速查】

第1章 高效办公必知内容和常见技巧

目录 CONTENTS

第 2 章 办公文档的制作与编辑操作技巧

CONTENTS

第 3 章 文档中表格和图表的使用技巧

目录 CONTENTS

第 4 章 图文并茂文档的制作技巧

CONTENTS

第5章 Word样式与模板功能应用技巧

目录 CONTENTS

CONTENTS

目录 CONTENTS

第 7 章 Excel表格制作必知技巧

CONTENTS

第 8 章 Excel公式函数的数据计算技巧

目录 CONTENTS

第 9 章 管理表格数据技巧

第10章 图表与数据分析技巧

第11章 统一风格演示文稿的制作技巧

目录 CONTENTS

第12章 图形对象的使用技巧

CONTENTS

第13章 多媒体元素和动画的操作技巧

目录 CONTENTS

CONTENTS

第14章 幻灯片的放映及其他操作技巧

目录 CONTENTS

【案例导向技巧速查】

目录 CONTENTS

CONTENTS

目录 CONTENTS

目录 CONTENTS

CHAPTER 01

本章导读

Word/Excel/PPT是Office中最常用的三大组件，各组件的功能虽不完全相同，但在操作上却有很多共性的地方，本章将主要介绍Word/Excel/PPT常见的共性操作和技巧。

高效办公必知内容和常见技巧

本章技巧

Word/Excel/PPT 的安装环境及最佳配置建议

NO.001 Office 2013软件运行环境的要求
NO.002 安装Office 2013软件
NO.003 修复Office 2013软件
......

Word/Excel/PPT常见与高效启动和关闭方式

NO.010 通过“开始”菜单启动程序
NO.011 创建Office组件快捷图标并启动
NO.012 通过任务栏启动程序
......

Word/Excel/PPT高效工作环境设置技巧

NO.017 将常用工具添加到快速访问工具栏
NO.018 删除快速访问工具栏中不需要的工具
NO.019 设置符合操作习惯的功能区选项卡
......

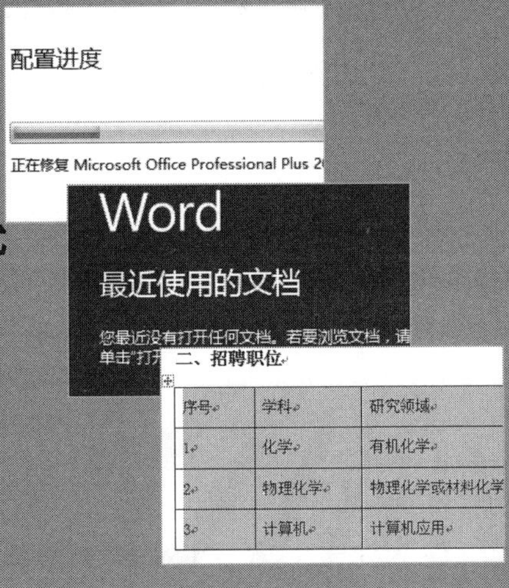

配置进度

正在修复 Microsoft Office Professional Plus 2

Word

最近使用的文档

您最近没有打开任何文档。若要浏览文档，请单击“打开

二、招聘职位

序号	学科	研究领域
1	化学	有机化学
2	物理化学	物理化学或材料化学
3	计算机	计算机应用

1.1 Word/Excel/PPT的安装环境及最佳配置建议

NO.001 Office 2013软件运行环境的要求

在安装Office 2013软件前，首先要了解Office 2013对电脑配置的要求，从而确保电脑满足最低操作系统要求，这样才能顺利安装和运行Office 2013软件，右图为其运行环境的基本要求。

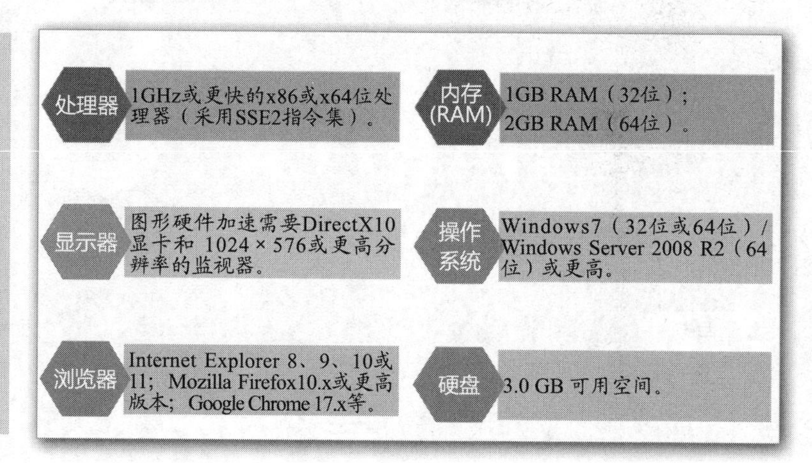

NO.002 安装Office 2013软件

Office 2013是微软最新版本的办公软件，全面采用Metro界面，在当前电脑配置符合要求的情况下，即可下载Office 2013软件的安装包并对其进行安装，其具体操作如下。

1 运行可执行文件

下载Office 2013成功后，打开Office 2013软件的安装程序文件夹，双击“setup.exe”可执行文件。

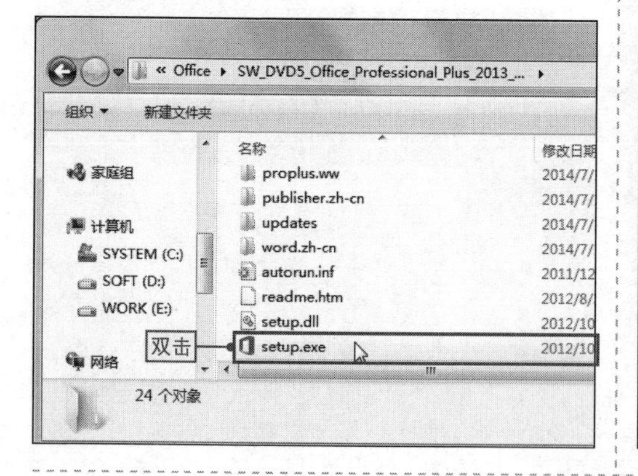

2 接受安装协议

打开软件的安装向导界面，❶选中“我接受此协议的条款”复选框，❷单击“继续”按钮。

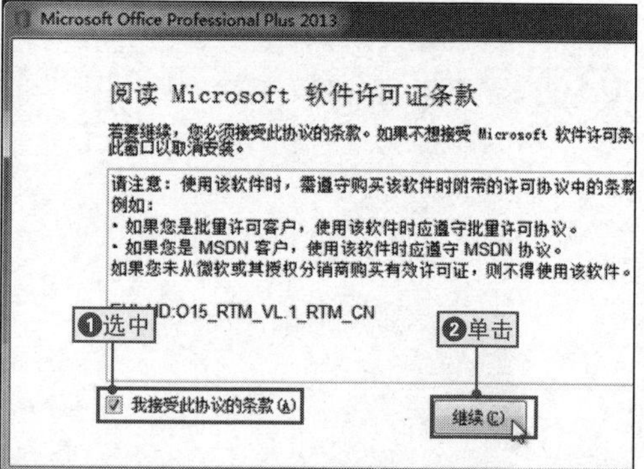

3 自定义安装软件

在“选择所需的安装”界面中单击“自定义”按钮。

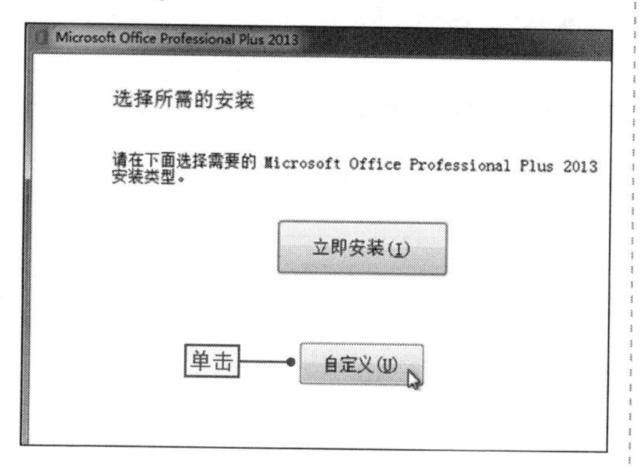

4 设置安装组件

在“安装选项”对话框中设置需要安装的Office 2013组件。

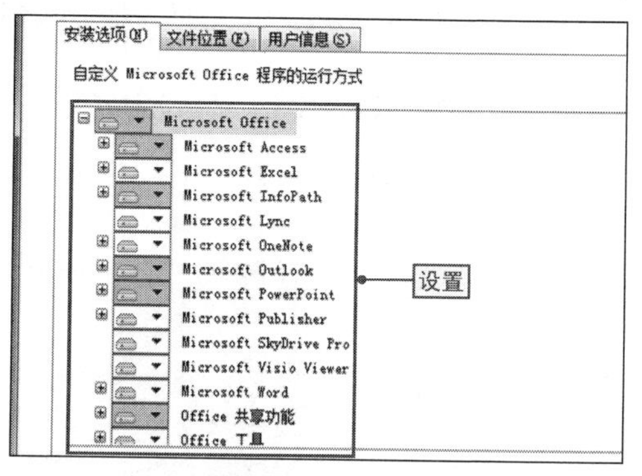

5 设置安装位置

❶单击“文件位置”选项卡，❷在“选择文件位置”区域中，设置软件的安装位置。

6 设置用户信息

❶单击“用户信息”选项卡，❷依次输入用户信息，❸单击“立即安装”按钮开始安装软件。

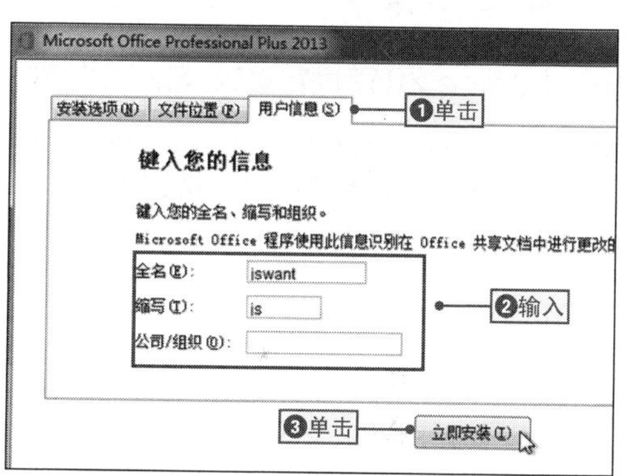

7 查看安装进度

在“安装进度”界面中可以查看软件的安装进度。

8 立即重启系统

安装完成后，❶单击“关闭”按钮，❷在打开的对话框中单击“是”按钮即可。

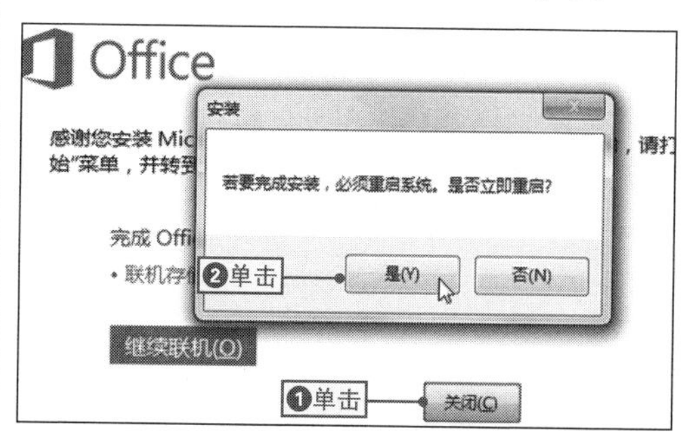

NO.
003 修复Office 2013软件

在Office软件的使用过程中，可能会出现软件损坏的情况，最简单的方法就是直接通过安装软件对其进行修复，其具体操作如下。

1 打开“控制面板”窗口

❶单击“开始”按钮，❷单击“控制面板”按钮，打开“控制面板”窗口。

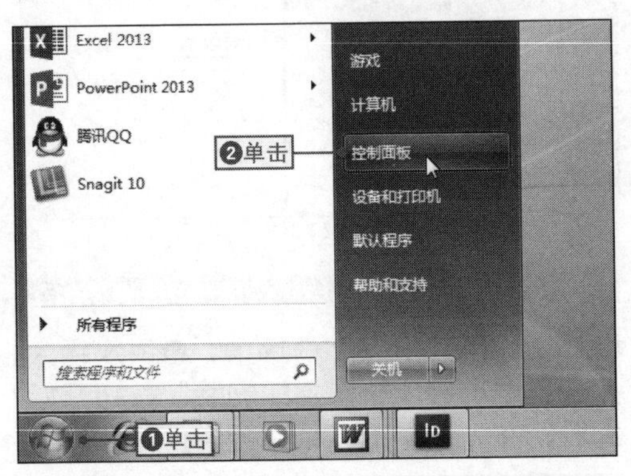

2 打开“程序和功能”窗口

单击“卸载程序”超链接，打开“程序和功能”窗口。

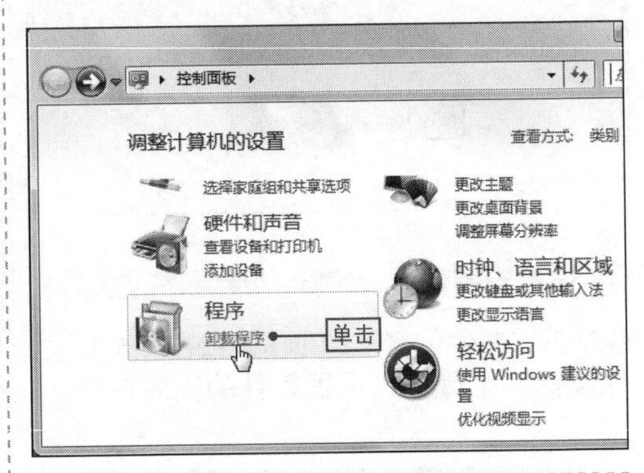

3 对Office 2013进行更改

❶选择“Microsoft Office Profession Plus 2013”选项，❷单击“更改”按钮。

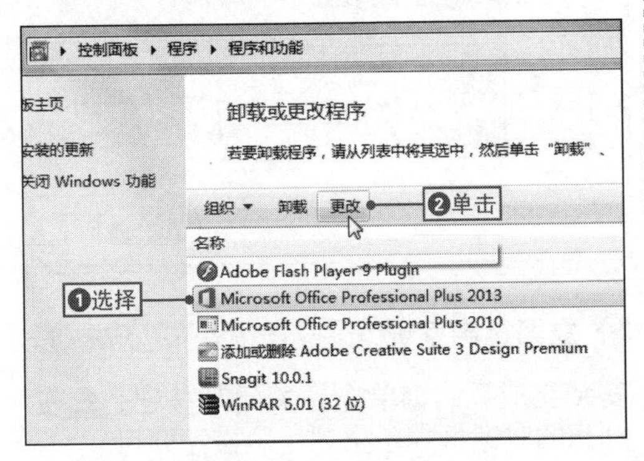

4 对软件进行修复

❶选中“修复”单选按钮，❷单击“继续”按钮。

5 查看修复进度

此时系统将自动进行检测和修复，在“配置进度”界面中可以查看修复的进度，修复成功后，关闭对话框即可。

NO.

004

卸载Office 2013软件

当Office 2013出现问题，无法正常启动，且使用修复功能也无法解决该问题时，即可先卸载Office 2013软件，然后对其进行重新安装即可，其具体操作如下。

1 打开“安装”提示对话框

❶通过“控制面板”窗口打开“程序和功能”窗口，❷选择“Microsoft Office Profession Plus 2013”选项，❸单击“卸载”按钮。

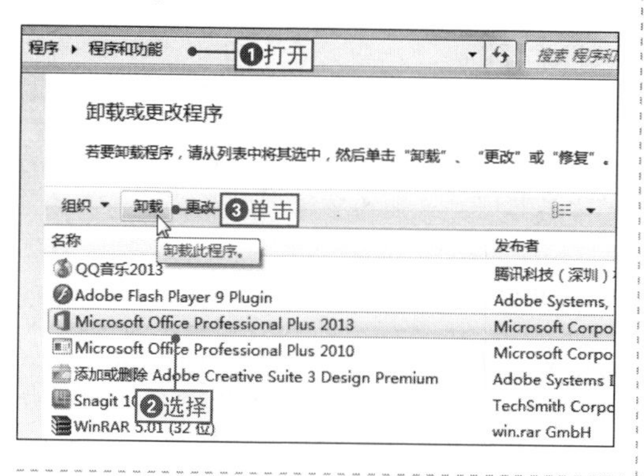

2 确定卸载软件

在打开的“安装”提示对话框中单击“是”按钮开始对软件进行卸载，卸载完成后关闭对话框即可。

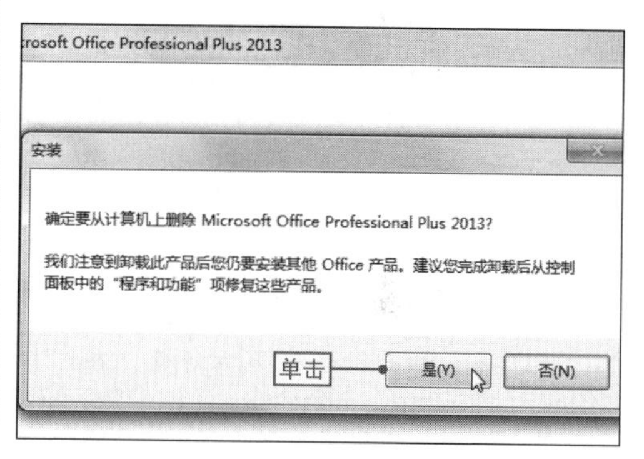

NO.

005

Office多个版本的安装顺序

如果用户需要在电脑中同时安装Office 2007、Office 2010和Office 2013，可以按照低版本到高版本的安装顺序来实现，不过在安装的过程中会打开安装提示对话框，用户可以在其中选择自己需要的安装方式，如删除早期版本、保留早期版本，或者删除早期版本。

如右图为选中“保留所有早期版本”单选按钮，表示在安装Office 2013软件的同时，保留之前安装的Office版本，为了保证能同时安装上述各个版本，在设置安装路径时，各版本的路径不能相同。

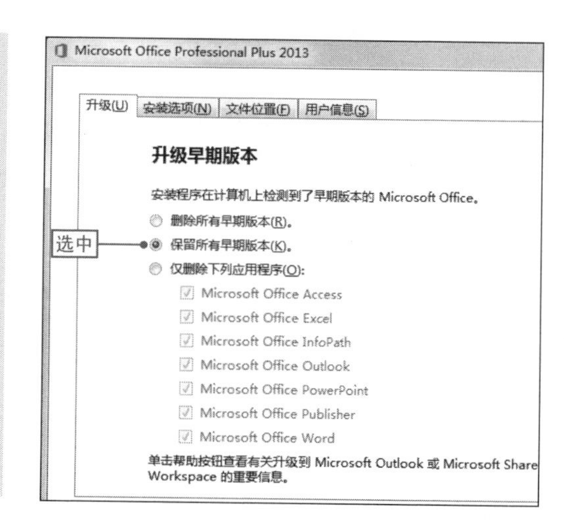

NO.
006 安装多版本Office启动时需重新配置的解决方法

如果用户在电脑中安装了多个版本的Office软件，在每次启动Office组件时，程序都会提示需要重新配置软件，这样会等待很长的一段时间，此时可以通过命令的方式来解决需要重新配置的问题。

命令1 对Office 2003软件进行设置

打开“运行”对话框，在“打开”文本框中输入“reg add HKCU\Software\Microsoft\Office\11.0\Word\Options /v NoReReg /t REG_DWORD /d 1”命令，确定后重启Office 2003，没有提示重新配置，而是快速启动软件。

命令2 对Office 2007软件进行设置

打开“运行”对话框，在“打开”文本框中输入“reg add HKCU\Software\Microsoft\Office\12.0\Word\Options /v NoReReg /t REG_DWORD /d 1”命令，确定后重启Office 2007，没有提示重新配置，而是快速启动软件。

命令3 对Office 2010软件进行设置

打开“运行”对话框，在“打开”文本框中输入“reg add HKCU\Software\Microsoft\Office\14.0\Word\Options /v NoReReg /t REG_DWORD /d 1”命令，确定后重启Office 2010，没有提示重新配置，而是快速启动软件。

命令4 对Office 2013软件进行设置

打开“运行”对话框，在“打开”文本框中输入“reg add HKCU\Software\Microsoft\Office\15.0\Word\Options /v NoReReg /t REG_DWORD /d 1”命令，确定后重启Office 2013，没有提示重新配置，而是快速启动软件。

NO.
007 只安装Word、Excel和PPT组件的方法

一个完整的Office 2013软件安装包中含有多个组件，但对于普通用户来说，可能有很多组件是不必要的，为了提高安装的速度，这里就可以选择只安装Word、Excel和PPT 3个组件，其具体方法是：在安装过程中，用户在“安装选项”选项卡相应组件下拉列表中选择“不可用”选项即可，如右图所示。

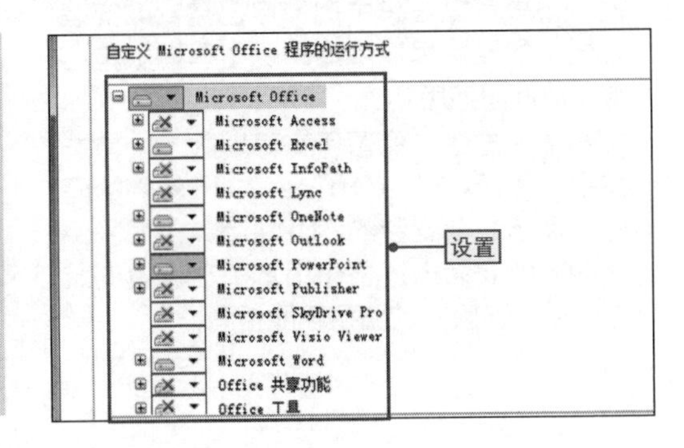

NO. 008 备份Office 2013软件激活信息

要正常使用Office 2013软件，需要将其进行激活，但是在其成功激活后，最好备份相应的激活信息，否则在重新安装软件后，将无法再使用相同的激活码对软件进行激活，其具体操作如下。

1 复制激活信息文件

❶进入“C:\ProgramData\Microsoft\OfficeSoftwareProtectionPlatform”文件夹，❷选择“tokens.dat”选项并按【Ctrl+C】组合键复制文件。

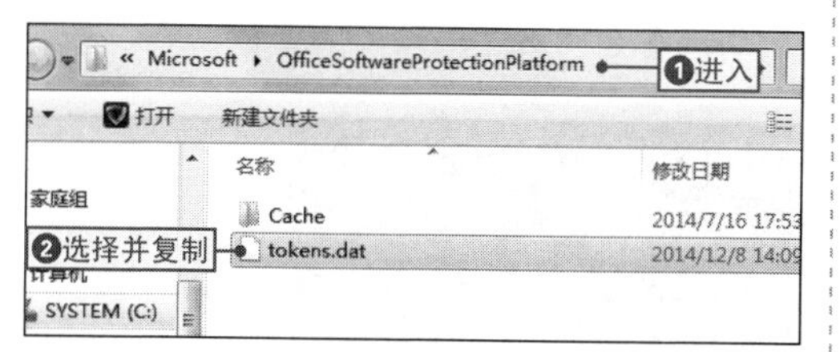

2 备份激活文件

❶在目标位置按【Ctrl+V】组合键进行粘贴，❷新建名称为“路径”的记事本文件并双击该文件。

3 在记事本中输入信息

在打开的记事本中输入激活信息文件的路径，按【Ctrl+S】组合键对其进行保存，再关闭记事本即可，然后将记事本文件和激活文件移动到其他安全的位置即可。

路径.txt - 记事本

文件(F) 编辑(E) 格式(O) 查看(V) 帮助(H)

C:\ProgramData\Microsoft\OfficeSoftwareProtectionPlatform
\tokens.dat

输入

NO. 009 使用备份文件还原Office 2013软件

如果对Office 2013激活信息进行过备份，那么对其进行还原就特别简单，其具体操作是：复制备份的“tokens.dat”文件，在“C:\ProgramData\Microsoft\OfficeSoftwareProtectionPlatform”路径下直接按【Ctrl+V】组合键覆盖原文件即可。

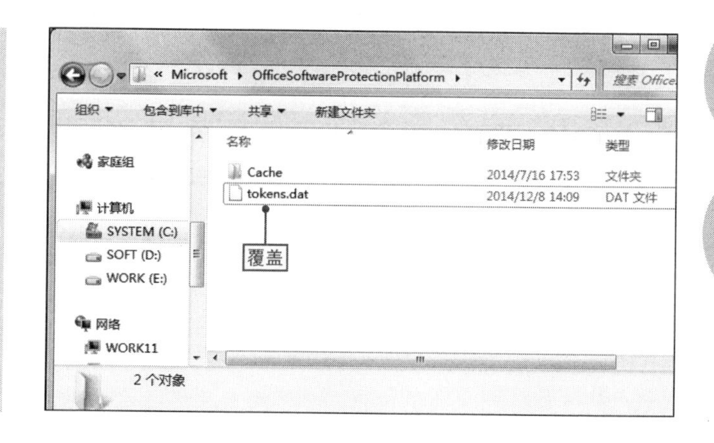

1.2 Word/Excel/PPT常见与高效启动和关闭方式

NO. 010 通过“开始”菜单启动程序

在使用Word/Excel/PPT软件进行操作前，需要先启动它们，最常用的方法就是通过"开始"菜单启动程序，由于Office的各组件的启动方式基本相同，下面将以启动Word 2013程序为例来进行讲解，其具体操作如下。

1 启动Word程序

❶单击“开始”按钮，❷在“所有程序”文件夹中展开“Microsoft Office 2013”命令，❸选择“Word 2013”命令。

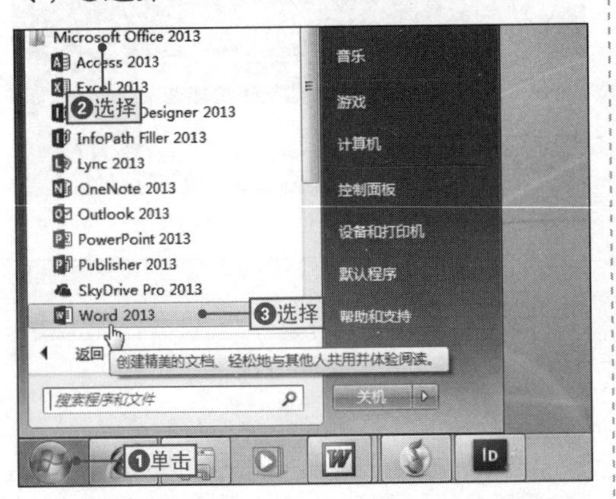

2 进入Word欢迎界面

Word程序启动成功后，会自动进入Word的欢迎界面。

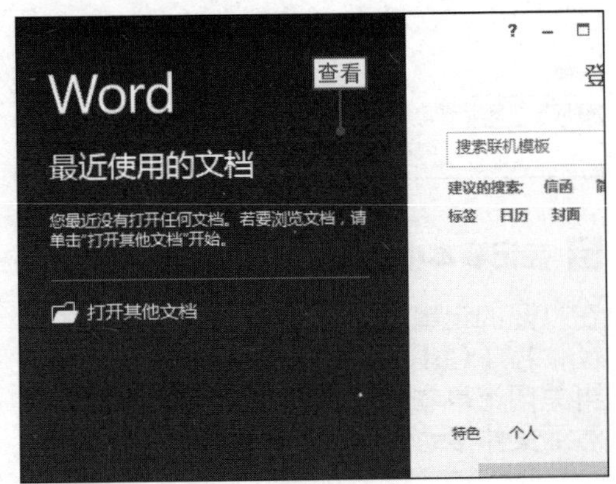

NO. 011 创建Office组件快捷图标并启动

在默认情况下，在安装好Word/Excel/PPT软件后，电脑桌面上会出现相应的快捷方式图标，通过操作快捷方式图标可启动相应的程序，但如果桌面中没有快捷方式图标，可通过以下操作将图标发送到桌面，再启动程序，其具体操作如下。

1 启动Word程序

❶单击“开始”按钮，❷选择“所有程序/Microsoft Office 2013/Word 2013”命令，并在其上右击，❸选择“发送到/桌面快捷方式”命令。

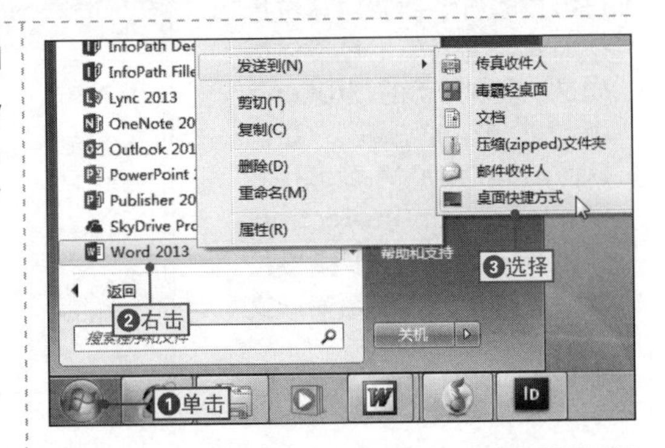

2 通过快捷方式启动软件

在桌面中双击该组件的快捷方式图标，即可启动相应程序。

NO. 012 通过任务栏启动程序

在对Word/Excel/PPT软件进行安装后，系统会在任务栏添加相应的快捷方式图标，用户在启动程序时，只需要单击任务栏中的快捷方式图标即可快速启动程序（如下左图所示）。如果任务栏中没有该快捷方式图标，可直接将桌面上的快捷方式图标拖动到任务栏中（如下中图所示），或右击“开始”菜单中的Office组件程序，在弹出的快捷菜单中选择“锁定到任务栏”命令（如下右图所示）。

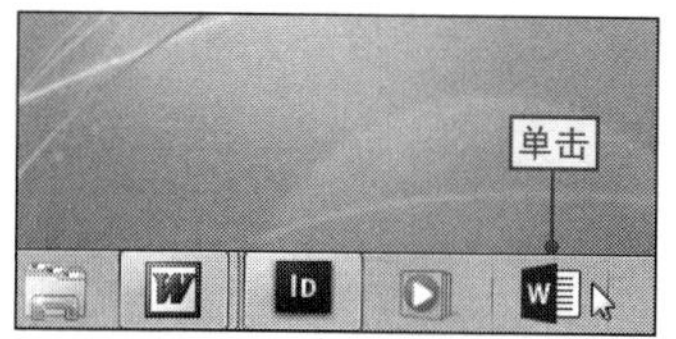

NO. 013 通过“关闭”按钮关闭当前程序

如果当前只打开了一个应用程序窗口，可以通过直接单击程序界面右上角的“关闭”按钮来快速关闭当前程序。

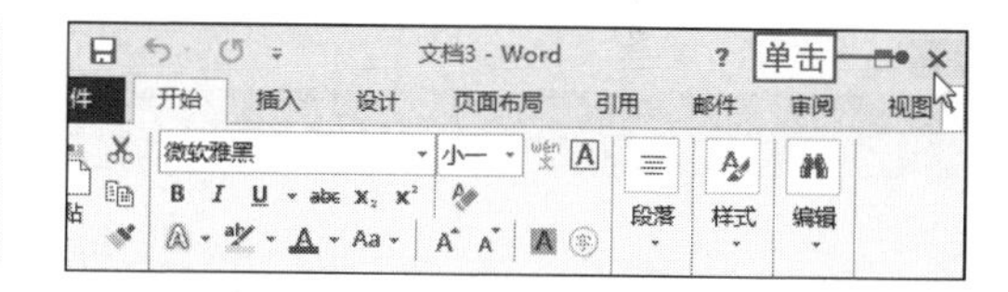

NO. 014 通过任务栏关闭所有窗口

如果需要关闭所有程序，可通过任务栏来实现，其具体操作是：❶将鼠标光标移至任务栏中程序的图标上右击，❷选择“关闭所有窗口”命令，即可关闭所有打开的窗口。

NO.

015 通过快捷菜单关闭当前程序

如果当前只打开了一个应用程序窗口，除了可以通过“关闭”按钮来快速关闭当前的窗口外，还可以通过菜单命令来实现，其具体操作是：在程序界面标题栏中右击，然后在弹出的快捷菜单中选择“关闭”命令即可快速关闭当前程序。

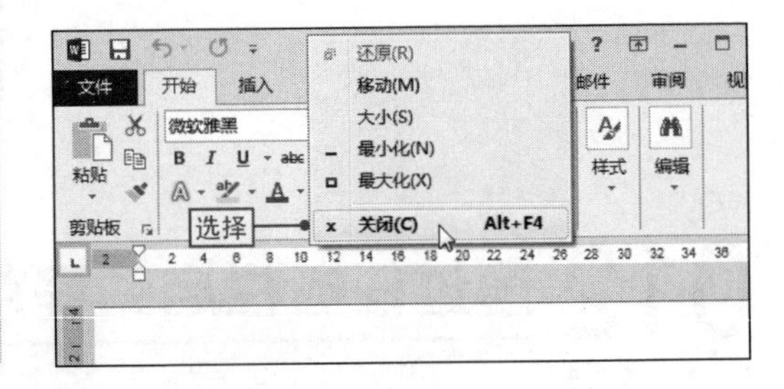

NO.

016 通过“文件”选项卡关闭当前程序

在启动程序并进行相应的操作后，需要关闭程序，可以通过“文件”选项卡来快速实现，其具体操作如下。

1 切换到“文件”选项卡

在程序界面中单击“文件”选项卡，切换到“文件”选项卡中。

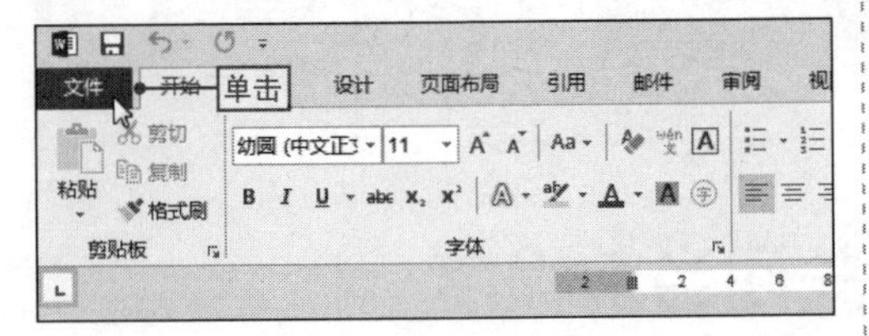

2 关闭当前程序

在选项卡中单击“关闭”按钮，即可关闭当前程序。

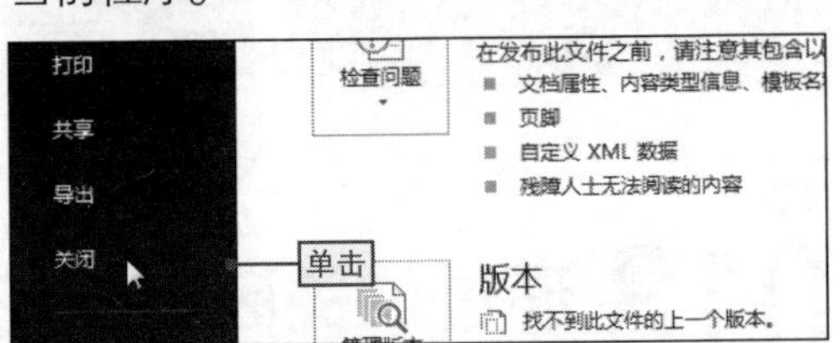

1.3 Word/Excel/PPT高效工作环境设置技巧

NO.

017 将常用工具添加到快速访问工具栏

在Word/Excel/PPT程序界面中，对于某些工具按钮经常会被使用，为了方便操作，可以将一些常用工具按钮添加到快速访问工具栏中，如下面以在Word 2013程序界面的快速访问工具栏中添加“格式刷”工具为例来讲解相关操作。

1 打开“Word选项”对话框

在快速访问工具栏中右击，选择“自定义快速访问工具栏”命令，打开“Word选项”对话框。

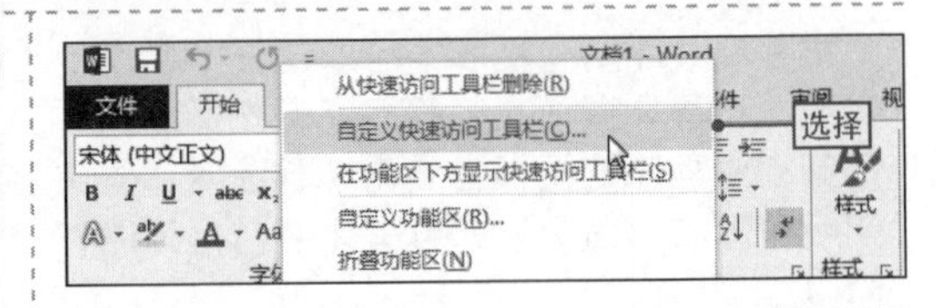

2 添加工具按钮

❶在“快速访问工具栏”选项卡中选择“格式刷”选项，❷单击“添加”按钮，❸单击“确定”按钮即可确认添加。

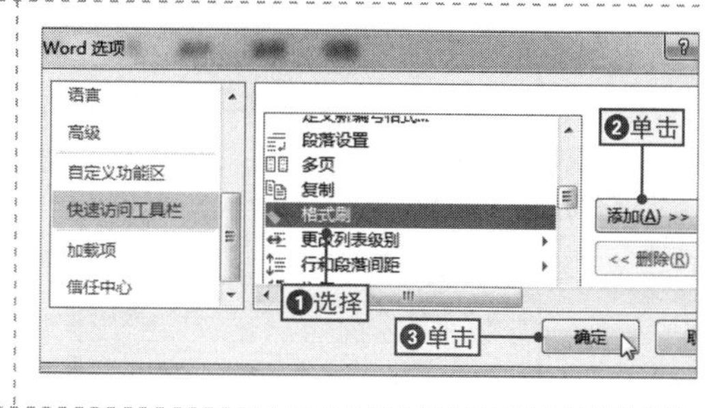

NO.

018 删除快速访问工具栏中不需要的工具

对于快速访问工具栏中不需要的功能按钮，可以将其删除，从而节省工作界面的空间，其具体操作是：在要删除的工具按钮上右击，选择“从快速访问工具栏删除”命令即可快速删除工具按钮。

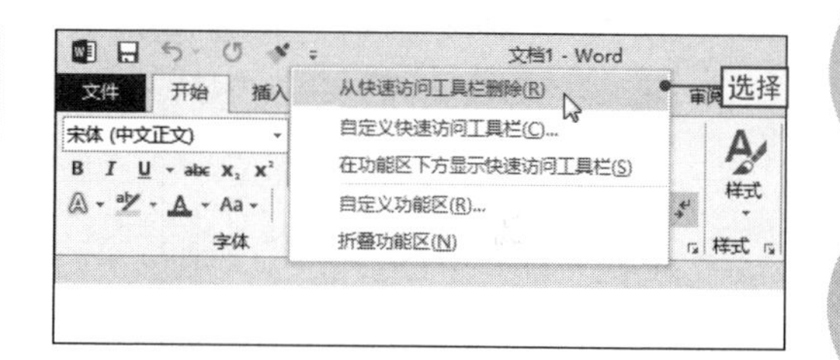

NO.

019 设置符合操作习惯的功能区选项卡

在Office 2013中，系统是以功能区选项卡的方式来放置各个功能按钮，默认为9个功能选项卡，当然用户可根据需要进行添加，下面将以创建新选项卡并添加“打印预览和打印”工具按钮为例来进行讲解，其具体操作如下。

1 打开“Word选项”对话框

在快速访问工具栏中右击，选择“自定义功能区”命令，打开“Word选项”对话框。

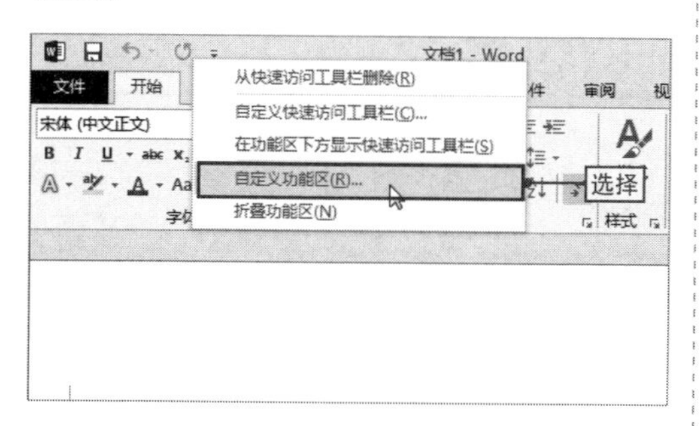

2 新建选项卡

❶在“自定义功能区”选项卡中单击“新建选项卡”按钮，❷选择新建的选项卡选项，❸单击“重命名”按钮。

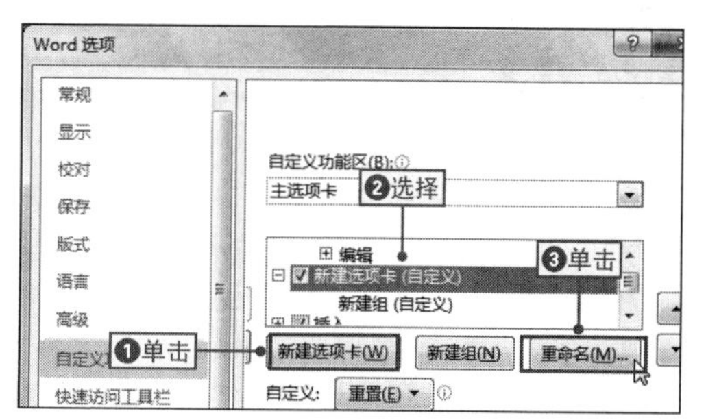

3 重命名选项卡

❶在打开的“重命名”对话框的“显示名称”文本框中输入“打印”，❷单击“确定”按钮确认设置。

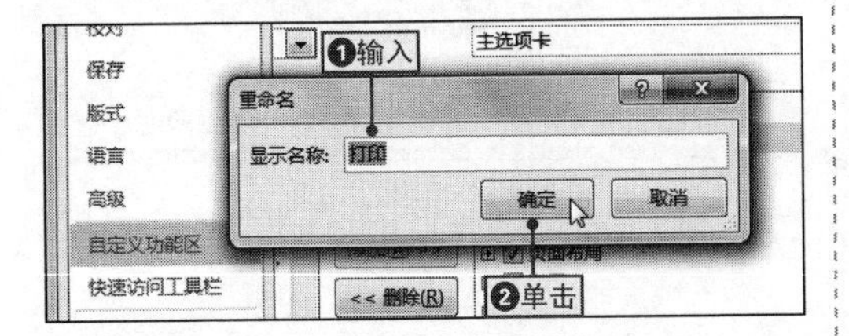

4 打开“重命名”对话框

返回“Word选项”对话框中，❶选择“新建组（自定义）”选项，❷单击“重命名”按钮。

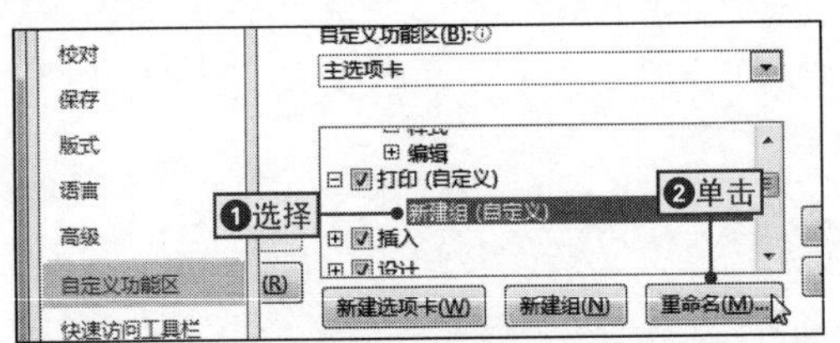

5 重命名组

❶在“显示名称”文本框中输入“预览”，❷单击“确定”按钮确认设置。

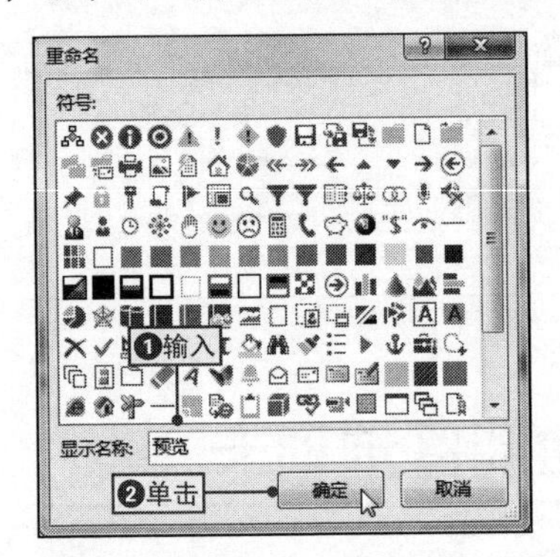

6 添加功能按钮

❶选择命令按钮选项，❷单击“添加”按钮，❸单击“确定”按钮确认设置。

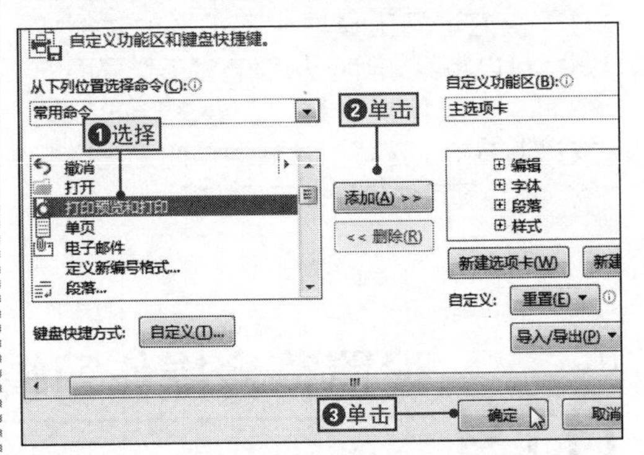

7 查看创建的选项卡和组

返回工作界面中，❶在功能区单击添加的“打印”选项卡，❷在其中的“预览”选项组中可以查看到添加的命令按钮。

NO.

020 设置快速访问工具栏的位置

在默认情况下，快速访问工具栏位于程序功能区的上方，用户若是觉得不方便，可以根据操作习惯，将其调整到功能区的下方，其具体操作是：在功能区任意位置右击，在弹出的快捷菜单中选择“在功能区下方显示快速访问工具栏”命令。

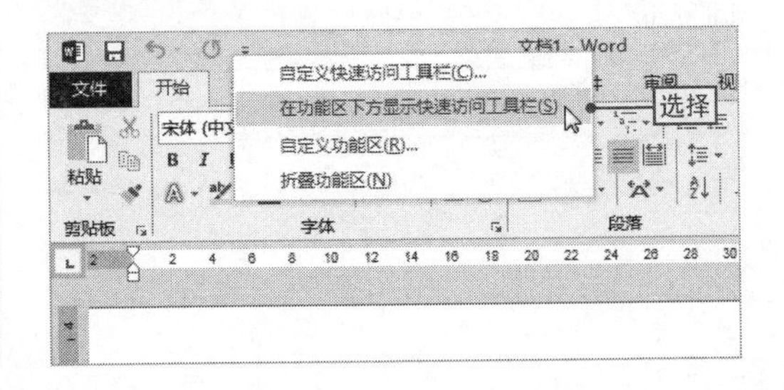

NO.
021 隐藏和删除自定义的选项卡

如果要取消操作界面中显示的选项卡，可以在程序选项对话框中取消选中相应选项卡的复选框即可。
但要彻底自定义选项卡，则可以通过命令来实现，其具体操作是：❶在“Word选项”对话框中选择自定义的选项卡，在其上右击，❷在弹出的快捷菜单中选择“删除”命令即可将其删除。

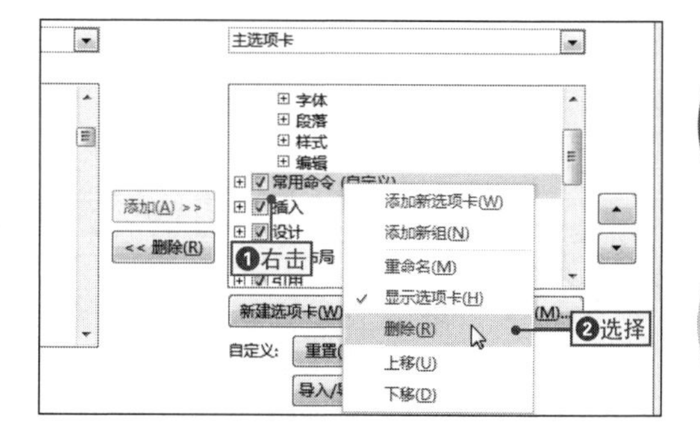

NO.
022 快速将整个组添加到自定义的选项卡

在为自定义选项卡添加命令按钮时，可以将整组添加到该选项卡中，从而快速将组中的命令按钮快速添加到选项卡中，其具体操作是：❶在“从下列位置选择命令”下拉列表中选择“所有选项卡”选项，❷在“主选项卡”下拉列表框中选择需要添加的组，❸单击“添加”按钮即可将组作为一个整体添加到自定义选项卡中。

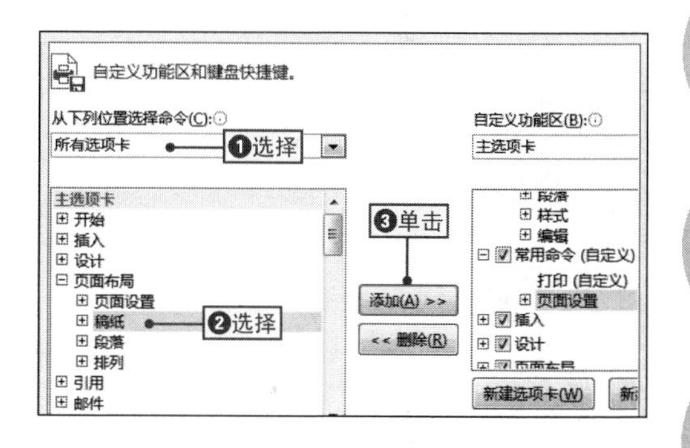

NO.
023 隐藏功能区显示更多的编辑区域

对于Office组件的功能区，用户不仅可以为其添加功能按钮，而且还能对其进行折叠隐藏，从而显示更多的编辑区，如下面以折叠Word程序界面中的功能区为例来讲解相关操作，其具体操作如下。

1 折叠功能区

❶在功能区任意空白位置右击，❷在弹出的快捷菜单中选择“折叠功能区”命令。

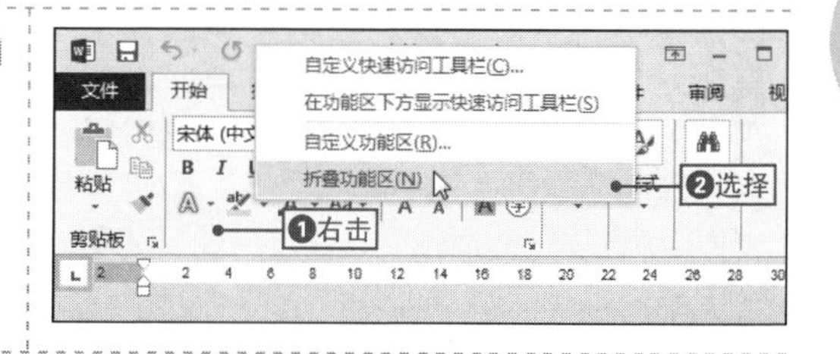

2 显示更多的编辑区域

此时可以看到功能区被隐藏，而显示了更多的编辑区域。

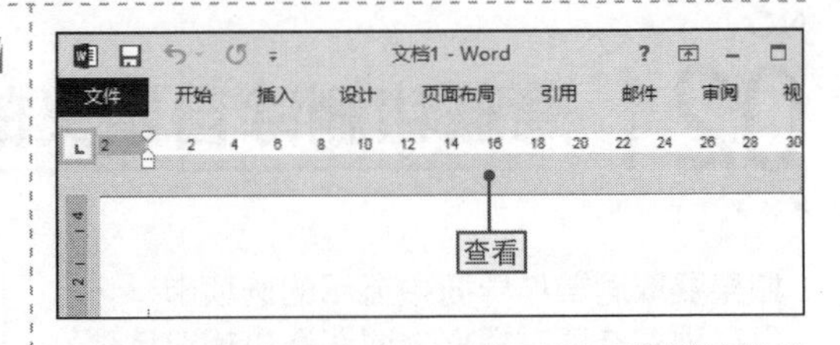

NO. 024 自定义自动保存时间间隔

用户在制作文档时，难免会遇到停电或电脑死机等情况导致文档没有保存，从而造成不必要的损失。其实可以通过对程序设置自动保存的时间间隔，最大限度地减少因意外造成的重要内容丢失，下面将以Word 2013为例来进行讲解。

1 打开“Word选项”对话框

切换到“文件”选项卡中，单击“选项”按钮，打开“Word选项”对话框。

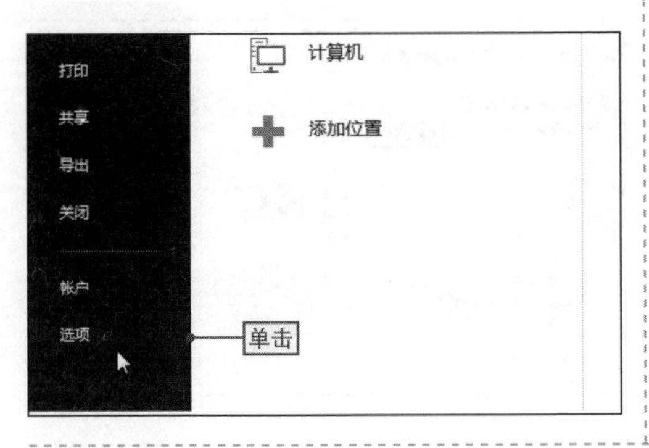

2 设置自动保存的时间

❶单击“保存”选项卡，❷在“保存自动恢复信息时间间隔”数值框中输入自动保存的时间，❸单击“确定”按钮确认设置。

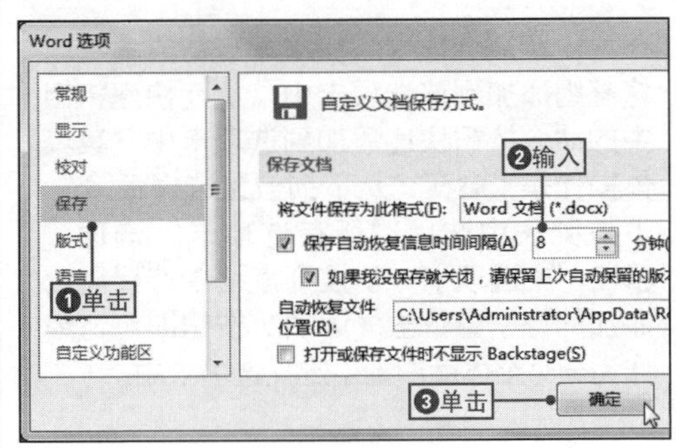

NO. 025 隐藏迷你工具栏

在默认情况下，选择编辑区中的文本后，该对象上方就会自动出现相应的迷你工具栏，而有时用户并不需要使用迷你工具栏上的功能，它还会影响操作，这时可以将其隐藏起来，其具体操作是：❶打开“Word选项”对话框，❷在“常规”选项卡中取消选中“选择时显示浮动工具栏”复选框，❸单击“确定”按钮确认设置。

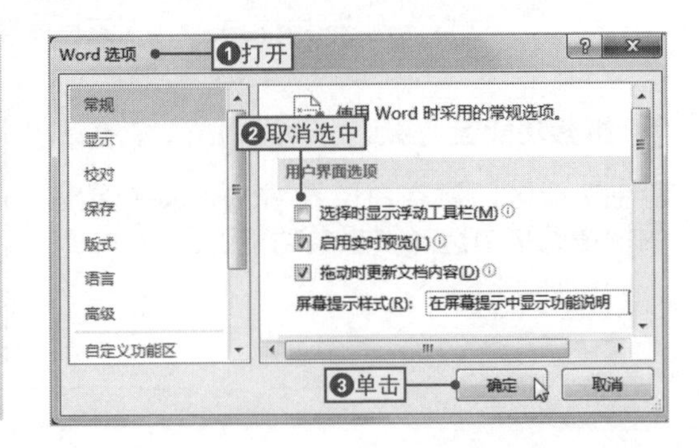

NO.
026 为工作界面设置其他颜色

在安装好Word/Excel/PPT程序后，启动程序时工作界面会有一个默认的颜色，对于经常使用这些程序的用户来说，可以将工作界面设置为自己喜欢的颜色，从而给自己带来愉悦的心情。

其具体操作是：❶打开“Word选项”对话框，❷在“常规”选项卡的“Office主题”下拉列表中选择需要的颜色，❸单击“确定”按钮即可确认设置。

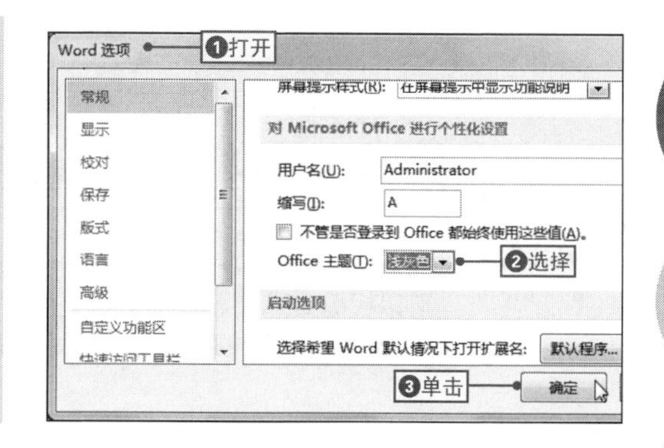

NO.
027 自定义命令快捷键

在对文件进行操作时，为了提高工作效率，用户可以为命令自定义快捷键，通过快捷键可以快速地执行相应的命令，而不用在功能区中寻找各种功能的命令按钮，其具体操作如下。

1 打开“自定义键盘”对话框

打开“Word选项”对话框，❶单击“自定义功能区”选项卡，❷单击“自定义”按钮，打开“自定义键盘”对话框。

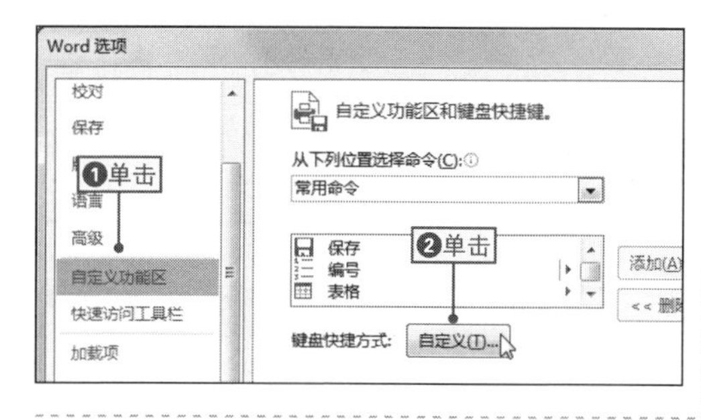

2 选择命令按钮选项

❶在“类别”下拉列表框中选择命令所在的选项卡选项，❷在右侧的“命令”下拉列表框中选择相应的命令按钮选项。

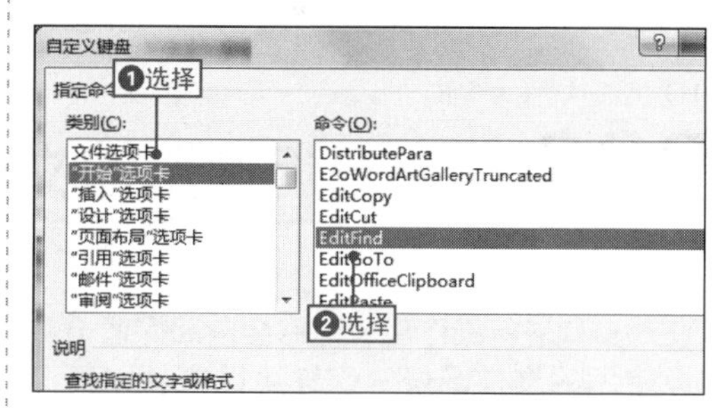

3 定义命令快捷键

❶将文本插入点定位到“请按新快捷键”文本框中，按照相应的快捷键快速输入快捷键，❷单击“指定”按钮完成自定义命令快捷键。

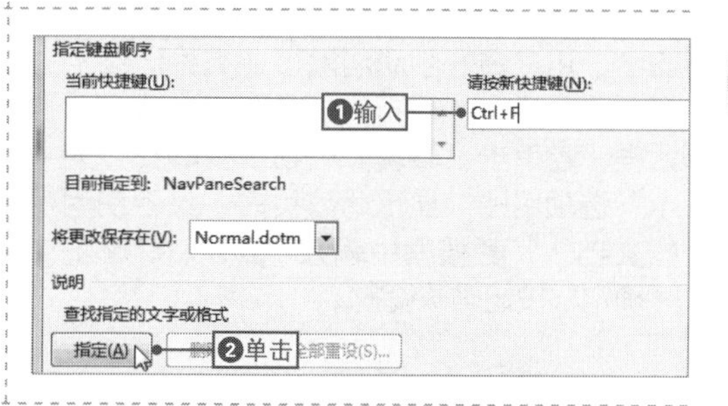

4 确认设置

单击“关闭”按钮关闭对话框，返回“Word选项”对话框中单击“确认”按钮即可确认设置。

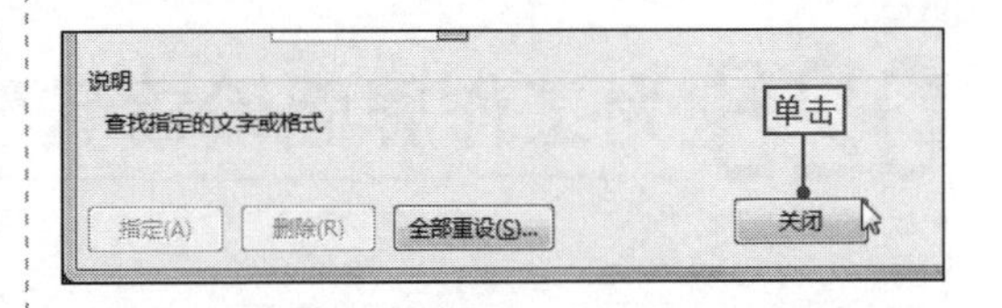

NO.028 修改文件打开和保存的默认路径

在Word/Excel/PPT程序中，系统为文件设置了默认保存和打开的路径，用户可以根据实际需要对其进行更改，实现保存或打开文件时无须再次选择路径，从而可提高操作效率，其具体操作如下。

1 切换到“保存”选项卡

打开“Word选项”对话框，单击“保存”选项卡，切换到“保存”选项卡。

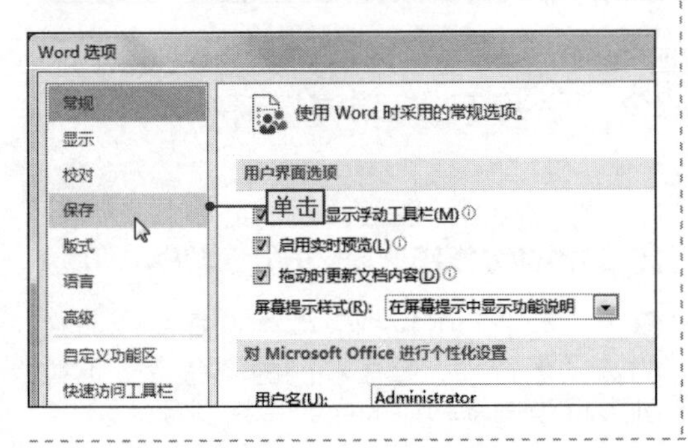

2 设置自动保存的时间

❶在“默认本地文件位置”文本框中输入路径，❷单击“确定”按钮确认设置。

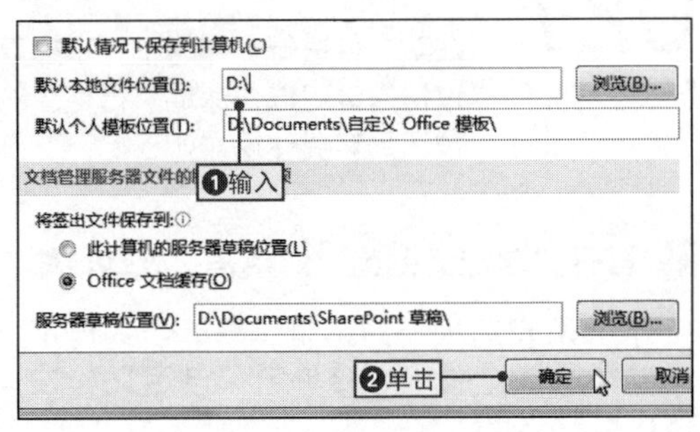

NO.029 清除最近使用的文件记录

在对文件进行操作后，程序会自动保留最近使用的文件记录，这样可以方便以后进行查看，但为了保护一些重要文件的安全，用户最好手动清除这些文件记录，其具体操作是：❶打开“Word选项”对话框，❷单击“高级”选项卡，❸在“显示”选项组的“显示此数目的‘最近使用的文档’”数值框中输入“0”，❹单击“确定”按钮确认设置。

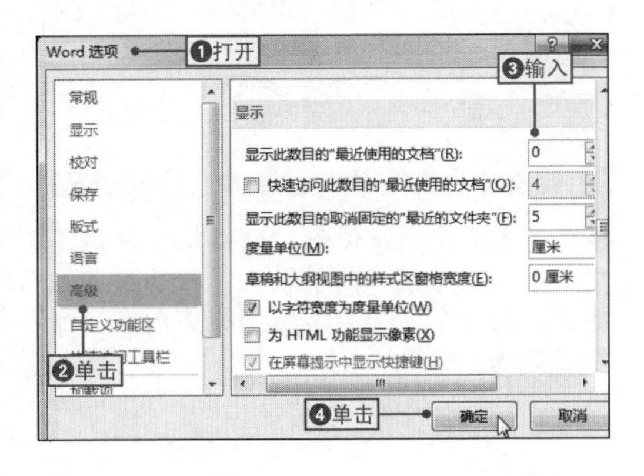

NO.
030

突破20次的撤销极限

在PPT 2013中对文件进行编辑时，用户经常会使用到撤销功能，在默认情况下，撤销的操作次数最多只能使用20次，但用户可对其进行手动更改， 以使程序突破20次的撤销操作，其具体操作如下。

1 打开"PPT选项"对话框

切换到"文件"选项卡，单击"选项"按钮，打开"PPT选项"对话框。

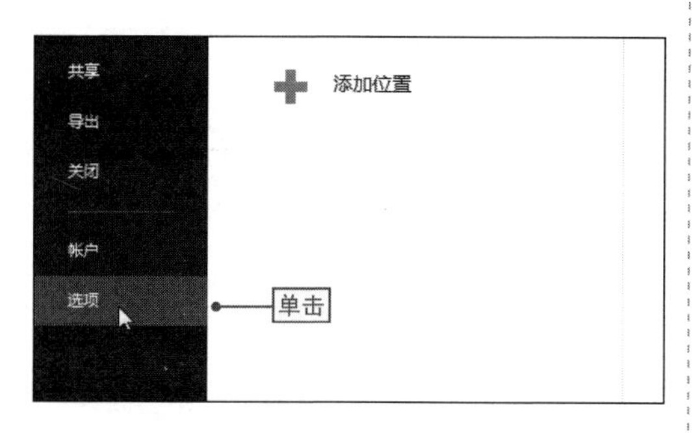

2 设置撤销次数

❶单击"高级"选项卡，❷在"最多可取消操作数"数值框中输入数值，❸单击"确定"按钮确认设置。

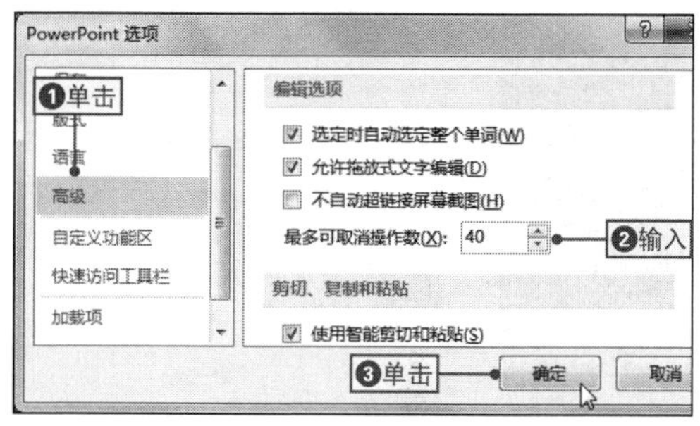

NO.
031

设置文件的默认保存版本

在默认情况下，Word 2013、Excel 2013和PPT 2013文件的保存版本分别是".docx"、".xlsx"和".pptx"，用户可以根据实际情况，对文件的默认保存版本进行更改，下面将以Word 2013版本保存为Word 97版本为例来进行讲解。

1 切换到"保存"选项卡中

打开"Word选项"对话框，单击"保存"选项卡，切换到"保存"选项卡中。

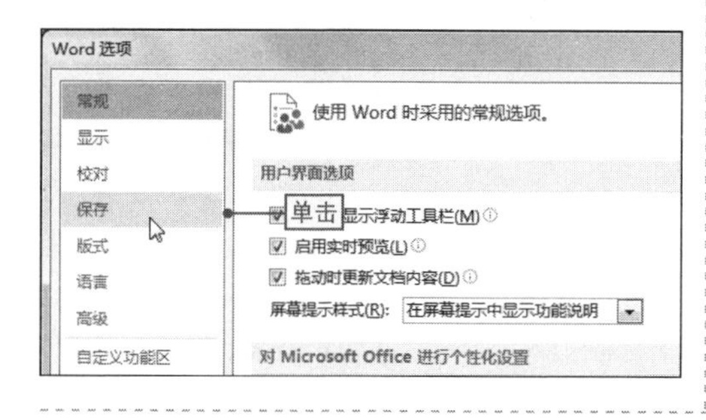

2 设置不显示屏幕提示

❶在"将文件保存为此格式"下拉列表中选择"Word 97-2003文档（*.doc）"选项，❷单击"确定"按钮确认设置。

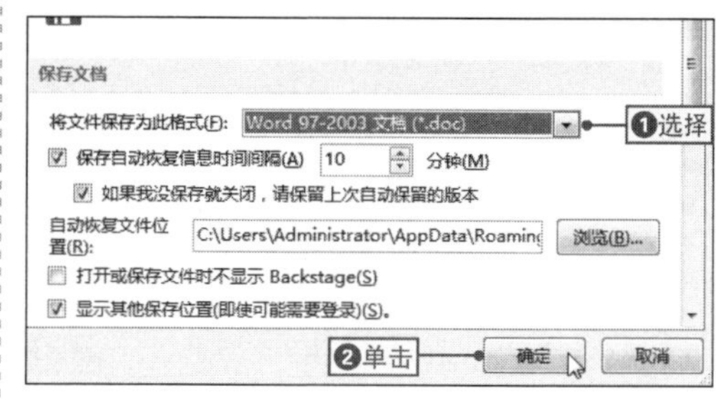

NO.

032 隐藏屏幕提示信息

对于才接触到Word/Excel/PPT程序的用户来说，可能需要使用到屏幕提示信息，但对于熟悉各命令具体用法的用户，屏幕提示信息就显得多余，还会影响操作，下面将通过Excel 2013为例来进行讲解隐藏屏幕信息的具体操作。

1 打开“Excel选项”对话框

切换到“文件”选项卡，单击“选项”按钮，打开“Excel选项”对话框。

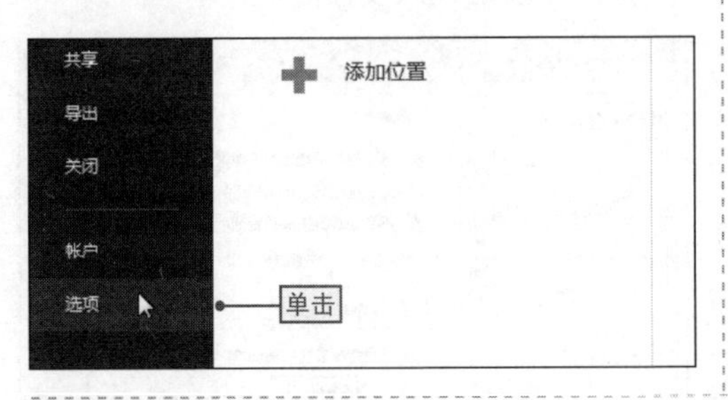

2 设置不显示屏幕提示

❶在“常规”选项卡的“屏幕提示样式”下拉列表中选择“不显示屏幕提示”选项，❷单击“确定”按钮确认设置。

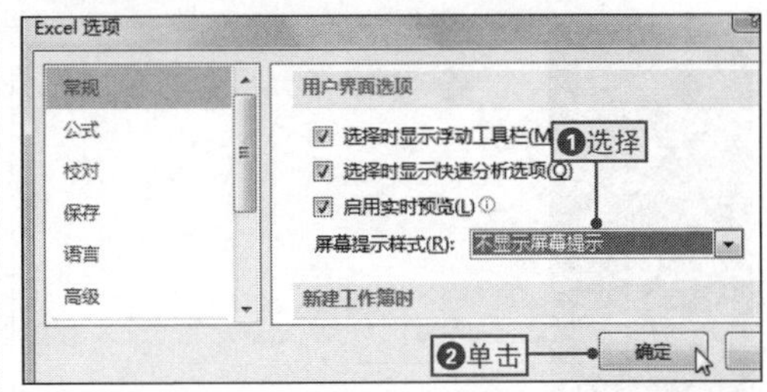

1.4 Word/Excel/PPT其他常见问题

NO.

033 快速更改文档显示比例

在制作文档的过程中，为了能对整个文档的页面进行了解或清晰查看其中的内容，可以通过缩放文档的显示比例来实现，其具体操作如下。

1 打开“显示比例”对话框

在页面右下角单击“缩放级别”按钮，打开“显示比例”对话框。

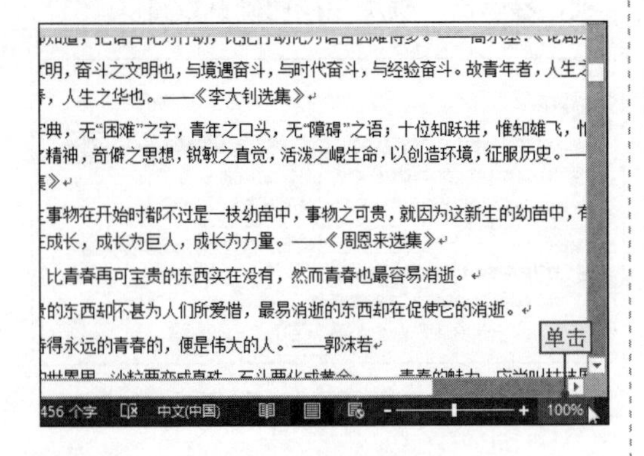

2 设置页面的放大比例

❶在“百分比”数值框中输入页面的显示比例，❷单击“确定”按钮确认设置。

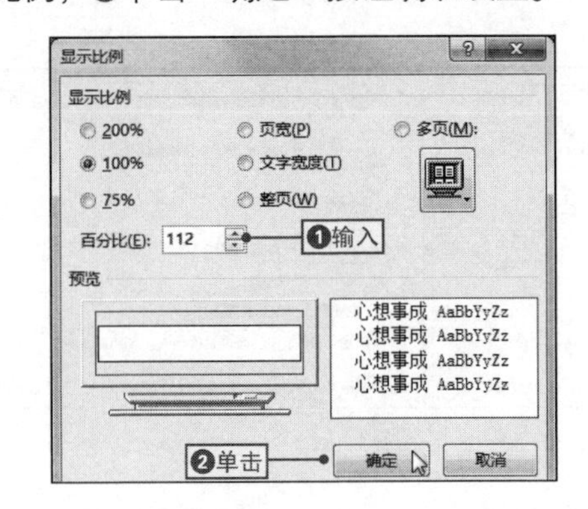

NO.
034

拆分窗口查看长文档

在编辑或查看长文档的过程中，有时需要同时查看两个相隔较远位置的内容，这时可以通过拆分窗口来实现，拆分窗口就是将当前窗口拆分为两部分，以便同时查看不同部分的内容，其具体操作如下。

1 打开“显示比例”对话框

定位文本插入点，❶单击“视图”选项卡，❷在“窗口”选项组中单击“拆分”按钮。

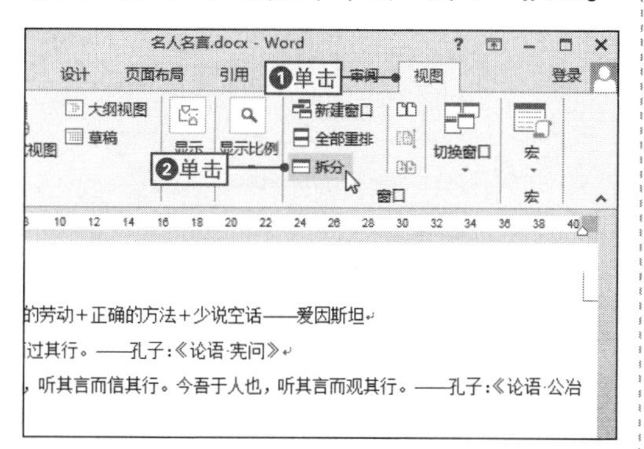

2 查看文本拆分效果

此时可查看到原文档被拆分为两部分，可以通过滚动条调整窗口中显示的内容。

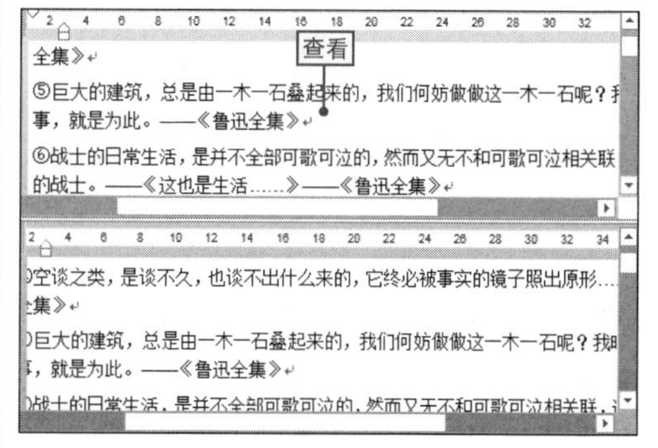

NO.
035

快速切换文档窗口

在对Word进行操作时，可能会同时打开多个文档，若需要在各文档间进行切换，可以通过系统的切换窗口功能来快速实现，其具体操作如下。

1 切换文档窗口

❶单击“视图”选项卡，❷在“窗口”选项组中单击“切换窗口”下拉按钮，❸选择需要切换的文档名称选项。

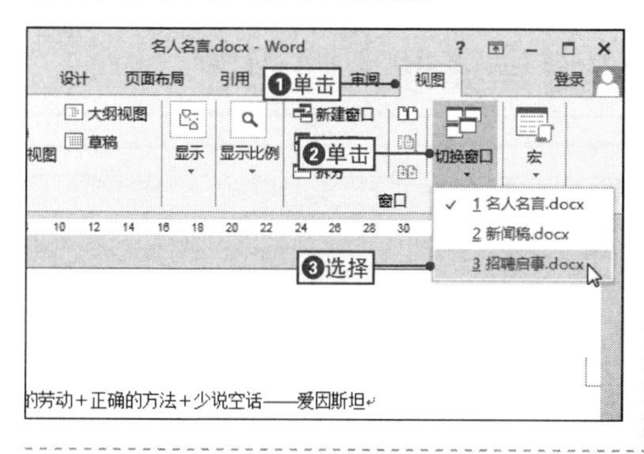

2 查看切换效果

此时可查看到文档进行了快速切换，并显示出选择的文档。

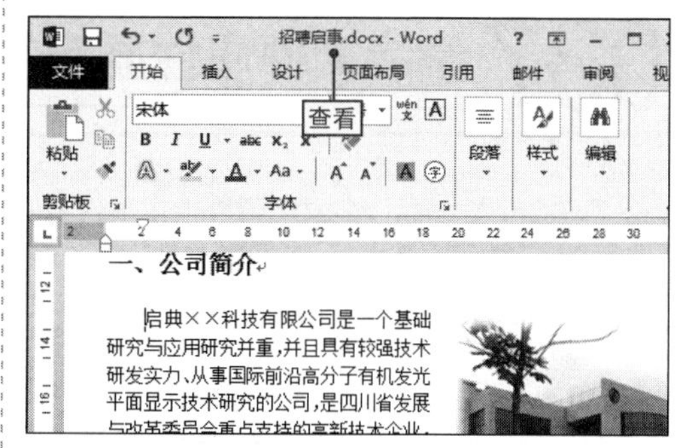

NO.

036 查看和设置文档属性

在创建文档后，文档会自动产生相应的文档信息，如创建人、创建时间以及文件大小等，如果想要修改或添加一些文档信息，如标题、标记以及备注等，用户可以手动进行设置，其具体操作如下。

1 查看文档属性信息

打开“文件”选项卡，在“信息”选项卡右侧可以查看到主要的文档属性信息。

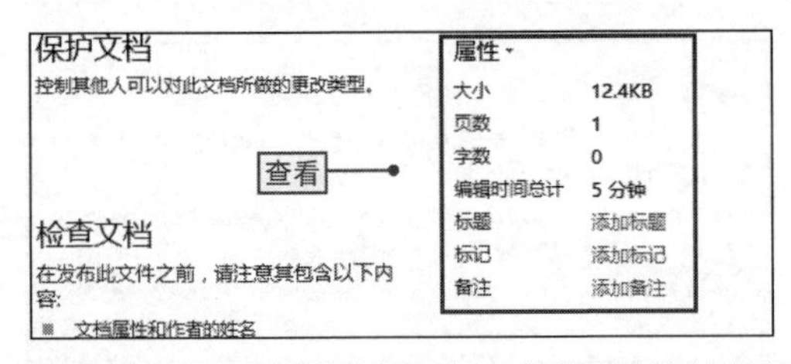

2 显示所有属性项

在属性信息的下方单击“显示所有属性”超链接，可将所有属性项都显示出来。

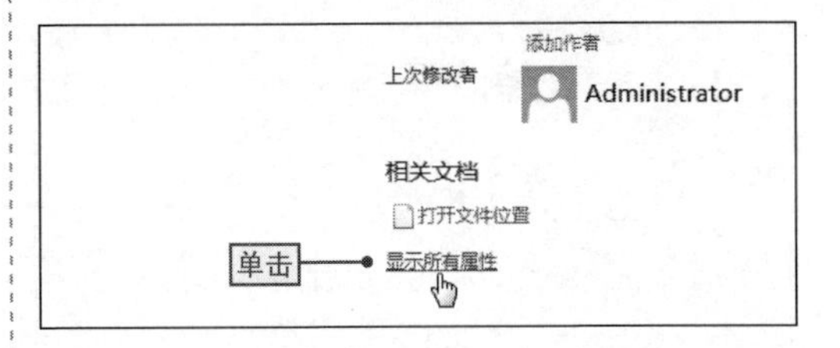

3 打开属性设置对话框

❶单击“属性”下拉按钮，❷在打开的下拉列表中选择“高级属性”命令，打开文件属性对话框。

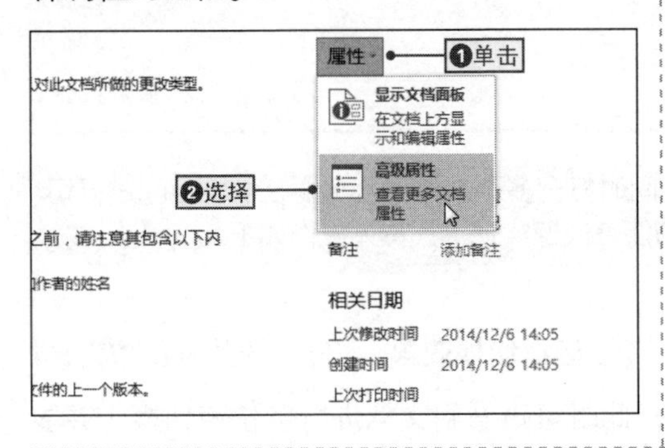

4 设置文档属性信息

❶单击“摘要”选项卡，❷设置文档相应的属性信息，然后单击“确定”按钮确认设置。

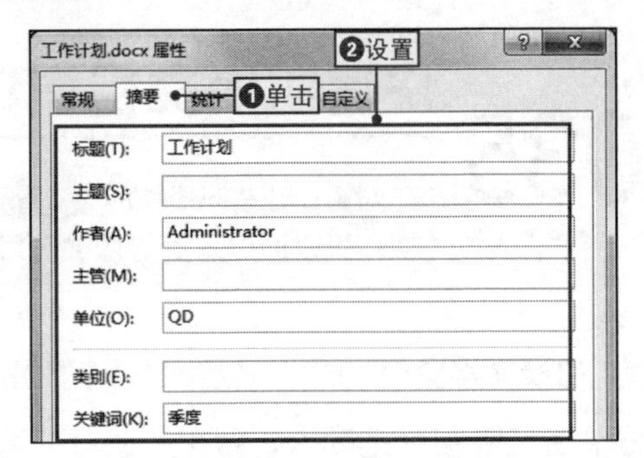

NO.

037 解决文件属性显示的作者是其他人的问题

在用户创建文档后，在文档属性中查看作者名称显示的是其他人，如果要使创建的文档显示自己的名称，可以通过设置来实现，其具体操作是：❶打开“Word选项”对话框，❷在“常规”选项卡中输入用户名和缩写，然后单击“确认”按钮确认设置。

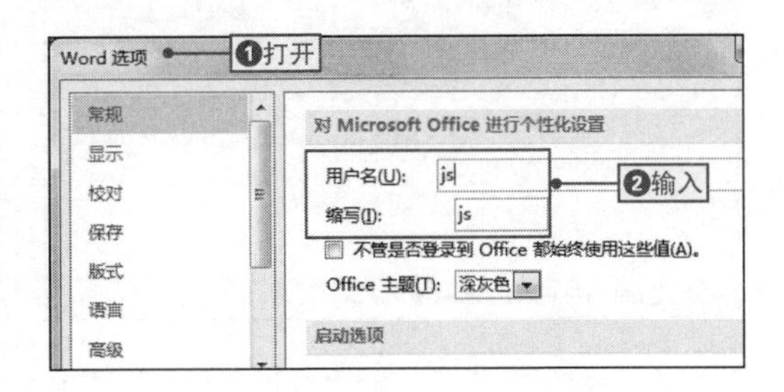

NO.
038 快速查看多个文件属性

在使用Word/Excel/PPT程序创建了多个文件后，若需要查看这些文件的属性，如文件大小、类型及修改日期等，可以通过这些属性选择需要打开的文件，这时就需要先将文件的属性显示出来，其具体操作如下。

1 打开“打开”对话框

切换到“文件”选项卡中，❶在“打开”界面中选择“计算机”选项，❷单击“浏览”按钮，打开“打开”对话框。

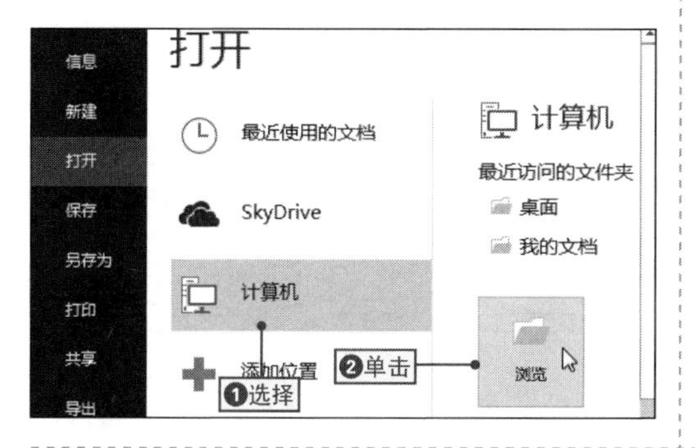

2 显示文件详细信息

❶在对话框右上角中单击“视图”下拉按钮，❷在打开的下拉列表中选择“详细信息”选项。

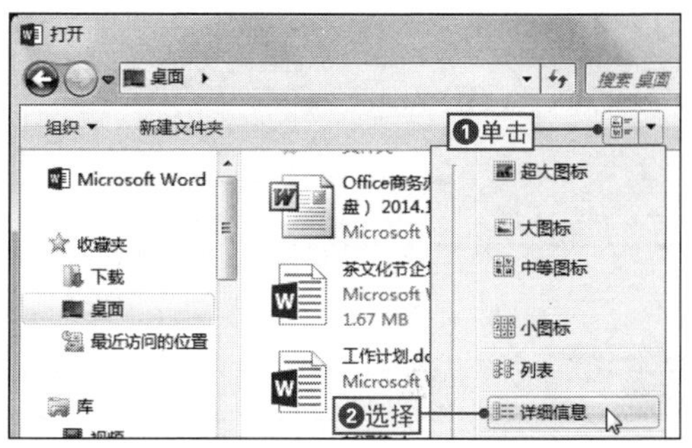

3 查看多个文件的属性

此时在“打开”对话框中即可查看到显示出的文件大小、项目类型及修改日期等信息。

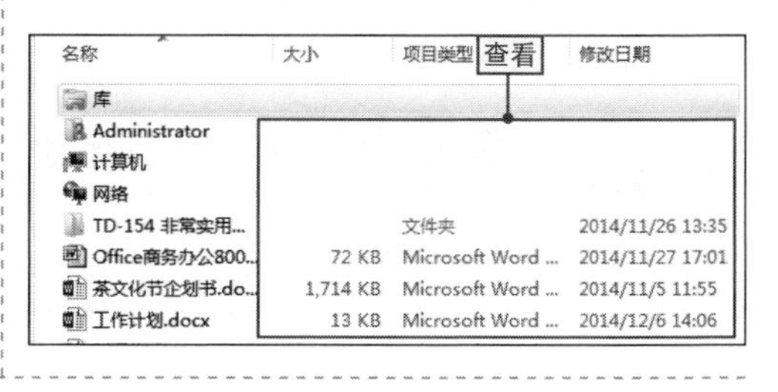

NO.
039 显示隐藏的工作表标签或滚动条

因误操作或在他人的电脑上编辑或查看工作簿，发现工作表不显示工作标签或滚动条，造成对工作表的操作非常不方便，这时可以显示隐藏的工作表标签或滚动条。

其具体操作是：❶打开“Excel选项”对话框，❷单击“高级”选项卡，❸依次选中“显示水平滚动条”、“显示垂直滚动条”和“显示工作表标签”复选框，❹单击“确定”按钮确认设置。

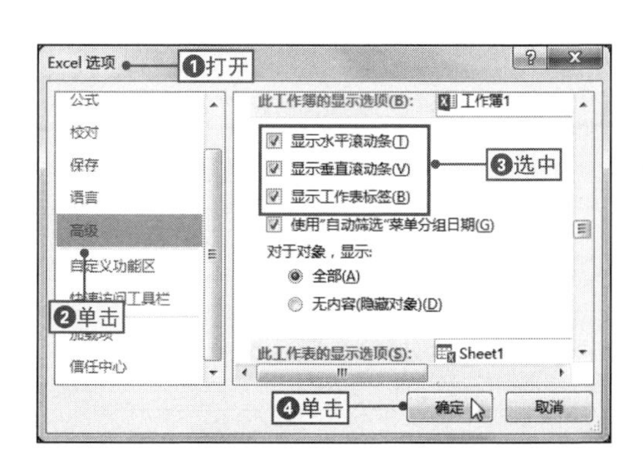

NO.
040 快速选择多个浮动版式的对象

在文档中使用图形对象可以增加文档的表现力，但有时需要同时对多个浮动的对象进行操作，这时就需要先选择这些对象，直接单击即可快速选择单个对象，但要选择多个对象就需要通过下面的方法来实现，其具体操作如下。

1 打开“选择”窗格

❶在“开始”选项卡的“编辑”选项组中单击“选择”下拉按钮，❷选择“选择窗格”命令。

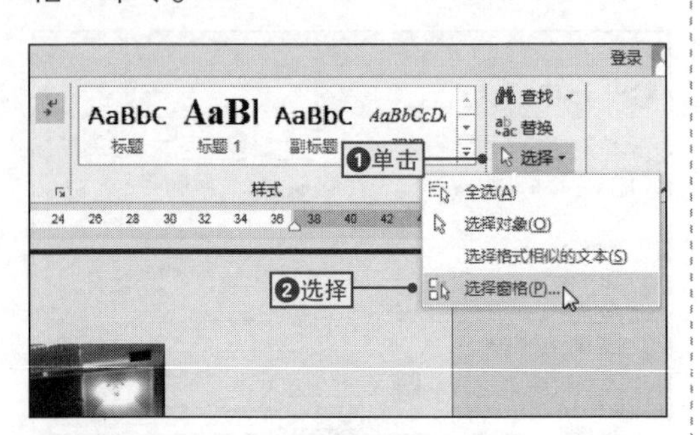

2 依次选择图形

在打开的“选择”窗格中选择第一个对象，然后按住【Ctrl】键不放，再依次选择其他的图形对象即可。

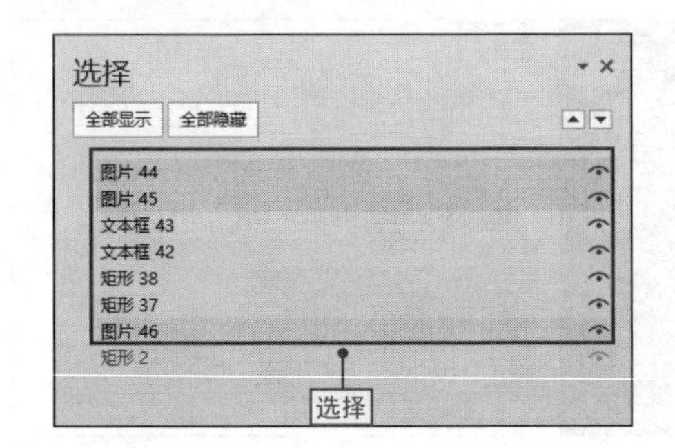

NO.
041 直接将Word中的数据生成表格

在Word中编辑文档时，可以将一些特殊的数据使用表格来说明，这样可以更加清晰地展示，让读者一目了然，其具体操作如下。

1 使用分隔符分隔数据

使用分隔符将需要制作成表格的数据进行分隔，如使用【Tab】键，然后输入表头数据，并删除其中的标点符号。

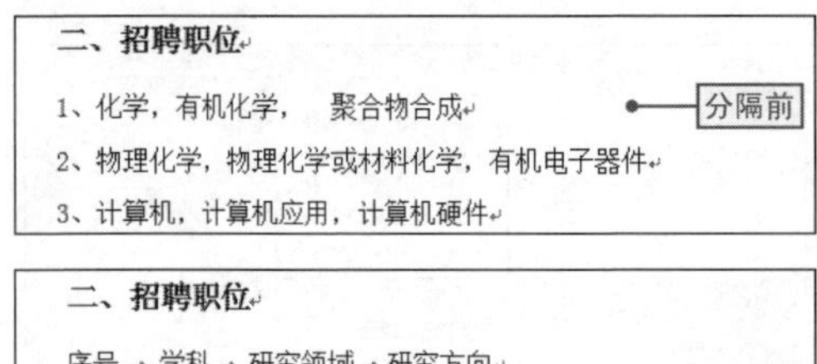

2 打开“将文字转换成表格”对话框

❶选择目标内容，❷单击“插入”选项卡，❸在“表格”选项组中单击“表格”下拉按钮，❹选择“文本转换成表格”命令。

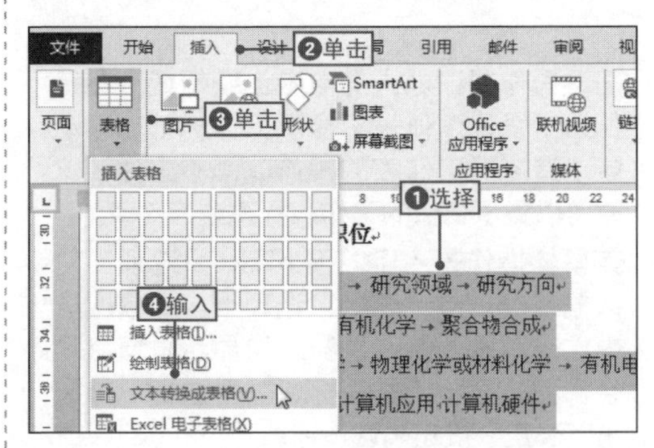

3 设置表格属性

在打开的“将文字转换成表格”对话框中保持默认设置，单击“确定”按钮。

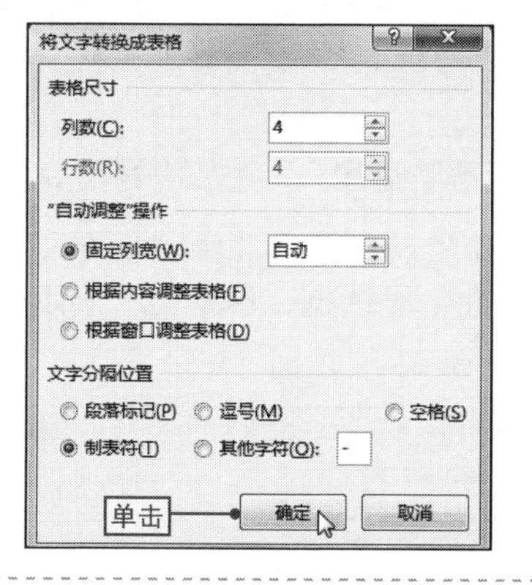

4 查看转换效果

此时文档中将会增加所选目标数据快速生成默认样式的表格。

二、招聘职位

序号	学科	研究领域	研究方向
1	化学	有机化学	聚合物合成
2	物理化学	物理化学或材料化学	有机电子器件
3	计算机	计算机应用	计算机硬件

三、职位说明

查看

1. 聚合物合成研发

NO. 042 巧妙使用程序中的帮助

在编辑文档的过程中，可能会遇到一些不能解决的问题，这时可以使用程序自带的帮助功能，迅速查找需解决的问题的方案，下面将以使用Word帮助功能查看水印的使用方法为例来进行讲解，其具体操作如下。

1 打开“Word 帮助”窗口

单击工作界面右上角的“帮助”按钮（或按【F1】键），打开“Word帮助”窗口。

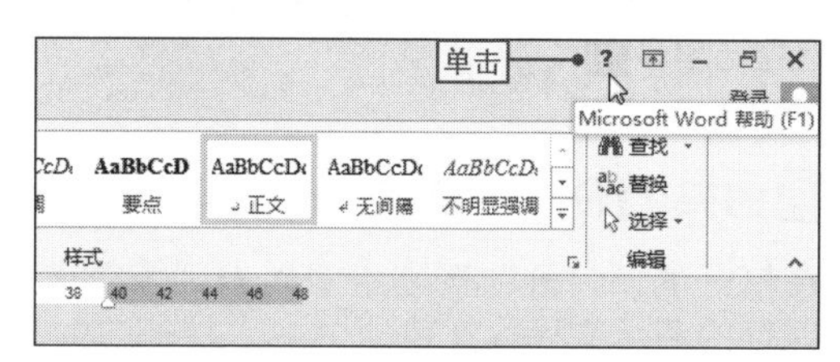

2 搜索帮助信息

❶在搜索栏中输入需要搜索的文本，❷单击“搜索帮助”按钮进行搜索。

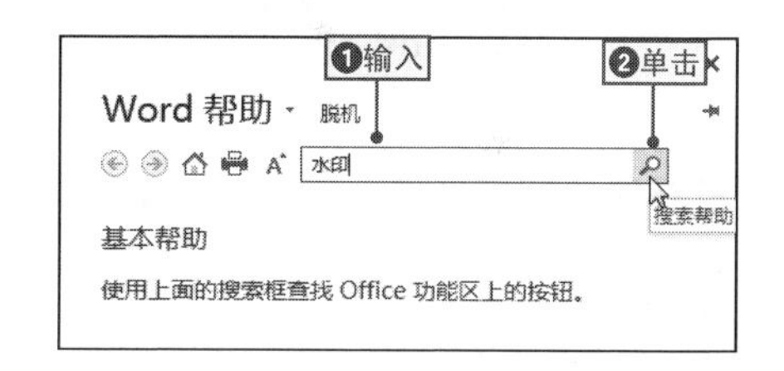

3 显示帮助信息

在搜索结果列表中单击“‘水印’在‘设计/页面背景’下”超链接。

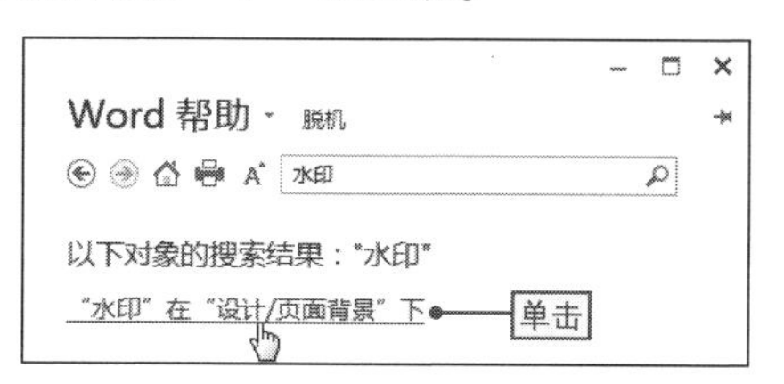

4 查看帮助信息

在显示的详细信息中，即可查看到水印的具体使用方法。

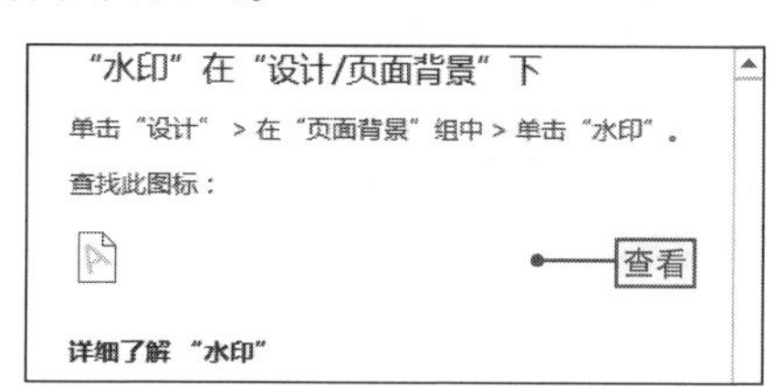

NO. 043

让程序在保存文档时提示兼容性检查

由于Office 2013中各组件都新增加了许多功能，而Word/Excel/PPT的早期版本不支持2013版本中新增的功能，为了避免文件打开出错或新增功能丢失等情形，可以设置在保存文件时提示检查兼容性，其具体操作如下。

1 打开兼容性检查器

❶在“信息”选项卡中单击“检查问题”下拉按钮，❷在打开的下拉列表中选择“检查兼容性”命令。

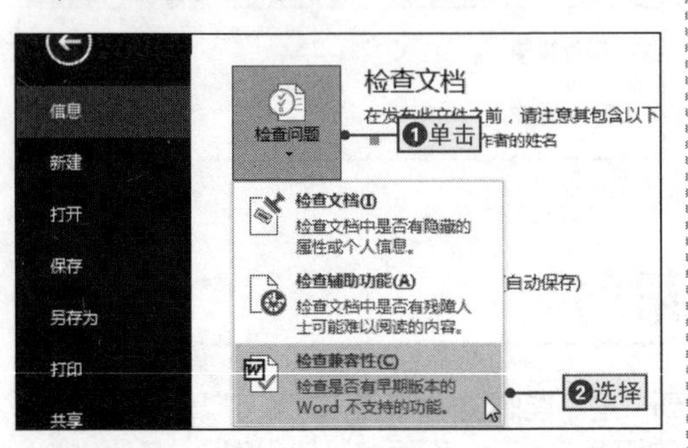

2 搜索帮助信息

❶在打开的对话框中选中“保存文档时检查兼容性”复选框，❷单击“确定”按钮确认设置。

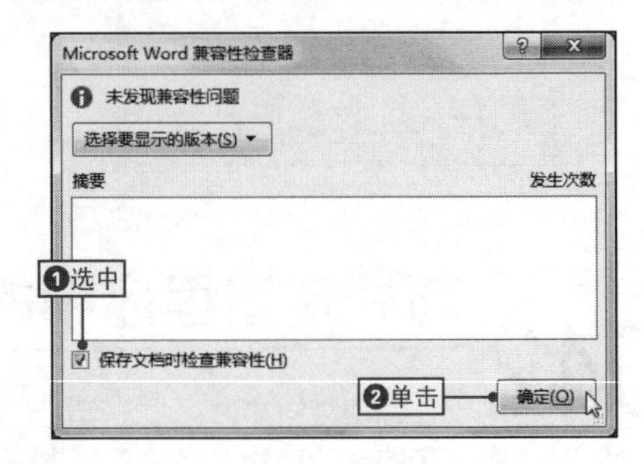

NO. 044

恢复未保存的文件

在编辑文档的过程中，可能因为误操作或断电导致文档未能保存就自动退出，此时用户可使用Word/Excel/PPT中的草稿功能，来恢复未保存的文档，下面将以PPT 2013为例来进行讲解，其具体操作如下。

1 打开其他演示文稿

启动PPT 2013软件，在“开始”界面中单击“打开其他演示文稿”超链接。

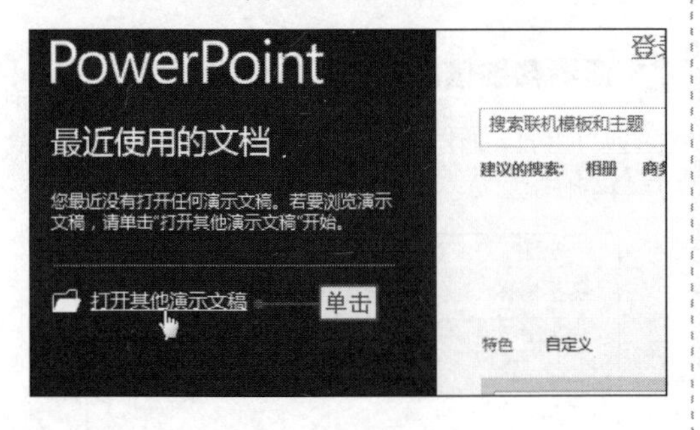

2 打开“打开”对话框

在打开的“打开”选项卡中单击“恢复未保存的演示文稿”按钮。

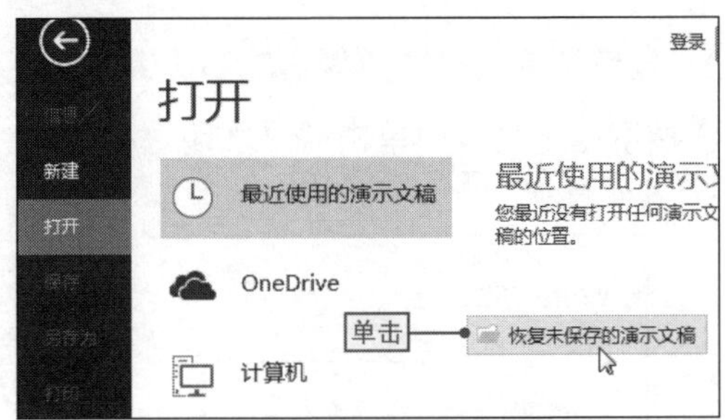

3 打开未保存的演示文稿

❶在打开的“打开”对话框中选择需要打开的未保存演示文稿，❷单击“打开”按钮，即可恢复未保存的文档。

NO.
045

处理只能在安全模式下打开文档的问题

在打开文件时，可能会遇到文件打开失败，提示用户可以使用安全模式打开。如果以安全模式打开，虽然会启动相应程序，但并不会显示用户想要打开的文件，而只显示空白窗口，下面可通过以下技巧解决此问题，其具体操作如下。

1 打开“文件夹选项”对话框

打开“计算机”窗口并按【Alt】键显示出菜单栏，❶单击“工具”菜单，❷选择“文件夹选项”命令，打开“文件夹选项”对话框。

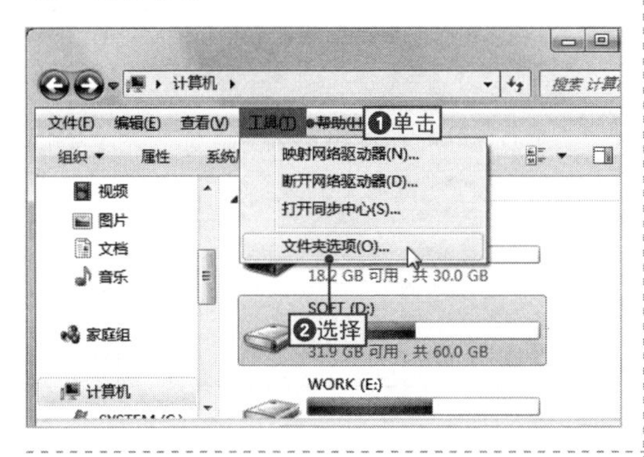

2 设置文件的显示方式

❶单击“查看”选项卡，❷取消选中“隐藏受保护的操作系统文件”复选框，❸选中“显示隐藏的文件、文件夹和驱动器”单选按钮，最后单击“确定”按钮即可。

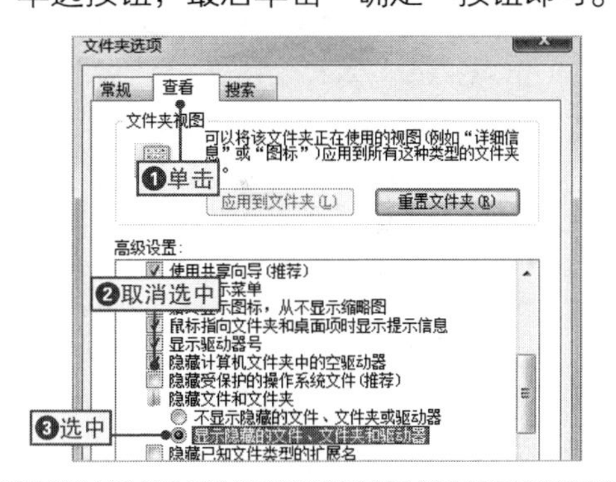

3 删除模板文件

❶进入“C:\Documents and Settings\Administrator\Application Data\Microsoft\Templates”文件夹中，❷在“Normal.dotm”选项上右击，❸选择“删除”命令删除该模板文件。

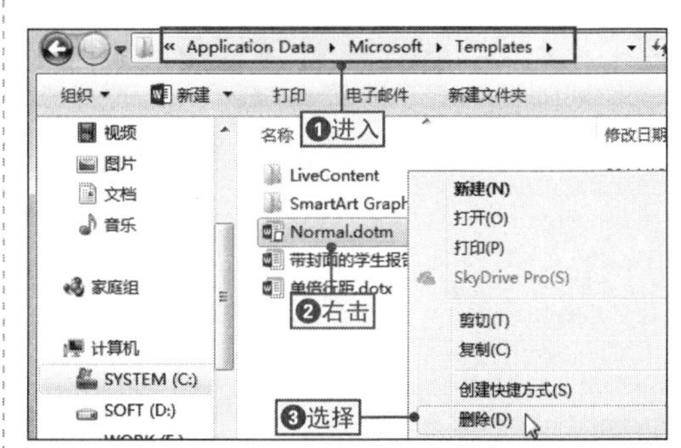

NO.
046

快速打开局域网中的文件

在日常办公中，经常会将一些文件共享到局域网中，而要使用局域网中的文件，需要通过“网络”窗口连接到共享的电脑，再打开文件，如果经常需要对该文件进行操作，为了提高工作效率，可以设置映射网络驱动器，其具体操作如下。

1 选择“映射网络驱动器”命令

❶在“网络”图标上右击，❷在弹出的快捷菜单中选择“映射网络驱动器”命令。

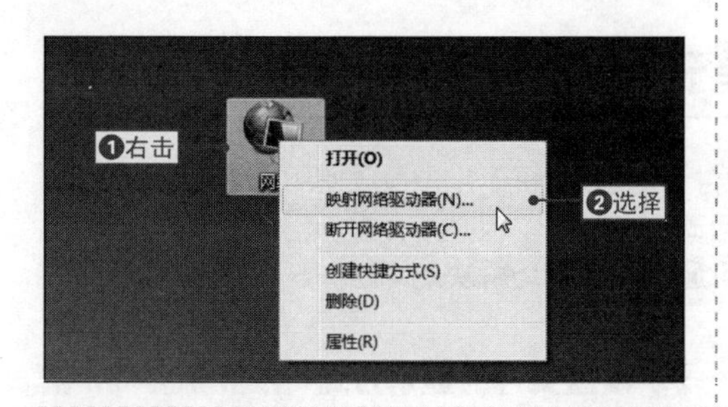

2 打开“浏览文件夹”对话框

在打开的“要映射的网络文件夹：”向导中单击“浏览”按钮，打开“浏览文件夹”对话框。

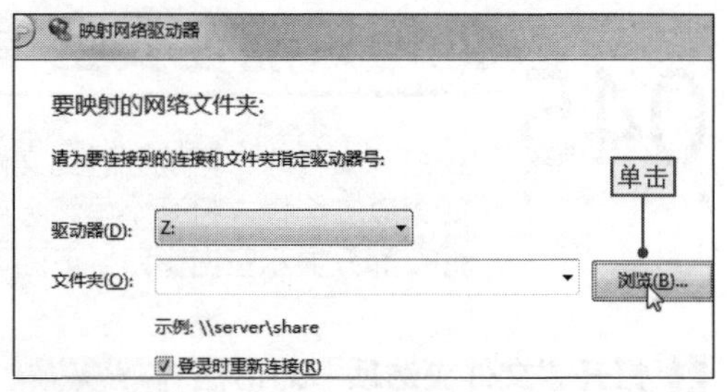

3 选择映射的文件夹

❶选择需要映射的文件夹，❷单击“确定”按钮确认设置。

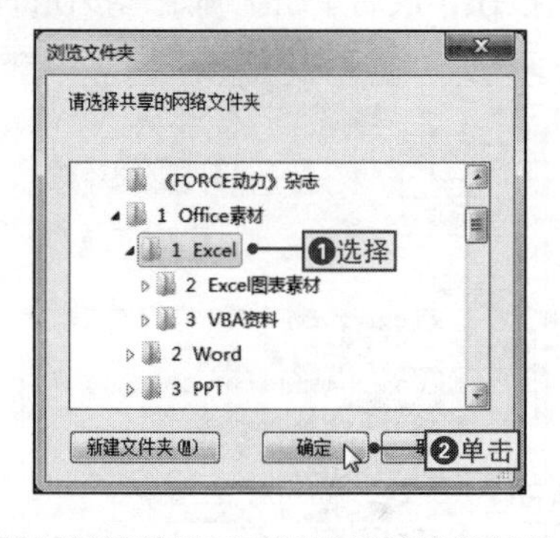

4 完成操作

返回“要映射的网络文件夹：”向导中，单击“完成”按钮即可。

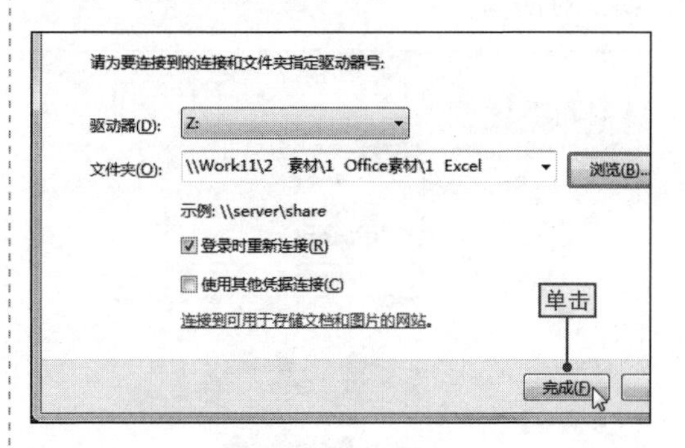

CHAPTER 02

本章导读

制作与编排文档是Word在商务办公中常见的用途，虽然实现这些操作的方法有多种，但只有技巧性地处理问题才能实现高效办公。本章将具体介绍一些有关办公文档制作和编辑的操作技巧。

办公文档的制作与编辑操作技巧

本章技巧

文档的创建、打开、导入和删除技巧

NO.047 快速创建指定名称的文档
NO.048 使用快速访问工具栏新建文档
NO.049 通过模板创建包含内容的文档
……

文本的输入和编排技巧

NO.061 快速录入文档内容
NO.062 准确输入超长地址
NO.063 将常见错误设置自动更正
……

页面设置操作技巧

NO.102 快速设置文档的页面格式
NO.103 各种常见文档的页面尺寸参考
NO.104 将现有文档纸张缩小一倍
……

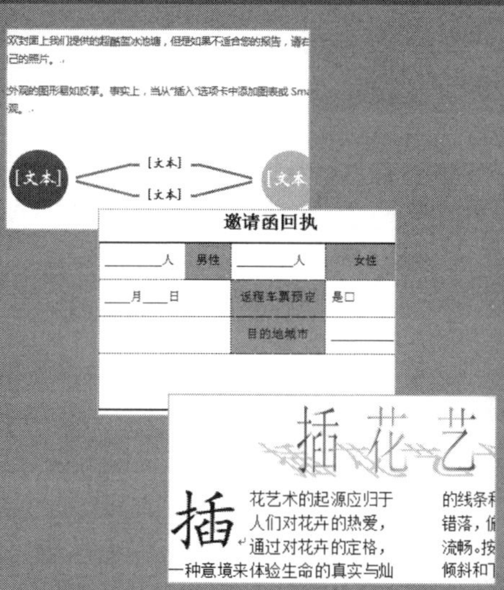

2.1 文档的创建、打开、导入和删除技巧

NO. 047 快速创建指定名称的文档

案例001 工作计划

◉\素材\第2章\无　　◉\效果\第2章\工作计划.docx

在Word软件中，想要制作一个文档，首选需要先创建一个文档，然后为其设置相应的名称并保存到指定的位置。下面将以新建“工作计划.docx”空白文档为例来进行讲解。

1 启动Word 2013软件

启动Word 2013程序，在打开的开始界面右侧中单击“空白文档”选项快速新建一个Word空白文档。

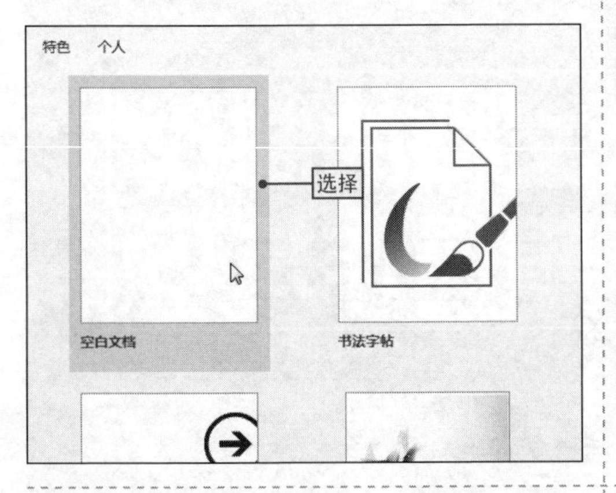

2 切换到“文件”选项卡

程序将自动创建一个名为“文档1”的空白文档，单击“文件”选项卡，切换到“文件”选项卡中。

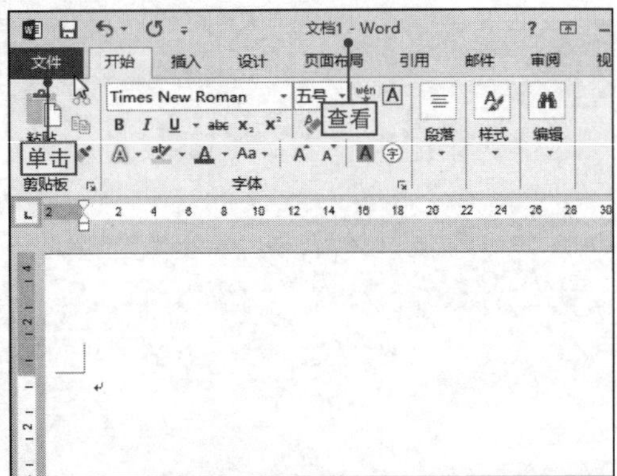

3 打开“另存为”对话框

❶单击“另存为”选项卡，❷选择“计算机”选项，❸单击“浏览”按钮，打开“另存为”对话框。

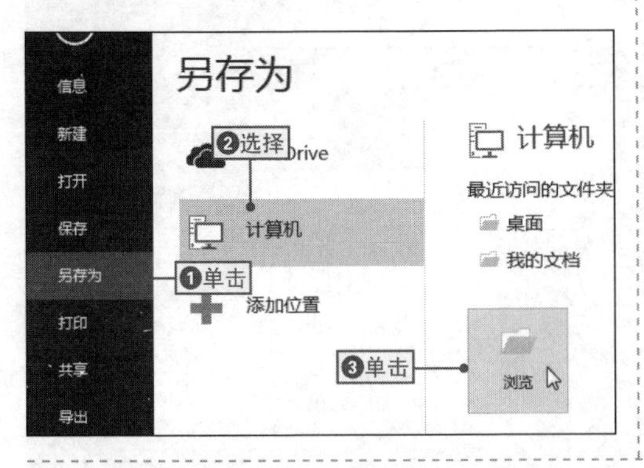

4 设置文档的保存位置和名称

❶设置文件的保存路径，❷设置文件的保存名称，❸单击“保存”按钮即可将新建文档保存到指定位置。

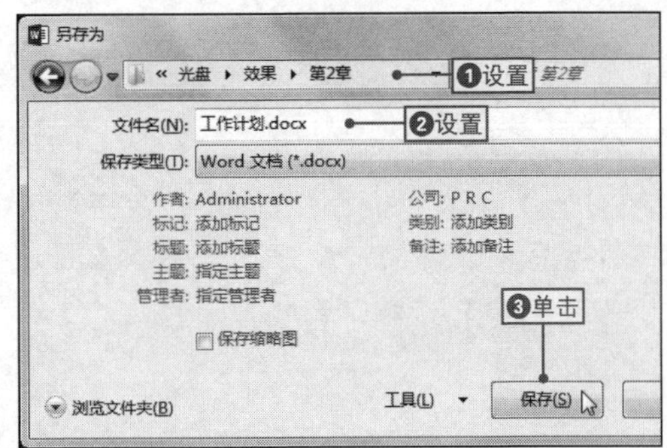

NO.

048 使用快速访问工具栏新建文档

在快速访问工具栏中默认有“保存”、“撤销”和“恢复”3个功能按钮，用户可以将“新建”功能按钮添加到快速访问工具栏中，然后直接单击添加的“新建”按钮，即可快速创建空白文档。

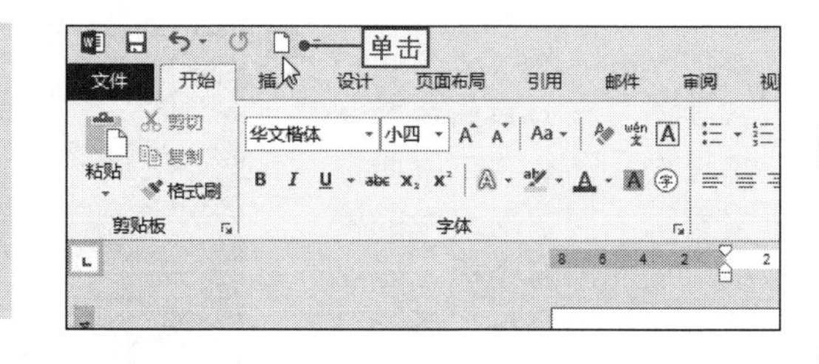

NO.

049 通过模板创建包含内容的文档

模板是一种特殊的Office文件，它提前预设好了文档的样式和结构。用户通过模板可快速创建出包含内容的文档，然后对其稍作修改，即可制作出非常有特色的文档，其具体操作如下。

1 切换到“新建”选项卡

切换到BackStage界面中，❶单击“新建”选项卡，❷单击需要的模板。

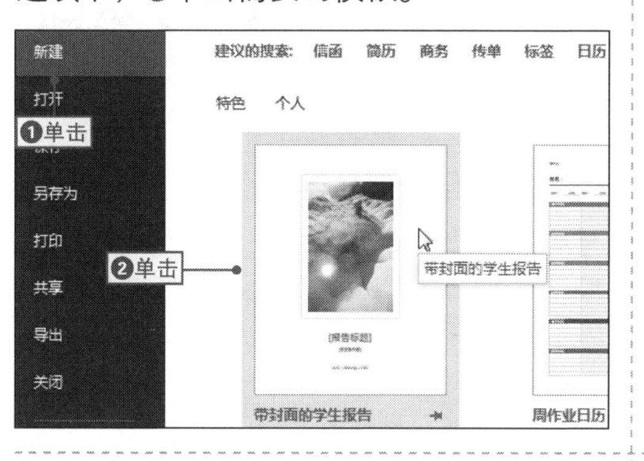

2 下载指定的模板文件

在打开的界面中预览模板的整体效果，然后单击“创建”按钮并下载该模板文件。

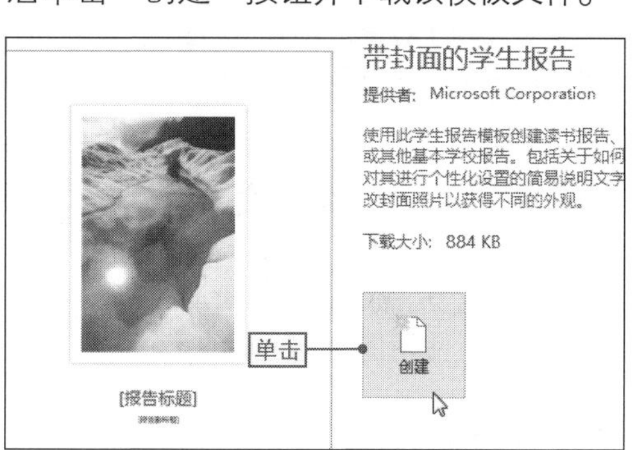

3 查看下载的模板文档

程序自动下载模板文件完成后，会新建一个含有内容的文档，用户可以直接在该版式上，对其进行修改。

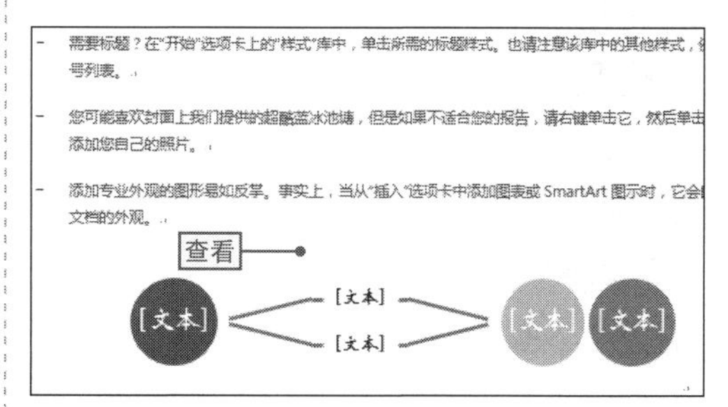

NO.
050 巧妙地从网络中搜索模板文档

在Word 2013中，如果新建页面中没有用户需要的模板，那么还可以通过搜索功能搜索网络中的模板，从而创建模板。其具体操作是：❶在“新建”选项卡的搜索文本框中输入搜索内容，❷单击“搜索”按钮即可快速查找到需要的模板。

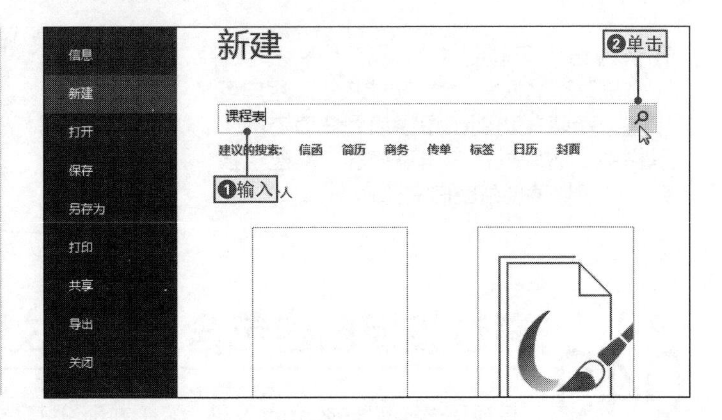

NO.
051 快速打开最近编辑过的文档

案例001 工作计划

◉\素材\第2章\工作计划.docx ◉\效果\第2章\无

用户要打开最近常用的某个文档，需要找到该文档的存储位置，然后将其打开，这样非常麻烦。其实对于经常需要编辑的文档，可将其固定到最近使用的位置，在下次需要编辑该文档时，可直接将其打开。下面将以固定和快速打开“工作计划.docx”文档为例来进行讲解。

1 切换到“打开”选项卡

打开“工作计划.docx”素材文件，并切换到BackStage界面，单击“打开”选项卡，显示出最近使用的文档。

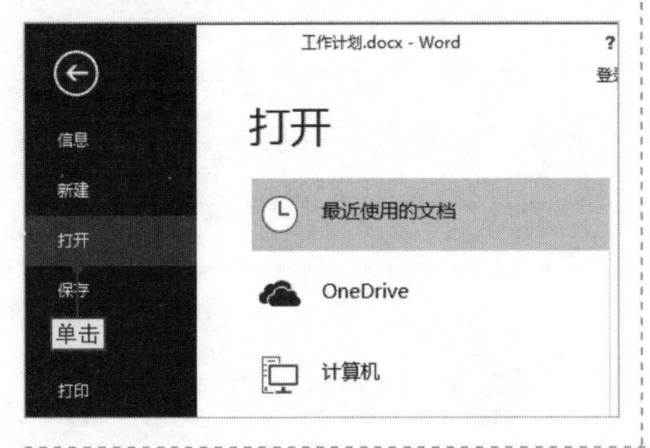

2 将文档固定到列表中

在界面右侧列表中显示了最近打开过的文档，在需要固定的文档后单击按钮将其固定到列表中。

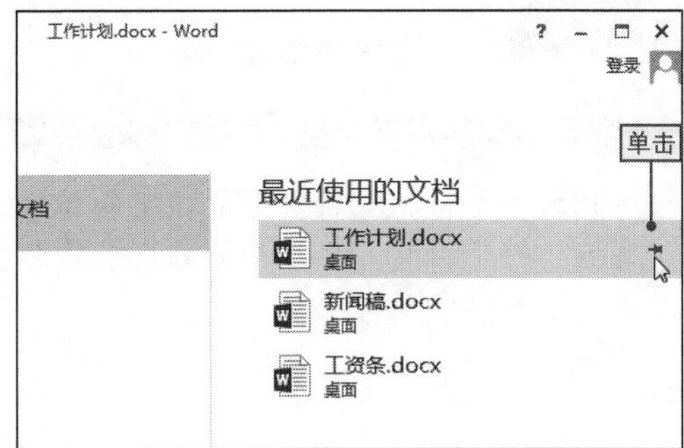

3 通过欢迎界面打开最近使用文档

在关闭文档后，重启Word程序时，可在欢迎界面左侧的“最近使用的文档”选项组中单击需要编辑的文档即可打开文档。

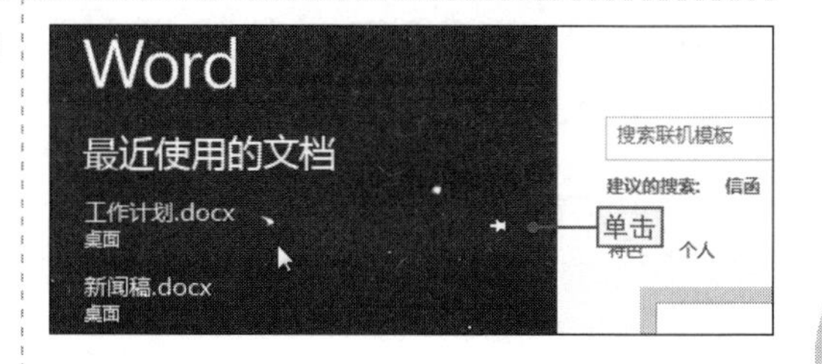

NO.

052 同时打开多个文档

在日常办公过程中，如果要打开较多的文档，则可以同时选择多个文档并将其打开，从而可提高工作效率。其具体操作是：按【Ctrl+F12】组合键，打开“打开”对话框，❶选择要打开的多个文档，❷单击“打开”按钮即可同时打开多个文档。

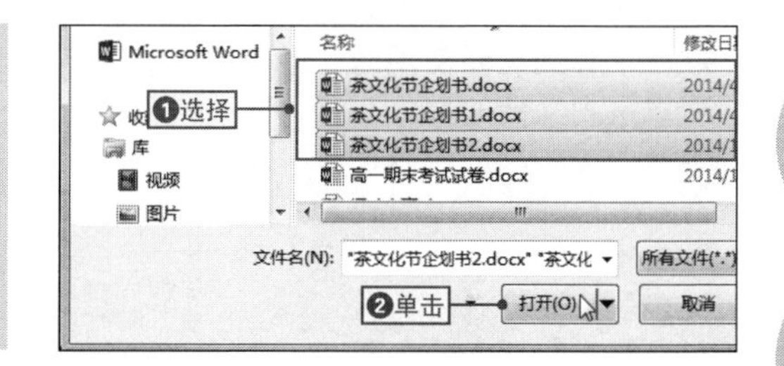

NO.

053 以副本的方式编辑文档

用户在编辑文档时，可能会担心因编辑错误而导致原始文档中的数据丢失，为了防止重要文件被损坏，最好以副本的方式打开文档，然后对副本文档进行编辑和修改等操作。其具体操作如下。

1 打开“打开”对话框

❶单击“打开”选项卡，❷选择“计算机”选项，❸单击“浏览”按钮，打开“打开”对话框。

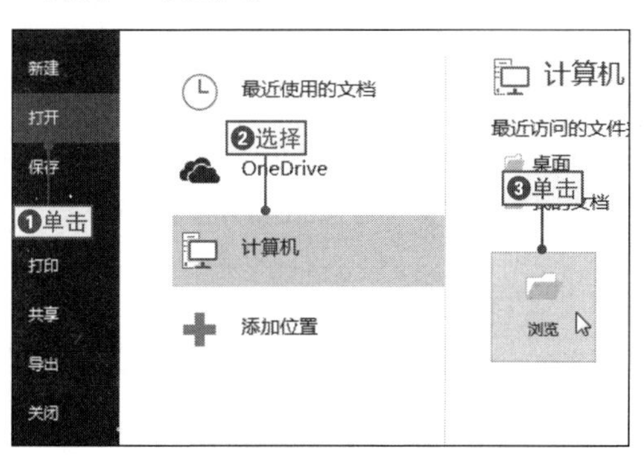

2 以副本方式打开Word文档

❶选择需要打开的文件选项，❷单击“打开”按钮右侧的下拉按钮，❸选择“以副本方式打开”选项即可打开文档。

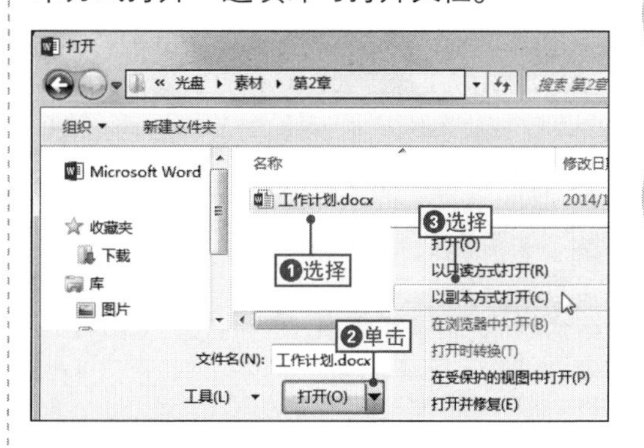

3 查看以副本方式打开的文档

程序将会自动在原文档的保存路径中创建一个副本文档，并通过Word程序将其打开，打开后可在标题栏中查看文档名称前的副本标识。

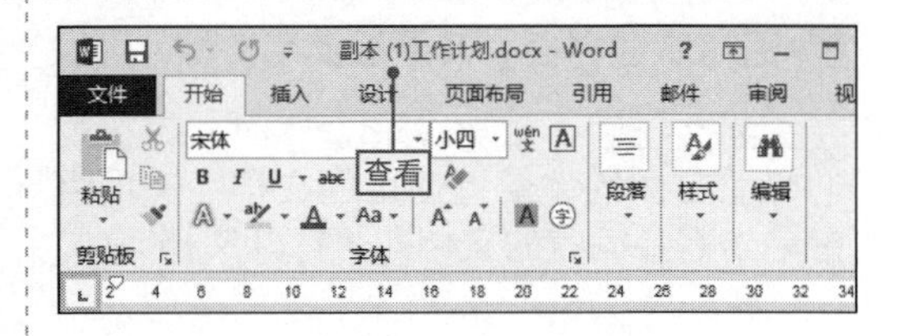

NO.

054 使用Word的文件搜索功能搜索文档

许多用户习惯将文档随意存放，等到需要使用时，却找不到文档的具体存放位置，这时用户可以使用Word的文件搜索功能搜索需要使用的文档，其具体操作是：❶打开“打开”对话框，❷在左侧列表中选择“计算机”选项（或选择需要的盘符），❸在右上角的“搜索”文本框中输入需要搜索的文档名称即可。

NO.

055 快速导入记事本中的内容

案例001 工作计划

◎\素材\第2章\工作计划1.txt、工作计划1.docx ◎\效果\第2章\工作计划1.docx

在日常办公中，为了方便，常常会将一些信息或者计划记录在记事本中，这时用户可以直接利用复制和粘贴功能将记事本中的内容快速导入Word文档中。下面将通过记事本中的文本内容导入“工作计划1.docx”文档中为例来进行，其具体操作如下。

1 复制记事本的文本内容

❶打开“工作计划1.txt”记事本文件，❷在任意位置定位文本插入点，按【Ctrl+A】组合键选择所有文本，然后按【Ctrl+C】组合键复制文本内容。

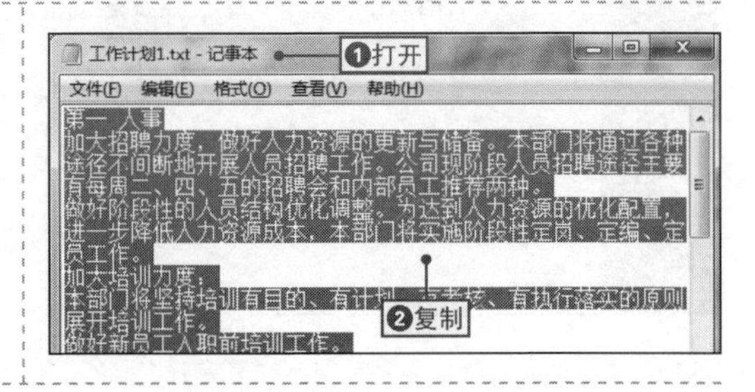

2 将文本粘贴到Word文档中

❶打开“工作计划1”素材文件，将文本插入点定位在目标位置，❷单击“剪贴板”选项组中的“粘贴”按钮（或按【Ctrl+V】组合键）快速粘贴文本。

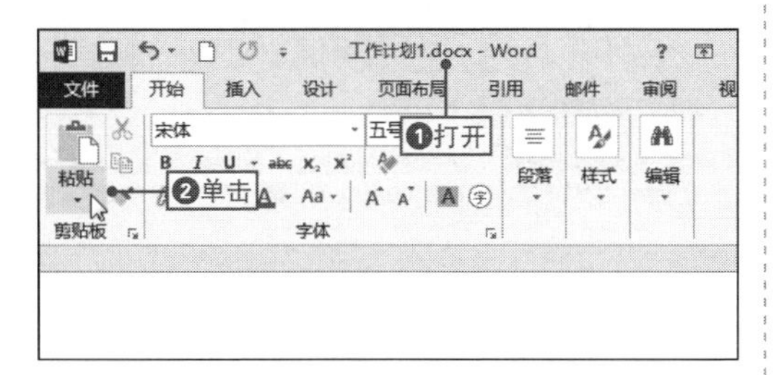

3 查看导入效果

此时在Word中即可查看到由记事本中快速导入过来的文本。

要确保企业的健康发展，不仅要掌握时代潮流，适应现在的发展，还需要不断的
才是公司的发展动力，尤其对大公司来说尤为重要。
为了让 2014 年行政部的各项工作正常运转，现做了一份计划书，其具体计划内
第一 人事
加大招聘力度，做好人力资源的更新与储备。本部门将通过各种途径不间断地开
工作。公司现阶段人员招聘途径主要有每周二、四、五的招聘会和内部员工推
做好阶段性的人员结构优化调整。为达到人力资源的优化配置，进一步降低人
本部门将实施阶段性定岗、定编、定员工作。
加大培训力度：
本部门将坚持培训有目的、有计划、有考核、有执行落实的原则展开培训工作。
做好新员工入职前培训工作。

查看

NO. 056 按照不同的粘贴选项粘贴文本内容

在编辑文本时，经常需要将其他文档或软件中的文本粘贴到当前文档中。除了可以按【Ctrl+V】组合键快速进行文本粘贴外，还可以根据需要选择粘贴方式，从而让原文件按照不同的格式进行粘贴，其具体操作如下。

1 打开“选择性粘贴”对话框

复制需要粘贴的文本内容，❶在目标文档的“剪切板”选项组中单击“粘贴”下拉按钮，❷选择“选择性粘贴”命令。

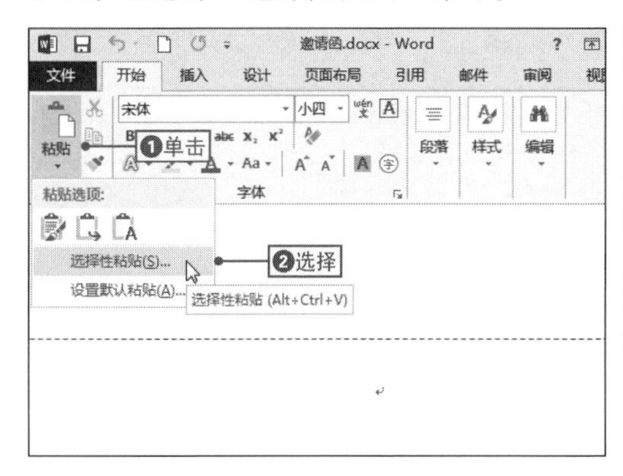

2 设置文本的粘贴方式

❶在打开的“选择性粘贴”对话框中选择需要的粘贴方式选项，❷单击“确定”按钮确认即可。

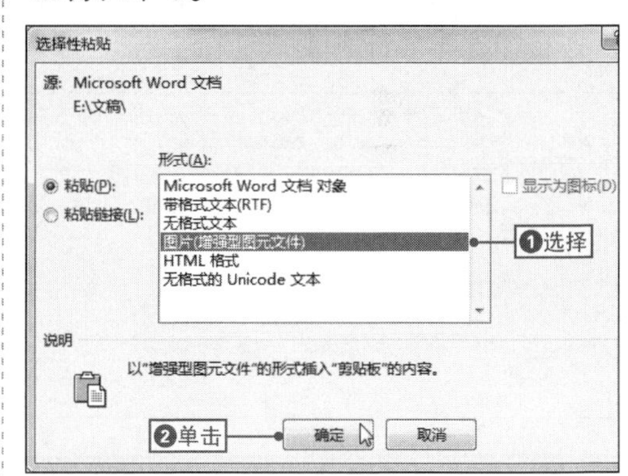

3 查看粘贴效果

返回文档中，即可查看到复制的内容将以图片的形式粘贴到指定的位置，且粘贴的文本内容不能进行编辑修改。

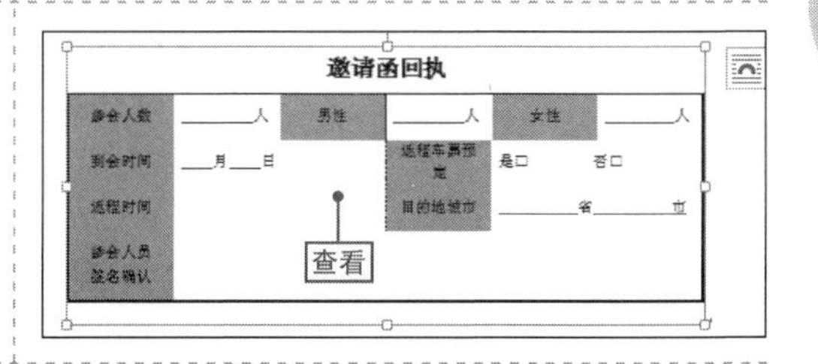

NO.

057 粘贴来自网页文件的内容

在日常办公中，工作人员经常会在网上下载一些资料，然后直接粘贴到Word文档中进行编辑，不过将下载的内容直接粘贴到文档中时会出现反应慢的情况，还会出现自动显示一些奇怪的符号，如右图所示，这时可以先将其粘贴到记事本中，然后在从记事本中复制到文档中即可。

中国天气网讯今天（4ª日），中国气象局在京召开12月新闻
气象局应急减灾与公共服务司副司长王志表示，预计未来十天（1
日），我国大部气温偏低，北方雾、霾天气较少，华南、江南等
同时，7日后，受台 奇怪的符号 与冷空气共同影响，南海大部风

冷空气活动频繁雾和霾天气少

冷空气活动较频繁，大部分地区气温偏低。未来10天（12月5-1
我国的冷空气活动较为频繁，全国大部分地区平均气温较常年同期
3℃。

8-10日，一股冷空气将影响北方大部地区，气温将下降4-6℃，其
部、内蒙古东部及东北地区降温幅度可达10-12℃，并伴有5级左

NO.

058 用查找和替换删除文档的空行

案例001 工作计划

◎\素材\第2章\工作计划2.docx　　◎\效果\第2章\工作计划2.docx

将文本内容从记事本或网络中粘贴到Word文档后，常会含有许多空行，对长文本而言，逐个的删除其中的空行非常麻烦，这时可以通过查找和替换功能批量删除制表符或者空行。下面将以删除“工作计划2.docx”文件中的空行为例来进行讲解，其具体操作如下。

1 打开“查找和替换”对话框

打开“工作计划2.docx”文件，在“编辑”选项组中单击“替换”按钮，打开“查找和替换”对话框。

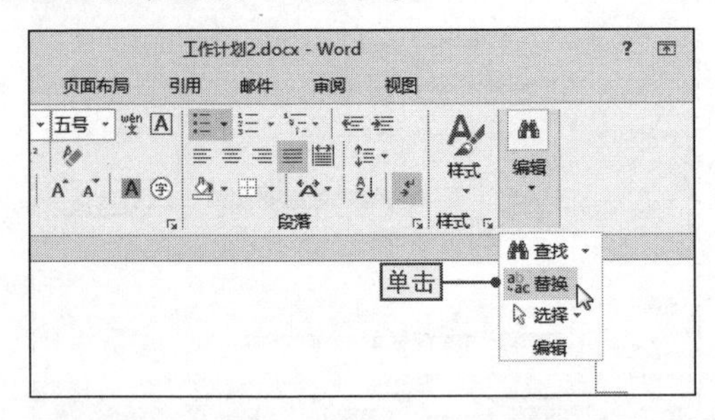

2 展开“查找和替换”对话框

❶将文本插入点定位到“替换”选项卡的“查找内容”下拉列表框中，❷单击“更多”按钮。

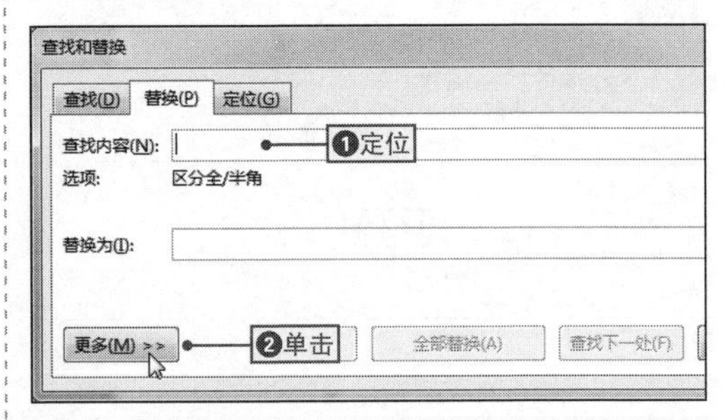

3 设置查找段落标记

❶在展开的对话框下方单击“特殊格式”下拉按钮，❷在打开的下拉列表中选择“段落标记”选项，可在文本框中设置一个段落标记。

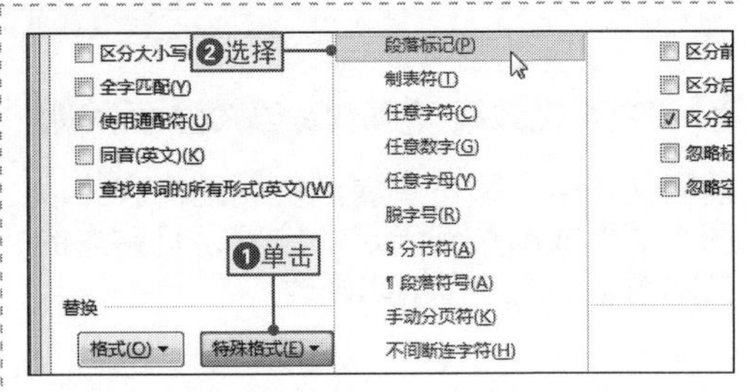

4 设置查找内容

返回“查找和替换”对话框中，❶在“查找内容”下拉列表框中复制“^p”文本，❷并在其后粘贴该内容。

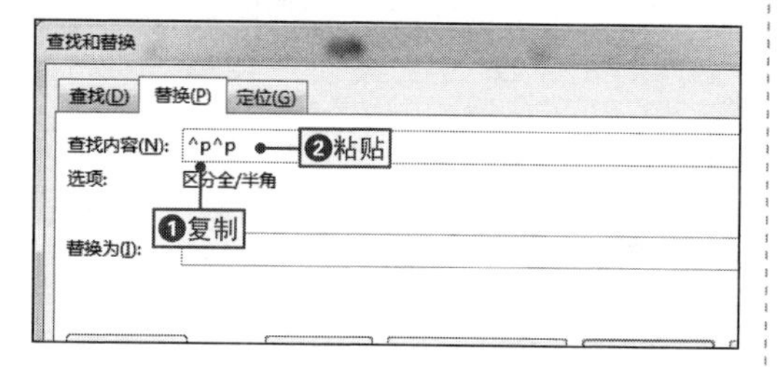

5 设置替换为内容并执行全部替换

❶在“替换为”下拉列表框中设置替换为的文本内容，如按【Ctrl+V】组合键粘贴“^p”文本，❷单击“全部替换”按钮。

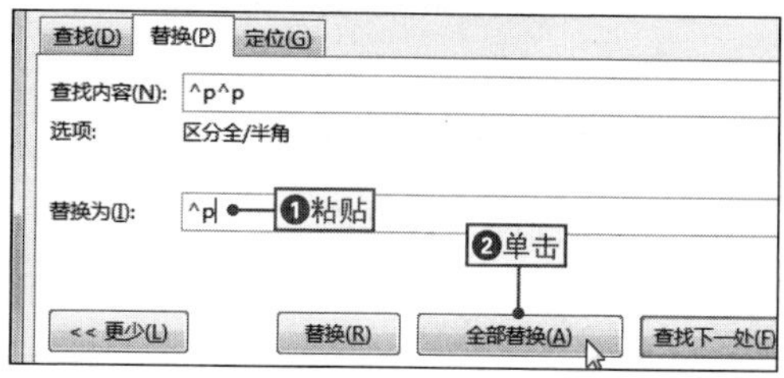

6 替换连续两行的空行

打开提示对话框，提示查找并替换的连续出现两个段落标记的个数，然后单击“确定”按钮。

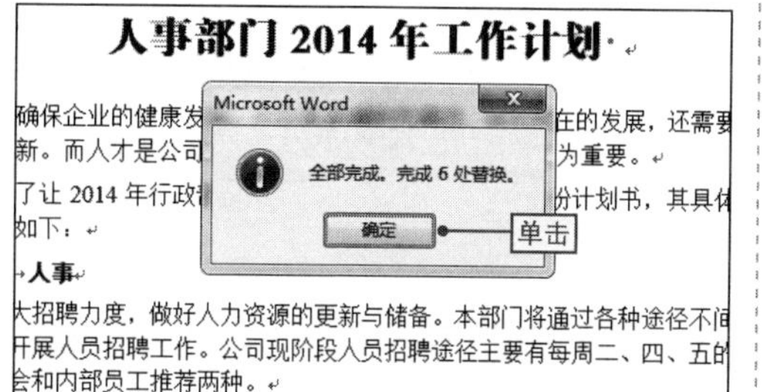

7 替换所有空行并关闭对话框

在文档中可能连续的空行有很多，因此需要多次执行全部替换操作，然后将所有连续的空行删除，最后单击“关闭”按钮关闭即可。

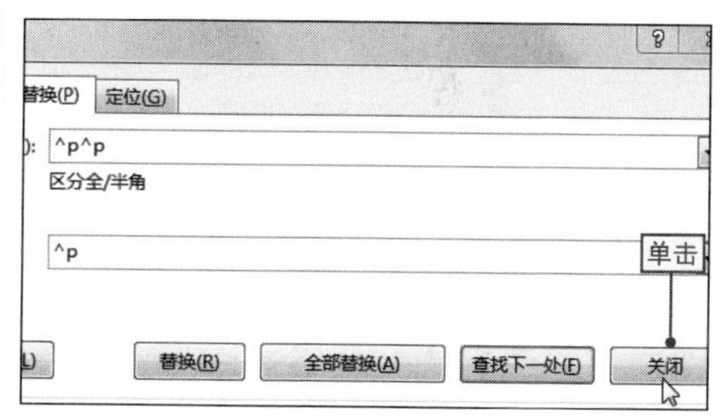

NO.

059 去除来自记事本的自动换行符

由于记事本程序设置了自动换行，所以将记事本中的内容复制到Word文档中时，将会产生一些自动换行符，而利用Word的查找段落标记方式来替换这些换行符则往往不能实现，此时可以通过以下方式来解决该问题，其具体操作是：❶按【Ctrl+H】组合键打开“查找和替换”对话框，在”查找内容“文本框中输入“^13”，❷将”替换为“文本框保持为空，❸单击“全部替换”按钮即可去除这些自动换行符。

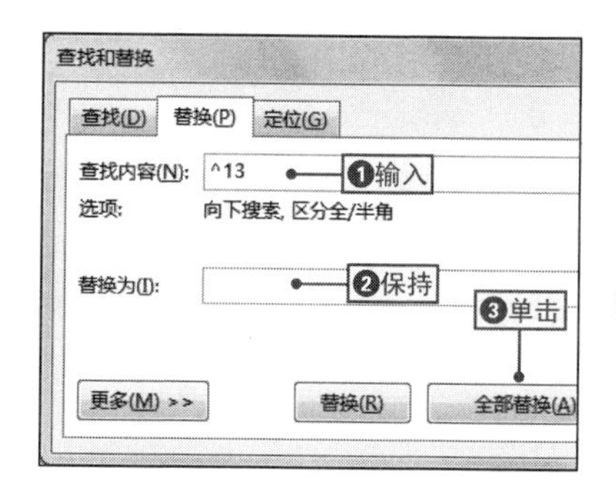

NO. 060 快速替换文档中所缺的字体

在查阅其他人制作的文档时，可能会出现当前缺少字体的情况，也就是自己电脑上的字体库中的字体无法满足打开文档的字体需求，这时Word会自动将电脑中安装的字体替换掉缺少的字体，用户可以根据实际需求手动进行替换，其具体操作如下。

1 打开“字体替换”对话框

打开“Word选项”对话框，单击“高级”选项卡，单击“字体替换”按钮，打开“字体替换”对话框。

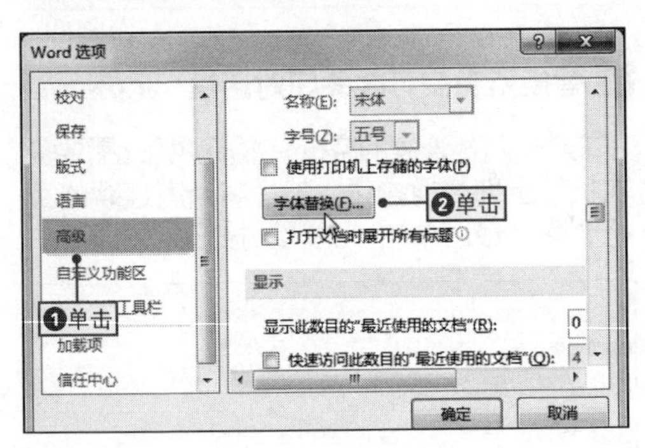

2 打开“自动更正”对话框

❶选择需要替换字体的选项，❷在“替换字体”下拉列表中选择需要设置的字体，❸依次单击“确定”按钮确认设置。

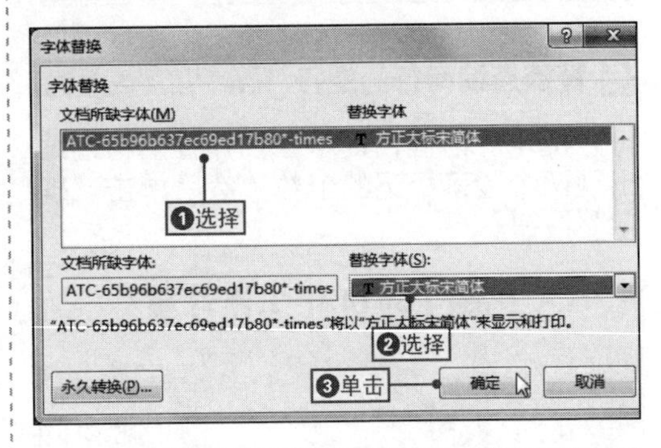

2.2 文本的输入和编排技巧

NO. 061 快速录入文档内容

案例002 茶文化节企划书

◉\素材\第2章\无 ◉\效果\第2章\茶文化节企划书.docx

在创建文档后，就可以在文档中录入相应的文档内容，下面将通过在新建的文档中录入文本内容为例来进行讲解，具体操作如下。

1 输入标题文本

❶新建名称为“茶文化节企划书.docx”的空白文档，❷在文本插入点处输入相应的标题内容。

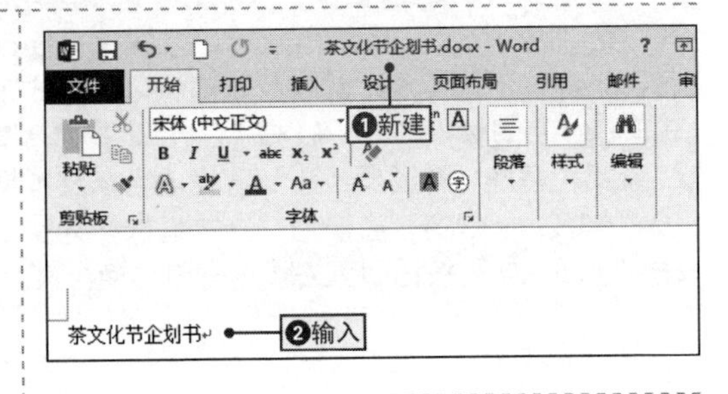

2 输入其他文本

在标题文本输入完成后，按【Enter】键进行换行操作，以相同的方法将所有的茶文化节企划书内容输入文档中。

NO.
062 准确输入超长地址

在日常办公中输入长文本时，可以使用Word的自动更正功能快速输入长文本，这样不仅可以提高输入速度，而且还能避免输入错误，下面将以输入四川省成都市成华区××路127号地址为例来进行讲解，其具体操作如下。

1 打开“Word选项”对话框

在BackStage界面中单击“选项”按钮，打开“Word选项”对话框。

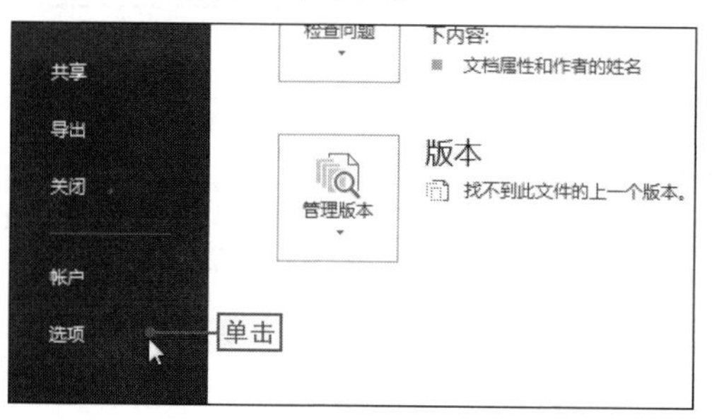

2 打开“自动更正”对话框

❶单击“校对”选项卡，❷单击“自动更正选项”按钮，打开“自动更正”对话框。

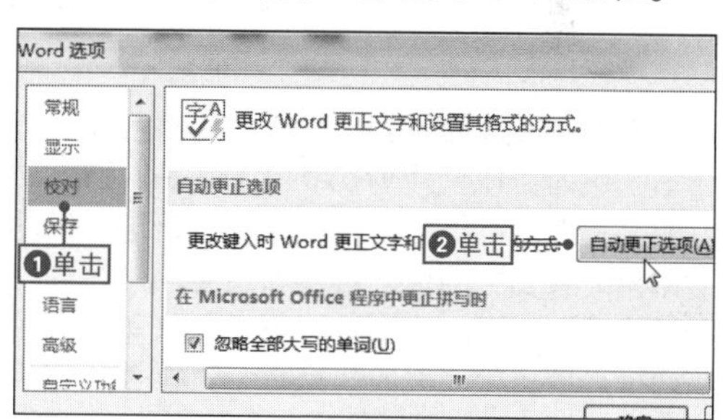

3 设置替代项目

❶在“替换”文本框中输入“gd”，❷在“替换为”文本框中输入相应的内容。

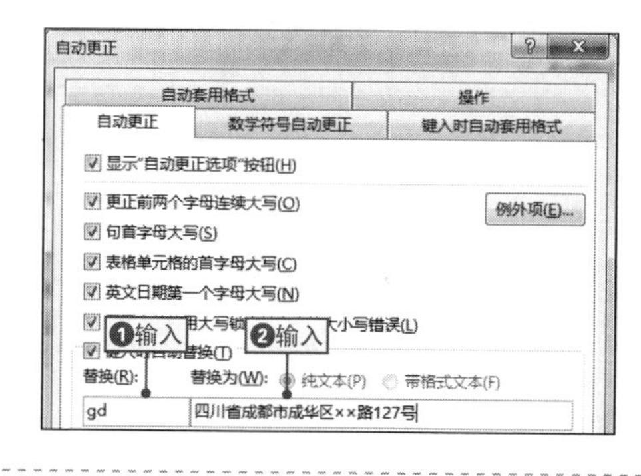

4 添加替代项目

❶单击“添加”按钮，即可看到列表中添加的记录，❷单击“确定”按钮。

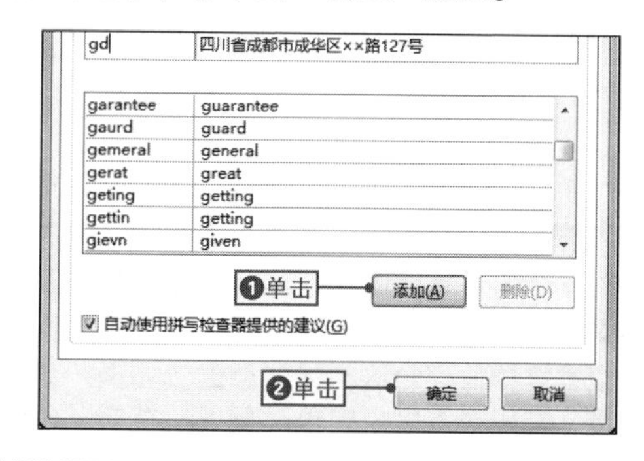

5 关闭“Word选项”对话框

返回“Word选项”对话框，单击“确定”按钮，关闭该对话框即可完成添加替换项目的操作。

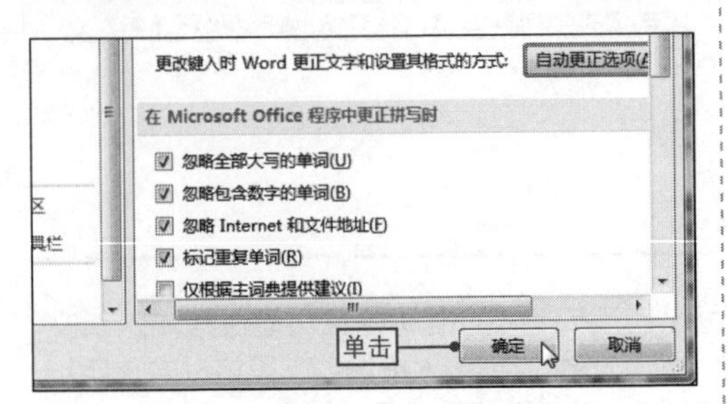

6 输入替换字符

在要输入公司地址的位置输入“gd”，然后按【Enter】键确认输入，此时程序将自动进行换行，并显示出对应的公司地址。

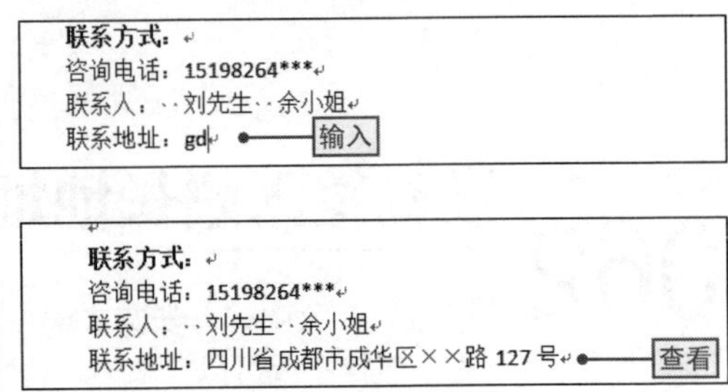

NO.063 将常见错误设置自动更正

在Word中输入文本时，难免会输入一些错误的文本，这时可以使用Word 2013提供的自动更正功能，它能对常见错误文本或者字符进行自动更正，如将“其它”词组的替换项设置为“其他”词组，❶在文档中错误的输入“其它”文本时，❷程序自动将其更正为“其他”文本，其设置方法和“准确输入超长地址”技巧的操作方法一致。

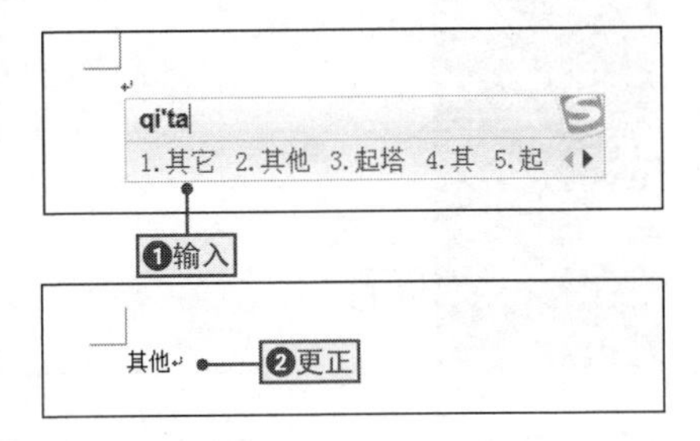

NO.064 快速切换“插入”与“改写”状态

在Word 2013文档编辑界面中，默认的文本输入状态为“插入”状态，即在文本的左边输入文本时原有文本将右移。而另一种“改写”状态，即在原有文本的左边输入文本时原有文本将被替换，用户可根据需要快速对这两种状态进行切换，其具体操作是：❶在状态栏中单击“插入”按钮，❷此按钮将变为“改写”按钮，即当前输入的内容将会被替换原内容。

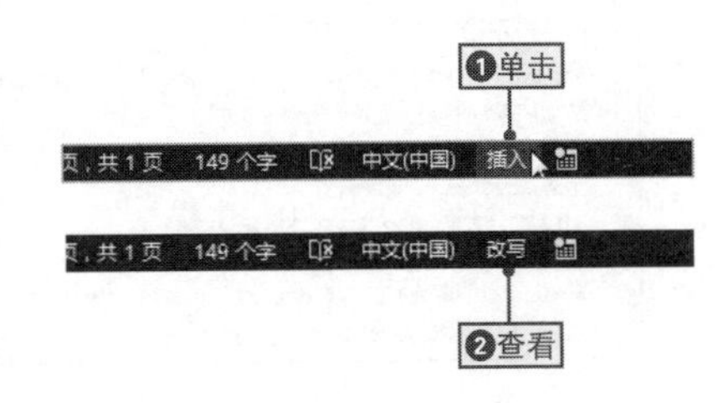

NO.
065

快速更改默认输入法

在使用Word编辑文档时，默认的输入法是英文或微软输入法，这对于习惯用其他输入法的用户来说，每次都需要手动切换输入法，非常不方便，这时可以通过更改默认输入法来解决该问题，其具体操作如下。

1 打开“区域和语言”对话框

打开“控制面板”窗口，在其中单击“更改显示语言”超链接，打开“区域和语言”对话框。

2 打开“文本服务和输入语言”对话框

在“键盘和语言”选项卡中单击“更改键盘”按钮，打开“文本服务和输入语言”对话框。

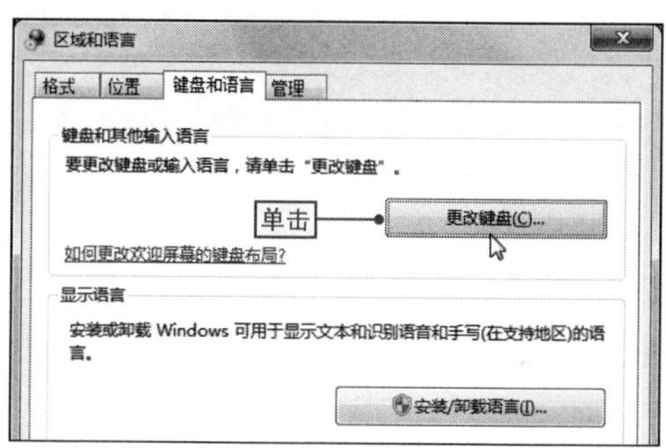

3 更改默认输入法

在“常规”选项卡的“默认输入语言”区域中选择需要设置的默认输入法，然后单击“确定”按钮确认设置。

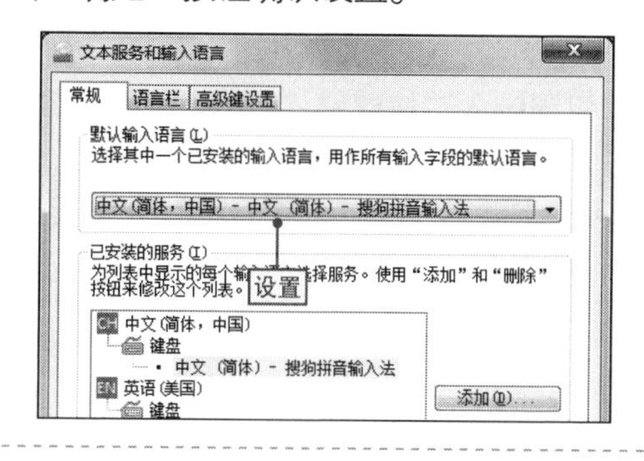

4 切换到“高级”选项卡中

打开“Word选项”对话框，单击“高级”选项卡。

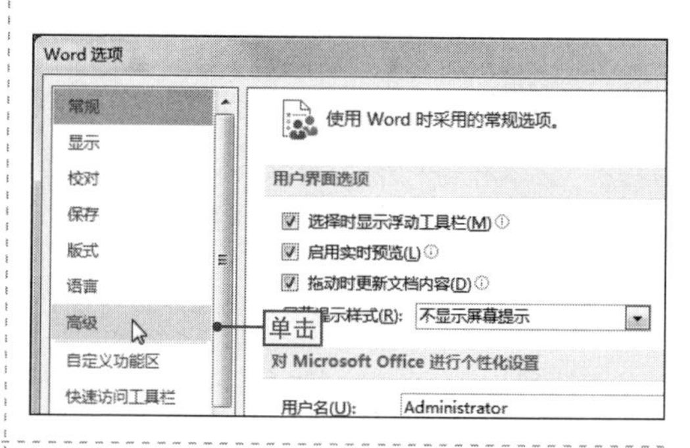

5 使输入法控制处于非活动状态

❶在选项卡左侧取消选中“输入法控制处于活动状态”复选框，❷单击“确定”按钮确认设置。

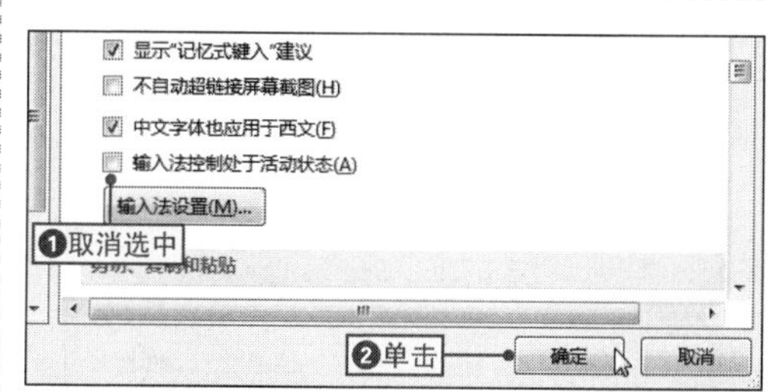

NO.
066

快速删除输入法

对于长时间使用办公软件的用户来说，根据自己的使用习惯安装适合的输入法，可以提高文本的速度，为了能快速切换到自己需要的输入法，可以将电脑中多余的输入法删除，其具体操作如下。

1 打开“文本服务和语言”对话框

❶在桌面任务栏右侧的语言栏中右击输入法图标，❷在弹出的快捷菜单中选择“设置”命令。

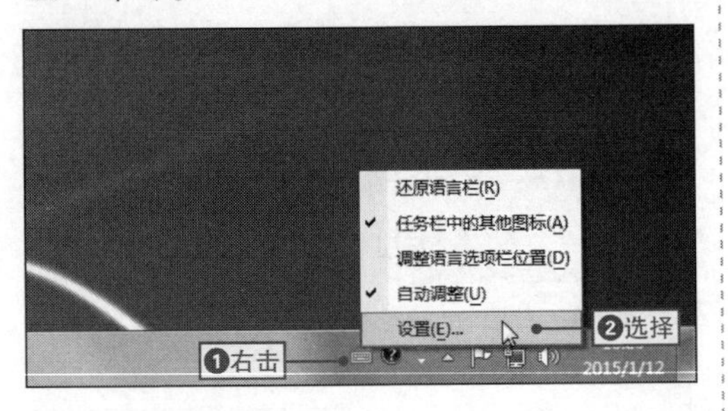

2 删除输入法

❶在打开的“文本服务和输入语言”对话框中选择需要删除的输入法选项，❷单击“删除”按钮删除即可。

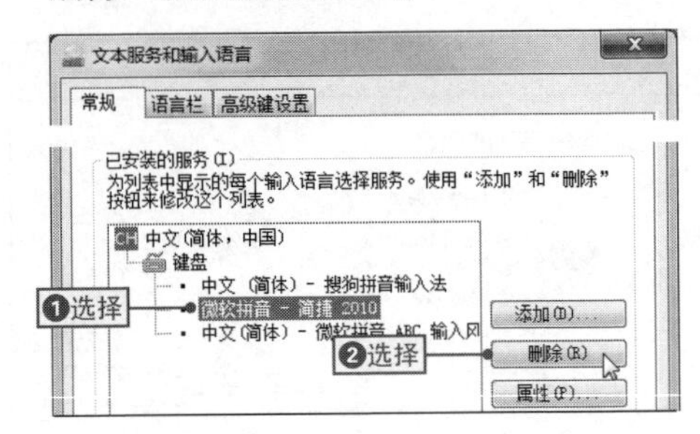

NO.
067

解决输入法不能切换的问题

在使用Word编辑文档时，经常会遇到输入法无法切换的问题，这时可以通过设置切换快捷键来解决该问题，其具体操作如下。

1 打开“更改按键顺序”对话框

打开“文本服务和输入语言”对话框，❶单击“高级键设置”选项卡，❷单击“更改按键顺序”按钮。

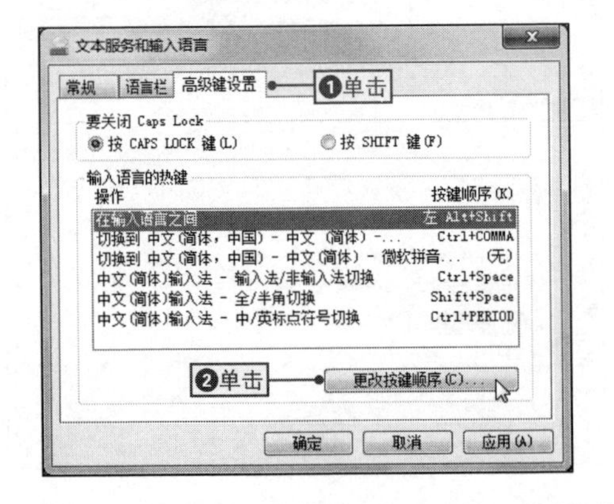

2 设置输入法快捷键

❶在打开的“更改按键顺序”对话框中设置切换输入法的快捷键，❷依次单击“确定”按钮即可完成设置。

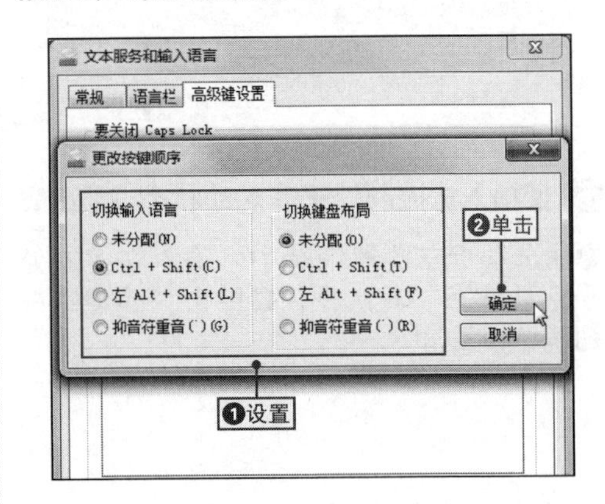

NO.
068 调整输入法的先后顺序

在Word中编辑文本时，用户可以调整输入的顺序，从而能快速切换到自己常用的输入法，其具体操作是：打开“文本服务和输入语言”对话框，❶选择需要调整输入法的选项，❷单击“上移”按钮，即可使输入法向前移动。

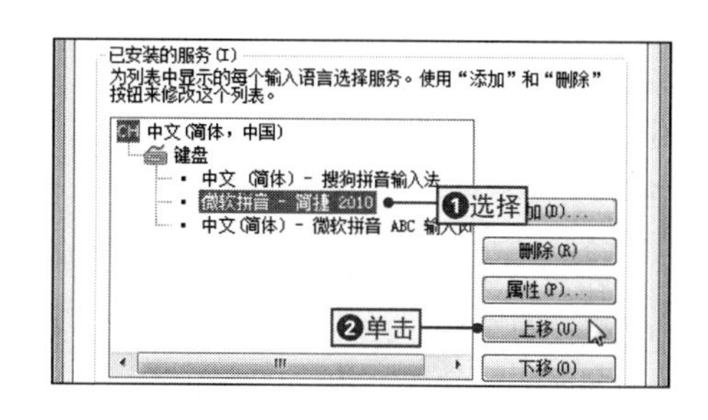

NO.
069 快速输入生僻字

在Word 2013中编辑文本时，如果使用拼音输入法输入文本，可能会遇到个别生僻字，由于生僻字很少见到，又不知道读音，因此输入比较困难。这时可以使用插入符号的方式快速输入生僻字，下面将以输入“毗”为例来进行讲解，其具体操作如下。

1 切换到“插入”选项卡

❶在文档中输入一个与所需生僻字部首相同的字，笔画相近的字，选择该字，如这里输入“毕”，❷单击“插入”选项卡。

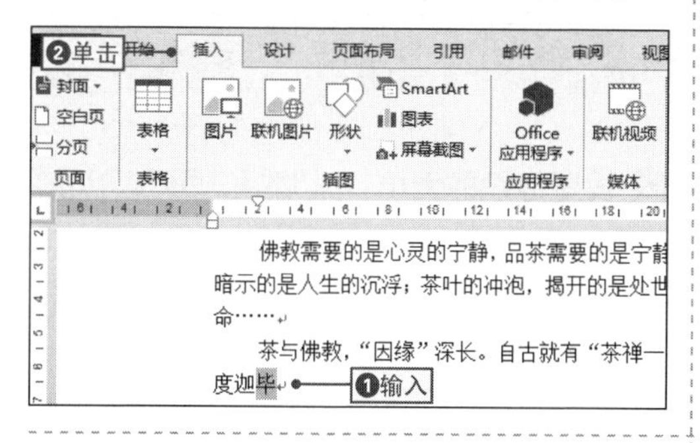

2 打开“符号”对话框

❶在“符号”选项组中单击“符号”下拉按钮，❷在打开的下拉列表中选择“其他符号”命令，打开“符号”对话框。

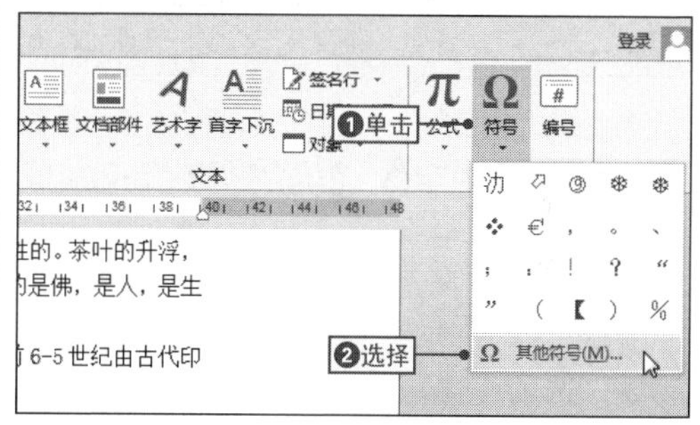

3 选择生僻字

❶系统将自动选定“符号”选项卡的“毕”字上，❷在“毕”字周围可以找到所需的“毗”字，选择该字。

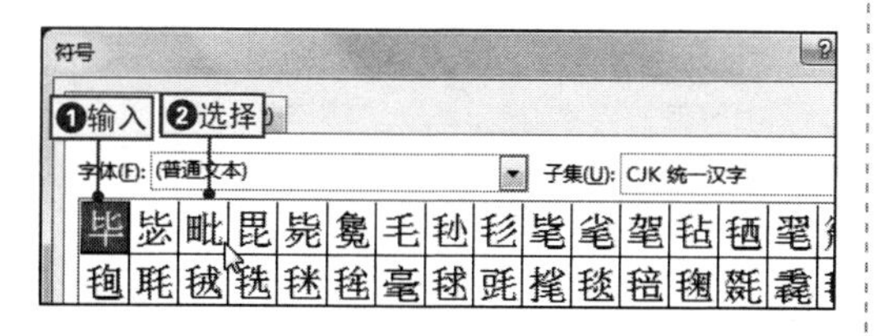

4 关闭对话框

❶单击“插入”按钮，将生僻字插入文档中，❷单击“关闭”按钮关闭对话框。

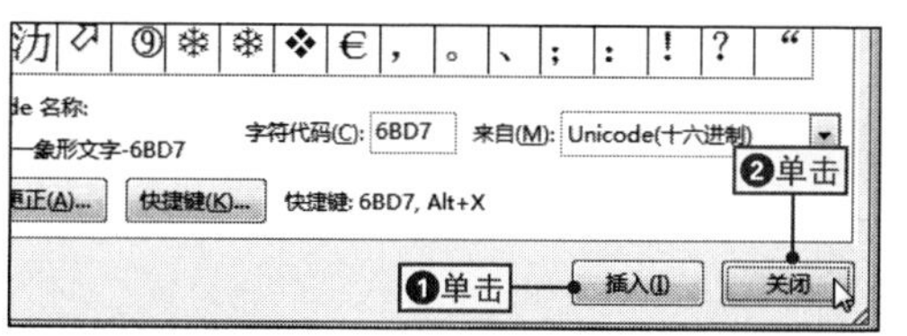

NO. 070 快速输入特殊符号

在制作日常办公文档时，常常需要输入一些特殊符号，如版权符©、注册符®以及商标符™等，在Word中可以通过插入特殊符号的方法来快速输入，其具体操作是：打开“符号”对话框，❶单击“特殊字符”选项卡，❷在“字符”下拉列表框中选择需要输入的特殊符号，❸单击“插入”按钮，即可在文档的相应位置输入特殊符号。

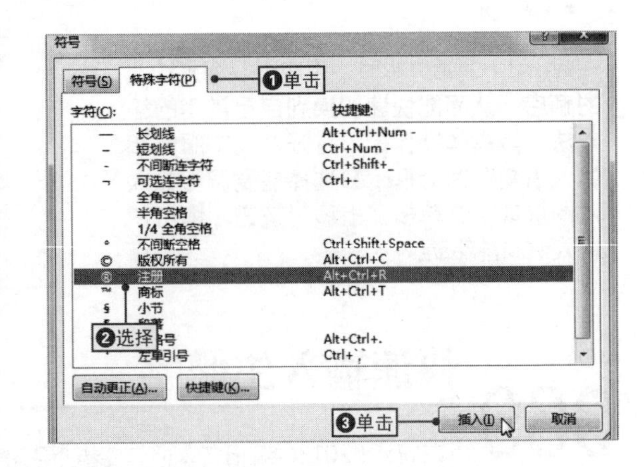

NO. 071 快速设置文本字体格式

案例002 茶文化节企划书

◉\素材\第2章\茶文化节企划书1.docx　◉\效果\第2章\茶文化节企划书1.docx

字体格式就是对字体的外观进行设置，其中包括字体、字号、字形、字体颜色和底纹等，在Word中输入的文本内容默认为“宋体、五号”，为了能更好地区分标题和正文，可为它们设置不同的字体格式，下面将以设置“茶文化节企划书1.docx”的标题和正文格式为例来进行讲解，其具体操作如下。

1 设置标题的字体

打开“茶文化节企划书1.docx”文件，选择标题文本，❶在“字体”选项组中单击“字体”下拉按钮，❷选择“方正大标宋简体”选项设置标题字体。

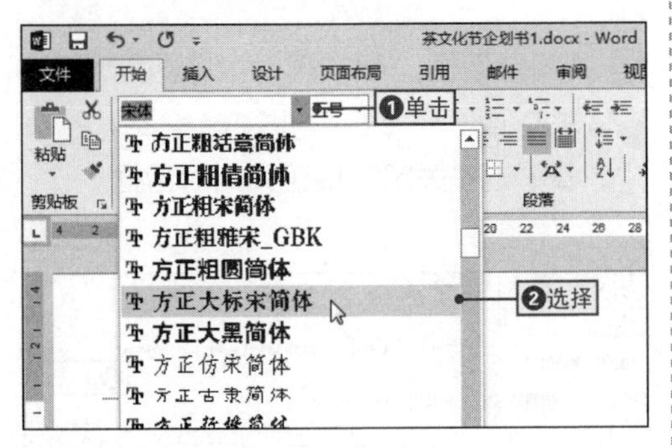

2 设置标题的大小

保持标题文本为选择状态，❶在“字体”选项组中单击“字号”下拉按钮，❷选择“二号”选项设置标题文本字号。

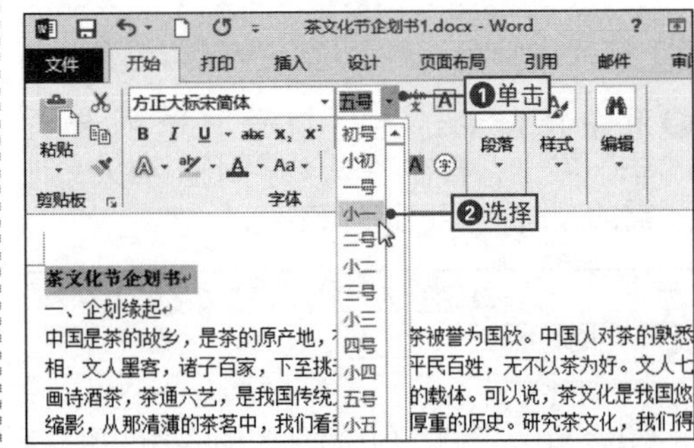

3 设置文本加粗和添加下画线

保持标题文本为选中状态，❶在“字体”选项组中单击“加粗”按钮使文本加粗，❷单击“下画线”按钮为文本添加下画线。

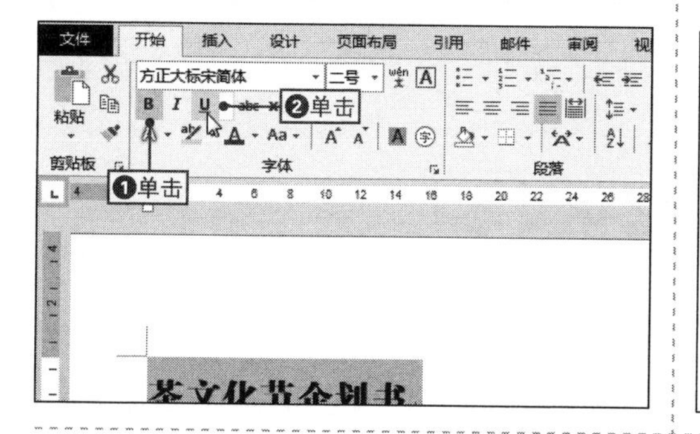

4 为其他文本设置字体格式

以相同方法为文档中的其他文本设置不同的字体格式。

查看

NO. 072 更改文档的默认输入的字体格式

在新建Word文档后，文档都会具有统一的默认字体格式，为了能更加方便地的制作文档，用户可以根据实际需求更改文档的默认字体格式，更改默认格式只能在对话框中进行，其具体操作如下。

1 打开“字体”对话框

在“开始”选项卡的“字体”选项组中单击“对话框启动器”按钮，打开“字体”对话框。

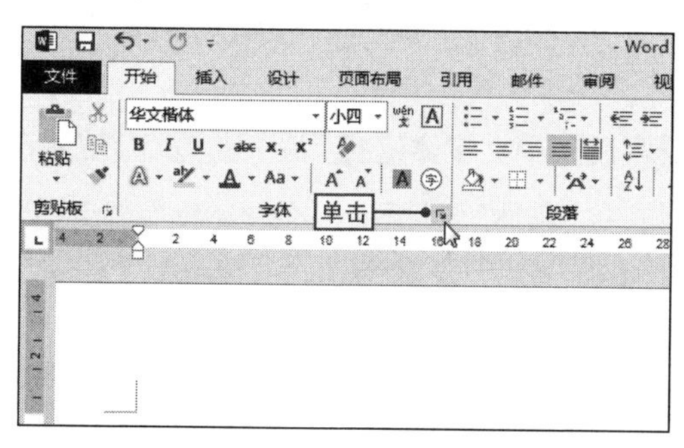

2 设置字体格式

在“字体”选项卡中对字体、字形、字号、字体颜色以及效果等进行设置。

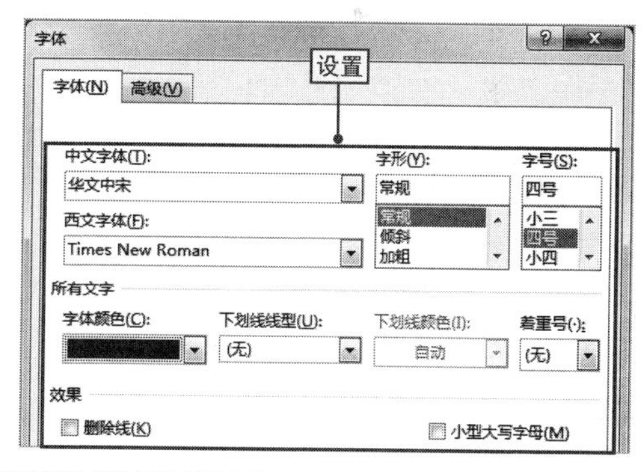

3 将字体格式设置默认值

在设置完成后，在“预览”区域中可预览到相应效果，❶单击“设为默认值”按钮，❷单击“确定”按钮。

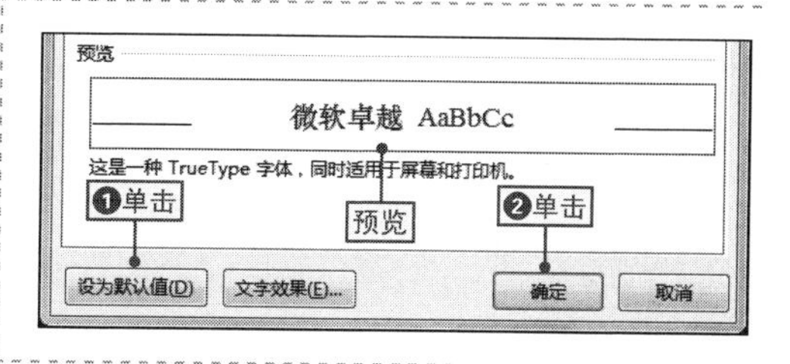

4 使默认格式对所有文档有效

❶在打开的提示对话框中选中“所有基于Normal.dotm模板的文档”单选按钮，将默认格式设置为对所有文档都有效，❷单击“确定”按钮即可确认设置。

NO.
073 使用浮动工具栏格式化文本

浮动工具栏是一种快捷的格式化命令访问方式，使用它可以为文本设置相应的字体格式，只需稍微移动鼠标，即可快速对字体、字形、字号以及文本颜色等进行设置，从而大大提高了工作效率，其具体操作是：❶选中需要设置字体格式的文本，此时将自动显示浮动工具栏，❷将鼠标移动到其上即可对文本格式进行快速设置。

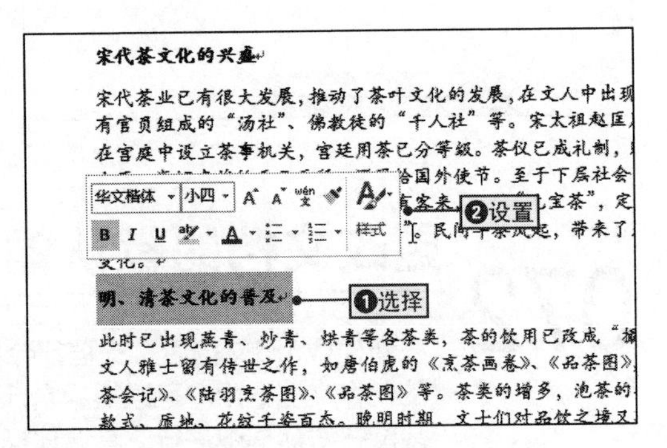

NO.
074 快速统一设置文档中的中英文字体格式

在一篇同时含有中英文文本的文档中，想要统一设置中英文文本的字体格式，如中文字体格式为“华文宋体、四号”，英文字体格式为“Arial UnicodeMS、四号”，这时可以通过以下技巧来快速实现，其具体操作如下。

1 打开“字体”对话框

❶选择文档中的所有文本，❷在“开始”选项卡的“字体”选项组中单击“对话框启动器”按钮。

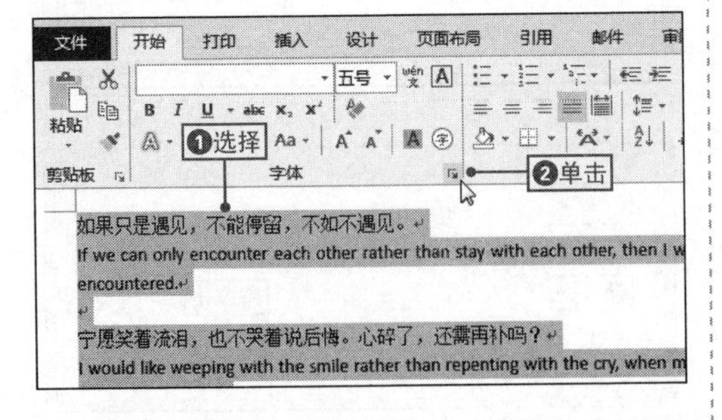

2 设置中文字体格式

打开“字体”对话框，在“字体”选项卡的“中文字体”下拉列表中选择“华文宋体”选项。

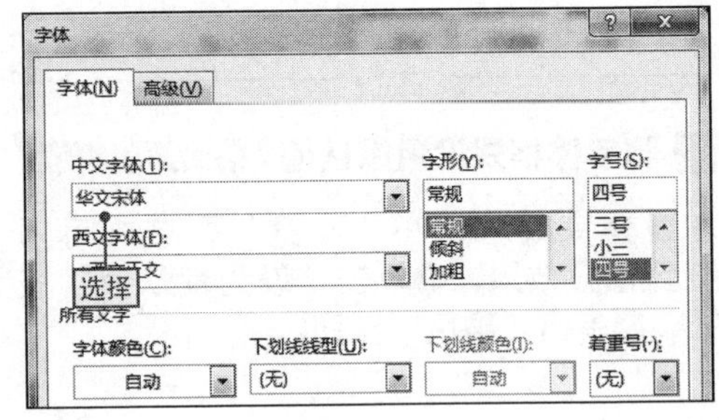

3 设置西文字体格式

在“西文字体”下拉列表中选择“Arial UnicodeMS”选项，然后单击“确定”按钮即可确认设置。

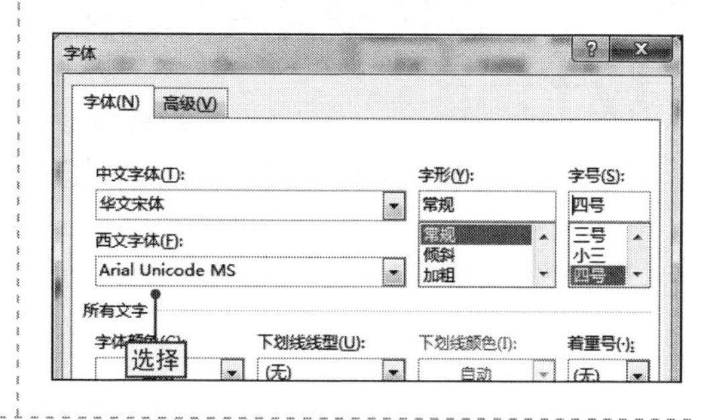

NO.

075 相同格式的内容用格式刷快速完成

案例002 茶文化节企划书

◎\素材\第2章\茶文化节企划书2.docx　　◎\效果\第2章\茶文化节企划书2.docx

在Word文档中，如果需要为大量的内容重复设置相同的格式，这时可以利用格式刷来快速完成，下面将通过在“茶文化节企划书2.docx”文档中使用格式刷为例，来讲解快速为文本设置相同格式的操作方法，其具体操作如下。

1 复制文本格式

打开“茶文化节企划书2.docx”文件，❶选择需要复制格式的源文本，❷在“剪切板”选项组中单击“格式刷”按钮复制格式。

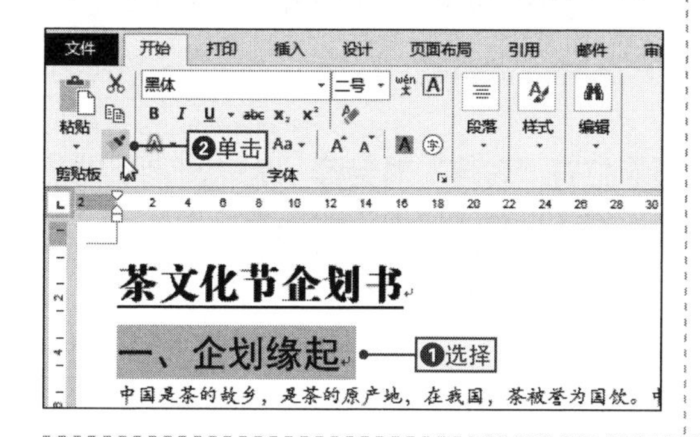

2 使用格式刷设置文本格式

当鼠标光标变为刷子形状时，选择复制格式的目标文本内容，然后释放鼠标即可快速为其设置格式。

茶味至寒，最宜精行俭德之人。古人认为，茶能清心、陶情、去杂、生精……一是坐禅通夜不眠；二是满腹时能帮助消化，轻神气；三是“不发”，能抑……禅宗的坐禅，很注重五调，即调食、调睡眠、调身、调息、调心。所以，饮……的生活方式和道德观念的。从而，茶叶成了佛教的“神物”。

二、企划主题　选择

通过这次茶文化节，将我国千年来的茶文化推向全世界，让我们从茶中看中……史，以及加大对饮茶健身的宣传力度，弘扬国饮传统。

三、活动时间及架构

中国茶文化节将于2015年1月22日至2月12日在北京文化展览厅中开展……

3 为其他文本复制格式

以相同的方法使用格式刷为其他需更改格式的相同文本复制格式。

B、茶文化的历史、内涵

历史是什么？它不是泛黄的沉重书页；它不是褪色的如烟往事；它……女在，共话玄宗时”；它不是“折戟沉沙铁未销，自将磨洗认前朝”……活中的点点滴滴，丝丝渐变，譬如这沉浮清水中的香茗，譬如这于氤……譬如只是这简简单单的一个“茶”字……

1、茶文化的内涵　查看

茶文化包括茶的历史、茶的著作、茶的传说以及人们在饮茶、品茶……

NO.
076 连续使用格式刷

在Word文档中，如果要将多处文本内容更改为相同的格式，可以通过连续使用格式刷来实现，其具体操作如下。

1 激活格式刷功能

选择源文本，在“剪切板”选项组中双击“格式刷”按钮。

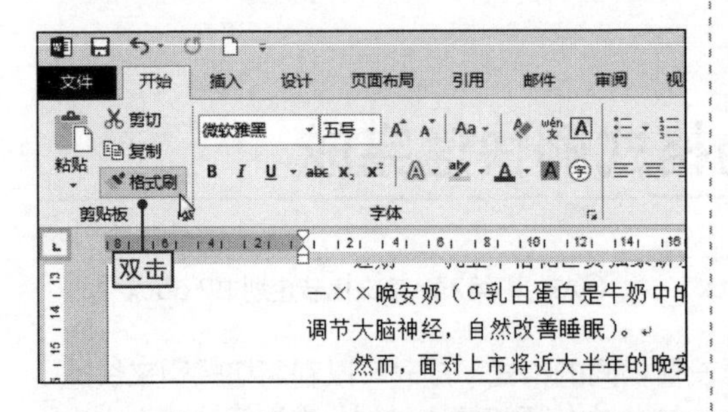

2 更改文本格式

当鼠标光标变为形状时，在文档中需更改格式处重复多次选择文本更改格式。

个卖点。

二、消费者分析

如今牛奶的目标消费人群已十分广泛。面临着这样一个大分目标相当明确，其消费定位锁定老中青三大消费人群。

（1）青少年

据四川市精神卫生中心对四川市7个城区28所中学上万名两年的睡眠状况的调查结果显示：59%的学生使用过安眠药，其于初中生，药物30%来源于家庭，27%来源于药店。根据调查结生的睡眠状况存在很大的问题，至少有50%以上的中学生睡眠

NO.
077 快速设置文档的段落格式

案例002 茶文化节企划书

◉\素材\第2章\茶文化节企划书3.docx ◉\效果\第2章\茶文化节企划书3.docx

在Word文档中，为了让文档的整体内容更加清晰有条理，可以为指定文本或段落设置多个段落格式，如对齐方式、缩进、段落间距和行距等，下面将以设置“茶文化节企划书3”文档的对齐方式和间距为例来进行讲解，其具体操作如下。

1 设置标题文本居中对齐

打开“茶文化节企划书3.docx”文件，❶将文本插入点定位到标题中的任意位置，❷在“开始”选项卡的“段落”选项组中单击“居中”按钮设置标题居中对齐。

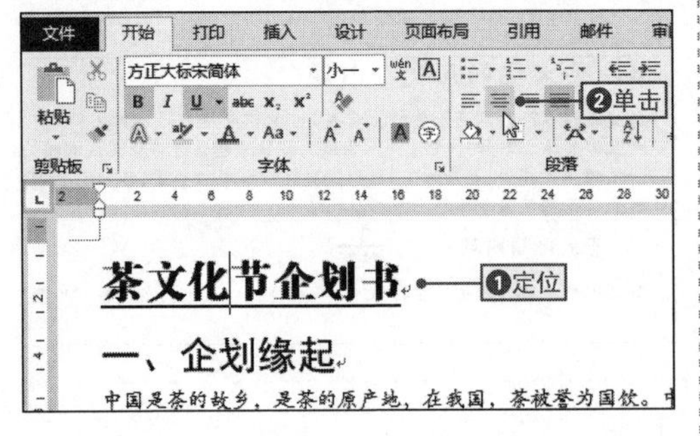

2 打开“段落”对话框

在“段落”选项组中单击“对话框启动器”按钮，打开“段落”对话框。

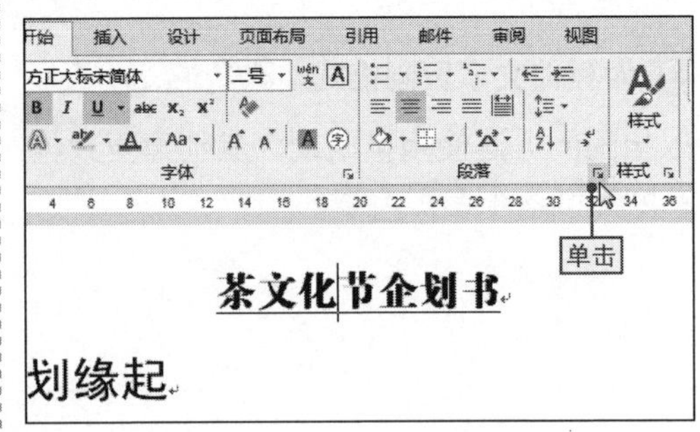

3 设置段前和段后间距

在“缩进和间距”选项卡中，将“间距”中的“段前”和“段后”数值框中分别设置为“0.5行”，然后单击“确定”按钮。

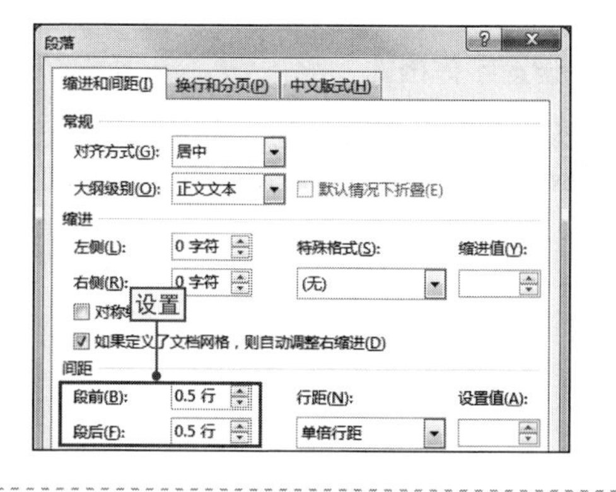

4 查看设置效果

返回文档编辑区中即可查看到段落的设置效果。

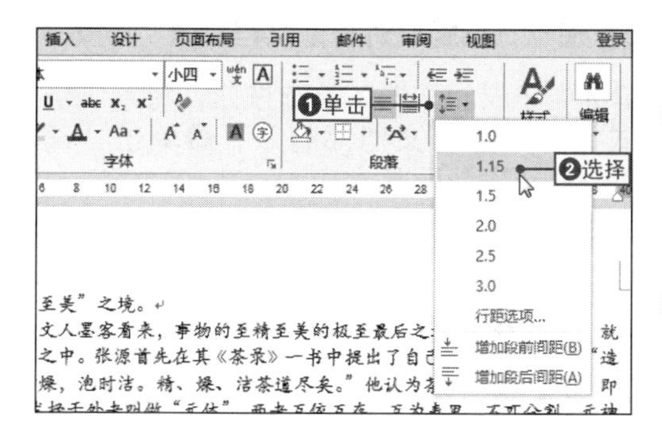

NO. 078 快速设置段落行距和间距

在Word中编辑文档时，为了使文档整体内容看上去更加美观，可以快速对段落设置行距和间距，其具体操作是：❶在“开始”选项卡的“段落”选项组中单击“行和段落间距”下拉按钮，❷在弹出的下拉菜单中选择需要的行距选项即可（选择“行距选项”命令可打开“段落”对话框进行自定义行距和间距的设置）。

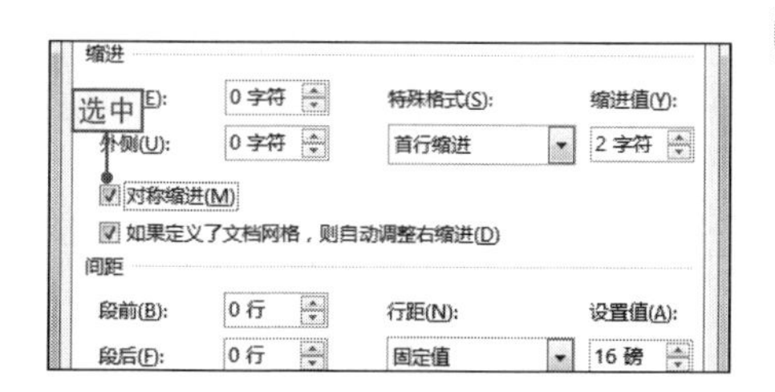

NO. 079 为文档设置对称缩进

在对文档段落设置缩进时，为了使文档更适合打印，可以将其段落格式设置为对称缩进，其具体操作是：打开“段落”对话框，在“缩进和间距”选项卡中选中“对称缩进”复选框，然后单击“确认”按钮确认设置。

NO.
080 更改Word默认的段落格式

在Word文档中，系统设置了默认的段落格式，为了能使文档看上去更加美观，用户可以根据实际情况更改Word默认段落格式，其具体操作如下。

1 打开“字体”对话框

打开“段落”对话框，将默认的段落格式更改为需要的段落格式。

2 设置字体格式

设置完成后，在“预览”区域中可预览到相应效果，单击“设为默认值”按钮。

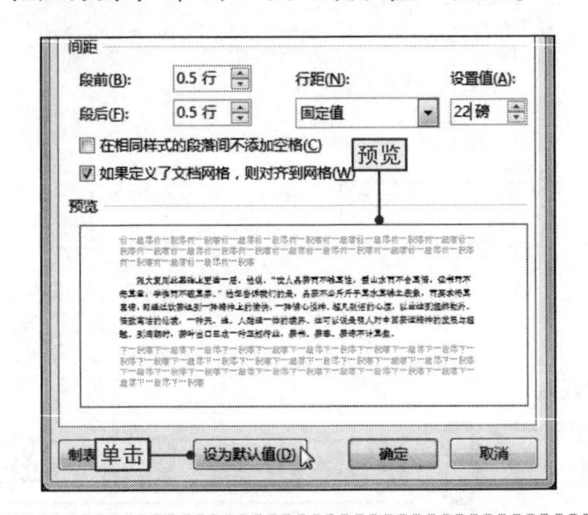

3 使默认格式只对当前文档有效

❶选中“仅此文档”单选按钮，将默认格式设置对所有文档都有效，❷单击“确定”按钮确认设置。

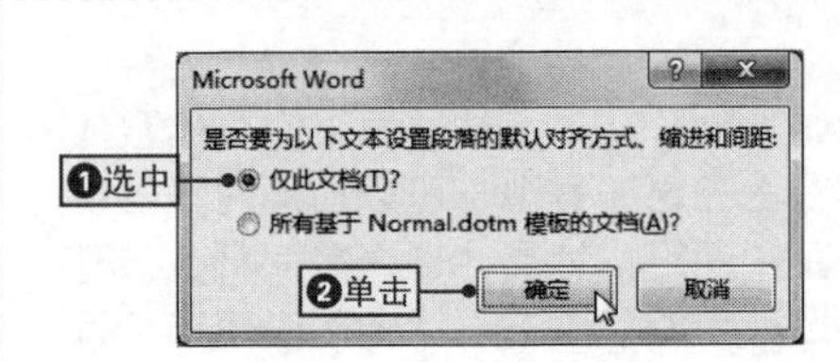

NO.
081 巧用【Alt】键微调缩进

虽然在“段落”对话框中可以精确地调整段落的缩进，但是这样相对比较麻烦，每次都需要打开对话框并手动输入缩进值，其实用户可以通过【Alt】键快速实现段落的首行缩进，其具体操作是：❶将鼠标光标定位到段落中，❷按住【Alt】键的同时使用鼠标拖动水平标尺上的段落滑块，到目标位置释放【Alt】键和鼠标即可。

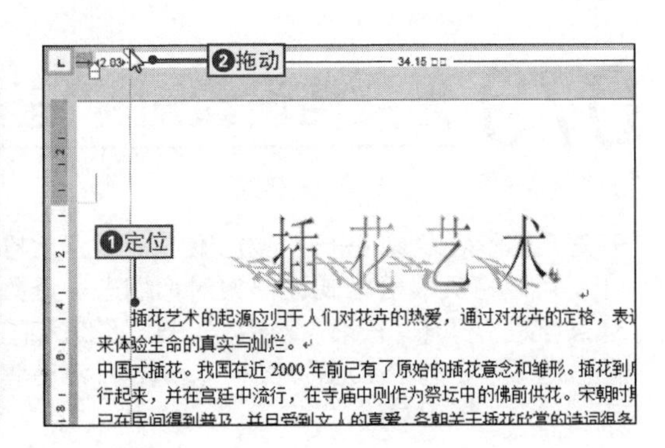

NO.
082 为文本添加自动编号

案例002 茶文化节企划书

◎\素材\第2章\茶文化节企划书4.docx　　◎\效果\第2章\茶文化节企划书4.docx

如果在文档中有一组并列关系的段落，可为其添加自动编号，使用自动编号，插入或删除某个段落的编号，其他编号都会自动进行调整，下面将以“茶文化节企划书4”文档为例来进行讲解为文本添加自动编号的操作，其具体操作如下。

1 为编号文本添加自动编号

打开“茶文化节企划书4.docx”文件，❶选择所有需要设置自动编号的文本，❷在“开始”选项卡的“段落”选项组中单击“编号”下拉按钮，❸选择编号样式。

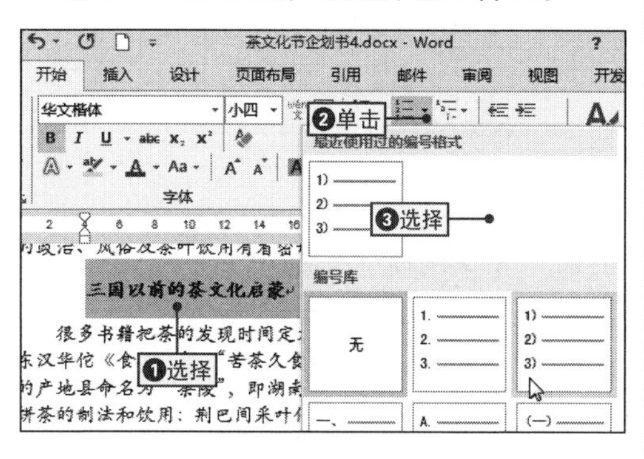

2 查看设置效果

此时可以在编辑区中查看到文本前按照顺序自动添加了相应的编号。

茶史资料表明，中国的茶业最初兴起于巴蜀。茶叶文化的形成，与巴的政治、风俗及茶叶饮用有着密切的关系。

1)→三国以前的茶文化启蒙

很多书籍把茶的发现时间定为公元前2737-2697年，其历史可推东汉华佗《食经》中：“苦茶久食，益意思”记录了茶的医学价值。的产地县命名为“茶陵”，即湖南的茶陵。到三国魏代《广雅》中已饼茶的制法和饮用：荆巴间采叶作饼，叶老者饼成，以米膏出之。茶出现而渗透至其他人文科学而形成茶文化。

查看

2)→晋代、南北朝茶文化的萌芽

随着文人饮茶之兴起，有关茶的诗词歌赋日渐问世，茶已经脱离态的饮食走入文化圈，起着一定的精神、社会作用。

NO.
083 快速清除自动编号

在Word文档中，如果为段落添加了自动编号的格式后，系统会自动为下行应用相同的编号格式，如果用户想要删除不需要的自动编号或不希望下行进行自动编号，可进行如下操作：选择需要清除编号的段落，❶在“段落”选项组中单击“编号”下拉按钮，❷选择“无”选项即可清除编号。

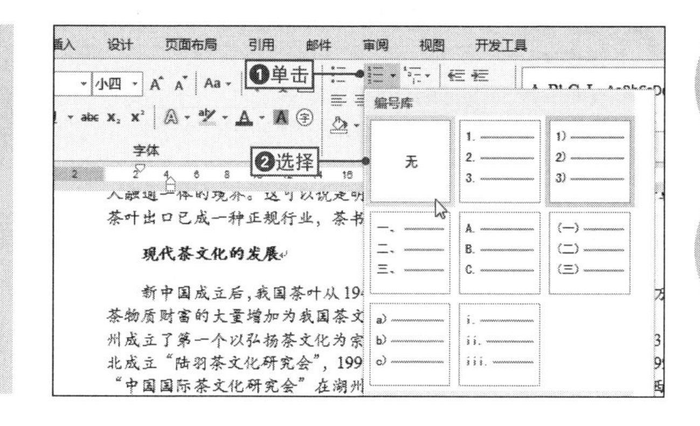

NO.
084 自定义编号格式

虽然使用程序自带的编号格式可以快速为多个段落添加连续的编号，但程序提供的编号格式有限，这时用户可以根据实际需要自定义添加编号格式，其具体操作如下。

1 打开“定义新编号格式”对话框

❶选择需要添加编号的段落，❷在“段落”选项组中单击“编号”下拉按钮，❸选择“定义新编号格式”命令。

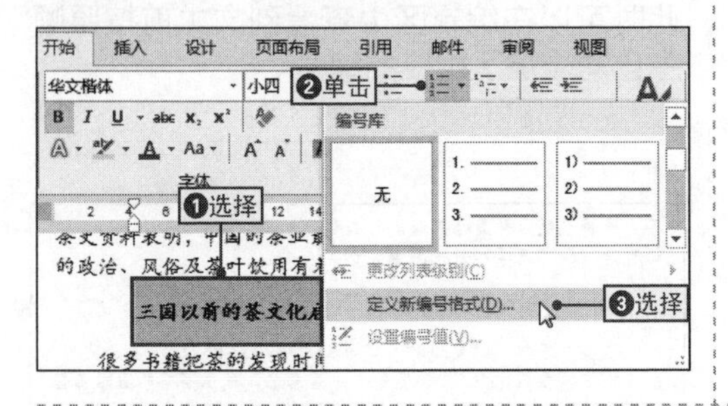

2 设置编号格式

❶在打开的“定义新编号格式”对话框中选择编号样式，❷在“编号格式”文本框中的“一”左侧输入“第”文本。

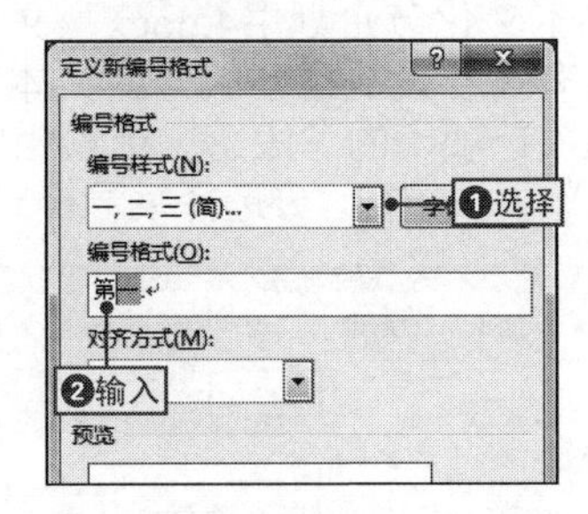

3 确认设置编号格式

❶将“一”编号右侧的“.”符号更改为“、”，❷单击“确定”按钮确认设置自定义编号格式。

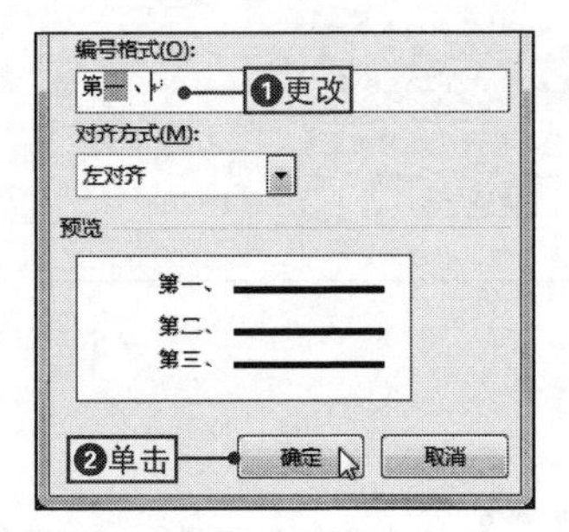

NO.
085 快速关闭自动编号功能

在Word中编辑文本时，自动编号有时也会带来一些麻烦，给文档的编辑带来不便，如果不经常使用该功能，可以将其关闭，其具体操作如下。

1 打开“自动更正”对话框

❶打开“Word选项”对话框，❷单击“校对”选项卡，❸单击“自动更正选项”按钮，打开“自动更正”对话框。

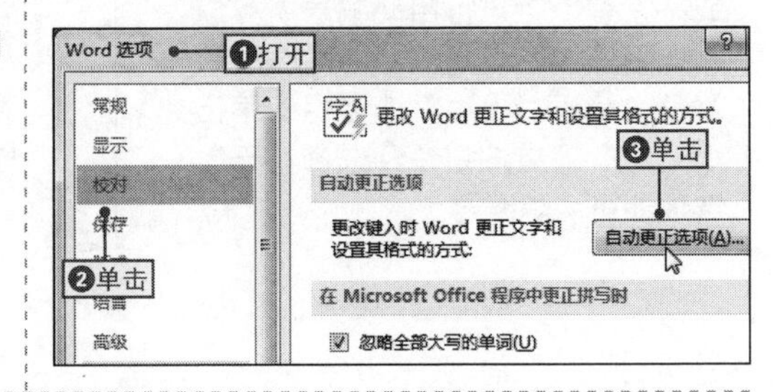

2 关闭自动编号功能

❶单击“键入时自动套用格式”选项卡，❷取消选中“自动编号列表”复选框，然后依次单击“确认”按钮确认设置。

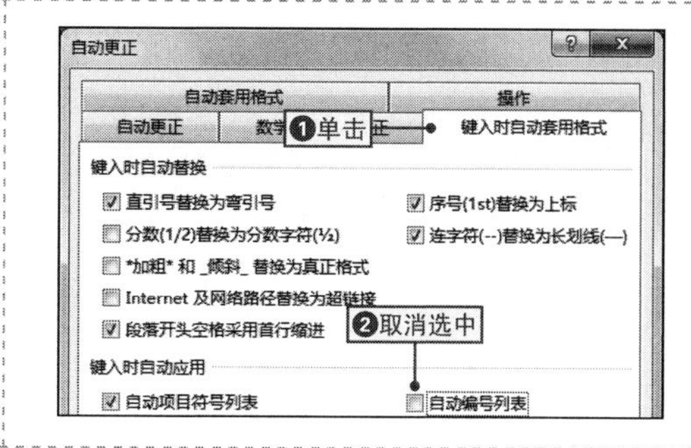

NO.

086 自定义项目符号

案例001 工作计划

◉\素材\第2章\工作计划3.docx　　◉\效果\第2章\工作计划3.docx

在Word文档中，项目符号是一种比较特殊的段落格式，它可以通过在并列段落前添加特定的符号使并列段落具有一种不同的段落格式，从而区别于其他段落，下面将以为“工作计划3.docx”文档添加项目符号为例来进行讲解，其具体操作如下。

1 选择目标文本内容

❶打开“工作计划3.docx”文件，❷选择需要添加项目符号的文本。

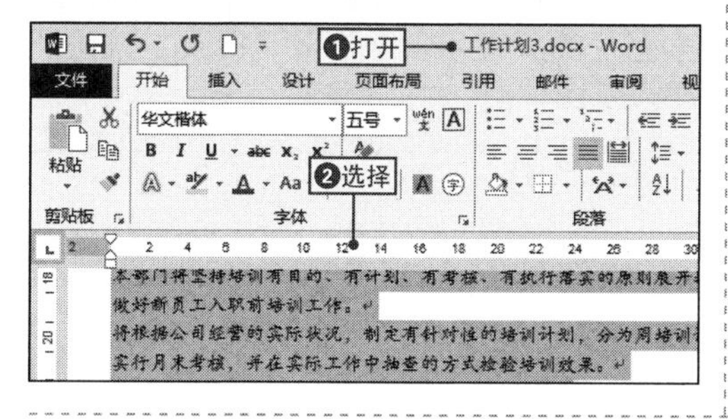

2 打开“定义新项目符号”对话框

❶在“段落”选项组中单击“项目符号”下拉按钮，❷选择“定义新项目符号”命令。

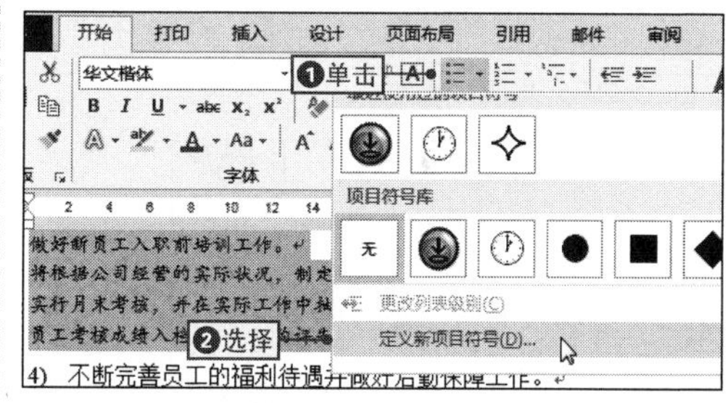

3 打开“符号”对话框

在打开的“定义新项目符号”对话框中单击“符号”按钮。

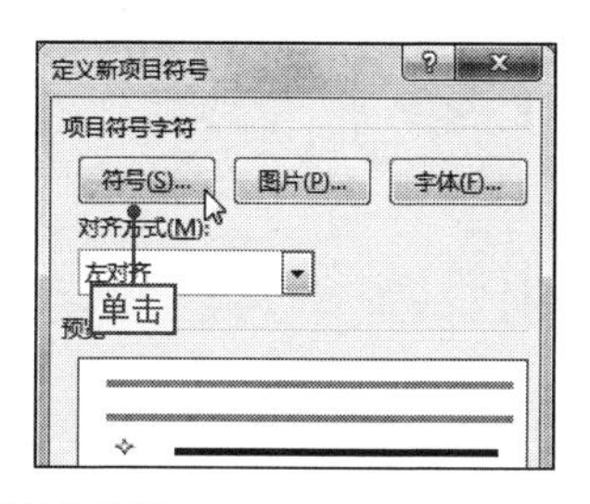

4 选择符号

在打开的“符号”对话框中选择需要的符号，然后单击“确定”按钮即可确认选择。

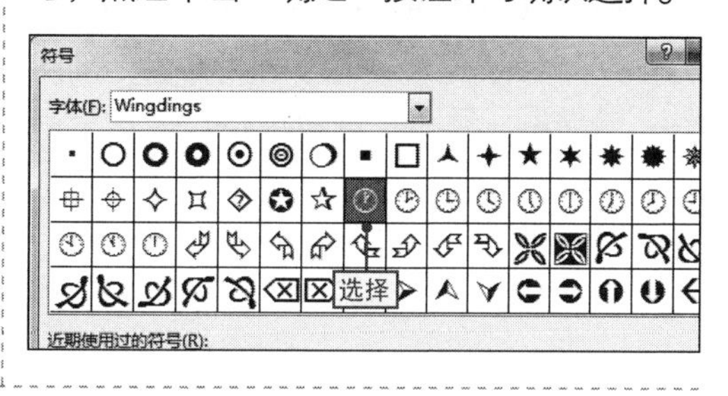

5 确认添加项目符号

返回“定义新项目符号”对话框中，在“预览”区域中可以预览自定义项目符号的效果，单击“确定”按钮。

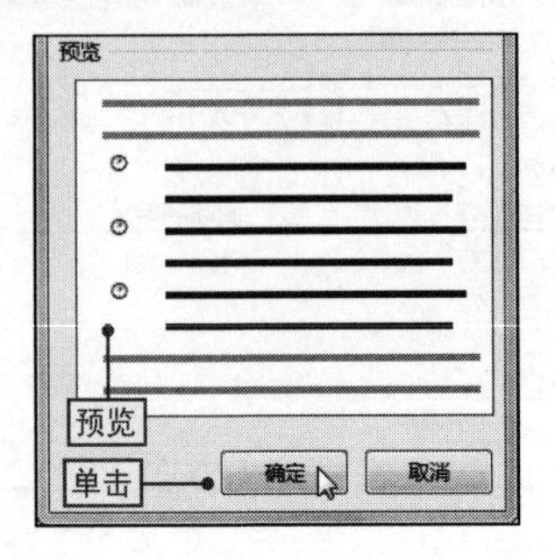

6 查看添加效果

返回文档中，即可查看到为段落自定义添加的项目符号。

查看
做好阶段性的人员结构优化调整。为达到人力资源的优化配置，
人力资源成本，本部门将实施阶段性定岗、定编、定员工作。
加大培训力度。
本部门将坚持培训有目的、有计划、有考核、有执行落实的原则展开培
做好新员工入职前培训工作。
将根据公司经营的实际状况，制定有针对性的培训计划，分为周培训计划
实行月末考核，并在实际工作中抽查的方式检验培训效果。
员工考核成绩入档，以此作为评先优秀员工的依据。
4) 不断完善员工的福利待遇并做好后勤保障工作。
坚持每月举办一次有意义的集体活动。
继续策划好员工的生日聚会。
关心员工的工作和生活，每月举办一次员工座谈会。

NO.087 使用剪贴画图标作为项目符号

在Word文档中，除了可以使用符号作为项目符号外，还可以使用剪贴画图标作为项目符号，从而增加文档的趣味性，其具体操作如下。

1 打开“插入图片”对话框

❶选择需要添加项目格式的段落，并打开“定义新项目符号”对话框，❷单击“图片”按钮，打开“图片”对话框。

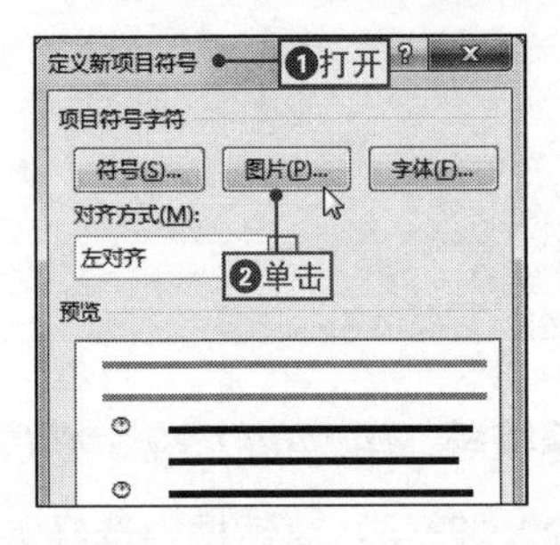

2 搜索关键字

❶在“Office.com剪贴画”文本框中输入搜索图片的关键字，❷单击“搜索”按钮开始搜索图标。

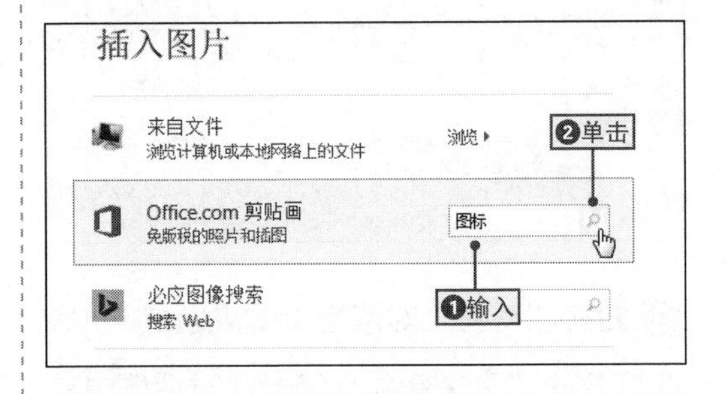

3 插入剪切画中的图标

❶在打开的搜索结果列表中选择需要的图标，❷单击“插入”按钮插入图标，最后返回“定义新项目符号”对话框中单击“确定”按钮确认即可。

NO.

088 关闭添加项目符号功能

在Word中编辑文本时，用户除了可以关闭自动编号功能外，还可以关闭添加项目功能，其方法和关闭自动编号功能相似。

其具体操作是：打开“自动更正”对话框，❶单击“键入时自动套用格式”选项卡，❷取消选中“自动项目符号列表”复选框，然后依次单击“确定”按钮确认设置，即可关闭添加项目符号功能。

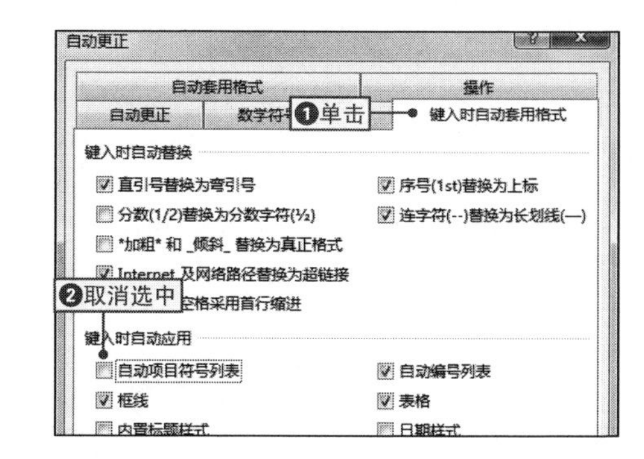

NO.

089 快速将文档设置为双栏

案例003 插花艺术

◉\素材\第2章\插花艺术.docx　　◉\效果\第2章\插花艺术.docx

在默认情况下，Word文档中的文本都是以一栏进行排列的，有时用户需要将文档中的文本以两栏进行排列，这时可以通过设置分栏来快速实现，下面将以“插花艺术.docx”文档中的文本设置为两栏为例来进行讲解，其具体操作如下。

1 切换到“页面布局”选项卡

❶打开“插花艺术.docx”文件，❷选择需要设置分栏的文本内容，❸单击“页面布局”选项卡。

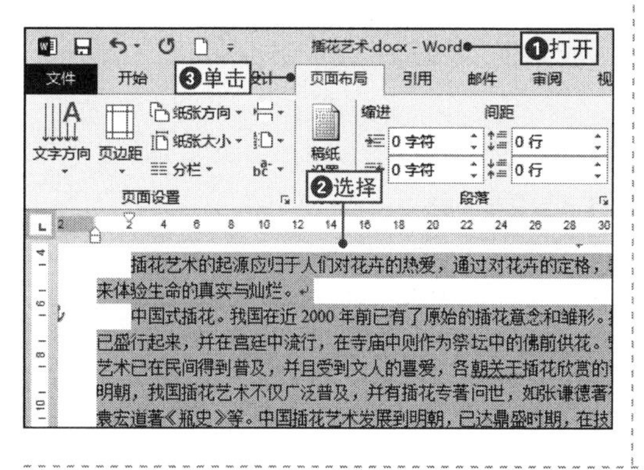

2 打开“分栏”对话框

❶在“页面设置”选项组中单击“分栏”下拉按钮，❷选择“更多分栏”命令，打开“分栏”对话框。

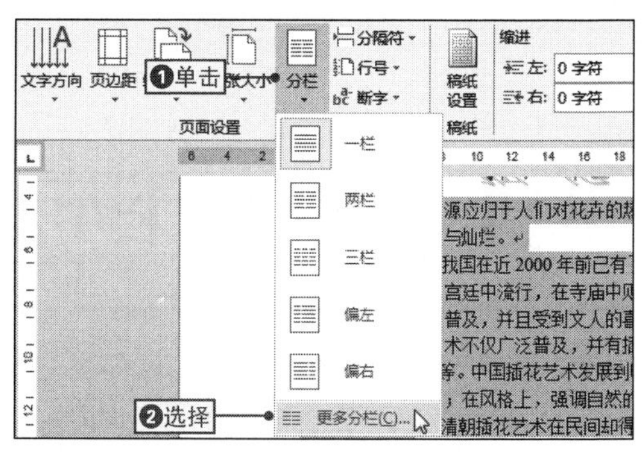

2 设置分栏宽度和间距

❶在“栏数”数值框中输入“2”，❷分别设置宽度和间距值，❸单击“确定”按钮确认设置。

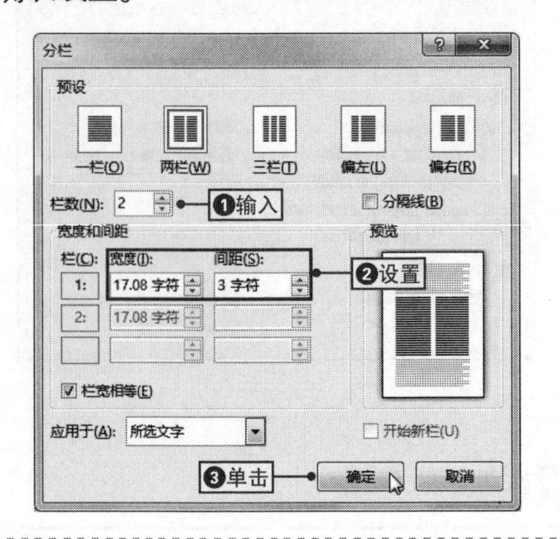

4 查看分栏效果

返回文档中，即可查看到选择文本内容的分为两栏效果。

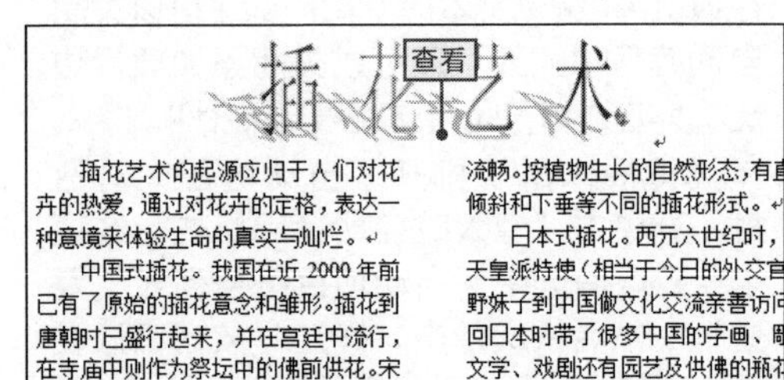

插花艺术

插花艺术的起源应归于人们对花卉的热爱，通过对花卉的定格，表达一种意境来体验生命的真实与灿烂。

中国式插花。我国在近 2000 年前已有了原始的插花意念和雏形。插花到唐朝时已盛行起来，并在宫廷中流行，在寺庙中则作为祭坛中的佛前供花。宋朝时期插花艺术已在民间得到普及，并且受到文人的喜爱，各朝关于插花欣赏的诗词很多。至明朝，我国插花艺术不仅广泛普及，并有插花专著问世，如张谦德著有《瓶花谱》，袁宏道著《瓶史》等。中国插花艺术发展到明朝，已达鼎盛时期，在技艺上、理论上都相当成熟和完善；在风格上，强调自然的抒情，流畅。按植物生长的自然形态，有直立、倾斜和下垂等不同的插花形式。

日本式插花。西元六世纪时，天皇派特使（相当于今日的外交官）小野妹子到中国做文化交流亲善访问，回日本时带了很多中国的字画、剧、文学、戏剧还有园艺及供佛的瓶花……小野妹子是一位出家人，住在京都……

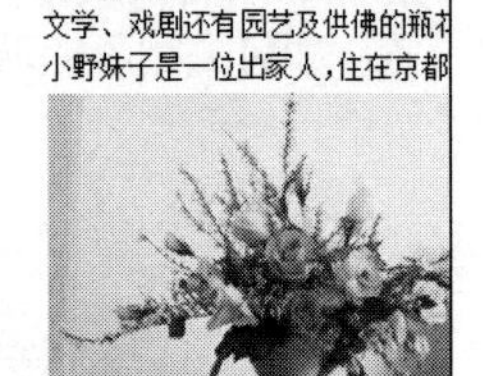

NO.

090 通过下拉菜单快速分栏

在Word文档中，如果需要使用程序内置的栏数使文本快速分栏，可以通过下拉菜单来实现，其具体操作是：选择需要设置的文本，❶单击“页面布局”选项卡，❷在“页面设置”选项组中单击“分栏”下拉按钮，❸选择相应的分栏选项即可。

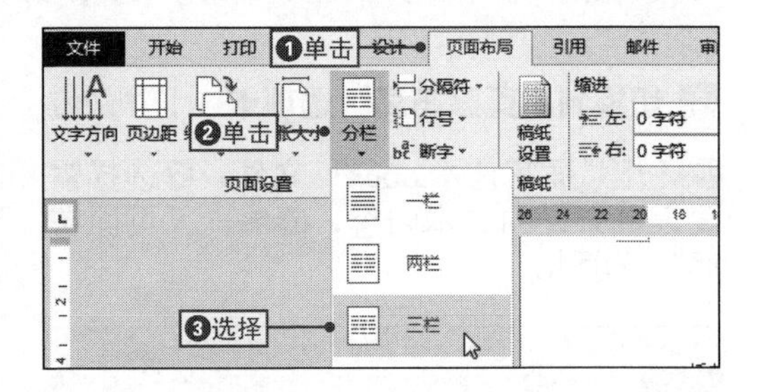

NO.

091 在分栏的文档中添加分隔线

在Word中为文档分栏时，为了让各栏之间的分隔更加明显，可以在分栏的文档中添加分隔线，其具体操作是：打开“分栏”对话框，选中“分隔线”复选框，然后单击“确定”按钮确认设置。

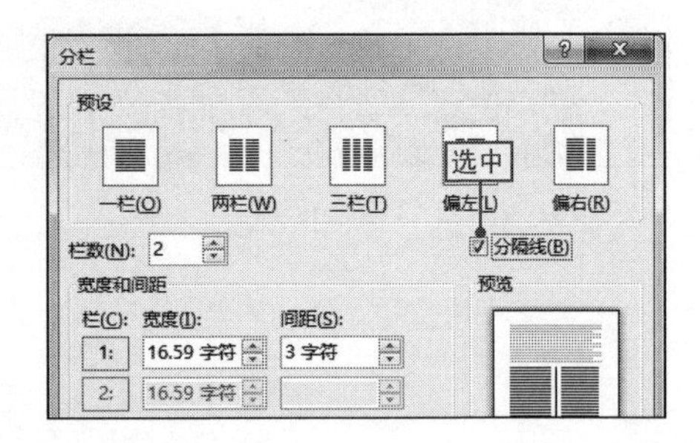

NO.

092 使用分节符号调整分栏排列版式

在Word文档中，对文档设置分栏后，最后一页可能会出现底部没有对齐的情况，这时可以通过插入连续分节符的方法来进行调整，其具体操作如下。

1 插入分节符

❶将文本插入点定位到需要整齐分列文本内容的末尾，❷单击“页面布局”选项卡，❸在“页面设置”选项组中单击“分隔符”下拉按钮，❹选择“连续”命令。

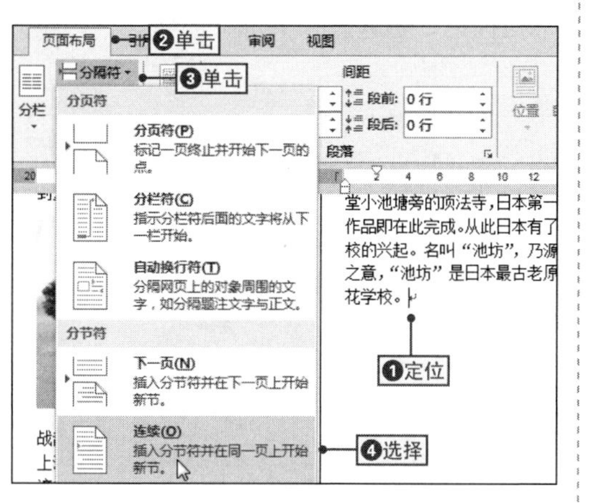

2 查看分栏底部对齐效果

❶单击“开始”选项卡，❷在“段落”选项组中单击“显示/隐藏编辑标记”按钮，❸在文档中查看到插入分节符号后，即可在分节符号前面的分栏内容下端将文档自动对齐。

NO.

093 让分栏内容从中间断开

在对文档进行分栏后，如果最后一页的左侧已经被文本填满，而右侧只有很少的内容，这样文档看起来就非常奇怪，这时用户需要将文档设置为左右对称，其具体操作是：将文本插入点定位到左侧合适的位置，❶单击“页面布局”选项卡，❷在“页面设置”选项组中单击“分隔符”下拉按钮，❸选择“分栏符”命令强行将左侧文本内容断开并排列到右侧中。

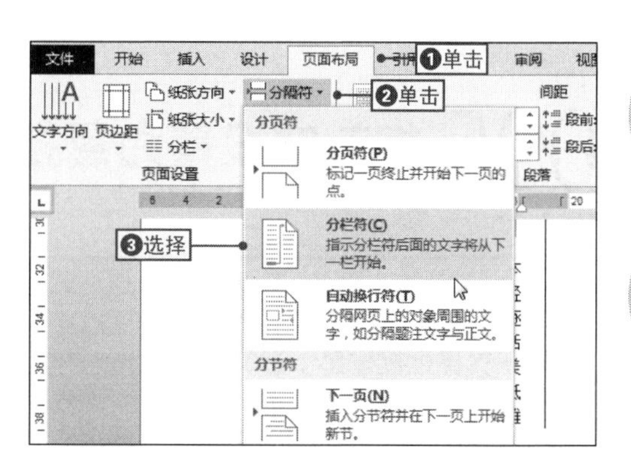

NO.

094 巧妙地让段落的首字下沉显示

案例003 插花艺术

◉\素材\第2章\插花艺术1.docx　　◉\效果\第2章\插花艺术1.docx

在Word中对文档进行排版时，为了让文本更加美观个性化，可以使用“首字下沉”功能让段落中的首字下沉于段落中，下面将通过为“插花艺术1”文档中段落设置首字下沉效果为例来进行讲解，其具体操作如下。

1 切换到“插入”选项卡

打开“插花艺术1”文件，❶选择需要设置首字下沉效果的文本，❷单击“插入”选项卡。

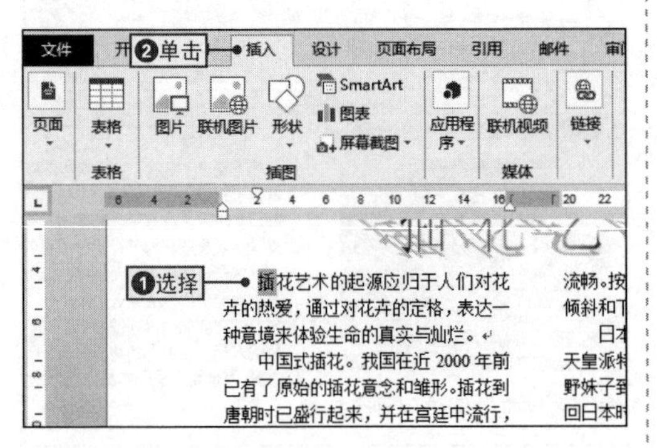

2 打开“首字下沉”对话框

❶在“文本”选项组中单击“首字下沉”下拉按钮，❷选择“下沉”命令。

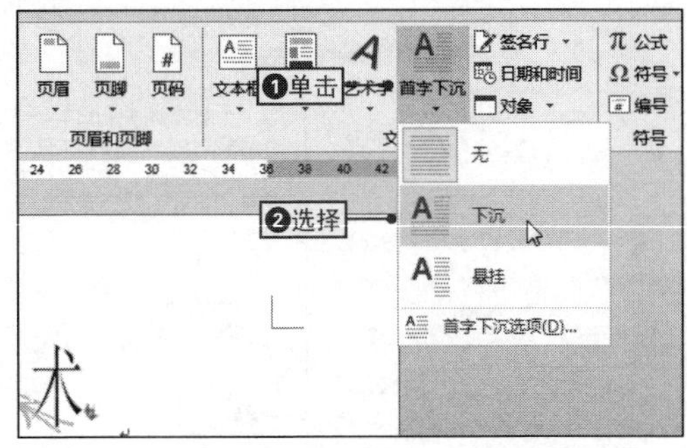

3 查看首字下沉效果

此时在文档中即可查看到设置首字下沉后的效果。

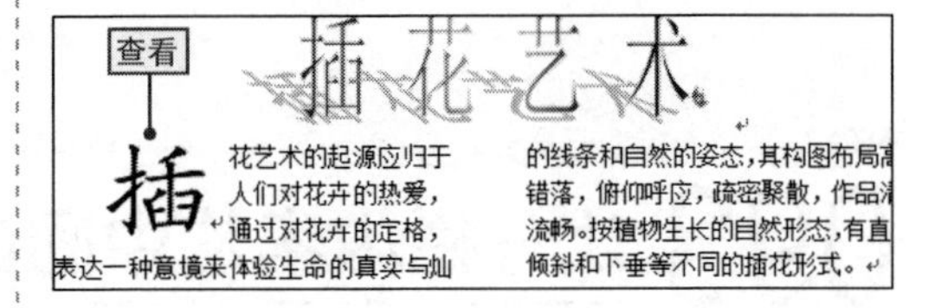

NO.

095 将首字设置为悬挂效果

在Word文档中，除了可以为首字设置下沉效果外，还可以根据需要为首字设置悬挂效果，其具体操作是：选择需要设置悬挂效果的文字，❶在“文本”选项组中单击“首字下沉”下拉按钮，❷选择“悬挂”命令即可为文字设置悬挂效果。

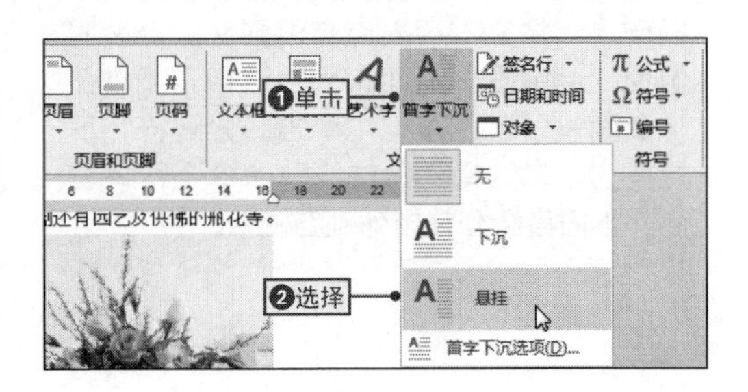

NO.
096

精确设置文本首字下沉的位置

在Word文档中设置首字下沉时，用户可以根据自己的需要设置首字下沉的行数和位置，其具体操作如下。

1 打开“首字下沉”对话框

选择需要设置的文本，❶在“文本”选项组中单击“首字下沉”下拉按钮，❷选择“首字下沉选项”命令，打开“首字下沉”对话框。

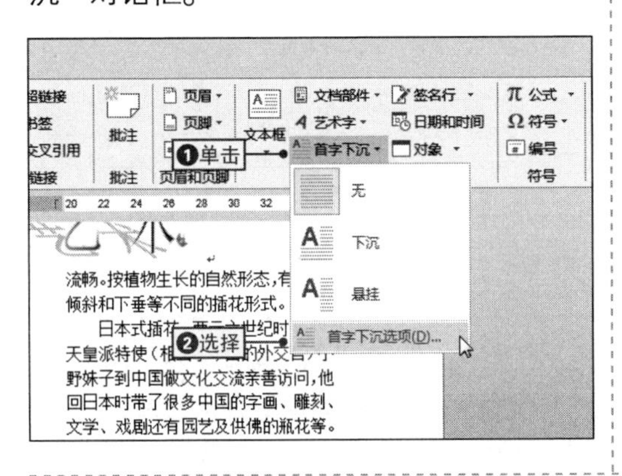

2 设置首字下沉

❶在“位置”选项组中选择“下沉”选项，❷在“选项”选项中分别设置下沉行数和距正文的位置，❸单击“确定”按钮确认设置。

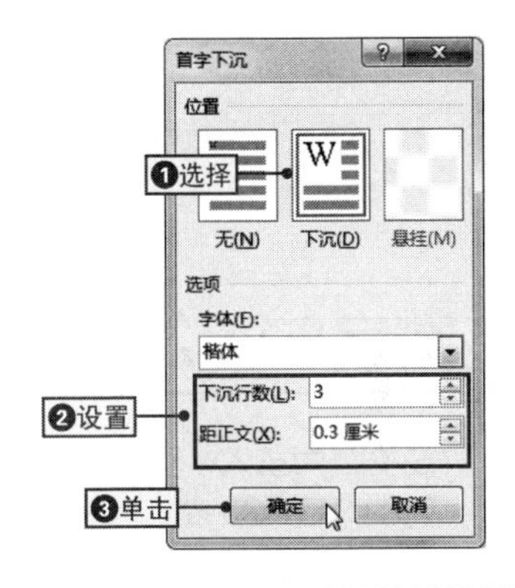

NO.
097

快速为编号添加带圈效果

案例002 茶文化节企划书

◉\素材\第2章\茶文化节企划书5.docx ◉\效果\第2章\茶文化节企划书5.docx

为了更好地显示并列条目，除了前面讲解的添加常见的编号样式外，用户还可以为文档添加一种特殊的编号样式，那就是带圈效果的编号样式，下面将以在“茶文化节企划书5.docx”文档中添加带圈编号为例来进行讲解，其具体操作如下。

1 打开“带圈字符”对话框

打开“茶文化节企划书5.docx”文件，❶将文本插入点定位到需要插入带圈编号的位置，❷在“开始”选项卡的“字体”选项组中单击“带圈字符”按钮，打开“带圈字符”对话框。

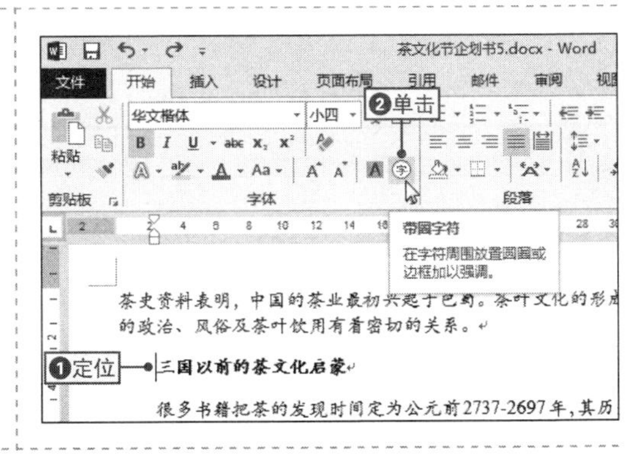

2 设置带圈字符

❶在“样式”选项组中选择“缩小文字”选项，❷在“文字”文本框中输入“1”，❸单击“确定”按钮确认设置。

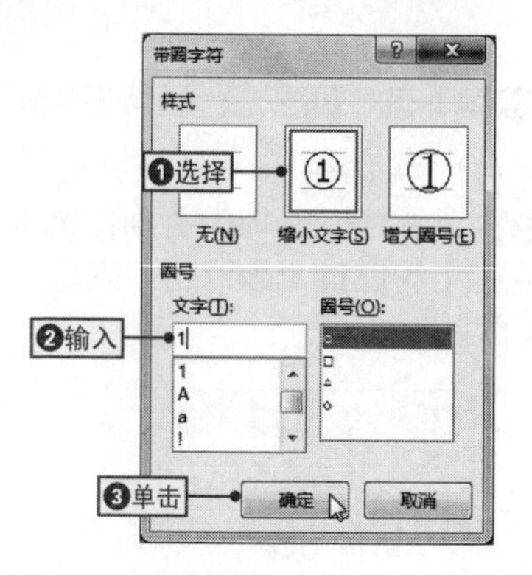

3 设置首字下沉

以相同的方法为其他并列的段落添加带圈效果的编号，返回文本框中即可查看到添加带圈编号的效果。

的政治、风俗及茶叶饮用有着密切的关系。

①三国以前的茶文化启蒙

很多书籍把茶的发现时间定为公元前2737-2697年，其历史可推
东汉华佗《食经》中：“苦茶久食，益意思”记录了茶的医学价值。
的　　命名为“茶陵”，即湖南的茶陵。到三国魏代《广雅》中已
饼　　法和饮用：荆巴间采叶作饼，叶老者饼成，以米膏出之。茶
出现而渗透至其他人文科学而形成茶文化。

查看

②晋代、南北朝茶文化的萌芽

随着文人饮茶之兴起，有关茶的诗词歌赋日渐问世，茶已经脱离
态的饮食走入文化圈，起着一定的精神、社会作用。

③唐代茶文化的形成

“自从陆羽生人间，人间相学事新茶。”中唐时，陆羽《茶经》
文化发展到一个空前的高度，标志着唐代茶文化的形成。《茶经》

NO. 098 数字11~20的带圈效果的快速录入

在文档中录入带圈字符，在默认情况下，只能录入1~10的带圈字符，如果并列的条目比较多，需要录入11~20的带圈字符，这时就需要通过其他方法来实现，下面将通过在文档中录入11为例来进行讲解，其具体操作如下。

1 插入其他符号

❶在“插入”选项卡的“文本”选项组中单击“符号”下拉按钮，❷选择“其他符号”命令。

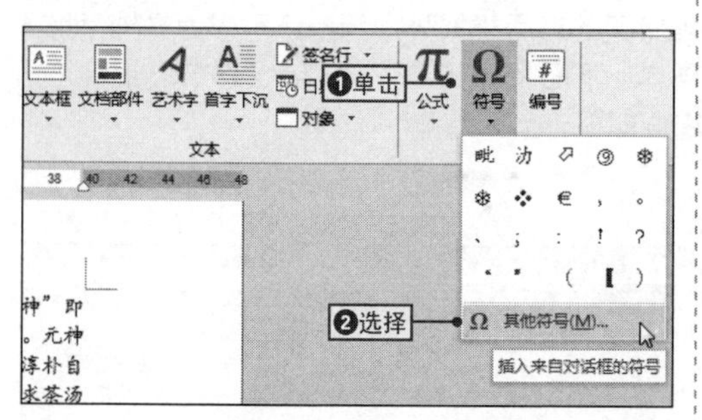

2 输入字符代码

在打开的“符号”对话框的“字符代码”文本框中输入“246a”，然后按【Alt+X】组合键。

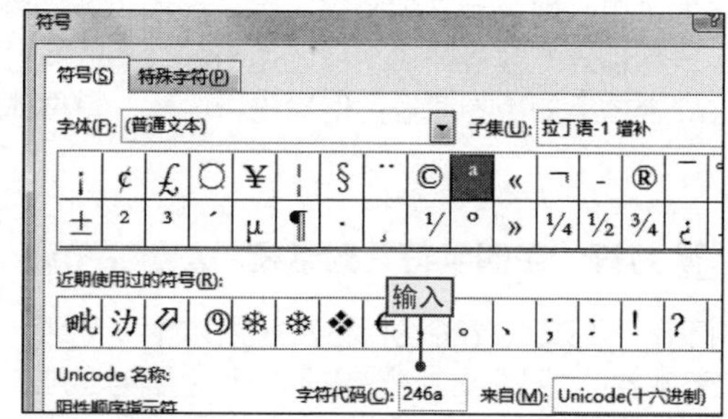

3 选择“其他符号”命令

“字符代码”文本框中的代码变为⑪符号，复制该符号并关闭对话框，在文档相应位置粘贴即可。

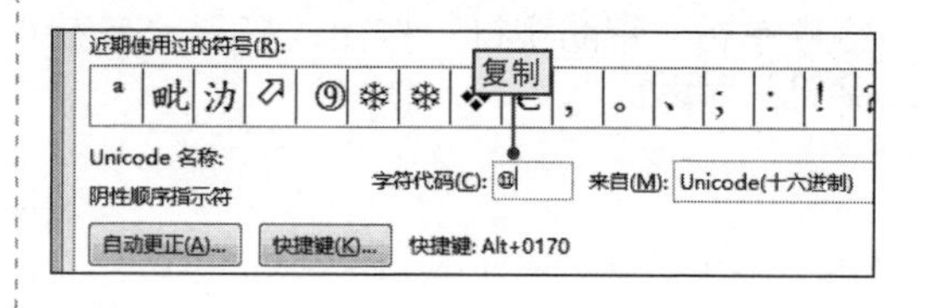

NO.
099 巧妙地调整带圈字符的格式

在Word文档中，当使用“带圈字符”功能为文本上设置了带圈效果后，生成的带圈字符可能会出现文本偏离外圈中心的情况，显得很不对称，这时需要对带圈字符的格式来进行调整，其具体操作如下。

1 切换到域代码中

❶选择需要调整的带圈字符并在其上右击，❷选择“切换域代码”命令。

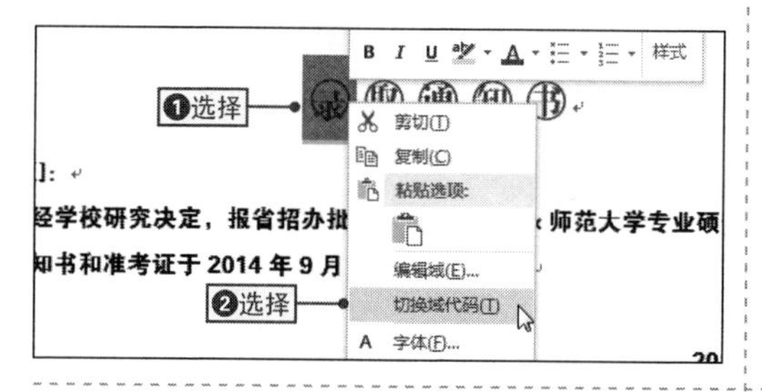

2 打开“字体”对话框

❶选择代码中的圆圈并在其上右击，❷选择“字体”命令。

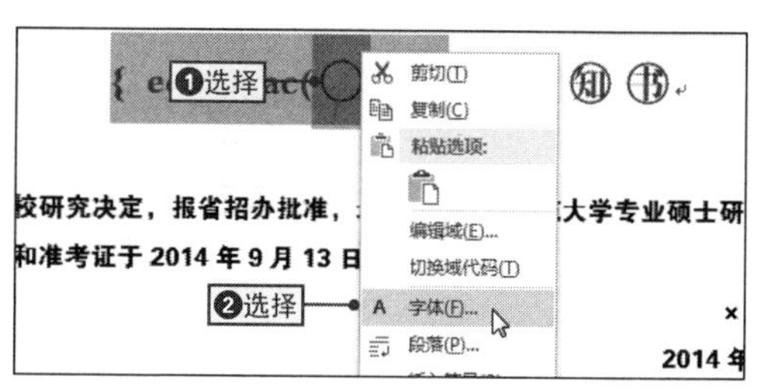

3 设置字符位置和磅值

❶在打开的“字体”对话框中单击“高级”选项卡，❷设置位置及其后的磅值，然后单击“确定”按钮确认设置。

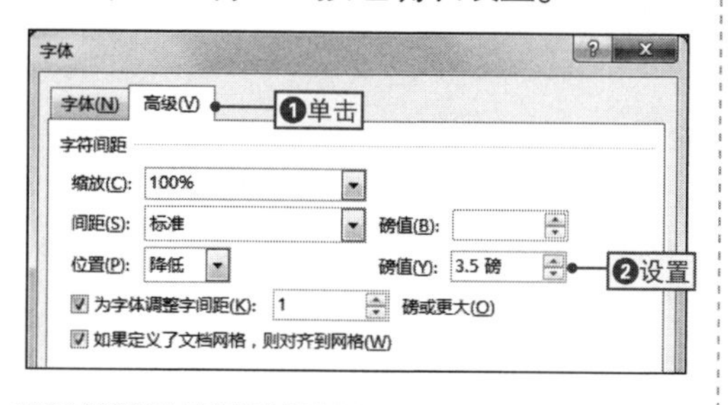

4 转换成带圈字符

以相同的方法对字符进行设置，设置完成后，❶选择代码并在其上右击，❷选择“切换域代码”命令并将其转换为带圈字符。

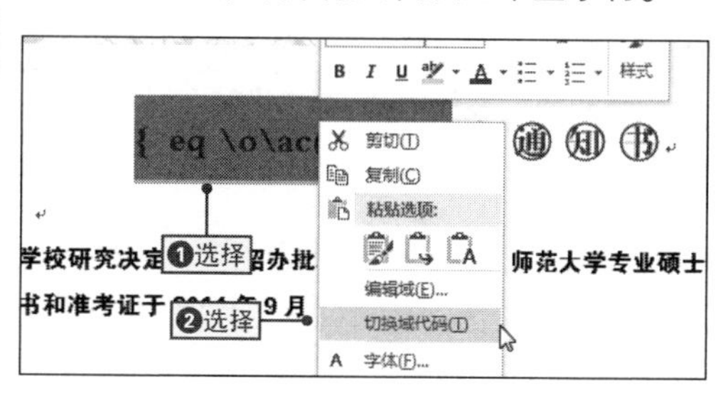

NO.
100 取消带圈字符效果

在Word文档中，如果需要取消设置的带圈效果的字符，其具体操作是：选择带圈字符并打开“带圈字符”对话框，在“样式”选项组中选择“无”选项，然后单击“确认”按钮即可确认设置取消带圈字符效果。

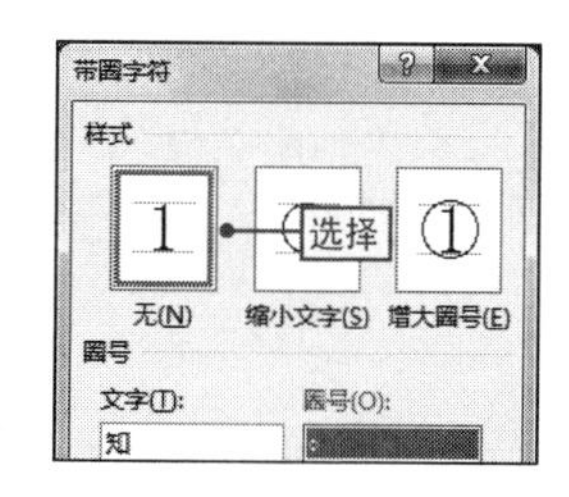

NO.
101 利用代码域将多个字符设置在一个圈中

在编辑文档的过程中，有时需要将多个字符设置到一个圈中，这时就可以利用代码域来实现，下面将通过将“通知”文本设置到一个圈中为例来进行讲解，其具体操作如下。

1 在域代码中输入文本

在文档中输入“通”文本并添加带圈效果，❶切换到域代码中，❷在“通”文本后输入“知”文本。

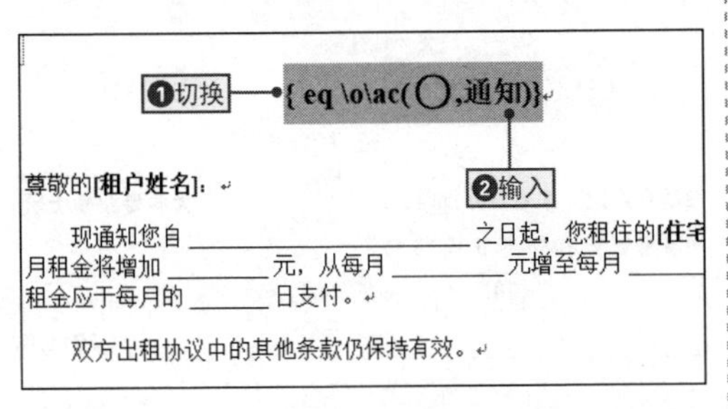

2 打开“字体”对话框

❶调整代码中圆圈的字符格式，❷选择所有代码并在其上右击，❸选择“切换域代码”命令将其放入一个圈中。

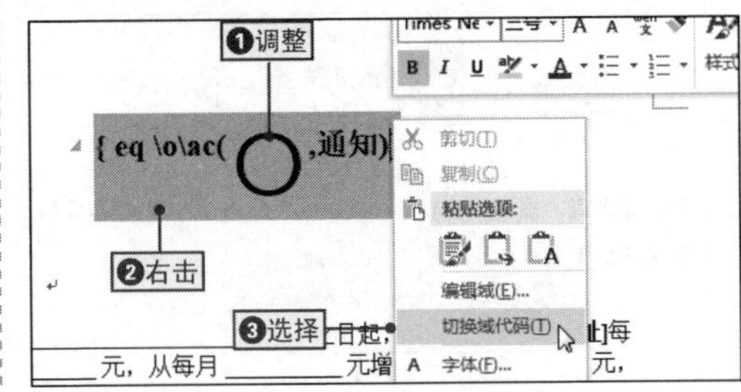

2.3 页面设置操作技巧

NO.
102 快速设置文档的页面格式

案例002 茶文化节企划书

◉\素材\第2章\茶文化节企划书6.docx ◉\效果\第2章\茶文化节企划书6.docx

在制作文档时，需要先确定页面的格式，对于企划书文档而言，不用设置为默认的页面格式，只要设计符合规范即可。在一般情况下，页面格式都是通过“页面设置”对话框进行设置，下面将以设置“茶文化节企划书6.docx”页面格式为例来进行讲解，其具体操作如下。

1 双击水平标尺

打开“茶文化节企划书6.docx”文件，将鼠标光标移动到水平标尺的空白位置并双击，打开“页面设置”对话框。

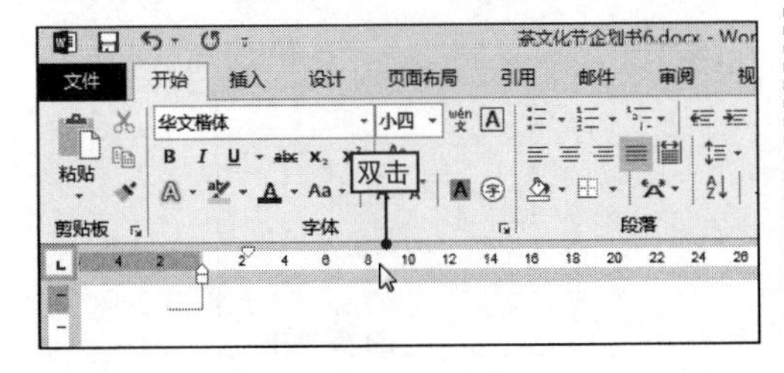

2 设置页边距

❶在“页边距”选项卡中的“上”和“下”数值框中分别输入“2.5厘米”，❷在“左”和“右”数值框中分别输入“3.2厘米”。

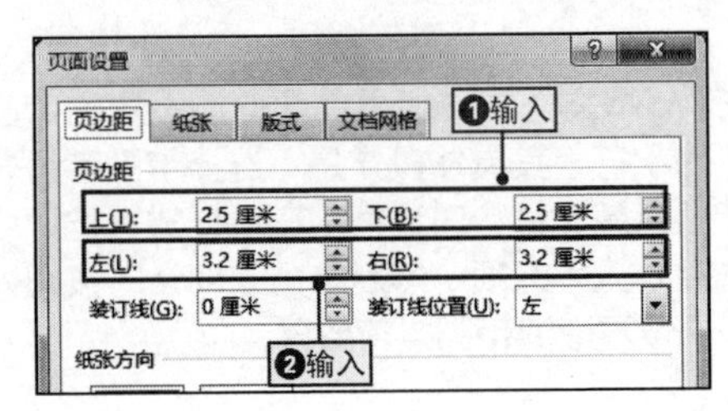

3 设置纸张大小

❶单击“纸张”选项卡，❷设置“宽度”为20厘米，❸设置“高度”为15厘米，然后单击“确定”按钮即可确认设置。

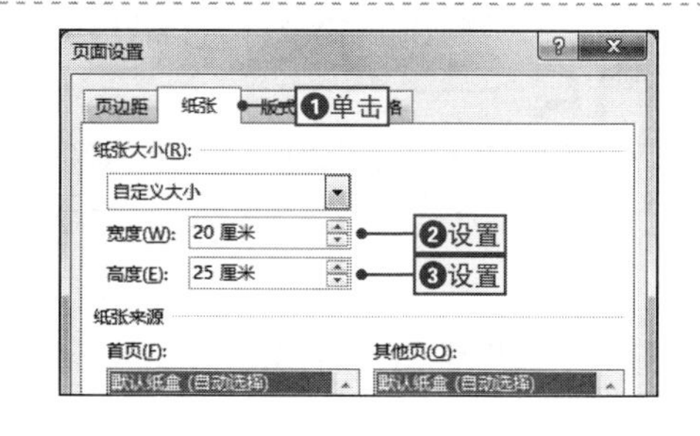

NO. 103 各种常见文档的页面尺寸参考

在制作Word文档的过程中，很多文档最终都需要输出到纸张上，而打印机所使用的纸张要与Word文档中设置的纸张大小相同，否则会出现各种问题，如打印不全、内容变形等，下面将介绍一些常见文档的页面尺寸（见表2-1）。

表2-1　常见文档的页面尺寸

开本	尺寸	开本	尺寸
全开	781×1086	2开	540×780
3开	360×780	4开	390×543
6开	360×390	4开	270×390
16开	195×270	32开	195×135
64开	135×95		

NO. 104 将现有文档纸张大小缩小一倍

在Word文档中，默认使用的纸张大小是A4纸张，而对于某些文档不需要使用这么大的纸张，通常只需要A4纸张的一半大小，如操作手册，这时就可以将现有文档的纸张大小缩小一倍，其具体操作是：打开“页面设置”对话框，❶单击“纸张”选项卡，❷设置“宽度”和“高度”分别为14.8厘米和21厘米，最后确认设置即可。

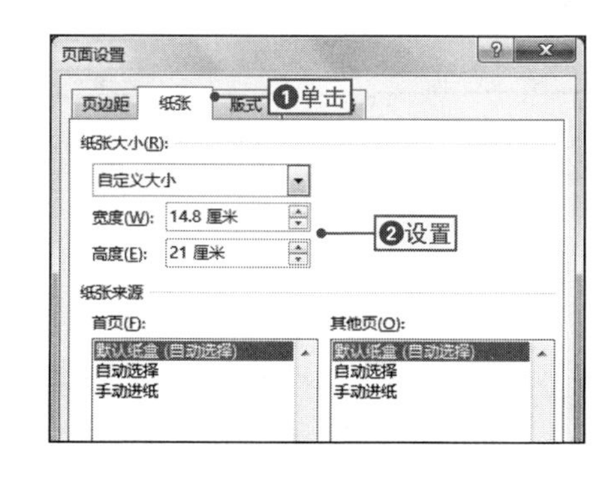

NO.

105

巧妙地利用Word设置稿件格式

在Word 2013中，可以利用稿纸轻松书写稿件，为了使稿件更加美观好看，用户可以自定义稿纸，其具体操作如下。

1 打开“稿纸设置”对话框

❶单击“页面布局”选项卡，❷在“稿纸”选项组中单击“稿纸设置”按钮，打开“稿纸设置”对话框。

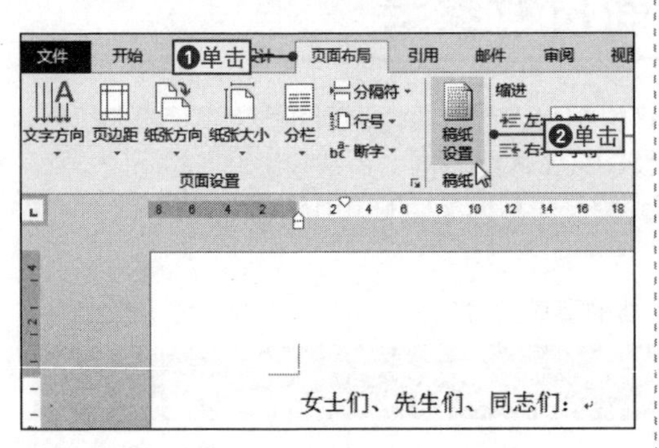

2 设置稿纸属性

❶在“网格”选项组中设置稿纸格式，❷设置行数×列数，❸设置稿纸中网格颜色，最后确认设置。

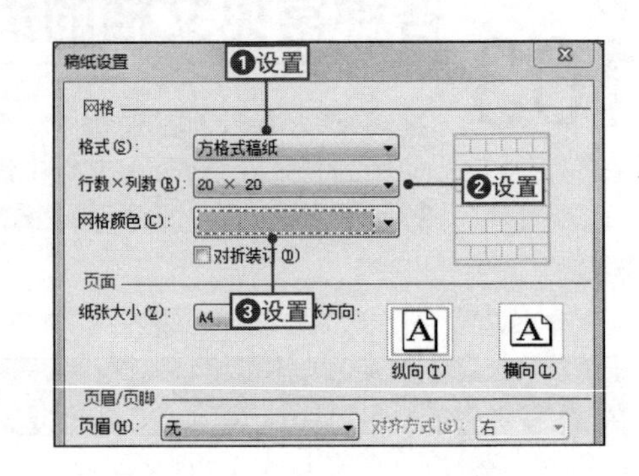

NO.

106

快速设置页面边框

在默认情况下，在Word文档的页面中是没有边框的，如果想要在指定的页面中设置边框，可以手动进行设置，其具体操作如下。

1 打开“边框和底纹”对话框

❶单击“设计”选项卡，❷在“页面背景”选项组中单击“页面边框”按钮，打开“边框和底纹”对话框。

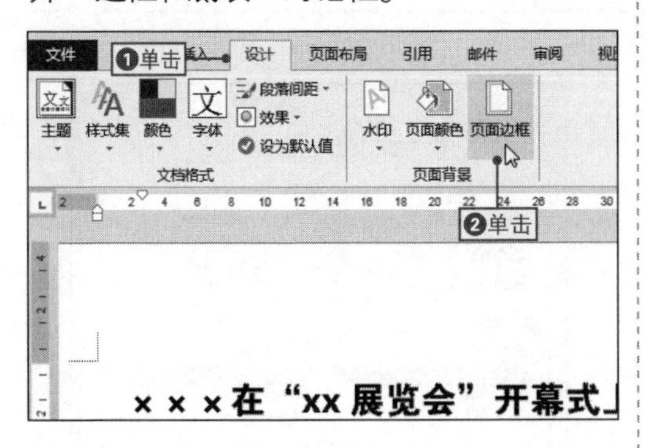

2 设置页面边框属性

❶在“页面边框”选项卡的“设置”选项组中选择“方框”选项，❷选择边框样式，❸设置边框颜色，最后确认设置。

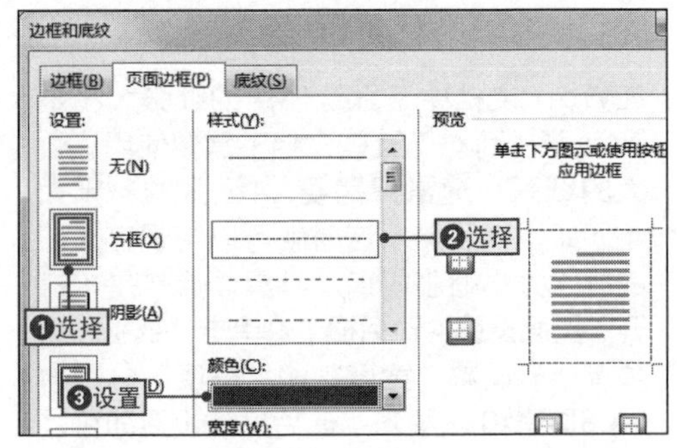

NO.
107 设置首页和奇偶页的位置

案例002 茶文化节企划书

◎\素材\第2章\茶文化节企划书7.docx　　◎\效果\第2章\茶文化节企划书7.docx

在一般情况下，文档的页面分为首页、奇数页和偶数页3种，页面不同，首页、奇数页和偶数页的效果也就不同，下面将通过对“茶文化节企划书7.docx”文档的不同页进行设置为例来讲解，其具体操作如下。

1 双击页眉区域

打开“茶文化节企划书7.docx”文件，在任意页面的页眉区域双击进入页眉页脚编辑状态。

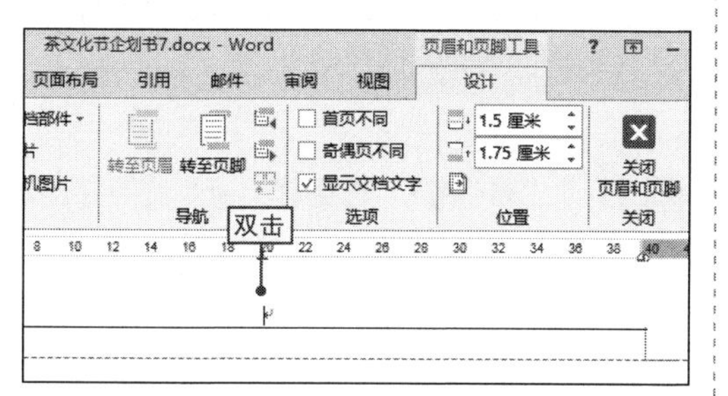

2 区别首页、奇数页和偶数页

❶在“页眉和页脚工具-设计”选项卡的“选项”选项组中选中“首页不同”复选框，❷选中“奇偶页不同”复选框。

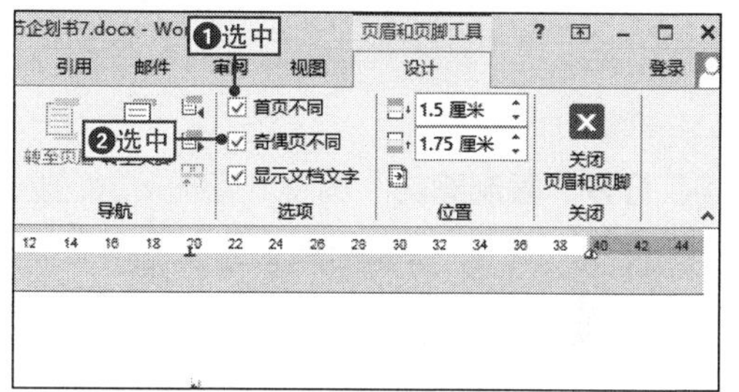

3 设置页眉和页脚的位置

❶在“位置”选项组中设置顶端页眉位置和底端页脚位置，❷在“关闭”选项组中单击“关闭页眉和页脚”按钮即可完成设置。

NO.
108 通过对话框设置页面版式

在Word文档中，除了可以通过“页眉和页脚工具-设计”选项卡对文档设置多个页眉和页脚外，还可以通过“页面设置”对话框来对其进行设置，其具体操作如下。

1 打开“页面设置”对话框

❶单击“页面布局”选项卡，❷在“页面设置”选项组中单击“对话框启动器”按钮，打开“页面设置”对话框。

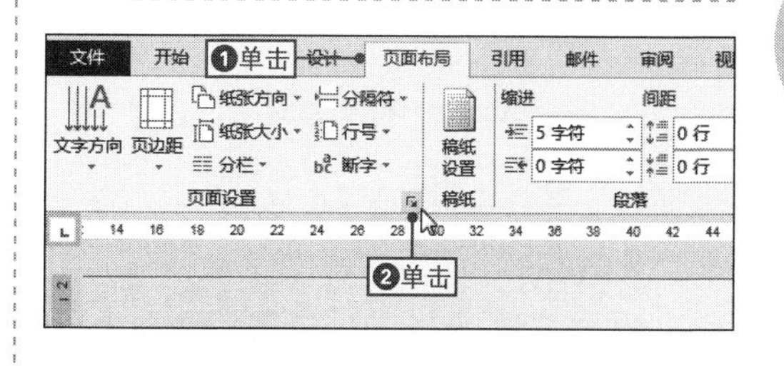

2 打开“页面设置”对话框

❶单击“版式”选项卡，❷选中“奇偶页不同”和“首页不同”复选框，单击“确定”按钮确认设置。

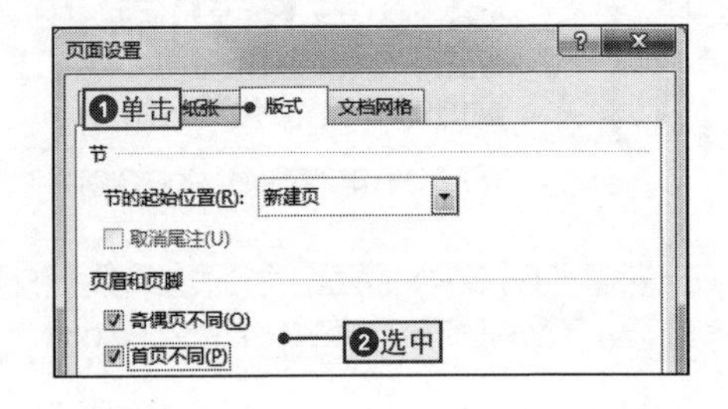

NO. 109 快速锁定页眉和页脚

在Word文档中设置页眉和页脚后，如果不希望他人再对页眉和页脚的内容进行修改，这时就可以将页眉和页脚锁定起来，其具体操作如下。

1 打开“限制编辑”窗格

将鼠标光标定位到文档的首行并插入一个连续的分隔符，❶单击“审阅”选项卡，❷在“保护”选项组中单击“限制编辑”按钮，打开“限制编辑”窗格。

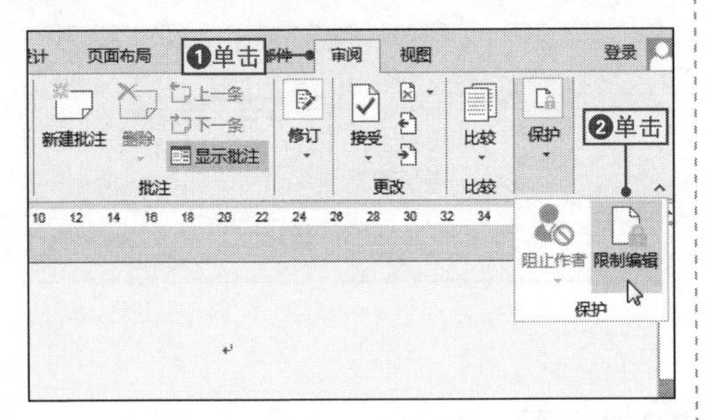

2 打开“节保护”对话框

❶选中“仅允许在文档中进行此类型的编辑”复选框，❷在其下拉列表中选择“填写窗格”选项，❸单击自动出现的“选择节”超链接。

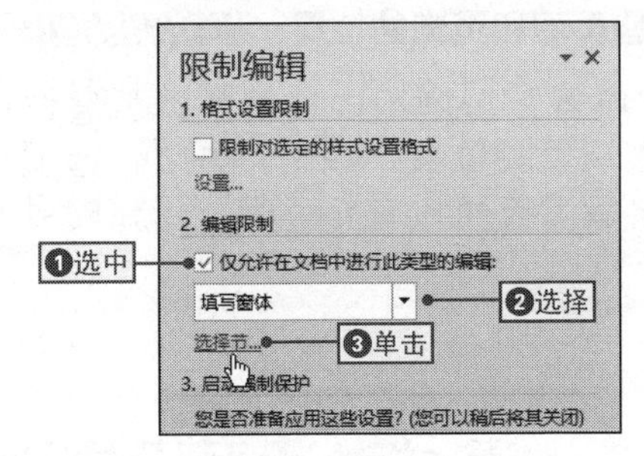

3 取消节保护

❶在打开的“节保护”对话框中取消选中“节1”和“节2”复选框，❷单击“确定”按钮确认设置。

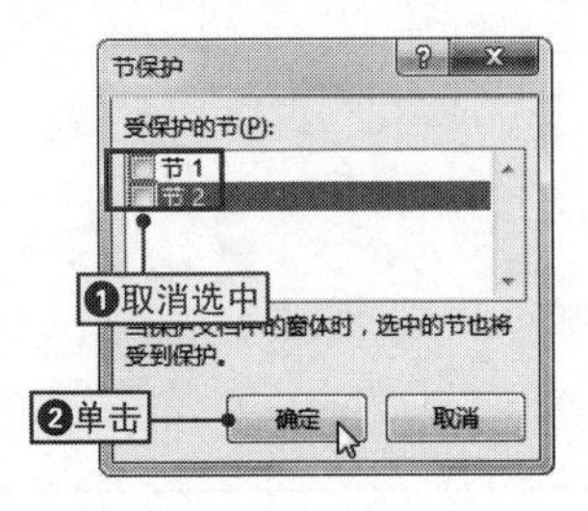

4 打开“启动强制保护”对话框

返回“限制编辑”窗口中，在“启动强制保护”区域中单击“是，启动强制保护”按钮，打开“启动强制保护”对话框。

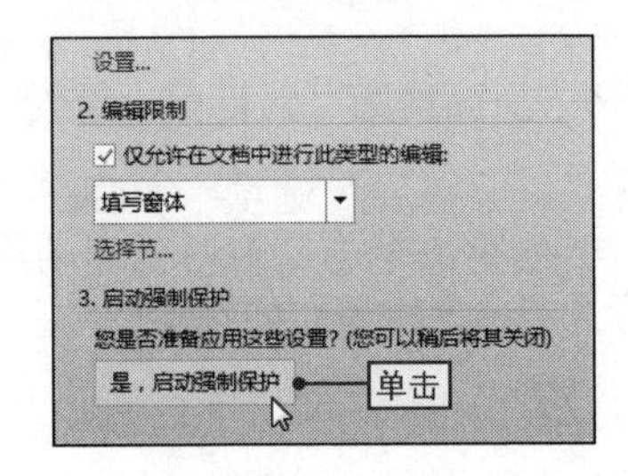

5 设置密码

❶在“新密码”和“确认新密码”文本框中输入相应的密码，❷单击“确定”按钮确认密码的设置，完成页眉和页脚的锁定。

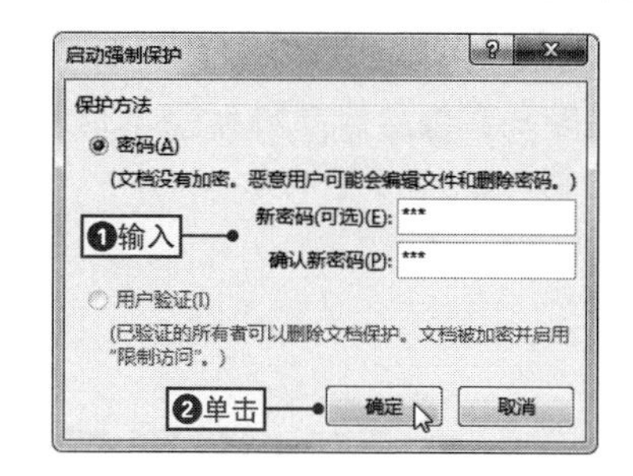

NO.110 在奇数页添加主题图片

案例002 茶文化节企划书

◉\素材\第2章\茶文化节企划书8.docx　　◉\效果\第2章\茶文化节企划书8.docx

在页眉中插入图片不仅可以突出文档的主题，而且还可以丰富和美化文档。在Word 2013文档中添加主题图片，可以通过自定义的方式在页眉中插入图片并调整其位置和大小等属性，下面将通过在“茶文化节企划书8.docx”文档中添加主题图片为例来进行讲解，其具体操作如下。

1 打开“插入图片”对话框

打开“茶文化节企划书8.docx”文件，并进入页眉页脚编辑状态，❶将文本插入点定位到奇数页页眉中，❷单击“图片”按钮。

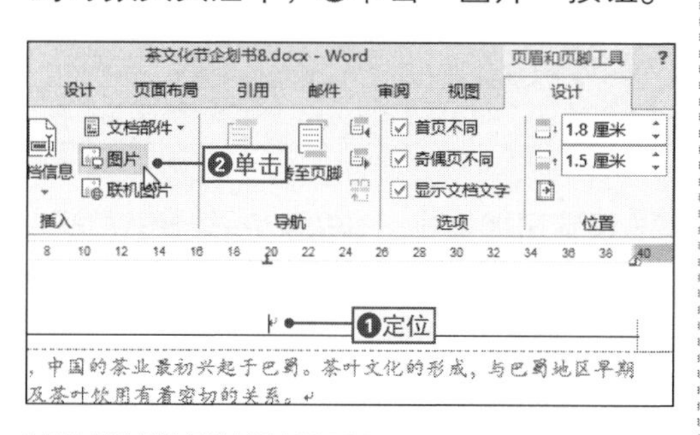

2 插入图片

❶在打开的“插入图片”对话框中选择需要的图片，❷单击“插入”按钮将图片插入文档中。

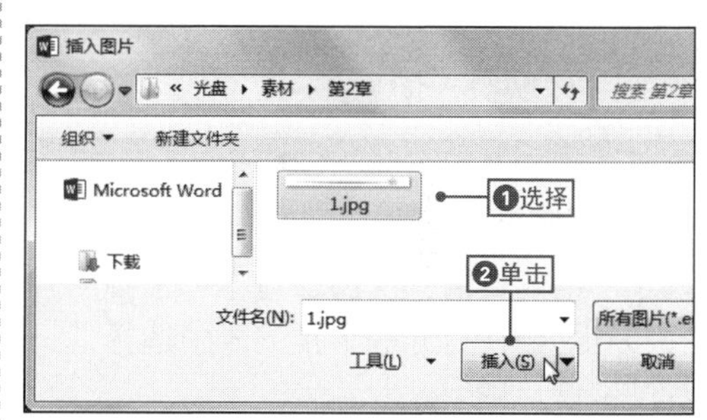

3 调整图片的大小

将鼠标光标置于插入图片的控制柄上，按住鼠标左键并调整图片大小，到合适的大小时释放鼠标。

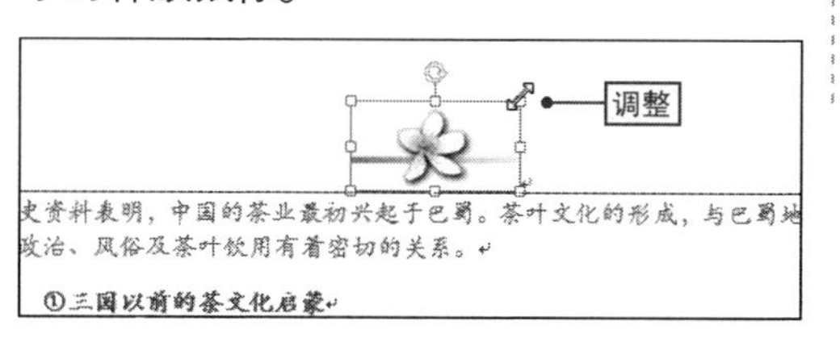

4 设置图片的显示方式

❶保持图片为选择状态并在其上右击，❷在弹出的快捷菜单中选择“自动换行/浮于文字上方”命令。

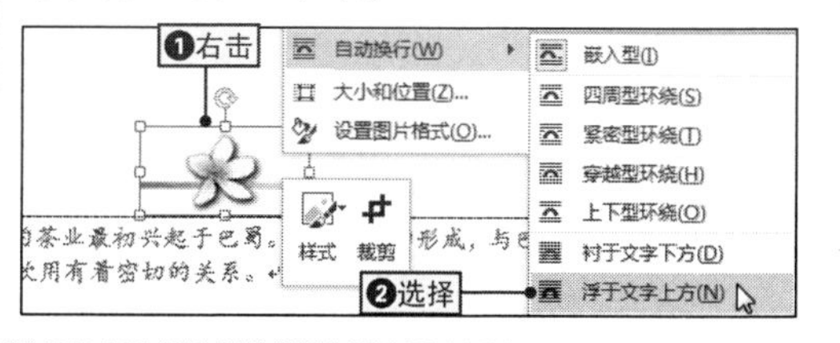

5 调整图片位置

❶选择图片，❷按住鼠标左键不放，将图片移动到奇数页的右上角。

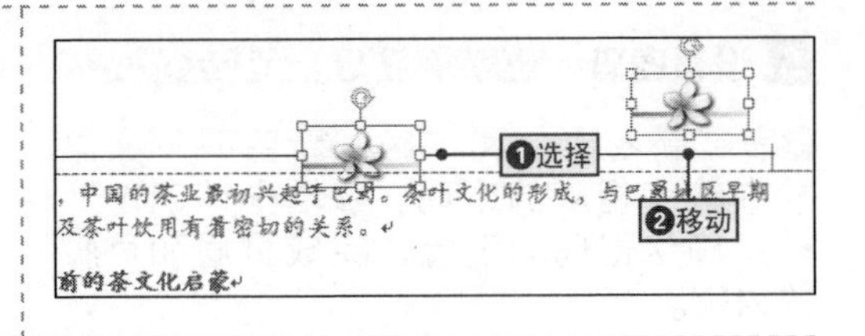

NO.
111 在页脚中显示文档上次修改的时间

在制作文档时，一般都需要进行多次修改，为了区分每次修改的时间，可以在页脚中设置显示上次修改文档的时间，其具体操作如下。

1 在页脚中输入文本

进入页眉页脚编辑状态，❶将文本插入点定位到页脚中，❷在页脚中输入提示文字“上次修改时间：”。

2 打开“域”对话框

❶在“页眉和页脚工具-设计”选项卡中单击“文档部件”下拉按钮，❷选择“域”命令，打开“域”对话框。

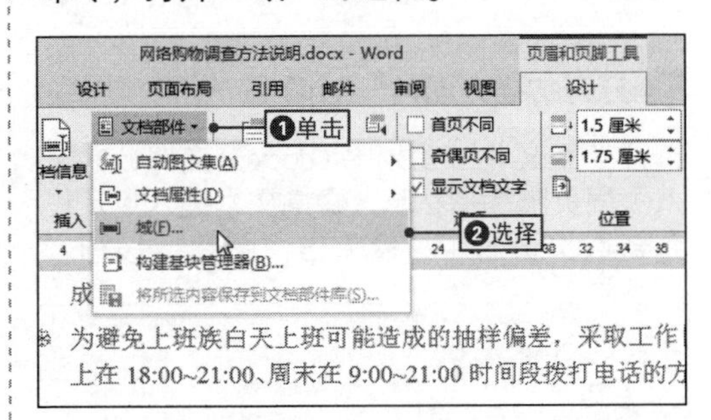

3 选择域类别

❶在“请选择域”区域中单击“类别”下拉按钮，❷在打开的下拉列表中选择“日期和时间”选项。

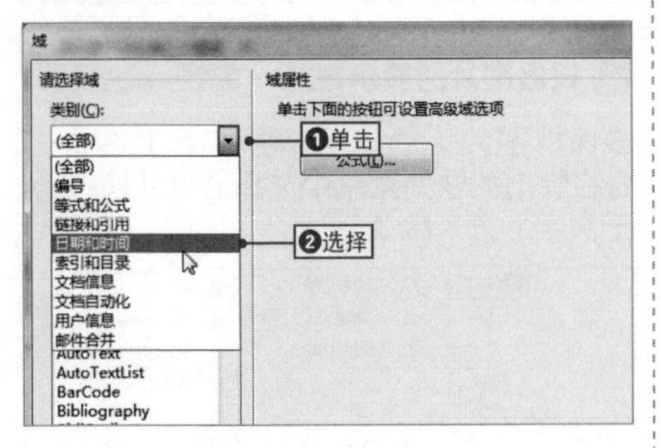

4 设置日期格式

❶在“域名”下拉列表框中选择“SaveDate”选项，❷在右侧选择一种日期格式，❸单击“确定”按钮确认设置。

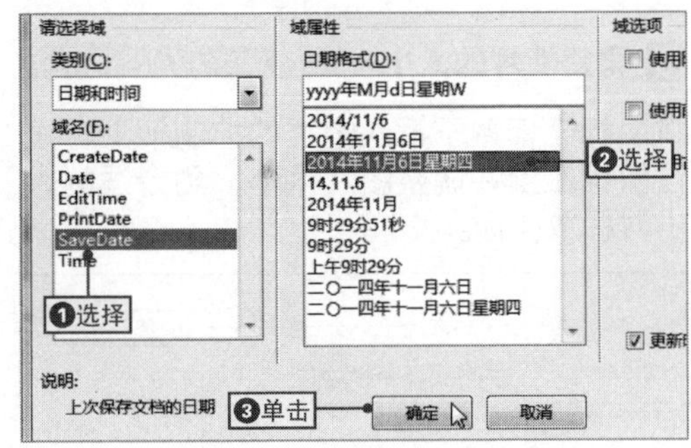

NO.

112 页眉页脚的快速切换方法

对页眉编辑完成后，若要继续对页脚进行编辑，可以通过命令按钮快速切换到页脚中，其具体操作是：在“页眉和页脚工具-设计”选项卡的“导航”选项组中单击“转至页脚”按钮即可进入页脚的编辑区中。

若要从页脚编辑状态进入页眉中，则在“导航”选项组中单击“转至页眉”按钮即可。

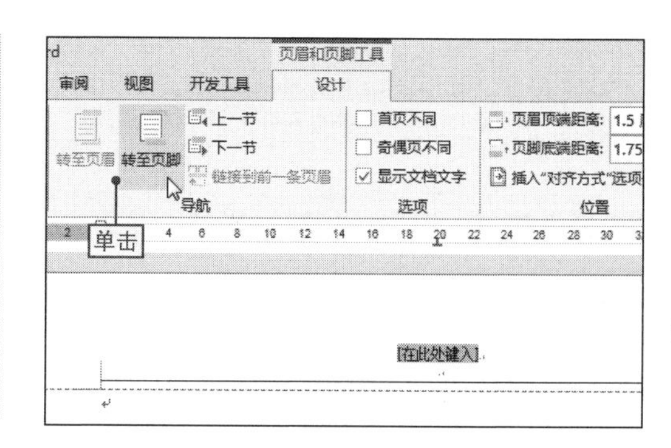

NO.

113 快速删除页眉中的横线

在文档中插入页眉时，程序会自动在页眉处生成一条横线，使其与正文分割，用户如果觉得该页眉中的横线影响了文档整体的美观，可以通过隐藏边框线的方式将其删除。

其具体操作是：进入页眉编辑状态，❶打开“边框和底纹”对话框，❷在“设置”选项组中选择“无”选项，然后单击“确定”按钮确认设置，即可删除页眉中的横线。

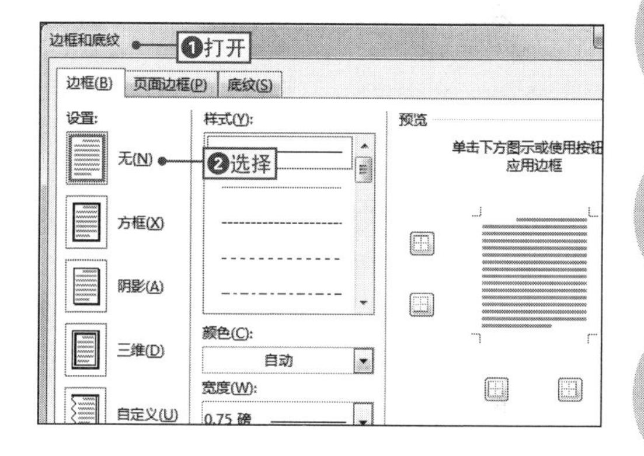

NO.

114 快速删除页眉

在文本中添加页眉，是为了更好地展示文档，让他人更多地了解文档中的信息，如果要删除页眉，可通过命令来实现，其具体操作是：❶在“页眉和页脚工具-设计”选项卡中单击“页眉”下拉按钮，❷选择“删除页眉”命令，即可快速将文档中的页眉删除。

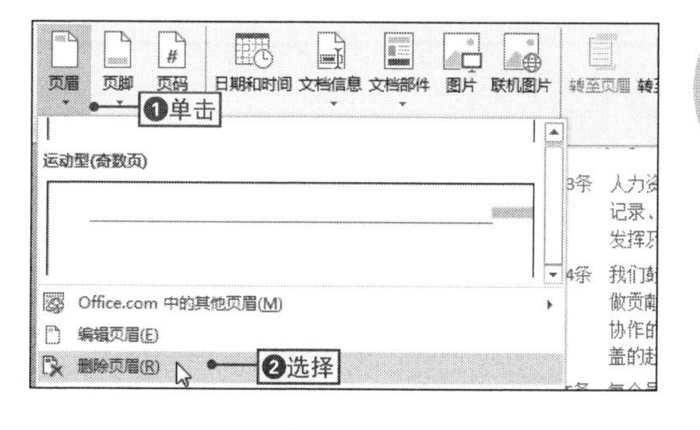

NO.
115 在页脚处添加页码

案例002 茶文化节企划书

◉\素材\第2章\茶文化节企划书9.docx ◉\效果\第2章\茶文化节企划书9.docx

在文档中插入的页脚，一般都是用来添加页码、制作时间等信息，这样可以使页面更加美观与方便阅读，下面将通过在“茶文化节企划书9.docx”文档中添加页码为例来进行讲解，其相关操作如下。

1 插入页面

❶打开“茶文化节企划书9.docx”文件，激活页脚编辑状态，❷单击“页码”下拉按钮，❸选择“页面低端→普通数字2”命令。

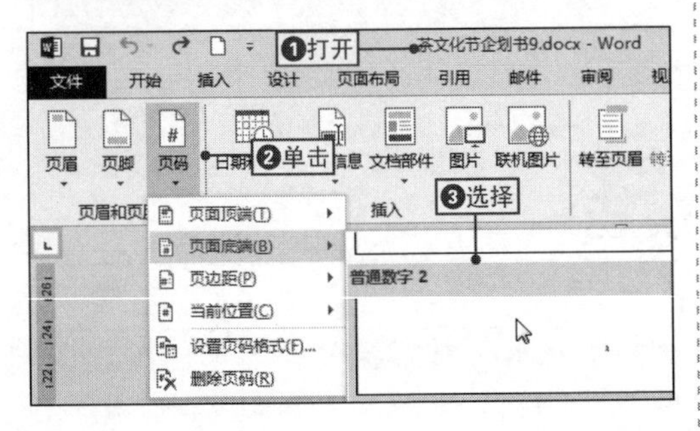

2 编辑页码

❶在插入的页码左右侧分别输入“第”和“页”文本，❷单击“关闭页眉和页脚”按钮即可退出编辑状态。

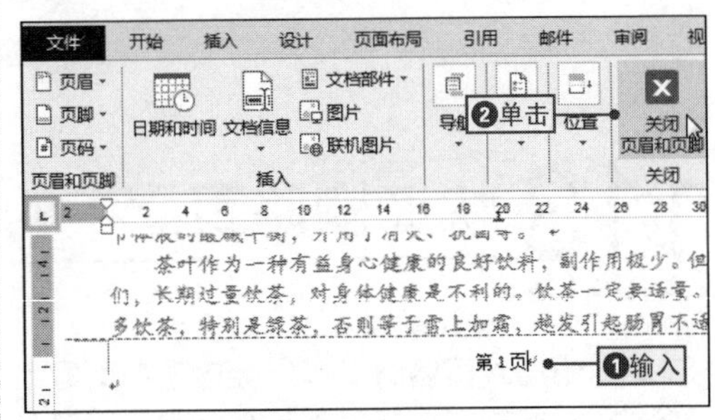

NO.
116 从第二页开始插入页码

在默认情况下，在文档中插入的页码都是从第一页开始排序，但对于要添加封面等情况，只能从第二页开始插入页码，这时可以通过以下方法来解决该问题，其具体操作如下。

1 在页脚中输入文本

在文档中插入页码后，❶在“页眉和页脚-设计”选项卡中单击“页码”下拉按钮，❷选择“设置页码格式”命令。

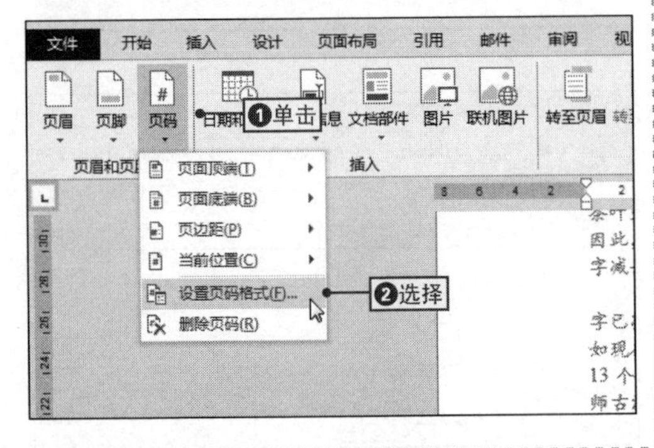

2 设置起始页码

❶在打开的“页码格式”对话框中选中“起始页码”复选框，❷在右侧数值框中输入“0”，❸单击“确定”按钮。

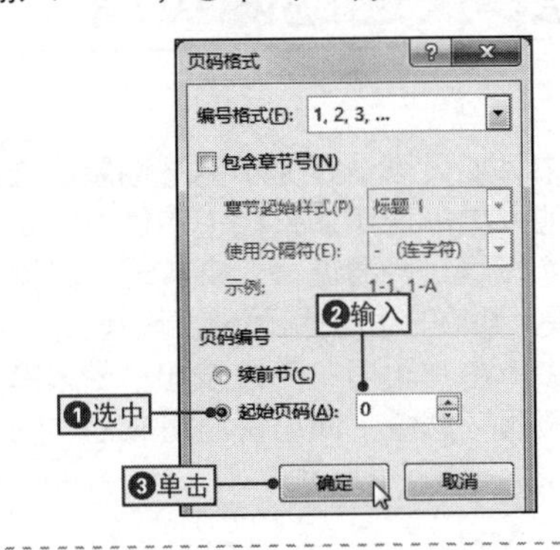

3 设置首页不同

返回文档中，❶选中“首页不同”复选框，❷单击“关闭页眉和页脚”按钮即可退出页脚编辑状态。

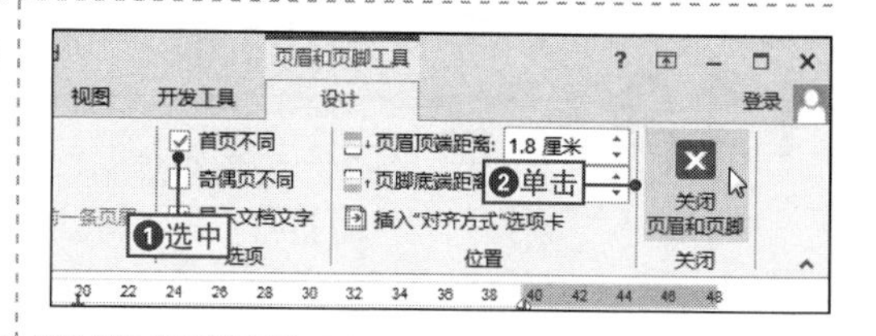

NO.117 自定义提取文档的目录

案例002 茶文化节企划书

◉\素材\第2章\茶文化节企划书10.docx　◉\效果\第2章\茶文化节企划书10.docx

在文档中插入目录可以为文档提供简述，方便编辑和查阅文档，这时可以直接使用系统提供的文档目录功能自动提取文档的目录，下面将通过提取“茶文化节企划书10.docx”文档的目录为例，来讲解自动提取文档目录的操作方法，其具体操作如下。

1 切换到“引用”选项卡

❶打开“茶文化节企划书10.docx”文件，❷将文本插入点定位到目录页面中，❸单击“引用”选择卡。

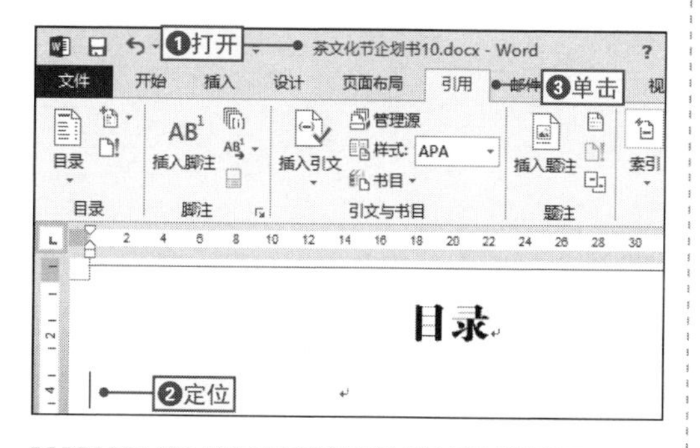

2 打开“目录”对话框

❶在“目录”选项组中单击“目录”下拉按钮，❷选择“自定义目录”命令，打开“目录”对话框。

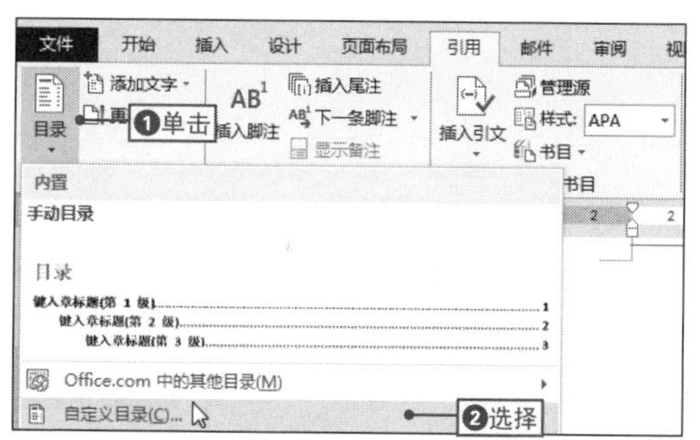

3 设置目录级别

❶在“目录”选项卡的“显示级别”数值框中输入“4”，❷单击“确定”按钮确认设置，即可提取出文档中的目录。

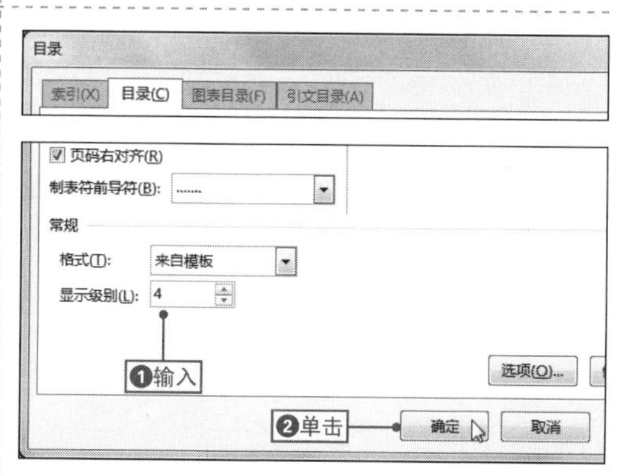

NO.
118

更新文档目录

在制作文档时，如果在添加目录后对大纲级别的标题文本进行过更改，需要对目录内容进行更新，这时可以通过更新域来实现，以保证目录与内容对应，其具体操作如下。

1 打开“更新目录”对话框

❶单击“引用”选项卡，❷在“目录”选项组中单击“更新目录”按钮，打开“更新目录”对话框。

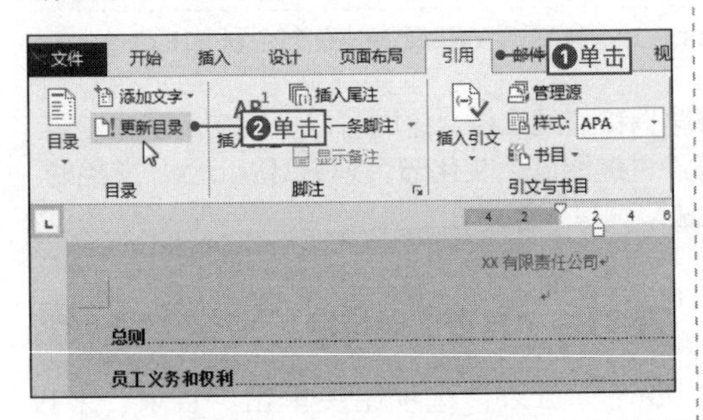

2 更新整个目录

❶选中“更新整个目录”单选按钮，❷单击“确认”按钮确认设置，即可完成将整个目录的更新。

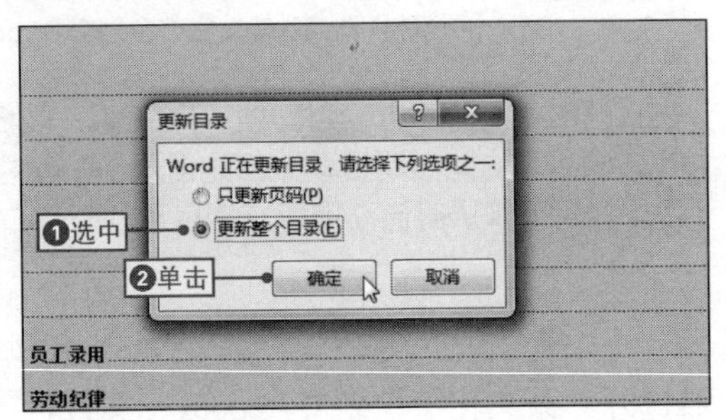

CHAPTER 03

文档中表格和图表的使用技巧

本章导读

Word文档的组成元素不仅只有文字，而且在许多商务办公文档中，还会使用表格和图表来展示数据，从而使文档中数据更加直观，本章将主要介绍在Word中使用表格和图表的相关技巧。

本章技巧

插入和调整表格技巧

NO.119 快速自动插入表格
NO.120 插入任意行数和列数的表格
NO.121 制作斜线表头
NO.122 手动绘制任意复杂结构的表格
NO.123 快速插入有样式的表格
......

在Word中图表的应用技巧

NO.149 快速插入柱形图
NO.150 通过表格插入图表
NO.151 快速调整图表的大小
NO.152 精确调整图表的大小
NO.153 修改图表中的数据
NO.154 快速修改图表名称
NO.155 快速添加数据列
......

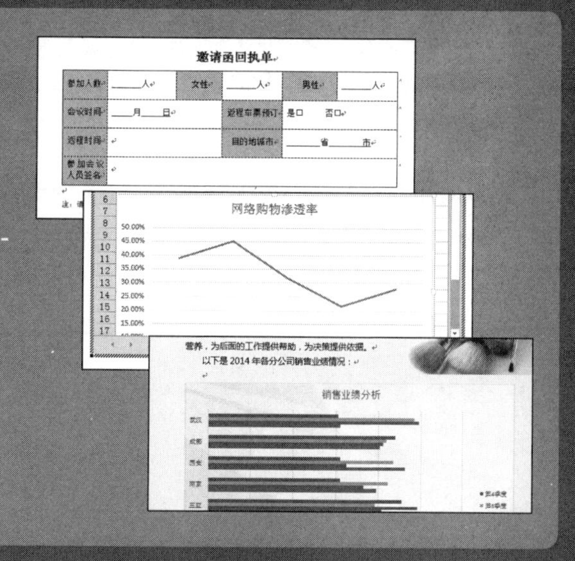

3.1 插入和调整表格技巧

NO. 119

快速自动插入表格

案例004 年会邀请函

◎\素材\第3章\年会邀请函.docx　　◎\效果\第3章\年会邀请函.docx

在一般情况下，回执单都是用表格处理和展示其中的数据，所以首先需要向文档中插入表格，在文档中插入表格最快速的方法就是自动插入表格，下面将以在“年会邀请函.docx”文档中快速插入表格为例来进行讲解，其具体操作如下。

1 切换到“插入”选项卡

打开“年会邀请函.docx”文件，❶将文本插入点定位到需要插入表格的位置，❷切换到“插入”选项卡中。

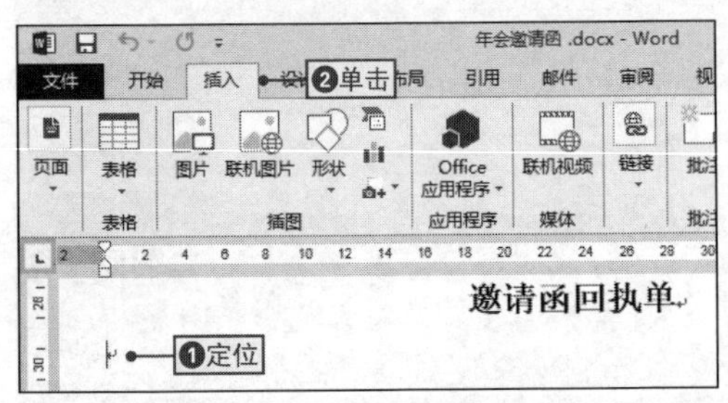

2 插入6列4行的表格

❶单击“表格”下拉按钮，❷在下拉列表中的快速选择区域上移动鼠标光标到需要的行列，单击鼠标插入行列即可。

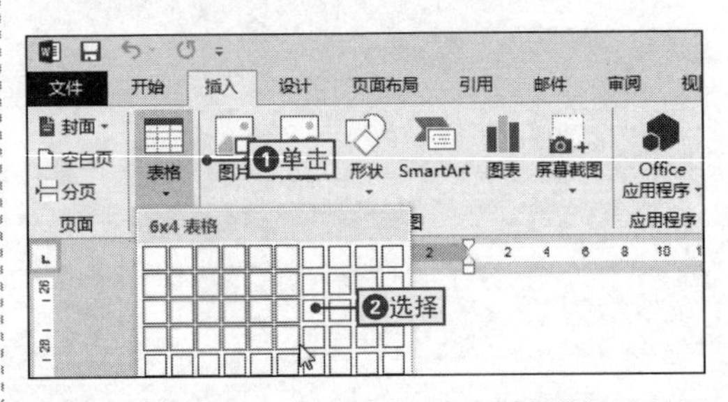

NO. 120

插入任意行数和列数的表格

使用自动插入表格插入的行数和列数有限，最多只能插入10列8行的表格，如果要插入多行或多列的表格，可以通过对话框插入表格的方式来实现，其具体操作如下。

1 打开“插入表格”对话框

❶在“插入”选项卡中单击“表格”下拉按钮，❷选择“插入表格”命令。

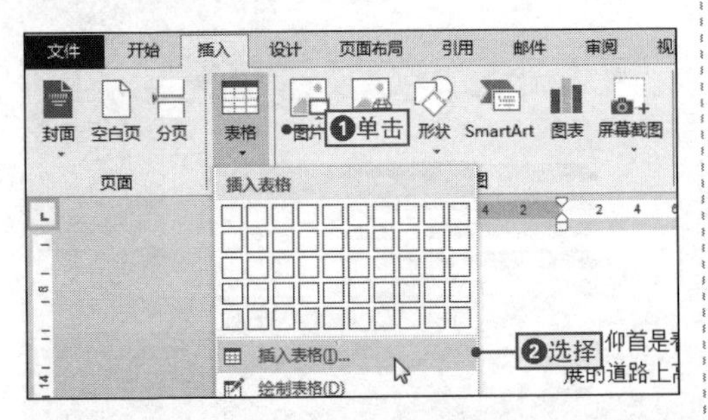

2 设置插入表格的行列数

❶在打开的“插入表格”对话框中设置行和列数，❷单击“确定”按钮即可插入表格。

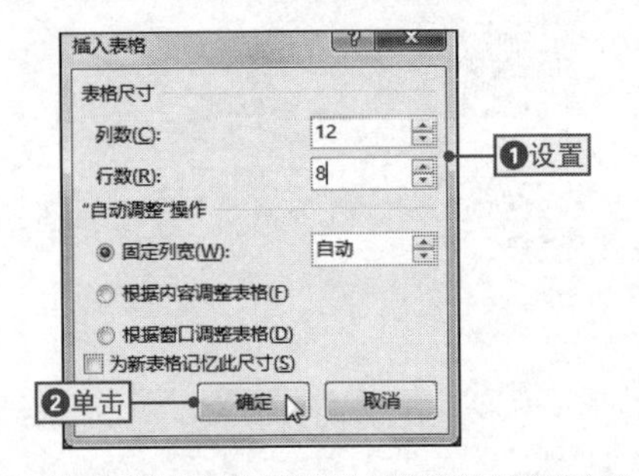

NO.

121

制作斜线表头

在默认情况下，在文档中插入的表格都是标准表格，其实许多表格会使用斜线将其中一个表头单元格分隔成两部分，这时可以先插入表格，然后利用斜线表头功能绘制斜线，其具体操作如下。

1 切换到“表格工具-设计”选项卡

在文档中插入一个标准格式的表格，❶将文本插入点定位到插入斜线的单元格中，❷单击“表格工具-设计”选项卡。

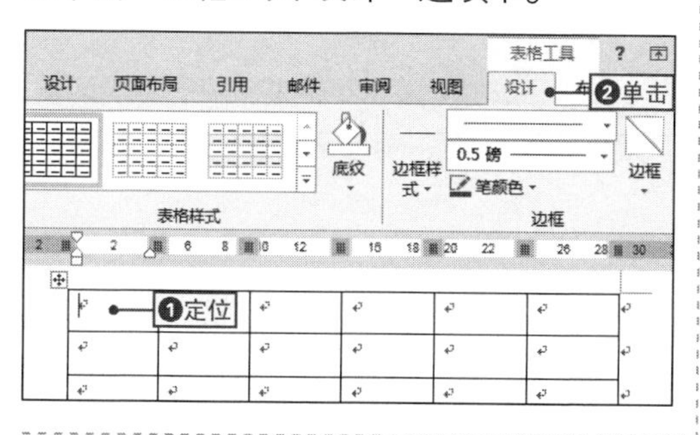

2 绘制斜下框线

❶在“边框”选项组中单击“边框”下拉按钮，❷在弹出的下拉菜单中选择“斜下框线”命令，即可制作斜线表头。

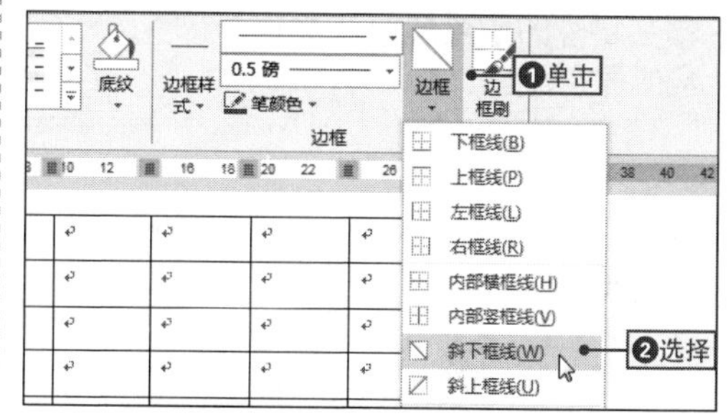

NO.

122

手动绘制任意复杂结构的表格

在日常办公中，不仅需要插入一些简单的表格，而且还需要插入一些结构复杂的、不规则的表格，这时就可以通过手动绘制表格来完成，其具体操作如下。

1 进入表格绘制状态

❶在“插入”选项卡中单击“表格”下拉按钮，❷选择“绘制表格”命令，进入表格绘制状态。

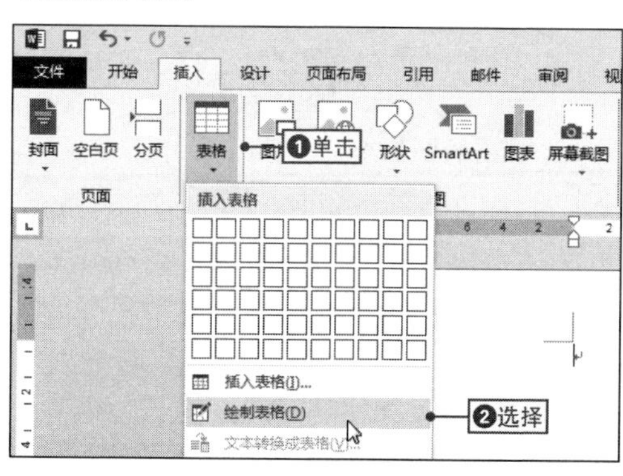

2 绘制表格

此时鼠标光标变为✏形状，按住鼠标左键不放，并对表格进行绘制，最后可以查看到表格的绘制效果。

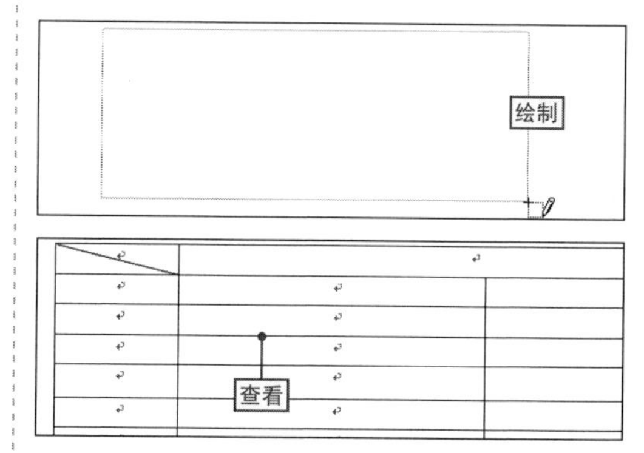

NO.

123 快速插入有样式的表格

在Word 2013中，除了可以插入一些普通表格外，还可以快速插入系统内置的带有表格样式的表格，其具体操作是：❶在“插入”选项卡中单击“表格”下拉按钮，❷选择“快速表格”选项，❸在打开的子菜单中选择相应的样式表格。

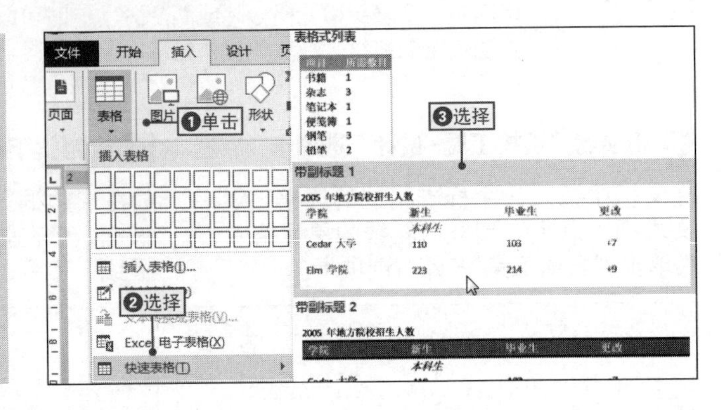

NO.

124 调整表格的行高

案例004 年会邀请函

◉\素材\第3章\年会邀请函1.docx ◉\效果\第3章\年会邀请函1.docx

在Word文档中插入表格后，表格会根据文档的内容和页面宽度默认设置行高，用户可以根据实际的需要调整表格的行高，下面将通过“年会邀请函1.docx”文档为例来讲解如何精确调整表格的行高，其具体操作如下。

1 切换到“表格工具-布局”选项卡

打开“年会邀请函1.docx”文件，❶将文本插入点定位到需要插入表格的位置，❷切换到“表格工具-布局”选项卡中。

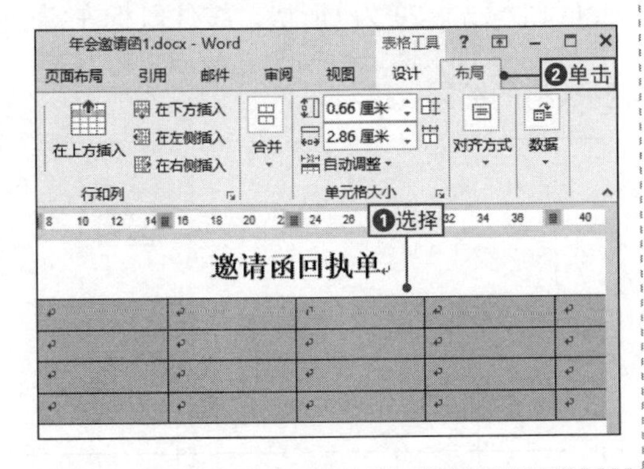

2 调整表格行高

❶在“单元格大小”选项组中的“表格行高”数值框中输入“1.4厘米”，❷按【Enter】键即可查看到表格行高发生了改变。

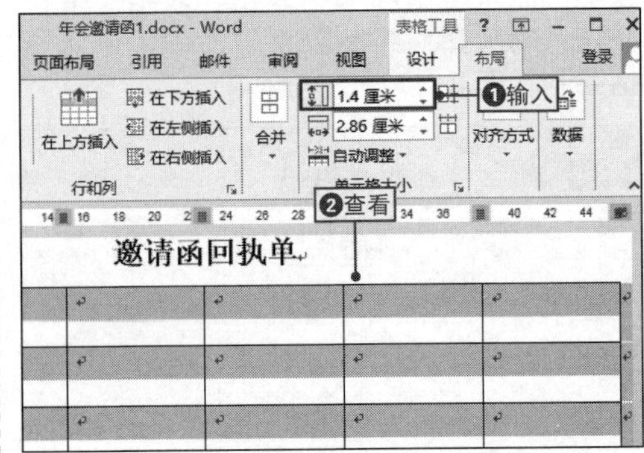

NO.
125 微调Word表格线

在Word文档中调整表格时，总是会对表格的行高或列宽进行调整，但是却无法调整到合适的位置，这时可以通过微调表格线的方法来解决，其具体操作如下。

1 打开“网格线和参考线”对话框

打开“页面设置”对话框，❶单击“文档网格”选项卡，❷单击“绘图网络”按钮，打开“网格线和参考线”对话框。

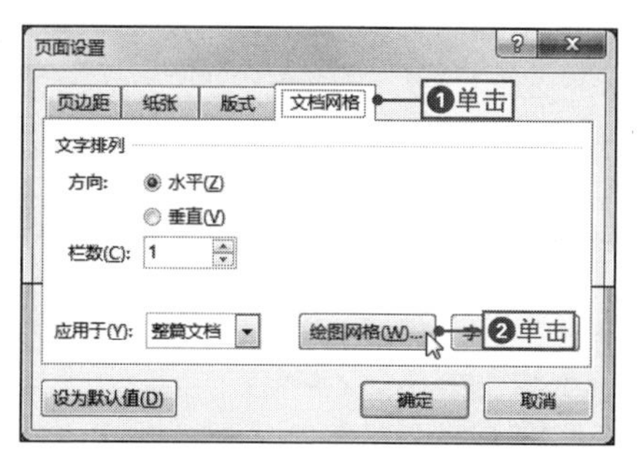

2 设置网格线

在“网络设置”选项组中将“水平间距”和“垂直间距”分别设置为“0.01字符”和“0.01行”，然后确认设置。

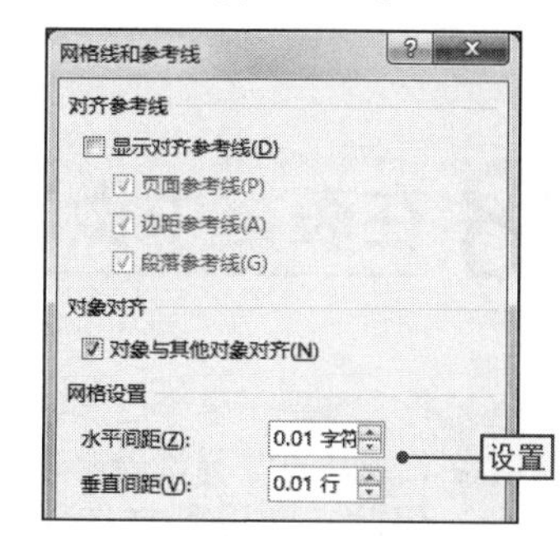

NO.
126 解决不能减少行高的问题

在Word中插入表格后，表格的行高会受到单元格段落格式的影响，因此通过鼠标拖动表格或通过“表格工具-布局”选项卡设置行高，都不能使其减少，这时可以在“表格属性”对话框中设置行高为固定值来解决，其具体操作如下。

1 打开“表格属性”对话框

❶选择整个表格，❷单击“表格工具-布局”选项卡，❸单击“对话框启动器”按钮，打开“表格属性”对话框。

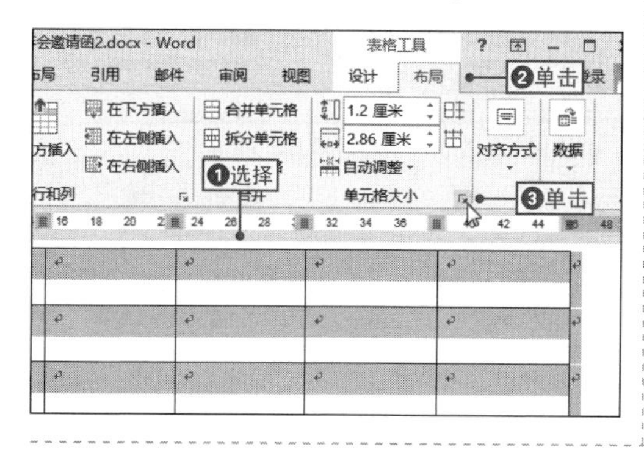

2 设置指定行高

❶单击“行”选项卡，❷设置“指定高度”为1厘米，❸在“行高值是”下拉列表中选择“固定值”选项，❹单击“确定”按钮即可确认设置。

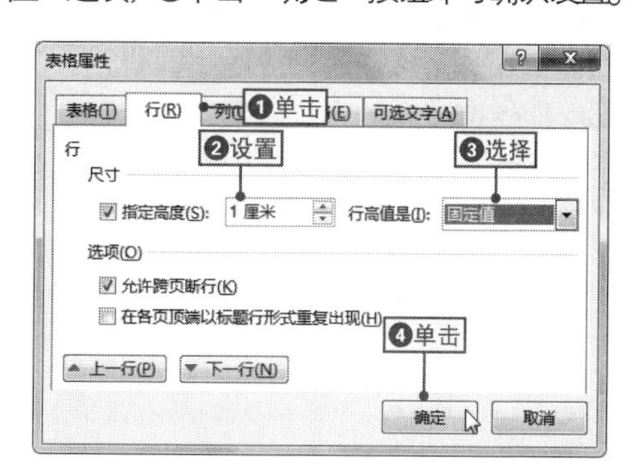

NO.
127 利用【Ctrl】键快速调整多列列宽

在编辑表格的过程中，可能需要对多列统一调整宽度，这时可以利用【Ctrl】键来快速调整，其具体操作是：按住【Ctrl】键，同时按用鼠标左键拖动某列，这时位于该列右侧的所有列都会以相同列宽来进行调整。

差旅费报销标准			
级别	省内	省外	备注
董事长	800元/天	1000元/天	住宿费、住勤补助费、当地
总经理	600元/天	800元/天	住宿费、住勤补助费、当地
副总经理	500元/天	700元/天	住宿费、住勤补助费、当地
经理	400元/天	600元/天	住宿费、住勤补助费、当地
主管	300元/天	500元/天	住宿费、住勤补助费、当地
员工	200元/天	400元/天	住宿费、住勤补助费、当地

调整

NO.
128 在表格中微调行距

在一般情况下，想要在某个已满的页面中再添加内容，可以通过调整表格来挤出一行或一列，但此方法受到文本网格的限制，这时可以通过取消网格限制来调整表格，其具体操作是：打开“页面设置”对话框，在“文档网格”选项卡中选中“无网格”单选按钮即可。

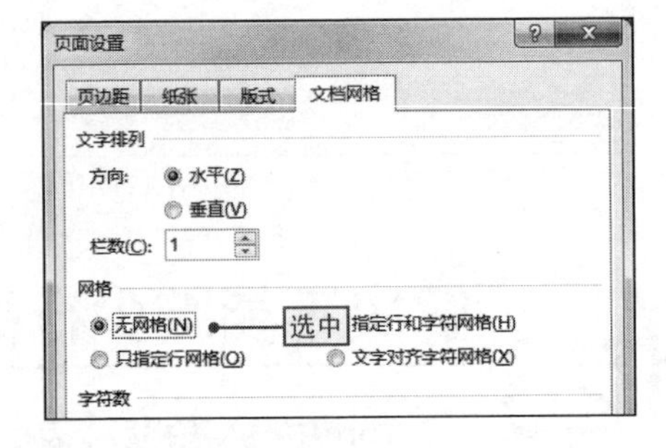

NO.
129 自动调整表格列宽

在Word中插入表格后，在默认情况下，表格的列宽都是一样的，有时表格中单元格的数据较少，这样就会显示出许多空白区域，如果依次对其进行调整会比较麻烦，这时可以使用Word提供的自动调整表格列宽的功能，其具体操作是：❶选择整个表格，并在其上右击，❷在弹出的快捷菜单中选择“自动调整→根据内容调整表格”命令，即可自动对表格列宽进行调整。

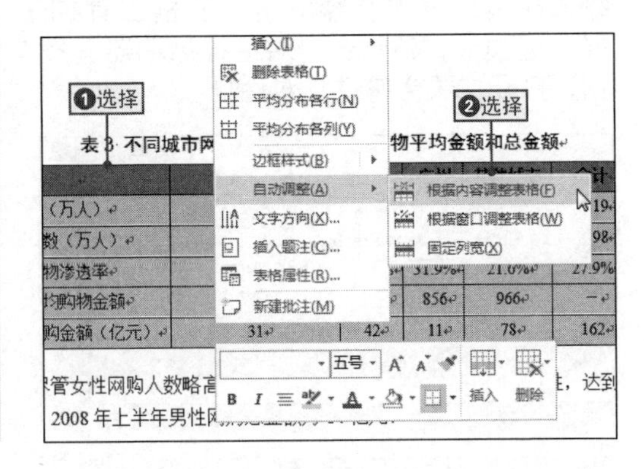

NO.

130 快速合并指定单元格

案例004 年会邀请函

◎\素材\第3章\年会邀请函3.docx　　◎\效果\第3章\年会邀请函3.docx

在Word中编辑表格的过程中，可以根据内容的需要，将多个单元格合并为一个单元格，下面将通过合并“年会邀请函3.docx”文档中表格的单元格为例来进行讲解快速合并单元格的操作，其具体操作如下。

1 对单元格进行合并

打开“年会邀请函3.docx”文件，❶选择需要合并的单元格，并右击，❷在弹出的快捷菜单中选择“合并单元格”命令。

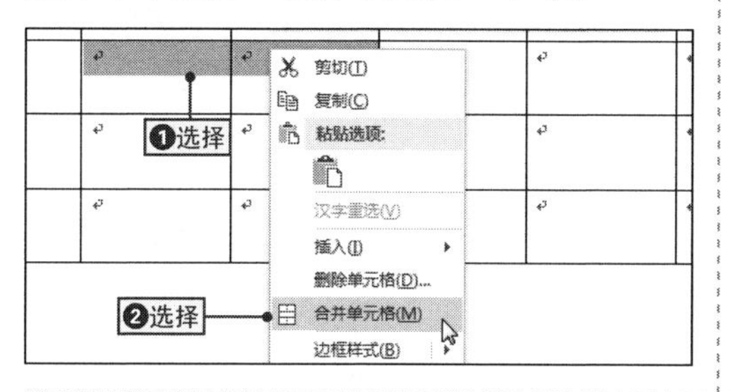

2 对其他单元格进行合并

以相同的方法对其他单元格进行合并，即可查看到相应的合并效果，完成对表格的结构调整。

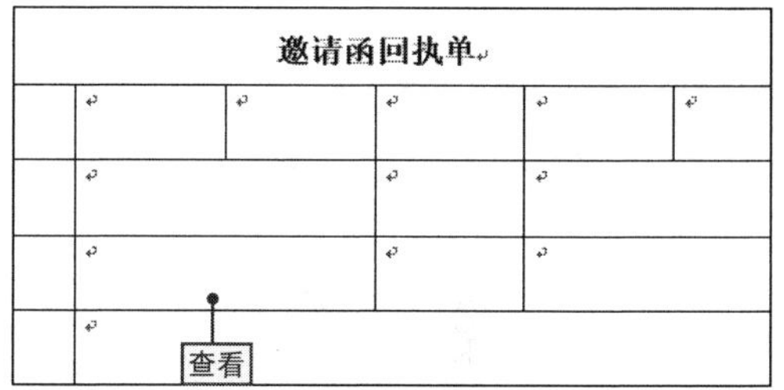

NO.

131 利用选项卡快速合并单元格

在Word文档的表格中，还可以通过“表格工具-布局”选项卡快速合并单元格，其具体操作是：选择需要合并的单元格，❶单击“表格工具-布局”选项卡，❷在“合并”选项组中单击“合并单元格”按钮即可实现对单元格的合并。

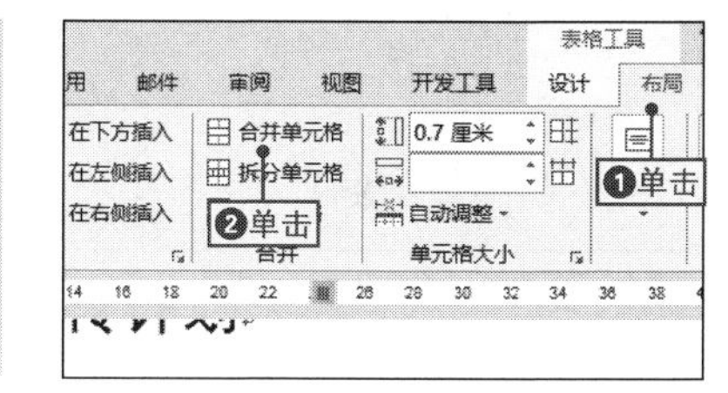

NO.

132 不连续的单元格不能合并

在合并单元格的过程中需要注意，要进行合并的单元格区域必须是连续的单元格，如果选择了不连续的单元格区域进行合并，其快捷菜单中的“合并单元格”命令显示为不可用状，当然“表格工具-布局”选项卡中的“合并单元格”按钮同样不能进行操作。

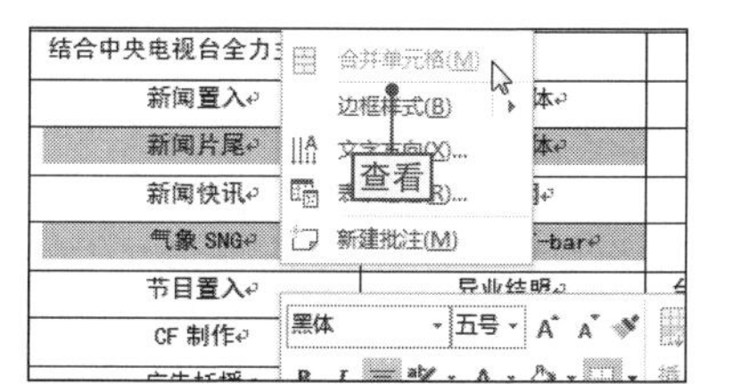

NO.
133 快速将表格一分为二

在编辑的表格中，如果数据比较多，需要两页（或多页）才能完全显示，这时可以使用Word中拆分表格功能将表格一分为二，其具体操作是：❶将鼠标光标定位到要拆分的行中的任意单元格，❷单击“表格工具-布局”选项卡，❸在“合并”选项组中单击“拆分表格”按钮快速将一个表格拆分为两个表格。

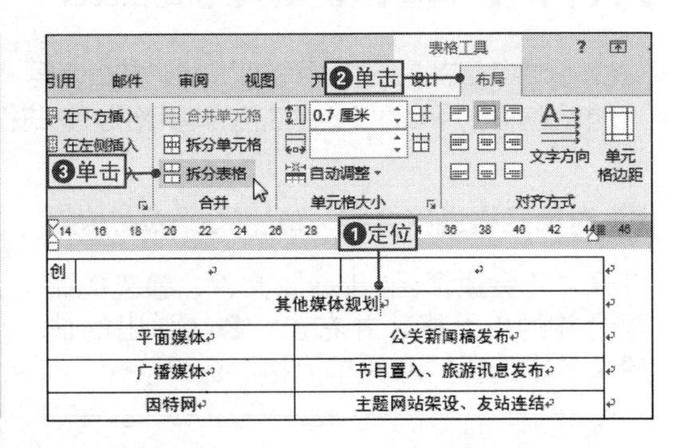

NO.
134 利用对话框快速插入单元格

在Word表格中，不仅可以插入多行或多列，而且还可以根据实际需要快速插入多个单元格，其具体操作如下。

1 打开“插入单元格”对话框

❶选择单元格，并在其上右击，❷在弹出的快捷菜单中选择“插入→插入单元格”命令。

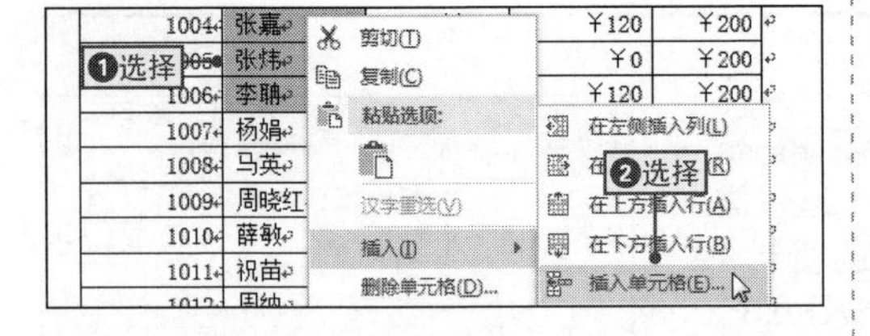

2 在活动单元格前插入单元格

❶在打开的对话框中选中“活动单元格下移”单选按钮，❷单击“确定”按钮即可确认在所选单元格前面插入相同数目的单元格。

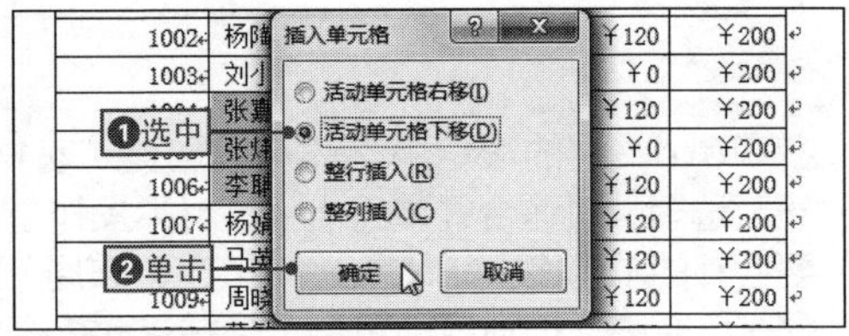

NO.
135 利用快捷菜单插入多行或多列

在Word文档中，除了可以使用“表格工具-布局”选项卡插入多行或多列外，还可以利用快捷菜单来插入多行或多列，其具体操作是：❶选择需要插入的多行，并在其上右击，❷在弹出的快捷菜单中选择“插入→在上方插入行”命令即可插入选择的多行。

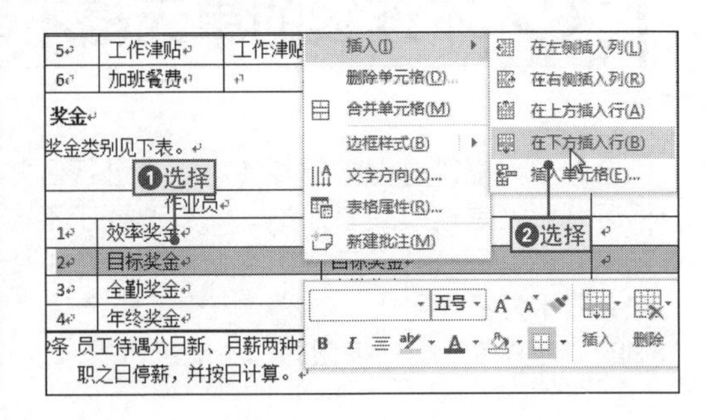

NO. 136

擦除表格线实现合并单元格

在对Word文档中的表格进行编辑时，还可以使用橡皮擦工具来快速删除单元格的边框，从而达到合并单元格的目的，其具体操作如下。

1 使用橡皮擦功能

❶切换到“表格工具-布局”选项卡，❷在“绘图”选项组中单击“橡皮擦”按钮。

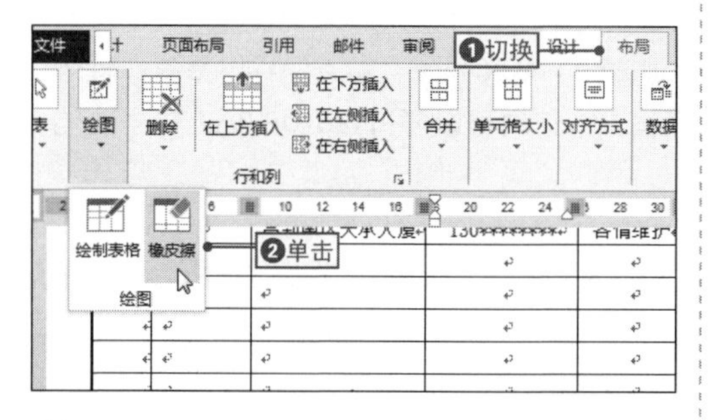

2 擦除单元格边框

当鼠标光标变为⌀时，在需要合并的单元格边框上单击即可。

NO. 137

在表格中输入文本

案例004 年会邀请函

◉\素材\第3章\年会邀请函4.docx ◉\效果\第3章\年会邀请函4.docx

在Word中创建表格并对其结构进行调整后，就可以在其中输入数据，在表格中输入数据和在Word文档中输入文档的方式基本相同，下面将通过在“年会邀请函4.docx”文档的表格中编辑表头和表格内容为例，来讲解在表格中输入文本的操作技巧，其具体操作如下。

1 输入表头内容

打开“年会邀请函4.docx”文件，将文本插入点定位到第一个单元格中，并输入相应的表头内容。

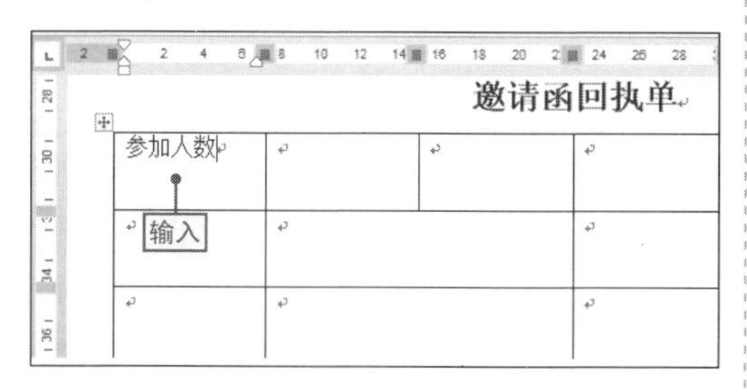

2 输入文本内容

❶按【→】键将文本插入点定位到后一个单元格中，输入多个空格和“人”文本，❷选择空格，❸单击“下画线”按钮。

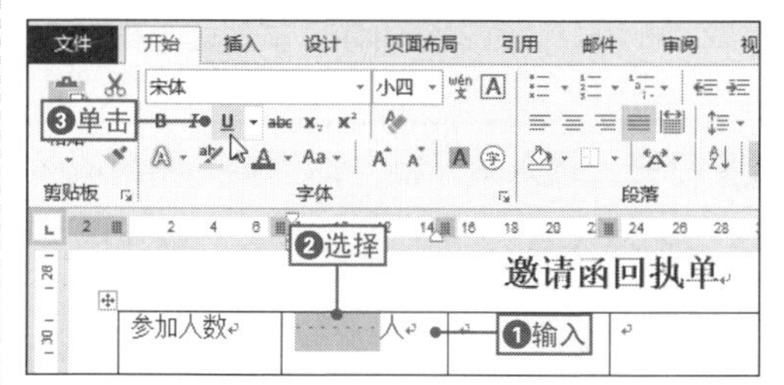

3 查看效果

以相同方法输入其他文本，此时在文档中可以查看到相应的效果。

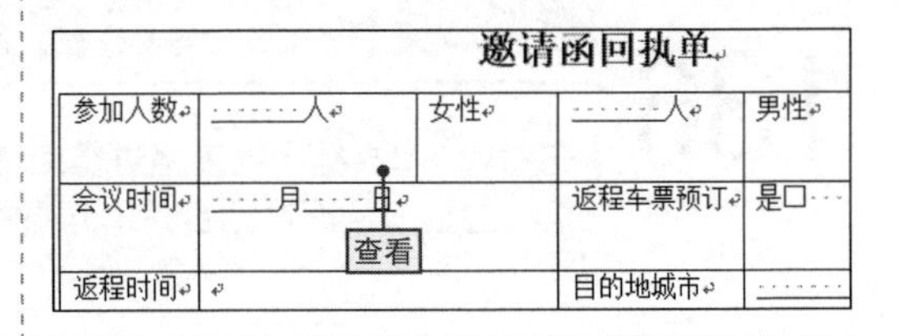

NO. 138 快速输入常用符号

在Word文档中输入文本时，常常需要输入特殊数字、集合图标以及箭头等符号，而这些符号通常不能使用键盘输入，这时可以通过Word的插入符号功能来解决，其具体操作如下。

1 打开“符号”对话框

将文本插入点定位到需要输入符号的位置，❶单击“符号”下拉按钮，❷选择“其他符号”命令。

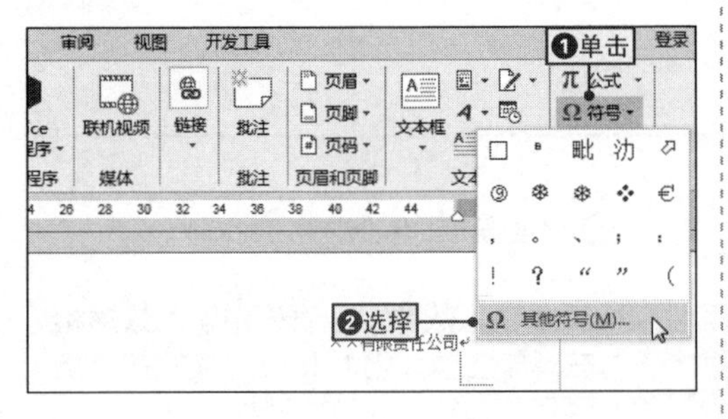

2 插入符号

在打开的“符号”对话框的“符号”选项卡中选择“空心方形”选项，然后单击“插入”按钮即可插入该符号。

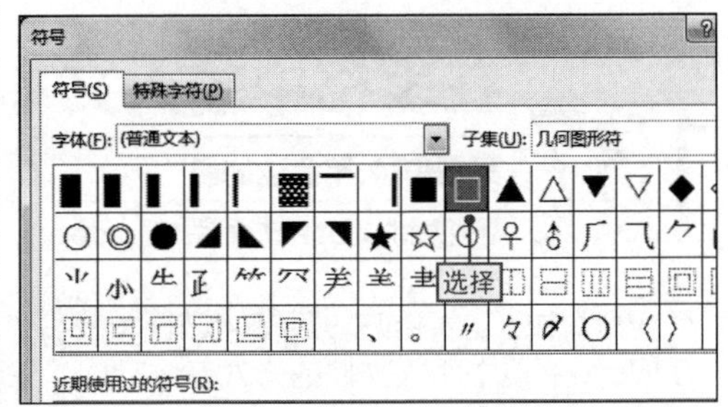

NO. 139 通过输入法输入符号

在Word文档的表格中，除了前面讲解的通过程序内置的“符号”对话框插入符号外，还可以通过输入法快速输入符号，下面将以搜狗输入法输入符号为例来进行讲解，其具体操作如下。

1 打开“插入单元格”对话框

将文本插入点定位到目标位置，❶在输入法界面中单击“软键盘”按钮，❷在弹出的快捷菜单中选择“特殊符号”命令。

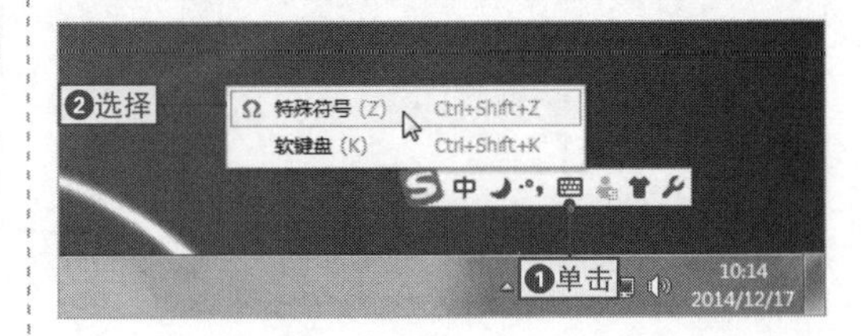

2 插入符号

在打开的“符号集成”界面中，在“特殊符号”选项卡中双击需要插入的符号，即可完成符号的输入。

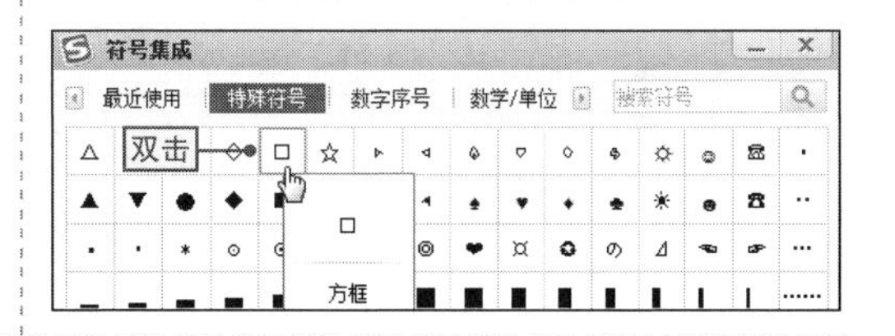

NO.

140 给跨页的表格自动添加表头

在Word中，表格如果出现跨页的情况，只会在第一页显示表头，其他页中就不会显示，这样在跨页浏览时会很不方便，这时可以给跨页的表格自动添加表头，其具体操作是：❶选择第一页中的表头单元格区域，❷单击“表格工具-布局”选项卡，❸在“数据”选项组中单击“重复标题行”按钮即可为跨页添加表头。

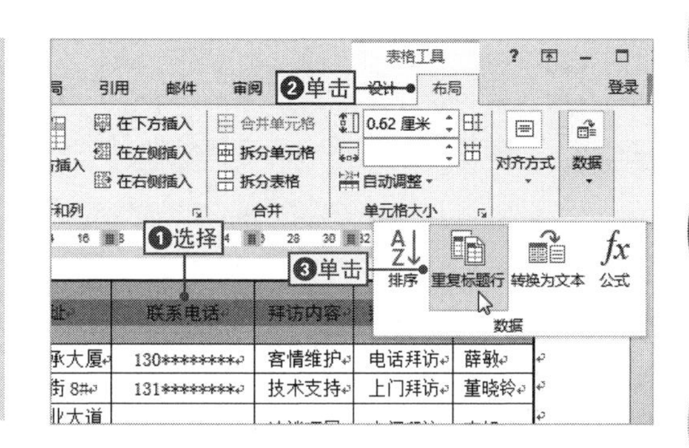

NO.

141 通过组设置表格中的对齐方式

案例004 年会邀请函

◉\素材\第3章\年会邀请函5.docx ◉\效果\第3章\年会邀请函5.docx

在表格中输入数据后，在默认状态下数据是以左对齐方式呈现的。而在Word中，根据垂直和水平方向，系统提供了9种对齐方式，用户可根据需要更改表格中内容的对齐方式，下面将以设置“年会邀请函5.docx”文档中表格内容的对齐方式为例来进行讲解，其具体操作如下。

1 设置本文垂直居中

打开“年会邀请函5.docx”文件，❶选择整个表格，❷切换到“表格工具-布局”选项卡中，❸在“对齐方式”选项组中单击“中部两端对齐”按钮使文本垂直居中。

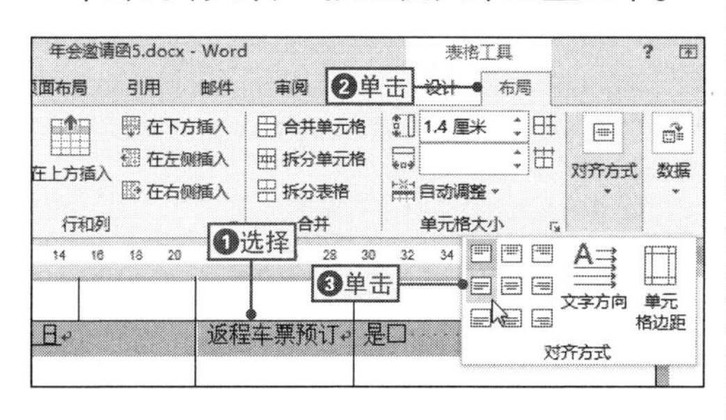

2 设置文本水平居中

❶选择第一列文本，❷在“表格工具-布局”选项卡中单击“水平居中”按钮使用文本水平居中。

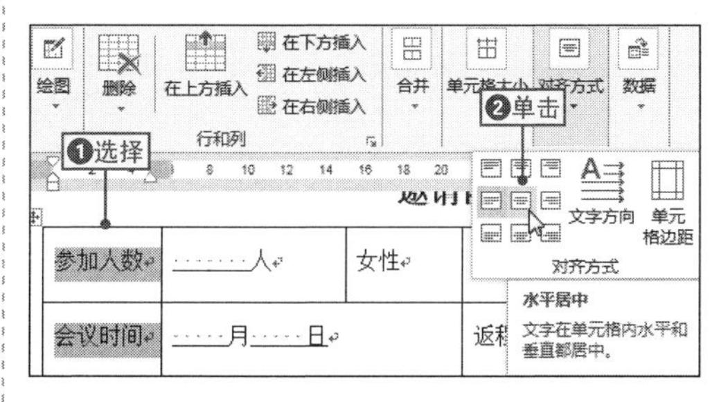

NO.
142

通过对话框设置表格中的对齐方式

在对办公文档进行编辑时，除了使用功能按钮快速对表格中的内容设置对其方式外，还可以通过“表格属性”对话框来进行设置，其具体操作如下。

1 打开“表格属性”对话框

选择目标单元格，❶单击“表格工具-布局”选项卡，❷单击“属性”按钮，打开“表格属性”对话框。

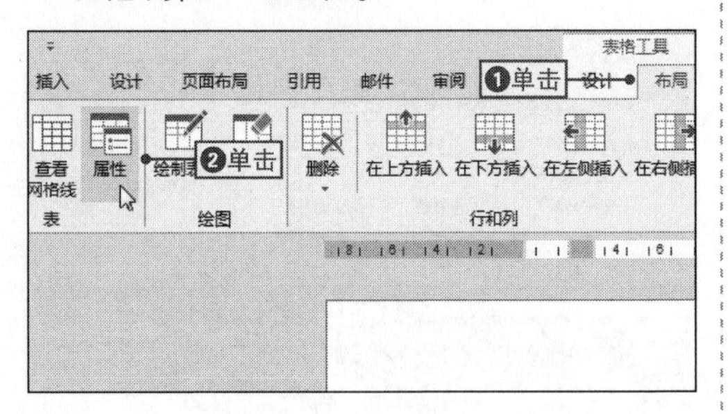

2 设置对齐方式

在“表格”选项卡的“对齐方式”选项组中选择需要的对齐方式，然后单击“确认”按钮即可确认设置。

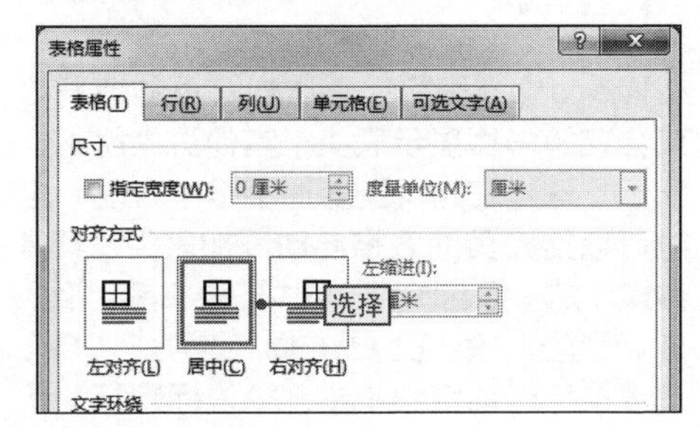

NO.
143

自定义表格的边框样式

案例004 年会邀请函

◉\素材\第3章\年会邀请函6.docx　　◉\效果\第3章\年会邀请函6.docx

在Word中插入表格后，在默认情况下，表格的边框是“实线、黑色”，为了能让表格与数据之间层次更加清晰，也使表格更具有个性，用户可以对表格默认的边框格式进行修改，下面将以自定义“年会邀请函6.docx”文档中表格的边框样式为例来进行讲解，其具体操作如下。

1 切换到“表格工具-设计”选项卡

打开“年会邀请函6.docx”文件，❶选择整个表格，❷单击“表格工具-设计”选项卡。

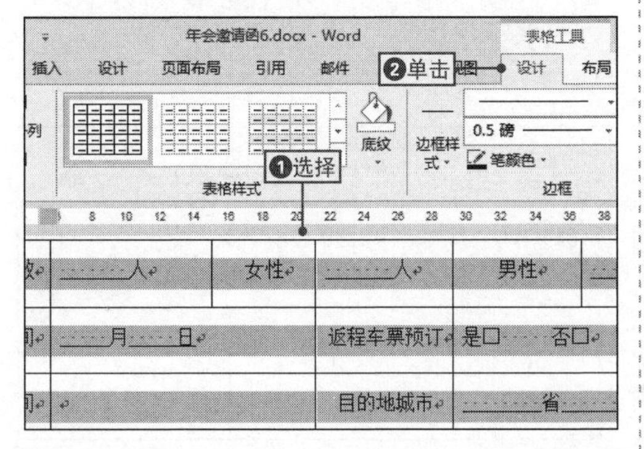

2 打开“边框和底纹”对话框

❶在“边框”选项组中单击“边框”下拉按钮，❷选择“边框和底纹”命令。

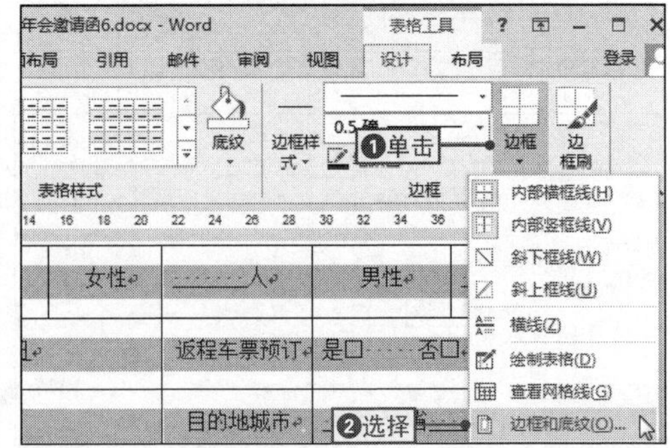

3 取消表格外边框样式

❶在“设置”选项组中选择“自定义”选项，❷设置“宽度”为1.5磅，❸在“预览”区域单击外边框按钮取消外边框线样式。

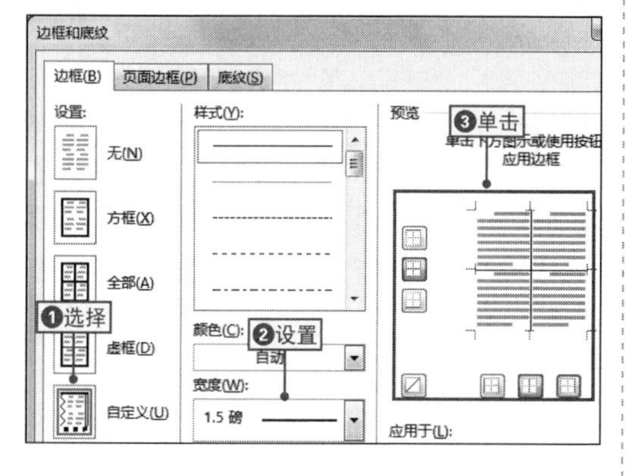

4 应用表格外边框新样式

❶在“预览”区域中单击外边框按钮应用新的外边框线样式，❷单击“确定”按钮确认设置。

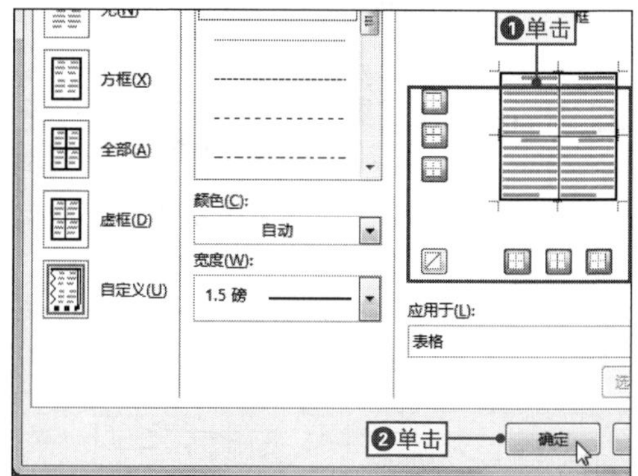

5 设置表格内边框样式

保持表格为选择状态并再次打开“边框和底纹”对话框，❶选择边框样式，❷双击▦按钮，❸双击▥按钮。

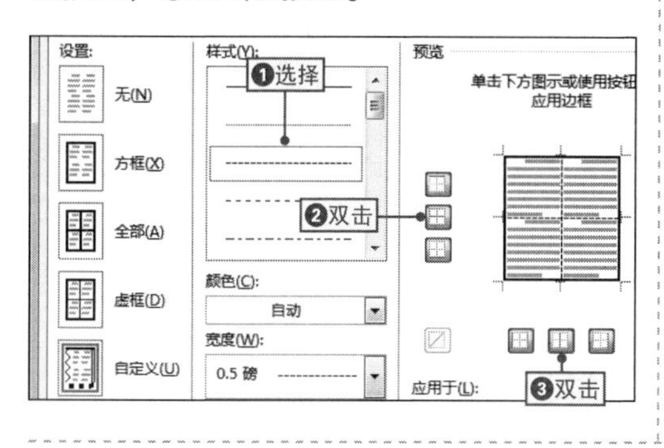

6 查看自定义边框后的效果

单击“确定”按钮应用内边框样式并返回到文档中，即可查看到设置表格边框后的效果。

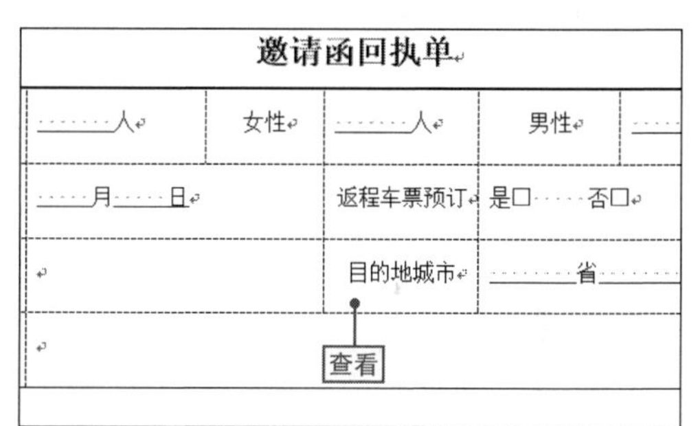

NO.

144 自定义边框颜色

在Word表格中，用户不仅可以自定义表格边框的线条样式，而且还可以自定义表格边框的颜色，其具体操作是：打开“表格和底纹”对话框，❶在“颜色”下拉列表中选择需要的颜色，❷单击“确定”按钮即可为表格边框应用颜色。

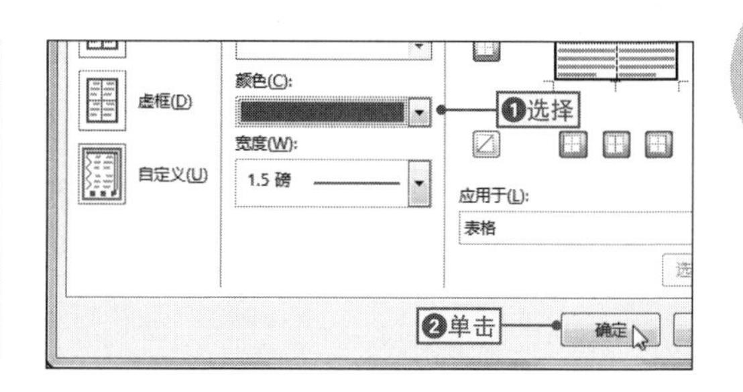

NO.
145 快速应用表格边框样式

在Word 2013中为了方便对表格边框的设置，新增加了一个“边框刷”工具，使用该工具不仅能够方便地对单元格的边框进行设置，而且还能快速地为表格边框设置统一的样式，其具体操作如下。

1 激活边框刷工具

❶将文本插入点定位到任意单元格，❷在“表格工具-设计”选项卡中单击“边框样式”下拉按钮，❸选择一种主题边框样式。

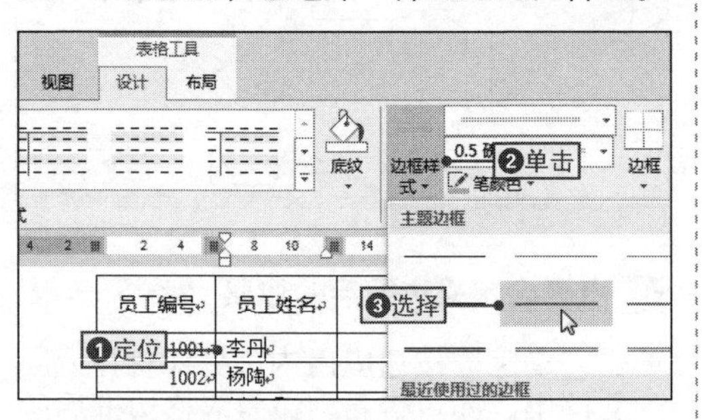

2 为单元格边框设置样式

当鼠标光标变为形状时，在单元格边框上单击，即可为单元格边框线设置指定的样式。

福 利 表

单击

员工编号	员工姓名	住房补助	车费补助	保险金
1001	李丹	￥100	￥120	￥200
1002	杨陶	￥100	￥120	￥200
1003	刘小明	￥100	￥0	￥200
1004	张嘉	￥100	￥120	￥200
1005	张炜	￥100	￥0	￥200
1006	李聃	￥100	￥120	￥200
1007	杨娟	￥100	￥120	￥200
1008	马英	￥100	￥120	￥200

3 为表格边框设置样式

在表格边框上拖动鼠标绘制表格表框线，完成后释放鼠标，即可为表格边框线设置指定的样式。

绘制

员工编号	员工姓名	住房补助	车费补助	保险金
1001	李丹	￥100	￥120	￥200
[illegible]	杨陶	￥100	￥120	￥200
[illegible]	刘小明	￥100	￥0	￥200
1004	张嘉	￥100	￥120	￥200
1005	张炜	￥100	￥0	￥200
1006	李聃	￥100	￥120	￥200
1007	杨娟	￥100	￥120	￥200

NO.
146 自定义表格的底纹效果

案例004 年会邀请函

◉\素材\第3章\年会邀请函7.docx　　◉\效果\第3章\年会邀请函7.docx

在Word文档中，对表格边框进行设置后，如果想要突出表头，使查阅时能一目了然，可以通过自定义表格底纹效果来实现，下面将以设置“年会邀请函7.docx”文档中表格的底纹效果为例，来讲解自定义表格底纹效果的操作方法，其具体操作如下。

1 选择表头文本

打开“年会邀请函7.docx”文件，❶选择第一列表头文本，❷按住【Ctrl】键选择其他表头文本。

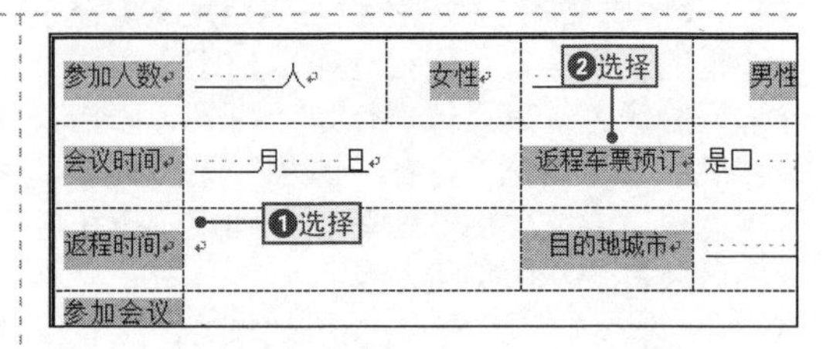

2 设置底纹效果

❶切换到“表格工具-设计”选项卡，❷单击“底纹”下拉按钮，❸选择相应的颜色。

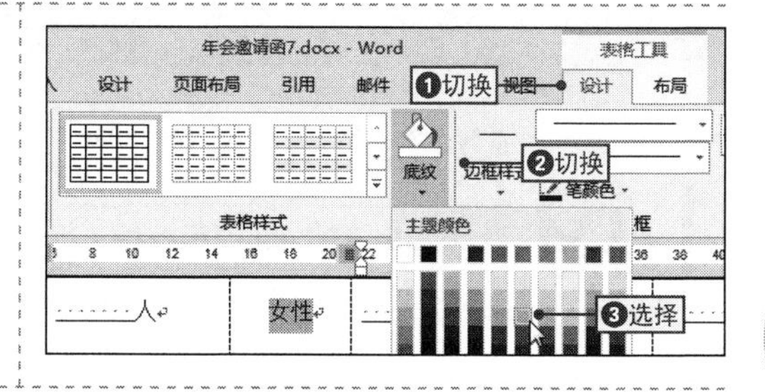

NO.
147 通过填充功能设置底纹效果

在Word表格中，除了可以使用边框功能选项设置底纹效果外，还可以通过“边框和底纹”的填充功能进行设置，其具体操作是：打开“表格和底纹”对话框，❶单击“底纹”选项卡，❷在“填充”下拉列表中选择需要的颜色，然后单击“确定”按钮确认设置。

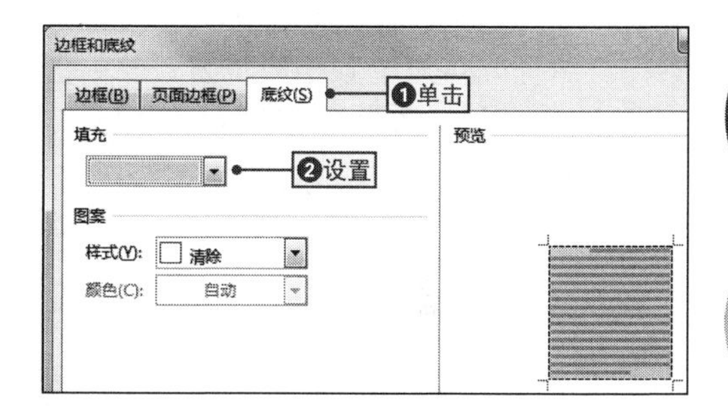

NO.
148 设置更多的底纹颜色效果

在为Word文档中表格设置底纹效果时，由于“底纹”下拉列表中的颜色有限，如果用户想要设置更多的颜色效果，可以通过“颜色”对话框来实现，其具体操作如下。

1 打开“颜色”对话框

❶单击“底纹”下拉按钮，❷选择“其他颜色”命令，打开“颜色”对话框。

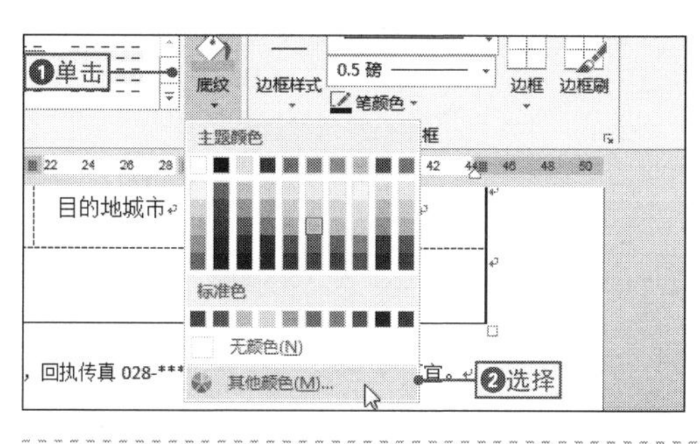

2 自定义底纹颜色

❶在“自定义”选项卡中选择需要的颜色，❷单击“确定”按钮确认设置。

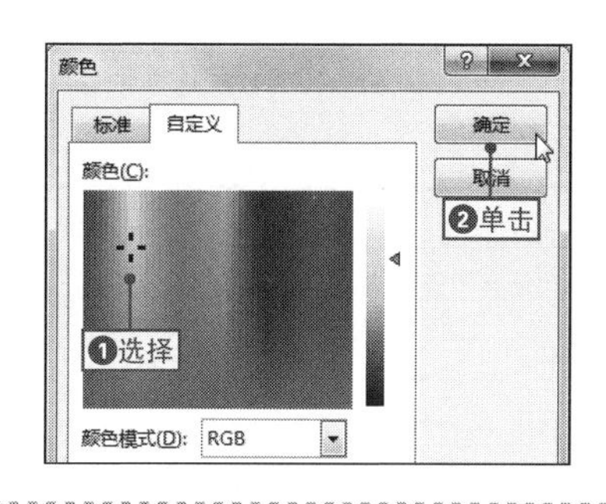

3.2 在Word中图表的应用技巧

NO.
149

快速插入柱形图

案例005 2014年销售业绩总结

◉\素材\第3章\2014年销售业绩总结.docx ◉\效果\第3章\2014年销售业绩总结.docx

在对Word中的数据进行分析时，如果通过图表来展示数据，不仅可以美化文档，而且还能使数据之间的关系更加直观，下面将通过在“2014年销售业绩总结.docx”文档中插入柱形图为例，来讲解插入图表的具体操作方法。

1 打开“插入图表”对话框

打开“2014年销售业绩总结.docx”文件，❶将文本插入点定位到相应位置，❷单击“插入”选项卡，❸单击“图表”按钮。

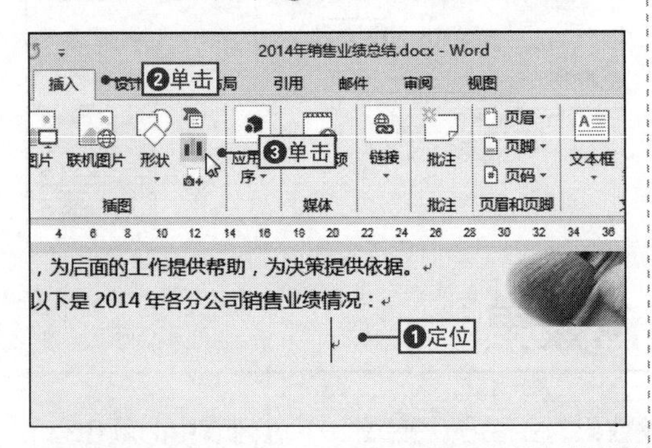

2 插入柱形图

❶在打开的“插入图表”对话框中选择“柱形图”选项，❷选择图表类型，然后单击“确认”按钮确认插入。

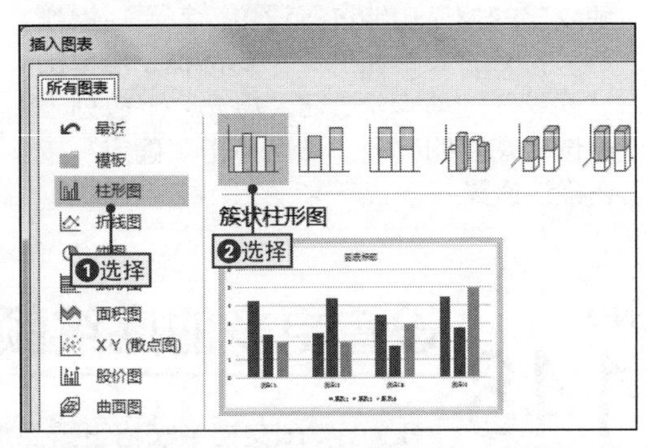

3 调整数据区域的大小

程序自动启动Excel组件，将鼠标光标移动到数据区域的右下角，当鼠标光标变为斜双向箭头后按住鼠标左键向下拖动，到第10行时释放鼠标。

Microsoft Word 中的图表

	A	B	C	D	E	F
1		系列 1	系列 2	系列 3		
2	类别 1	4.3	2.4	2		
3	类别 2	2.5	4.4	2		
4	类别 3	3.5	1.8	3		
5	类别 4	4.5	2.8	5		
6						
7						
8						
9						
10						
11						
12						
13						

拖动

4 输入数据

❶在表格中输入相应的数据，❷单击表格右上角的“关闭”按钮关闭Excel应用程序，返回Word文档中即可查看到插入的柱形图图表效果。

Microsoft Word 中 ❷单击

	A	B	C	D	E	F
1	分公司	第1季度	第2季度	第3季度	第4季度	
2	北京	4,094	3,321	3,792	3,115	
3	上海	4,000	3,091	3,734	4,734	
4	深圳	3,822	4,771	4,615	3,774	
5	福州	3,726	3,208	4,385	3,219	
6	三亚	4,077	4,916	3,928	4,547	
7	南京	3,964	3,663	4,230	3,104	
8	西安	4,631	3,252	4,345	3,104	
9	成都	4,038	4,112	4,198	4,392	
10	武汉	3,106	4,949	4,837	3,060	
11						
12						
13						

❶输入

NO.
150

通过表格插入图表

在Word 2013中，如果事先创建好Excel电子表格数据，那么可以通过Excel表格来插入图表，下面将通过Excel表格插入图表为例来进行讲解，其具体操作如下。

1 选择“Excel电子表格”命令

❶在“插入”选项卡中单击“表格”下拉按钮，❷选择“Excel电子表格”命令。

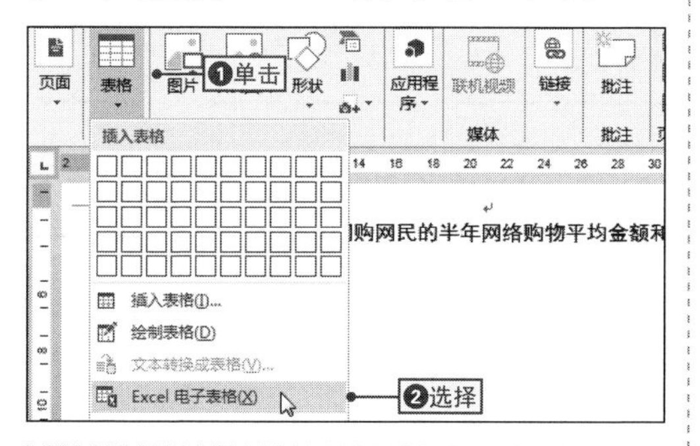

2 切换到“插入”选项卡中

在创建的表格中输入相应的数据，并选择需要创建图表的数据。

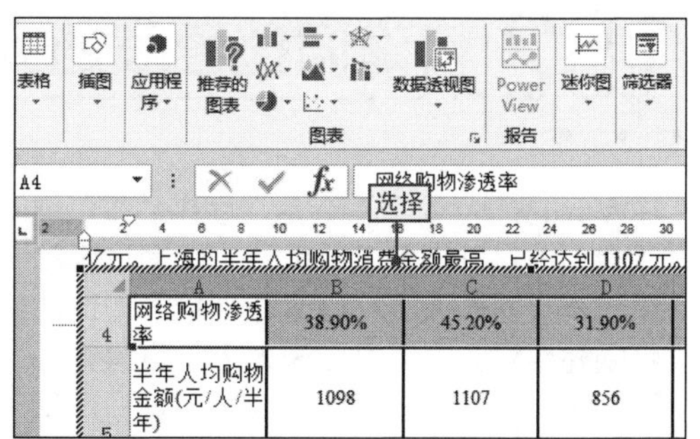

3 选择折线图类型

❶单击“折线图”下拉按钮，❷选择相应的折线图选项。

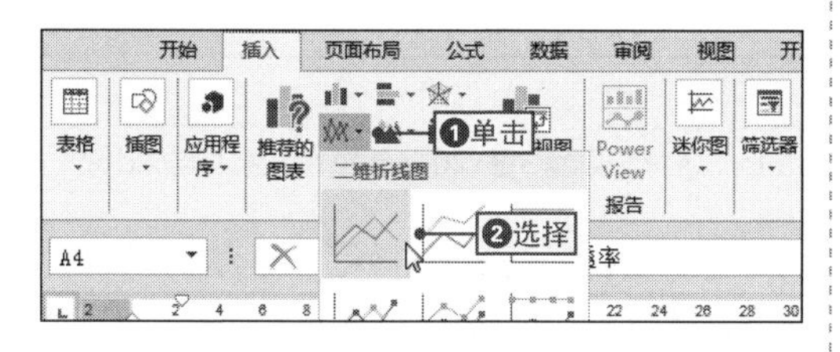

4 调整表格

调整表格大小，使其中的内容都显示出来，然后单击任意空白处即可退出编辑状态。

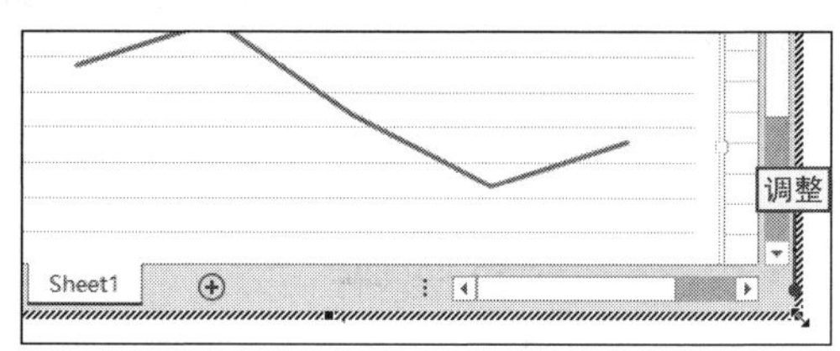

NO.
151

快速调整图表的大小

案例005 2014年销售业绩总结

◉\素材\第3章\2014年销售业绩总结1.docx ◉\效果\第3章\2014年销售业绩总结1.docx

在Word文档中创建好图表后，需要根据图表数据的情况来调整图表的大小，从而保证图表中的数据能完全并清晰地显示出来，下面将通过在“2014年销售业绩总结1.docx”文档中手动调整图表大小为例来进行讲解，其具体操作如下。

1 调整图表的宽度

打开“2014年销售业绩总结1.docx”文件，❶选择图表，❷将鼠标光标移动到图表左、右边框的控制点上，按住鼠标调整图表宽度。

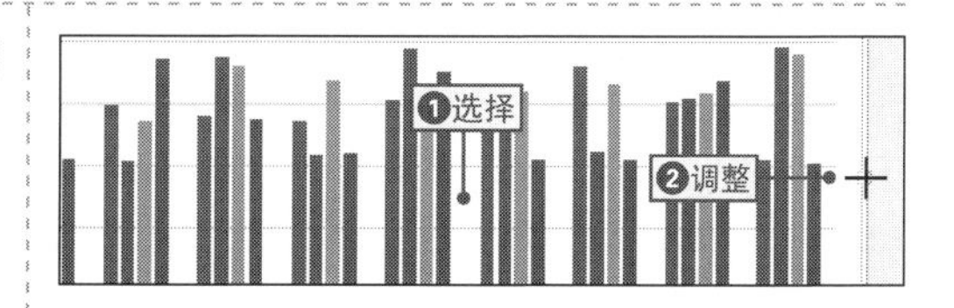

2 调整图表的高度

将鼠标光标移动到图表上、下边框的控制点上，按住鼠标调整图表高度（拖动图表四角上的控制点可同时调整高度和宽度）。

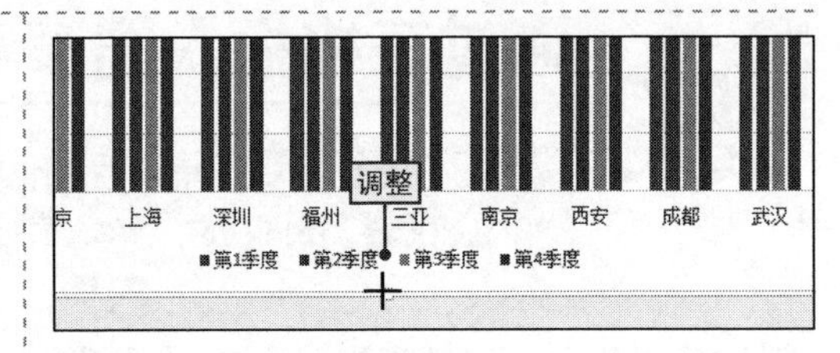

NO.

152 精确调整图表的大小

在Word文档中插入图表后，图表都是以默认的大小来进行显示，虽然可以通过手动快速调整图表大小，但是却不精确，这时可以利用组精确调整图表大小，其具体操作是：❶选择需要调整的图表，❷切换到"图表工具-格式"选项卡中，❸在"大小"选项组中对图表的高度和宽度进行设置。

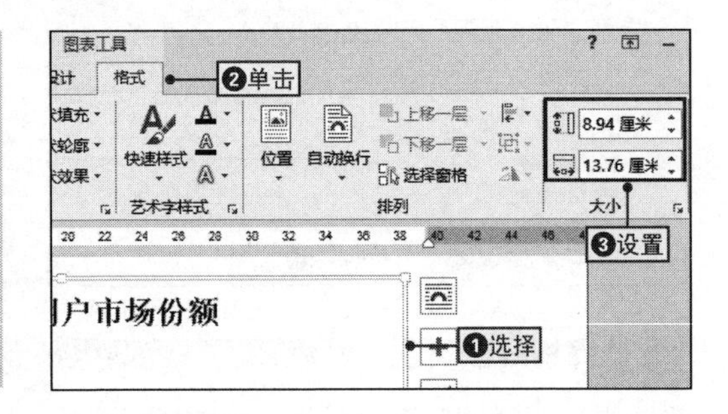

NO.

153 修改图表中的数据

案例005 2014年销售业绩总结

◉\素材\第3章\2014年销售业绩总结2.docx ◉\效果\第3章\2014年销售业绩总结2.docx

在Word文档中插入图表时，在Excel工作表中输入的数据并不是最终的数据，因为某些数据可能会出错或更新，这时就需要对图表中的数据进行修改，下面将以修改"2014年销售业绩总结2.docx"文档中图表的数据为例来进行讲解，其具体操作如下。

1 切换到"图表工具-设计"选项卡

打开"2014年销售业绩总结2.docx"文件，❶选择需要修改数据的图表，❷切换到"图表工具-设计"选项卡中。

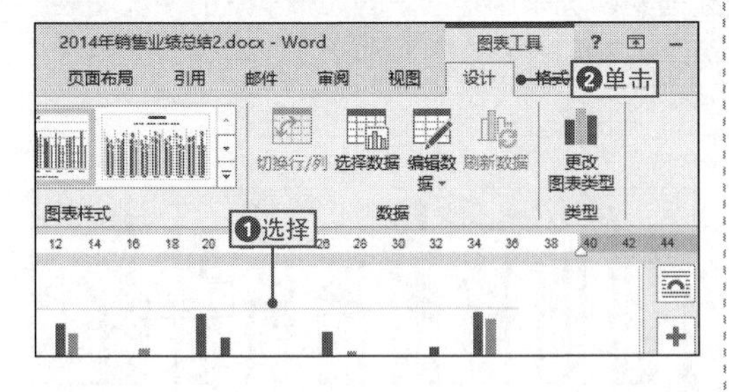

2 打开图表对应的工作表

❶单击"编辑数据"下拉按钮，❷选择"编辑数据"命令，启动Excel 2013程序并打开图表数据表。

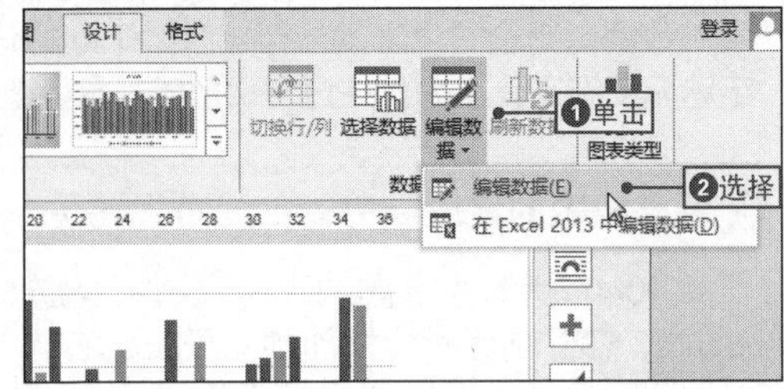

3 修改数据

❶选择单元格中的数据，❷对数据进行修改，完成后直接关闭数据表即可。

Microsoft Word 中的图表

	A	B	C	D	E	F
1	分公司	第1季度	第2季度	第3季度	第4季度	
2	北京	4,094	3,321	3,792	3,115	
3	上海	4,000	3,091	3,734	4,734	
4	深圳	3,822	4,771	4,615	3,774	

❶选择

Microsoft Word 中的图表

	A	B	C	D	E	F
1	分公司	第1季度	第2季度	第3季度	第4季度	
2	北京	4,094	3,321	3,792	4115	
3	上海	4,000	3,091	3,734	4,734	

❷修改

4 查看修改效果

返回文档中，即可查看到图表中“北京，第4季度”的数据发生了改变。

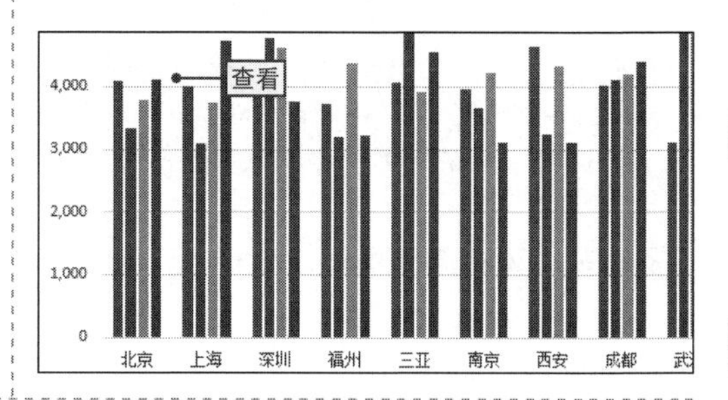

NO. 154 快速修改图表名称

在Word中插入的图表后，可以为其更改一个与图表数据更贴切的名称，其具体操作是：将文本插入点定位到“图表标题”文本框中，直接将其中的内容修改即可。

NO. 155 快速添加数据列

在Word文档的图表中，有时需要对数据进行更新，这时对应的图表也要进行更新，为了更好地展示数据，用户可以根据实际情况添加数据列，其具体操作如下。

1 添加数据列

打开图表数据表，❶在其中插入一列并输入相应的数据，❷单击“关闭”按钮。

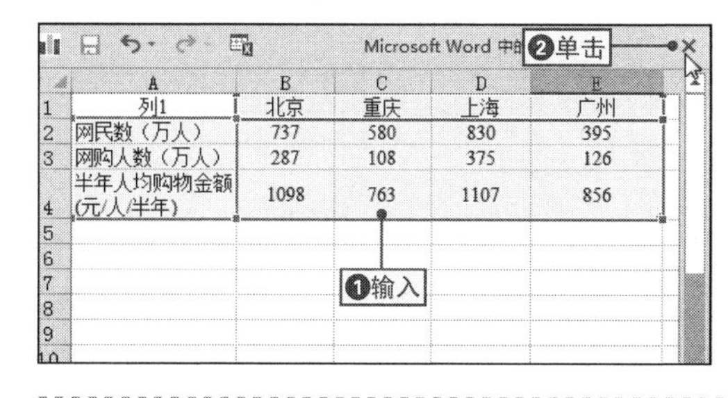

	A	B	C	D	E
1	列1	北京	重庆	上海	广州
2	网民数（万人）	737	580	830	395
3	网购人数（万人）	287	108	375	126
4	半年人均购物金额(元/人/半年)	1098	763	1107	856

2 查看添加数据系列效果

返回文档中，即可查看到图表中添加了“重庆”数据列。

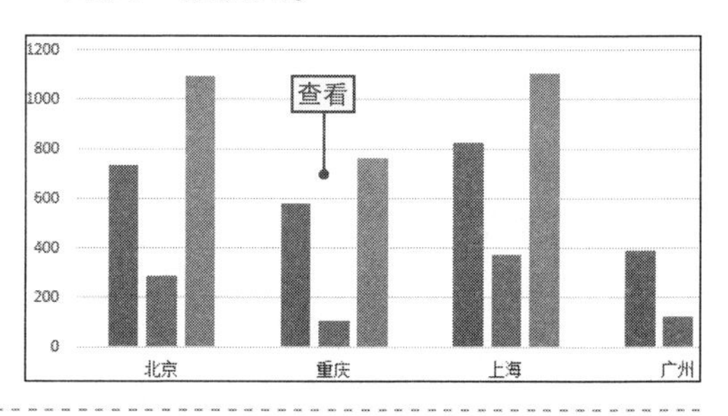

NO.

156 修改图表类型

案例005 2014年销售业绩总结

◉\素材\第3章\2014年销售业绩总结3.docx ◉\效果\第3章\2014年销售业绩总结3.docx

图表主要用于展示数据关系，不同的图表类型可以展示不同类型的数据信息，所以如果觉得插入的图表不合适，或不能很好地展示和分析数据，这时就可以对图表的类型进行修改，下面将以修改“2014年销售业绩总结3.docx”文档中的图表类型为例来进行讲解，其具体操作如下。

1 打开“更改图表类型”对话框

打开“2014年销售业绩总结3.docx”文件，❶选择图表，❷切换到“图表工具-设计”选项卡中，❸单击“更改图表类型”按钮。

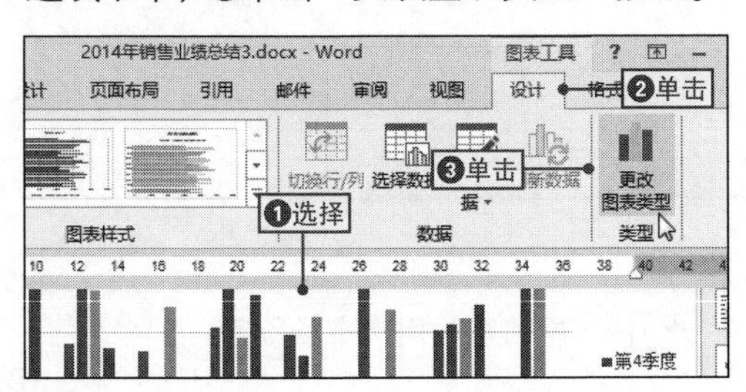

2 调整图表的高度

❶在打开的对话框中选择“条形图”选项卡，❷选择条形图类型，然后单击“确认”按钮确认更改。

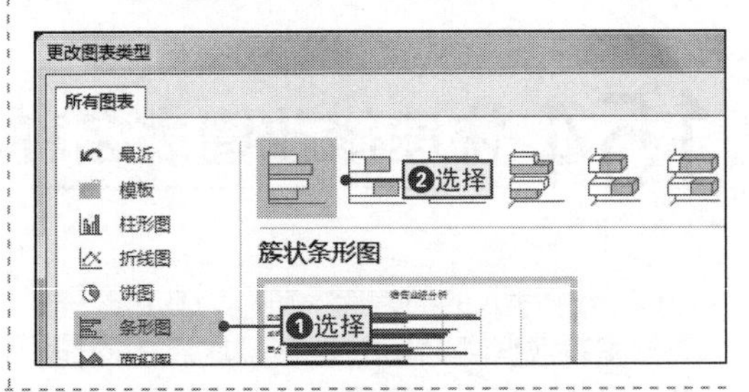

NO.

157 使用快捷菜单修改图表类型

除了可以通过单击“更改图表类型”按钮来打开“更改图表类型”对话框对图表进行修改外，还可以通过快捷菜单快速打开“更改图表类型”对话框，其具体操作是：❶选择图表，并在其上右击，❷选择“更改系列图表类型”命令即可。

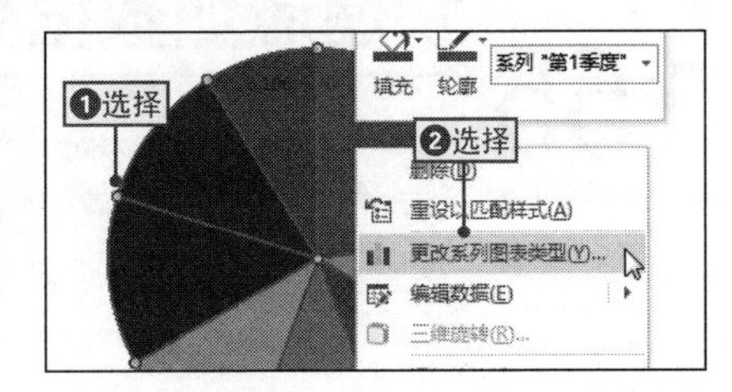

NO.

158 快速切换图表的行和列

在创建图表后，图表中数据的排列直接影响到图表的表达效果，这时可以通过切换图表中的行和列来改变图表的显示效果，其具体操作是：选择需要切换的图表，❶切换到“图表工具-格式”选项卡中，❷在“数据”选项组中单击“切换行/列”按钮，即可完成行和列的切换。

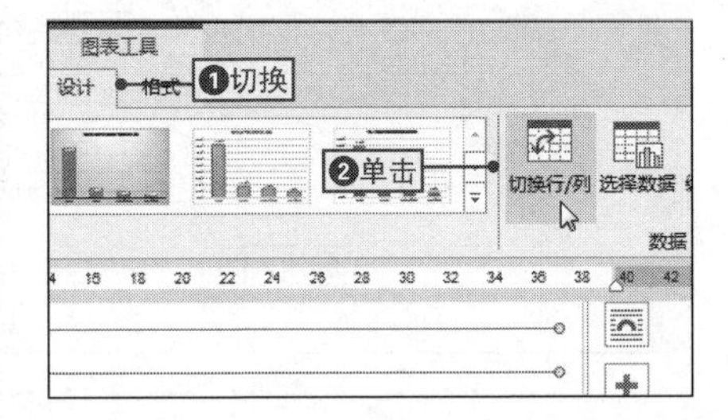

NO.
159 为图表设置图片填充

案例005 2014年销售业绩总结

◎\素材\第3章\2014年销售业绩总结4.docx ◎\效果\第3章\2014年销售业绩总结4.docx

在Word中插入图表，在默认情况下，图表是没有任何效果的，为了美化图表，使文档更有吸引力，可以使用图片填充绘图区，下面将通过对“2014年销售业绩总结4.docx”文档中的图表设置图片填充为例来进行讲解，其具体操作如下。

1 切换到“图表工具-设计”选项卡

打开“2014年销售业绩总结4.docx”文件，❶选择需要设置图片填充的图表，❷切换到“图表工具-设计”选项卡中。

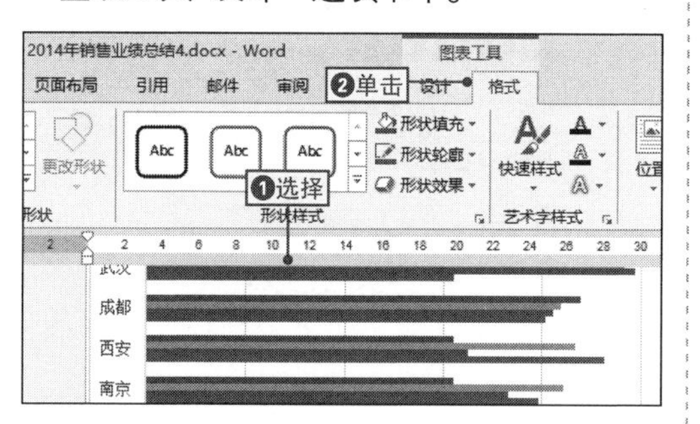

2 选择图片填充方式

❶在“形状样式”选项组中单击“形状填充”下拉按钮，❷选择“图片”命令，打开“插入图片”窗口。

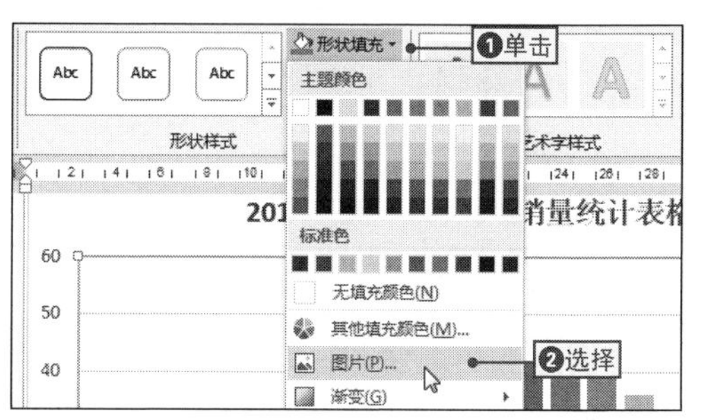

3 打开“插入图片”对话框

在“来自文件”区域中单击“浏览”超链接，打开“插入图片”对话框。

4 插入填充图片

❶选择需要的图片，❷单击“插入”按钮即可插入填充图片。

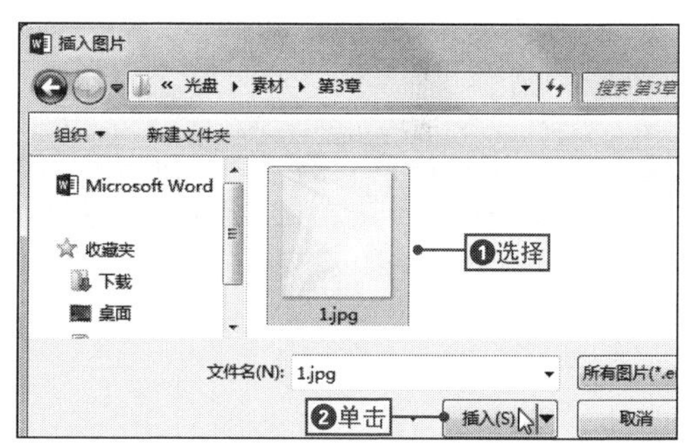

5 查看填充效果

返回文档中，即可查看到图表设置图片填充后的效果。

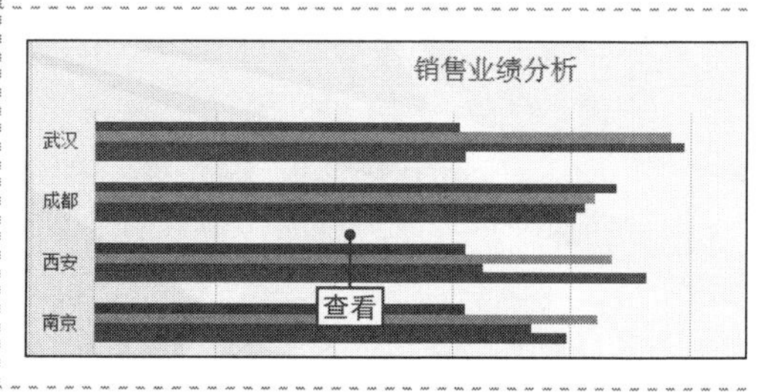

NO.
160 快速为绘图区设置渐变效果

在Word文档的图表中，除了可以为整个图表区设置填充外，还可以单独为绘图区域设置填充效果，下面将以为绘图区设置渐变效果为例来进行讲解，其具体操作如下。

1 切换到“图表工具-设计”选项卡

❶选择图表的绘图区，❷切换到“图表工具-设计”选项卡中。

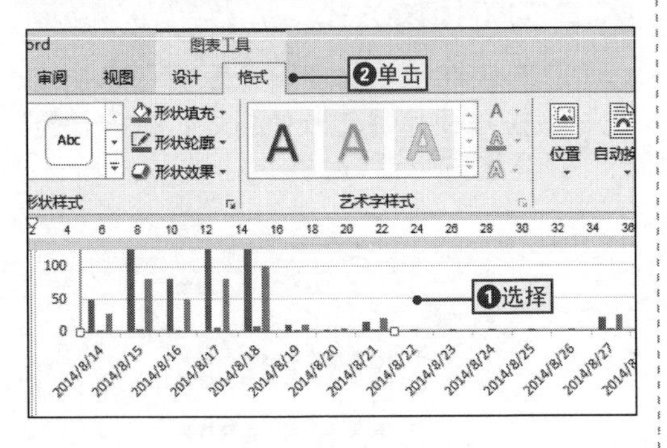

2 选择渐变色

❶单击“形状填充”下拉按钮，❷选择“渐变”命令，❸选择需要的渐变色。

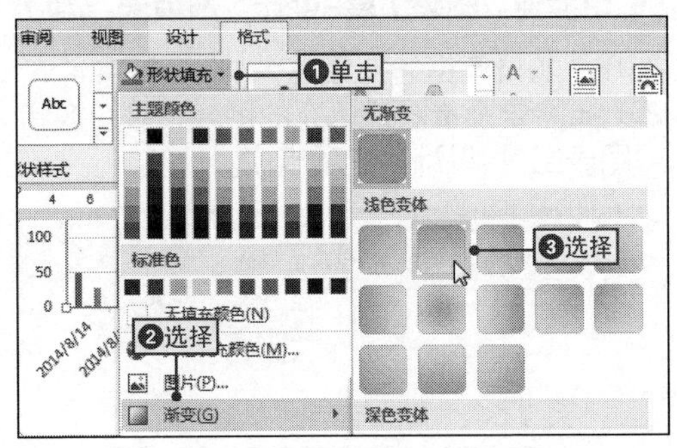

NO.
161 快速为图表设置纹理效果

在前面我们介绍了图片和渐变填充的技巧，这里再补充另一种比较常见的填充技巧——纹理填充，其具体操作是：选择图表并切换到“图表工具-格式”选项卡，❶单击“形状填充”下拉按钮，❷选择“纹理”命令，❸在打开的子菜单中选择相应的纹理选项，即可查看到相应效果。

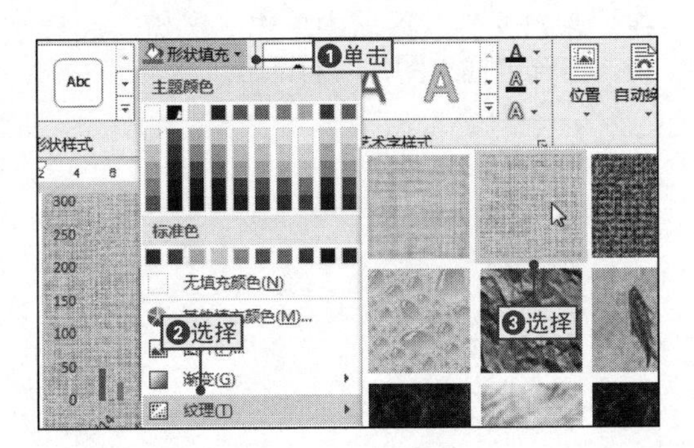

CHAPTER 04

本章导读

在制作商务文档时，特别是宣传类的文档，为了更好地达到宣传的目的，可以适当地在文档中使用形状和图片，从而形成图文并茂的文档，本章将主要介绍使用形状和图片编排文档的技巧。

图文并茂文档的制作技巧

本章技巧

形状和连接符的使用技巧

NO.162 快速插入形状并添加文字
NO.163 妙用【Shift】键绘制形状
NO.164 快速设置形状中文字的对齐方式
NO.165 快速设置形状的填充效果
NO.166 自定义形状的渐变填充效果
NO.167 使用快捷菜单打开形状效果设置窗格
NO.168 自定义形状的阴影效果
……

图片的插入、编辑和美化技巧

NO.183 快速在文档中插入本地图片
NO.184 插入网络中的图片
NO.185 快速插入屏幕截图
NO.186 快速插入窗口截图
NO.187 快速将文字转换成图片格式
NO.188 通过粘贴功能将文字更改为图片格式
NO.189 通过命令设置图片布局
……

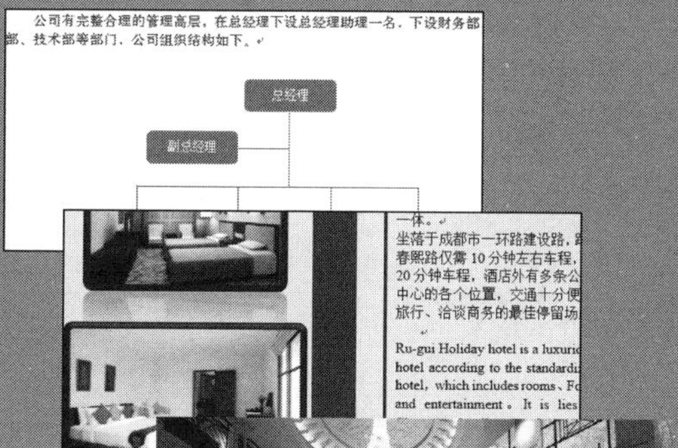

NO.162 快速插入形状并添加文字

案例006 公司组织结构

◉\素材\第4章\公司组织结构.docx ◉\效果\第4章\公司组织结构.docx

在文档中，要表示一些关系流程结构图信息时，可以通过形状来很好的实现，从而使文档图文并茂，增加吸引力，下面将以在“公司组织结构.docx”文档中制作公司组织机构图为例，来讲解插入形状并添加文字的步骤，其具体操作如下。

1 选择形状选项

打开“公司组织结构.docx”文件，❶切换到“插入”选项卡中，❷单击“形状”下拉按钮，❸选择“圆角矩形”选项。

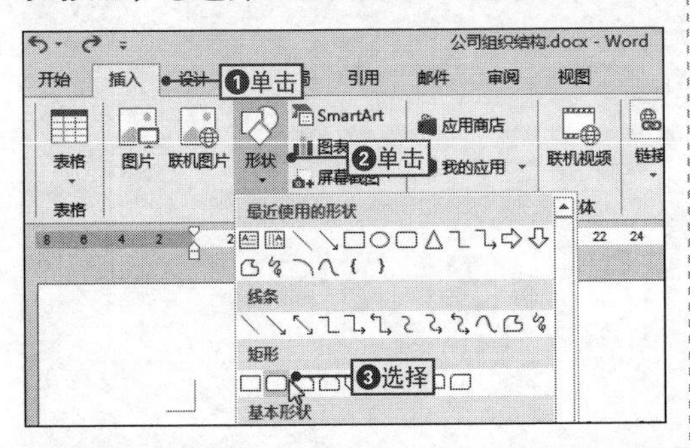

2 绘制形状

此时鼠标光标变成十形状，在文档编辑区的合适位置按住鼠标绘制圆角矩形，完成后释放鼠标。

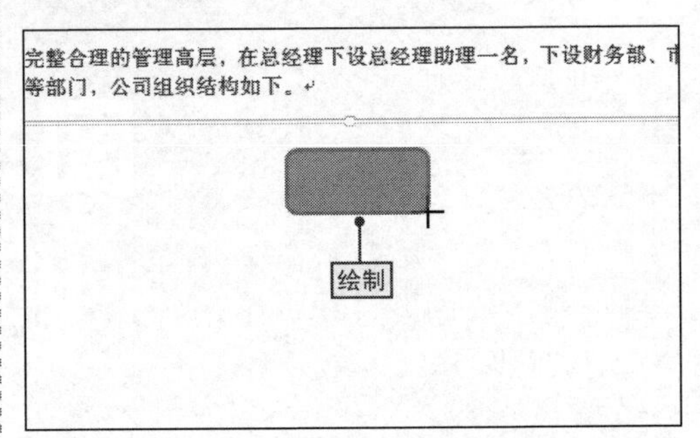

3 进入形状文本添加状态

❶选择绘制的圆角矩形形状，并在其上右击，❷在弹出的快捷菜单中选择“添加文字”命令。

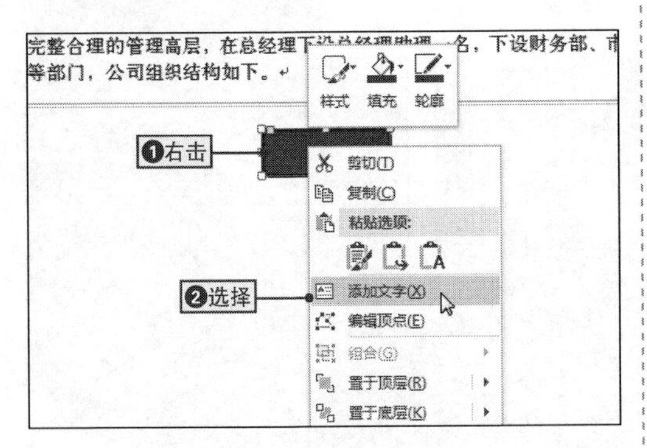

4 输入文本

❶文本插入点将自动定位到形状中，输入文本，❷拖动形状右下角的控制点调整形状大小。

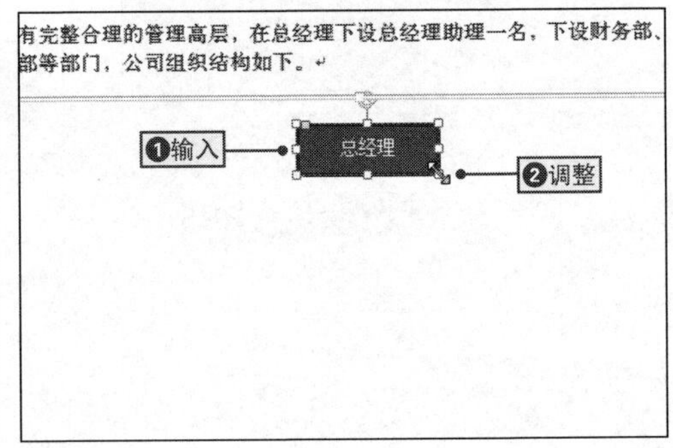

NO.
163 妙用【Shift】键绘制形状

在Word文档中，如果想要插入正方形或圆形，可以通过【Shift】键来快速完成，其具体操作是：选择“矩形”选项，按住【Shift】键同时按住鼠标左键，拖动鼠标即可绘制正方形形状。

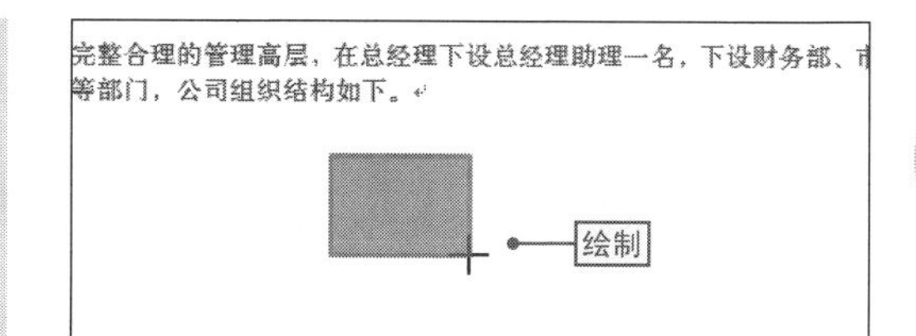

NO.
164 快速设置形状中文字的对齐方式

在形状中输入文字后，为了使文字与形状更加和谐，可以设置文字在形状中的对齐位置，其具体操作是：选择形状，❶切换到“绘图工具-格式”选项卡，❷单击“对齐文本”下拉按钮，❸选择相应的对齐命令，如选择“中部对齐”选项。

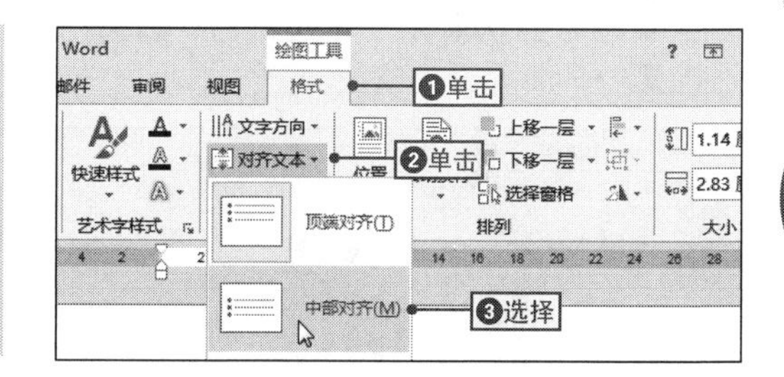

NO.
165 快速设置形状的填充效果

案例006 公司组织结构

◉\素材\第4章\公司组织结构1.docx　　◉\效果\第4章\公司组织结构1.docx

在Word中绘制形状时，程序会默认为其应用纯色的填充效果，用户可以根据实际的需要，快速为形状设置其他颜色来使形状效果更加美观，下面将通过在“公司组织结构1.docx”文档中为形状设置橙色填充为例来进行讲解，其具体操作如下。

1 选择形状填充颜色

打开“公司组织结构1.docx”文件，选择目标形状，❶在“绘图工具-格式”选项卡中单击“形状填充”下拉按钮，❷选择需要设置填充效果的颜色。

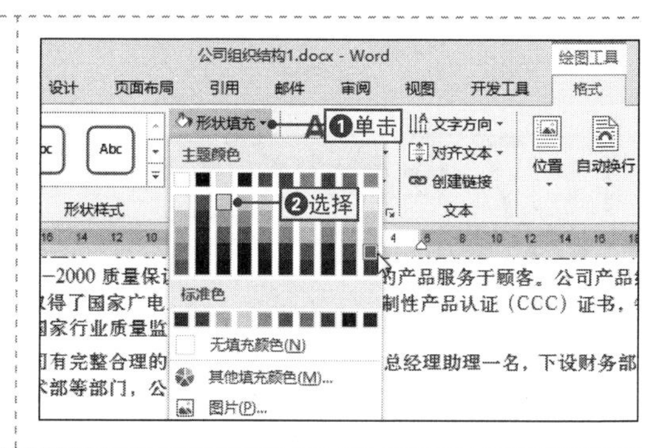

2 查看填充后的效果

返回文档中，单击任意空白位置，即可查看到应用内置纯色填充效果。

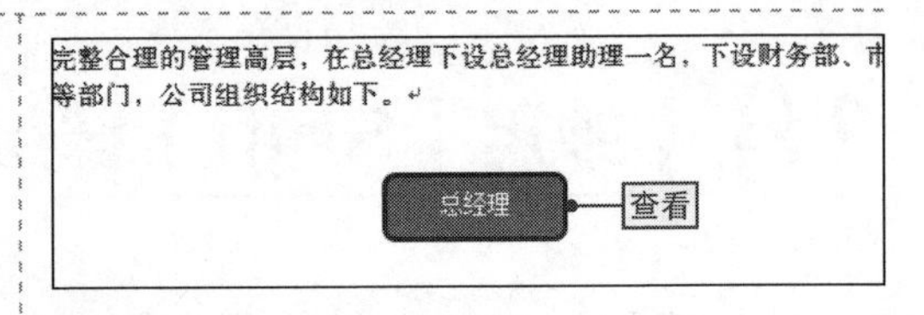

NO. 166 自定义形状的渐变填充效果

在Word中，除了可以为形状设置系统内置的纯色效果外，还可以对形状的效果进行自定义，下面将通过为形状自定义渐变效果为例来进行讲解，通过设置不同的渐变参数而得到不同的渐变效果，其具体操作如下。

1 打开“设置形状格式”窗格

❶选择形状，❷在“绘图工具-格式”选项卡中单击“形状填充”下拉按钮，❸选择“渐变→其他渐变”命令。

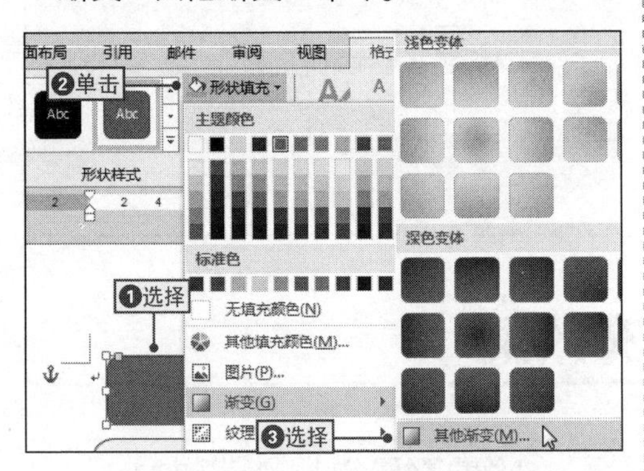

2 展开渐变填充设置属性

在打开的“设置形状格式”窗格中选中“渐变填充”单选按钮，展开渐变填充设置属性。

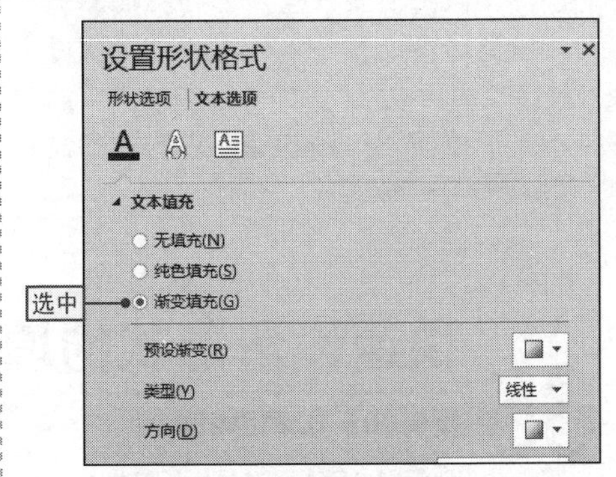

3 设置渐变颜色

❶选择相应的光滑块，❷设置相应的颜色，然后关闭窗格。

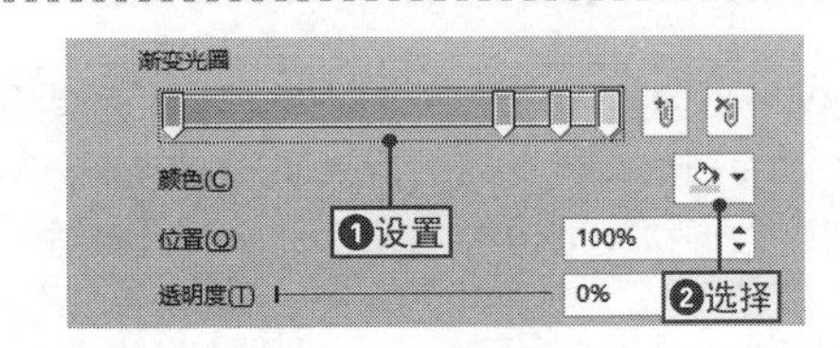

NO. 167 使用快捷菜单打开形状效果设置窗格

在Word中，还可以使用快捷菜单快速打开“设置形状格式”窗格，其具体操作是：❶选择形状，并在其上右击，❷在弹出的快捷菜单中选择“设置形状格式”命令即可。

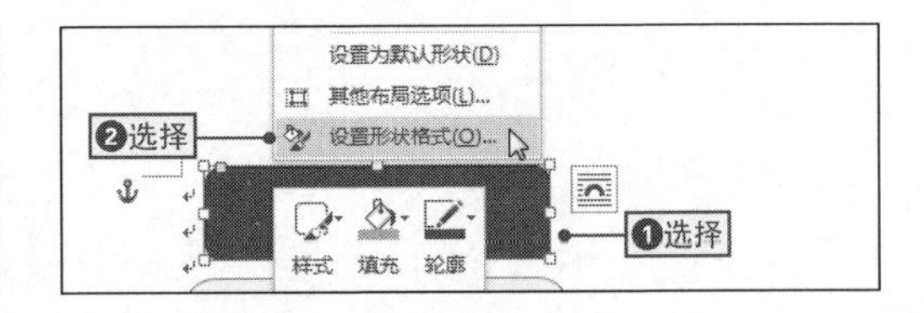

NO.
168 自定义形状的阴影效果

为了要让文档中的形状具有一定的立体效果，可以为其自定义阴影效果，其具体操作如下。

1 设置填充类型

绘制一个圆形，❶打开“设置形状格式”窗格，选中“渐变填充”单选按钮，❷在“类型”下拉列表中选择“矩形”选项。

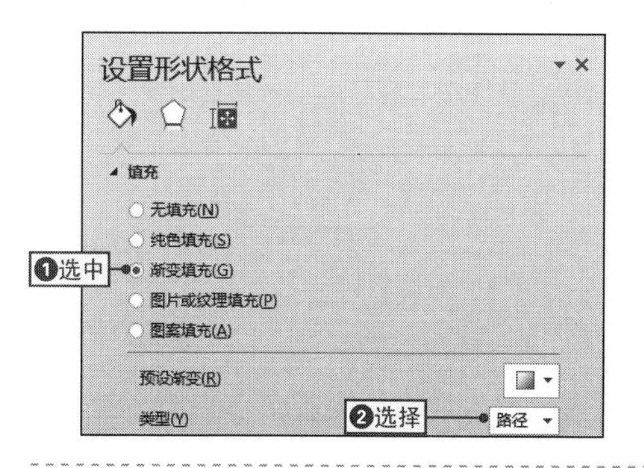

2 使用形状具有阴影效果

❶调整渐变光圈，❷在“颜色”下拉列表中选择需要的颜色，❸在“透明度”数值框中输入“50%”，然后关闭窗格即可。

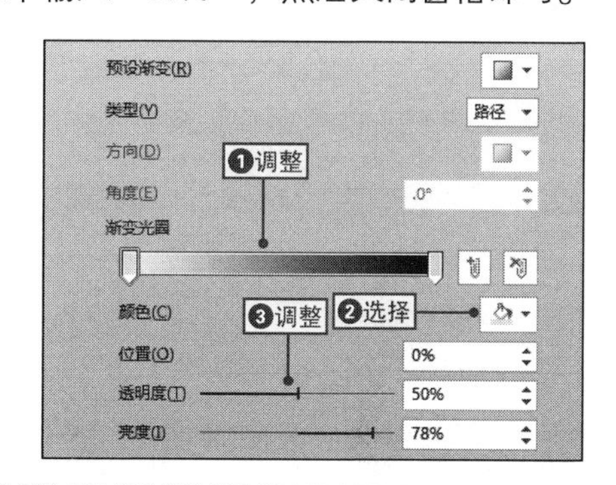

NO.
169 取消形状的轮廓

案例006 公司组织结构

◉\素材\第4章\公司组织结构2.docx　　◉\效果\第4章\公司组织结构2.docx

在文档中添加的形状都会自带轮廓效果，用户可以根据实际设计需求对其进行取消，下面将以取消“公司组织结构2.docx”文档中形状的轮廓样式为例来进行讲解，其具体操作如下。

1 切换到“绘图工具–格式”选项卡中

打开“公司组织结构2.docx”文件，❶选择需要设置的形状，❷切换到“绘图工具-格式”选项卡中。

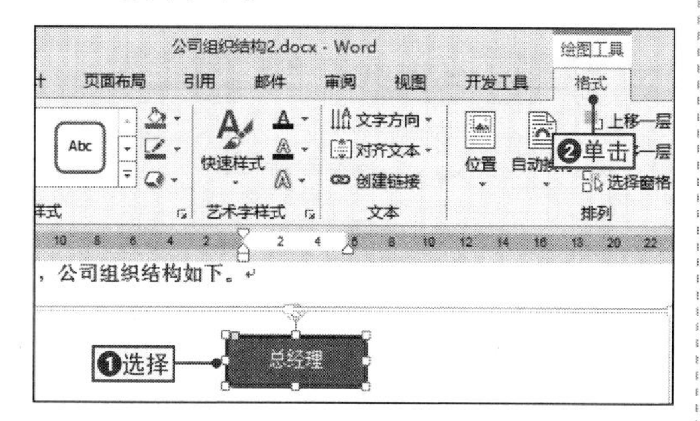

2 取消形状的轮廓样式

❶在“形状样式”选项组中单击“形状轮廓”下拉按钮，❷选择“无轮廓”命令即可取消形状的轮廓。

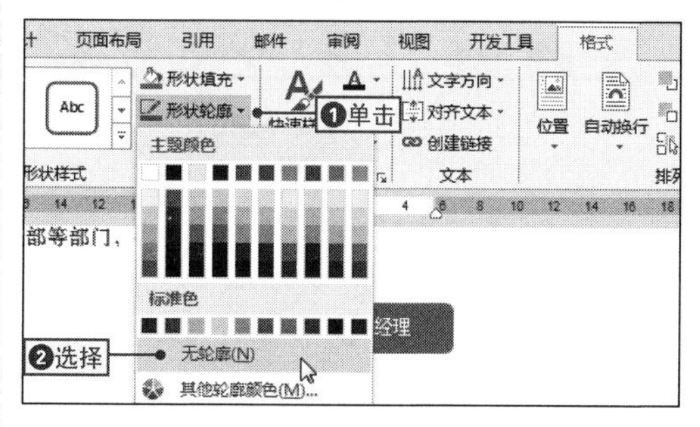

NO.
170
设置形状的透明效果

在Word文档中，如果插入多个形状，而某个形状又不是主要的元素，这时就可以为该形状设置透明效果，降低自身的存在感，从而不会显得“喧宾夺主”，其具体操作如下。

1 打开“设置形状格式”窗格

选择形状，❶单击“绘图工具-格式”选项卡，❷在“形状样式”选项组中单击“设置形状格式”按钮。

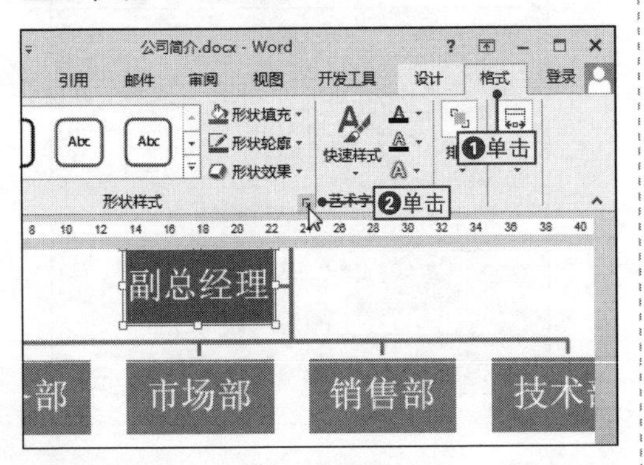

2 为形状设置纯色填充效果

❶在打开的“设置形状格式”窗格中展开“填充”选项卡，❷选择相应颜色，❸拖动滑块调整透明度，然后关闭窗格。

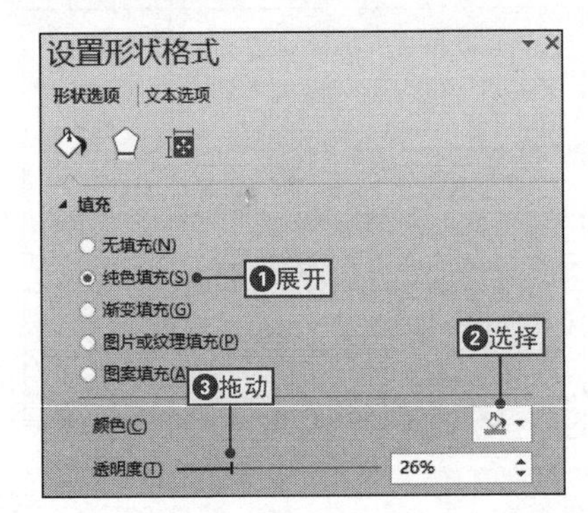

NO.
171
快速套用形状样式

在Word中，除了可以手动设置形状的样式外，还可以直接套用系统内置的形状样式，从而实现快速美化文档，其具体操作如下。

1 展开形状样式列表

选择形状，❶切换到“绘图工具-格式”选项卡，❷在“形状样式”选项组中单击“其他”下拉按钮。

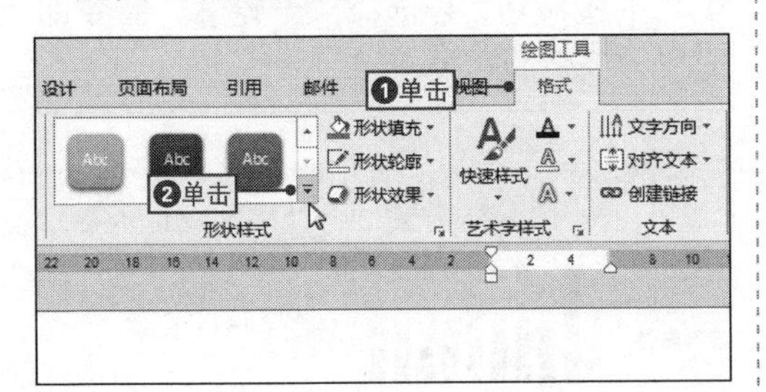

2 选择形状样式

在打开的下拉列表中选择相应的形状样式选项，即可快速为形状应用系统内置的形状样式。

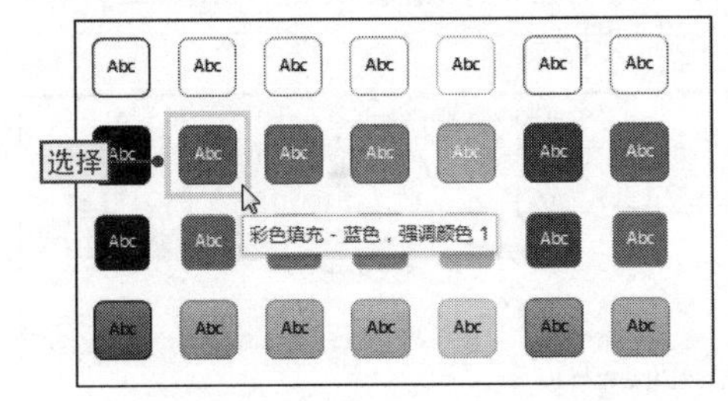

NO.
172 复制并旋转形状

案例006 公司组织结构

◎\素材\第4章\公司组织结构3.docx　　◎\效果\第4章\公司组织结构3.docx

要在文档中插入已有的形状，可以通过复制的方式来实现，而对于形状方向的改变，则可通过旋转来实现，如下面将通过复制和旋转形状来快速制作和完善组织结构图为例，来讲解相关的步骤，其具体操作如下。

1 复制形状

打开“公司组织结构3.docx”文件，❶选择形状并按住鼠标左键，❷按住【Ctrl+Shift】组合键向右拖动形状到合适位置释放鼠标。

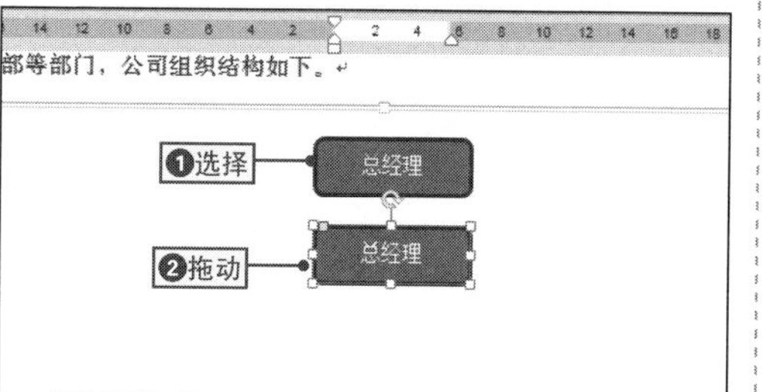

2 旋转形状

选择形状，❶切换到“绘图工具-格式”选项卡，❷单击“旋转”下拉按钮，❸选择“向右旋转90°”选项。

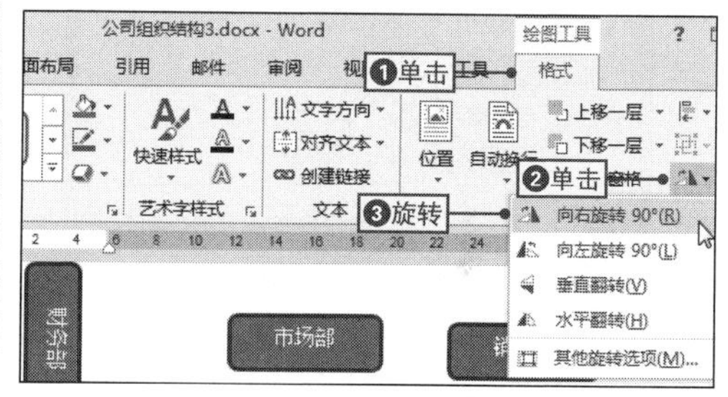

3 复制和旋转其他形状

以相同的方法复制和旋转多个形状，并修改形状上的文字，最后在Word文档中可查看到相应的效果。

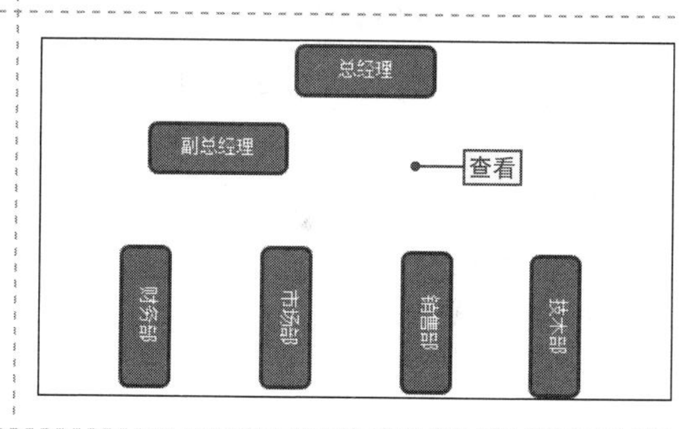

NO.
173 快速更改形状

在Word文档中插入形状后，根据实际需求可以对其进行更改，其具体操作是：❶切换到“绘图工具-格式”选项卡，❷在“插入形状”选项组中单击“编辑形状”下拉按钮，❸选择“更改形状”命令，❹选择相应的形状即可。

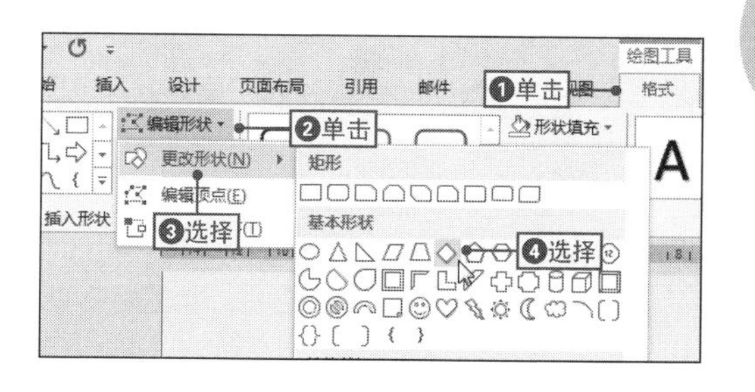

NO.
174

快速解决形状微调距离很大的情况

在文档中插入形状后，可以通过微调的方式调整形状的位置，但是每次通过方向键微调时，形状的位置都移动得很大，这主要是受网格线的影响，如果取消该设置即可解决此问题，其具体操作如下。

1 打开“网格线和参考线”对话框

打开“页面设置”对话框，并切换到“文档网格”选项卡中，单击“绘图网格”按钮，打开“网格线和参考线”对话框。

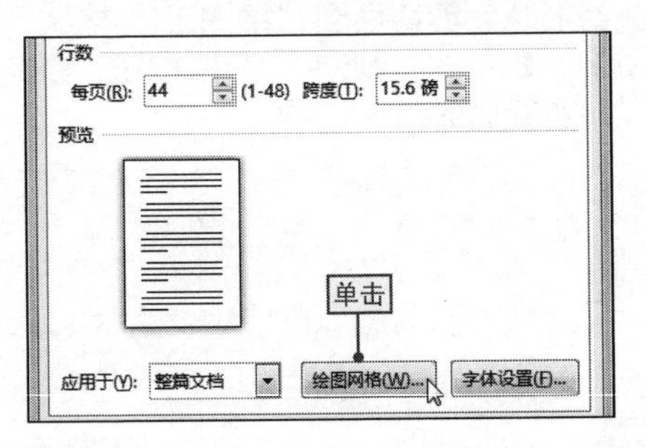

2 取消网格线对齐

❶在“对齐参考线”选项组中取消选中“网格线未显示时对象与网格对齐”复选框，❷单击“确定”按钮确认设置。

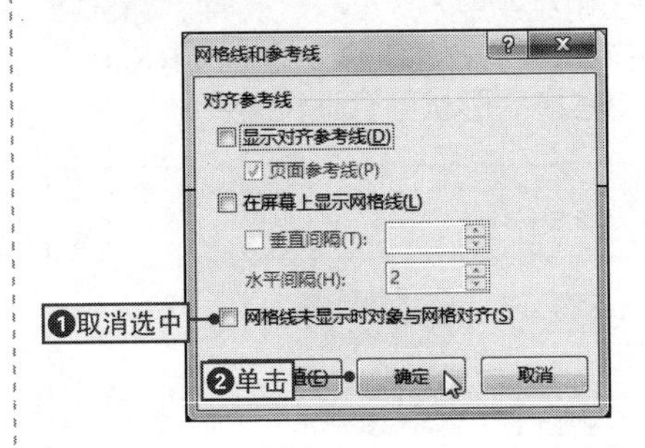

NO.
175

快速插入形状连接符

案例006 公司组织结构

◉\素材\第4章\公司组织结构4.docx　　◉\效果\第4章\公司组织结构4.docx

在Word 2013中，系统共提供了3种连接符，分别是直线连接符、曲线连接符和肘形连接符，通过这些连接符可以快速地将各形状连接起来，下面将通过快速在“公司组织结构4.docx”文档插入连接符为例来进行讲解，其具体操作如下。

1 选择连接符

打开“公司组织结构4.docx”文件，选择形状，❶单击“插入”选项卡，❷单击“形状”下拉按钮，❸选择“箭头”选项。

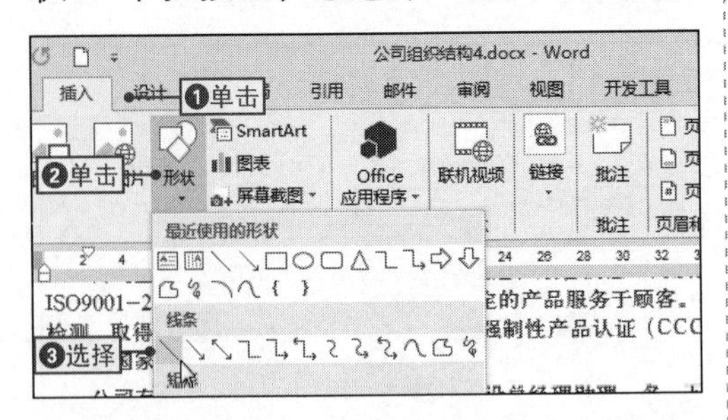

2 绘制连接符

此时鼠标光标成十字形状，在目标位置按住鼠标左键，绘制直线连接符。

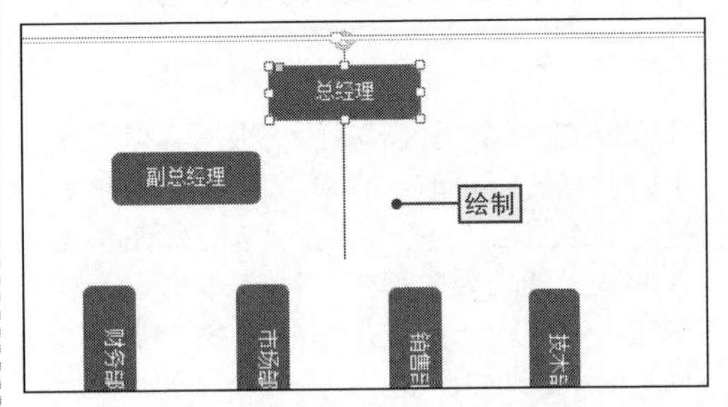

NO.

176 快速画出不打折的直线

在Word中，总是需要绘制笔直的直线，但简单使用鼠标绘制，并不能达到预期的效果，这时就可以借助快捷键来解决该问题，其具体操作是：在“形状”下拉列表中选择“箭头”选项，然后按住【Shift】键同时按住鼠标在文档相应位置绘制直线，即可绘制出不打折的直线。

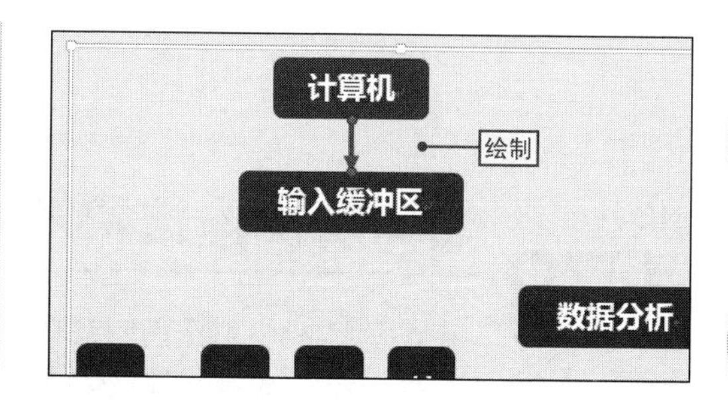

NO.

177 快速画出任意弯曲的箭头

在Word中制作文档时，常会使用箭头来做指向标，指向其他目标对象，这时可以使用Word中内置的一些箭头形状，若需要画出任意弯曲的箭头，其具体操作如下。

1 选择“任意多边形”选项

❶在“插入”选项卡中单击“形状”下拉按钮，❷在“线条”选项组中选择“任意多边形”选项。

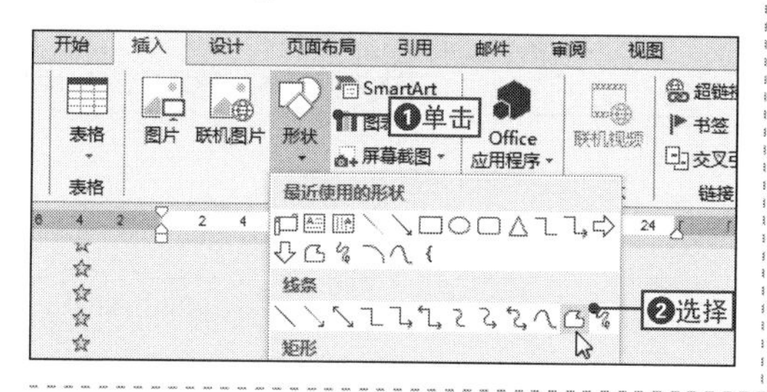

2 绘制任意弯曲的形状

在文档中任意位置随意绘制线条形状，在绘制结束的位置双击即可完成形状的绘制。

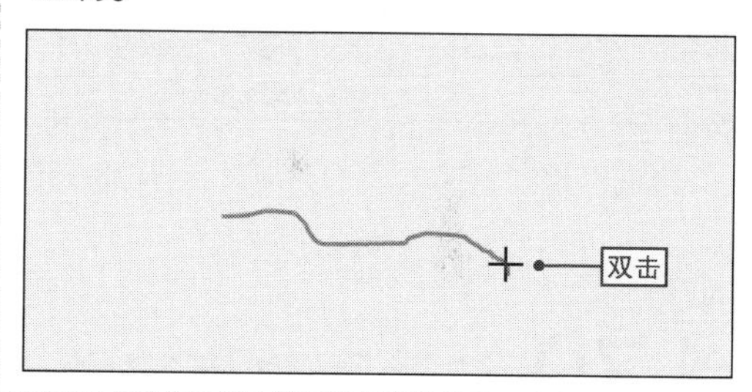

3 打开“设置形状格式”窗格

❶选择绘制的形状，并在其上右击，❷选择“设置形状格式”命令。

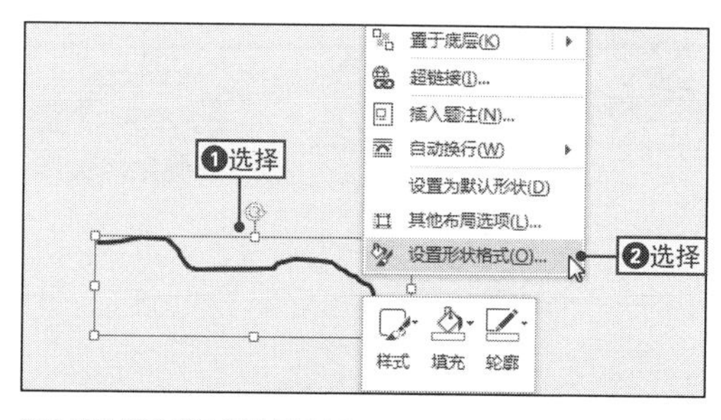

4 设置箭头类型

❶在打开的窗格中单击“箭头末端类型”下拉按钮，❷选择“箭头”选项。

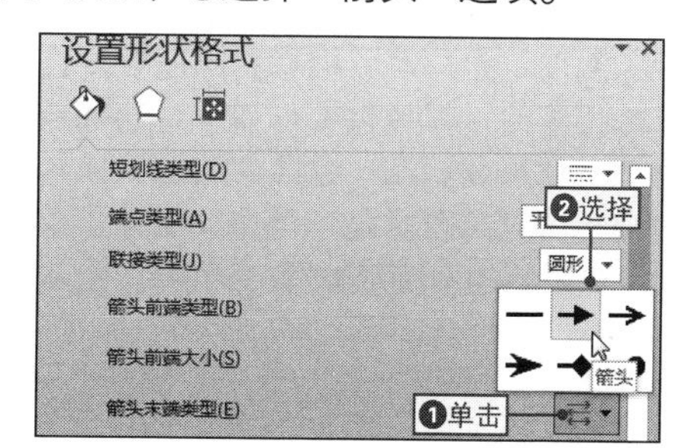

5 查看绘制效果

关闭窗格返回文档中，即可查看到任意弯曲的箭头。

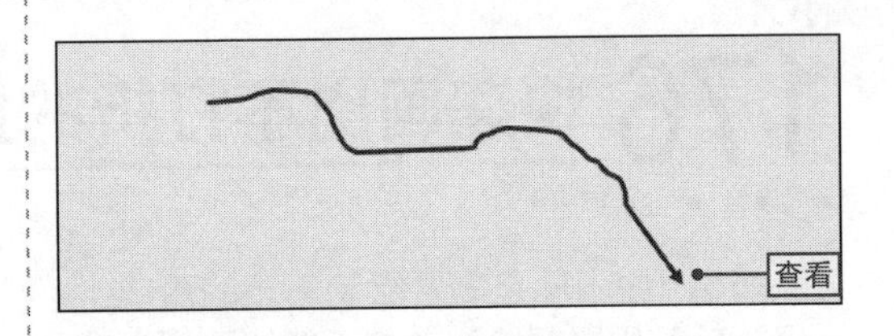

NO.178 如何解决连接符不自动连接的情况

在Word文档中，要使连接符自动连接，必须要在画布中使用连接符，也就是说必须要在画布中创建形状连接符，若是直接在文档中使用，就会出现连接符不自动连接的情况，这时就需要开启画布功能，其具体操作如下。

1 切换到“高级”选项卡

打开“Word选项”对话框，单击“高级”选项卡。

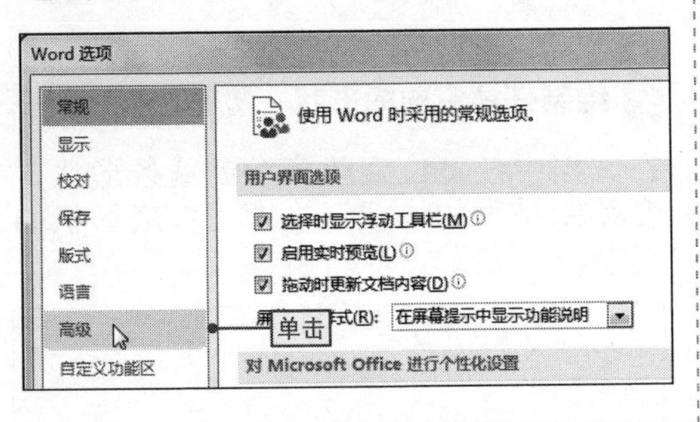

2 开启画布功能

❶选中“插入自选图形时自动创建绘图画布”复选框，❷单击“确定”按钮即可。

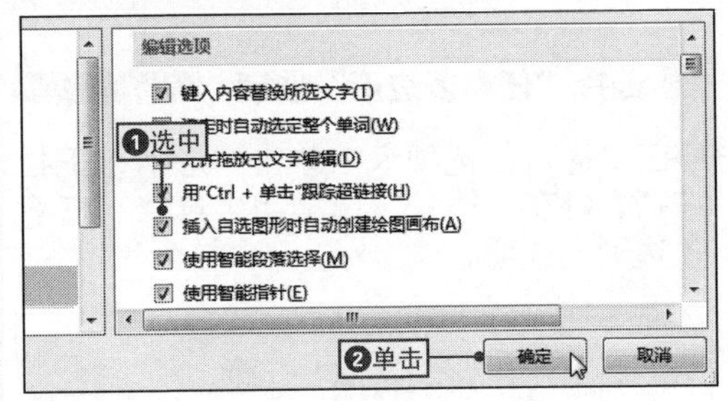

NO.179 快速更改连接符

在Word 2013中的肘形连接符和曲线连接符是两种自选图形，主要是用于绘制更复杂的图形，用户可以根据实际需要对连接符进行修改，其具体操作是：❶选择连接符，并在其上右击，❷在弹出的快捷菜单中选择“连接符类型”命令，❸在子菜单中选择需要的连接符类型。

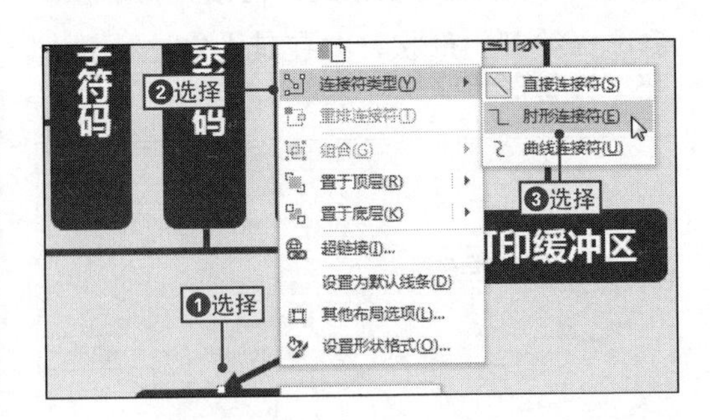

NO.

180 快速组合形状

案例006 公司组织结构

◎\素材\第4章\公司组织结构5.docx　　◎\效果\第4章\公司组织结构5.docx

在Word文档中，为了方便统一调整各形状的位置，可以将多个形状组合在一起，最终形成一个整体，下面通过将“公司组织结构5”文档中的形状快速组合在一起为例来进行讲解。

1 选择多个形状

打开“公司组织结构5”文件，❶按住【Shift】键，依次选择多个形状，❷切换到“绘图工具-格式”选项卡。

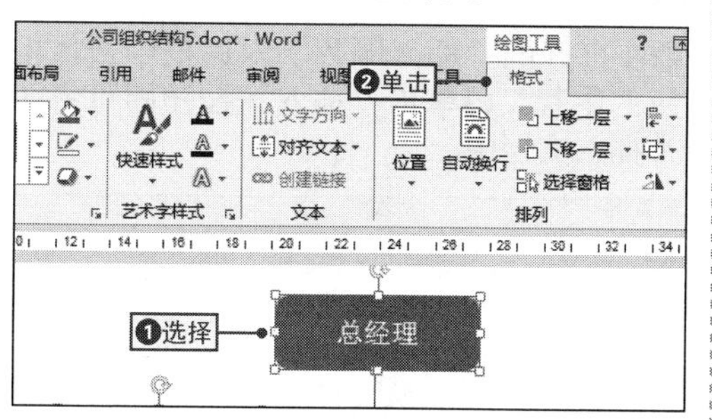

2 组合形状

❶在“排列”选项组中单击“组合”下拉按钮，❷选择“组合”选项，即可将多个形状组合成一个整体。

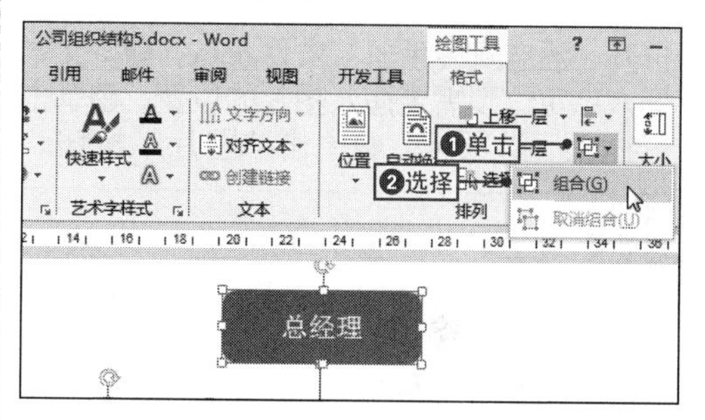

NO.

181 快速选择多个相邻的形状

要对多个形状进行组合，需要先选择它们，如果是相邻的多个对象，可以使用选择对象的方式将其快速选择，其具体操作是：❶在“开始”选项卡中单击“选择”下拉按钮，❷选择“选择对象”命令，然后按住鼠标左键并拖动鼠标选择多个形状。

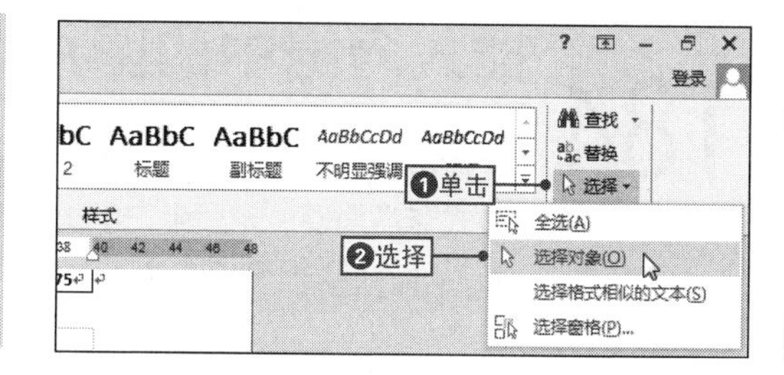

NO.

182 快速取消组合的形状

如果要取消组合的形状，可以通过菜单命令快速实现，其具体操作是：❶选择组合的形状后，在其上右击，❷在弹出的快捷菜单中选择“组合→取消组合”命令即可取消组合。

NO.183 快速在文档中插入本地图片

案例007 酒店宣传手册

◎\素材\第4章\酒店宣传手册.docx　　◎\效果\第4章\酒店宣传手册.docx

在制作宣传手册时，最重要的元素之一就是图片，图片不仅能够达到很好的宣传效果，还能让读者一目了然宣传手册中主题思想，下面将通过在“酒店宣传手册.docx”文档中插入本地图片为例来进行讲解插入图片的方法，其具体操作如下。

1 打开“插入图片”对话框

打开“酒店宣传手册”文件.docx，❶将文本插入点定位到需要插入图片的位置，❷单击“插入”选项卡，❸单击“图片”按钮。

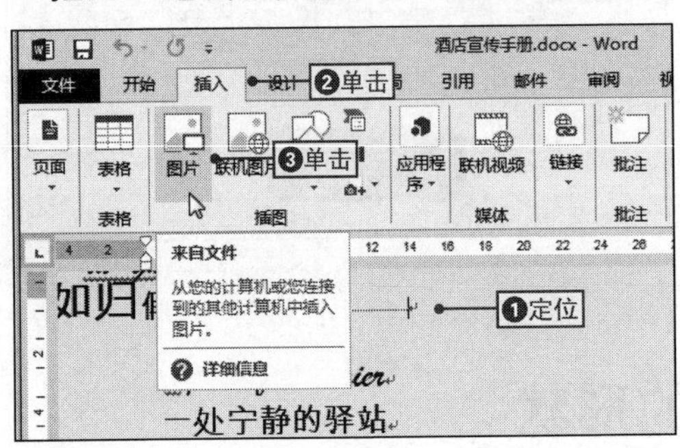

2 插入图片

❶在打开的“插入图片”对话框中选择相应的图片，❷单击“插入”按钮即可将图片插入文档中。

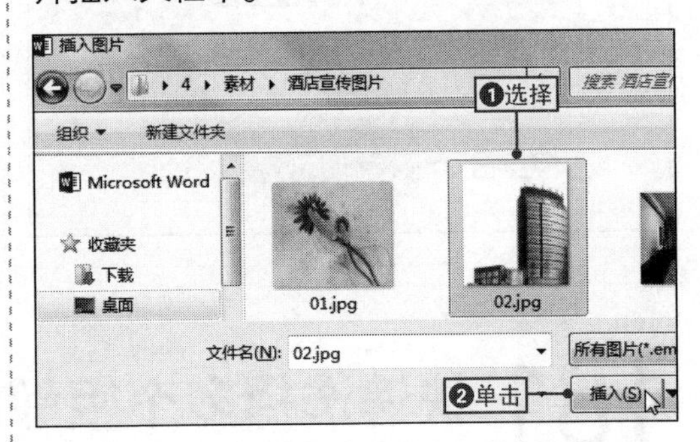

NO.184 插入网络中的图片

在Word文档中，除了可以插入本地图片外，还可以插入网络中的图片，这种方式非常简便，无须用户手动下载图片，只要在网络中搜索到对应的图片直接将其插入文档中即可，其具体操作如下。

1 打开“插入图片”对话框

❶切换到“插入”选项卡中，❷单击“联机图片”按钮，打开“插入图片”对话框。

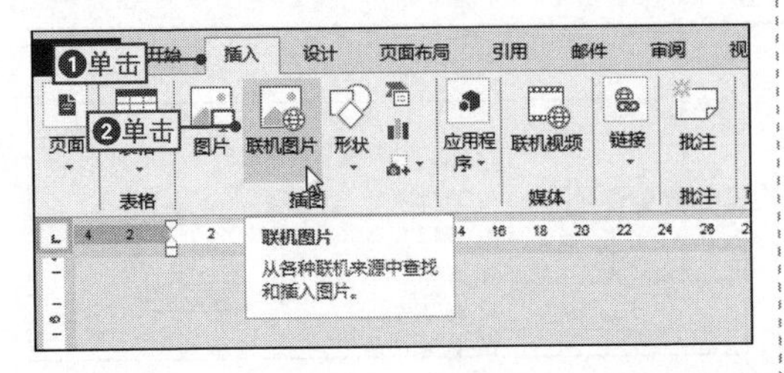

2 搜索图片

❶在“Office.com剪切画”文本框中输入搜索内容，❷单击“搜索”按钮。

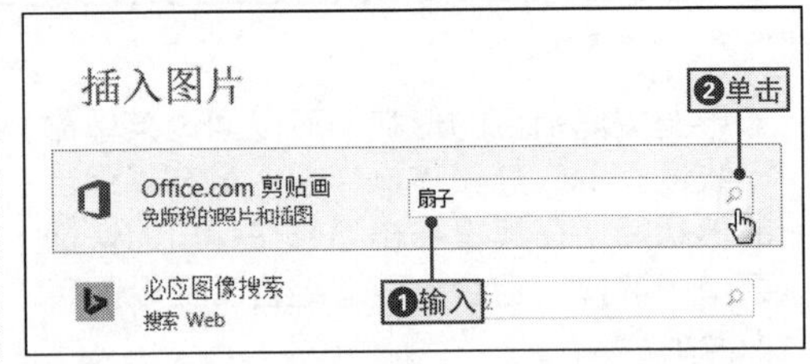

3 插入图片

❶在搜索列表中选择需要插入的图形对象，❷单击“插入”按钮即可将网络中的图片插入文档中。

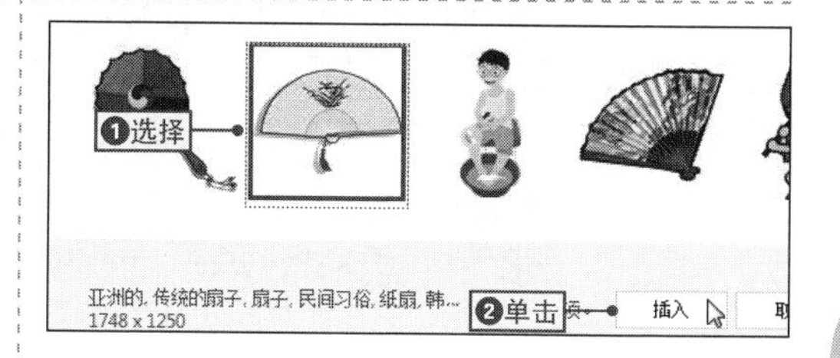

NO.
185 快速插入屏幕截图

在使用Word 2013编辑文档的过程中，除了插入本地和网络中的图片外，还可以借助Word的“屏幕截图”功能，快速地将当前活动窗口或特定区域的屏幕截图插入当前文档中，下面将通过插入屏幕剪辑图片为例来进行讲解，其具体操作如下。

1 使用屏幕剪辑功能

❶切换到“插入”选项卡中，❷单击“屏幕截图”下拉按钮，选择“屏幕剪辑”命令。

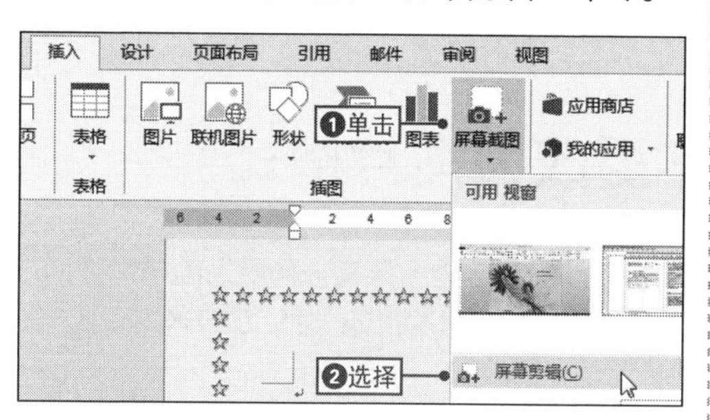

2 剪辑图片

此时鼠标光标呈十字形状，在需要剪辑的位置按住鼠标左键绘制剪辑区域。

3 插入图片

剪辑完成后，释放鼠标，所剪辑的图片将会自动插入当前的文档中。

NO.
186 快速插入窗口截图

在Word 2013的“屏幕截图”功能中，可以自动监视当前打开且没有最小化的窗口，并将其截图，如右图所示，用户可以直接使用“可用视图”选项组中的截图选项。

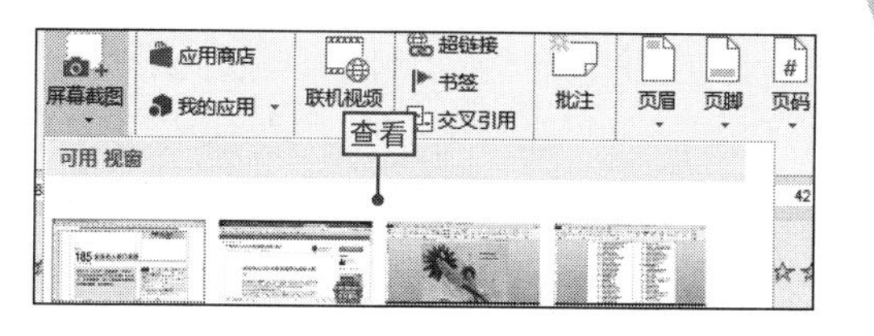

NO.
187

快速将文字转换成图片格式

在Word文档中常会将图形格式文字转换为普通文本，如果要将普通文本转换为图片格式，应该如何操作？虽然使用Photoshop、CorelDRAW 等图形软件进行转化，但是相对比较麻烦，可以利用Word的自身功能来实现，其具体操作如下。

1 新建空白文档

❶新建一个空白文档，❷在文档中输入需要转换为图片的文本，保存并关闭文档。

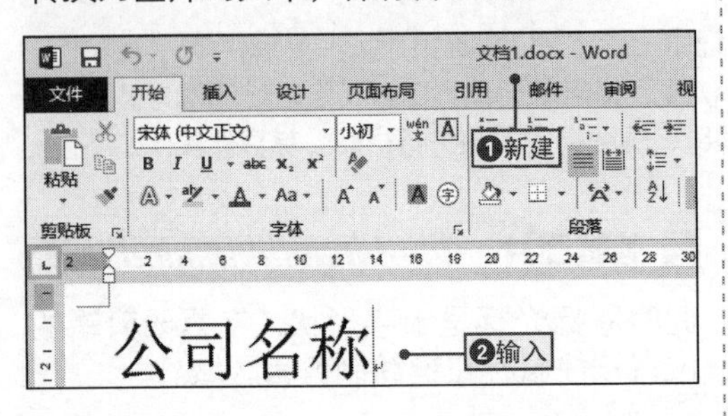

2 拖动文档图标

选择新建文档的图标并将其拖动到目标文档中，这时文本以图片格式插入文档中。

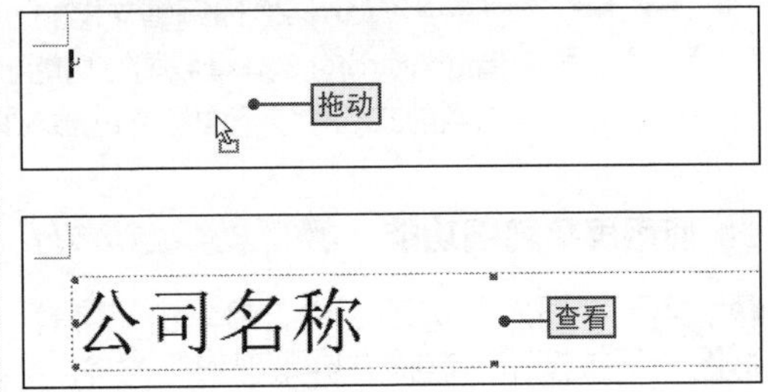

NO.
188

通过粘贴功能将文字更改为图片格式

将文字更改为图片格式，除了通过拖动文件的方法外，还有一种更为简单也更为灵活的方式，那就是通过粘贴功能将文字更改为图片格式，其具体操作如下。

1 打开“选择性粘贴”对话框

❶选择需要转换的文本，按【Ctrl+C】组合键进行复制，❷单击“粘贴”下拉按钮，❸选择“选择性粘贴”命令。

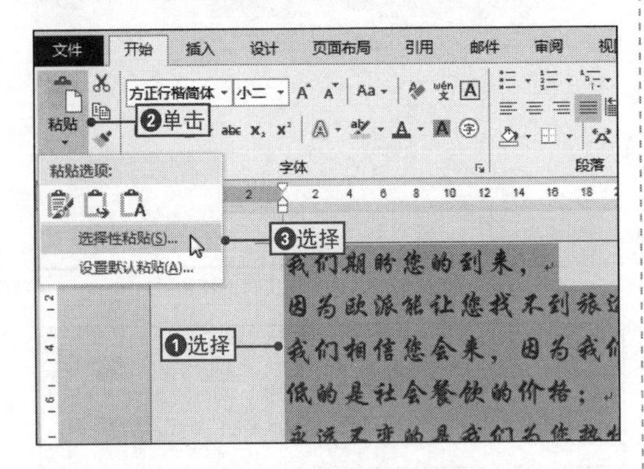

2 拖动文档图标

❶在打开的“选择性粘贴”对话框中选择“图片（增强型图元文件）”选项，❷单击“确定”按钮确认设置。

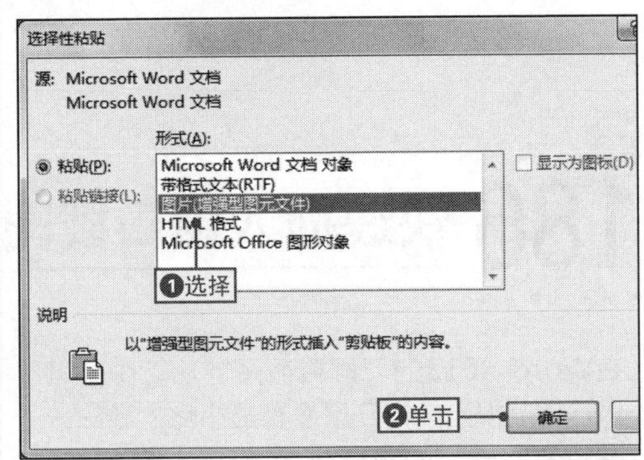

NO.
189 通过命令设置图片布局

案例007 酒店宣传手册

◉\素材\第4章\酒店宣传手册1.docx ◉\效果\第4章\酒店宣传手册1.docx

在图文混排的文档中，图片的布局方式很重要，它是指图片与文本的排列关系，也就是图片的文本环绕方式，在Word 2013中，内置了7中文本环绕方式，下面将通过对“酒店宣传手册1.docx”文档中的图片设置浮于文字上方版式方式为例来进行讲解，其具体操作如下。

1 切换到“图片工具-格式”选项卡

打开“酒店宣传手册1.docx”文件，❶选择图片，❷单击“图片工具-格式”选项卡。

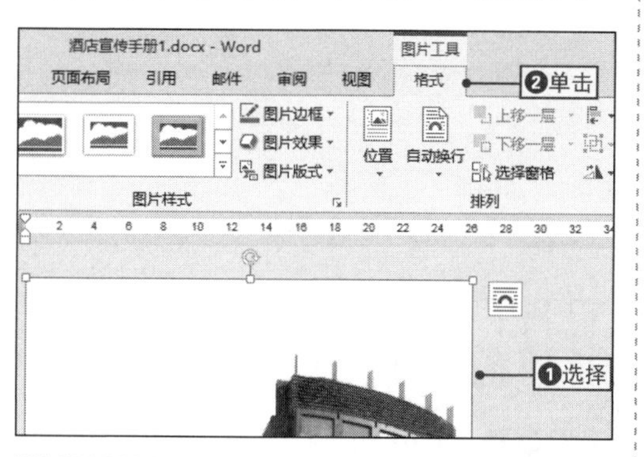

2 设置图片的布局方式

❶在“排列”选项组中单击“自动换行”下拉按钮，❷选择“浮于文字上方”选项。

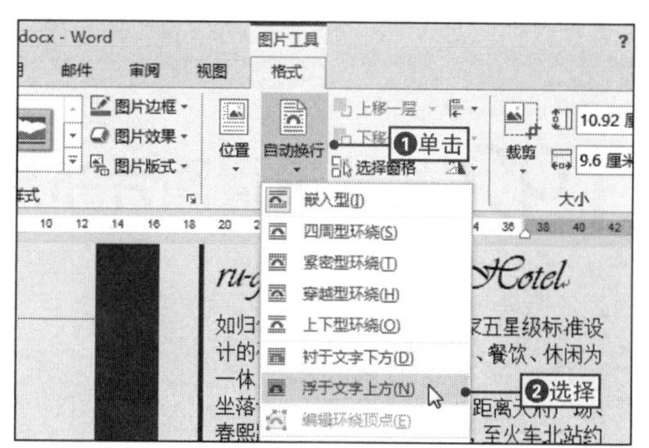

NO.
190 快速隐藏嵌入式图片

在查看含有大量嵌入式图片的文档时，由于图片过多会导致屏幕滚动的速度减慢，这将极大地降低工作效率。这时可以将图片隐藏起来，从而获得较快的滚屏速度，其具体操作如下。

1 切换到“高级”选项卡中

打开“Word选项”对话框，单击“高级”选项卡。

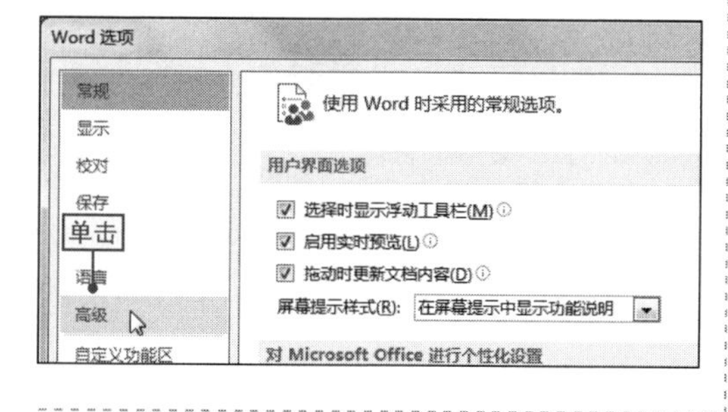

2 隐藏嵌入式图片

❶选中“显示图片框”复选框，❷单击“确认”按钮确认设置。

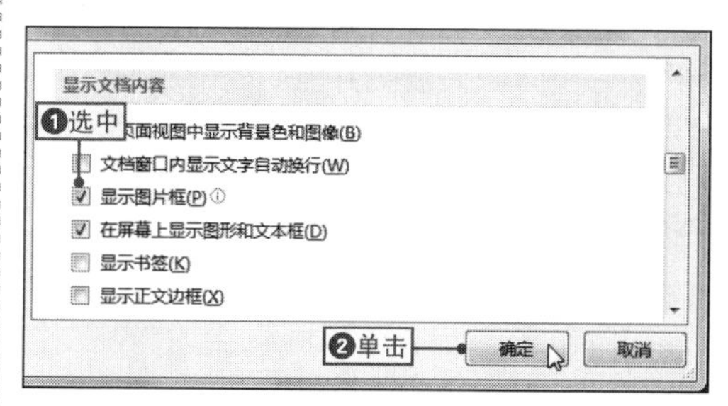

NO.

191 快速显示非嵌入式图片

在Word文档中，除了可以隐藏嵌入式图片外，还可以隐藏非嵌入式图片，其具体操作是：打开“Word选项”对话框，❶切换到“高级”选项卡中，❷取消选中“在屏幕上显示图形和文本框”复选框，❸单击“确定”按钮确认设置。

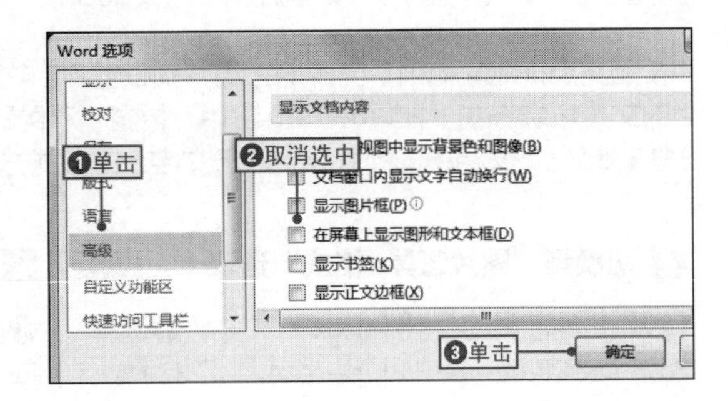

NO.

192 快速设置图片布局

在文档中插入的图片，可以通过布局选项快速对其设置布局，其具体操作是：❶选择图片，❷单击右侧显示的“布局选项”按钮，❸选择需要布局选项，如“浮于文字上方”选项。

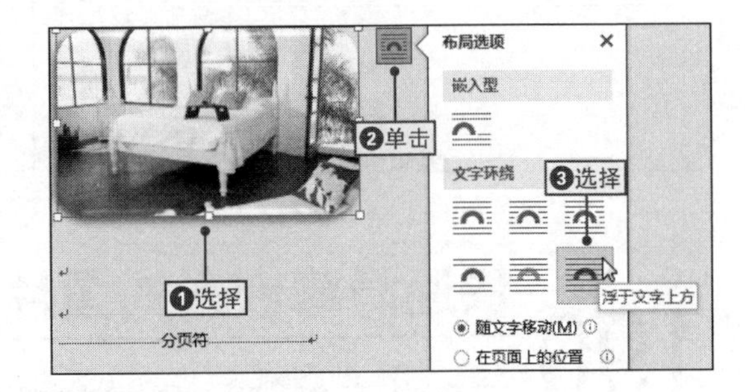

NO.

193 穿越型环绕方式的应用场合

穿越型是一种比较特殊的图片布局方式，它和紧密型的效果基本相同，不过它在图片是矢量图并且中间部分没有背景或处于透明状态时，正文就会插入中间的空白位置，如右图所示的就是穿越型环绕方式的效果图。

而笔记本电脑又被称为“便携式电脑”，其最大的特点就是机身小巧，相比PC携带方便。Notebook Computer，又称手提电脑、掌上电脑或膝上型电脑，是一种小型、可便于携带的个人电脑，通常重1-3公斤。当前的发展趋势是体积越来越小，重量越来越轻，而功能却越发强大。为了缩小体积，笔记型电脑当今采用液晶显示器（也称液晶LCD屏）。除了键盘以外有些还装有触控板（Touchpad）或触控点（Pointing stick）作为定位设备（Pointing device）。笔记本跟PC的主要区别在于其便携带方便，对主板，CPU要求都有不同，等等。虽

NO.
194

快速调整图片的大小和位置

案例007 酒店宣传手册

◉\素材\第4章\酒店宣传手册2.docx　　◉\效果\第4章\酒店宣传手册2.docx

在Word文档中插入图片后，图片的自动插入的大小和位置可能不能满足用户的要求，这时用户就可以手动对图片的大小和位置进行调整，下面将以调整“酒店宣传手册2.docx”文档中的图片的大小和位置为例来进行讲解，其具体操作如下。

1 调整图片的大小

打开“酒店宣传手册2.docx”文件，❶选择图片，❷将鼠标光标置于图片的控制点上，按住鼠标拖动即可调整图片高度。

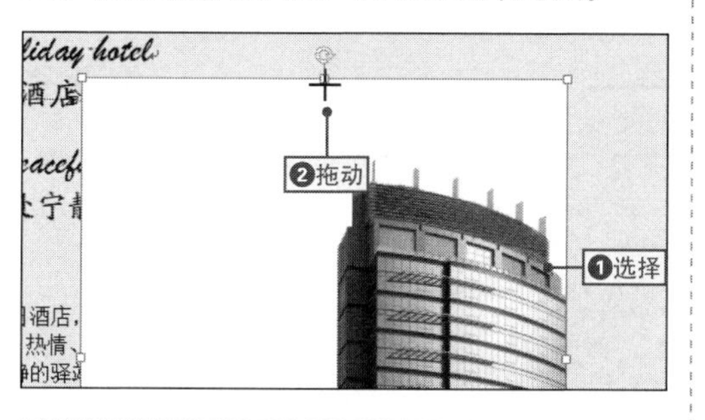

2 调整图片位置

保持图片为选择状态，按住【Shift】键同时拖动图片水平或垂直移动，在适当位置释放鼠标即可。

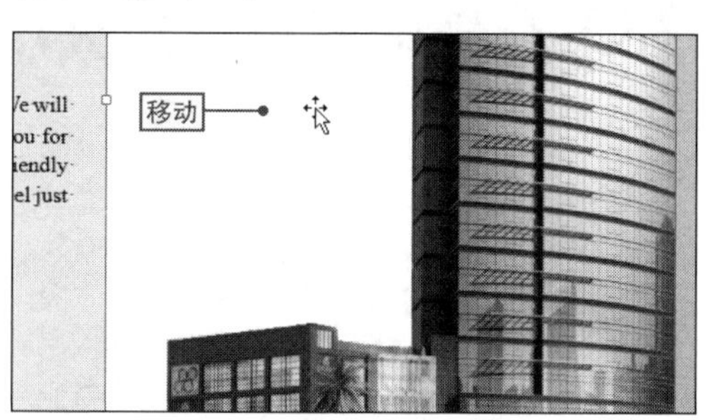

NO.
195

精确设置图片的缩放比例

在Word文档中，调整图片大小的方法用很多，如果用户想要精确缩放图片的大小，可以通过“布局”对话框来实现，其具体操作如下。

1 打开“布局”对话框

❶选择图片，并右击，❷在弹出的快捷菜单中选择“大小和位置”命令，打开“布局”对话框。

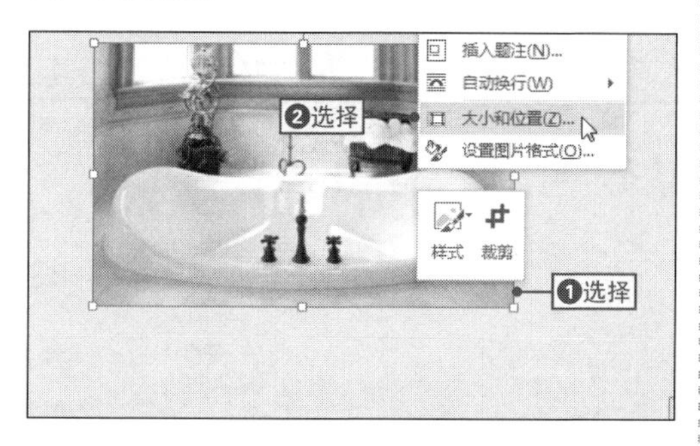

2 设置图片的缩放比例

❶选中“锁定纵横比”复选框，❷在“缩放”选项组中设置图片的“高度”和“宽度”，❸单击“确认”按钮确认设置。

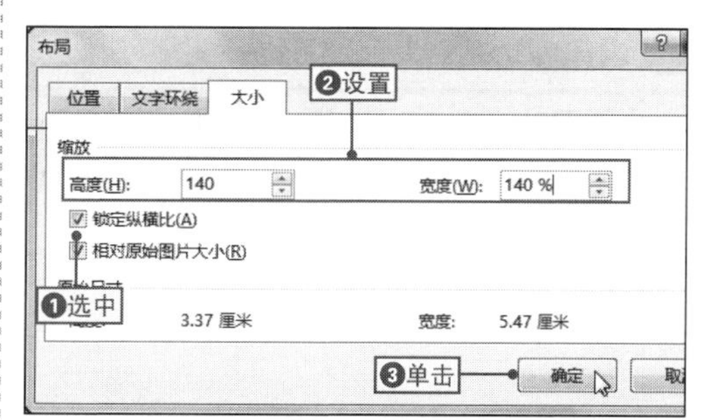

NO.
196 快速等比例调整图片大小

对于文档中的插入的某些图片，可以通过等比例调整的方式快速调整其大小，其具体操作是：选择图片，按住【Shift】键并使用鼠标拖动图片任意一个角中的白色控制点，即可等比例调整图片大小。

NO.
197 精确调整图片大小

在Word文档中插入的图片，除了可以通过缩放形式调整其大小外，还可以直接输入高度和宽度对其进行精确调整，其具体操作是：选择图片，❶切换到"图片工具-格式"选项卡中，❷在"大小"选项组中输入高度值和宽度值即可。

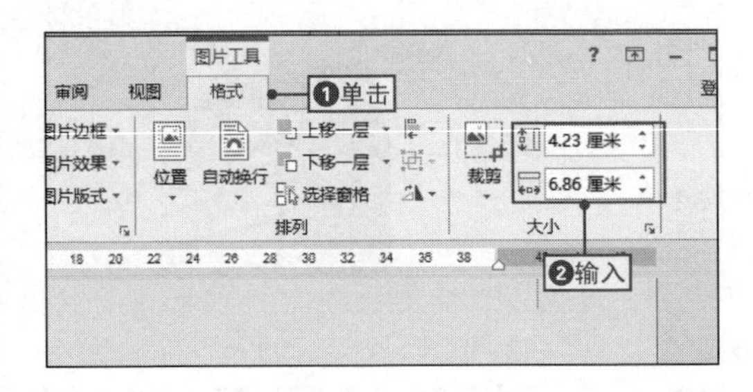

NO.
198 快速裁剪图片

案例007 酒店宣传手册

◉\素材\第4章\酒店宣传手册3.docx　　◉\效果\第4章\酒店宣传手册3.docx

在Word文档中插入图片后，为了让图片的展示更加合理，使用户更能直观地查看到文档的效果，可以对插入的图片进行相应的裁剪，下面将以裁剪"酒店宣传手册3.docx"文档中的图片为例来进行讲解，其具体操作如下。

1 启用图片裁剪功能

❶选择图片，❷单击"图片工具-格式"选项卡，❸单击"裁剪"下拉按钮，❹选择"裁剪"选项。

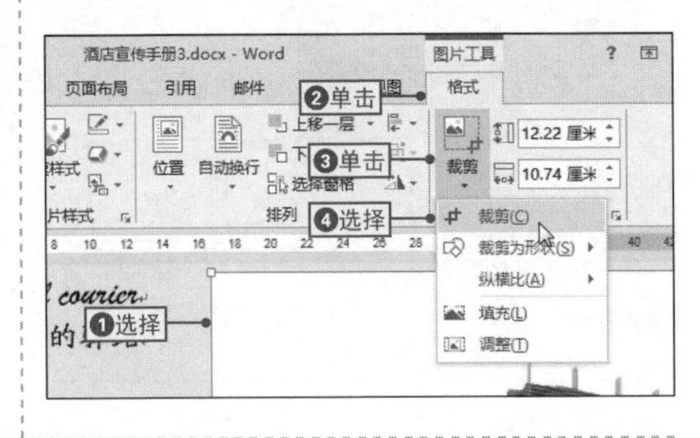

2 裁剪图片

将鼠标光标移动到图片上边框上的控制点上，此时鼠标光标变为T字形，按住鼠标左键向下拖动鼠标即可进行裁剪。

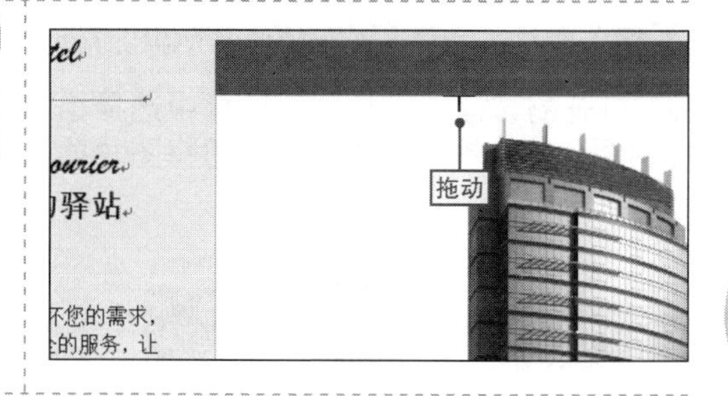

NO.
199 通过形状对图片进行异形裁剪

在使用Word编辑文档时，有时为了让图片带有某些特殊的形状效果，可以使用Word自带的形状功能对图片进行裁剪处理，其具体操作如下。

1 选择形状

❶切换到“插入”选项卡中，❷单击“形状”下拉按钮，❸选择“横卷形”选项。

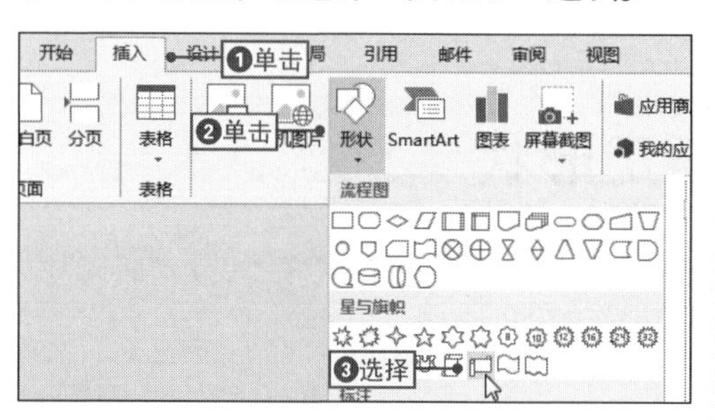

2 绘制形状

此时鼠标光标呈十字形状，在文档中绘制形状，设置形状为无填充颜色。

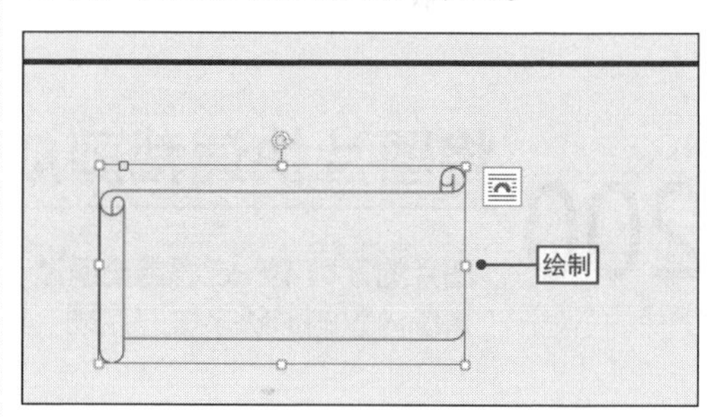

3 打开“设置形状格式”窗格

❶选择形状，并在其上右击，❷在弹出的快捷菜单中选择“设置形状格式”命令，打开“设置图片格式”窗格。

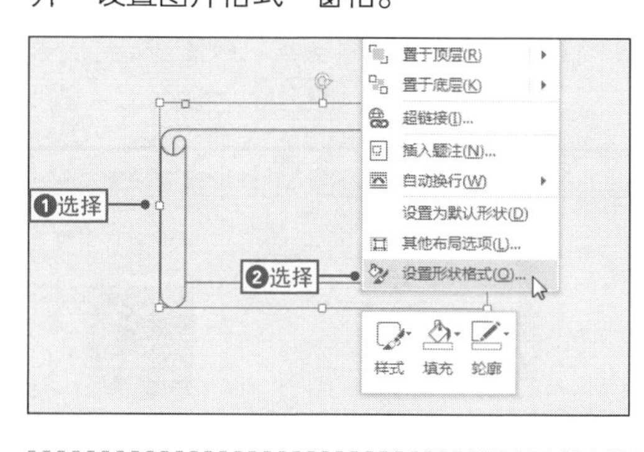

4 打开“插入图片”对话框

❶展开“填充”选项卡，❷选中“图片或纹理填充”单选按钮，❸在“插入图片来自”区域中单击“文件”按钮。

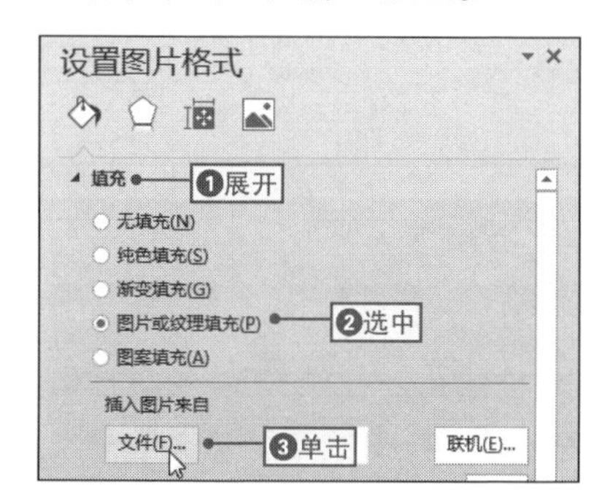

5 插入图片

❶在打开的“插入图片”对话框中选择相应的图片，❷单击“插入”按钮将图片插入文档中。

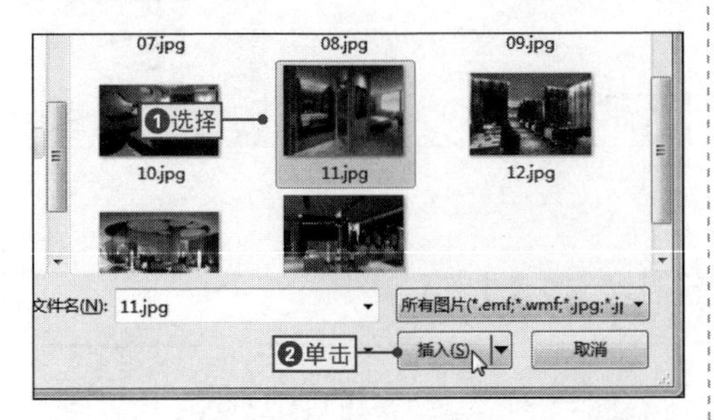

6 设置图片旋转方式

返回“设置图片格式”窗格中，取消选中“与形状一起旋转”复选框，然后关闭窗格。

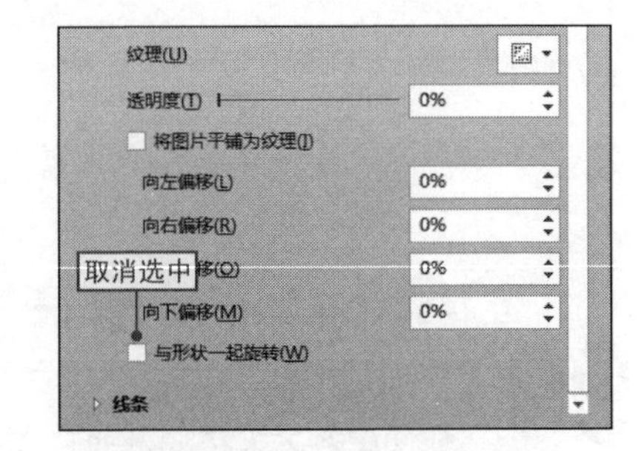

7 查看设置效果

返回文档中，取消形状的轮廓，即可查看到使用形状对图片进行裁剪后的效果。

NO.
200 将图片快速裁剪成指定形状

图片的裁剪不一定要完全通过手动的方式裁剪成各种的形状样式，也可以通过系统内置的形状来快速完成，其具体操作如下。

1 切换到“插入”选项卡

❶选择需要设置的图片，❷切换到“插入”选项卡中。

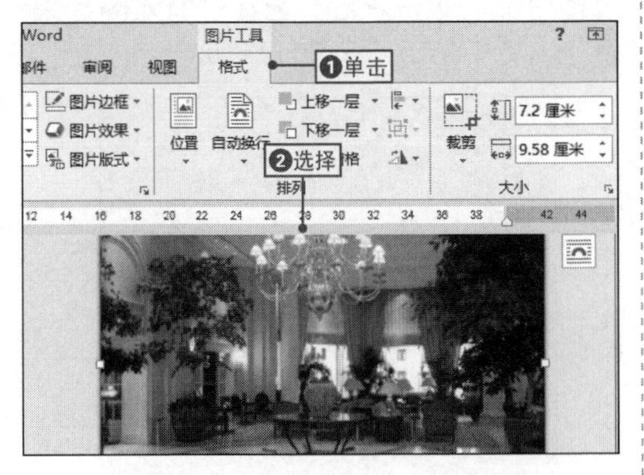

2 选择形状

❶单击“裁剪”下拉按钮，❷选择“裁剪为形状”命令，❸选择相应的形状即可。

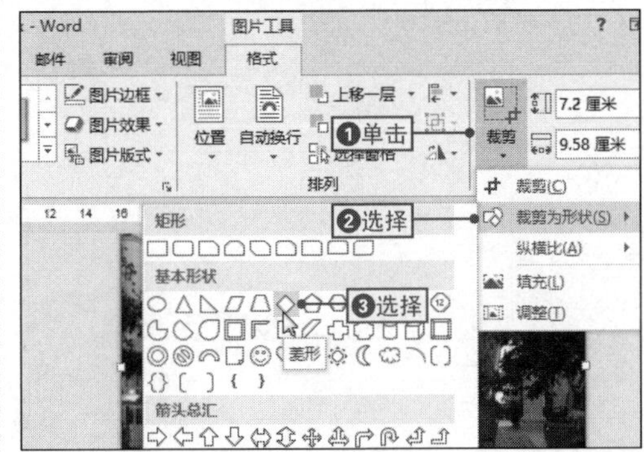

NO.

201 通过剪贴画对图片进行异形裁剪

在Word文档中，虽然可以通过形状对图片做异形裁剪，但形状的样式毕竟是有限的，这时就可以通过剪贴画功能来完成，它可以搜索网络中更多的形状以供用户使用，其具体操作如下。

1 打开“插入图片”页面

❶单击“插入”选项卡，❷在“插图”选项组中单击“联机图片”按钮，打开“插入图片”页面。

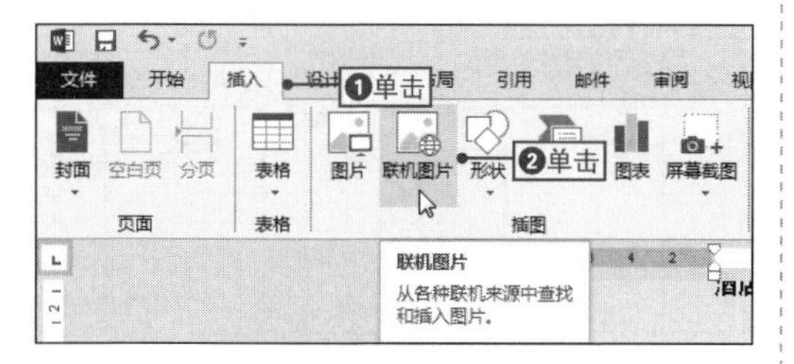

2 搜索剪切画

❶在“Office.com剪贴画”文本框中输入“形状”文本，❷单击“搜索”按钮对文本进行搜索。

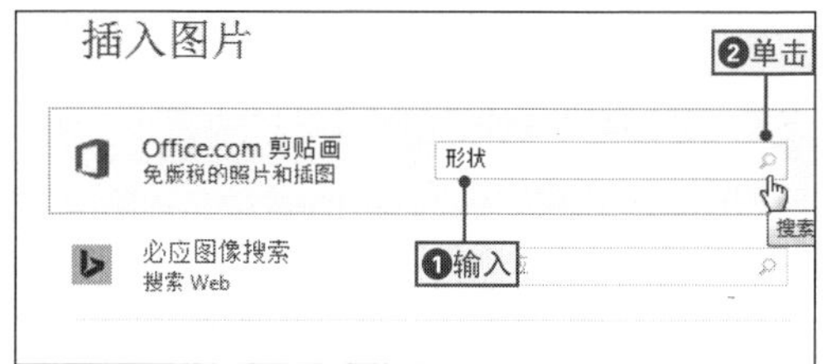

3 插入剪贴画

❶在搜索到的形状列表中选择需要的形状，❷单击“插入”按钮将其插入文档中。

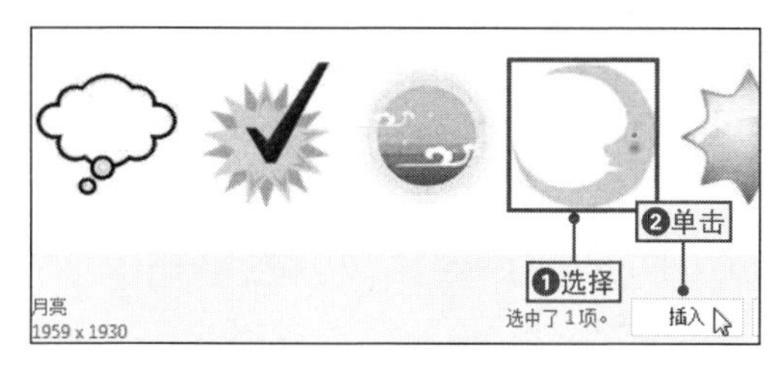

4 打开“设置图片格式”窗格

❶调整形状的位置和大小，并在其上右击，❷选择“设置图片格式”命令。

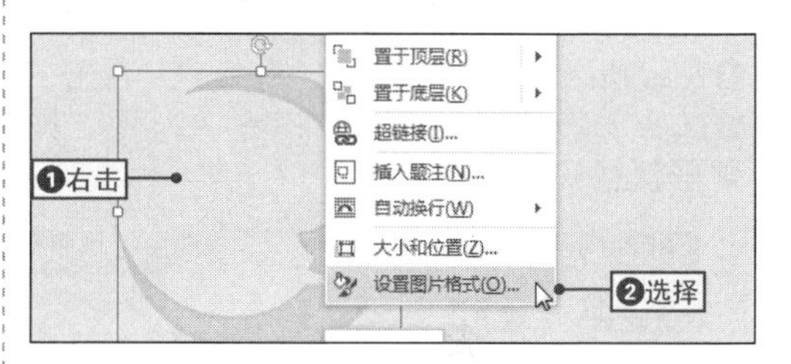

5 打开“插入图片”对话框

❶在打开的窗格中展开“填充”选项卡，❷选中“图片或纹理填充”单选按钮，❸单击“文件”按钮。

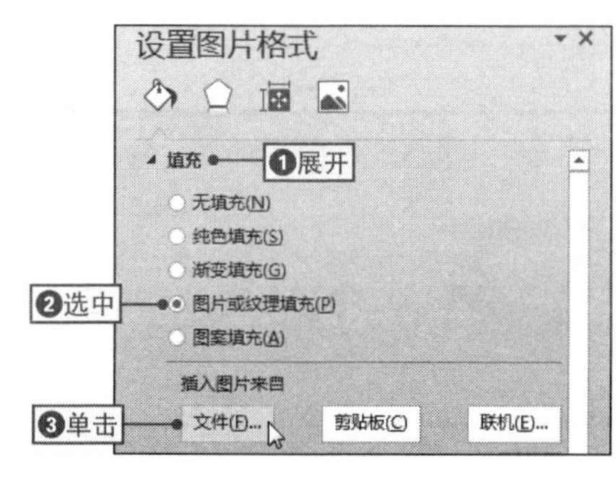

6 插入图片

❶在打开的“插入图片”对话框中选择需要的图片，❷单击“插入”按钮将图片插入文档中，然后关闭窗格即可。

NO.

202

通过文本框对图片进行异形裁剪

在Word文档中，除了可以使用系统自带的形状和剪切画的方式对图片进行裁剪外，还可以使用文本框工具将图片裁剪成不规则的形状，其具体操作如下。

1 设置图片布局方式

❶选择图片，❷在“图片工具-格式”选项卡中单击“自动换行”下拉按钮，❸选择“浮于文字上方”命令。

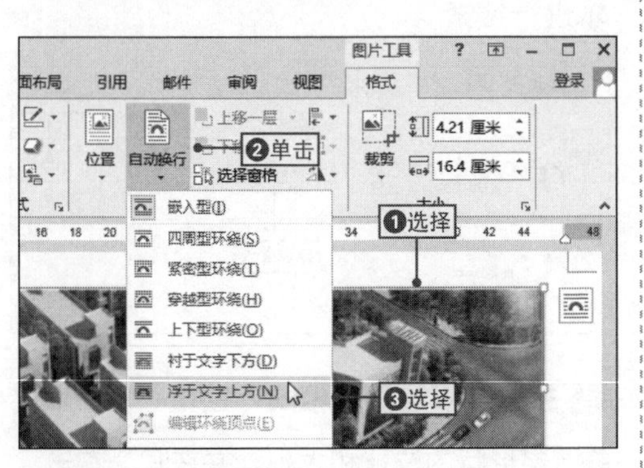

2 选择“绘制文本框”命令

❶在“插入”选项卡中单击“文本框”下拉按钮，❷选择“绘制文本框”命令。

3 打开“设置形状格式”窗格

❶在编辑区中绘制文本框，并在其上右击，❷选择“设置形状格式”命令，打开“设置形状格式”窗格。

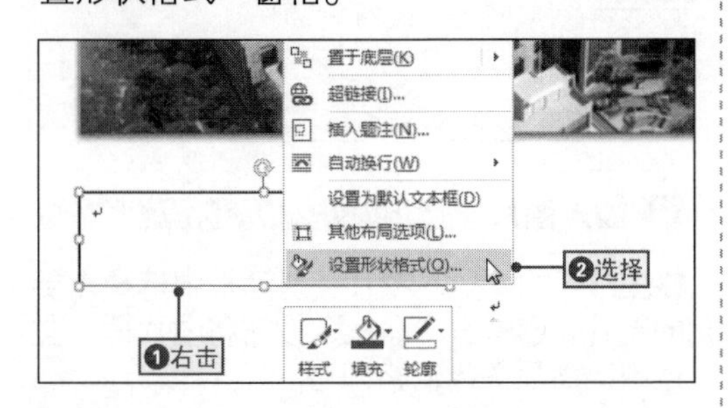

4 设置文本框的线条

❶在“填充”选项卡中展开“线条”选项组，❷选中“无线条”单选按钮，❸单击“关闭”按钮关闭窗格。

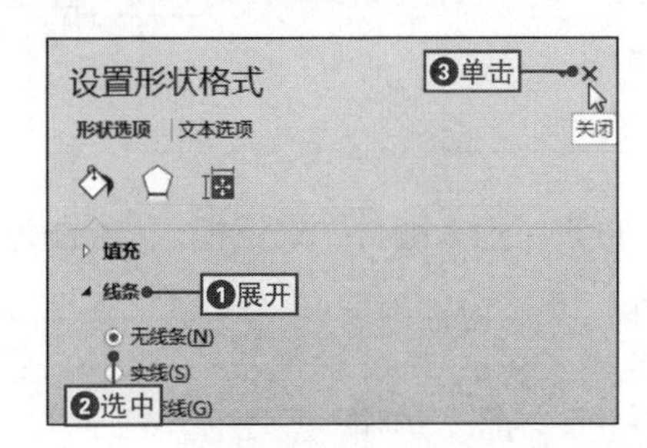

5 组合文本框和图片

复制一个文本框并将其移动到图片的合适位置，❶按住【Shift】键，同时选择文本框和图片，并在其上右击，❷选择“组合→组合”命令。

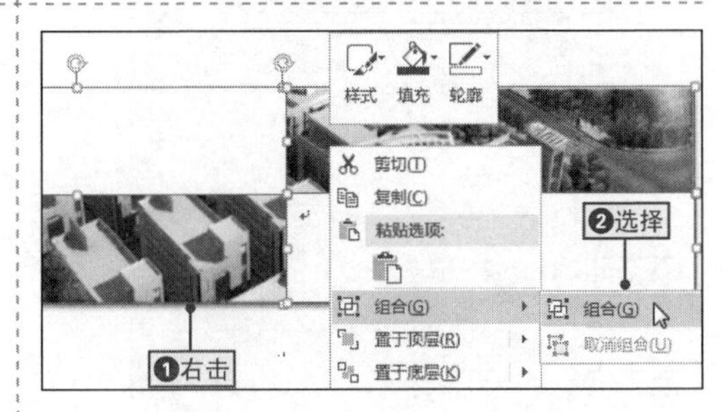

6 设置组合图片的布局方式

❶选择组合的图片，❷单击“布局选项”按钮，❸在“嵌入型”选项组中选择“嵌入型”选项即可完成设置。

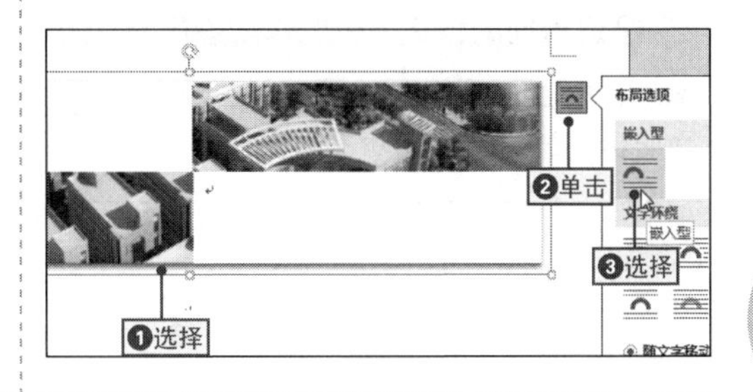

NO.
203 快速删除图片背景

案例007 酒店宣传手册

◎\素材\第4章\酒店宣传手册4.docx ◎\效果\第4章\酒店宣传手册4.docx

有时在文档中插入图片后，会发现图片的背景效果和文档的整体效果不融洽，这时可以通过Word的删除图片背景功能将图片的背景删除，下面将通过“酒店宣传手册4.docx”文档的第二页为例，来讲解删除图片背景的步骤，其具体操作如下。

1 切换到“图片工具-格式”选项卡

打开“酒店宣传手册4.docx”文件，❶选择图片，❷单击“图片工具-格式”选项卡。

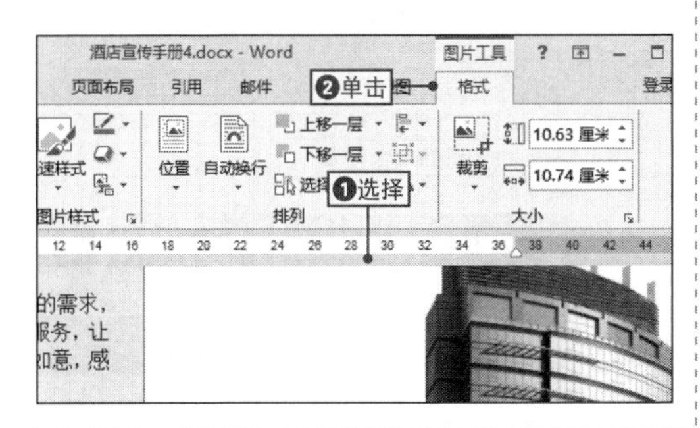

2 启用删除背景功能

在“调整”选项组中单击“删除背景”按钮，激活“图片工具-背景消除”选项卡。

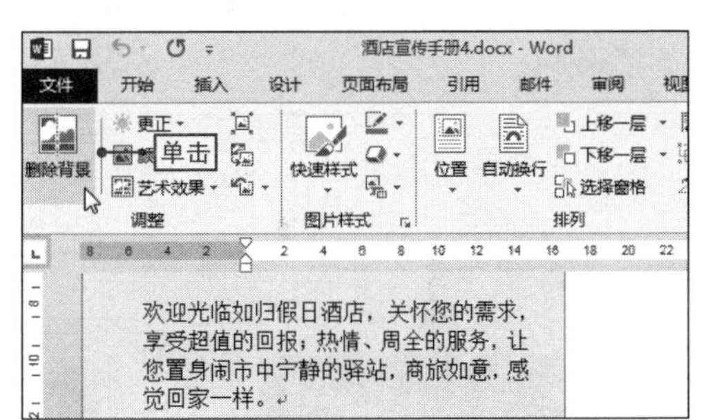

3 添加保留标记

❶单击“标记要保留的区域”按钮，此时鼠标光标变为✎形状，❷将其移动到需要保留图片内容的位置，单击添加保留标记。

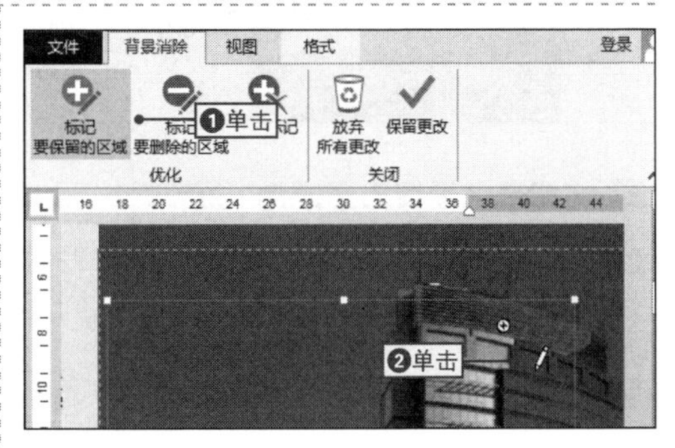

4 保留添加的标记

❶以相同的方法添加其他保留标记，❷完成添加后，单击“保留更改”按钮。

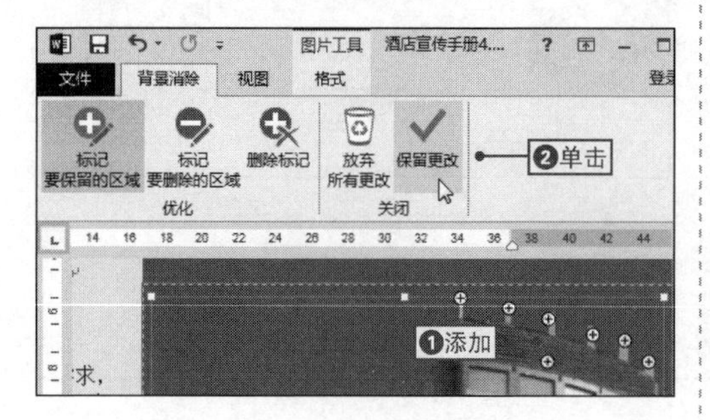

5 查看背景删除效果

退出“背景消除”选项卡后可以查看到图片的背景已经被删除。

NO. 204 如何将图片背景设置为透明色

对于背景色是单色的图片，除了删除背景来使其更好地融入文档中外，还可以将该图片的背景色设置为透明色，该方法针对有背景颜色的Word文档来说尤其适用，其具体操作如下。

1 切换到“图片工具-格式”选项卡

❶选择图片，❷切换到“图片工具-格式”选项卡中。

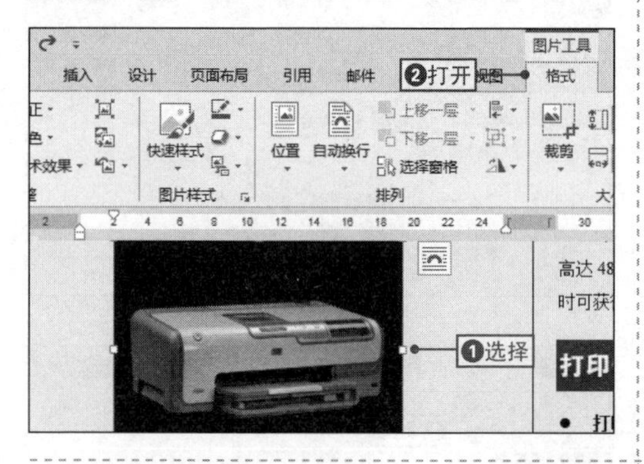

2 启用设置图片透明色功能

❶单击“颜色”下拉按钮，❷选择“设置透明色”命令。

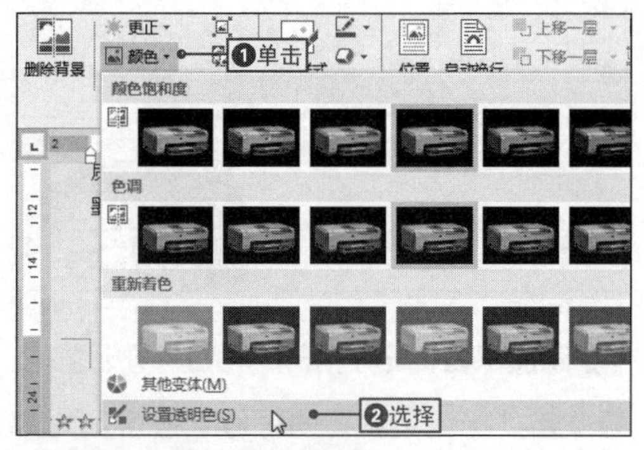

3 将背景色设置为透明色

❶当鼠标光标变为▨的形状时，在图片背景上单击，❷即可将图片的背景色设置为透明色。

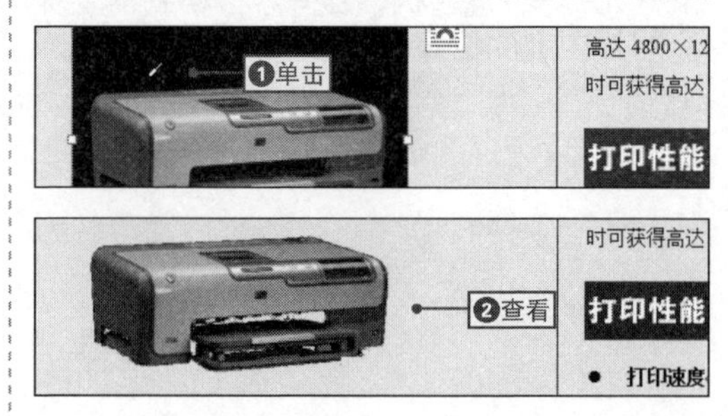

NO.

205 快速恢复图片的默认设置

在对图片进行编辑时，多次对图片进行相应操作后，如果想要重新对其进行设置，可让其恢复到默认设置，其具体操作是：❶选择图片，❷切换到“图片工具-格式”选项卡中，❸单击“重设图片”按钮即可使该图片恢复到默认设置。

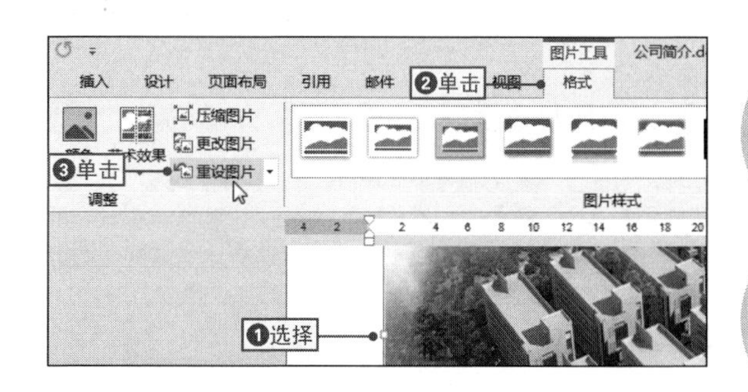

NO.

206 快速为图片应用样式

案例007 酒店宣传手册

◎\素材\第4章\酒店宣传手册5.docx ◎\效果\第4章\酒店宣传手册5.docx

在文档插入图片后，为了使图片更有个性，文档更加美观，可以为图片添加添加样式。Word系统为用户提供了多种图片样式，用户可以直接使用这些样式，下面将通过为“酒店宣传手册5.docx”文档中的图片快速应用“映像棱台，黑色”样式为例来进行讲解，其具体操作如下。

1 展开所有内置的图片样式

打开“酒店宣传手册5.docx”文件，❶选择图片，❷单击“图片工具-格式”选项卡，❸在“图片样式”组中单击“其他”按钮。

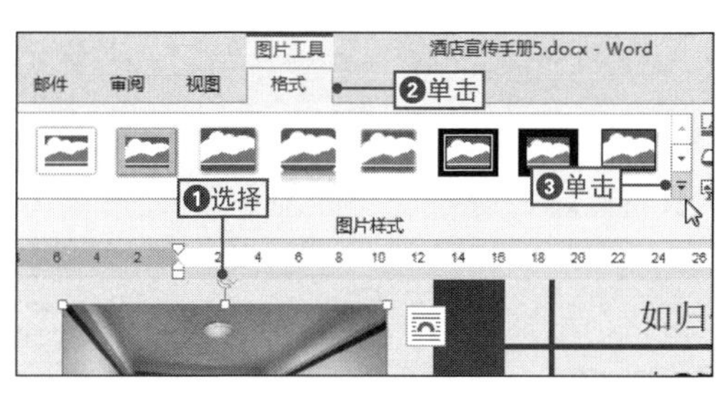

2 为图片应用样式

在弹出的样式列表中选择需要的图片样式，如这里选择“映像棱台，黑色”图片样式。

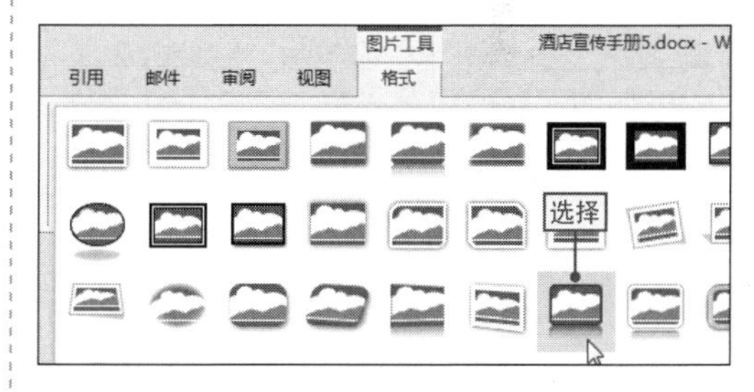

3 查看图片应用样式后的效果

在设置完成后，即可查看到应用系统样式后的图片效果。

NO.
207 快速为图片添加边框

在图文混排的文档中，为了美化文档和区分图片与文本对象之间的界限，可以为图片添加相应的边框样式，其具体操作如下。

1 设置图片边框颜色

选择图片，❶切换到“图片工具-格式”选项卡中，❷单击“图片边框”下拉按钮，❸选择边框颜色选项。

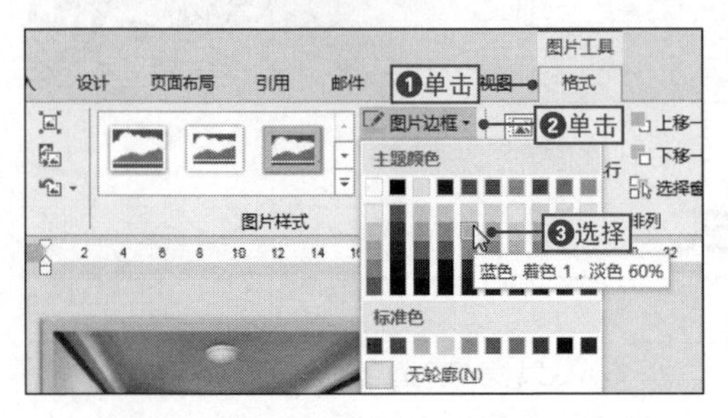

2 设置图片边框的大小

❶单击“图片边框”下拉按钮，❷选择“粗细”命令，❸在弹出的子菜单中选择相应选项，设置边框的大小。

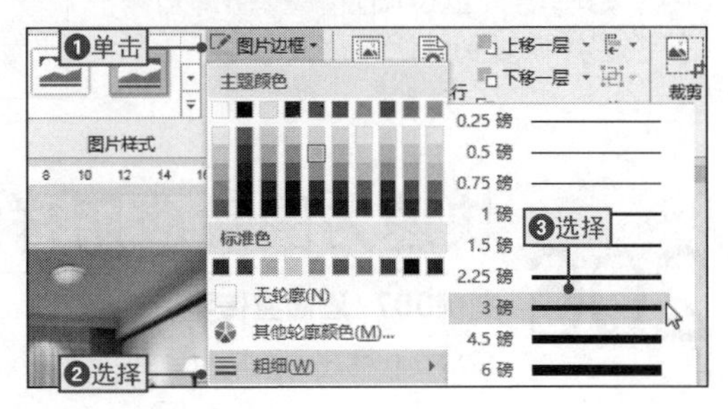

NO.
208 快速为图片添加阴影效果

为了增强文档中图片的外观效果，用户可以对图片添加阴影效果。Word系统中内置了多种阴影效果，用户可直接使用，其具体操作是：选择图片，❶切换到“图片工具-格式”选项卡中，❷单击“图片效果”下拉按钮，❸选择“阴影”命令，❹在弹出的子菜单中选择需要的阴影效果即可。

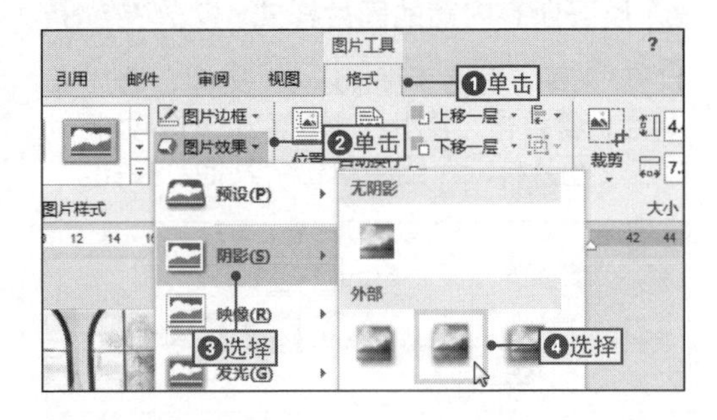

NO.
209 快速为图片添加映像效果

在Word文档中，为图片添加映像效果，可以使文档更加具有感染力，其具体操作是：选择图片，❶单击“图片效果”下拉按钮，❷选择“映像”命令，❸在弹出的子菜单中选择需要的映像效果即可。

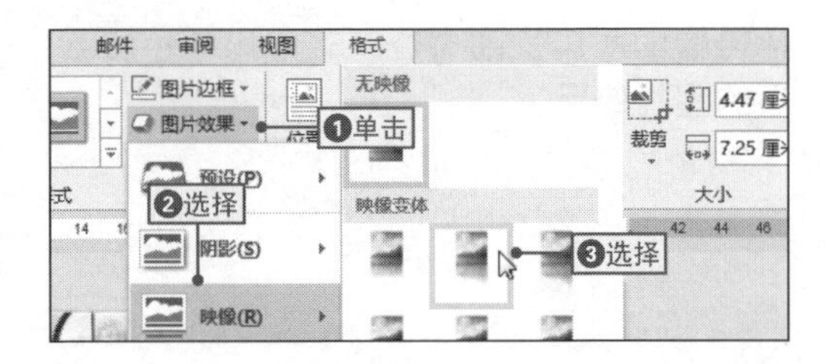

NO.
210 快速在图片上添加文字

案例007 酒店宣传手册

◉\素材\第4章\酒店宣传手册6.docx　　◉\效果\第4章\酒店宣传手册6.docx

在Word中插入图片后，为了能让读者更容易理解，可以在图片上添加一些相应的说明性文字，这时可以通过文本框工具来完成。下面将通过在“酒店宣传手册6.docx”文档中的图片上添加文字为例，来讲解使用文本框的步骤，其具体操作如下。

1 选择“文本框”选项

打开“酒店宣传手册6.docx”文件，❶选择图片，❷在“插入”选项卡中单击“形状”下拉按钮，❸选择“文本框”选项。

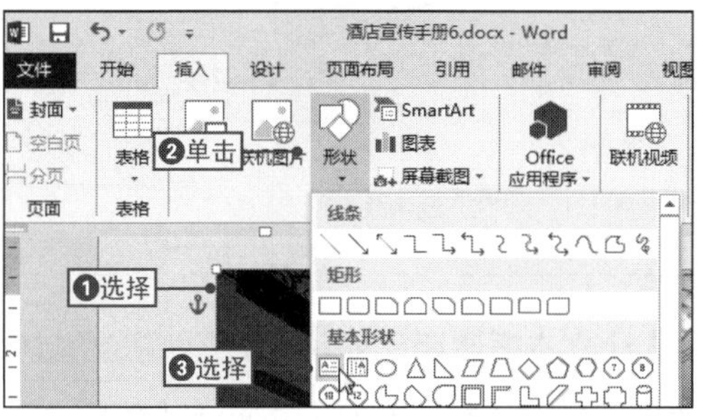

2 在文本框中输入文本

此时鼠标光标变成十字形状，❶在图片的相应位置拖动鼠标绘制文本框，❷在文本框中输入相应的文本。

3 设置文本框无填充色

保持文本框为选择状态，❶在“绘图工具-格式”选项卡中单击“形状填充”下拉按钮，❷选择“无填充颜色”命令。

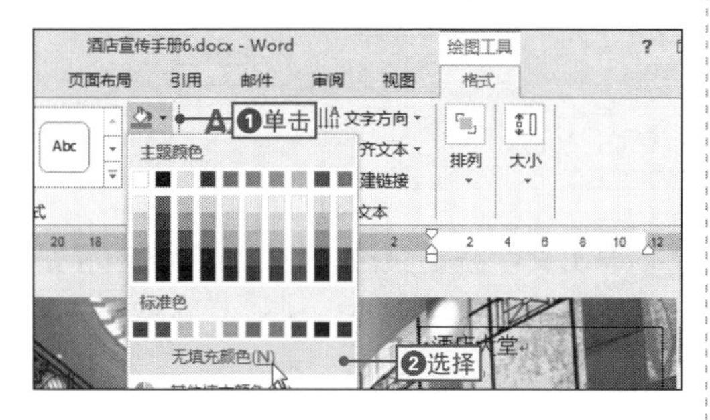

4 取消文本框轮廓

❶在“绘图工具-格式”选项卡中单击“形状轮廓”下拉按钮，❷选择“无轮廓”命令，取消文本框轮廓。

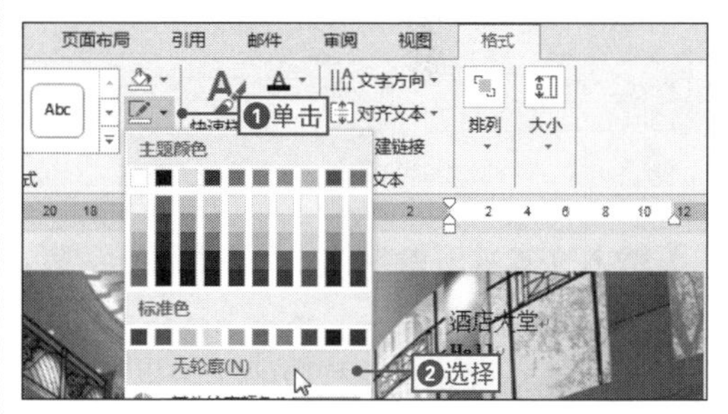

5 查看图片上添加文字的效果

对文本框中的文本进行相应的格式设置，并将文本框移动到合适位置，单击文档任意空白处可以查看到在图片上添加文字后的效果。

NO.
211 使用画图工具为图片添加文字

为了防止他人盗用图片，可以为插入Word文档中的图片添加一些特殊的文字效果，从而形成一种特别的图片，这时可以通过画图工具来实现，其具体操作如下。

1 打开"打开"对话框

运行画图软件，❶单击"画图"按钮，❷选择"打开"命令，打开"打开"对话框。

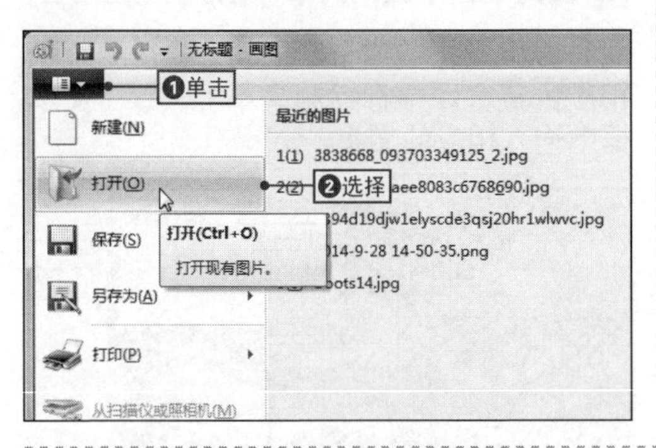

2 打开图片

❶选择需要打开的图片，❷单击"打开"按钮打开图片。

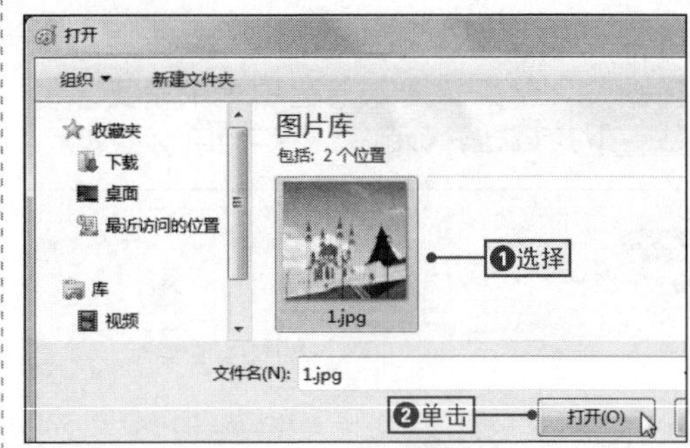

3 进入文本编辑状态

在菜单栏的"工具"选项组中单击"文字"按钮，进入文本编辑状态。

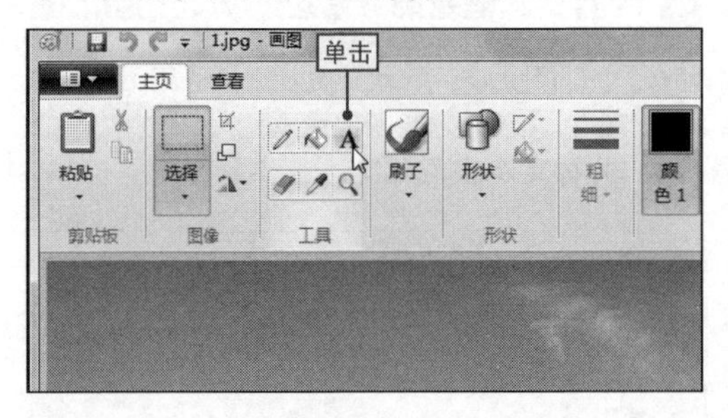

4 让文本框透明

❶在图片上绘制文本框，并激活"文本工具 文本"选项卡，❷单击"透明"按钮。

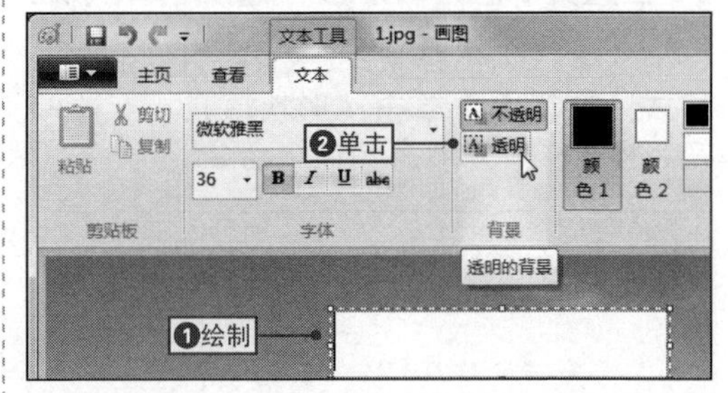

5 输入文本并设置字体

❶在文本框中输入文本，❷在"字体"选项组中为输入的文本设置相应的字体。

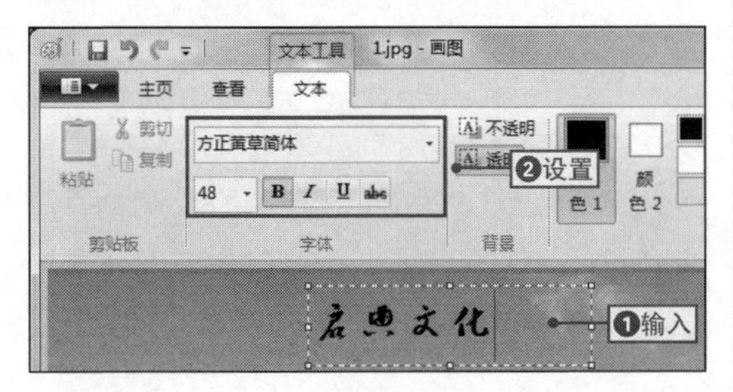

6 退出文字编辑状态

❶单击"主页"选项卡，❷单击"文字"按钮退出编辑状态，最后保存即可。

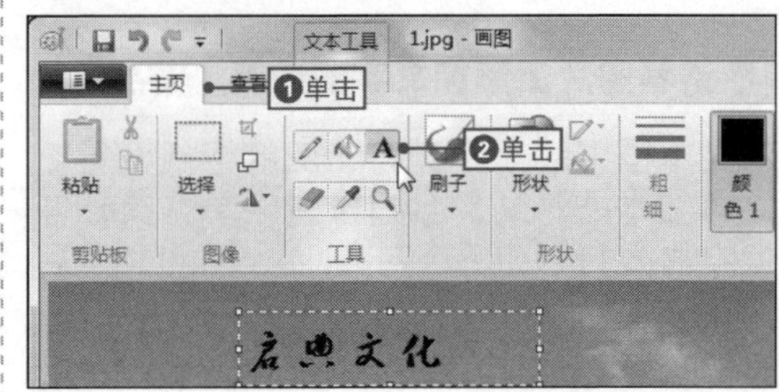

NO.
212 巧妙地设置图片随文字移动

在编辑图文混排的文档时，由于要经常对文本进行更改，图片的位置也会随之发生改变，如果文档中含有较多图片，每次都需要重新对其进行调整就显得非常麻烦，这时就可以设置图片随文字移动，其具体操作是：选择图片，❶切换到“图片工具-格式”选项卡中，❷单击“自动换行”下拉按钮，❸选择“随文字移动”命令即可。

NO.
213 利用快捷菜单快速为图片添加题注

为文档中的图片添加说明性文字，除了直接在图片上添加文字外，其实还有一种比较常用的方式，就是为图片添加题注，题注可以在不影响图片的展示效果的情况下对图片进行说明，其具体操作如下。

1 打开“题注”对话框

❶选择图片，并在其上右击，❷在弹出的快捷菜单中选择“插入题注”命令。

2 打开“新建标签”对话框

在打开的“题注”对话框中单击“新建标签”按钮，打开“新建标签”对话框。

3 新建标签

在“标签”文本框中输入相应标签，依次单击“确定”按钮确认设置。

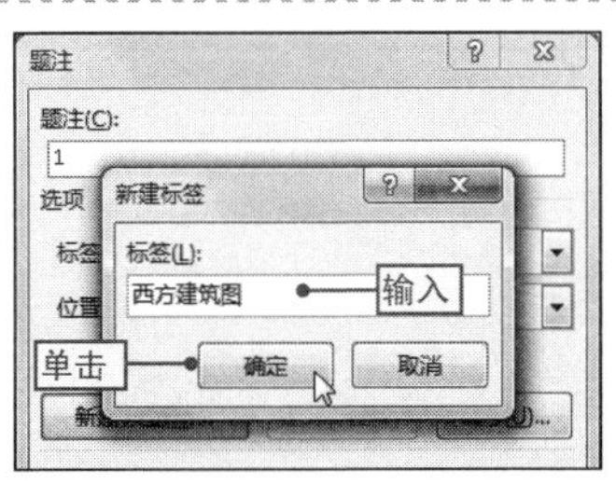

NO.

214 快速设置多张图片的自动对齐

案例007 酒店宣传手册

◎\素材\第4章\酒店宣传手册7.docx　　◎\效果\第4章\酒店宣传手册7.docx

在同一页文档中插入了多张图片，若随意排列它们，就会使整个文档都显得比较凌乱，但手动对多张图片进行调整又比较麻烦，这时可以使用对齐功能快速对齐多张图片，下面将通过设置“酒店宣传手册7.docx”文档中图片居中左右对齐为例，来讲解设置多张图片自动对齐的方法，其具体操作如下。

1 选择多张图片

打开“酒店宣传手册7.docx”文件，❶按住【Shift】键，选择多张需要对齐的图片，❷单击“图片工具-格式”选项卡。

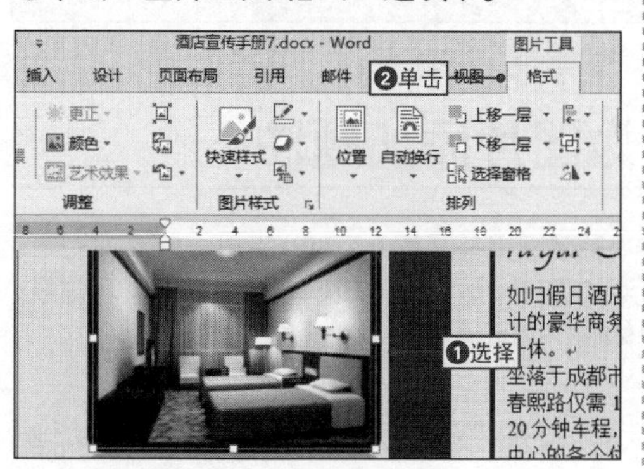

2 为图片应用样式

❶在“排列”选项组中单击“对齐”下拉按钮，❷选择“左右居中”选项，即可快速设置图片的对齐方式。

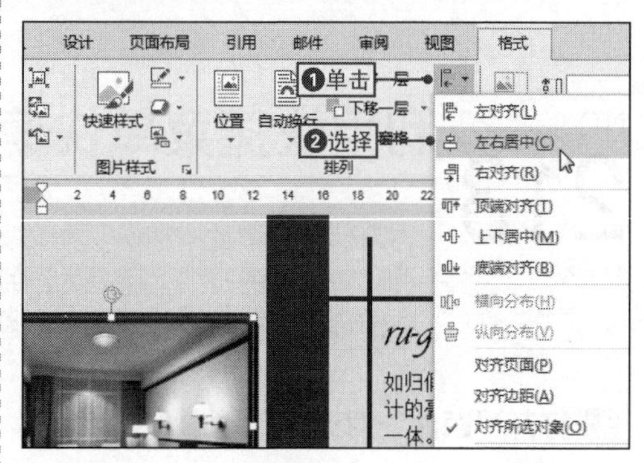

NO.

215 设置图片对齐方式需要注意

在对图片进行对齐方式的设置时，需要注意不是所有的图片都能为其设置对齐方式，当图片的布局方式为嵌入式时，就不能设置其对齐方式，如右图所示，当图片为嵌入式布局时，它的对齐功能为不可用。

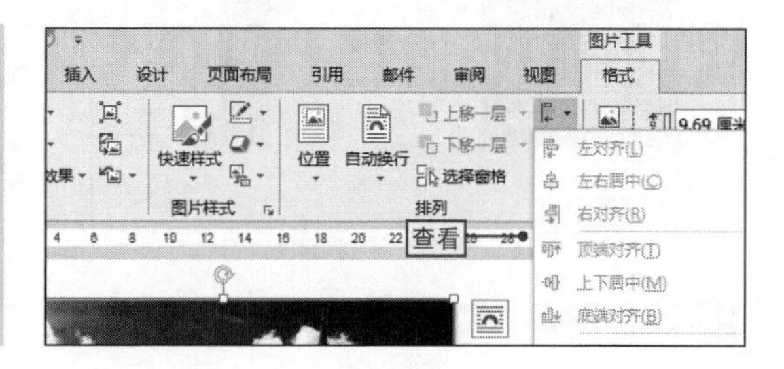

CHAPTER 05

Word样式与模板功能应用技巧

本章导读

在日常办公中，经常会对大量文档进行操作，为了提高工作效率，快速完成文档制作和编排，可以利用Word的样式和模板功能。本章将具体介绍一些有关Word样式与模板功能的应用技巧。

本章技巧

文档样式的设置技巧

NO.216 快速创建样式
NO.217 创建复杂的文档样式
NO.218 为创建的样式指定快捷键
NO.219 根据所选内容快速创建新样式
NO.220 快速删除样式设置的快捷键
NO.221 向快速样式库中添加样式
NO.222 从快速样式库中删除样式
……

文档模板的应用技巧

NO.236 自定义模板文档
NO.237 将模板文档加密
NO.238 模板文档的保存位置
NO.239 恢复字体的默认格式
NO.240 根据自定义模板创建文档
……

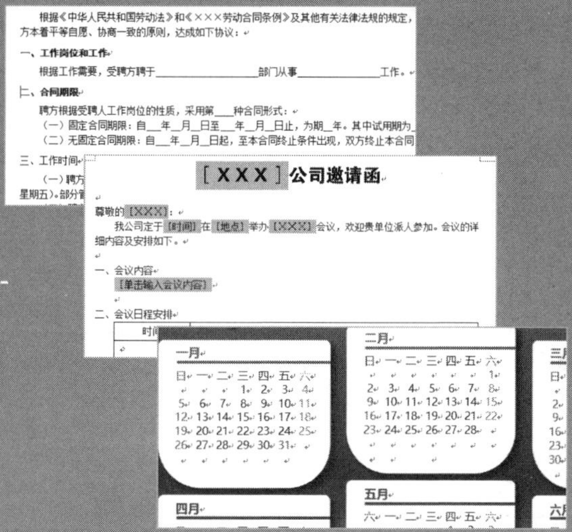

NO.216 快速创建样式

案例008 聘用合同

◎\素材\第5章\聘用合同.docx　　◎\效果\第5章\聘用合同.docx

在文档的文本格式中，一般包含有字体、字号、字形以及行间距等多种属性，用户通常会对其逐一进行设置。其实许多文本中含有相同的格式，用户可以将其定义为一种样式，然后应用样式即可，下面将通过在“聘用合同.docx”文档中创建合同二级标题样式为例来进行讲解，其具体操作如下。

1 打开“样式”窗格

打开“聘用合同.docx”文件，❶将文本插入点定位到“一、工作岗位和工作”文本中，❷单击“样式”按钮。

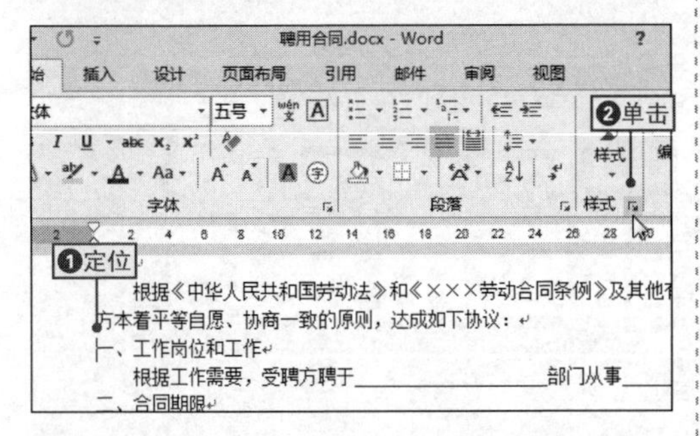

2 新建样式

在打开的“样式”窗格中单击“新建样式”按钮，打开“根据格式设置创建新样式”对话框。

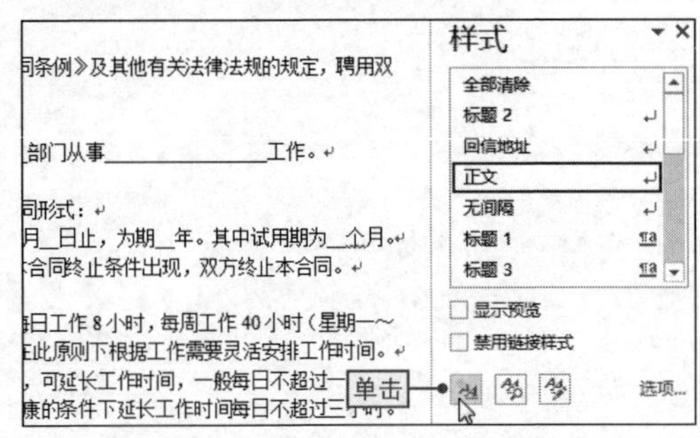

3 设置标题样式的名称和字体

❶在“名称”文本框中输入相应名称，❷单击“字体”下拉按钮，❸选择“黑体”选项。

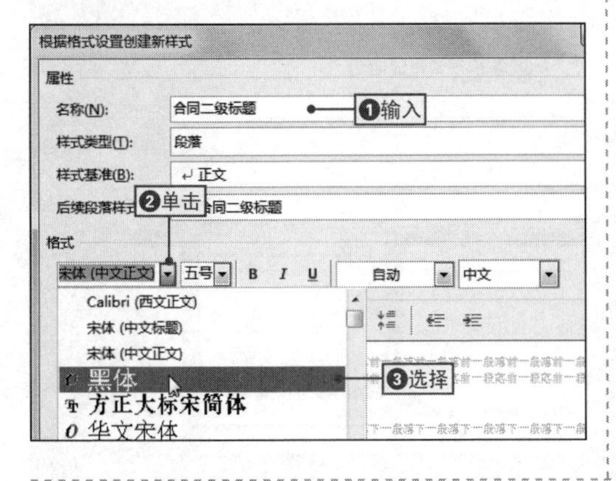

4 设置标题样式的加粗和对齐方式

❶单击“加粗”按钮为文本设置加粗格式，❷单击“左对齐”按钮设置文本为左对齐，然后单击“确认”按钮确认设置。

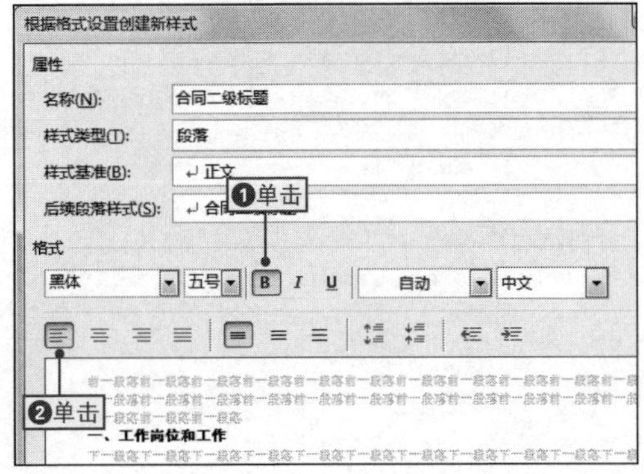

NO.
217

创建复杂的文档样式

如果创建更加复杂的文档样式，则需要详细设置字体、段落和其他格式，这时可以通过“格式”下拉菜单中选择对应的命令，在打开的对话框中设置，下面将通过设置详细的字体为例来进行讲解，其具体操作如下。

1 打开“字体”对话框

打开“根据格式设置创建新样式”对话框，❶单击“格式”下拉按钮，❷选择“字体”选项，打开“字体”对话框。

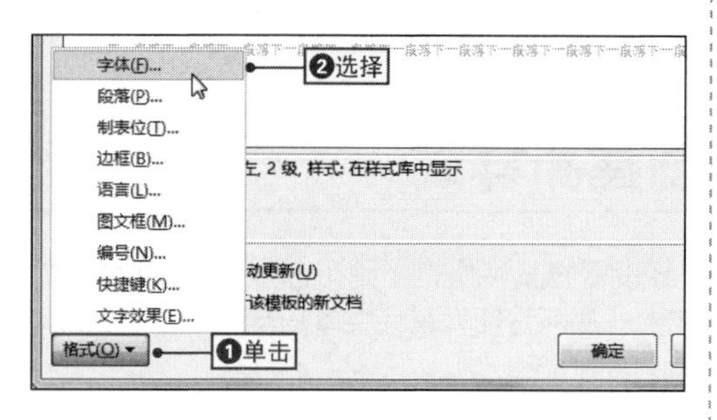

2 设置标题样式的西文格式

在“字体”选项卡的“西文字体”下拉列表中选择“Arial Unicode MS”选项，然后单击“确认”按钮确认设置。

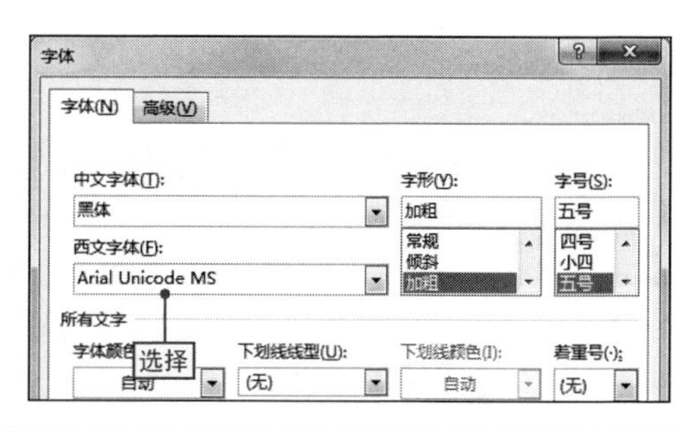

NO.
218

为创建的样式指定快捷键

为了为文本或段落快速应用样式，可以为创建的样式指定快捷键，从而避免应用样式时在样式列表选择的麻烦，其具体操作如下。

1 打开“自定义键盘”对话框

打开“根据格式设置创建新样式”对话框，❶单击“格式”下拉按钮，❷选择“快捷键”选项。

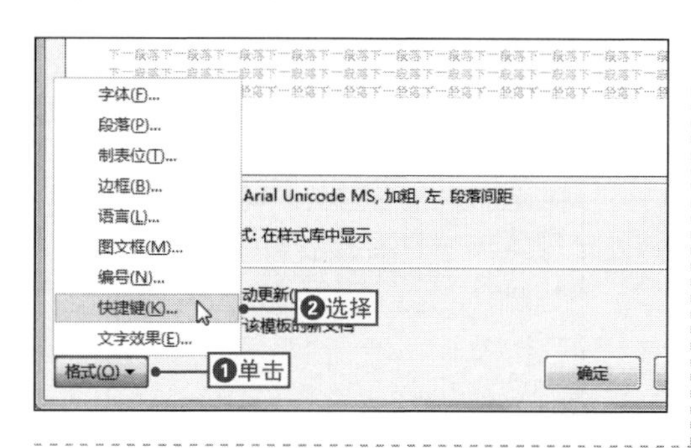

2 为样式设置快捷键

在打开的“自定义键盘”对话框中，将文本插入点定位到“请按新快捷键”文本框中，按照相应的组合键添加快捷键。

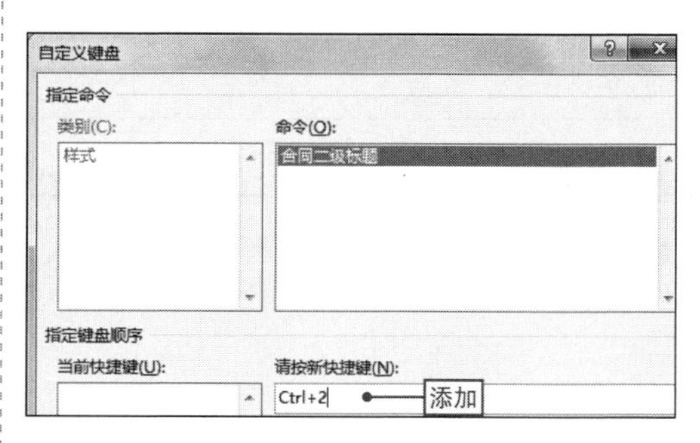

3 指定快捷键

❶在"将更改保存在"下拉列表中选择相应选项，❷单击"指定"按钮指定快捷键。

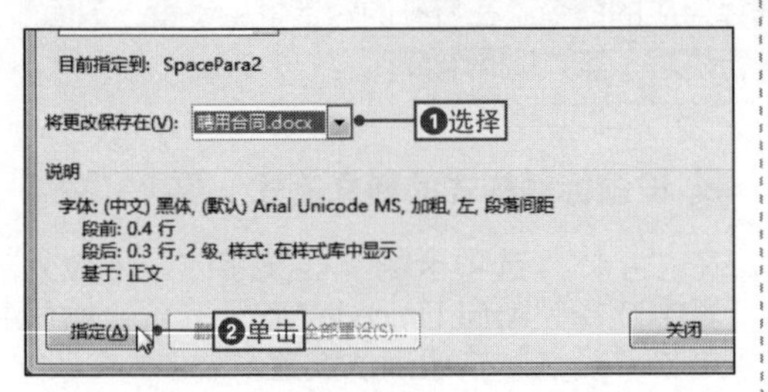

4 完成设置

关闭对话框后返回"根据格式设置创建新样式"对话框中，单击"确定"按钮。

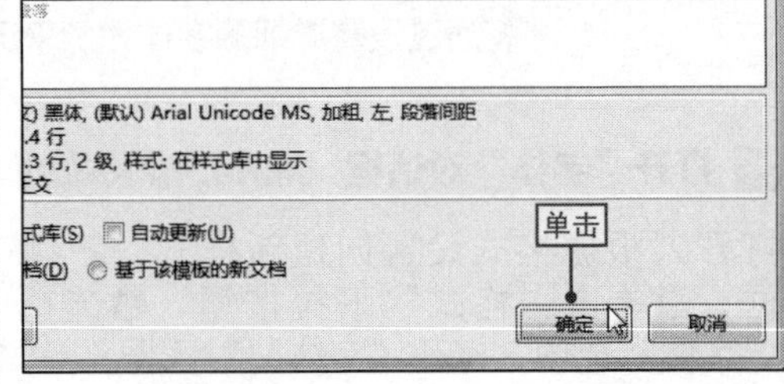

NO.
219 根据所选内容快速创建新样式

在Word 2013中，如果对文本已经设置好某种格式，则可以直接使用该文本创建新样式，并放置到快速样式库中，从而方便为其他文本应用相同的格式，其具体操作如下。

1 选择样式文本

❶选择需要创建样式的源文本，❷在"样式"选项组中单击"其他"下拉按钮。

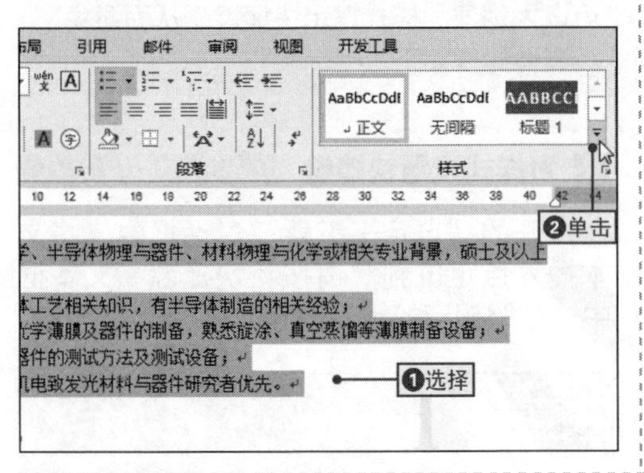

2 选择"创建样式"命令

在下拉列表中选择"创建样式"命令，打开"根据格式设置创建新样式"对话框。

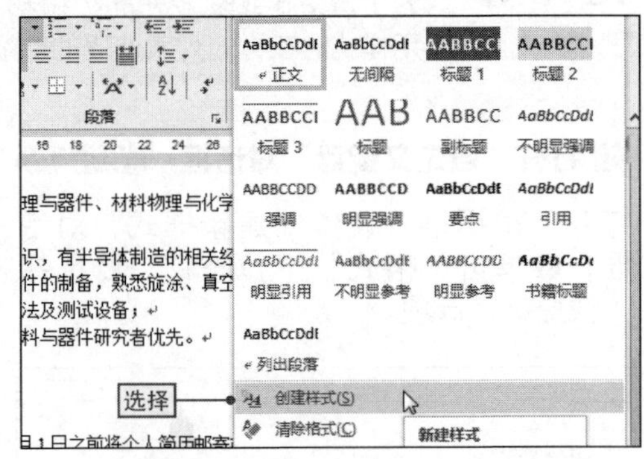

3 设置样式名称并确认

❶在"名称"文本框中输入样式的名称，❷单击"确定"按钮确认设置。

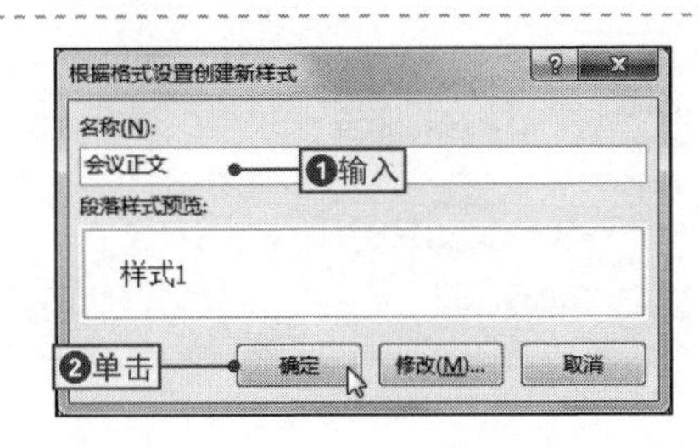

NO.
220 快速删除样式设置的快捷键

如果想要删除样式设置的快捷键，操作非常简单，其具体操作是：打开“自定义键盘”对话框，❶在“当前快捷键”下拉列表框中选择需要删除的快捷键，❷单击“删除”按钮即可将样式设置的快捷键删除。

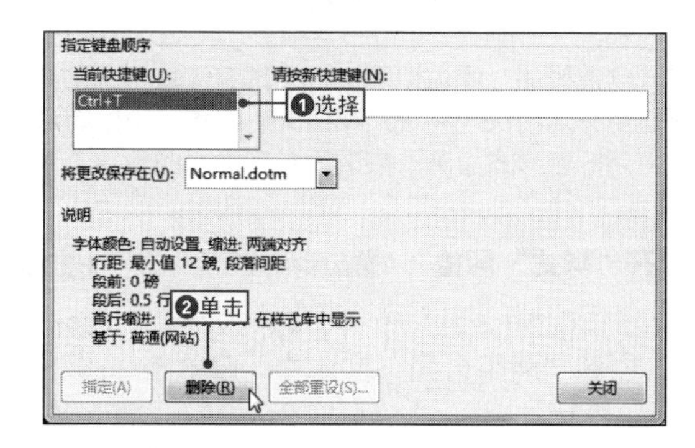

NO.
221 向快速样式库中添加样式

虽然新创建的样式会自动被添加到“样式”窗格中，但是用户还可以将其添加到快速样式库中，这样对样式进行操作时就不需要再打开“样式”窗格，从而提高了工作效率，其具体操作是：在创建样式打开“根据格式设置创建新样式”对话框时，选中“添加到样式库”复选框，即可将样式添加到样式库中。

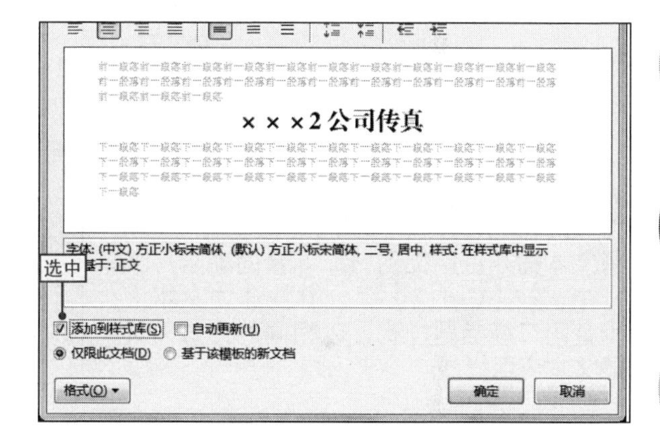

NO.
222 从快速样式库中删除样式

如果某个样式不再被使用，用户可以根据实际操作情况将其删除，其具体操作是：❶在“样式”选项组中的“样式库”下拉列表框中选择需要删除的样式，并在其上右击，❷选择“从样式库中删除”命令，即可快速将其删除。

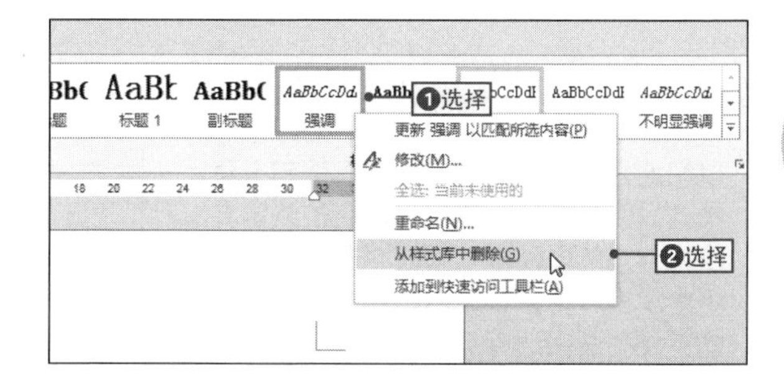

NO.

223 快速应用样式

案例008　聘用合同

◎\素材\第5章\聘用合同1.docx　　◎\效果\第5章\聘用合同1.docx

在样式创建好后，就可以对文档中的文本或其他对象应用创建的样式，这样就能通过对某个段落应用样式而快速完成文本格式的设置，下面将通过对“聘用合同1.docx”文档中的所有标题应用标题样式为例，来讲解应用样式的步骤，其具体操作如下。

1 打开“样式”窗格

打开“聘用合同1.docx”文件，❶将文本插入点定位到“聘用合同”文本中，❷单击“样式”按钮。

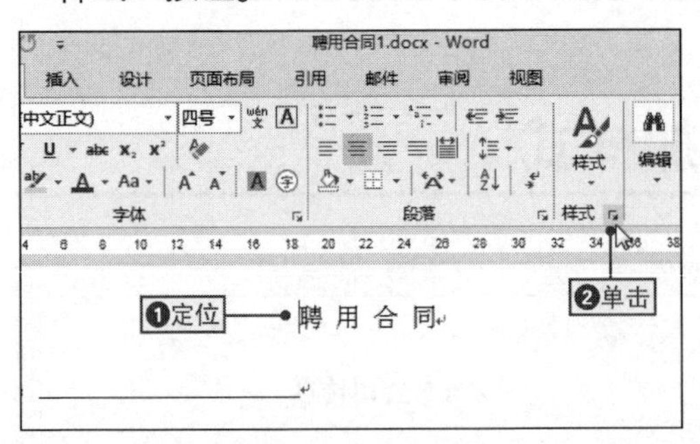

2 应用样式

❶在打开的“样式”窗格中选择“合同一级标题”选项，❷单击“关闭”按钮关闭“样式”窗格。

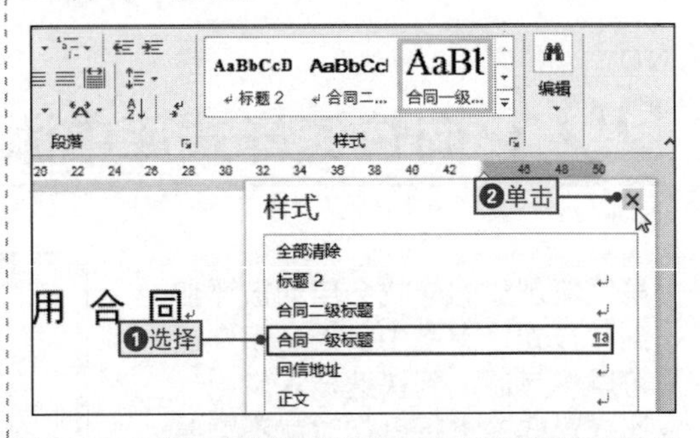

3 通过快捷键应用样式

将文本插入点定位到“二、合同期限”文本中，按【Ctrl+2】组合键快速为文本应用合同二级标题样式，以相同的方法为其他文本应用样式。

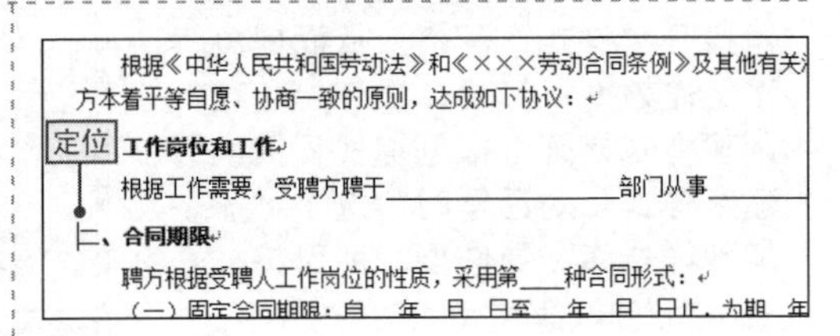

NO.

224 自动套用应用的样式

在Word 2013中，系统给用户提供了一个样式库，套用该样式库中的样式可以快速为文本设置预设的文本格式，其具体操作是：将文本插入点定位到需要应用样式的段落中，❶在“样式”选项组中单击“更多”下拉按钮，❷在弹出的下拉列表中选择需要的样式，即可快速将样式应用到文本内容中。

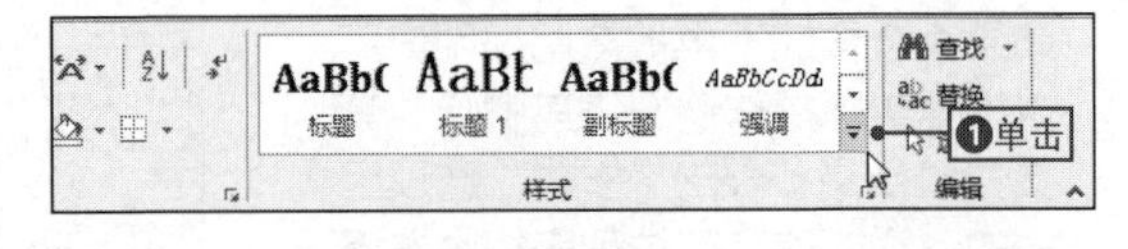

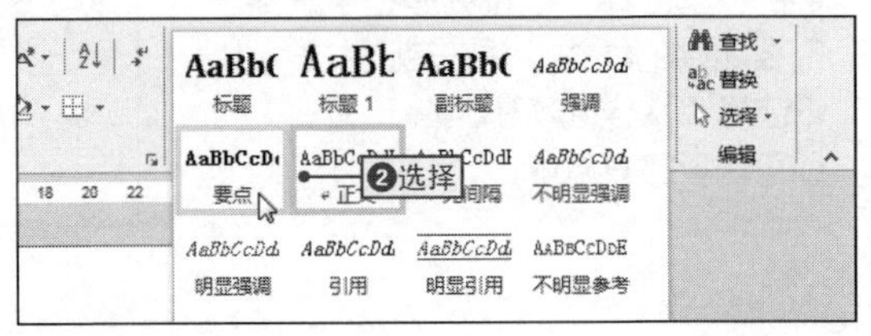

NO.
225
重新应用样式

在Word文档中，从其他地方复制过来的文本内容将会保留原格式，为了不影响文档的整体效果，可以为复制的文本内容重新应用样式，其具体操作如下。

1 打开“应用样式”对话框

选择需要重新应用样式的文本，在“样式”下拉列表中选择“应用样式”命令，打开“应用样式”对话框。

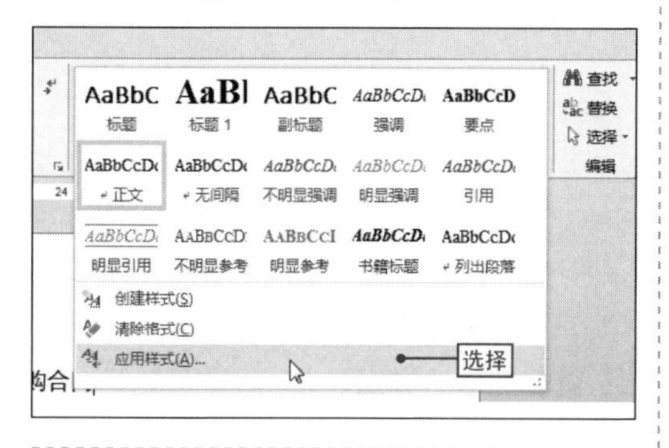

2 重新应用样式

❶单击“样式名”列表框后的下拉按钮，❷选择需要重新应用的样式，然后关闭窗格即可。

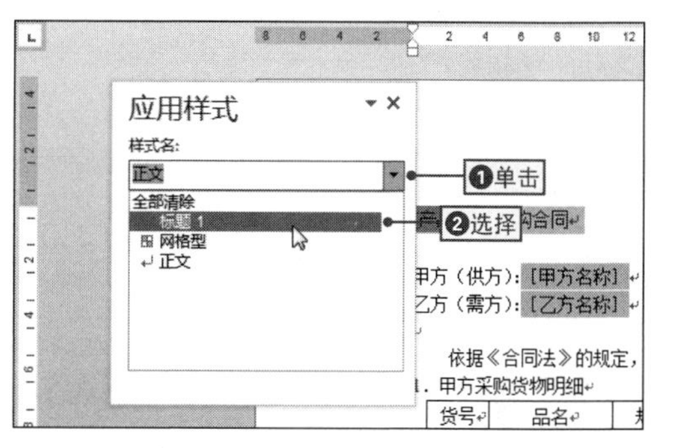

NO.
226
使用“样式”窗格清除应用的样式

对于已经应用了样式或格式的文档，可以随时将样式或格式清除，使文档还原到Word默认的文本格式，其具体操作如下。

1 打开“样式”窗格

在文档中选择要清除样式的文本，在“样式”选项组中单击“样式”按钮，打开“样式”窗格。

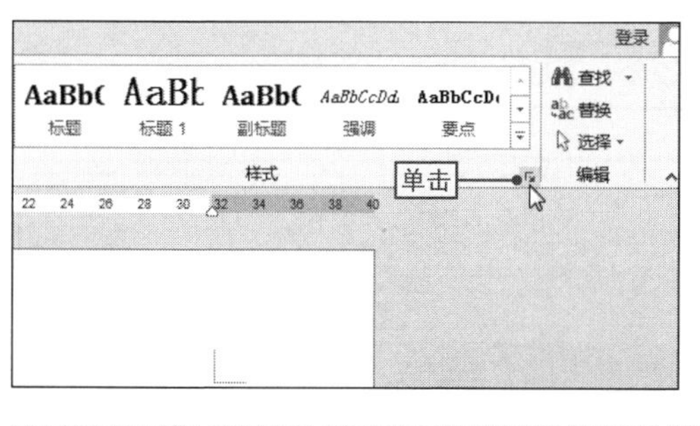

2 清除全部样式

❶在“样式”下拉列表框中选择“全部清除”选项，❷单击“关闭”按钮，即可清除所选文本的全部样式。

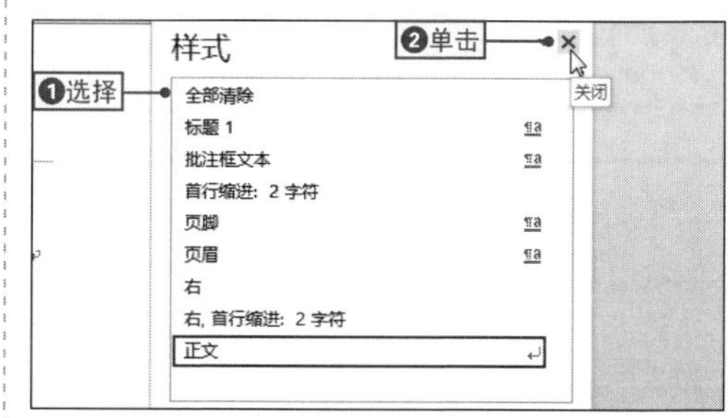

NO.

227 预览文档中应用的所有样式

一般文档中都会应用多种样式，有时用户可能需要知道在文档中的各个位置应用了哪些样式，这时可以通过预览的方式来查看，其具体操作如下。

1 切换到“高级”选项卡

打开“Word选项”选项卡，单击“高级”选项卡。

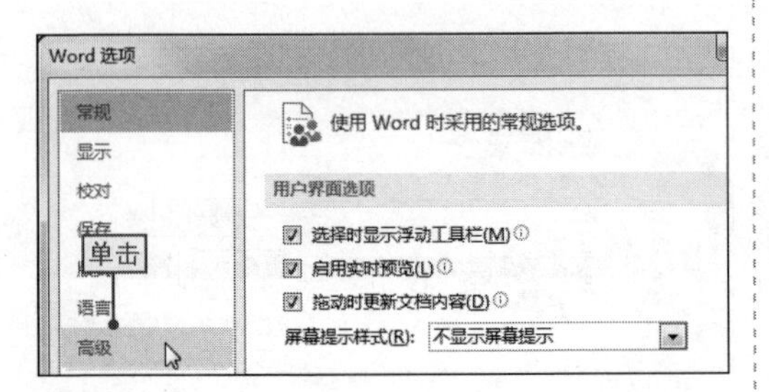

2 设置样式区域的宽度

❶在“草稿和大纲视图中的样式区窗格宽度”文本框中输入相应数值，❷单击“确定”按钮确认设置。

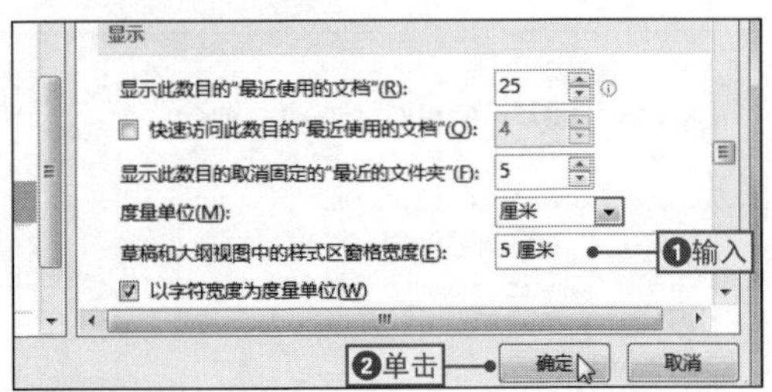

3 预览文档中的样式

返回文档中，❶单击“视图”选项卡，❷单击“大纲视图”按钮，❸在大纲视图中可以查看文档所对应的样式名称。

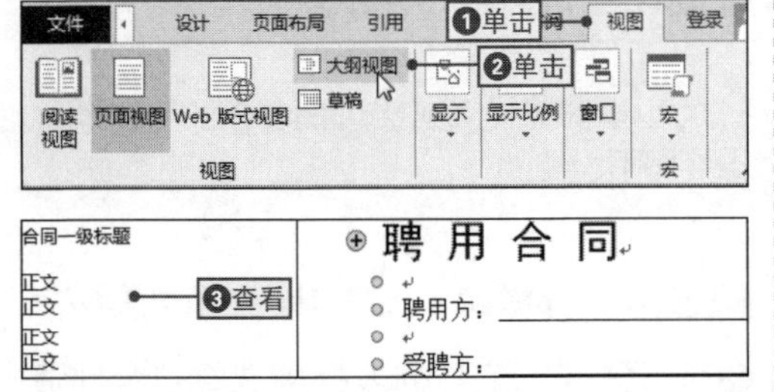

4 查看文本的样式属性

❶选择文本，按【Shift+F1】组合键，❷打开“显示格式”窗格，在“所选文字的格式”列表框中即可查看文本具体的格式。

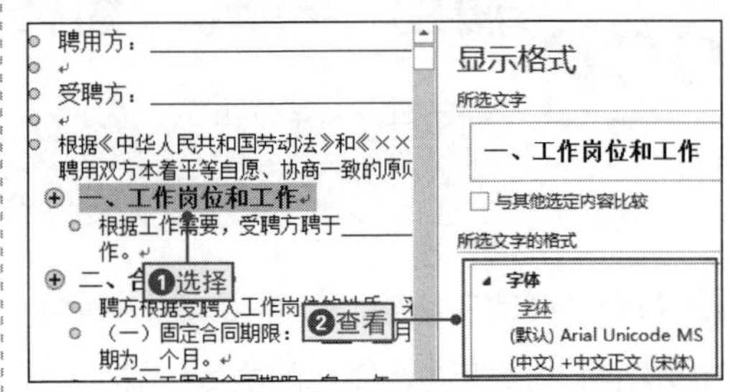

NO.

228 使用命令清除应用的样式

除了可以通过“样式”窗格清除文本应用的样式外，还有一种比较简单的方法，就是通过命令来实现，其具体操作是：选择要清除样式的文本，❶单击“样式”按钮，❷在下拉列表中选择“清除格式”命令，即可清除所选文本的全部样式。

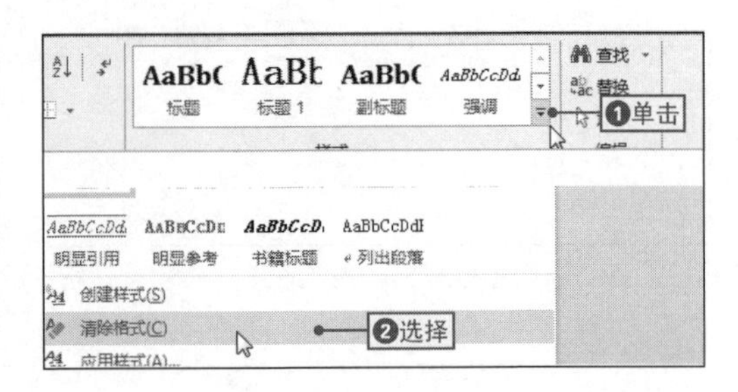

NO.
229 快速修改样式

案例008 聘用合同

◉\素材\第5章\聘用合同2.docx　　◉\效果\第5章\聘用合同1.docx

对于以及创建好的样式，在使用过程中，用户可以根据实际需求对样式进行修改，下面将通过修改“聘用合同2.docx”文档中的合同二级标题样式为例，来讲解修改样式的步骤，其具体操作如下。

1 打开“管理样式”对话框

打开“聘用合同2.docx”文件，❶将文本插入点定位到“一、工作岗位和工作”文本中，❷在“样式”窗格中单击“管理样式”按钮。

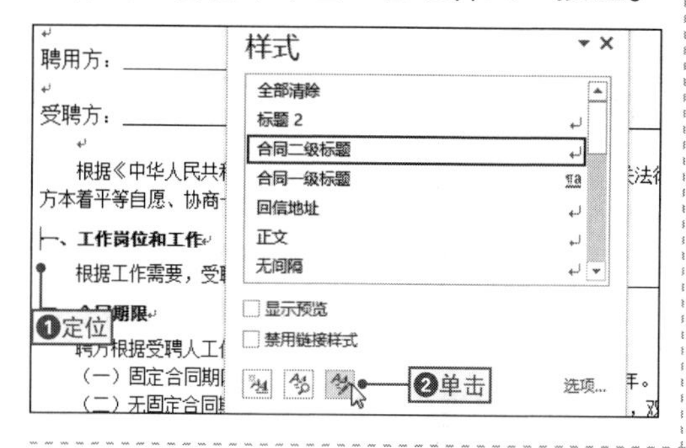

2 打开“修改样式”对话框

在打开的“管理样式”对话框中确定“合同二级标题”选项为选择状态，单击“修改”按钮。

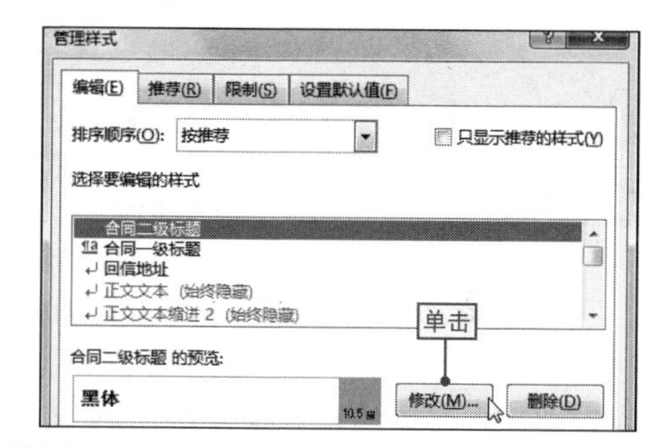

3 对样式属性进行修改

在打开的“修改样式”对话框中，对样式的属性进行相应的修改，如字体、段落及快捷键等（操作方法和创建样式相同），然后依次单击“确认”按钮确认设置。

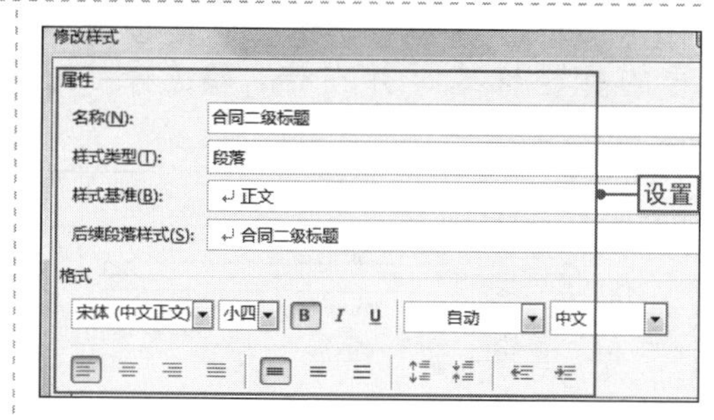

NO.
230 取消样式的自动更新

在编辑文档的过程中，可能会对多处文本应用相同的样式，但是当用户修改某一处的文本格式时，其他位置的文本格式也会发生变化，这时可以取消样式自动更新来解决，其具体操作是：在“修改样式”对话框中取消选中“自动更新”复选框即可。

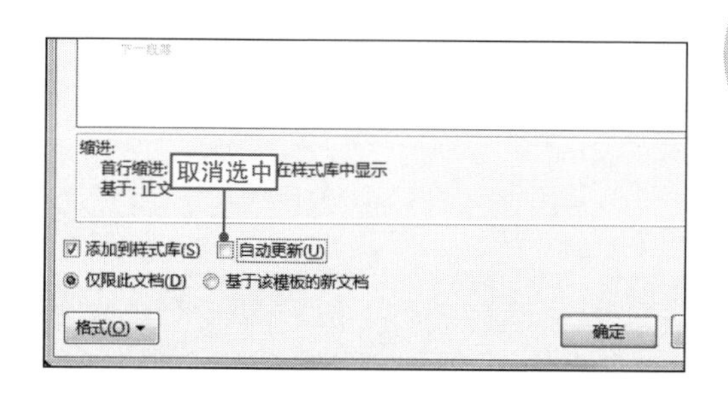

NO.

231 将样式应用到基于该模板的新文档

在Word 2013中，可以将设置好的样式应用到基于该模板创建的文档,以快速在这些文档中能应用该样式，其具体操作是：打开“管理样式”对话框，❶在“选择要编辑的样式”下拉列表框中选择需要设置的样式，❷选中“基于该模板的新文档”单选按钮，最后确认即可完成操作。

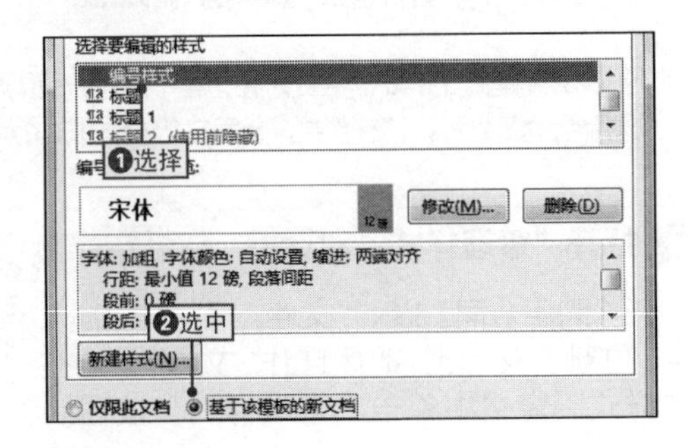

NO.

232 给标题样式设置自动编号

在文档中，经常会遇到带编号的标题，如果文档中存在多个带编号的标题，手动给它们添加编号，工作效率会很低，而且还会遇到更改一个标题编号，后面所有编号都要重新设置的情况，这时只需要给标题样式设置自动编号即可。

1 修改样式

打开“样式”窗格，❶选择需要设置编号的标题样式，并右击，❷选择“修改”命令。

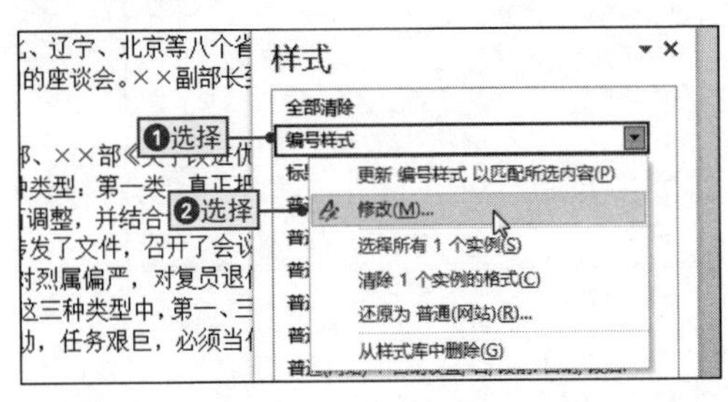

2 打开“编号和样式”对话框

❶在打开的“修改样式”对话框中单击“格式”下拉按钮，❷选择“编号”选项，打开“编号和样式”对话框。

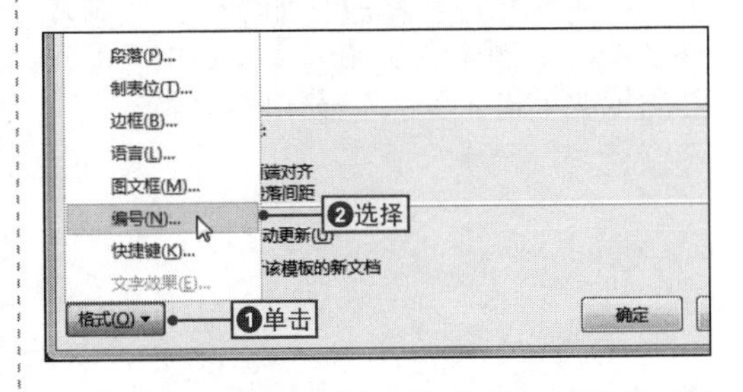

3 选择编号样式

❶在“编号”选项卡中选择需要的编号样式，❷单击“确定”按钮确认设置。

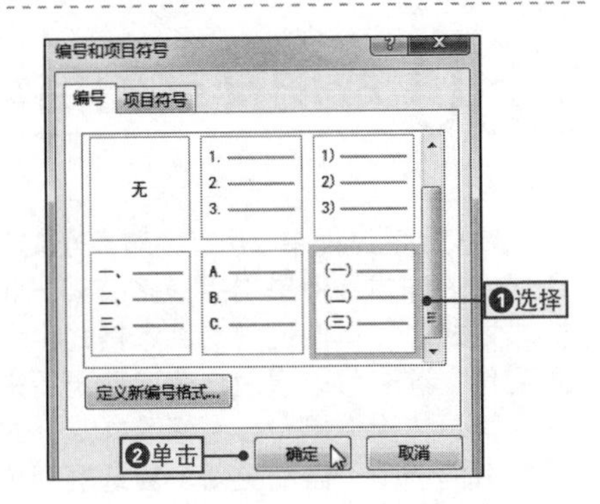

4 预览和确认

❶返回“修改样式”对话框中可以预览到编号效果，❷单击“确定”按钮确认设置。

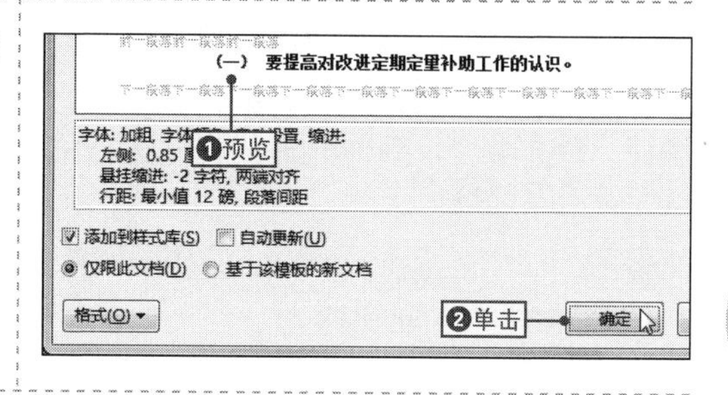

NO. 233 自定义新建段落的段落样式

在编辑文档时，按【Enter】键会生成一个新的段落，新段落可能与前面段落的段落样式部分是相同的。其实，用户可以根据实际情况对当前段落样式进行修改，下面将通过设置新建段落中的当前段落样式为例来进行讲解，其具体操作如下。

1 打开“修改样式”对话框

❶在“样式”选项组中选择“标题1”选项，并在其上右击，❷在弹出的快捷菜单中选择“修改”命令。

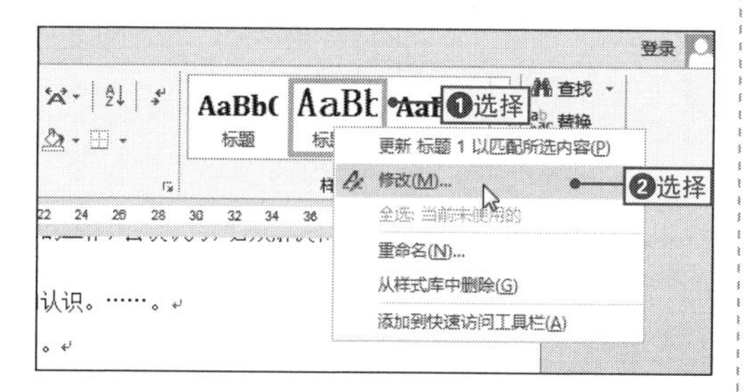

2 后续段落中断当前段落样式

❶在打开的“修改样式”对话框中单击“后续段落样式”下拉按钮，❷选择“标题1”选项，然后单击“确定”按钮。

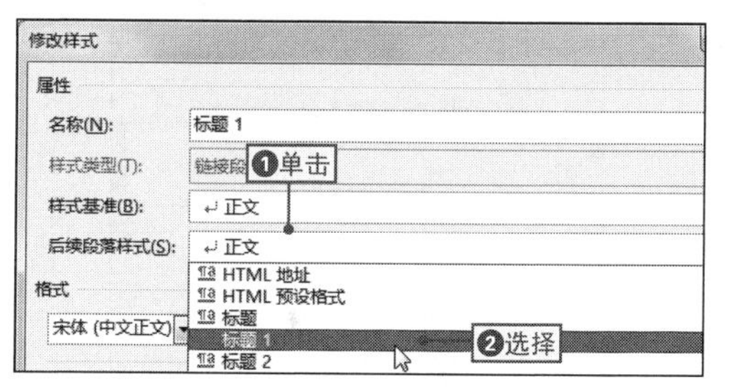

NO. 234 限制他人修改样式

在文档中创建样式后，为了保护样式不被他人修改，用户可以通过密码保护限制他人使用相应的样式设置功能修改样式，下面将通过对文档中全部样式设置限制修改为例来进行讲解，其具体操作如下。

1 打开“管理样式”对话框

打开“样式”窗格，单击“管理样式”按钮，打开“管理样式”对话框。

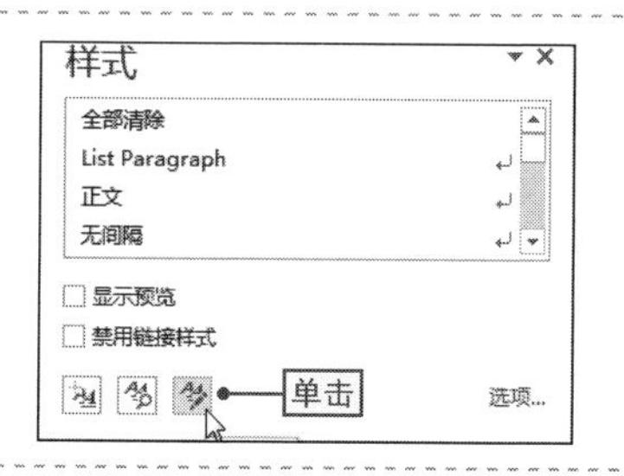

2 选择所有样式

❶单击“限制”选项卡，❷单击“全选”按钮，❸选中“仅限对允许的样式进行格式设置”复选框。

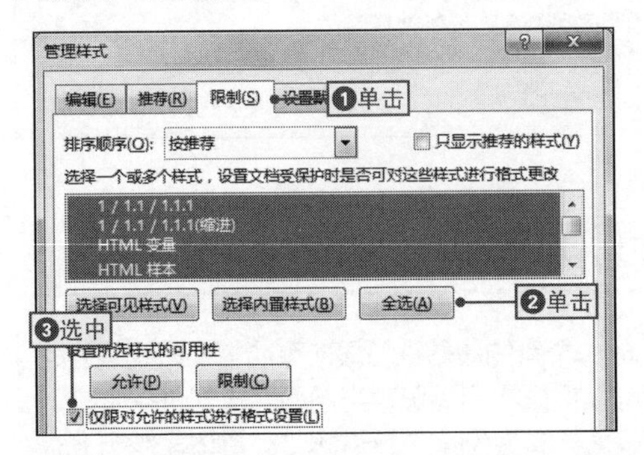

3 限制对样式进行设置

❶单击“限制”按钮，限制他人对所有样式格式进行设置，❷单击“确定”按钮确认设置。

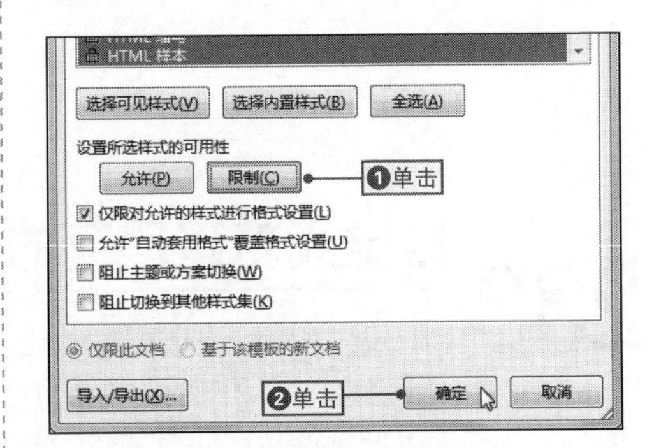

4 设置保护密码

❶在“新密码”和“确认新密码”文本框中输入相同的密码，❷单击“确定”按钮确认设置。

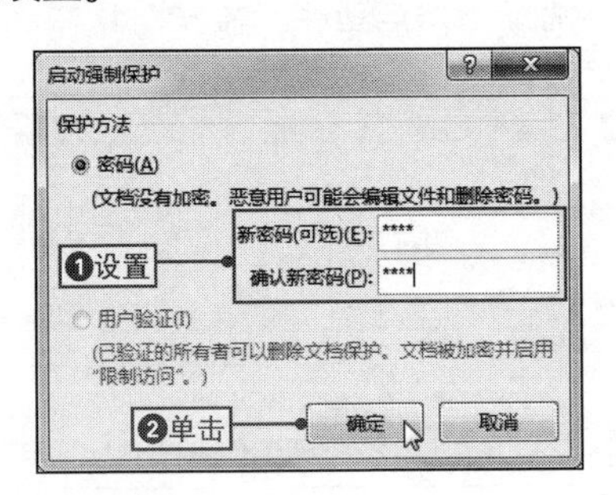

5 查看设置效果

返回文档中，❶选择文本，❷可以查看到不能再对样式进行更改且工具栏中对应的功能按钮也为灰色不可用。

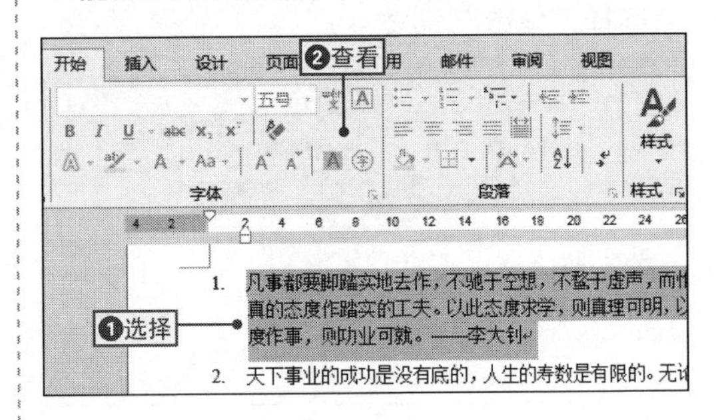

NO.

235 关闭任务窗格中的格式变化

当文档中的文本应用样式后，在对文本格式进行修改时，在“样式”窗格中相应的样式也会发生改变，为了避免这种情况发生，可以通过设置取消该功能，其具体操作是：打开“Word选项”对话框，❶单击“高级”选项卡，❷取消选中“保持格式跟踪”复选框，❸单击“确定”按钮确认设置。

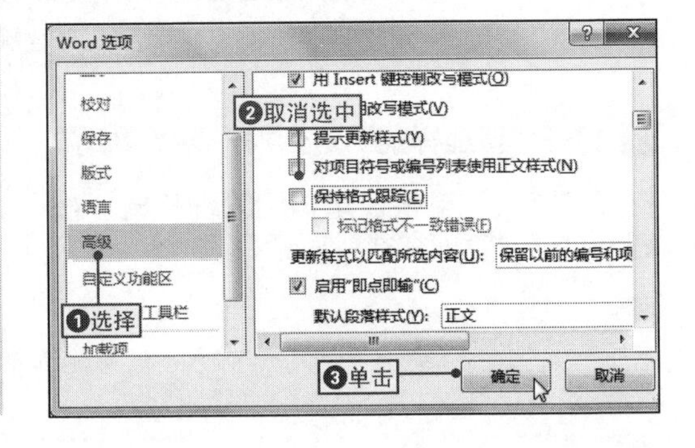

NO.

236 自定义模板文档

案例009 会议邀请函

◎\素材\第5章\会议邀请函.docx　　◎\效果\第5章\会议邀请函.docx

会议邀请函是办公中经常用到的文档，为了方便操作，可以为其创建自定义模板，直接根据模板创建相似的文档，然后在其中填入相应的数据即可，下面将通过“会议邀请函.docx”文档创建模板为例，来讲解创建模板的步骤，其具体操作如下。

1 定位文本插入点的位置

❶打开“会议邀请函.docx”文件，❷多次按【Enter】键后生成多个段落，将文本插入点定位到第一个段落中。

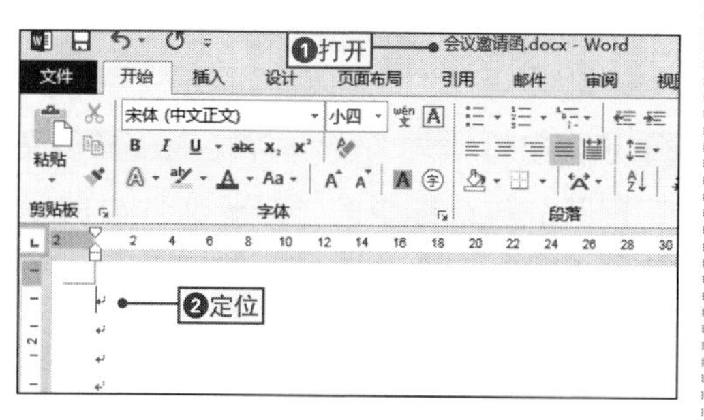

2 插入“文本域”控件

❶单击“开发工具”选项卡，❷在“控件”选项组中单击“旧式工具”下拉按钮，❸选择“文本域”控件。

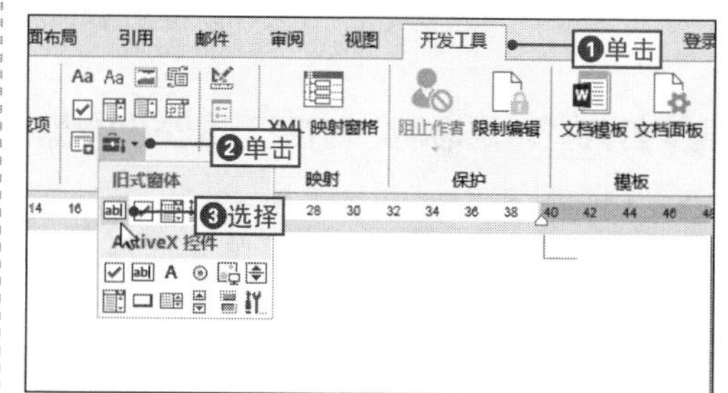

3 打开“文字型窗体域选项”对话框

此时程序将自动在编辑区中插入一个灰色填充底纹的“文本域”窗体控件，双击该控件。

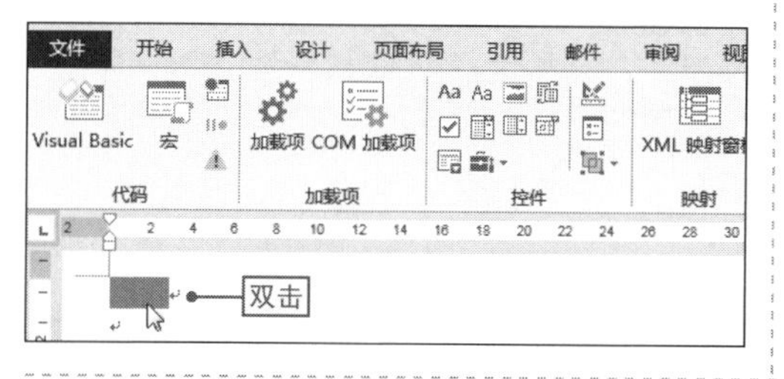

4 设置默认文字

在打开的“文字型窗体域选项”对话框的“默认文字”文本框中输入相应文本，然后单击“确定”按钮确认设置。

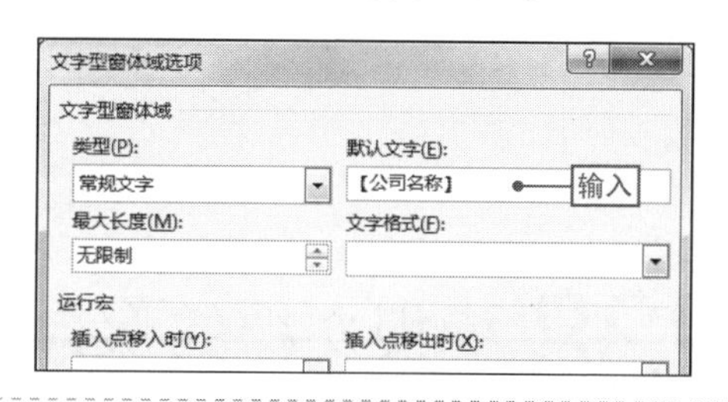

5 设置文本格式

❶返回文档中，在控件中继续输入相应的文本，❷为控件和文本设置相应的文本格式，以相同方法输入并设置其他文本。

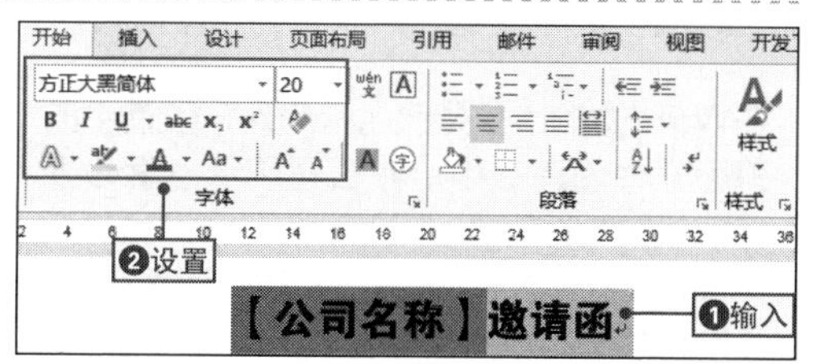

6 保存模板文档

按【F12】键打开“另存为”对话框，❶在“保存类型”下拉列表中选择“Word模板（*.dotx）”选项，❷单击“保存”按钮。

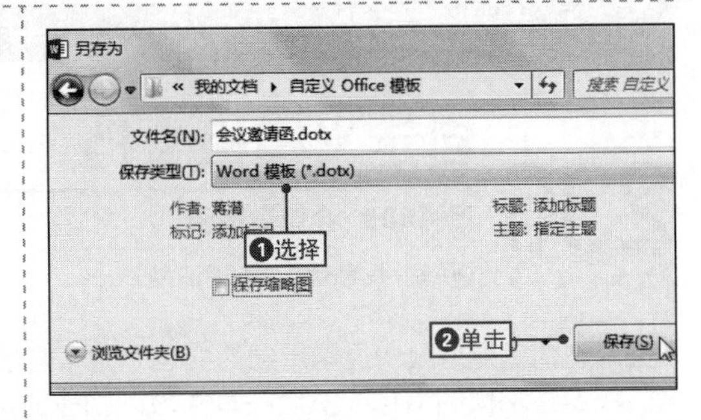

NO.
237 将模板文档加密

在一些对文档安全性要求较高的办公场合，可能需要对每个文档都进行加密，如果对每个新建文档都手动进行加密，这样工作效率比较低，这时可以通过对模板进行加密来解决，下面将以设置打开模板文档时的密码为例来进行讲解，其具体操作如下。

1 打开“常规选项”对话框

❶在“另存为”对话框中单击“工具”下拉按钮，❷在弹出的下拉菜单中选择“常规选项”命令。

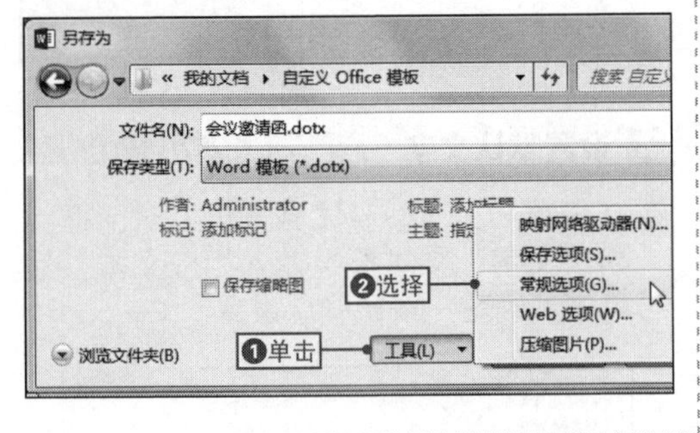

2 设置密码

在打开的对话框中的“打开文件时的密码”文本框中输入密码，然后单击“确认”按钮确认设置。

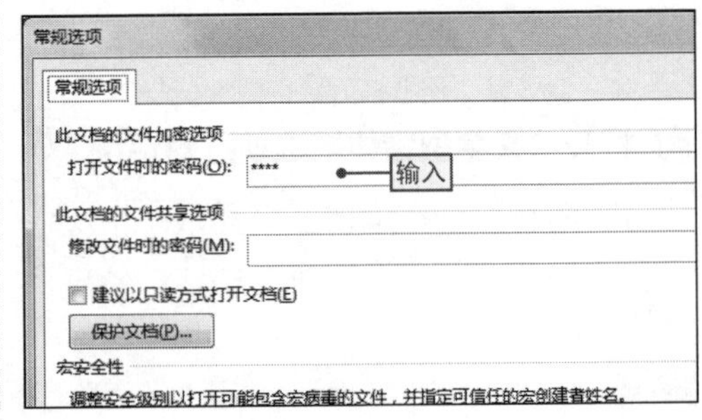

NO.
238 模板文档的保存位置

在Word文档中，要使用“个人”位置中的模板文件创建文档，如右图所示，就必须将模板文档保存在“C:\Documents\自定义 Office 模板”路径中(默认安装路径)，否则将找不到自定义模板。

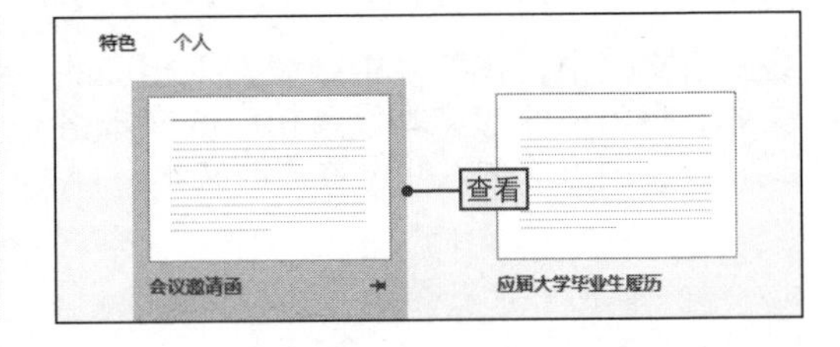

NO. 239 恢复字体的默认格式

Word文档的默认字体是“宋体，五号”，如果新建的文档字体是其他格式，或是用户修改了字体的默认格式，从而修改了模板文档，现在想要恢复字体的默认格式，可以通过删除模板文档来实现，其具体操作如下。

1 切换文件路径

打开“计算机”窗口，切换到“C:\Users\Administrator\AppData\Roaming\Microsoft\Templates”路径中。

2 删除模板文件

❶选择“Normal.dotm”选项，并在其上右击，❷在弹出的快捷菜单中选择“删除”命令。

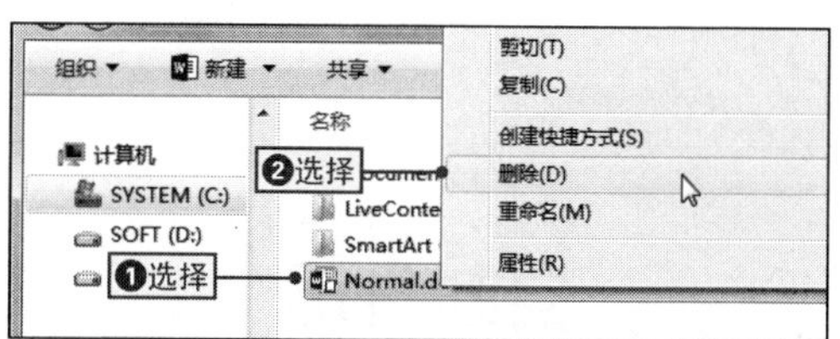

3 确认删除模板文件

在打开的“删除文件”提示框中单击“是”按钮，即可删除模板文件恢复Word文档的默认字体格式。

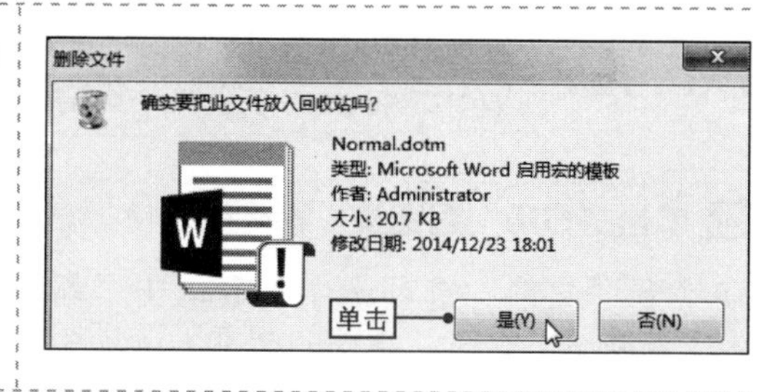

NO. 240 根据自定义模板创建文档

案例009 会议邀请函

⊙\素材\第5章\会议邀请函.dotx ⊙\效果\第5章\会议邀请函.docx

在自定义模板完成后，就可以通过模板创建用户需要的文档，下面将通过“会议邀请函.docx”模板文档创建文档为例，来讲解使用模板创建文档的步骤，其具体操作如下。

1 根据模板创建文档

打开“文件”选项卡，❶单击“新建”选项卡，❷单击“个人”选项卡，❸选择“会议邀请函”选项。

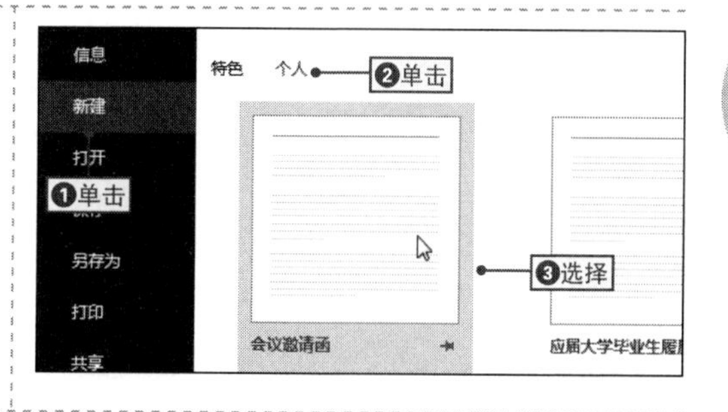

2 打开“另存为”对话框

程序根据模板自动创建一个文档，按【Ctrl+S】组合键对文档进行文档，打开“另存为”对话框。

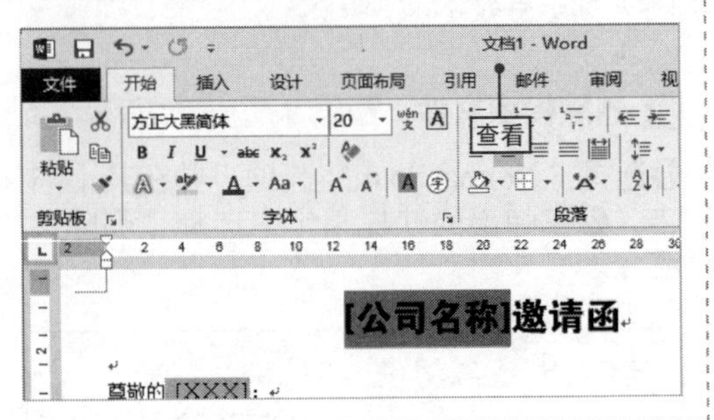

3 设置文档的保存路径和名称

❶设置文档的保存路径，❷在“文件名”文本框中输入相应名称，❸单击“保存”按钮保存文档。

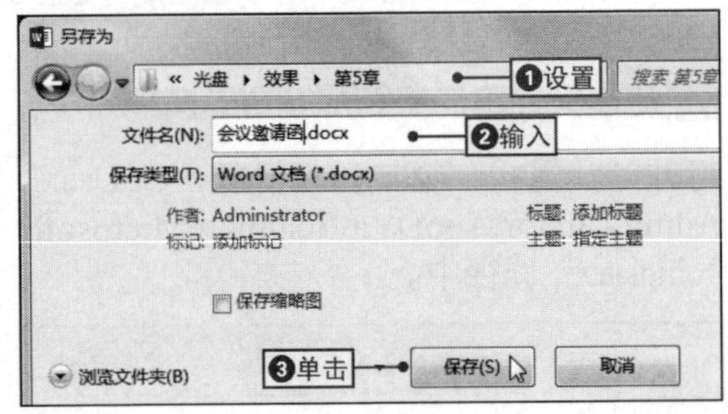

NO. 241 自制日历

在第2章中讲解过，可以通过系统内置的模板创建含有内容的文档，其实利用Word模板还可以实现许多实用的功能，如自制日历，其具体操作如下。

1 单击“日历”超链接

切换到“文件”选项卡中，❶单击“新建”选项卡，❷在“建议的搜索”选项组中单击“日历”超链接。

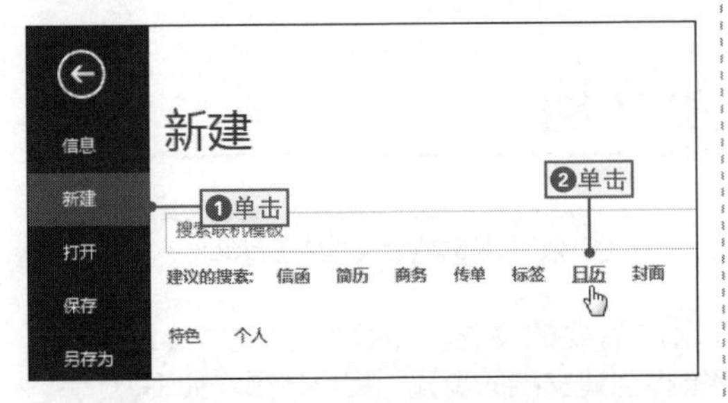

2 选择日历模板

❶在搜索列表右侧的“分类”区域中选择需要的类型，❷在显示的列表中选择需要的日历模板。

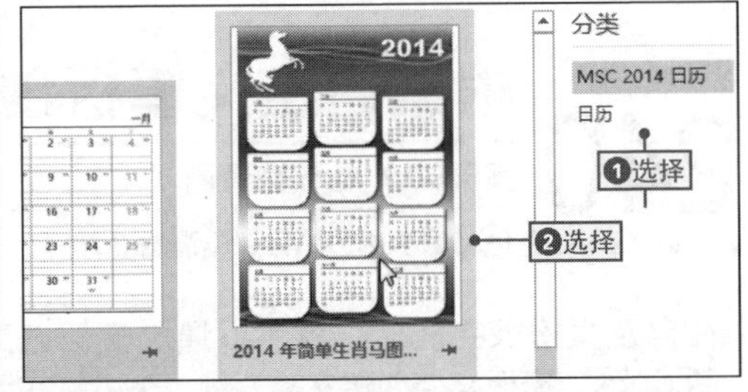

3 创建日历文档

打开模板预览界面，单击“创建”按钮创建日历文档。

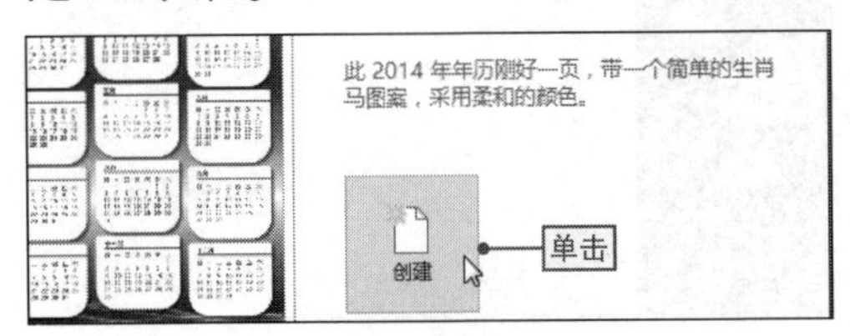

4 完善日历文档

日历创建完成后，用户可以根据实际需要添加一些文本、图片等对象美化日历。

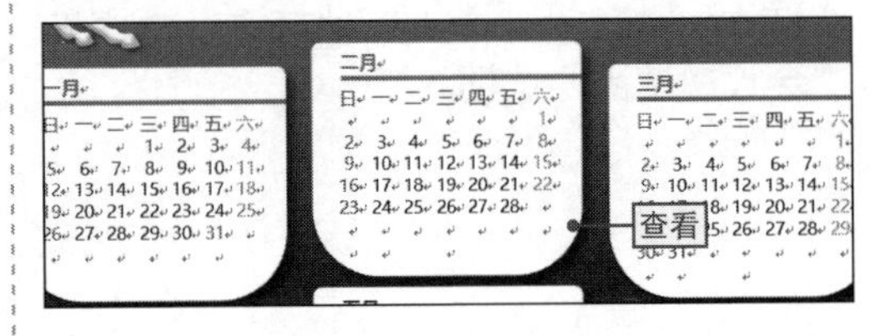

NO.
242

如何在文本域控件位置输入文本

通过模板创建文档后，就可以对文档进行编辑，主要编辑的位置就是在文本域控件位置输入文本，其具体操作如下。

1 删除“文本域”控件

将文本插入点定位到“文本域”控件后，连续按两次【Backspace】键删除“文本域”控件。

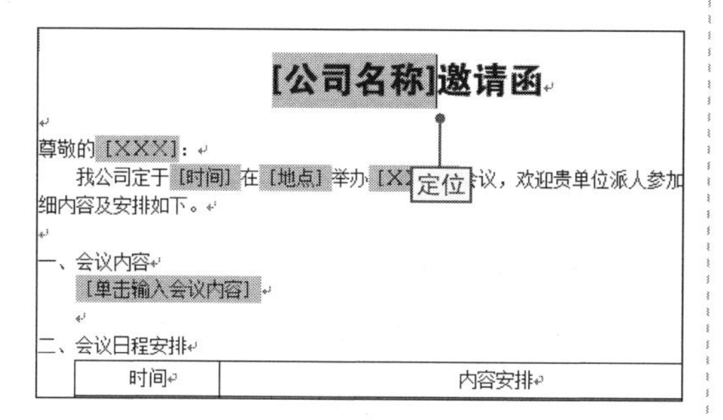

2 输入文本

在文本插入点输入相应的文本内容，以相同的方法删除其他“文本域”控件并输入文本内容。

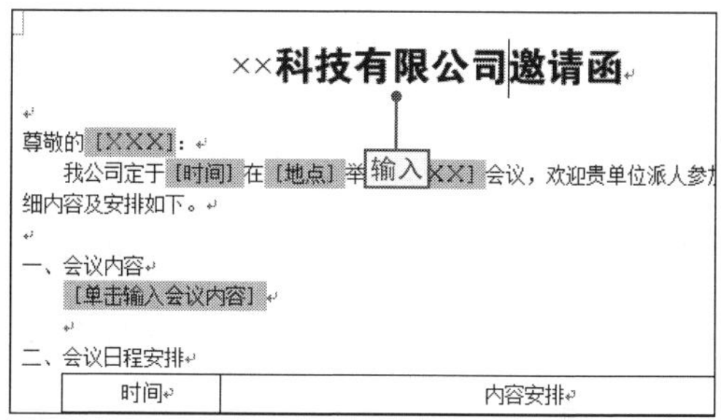

NO.
243

创建书法字帖

书法字帖对于许多用户来说都不陌生，现在可以在Word 2013中模板创建字帖文档，而且用户还可以自定义其字体、颜色及样式等属性，其具体操作如下。

1 选择书法字帖模板

切换到“文件”选项卡中，❶单击“新建”选项卡，❷选择“书法字帖”选项，程序将自动打开“增减字符”对话框。

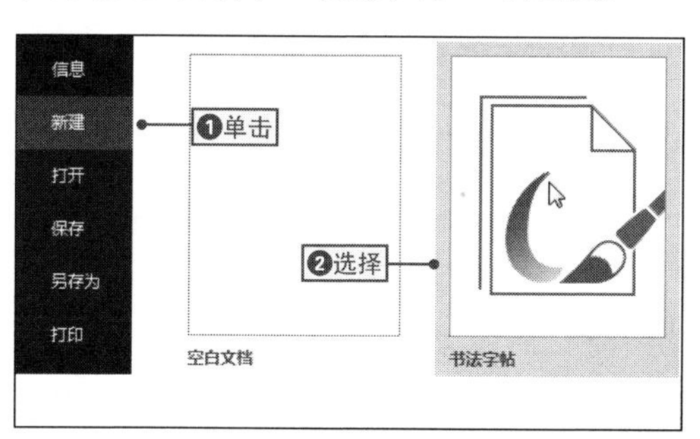

2 设置字帖的字体

❶选中“系统字体”单选按钮，❷在其下拉列表中选择“华文隶书”选项。

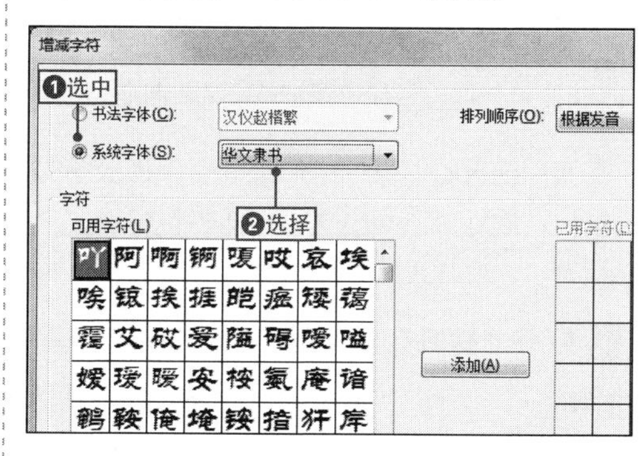

3 选择字帖文字

❶在“可用字体”下拉列表框中拖动鼠标选择需要的字帖文字，❷单击“添加”按钮，❸单击“关闭”按钮。

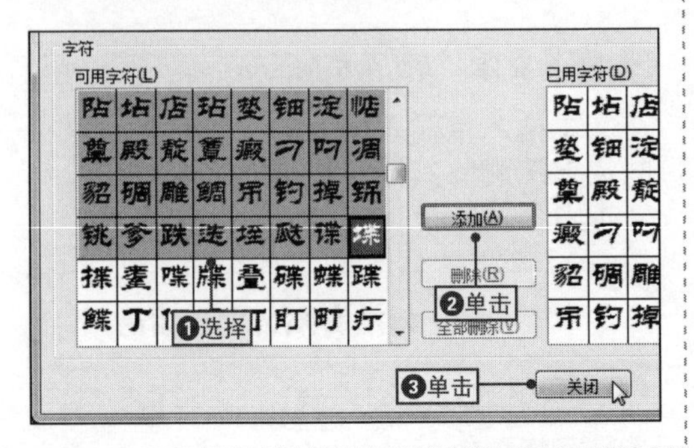

4 设置字帖的网格样式

进入字帖文档中，❶单击“书法”选项卡，❷单击“网格样式”下拉按钮，❸选择“田字格”选项。

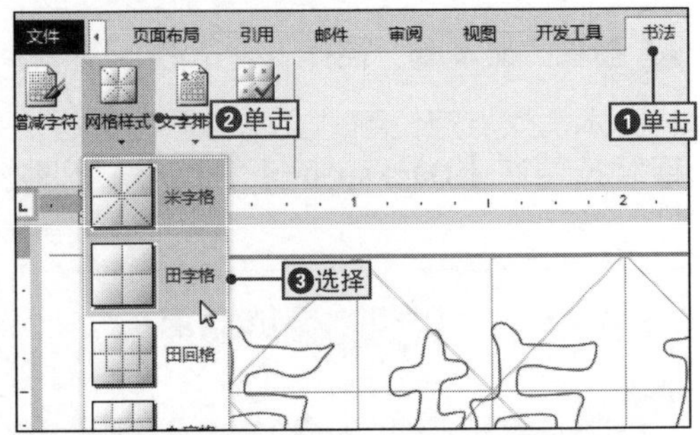

5 打开“选项”对话框

此时编辑区的米字格样式变为田字格样式，在“书法”选项卡中单击“选项”按钮，打开“选项”对话框。

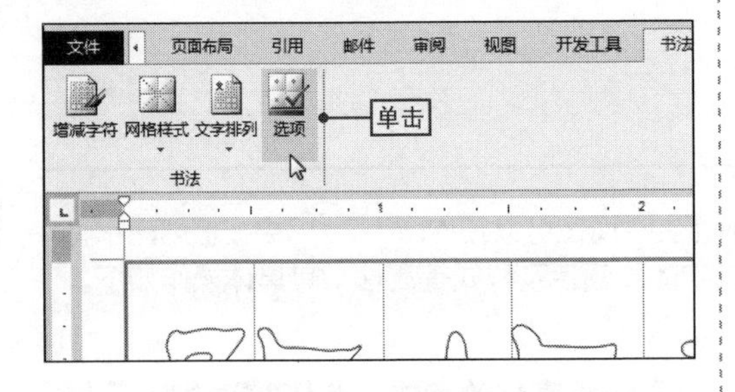

6 设置字体的颜色和效果

❶在“字体”选项卡中设置字体的颜色，❷取消选中“空心字”复选框，然后单击“确定”按钮确认设置。

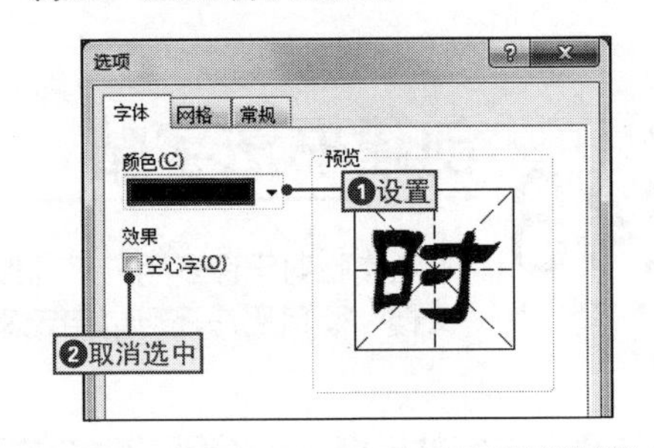

NO. 244 修改模板文档

案例009 会议邀请函

◉\素材\第5章\会议邀请函1.dotx　　◉\效果\第5章\会议邀请函1.dotx

在使用模板的过程中，如果要修改模板中的部分内容或文本格式，只需要通过“打开”对话框打开模板，然后对其进行编辑和保存，下面将通过对“会议邀请函1.docx”模板进行修改为例，来讲解修改模板的步骤，其具体操作如下。

1 打开“打开”对话框

切换到“文件”选项卡中，❶单击“打开”选项卡，❷选择“计算机”选项，❸单击“浏览”按钮，打开“打开”对话框。

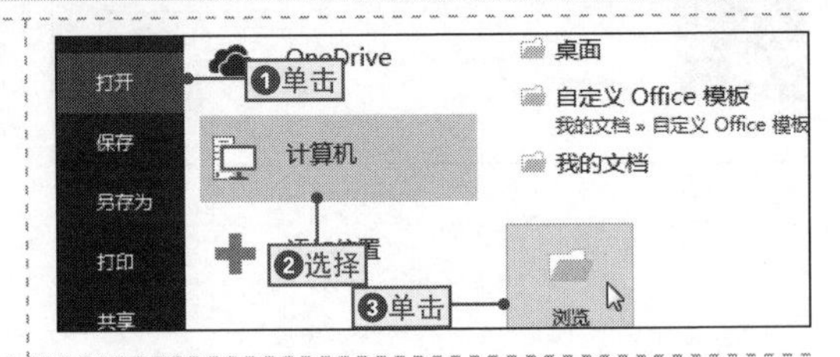

2 打开模板文档

❶进入“C:\我的文档\自定义Office模板”路径，❷选择“会议邀请函”选项，❸单击“打开”按钮打开模板文件。

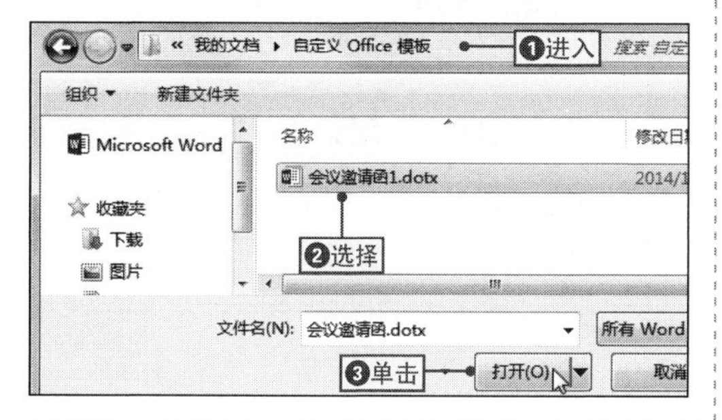

3 修改模板

❶选择标题文本，❷修改标题文本的字体格式，❸在快速访问工具栏中单击“保存”按钮即可保存修改后的模板。

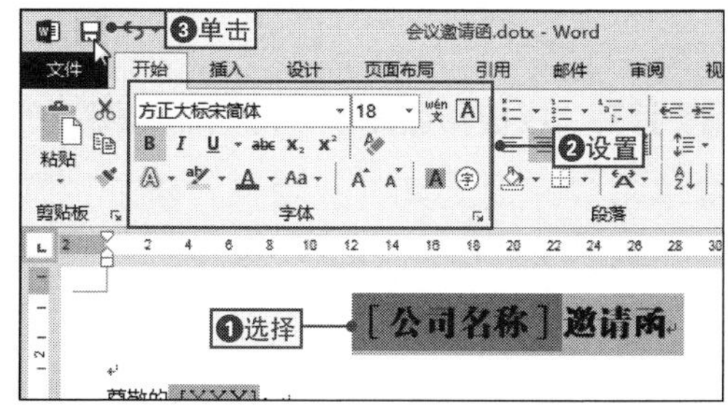

NO.
245 使现有文档重新应用模板

在Word 2013中，用户可以使用模板创建文档，对于基于模板创建的文档，还可以将现有文档的样式更新为Word中某个模板的样式，其具体操作如下。

1 打开“模板和加载项”对话框

❶单击“开发工具”选项卡，❷在“模板”选项组中单击“文本模板”按钮，打开“模板和加载项”对话框。

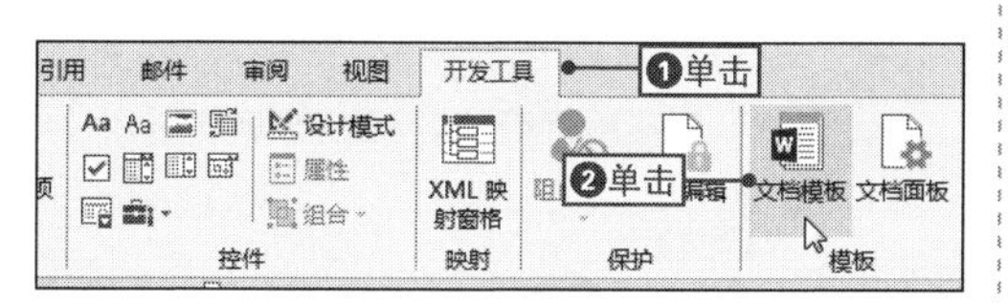

2 打开“选用模板”对话框

在“模板”选项卡中单击“选用”按钮，打开“选用模板”对话框。

3 打开模板文档

❶选择需要的Word模板选项，❷单击“打开”按钮。

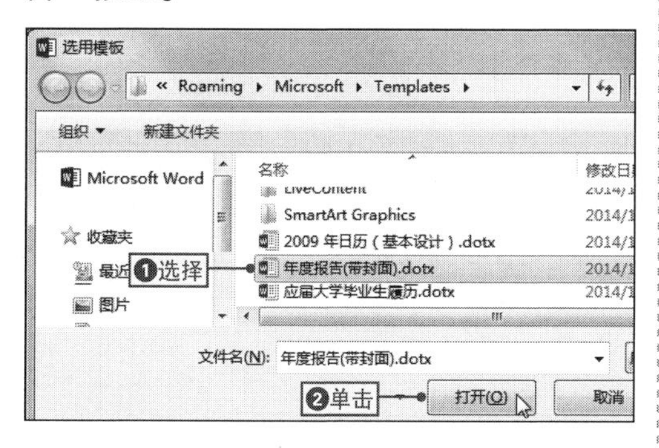

4 设置自动更新文档样式

返回“模板和加载项”对话框中，选中“自动更新文档样式”复选框，然后单击“确定”按钮确认设置。

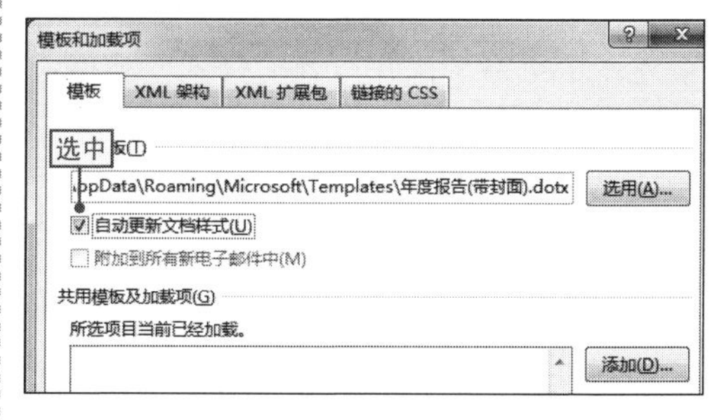

NO.
246

向系统模板中复制样式

在Word 2013中，自定义模板所含样式只适用于以该模板创建的文档，而系统模板所含样式适用于所用文档，如果基于系统模板创建的文档又需要使用自定义模板中的样式，可以将自定义模板样式复制到系统模板中，其具体操作如下。

1 打开“模板和加载项”对话框

❶单击“开发工具”选项卡，❷在“模板”选项组中单击“文本模板”按钮。

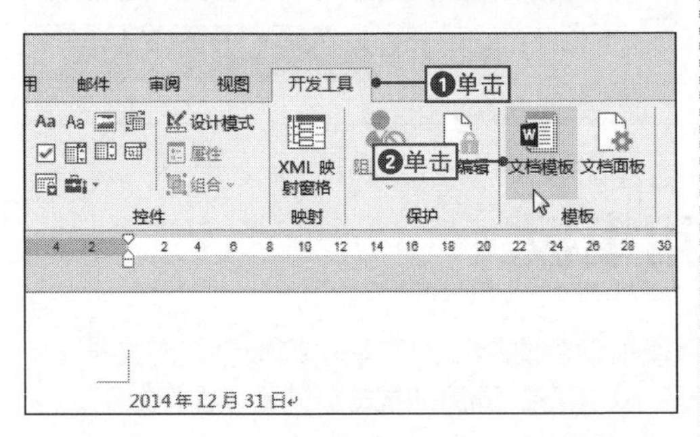

2 打开“管理器”对话框

在打开的“模板和加载项”对话框中单击“管理器”按钮。

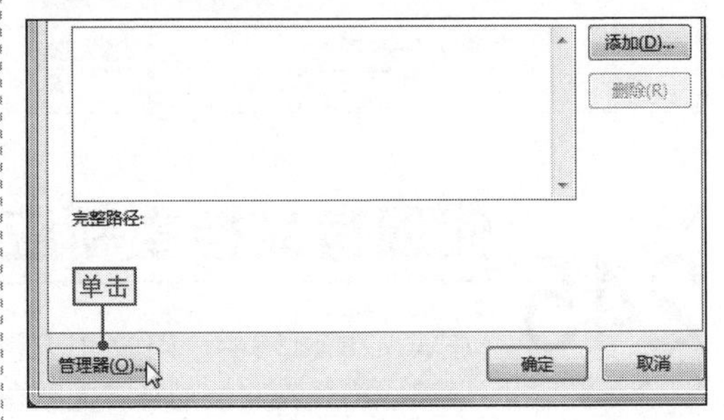

3 复制自定义模板的样式

❶在左侧自定义模板的样式列表中选择需要复制的样式，❷单击“复制”按钮。

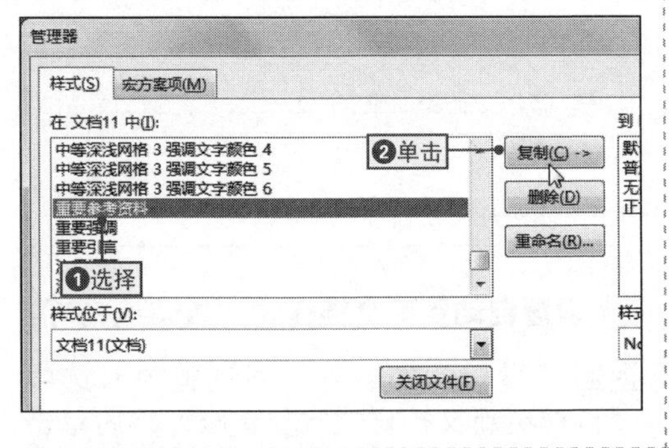

4 打开“管理器”对话框

❶在右侧系统模板的模板列表中可以查看到复制的样式，❷单击“关闭”按钮。

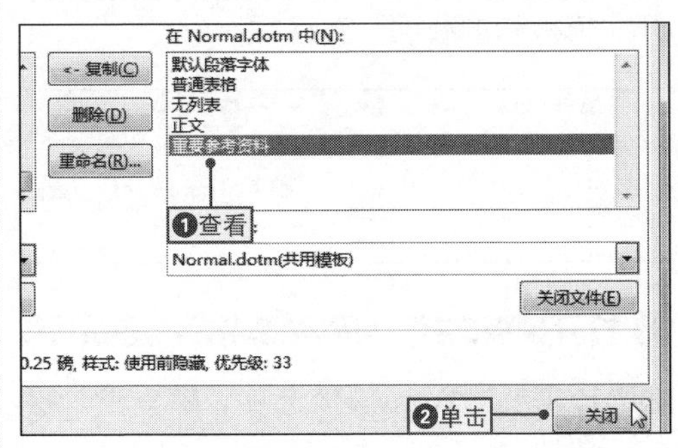

5 打开“模板和加载项”对话框

新建一个空格文档并打开“样式”窗格，在样式列表中可以查看到复制的样式。

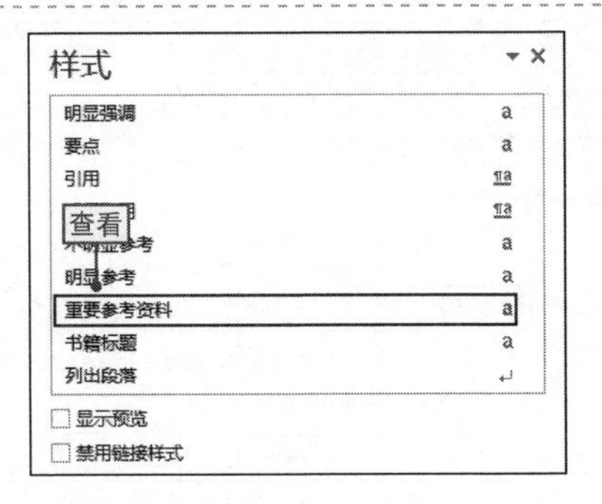

CHAPTER 06

文档的打印和其他高级技巧

本章导读

在Word中将文档制作完成后，就可对其进行打印和一些高级操作，如保护文档、审阅以及邮件合并等，本章将具体介绍文档的打印、修复和保护、审阅，以及邮件合并的使用技巧。

本章技巧

Word文档的打印设置技巧

NO.247 调整打印设置
NO.248 设置逆序打印文档
NO.249 设置打印隐藏文本
……

Word文档的修复和保护技巧

NO.261 选择性删除最近使用的文档名
NO.262 清除“开始”菜单中的文件信息
NO.263 清除最近使用的文件记录
……

审阅和修订文档操作技巧

NO.288 快速在文档中添加书签
NO.289 通过书签进行定位
NO.290 快速删除书签
……

一、公司简介

××光电科技有限公司是一个基础研究与应用研究并重，并且具有较强技术研发实力、从事国际前沿高分子有机发光平面显示技术研究的公司，是四川省发展与改革委员会重点支持的高新技术企业。公司拥有世界一流的高端研发和测试设备，具有良好的科研环境和创业氛围。此外，公司还汇聚了多名国内外一流的行业高级管……

获取图片

要将示例图片替换为您自己……片”。

如果您的图片尺寸并不合适……项卡下，单击“裁剪”。

要放大您的照片中的最佳部……整裁剪区域内的图片大小。

录取通知书

赵然同志[14090004]：

经学校研究决定，报省招办批准，录取你为××师范大学计算机系专业……生。请持此通知书和准考证于2014年9月13日到校报到。

××……

2014年6……

6.1 Word文档的打印设置技巧

NO. 247

调整打印设置

案例010 招聘启事

◉\素材\第6章\招聘启事.docx　　◉\效果\第6章\招聘启事.docx

要使文档按照自己需要的效果打印出来，就需要根据文档内容对打印机、打印份数以及打印的文档页面等信息进行设置，下面将通过对“招聘启事.docx”设置打印机、打印范围和纸张大小等信息为例，来讲解如何调整Word文档的打印设置，其具体操作如下。

1 切换到“打印”选项卡

打开“招聘启事.docx”文件，切换到“文件”选项卡，单击“打印”选项卡。

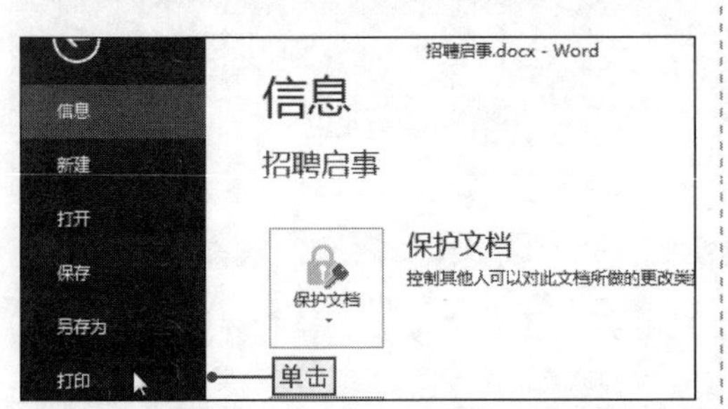

2 设置打印机

❶单击“打印机”下拉按钮，❷选择打印机选项，设置打印的打印机。

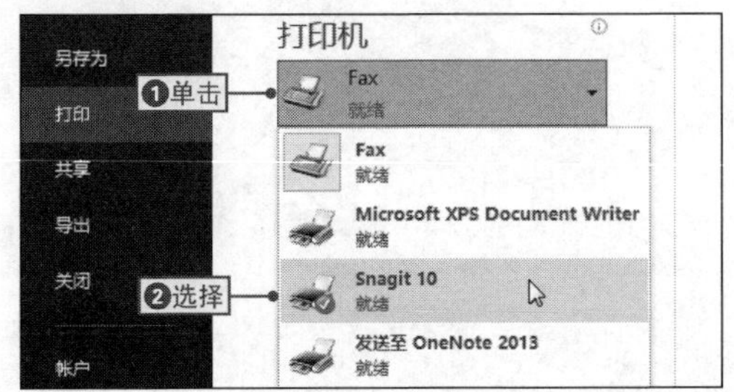

3 设置打印指定的页

在“设置”选项组的“页数”文本框中输入需要打印的页数。

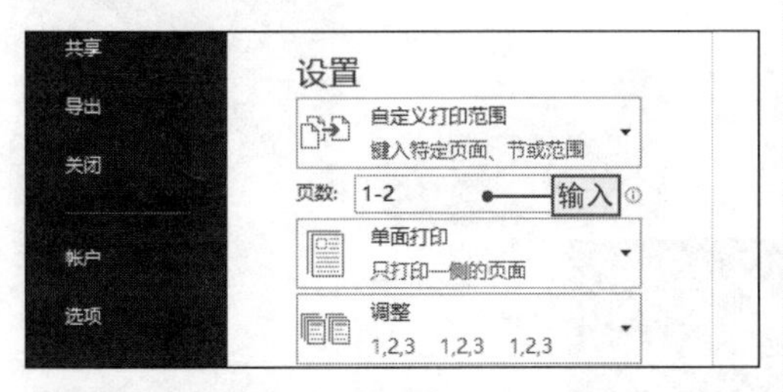

4 打开“页面设置”对话框

❶单击“页面大小”下拉按钮，❷选择“其他页面大小”命令。

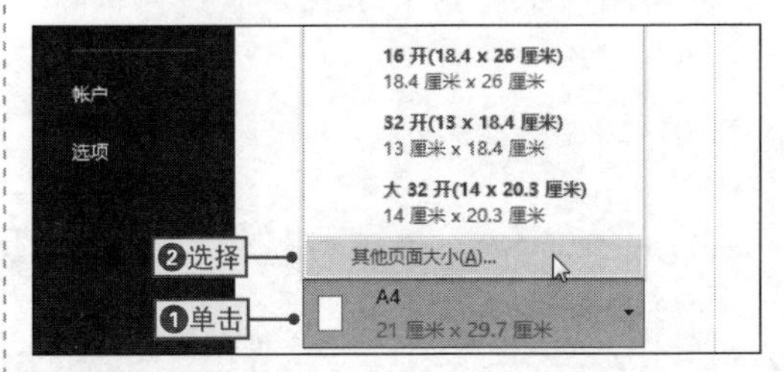

5 设置打印页面的大小

在打开的“页面设置”对话框的“纸张大小”选项组中设置页面的“高度”和“宽度”，然后单击“确认”按钮，即可完成操作。

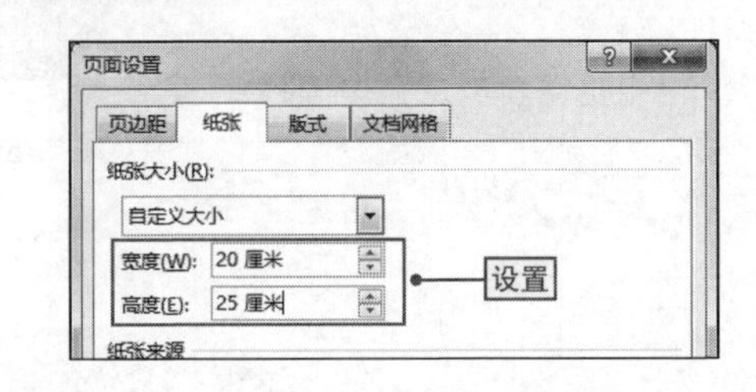

NO.
248

设置逆序打印文档

逆序打印可以使用Word文档从最后一页开始向前打印文档，使用该方式打印出来的纸质文稿将会按正常页码顺序排列，这对于长文档而言更易进行整理和装订，其具体操作如下。

1 切换到“高级”选项卡

打开“Word选项”对话框，单击“高级”选项卡。

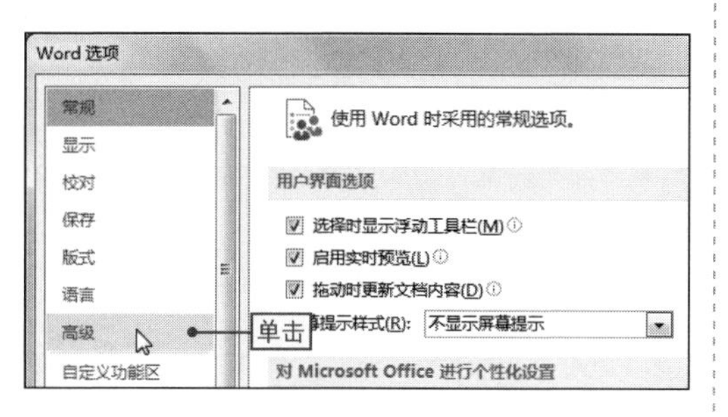

2 设置逆序打印页面

❶选中“逆序打印页面”复选框，❷单击“确定”按钮确认设置。

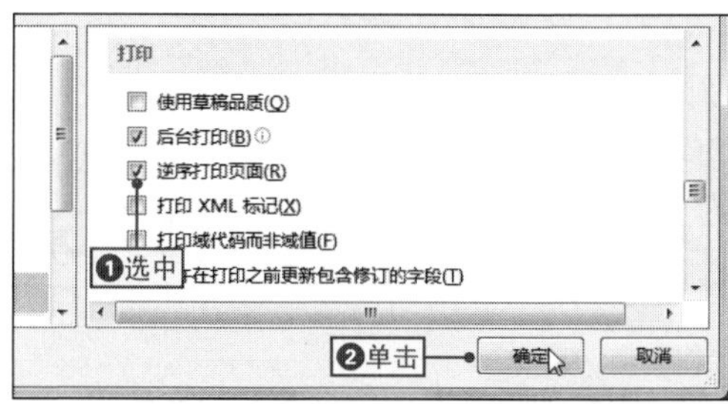

NO.
249

设置打印隐藏文本

在实际工作中，会将某些文档中的重要信息隐藏起来，如试卷中的答案，只有在设置了打印隐藏文本后才会将隐藏的文本打印出来，其具体操作如下。

1 切换到“显示”选项卡

打开“Word选项”对话框，单击“显示”选项卡。

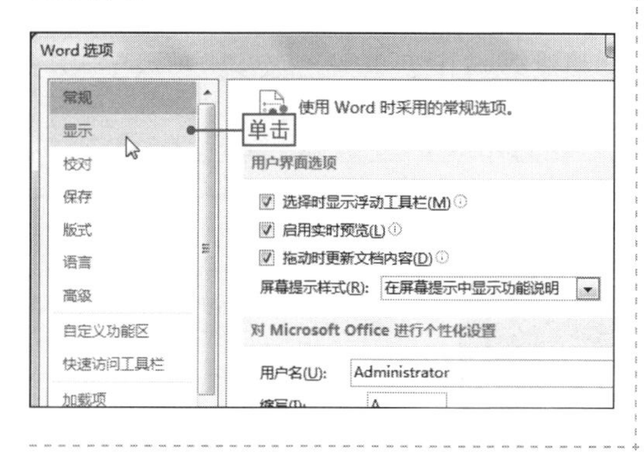

2 设置打印隐藏文字

❶选中“打印隐藏文字”复选框，❷单击“确定”按钮确认设置。

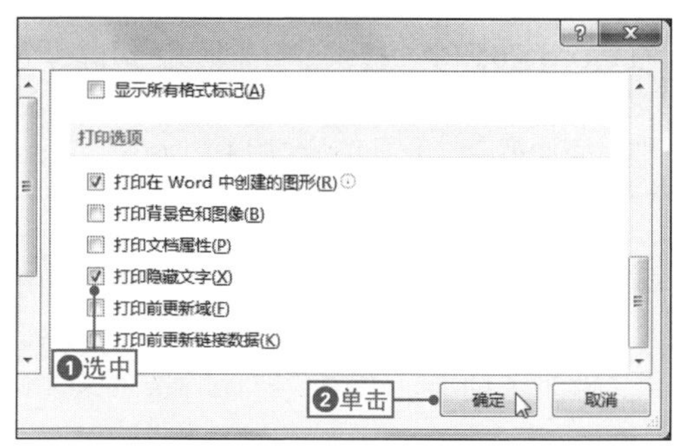

NO.
250 设置打印文档页面背景

为了美化文档，许多文档都会设置背景，有时也需要将页面背景打印出来，此时可以通过简单的设置来实现，其具体操作是：打开“Word选项”对话框，❶单击“显示”选项卡，❷选中“打印背景色和图像”复选框，❸单击“确定”按钮确认设置。

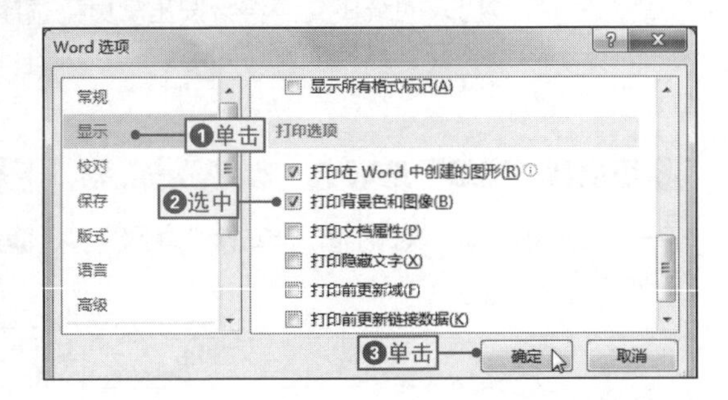

NO.
251 使用草稿打印节约资源

对于某些比较重要的文档，如果需要先打印出来校对，这时用户可以使用Word的草稿品质打印文档，以便能够以较低的分辨率来打印文档，从而节省资源以及提高打印速度 ，其具体操作是：打开“Word选项”对话框，❶单击“高级”选项卡，❷选中“使用草稿品质”复选框，❸单击“确定”按钮即可确认设置。

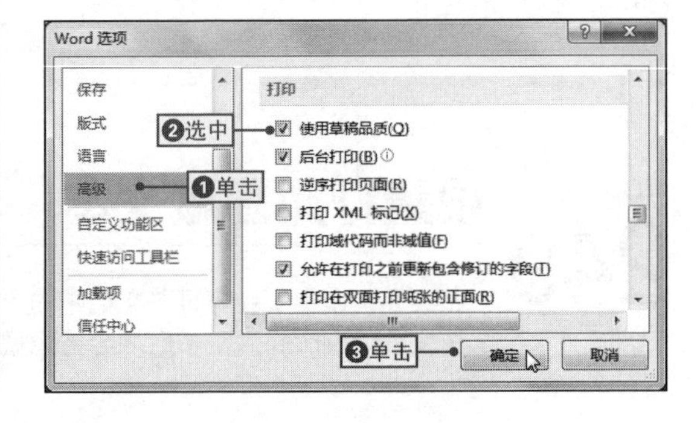

NO.
252 预览打印效果

案例010 招聘启事

◉\素材\第6章\招聘启事1.docx　　◉\效果\第6章\无

在Word 2013中，提供了打印预览的功能，它可以模拟文档打印到纸张上的效果，所以在打印之前最好先预览一下文档，如果发现不满意的地方，可以及时做出调整，这样可以避免浪费纸张，下面将通过预览“招聘启事1.docx”文档为例，来讲解预览文档的步骤，其具体操作如下。

1 切换到“打印”选项卡

打开“招聘启事1.docx”文件，切换到“文件”选项卡，单击“打印”选项卡。

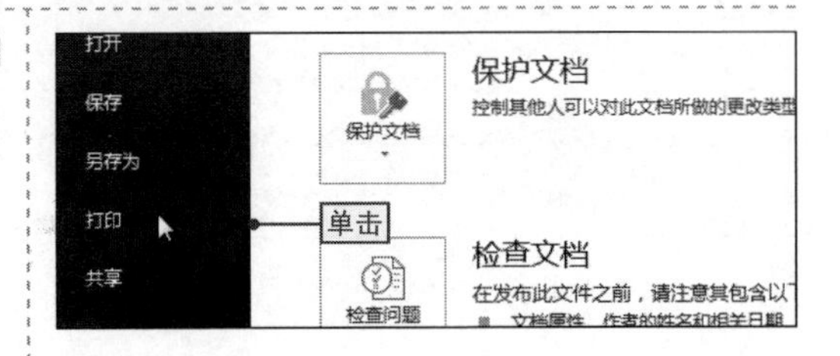

2 预览页面效果

在“打印”选项卡右侧的打印预览界面中可以预览到页面的打印效果。

3 预览下一页打印效果

在预览页面右下角单击“下一页”按钮，即可预览到下一页页面的打印效果。

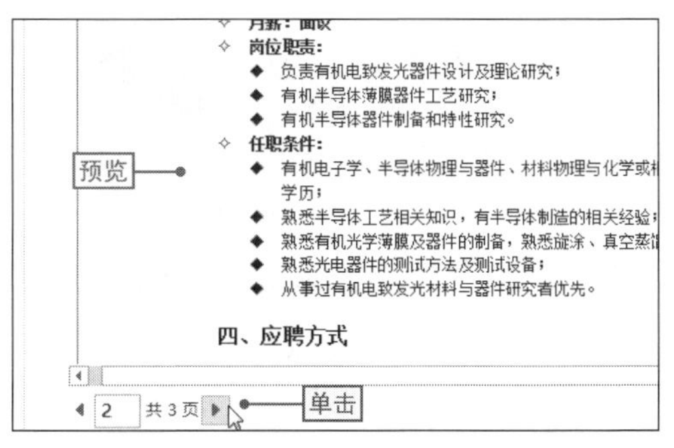

NO. 253 在快速访问工具栏中添加打印预览按钮

通过打印预览，可以非常直观地检查页面是否符合要求，因此它在日常办公中也显得越发重要，可以将打印预览添加到快速访问工具栏，从而可以快速使用它，其具体操作是：❶单击“自定义快速访问工具栏”下拉按钮，❷选择“打印预览和打印”选项即可。

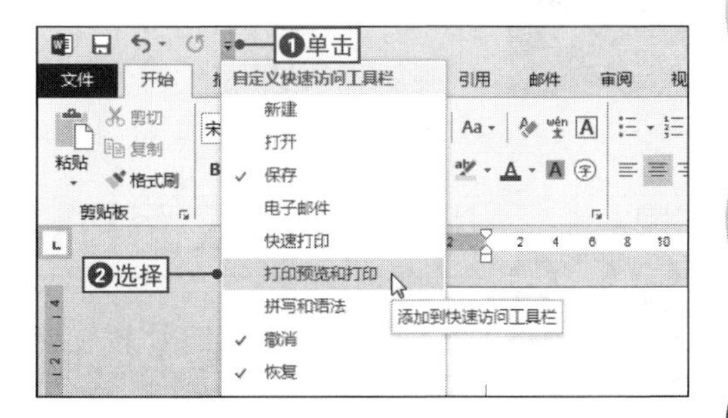

NO. 254 调整预览界面的大小

在预览打印页面的过程中，还可以通过调整滑块改变预览页面的大小，其具体操作是：切换到“打印”选项卡，在预览页面的下方按住鼠标左键向右拖动滑块（或单击“放大”/“缩小”按钮），此时可以查看到页面的显示比例将变大/缩小。

NO.
255 快速打印文档

案例010 招聘启事

◉\素材\第6章\招聘启事2.docx　　◉\效果\第6章\招聘启事2.docx

Word文档是经常需要打印的办公文档之一，用户在调整好打印设置并对预览效果满意后，就可以将文档进行打印输出，下面通过快速打印“招聘启事2.docx”文档为例，来讲解打印文档的步骤，其具体操作如下。

1 切换到“打印”选项卡

打开“招聘启事2.docx”文件，切换到“文件”选项卡，单击“打印”选项卡。

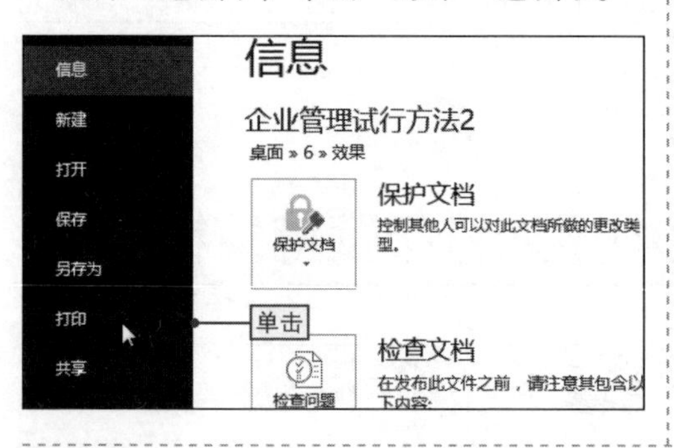

2 打印文档

❶在“份数”数值框中输入需要打印的份数，❷单击“打印”按钮即可开始打印文档。

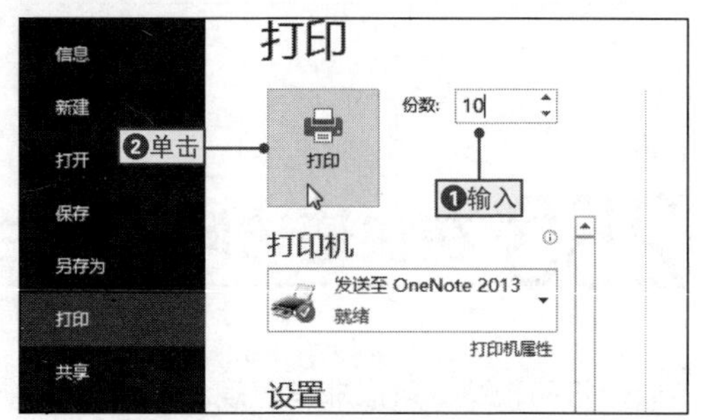

NO.
256 设置文档双面打印

在日常办公中，对于比较普通的文档，在不影响其阅读效果的基础上，可以对其设置双面打印。对于没有双面打印功能的打印机，掌握手动设置双面打印的方法就显得非常重要，其具体操作如下。

1 设置打印的页数

打开“文件”选项卡，❶切换到“打印”选项卡中，❷在“页数”文本框中输入“1，3，5，7”（假设文档页数为8页）。

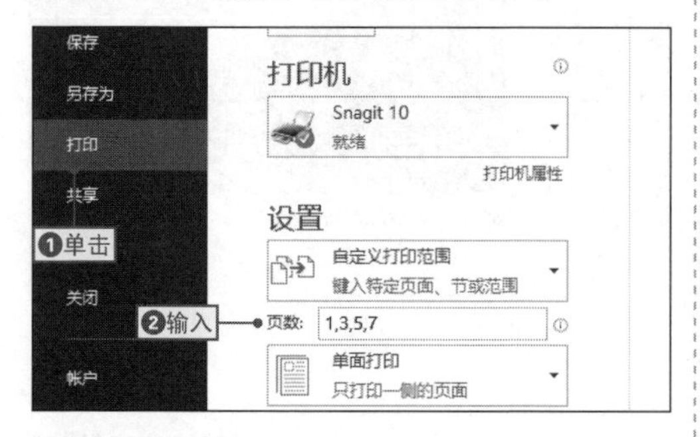

2 设置纸张的缩放大小

❶单击“每版打印1页”下拉按钮，❷在弹出的下拉列表中选择“每版打印2页”选项，对纸张进行缩放设置。

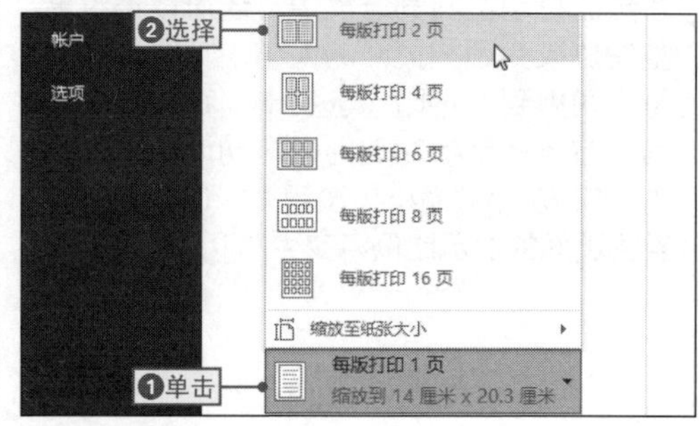

3 设置打印的页数

打印完后依顺序将纸张翻面，再次切换到“打印”选项卡中，在“页数”文本框中输入“4，2，8，6”，然后打印即可。

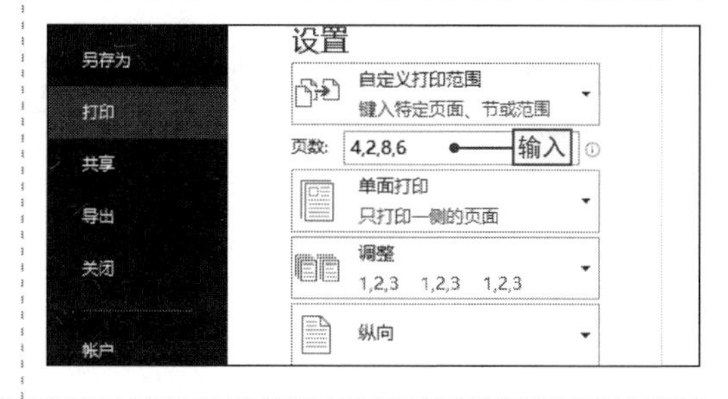

NO.

257 在快速访问工具栏中添加快速打印按钮

在Word 2013中，打印文档是比较常见的操作，为了快速对文档进行打印，可以将打印按钮添加到快速访问工具栏中，其具体操作是：❶单击“自定义快速访问工具栏”下拉按钮，❷在弹出的下拉列表中选择“快速打印”选项即可。

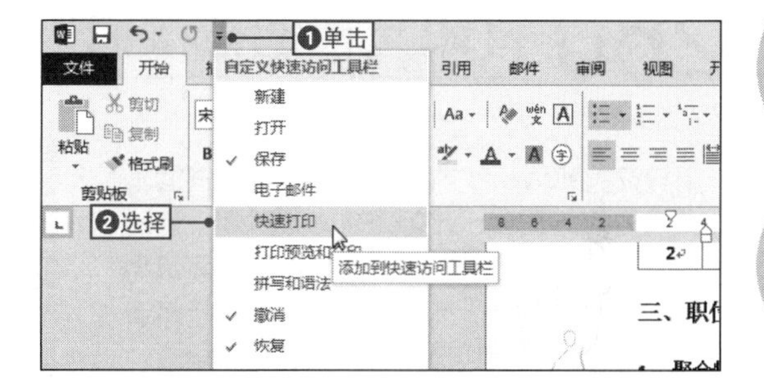

NO.

258 手动设置文档双面打印

如果打印机不支持自动双面打印，除了可以使用前面的方法外，还有一种比较简单的方法，就是手动设置双面打印，其具体操作是：切换到“文件”选项卡，❶单击“打印”选项卡，❷单击“单面打印”下拉按钮，❸在弹出的下拉列表中选择“手动双面打印”选项即可。

在执行打印操作时，在打印完第一面，开始打印第二面时，系统会提示添加纸张，用户只需手动调整正反面即可。

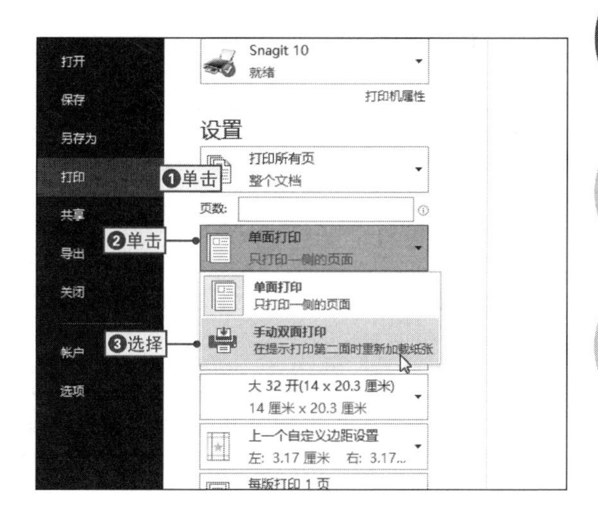

NO.
259 加快文档的打印速度

在Word中默认开启后台打印，虽然这样可以使编辑和打印同时进行操作，但是会在很大程度上影响到打印的速度，这时可将其取消，其具体操作是：打开“Word选项”对话框，❶单击“高级”选项卡，❷取消选中“后台打印”复选框，❸单击“确定”按钮确认设置，从而加快打印速度。

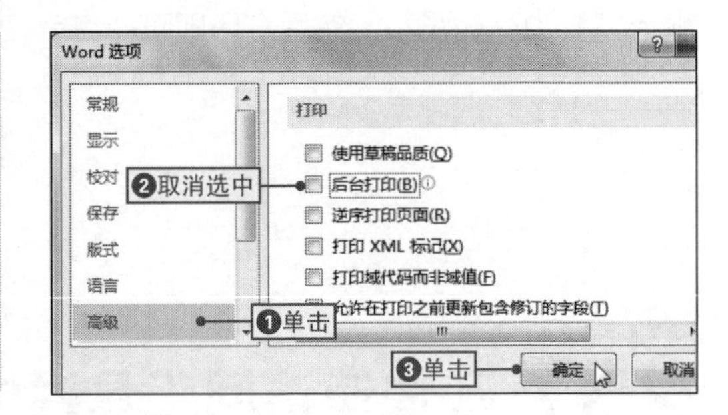

NO.
260 打印文档的修改时间

用户在打印Word文档时，有时需要根据工作需要打印该Word文档的修改时间，这时可以通过选择打印内容类型来实现，其具体操作是：切换到“文件”选项卡，❶单击“打印”选项卡，❷单击“打印所有页”下拉按钮，❸选择“文档信息”选项即可使文档在打印时打印文档修改时间。

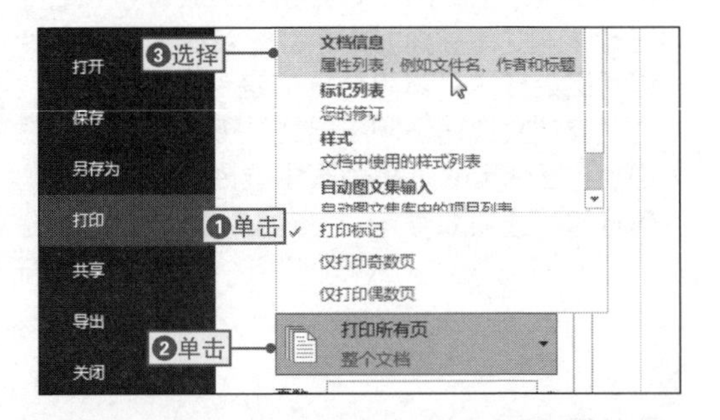

6.2 Word文档的修复和保护技巧

NO.
261 选择性删除最近使用的文档名

案例011 市场调查报告

◉\素材\第6章\市场调查报告.docx　　◉\效果\第6章\市场调查报告.docx

在Word 2013中，在“打开”界面的“最近使用的文档”界面中列出了最近使用过的文档名称，为了保护重要文件的安全，可以将重要的文档名称删除，下面将通过在“最近使用的文档”界面中删除“市场调查报告.docx”文档名为例，来讲解选择性删除最近使用的文档名，其具体操作如下。

1 切换到“打开”选项卡

打开“市场调查报告.docx”文件，切换到“文件”选项卡，单击“打开”选项卡，切换到“打开”界面中。

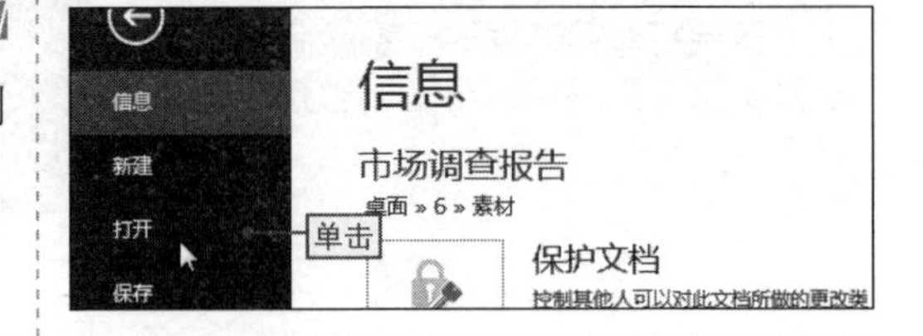

2 从列表中删除文档名

❶在“最近使用的文档”界面中需要删除的文档名称上右击，❷选择“从列表中删除”命令即可删除。

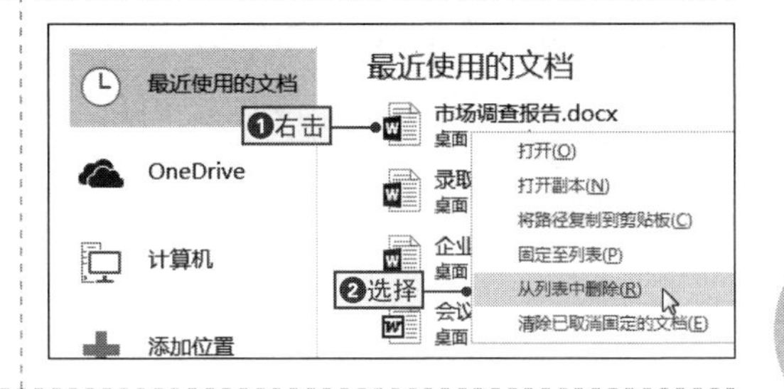

NO. 262 清除“开始”菜单中的文件信息

在通常情况下，在“开始”菜单中的“最近使用的项目”子菜单中会列出用户最近使用过的文档名称，为了保证敏感信息不被泄露，可以将最近使用的名称删除，其具体操作如下。

1 打开“自定义【开始】菜单”选项卡

❶在“开始”菜单上右击，❷在弹出的快捷菜单中选择“属性”命令，打开“自定义「开始」菜单”选项卡。

2 清除文件信息

取消选中“存储并显示最近在「开始」菜单和任务栏中打开的项目”复选框，然后单击“确定”按钮确认设置。

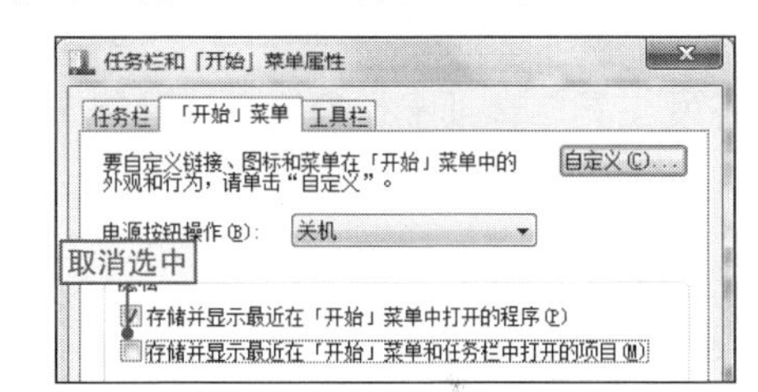

NO. 263 清除最近使用的文件记录

在对文件进行操作后，程序会自动保留最近使用的文档记录，这样可以方便以后进行查看，但为了保护一些重要文件的安全，用户最好让系统自动清除所有文件记录，其具体操作如下。

1 切换到“高级”选项卡

打开“Word选项”对话框，单击“高级”选项卡。

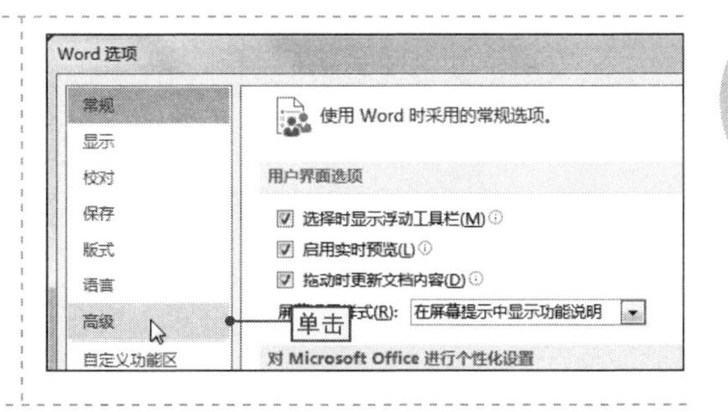

2 设置最近使用文档的保留个数

❶在“显示此数目的‘最近使用的文档’”数值框中输入“0”，❷单击“确定”按钮确认设置。

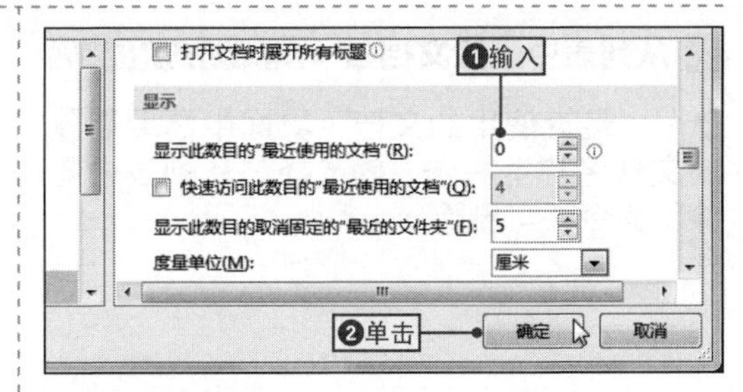

NO. 264 通过录制宏隐藏文本

案例011 市场调查报告

◉\素材\第6章\市场调查报告1.docx　◉\效果\第6章\市场调查报告1.docx

在编辑文档的过程中，为了防止他人看到自己正在编辑的文档，可以通过录制宏隐藏文本，这种方式可以在不关闭文档的情况隐藏正在编辑文本，下面将通过为“市场调查报告1.docx”文档录制宏为例，来讲解通过录制宏隐藏文本的步骤，其具体操作如下。

1 打开“录制宏”对话框

打开“市场调查报告1.docx”文件，❶单击“开发工具”选项卡，❷单击“录制宏”按钮，打开“录制宏”对话框。

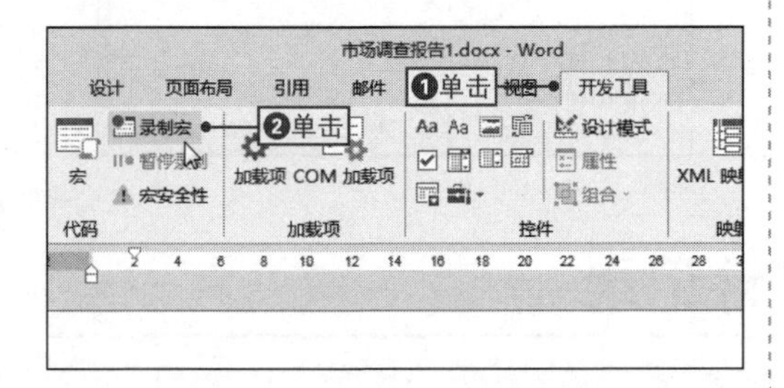

2 打开“自定义键盘”对话框

❶在“宏名”文本框中输入相应的宏名称，❷在“将宏指定到”选项组中单击“键盘”按钮，打开“自定义键盘”对话框。

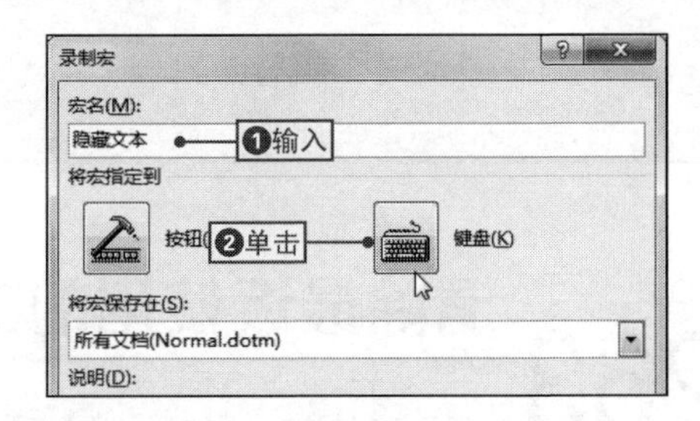

3 为宏定义快捷键

将鼠标光标定位到“请按新快捷键”文本框中，从键盘上输入想要使用的快捷键，为宏定义一个快捷键。

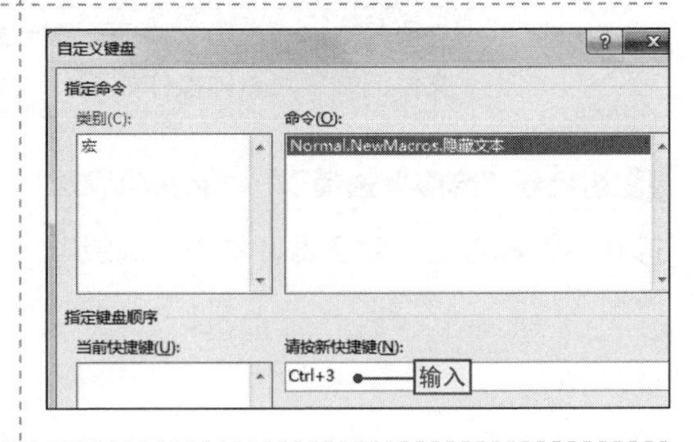

4 指定快捷键

❶单击“指定”按钮，将快捷键指定到“当前快捷键”列表框中，❷单击“关闭”按钮关闭对话框。

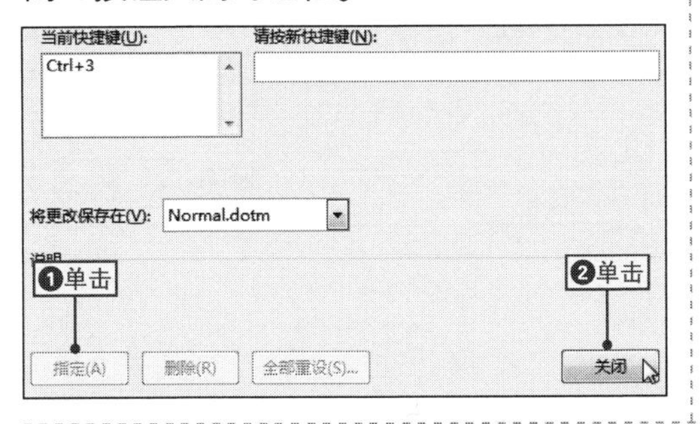

5 选择所有文本

此时“代码”选项组中与录制宏相关的按钮被激活，鼠标光标呈现形状，按【Ctrl+A】组合键选择所有文本。

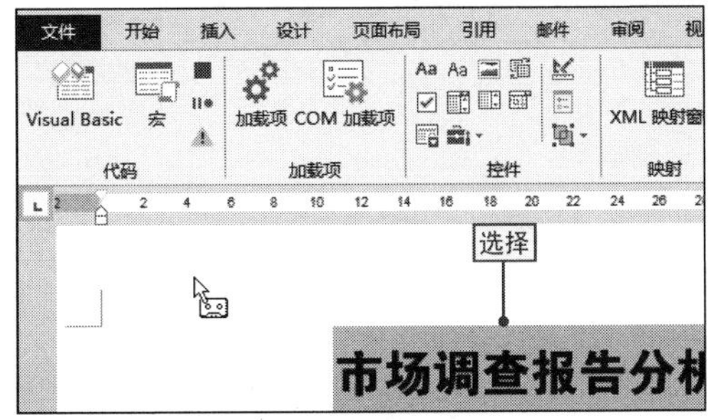

6 设置文本颜色

❶切换到“开始”选项卡，❷单击“字体颜色”下拉按钮，❸在弹出的下拉列表中选择“白色”选项。

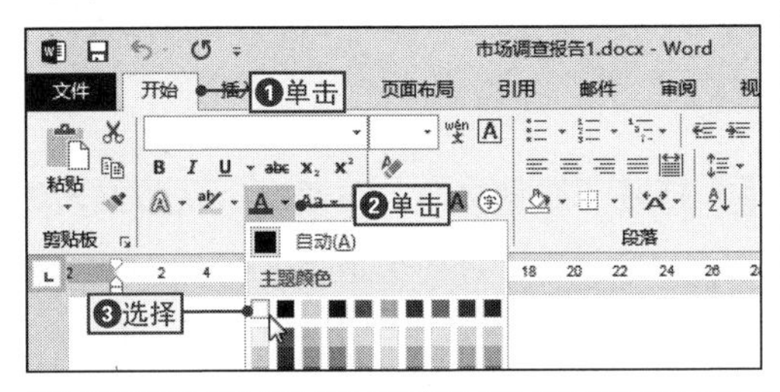

7 结束宏的录制

切换到“开发工具”选项卡中，在“代码”选项组中单击“停止录制”按钮，即可结束宏的录制。

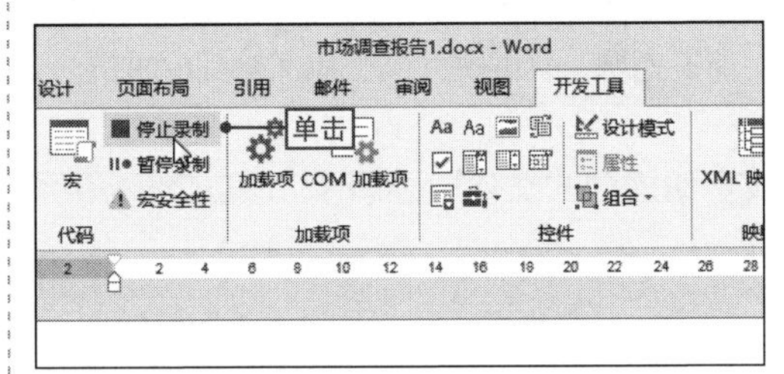

NO.

265 删除录制的宏

在Word文档中录制宏以后，若是不再需要，可以将录制的宏从程序中删除，从而节省内存资源，其具体操作如下。

1 打开“宏”对话框

❶单击“开发工具”选项卡，❷在“代码”选项组中单击“宏”按钮，打开“宏”对话框。

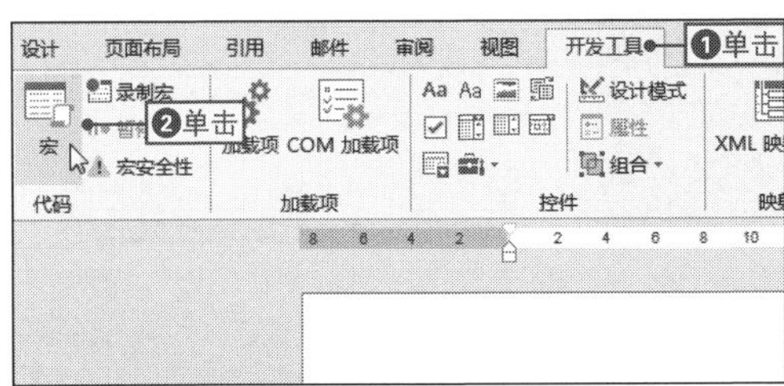

2 删除选择的宏

❶在“宏名”文本框下面的列表框中选择需要删除的宏的名称，❷单击“删除”按钮将其删除。

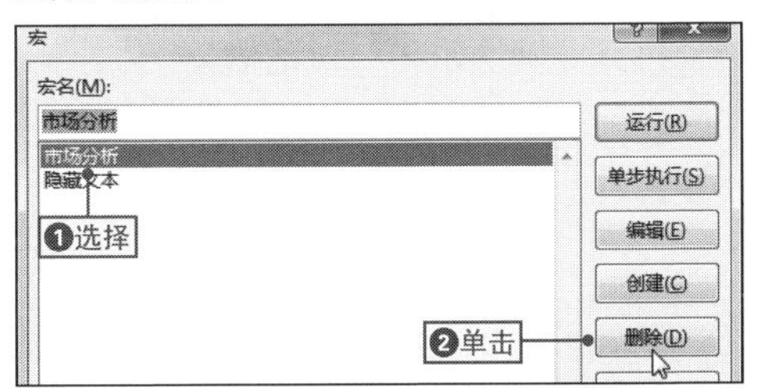

3 确认删除宏

在打开的提示对话框中单击“是”按钮确认删除选择的宏。

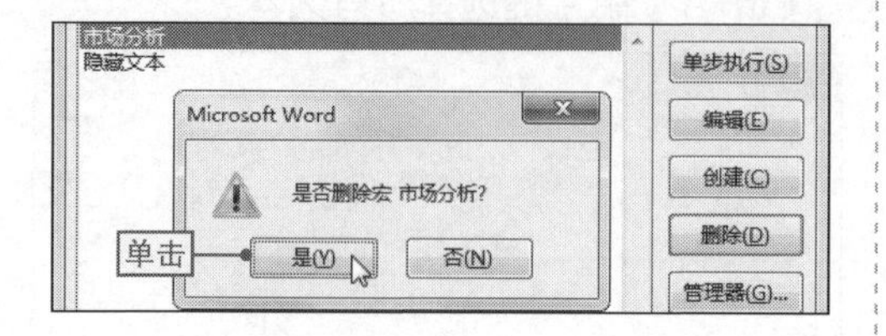

4 关闭对话框

返回“宏”对话框中单击“关闭”按钮关闭对话框，即可完成操作。

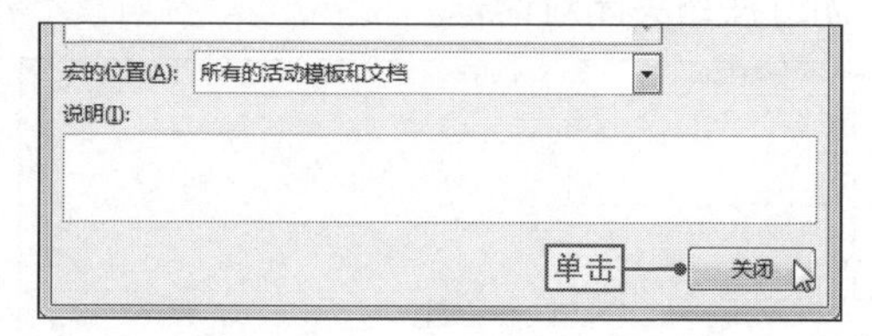

NO.266 为文档添加密码保护

案例011 市场调查报告

◉\素材\第6章\市场调查报告2.docx　　◉\效果\第6章\市场调查报告2.docx

对于一些比较重要的文档，为了保证文档的安全，不希望被他人在未经允许的情况下查阅文档，则需要为文档添加密码进行保护，下面将通过对“市场调查报告2.docx”文档添加密码保护为例，来讲解为文档添加密码保护的步骤，其具体操作如下。

1 切换到“文件”选项卡

打开“市场调查报告2.docx”文件，单击“文件”选项卡。

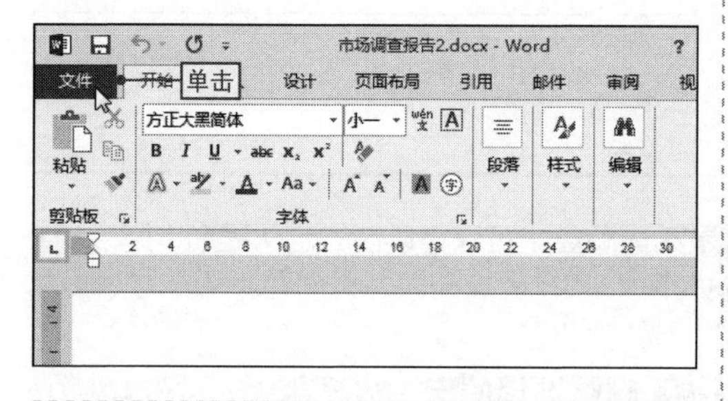

2 打开“加密文档”对话框

❶在“信息”选项卡中单击“保护文档”下拉按钮，❷选择“用密码进行加密”选项，打开“加密文档”对话框。

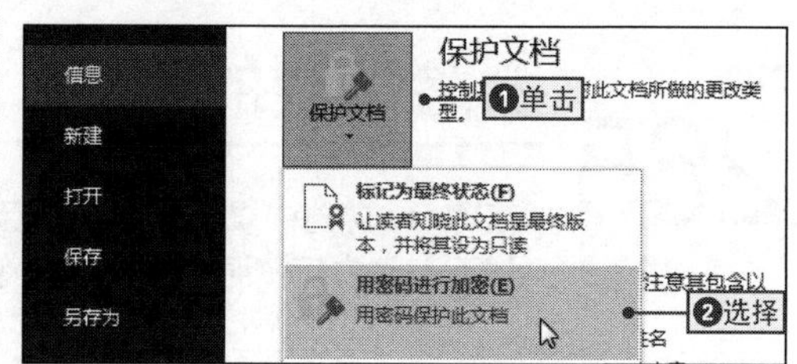

3 输入密码

❶在“密码”文本框中输入需要设置的密码，如1234，❷单击“确定”按钮确认设置，打开“确认密码”对话框。

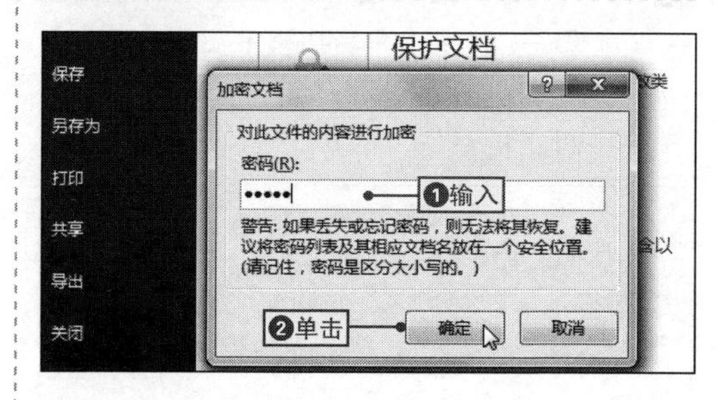

4 再次输入密码

❶在“重新输入密码”文本框中再次输入相同的密码，❷单击“确认”按钮确认设置，即可为Word文档添加密码。

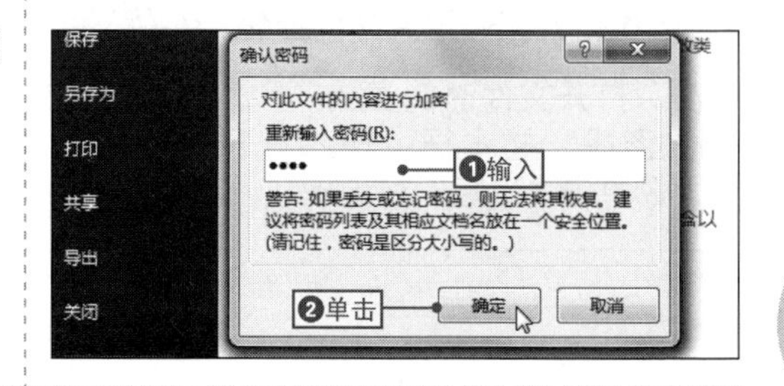

NO. 267 设置新建文档的自动加密

前面讲解了为单个文档进行加密，但对于一些保密性要求较高的办公，需要对所有新建文档进行加密，若按照前面的方法进行操作，工作效率会很低，这时可以通过录制宏的方法对新建的所有文档设置自动加密，其具体操作如下。

1 打开“录制宏”对话框

在文档编辑区下方的状态栏中单击“录制宏”按钮，打开“录制宏”对话框。

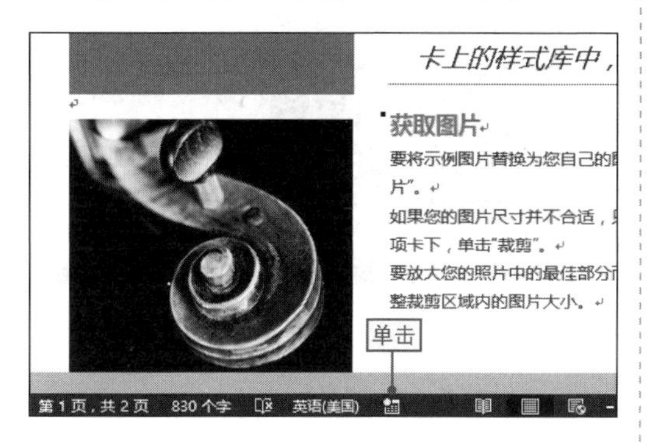

2 设置宏名称

❶在“宏名”文本框中输入宏名称，❷单击“确定”按钮确认设置。

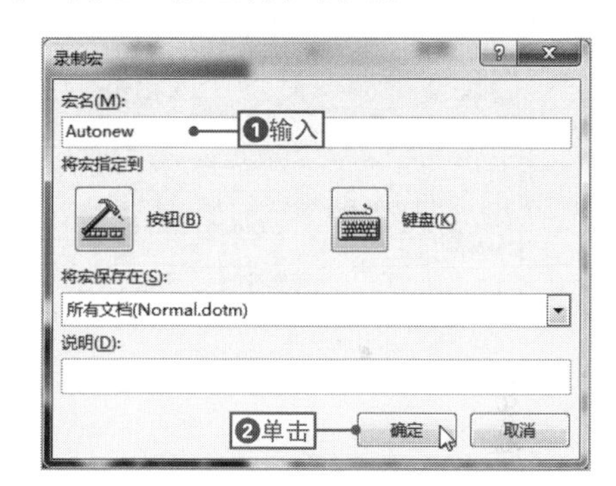

3 打开“另存为”对话框

打开“文件”选项卡，❶单击“另存为”选项卡，❷选择“计算机”选项，❸单击“浏览”按钮，打开“另存为”对话框。

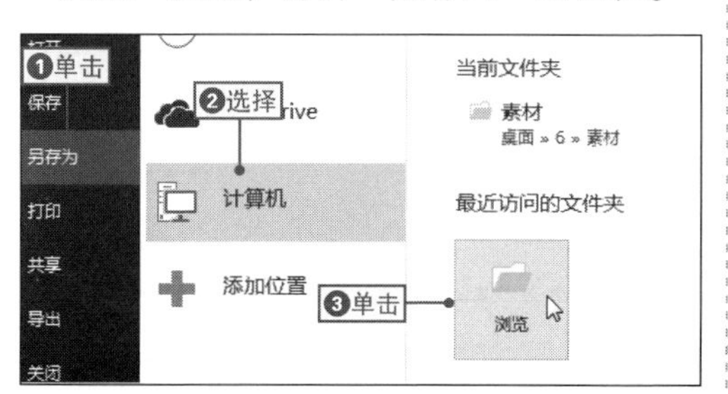

4 打开“常规选项”对话框

❶在“另存为”对话框中单击“工具”下拉按钮，❷选择“常规选项”命令，打开“常规选项”对话框。

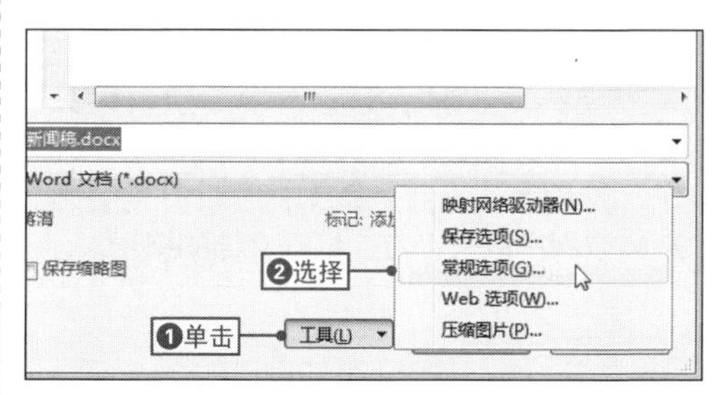

5 设置打开和修改文件的密码

❶在“打开文件时的密码”和“修改文件时的密码”文本框中输入打开和修改密码，❷单击“确定”按钮确认设置。

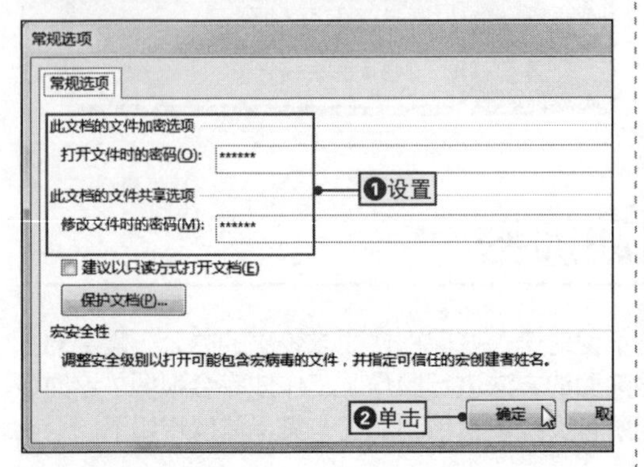

6 再次输入打开文件的密码

❶在打开的对话框的“请再次键入打开文件时的密码”文本框中再次输入打开文件密码，❷单击“确定”按钮确认设置。

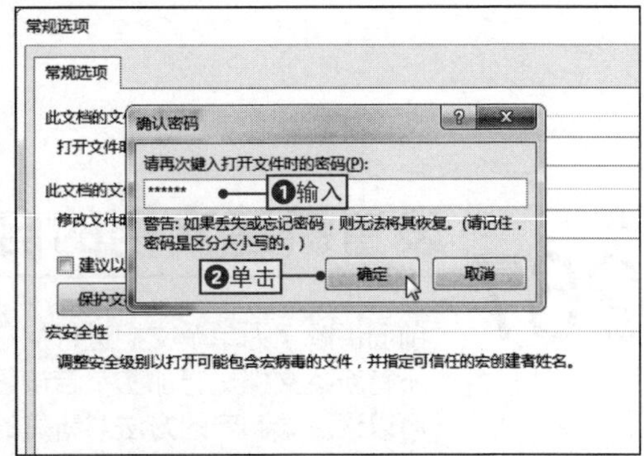

7 再次输入修改文件的密码

❶在打开的对话框的“请再次键入修改文件时的密码”文本框中再次输入修改文件密码，❷单击“确定”按钮确认设置。

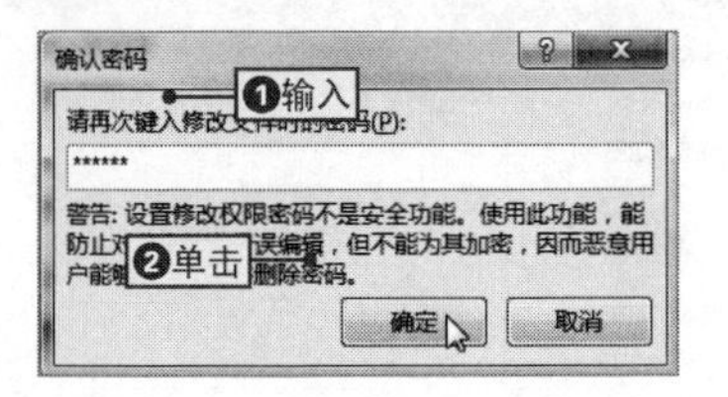

8 完成宏的录制

返回“另存为”对话框中保存文档，返回Word文档中，在状态栏中单击“停止录制”按钮，完成宏的录制。

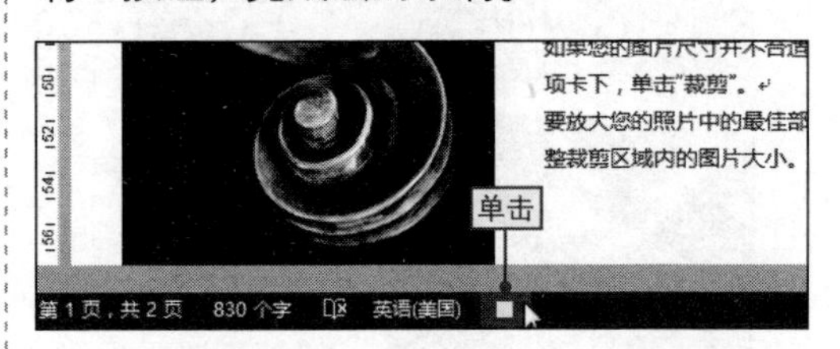

NO.

268 设置以只读方式打开文档

如果用户希望他人只能阅读文档，而不能对文档进行其他操作，则可以将文档设置为以只读方式打开，其具体操作是：打开“常规选项”对话框，选中“建议以只读方式打开文档”复选框，然后单击“确定”按钮确认设置，则文档在打开前会出现建议用户以只读方式打开文档的提示。

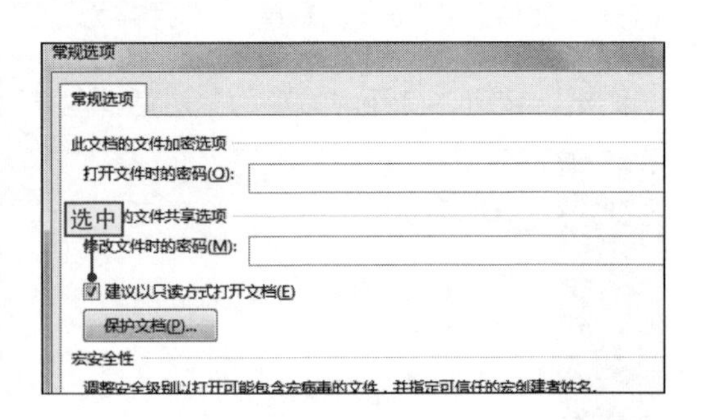

NO.
269 为什么输入密码无法打开文档

对文档设置了含有英文的密码，打开文档时，在打开的“密码”对话框中输入密码后，却提示“密码不正确，Word无法打开文档”，若确认密码无误，那么常见的情况就是在输入密码前按【Caps Lock】键，打开大写功能，导致输入密码出错。

Microsoft Word
密码不正确，Word 无法打开文档。
(D:\Users\Desktop\6\素材\市场调查报告2.docx)
显示帮助(E) >>
单击
确定

NO.
270 取消加密文档的密码

在Word 2013中，为文档设置密码可以提高文档的安全性，当文档无须再保护时，可以将密码取消，其具体操作如下。

1 打开“加密文档”对话框

进入Backstage界面，❶在“信息”界面中单击“保护文档”下拉按钮，❷选择“用密码进行加密”命令。

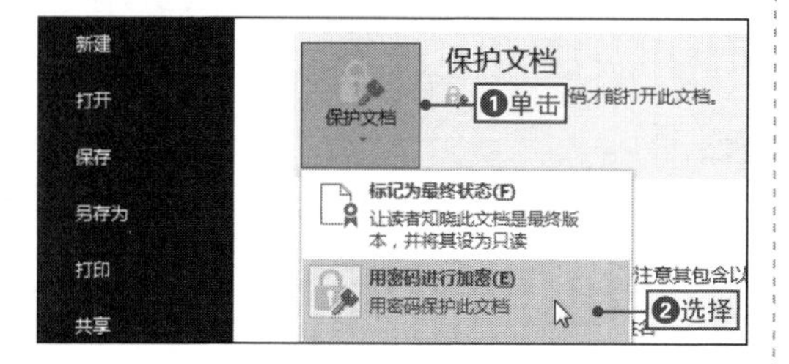

2 删除密码

❶在打开的“加密文档”对话框中删除“密码”文本框中的密码，使其保持空白，❷单击“确定”按钮确认设置。

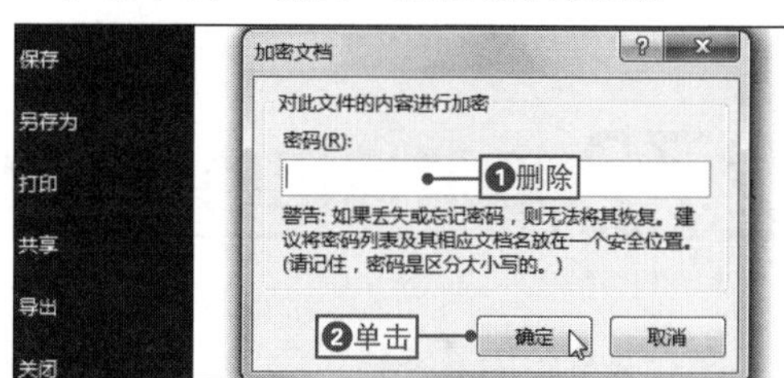

NO.
271 将文档设置为最终状态

案例011 市场调查报告

◎\素材\第6章\市场调查报告3.docx ◎\效果\第6章\市场调查报告3.docx

在日常工作中，为了保护文档，经常会将文档标记为最终状态。文档若是被标记为最终状态，就表示该文档已经完成了所有编辑，下面将通过将“市场调查报告3.docx”文档标记为最终状态为例，来讲解将文档设置为最终状态的步骤，其具体操作如下。

1 切换到“文件”选项卡

打开“市场调查报告3.docx”文件，单击“文件”选项卡，❶单击“保护文档”下拉按钮，❷选择“标记为最终状态”命令。

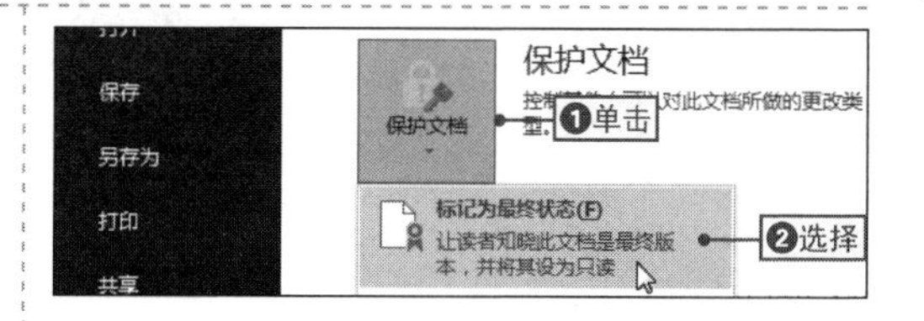

2 确认将文档标记为终稿

在打开的提示对话框中提示“此文档将先被标记为终稿，然后保存”，单击“确定”按钮确认设置。

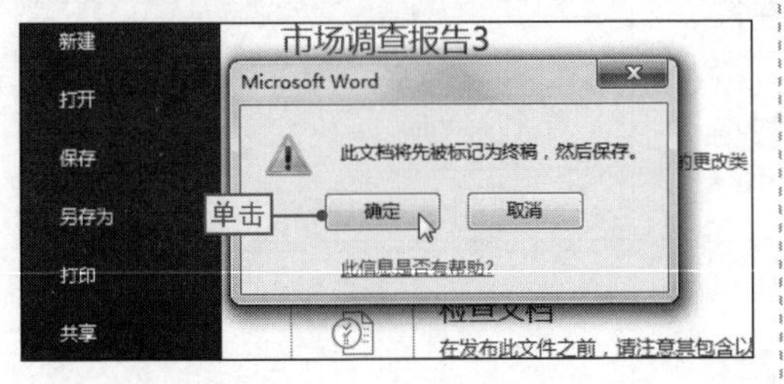

3 确认将文档设置为最终状态

打开确认标记最终状态的提示对话框，单击“确定”按钮确认设置，将文档标记为最终状态。

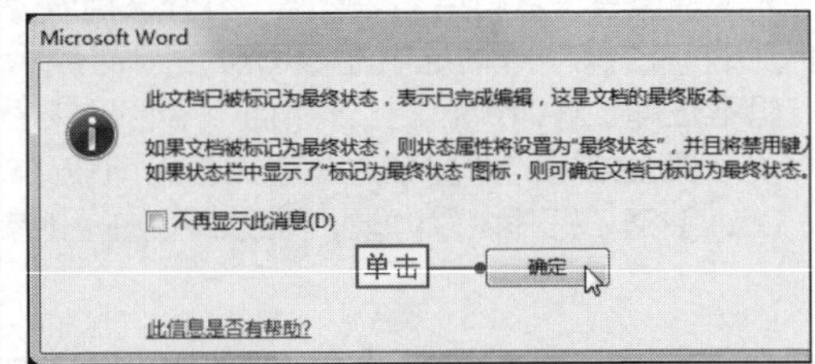

4 查看设置结果

此时文档的功能区下面会出现“标记为最终版本”提示，功能区的功能按钮大部分呈灰色不可用状态。

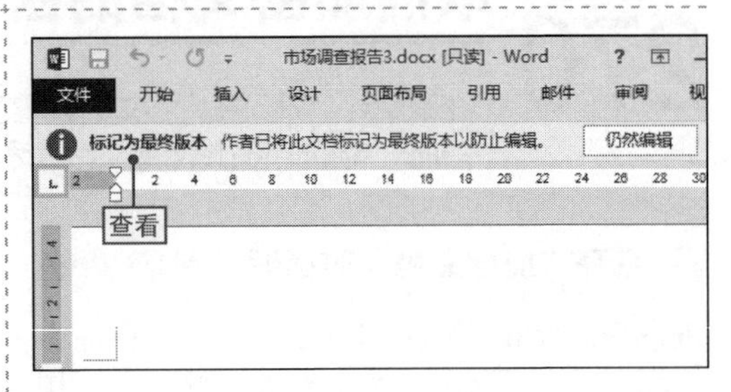

NO.

272 取消标记的最终状态

当文档被标记为最终状态后，只有少数功能可以使用，如查找、选择等，其他功能都被限制使用，如果想要对标记为最终状态的文档再次进行编辑，可以通过取消标记的最终状态，其具体操作是：切换到“文件”选项卡中，❶在“信息”选项卡中单击“保护文档”下拉按钮，❷选择“标记为最终状态”命令，即可取消文档中标记的最终状态。

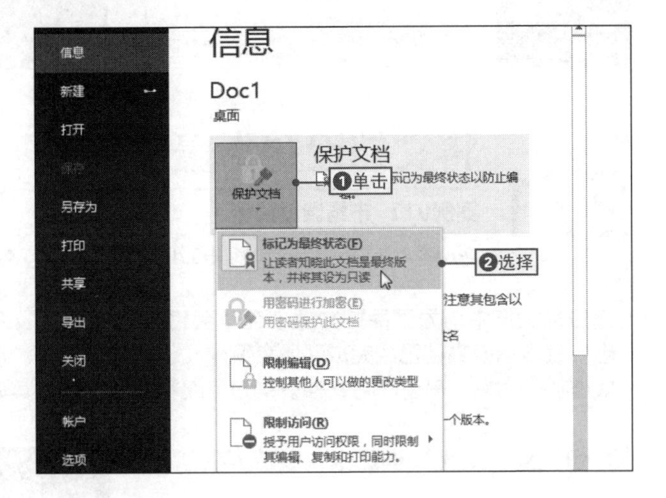

NO.
273 将文档属性设置为只读属性

在日常办公中，常常会将一些公共文档共享在网络中供大家阅读，但是为了避免这些公共文档被未授权的用户非法修改，可以将文档的属性设置为只读属性，其具体操作如下。

1 打开“文档属性”对话框

❶选择需要设置属性的文档，并在其上右击，❷在弹出的快捷菜单中选择“属性”命令。

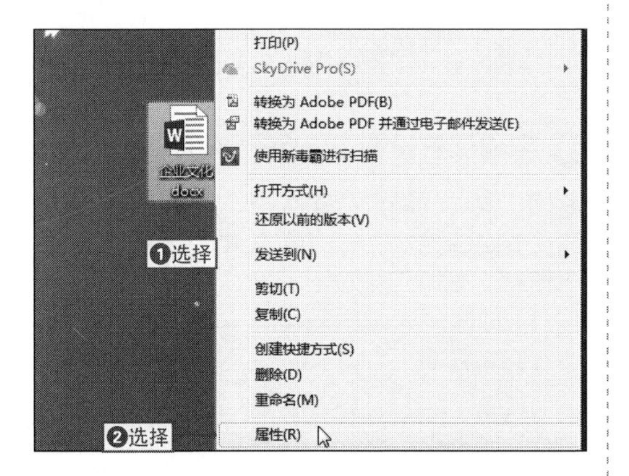

2 设置文档为只读

在打开的文档属性对话框的“常规”选项卡中选中“只读”复选框，然后单击“确定”按钮确认设置。

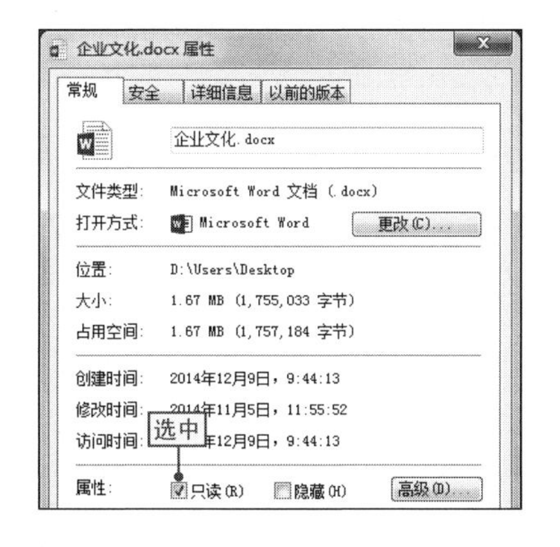

NO.
274 限制他人对文档中指定内容的编辑

案例011　市场调查报告

◉\素材\第6章\市场调查报告4.docx　◉\效果\第6章\市场调查报告4.docx

在Word 2013中，在对文档进行编辑保护的同时，还允许对其中指定的内容开放可编辑权限，如允许他人添加批注或修订等，这时可以通过设置文档的编辑限制来实现，下面将通过在“市场调查报告4.docx”文档设置允许添加批注为例，来讲解限制他人对文档中指定内容的编辑步骤，其具体操作如下。

1 打开“限制编辑”窗格

打开“市场调查报告4.docx”文件，❶单击“审阅”选项卡，❷在“保护”选项组中单击“限制编辑”按钮。

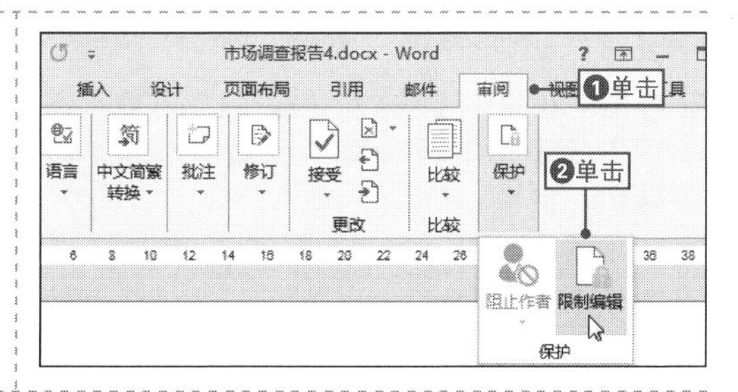

2 设置对指定内容进行编辑

❶选中“仅允许在文档中进行此类型的编辑”复选框，❷在“不允许任何更改（只读）”下拉列表中选择“批注”选项。

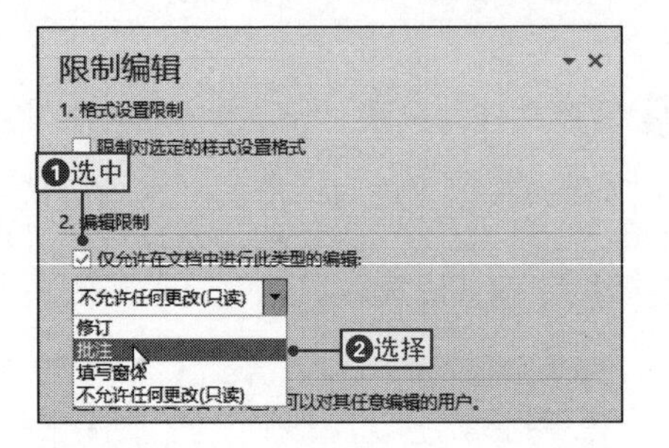

3 打开“启动强制保护”对话框

在“启动强制保护”选项组中单击“是，启动强制保护”按钮，打开“启动强制保护”对话框。

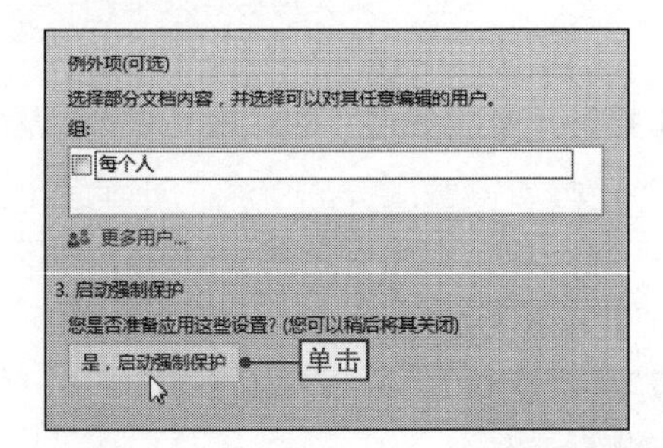

4 设置文档保护密码

❶在“新密码”和“确认新密码”文本框中输入密码，如1234，❷单击“确定”按钮确认设置。

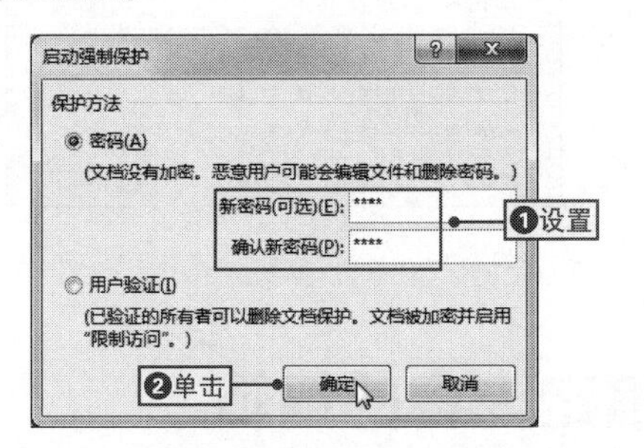

5 完成保护设置

返回“限制编辑”窗格中，可以查看到文档限制编辑的提示，单击“关闭”按钮关闭窗格，即可完成操作。

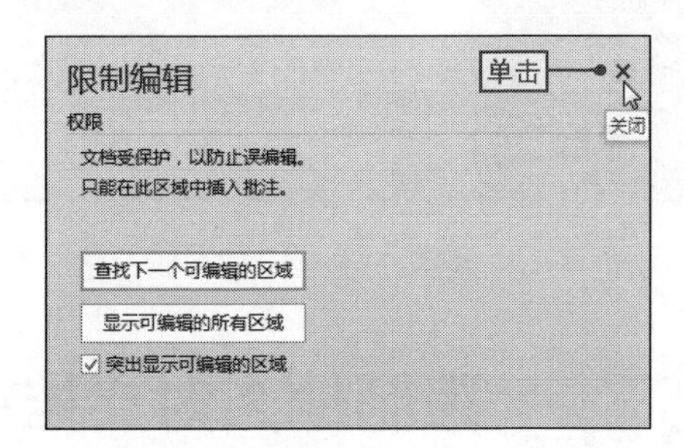

NO. 275 设置文档只允许对格式进行更改

在Word 2013文档中，除了可以对编辑进行限制外，还可以对文档格式设置限制，以防他人非法对文档的格式进行更改，其具体操作如下。

1 打开“限制编辑”窗格

❶单击“审阅”选项卡，❷在“保护”选项组中单击“限制编辑”按钮，打开“限制编辑”窗格。

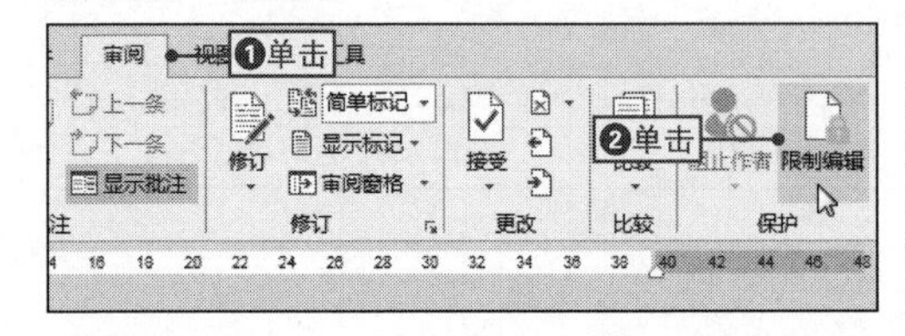

2 打开“格式设置限制”对话框

❶选中“限制对选定的样式设置格式”复选框，❷单击“设置”超链接，打开“格式设置限制”对话框。

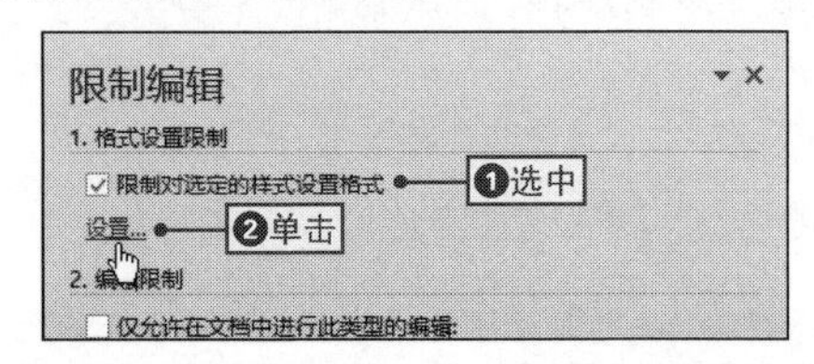

3 设置允许使用的样式

在“当前允许使用的样式”下拉列表框中设置允许使用的样式，然后单击“确定”按钮确认设置。

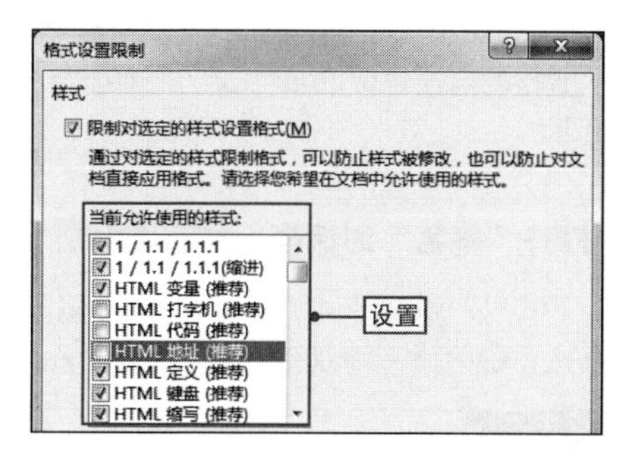

4 保留格式和样式

在打开的提示对话框中单击“否”按钮，返回窗格中，单击“关闭”按钮关闭窗格即可完成操作。

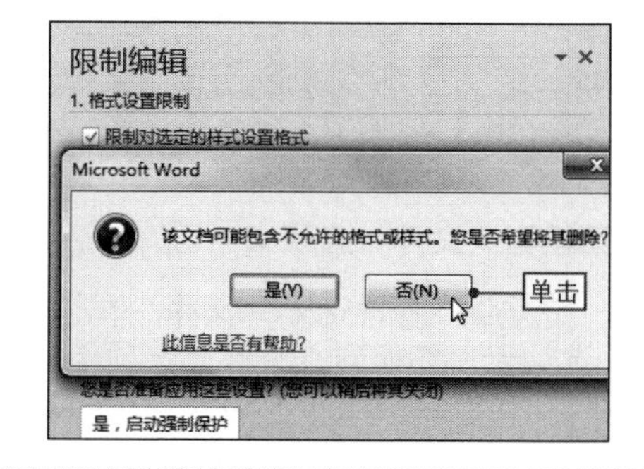

NO.
276

选择部分文档设置编辑权限

在Word 2013中，还可以选择相应的文档内容，并指定可以编辑该内容的用户，从而实现指定用户编辑文档部分内容的目的，其具体操作如下。

1 打开“限制编辑”窗格

选择允许编辑的文本，❶单击“审阅”选项卡，❷在“保护”选项组中单击“限制编辑”按钮，打开“限制编辑”窗格。

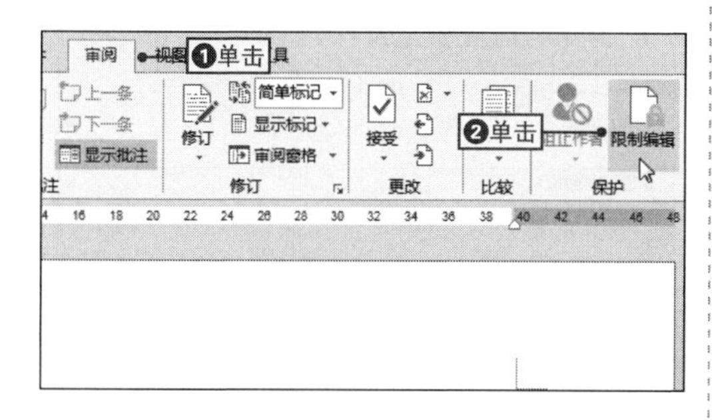

2 打开“添加用户”对话框

❶在“2.编辑限制”选项组中选中“仅允许在文档中进行此类型的编辑”复选框，❷单击“更多用户”超链接。

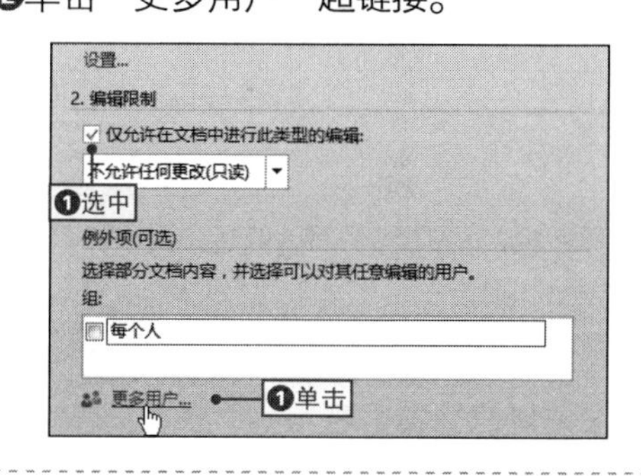

3 添加具有编辑权限的用户

❶在打开的“添加用户”对话框的文本框中输入用户名，并用分号分隔各用户名，❷单击“确定”按钮确认设置。

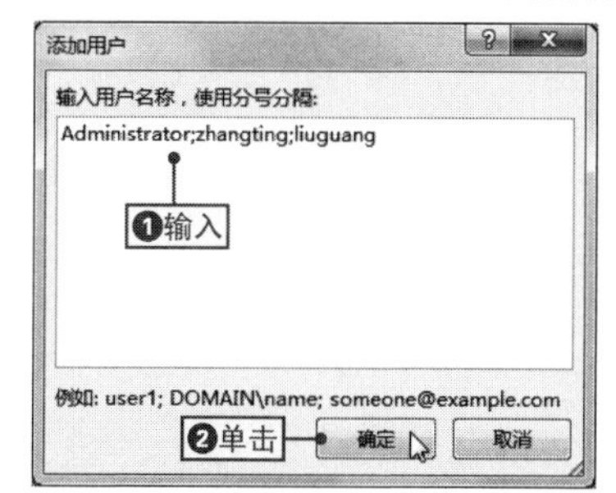

NO.
277

创建自己的数字签名

案例011 市场调查报告

◉\素材\第6章\市场调查报告5.docx　　◉\效果\第6章\市场调查报告5.docx

在日常办公的过程中，经常会制作一些不允许被修改的文档，为了确定制作的文档没有被他人修改过，可以为其添加数字签名，下面将通过为“市场调查报告5.docx”文档添加数字签名为例，来讲解创建数字签名的步骤，其具体操作如下。

1 切换到“文件”选项卡

打开“市场调查报告5.docx”文件，单击“文件”选项卡，切换到“文件”选项卡中。

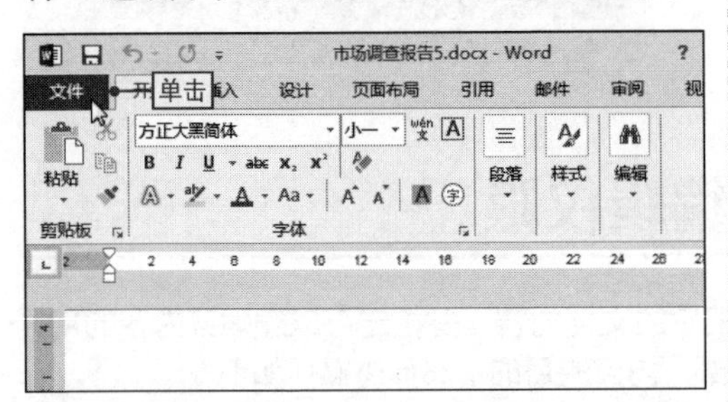

2 打开“签名”对话框

❶在“信息”选项卡中单击“保护文档”下拉按钮，❷选择“添加数字签名”命令。

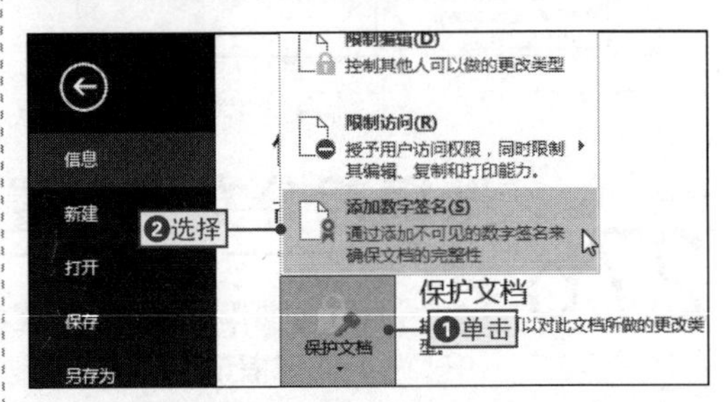

3 选择签名的承诺类型

❶在打开的“签名”对话框中单击“承诺类型”下拉按钮，❷选择需要的类型。

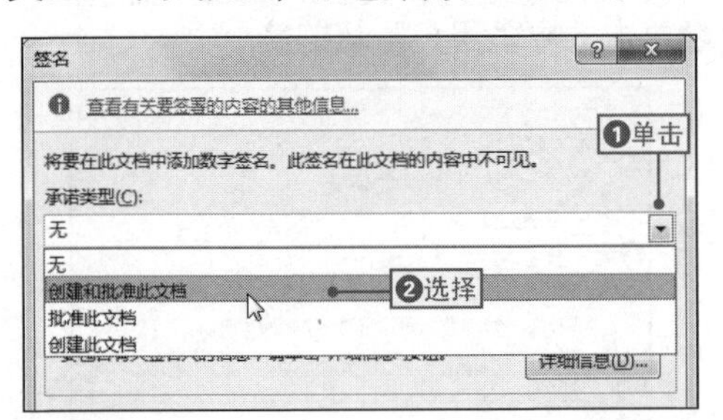

4 设置使用签名的目的

❶在“签署此文档的目的”文本框中输入签名的目的，❷单击“详细信息”按钮。

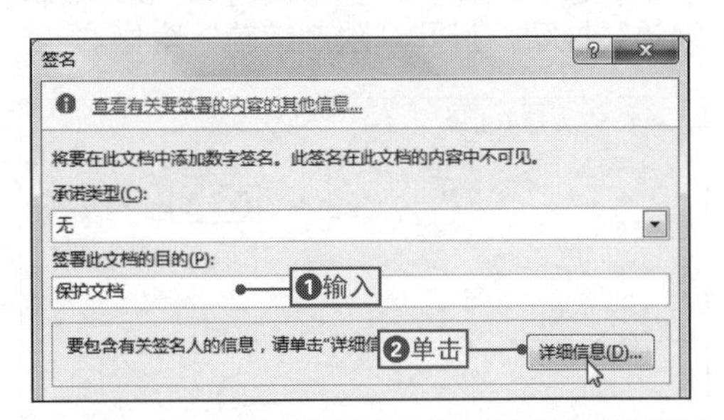

5 设置其他签名信息

在“其他签名信息”对话框中输入需要填写的相应信息，然后单击“确定”按钮确认设置。

其他签名信息
已签名的高级签名信息:
签名者角色/职务(I): 市场部总监
产地:
国家/地区(N): 中国
邮政编码(P): 610000
省/市/自治区(T): 四川
城市(C):
地址(D):
地址 (2)(R):
设置

6 开始对文档进行签名

返回“签名”对话框中，单击“签名”按钮，对文档进行签名。

7 确认签名

在打开的“签名确认”提示框中单击“确认”按钮确认签名。

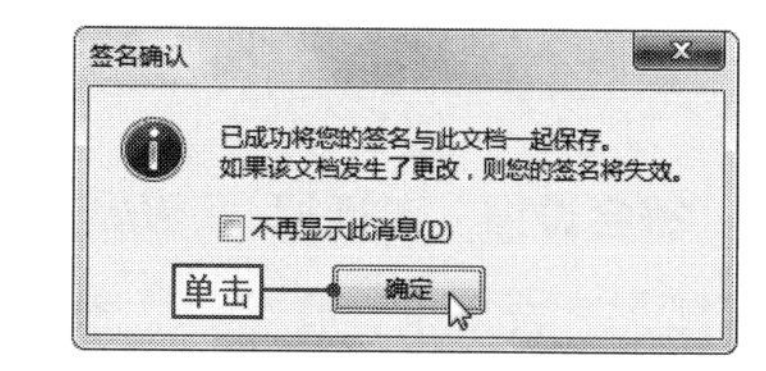

8 查看设置效果

返回文档编辑区中，在状态栏中可以查看到■标记，表示该文档已经被签名，此时功能区中的大多数按钮呈现为灰色，表示这些功能为不可用。

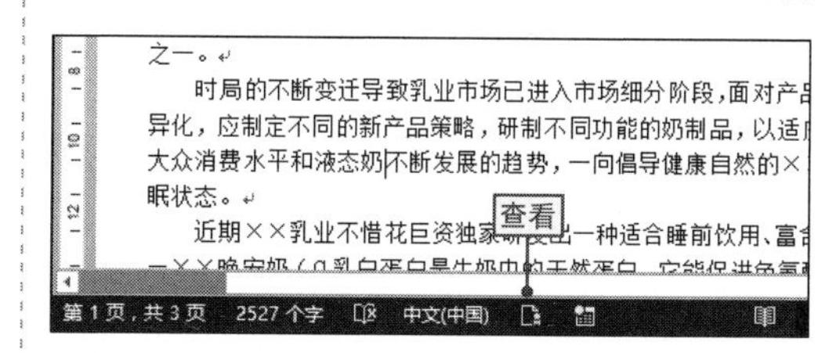

NO.

278 如何判断数字签名是否可信

可信的数字签名对于声明过的电脑账户是有效的，如果签名在其他电脑中或使用其他账户打开，则该签名将是无效显示，被签名过的文档如右图所示。同时，要使签名有效，签名的内容未被篡改，并且签名证书没有过期。

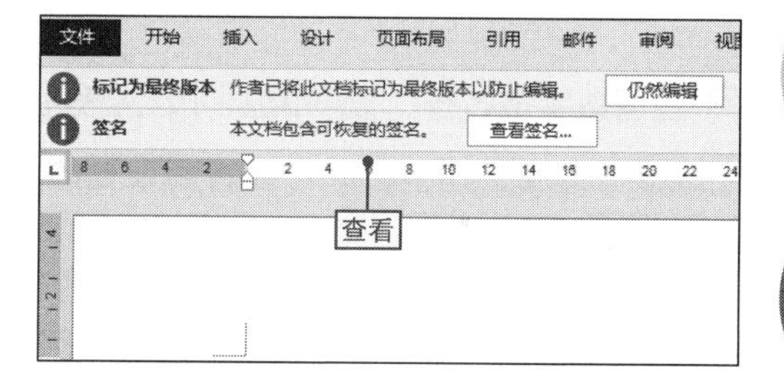

NO.

279 如何添加手写签名

添加手写签名也就是在签名中直接使用手写，不过它只适用于Tablet PC（手写板）中，Tablet PC提供了强大的手写功能，可以直接在打开的Word文档中添加手写签名，其具体操作是：打开“签名”对话框，使用墨迹功能在“X”文本框中签名，然后单击“签名”按钮即可。

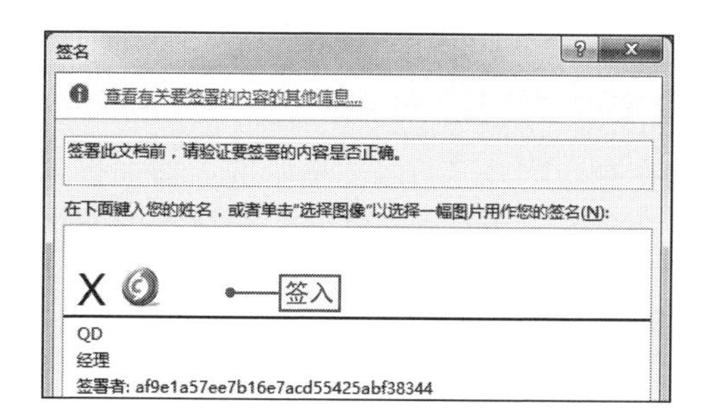

NO.
280

添加签名行保护文档

签名行是在文档中添加起数字签名的另一种方法，由一位用户在文档中添加签名行，然后发送给其他用户，然后被签署人进行签名，从而达到保护文档的目的，其具体操作如下。

1 打开“签名设置”对话框

❶单击“插入”选项卡，❷在“文本”选项组中单击“签名行”下拉按钮，❸选择“Microsoft Office签名行”命令，打开“签名设置”对话框。

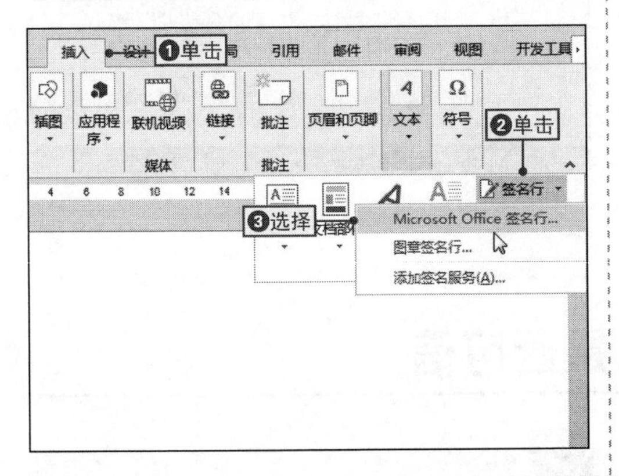

2 设置签名行

❶输入要在此签名行上进行签名的人员的相关信息，❷选中“允许签名人在‘签署’对话框中添加注释”复选框，❸单击“确认”按钮确认设置。

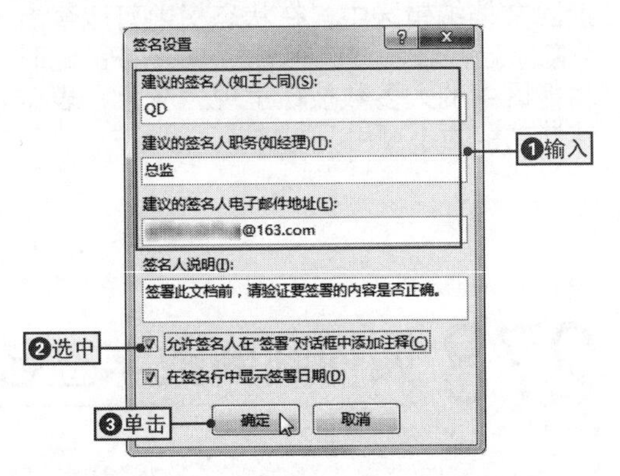

3 查看数字签名行

完成操作返回文档中，即可查看到设置的数字签名行。

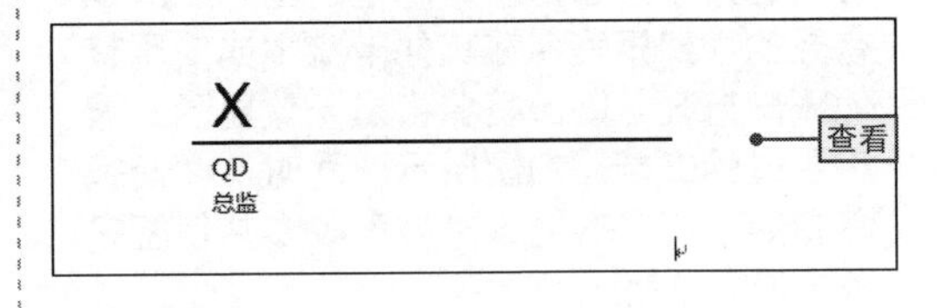

NO.
281

在文档中签署数字签名

在文档中设置数字签名行后，就可以将文档发送给相应的签名人，让其对文档进行签名，其具体操作如下。

1 打开“签名”对话框

❶在有数字签名行的文档中选择请求签名的签名行，并在其上右击，❷在弹出的快捷菜单中选择“签署”命令，打开“签名”对话框。

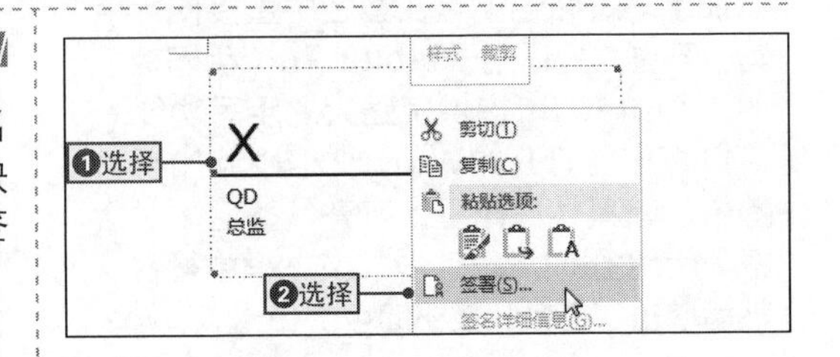

2 打开“选择签名图片”对话框

❶在“χ”文本框中输入相应的姓名，❷单击“选择图像”超链接。

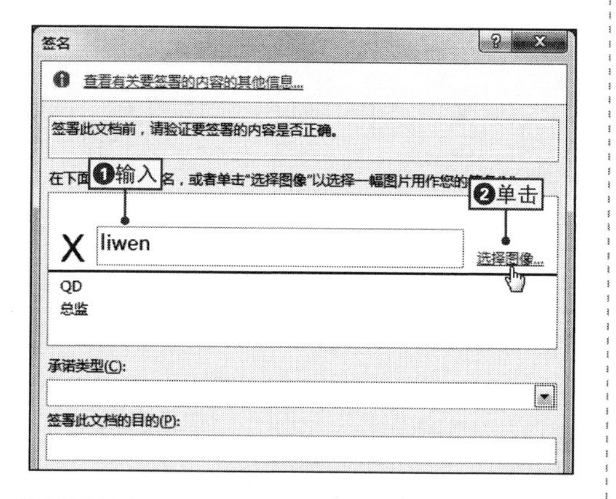

3 选择签名图片

❶在打开的“选择签名图像”对话框中选择需要设置为签名图像的图片，❷单击“选择”按钮。

4 开始签名

返回“签名”对话框中，单击“签名”按钮，对签名行进行签名。

5 确认签名

在打开的“签名确认”对话框中单击“确定”按钮确认签名。

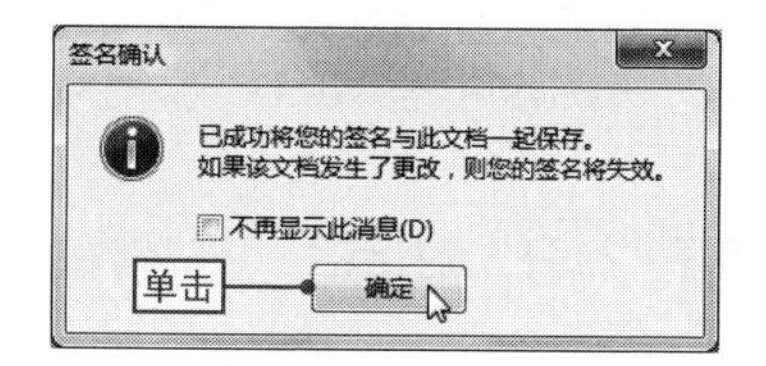

NO. 282 删除文档中的数字签名

在文档中添加了数字签名后，如果不再需要该数字签名，则可以将其从文档中删除，删除数字签名的具体操作如下。

1 删除数字签名

❶选择添加的数字签名，并在其上右击，❷选择“删除签名”命令。

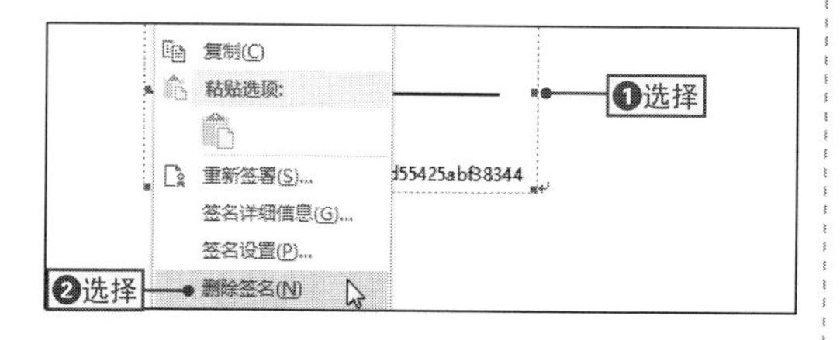

2 确认删除数字签名

在打开的“删除签名”对话框中单击“是”按钮，确认删除数字签名。

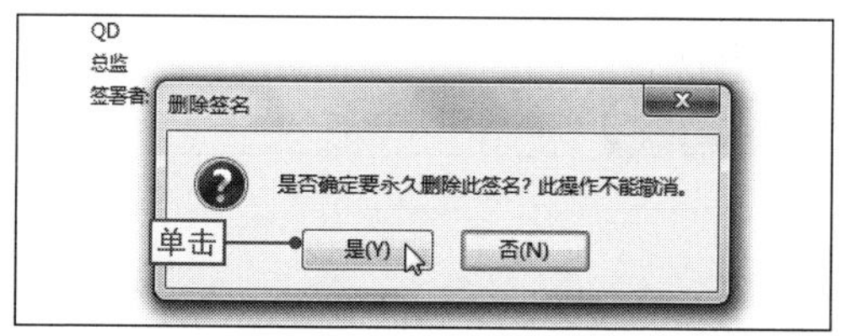

3 关闭提示对话框

在打开的“已删除签名”对话框中单击“确定”按钮关闭对话框。

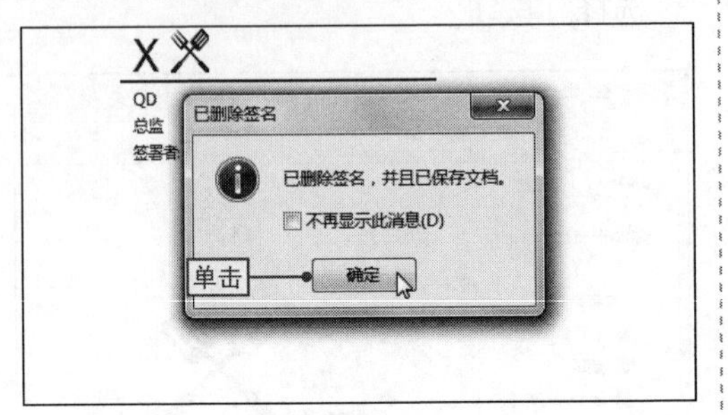

4 删除空白签名行

返回文档中可查看到空白的签名行，选择签名行并按【Delete】键将其删除。

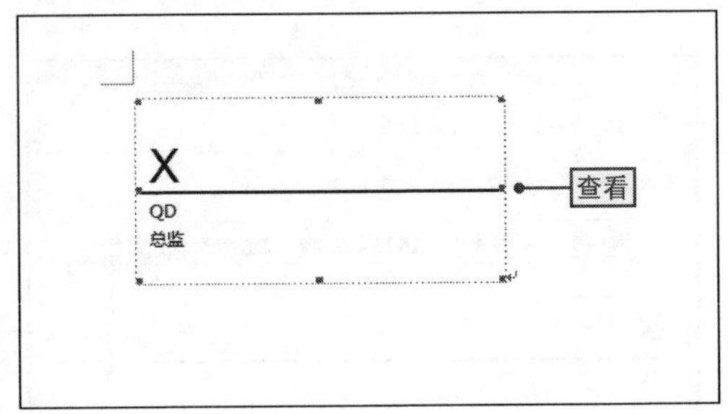

NO.283 修复文档中的常规错误

案例011 市场调查报告

◉\素材\第6章\市场调查报告6.docx　◉\效果\第6章\市场调查报告6.docx

文档在制作完成后，可能会在传递、转换或其他过程中被损坏，此时文档就会出现不能打开或是打开后无法正常编辑等问题，这时可以通过Word 2013的文档修复功能来解决，下面将通过打开并修复“市场调查报告6.docx”文档为例，来讲解修复文档中常规错误的步骤，其具体操作如下。

1 打开“打开”对话框

打开“市场调查报告6.docx”文件，❶在BackStage界面中单击“打开”选项卡，❷双击“计算机”图标按钮。

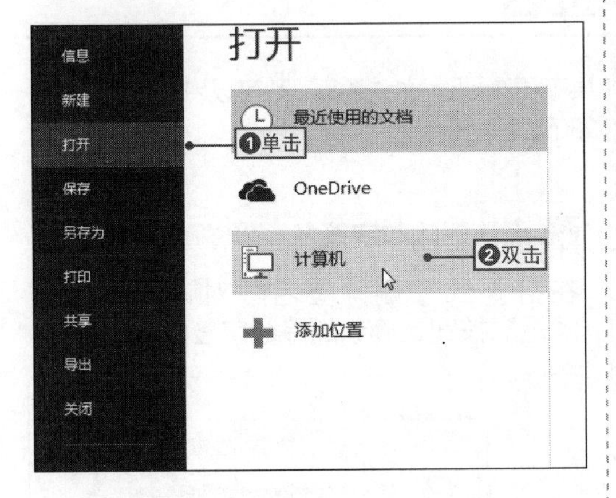

2 打开并修复文档

❶在打开的“打开“对话框中选择需要修复的文档，❷单击“打开”下拉按钮，❸选择“打开并修复”命令。

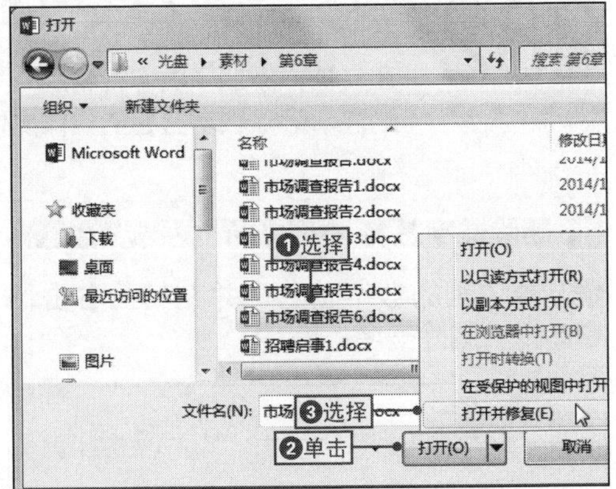

NO.
284 从任意文件还原文本

Word 2013除了可以修复文档外，还自带有从任意文件还原文本的功能，不过该功能存在一定的局限性，在还原文本时文档格式以及任何不属于文本格式的内容都将丢失，其具体操作如下。

1 设置显示文件的类型

打开“打开”对话框，❶单击文件类型下拉按钮，❷选择“从任意文件还原文本（*.*）”选项。

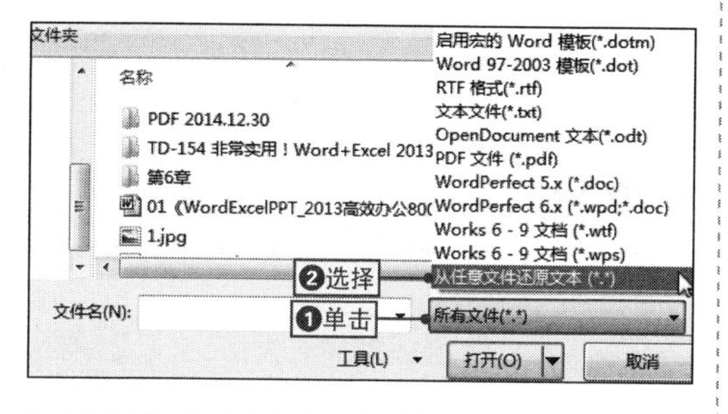

2 打开需要恢复的文档

❶在列表框中选择需要恢复的文档，❷单击“打开”按钮，稍等片刻即可打开相应的文档。

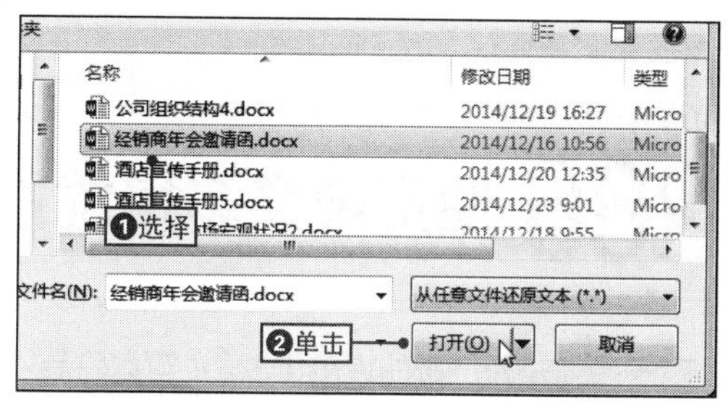

NO.
285 另存为RTF格式恢复文档

在编辑文档的过程中，因为一些意外导致正在编辑的Word文档没有保存就被关闭，而且通过修复方式也无法将其打开，这时可以通过另存为RTF格式的文档来恢复文档，其具体操作如下。

1 打开“另存为”对话框

在Backstage界面中，❶单击“另存为”选项卡，❷双击“计算机”图标按钮，打开“另存为”对话框。

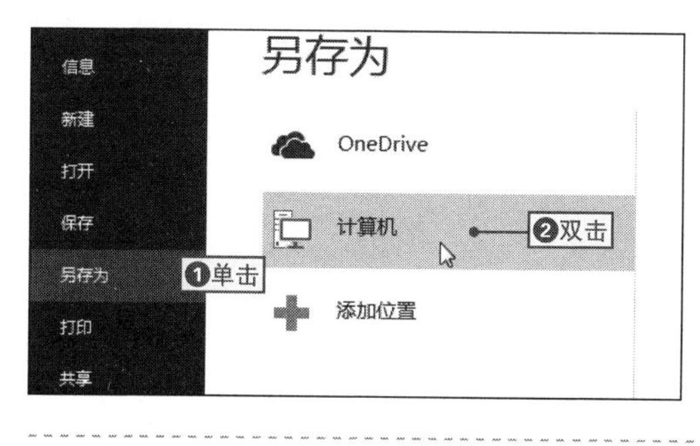

2 选择文件的保存类型

❶单击“保存类型”下拉按钮，❷选择“RTF（*.rtf）”选项的保存类型。

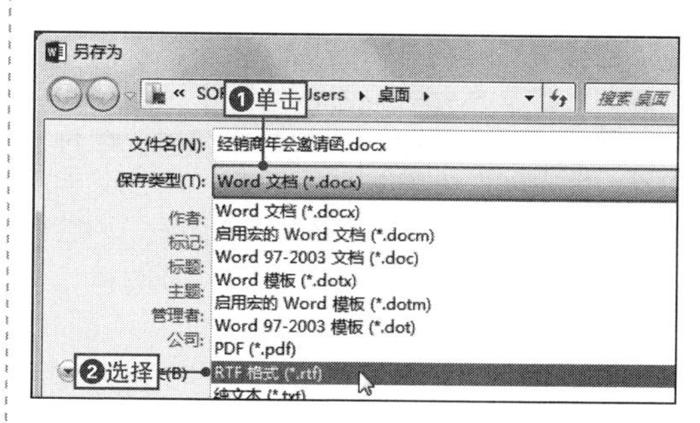

3 保存RTF格式的文件

❶在“文件名”文本框中更改名称，❷单击“保存”按钮保存文件，打开保存为RTF格式的文档，查看修复后的文档。

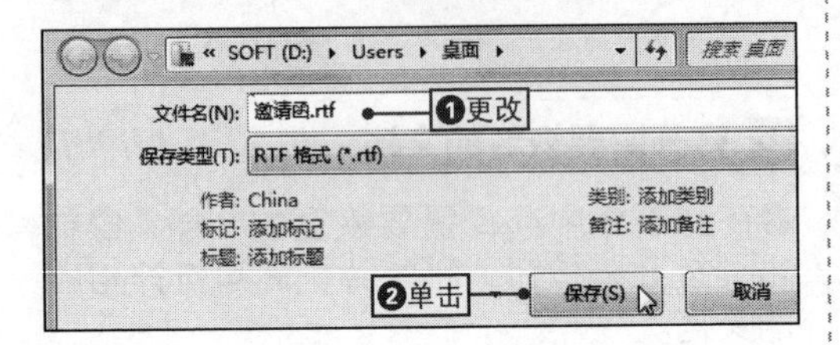

4 保存Word格式的文件

再次打开“另存为”对话框，❶在“保存类型”下拉列表中选择“Word文档（*.docx）”选项，❷单击“保存”按钮。

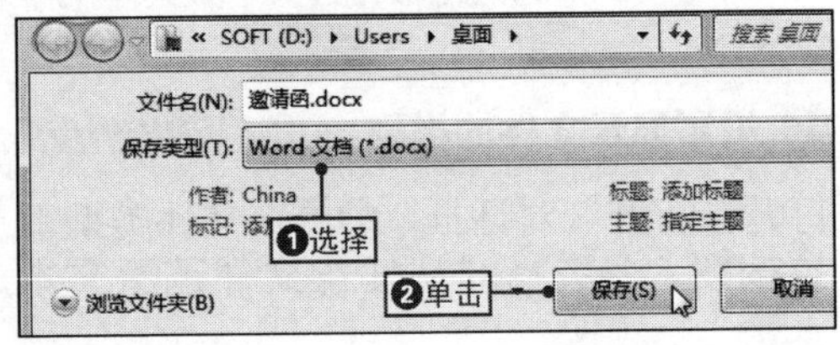

NO. 286 使用纯文本格式修复文档

对于损坏较为严重的Word文档，可以将其转换为纯文本格式的文本文件（.txt），这样还有机会挽回文档中的文本，但是文档的格式将会丢失。

其具体操作是：打开“另存为”对话框，❶在“保存类型”下拉列表中选择“纯文本(*.txt)”选项，❷单击“保存”按钮，完成修复后再将其转换回Word格式即可。

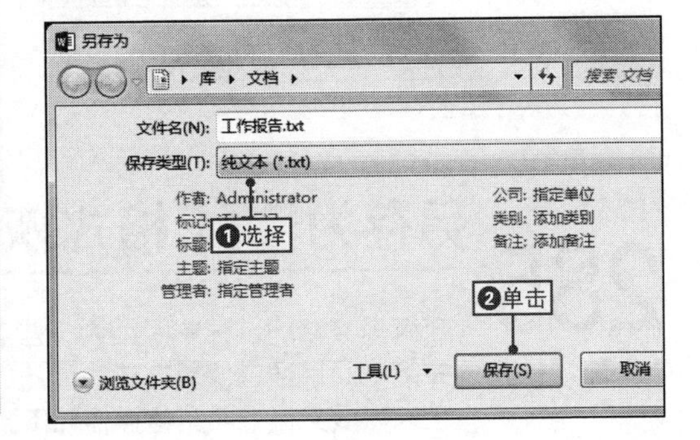

NO. 287 修复格式混乱的文档

对文档进行修复并打开后，可能出现内容完整，但文本格式混乱的情况，严重的可能还存在格式错误，这时可以通过简单技巧来解决，其具体操作是：打开“Word选项”对话框，❶单击“高级”选项卡，❷取消选中“使用智能段落选择”复选框，❸单击“确定”按钮确认设置。

再在文档中选择需要修复的文本，然后将其复制到一个空白文档中保存即可。

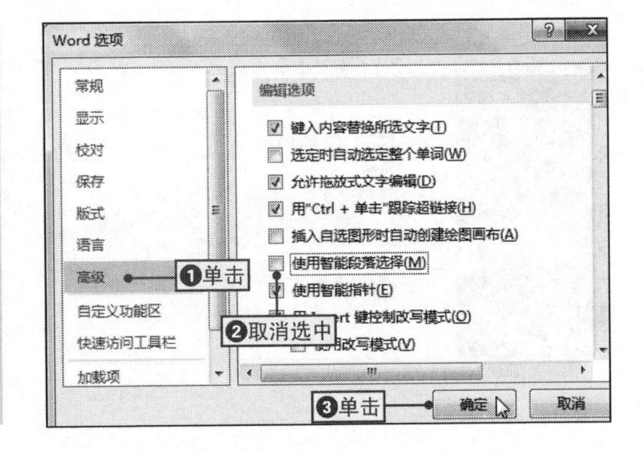

6.3 审阅和修订文档操作技巧

NO. 288 快速在文档中添加书签

案例012 企业管理试行方法

◎\素材\第6章\企业管理试行方法.docx ◎\效果\第6章\企业管理试行方法.docx

在处理长文档的过程中，由于篇幅比较长，如果想要选定文字、表格、图形和其他对象，可以在文档中添加书签，从而能快速定位到标记的位置处，下面将通过在“企业管理试行方法.docx”文档中添加书签为例，来讲解添加书签的步骤，其具体操作如下。

1 打开“书签”对话框

打开“企业管理试行方法.docx”文件，选择需要添加书签的文本，❶单击“插入”选项卡，❷在“链接”选项组中单击“书签”按钮。

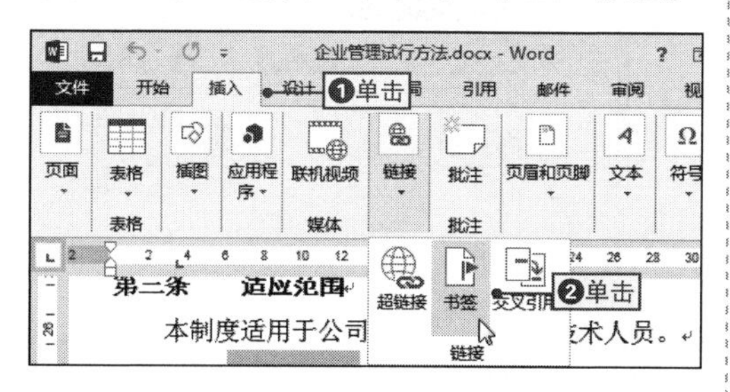

2 添加书签

❶在打开的“书签”对话框的“书签名”文本框中输入书签名称，❷单击“添加”按钮即可添加标签。

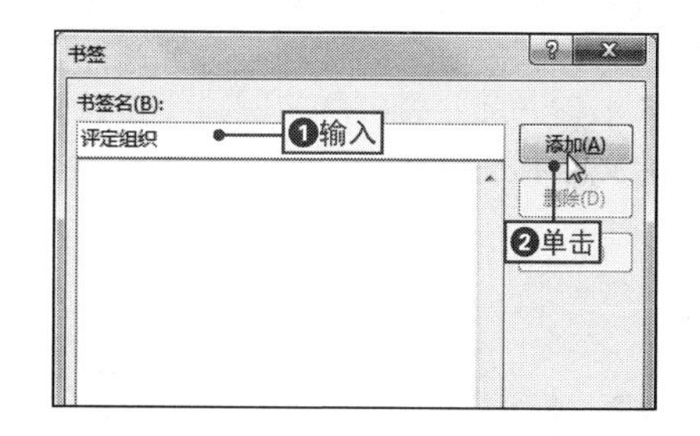

NO. 289 通过书签进行定位

当用户在文档中插入书签后，就可以很容易地定位到指定的位置，这将使得在长文档中的定位查找对象变得轻而易举，下面将介绍适用书签进行定位的具体步骤，其具体操作如下。

1 打开“书签”对话框

❶切换到“插入”选项卡中，❷在“链接”选项组中单击“书签”按钮，打开“书签”对话框。

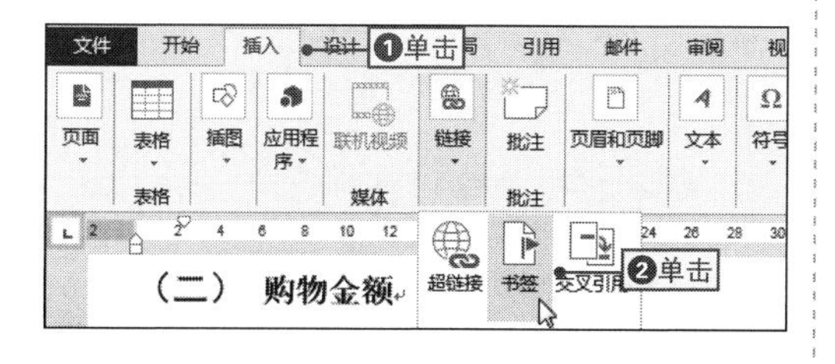

2 通过书签名进行定位

❶在“书签名”文本框下的列表框中选择需要定位的书签名，❷单击“定位”按钮。

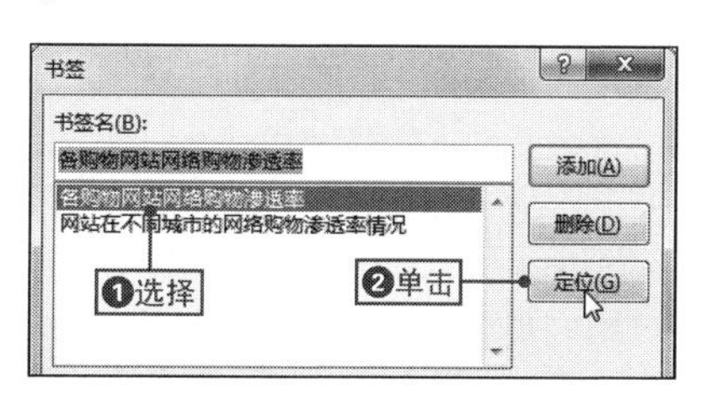

3 查看定位结果

❶此时鼠标光标定位到标签所指定的文本位置处，找到目标文本后，❷在“书签”对话框中单击“关闭”按钮关闭对话框。

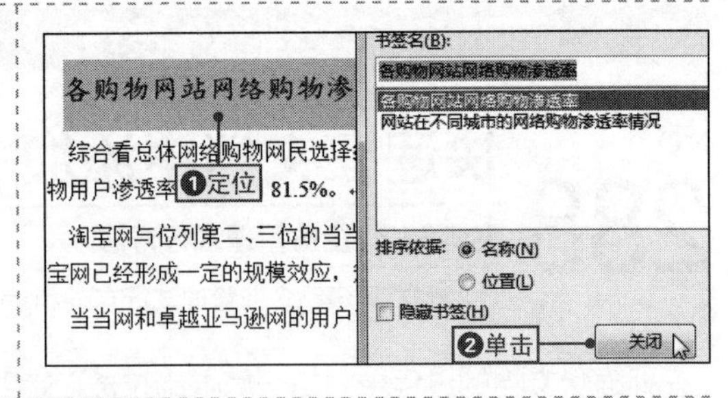

NO.

290 快速删除书签

在Word中，对于不再使用的书签，用户可以根据实际需要将其删除，其具体操作是：打开“书签”对话框，❶选择需要删除的书签选项，❷单击“删除”按钮即可删除文档中的书签。

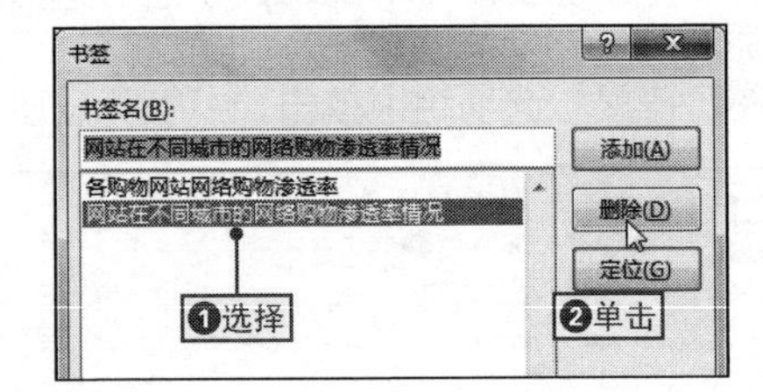

NO.

291 快速在文档中添加批注

案例012 企业管理试行方法

◉\素材\第6章\企业管理试行方法1.docx ◉\效果\第6章\企业管理试行方法1.docx

在Word 2013中，可以使用批注功能帮助用户在不改变原文本的情况下对文档进行修订，或提出相关建议，下面将通过在“企业管理试行方法1.docx”文档中添加书签为例，来讲解在文档中添加书签的步骤，其具体操作如下。

1 选择目标文本

打开“企业管理试行方法1.docx”文件，选择需要进行批注的文本内容。

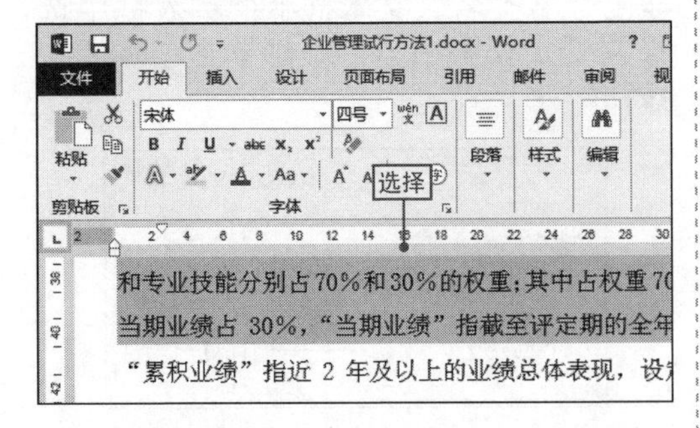

2 添加新批注

❶切换到“审阅”选项卡中，❷在“批注”选项组中单击“新建批注”按钮。

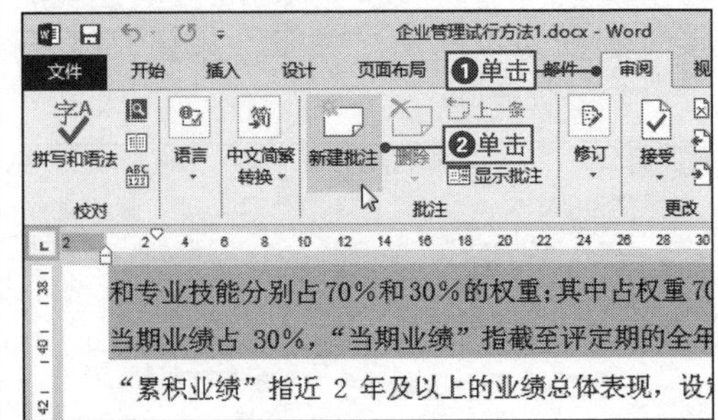

3 输入批注内容

程序将自动将文本插入点定位批注框中，在其中输入相应的批注内容即可。

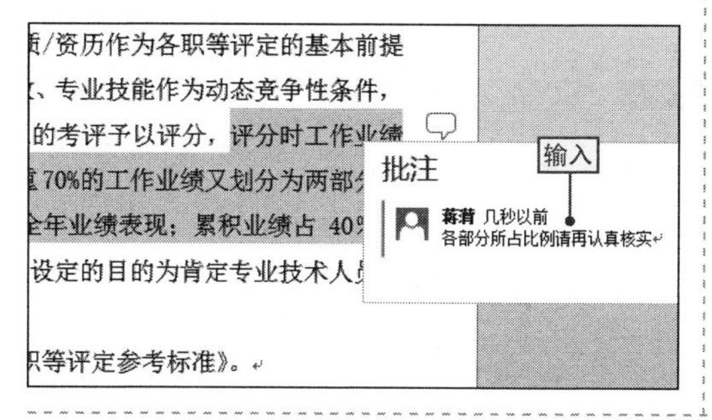

4 退出批注编辑状态

单击批注框中的“关闭”按钮（或将文本插入点定位到文档的任意位置），即可退出批注的编辑状态。

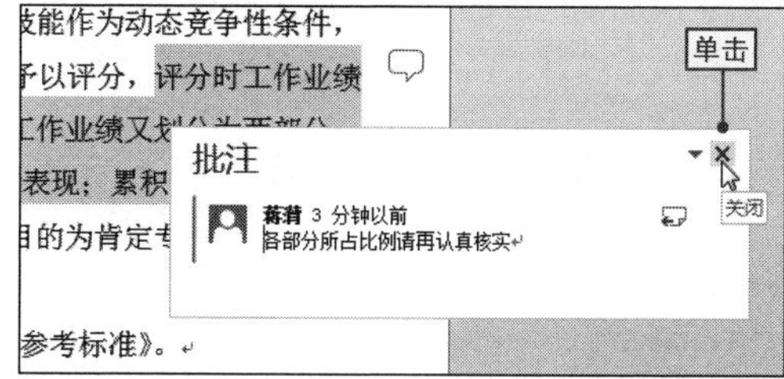

NO.

292 通过组删除批注

在Word文档中，对于不再需要的批注，可以将其删除，其具体操作是：将文本插入点定位到需要删除的批注的批注框中，❶单击“审阅”选项卡，❷单击“删除”下拉按钮，❸选择“删除”命令即可将批注删除。

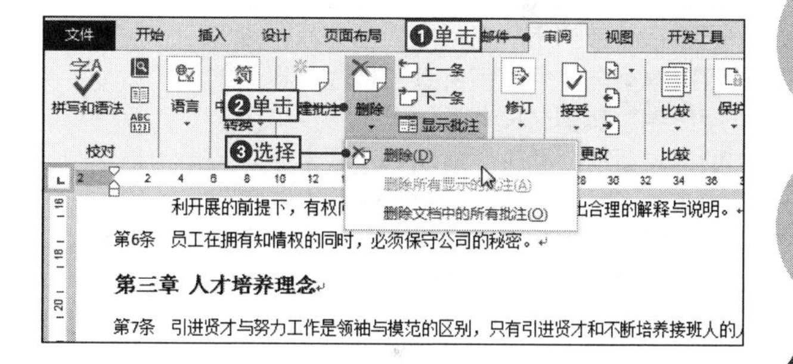

NO.

293 通过快捷菜单命令删除批注

除了可以通过功能按钮删除批注外，还有一种比较快捷的方式，就是通过快捷菜单删除批注，其具体操作是：❶在需要删除的批注上右击，❷在弹出的快捷菜单中选择“删除批注”命令即可将其删除。

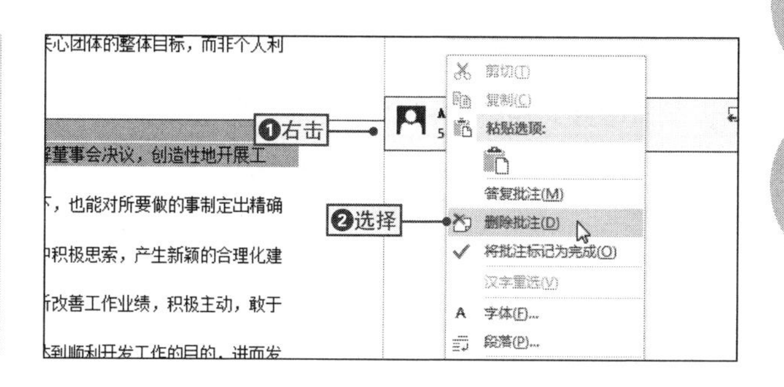

NO.
294 隐藏批注

对于添加了批注的文档，用户对其中的批注进行查看并对文档做出修改后，为了避免批注影响到文档中内容的外观，可以将批注隐藏起来，其具体操作是：❶单击“审阅”选项卡，❷在“批注”选项组中单击“显示批注”按钮，即可将文档中的所有批注隐藏起来。

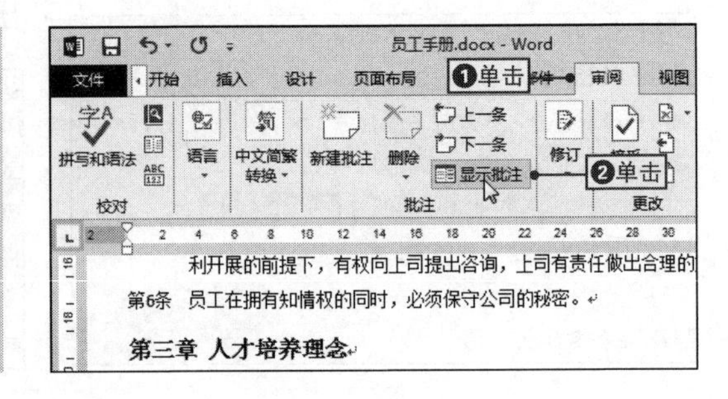

NO.
295 更改审阅者在批注中的显示用户名

在文档中添加批注后，在批注框中会自动显示审阅者的用户名或用户名缩写，用户可以根据需要修改审阅者在批注中显示的用户名，其具体操作是：打开“Word选项”对话框，❶在“常规”选项卡的“用户名”文本框中输入需要显示的姓名，❷在“缩写”文本框中输入姓名的缩写格式，❸单击“确定”按钮，即可更改审阅者在批注时显示的姓名。

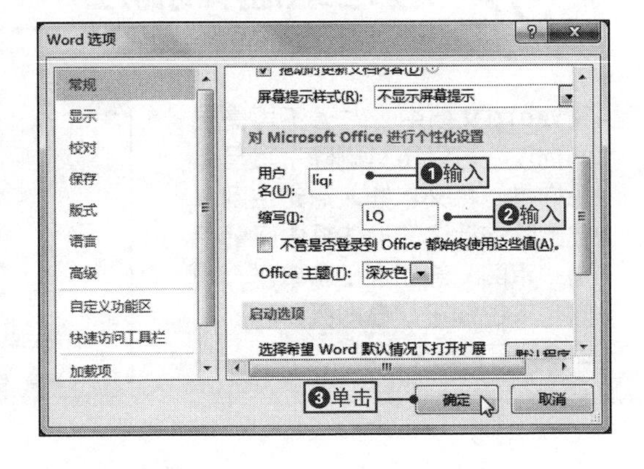

NO.
296 将审阅者姓名设置为匿名

在对文档添加批注时，如果不希望别人看到审阅者的姓名，可以将审阅者姓名设置为匿名，其具体操作如下。

1 设置检查文档属性和个人信息

打开“文件检查器”对话框，❶选中“文档属性和个人信息”复选框，❷单击“检查”按钮检查文档。

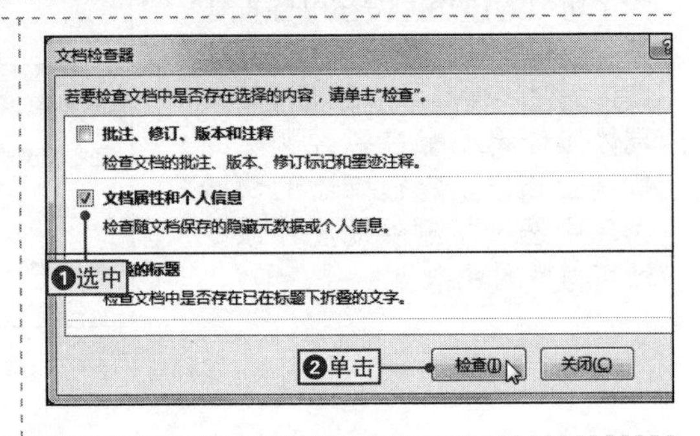

2 删除文档属性和个人信息

此时在“审阅检查结果”列表框中可以查看到检查的结果，❶单击“全部删除”按钮，❷单击“关闭”按钮关闭对话框。

NO. 297 检查文档中是否存在批注

Word 2013为用户提供了“文档检查器”功能，利用该功能可以检查文档中是否存在修订、批注和隐藏的文字等情形，其具体操作如下。

1 打开“文档检查器”对话框

❶在“信息”选项卡中单击“检查问题”下拉按钮，❷选择“检查文档”命令，打开“文档检查器”对话框。

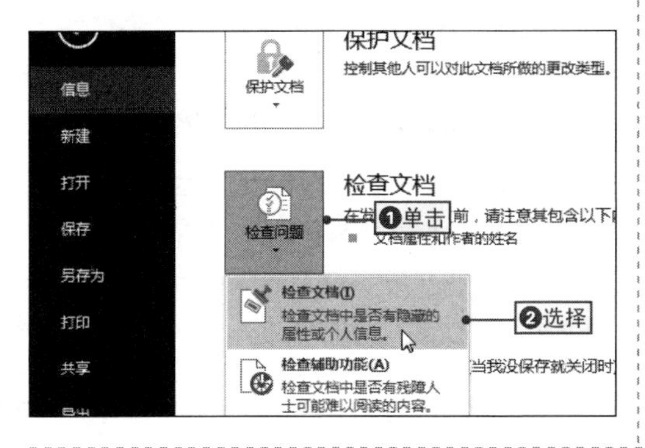

2 设置检查批注信息

❶选中“批注、修订、版本和注释”复选框，❷单击“检查”按钮，开始对文档进行检查。

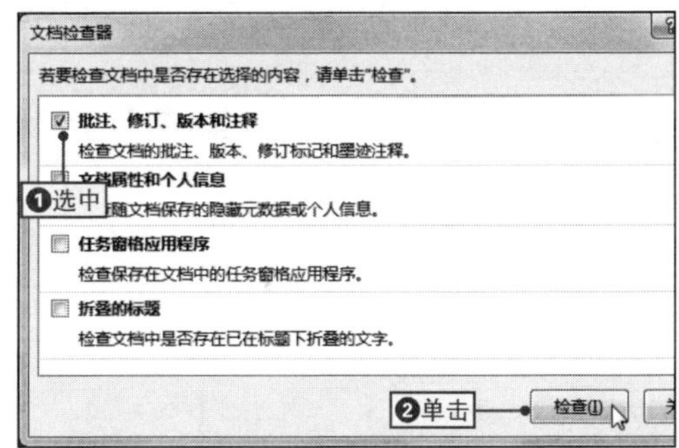

3 查看检查结果

此时在“审阅检查结果”列表框中可以查看到检查的结果，单击“关闭”按钮关闭对话框。

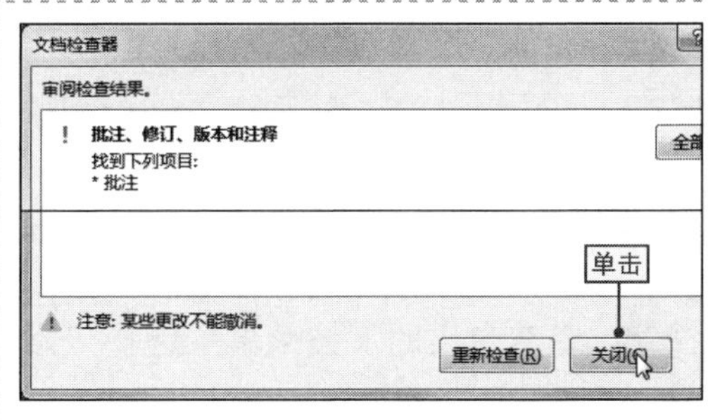

NO.
298 在文档中添加修订信息

案例012 企业管理试行方法

◉\素材\第6章\企业管理试行方法2.docx ◉\效果\第6章\企业管理试行方法2.docx

审阅者在审查文档时，若发现较为明显的错误需要修改，可以对文档进行修订，修订不是修改，而是通过Word的修订功能对文档内容进行更正，然后返回给原作者，由作者确定是否接受修订。下面将通过对“企业管理试行方法2.docx”文档添加修订为例，来讲解添加修订的步骤，其具体操作如下。

1 切换到“审阅”选项卡

打开“企业管理试行方法2.docx”文件，❶将文本插入点定位到文档的任意位置，❷单击“审阅”选项卡。

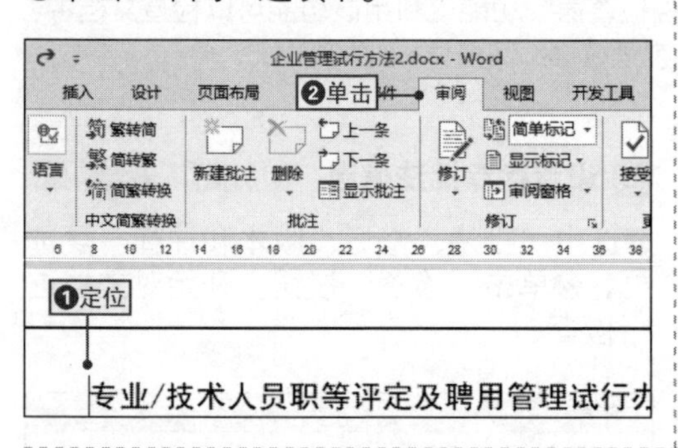

2 进入修订状态

❶在“修订”选项组中单击“修订”下拉按钮，❷选择“修订”选项，然后自动进入修订状态。

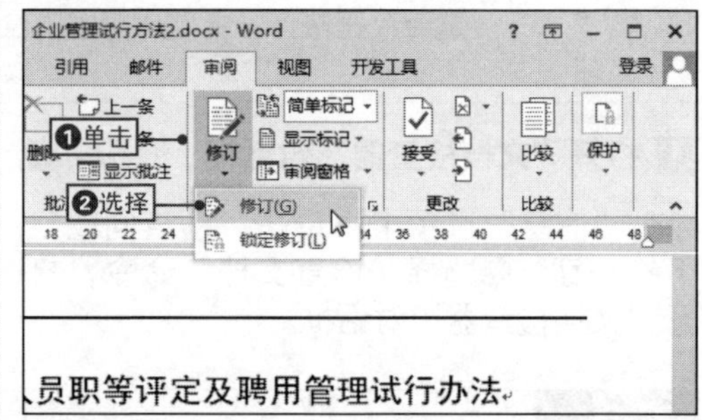

3 插入内容修订

将文本插入点定位到需要插入文本的位置，输入相应的文本，完成插入文本内容的修订。

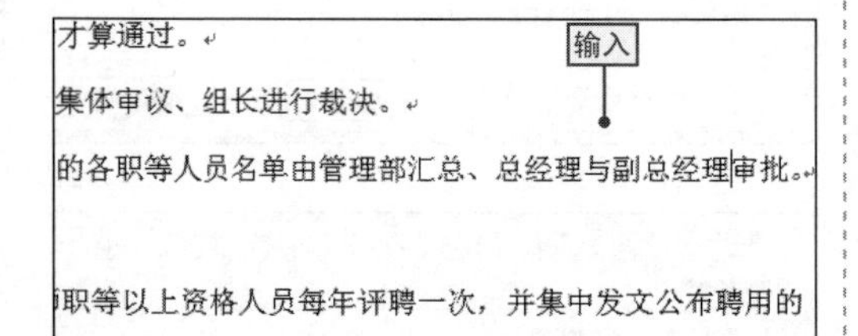

4 删除内容修订

在文档中选择要删除的文本内容，直接按【Backspace】键将其删除，完成删除文本内容的修订。

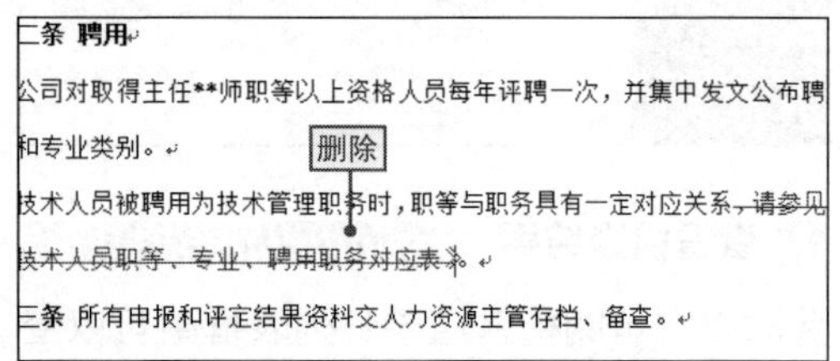

5 退出修订状态

❶在“审阅”选项卡中单击“修订”下拉按钮，❷在弹出的下拉菜单中选择“修订”命令退出修订状态。

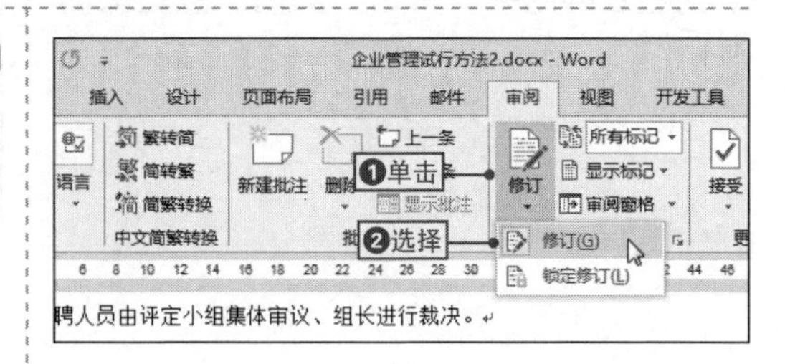

NO.

299 查看修订信息

当其他用户收到修订后的文档时，需要查看文档中被修订过的位置，对比修订前后的状态，从而判定是否要进行修改，其具体操作是：❶单击“审阅”选项卡，❷在“修订”选项组中单击“简单标记”下拉按钮，❸选择“所有标记”命令，即可查看到文档中的所有修订信息。

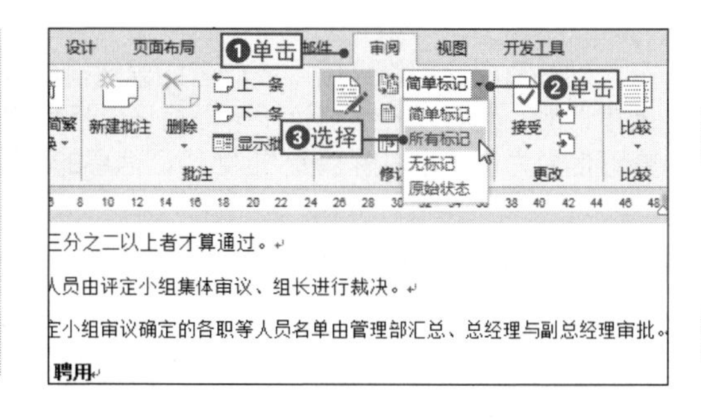

NO.

300 设置修订格式

在对文档添加修订时，系统会使用默认的修订格式，审阅者和原作者可以根据需要对修订的格式进行修改，其具体操作如下。

1 打开“修订选项”对话框

单击“审阅”选项卡，在“修订”选项组中单击“修订选项”按钮。

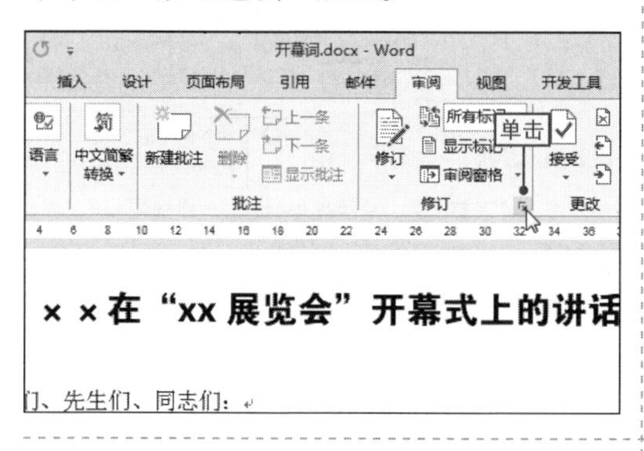

2 打开“高级修订选项”对话框

在打开的“修订选项”对话框中单击“高级选项”按钮。

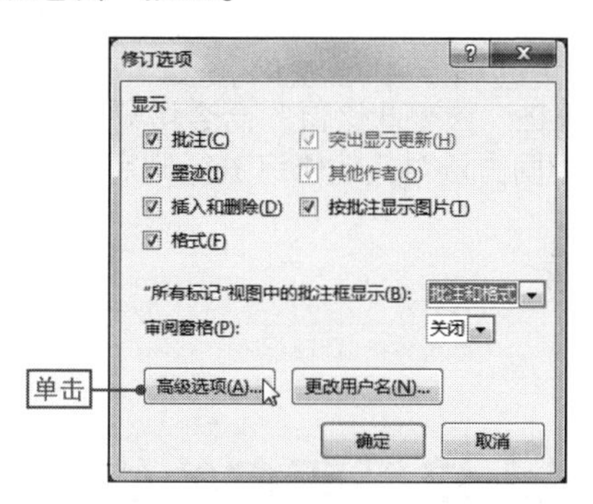

3 设置修订的格式

在打开的“高级修订选项”对话框中对修订的相应格式进行设置，然后依次单击“确定”按钮确认设置。

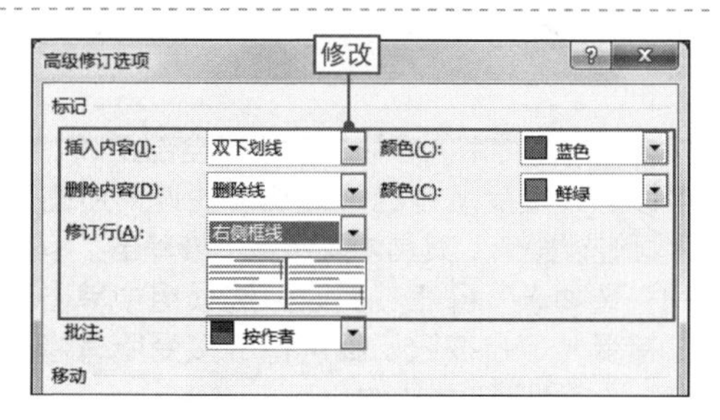

NO.
301 接受/拒绝修订信息

案例012 企业管理试行方法

◉\素材\第6章\企业管理试行方法3.docx ◉\效果\第6章\企业管理试行方法3.docx

在收到并查看文档修订后，原作者如果觉得修订是正确的，则可以接受修订；如果觉得修订是错误的，则可以拒绝修订，下面将通过接受和拒绝“企业管理试行方法3.docx”文档中的修订信息为例，来讲解接受/拒绝修订信息的步骤，其具体操作如下。

1 定位文本插入点

打开“企业管理试行方法3.docx”文件，将文档中的所有修订显示出来，将文本插入点定位到第一个修订中。

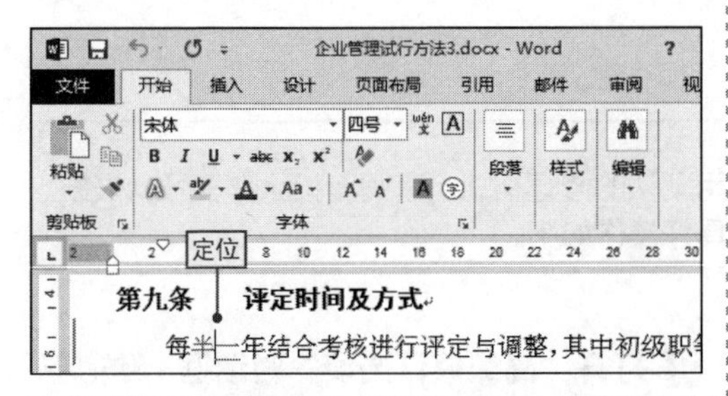

2 拒绝接受修订

❶单击“审阅”选项卡，❷在“更改”选项组中单击“拒绝”下拉按钮，❸选择“拒绝更改”命令拒绝当前的修订。

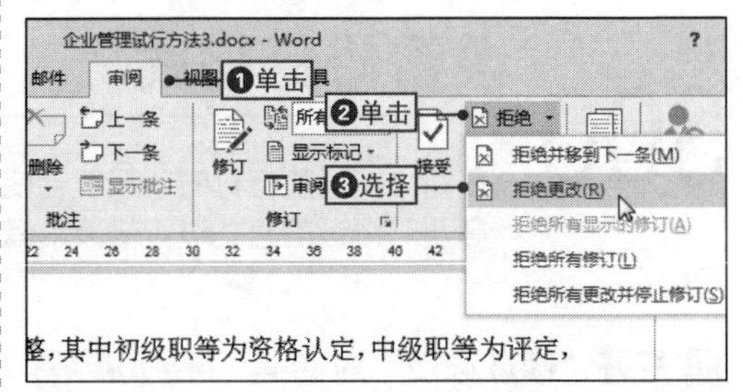

3 接受添加的修订

❶将文本插入点定位到下一条修订当中，❷在“审阅”选项卡中单击“接受”下拉按钮，❸选择“接受此修订”命令接受当前修订，以相同方法对其他修订进行判定。

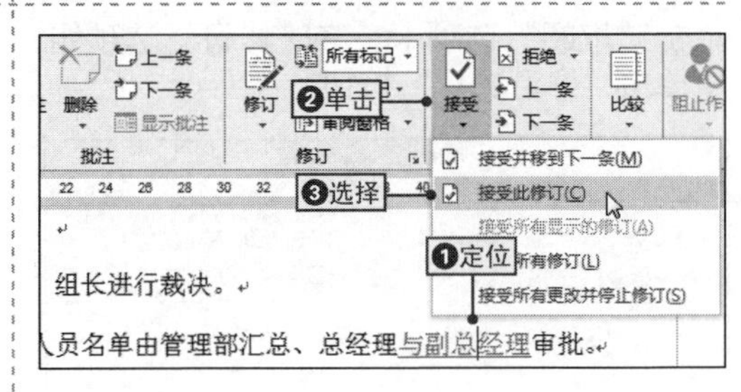

NO.
302 接受所有的修订

如果用户觉得审阅者添加的修订全部正确，可以通过接受所有的修订功能快速对所有修订进行操作，其具体操作是：❶单击“审阅”选项卡，❷在“更改”选项组中单击“接受”下拉按钮，❸选择“接受所有修订”选项即可完成操作。

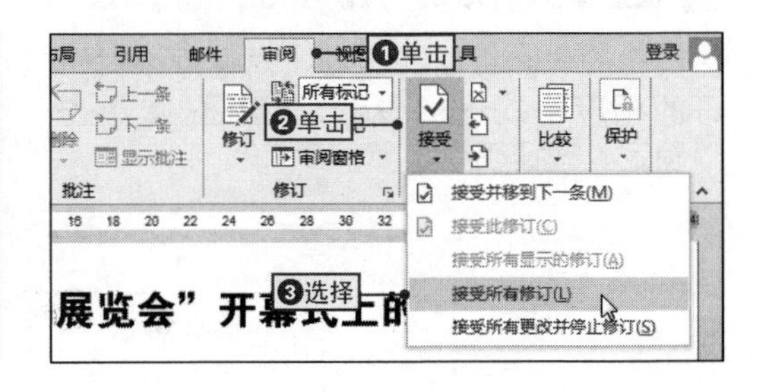

6.4 邮件合并的使用技巧

NO.303 添加邮件合并的收件人

案例013 录取通知书

◎\素材\第6章\录取通知书.docx　　◎\效果\第6章\录取通知书.docx

要使用邮件合并功能制作文档，首先需要向Word文档中添加邮件合并需要使用到的收件人列表，这样就可以将收件人列表中的数据插入邮件合并域中，从而快速提高工作效率，下面将通过在“录取通知书.docx”文档添加收件人为例，来讲解添加邮件合并的收件人的步骤，其具体操作如下。

1 切换到“邮件”选项卡

打开“录取通知书.docx”文件，单击“邮件”选项卡。

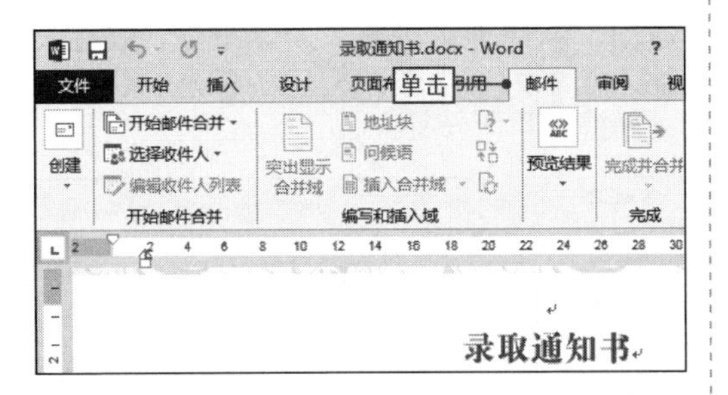

2 打开“新建地址列表”对话框

❶单击“选择收件人”下拉按钮，❷选择“键入新列表”命令。

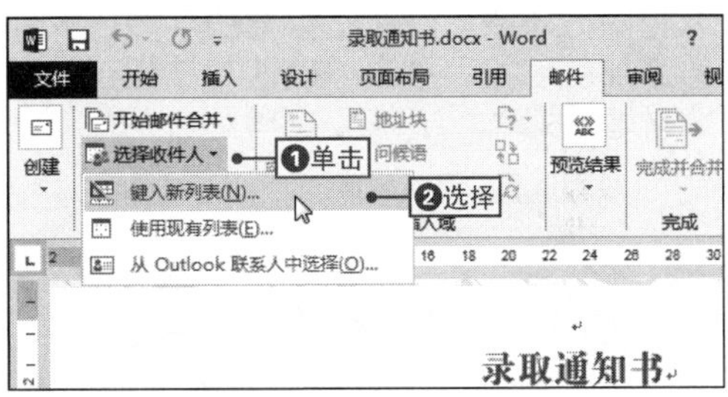

3 打开“自定义地址列表”对话框

在打开的“新建地址列表”对话框中单击“自定义列”按钮。

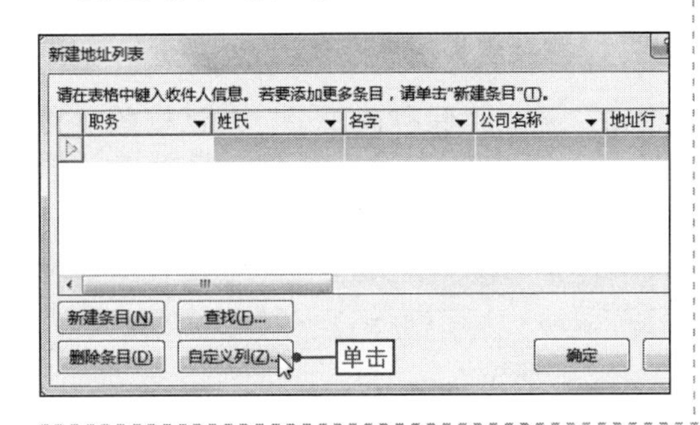

4 打开“添加域”对话框

在打开的“自定义地址列表”对话框中单击“添加”按钮。

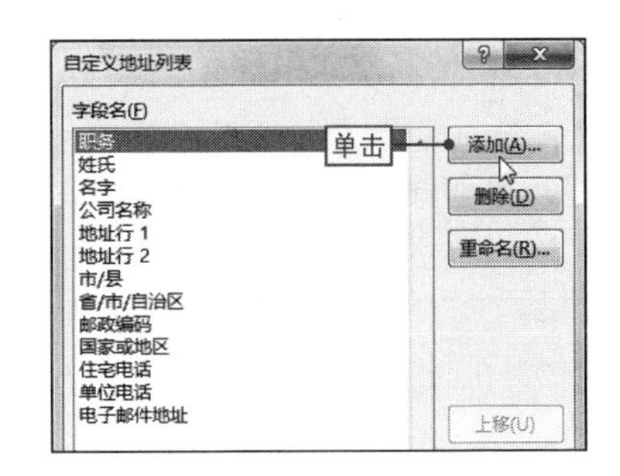

5 键入自定义域名

❶在打开的“添加域”对话框的“键入域名”文本框中输入相应的字段，❷单击“确定”按钮。

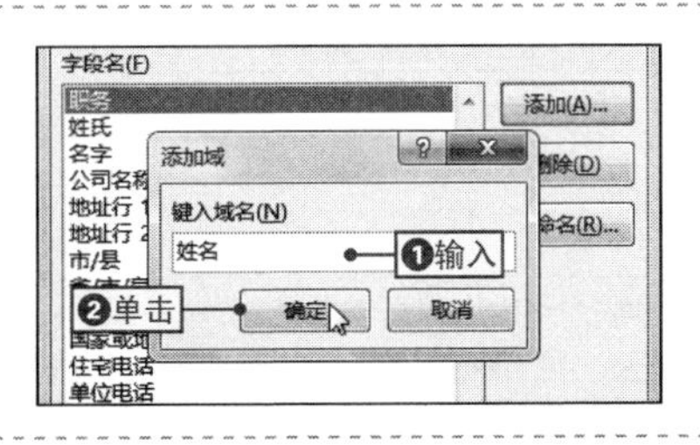

6 删除字段

以相同方法添加“学号”和“专业”字段，❶在“自定义地址列表”对话框中选择“职位”选项，❷单击“删除”按钮。

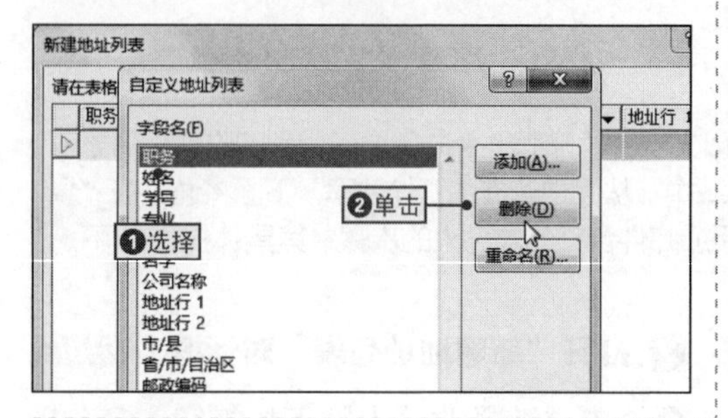

7 删除字段的所有信息

在打开的“Microsoft Word”对话框中单击“是”按钮，删除“职务”字段中的任何相关信息。

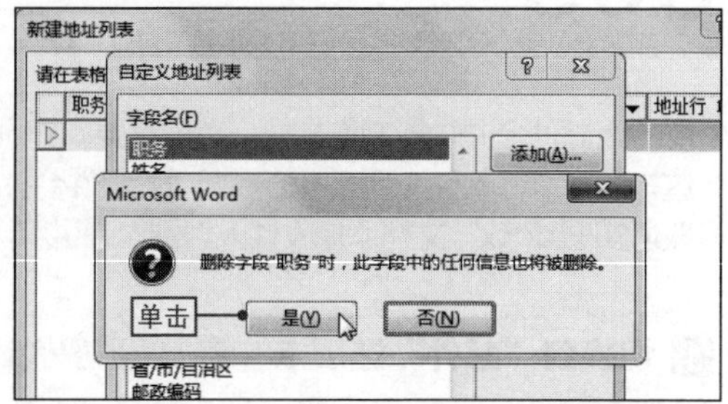

8 确认自定义地址列表

以相同方法删除其他不需要的字段，仅保留添加的字段，单击“确认”按钮确认自定义地址列表。

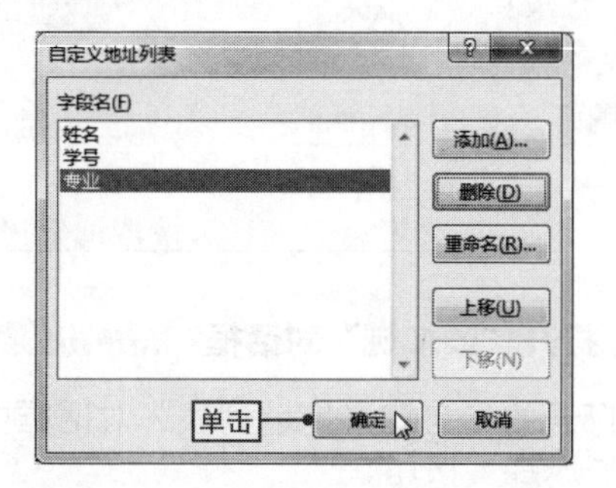

9 新建联系人信息

返回“新建地址列表”对话框中，❶在收件人信息列表中输入相应的信息，❷单击“新建条目”按钮。

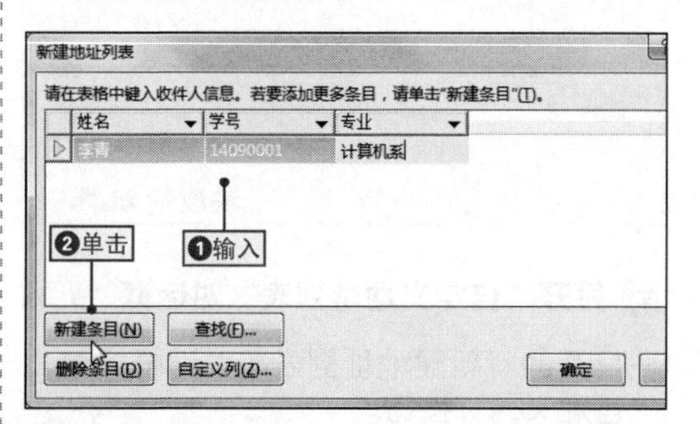

10 新建其他联系人信息

❶输入第二条联系人信息，并以相同方法新建条目和输入联系人信息，❷单击“确定”按钮确认新建联系人。

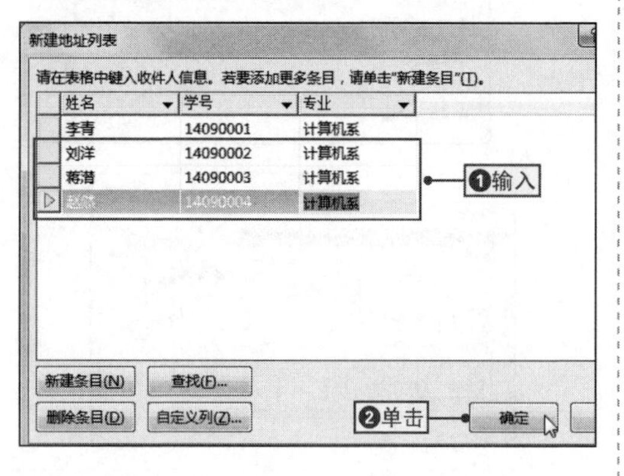

11 保存联系人信息

❶在打开的“保存通讯录”对话框的“文件名”文本框中输入名称，❷单击“保存”按钮保存通讯录。

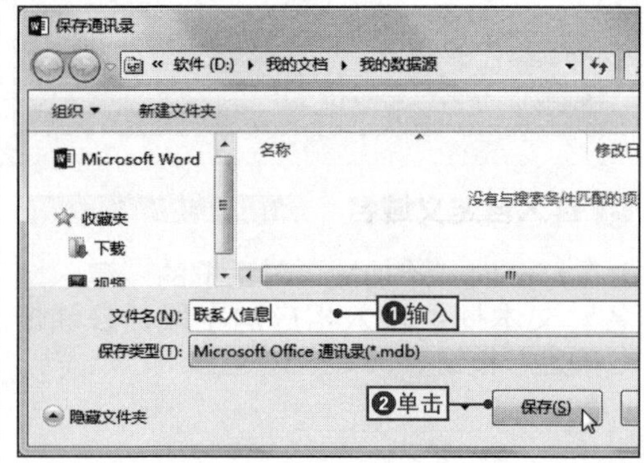

NO.
304 使用已有数据源添加收件人

为邮件输入合并添加收件人时，除了可以手动输入数据外，还可以直接使用已有的数据源添加联系人，这样可以更加方便、快速地添加收件人，从而提高工作效率，其具体操作如下。

1 打开“选取数据源”对话框

❶单击“邮件”选项卡，❷单击“选择收件人”下拉按钮，❸选择“使用现有列表”命令。

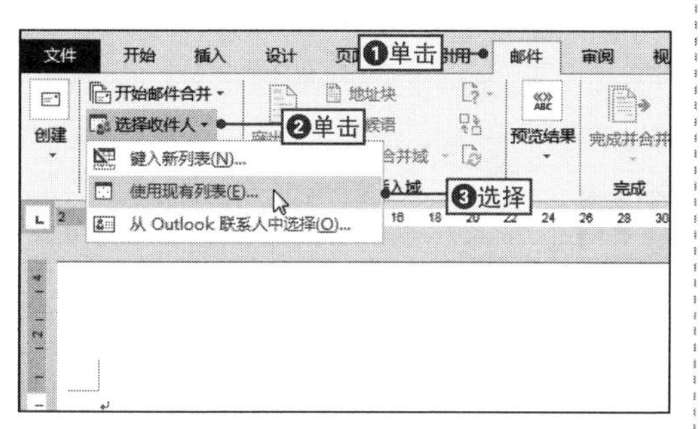

2 打开数据源

❶在打开的“选取数据源”对话框中选择需要的数据源，❷单击“打开”按钮打开数据源文件即可。

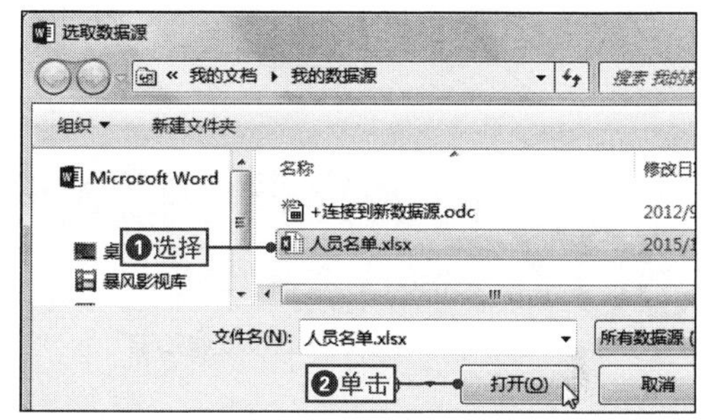

NO.
305 重命名收件人的字段

在对邮件合并添加了收件人之后，如果需要对收件人信息中的字段进行更改，可以直接对字段进行重命名，其具体操作如下。

1 打开“重命名域”对话框

❶打开“自定义地址列表”对话框，选择需要重命名的字段，❷单击“重命名”按钮，打开“重命名域”对话框。

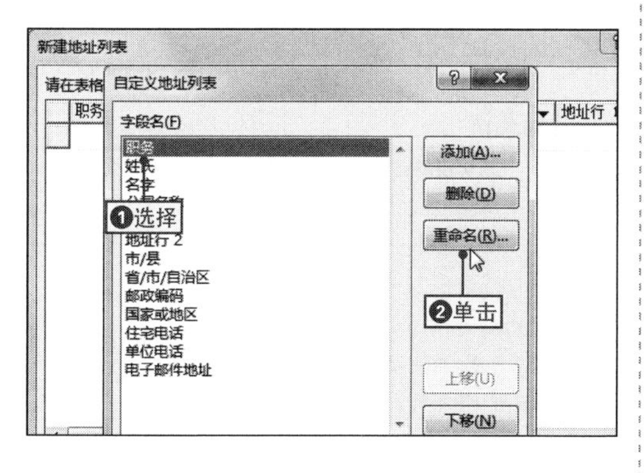

2 重命名字段

❶在“目标名称”文本框中输入相应的新名称，❷依次单击“确定”按钮，即可完成字段重命名的操作。

NO.
306 编辑字段的顺序

为了调整收件人信息的排列效果，可以在“自定义地址列表”对话框中编辑字段的顺序，其具体操作是：打开“自定义地址列表”对话框，❶在“字段名”下拉列表框中选择需要调整的字段，❷单击“上移”按钮即可将字段上移（或单击“下移”按钮即可将字段上移）。

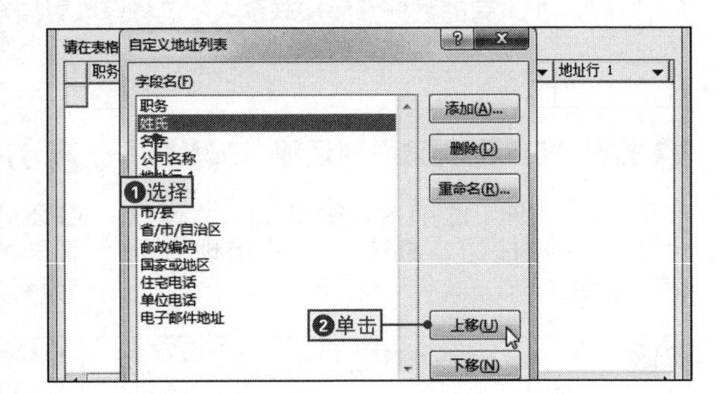

NO.
307 向主文档中插入合并域

案例013 录取通知书

◉\素材\第6章\录取通知书1.docx ◉\效果\第6章\录取通知书1.docx

将收件人列表添加到文档中后，在文档中并不会自动显示列表中的信息，需要将字段添加到相应的位置并使其显示出来，这时就需要向文档中插入合并域，下面将通过在“录取通知书1.docx”文档中插入姓名、学号和专业字段域为例，来讲解向文档中插入合并域的步骤，其具体操作如下。

1 切换到“邮件”选项卡

打开“录取通知书1.docx”文件，❶将文本插入点定位到相应位置，❷切换到“邮件”选项卡中。

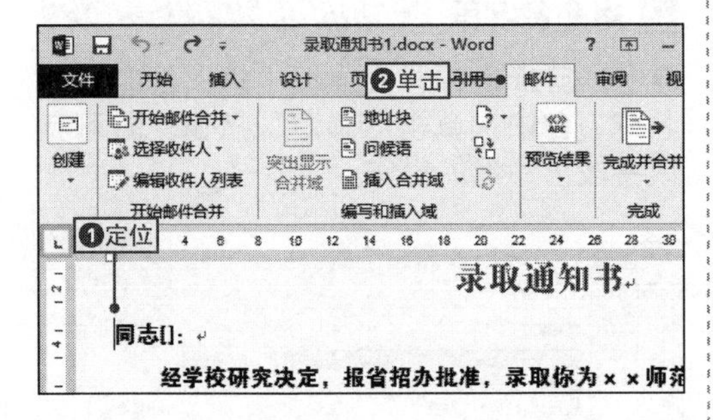

2 插入字段域

❶在“编写和插入域”选项组中单击“插入合并域”下拉按钮，❷选择“姓名”命令，插入相应合并域。

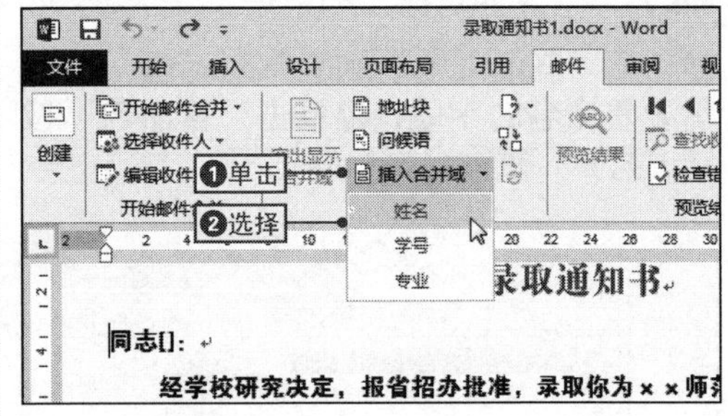

3 插入其他字段域

以相同的方法在相应位置插入“学号”和“专业”字段域，完成向文档中插入合并域的操作。

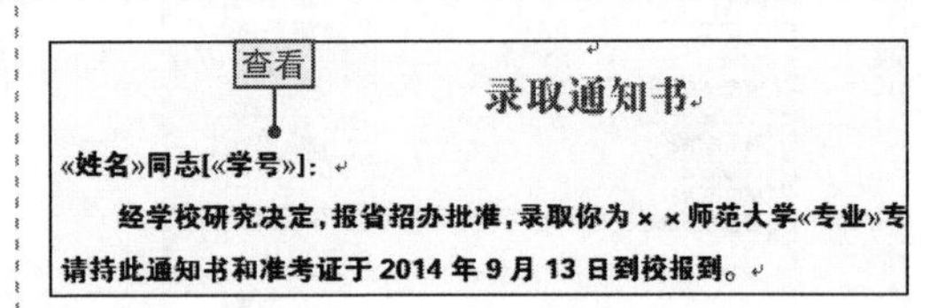

NO.
308 将邮件合并主文档恢复为常规文档

在Word 2013中，如果想要将邮件合并主文档恢复为普通的Word文档，可通过简单技巧来实现，其具体操作是，❶单击“邮件”选项卡，❷在“开始邮件合并”选项组中单击“开始邮件合并”下拉按钮，❸选择“普通Word文档”选项即可将邮件合并主文档恢复为常规文档。

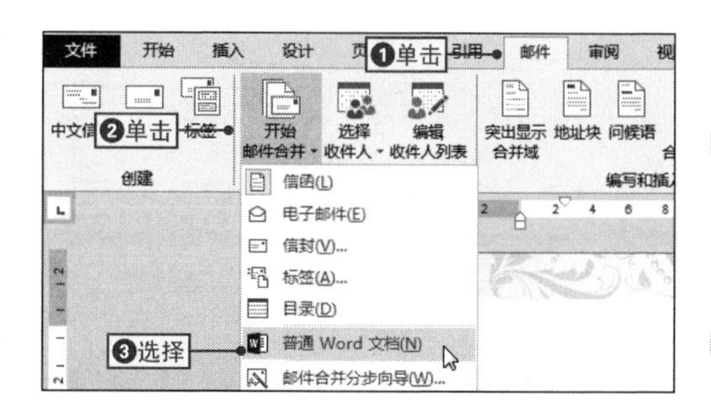

NO.
309 预览邮件合并的效果

案例013 录取通知书

◉\素材\第6章\录取通知书2.docx ◉\效果\第6章\录取通知书2.docx

在主文档中插入合并域后，主文档中将会显示相应的字段名，用户如果想要查看邮件合并的效果，就需要对主文档进行预览，下面将通过对“录取通知书2.docx”文档进行预览为例，来讲解预览预览邮件合并效果的步骤，其具体操作如下。

1 切换到“邮件”选项卡

打开“录取通知书2.docx”文件，单击“邮件”选项卡。

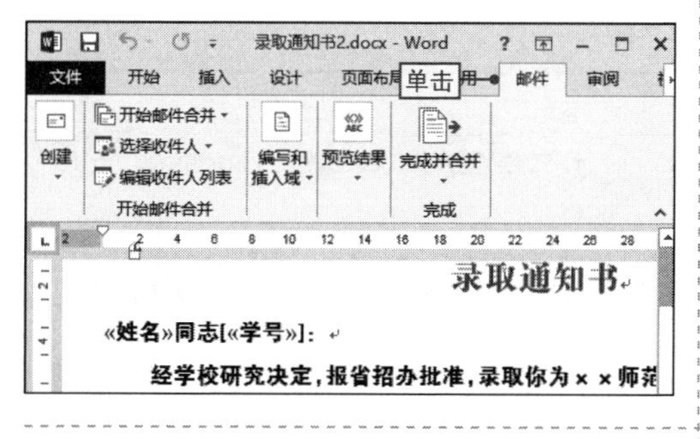

2 预览第一条信息

单击“预览结果”按钮，此时文档将自动在合并域处显示第一条收件人信息。

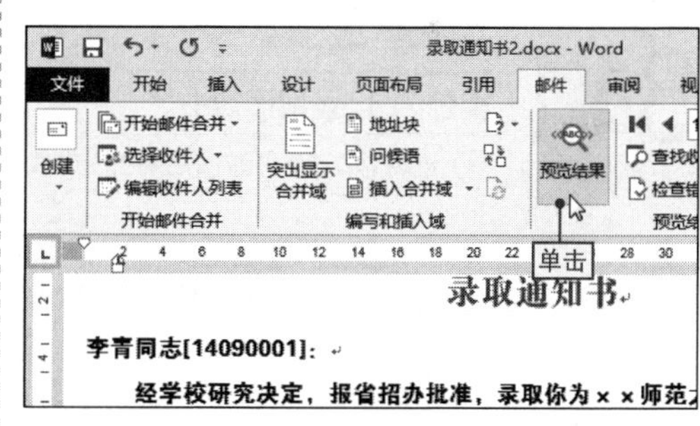

3 预览下一条信息

在“预览结果”选项组中单击“下一记录”按钮，此时文档将自动在合并域处显示第二条收件人信息。

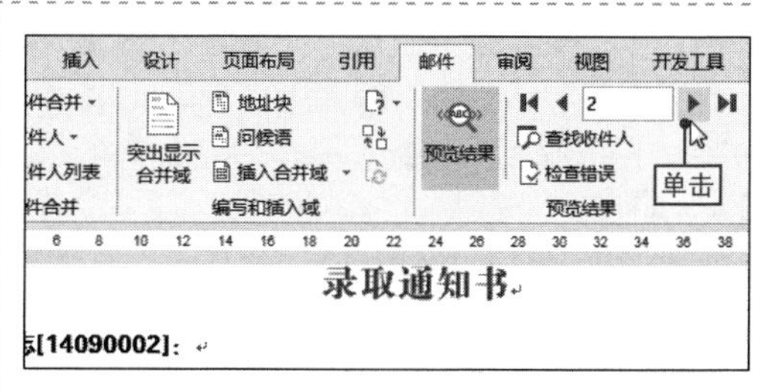

4 预览最后一条信息

在“预览结果”选项组中单击“尾记录”按钮，此时文档将自动在合并域处显示最后一条收件人信息。

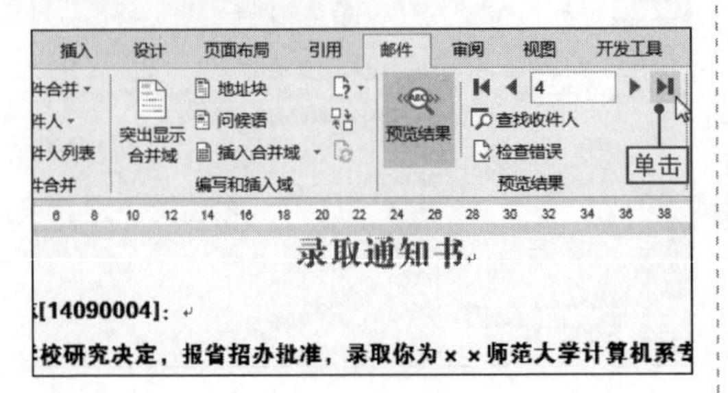

5 退出预览状态

在预览完成后，在“预览结果”选项组中单击“预览结果”按钮，即可退出邮件合并的预览状态。

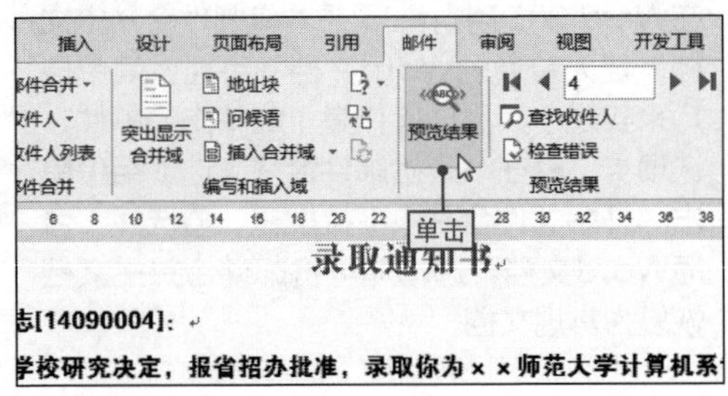

NO.310 预览上一条邮件合并记录

在预览邮件合并结果的过程中，如果想要预览上一条记录，其具体操作是：在“预览结果”选项组中直接单击“上一记录”按钮即可快速预览上一条邮件合并记录的效果。

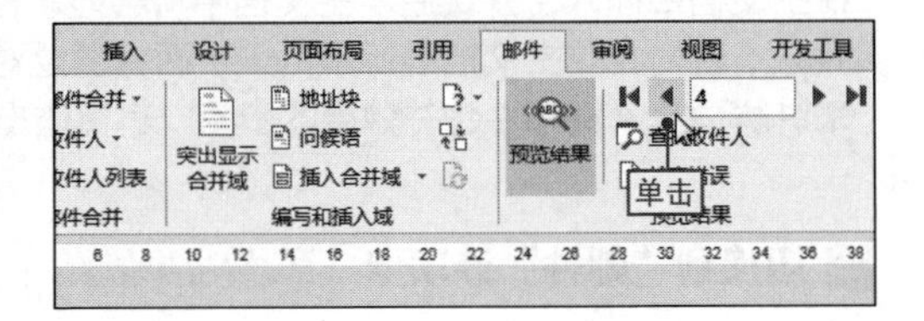

NO.311 批量生成多个文档

案例013 录取通知书

◉\素材\第6章\录取通知书3.docx　　◉\效果\第6章\录取通知书3.docx

在对邮件添加了收件人和插入了合并域后，就可以使用邮件合并功能批量生成多个文档，下面将通过批量制作“录取通知书3.docx”文档为例，来讲解Word 2013中邮件合并功能的步骤，其具体操作如下。

1 对单个文档进行编辑

打开“录取通知书3.docx”文件，❶单击“邮件”选项卡，❷单击“完成并合并”下拉按钮，❸选择“编辑单个文档”命令。

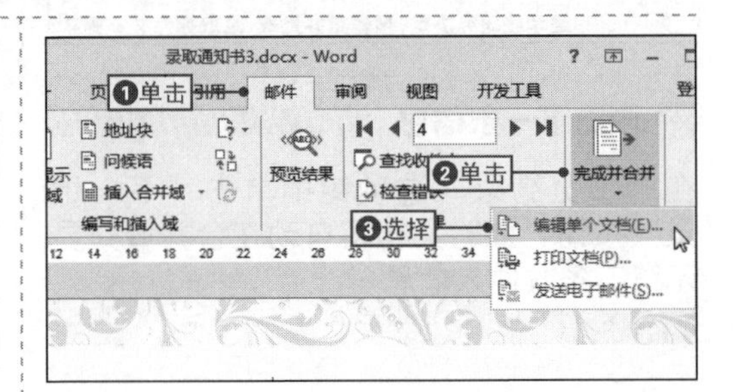

2 设置合并记录

在打开的“合并到新文档”对话框的“合并记录”选项组中保持默认设置，单击“确认”按钮确认设置。

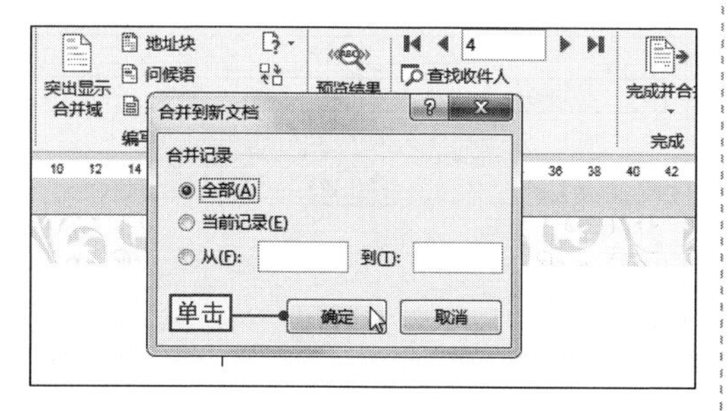

3 打开“另存为”对话框

此时程序自动生成一个名为“信函1”的文档，单击“保存”按钮，打开“另存为”对话框，对其进行保存。

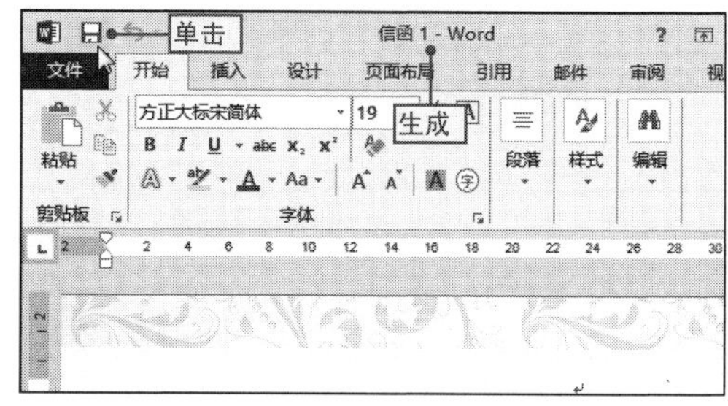

NO. 312 在邮件合并中不显示某条记录

在邮件合并的过程中，可以使用Word的筛选功能，选择出符合指定条件的记录，而将不符合条件的记录隐藏起来，其具体操作如下。

1 打开“邮件合并收件人”对话框

❶单击“邮件”选项卡，❷单击“编辑收件人列表”按钮，打开“邮件合并收件人”对话框。

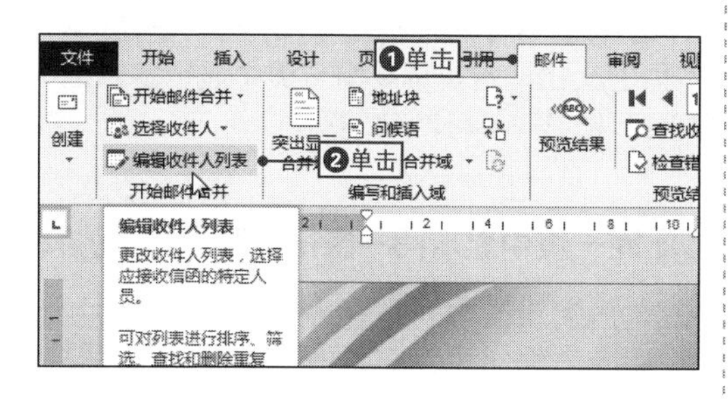

2 打开“筛选和排序”对话框

在“调整收件人列表”选项组中单击“筛选”超链接，打开“筛选和排序”对话框。

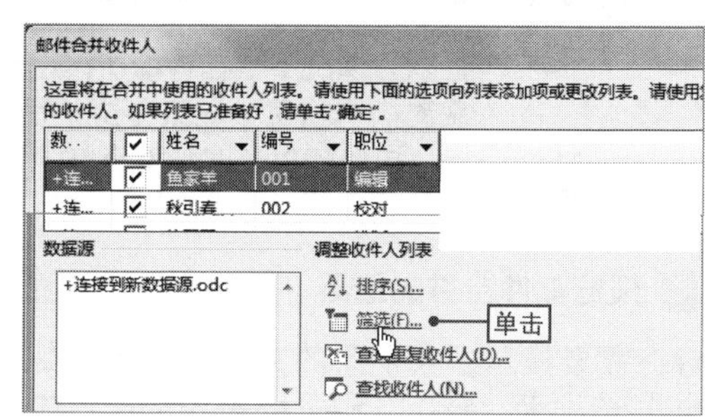

3 设置筛选的字段域

❶在“筛选记录”选项卡中单击“域”下拉按钮，❷在弹出的下拉列表中选择“职位”选项。

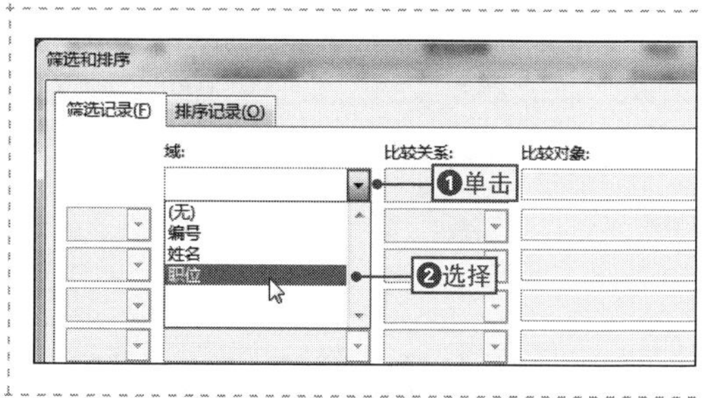

4 设置比较关系和比较对象

❶在“比较关系”下拉列表中选择“等于”选项，❷在“比较对象”文本框中输入“编辑”文本。

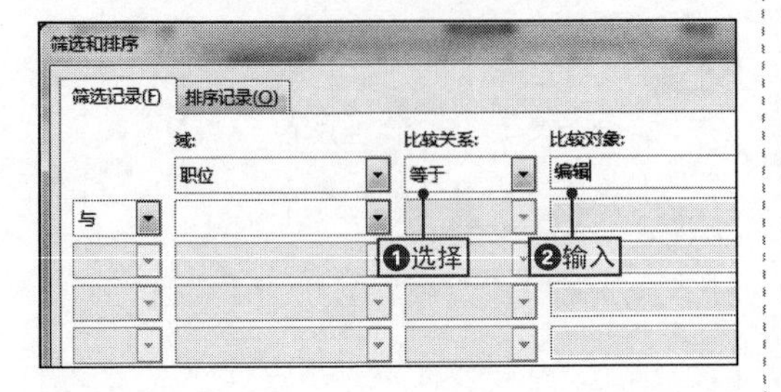

5 设置下一个筛选规则

❶完成第一个筛选规则的编辑后，继续设置下一个筛选规则，❷单击“确定”按钮确认设置。

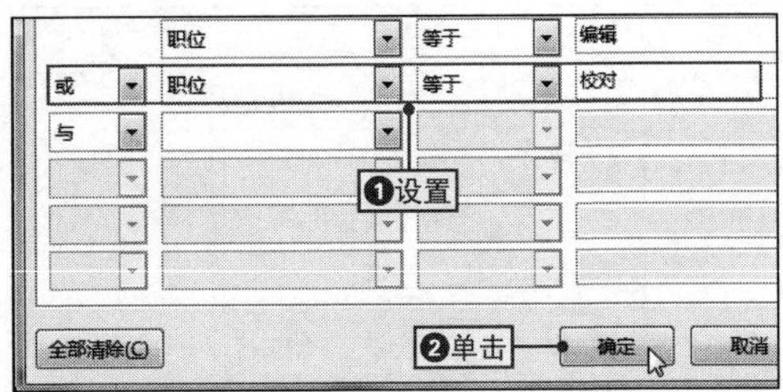

6 确认筛选规则

返回“邮件合并收件人”对话框中，在收件人列表中将只显示符合筛选规则的收件人记录，单击“确定”按钮确认设置。

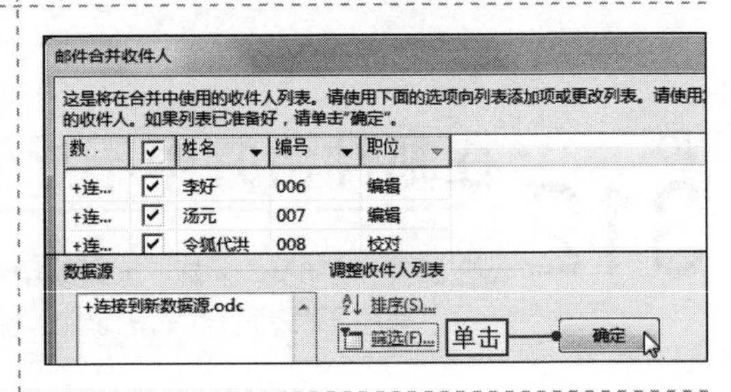

NO.313 在同一页中显示多条记录

在默认情况下，在Word中进行邮件合并时，程序会根据文档收件人列表的情况和内容将每条记录生成一页或多页的文档，若是想要同一页中显示多条记录，可以通过设置邮件合并的规则来实现，其具体操作如下。

1 预览邮件合并的结果

❶在需要显示多条记录的文档中单击“邮件”选项卡，❷在“预览结果”选项组中单击“预览结果”按钮。

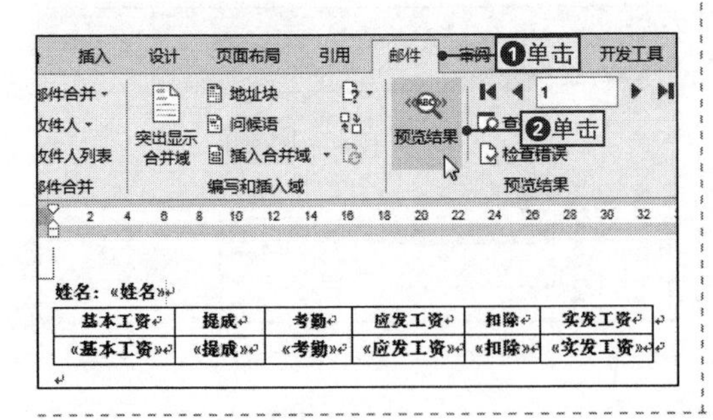

2 同一页中显示同一条记录数据

在文档编辑区中可以预览到邮件合并后的每条记录都显示的是同一条数据，然后取消预览。

姓名：李伟

基本工资	提成	考勤	应发工资	扣除	实发工资
2450	3600	20	6050	180	5870

预览

姓名：李伟

基本工资	提成	考勤	应发工资	扣除	实发工资
2450	3600	20	6050	180	5870

姓名：李伟

基本工资	提成	考勤	应发工资	扣除	实发工资
2450	3600	20	6050	180	5870

3 插入规则域

❶在“邮件”选项卡的“编写和插入域”选项组中单击“规则”下拉按钮，❷选择“下一记录”命令。

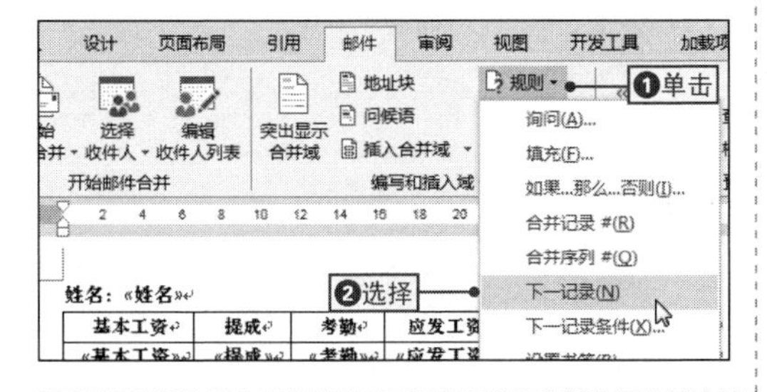

4 同一页中显示同一条记录数据

以相同的方法在每个表格后的空白行处都插入一个“下一记录”规则域，然后重新进行预览。

姓名：李伟

基本工资	提成	考勤	应发工资	扣除	实发工资
2450	3600	20	6050	180	5870

姓名：刘晓

基本工资	提成	考勤	应发工资	扣除	实发工资
2500	2900	35	5400	237.5	5162.5

姓名：张娴

基本工资	提成	考勤	应发工资	扣除	实发工资
2360	3100	19	5460	170	5290

预览

NO. 314 使用邮件合并向导合并邮件

在日常办公中，为了提高工作效率，常常需要使用Word快速生成多个文档，这时可以使用邮件合并向导快速批量生成多个文档，如信函、信封、电子邮件或标签等，其具体操作如下。

1 打开“邮件合并”窗格

创建好文档的主体内容，❶在“邮件”选项卡中单击“开始邮件合并”下拉按钮，❷选择“邮件合并分步向导”命令。

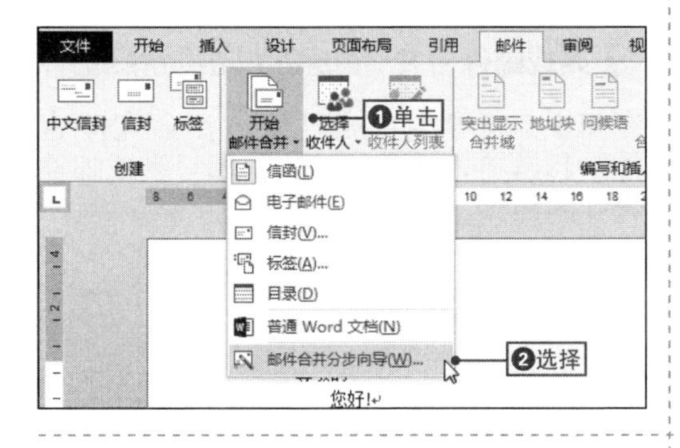

2 开始启动文档

❶在打开的“邮件合并”窗格中选中“电子邮件”单选按钮，❷单击“下一步：开始文档”超链接。

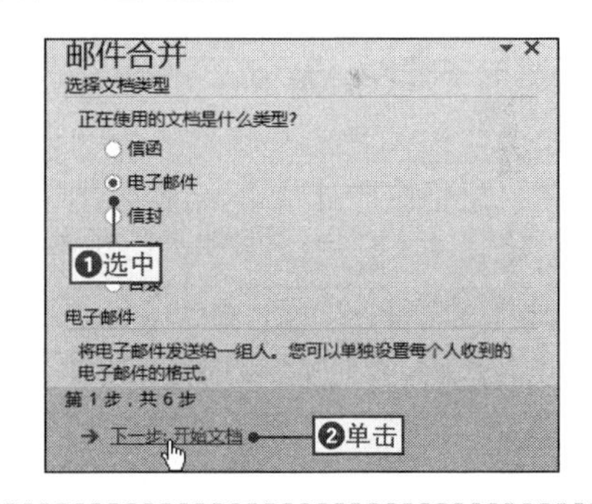

3 选择文档类型

❶选中“使用当前文档”单选按钮，❷单击“下一步：选中收件人”超链接。

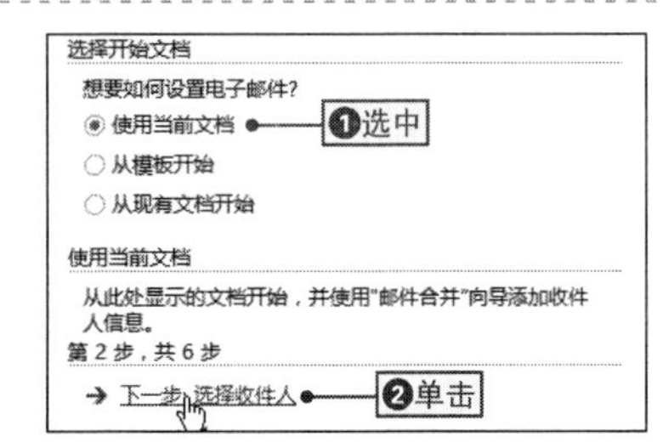

4 选择设置电子邮件的方式

单击“浏览”超链接，打开“选取数据源”对话框。

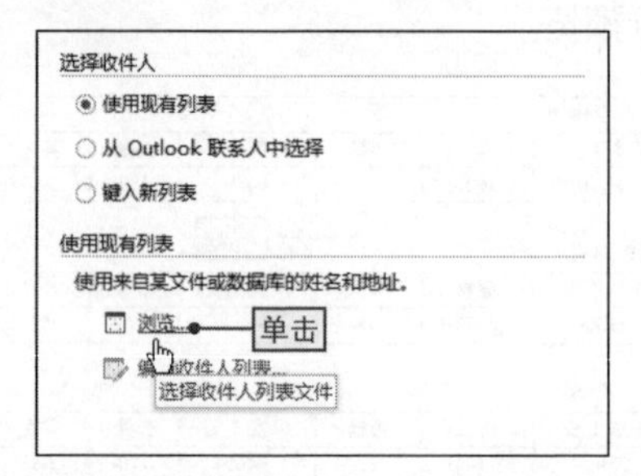

5 选择数据源

❶选择需要的数据源文件，❷单击“打开”按钮，然后依次单击“确定”按钮。

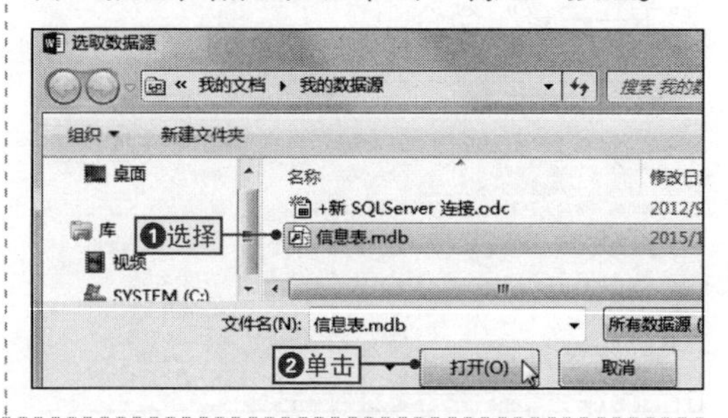

6 开始撰写电子邮件

返回窗格中，单击“下一步：撰写电子邮件”超链接，进入下一步向导中。

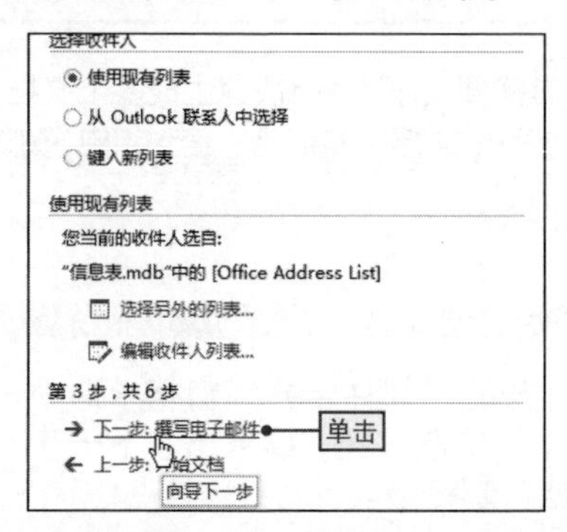

7 插入合并域

❶将文本插入点定位到相应位置，❷在“邮件”选项卡中单击“插入合并域”下拉按钮，❸选择相应字段域。

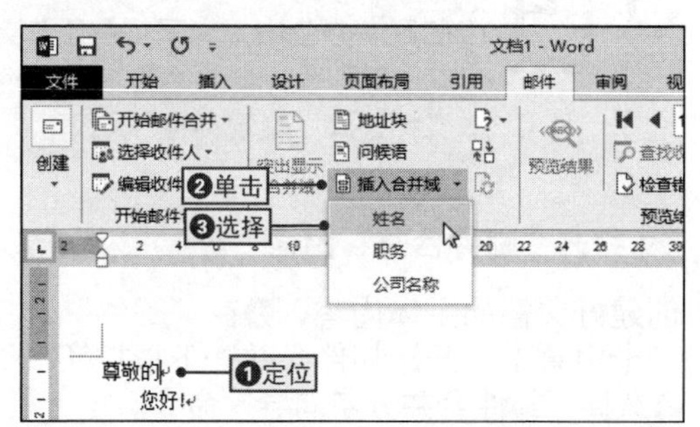

8 预览电子邮件

以相同方法插入其他合并域，在“撰写电子邮件”窗格中单击“下一步：预览电子邮件”超链接，对电子邮件进行预览。

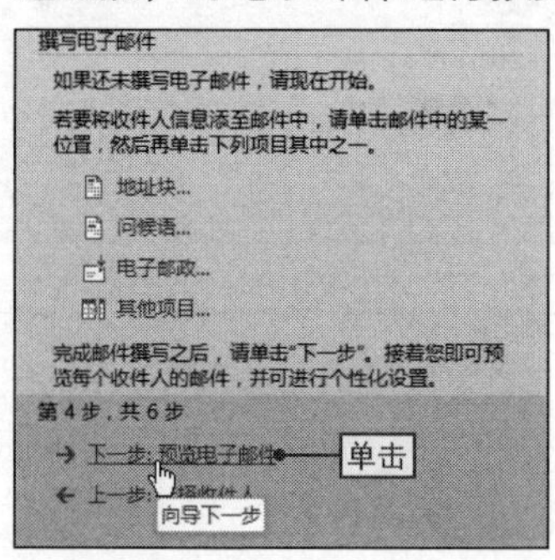

9 完成邮件合并

在第5步向导中单击“下一步：完成合并”超链接，然后关闭窗格即可完成邮件合并的操作。

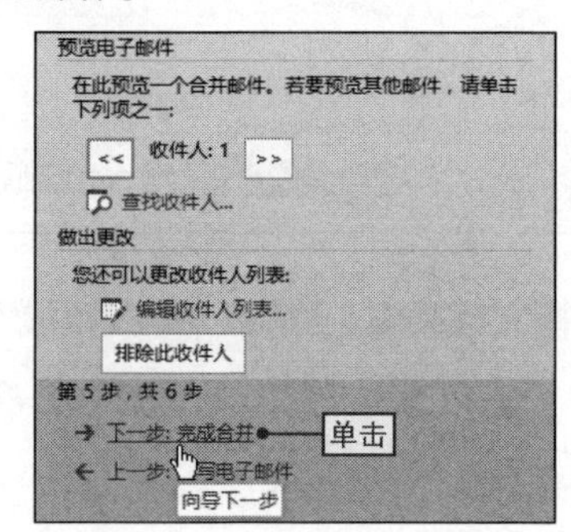

CHAPTER 07

本章导读

Excel作为强大的数据管理软件，在各个领域都有广泛的应用，只有掌握它的基本操作技巧，才能更好地对数据进行分析和管理，本章将主要介绍Excel表格中基本的常用技巧。

Excel表格制作必知技巧

本章技巧

表格的创建、调整和转换技巧

NO.315 快速创建空白工作表
NO.316 启动时直接创建空白工作簿
NO.317 启动时自动打开工作簿
……

数据的输入限制与验证技巧

NO.343 使用下拉列表限制输入的数据
NO.344 限制输入超出日期的数据
NO.345 圈释无效数据
……

表格的保护技巧

NO.353 指定表格的可编辑区域
NO.354 通过功能按钮设置表格可编辑区域
NO.355 使用允许用户编辑区域功能保护表格
……

财务比率	重要性系数	标准值	实际值
流动比率	1.6	1.8	102.61%
速动比率	0.12	2	104.08%
资产负债率	0.35	0.2	58.37%
负债股权比率	0.01	0.1	0.01%
固定比率	0.04	0.4	25.59%
存货周转率	[illegible]	[illegible]	[illegible]
应收账款周转率			
固定资产周转率			

重要性系数	标准值	实际值	关系比率	综
0.18	2.2		0.502774221	0.
0.12	1.8		0.606025039	0.0
0.05	0.2		3.018279722	0.1
0.01	0.1		0	
0.04	0.4		0.639658849	0.0
0.02	0.5		0	
0.12	2.6		0.586080586	0.
0.02	0.1		6.896551724	0.1
0.1	0.3		0.849459797	0.
0.1	0.24		1.026651801	0.
0.06				
0.08				
0.1				

一月份	二月份	月销量之最	总量
300	260	300	730
200	180	210	590
200	160	200	535
130	100	130	315
120	90	120	315
90	77	90	249
50	80	80	202
110	17	110	158

NO.315 快速创建空白工作表

案例014 工作能力考核表

◎\素材\第7章\无　　◎\效果\第7章\无

要制作员工考核表，首先需要先创建一个空白的文档，为后面数据的输入做好准备，下面将通过创建一个空白工作表为例来进行讲解，其具体操作如下。

1 新建空白工作簿

启动Excel 2013程序，在开始界面中选择“空白工作簿”选项。

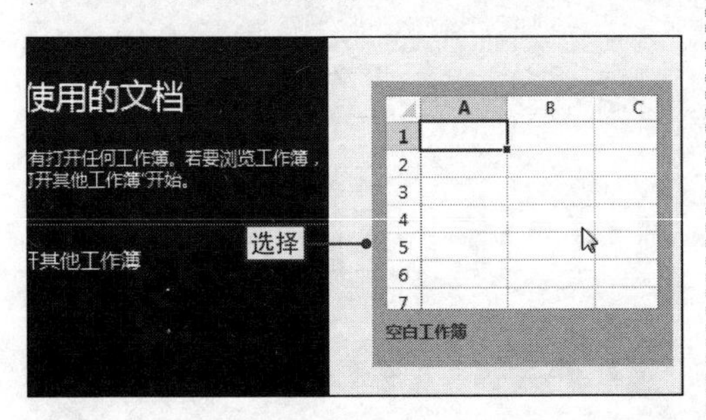

2 查看空白工作簿

此时程序将会自动创建一个名称为“工作簿1”的空白工作簿。

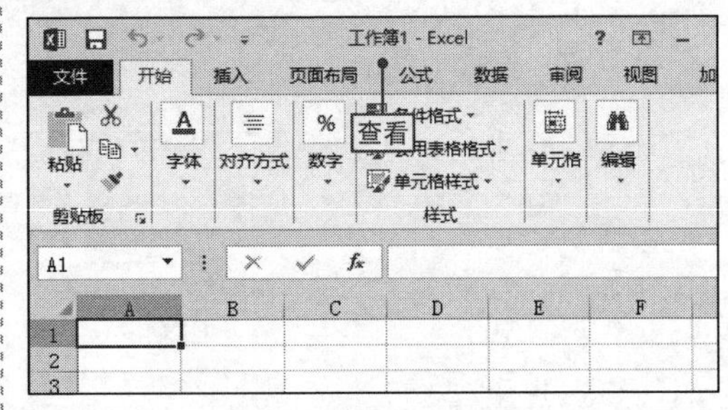

NO.316 启动时直接创建空白工作簿

在默认情况下，在启动Excel 2013时，会自动打开欢迎界面，然后通过单击右侧的“空白工作表”创建空白文档，这样显得比较烦琐，这时可以通过设置使Excel 2013启动时直接创建空白工作簿。

1 切换到“文件”选项卡

在工作簿中单击“文件”选项卡，切换到“文件”选项卡。

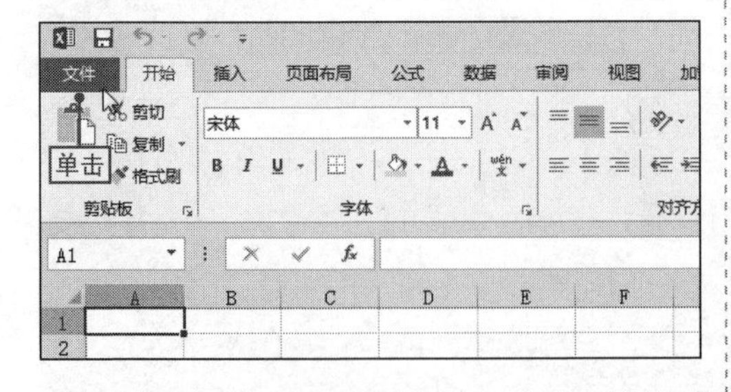

2 打开“Excel选项”对话框

单击“选项”按钮，打开“Excel选项”对话框。

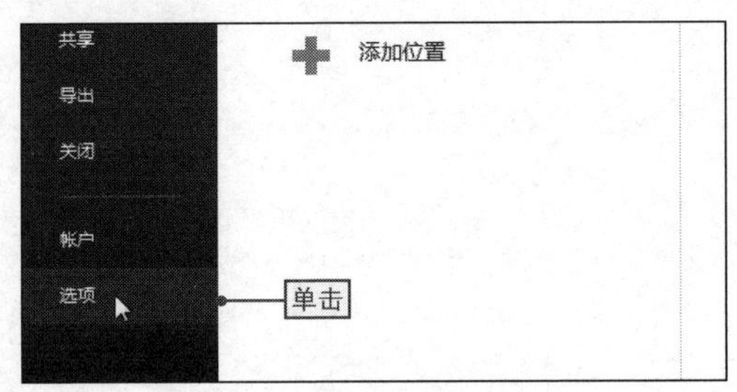

3 设置启动程序时不显示开始屏幕

❶在“常规”选项卡中取消选中“此应用程序启动时显示开始屏幕”复选框，❷单击“确定”按钮确认设置。

NO.

317 启动时自动打开工作簿

在启动Excel 2013时，除了可以打开开始界面或直接创建空白工作簿外，还可以使其自动打开工作簿，这对于每天都需要打开的文档来说非常实用，如员工考情表、每日工作计划表等，设置启动时自动打开工作簿的具体操作如下。

1 设置启动时打开的文件

打开“Excel选项”对话框，❶单击“高级”选项卡，❷在“启动时打开此目录中的所有文件”文本框中输入打开文件的路径。

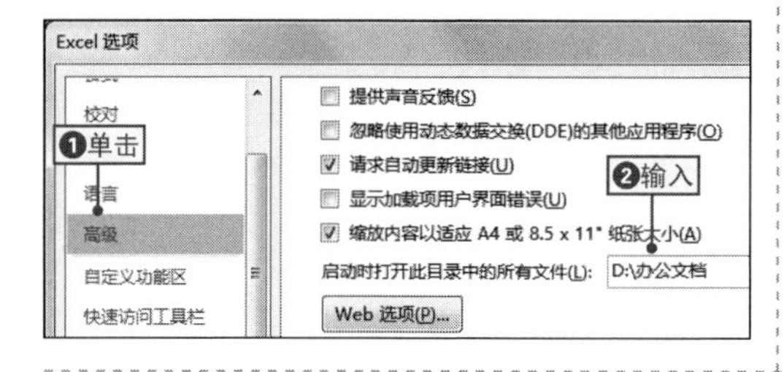

2 确认设置

单击“确定”按钮确认设置，重新启动Excel 2013时，程序会自动打开设置文件夹中的所有文件。

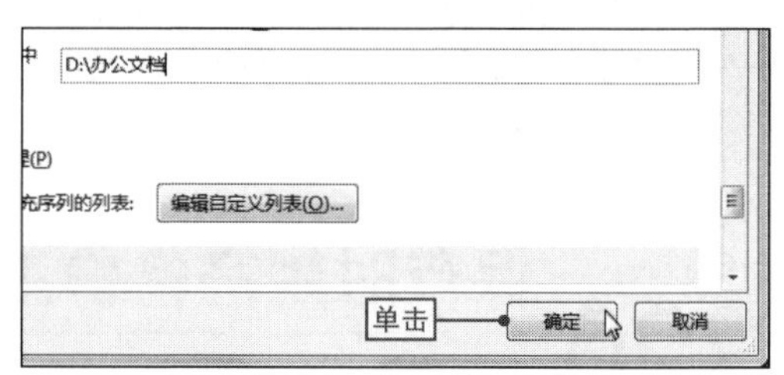

NO.

318 另存为工作簿

案例014 工作能力考核表

◉\素材\第7章\工作簿1.xlsx　◉\效果\第7章\工作能力考核表.xlsx

对于新建工作簿，需要将其进行保存，才能防止工作簿中的数据不被丢失，下面将通过保存新建的“工作簿1”工作簿为例，来讲解保存工作簿的步骤，其具体操作如下。

1 打开“另存为”对话框

切换到“文件”选项卡中，❶单击“另存为”选项卡，❷双击“计算机”图标按钮，打开“另存为”对话框。

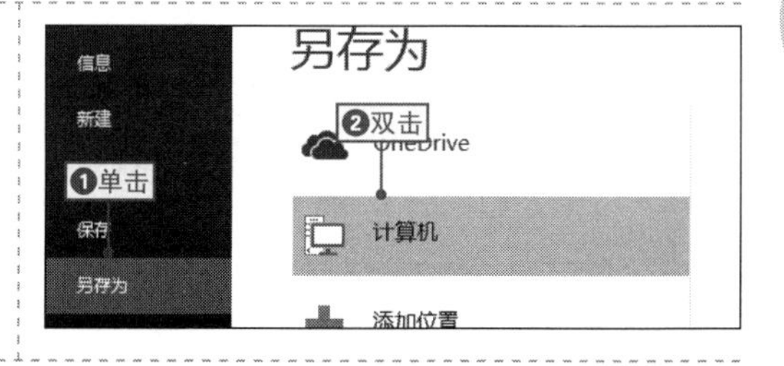

2 保存工作簿

❶设置工作簿的保存路径，❷在“文件名”文本框中输入工作簿的名称，❸单击“保存”按钮保存工作簿。

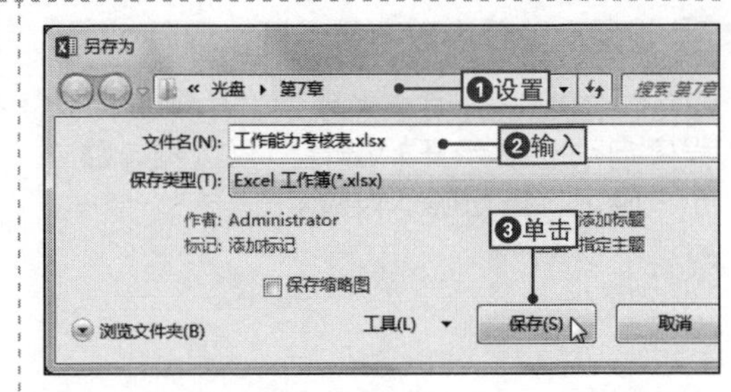

NO.

319 通过快速访问工具栏保存工作簿

在Excel 2013中，除了可以使用选项卡保存为工作簿外，还可以通过快速访问工具栏快速保存工作簿，其具体操作是：在快速访问工具栏中单击“保存”按钮即可对工作簿进行保存。

需要注意的是，若是第一次保存工作簿，则会打开“另存为”对话框；若不是第一次保存工作簿，则会直接在原工作簿的基础上进行保存。

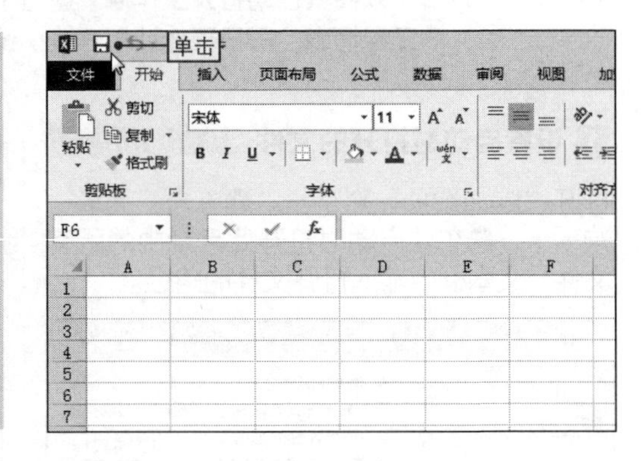

NO.

320 保存时生产备份工作簿

对于一些重要的工作簿，可以为其备份，以保证数据不被丢失，其具体操作如下。

1 打开“常规选项”对话框

打开“另存为”对话框，❶单击“工具”下拉按钮，❷选择“常规选项”命令。

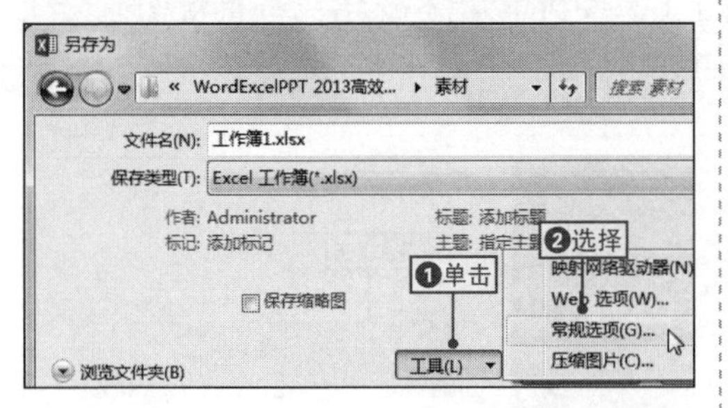

2 设置生成备份文件

❶在打开的对话框中选中“生成备份文件”复选框，❷单击“确定”按钮即可。

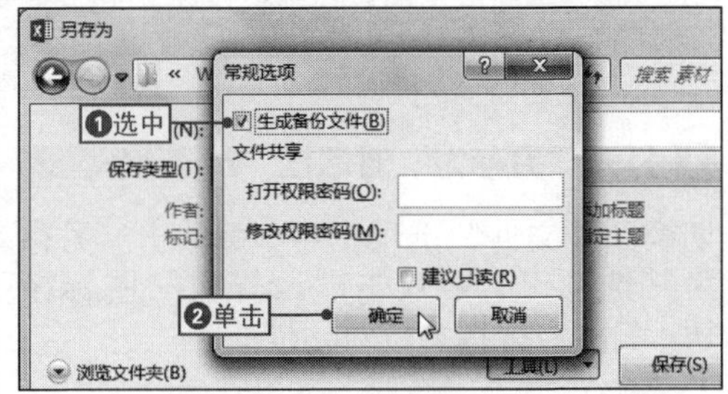

3 保存工作簿

返回"另存为"对话框中，❶设置工作簿保存路径，❷输入工作簿的名称，❸单击"保存"按钮对工作簿进行保存。

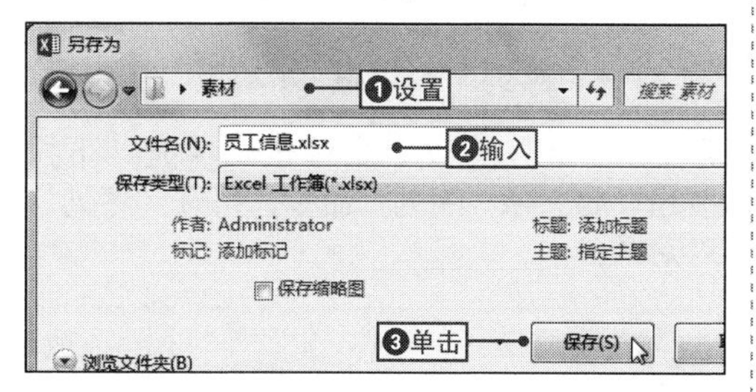

4 查看备份工作表

此时程序将会自动生成一份备份工作簿，打开工作簿的保存路径，可以查看到备份的工作簿，且该工作簿可以直接打开使用。

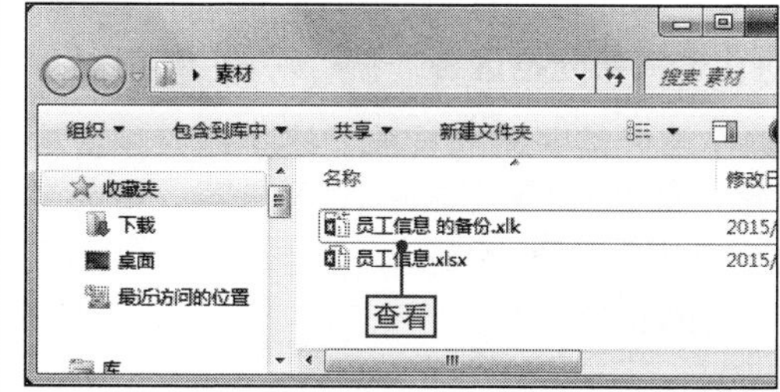

NO. 321 向工作簿中手动输入数据

案例014 工作能力考核表

◉\素材\第7章\工作能力考核表1.xlsx　　◉\效果\第7章\工作能力考核表1.xlsx

在工作簿创建完成后，可以向其中输入相应的数据，从而填充工作簿，下面将通过向"工作能力考核表1.xlsx"工作簿中手动输入数据为例，来讲解向工作簿中输入数据的步骤，其具体操作如下。

1 在编辑栏中输入数据

打开"工作能力考核表1.xlsx"文件，❶选择A1单元格，❷将文本插入点定位到编辑栏中，并输入数据，❸单击"输入"按钮。

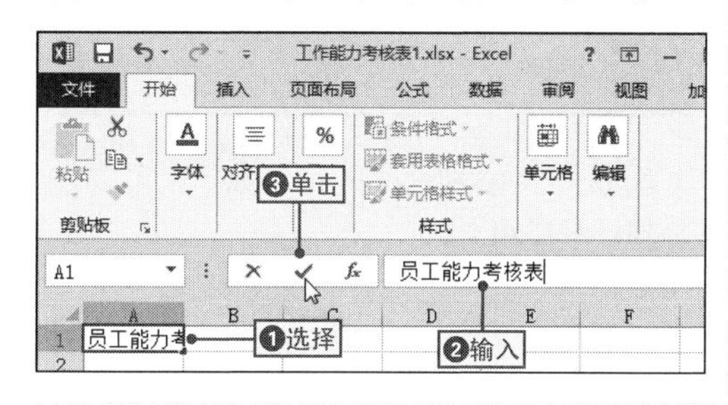

2 在单元格中输入数据

❶选择A2单元格，并在其中输入"个人编号"，❷按【Tab】键切换到B2单元格中，在其中输入"姓名"。

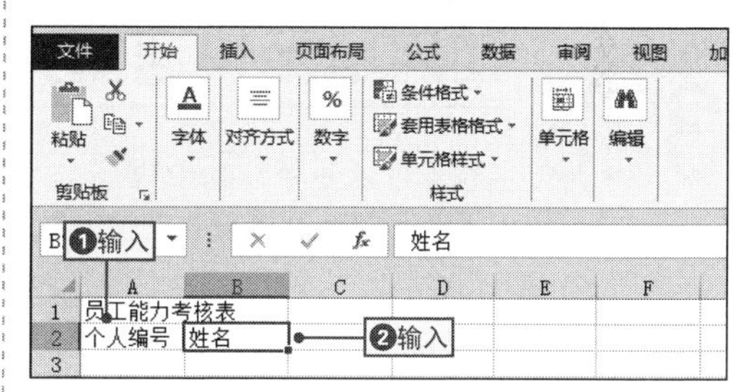

3 输入其他数据

以相同的方法，在工作簿中输入其他的数据，数据输入完成后，保存工作簿即可。

	A	B	C	D	E	F
1	员工能力考核表					
2	个人编号	姓名	技能	效率	决断	协同
3	YGBH20141001	杨娟	7.5	8	7.6	9
4	YGBH20141002	李聃	8.4	8	9	8.7
5	YGBH20141003	谢晋	9.5	9.1	8.7	8.2
6	YGBH20141004	薛敏	8	8.6	8.4	7.9
7	YGBH20141005	何阳	8	9	9.5	9
8	YGBH20141006	钟莹	9	9.1	9.7	9.5
9	YGBH20141007	高欢	8.5	8.7	8.6	8.3
10	YGBH20141008	周娜	6	5	5	4
11	YGBH20141009	刘岩	7.9	7.8	8.4	8.2
12	YGBH20141010	张炜	8	7.5	7.9	7.6

输入

NO. 322 使用填充功能输入有规律的数据

在工作簿中，常常会输入一些有规律的数据，如编号、学号等，这时可以利用Excel提供的填充功能来实现，其具体操作如下。

1 选择单元格区域

❶在单元格区域的首单元格中输入相应内容，如在A2单元格中输入内容，❷选择A2:A10单元格区域。

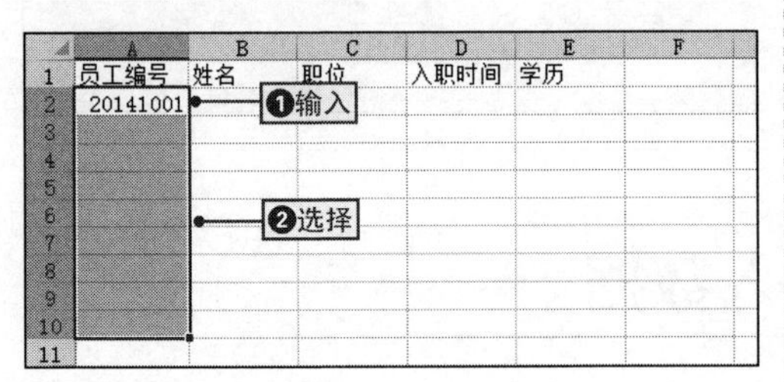

2 打开“序列”对话框

❶在“开始”选项卡中单击“填充”下拉按钮，❷选择“序列”命令，打开“序列”对话框。

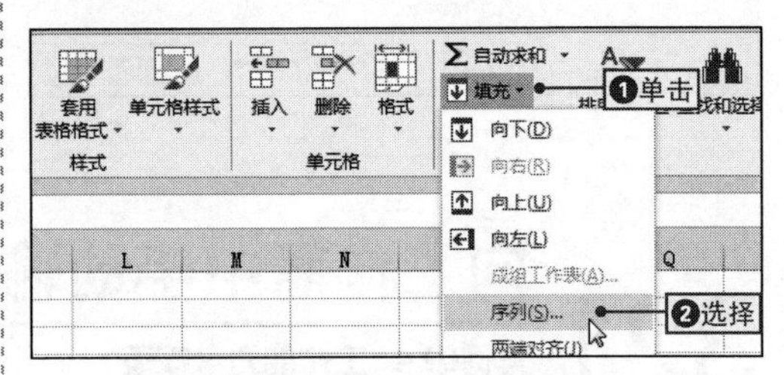

3 设置序列属性

❶分别选中“列”和“等差序列”单选按钮，❷分别设置步长值和终止值，❸单击“确定”按钮确认设置。

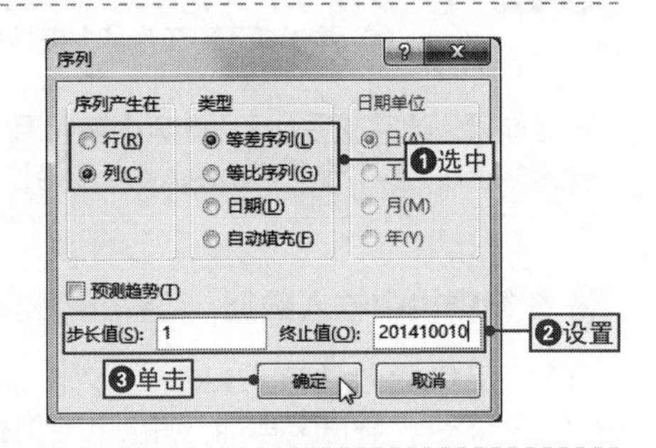

NO. 323 使用鼠标快速填充数据

除了可以使用Excel的填充功能输入有规律的数据外，通过拖动鼠标也可以在工作簿中快速填充有规律的数据，其具体操作如下。

1 填充单元格区域

❶在单元格区域的首单元格中输入相应内容，将鼠标光标置于该单元格右下角，❷当鼠标光标呈十字形状，按住鼠标向下拖动。

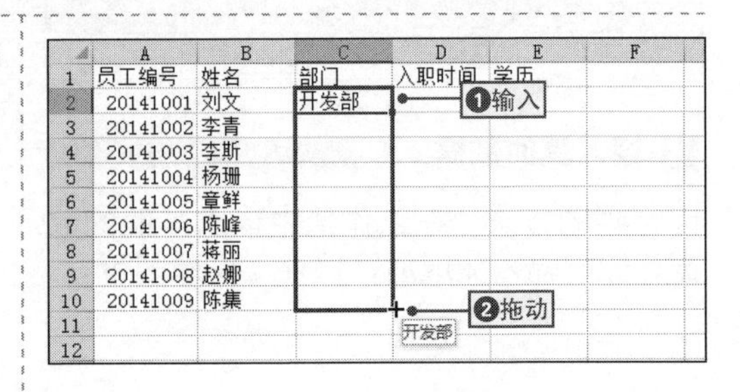

2 查看填充效果

到合适位置释放鼠标，即可在相应单元格中填充相同的数据。

	A	B	C	D	E	F
1	员工编号	姓名	部门	入职时间	学历	
2	20141001	刘文	开发部			
3	20141002	李青	开发部			
4	20141003	李斯	开发部			
5	20141004	杨珊	开发部			
6	20141005	章鲜	开发部			
7	20141006	陈峰	开发部			
8	20141007	蒋丽	开发部			
9	20141008	赵娜	开发部			
10	20141009	陈集	开发部			

输入

NO. 324 使用快捷菜单进行填充

在Excel中，不仅可以使用对话框填充和拖动填充，而且还可以使用快捷菜单来实现，其具体操作如下。

1 以工作日填充单元格区域

❶在指定单元格中输入起始日期，并在该单元格的填充柄上按住鼠标右键向下拖动，到合适位置释放鼠标，❷在弹出的快捷菜单中选择“以工作日期填充”命令。

2 查看填充效果

此时可以在单元格区域中查看到相应的填充数据，且数据中只有工作日。

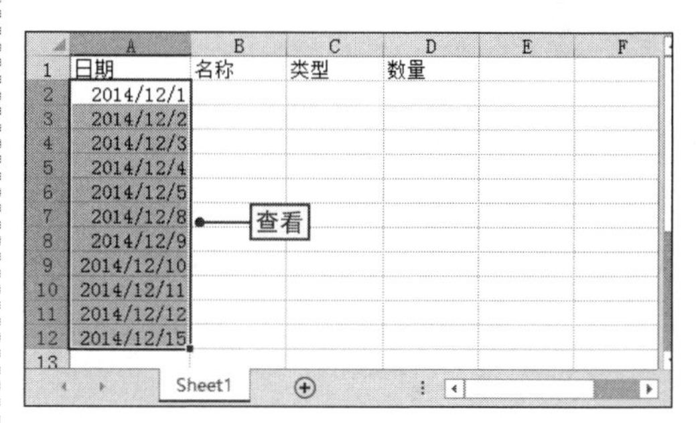

NO. 325 从文本文件中导入大量数据

在Excel 2013中，不仅可以直接输入各类数据，而且还支持导入外部文本文件中的数据，从而提高数据正确性和高效性，其具体操作如下。

1 打开“导入文本文件”对话框

❶单击“数据”选项卡，❷在“获取外部数据”选项组中单击“自文本”按钮。

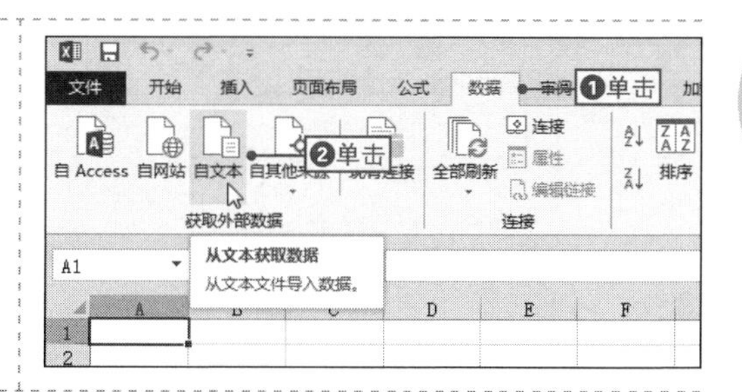

2 导入文本文件

❶在打开的“导入文本文件”对话框中选择需要导入的文件，❷单击“导入”按钮导入文本文件。

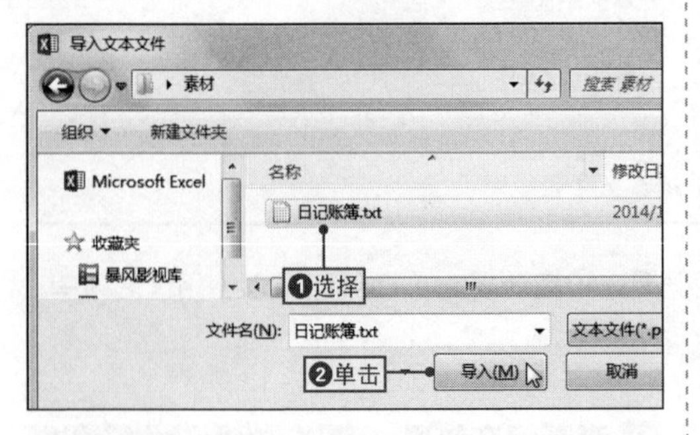

3 设置原始数据类型

❶在打开的向导中选中“分隔符号-用分隔字符，如逗号或制表符分隔每个字段”单选按钮，❷单击“下一步”按钮。

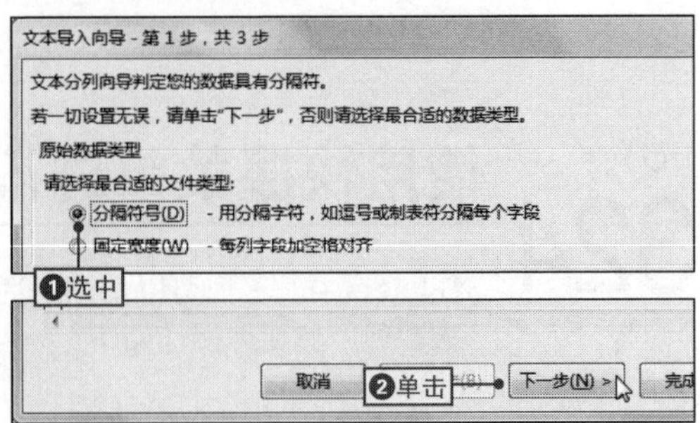

4 设置分隔符号

❶在“分隔符号”选项组中选中“Tab键”复选框，❷单击“下一步”按钮。

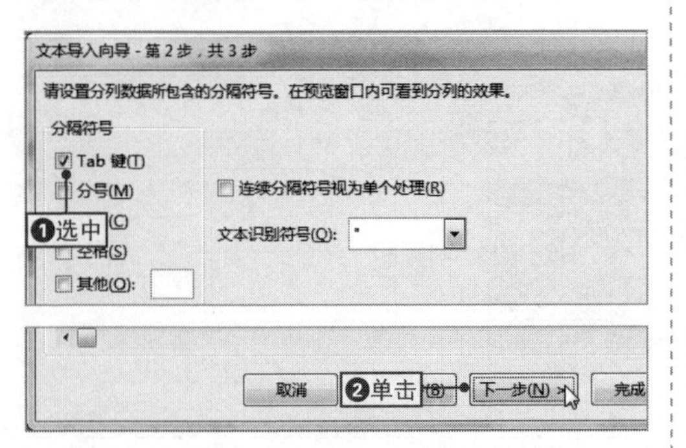

5 完成导入操作

在“数据预览”区域中预览到导入Excel工作簿中的数据效果，单击“完成”按钮。

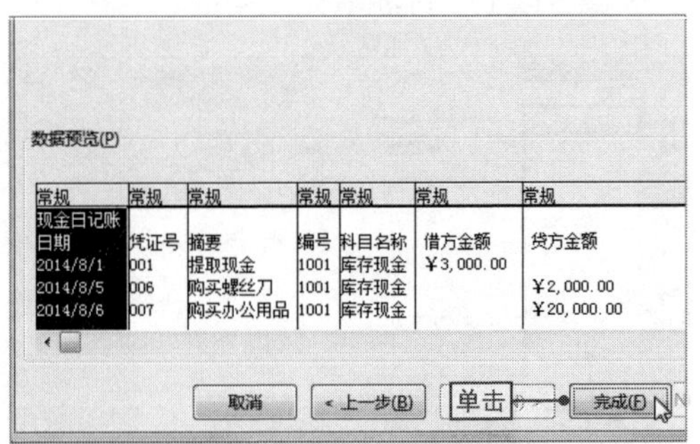

6 设置数据导入的位置

程序自动打开“导入数据”对话框，设置数据导入的位置，然后单击“确定”按钮。

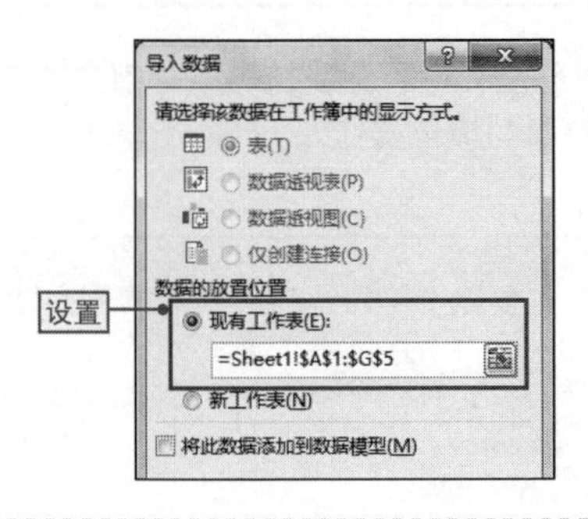

7 查看导入的数据

返回工作簿中，即可查看到从文本文件中导入的大量数据。

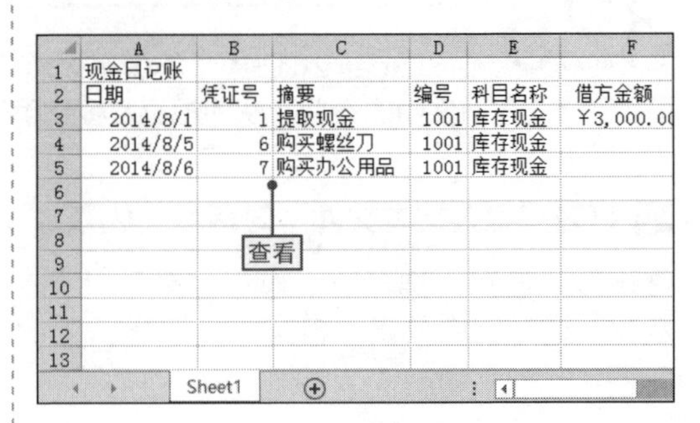

NO.
326 直接从网站导入大量数据

表格中的数据来源不仅可以是输入或本地文本数据，而且还可以是网页中的数据，当然用户需要进行简单的技巧操作，其具体操作如下。

1 打开“新建Web查询”对话框

❶单击“数据”选项卡，❷在“获取外部数据”选项组中单击“自网站”按钮，打开“新建Web查询”对话框。

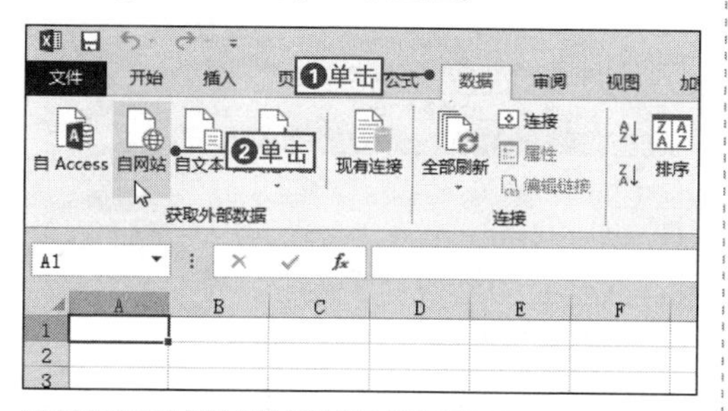

2 跳转到目标网站

❶在地址栏中输入网站地址，如“http://quote.eastmoney.com/center/list.html”，❷单击“转到”按钮。

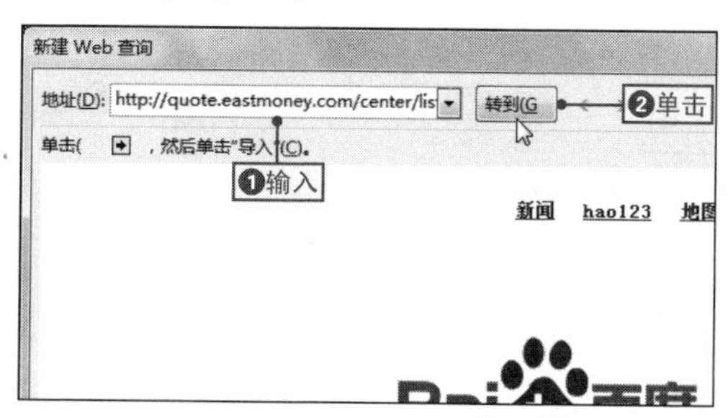

3 导入网络中的数据

打开链接的网站页面，❶在需要导入的数据左上角单击➡标记，使其变为✔标记，❷单击“导入”按钮。

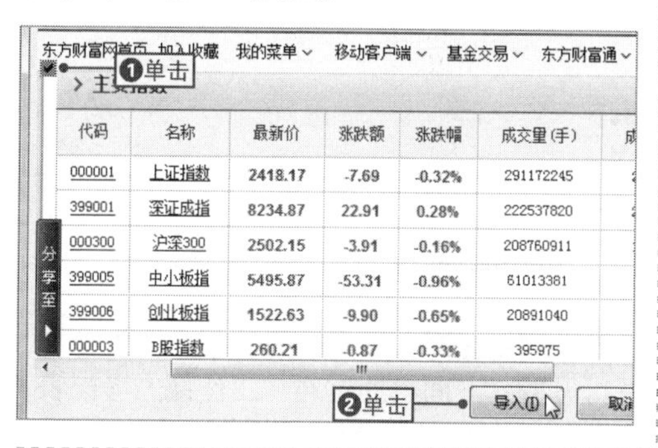

4 设置数据导入的位置

❶在打开的“导入数据”对话框中设置网络数据导入的位置，❷单击“确定”按钮确认设置。

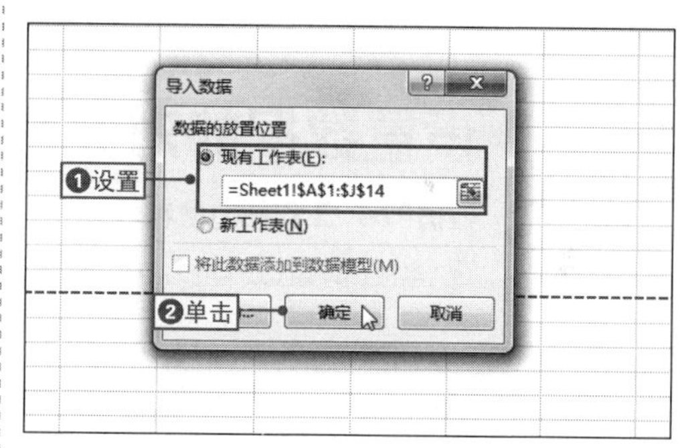

5 查看导入的数据

返回表格中，即可查看到从网页中导入的大量数据。

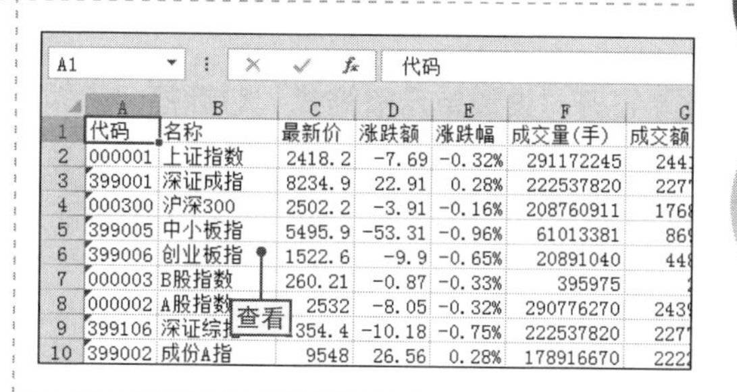

NO.
327
断开与网站数据的连接

将网站中的数据导入表格中后，如果不想表格中的数据随着网站数据的更新而发生变化，可以断开表格与网站数据的连接，其具体操作如下。

1 打开“工作簿连接”对话框

❶选择表格中的任意单元格，❷在“数据”选项卡的“连接”选项组中单击“连接”按钮。

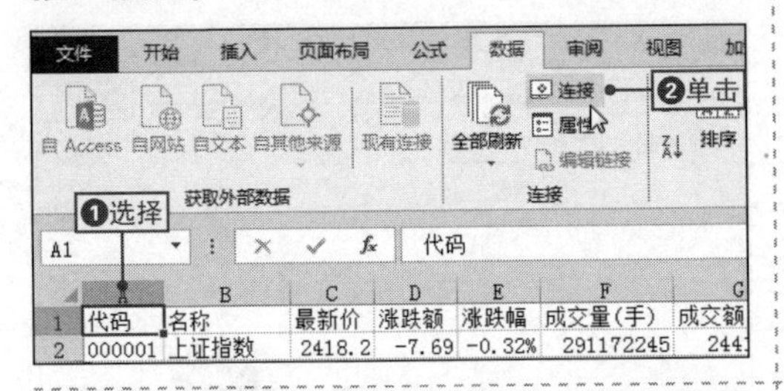

2 删除表格与网站的连接

❶在打开的“工作簿连接”对话框的列表框中选择“连接”选项，❷单击“删除”按钮删除连接。

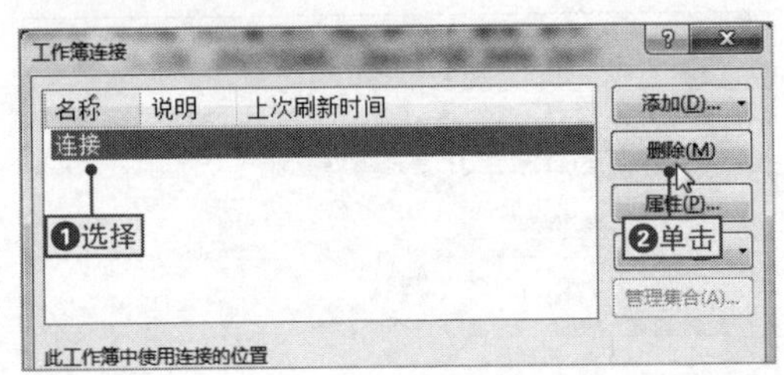

3 确认删除连接

在打开提示框中单击“确定”按钮断开表格与网络之间的连接，从而使表格中的数据不随着网络中数据的更新而发生改变。

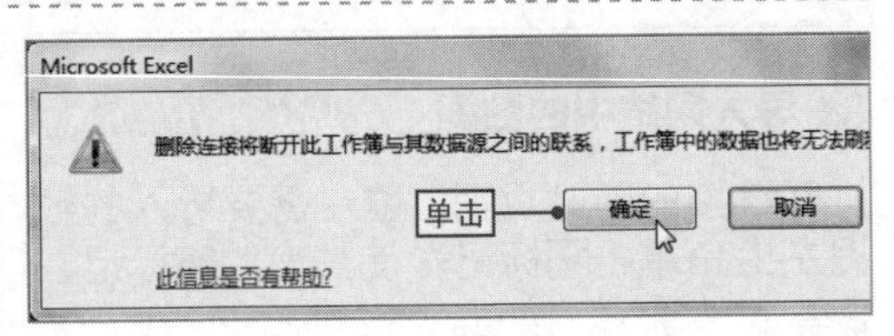

NO.
328
设置数据的对齐方式

案例014 工作能力考核表

◎\素材\第7章\工作能力考核表2.xlsx　　◎\效果\第7章\工作能力考核表2.xlsx

在工作簿中，数据都有默认的对齐方式，如文本默认的是左对齐、数字是右对齐，为了使工作簿更加美观，用户可以对数据的对齐方式进行设置，下面将通过对“工作能力考核表2.xlsx”工作簿中数据的对齐方式设置为居中对齐为例来进行讲解，其具体操作如下。

1 打开“设置单元格格式”对话框

打开“工作能力考核表2.xlsx”文件，❶选择A1单元格，❷在“开始”选项卡中单击“对话框启动器”按钮。

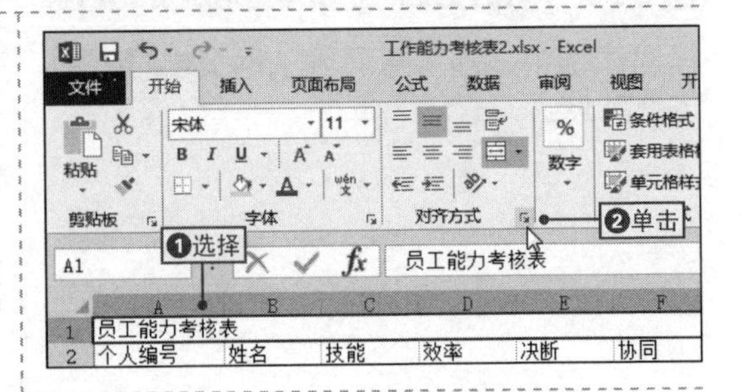

2 设置数据水平对齐方式

❶在打开的对话框的“对齐”选项卡中单击“水平对齐”下拉按钮，❷在弹出的下拉列表中选择“居中”选项。

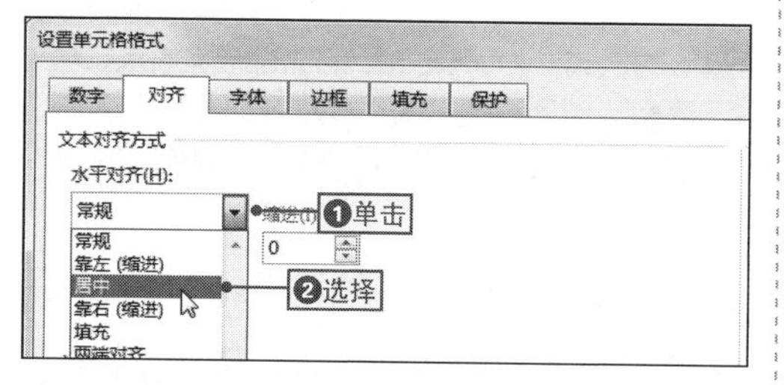

3 设置数据垂直对齐方式

❶单击“垂直对齐”下拉按钮，❷选择“居中”选项，然后单击“确定”按钮，确认设置。

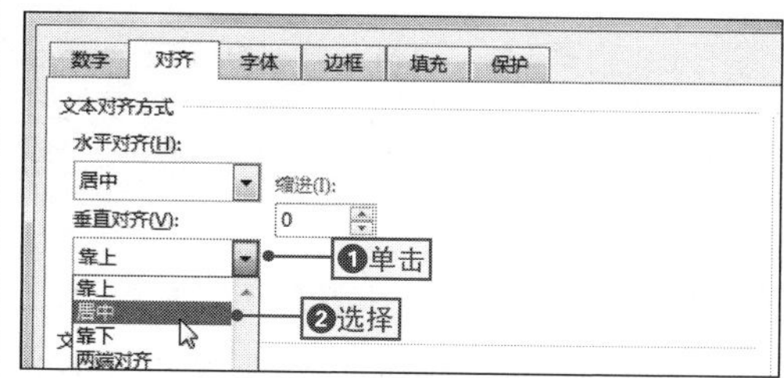

4 为其他数据设置对齐方式

以相同方法为工作簿中的其他数据设置相应的对齐方式。

查看

	A	B	C	D	E	F
1	员工能力考核表					
2	个人编号	姓名	技能	效率	决断	协同
3	YGBH20141001	杨娟	7.5	8	7.6	9
4	YGBH20141002	李聃	8.4	8	9	8.7
5	YGBH20141003	谢晋	9.5	9.1	8.7	8.2
6	YGBH20141004	薛敏	8	8.6	8.4	7.9
7	YGBH20141005	何阳	8	9	9.5	9
8	YGBH20141006	钟莹	9	9.1	9.7	9.5
9	YGBH20141007	高欢	8.5	8.7	8.6	8.3

NO.

329 妙用跨列居中

在对工作簿中的标题数据设置居中对齐时，一般需要先将多个单元格进行合并，然后再对其设置对齐方式，其实可以通过跨列居中来轻松实现标题数据跨多列进行居中，从而提高工作效率，其具体操作如下。

1 打开“设置单元格格式”对话框

❶选择单元格区域，❷在“对齐方式”选项组中单击“对话框启动器”按钮，打开“设置单元格格式”对话框。

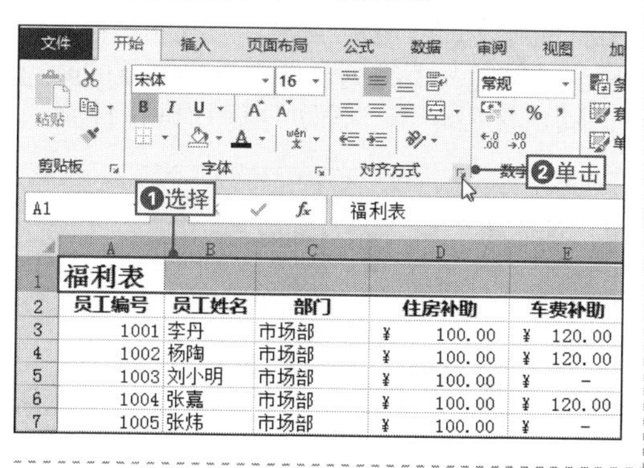

2 设置数据跨列居中

❶单击“水平对齐”下拉按钮，❷选择“跨列居中”选项，然后单击“确认”按钮确认设置。

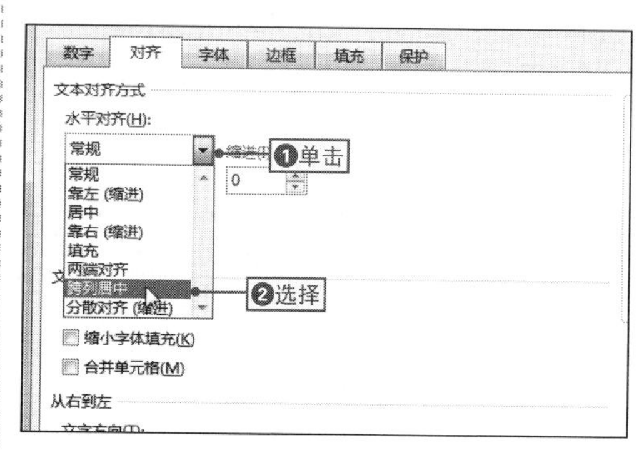

NO.
330 快速设置数据字体的格式

案例014 工作能力考核表

◎\素材\第7章\工作能力考核表3.xlsx　　◎\效果\第7章\工作能力考核表3.xlsx

在Excel工作簿中的字体格式和对齐方式一样，都有默认的格式，为了美化工作簿的整体效果，可以对数据字体进行设置，从而使工作簿更加专业，下面将通过对“工作能力考核表3.xlsx”工作簿中的表头数据字体的格式进行设置为例，来讲解设置数据字体的格式步骤，其具体操作如下。

1 设置数据的字体

打开“工作能力考核表3.xlsx”文件，❶选择A1单元格，❷在“字体”选项组中单击“字体”下拉按钮，❸选择“楷体”选项。

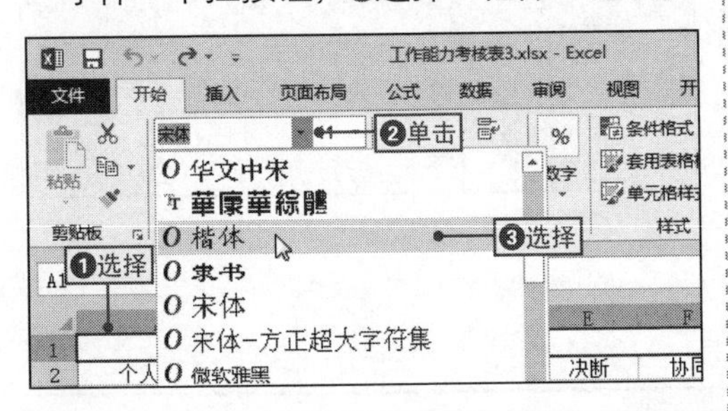

2 设置数据的字号和加粗格式

保持A1单元格为选择状态，❶在“字号”数值框中输入“18”，❷单击“加粗”按钮，即可完成设置。

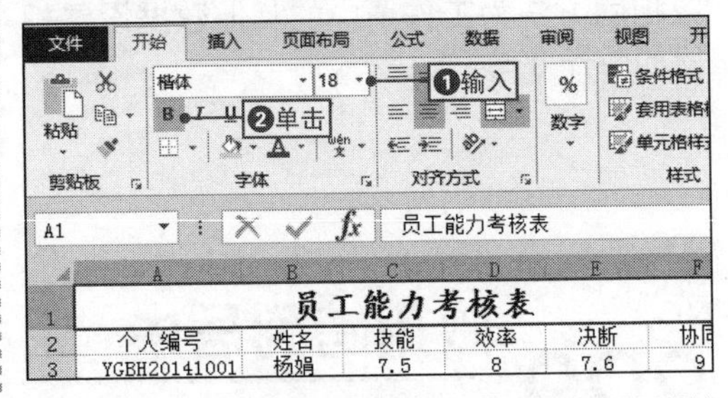

NO.
331 通过对话框设置数据字体的格式

在Excel 2013中，除了可以通过功能按钮来设置数据的数据格式外，还可以通过“设置单元格格式”对话框来快速进行设置，其具体操作如下。

1 打开“设置单元格格式”对话框

选择需要设置格式的单元格区域，在“字体”选项组中单击“对话框启动器”按钮，打开“设置单元格格式”对话框。

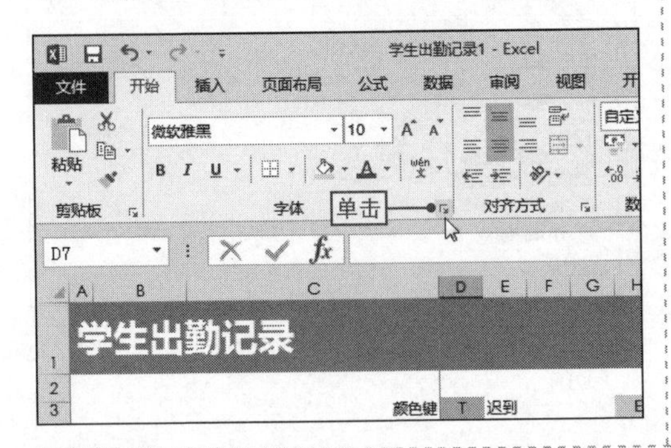

2 设置数据的字体格式

❶分别对数据的字体、字形、字号进行设置，❷在“颜色”下拉列表框中选择需要的颜色选项，然后单击“确定”按钮确认设置。

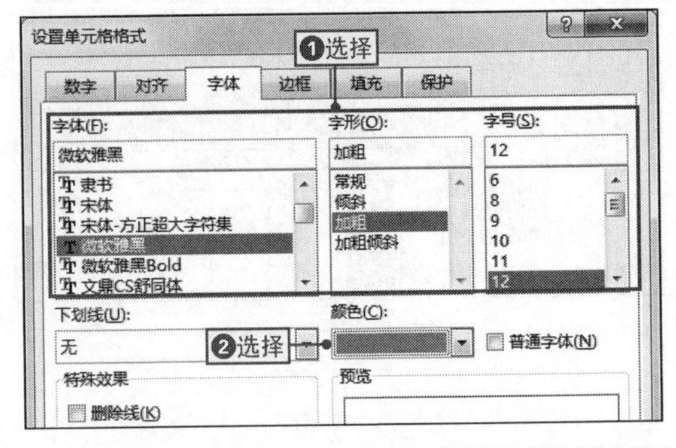

NO.
332
批量修改单元格数据字体的格式

对于表格中相同数据格式的修改，可以通过批量的方式进行快速实现，其具体操作如下。

1 打开“查找和替换”对话框

将鼠标光标定义到任意单元格中，❶单击“查找和选择”下拉按钮，❷选择“替换”命令，打开“查找和替换”对话框。

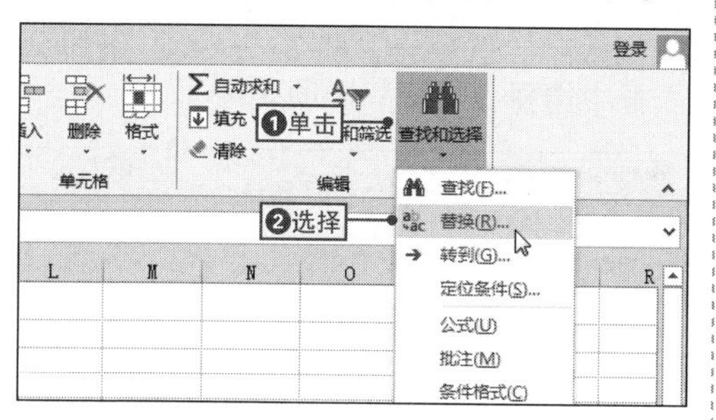

2 启动选择格式功能

单击“选项”按钮展开更多属性，❶单击“查找内容”文本框后的“格式”下拉按钮，❷选择“从单元格选择格式”选项。

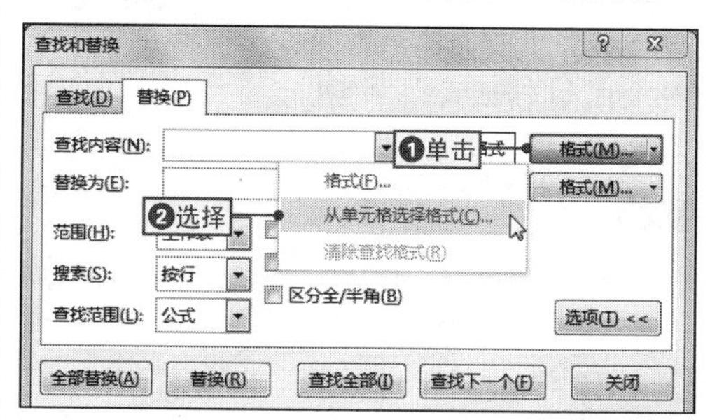

3 选择目标数据格式

此时鼠标光标呈现十字形状，选择需要替换格式的单元格，完成后会自动展开“查找和替换”对话框。

4 打开“替换格式”对话框

❶单击“查找为”文本框后的“格式”下拉按钮，❷选择“格式”命令，打开“替换格式”对话框。

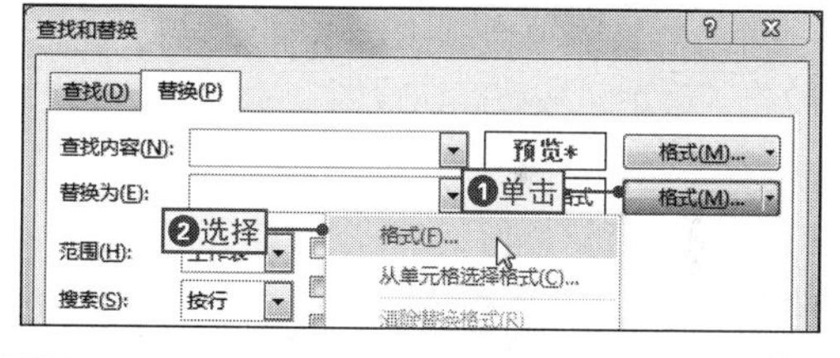

5 设置字体格式

在“字体”选项卡中分别设置需要的字体格式，然后单击“确认”按钮确认设置。

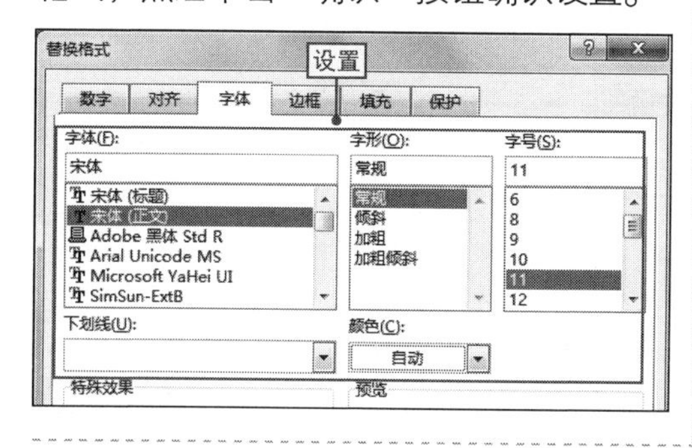

6 全部替换相关的字体格式

返回“查找和替换”对话框中，单击“全部替换”按钮，即可完成格式替换操作。

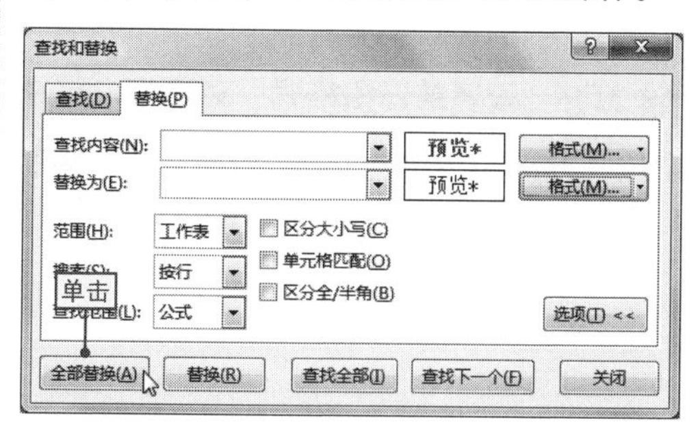

NO.

333 快速将数据设置为货币样式

案例015 应付账款统计表

◎\素材\第7章\应付账款统计表.xlsx　　◎\效果\第7章\应付账款统计表.xlsx

对表格中与金钱有关的数据，通常会为其添加货币样式，使其更加直观和形象，如下面在应付账款工作簿中，为发票金额数据添加货币样式为例，其具体操作如下。

1 打开“设置单元格格式.xlsx”对话框

打开“应付账款统计表”文件，❶需要设置的单元格区域，❷在“字体”选项组中单击“对话框启动器”按钮。

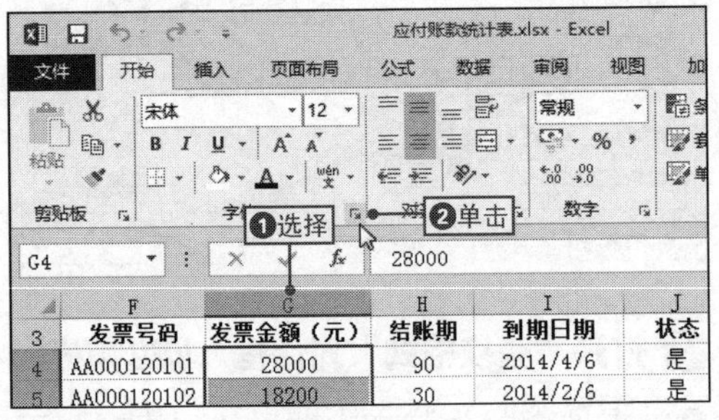

2 将数据设置为货币形式

❶在打开的“设置单元格格式”对话框中单击“数字”选项卡，❷在“分类”下拉列表框中选择“货币”选项。

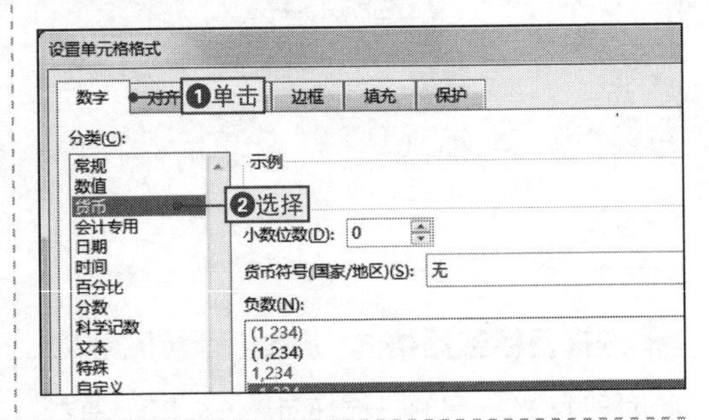

3 设置货币形式的属性值

❶在“小数位数”数值框中输入“2”，❷在“货币符号”下拉列表中选择¥符号，然后单击“确定”按钮确认设置。

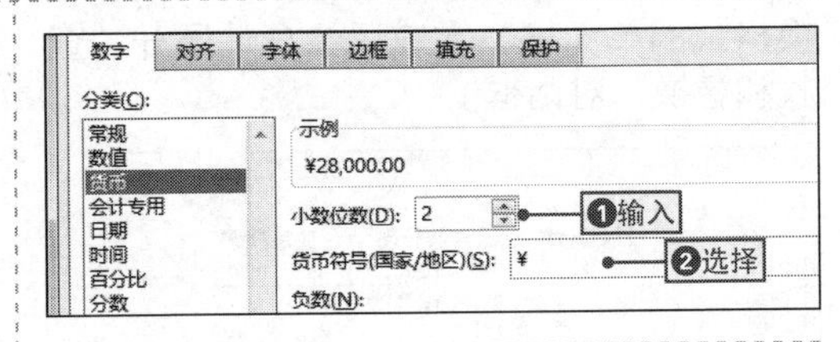

NO.

334 快速输入以0开头的数据

在默认情况下，在单元格中输入以“0”开头的数据时，如“0253”，单元格会自动隐藏“0”，而只显示“253”。若用户想要将“0”显示出来，可以通过相应设置来实现，其具体操作如下。

1 打开“设置单元格格式”对话框

❶选择需要输入数据的单元格区域，❷在“字体”选项组中单击“对话框启动器”按钮，打开“设置单元格格式”对话框。

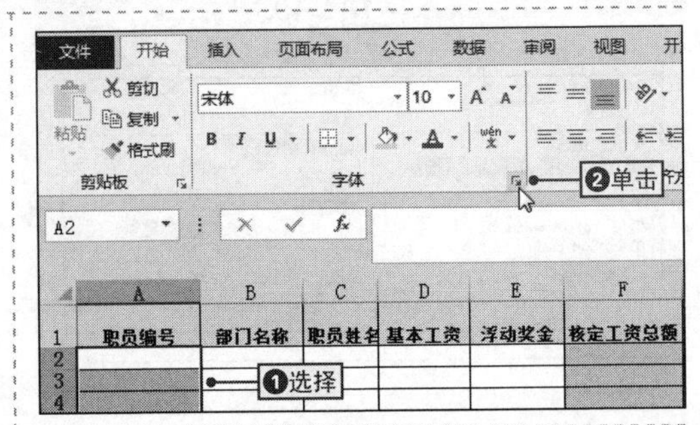

2 设置单元格的数据类型

❶单击“数字”选项卡，❷在“分类”下拉列表框中选择“文本”选项，然后单击“确定”按钮确认设置。

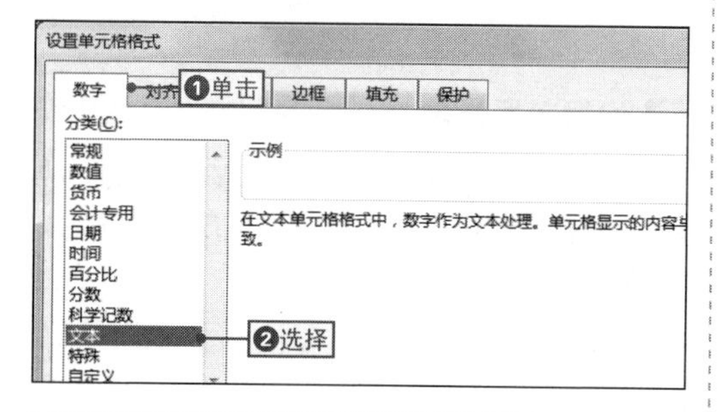

3 输入数据并查看效果

返回工作簿中，在设置了数据类型的单元格区域中输入以“0”开头的数据，即可查看到0被显示出来。

	A	B	C	D	E	F
1	职员编号	部门名称	职员姓名	基本工资	浮动奖金	核定工资总额
2	023120					
3	023121					
4	023122					
5	023123					
6	023124					
7	023125					
8	023126					
9	023127					
10	023128					
11	023129					
12	023130					
13	023131					
14	023132					

查看

NO.
335 快速输入以分数样式显示的数据

在表格中输入数据时，常常需要输入分数，如工作进度完成表，若是直接在单元格中输入“/”符号，Excel会默认该符号是日期标志，要在单元格中输入正确的分数，则需要将单元格的数据类型设置分数类型，其具体操作如下。

1 打开“设置单元格格式”对话框

❶选择需要输入分数的单元格区域，并在其上右击，❷在弹出的快捷菜单中选择“设置单元格格式”命令。

57	45	48
48	50	50
40	35	48
39	46	50
50	46	50
49	48	50
38	46	50
46	47	[illegible]
49	43	28
10	50	49
58	40	30
36	34	18
31	29	50

删除(D)...
清除内容(N)
快速分析(Q)
❷选择
插入批注(M)
设置单元格格式(F)...
从下拉列表中选择(K)...
显示拼音字段(S)
定义名称(A)...
超链接(I)...
❶选择

2 设置数据类型

❶在打开的对话框的“分类”下拉列表框中选择“分数”选项，❷在“类型”下拉列表框中类型，然后单击“确定”按钮确认设置。

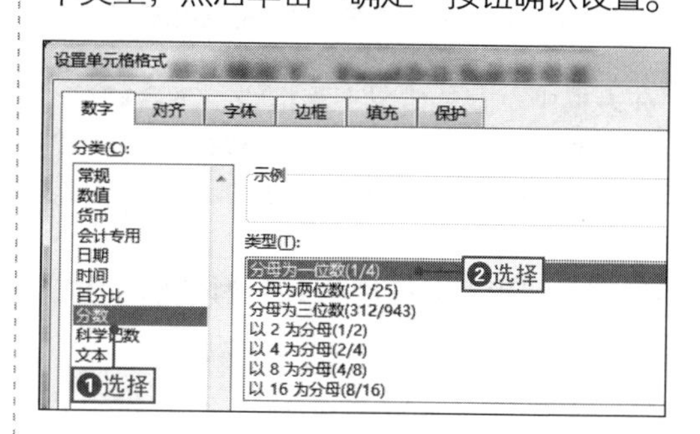

3 输入分数

返回表格中，即可在设置过数据类型的单元格区域中输入分数。

周三	周四	周五	已完成
52	50	48	1/4
57	45	48	2/3
48	50	50	2/5
40	35	48	1/2
39	46	[illegible]	1/3
50	46	50	1/2
49	48	50	2/5
38	46	50	1/2
46	47	50	1/4

输入

NO.
336 快速将金额转换为大写

在一些财务单据中，常常需要输入金额的大小写形式，如差旅报销单、借款单等单据，为了提高输入的速度和正确率，用户可以将数字大小写进行转换，其具体操作如下。

1 打开“设置单元格格式”对话框

❶选择需要设置的单元格区域，并在其上右击，❷在弹出的下拉菜单中选择“设置单元格格式”命令。

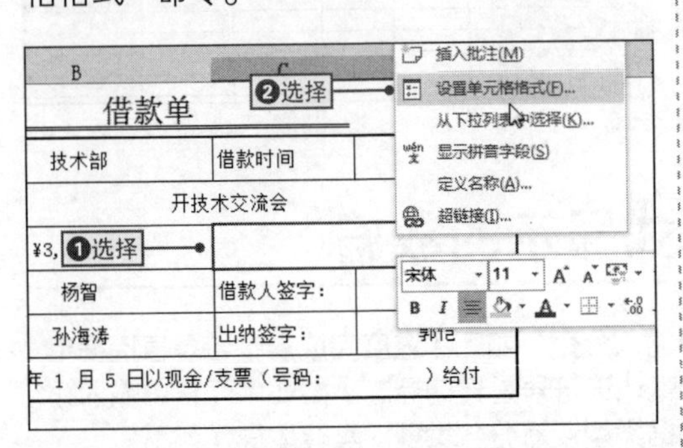

2 设置数据类型

❶在“分类”下拉列表框中选择“特殊”选项，❷在“类型”下拉列表框中选择“中文大写数字”选项，然后单击“确定”按钮即可。

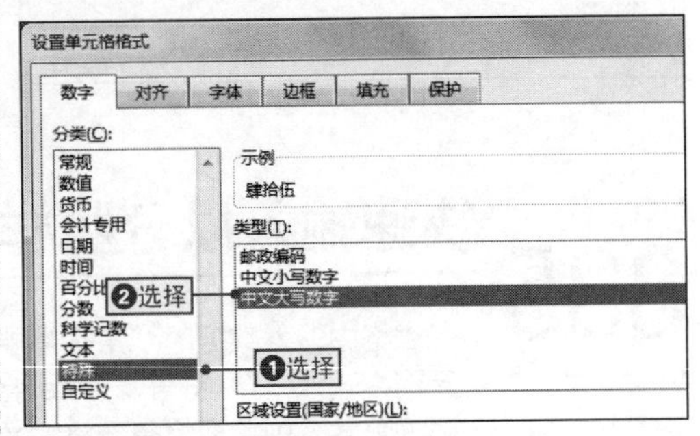

NO.
337 为表格添加边框样式

案例015 应付账款统计表

◉\素材\第7章\应付账款统计表1.xlsx　◉\效果\第7章\应付账款统计表1.xlsx

在表格中，默认情况下表格线是不会被打印出来的，为了让表格中的数据更加清晰明了，可以为表格添加边框样式，从而将表格中的数据分隔开，下面将通过为“应付账款统计表1.xlsx”表格添加彩色表框为例，来讲解为表格添加边框样式的步骤，其具体操作如下。

1 打开“设置单元格格式”对话框

打开“应付账款统计表1.xlsx”文件，❶选择需要设置的单元格区域，❷单击“边框”下拉按钮，❸在弹出的下拉菜单中选择“其他边框”命令。

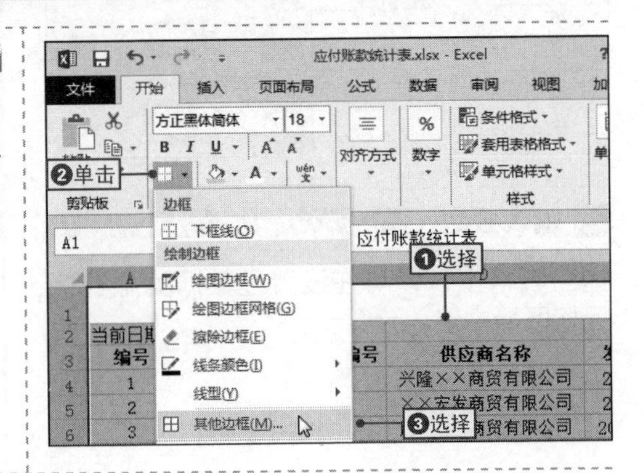

2 设置边框的线条和颜色

❶在打开的"设置单元格格式"对话框中选择线条样式，❷在"颜色"下拉列表中选择需要的颜色。

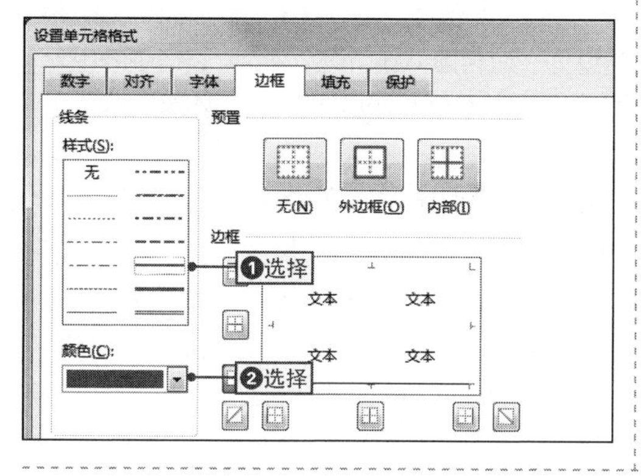

3 为表格添加内边框和外边框

❶在"预置"选项组中单击"外边框"按钮，❷单击"内部"按钮，然后单击"确认"按钮确认设置。

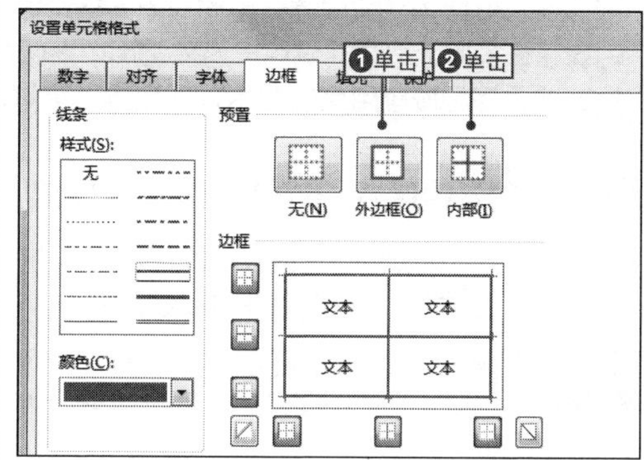

NO.

338 使用斜线表头样式

在制作表格的过程中，除了可以使用边框样式外，还可以使用斜线表头样式，从而使表格结构更加分明，其具体操作是：选择需要设置的单元格，打开"设置单元格格式"对话框，在"边框"选项组中单击"斜线"按钮，然后单击"确定"按钮即可。

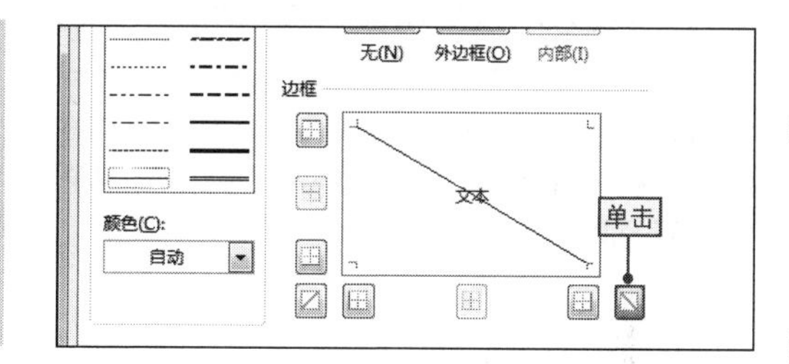

NO.

339 快速设置单元格边框

如果只需要设置一些比较简单的边框样式，可以通过功能按钮快速实现，其具体操作是：选择需要设置边框样式的单元格区域，❶在"开始"选项卡中单击"边框"下拉按钮，❷在弹出的下拉菜单中选择需要的选项即可，如选择"右框线"选项。

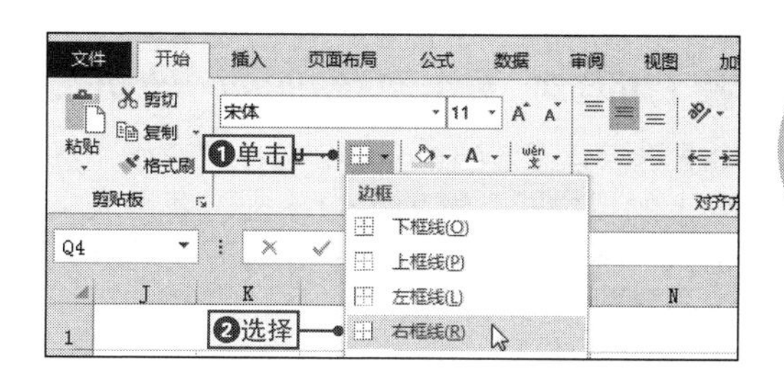

NO.
340 快速应用单元格样式

案例015 应付账款统计表

◉\素材\第7章\应付账款统计表2.xlsx　　◉\效果\第7章\应付账款统计表2.xlsx

在Excel 2013中，如果逐一手动对单元格设置样式，操作非常烦琐，其实为了方便操作，Excel内置了许多单元格样式供用户直接使用，下面将通过为“应付账款统计表2.xlsx”表格中的单元格或单元格区域应用系统自带样式为例，讲解快速应用单元格样式的步骤，其具体操作如下。

1 选择单元格区域

打开“应付账款统计表2.xlsx”文件，在A2:A30单元格区域中选择所有的双数行。

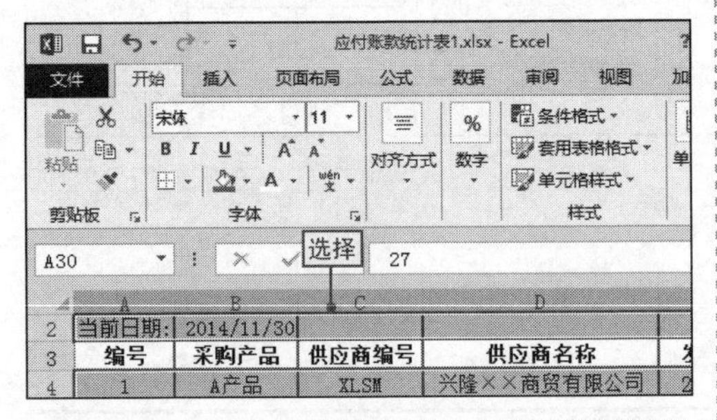

2 为双数行选择单元格样式

❶在“开始”选项卡中单击“单元格样式”下拉按钮，❷选择相应的单元格样式。

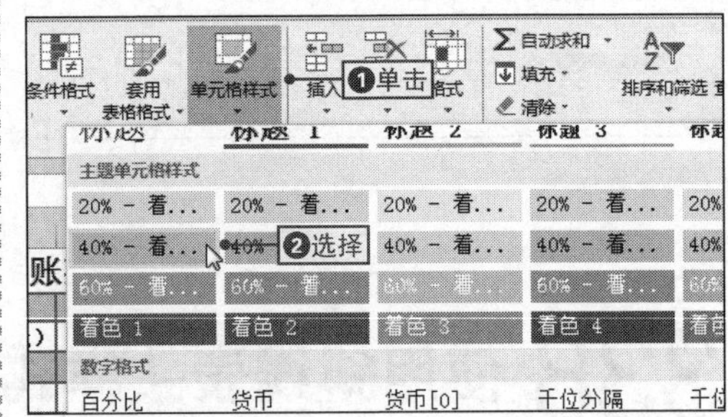

3 为单数行选择单元格样式

在A2:A30单元格区域中选择单数行，❶在“开始”选项卡中单击“单元格样式”下拉按钮，❷在弹出的下拉列表中选择相应的单元格样式即可。

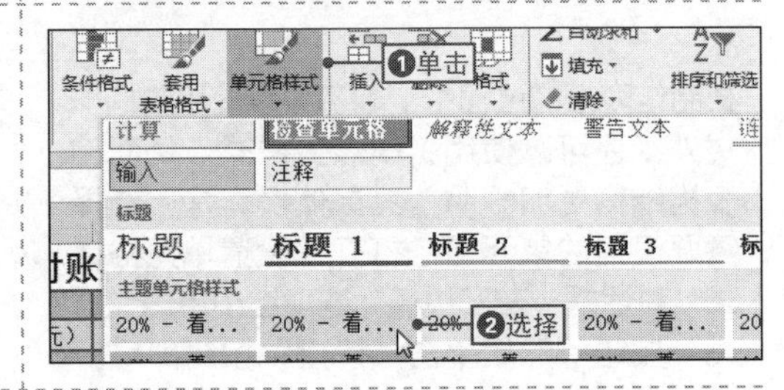

NO.
341 自动套用表格样式

在Excel 2013中，系统内置了许多专业的表格样式，用户可以直接应用这些表格样式来快速美化表格，其具体操作如下。

1 应用样式

❶选择需要设置的单元格，❷在“开始”选项卡的“样式”选项组中单击“套用表格格式”下拉按钮，❸在弹出的下拉列表中选择需要的样式选项。

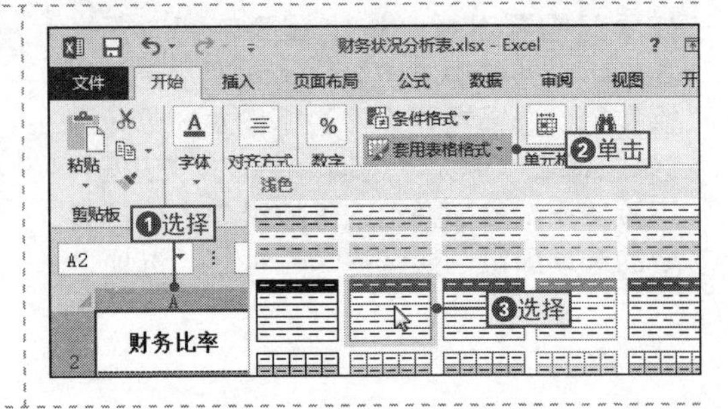

2 设置表数据的来源

❶在打开的“套用表格式”对话框中选中“表包含标题”复选框，❷单击“确定”按钮确认设置。

套用表格式

表数据的来源(W):

=$A$2:$F$16

❶选中 表包含标题(M)

❷单击 确定 取消

3 查看设置效果

在操作完成后，即可查看到套用了表格样式后的表格。

财务比率综合分析表			
重要性系数	标准值	实际值	关系比率
1.6	1.8	102.61%	57.01%
0.12	2	104.08%	52.04%
0.35	0.2	58.37%	291.85%
0.01	0.1	0.01%	0.10%
0.04	0.4	25.59%	63.98%
0.02	0.5	0.02%	0.04%

NO. 342 快速设置单元格背景颜色

在表格中，有时需要突出某部分数据，这时可以通过对不同单元格设置不同的背景颜色来实现，从而使表格更具有可读性，其具体操作如下。

1 打开“颜色”对话框

选择需要设置的单元格，❶在“开始”选项卡中单击“填充颜色”下拉按钮，❷选择“其他颜色”命令。

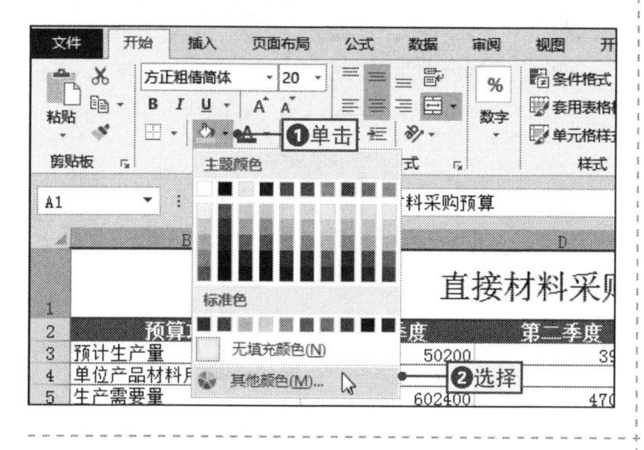

2 选择颜色选项

❶在打开“颜色”对话框的“标准”选项卡中选择需要的颜色选项，❷单击“确定”按钮确认设置。

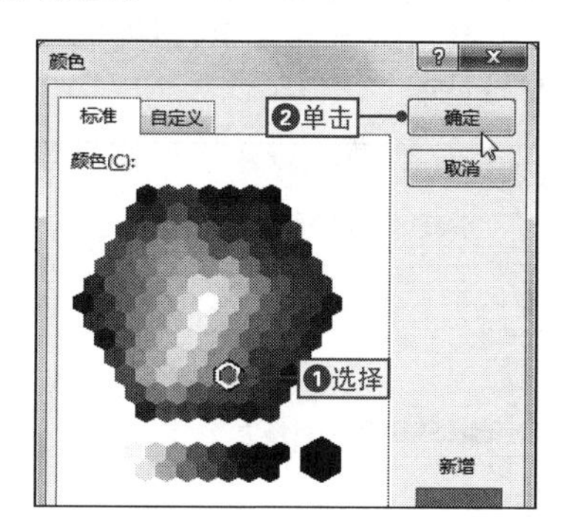

3 查看设置效果

返回表格中，即可查到相应单元格区域设置了背景颜色。

第一季度	第二季度	第三度
50200	39210	34600
12	12	12
602400	470520	415200
94104	83040	157368
696504	553560	572568
4000	4000	4000
692504	549560	568568
¥ 10.00	¥ 10.00	¥ 10.00
¥ 6,925,040.00	¥ 5,495,600.00	¥ 5,685,680.00
51040	73160	87120
12	12	12

NO. 343

使用下拉列表限制输入的数据

案例016 员工档案管理表

◎\素材\第7章\员工档案管理表.xlsx　　◎\效果\第7章\员工档案管理表.xlsx

在表格中若要限定数据的录入，可通过使用下拉列表选项来快速实现，下面将通过在“员工档案管理表.xlsx”表格中使用下拉列表来限制性别的输入为例，来讲解相关操作，其具体操作如下。

1 切换到“数据”选项卡

打开“员工档案管理表.xlsx”文件，❶选择D列单元格区域，❷单击“数据”选项卡。

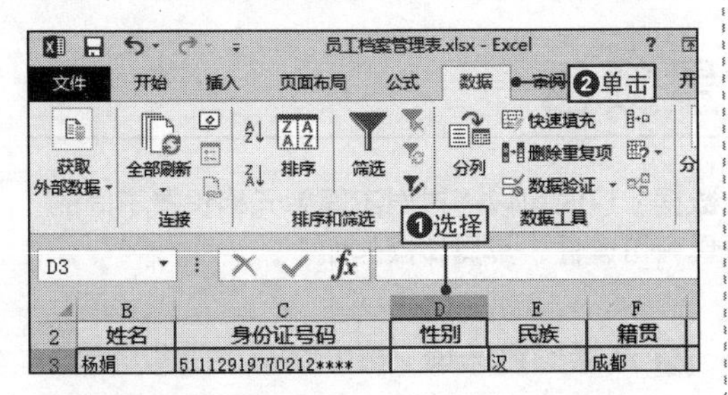

2 打开“数据验证”对话框

❶在“数据工具”选项组中单击“数据验证”下拉按钮，❷选择“数据验证”命令。

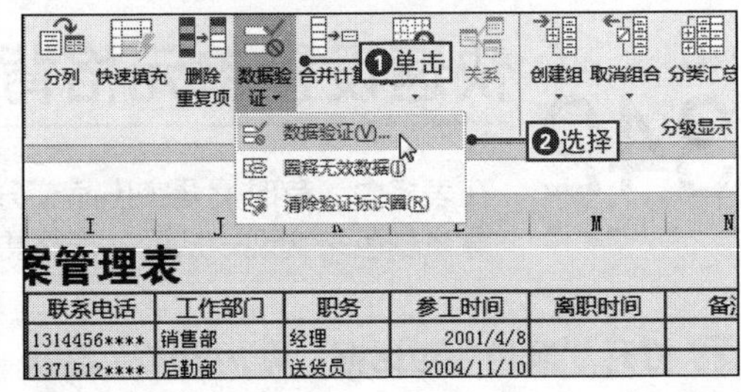

3 设置数据验证的条件

❶在打开的“数据验证”对话框的“设置”选项卡中单击“允许”下拉按钮，❷选择“序列”选项。

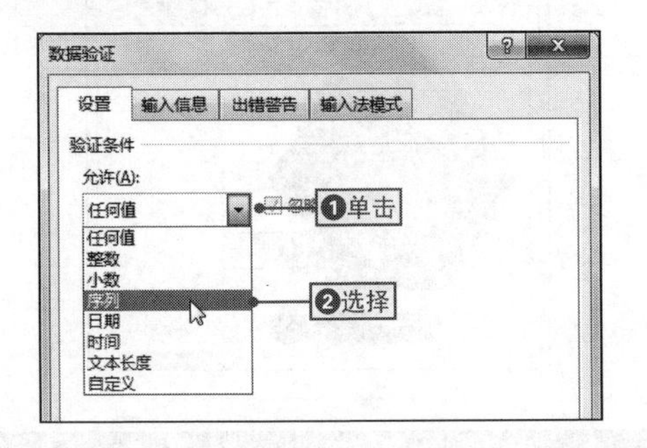

4 设置并确认序列内容

❶取消选中“忽略空值”复选框，❷在“来源”文本框中输入“男,女”，❸单击“确定”按钮确认设置。

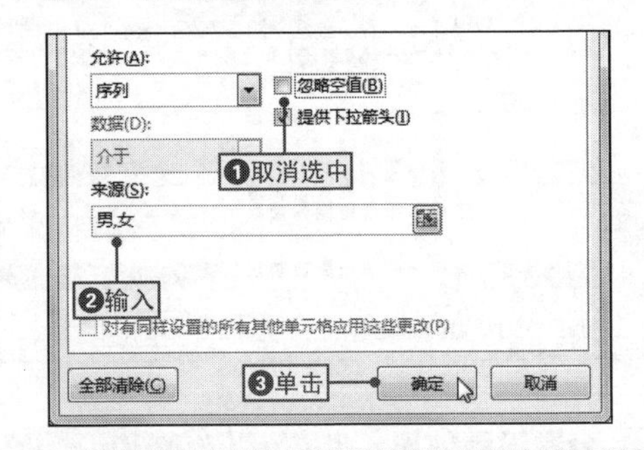

5 查看设置效果

返回表格中，此时D列中的单元格右侧会出现一个下拉按钮，❶单击下拉按钮，❷选择相应的选项即可。

	B	C	D	E	F
2	姓名	身份证号码	性别	民族	籍贯
3	杨娟	51112919770212****			
4	李聃	33025319841023****	男		
5	谢善	41244619820326****	女		
6	张嘉	41052119790125****		汉	广安
7	董天宝	51386119810521****		汉	成都
8	刘岩	61010119810317****		汉	成都

❶单击　❷选择

NO.
344
限制输入超出日期的数据

使用Excel中的数据验证功能，还可以使单元格中只能输入规定范围的日期格式数据，如记账凭证的记账日期、商品的生产日期以及借款单的借款日期等，其具体操作如下。

1 打开“数据验证”对话框

❶选择需要输入日期的单元格区域，❷单击“数据”选项卡，❸单击“数据验证”下拉按钮，选择“数据验证”命令打开“数据验证”对话框。

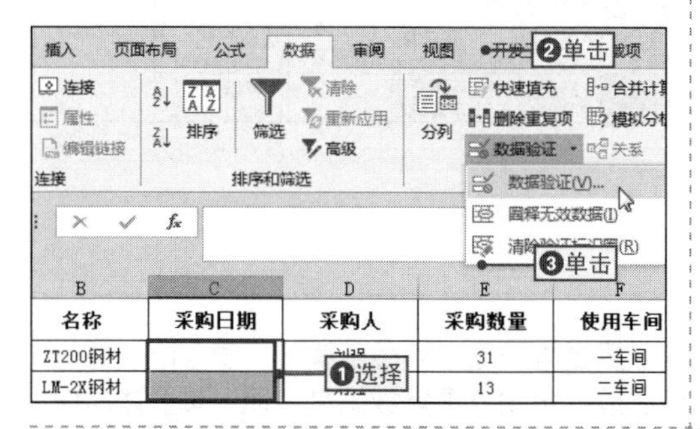

2 设置允许的值

❶在“设置”选项卡中单击“允许”下拉按钮，❷选择“日期”选项，设置单元格允许输入日期数据。

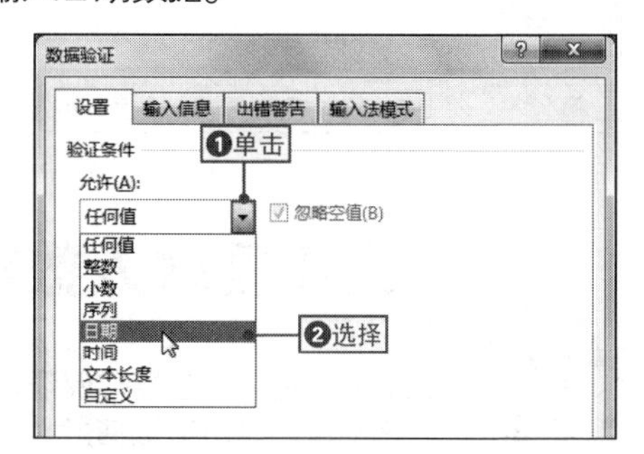

3 设置日期的有效性范围

❶在“数据”下拉列表中选择“介于”选项，❷设置开始日期和结束日期的有效范围，然后单击“确定”按钮确认设置。

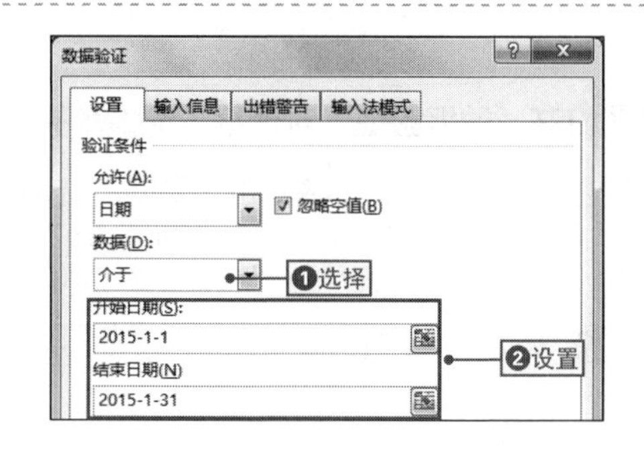

NO.
345
圈释无效数据

在对单元格区域设置了数据验证后，为了保证数据的合理性，在其基础上可以使用Excel的圈释无效数据功能快速找到表格中的无效数据，下面将通过圈释出表格中硕士、本科、专科以下学历为例来进行讲解，其具体操作如下。

1 设置数据验证的允许值

选择目标单元格，❶打开“数据验证”对话框，❷单击“允许”下拉按钮，❸在弹出的下拉列表中选择“序列”选项。

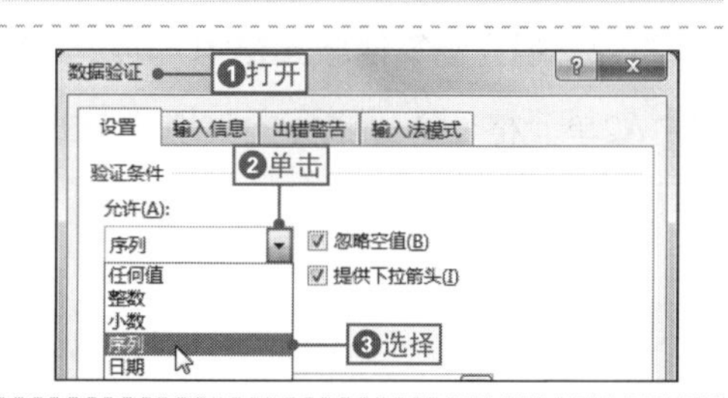

2 设置序列的内容

❶取消选中“忽略空值”复选框，❷在“来源”文本框中输入“专科,本科,硕士”文本，❸单击“确认”按钮。

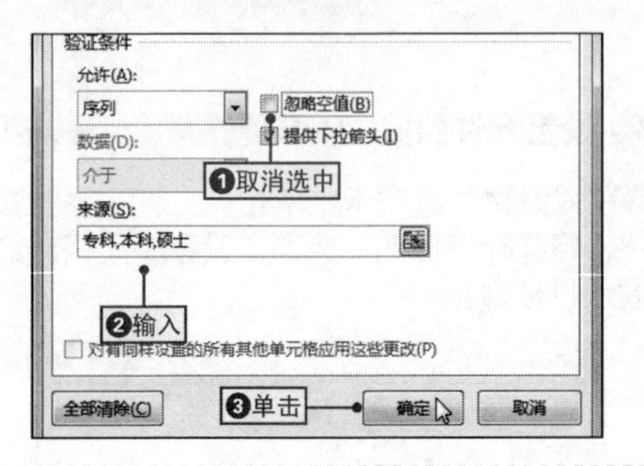

3 圈释无效的数据

返回表格中，❶在“数据”选项卡中单击“数据验证”下拉按钮，❷在弹出的下拉菜单中选择“圈释无效数据”命令，完成操作。

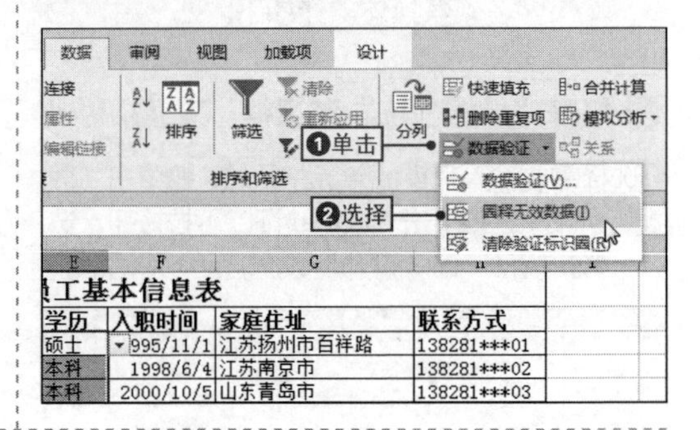

NO.
346 禁止重复输入数据

在许多表格中，都要求保证输入的数据是唯一值，如员工编号、学号以及身份证号码等，这时可以通过数据验证功能禁止输入重复数据来实现，其具体操作如下。

1 打开“数据验证”对话框

❶选择目标单元格，❷单击“数据”选项卡，❸单击“数据验证”下拉按钮选择“数据验证”命令，打开“数据验证”对话框。

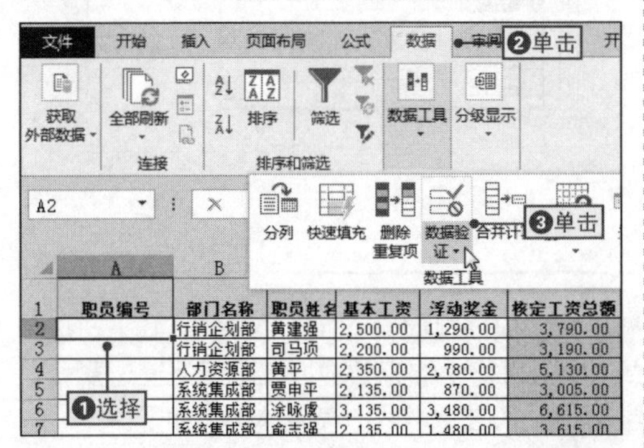

2 输入唯一值的公式

❶设置允许为自定义，❷在“公式”文本框中输入“=COUNTIF(A:A,A2)=1”，❸单击“确定”按钮确认设置。

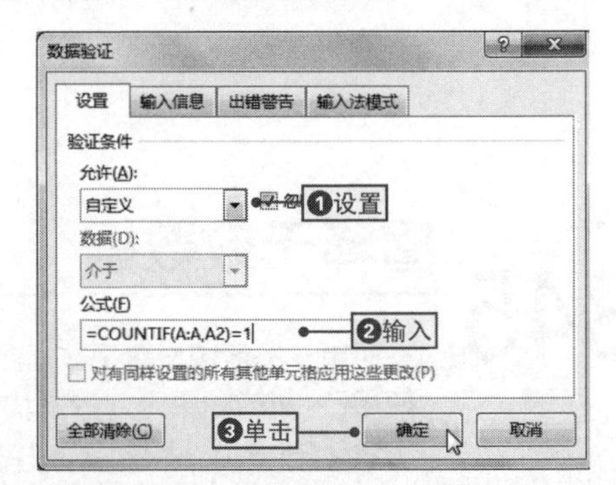

3 将公式填充到其他单元格中

选中A2单元格，通过鼠标向下填充公式，到合适位置释放鼠标。

40		市场部	尹志刚	1,200.00	1,400.00	2,600.00
41		网络安全部	沈君毅	4,225.00	2,450.00	6,675.00
42		产品研发部	高志毅	1,850.00	2,900.00	4,750.00
43		市场部	潘跃	1,200.00	3,230.00	4,430.00
44		系统集成部	叶辉	2,135.00	2,450.00	4,585.00
45		产品研发部	张月	1,850.00	2,750.00	4,600.00
46		网络安全部	章中承	2,225.00	650.00	2,875.00
47		网络安全部	魏晓	2,225.00	1,250.00	3,475.00
48		技术服务部	张志强	2,135.00	3,500.00	5,635.00
49		市场部	侯跃飞	1,200.00	4,030.00	5,230.00
50		人力资源部	章燕	1,350.00	680.00	2,030.00
51						
52						

4 查看设置效果

在操作完成后，在单元格中输入重复值，程序会自动打开警告对话框。

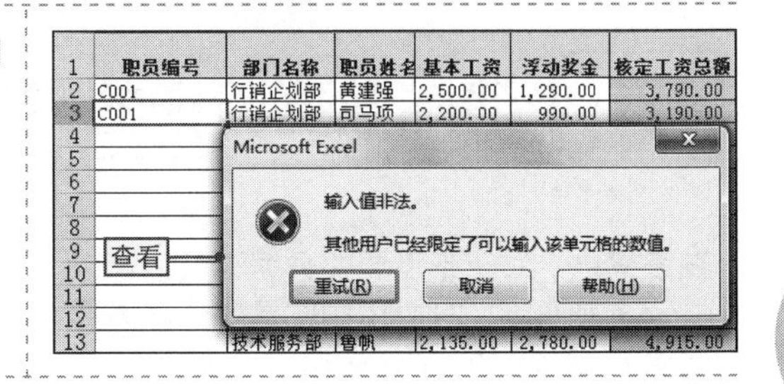

NO.347 控制单元格的数据的长度

在表格中，还可以通过数据验证来控制数据的输入长度，如手机号码、商品编码等，下面将通过设置手机号码只能输入11位数为例来进行讲解，其具体操作如下。

1 打开"数据验证"对话框

选择目标单元格区域，❶打开"数据验证"对话框，❷单击"允许"下拉按钮，❸在弹出的下拉列表中选择"文本长度"选项。

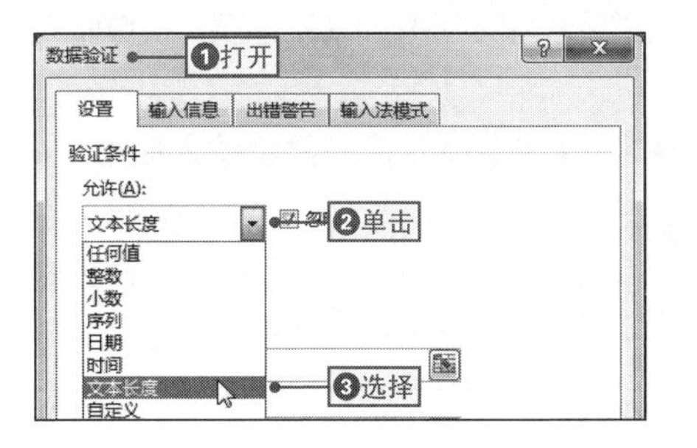

2 输入设置唯一值的公式

❶在"数据"下拉列表中选择"等于"选项，❷在"长度"文本框中输入"11"，然后单击"确定"按钮确认设置。

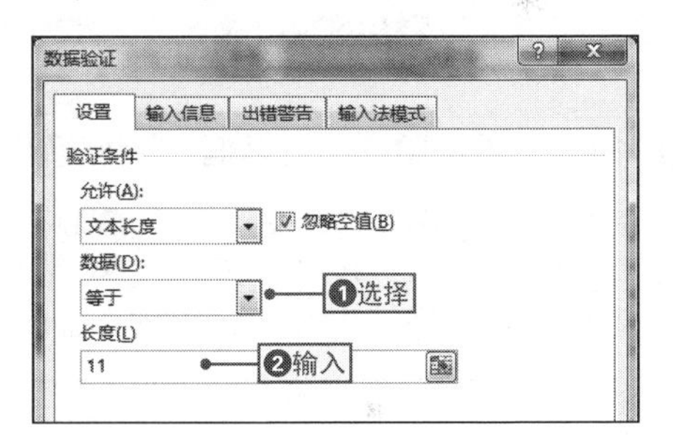

NO.348 一次性更改相同的数据验证设置

在对表格中的数据验证进行更改时，若是逐一进行更改，操作非常烦琐，这时可以通过一次性更改所有具有相同数据验证的数据功能来解决，其具体操作是：选择目标单元格区域，❶打开"数据验证"对话框，❷重新设置数据验证条件，❸选中"对有同样设置的所有其他单元格应用这些更改"复选框，❹单击"确定"按钮确认设置。

NO.
349 清除数据验证的方法

在表格中，对于不需要的数据验证，可以快速将其清除，其具体操作是：选择需要清除数据验证的单元格区域，打开“数据验证”对话框，❶单击“全部清除”按钮，❷单击“确定”按钮关闭对话框，即可清除单元格区域中的数据验证。

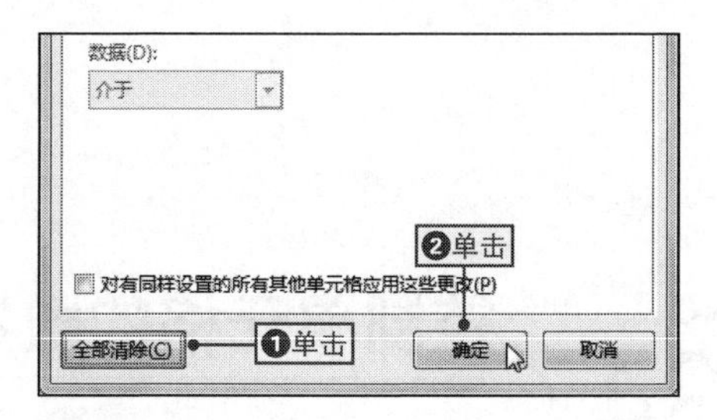

NO.
350 设置提示信息和出错警告

案例016 员工档案管理表

◉\素材\第7章\员工档案管理表1.xlsx　　◉\效果\第7章\员工档案管理表1.xlsx

除了可以为单元格设置数据验证外，还可以对其设置提示信息，从而提醒用户应该如何输入合法的数据，不仅如此，还能设置出错警告，提示用户的输入了非法数据，下面将通过对“员工档案管理表1.xlsx”表格中的单元格区域设置提示信息和出错警告为例来进行讲解，其具体操作如下。

1 打开“数据验证”对话框

打开“员工档案管理表1xlsx”文件，❶选择C列单元格区域，❷单击“数据”选项卡，❸单击“数据验证”下拉按钮，选择“数据验证”命令。

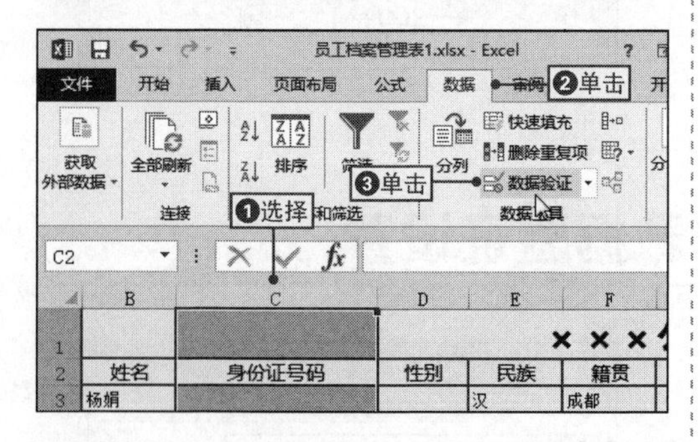

2 设置选定单元格时显示输入信息

❶在打开的“数据验证”对话框中单击“输入信息”选项卡，❷选中“选定单元格时显示输入信息”复选框。

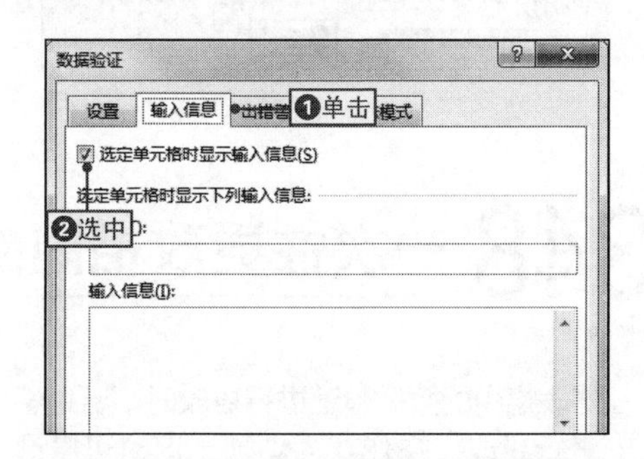

3 输入提示信息

在“标题”和“输入信息”文本框中分别输入相应的文本。

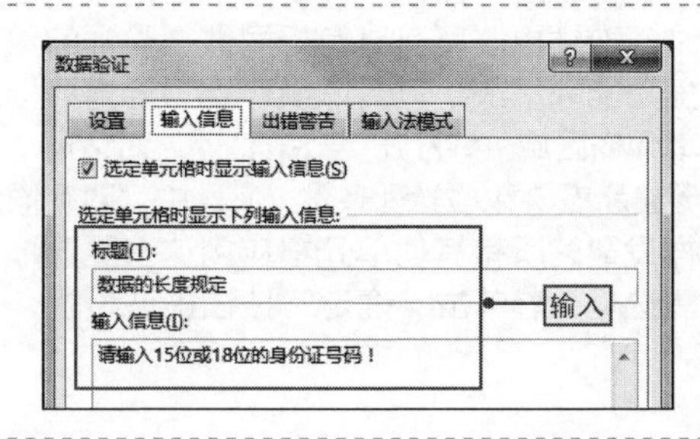

4 切换到“出错警告”选项卡

❶单击“出错警告”选项卡，❷选中“输入无效数据时显示出错警告”复选框。

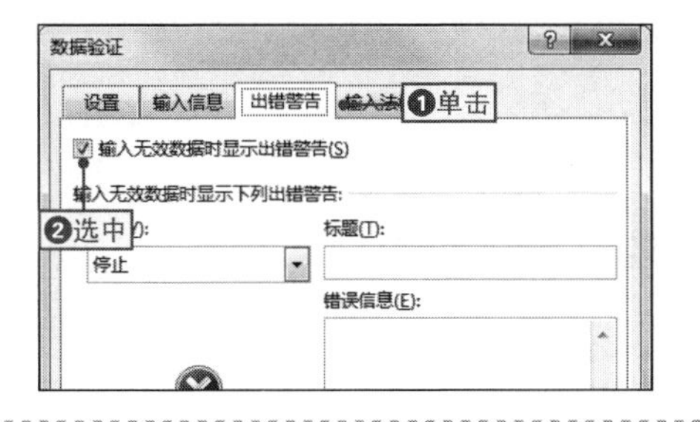

5 设置警告样式

❶单击“样式”下拉按钮，❷选择“警告”选项。

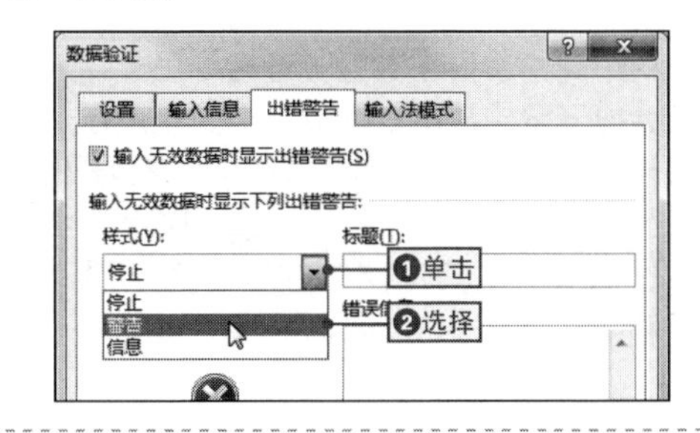

6 设置警告提示信息

❶在“标题”和“错误信息”文本框中输入相依的出错警告信息，❷单击“确定”按钮确认设置。

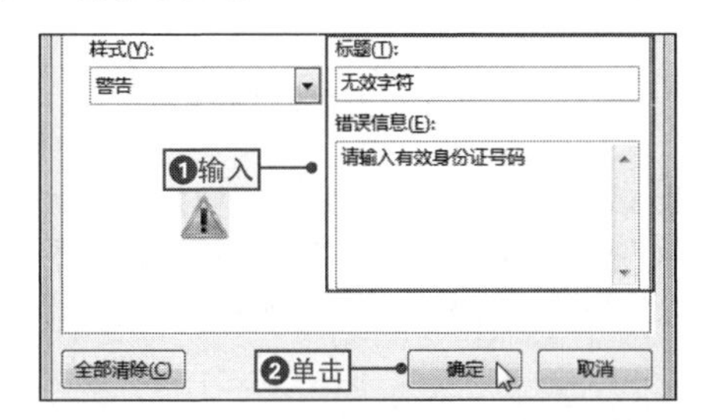

7 查看提示信息

返回表格中，选择设置过提示信息的单元格，此时在单元格旁边将会显示相应的提示信息。

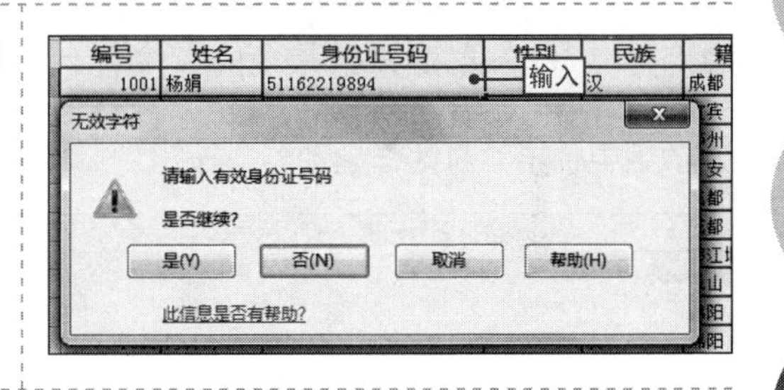

8 查看警告提示信息

在单元格中输入数据验证范围以外的数据，按【Enter】键，程序就会自动打开警告提示对话框。

NO.

351 出错警告的信息样式

出错警告中还有一种比较常用的样式，就是“信息”样式，它仅对错误数据进行提醒，默认会接受错误信息的输入，“信息”样式的错误提示对话框如右图所示。

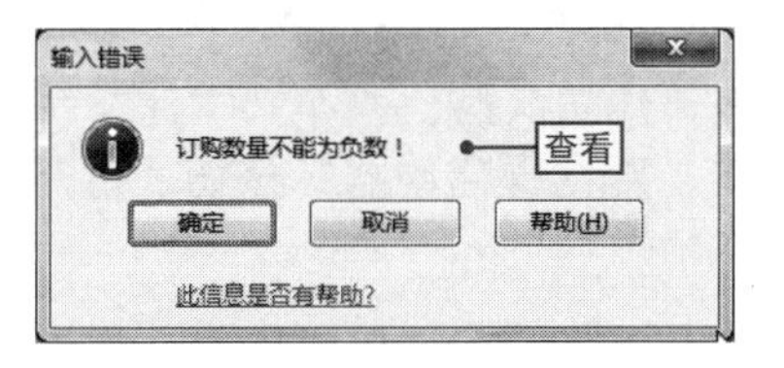

NO.

352 如何让数据验证允许输入非法值

在对单元格设置了数据验证后，虽然输入非法值会打开警告提示对话框，但是用户还是可以继续输入非法值，其具体操作是：在打开的警告提示对话框中单击“是”按钮即可输入非法值。不过这种方法只适用于在警告提示的样式为“警告”或“信息”的情况。

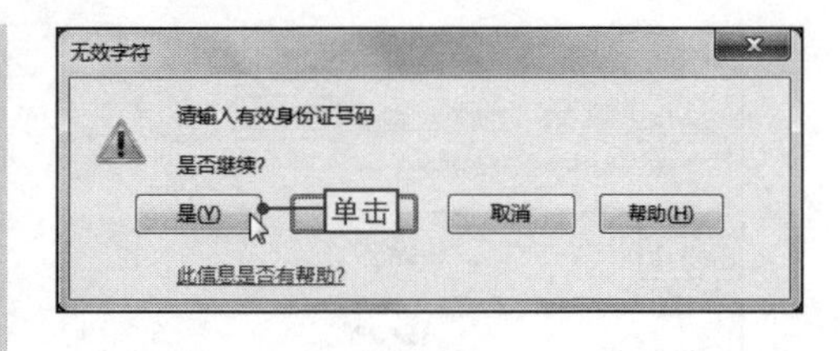

7.3 表格的保护技巧

NO.

353 指定表格的可编辑区域

案例017 财务状况分析表

◎\素材\第7章\财务状况分析表.xlsx　　◎\效果\第7章\财务状况分析表.xlsx

如果用户只希望表格中的部分区域可以被编辑，而其他部分不可被修改，这时可以为表格指定可编辑区域，这样不仅可以保护表格的完整性，而且还能防止表格的内容和格式被修改，下面将通过为“财务状况分析表.xlsx”表格设置可编辑区域为例来讲解相关步骤，其具体操作如下。

1 打开“设置单元格格式”对话框

❶打开“财务状况分析表.xlsx”文件，❷选择表格中所有的单元格，❸在“字体”选项组中单击“对话框启动器”按钮。

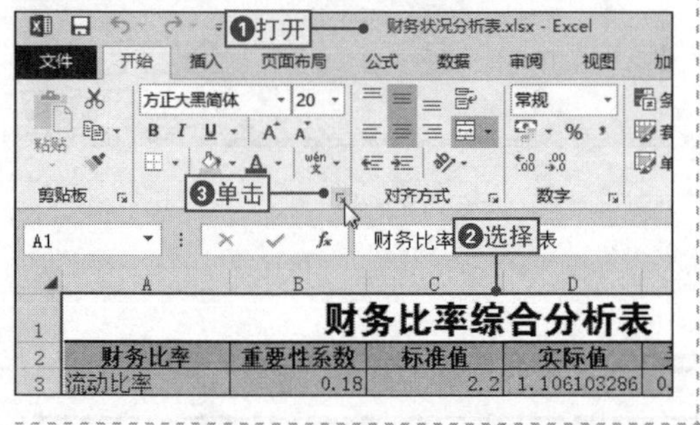

2 锁定表格

❶在打开的“设置单元格格式”对话框中单击“保护”选项卡，❷选中“锁定”复选框，❸单击“确定”按钮确认设置。

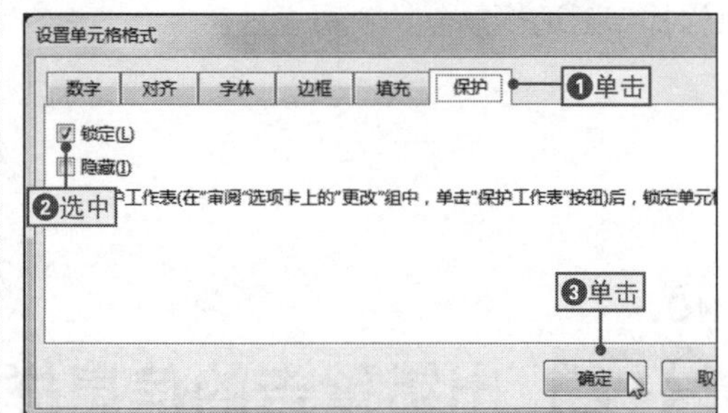

3 打开“设置单元格格式”对话框

❶选择可编辑区域，❷在“字体”选项组中单击“对话框启动器”按钮，打开“设置单元格格式”对话框。

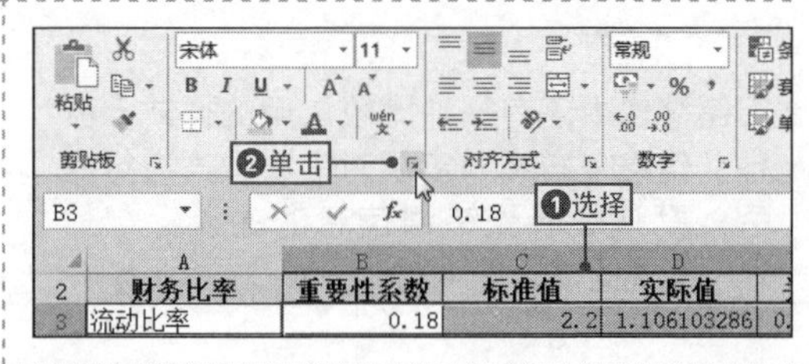

4 取消锁定单元格区域

❶单击“保护”选项卡，❷取消选中“锁定”复选框，❸单击“确定”按钮确认设置，取消锁定单元格区域。

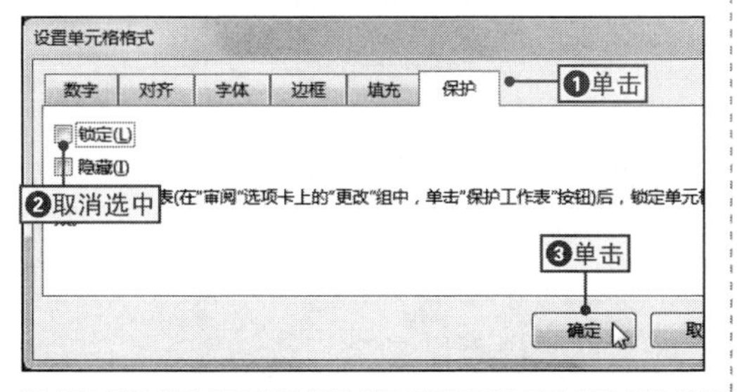

5 打开“保护工作表”对话框

返回表格中，❶单击“审阅”选项卡，❷在“更改”选项组中单击“保护工作表”按钮，打开“保护工作表”对话框。

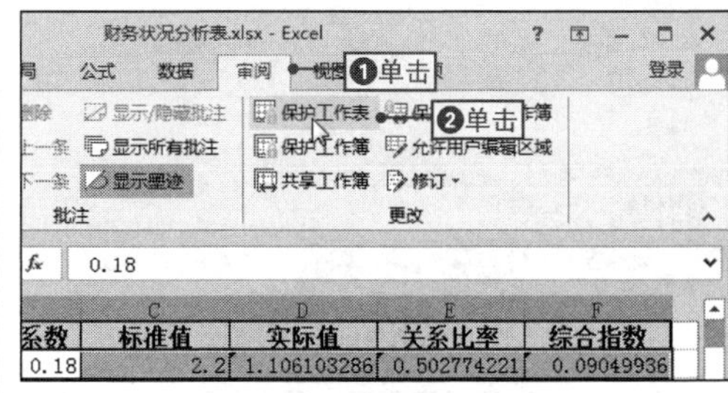

6 设置工作表保护

保持“允许此工作表的所有用户进行”下拉列表框中的默认设置，然后单击“确定”按钮确认设置，即可完成操作。

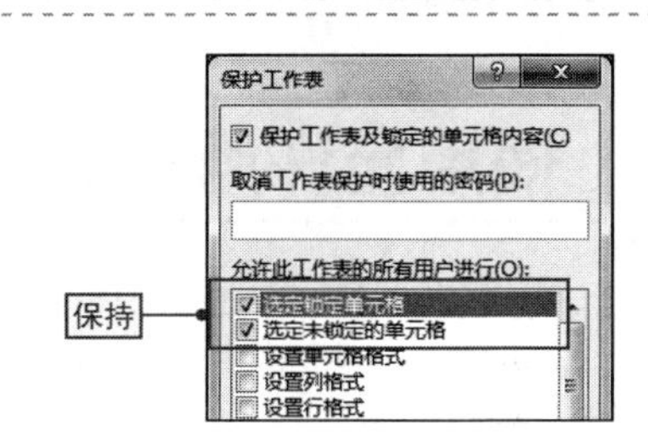

NO.
354 通过功能按钮设置表格可编辑区域

在默认情况下，表格中的所有单元格都没有被锁定，如果要设置表格的可编辑区域，可以通过锁定部分单元格区域来实现，其具体操作如下。

1 取消所有单元格的锁定状态

❶选择表格中所有单元格，❷在“开始”选项卡中单击“格式”下拉按钮，❸选择“锁定单元格”命令。

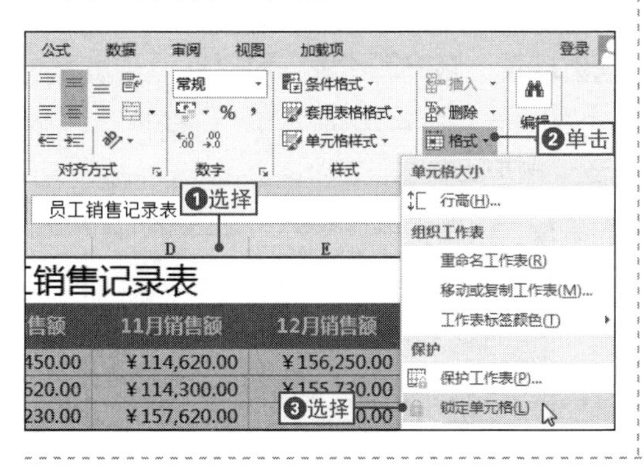

2 锁定单元格区域

❶选择需要锁定的单元格区域，❷单击“格式”下拉按钮，❸选择“锁定单元格”命令，锁定单元格区域。

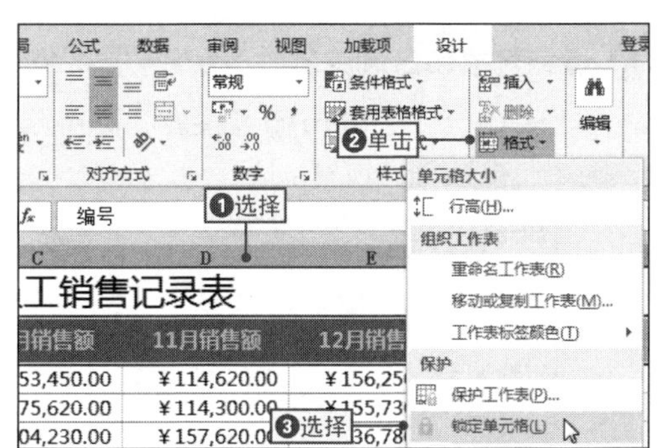

3 打开“保护工作表”对话框

❶单击“格式”下拉按钮，❷选择“保护工作表”命令，打开“保护工作表”对话框。

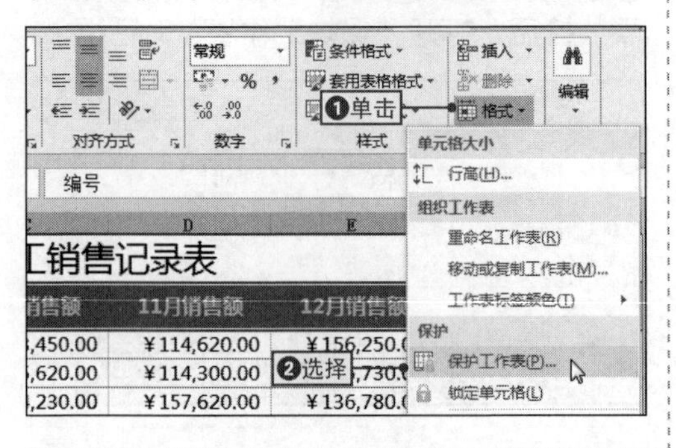

4 设置工作表保护

保持默认设置，然后单击“确定”按钮确认设置，即可完成操作。

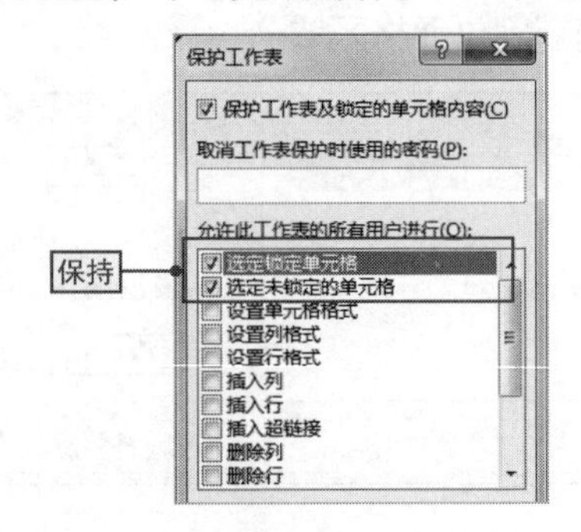

NO.

355 使用允许用户编辑区域功能保护表格

除了以上两种方式外，还可以使用允许用户编辑区域功能对表格进行保护，以防止他人对表格中未授权的部分进行修改，其具体操作如下。

1 打开“允许用户编辑区域”对话框

❶选择允许被编辑的单元格区域，❷单击“审阅”选项卡，❸在“更改”选项组中单击“允许用户编辑区域”按钮。

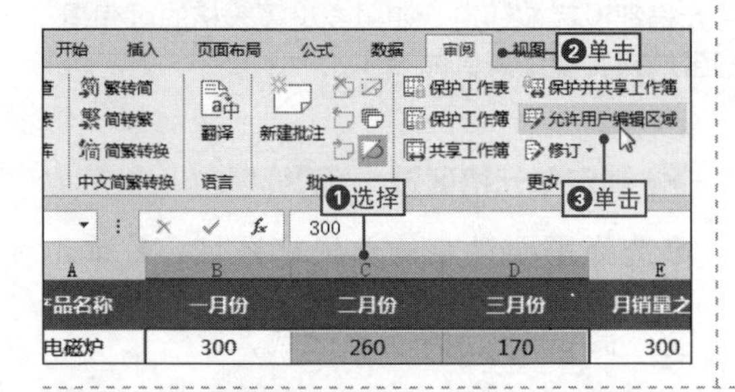

2 打开“新建域”对话框

在打开的“允许用户编辑区域”对话框中单击右侧的“新建”按钮，打开“新建域”对话框。

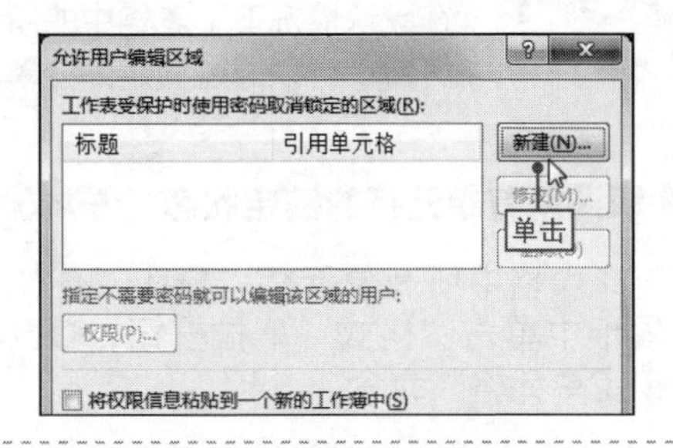

3 设置可编辑区域的属性

❶在“标题”文本框中输入标题，❷单击“确定”按钮确认设置。

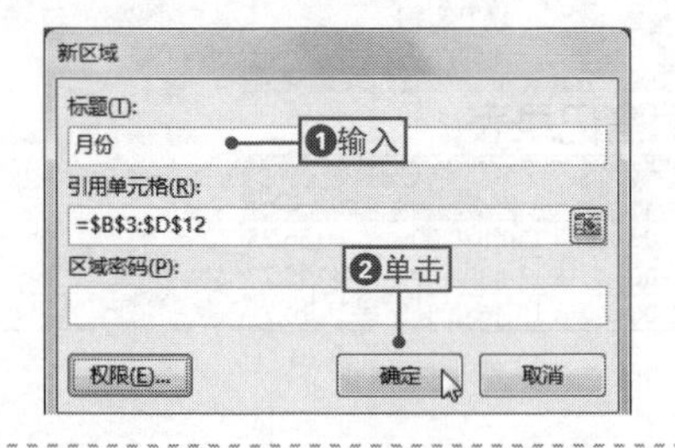

4 打开“保护工作表”对话框

返回“允许用户编辑区域”对话框中，单击“保护工作表”按钮。

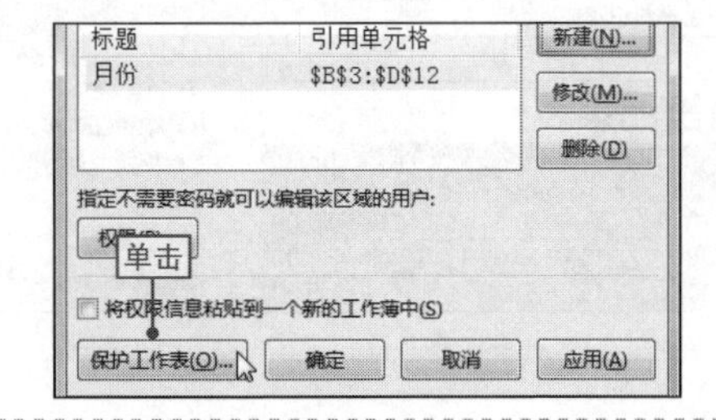

5 设置保护密码

在打开的“保护工作表”对话框中输入取消工作表保护时使用的密码，然后单击“确定”按钮确认设置。

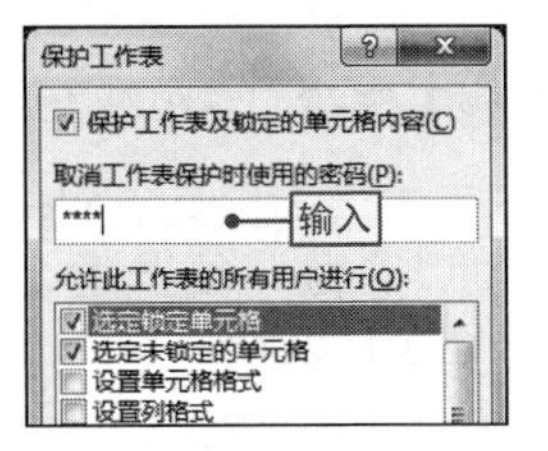

6 再次输入密码

❶在打开的“确认密码”对话框中再次输入相同的密码，❷单击“确定”按钮确认设置，即可完成操作。

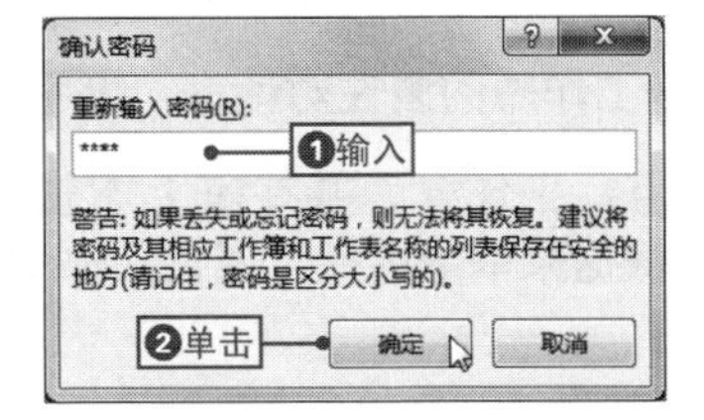

NO. 356 隐藏表格中的重要数字

案例017 财务状况分析表

◉\素材\第7章\财务状况分析表1.xlsx ◉\效果\第7章\财务状况分析表1.xlsx

在表格中，某些单元格中的数字非常重要，对于这些敏感信息，用户可以将其隐藏起来，从而避免被他人查看，下面将通过隐藏“财务状况分析表1.xlsx”表格中的重要数字为例来讲解相关步骤，其具体操作如下。

1 打开“设置单元格格式”对话框

❶打开“财务状况分析表1.xlsx”文件，❷选择目标单元格区域，❸在“数字”选项组中单击“对话框启动器”按钮。

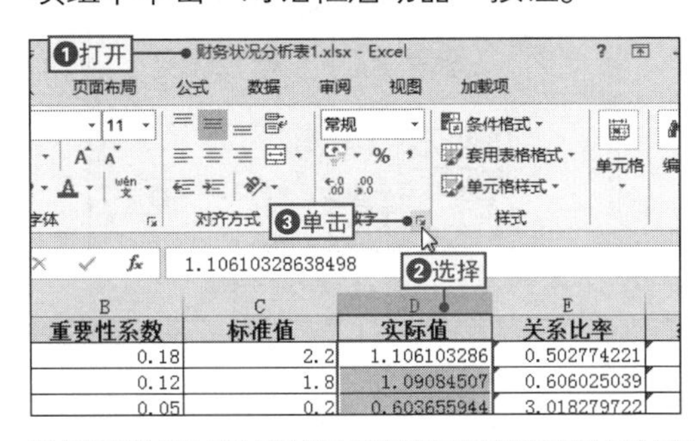

2 设置数据类型

❶在打开的对话框中选择“自定义”选项，❷在“类型”文本框中输入“;;;”，然后单击“确定”按钮即可。

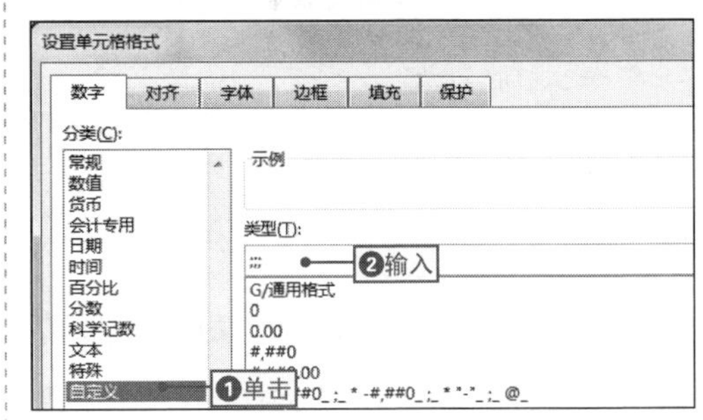

3 查看设置效果

返回表格中，可以查看到目标单元格区域中的数据被隐藏。

财务比率	重要性系数	标准值	实际值
流动比率	0.18	2.2	
速动比率	0.12	1.8	
资产负债率	0.05	0.2	
负债股权比率	0.01	0.1	
固定比率	0.04	0.4	
存货周转率	0.02	0.5	
应收账款周转率	0.12	2.6	

查看

NO.
357 通过文件属性隐藏工作簿

为了防止他人查看到电脑中的工作簿，用户可以通过文件属性将工作簿隐藏，这样他人就不会知道电脑中存在工作簿，其具体操作如下。

1 打开工作簿的属性对话框

❶选择目标工作簿，并在其上右击，❷在弹出的快捷菜单中选择“属性”命令。

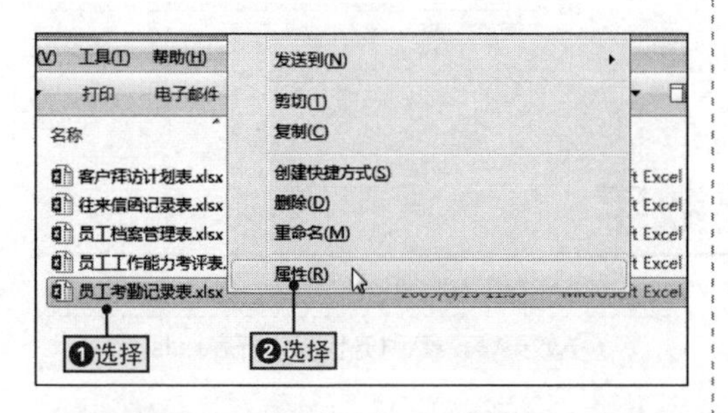

2 设置隐藏工作簿

在打开的“员工考勤记录表.xlsx 属性”对话框中选中“隐藏”复选框，然后单击“确定”按钮确认设置。

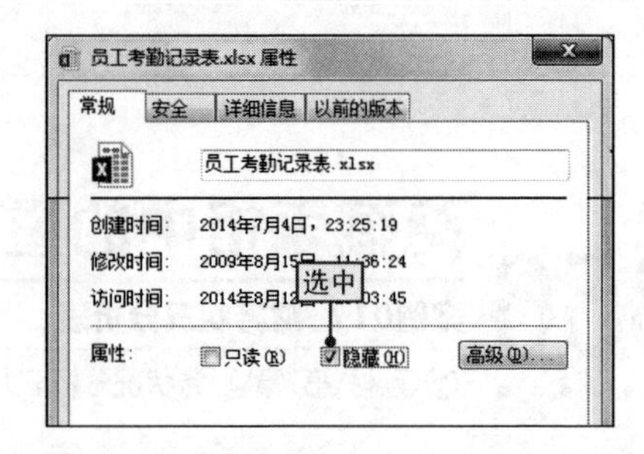

3 打开“文件夹选项”对话框

返回文件夹窗口，❶单击“工具”菜单，❷选择“文件夹选项”命令，打开“文件夹选项”对话框。

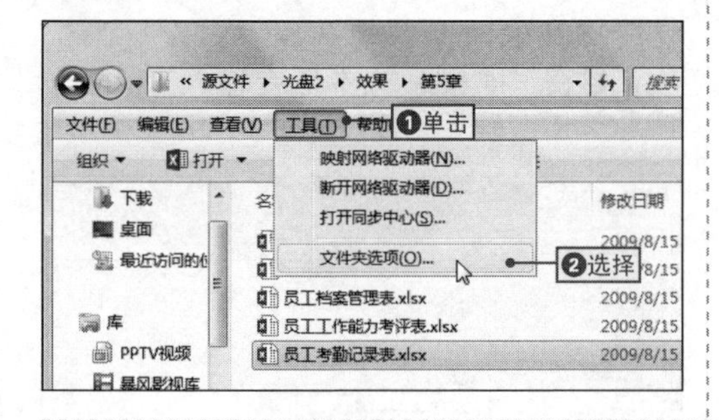

4 设置不显示隐藏的文件

❶单击“查看”选项卡，❷选中“不显示隐藏的文件、文件夹或驱动器”单选按钮，然后单击“确认”按钮确认设置。

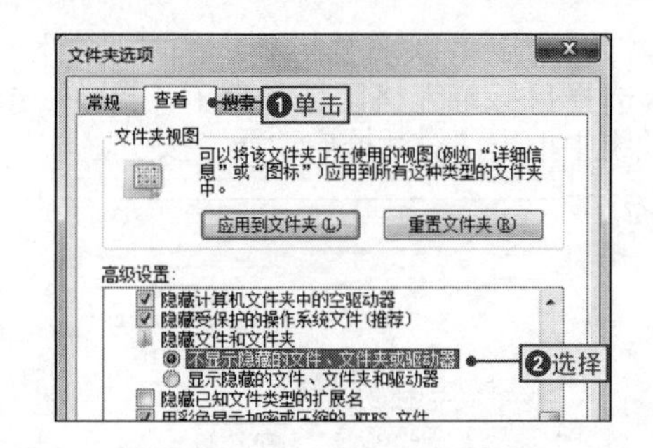

5 设置不显示隐藏的文件

操作完成后，返回文件夹窗口中，可以查看到其中的“员工考勤记录”工作簿文件已经被隐藏。

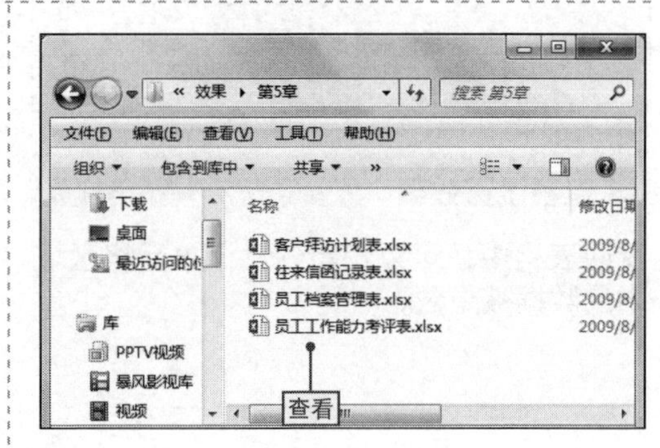

NO.

358

通过命令隐藏工作簿

除了可以使用文件属性隐藏工作簿外，还有一种比较简便的方法，就是使用Excel中的命令对其进行隐藏，隐藏后的工作簿再次被打开时，不会显示表格中的数据，其具体操作如下。

1 单击“隐藏”按钮

打开需要隐藏的工作簿，❶单击“视图”选项卡，❷在“窗口”选项组中单击“隐藏”按钮。

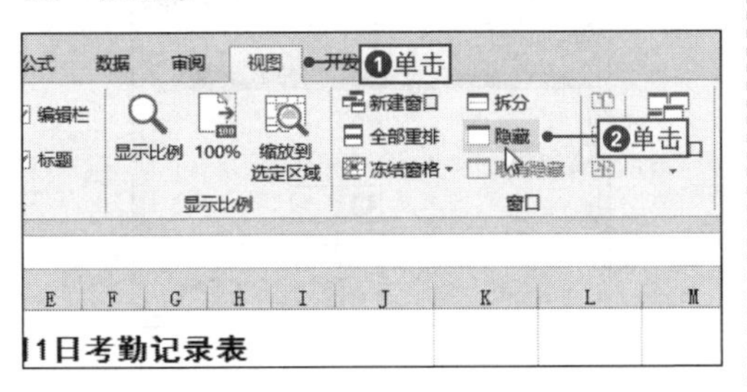

2 查看隐藏效果

此时即可查看到工作簿中的数据被隐藏，Excel中只显示操作界面。

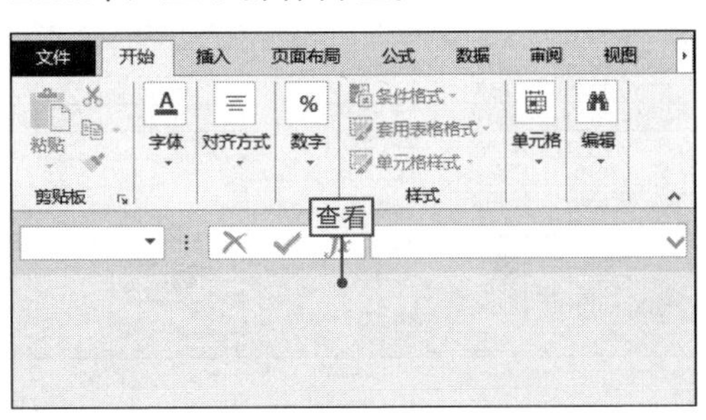

NO.

359

快速隐藏工作表

工作簿中一般都会含有多个工作表，所以对于重要的工作表也可以将其隐藏起来，这样在打开工作簿时，就不会查看到隐藏的工作表，其具体操作如下。

1 隐藏工作表

❶选择目标工作表标签，并在其上右击，❷在弹出的快捷菜单中选择“隐藏”命令。

2 查看隐藏效果

此时可以查看到工作簿中的“8月1日考勤”工作表被隐藏，只可以查看到其他的工作表。

NO. 360 快速显示工作表

如果想要查看被隐藏工作表中的数据，则可以手动设置将其显示出来，下面将以显示“8月1日考勤”工作表为例来进行讲解，其具体操作如下。

1 打开“取消隐藏”对话框

❶在任意工作表标签上右击，❷在弹出的快捷菜单中选择“取消隐藏”命令，打开“取消隐藏”对话框。

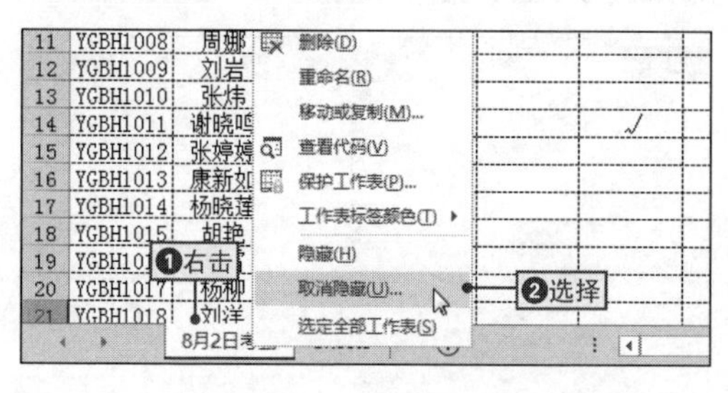

2 设置工作表取消隐藏

❶在“取消隐藏工作表”下拉列表框中选择需要显示的工作表，❷单击“确定”按钮确认设置，即可将该工作表显示出来。

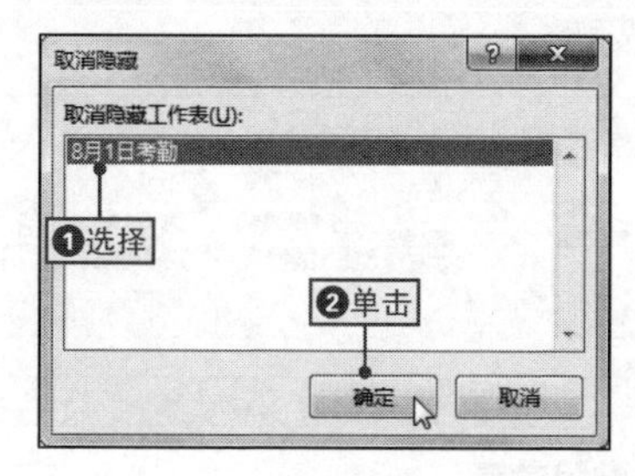

NO. 361 隐藏错误值

在表格中对数据进行计算时，常会出现一些错误提示信息，如“#DIV/0!”、“#N/A”等，若不想看到这些错误的信息，可以将其进行隐藏，其具体操作如下。

1 打开“新建格式规则”对话框

❶在“开始”选项卡中单击“条件格式”下拉按钮，❷选择“新建规则”命令，打开“新建格式规则”对话框。

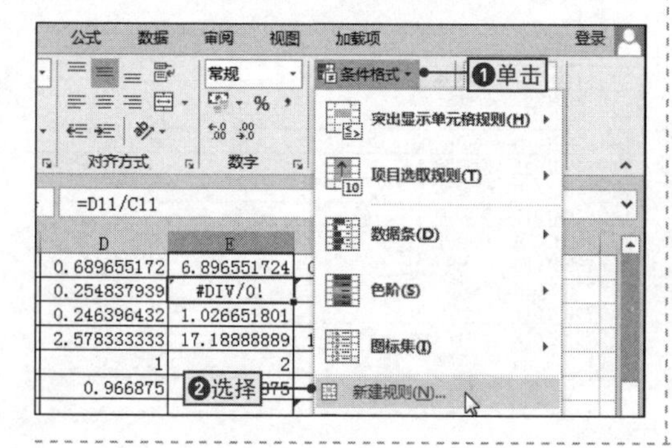

2 编辑规则

❶选择“只为包含以下内容的单元格设置格式”选项，❷单击“单元格值”下拉按钮，❸选择“错误”选项。

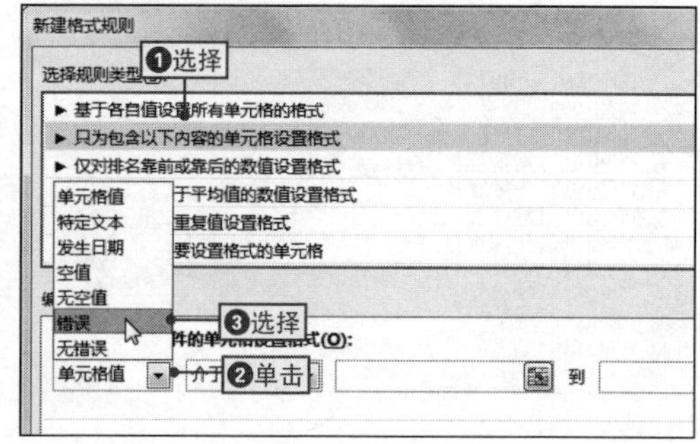

3 打开“设置单元格格式”对话框

单击“格式”按钮，打开“设置单元格格式”对话框。

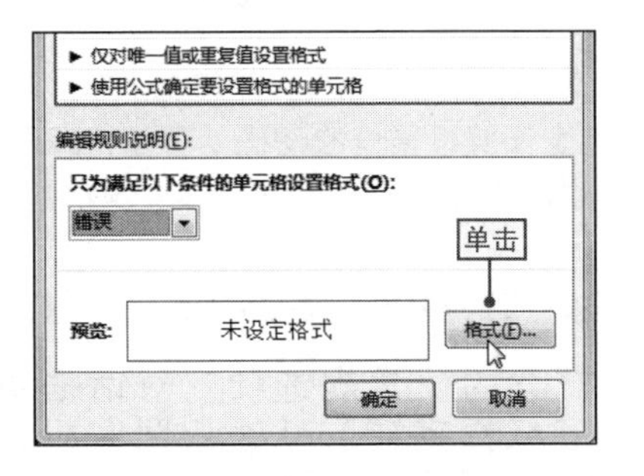

4 设置颜色

❶单击“颜色”下拉按钮，❷选择与单元格相同的颜色选项，单击“确定”按钮即可。

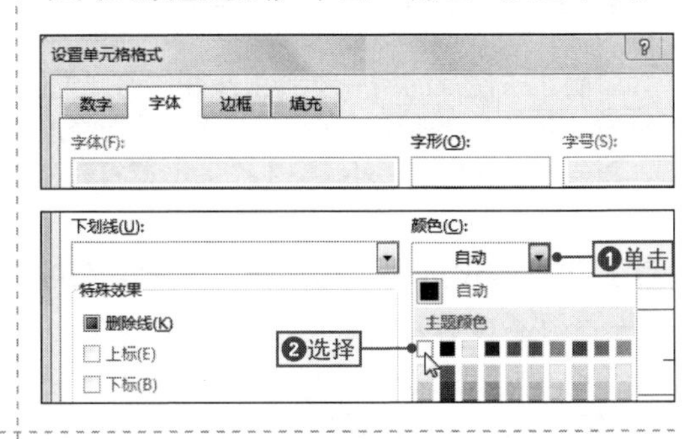

5 确认设置

返回“编辑规则说明”对话框中，单击“确定”按钮确认设置，即可隐藏相关单元格的错误值。

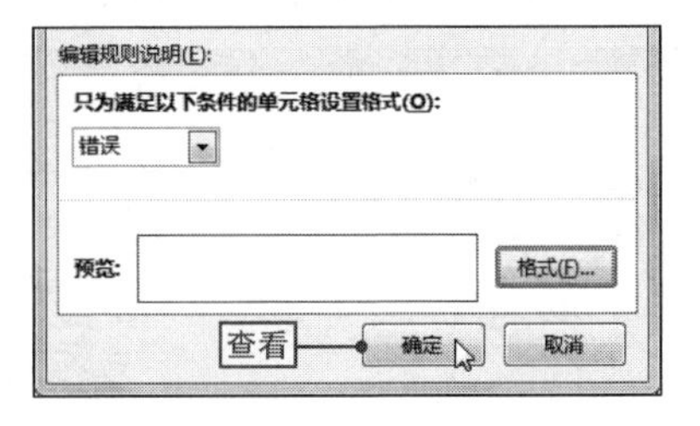

NO.

362 隐藏行列数据

除了可以隐藏单元格数据，使其单元格显示空白外，还可以直接将行或列进行隐藏，下面将通过隐藏表格中的列为例来进行讲解，其具体操作如下。

1 通过命令按钮隐藏列

❶选择目标列，❷在“开始”选项卡中单击“格式”下拉按钮，❸选择“隐藏和取消/隐藏列”命令。

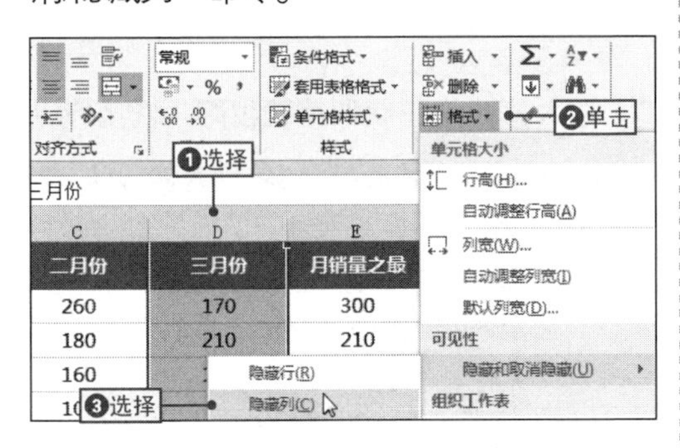

2 查看隐藏效果

返回表格中，即可查看到目标列被隐藏了起来，隐藏的目标列将以一条粗线进行显示。

	B	C	E	F
2	一月份	二月份	月销量之最	总量
3	300	260	300	730
4	200	180	210	590
5	200	160	200	535
6	130	100	130	315
7	120	90	查看	315
8	90	77	90	249
9	50	80	80	202
10	110	17	110	158
11	60	42	60	156

NO.

363 快速为工作簿设置权限密码

案例017 财务状况分析表

◎\素材\第7章\财务状况分析表2.xlsx ◎\效果\第7章\财务状况分析表2.xlsx

为了防止未授权的用户查看工作簿，可以为工作簿设置查看密码，如果只希望其他用户可以查看工作簿中的数据，而不能对其进行修改，可以为工作簿设置修改密码，下面将通过为“财务状况分析表2.xlsx”工作簿设置打开和修改密码为例来进行讲解，其具体操作如下。

1 打开“常规选项”对话框

打开“财务状况分析表2.xlsx”文件，❶打开“另存为”对话框，❷单击“工具”下拉按钮，❸选择“常规选项”命令。

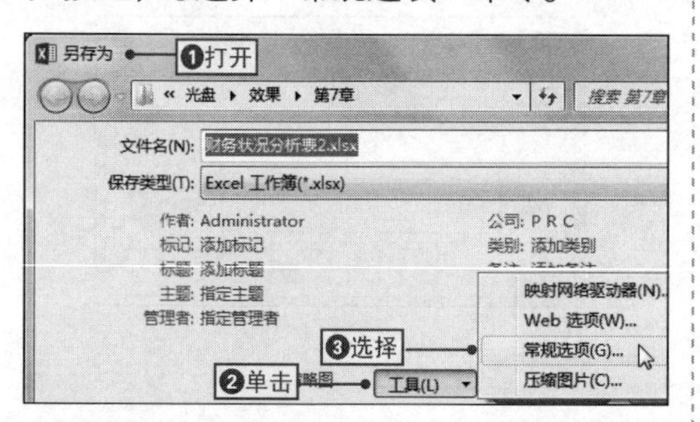

2 设置打开密码和修改密码

❶在打开的“常规选项”对话框中设置打开权限密码和修改权限密码，如“1234”，❷单击“确定”按钮。

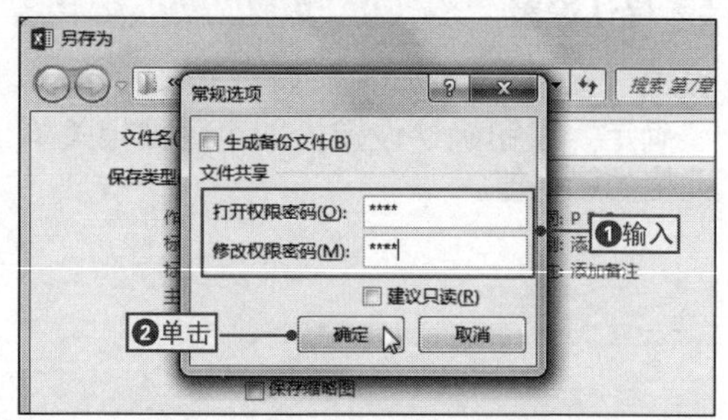

3 再次输入打开密码

❶在打开的“确认密码”对话框的“重新输入密码”文本框中再次输入打开密码，❷单击“确定”按钮确认设置。

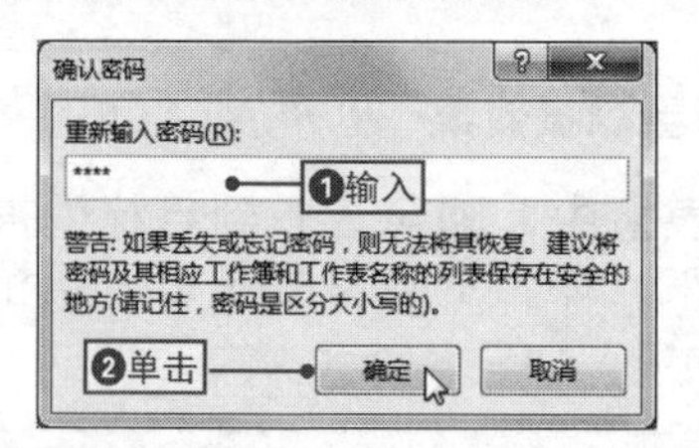

4 再次输入修改密码

❶在打开的“确认密码”对话框的“重新输入修改权限密码”文本框中再次输入修改密码，❷单击“确定”按钮确认设置。

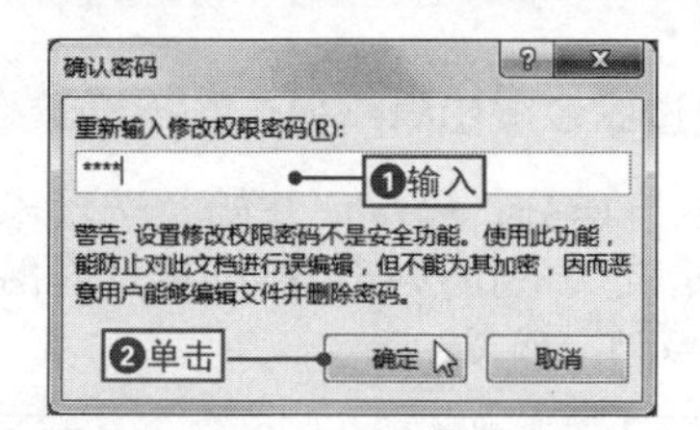

5 输入打开密码打开工作簿

保存工作簿，再次打开工作簿会出现“密码”对话框，❶在“密码”文本框中输入打开文件密码，❷单击“确定”按钮。

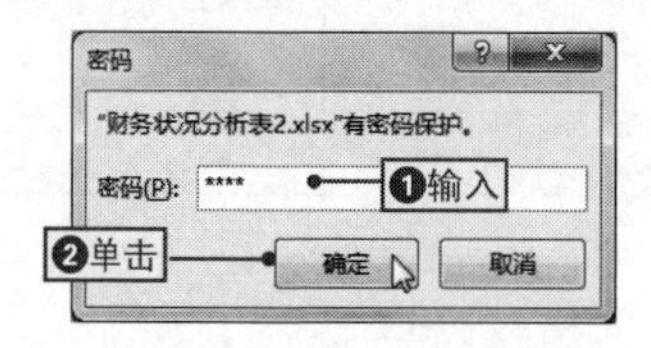

6 输入修改密码获取编辑权限

❶在“密码”文本框中输入修改文件密码，❷单击“确定”按钮确认设置。

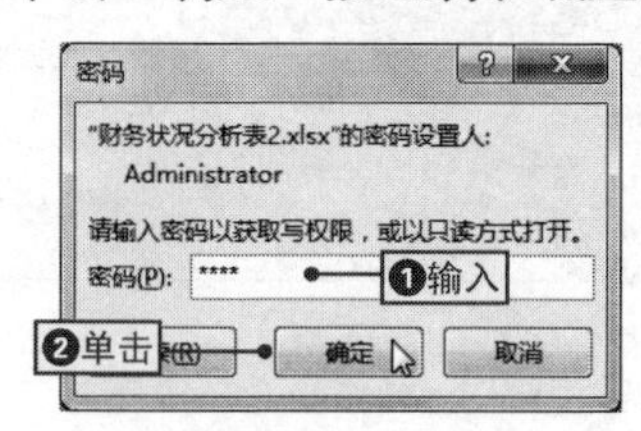

NO.
364

保护工作簿的结构

为了防止他人随意插入、删除、复制、移动以及重命名工作表等，可以对工作簿的结构进行保护，其具体操作如下。

1 打开“保护工作簿”对话框

❶单击“审阅”选项卡，❷在“更改”选项组中单击“保护工作簿”按钮，打开“保护结构和窗口”对话框。

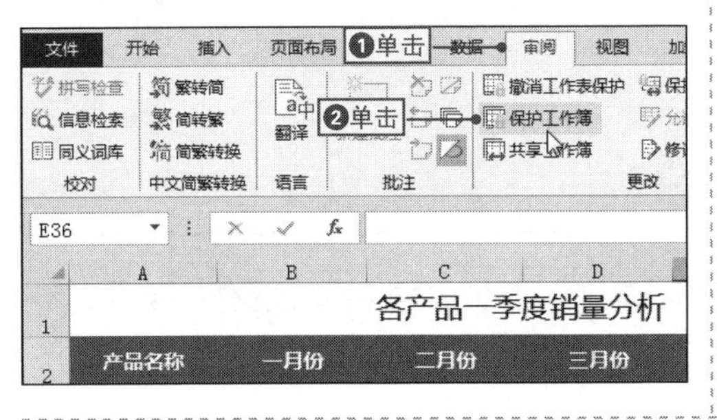

2 设置工作簿结构密码

❶选中“结构”复选框，❷在“密码（可选）”文本框中输入密码，如1234，❸单击“确定”按钮确认设置。

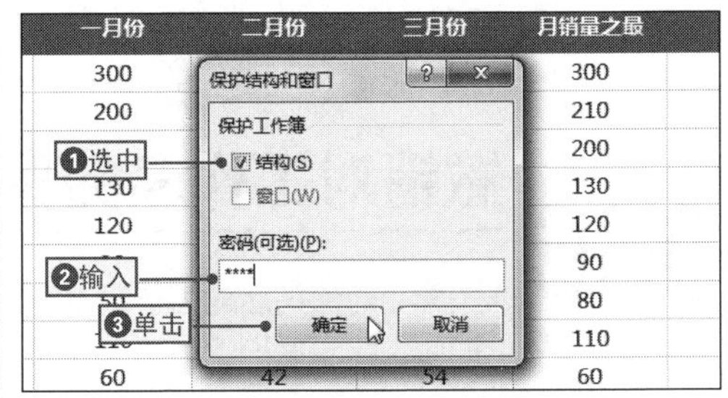

3 再次输入密码

❶在打开的“确认密码”对话框的“重新输入密码”文本框中再次输入密码，❷单击“确定”按钮确认设置。

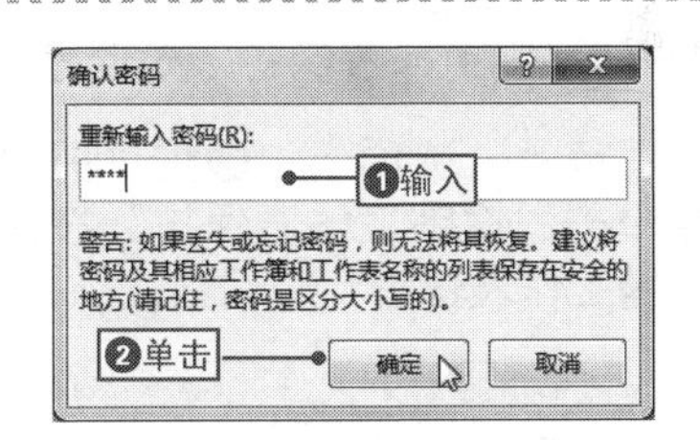

NO.
365

为工作表设置保护密码

除了可以对整个工作簿进行保护外，还可以对单个的工作表进行保护，从而防止未授权用户对工作表中的数据进行编辑，其具体操作如下。

1 打开“保护工作表”对话框

打开“财务状况分析表2.xlsx”文件，❶单击“格式”下拉按钮，❷在弹出的下拉列表中选择“保护工作表”命令，打开“保护工作表”对话框。

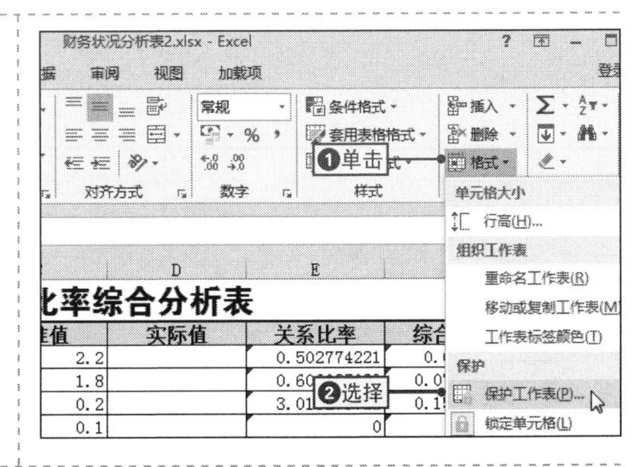

2 输入取消保护的密码

输入取消工作表保护时的密码，然后单击“确定”按钮确认设置，打开“确认密码”对话框。

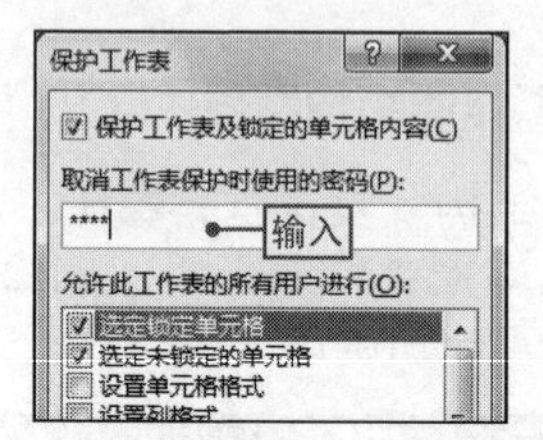

3 再次输入密码

❶在“重新输入密码”文本框中再次输入相同的密码，❷单击“确认”按钮确认设置，完成操作。

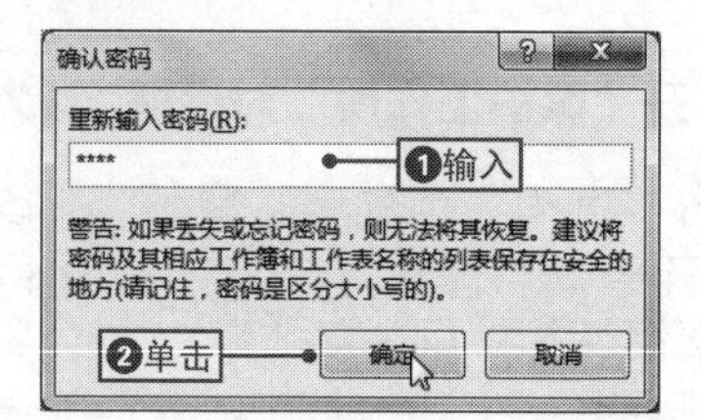

NO.366 撤销对工作表的保护

如果要对保护后的工作表进行编辑，系统会提醒用户先撤销对工作的保护，撤销对工作表保护的具体操作如下。

1 打开“撤销工作表保护”对话框

❶单击“审阅”选项卡，❷在“更改”选项组中单击“撤销工作表保护”按钮，打开“撤销工作表保护”对话框。

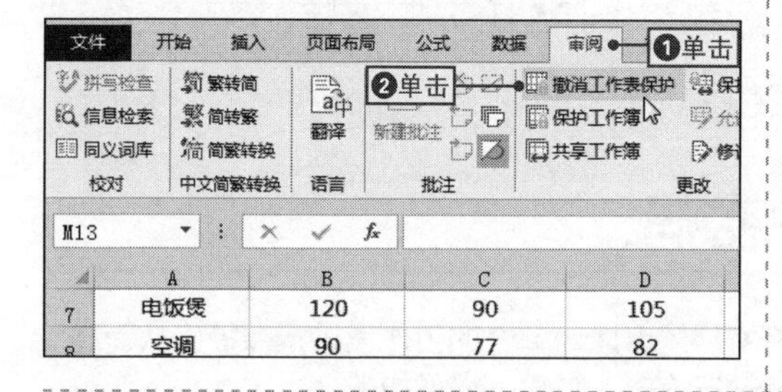

2 撤销对工作表的保护

❶在“密码”文本框中输入工作表的保护密码，❷单击“密码”按钮确认设置，即可撤销工作表保护。

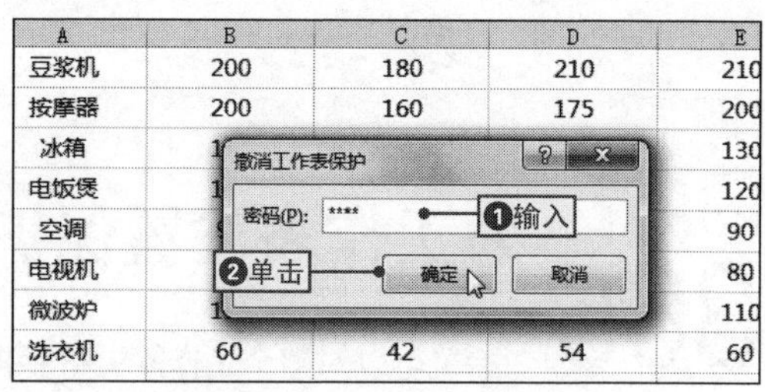

CHAPTER 08

Excel公式函数的数据计算技巧

本章导读

数据计算是Excel中最常用，也是最主要的功能之一，在表格中使用公式和函数可以实现各类数据的计算，本章将主要介绍使用公式和函数来计算数据的技巧。

本章技巧

NO. 367 使用公式计算数据

案例018 贷款投资经营表

◉\素材\第8章\贷款投资经营表.xlsx　　◉\效果\第8章\贷款投资经营表.xlsx

如果要对数据进行计算，就需要用到公式，公式就是由一个等号连接符连接数据和数据运算符，从而计算出结果，下面将通过计算“贷款投资经营表.xlsx”工作簿中的期末余额为例，来讲解使用公式计算数据的步骤，其具体操作如下。

1 输入公式

❶打开“贷款投资经营表.xlsx”文件，❷选择目标单元格，并在其中输入相应的公式。

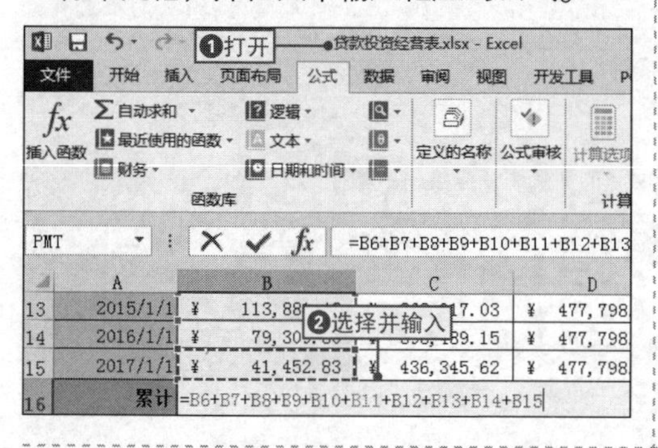

2 查看计算结果

按【Ctrl+Enter】组合键计算出结果，以相同的方法计算出其他单元格中的结果。

4	贷款后的时间	各期利息	各期本金	本利累计
5	2007/1/1			
6	2008/1/1	¥ 285,000.00	¥ 192,798.45	¥ 477,798
7	2009/1/1	¥ 266,684.15	¥ 211,114.31	¥ 477,798
8	2010/1/1	¥ 246,628.29	¥ 231,170.17	¥ 477,798
9	2011/1/1	¥ 224,667.12	¥ 253,131.33	¥ 477,798
10	2012/1/1	¥ 200,619.64	¥ 277,178.81	¥ 477,798
11	2013/1/1	¥ 174,287.66	¥ 303,510.80	¥ 477,798
12	2014/1/1	¥ 145,454.13	¥ 332,344.32	¥ 477,798
13	2015/1/1	¥ [illegible]1.42	¥ 363,917.03	¥ 477,798
14	2016/1/1	¥ 79,309.30	¥ 398,489.15	¥ 477,798
15	2017/1/1	¥ 41,452.83	¥ 436,345.62	¥ 477,798
16	累计	¥ 1,777,984.55		

查看

NO. 368 通过数组公式简化计算

在Excel中，可以通过数组公式在单元格区域中执行相似公式的数据计算，从而快速为单元格区域计算出结果，它与普通公式计算的区别是，数组公式必须按【Ctrl+Shift+Enter】组合键才能完成计算，其具体操作如下。

1 输入公式

❶选择目标单元格区域，如E3:E20，❷输入公式“=C3:C20+D3:D20”。

	B	C	D	E
1				员工工
2	员工姓名	基本工资	奖金	实际金额
3	李丹	￥3,000	￥300	=C3:C20+D3:D20
4	杨陶	￥2,000	￥340	
5	刘小明	￥2,500	￥360	
6	张嘉	￥2,000	￥360	
7	张炜	￥3,000	￥340	
8	李聃	￥2,000	￥300	
9	杨娟	￥2,000	￥300	
10	马英	￥3,000	￥340	

❷输入　❶选择

2 查看计算结果

按【Ctrl+Shift+Enter】组合键完成输入，即可查看到单元格区域中的计算结果。

	B	C	D	E
1				员工工
2	员工姓名	基本工资	奖金	实际金额
3	李丹	￥3,000	￥300	￥3,300
4	杨陶	￥2,000	￥340	￥2,340
5	刘小明	￥2,500	￥360	￥2,860
6	张嘉	￥2,000	￥360	￥2,360
7	张炜	￥3,000	￥340	￥3,340
8	李聃	￥2,000	￥300	￥2,300
9	杨娟	￥2,000	￥300	￥2,300
10	马英	￥3,000	￥340	￥3,340

查看

NO.

369 输入较长公式的方法

在输入较长公式时，如果直接在单元格中输入很不方便，还有一种方法，就是在编辑栏中输入公式，其具体操作是：❶选择需要输入公式的单元格，❷将文本插入点定位到编辑栏中，然后在其中输入公式，按【Ctrl+Enter】组合键即可计算出结果。

MID =C3+D3+F3+G3+H3-I3 ❷输入

	G	H	I	J
2	车费补助	保险金	出勤扣款	应发金额
3	￥120	￥200	￥20	3+G3+H3-I3
4	￥120	￥200	￥70	
5	￥0	￥200	￥0	
6	￥120	￥200	￥130	
7	￥0	￥200	￥60	
8	￥120	￥200	￥110	
9	￥120	￥200	￥20	
10	￥120	￥200	￥30	

❶选择

NO.

370 设置不同工作簿的引用公式

在使用公式计算数据的过程中，如果需要使用的数据在其他工作簿中，这时可以直接在公式中引用其他工作簿中的单元格，从而获取其中的数据来参与计算，其具体操作如下。

1 输入等号

❶在原工作簿中选择目标单元格，❷在编辑栏中输入"="。

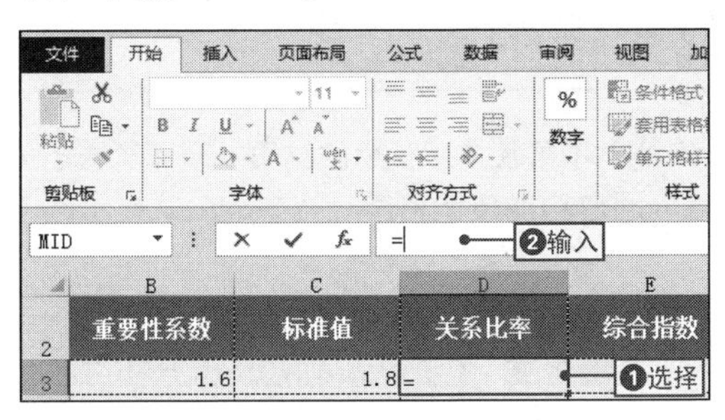

2 引用单元格

切换到目标工作簿中，在相应工作表中选择需要引用的单元格。

MID =[财务比率分析表.xlsx]Sheet1!

	A	B
1	财务比率分析表	
2	项目	比率
3	一、偿债能力分析	
4	流动比率	102.61%
5	速动比率	104.08%
6	资产负债率	58.37%
7	负债股权比率	0.01%
8	固定比率	25.59%
9	二、营运能力分析	
10	存货周转率	0.02%

选择

3 输入其他公式

返回原工作簿中，在编辑栏中将会出现引用的公式，输入公式中的其他部分。

=[财务比率分析表.xlsx]Sheet1!$B$4/C3 输入

系数	标准值	关系比率	综合指数
1.6	1.8	et1!$B$4/C3	
0.12	2		
0.35	0.2		
0.01	0.1		
0.04	0.4		
0.02	0.5		

4 查看计算结果

按【Ctrl+Enter】组合键计算出公式的结果，即完成操作。

	重要性系数	标准值	关系比率	综合指数
3	1.6	1.8	57.01%	
4	0.12	2		
5	0.35	0.2		
6	0.01	0.1		
7	0.04	0.4		
8	0.02	0.5		
9	0.12	2.6		

查看

NO.
371 巧用【F9】键查看部分公式结果

案例018 贷款投资经营表

◎\素材\第8章\贷款投资经营表1.xlsx　　◎\效果\第8章\贷款投资经营表1.xlsx

在表格中，有时会使用较长的公式来对数据进行计算，但对公式进行检查的难度也更大，如果分别对公式的局部计算结果进行检查，会更加容易发现其中存在的问题，这时可以使用【F9】键来查看部分公式结果，其具体操作如下。

1 输入公式

❶打开“贷款投资经营表1.xlsx”文件，❷选择目标单元格，❸在编辑栏中选择部分公式。

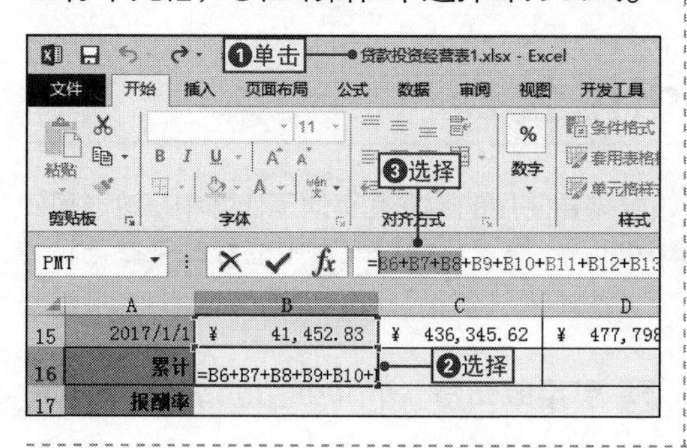

2 查看部分公式的计算结果

直接按【F9】键，即可查看到所选部分公式的计算结果。

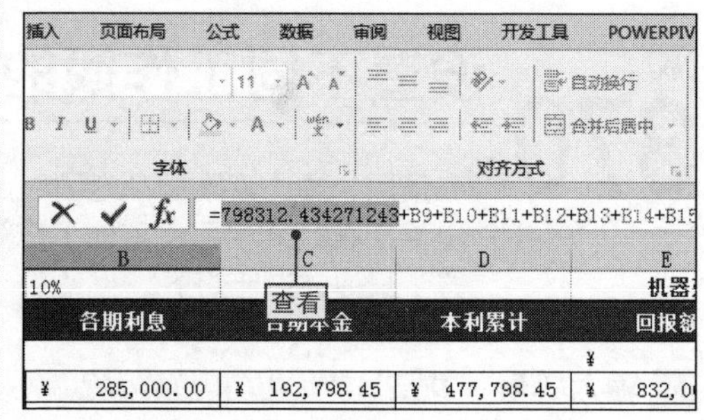

NO.
372 通过功能按钮显示单元格中的公式

用户在制作或查阅表格的过程中，可能并不是很在乎计算的结果，反而更想知道单元格中公式的结构，这时就可以通过功能按钮将单元格中的公式显示出来，其具体操作如下。

1 将表格中的公式显示出来

❶单击“公式”选项卡，❷在“公式审核”选项组中单击“显示公式”按钮。

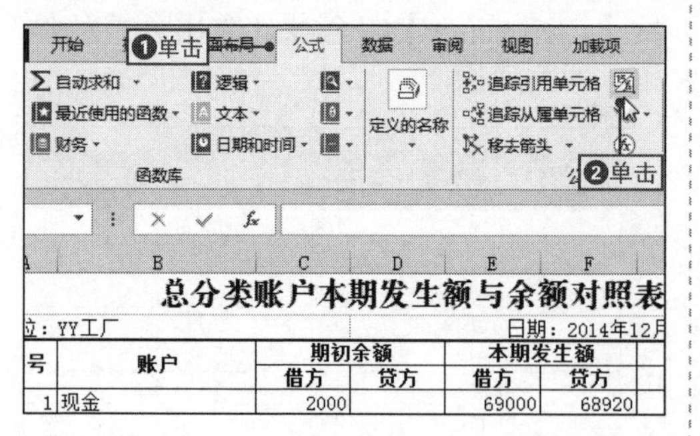

2 查看公式

此时在表格中，即可查看到当前表格中所有的公式。

	F	G	H
4	贷方	借方	贷方
5	68920	=C5+E5-F5	
6	164700	=C6+E6-F6	
7		=C7+E7-F7	
8		=C8+E8-F8	
9	15000	=C9+E9-F9	
10		=C10+E10-F10	
11	50000	=C11+E11-F11	
12	520	=C12+E12-F12	
13		=C13+E13-F13	
14		=C14+E14-F14	
15	10000		=D15+F15-E15
16		=C16+E16-F16	

查看

NO.
373 通过对话框设置显示公式

用户还可以通过“Excel选项”对话框来设置单元格显示公式结构，而不仅仅只是计算结果，其具体操作是：❶打开“Excel选项”对话框，❷单击“高级”选项卡，❸选中“在单元格中显示公式而非其计算结果”复选框，❹单击“确认”按钮确认设置，返回表格中即可查看所有公式的结构。

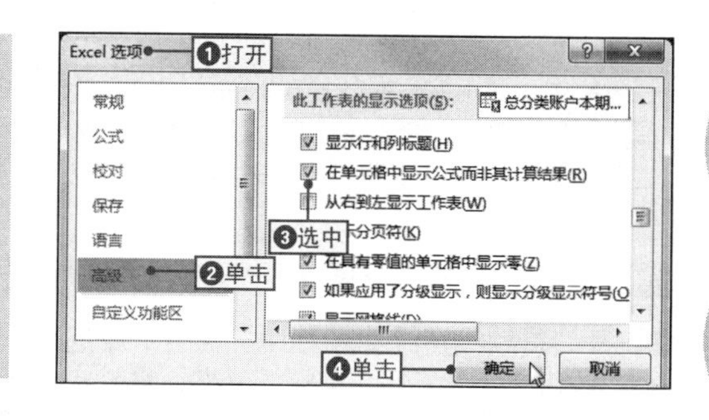

NO.
374 快速查看函数的帮助信息

在Excel中通过公式进行计算时，常常会使用到各种函数，如果不清除某个函数的使用方法，则可以通过快速查看函数的使用帮助来获得相应的信息，其具体操作如下。

1 打开“插入函数”对话框

❶将鼠标光标定位到编辑栏上需要查看的函数中，❷单击自动打开的函数名称的超链接。

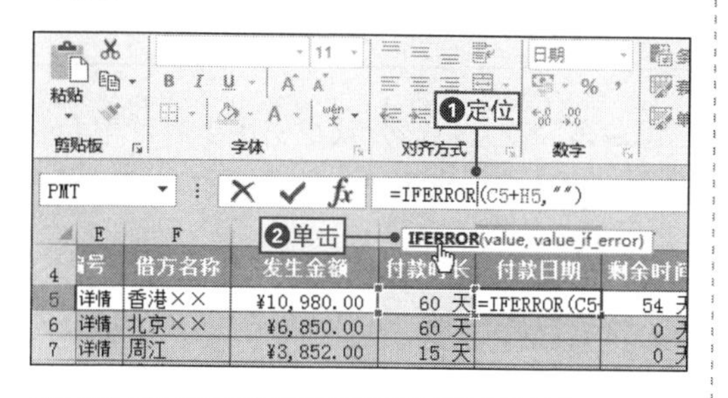

2 查看帮助信息

在打开的“Excel帮助”窗口中，即可查看到相应函数的说明、语法以及使用方法等信息。

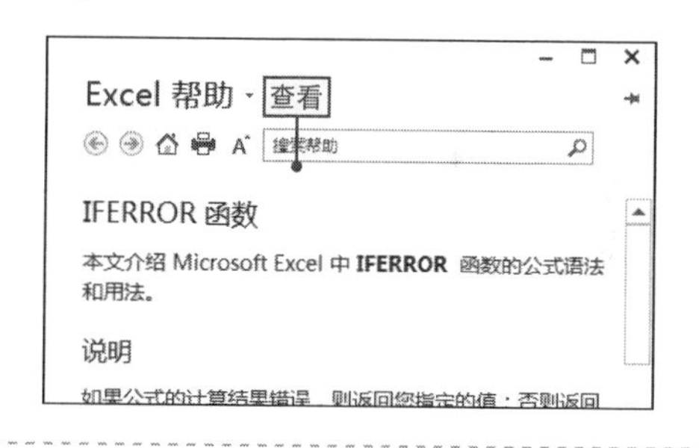

NO.
375 调整编辑栏的高度以显示较长公式

在默认情况下，编辑栏中只会显示一行公式，如果输入的公式过长，就会被隐藏，这时可以调整编辑栏的高度，其具体操作是：将鼠标光标移动到编辑栏的下边框，按住鼠标左键向下拖动即可。

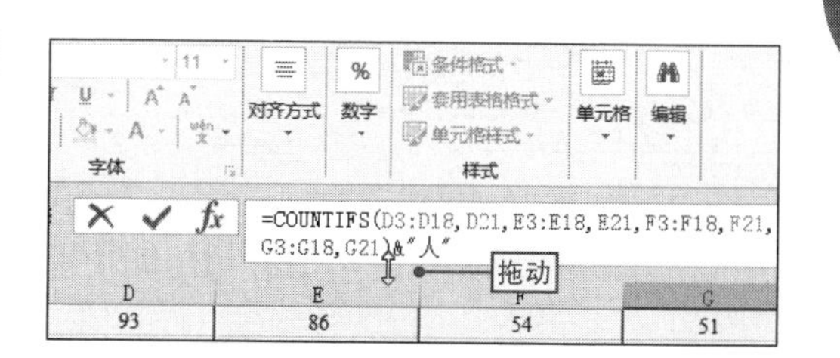

NO. 376 追踪公式中的引用关系

案例018 贷款投资经营表

◉\素材\第8章\贷款投资经营表2.xlsx　　◉\效果\第8章\贷款投资经营表2.xlsx

在表格中，通常含有很多公式，而这些公式又引用了当前工作簿或其他工作簿中的单元格，这使单元格的计算结果受到多个单元格的影响，这时就可以使用追踪引用单元格功能，直观地查看公式引用的单元格，下面将通过表格中追踪公式的引用关系为例来进行讲解，其具体操作如下。

1 切换到“公式”选项卡

❶打开“贷款投资经营表2.xlsx”文件，❷选择需要追踪引用关系的目标单元格，❸单击“公式”选项卡。

2 查看引用的单元格

单击“追踪引用单元格”按钮，即可查看到影响当前单元格值的其他单元格之间由箭头连接。

单击

=798312.434271243+B9+B10+B11+B12+B13+B14+B15

B	C	D	E
¥ 145,454.13	¥ 332,344.32	¥ 477,798.45	¥ 1,126,0
¥ 113,881.42	¥ 363,917.03	¥ 477,798.45	¥ 1,283,0
¥ 79,309.30	¥ 398,489.15	¥ 477,798.45	¥ 970,1
¥ 41,452.83	¥ 436,345.62	¥ 477,798.45	¥ 931,0
¥ 1,777,984.55			

NO. 377 连续追踪单元格

如果当前单元格所引用的单元格也包含有公式，且该公式也引用了其他单元格，这时可以使用Excel中连续追踪单元格功能追踪出所有相关的单元格，其具体操作如下。

1 追踪所有相关单元格

❶选择目标单元格，❷在“公式审核”选项组中连续单击“追踪引用单元格”按钮。

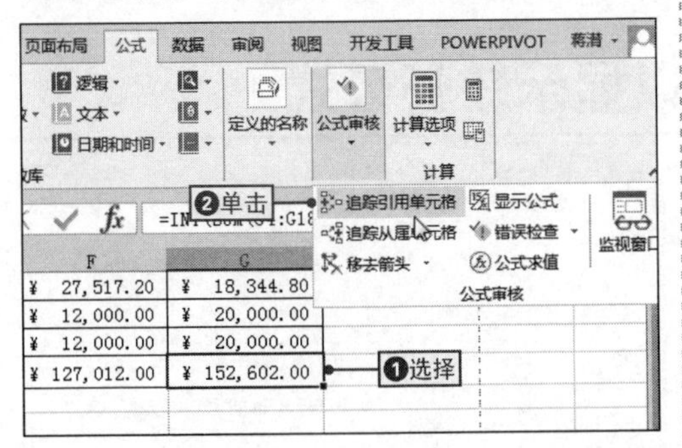

2 查看追踪结果

此时在表格中，即可查看到追踪到的与当前工作表中所有与之相关的单元格。

司	¥ 2,000.00	¥ 2,000.00	¥ 2,000.00
	¥ 9,000.00	¥ 9,000.00	¥ 9,000.00
司	¥ 16,000.00	¥ 9,600.00	¥ 16,000.00
司	¥ 15,658.00	¥ 9,394.80	¥ 15,658.00
司	¥ 12,500.00	¥ 7,500.00	¥ 12,500.00
司	¥ -	¥ -	¥ -
司	¥ 4,500.00	¥ 4,500.00	¥ 4,500.00
部	¥ 26,500.00	¥ 15,900.00	¥ 10,600.00
司	¥ -	¥ -	¥ -
司	¥ 16,000.00	¥ 9,600.00	¥ 16,000.00
	¥ 45,862.00	¥ 27,517.20	¥ 18,344.80
司	¥ 20,000.00	¥ 12,000.00	¥ 20,000.00
司	¥ 20,000.00	¥ 12,000.00	¥ 20,000.00
	¥ 196,020.00	¥ 127,012.00	¥ 152,602.00

查看

NO.
378 追踪从属单元格

在Excel 2013中，还可以使用追踪从属单元格查看哪些单元格的值会受当前单元格的影响，其具体操作是：❶选择包含公式的目标单元格，❷在“公式”选项卡中单击“追踪从属单元格”按钮，即可查看当前单元格与受其影响单元格之间显示出的引用关系的箭头。

NO.
379 移除所有追踪箭头

当不需要查看公式中引用的单元格时，为了不让追踪箭头影响到数据的查看，可手动将其移除，其具体操作是：在“公式”选项卡中单击“移除箭头”按钮，即可移除表格中的所有追踪箭头。

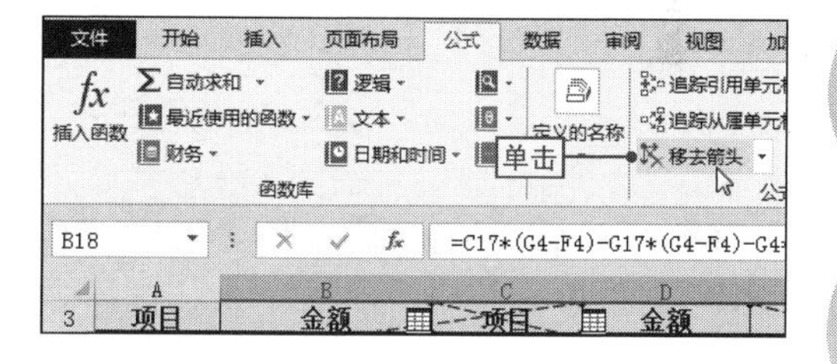

NO.
380 追踪单元格中箭头的含义

在对单元格进行追踪时，会产生两种箭头，一种是蓝色实线箭头，另一种是黑色虚线箭头，蓝色实线箭头表示当前工作表中的单元格之间的引用，箭头指向的一端为受影响的单元格，而黑色虚线箭头表示当前工作表中的单元格与其他工作表之间的引用，箭头指向的一端为其他工作表。

双击黑色虚线箭头，打开“定位”对话框，❶选择引用的工作表位置选项，❷单击“确定”按钮，即可打开引用其他工作表中的单元格位置。

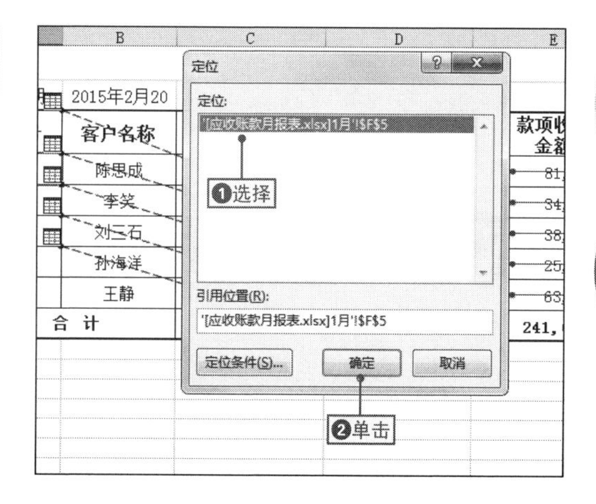

8.2 单元格名称的定义与引用技巧

NO.

381 通过命令为单元格区域定义名称

案例019 员工11月工资表

◎\素材\第8章\员工11月工资表.xlsx ◎\效果\第8章\员工11月工资表.xlsx

如果表格中含有大量的公式和函数，为了提高它们的可读性，可以使用单元格名称来参与计算，从而使公式和函数更加容易理解，下面将通过命令来定义当月工资单元格名称为例来进行讲解，其具体操作如下。

1 切换到“公式”选项卡

❶打开“员工11月工资表.xlsx”文件，❷选择目标单元格区域，❸单击“公式”选项卡。

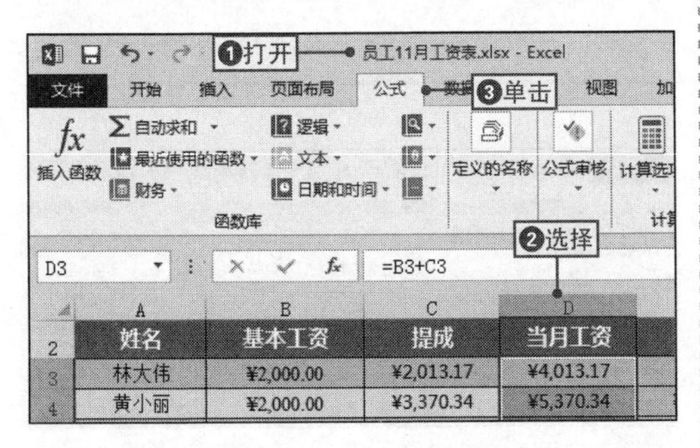

2 打开“新建名称”对话框

❶单击“定义名称”下拉按钮，❷选择“定义名称”命令。

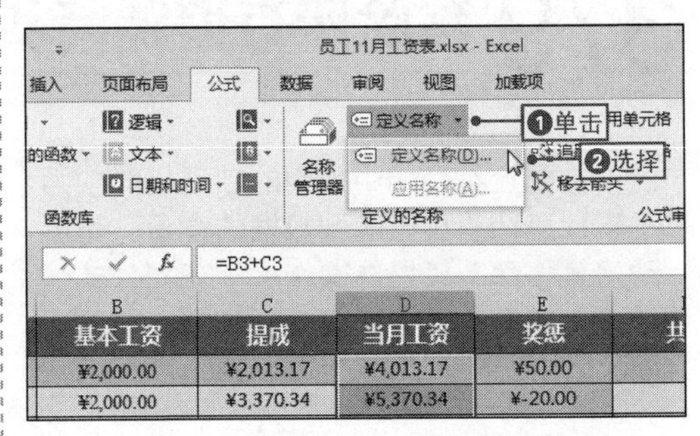

3 新建单元格名称

❶在打开的“新建名称”对话框的“名称”文本框中输入单元格名称，❷在“范围”下拉列表框中选择工作表名称，❸单击“确定”按钮确认设置。

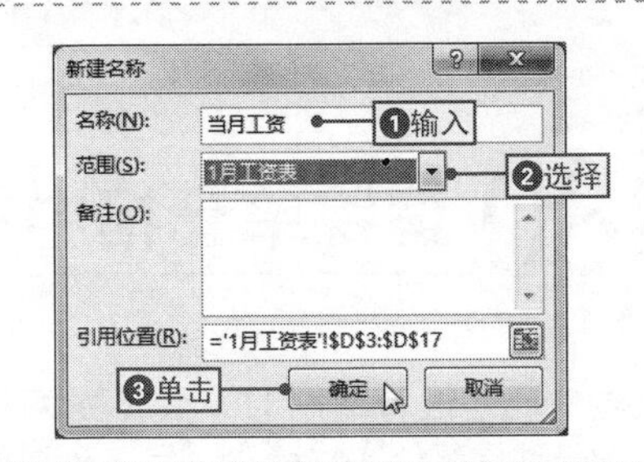

NO.

382 单元格名称的作用范围

在Excel中，根据名称的作用范围，可将单元格名称分为局部名称和全局名称，局部名称作用于当前工作表，而全局名称作用于整个工作表，如右图所示。

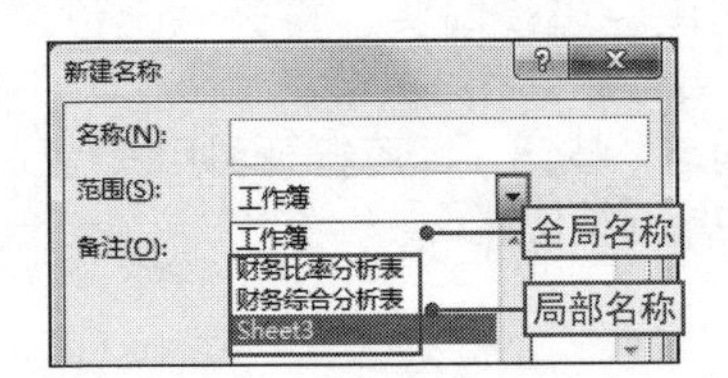

NO.
383 使用名称框为单元格区域定义名称

为单元格区域定义名称时，还有一种最简单、最常用的方法，就是使用名称框给单元格区域定义名称，其具体操作是：❶选择目标单元格区域，❷在“名称”文本框中输入单元格名称，按【Enter】键即可为单元格区域定义名称。

NO.
384 通过快捷菜单打开“新建名称”对话框

除了可以使用命令按钮打开“新建名称”对话框外，还有一种快速打开该对话框的方式，就是使用快捷菜单来实现，其具体操作是：❶选择目标单元格区域，并在其上右击，❷在弹出的快捷菜单中选择“定义名称”命令，快速打开“新建名称”对话框。

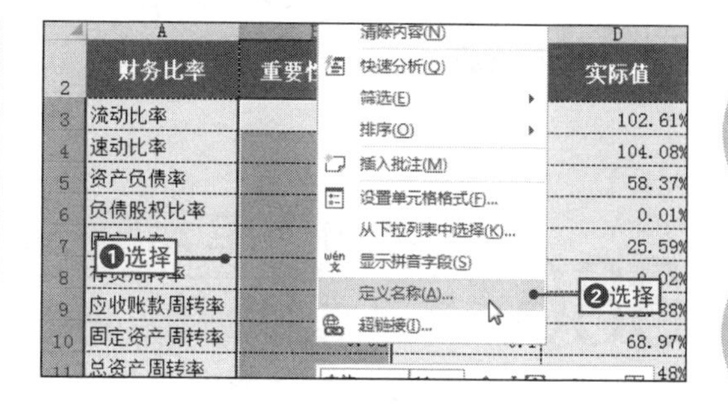

NO.
385 批量定义单元格名称

通过前面的方法每次只能定义一个单元格名称，其实可以使用Excel中的批量定义单元格名称的功能，快速对多个单元格区域定义名称，这样不仅可以提高工作效率，还能避免处理大量数据时出现的错误，其具体操作如下。

1 打开“根据所选内容创建”对话框

❶选择目标单元格区域，❷单击“公式”选项卡，❸单击“根据所选内容创建”按钮，打开“根据所选内容创建”对话框。

2 通过值创建名称

❶在“以下列表选定区域的值创建名称”选项组中选中“首行”复选框，❷单击“确定”按钮。

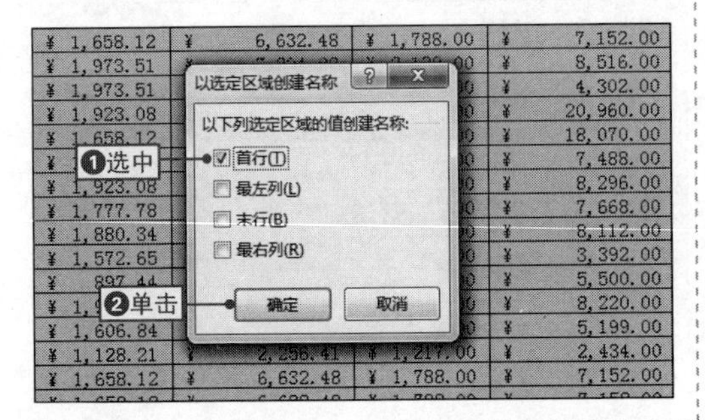

3 打开“名称管理器”对话框

返回表格中，在“公式”选项卡中单击“名称管理器”按钮，打开“名称管理器”对话框。

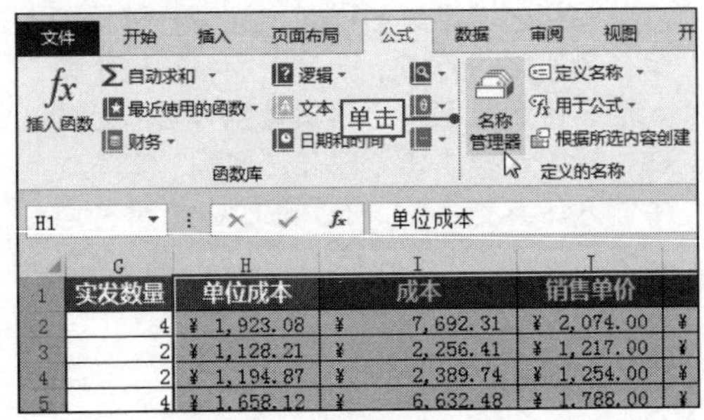

4 查看单元格名称

在单元格名称列表框中，即可查看到系统自动根据首行的表头批量定义的3个全局单元格名称。

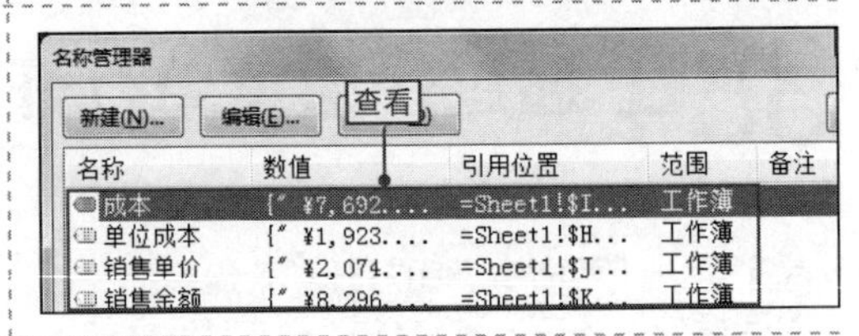

NO.
386 创建动态单元格名称

在实际工作中，一些表格中常常都会涉及表格数据的删除或增加，这时可以使用创建动态单元格名称的方法来实现，从而达到单元格名称的数据记录自动更新的目的，其具体操作如下。

1 打开“新建名称”对话框

❶单击“公式”选项卡，❷单击“定义名称”下拉按钮，❸选择“定义名称”命令，打开“新建名称”对话框。

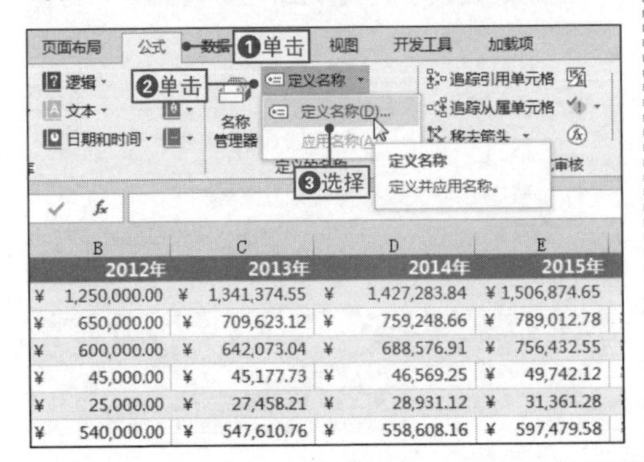

2 设置名称和引用位置

❶输入单元格名称，❷在“引用位置”文本框中输入“=OFFSET(Sheet1!$E$3,,,COUNTA(Sheet1!$E:$E))”，❸单击“确定”按钮即可。

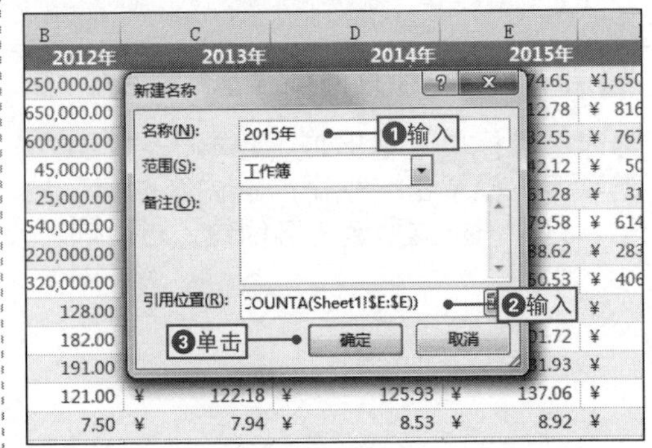

NO.
387
修改已经定义好的单元格区域名称

为单元格区域定义好名称以后，用户还可以根据实际需要在“名称管理器”对话框中对其进行更改，其具体操作如下。

1 打开“编辑名称”对话框

❶打开“名称管理器”对话框，❷选择需要修改的单元格名称选项，❸单击“编辑”按钮，打开“编辑名称”对话框。

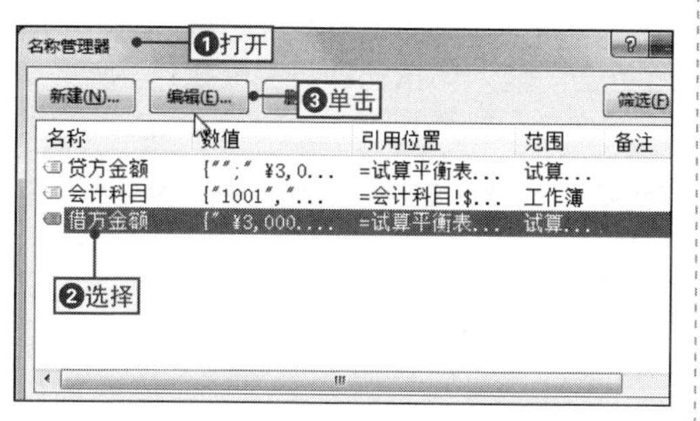

2 修改单元格名称

❶在“引用位置”文本框中修改引用的位置，❷单击“确定”按钮确认设置，然后关闭“名称管理器”对话框即可。

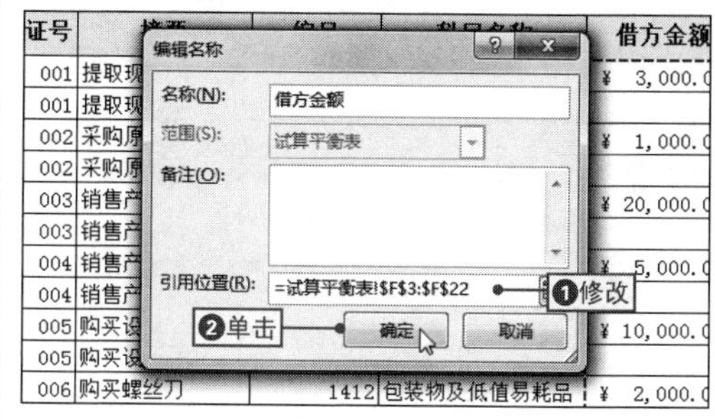

NO.
388
删除单元格名称

在创建了单元格名称后，如果不需要在使用该单元格名称，可以将单元格名称删除，其具体操作如下。

1 删除单元格名称

❶打开“名称管理器”对话框，❷选择需要删除的单元格名称选项，❸单击“删除”按钮。

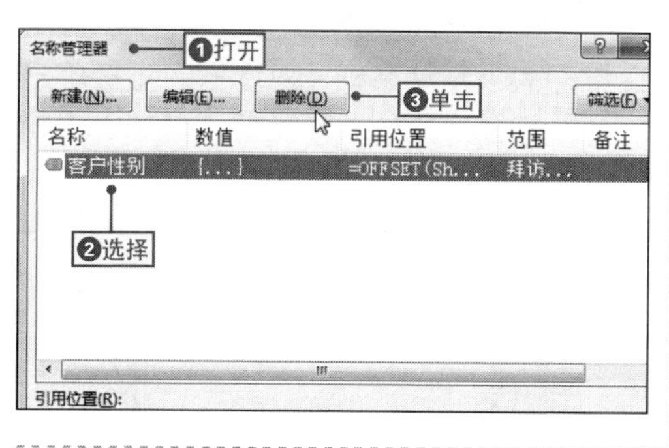

2 确认删除单元格名称

在打开的提示对话框中单击“确定”按钮，确定删除单元格名称，关闭“名称编辑器”对话框即可。

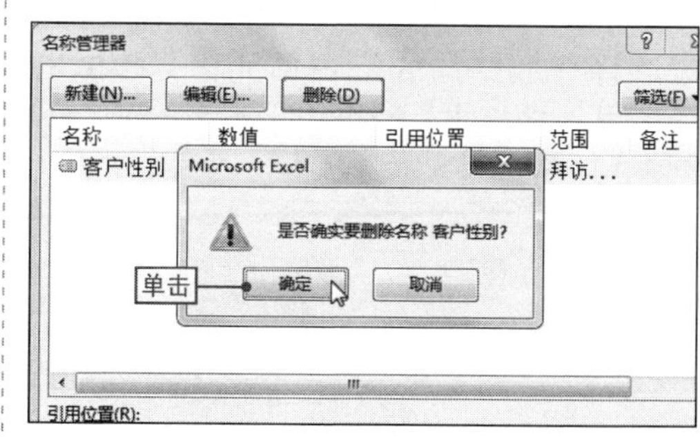

NO.
389

引用单元格名称参与计算

案例019　员工11月工资表

◉\素材\第8章\员工11月工资表1.xlsx　　◉\效果\第8章\员工11月工资表1.xlsx

单元格名称定义好以后，就可以通过定义的单元格名称找到引用的单元格区域中的数据，从而使其参加计算，下面将通过在“员工11月工资表1.xlsx”工作表中引用定义的单元格名称为例来进行讲解，其具体操作如下。

1 定位文本插入点

❶打开“员工11月工资表1.xlsx”文件，❷选择目标单元格，❸将文本插入点定位编辑栏中。

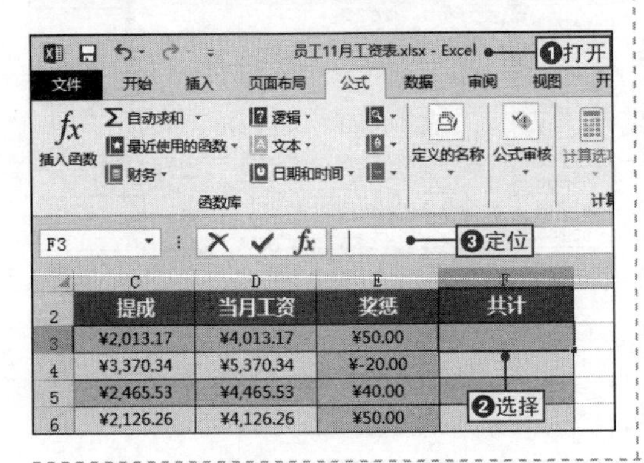

2 引用单元格名称

❶在编辑栏中输入“=当月工资+奖惩”，❷单击“输入”按钮即可完成操作。

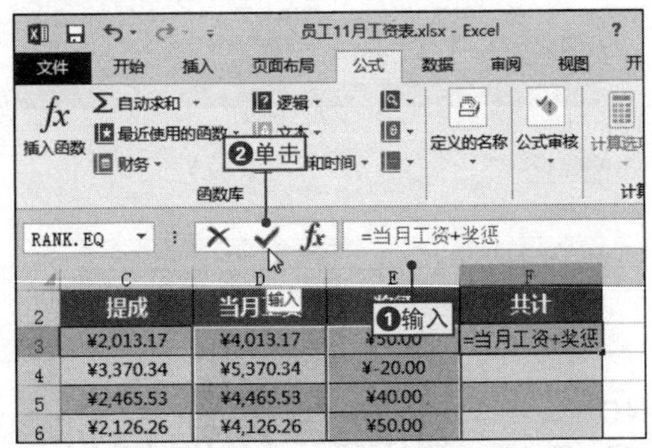

NO.
390

查看单元格名称引用详细内容

如果要查看单元格名称的详细信息，可以通过“名称管理器”进行查看，若只需要查看单元格名称指定的内容或具体的引用区域，则可以通过粘贴名称的方式来实现，其具体操作如下。

1 打开“粘贴名称”对话框

❶选择存放结果的空白单元格，❷单击“公式”选项卡，❸单击“用于公式”下拉按钮，❹选择“粘贴名称”命令。

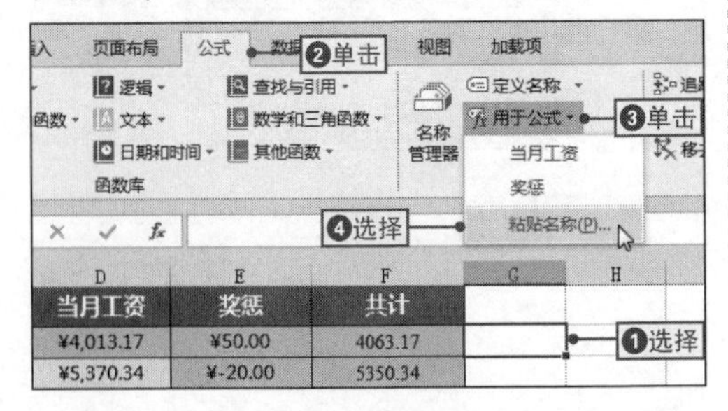

2 使用粘贴列表功能

在打开的“粘贴名称”对话框中直接单击“粘贴列表”按钮，程序将会自动关闭对话框。

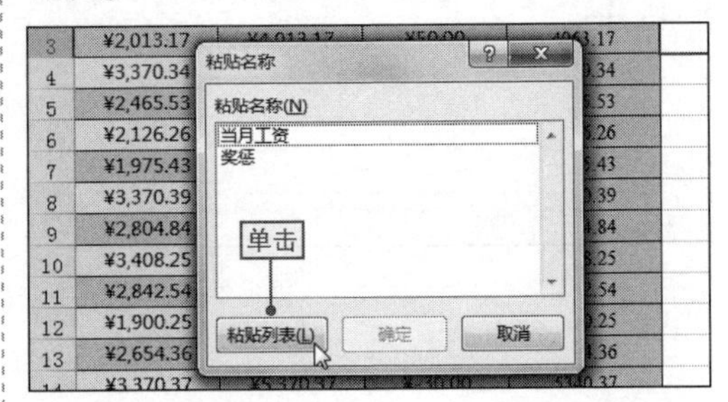

3 查看单元格名称引用内容

返回表格中，即可查看到系统将所选单元格名称指定单元格引用的区域和使用的公式等详细信息。

	F	G	H	I	J	K
2	共计					
3	4063.17	当月工资	='1月工资表'!$D$3:$D$17			
4	5350.34	奖惩	='1月工资表'!$E$3:$E$17			
5	4505.53					
6	4176.26					

查看

8.3 数值函数的计算技巧

NO. 391 对指定单元格区域求和

案例020 员工薪酬管理表

◎\素材\第8章\员工薪酬管理表.xlsx ◎\效果\第8章\员工薪酬管理表.xlsx

在日常办公和生活中，对数据进行求和计算是最常见，也是应用最广泛的计算方式，如计算一个月的生活开支、计算员工应发工资等，下面将通过在“员工薪酬管理表.xlsx”工作簿中计算员工应发奖金为例，来讲解对指定单元格区域进行求和的步骤，其具体操作如下。

1 切换到“公式”选项卡

❶打开“员工薪酬管理表.xlsx”文件，❷在“员工考勤表”工作表中选择H3单元格，❸在编辑栏中输入公式“=SUM(E3:G3)”。

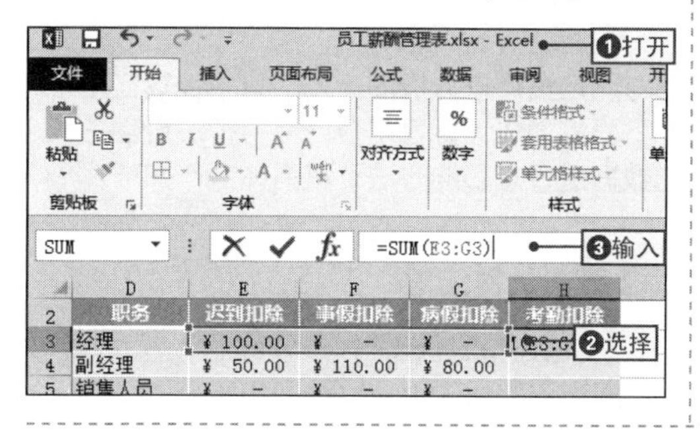

2 查看计算结果

按【Ctrl+Enter】组合键后，程序会自动在当前单元格中计算出G3:H3单元格区域中的和值。

	D	E	F	G	H
1	员工考勤表				
2	职务	迟到扣除	事假扣除	病假扣除	考勤扣除
3	经理	¥ 100.00	¥ -	¥ -	¥ 100.00
4	副经理	¥ 50.00	¥ 110.00	¥ 80.00	
5	销售人员	¥ -	¥ -	¥ -	
6	销售人员	¥ -	¥ 110.00	¥ -	
7	销售人员	¥ -	¥ 220.00	¥ -	
8	销售人员	¥ 50.00	¥ -	¥ -	
9	经理	¥ 100.00	¥ -	¥ -	
10	副经理	¥ -	¥ -	¥ 80.00	
11	市场调查员	¥ -	¥ 220.00	¥ -	
12	市场调查员	¥ -	¥ -	¥ 40.00	
13	市场调查员	¥ 150.00	¥ -	¥ -	

查看

NO. 392 对不连续单元格区域求和

在对单元格区域进行求和时，有时需要对不连续的单元格区域进行求和，这时可以使用“,”符号将不连续的单元格连接起来，如公式“=SUM（A1,B2,C5）”,其中“,”符号必须在英文状态下输入。

=SUM(G3,G8,G10)

SUM(number1, [number2], [number3], [number4], ...

输入

员工销售业绩表

销售等级	销售产品	规格	单价（元）	销售数量（瓶）	销售总额（元）
一般	眼部修护素	48瓶/件	¥125.00	25	312
良	修护晚霜	48瓶/件	¥105.00	87	913
良	角质调理露	48瓶/件	¥105.00	73	766

NO.
393

对符合数据范围中的数据求和

在员工工资表中分别记录了每个员工当月应发工资，每个员工的应发工资都不同，下面将通过统计当月员工应发工资在3000元以上的工资的总金额为例，来讲解对符合某个数据范围中的数据进行求和的步骤，其具体操作如下。

1 输入公式

选择存放结果的单元格，在其中输入公式“=SUM((I3:I20>3000)*I3:I20)”。

	A	B	C	D
13	1011	祝苗	¥2,000	¥360
14	1012	周纳	¥3,000	¥360
15	1013	李菊芳	¥2,500	¥120
16	1014	赵磊	¥3,000	¥450
17	1015	王涛	¥2,000	¥120
18	1016	刘仪伟	¥3,000	¥120
19	1017	杨柳	¥2,000	¥450
20	1018	张洁	¥2,500	¥450
21	应发工资>3000元的总金额		=SUM((I3:I20>3000)*I3:I20)	
22				
23				
24				
25				

输入

福利表 考勤表 工资表

2 查看计算结果

按【Ctrl+Shift+Enter】组合键后，程序将自动在当前单元格中计算出和值。

	A	B	C	D
13	1011	祝苗	¥2,000	¥360
14	1012	周纳	¥3,000	¥360
15	1013	李菊芳	¥2,500	¥120
16	1014	赵磊	¥3,000	¥450
17	1015	王涛	¥2,000	¥120
18	1016	刘仪伟	¥3,000	¥120
19	1017	杨柳	¥2,000	¥450
20	1018	张洁	¥2,500	¥450
21	应发工资>3000元的总金额		¥31,815	
22				
23				
24				
25				

查看

福利表 考勤表 工资表

NO.
394

对符合指定条件值的数据求和

在日常办公中，许多公司都会定期对固定资产进行折旧计算，其中包括在用、维修以及更新等状态的资产设备，下面将通过计算在用资产当月折旧金额总和为例，来讲解对符合指定条件值的数据进行求和的方法，其具体操作如下。

1 输入公式

❶选择目标单元格，❷在编辑栏中输入公式“=SUM((H4:H18="在用")*P4:P18)”。

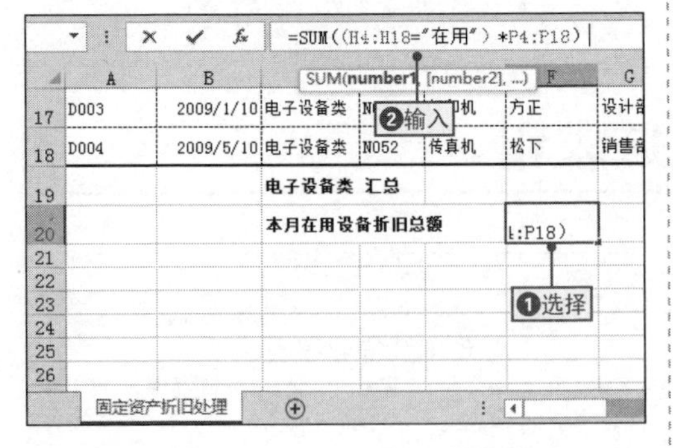

2 查看计算结果

按【Ctrl+Shift+Enter】组合键后，程序将自动在当前单元格中计算出和值。

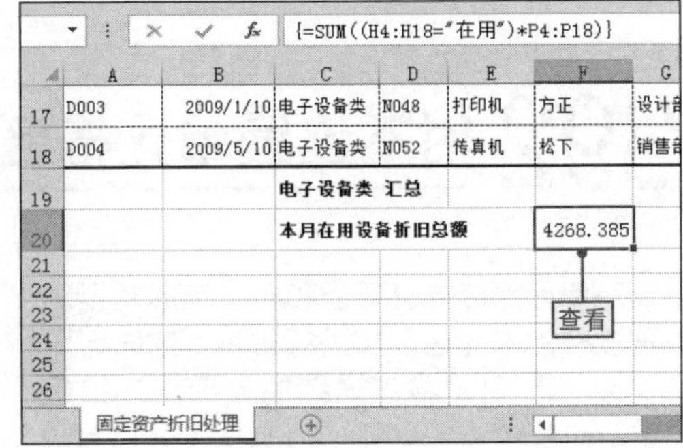

NO.395 使用SUMIF()函数直接进行条件求和

在日常工作中，用户可以根据自己的需要对表格中满足某一条件的数据进行求和，这时可以使用Excel中提供的SUMIF()函数来实现对指定区域符合条件的数据进行计算，其具体操作如下。

1 输入公式

选择存放结果的单元格，在其中输入公式“=SUMIF(B3:B22,"汪治兰",H3:H22)”。

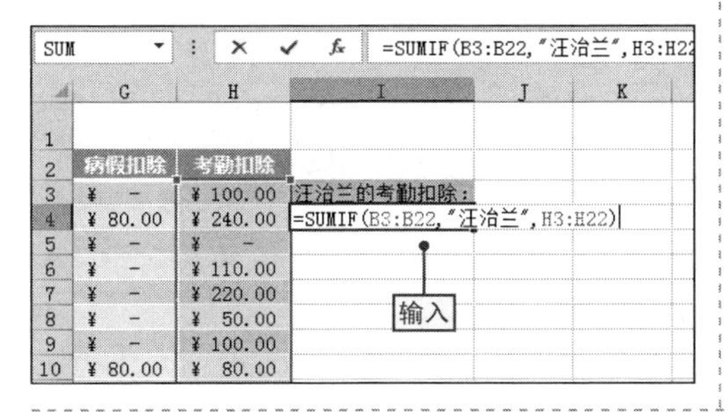

2 查看计算结果

按【Ctrl+Enter】组合键后，程序将自动在当前单元格中计算出和值。

	F	G	H	I	J
1					
2	事假扣除	病假扣除	考勤扣除		
3	¥ -	¥ -	¥ 100.00	汪治兰的考勤扣除：	
4	¥ 110.00	¥ 80.00	¥ 240.00	100	
5	¥ -	¥ -	¥ -		
6	¥ 110.00	¥ -	¥ 110.00		
7	¥ 220.00	¥ -	¥ 220.00		
8	¥ -	¥ -	¥ 50.00		
9	¥ -	¥ -	¥ 100.00		
10	¥ -	¥ 80.00	¥ 80.00		
11	¥ 220.00	¥ -	¥ 220.00		
12	¥ -	¥ 40.00	¥ 40.00		

查看

NO.396 使用“*”通配符进行条件求和

在管理数据时，有时会需要对含有相同部分的数据进行求和计算，如销售日报表中对相同品牌不同型号的商品进行销售总额的汇总，这时可以使用通配符来进行模糊查询，从而快速对符合指定条件的数据进行求和，其具体操作如下。

1 输入公式

❶选择目标单元格，❷在编辑区中输入公式“=SUMIF(B3:B14,"HTC*",E3:E14)”。

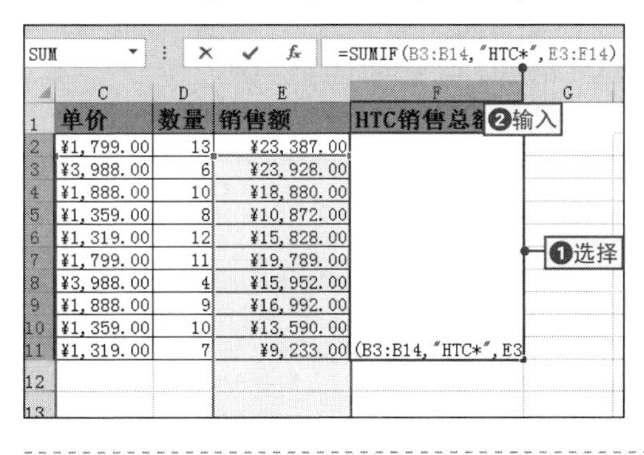

2 查看计算结果

按【Ctrl+Enter】组合键后，将自动计算出商品名称中含有“HTC”的商品总金额。

	C	D	E	F	G
1	单价	数量	销售额	HTC销售总额	
2	¥1,799.00	13	¥23,387.00	¥59,669.00	
3	¥3,988.00	6	¥23,928.00		
4	¥1,888.00	10	¥18,880.00		
5	¥1,359.00	8	¥10,872.00		
6	¥1,319.00	12	¥15,828.00		
7	¥1,799.00	11	¥19,789.00		
8	¥3,988.00	4	¥15,952.00		
9	¥1,888.00	9	¥16,992.00		
10	¥1,359.00	10	¥13,590.00		
11	¥1,319.00	7	¥9,233.00		
12					
13					

Sheet1

查看

NO. 397 使用SUMIFS()函数实现多条件求和

如果需要对满足多条件的数据进行求和，如各分店中的某个商品在周末的总销量，或客户账务分析表中汇总5月份键盘和鼠标的交货数量等，这时可以使用SUMIFS()函数来实现，其具体操作如下。

1 输入公式

❶选择目标单元格，❷在编辑区中输入公式“=SUMIFS(F2:F22,B2:B22,"星期日",F2:F22,">20")”。

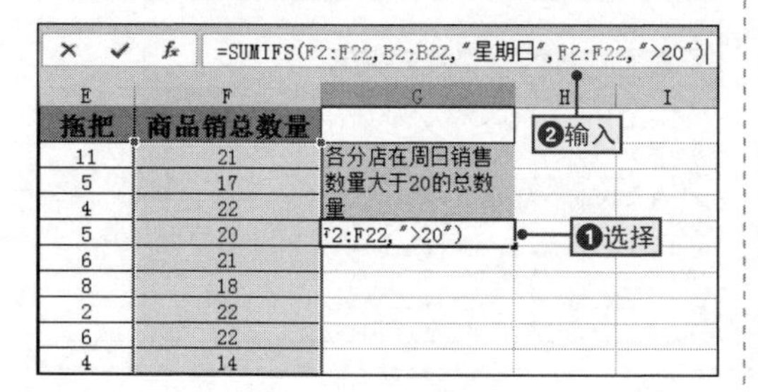

2 查看计算结果

按【Ctrl+Shift+Enter】组合键后，系统将自动筛选出在周日商品总数量大于20的总数量，并对其进行求和。

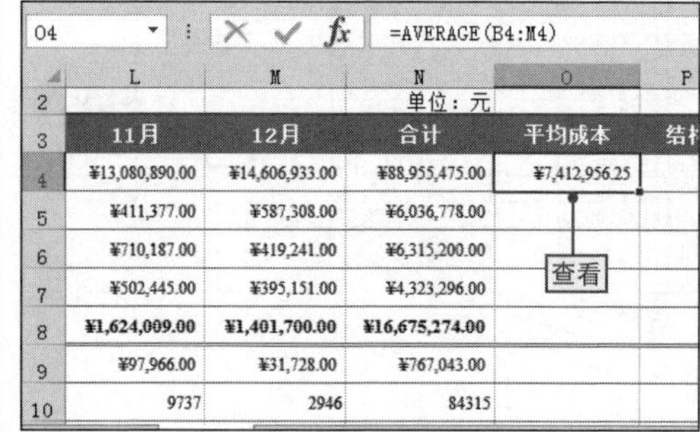

NO. 398 计算指定区域的平均值

案例021 年度成本分析

◎\素材\第8章\年度成本分析.xlsx ◎\效果\第8章\年度成本分析.xlsx

在计算数据时，如果要计算指定数据区域的平均值，如某班学生的平均成绩、某件商品在各分店的平均销量等，为了简化运算，可以使用AVERAGE()函数来实现，下面将通过计算年度平均成本为例来进行讲解，其具体操作如下。

1 输入公式

❶打开“年度成本分析.xlsx”文件，❷在表格中选择目标单元格，❸输入公式“=AVERAGE(B4:M4)”。

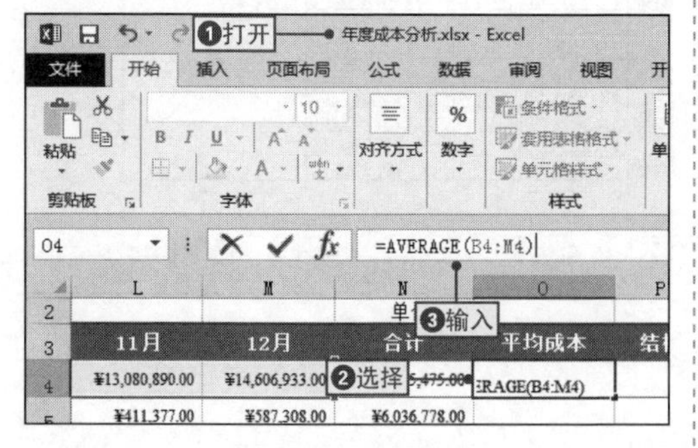

2 查看添加结果

按【Ctrl+Enter】组合键后，程序自动在当前单元格中生成平均值。

NO. 399 计算满足某一条件的数据平均值

对指定区域计算平均值是最简单的平均值计算，在实际工作中，对满足某一条件的数据进行平均值的计算是最常见的，如某个部门员工的平均工资、会员购买某商品的平均消费等，这时可以使用AVERAGEIF()函数来计算，其具体操作如下。

1 输入公式

❶选择目标单元格，❷在编辑区中输入公式“=AVERAGEIF(H4:H12,4,F4:F12)”。

SUM　=AVERAGEIF(H4:H12,4,F4:F12)

	A	B	C	D	E	F
8	单晶50W	552×750×30	个	¥5.3	3503	¥18565.9
9	单晶3W	160×240×18	个	¥1.2	5015	¥6018.0
10	单晶3W	160×232×18	个	¥1.3	4809	¥6251.7
11	单晶2W	160×160×18	个	¥0.5	4946	¥2473.0
12	单晶10W	300×324×28	个	¥3.3	4671	¥15414.3
14	12月份交货产品的平均订单金额			H12,4,F4:F12)		

❷输入　❶选择

2 查看计算结果

按【Ctrl+Enter】组合键后，系统自动计算出12月份交货产品的平均金额。

D14　=AVERAGEIF(H4:H12,4,F4:F12)

	A	B	C	D	E	F
8	单晶50W	552×750×30	个	¥5.3	3503	¥18565.9
9	单晶3W	160×240×18	个	¥1.2	5015	¥6018.0
10	单晶3W	160×232×18	个	¥1.3	4809	¥6251.7
11	单晶2W	160×160×18	个	¥0.5	4946	¥2473.0
12	单晶10W	300×324×28	个	¥3.3	4671	¥15414.3
14	12月份交货产品的平均订单金额			¥16,218.45		

查看

NO. 400 计算满足多个条件的数据平均值

在计算平均值时，有时需要数据在同时满足多个条件时，才能对其计算平均值，如部门工资大于5000元的员工平均工资、金融系讲师平均授课课时等，此时可以使用AVERAGEIFS()函数来进行计算，其具体操作如下。

1 输入公式

❶选择目标单元格，❷在编辑栏中输入公式“=AVERAGEIFS(F4:F17,C4:C17,"法律系",D4:D17,"讲师")”。

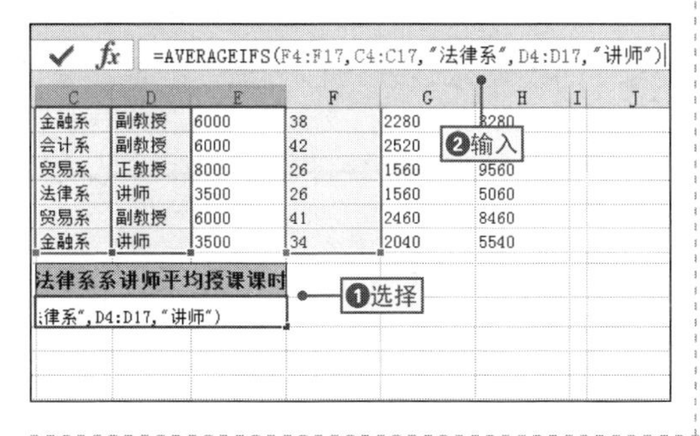

=AVERAGEIFS(F4:F17,C4:C17,"法律系",D4:D17,"讲师")

C	D	E	F	G	H
金融系	副教授	6000	38	2280	8280
会计系	副教授	6000	42	2520	
贸易系	正教授	8000	26	1560	9560
法律系	讲师	3500	26	1560	5060
贸易系	副教授	6000	41	2460	8460
金融系	讲师	3500	34	2040	5540
法律系系讲师平均授课课时					
;律系",D4:D17,"讲师")					

2 查看计算结果

按【Ctrl+Enter】组合键后，系统将自动计算出法律系系讲师平均授课课时。

C20　=AVERAGEIFS(F4:F17,C4:C17,"

	A	B	C	D	E	F	G
12	JM2012009	吕方	金融系	副教授	6000	38	2280
13	JM2012010	王晓梅	会计系	副教授	6000	42	2520
14	JM2012011	陈永玲	贸易系	正教授	8000	26	1560
15	JM2012012	冯超	法律系	讲师	3500	26	1560
16	JM2012013	朱芳华	贸易系	副教授	6000	41	2460
17	JM2012014	杨永琪	金融系	讲师	3500	34	2040
19			法律系系讲师平均授课课时				
20			29.33333333				

查看

NO.
401 快速获取数据中的最值

案例021 年度成本分析

◉\素材\第8章\年度成本分析1.xlsx　　◉\效果\第8章\年度成本分析1.xlsx

在数据处理时，如果想要使用最值参与运算，就需要先计算出数据区域中的最大值或最小值，如对业绩最好的员工进行嘉奖、对业绩最差的员工进行扣罚，这时可以使用MAX()函数和MIN()函数来直接提取数据区域中的最大值和最小值，其具体操作如下。

1 输入公式

打开“年度成本分析1.xlsx”文件，❶选择目标单元格，❷输入公式“=MAX(B8:M8)”。

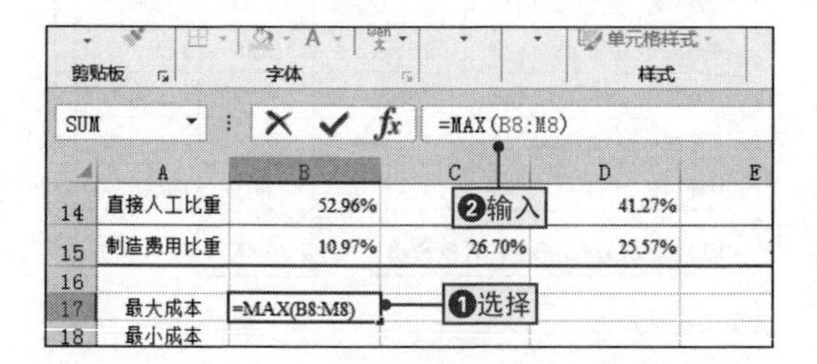

2 查看获取结果

按【Ctrl+Enter】组合键后，程序将自动在当前单元格中显示获取最大值。

	A	B	C	D	E
11	期末数	¥1,760,066.00	¥3,726,729.00	¥5,514,775.00	¥6,604,9
12	单位成本	¥9.45	¥10.82	¥9.83	
13	直接材料比重	36.07%	53.96%	38.33%	
14	直接人工比重	52.96%	33.61%	41.27%	
15	制造费用比重	10.97%	26.70%	25.57%	
16					
17	最大成本	¥2,594,232.00	查看		
18	最小成本				

3 输入公式

❶选择目标单元格，❷在编辑栏中输入公式“=MIN(B8:M8)”。

SUM　=MIN(B8:M8)　❷输入

	A	B	C	D
13	直接材料比重	36.07%		38.33%
14	直接人工比重	52.96%	33.61%	41.27%
15	制造费用比重	10.97%	26.70%	25.57%
16				
17	最大成本	¥2,594,232.00		
18	最小成本	=MIN(B8:M8)	❶选择	

4 查看获取结果

按【Ctrl+Enter】组合键后，程序将自动在当前单元格中显示获取的最小值。

	A	B	C	D	E
13	直接材料比重	36.07%	53.96%	38.33%	
14	直接人工比重	52.96%	33.61%	41.27%	
15	制造费用比重	10.97%	26.70%	25.57%	
16					
17	最大成本	¥2,594,232.00			
18	最小成本	¥513,615.00	查看		
19					
20					

NO.
402 在包含文本值的数据源中获取最值

在处理数据时，数据区域中可能有非数字的数据，如某员工的缺勤后当日商品生产表上会出现“病假”、“事假”等标记，如果要从包含文本值的数据源中获取最值，可以使用MAXA()和MINA()函数来获取最大值和最小，其具体操作如下。

1 输入公式

❶选择目标单元格，❷在编辑区中输入公式“=MAXA(B2:B16)”。

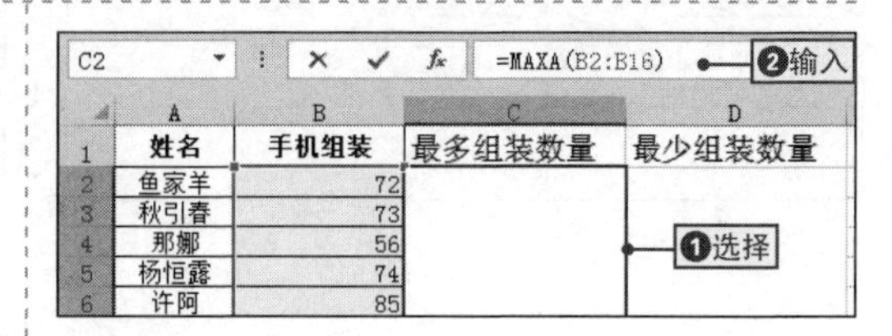

2 查看计算结果

按【Ctrl+Enter】组合键后，系统将自动计算出包含文本的数据源中计算出最大值。

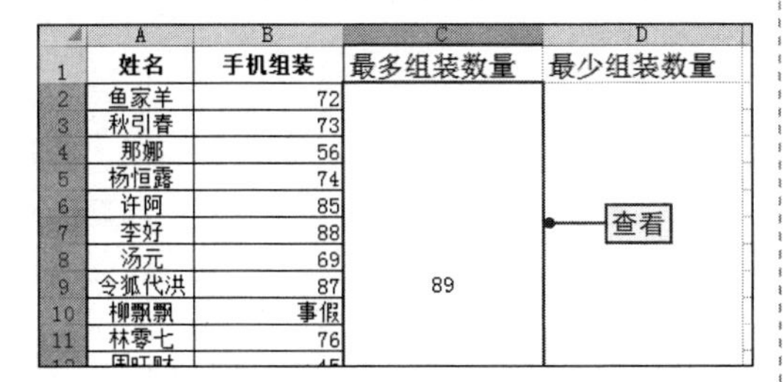

	A	B	C	D
1	姓名	手机组装	最多组装数量	最少组装数量
2	鱼家羊	72		
3	秋引春	73		
4	那娜	56		
5	杨恒露	74		
6	许阿	85		
7	李好	88		
8	汤元	69		
9	令狐代洪	87	89	
10	柳飘飘	事假		
11	林零七	76		

3 输入公式

❶选择目标单元格，❷在编辑栏中输入公式"=MINA(B2:B16)"。

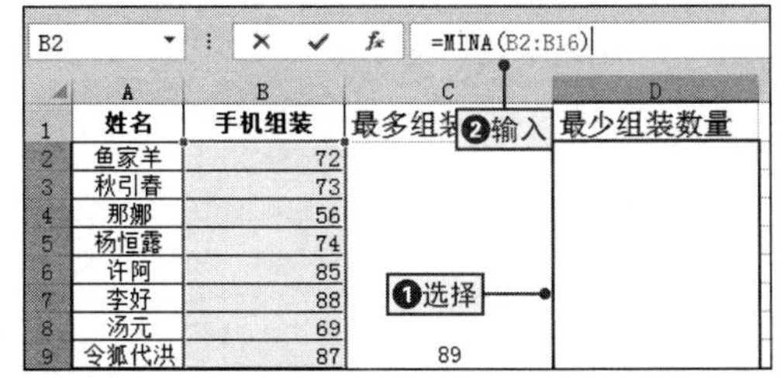

B2 =MINA(B2:B16)

	A	B	C	D
1	姓名	手机组装	最多组装数量	最少组装数量
2	鱼家羊	72		
3	秋引春	73		
4	那娜	56		
5	杨恒露	74		
6	许阿	85		
7	李好	88		
8	汤元	69		
9	令狐代洪	87	89	

4 查看计算结果

按【Ctrl+Enter】组合键后，系统自动计算出包含文本的数据源中计算出最小值。

	A	B	C	D
1	姓名	手机组装	最多组装数量	最少组装数量
2	鱼家羊	72		
3	秋引春	73		
4	那娜	56		
5	杨恒露	74		
6	许阿	85		
7	李好	88		
8	汤元	69		
9	令狐代洪	87	89	0
10	柳飘飘	事假		

查看

NO. 403 返回第N个最值

虽然使用MAX()函数和MIN()函数可以获取最大值和最小值，却不能返回第N个最值，如员工福利表中排列第4名的数据、学生成绩表中总成绩第3名的数据等，这时可以使用LARGE()和SMALL()函数来实现，其具体操作如下。

1 输入公式

❶选择目标单元格，❷在编辑栏中输入公式"=LARGE(G3:G18,4)"。

SUM =LARGE(G3:G18,4)

	A	B	C	D	E
10	罗强	¥244	¥11	¥537	¥84
11	司徒丹妮	¥210	¥123	¥543	¥96
12	万奇瑞	¥238	¥137	¥538	¥109
13	王明	¥210	¥139	¥509	¥124
14	王强	¥230	¥135	¥550	¥83
15	肖华	¥234	¥106	¥509	¥107
16	曾雪	¥214	¥114	¥537	¥117
17	周凯	¥238	¥146	¥500	¥129
18	朱丽丽	¥240	¥148	¥533	¥113
19					
20	福利总金额第4名：		3:G18,4)		
21					

❷输入 ❶选择

2 查看效果

按【Ctrl+Enter】组合键后，即可在单元格中显示出福利金额第4名的数据。

	A	B	C	D	E
8	刘江	¥235	¥145	¥525	¥87
9	刘子琳	¥240	¥130	¥502	¥87
10	罗强	¥244	¥119	¥537	¥84
11	司徒丹妮	¥210	¥123	¥543	¥96
12	万奇瑞	¥238	¥137	¥538	¥109
13	王明	¥210	¥139	¥509	¥124
14	王强	¥230	¥135	¥550	¥83
15	肖华	¥234	¥106	¥509	¥107
16	曾雪	¥214	¥114	¥537	¥117
17	周凯	¥238	¥146	¥500	¥129
18	朱丽丽	¥240	¥148	¥533	¥113
19					
20	福利总金额第4名：		1125		
21					
22					

查看

3 输入公式

❶选择目标单元格，❷在编辑栏中输入公式“=SMALL(G3:G18,4)”。

SUM | =SMALL(G3:G18, 2)

	A	B	C	D	E
12	万奇瑞	¥238	¥137	¥538	¥109
13	王明	¥210	¥139	¥509	¥124
14	王强	¥230	¥135	¥550	¥83
15	肖华	¥234	¥106	¥509	¥107
16	曾雪	¥214	¥114	¥537	¥117
17	周凯	¥238	¥146	¥500	¥129
18	朱丽丽	¥240	¥148	¥533	¥113
19					
20	福利总金额倒数第2名：		=SMALL(G3:G18, 2)		
21					

❷输入 ❶选择

4 查看效果

按【Ctrl+Enter】键后，即可在单元格中显示出福利金额倒数第2名的数据。

	A	B	C	D	E
10	罗强	¥244	¥119	¥537	¥84
11	司徒丹妮	¥210	¥123	¥543	¥96
12	万奇瑞	¥238	¥137	¥538	¥109
13	王明	¥210	¥139	¥509	¥124
14	王强	¥230	¥135	¥550	¥83
15	肖华	¥234	¥106	¥509	¥107
16	曾雪	¥214	¥114	¥537	¥117
17	周凯	¥238	¥146	¥500	¥129
18	朱丽丽	¥240	¥148	¥533	¥113
19					
20	福利总金额倒数第2名：		1048		
21					

查看

NO. 404 快速对数值数据进行统计

案例020 员工薪酬管理表

◉\素材\第8章\员工薪酬管理表1.xlsx ◉\效果\第8章\员工薪酬管理表1.xlsx

统计就是对数据的个数进行计算，它是一种比较常用的计算方式，如参加考试的人数、当月迟到的人数等，如果数据源是数值数据，则可以使用COUNT()函数来进行统计，下面将通过统计当月迟到人数为例，来讲解快速对数值数据进行统计的操作方法，其具体操作如下。

1 输入公式

❶打开“员工薪酬管理表1.xlsx”文件，❷在“员工考勤表”工作表中选择目标单元格，❸输入公式“=COUNTA(E27:E46)”。

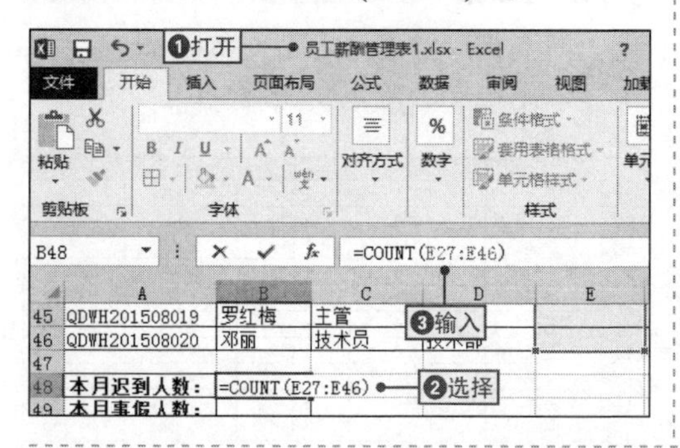

2 查看统计结果

按【Ctrl+Enter】组合键后，程序自动在当前单元格中统计出本月迟到的总人数。

3 统计其他数据

以相同的方法，统计请本月事假的人数和请病假的人数。

	A	B	C	D	E
43	QDWH201508017	龚贵鲲	经理	客户中心	
44	QDWH201508018	杨丽	技术员	技术部	1
45	QDWH201508019	罗红梅	主管	技术部	
46	QDWH201508020	邓丽	技术员	技术部	
47					
48	本月迟到人数：	8			
49	本月事假人数：	6			
50	本月病假人数：	5			
51					

查看

NO.
405 对数据源中的文本或逻辑值进行统计

在对数据进行处理的过程中，如果数据源中包含了文本数据、逻辑值数据和数值数据，如果在统计时需要同时统计其中的文本和逻辑值，如考试中应该参加考试的人数，这时可以通过COUNTA()函数来进行统计，其具体操作如下。

1 输入公式

❶选择目标单元格，❷在编辑栏中输入公式“=COUNT(F3:F11)&‘人次’”。

SUM | =COUNTA(F3:F11) ❷输入

	C	D	E	F	G	H
2	语文	数学	英语	总分	应参加考试的人数	
3	67	78	87	232		
4	78	54	54	186	=COUNTA(F3:F11)	
5	98	98	98	294		
6	54	56	78	188		
7	89	87	65	241	❶选择	
8	85	95	54	234		
9	/	/	/	缺考		
10	65	68	78	211		
11	45	98	95	238		
12						

2 查看统计结果

按【Ctrl+Enter】组合键后，程序将自动在当前单元格中统计出应该参加考试的人数。

	C	D	E	F	G	H
2	语文	数学	英语	总分	应参加考试的人数	
3	67	78	87	232		
4	78	54	54	186	9	
5	98	98	98	294		
6	54	56	78	188	查看	
7	89	87	65	241		
8	85	95	54	234		
9	/	/	/	缺考		
10	65	68	78	211		
11	45	98	95	238		
12						
13						
14						

NO.
406 使用COUNT()函数生成编号

在一些员工档案表中，每增加或减少一条员工记录时，都需要手动添加编号，这样工作效率非常低，这时可以使用COUNTA()函数为员工自动添加员工编号，其具体操作如下。

1 输入公式

❶选择目标单元格，如A3单元格，❷输入公式“=COUNTA($B$2:$B2)”。

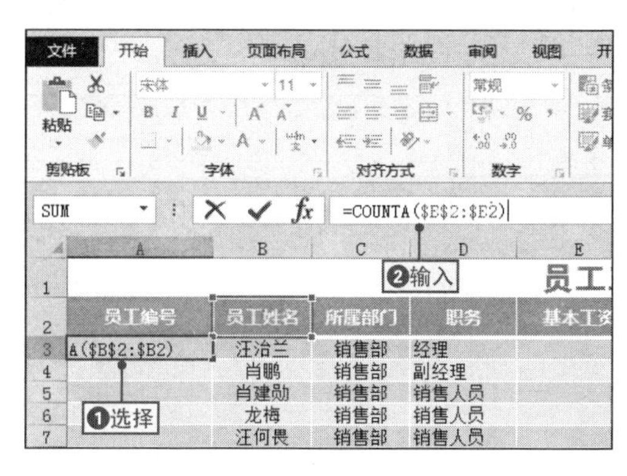

2 查看添加结果

按【Ctrl+Shift+Enter】组合键后，程序自动在当前单元格中生成员工编号，向下填充公式，为其他员工添加员工编号。

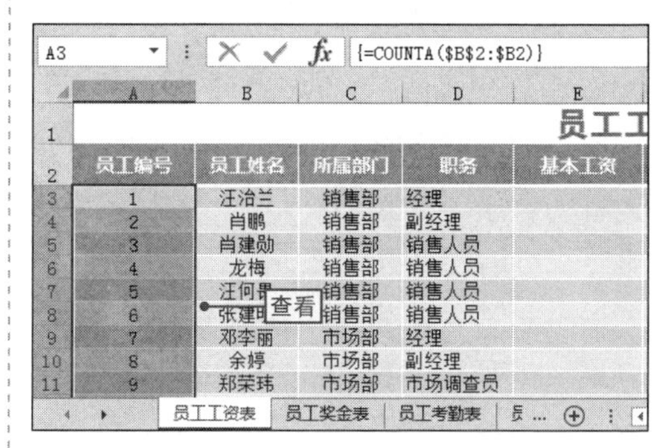

NO. 407 统计满足指定条件的数据

如果要对满足指定条件的数据进行统计，也就是对数据区域的数据进行判断后再进行统计，如统计女装订单数大于400的商品数量，这时需要先通过逻辑判断，然后使用COUNTIF()函数对其进行统计，其具体操作如下。

1 输入公式

❶选择目标单元格，❷在编辑栏中输入公式“=COUNTIF(D3:D14,">400")”。

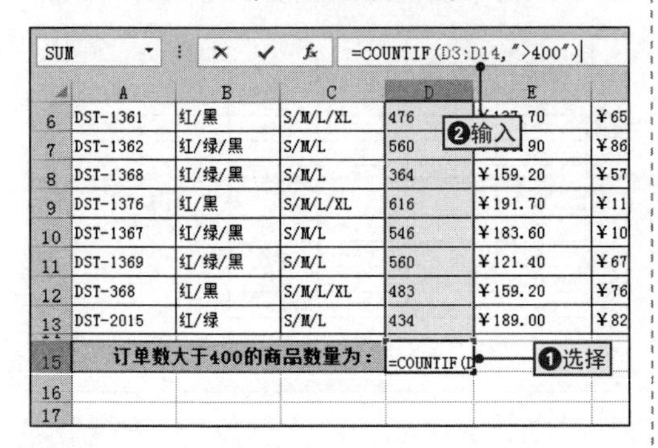

2 查看统计结果

按【Ctrl+Enter】组合键，程序自动在单元格中统计出订单数大于400的商品数量。

	A	B	C	D	E
6	DST-1361	红/黑	S/M/L/XL	476	￥137.70
7	DST-1362	红/绿/黑	S/M/L	560	￥153.90
8	DST-1368	红/绿/黑	S/M/L	364	￥159.20
9	DST-1376	红/黑	S/M/L/XL	616	￥191.70
10	DST-1367	红/绿/黑	S/M/L	546	￥183.60
11	DST-1369	红/绿/黑	S/M/L	560	￥121.40
12	DST-368	红/黑	S/M/L/XL	483	￥159.20
13	DST-2015	红/绿	S/M/L	434	￥189.00
15	订单数大于400的商品数量为：			10	

查看

NO. 408 统计满足多条件的数据

在一些职业考试中，常常要求某科目分数和总分数都满足高于某一分数，对于这种必须同时满足多个条件的数据统计，可以使用COUNTIFS()函数来完成，其具体操作如下。

1 输入公式

❶选择目标单元格，❷在编辑栏中输入公式“=COUNTIFS(G3:G18,">450",C3:C18,">85",D3:D18,">85",E3:E18,">85")”。

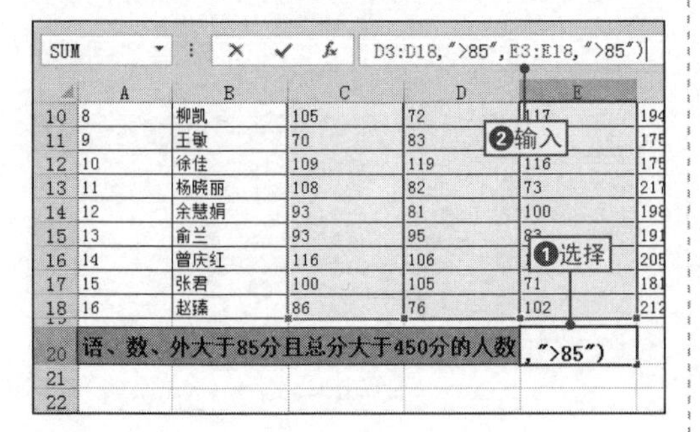

2 查看统计结果

按【Ctrl+Enter】组合键后，程序将自动在当前单元格中统计出所有科目都大于85分且总分大于450的人数。

	A	B	C	D	E
10	8	柳凯	105	72	117
11	9	王敏	70	83	83
12	10	徐佳	109	119	116
13	11	杨晓丽	108	82	73
14	12	余慧娟	93	81	100
15	13	俞兰	93	95	83
16	14	曾庆红	116	106	101
17	15	张君	100	105	71
18	16	赵臻	86	76	102
20	语、数、外大于85分且总分大于450分的人数				4

查看

NO. 409 统计出现频率最高的数据

在数据处理的过程中，常常需要统计给定数据源中出现频率最高的数据，如双色球中出现频率最多的号码、跳远测试中出现次数最多的成绩等，这时可以使用MODE()函数来进行统计，其具体操作如下。

1 输入公式

❶选择目标单元格，❷在编辑栏中输入公式“=MODE(B3:F18)”。

SUM　=MODE(B3:F18)

	B	C	D	E	F	G
10	1.72	1.62	1.38	1.18	1.66	1.72
11	2.00	1.64	1.76	1.24	1.20	2.00
12	1.68	1.54	1.32	1.46	1.78	1.78
13	1.68	1.70	1.42	1.62	1.70	1.70
14	1.58	1.82	1.30	1.12	1.36	1.82
15	1.52	1.20	2.00	1.14	1.60	1.85
16	1.84	1.66	1.52	1.58	1.02	1.84
17	1.98	1.54	1.99	1.52	1.36	1.99
18	1.68	1.14	1.62	1.44	1.46	1.68
20	跳远测试中出现次数最多的成绩					3:F18)

❷输入　❶选择

2 查看统计结果

按【Ctrl+Shift+Enter】组合键后，程序自动在当前单元格中统计出当前加班的人数。

	B	C	D	E	F	G
9	1.74	1.76	1.26	1.06	1.72	1.76
10	1.72	1.62	1.38	1.18	1.66	1.72
11	2.00	1.64	1.76	1.24	1.20	2.00
12	1.68	1.54	1.32	1.46	1.78	1.78
13	1.68	1.70	1.42	1.62	1.70	1.70
14	1.58	1.82	1.30	1.12	1.36	1.82
15	1.52	1.20	2.00	1.14	1.60	1.85
16	1.84	1.66	1.52	1.58	1.02	1.84
17	1.98	1.54	1.99	1.52	1.36	1.99
18	1.68	1.14	1.62	1.44	1.46	1.68
20	跳远测试中出现次数最多的成绩					1.68

查看

8.4 财务函数的使用技巧

NO. 410 计算投资现值

案例022 项目投资计算和选择

◉\素材\第8章\项目投资计算和选择.xlsx　◉\效果\第8章\项目投资计算和选择.xlsx

在对数据进行处理的过程中，常常需要判断某项投资是否划算，如某个项目是否值得投资、存款存在哪个银行比较划算等，这时可以通过投资该项目的本金与投资后的回报金额的大小来做出决定，下面将通过PV()函数计算投资现值为例来进行讲解，其具体操作如下。

1 输入公式

❶打开“项目投资计算和选择.xlsx”文件，❷在“单项目投资判断”工作表中选择目标单元格，❸在编辑栏中输入公式“=PV(B3/12,B4,-B5)”。

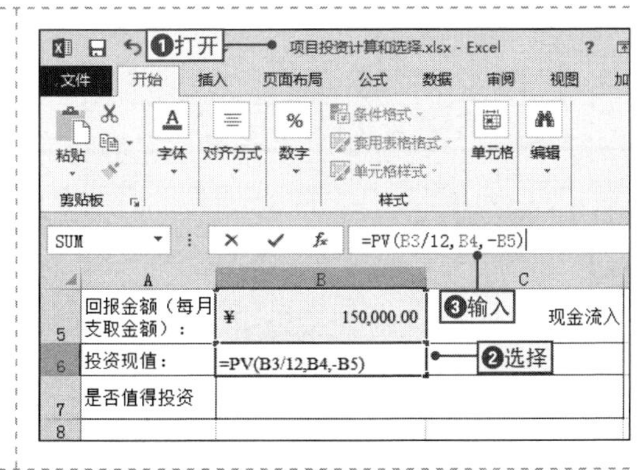

2 查看计算结果

按【Ctrl+Enter】组合键后，程序将自动在当前单元格中计算出投资现值。

描述	参数值	现金流动方向
期初缴付：	¥ 5,000,000.00	现金流出
年利率：	7%	
回报年限（月）	36	
回报金额（每月支取金额）：	¥ 150,000.00	现金流入
投资现值：	¥ 4,857,969.67	
是否值得投资		

查看

NO. 411 快速计算年末年金和年初年金现值

假设银行存款的利息是5.20%，且在4年中每年年末或年初取出1000元，那么可以通过PV()函数计算出使用这两种方式应该向银行存入的金额，其具体操作如下。

1 输入公式

❶选择目标单元格，❷在编辑栏中输入公式"=PV(B3,B4,-B2)"。

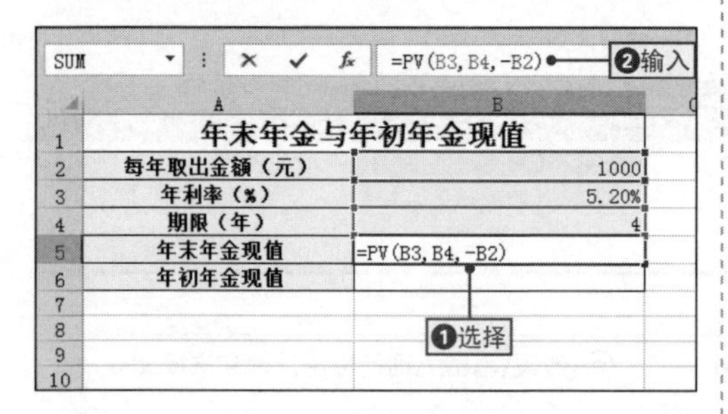

年末年金与年初年金现值	
每年取出金额（元）	1000
年利率（%）	5.20%
期限（年）	4
年末年金现值	=PV(B3,B4,-B2)
年初年金现值	

2 查看统计结果

按【Ctrl+Enter】组合键后，程序将自动在当前单元格中计算出年末年金现值。

年末年金与年初年金现值	
每年取出金额（元）	1000
年利率（%）	5.20%
期限（年）	4
年末年金现值	¥3,529.54
年初年金现值	

查看

3 输入公式

❶选择目标单元格，❷在编辑栏中输入公式"=PV(B3,B4,-B2,,1)"。

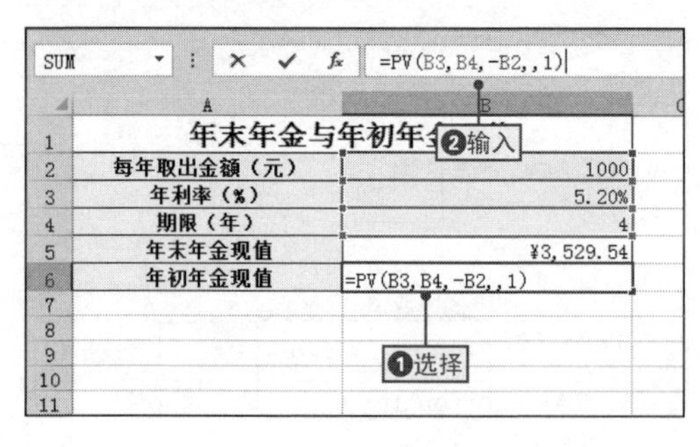

年末年金与年初年金现值	
每年取出金额（元）	1000
年利率（%）	5.20%
期限（年）	4
年末年金现值	¥3,529.54
年初年金现值	=PV(B3,B4,-B2,,1)

4 查看统计结果

按【Ctrl+Enter】组合键后，程序将自动在当前单元格中计算出年初年金现值。

年末年金与年初年金现值	
每年取出金额（元）	1000
年利率（%）	5.20%
期限（年）	4
年末年金现值	¥3,529.54
年初年金现值	¥3,713.07

查看

NO. 412 预测投资效果

除了可以计算投资现值外，还可以预测投资效果，也就是计算某项投资的未来值，如判断某项投资在未来是否获利、多种存款方式的收益等，这时可以通过FV()函数来进行一些有计划、有效的投资计算，其具体操作如下。

1 输入公式

❶选择目标单元格，❷在编辑栏中输入公式“=FV(D8/12,C8*12,-B8,,1)”。

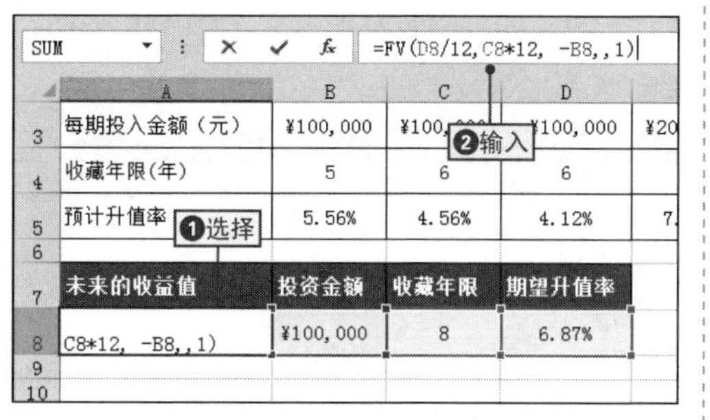

2 查看计算结果

按【Ctrl+Enter】组合键后，程序自动在当前单元格中计算出未来的收益值。

	A	B	C	D
1	投资理财方案分析			
2	理财项目	黄金	白银	蓝田玉
3	每期投入金额（元）	¥100,000	¥100,000	¥100,000
4	收藏年限(年)	5	6	6
5	预计升值率	5.56%	4.56%	4.12%
6				
7	未来的收益值	投资金额	收藏年限	期望升值率
8	¥12,821,397	¥100,000	8	6.87%

查看

NO. 413 计算投资净现值

案例022 项目投资计算和选择

◉\素材\第8章\项目投资计算和选择1.xlsx　◉\效果\第8章\项目投资计算和选择1.xlsx

在进行投资前，需要计算投资的净现值，也就是投资一段时间后收回多少投资资金以及盈利资金，这时可以通过NPV()函数来进行计算，选择最佳投资方案，下面将通过NPV()函数计算投资净现值为例来进行讲解，其具体操作如下。

1 输入公式

❶打开“项目投资计算和选择1.xlsx”文件，❷选择目标单元格，❸在编辑栏中输入公式“=NPV(B2,B6:B15)”。

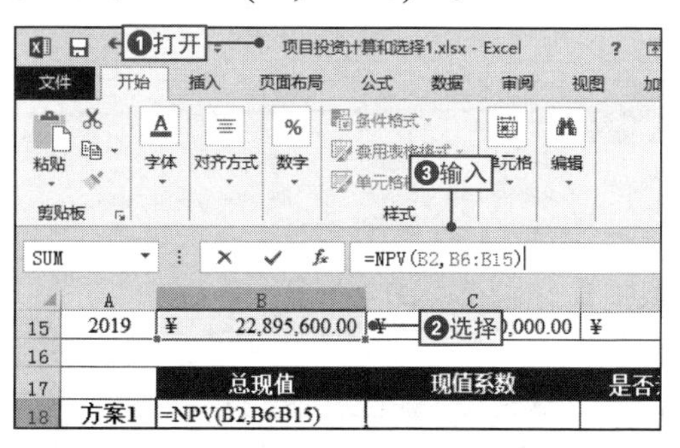

2 查看计算结果

按【Ctrl+Enter】组合键后，程序将自动在当前单元格中计算出投资净现值。

	A	B	C
9	2013	¥ 23,680,000.00	¥ 19,980,000.00
10	2014	¥ 15,000,000.00	¥ 20,800,000.00
11	2015	¥ 17,895,000.00	¥ 16,589,000.00
12	2016	¥ 22,345,600.00	¥ 22,200,000.00
13	2017	¥ 18,256,800.00	¥ 25,610,000.00
14	2018	¥ 15,978,500.00	¥ 18,880,000.00
15	2019	¥ 22,895,600.00	¥ 20,800,000.00
16			
17		总现值	现值系数
18	方案1	¥ 91,045,591.99	
19	方案2		
20	方案3		
21			

查看

NO.
414 根据投资现值判断项目是否可行

在进行投资前，为了判断是否值得投资，可以通过比较投资项目的本金与该项目到期后的回报金额来确定，这时可以通过PV()函数来计算投资现值，然后通过IF()函数判断投资是否合算，其具体操作如下。

1 计算投资现值

❶选择目标单元格，❷在编辑栏中输入公式"=PV(B3/12,B4,-B5)"，按【Ctrl+Enter】组合键计算结果。

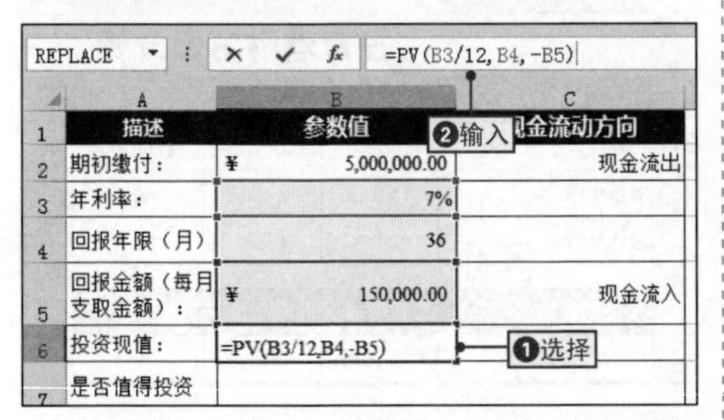

2 判断是否值得投资

❶选择目标单元格，❷在编辑栏中输入相应公式。

3 查看判断结果

按【Ctrl+Enter】组合键后，程序将自动在判断出当前项目是否值得投资。

2	期初缴付：	¥ 5,000,000.00	现金流出
3	年利率：	7%	
4	回报年限（月）	36	
5	回报金额（每月支取金额）：	¥ 150,000.00	现金流入
6	投资现值：	¥ 4,857,969.67	
7	是否值得投资	该项目不值得进行投资	查看

NO.
415 计算贷款偿还的本金

案例023 还贷方案

◉\素材\第8章\还贷方案.xlsx　　◉\效果\第8章\还贷方案.xlsx

分期还款分为本金和利息两部分，基于固定利率的等额分期付款，要计算每期还款额中的本金款，可以使用PPMT()函数来实现，下面将通过使用PPMT()函数计算"还贷方案.xlsx"工作簿中每期还款额中包含的本金为例，来讲解计算贷款偿还本金的步骤，其具体操作如下。

1 切换到"公式"选项卡

打开"还贷方案.xlsx"文件，并切换到"等额本息还贷"工作表中，❶选择目标单元格，❷单击"公式"选项卡。

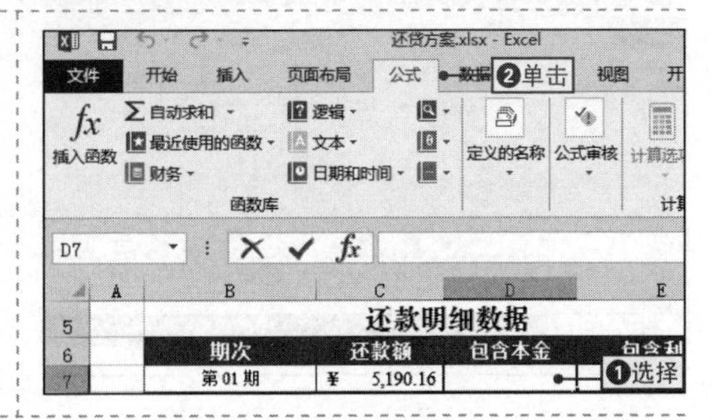

2 打开“函数参数”对话框

❶在“函数库”选项组中单击“财务”下拉按钮，❷在弹出的下拉菜单中选择“PPMT”命令，打开“函数参数”对话框。

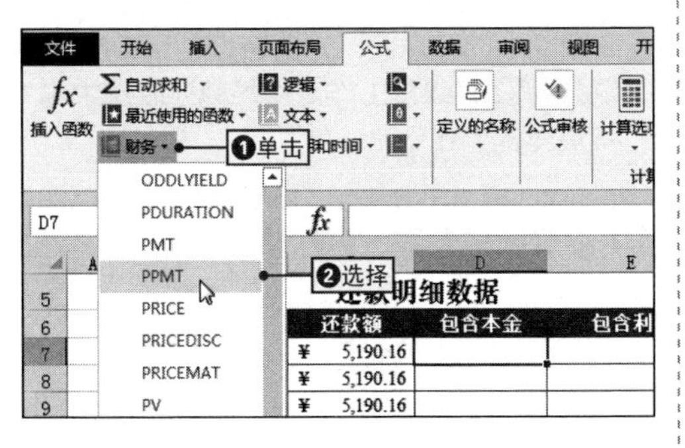

3 设置函数参数

对各参数进行相应的设置，然后单击“确定”按钮确认设置，即可计算出相应的本金金额。

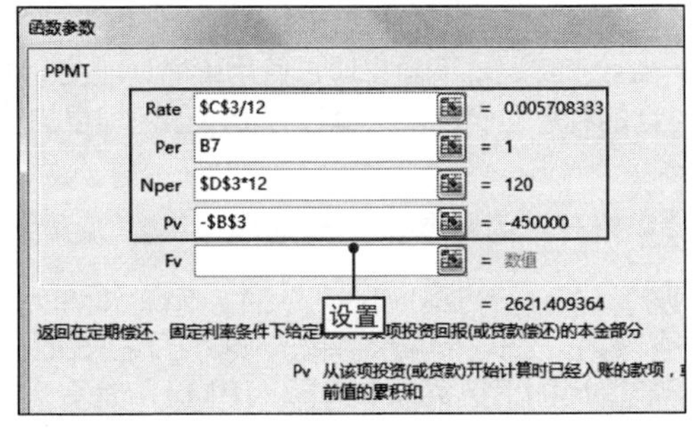

NO. 416 计算等额本金付款中的本金

除了可以基于等额本息还款外，还可以基于固定利息和还款期限的等额本金还款，也就是每期的还款的本金保持不变，这就需要计算出每期的等额本金，其具体操作如下。

1 输入公式

❶选择目标单元格，❷在编辑栏中输入公式“=B3”。

SUM | =B3 ❷输入

	B	C	D
2	贷款总额(元)	还款期限(年)	年利率
3	¥450,000.00	5	6.50%
5	还款期次	所还本金	剩余本金额
6	第 00 期	¥ -	¥ 450,000.00
7	第 01 期	=B3	
8	第 02 期		
9	第 03 期		
10	第 04 期		
11	第 05 期		
12	第 06 期		

❶选择

2 完善公式

按【F4】键，使其为绝对引用，在编辑栏中输入其他公式部分。

SUM | =$B$3/$E$3 输入

	C	D	E	F
2	还款期限(年)	年利率	还款次数	
3	5	6.50%	60	
5	所还本金	剩余本金额	所还利息额	月还款
6	¥ -	¥ 450,000.00		
7	=$B$3/$E$3			

3 查看计算结果

按【Ctrl+Enter】组合键并向下填充公式，即可计算出每期还款中包含的本金。

	B	C	D
2	贷款总额(元)	还款期限(年)	年利率
3	¥450,000.00	5	6.50%
5	还款期次	所还本金	剩余本金额
6	第 00 期	¥ -	¥ 450,000.00
7	第 01 期	¥ 7,500.00	
8	第 02 期	¥ 7,500.00	
9	第 03 期	¥ 7,500.00	
10	第 04 期	¥ 7,500.00	

查看

NO.

417 计算贷款偿还的利息

案例023 还贷方案

◉\素材\第8章\还贷方案1.xlsx　　◉\效果\第8章\还贷方案1.xlsx

使用PPMT()函数计算出本金后，还需要计算出还款金额中的利息额，这时可以使用IPMT()函数来实现，下面将通过使用IPMT()函数计算“还贷方案1.xlsx”工作簿中每期还款额中包含的利息为例，来讲解计算贷款偿还利息的步骤，其具体操作如下。

1 打开“函数参数”对话框

❶打开“还贷方案1.xlsx”文件，选择目标单元格，❷在“公式”选项卡中单击“财务”下拉按钮，❸在弹出的下拉菜单中选择“IPMT”命令。

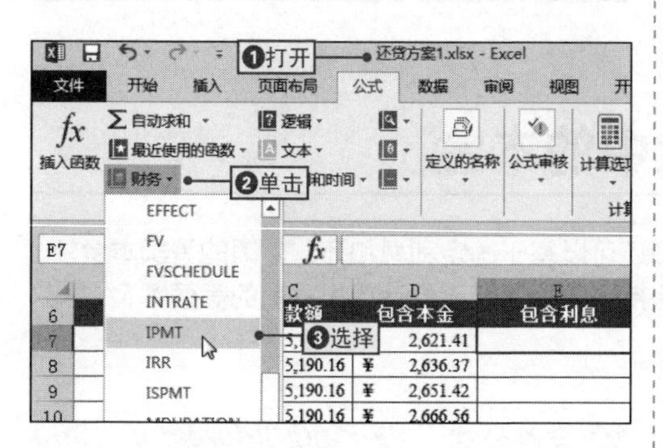

2 设置函数参数

在打开的对话框中对函数的参数进行设置，然后单击“确定”按钮确认设置，即可计算出还款利息额。

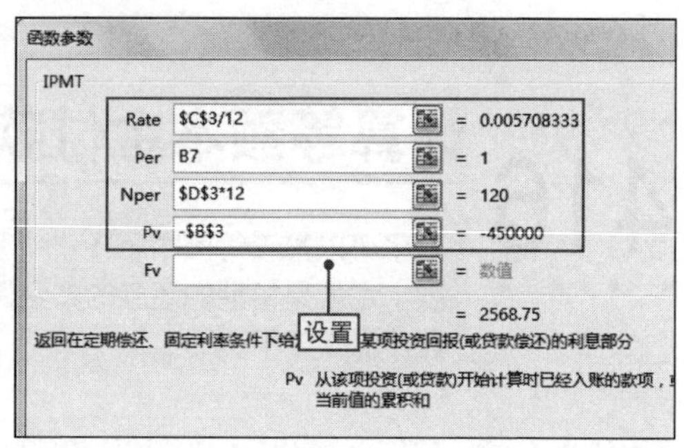

NO.

418 计算等额本金付款中的利息

在等额本金还贷计算中，可以使用ISPMT()函数快速计算每期还款额中的利息，其具体操作如下。

1 输入公式

❶选择目标单元格，❷在编辑栏中输入公式“=ISPMT($D$3/12,B6,$E$3,-$B$3)”。

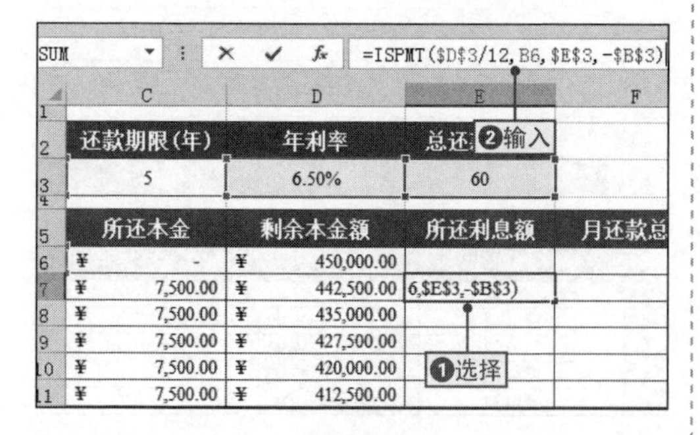

2 查看计算结果

按【Ctrl+Enter】组合键并向下填充公式，即可计算出每期还款中包含的利息。

	C	D	E	F
2	还款期限(年)	年利率	总还款次数	
3	5	6.50%	60	
5	所还本金	剩余本金额	所还利息额	月还款
6	¥ -	¥ 450,000.00		
7	¥ 7,500.00	¥ 442,500.00	¥ 2,437.50	
8	¥ 7,500.00	¥ 435,000.00	¥ 2,396.88	
9	¥ 7,500.00	¥ 427,500.00	¥ 2,356.25	
10	¥ 7,500.00	¥ 420,000.00	¥ 2,315.63	
11	¥ 7,500.00	¥ 412,500.00	¥ 2,275.00	
12	¥ 7,500.00	¥ 405,000.00	¥ 2,234.38	
13	¥ 7,500.00	¥ 397,500.00	¥ 2,193.75	

输入

NO.
419 计算贷款每期偿还金额

案例023 还贷方案

◉\素材\第8章\还贷方案2.xlsx　　◉\效果\第8章\还贷方案2.xlsx

在Excel中，可以使用PMT()函数计算贷款每期需要偿还的金额，且每期偿还的金额都相等，因为PMT()函数是基于等额本息的还款方式，下面将通过使用PMT()函数计算“还贷方案2.xlsx”工作簿中每期还款额为例，来讲解计算贷款每期偿还金额的步骤，其具体操作如下。

1 打开“函数参数”对话框

❶打开“还贷方案2.xlsx”文件，❷选择目标单元格，❸在“公式”选项卡中单击“插入函数”按钮，打开“函数参数”对话框。

2 选择函数

❶设置“或选择类别”为“财务”，❷在“选择函数”下拉列表框中选择“PMT”选项，❸单击“确定”函数。

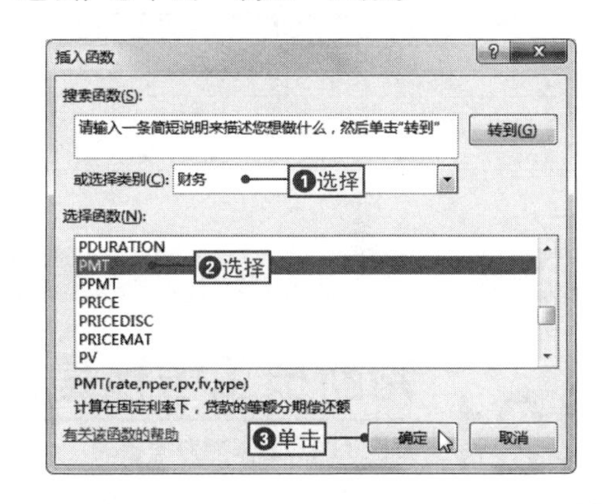

3 设置函数参数

在打开的“函数参数”对话框中设置函数参数，然后单击“确定”按钮。

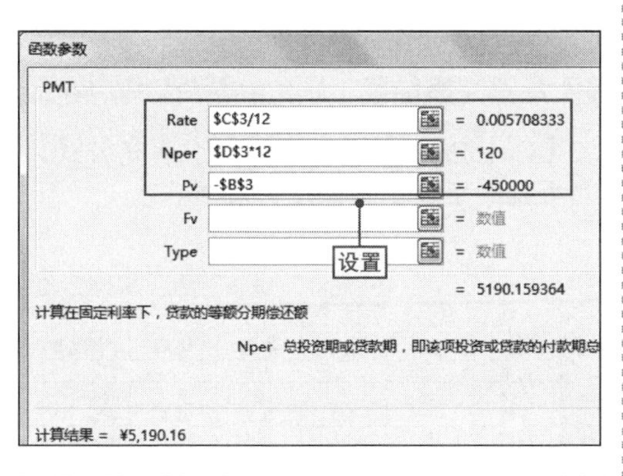

4 查看计算结果

返回表格中，即可查看到计算出来的每月的还款额。

	B	C	D	E
1	等额本息法还款			
2	贷款总额（元）	年利率	还款期限（年）	月还款额（元）
3	¥450,000.00	6.85%	10	¥5,190.16
4				
5	还款明细数据			
6	期次	还款额	包含本金	包含利息
7	第 01 期	¥ 5,190.16	¥ 2,621.41	¥ 2,568.75
8	第 02 期	¥ 5,190.16	¥ 2,636.37	¥ 2,553.79
9	第 03 期	¥ 5,190.16	¥ 2,651.42	¥ 2,538.74
10	第 04 期	¥ 5,190.16	¥ 2,666.56	¥ 2,523.60
11	第 05 期	¥ 5,190.16	¥ 2,681.78	¥ 2,508.38
12	第 06 期	¥ 5,190.16	¥ 2,697.09	¥ 2,493.07
13	第 07 期	¥ 5,190.16	¥ 2,712.48	¥ 2,477.68
14	第 08 期	¥ 5,190.16	¥ 2,727.97	¥ 2,462.19
15	第 09 期	¥ 5,190.16	¥ 2,743.54	¥ 2,446.62

查看

NO.

420 计算等额本金付款中的还款金额

计算出每期还款的本金和利息后，可以通过将本金和利息相加的方式，快速计算出每期应还的金额，其具体操作如下。

1 输入公式

❶选择目标单元格，❷在编辑栏中输入公式“=C7+E7”。

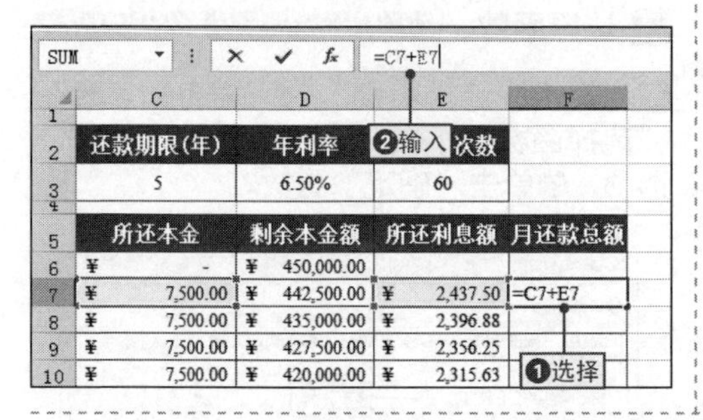

	C	D	E	F
2	还款期限(年)	年利率	总还款次数	
3	5	6.50%	60	
5	所还本金	剩余本金额	所还利息额	月还款总额
6	¥ -	¥ 450,000.00		
7	¥ 7,500.00	¥ 442,500.00	¥ 2,437.50	=C7+E7
8	¥ 7,500.00	¥ 435,000.00	¥ 2,396.88	
9	¥ 7,500.00	¥ 427,500.00	¥ 2,356.25	
10	¥ 7,500.00	¥ 420,000.00	¥ 2,315.63	

2 查看计算结果

按【Ctrl+Enter】组合键并向下填充公式，即可计算出每期的还款金额。

	C	D	E	F
2	还款期限(年	年利率	总还款次数	
3	5	6.50%	60	
5	所还本金	剩余本金额	所还利息额	月还款总额
6	¥ -	¥ 450,000.00		
7	¥ 7,500.00	¥ 442,500.00	¥ 2,437.50	¥ 9,937.50
8	¥ 7,500.00	¥ 435,000.00	¥ 2,396.88	¥ 9,896.88
9	¥ 7,500.00	¥ 427,500.00	¥ 2,356.25	¥ 9,856.25
10	¥ 7,500.00	¥ 420,000.00	¥ 2,315.63	¥ 9,815.63
11	¥ 7,500.00	¥ 412,500.00	¥ 2,275.00	¥ 9,775.00
12	¥ 7,500.00	¥ 405,000.00	¥ 2,234.38	¥ 9,734.38
13	¥ 7,500.00	¥ 397,500.00	¥ 2,193.75	¥ 9,693.75

查看

8.5 逻辑函数的使用技巧

NO.

421 判断员工考核是否合格

案例014 工作能力考核表

◉\素材\第8章\工作能力考核表.xlsx ◉\效果\第8章\工作能力考核表.xlsx

在处理数据时，常常需要进行条件判断，如商品是否盈利、员工考核是否合格等，这时可以使用IF()函数来实现，而对于多条件的判断，则需要使用AND()函数结合IF()函数才能完成，下面将通过判断员工考核是否合格来进行讲解，其具体操作如下。

1 切换到“公式”选项卡

❶打开“工作能力考核表.xlsx”文件，❷选择目标单元格，❸在编辑栏中输入“=IF(AND(C3>=8,D3>=8,E3>=8,F3>=8),"合格","不合格")”。

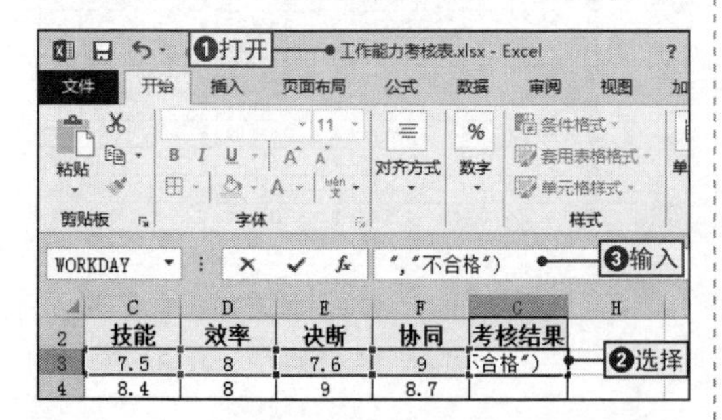

2 查看判断结果

按【Ctrl+Enter】组合键并向下填充公式，即可判断出员工考核是否合格。

	B	C	D	E	F	G
1	员工能力考核表					
2	姓名	技能	效率	决断	协同	考核结果
3	杨娟	7.5	8	7.6	9	合格
4	李聃	8.4	8	9	8.7	合格
5	谢晋	9.5	9.1	8.7	8.2	合格
6	薛敏	8	8.6	8.4	7.9	合格
7	何阳	8	9	9.5	9	合格
8	钟莹	9	9.1	9.7	9.5	合格
9	高欢	8.5	8.7	8.6	8.3	合格
10	周娜	6	5	5	4	不合格
11	刘岩	7.9	7.8	8.4	8.2	合格
12	张炜	8	7.5	7.9	7.6	合格
13	谢晓鸣	5.1	4.8	6.1	6	不合格

查看

NO.
422 根据任务自动生成评语

对于单一的条件判断，可以直接使用IF()函数来实现，下面将通过根据任务自动生成评语为例来进行讲解，其具体操作如下。

1 输入公式

❶选择目标单元格，❷在编辑栏中输入公式"=if(F3-E3>=0,"恭喜你完成任务了!","你的任务未完成，要努力哟！")"。

	E	F	G
1	业务员任务完成情况表		
2	签单业绩	完成量	完成情况
3	¥ 200,000.00	¥ 210,000.00	壬务未完成，要努力哟！")
4	¥ 300,000.00	¥ 280,000.00	
5	¥ 423,100.00	¥ 423,100.00	
6	¥ 635,900.00	¥ 640,900.00	
7	¥ 95,943.00	¥ 100,943.00	
8	¥ 168,233.00	¥ 158,233.00	
9	¥ 106,549.00	¥ 100,549.00	
10	¥ 787,678.00	¥ 807,678.00	

2 查看计算结果

按【Ctrl+Enter】组合键并向下填充公式，即可在当前单元格区域中查看到自动生成的相应评语。

	E	F	G
1	业务员任务完成情况表		
2	签单业绩	完成量	完成情况
3	¥ 200,000.00	¥ 210,000.00	恭喜你完成任务了!
4	¥ 300,000.00	¥ 280,000.00	你的任务未完成，要努力哟!
5	¥ 423,100.00	¥ 423,100.00	恭喜你完成任务了!
6	¥ 635,900.00	¥ 640,900.00	恭喜你完成任务了!
7	¥ 95,943.00	¥ [illegible]3.00	恭喜你完成任务了!
8	¥ 168,233.00	¥ [illegible]3.00	你的任务未完成，要努力哟!
9	¥ 106,549.00	¥ 100,549.00	你的任务未完成，要努力哟!
10	¥ 787,678.00	¥ 807,678.00	恭喜你完成任务了!
11	¥ 552,000.00	¥ 552,000.00	恭喜你完成任务了!
12	¥ 234,000.00	¥ 234,000.00	恭喜你完成任务了!

NO.
423 为表格创建归类标签

IF()函数除了可以直接对数据进行判断外，还可以为表格创建归类标签，如下面的商品采购表中通过IF()函数对每类数据进行归类，其具体操作如下。

1 输入公式

❶选择目标单元格，❷在编辑栏中输入公式"=IF(C3<>C4,"以上为"&C3&"类","")"。

C	D	E	F	G
办公物资采购表				
类别	采购数量	单价	总费用	归类标签
办公	1188	¥53.52	¥63,581.76	&C3&"类","")
办公	1116	¥38.23	¥42,664.68	
办公	648	¥33.52	¥21,720.96	
电脑硬件	1152	¥48.23	¥55,560.96	
电脑硬件	948	¥44.11	¥41,816.28	
电脑硬件	1056	¥47.05	¥49,684.80	
家具	936	¥37.64	¥35,231.04	
家具	780	¥32.94	¥25,693.20	
家具	996	¥48.23	¥48,037.08	

2 查看创建结果

按【Ctrl+Enter】组合键并向下填充公式，即可在当前单元格区域中创建归类标签。

	C	D	E	F	G
1	办公物资采购表				
2	类别	采购数量	单价	总费用	归类标签
3	办公	1188	¥53.52	¥63,581.76	
4	办公	1116	¥38.23	¥42,664.68	
5	办公	648	¥33.52	¥21,720.96	以上为办公类
6	电脑硬件	1152	¥48.23	¥55,560.96	
7	电脑硬件	948	¥44.11	¥41,816.28	
8	电脑硬件	1056	¥47.05	[illegible]4.80	以上为电脑硬件类
9	家具	936	¥37.64	¥35,231.04	
10	家具	780	¥32.94	¥25,693.20	
11	家具	996	¥48.23	¥48,037.08	以上为家具类
12	清洁	1032	¥57.64	¥59,484.48	
13	清洁	912	¥46.47	¥42,380.64	

NO.

424 根据年龄判断员工是否退休

案例016 员工档案管理表

◎\素材\第8章\员工档案管理表.xlsx ◎\效果\第8章\员工档案管理表.xlsx

员工退休是人事管理中比较重要的问题，假设男性退休年龄是60岁，女性退休年龄是55岁，这时可以使用OR()函数来判断员工是否达到退休年龄，下面将通过使用OR()函数判断员工档案管理表中的员工是否应退休为例来进行讲解，其具体操作如下。

1 输入公式

❶打开“员工档案管理表.xlsx”文件，❷选择目标单元格，❸在编辑栏中输入“=OR(AND（D3="男",F3>=60）,AND(D3="女",F3>=55)”。

2 查看判断结果

按【Ctrl+Enter】组合键并向下填充公式，即可根据员工的实际年龄判断出员工是否已经退休。

	J	K	L	M	N
2	联系电话	工作部门	职务	参工时间	是否退休
3	1314456****	销售部	经理	2001/4/8	TRUE
4	1371512****	后勤部	送货员	2004/11/10	FALSE
5	1581512****	行政部	主管	2001/8/20	FALSE
6	1324465****	财务部	经理	2003/8/20	FALSE
7	1591212****	销售部	销售代表	2003/3/20	FALSE
8	1324578****	销售部	销售代表	2004/4/8	TRUE
9	1304453****	行政部	文员	3/8/20	FALSE
10	1384451****	后勤部	主管	2000/8/20	FALSE
11	1361212****	销售部	销售代表	2003/11/10	FALSE
12	1334678****	销售部	销售代表	2003/8/20	FALSE
13	1398066****	技术部	技术员	2004/11/10	TRUE
14	1359641****	技术部	技术员	2004/4/8	FALSE

查看

NO.

425 使用IF()函数判断员工是否可以退休

针对上面的例子，其实还可以使用嵌套IF()函数来进行判断，不仅可以实现目的，而且还可以使判断的结果更加直观，其具体操作如下。

1 输入公式

❶选择目标单元格，❷在编辑栏中输入公式“=IF(D3="男",IF(D3>=60,"可以退休","不能退休"),IF(D3="女",IF(F3>=55,"可以退休","不能退休")))”。

"),IF(D3="女",IF(F3>=55,"可以退休","不能退

IF(logical_test, [value_if_true], [value_if

K	L	M	N
工作部门	职务	参工时间	是否退休
销售部	经理	2001/4/8	休","不能退休")
后勤部	送货员	2004/11/10	
行政部	主管	2001/8/20	
财务部	经理	2003/8/20	
销售部	销售代表	2003/3/20	
销售部	销售代表	2004/4/8	
行政部	文员	2003/8/20	
后勤部	主管	2000/8/20	

❷输入 ❶选择

2 查看判断结果

按【Ctrl+Enter】组合键并向下填充公式，即可根据员工的实际年龄判断出员工是否可以退休。

	J	K	L	M	N
2	联系电话	工作部门	职务	参工时间	是否退休
3	1314456****	销售部	经理	2001/4/8	可以退休
4	1371512****	后勤部	送货员	2004/11/10	不能退休
5	1581512****	行政部	主管	2001/8/20	可以退休
6	1324465****	财务部	经理	2003/8/20	可以退休
7	1591212****	销售部	销售代表	3/3/20	可以退休
8	1324578****	销售部	销售代表	04/4/8	可以退休
9	1304453****	行政部	文员	2003/8/20	不能退休
10	1384451****	后勤部	主管	2000/8/20	不能退休
11	1361212****	销售部	销售代表	2003/11/10	可以退休
12	1334678****	销售部	销售代表	2003/8/20	可以退休

查看

NO.
426 升级身份证号码

案例016 管理员工档案表

◎\素材\第8章\员工档案管理表1.xlsx　　◎\效果\第8章\员工档案管理表1.xlsx

身份证主要分为15位数和18位数两种，现在二代身份证都需要升级到18位数，这时可以使用LEN()函数和REPLACE()函数来实现，下面通过将15位数的身份证号码升级到18位数为例来讲解相关操作，其具体操作如下。

1 展开编辑栏

❶打开“员工档案管理表1.xlsx”文件，❷选择目标单元格，❸在编辑栏后单击“展开”按钮，展开编辑栏。

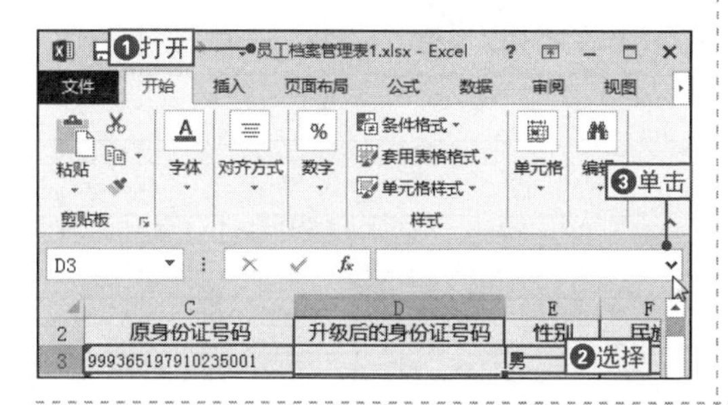

2 添加LEN()函数

在编辑栏中输入“=IF()”，❶在“公式”选项卡中单击“文本”下拉按钮，❷选择“LEN”命令，用检测身份证号码的长度。

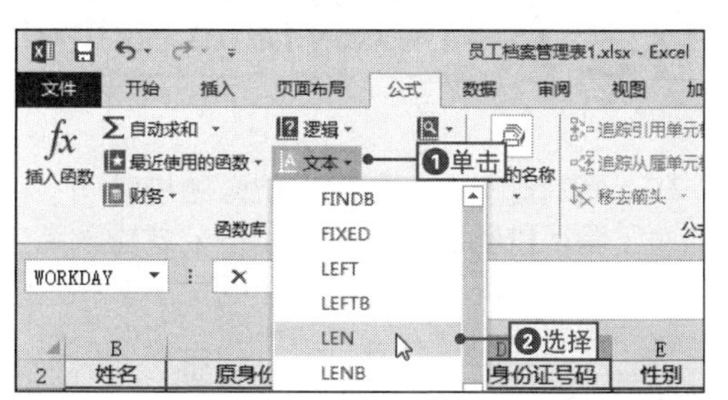

3 设置函数参数

❶在打开的“函数参数”对话框中设置需要判断长度的单元格，❷单击“确定”按钮。

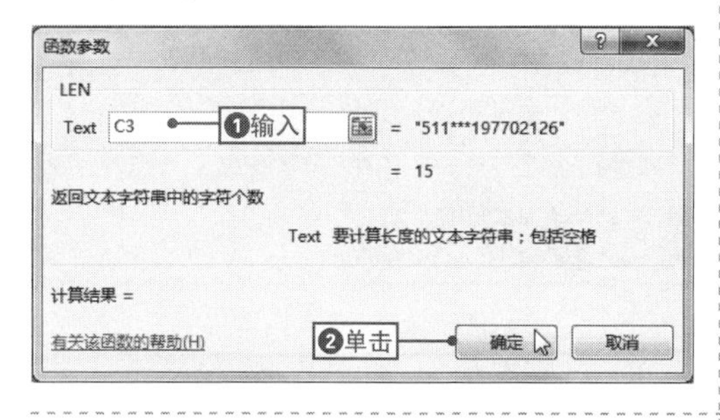

4 打开“函数参数”对话框

❶在编辑栏中输入“=19,C3”，❷单击“文本”下拉按钮，❸选择“REPLACE”命令，用以替换文本。

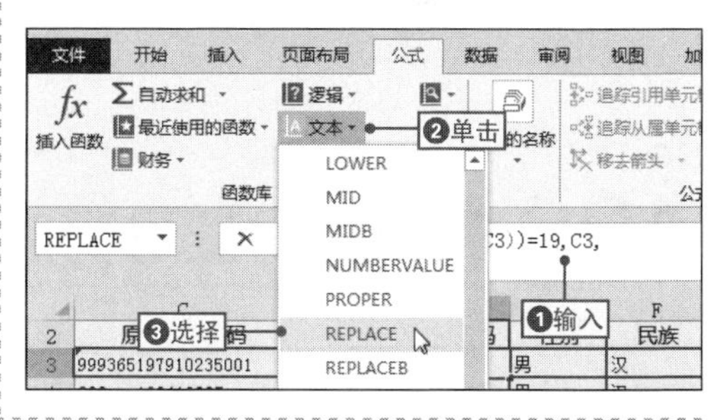

5 设置函数参数

在打开的对话框中设置相应的参数，然后单击“确定”按钮。

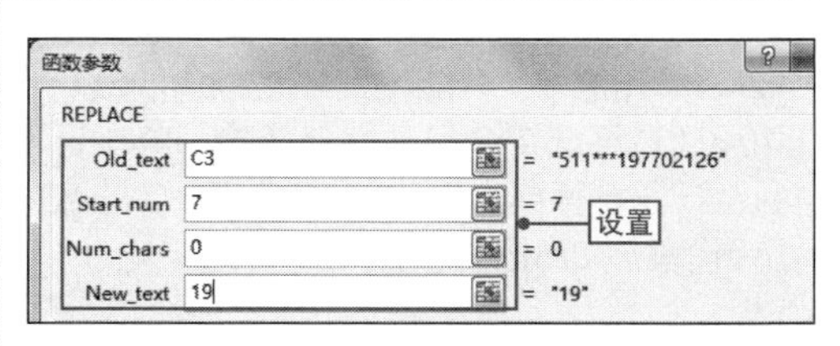

6 输入其他公式

以相同的方法在编辑栏中输入其余部分的公式。

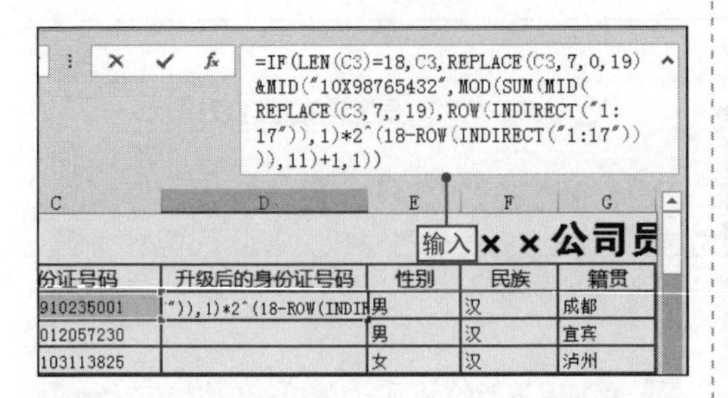

7 查看升级效果

按【Ctrl+Shift+Enter】组合键并向下填充公式，即可将15位数身份证升级为18位数身份证。

	C	D	E	F
1				× × ×
2	原身份证号码	升级后的身份证号码	性别	民族
3	999365197910235001	999365197910235001	男	汉
4	999421198012057230	999421198012057230	男	汉
5	999123198103113825	999123198103113825	女	汉
6	999234197911113431	999234197911113431	女	汉
7	999722870108697	999722198701086979	男	汉
8	999567720212696	999567197202126961	男	
9	999789830609697	999789198306096975	女	
10	999098750714367	999098197507143671	男	汉
11	999897751202192	999897197512021924	男	汉

查看

NO.

427 升级身份证号码时注意校验码

在上面的例子中，最后一位数为校验码，为了保证校验码的正确性，在公式输入完成以后必须按【Ctrl+Shirt+Enter】组合键使公式应用到数组，从而生成新的身份证号码。

如果按【Ctrl+Enter】组合键或【Enter】键，程序不会提示错误，也不会在单元格中显示#VALUE!等错误值，而且会输出结果，但是这个结果部分是错误的，如右图所示。

	C	D	E	F
1				× × ×
2	原身份证号码	升级后的身份证号码	性别	民族
3	999365197910235001	999365197910235001	男	汉
4	999421198012057230	999421198012057230	男	汉
5	999123198103113825	999123198103113825	女	汉
6	999234197911113431	999234197911113431	女	汉
7	999722870108697	999722198701086974	男	汉
8	999567720212696	999567197202126964	男	汉
9	999789830609697	999789198306096974	女	
10	999098750714367	999098197507143674	男	
11	999897751202192	999897197512021924	男	汉
12	999654196901032334	999654196901032334	男	汉
13	999231198005254556	999231198005254556	男	汉
14	999369198005253332	999369198005253332	男	汉
15	999123195904263771	999123195904263771	男	汉
16	999321198508086646	999321198508086646	男	汉
17	999010197702306330	999010197702306330	女	汉

错误校验码

NO.

428 升级身份证号码时注意数据类型

在对身份证号码进行升级时，原身份证号码的数据类型必须是文本类型，因为在Excel单元格中，只能输入15位以内的数，如果超过系统将会自动将其转换为科学计数法记录数据或直接将超过15位以后的数用0代替，如右图所示。

A	B	C	D	
编号	姓名	原身份证号码	升级后的身份证号码	性
1001	杨娟	9.99365E+17	9.99365E+17	男
1002	李聃	9.99421E+17	9.99421E+17	男
1003	谢晋	9.99123E+17	9.99123E+17	女
1004	张嘉	9.99234E+17	9.99234E+17	女
1005	董天宝	9.99723E+14	99972219870108[illegible]979	男
1006	刘岩	9.99568E+14	99956719720212[illegible]961	男
1007	刘易杰	9.9979E+14	9997891[illegible]	女
1008	周娜	9.99099E+14	99909819[illegible]	男

错误的结果

NO.
429 从身份证号码中获取性别

案例016 员工档案管理表

◉\素材\第8章\员工档案管理表2.xlsx　　◉\效果\第8章\员工档案管理表2.xlsx

身份证号码不仅仅是一串简单的数字，其实这串数字中包含有大量的信息，如籍贯、出生年月以及性别等，可以通过函数将其中的信息提取出来，下面将通过TEXT()函数提取身份证号码中的性别为例来进行讲解，其具体操作如下。

1 输入公式

❶打开“员工档案管理表2.xlsx”文件，❷选择目标单元格，❸在编辑栏中输入公式。

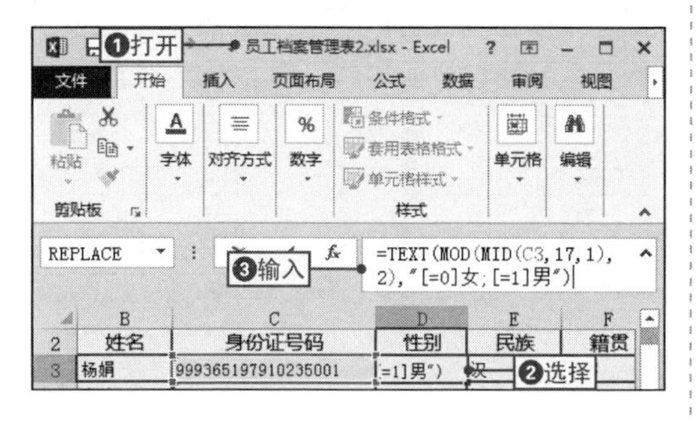

2 查看提取结果

按【Ctrl+Shift+Enter】组合键并向下填充公式，即可从身份证号码中提取出性别。

姓名	身份证号码	性别	民族	籍贯
杨娟	999365197910235001	女	汉	成都
李聃	999421198012057230	男	汉	宜宾
谢晋	999123198103113825	女	汉	泸州
张嘉	999234197911113431	男	汉	广安
董天宝	999722198701086979	男	汉	成都
刘岩	999567197202126961	女	汉	成都
刘易杰	999789198306096975	男	汉	都江堰
周娜	999098197507143671	男	汉	乐山
祝苗	999897197512021924	女	汉	绵阳
万邦舟	999654196901032334	男	汉	绵阳
张炜	999231198005254556	男	汉	上海
薛敏	999369198005253332	男	汉	北京

NO.
430 将数值转换为文本

在表格中处理数据时，用户可以根据需要将数值转换为文本型数据，如学生成绩表中的总分数以“×××分”形式显示，其具体操作如下。

1 输入公式

❶选择目标单元格，❷在编辑栏中输入公式“=TEXT(SUM(C3:D3),"0.00")&"分"”。

❷输入　=TEXT(SUM(B3:D3),"0")&"分"

学生成绩表

姓名	语文	数学	英语	总分
李丹	89	90	85	=TEXT(SUM
杨陶	83	78	90	
刘小明	90	93	93	
张嘉	90	94	96	
张炜	78	92	78	
李聃	94	89	75	
杨娟	95	78	85	
马英	87	88	79	
周晓红	85	82	93	

2 查看计算结果

按【Ctrl+Enter】组合键并向下填充公式，即可在当前单元格区域中创建归类标签。

学生成绩表

姓名	语文	数学	英语	总分
李丹	89	90	85	264分
杨陶	83	78	90	251分
刘小明	90	93	93	276分
张嘉	90	94	96	280分
张炜	78	92	78	248分
李聃	94	89	75	258分
杨娟	95	78	85	258分
马英	87	88	79	254分
周晓红	85	82	93	260分
薛敏	92	89	90	271分
祝苗	79	93	88	260分

NO. 431 使用IF()函数获取性别

除了可以使用TEXT()函数来实现根据条件格式来判断性别信息并获取性别外，还可以使用IF()函数来获取性别，其具体操作如下。

1 输入公式

❶选择目标单元格，❷在编辑栏中输入公式“=IF(MOD(IF(LEN(C3)=15,MID(C3,15,1),MID(C3,17,1)),2)=0,"女","男")”。

REPLACE =IF(MOD(IF(LEN(C3)=15,MID(C3,15,1),MID(C3,17,1)),2)=0,"女","男")

	C	D	E	F	
2	身份证号码	性别	民族	籍贯	出生年月
3	999365197910235001	","男")	汉	成都	1977/2/1
4	999421198012057230		汉	宜宾	1984/10/2
5	999123198103113825		汉	泸州	1982/3/2
6	999234197911113431		汉	广安	1979/1/2
7	999722198701086979		汉	成都	1981/5/2
8	999567197202126961		汉	成都	1981/3/1
9	999789198306096975		汉	都江堰	1983/3/
10	999098197507143671		汉	乐山	1978/12/2

❶选择 ❷输入

2 获取性别结果

按【Ctrl+Shift+Enter】组合键并向下填充公式，即可在当前单元格区域中显示获取的性别。

	C	D	E	F	G
2	身份证号码	性别	民族	籍贯	出生年月
3	999365197910235001	女	汉	成都	1977/2/
4	999421198012057230	男	汉	宜宾	1984/10/
5	999123198103113825	女	汉	泸州	1982/3/
6	999234197911113431	男	汉	广安	1979/1/
7	999722198701086979	男	汉	成都	1981/5/
8	999567197202126961	女	汉	成都	1981/3/
9	999789198306096975	男	汉	都江堰	1983/3/
10	999098197507143671	男	汉	乐山	1978/12/
11	999897197512021924	女	汉	绵阳	1982/11/
12	999654196901032334	男	汉	绵阳	1984/4/
13	999231198005254556	男	汉	上海	1983/12/
14	999369198005253332	男	汉	北京	1985/9/
15	999123195904263771	男	汉	德阳	1982/9/

查看

NO. 432 从身份证号码中获取出生日期

在表格中对数据进行处理时，还可以使用TEXT()函数获取身份证号码中的出生日期（第7~14位），其具体操作如下。

1 输入公式

❶选择目标单元格，❷在编辑栏中输入公式“=TEXT(MID(C3,7,8),"0000年00月00日")”。

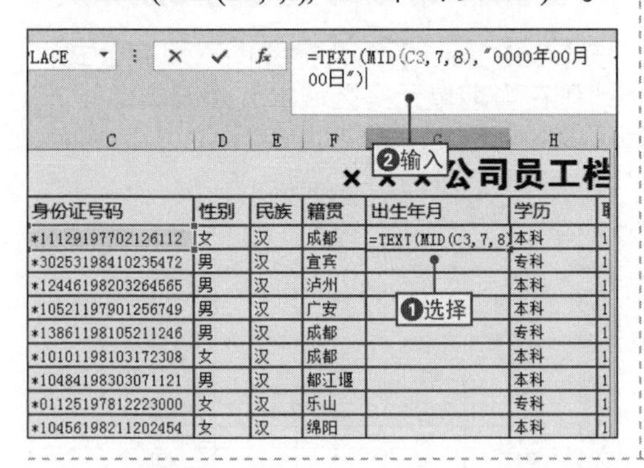

LACE =TEXT(MID(C3,7,8),"0000年00月00日")

×××公司员工档

C	D	E	F	G	H
身份证号码	性别	民族	籍贯	出生年月	学历
*11129197702126112	女	汉	成都	=TEXT(MID(C3,7,8)	本科
*30253198410235472	男	汉	宜宾		专科
*12446198203264565	男	汉	泸州		本科
*10521197901256749	男	汉	广安		本科
*13861198105211246	男	汉	成都		专科
*10101198103172308	女	汉	成都		本科
*10484198303071121	男	汉	都江堰		本科
*01125197812223000	女	汉	乐山		专科
*10456198211202454	女	汉	绵阳		本科

2 查看获取结果

按【Ctrl+Shift+Enter】组合键并向下填充公式，即可在单元格中显示出生日期。

	C	D	E	F	G	H
1	×××公司员工					
2	身份证号码	性别	民族	籍贯	出生年月	学历
3	*11129197702126112	女	汉	成都	1977年02月12日	本科
4	*30253198410235472	男	汉	宜宾	1984年10月23日	专科
5	*12446198203264565	男	汉	泸州	1982年03月26日	本科
6	*10521197901256749	男	汉	广安	1979年01月25日	本科
7	*13861198105211246	男	汉	成都	1981年05月21日	专科
8	*10101198103172308	女	汉	成都	1981年03月17日	本科
9	*10484198303071121	男	汉	江堰	1983年03月07日	本科
10	*01125197812223000	女	汉	乐山	1978年12月22日	专科
11	*10456198211202454	女	汉	绵阳	1982年11月20日	本科
12	*15153198404222156	男	汉	绵阳	1984年04月22日	专科
13	*11785198312132212	男	汉	上海	1983年12月13日	专科
14	*10662198509154266	女	汉	北京	1985年09月15日	硕士
15	*10158198209158846	女	汉	德阳	1982年09月15日	本科

查看

8.7 日期和时间函数的使用技巧

NO.
433 设置自动更新日期

案例024 任务完成倒计时

◉\素材\第8章\任务完成倒计时.xlsx ◉\效果\第8章\任务完成倒计时.xlsx

由于日期每天都会发生改变，若是手动在表格中输入日期，日期不仅不会更新，而且操作也比较麻烦，这时可以使用TODAY()函数，使表格中显示的日期随系统一起更新，下面将通过在“任务完成倒计时.xlsx”工作簿中使用TODAY()函数为例，来讲解设置日期自动更新的步骤，其具体操作如下。

1 切换到“公式”选项卡

❶打开“任务完成倒计时.xlsx”文件，❷选择目标单元格，❸单击“公式”选项卡。

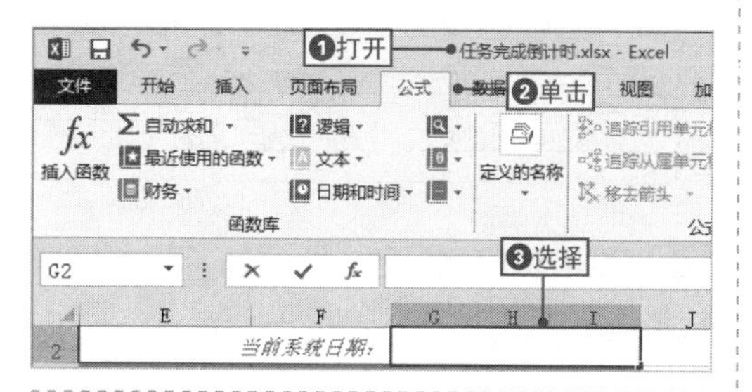

2 打开“函数参数”对话框

❶在“数据库”选项组中单击“日期和时间”下拉按钮，❷选择“TODAY”命令。

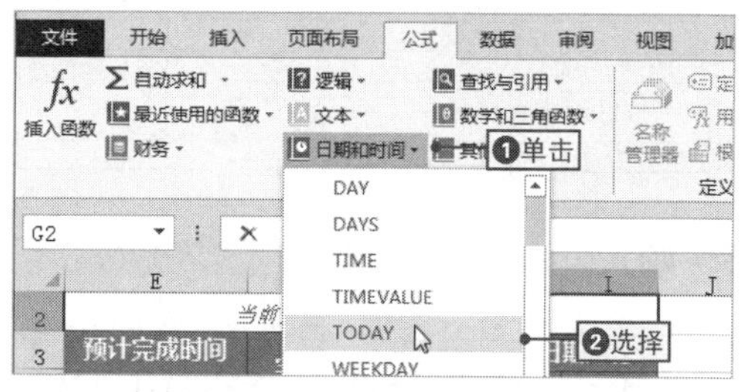

3 确认添加函数

在打开的“函数参数”对话框中单击“确定”按钮确认添加。

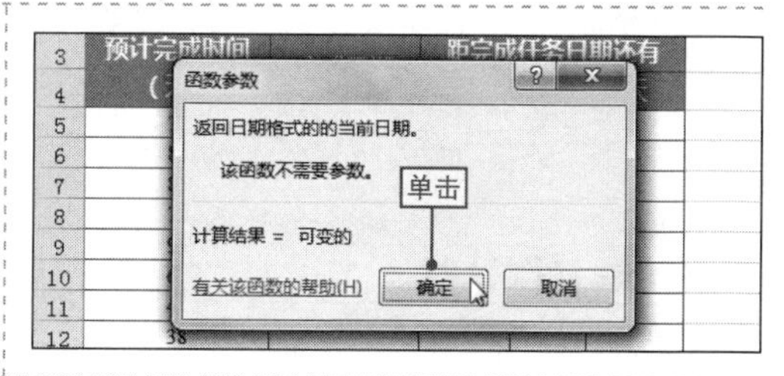

NO.
434 切换日期的显示方式

日期的显示方式有两种，分别是1900日期系统和1904日期系统。在Excel中默认的是1900日期系统，用户可以根据需要快速切换到1904日期系统，其具体操作是：❶打开“Excel选项"对话框，❷单击“高级”选项卡，❸选中“使用1904日期系统”复选框，❹单击“确定”按钮确认设置。

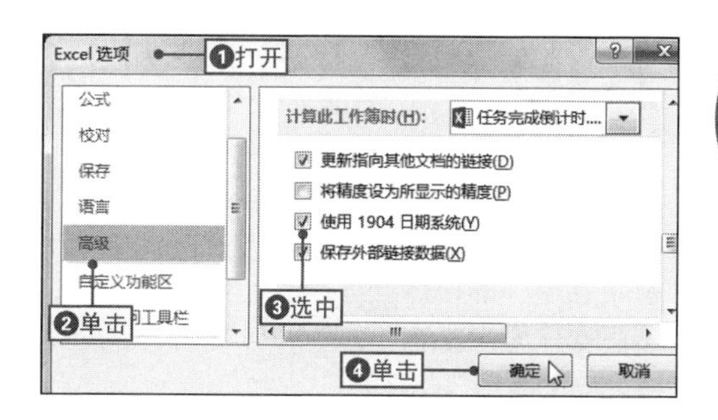

NO.
435 制作2015年法定节假日倒计时

为了便于工作，企业可以制作一份2015年节假日倒计时表，用于显示本年法定节假日倒计时，并且该倒计时随时间的变化而自动更新，这时可以使用TODAY()函数来实现自动更新，其具体操作如下。

1 输入公式

❶选择目标单元格，❷在编辑栏中输入公式“=IF(B4-TODAY()>=0,"尚有","已过")”。

REPLACE | =IF(B4-TODAY()>=0,"尚有","已过")

❷输入　❶选择

2015年法定假日倒计时			
放假日期	天数	倒计时	
		已过/尚有	天数
2015年1月1日	3	有","已过")	
2015年2月18日	7		
2015年4月5日	2		
2015年5月1日	3		
2015年6月20日	3		

2 判断节假日是否已过

按【Ctrl+Enter】组合键并向下填充公式，即可判断该法定节假日是否已过。

2015年法定假日倒计时			
放假日期	天数	倒计时	
		已过/尚有	天数
2015年1月1日	3	已过	
2015年2月18日	7	尚有	
2015年4月5日	2	尚有	
2015年5月1日	3	尚有	
2015年6月20日	3	尚有	
2015年9月27日	1	尚有	
2015年10月1日	7	尚有	

查看

3 输入公式

❶选择目标单元格，❷在编辑栏中输入公式“=ABS(B5-TODAY())-IF(B5-TODAY()>=0,,C5))&"天"”。

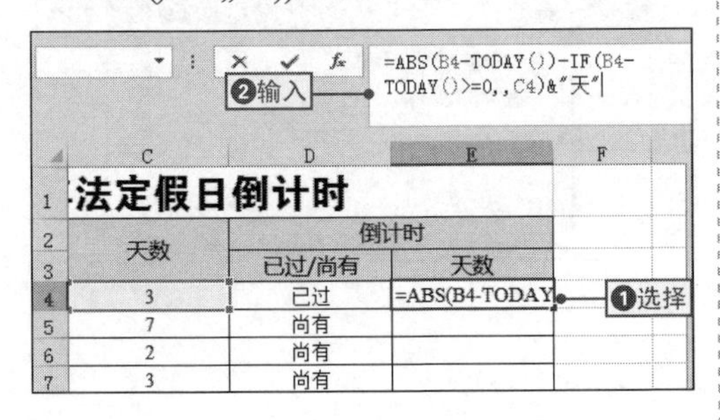

=ABS(B4-TODAY())-IF(B4-TODAY()>=0,,C4)&"天"

❷输入　❶选择

法定假日倒计时		
天数	倒计时	
	已过/尚有	天数
3	已过	=ABS(B4-TODAY
7	尚有	
2	尚有	
3	尚有	

4 获取节假日倒计时

按【Ctrl+Enter】组合键并向下填充公式，即可获得2015年法定节假日的倒计时。

2015年法定假日倒计时			
放假日期	天数	倒计时	
		已过/尚有	天数
2015年1月1日	3	已过	40天
2015年2月18日	7	尚有	5天
2015年4月5日	2	尚有	51天
2015年5月1日	3	尚有	77天
2015年6月20日	3	尚有	127天
2015年9月27日	1	尚有	226天
2015年10月1日	7	尚有	230天

查看

NO.
436 获取法定节假日倒计时的注意事项

在上面技巧的公式中，通过一个连接符连接上了一个“天”字符，不仅可以正确的显示结果，而且还能使结果更加直观，若不是有连接符连接“天”字，则显示的结果如右图所示。

E4 | {=ABS(B4-TODAY())-IF(B4-TODAY()>=0,,C4)}

放假日期	天数	倒计时	
		已过/尚有	天数
2015年1月1日	3	已过	1900年2月9日
2015年2月18日	7	尚有	1900年2月9日
2015年4月5日	2	尚有	1900年2月9日
2015年5月1日	3	尚有	1900年2月9日

NO.
437 计算任务完成实际工作日

案例024 任务完成倒计时

◎\素材\第8章\任务完成倒计时1.xlsx　　◎\效果\第8章\任务完成倒计时1.xlsx

在一个月中，不是每天都是工作日，其中还包括周六、周日及国家法定假日，这时可以通过Excel中提供的WORKDAY()函数来计算工作日，下面将通过使用函数计算“任务完成倒计时1.xlsx”文档中任务完成的实际工作日为例来进行讲解，其具体操作如下。

1 切换到“公式”选项卡

❶打开“任务完成倒计时1.xlsx”文件，❷选择目标单元格，❸单击“公式”选项卡。

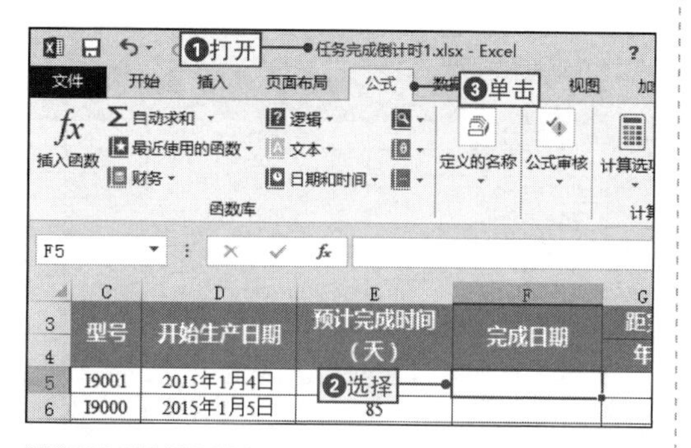

2 打开“函数参数”对话框

❶单击“日期和时间”下拉按钮，❷选择“WORDDAY”命令。

3 设置函数参数

在打开的对话框中对函数的参数进行设置，然后单击“确定”按钮。

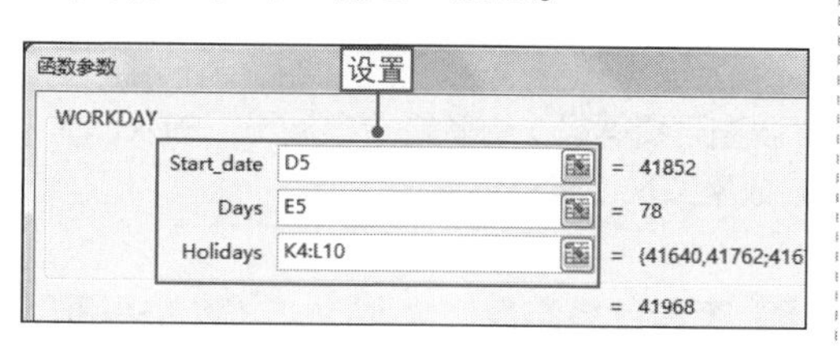

4 查看计算结果

返回表格中并向下填充公式，即可查看到计算任务完成实际的工作日。

型号	开始生产日期	预计完成时间（天）	完成日期
I9001	2015年1月4日	78	2015年4月27日
I9000	2015年1月5日	85	2015年5月8日
I5210	2015年1月6日	[illegible]	2015年5月7日
I9100	2015年1月7日	78	2015年4月28日
I9300	2015年1月8日	95	2015年5月22日

NO.
438 WORKDAY()函数返回结果注意事项

在上面的例子中使用WORKDAY()函数获取实际完成的工作日，一般情况下，获取的返回结果是日期序列号，如果要使其显示为日期，则可以使用公式“=TEXT(WORKDAY(D5,E5,$K$4:$L$9),"yyyy年m月d日")”，如右图所示。

F5 =TEXT(WORKDAY(D5,E5,$K$4:$L$9),"yyyy年m月d日")

型号	开始生产日期	预计完成时间（天）	完成日期
I9001	2015年1月4日	78	2015年4月27日
I9000	2015年1月5日	85	
I5210	2015年1月6日	84	
I9100	2015年1月7日	78	
I9300	2015年1月8日	95	

NO. 439 计算任务完成的年限

案例024 任务完成倒计时

◎\素材\第8章\任务完成倒计时2.xlsx ◎\效果\第8章\任务完成倒计时2.xlsx

如果要以年为单位来计算任务完成的日期，则可以使用YEAR()函数来实现，它可以获得当前时间和指定时间的年份，通过计算它们之差获得任务完成的年限，下面将通过具体的实例为例来讲解，其具体操作如下。

1 输入公式

❶打开“任务完成倒计时2.xlsx”文件，❷选择目标单元格，❸在编辑栏中输入公式“=IF(F5-$G$2<0,"-",IF(YEAR(F5-$G$2)<=1900,"-",YEAR(F5-$G$2)-1900))”。

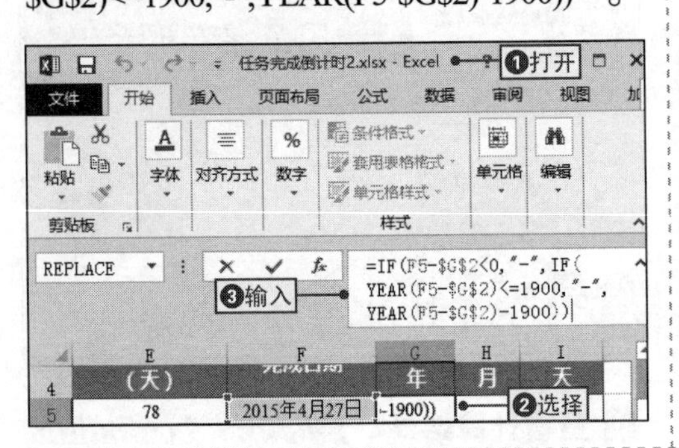

2 自动填充公式

按【Ctrl+Enter】组合键并向下填充公式，即可计算距离任务完成日期的年限。

	D	E	F	G	H
3	开始生产日期	预计完成时间（天）	完成日期	距完成任务	
4				年	月
5	2015年1月4日	78	2015年4月27日	-	
6	2015年1月5日	85	2015年5月8日	-	
7	2015年1月6日	84	2015年5月7日	-	
8	2015年1月7日	78	2015年4月28日	-	
9	2015年1月8日	95	2015年5月22日	-	
10	2015年1月9日	67	20[illegible]14日	-	
11	2015年1月10日	48	201[illegible]3月18日	-	
12	2015年1月11日	38	2015年3月4日	-	
13	2015年1月12日	49	2015年3月20日	-	
14	2015年1月13日	56	2015年4月1日	-	
15	2015年1月14日	57	2015年4月3日	-	
16	2015年1月15日	120	2015年7月2日	-	
17	2015年1月16日	45	2015年3月20日	-	

查看

Sheet1 Sheet2

NO. 440 计算员工的工龄

在企业中，常常会通过员工的工龄调整薪资等级，这就需要根据员工的入职时间来计算工龄，可以通过YEAR()函数来实现，其具体操作如下。

1 输入公式

❶选择目标单元格，❷在编辑栏中输入公式“=YEAR(TODAY()-YEAR(M3))”。

REPLACE =YEAR(TODAY()-YEAR(M3) ❷输入

	K	L	M	N	O
2	工作部门	职务	参工时间	工龄	备注
3	销售部	经理	2011年4月8日	)-YEAR(M3)	
4	后勤部	送货员	2009年1月1日		
5	行政部	主管	2010年8月20日		
6	财务部	经理	2003年8月20日		
7	销售部	销售代表	2003年3月20日		
8	销售部	销售代表	2004年4月8日		

❶选择

2 查看计算结果

按【Ctrl+Enter】组合键并向下填充公式，即可计算出所有员工的工龄。

	K	L	M	N	O
2	工作部门	职务	参工时间	工龄	备注
3	销售部	经理	2011年4月8日	4	
4	后勤部	送货员	2009年1月1日	6	
5	行政部	主管	2010年8月20日	5	
6	财务部	经理	2003年8月20日	12	
7	销售部	销售代表	2003年3月20日	12	
8	销售部	销售代表	2004年4月8日	11	
9	行政部	文员	2003年8月20日	12	
10	后勤部	主管	2010年8月20日	5	

查看

NO. 441

根据日期自动计算星期

在日常工作中，如果想让Excel自动计算指定的日期对应的是星期几，可以使用WEEKDAY函数来实现，其具体操作如下。

1 输入公式

❶选择目标单元格，❷在编辑栏中输入公式“=TEXT(WEEKDAY(A3),"aaaa")”。

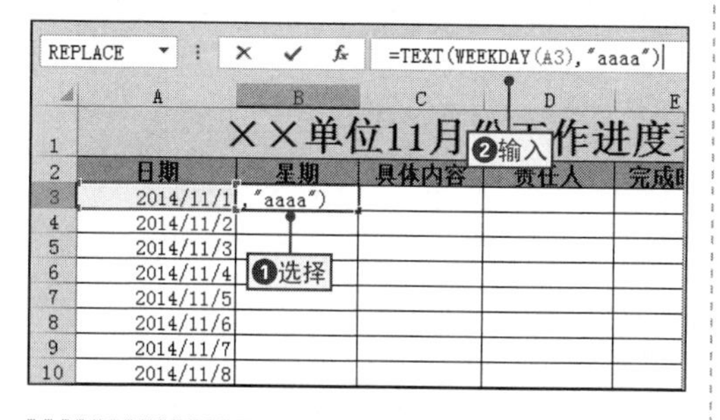

2 查看计算结果

按【Ctrl+Enter】组合键并向下填充公式，即可根据日期自动计算星期。

	A	B	C	D	E
1	××单位11月份工作进度表				
2	日期	星期	具体内容	责任人	完成时
3	2014/11/1	星期六			
4	2014/11/2	星期日			
5	2014/11/3	星期一			
6	2014/11/4	星期二			
7	2014/11/5	星期三			
8	2014/11/6	星期四			
9	2014/11/7	星期五			
10	2014/11/8	星期六			
11	2014/11/9	星期日			
12	2014/11/10	星期一			

查看

NO. 442

计算任务完成的月数和天数

案例024 任务完成倒计时

◉\素材\第8章\任务完成倒计时3.xlsx　　◉\效果\第8章\任务完成倒计时3.xlsx

除了可以计算任务完成的年限，还计算任务完成的月数和天数，这时可以通过MONTH()函数和DAY()函数来分别实现，下面将通过具体的实例来讲解相关操作，其具体操作如下。

1 输入公式

❶打开“任务完成倒计时3.xlsx”文件，❷选择目标单元格，❸在编辑栏中输入公式。

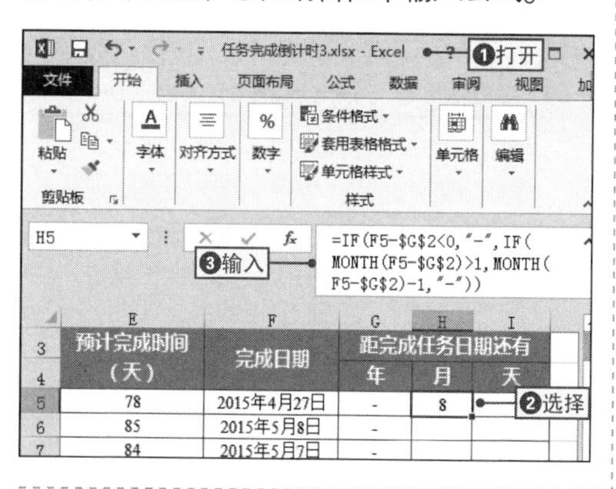

2 自动填充公式

按【Ctrl+Enter】组合键并向下填充公式，即可计算距离任务完成日期的月数。

	E	F	G	H	I
3	预计完成时间（天）	完成日期	距完成任务日期还有		
4			年	月	天
5	78	2015年4月27日	-	3	
6	85	2015年5月8日	-	3	
7	84	2015年5月7日	-	3	
8	78	2015年4月28日	-	3	
9	95	2015年5月22日	-	4	
10	67	2015年4月14日	-	2	
11	48	2015年3月18日	-	1	
12	38	2015年3月4日	-	1	
13	49	2015年3月20日	-	1	
14	56	2015年4月1日	-	2	
15	57	2015年4月3日	-	2	
16	120	2015年7月2日	-	5	
17	45	2015年3月20日	-	1	

查看

Sheet1　Sheet2

3 输入公式

❶选择目标单元格，❷在编辑栏中输入公式“=IF(F5-$G$2<0,"-",DAY(F5-$G$2))”。

REPLACE　=IF(F5-$G$2<0,"-",DAY(F5-$G$2))

	E	F	G	H	I
3	预计完成时间（天）	完成日期	距完成任务日期还有		
4			年	月	天
5	78	2015年4月27日	-	3	-$G$2))
6	85	2015年5月8日	-	3	
7	84	2015年5月7日	-	3	
8	78	2015年4月28日	-	3	
9	95	2015年5月22日	-	4	
10	67	2015年4月14日	-	2	
11	48	2015年3月18日	-	1	

❷输入　❶选择

4 自动填充公式

按【Ctrl+Enter】组合键并向下填充公式，即可计算距离任务完成日期的月数。

	E	F	G	H	I
3	预计完成时间（天）	完成日期	距完成任务日期还有		
4			年	月	天
5	78	2015年4月27日	-	3	7
6	85	2015年5月8日	-	3	18
7	84	2015年5月7日	-	3	17
8	78	2015年4月28日	-	3	8
9	95	2015年5月22日		4	2
10	67	2015年4月14日	-	2	25
11	48	2015年3月18日	-	1	27
12	38	2015年3月4日	-	1	13
13	49	2015年3月20日	-	1	29
14	56	2015年4月1日	-	2	12
15	57	2015年4月3日	-	2	14

查看

NO. 443 计算工程的起始年月

在项目进度表中，记录着项目的进度明细，一般需要根据这些项目明细计算工程的起始年月，这时就需要通过YEAR()函数和MONTH()函数结合计算得出结果，其具体操作如下。

1 输入公式

❶选择目标单元格，❷在编辑栏中输入相应的公式。

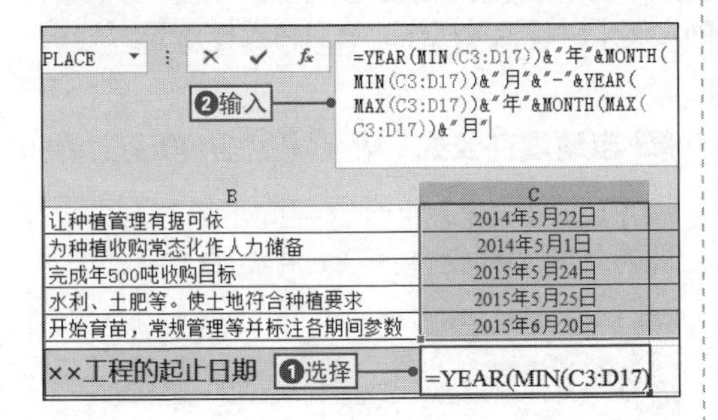

B	C
让种植管理有据可依	2014年5月22日
为种植收购常态化作人力储备	2014年5月1日
完成年500吨收购目标	2015年5月24日
水利、土肥等。使土地符合种植要求	2015年5月25日
开始育苗，常规管理等并标注各期间参数	2015年6月20日
××工程的起止日期　❶选择	=YEAR(MIN(C3:D17)

2 查看计算结果

按【Ctrl+Enter】组合键并向下填充公式，即可计算出该工程的起始年月。

B	C
明确项目实施主体	2014年1月16日
为实施收购服务	2015年1月17日
为项目实施提供保障，提高运作效率	2015年3月1日
建立稳妥的收购通道使其常规化运作	2015年5月19日
解决有效含量流失问题，建立常规物流通道	2014年5月20日
租赁可使用土地3000亩以上	2014年5月21日
让种植管理有据可依	2014年5月22日
为种植收购常态化作人力储备	2014年5月1日
完成年500吨收购目标	2015年5月24日
水利、土肥等。使土地符合种植要求	2015年5月25日
开始育苗，常规管理等并标注各期间参数	2015年6月20日
××工程的起止日期　查看	2011年10月-2016年6月

CHAPTER 09

管理表格数据技巧

本章导读

Excel最强大的功能之一就是对数据进行计算和管理，它能让表格中的数据条理更加清晰，本章将主要介绍数据管理的常用技巧。

本章技巧

数据排序技巧

NO.444 快速按指定要求进行排序
NO.445 按指定要求进行排序的注意事项
NO.446 通过快捷菜单排序数据
......

数据筛选技巧

NO.455 快速对数据进行自动筛选
NO.456 利用自动筛选功能删除空行
NO.457 快速退出筛选状态
......

分类汇总和分组显示的技巧

NO.469 快速创建简单的分类汇总
NO.470 删除分类汇总
NO.471 多字段的分类汇总
......

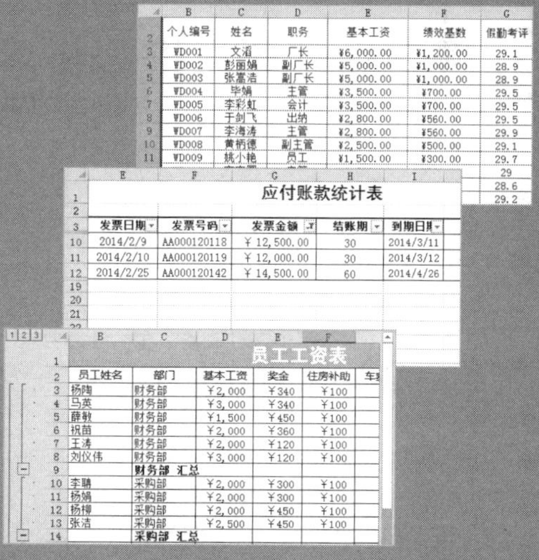

9.1 数据排序技巧

NO. 444 快速按照指定要求进行排序

案例025 销售业绩表

◉\素材\第9章\销售业绩表.xlsx　　◉\效果\第9章\销售业绩表.xlsx

在对数据进行处理的过程中，可以通过按关键字快速对数据进行排序，下面将通过对“销售业绩表.xlsx”表格中的“销售总额”字段进行排序为例来进行讲解，其具体操作如下。

1 使数据按照升序进行排列

❶打开“销售业绩表.xlsx”文件，❷在条件字段列选择任意单元格，❸单击“排序和筛选”下拉按钮，❹选择“升序”命令。

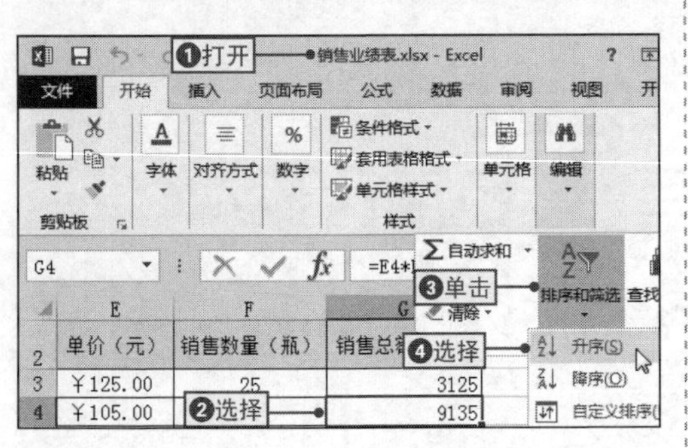

2 查看排序结果

此时在表格中即可查看到数据按照升序的方式进行排列。

	C	D	E	F	G
2	销售产品	规格	单价（元）	销售数量（瓶）	销售总额（元）
3	眼部修护素	48瓶/件	￥125.00	25	3125
4	柔肤水	48瓶/件	￥85.00	53	4505
5	保湿乳液	48瓶/件	￥98.00	64	6272
6	角质调理露	48瓶/件	￥105.00	73	7665
7	保湿日霜	48瓶/件	￥95.00	85	8075
8	修护晚霜	48瓶/件	￥105.00	87	9135
9	保湿精华露	48瓶/箱	￥115.00	85	9775
10	活性滋润霜	48瓶/箱	￥105.00	97	10185
11					
12					
13					查看

NO. 445 按照指定要求进行排序的注意事项

在按照指定要求进行排序时，如果选择的是单元格区域，则会自动打开“排序提醒”对话框，❶选中相应的排序方式，❷单击“排序”按钮，如右图所示。

如果在对话框中选中“扩展选定区域”单选按钮进行排序，则排序效果与选择单元格的效果相同。

如果在对话框中选中“以当前选定区域排序”单选按钮进行排序，则程序只会对选择的单元格区域进行排序，其他位置的数据则保持不变。

	C	D	E	F	G
2	销售产品	规格	单价（元）	销售数量（瓶）	销售总额（元）
3	眼部修护素	48瓶/件	￥125.00	25	3125
4	柔肤水	48瓶/件	￥85.00	53	4505
5	保湿乳液	48瓶/件	￥98.00	64	选择 [illegible]
6	角质调理露	48瓶/件	￥105.00	73	7665
7	保湿日霜	48瓶/件	￥95.00	85	8075

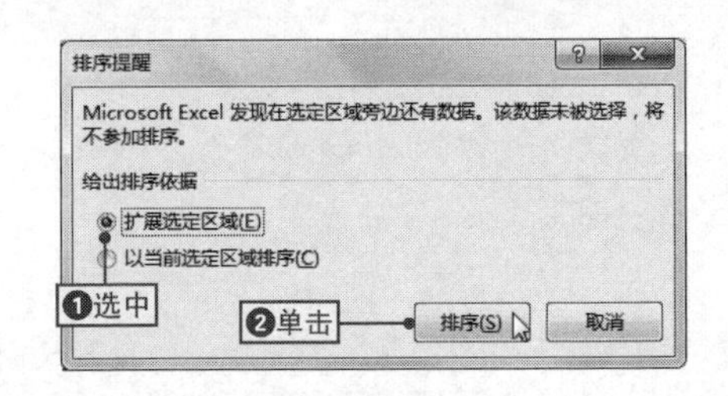

NO.
446 通过快捷菜单排序数据

在使用Excel对数据进行处理时，常常需要对数据进行排序，还有一种比较常用的方式就是通过快捷菜单排序数据，其具体操作是：❶在条件字段列选择任意单元格，并在其上右击，❷在弹出的快捷菜单中选择“排序→升序”命令，即可快速对数据进行升序排列。

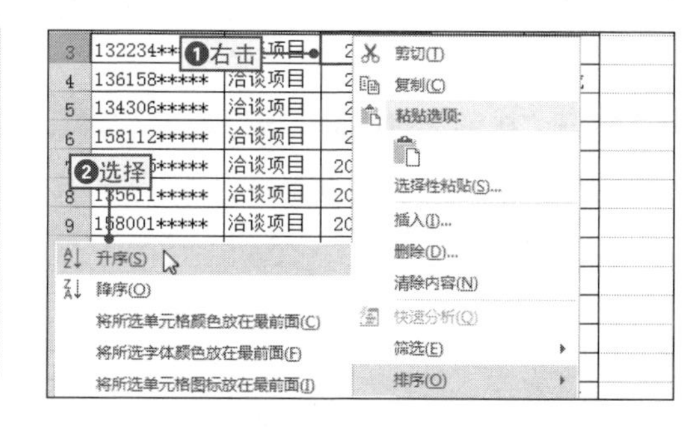

NO.
447 数据的多条件排序

案例026 员工工资表

◉\素材\第9章\员工工资表.xlsx　　◉\效果\第9章\员工工资表.xlsx

在数据排序的过程中，可能会遇到字段数据相同的情况，如某两个员工的销售额相同、学生考试成绩相同等，这时就需要使用Excel多条件排序功能，下面通过对“员工工资表.xlsx”表格中的多个字段排序为例来进行讲解，其具体操作如下。

1 打开“排序”对话框

❶打开“员工工资表.xlsx”文件，选择任意单元格，❷单击“数据”选项卡，❸单击“排序”按钮，打开“排序”对话框。

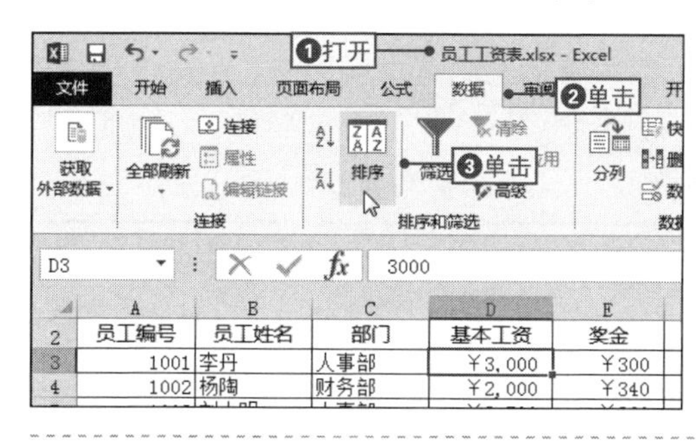

2 设置主要关键字

❶在“主要关键字”下拉列表中选择“部门”选项，保持排序依据和次序默认设置，❷单击“添加条件”按钮。

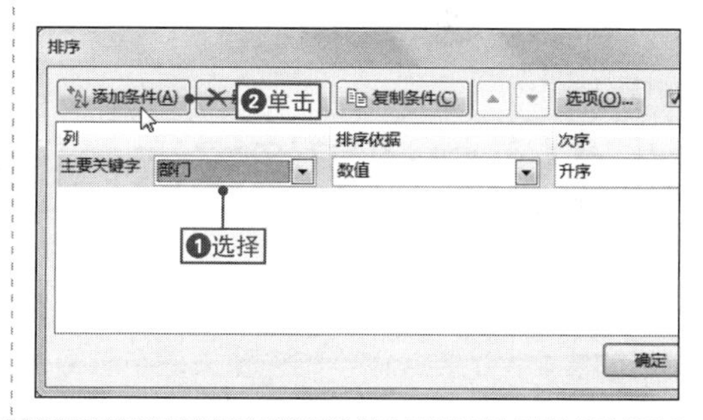

3 设置次要关键字

❶在“次要关键字”下拉列表中选择“应发金额”选项，❷在“次序”下拉列表中选择“降序”选项，然后单击“确定”按钮确认设置。

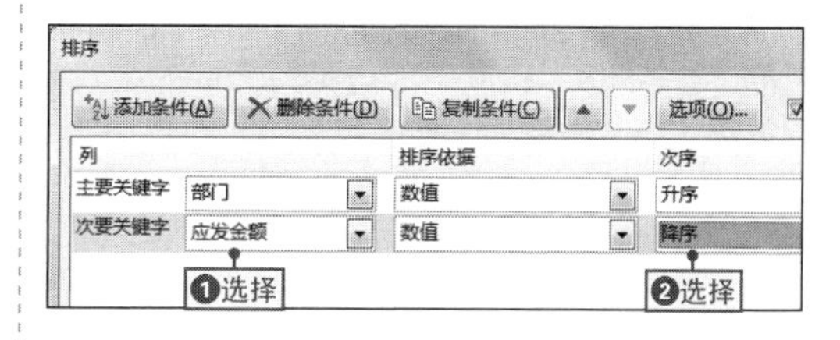

NO.

448 按照颜色进行排序

在Excel中管理数据时，如果利用条件格式为单元格区域填充过颜色，则可以使用填充的颜色对表格中的数据进行排序，其具体操作如下。

1 打开“排序”对话框

❶在“编辑”选项组中单击“排序和筛选”下拉按钮，❷选择“自定义排序”命令，打开“排序”对话框。

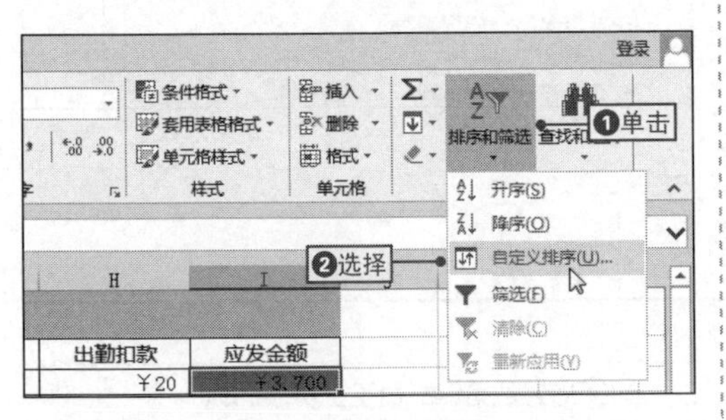

2 设置主要关键字属性

❶设置主要关键字，❷在“排序依据”下拉列表中选择“单元格颜色”选项，❸设置排序的次序，❹单击“添加条件”按钮。

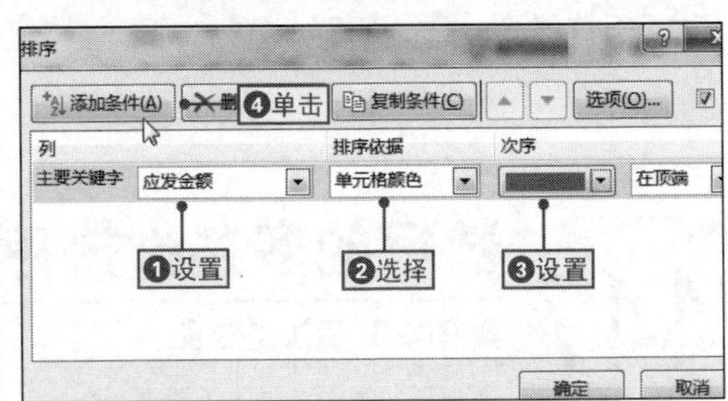

3 设置次要关键字属性

❶在“列”选项中设置次要关键字、排序依据和次序，❷单击“确定”按钮确认设置。

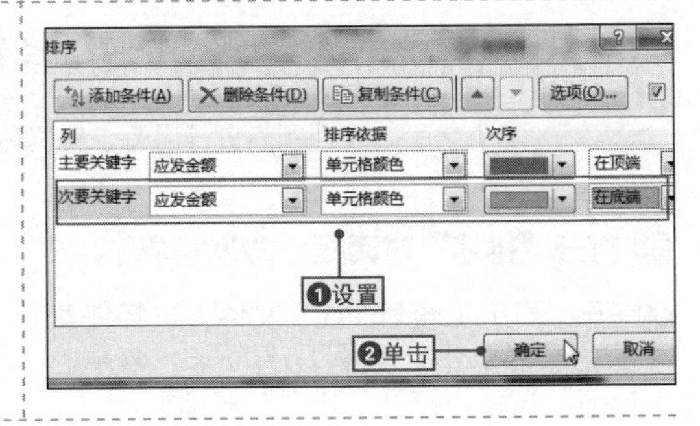

NO.

449 快速切换主次关键字

在对数据进行多条件排序时，可以根据实际的需要将次要关键字和主要关键字进行切换，其具体操作是：打开“排序”对话框，❶在其中选择相应的选项，❷单击“上移”/“下移”按钮，即可将其选择的次要关键字逐步设置为主要关键字。

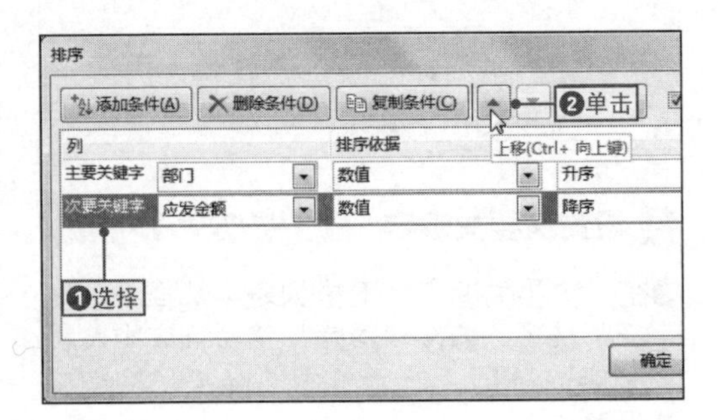

NO. 450 解决复合表头合并单元格不能排序的情况

在设计表格时，为了使表格更加合理，常常会对其合并单元格，如在销售报表中，通过合并单元格设置了复合表头，就不能直接对表格中的数据进行排序，这时可以通过具体实例来解决，其具体操作如下。

1 打开“排序”对话框

❶手动选择除复合表头以外的所有单元格区域，❷单击“数据”选项卡，❸单击“排序”按钮。

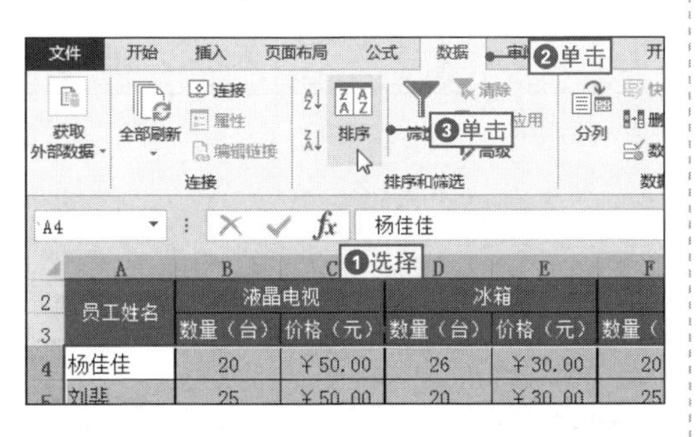

2 设置排序方式

此时在“列”下拉列表框中只会显示列标，❷选择相应的列表选项，❶设置排序方式，❸单击“确定”按钮确认设置。

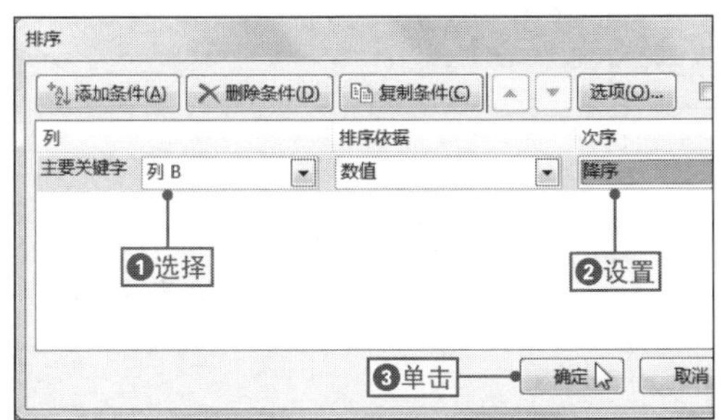

NO. 451 自定义排序序列

案例026 员工工资表

◎\素材\第9章\员工工资表1.xlsx ◎\效果\第9章\员工工资表1.xlsx

在Excel中，一般对数据进行排序都是按照字母、数字等方式进行排序，如果想要对一些特殊的数据进行排序，如文本数据，这时只能通过Excel的自定义排序序列功能来实现，下面将通过具体的实例来讲解，其具体操作如下。

1 打开“排序”对话框

❶打开“员工工资表1.xlsx”文件，❷选择任意单元格，❸在“数据”选项卡中单击“排序”按钮，打开“排序”对话框。

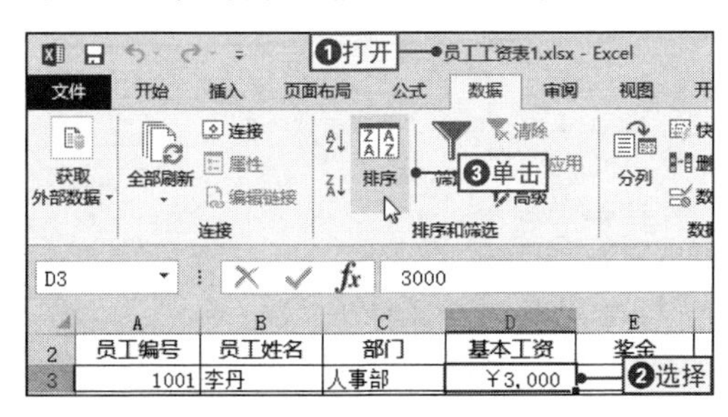

2 打开“自定义序列”对话框

❶在“主要关键字”下拉列表中选择“部门”选项，❷单击“次序”下拉按钮，❸选择“自定义序列”命令。

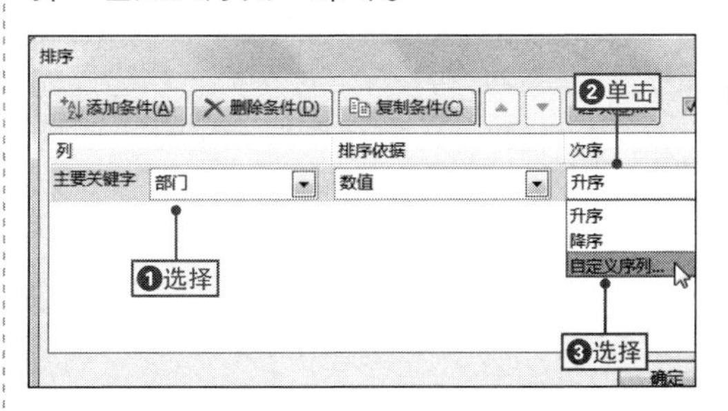

3 添加自定义序列

❶在“输入序列”下拉列表框中按照顺序输入要排列的序列，❷单击“添加”按钮，然后单击“确定”按钮。

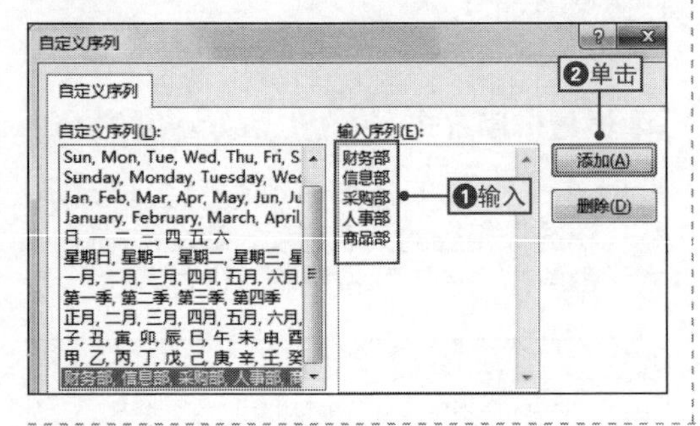

4 确定排列次序

返回“排列”对话框中，单击“确定”按钮，程序将自动按照选择的次序对数据进行排列。

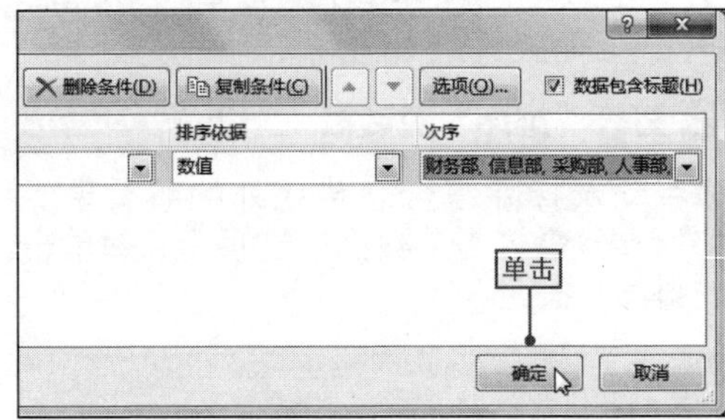

NO.
452 数据的高级排序

在默认情况下，数据是按照汉字拼音的首字母进行升序或降序排列，用户可以根据需要设置其按照笔画进行排序，其具体操作是：❶打开“排序”对话框，❷单击“选项”按钮，❸在打开的“排序选项”对话框中选中“笔画排序”单选按钮，❹依次单击“确定”按钮即可确认设置。

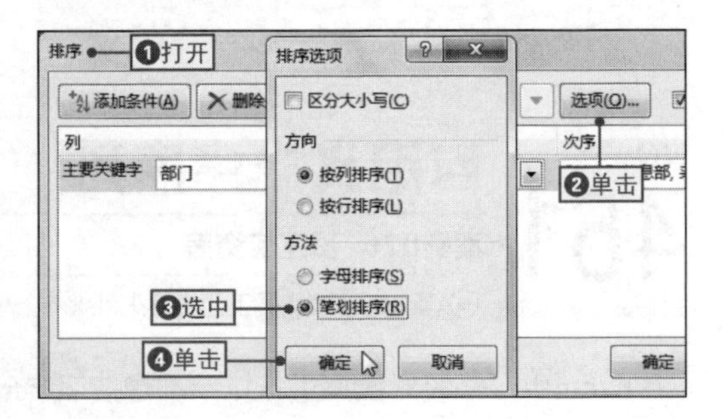

NO.
453 删除添加的自定义序列

在Excel中，用户不仅可以添加自定义序列，而且还可以删除添加的自定义序列，其具体操作如下。

1 删除自定义序列

❶打开“自定义序列”对话框，❷选择需要删除的自定义序列选项，❸单击“删除”按钮。

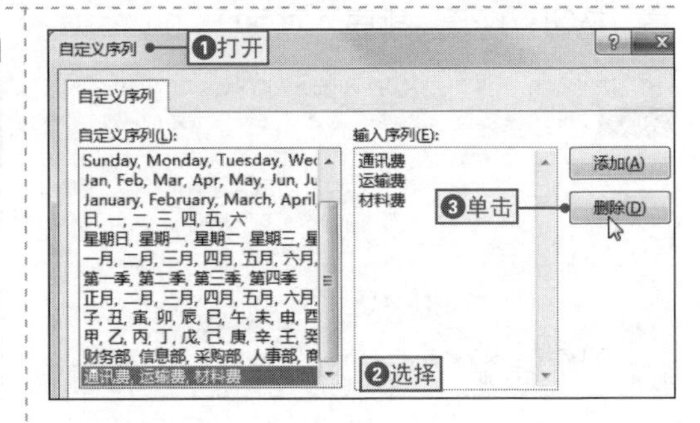

2 确定删除序列

在打开的提示对话框中单击“确定”按钮，即可将选定的自定义序列从工作簿中永久地删除。

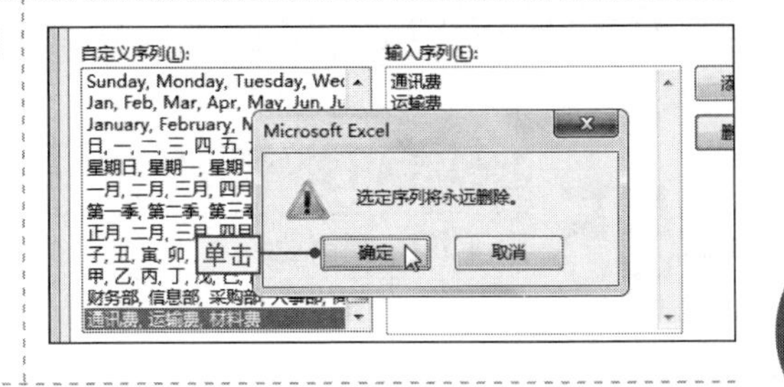

NO.

454 快速恢复到排序前的表格

在对表格中的数据进行反复排序操作后，如果想要恢复到排序前的表格，使用撤销功能无法实现该要求，这时可以通过添加相应的序列数据来辅助返回表格原始排序，其具体操作如下。

1 添加数据序列

在表格数据的左侧插入一个空白列，并在其中填充相应的数据序列。

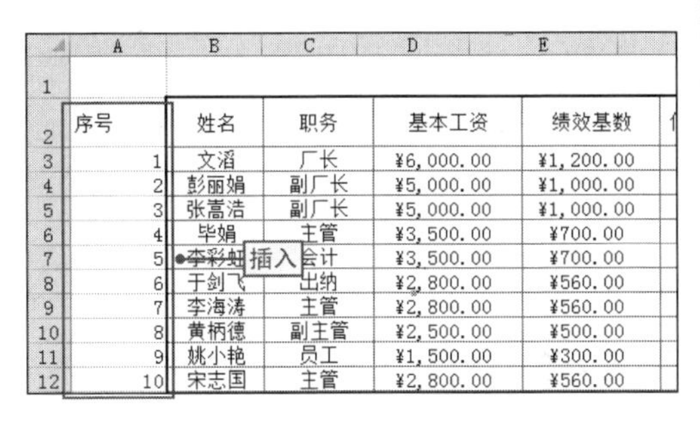

	A	B	C	D	E
2	序号	姓名	职务	基本工资	绩效基数
3	1	文滔	厂长	¥6,000.00	¥1,200.00
4	2	彭丽娟	副厂长	¥5,000.00	¥1,000.00
5	3	张嵩浩	副厂长	¥5,000.00	¥1,000.00
6	4	毕娟	主管	¥3,500.00	¥700.00
7	5	李彩虹	会计	¥3,500.00	¥700.00
8	6	于剑飞	出纳	¥2,800.00	¥560.00
9	7	李海涛	主管	¥2,800.00	¥560.00
10	8	黄柄德	副主管	¥2,500.00	¥500.00
11	9	姚小艳	员工	¥1,500.00	¥300.00
12	10	宋志国	主管	¥2,800.00	¥560.00

2 对数据进行排序

❶打开“排序”对话框，❷进行各种排序操作，❸单击“确定”按钮。

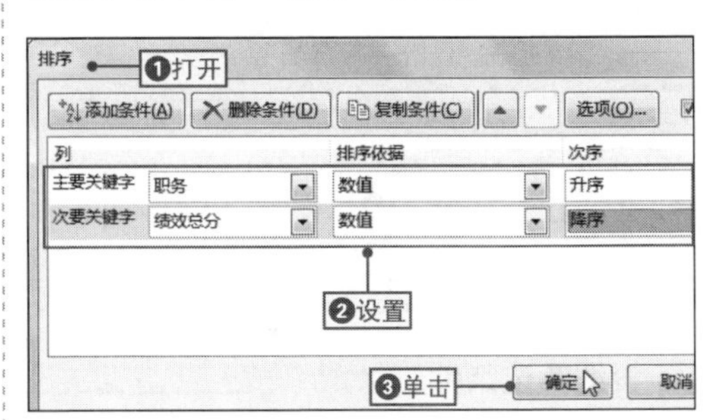

3 设置数据升序排列

❶在A列中选择任意单元格，❷在“数据”选项卡中单击“升序”按钮。

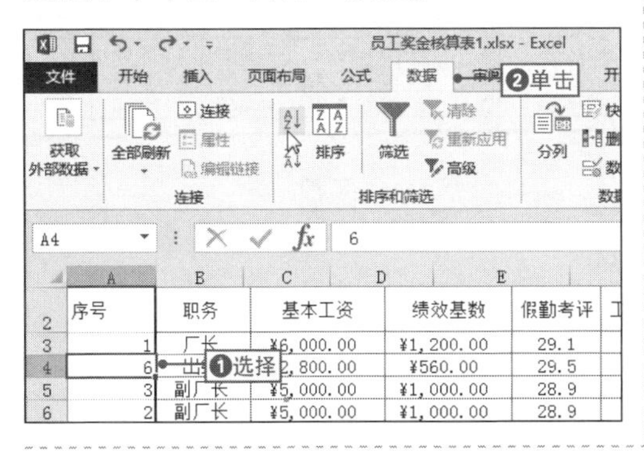

4 查看恢复后的排列效果

此时可快速返回排序前的序列中，为了不隐藏表格的最终效果，将A列隐藏即可。

	B	C	D	E	F
2	姓名	职务	基本工资	绩效基数	假勤考评
3	文滔	厂长	¥6,000.00	¥1,200.00	29.1
4	彭丽娟	副厂长	¥5,000.00	¥1,000.00	28.9
5	张嵩浩	副厂长	¥5,000.00	¥1,000.00	28.9
6	毕娟	主管	¥3,500.00	¥700.00	29.5
7	李彩虹	会计	¥3,500.00	¥700.00	29.5
8	于剑飞	出纳	¥2,800.00	¥560.00	29.5
9	李海涛	主管	¥2,800.00	¥560.00	29.9
10	黄柄德	副主管	¥2,500.00	¥500.00	29.1
11	姚小艳	员工	¥1,500.00	¥300.00	29.7
12	宋志国	主管	¥2,800.00	¥560.00	29
13	陈芸	副主管	¥2,500.00	¥500.00	28.6
14	许明	员工	¥1,500.00	¥300.00	29.2
15	陶金铃	员工	¥1,500.00	¥300.00	30
16	杨佳佳	主管	¥2,800.00	¥560.00	28.5

查看

NO. 455 快速对数据进行自动筛选

案例025 销售业绩表

◎\素材\第9章\销售业绩表1.xlsx　　◎\效果\第9章\销售业绩表1.xlsx

在日常办公中，如果要快速找出符合要求的数据，如数学成绩100的同学、销售额高于7000的员工等，这时可以使用Excel的自动筛选功能来完成，下面将以在表格中使用系统的自动筛选功能筛选出单价为105元的商品为例来进行讲解，其具体操作如下。

1 单击“筛选”按钮

❶打开“销售业绩表1.xlsx”文件，❷选择任意单元格，❸在“数据”选项卡中单击“筛选”按钮。

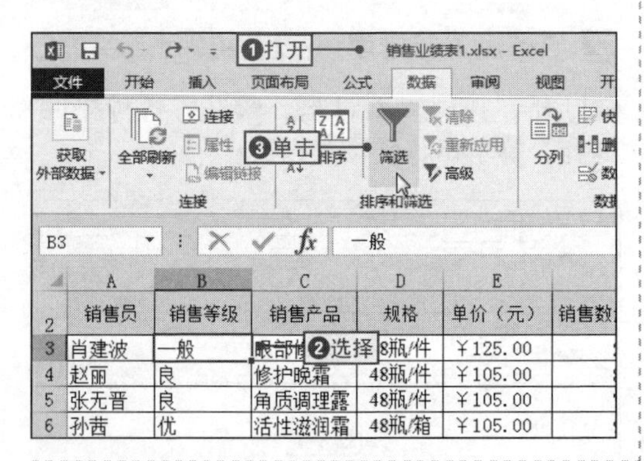

2 取消筛选条件

❶单击“价格”表头右侧的下拉按钮，❷在弹出的下拉列表中取消选中“（全选）”复选框。

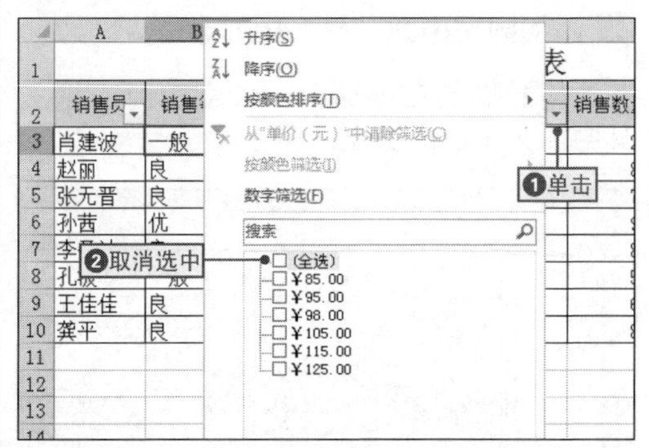

3 设置筛选条件

❶在下拉列表框中选中“￥105.00”复选框，❷单击“确定”按钮。

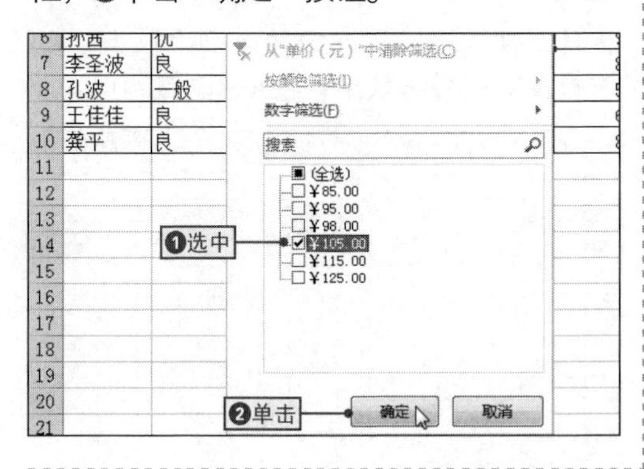

4 查看筛选结果

返回表格中，可查看到经过系统自动筛选后，即可得到满足条件的结果。

员工销售业绩表

销售员	销售等级	销售产品	规格	单价（元）
赵丽	良	修护晚霜	48瓶/件	￥105.00
张无晋	良	角质调理露	48瓶/件	￥105.00
孙茜	优	活性滋润霜	48瓶/箱	￥105.00

查看

NO.
456 利用自动筛选功能删除空行

在管理表格数据时，常常会遇到一些空白单元格，如无学生姓名、员工编号等，如果用户觉得此行数据为无效数据，想要将其删除，则可以利用自动筛选功能快速将含有空白单元格的行删除，其具体操作如下。

1 取消筛选条件

快速进入数据的自动筛选状态，❶单击任意表头右侧的下拉按钮，❷取消选中“全选”复选框。

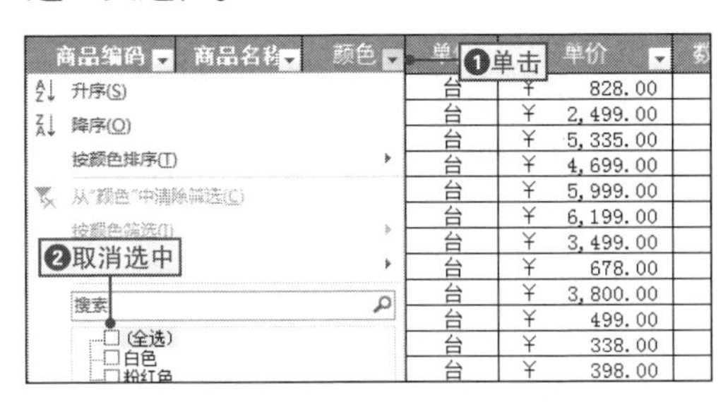

2 设置筛选条件

❶在下拉列表框中选中“（空白）”复选框，❷单击“确定”按钮。

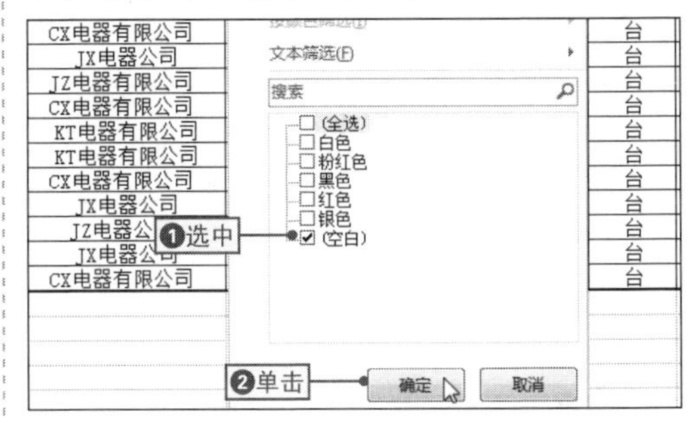

3 删除筛选出来的数据

返回表格中即可查看到筛选出来的数据，❶选择筛选出来的行，并在其上右击，❷在弹出的快捷菜单中选择“删除行”命令即可完成操作。

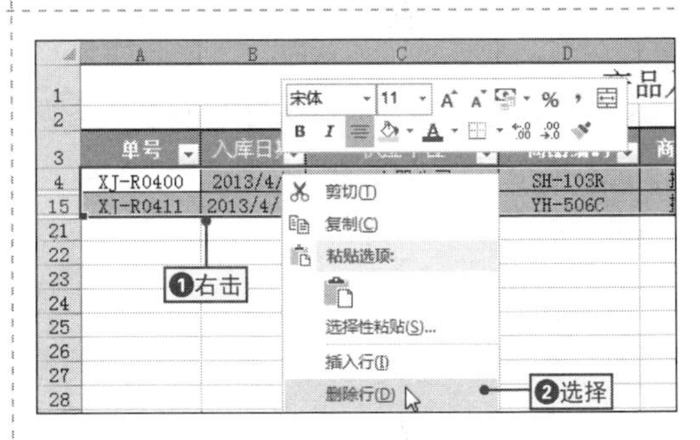

NO.
457 快速退出筛选状态

在对数据进行筛选操作后，为了不影响表格的显示效果，可以退出筛选状态，其具体操作是：❶在进行筛选操作的表格中单击“数据”选项卡，❷在“排序和筛选”选项组中单击“筛选”按钮，即可快速退出筛选状态。

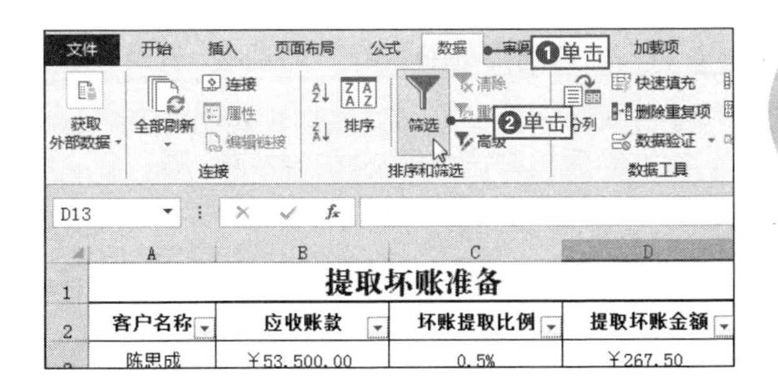

NO.
458 筛选包含某内容的数据

在对数据进行处理的过程中，常常需要筛选出包含某些特定内容的数据，这时就可以利用通配符对数据进行筛选，在Excel中可以使用“？”和“*”两个通配符来辅助筛选，如下面将使用“*”通配符筛选“刘”姓数据为例来进行讲解，其具体操作如下。

1 打开“自定义自动筛选方式”对话框

快速进入数据的自动筛选状态，❶单击表头右侧的下拉按钮，❷选择“文本筛选→包含”命令。

2 设置筛选条件

❶在打开的“自定义自动筛选方式”对话框中设置筛选条件，❷单击“确定”按钮。

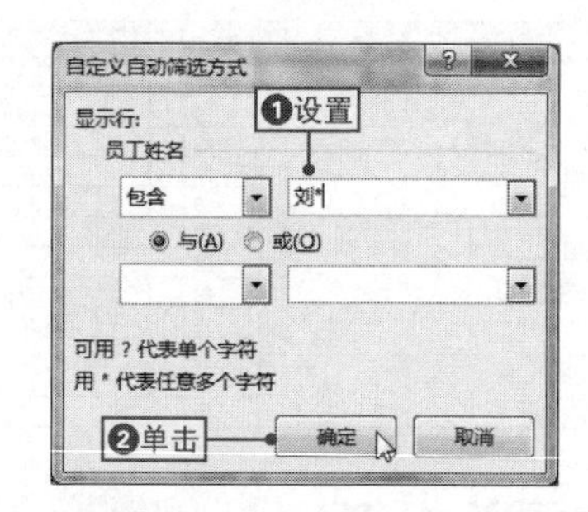

3 查看筛选结果

完成操作后，返回表格中，即可查看到筛选出了所有姓刘的员工。

NO.
459 快速筛选最值记录

在对数据进行处理的过程中，虽然可以通过排序功能得到最值数据，但同时也显示了其他数据信息，这样看着比较繁杂，这时可以通过筛选功能快速筛选出最值记录，如下面将以筛选出最小的3项记录为例来进行讲解，其具体操作如下。

1 打开“自动筛选前10个”对话框

快速进入数据的自动筛选状态，❶单击表头右侧的下拉按钮，❷选择“数字筛选→前10项”命令，打开“自动筛选前10个”对话框。

2 设置筛选条件

❶在“显示”选项组中设置相应的筛选条件，❷单击“确定”按钮。

发票日期	发票号码	发票金额	结账期	到期日期
2014/1/6	AA000120104	￥28,000.00	90	2014/4/6
2014/1/7				2014/2/6
2014/1/1				2014/2/11
2014/1/1				2014/5/12
2014/1/1				
2014/2/5				
2014/2/9				2014/3/11
2014/2/1				2014/3/12
2014/2/25	AA000120142	￥14,500.00	60	2014/4/26
2014/2/28	AA000120143	￥56,500.00	120	2014/6/28
2014/3/3	AA000120145	￥25,000.00	30	2014/4/2
2014/3/12	AA000120130	￥26,000.00	90	2014/6/10

自动筛选前 10 个
显示
最小 3 项
❶设置
❷单击
确定 取消

3 筛选效果

返回表格中，即可查看到满足条件的筛选结果。

应付账款统计表

	发票日期	发票号码	发票金额	结账期	到期日期
10	2014/2/9	AA000120118	￥12,500.00	30	2014/
11	2014/2/10	AA000120119	￥12,000.00	30	2014/
12	2014/2/25	AA000120142	￥14,500.00	60	2014/

查看

NO.

460 筛选多列数据

用户可以同时对多列数据进行再筛选，先对数据中的某一列进行筛选，然后在筛选结果中继续以另一列进行筛选，依此类推，从而实现多列数据的筛选操作，下面将通过筛选出没有迟到并且未被扣除工资的员工为例讲解相关操作。

1 筛选迟到次数为0的员工

快速进入数据的自动筛选状态，❶单击“迟到”表头右侧的下拉按钮，❷选中“0”复选框，❸单击“确定”按钮。

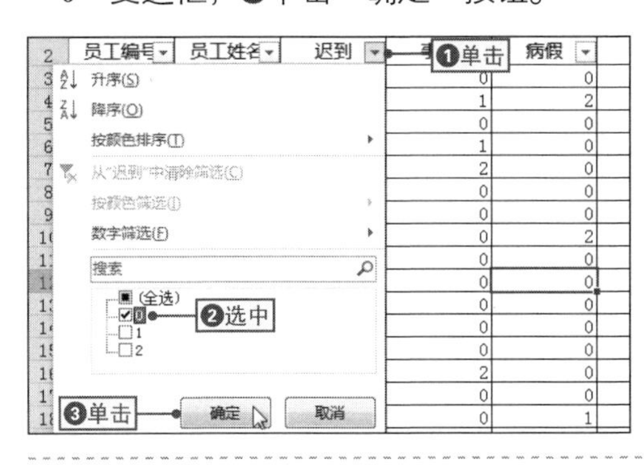

2 筛选未被扣工资的员工

❶单击“应扣工资”表头右侧的下拉按钮，❷选中“￥0”复选框，❸单击“确定”按钮。

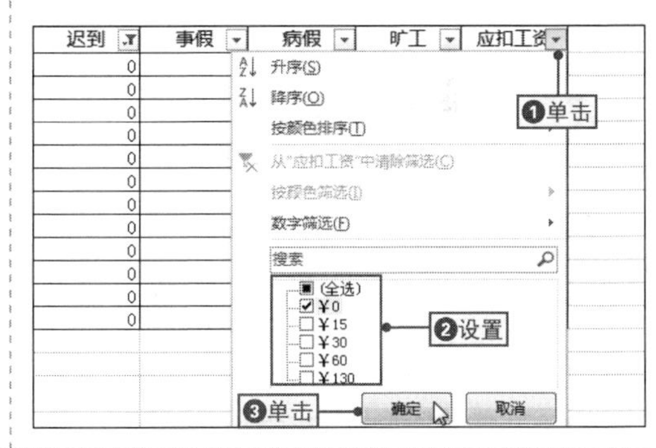

3 查看筛选结果

在表格中，即可查看到迟到次数为0次并且未被扣除工资的员工记录。

员工出勤统计表

	员工编号	员工姓名	迟到	事假	病假
5	1003	刘小明	0	0	0
11	1009	周晓红	0	0	0
12	1010	薛敏	0	0	0
13	1011	祝苗	0	0	0
14	1012	周纳	0	0	0
17	1015	王涛	0	0	0

查看

NO.

461 为加密表格添加筛选功能

在加密的表格中查看数据时，为了更好地查看和分析数据，可以使用筛选功能辅助操作，但是为了使筛选功能可以正常地在加密表格中使用，则需要将其设置为允许状态，其具体操作如下。

1 打开“保护工作表”对话框

快速进入数据的自动筛选状态，❶单击“审阅”选项卡，❷单击“保护工作表”按钮，打开“保护工作表”对话框。

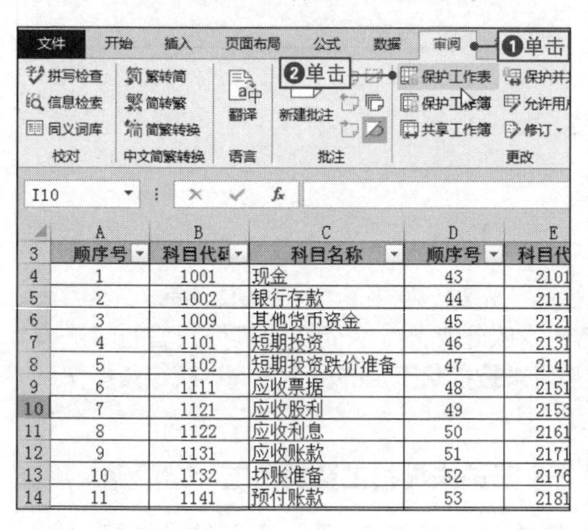

2 设置使用自动筛选

❶输入取消工作表保护时使用的密码，❷在下拉列表框中选中“使用自动筛选”复选框，❸单击“确定”按钮确认设置。

NO.

462 取消指定列的筛选

在对数据进行筛选操作后，如果想要让指定列恢复到筛选前的状态，则可以取消在表格中进行的筛选，其具体操作是：❶单击该列列标签单元格右侧的筛选按钮，❷选中“（全选）”复选框，然后单击“确定”按钮，此时筛选标签单元格上的筛选标记消失，该列所有数据即显示出来。

NO.463 使用高级筛选

案例016 员工档案管理表

◉\素材\第9章\员工档案管理表.xlsx　　◉\效果\第9章\员工档案管理表.xlsx

高级筛选就是按照用户自定义的单条件或多条件的方式筛选出符合要求的数据，它不但包含所有自动筛选的功能，还可以设置更多更复杂的筛选条件，下面将通过使用高级筛选功能筛选出所有本科学历的女员工和所有专科学历的男员工为例来进行讲解，其具体操作如下。

1 输入筛选条件

❶打开“员工档案管理表.xlsx”文件，❷在表格中输入需要进行筛选的条件，❸选择B2:N17单元格区域。

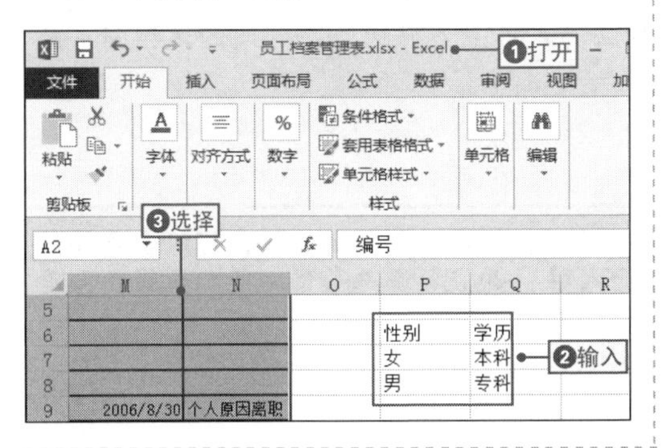

2 打开“高级筛选”对话框

❶单击“数据”选项卡，❷在“排序和筛选”选项组中单击“高级”按钮，打开“高级筛选”对话框。

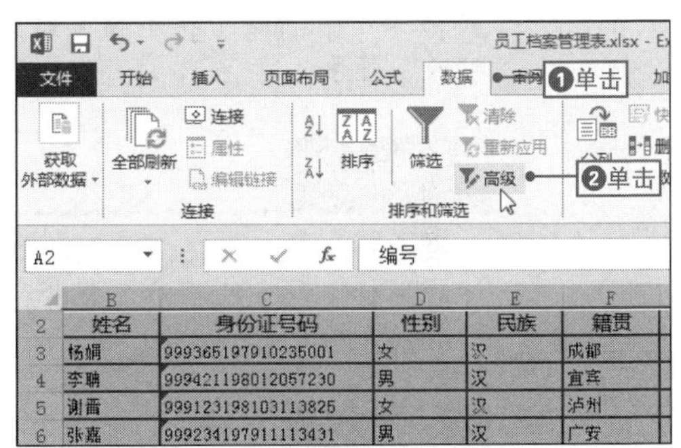

3 设置条件区域

❶将文本插入点定位到“条件区域”文本框中，❷在列表中选择输入的筛选条件，❸单击“确定”按钮。

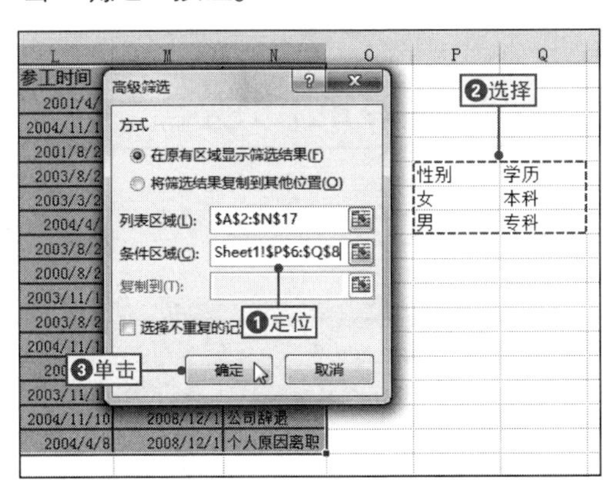

4 查看筛选结果

返回表格中，即可查看到符合筛选条件的记录，也就是筛选出了所有本科学历的女员工和所有专科学历的男员工。

	A	B	C	D	E
2	编号	姓名	身份证号码	性别	民族
3	1001	杨娟	999365197910235001	女	汉
4	1002	李聪	999421198012057230	男	汉
5	1003	谢晋	999123198103113825	女	汉
7	1005	董天宝	999722198701086979	男	汉
8	1006	刘岩	999567197202126961	女	汉
10	1008	周娜	999098197507143671	男	汉
11	1009	祝苗	999897197512021924	女	汉
12	1010	万邦舟	999654196901032334	男	汉
13	1011	张炜	999231198005254556	男	汉
17	1015	张磊	999010197702306330	男	汉

查看

NO. 464 手动输入筛选条件的注意事项

在使用高级筛选功能筛选数据时，首先需要在表格中的非数据区域输入筛选条件，这时输入的筛选条件必须要遵循以下几项规则。

规则1

如果某个字段具有两个或两个以上的筛选条件，可以在条件区域中对应的列标签下的单元格区域中依次输入各个条件，并且各筛选条件之间的逻辑关系是“与”关系。

规则2

如果要筛选同时满足两个或两个以上的列标签条件的数据，可以在条件区域的列标签行下的同一行中输入对应的条件，并且各筛选条件之间的逻辑关系是“或”关系。

规则3

如果要筛选同时满足两个或两个以上的列标签条件之一的数据，可以在条件区域的列标签行下的不同行中输入各个条件，并且各筛选条件之间的逻辑关系是“或”关系。

规则4

如果要筛选同时满足多组（每组条件中都含有针对多个字段的条件）条件之一的数据，可以在条件区域的列标签行下的不同行中输入各组条件。

NO. 465 解决高级筛选中不能获取结果的问题

在表格中，使用高级筛选功能筛选数据不能得到正确的结果，其原因可能是输入筛选条件的列标签与表格列标签不一致，如右图所示，表格数据的列标签是“一月”和“二月”，而筛选条件的列标签是“1月”和“2月”，从而导致无法正确获取筛选结果。

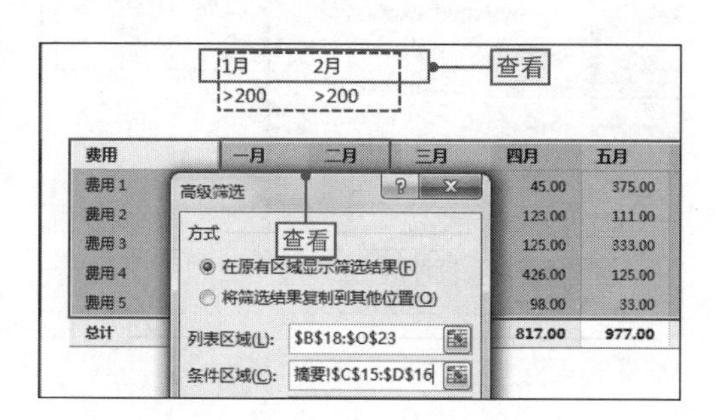

NO.
466 通过高级筛选选择不重复的数据

设置选择不重复数据是在对数据进行筛选后的基础上删除重复的数据行。在大量并含有较多重复的数据中，该操作就显得尤为重要，其具体操作是：在对数据进行高级操作时，❶在打开的“高级筛选”对话框中选中“选择不重复的记录”复选框，❷单击“确定”按钮即可删除重复的数据行。

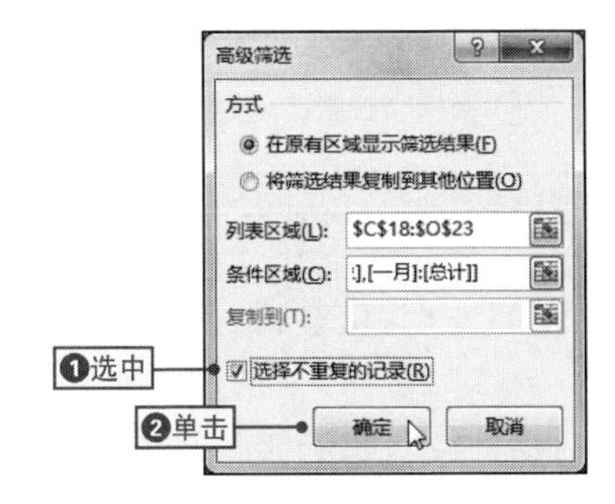

NO.
467 将筛选结果保存到指定位置

在对表格中数据进行筛选时，除了让筛选结果显示在原有区域外，还可以让其保存到指定的其他区域中，其具体操作如下：在对数据进行高级操作时，❶在打开的“高级筛选”对话框中选中“将筛选结果复制到其他位置”单选按钮，❷设置条件区域，❸设置“复制到”参数的引用单元格位置，❹单击“确定”按钮，完成操作。

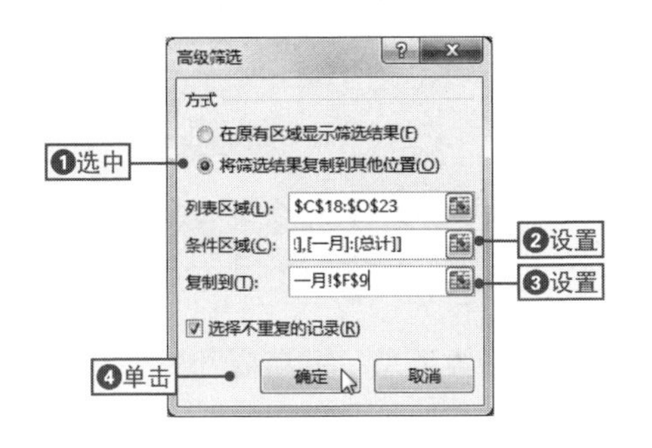

NO.
468 取消表格中的所有筛选

如果要取消表格中所有的筛选，可以通过命令按钮来实现，其具体操作是：❶单击“数据”选项卡，❷在“排序和筛选”选项组中单击“清除”按钮，即可快速取消表格中所有的筛选。

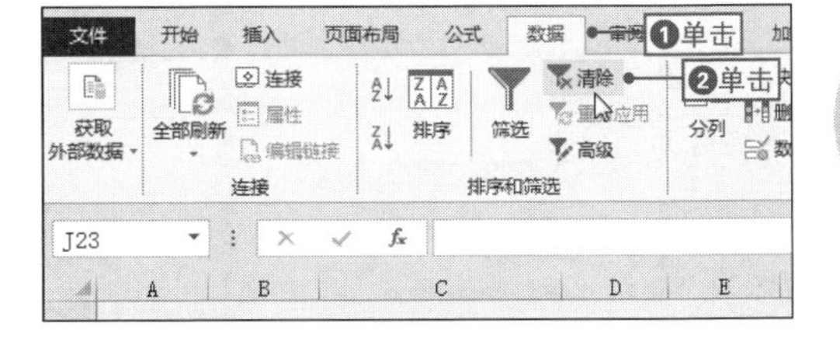

NO.
469 快速创建简单的分类汇总

案例026 员工工资表

◎\素材\第9章\员工工资表2.xlsx　　◎\效果\第9章\员工工资表2.xlsx

在对数据进行管理时，如果表格中的数据很多，可以对数据进行分类汇总，它能够快速地以某一字段为分类项，对表格中的数据进行各类统计计算，下面将通过在表格中使用分类汇总功能统计各部门员工工资总额，其具体操作如下。

1 打开“分类汇总”对话框

❶打开“员工工资表2.xlsx”文件，❷选择任意单元格，❸单击“数据”选项卡，❹在“分级显示”选项组中单击“分类汇总”按钮。

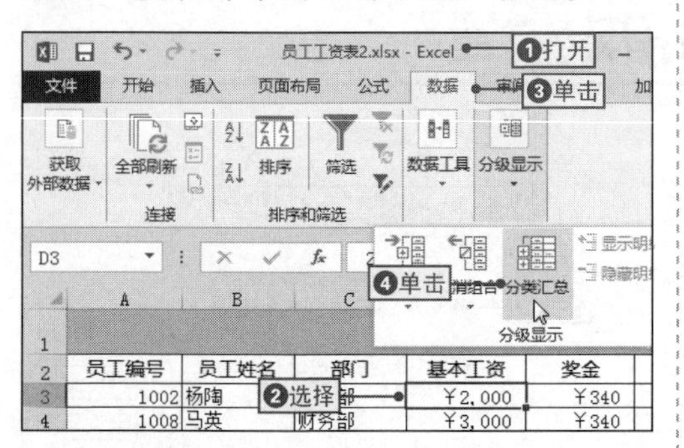

2 设置分类字段

❶在打开的“分类汇总”对话框中单击“分类字段”下拉按钮，❷在打开的下拉列表中选择“部门”选项。

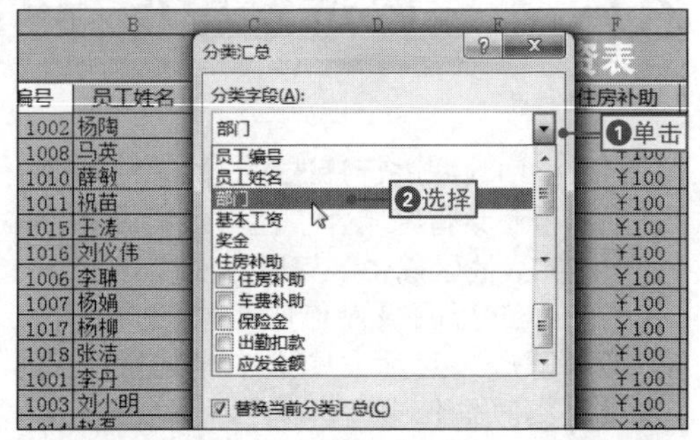

3 创建分类汇总

❶在“汇总方式”下拉列表中选择“求和”选项，❷选中“应发奖金”复选框，❸单击“确定”按钮。

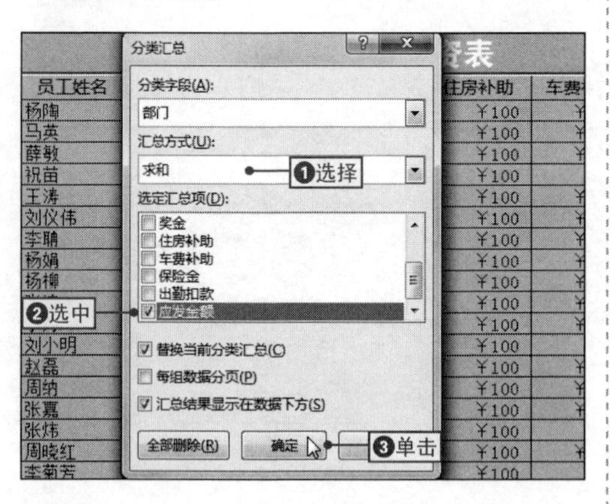

4 查看汇总效果

返回表格中，即可查看到所有的数据按照部门进行汇总，且计算出了各部门员工工资的总和。

	B	C	D	E	F
1	员工工资表				
2	员工姓名	部门	基本工资	奖金	住房补助
3	杨陶	财务部	￥2,000	￥340	￥100
4	马英	财务部	￥3,000	￥340	￥100
5	薛敏	财务部	￥1,500	￥450	￥100
6	祝苗	财务部	￥2,000	￥360	￥100
7	王涛	财务部	￥2,000	￥120	￥100
8	刘仪伟	财务部	￥3,000	￥120	￥100
9		财务部 汇总			
10	李聃	采购部	￥2,000	￥300	￥100
11	杨娟	采购部	￥2,000	￥300	￥100
12	杨柳	采购部	￥2,000	￥450	￥100
13	张洁	采购部	￥2,500	￥450	￥100
14		采购部 汇总			
15	李丹	人事部	￥3,000	￥300	￥100
16	刘小明	人事部	￥2,500	￥360	￥100
17	赵磊	人事部	￥3,000	￥450	￥100
18		人 [illegible] 汇总			

查看

NO.
470 删除分类汇总

如果不需要再对表格进行分类汇总，则可以在不影响表格数据的前提下删除创建的分类汇总。

其具体操作是：在创建了分列汇总的表格中选择任意单元格，打开“分类汇总”对话框，单击“全部删除”按钮，即可删除所有的分类汇总。

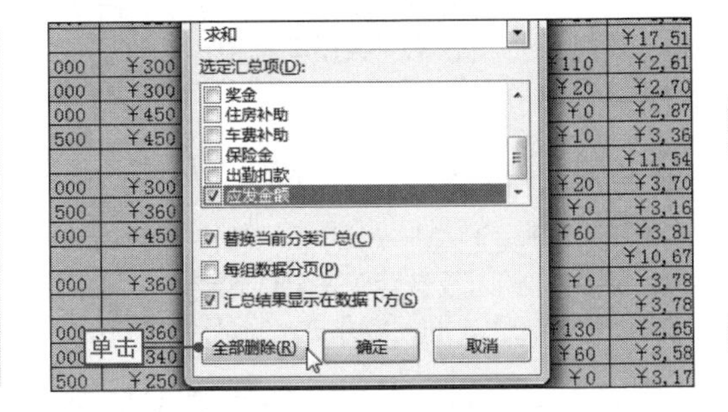

NO.
471 多字段的分类汇总

案例026 员工工资表

◎\素材\第9章\员工工资表3.xlsx　　◎\效果\第9章\员工工资表3.xlsx

在对数据进行汇总分析时，Excel允许在表格中创建多个分类汇总，它们可以是相同的汇总字段不同汇总方式、不同汇总字段相同汇总方式或汇总字段和方式都不同，下面将通过在创建过分类汇总的表格中再次创建分类汇总为例，来讲解多字段汇总的步骤，其具体操作如下。

1 打开“分类汇总”对话框

❶打开“员工工资表3.xlsx”文件，❷选择任意单元格，❸在“数据”选项卡中单击“分类汇总”按钮，打开“分类汇总”对话框。

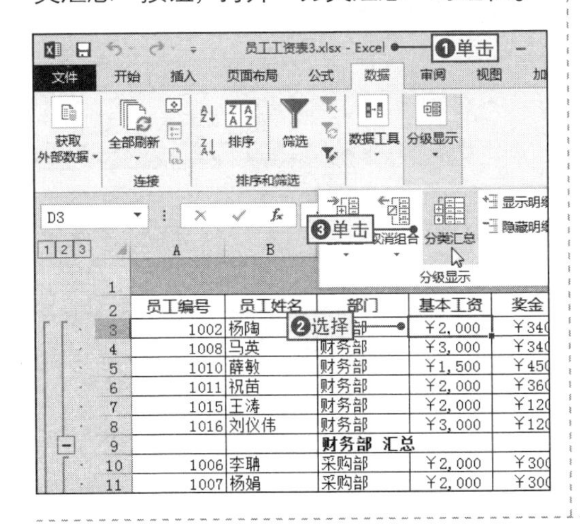

2 设置汇总方式

❶在“汇总方式”下拉列表中选择“平均值”选项，❷取消选中“替换当前分类汇总”复选框，❸单击“确定”按钮。

NO.
472 将汇总数据分页显示

在默认情况下，对表格中的数据进行分类汇总后，所有汇总的数据会显示在一页中，如果用户想要将这些数据分页打印出来，可以通过分页显示功能使每组汇总的数据单独显示在一页中，其具体操作如下。

1 设置分类汇总

❶打开“分类汇总”对话框，❷设置分类字段、汇总方式以及选定汇总项，❸选中“每组数据分页”复选框，❹单击“确定”按钮。

2 查看分页效果

返回表格中，按【Ctrl+P】组合键切换到打印状态下，即可查看到程序自动按照汇总设置对数据进行分页显示。

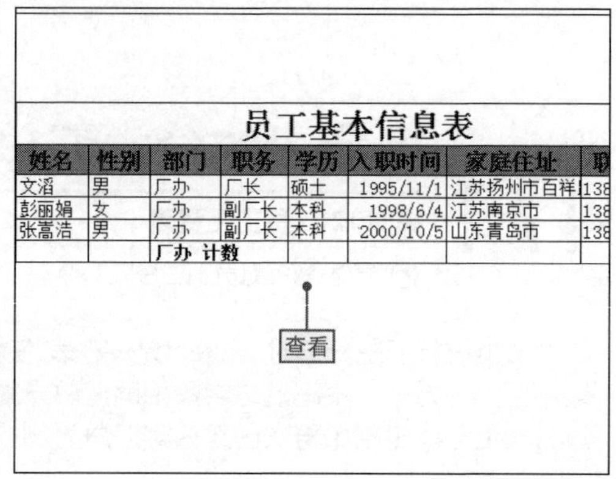

NO.
473 在分类汇总中快速查看明细数据

在对表格中的数据进行分类汇总后，程序会自动在表格编辑区的左上方显示123 3个按钮，它们表示3个级别，通过它们可以显示或隐藏相应级别的数据信息，而左侧的+按钮，展开可以显示数据明细。

所以用户根据实际需求要显示/隐藏分类汇总明细数据，而只需单击相应按钮即可实现。

	A	B	C	D	E	F
1				员工基本信息表		
2	姓名	性别	部门	职务	学历	入职时间
6			厂办 计数			
10			财务部 计数			
11	李海涛	男	行政部	主管	本科	2002/7/9
12	黄柄德	男	行政部	副主管	硕士	2001/9/9
13	姚小艳	女	行政部	员工	中专	2003/9/10
14			行政部 计数			
19			库房 计数			
26			生产车间 计数			
38			销售部 计数			
39			总计数			

❶单击 ❷单击

NO. 474 解决对数据分类汇总后仍然很混乱的情况

在表格中对数据进行分类汇总操作时，可能会出现根据某一分类字段进行汇总后，某一相同的数据会出现多个汇总项，从而导致汇总结果比较混乱，如右图所示。

出现这种情况的原因是在进行分类汇总操作前没有对指定汇总字段中的数据进行排序，其解决的办法就是对汇总数据进行排序后，再进行分类汇总。

N15

	A	B	C	D	E	
2	姓名	性别	部门	职务	学历	入职
3	文滔	男	厂办	厂长	硕士	1995
4	彭丽娟	女	厂办	副厂长	本科	19
5		厂办 计数	2			
6	张嵩浩	男	销售部	副厂长	本科	200
7		销售部 计数	1			
8	毕娟	女	财务部	主管	本科	20
9	李彩虹	女	财务部	会计	本科	20
10		财务部 计数	2			
11	于剑飞	男	销售部	出纳	本科	20
12		销售部 计数	1			
13	李海涛	男	厂办	主管	本科	20
14		厂办 计数	1			

查看

NO. 475 自定义创建分组显示

案例016 员工档案管理表

◉\素材\第9章\员工档案管理表1.xlsx　　◉\效果\第9章\员工档案管理表1.xlsx

对表格中的数据进行分类汇总，不仅可以将同类数据归纳在一起，而且还能对其进行汇总计算，若用户只想将同类数据按照不同层次归纳在一起，则可以使用Excel提供的分组功能来实现，下面将通过将相同部门的员工信息组合在一起为例来进行讲解，其具体操作如下。

1 切换到“数据”选项卡

❶打开“员工档案管理表1.xlsx”文件，❷选择需要进行分组的单元格区域，❸单击“数据”选项卡。

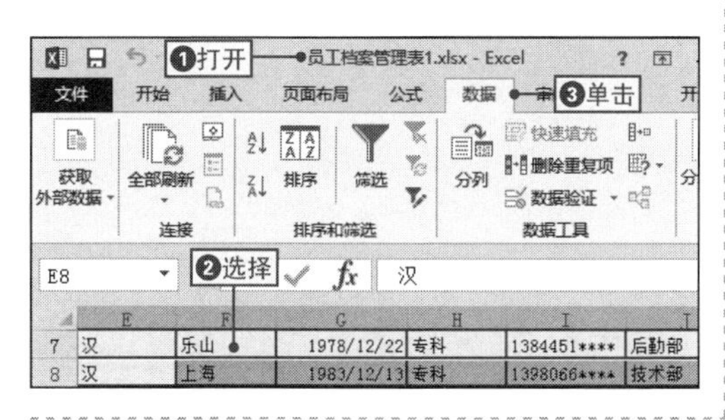

2 打开“创建组”对话框

❶在“分级显示”选项组中单击“创建组”下拉按钮，❷选择“创建组”命令，打开“创建组”对话框。

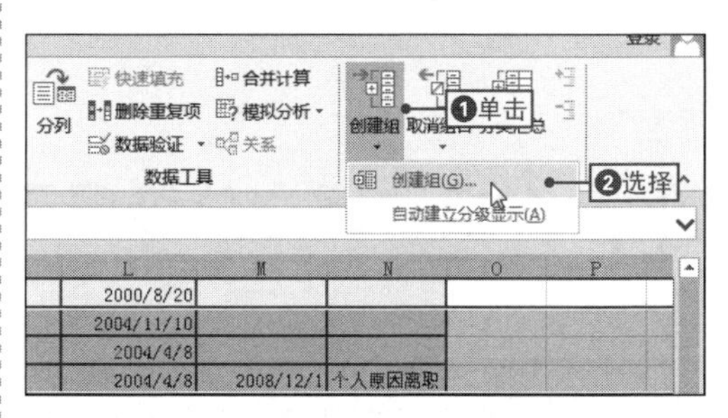

3 通过行创建分组

❶在“创建组”选项组中选中“行”单选按钮，❷单击“确定”按钮。

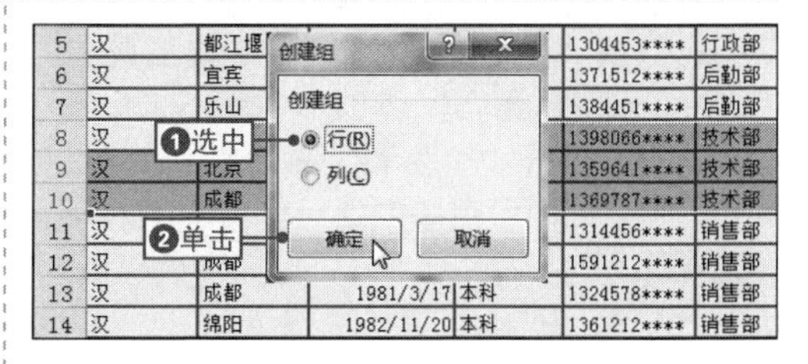

4 查看设置效果

返回表格中，即可查看到相应数据的分组效果。

查看

3	1004	张嘉	999234197911113431	男	汉
4	1003	谢晋	999123198103113825	女	汉
5	1007	刘易杰	999789198306096975	男	汉
6	1002	李聃	999421198012057230	男	汉
7	1008	周娜	999098197507143671	男	汉
8	1011	张炜	999231198005254556	男	汉
9	1012	薛敏	999369198005253332	男	汉
10	1015	张磊	999010197702306330	男	汉
11	1001	杨娟	999365197910235001	女	汉
12	1005	董天宝	999722198701086979	男	汉

NO.
476 快速取消分组显示

对表格中的数据进行组合后，被组合的数据可以作为一个整体显示或隐藏，若是用户不再使用创建的组合，可以将其取消，其具体操作如下。

1 打开“取消组合”对话框

❶单击“数据”选项卡，❷在“分级显示”选项组中单击“取消组合”下拉按钮，❸选择“取消组合”命令。

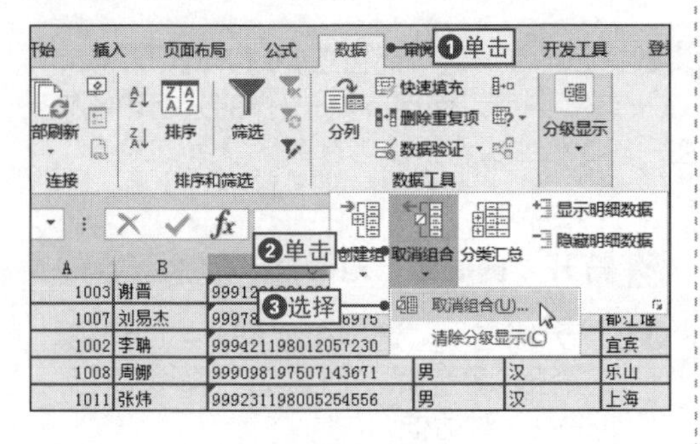

2 取消分组

❶在打开的“取消组合”对话框中选中“行”单选按钮，❷单击“确定”按钮确认取消组合。

NO.
477 自动建立分级显示

如果用户需要对表格中的数据进行组合和汇总，还可以采用自动建立分级显示的方式，快速对数据进行分组，其具体操作是：❶在“数据”选项卡中单击“创建组”下拉按钮，❷选择“自动建立分级显示”命令，即可自动创建一张分级显示的数据表。

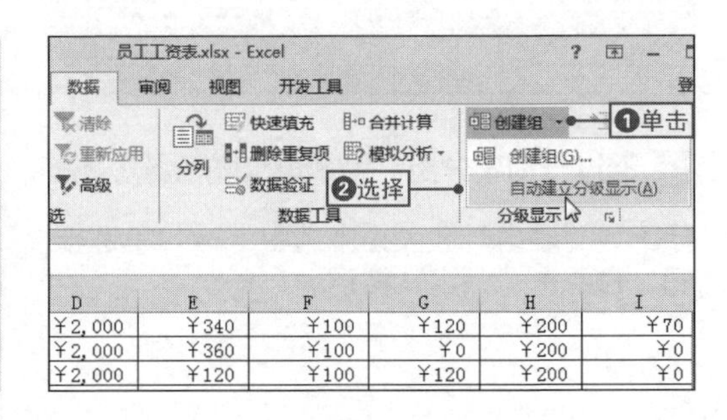

9.4 条件格式的使用技巧

NO.
478 使用图标集标注数据单元格

案例027 书稿完成进度统计表

◎\素材\第9章\书稿完成进度统计表.docx ◎\效果\第9章\书稿完成进度统计表.docx

在Excel 2013中,可以通过图标集来为数据添加标注，每个图标代表一个数值范围，在默认情况下，程序会根据单元格区域的数值分布自动为单元格应用图标，下面将通过使用交通灯图标集来标注表格中每天的工作完成情况为例来进行讲解，其具体操作如下。

1 选择目标单元格区域

❶打开“书稿完成进度统计表.xlsx”文件，❷选择B5:F18单元格区域。

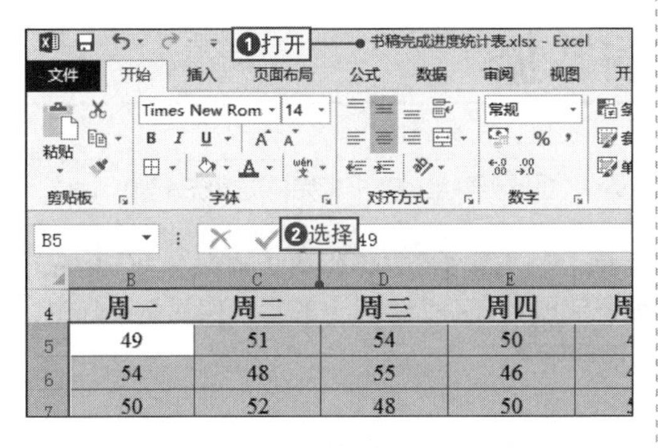

2 选择图标集样式

❶单击“条件格式”下拉按钮，❷选择“图标集”命令，❸选择“四色交通灯”命令。

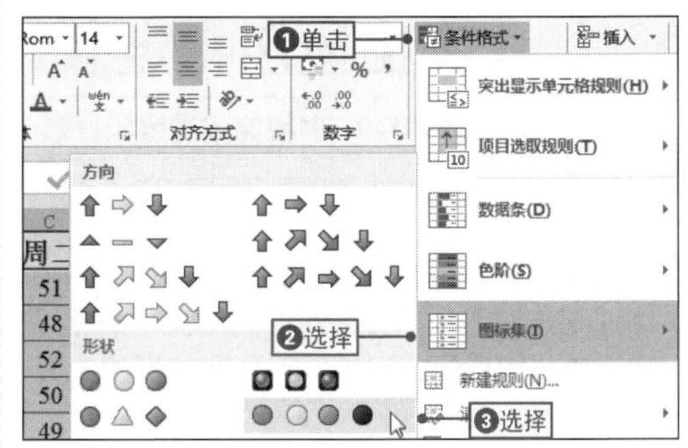

NO.
479 用数据条比较数据大小

在表格中，除了可以使用图标集表示数据范围外，还可以使用数据条来比较数据大小，也就是使用数据条的长度来表示单元格中的数值的大小，数据条越长代表数据越大，其具体操作是：❶选择目标单元格区域，❷在“样式”选项组中单击“条件格式”下拉按钮，❸选择“数据条”选项，❹在弹出的子菜单中选择“蓝色数据条”选项，在表格中可查看到使用数据条比较数据大小后的效果。

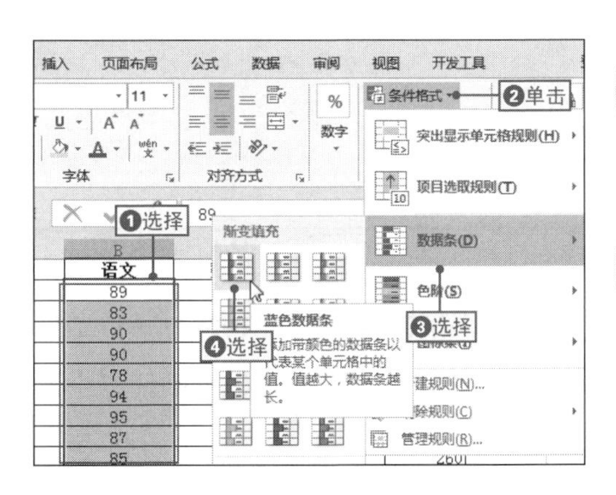

NO.
480 快速清除指定条件格式

在表格中为数据设置条件格式后，如果不再需要该条件格式，可以快速将其清除，其具体操作是：选择目标单元格区域，❶单击“条件格式”下拉按钮，❷选择“清除规则”命令，❸在弹出的子菜单中选择“清除所选单元格的规则”命令，即可将相应的条件格式清除。

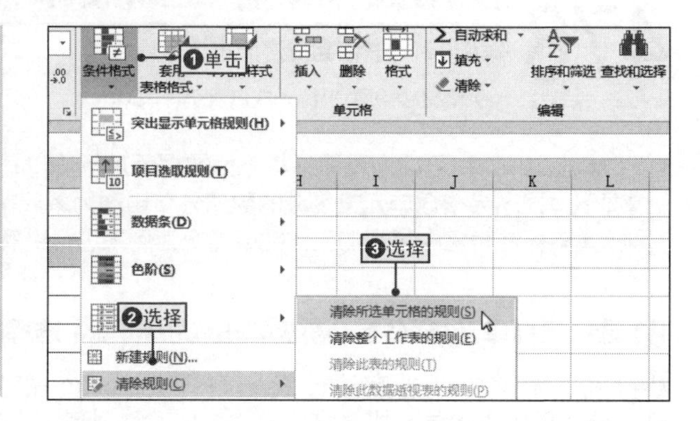

NO.
481 突出显示特定条件的数据

案例027 书稿完成进度统计表

◉\素材\第9章\书稿完成进度统计表1.xlsx ◉\效果\第9章\书稿完成进度统计表1.xlsx

在表格中，如果要查看是否符合某一范围中的数据，可以通过设置条件格式的突出显示单元格规则来实现，下面将通过突出显示表格中书稿已完成数量在250以上的单元格为例，来讲解设置突出显示特定条件的数据的步骤，其具体操作如下。

1 选择目标单元格区域

❶打开“书稿完成进度统计表1.xlsx”文件，❷选择G5:G17单元格区域。

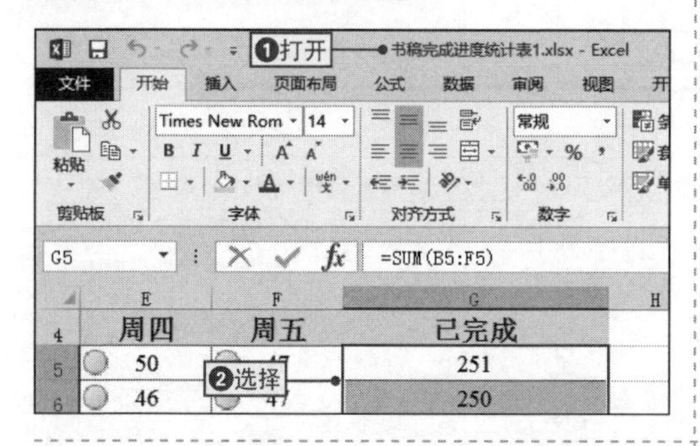

2 选择突出显示数据的条件

❶单击“条件格式”下拉按钮，❷选择“突出显示单元格规则→大于”命令。

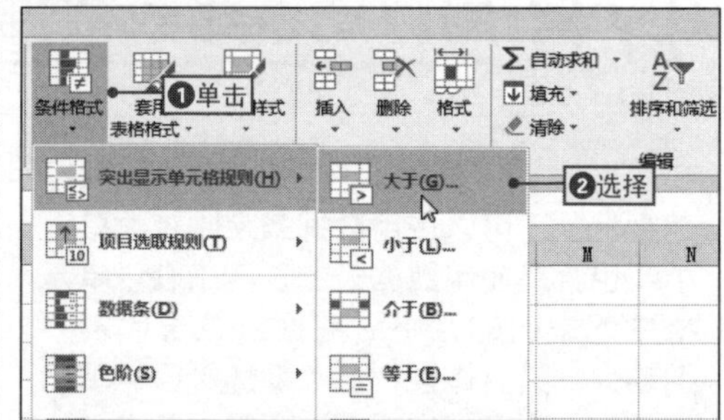

3 设置满足特定条件的数据

❶在打开的“大于”对话框的数值框中输入“250”，❷在“设置为”下拉列表框中选择“黄填充色深黄色文本”选项，❸单击“确定”按钮确认设置。

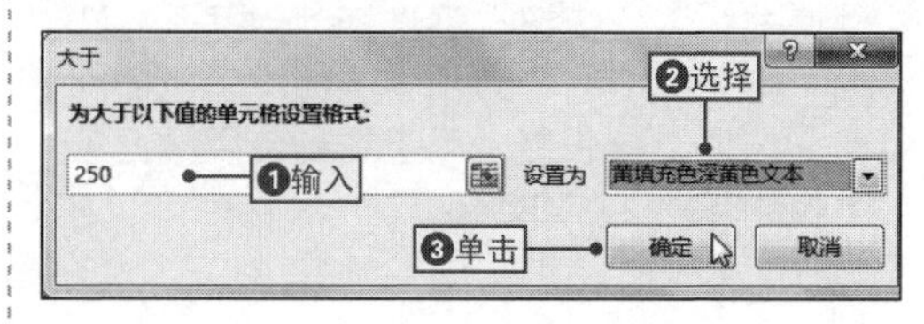

NO. 482 标记表格中重复的数据

在查看数据的过程中，为了快速查看到表格中相同的数据，可以通过突出显示单元格功能将重复的数据显示出来，如商品销售排名表中相同的销量数据、学生成绩表中相同的成绩数据，其具体操作如下。

1 打开“重复值”对话框

❶选择目标单元格区域，❷单击“条件格式”下拉按钮，❸选择“突出显示单元格规则→重复值”命令，打开“重复值”对话框。

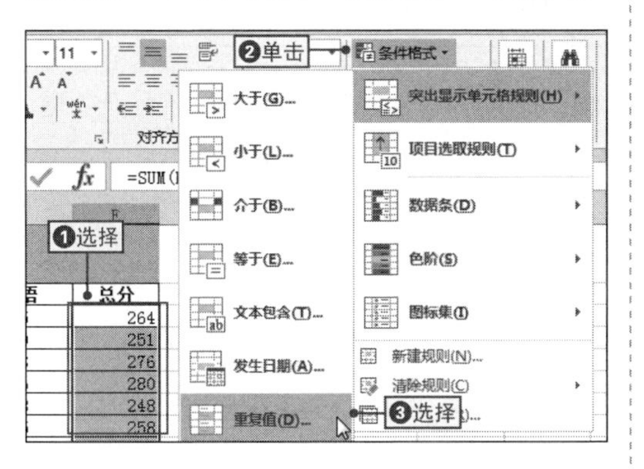

2 设置重复值的填充色

❶在“设置为”下拉列表中选择“绿填充色深绿色文本”选项，❷单击“确定”按钮确认设置。

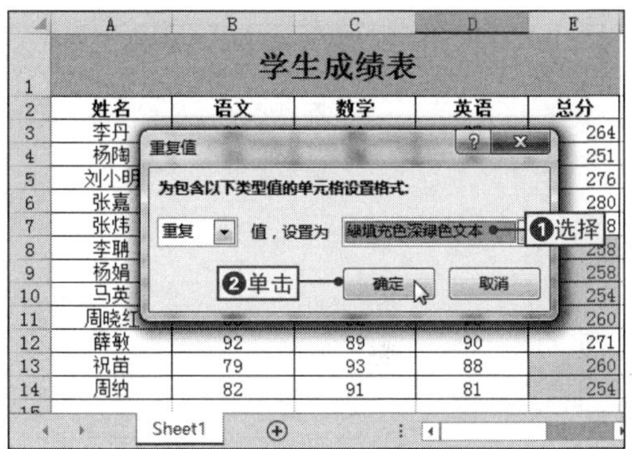

NO. 483 突出显示最值

在对表格中的数据进行分析的过程中，如果要在多条数据中快速查看到最值，可以使用项目选取规则功能来实现突出显示最值，其具体操作如下。

1 打开“前10项”对话框

选择目标单元格区域，❶单击“条件格式”下拉按钮，❷选择“项目选取规则→前10项”命令，打开“前10项”对话框。

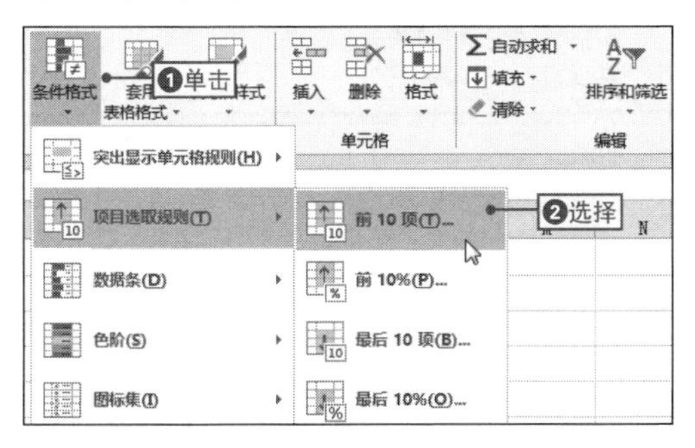

2 设置重复值的填充色

❶在“设置为”下拉列表中选择“绿填充色深绿色文本”选项，❷单击“确定”按钮确认设置。

8	9	9.5	9	35
9	9.1	9.7	9.5	36.7
8.5				34.2
6				20
7.9				31.7
8				
5.1				
9				35.6
8.8				33.2
8.6				35
7.6	7.7	7.8	7.9	30.9
8.6	8.5	7.9	8.7	34.3
8	9.1	6.5	7.6	33.8
8.3	9.5	6.8	7.8	35.1
8.6	9.6	6.7	9.2	37
8.4	9.7	6.9	8.6	36.4

前 10 项
为值最大的那些单元格设置格式:
10 设置为 绿填充色深绿色文本
❶选择
❷单击
确定 取消

NO.
484 使用公式设置条件规则

案例027 书稿完成进度统计表

◉\素材\第9章\书稿完成进度统计表2.xlsx　◉\效果\第9章\书稿完成进度统计表2.xlsx

公式不仅可以对数据进行计算，而且还能配合Excel中的其他功能实现不同的操作，下面将通过在条件规则中使用公式来自动填充单元格为例来进行讲解，其具体操作如下。

1 选择目标单元格区域

❶打开“书稿完成进度统计表2.xlsx”文件，❷选择A5:A18单元格区域。

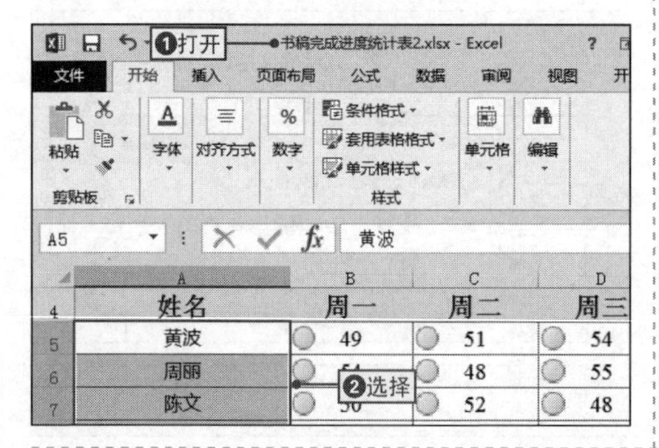

2 打开“新建格式规则”对话框

❶单击“条件格式”下拉按钮，❷选择“新建规则”命令。

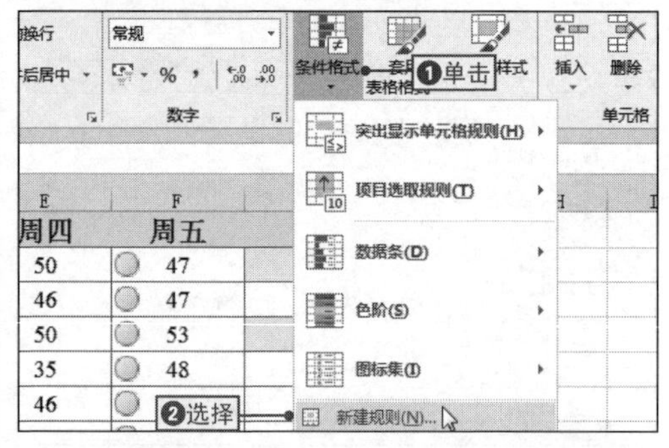

3 打开“设置单元格格式”对话框

❶在打开的“新建格式规则”对话框中选择“使用公式确定要设置格式的单元格”选项，❷单击“格式”按钮。

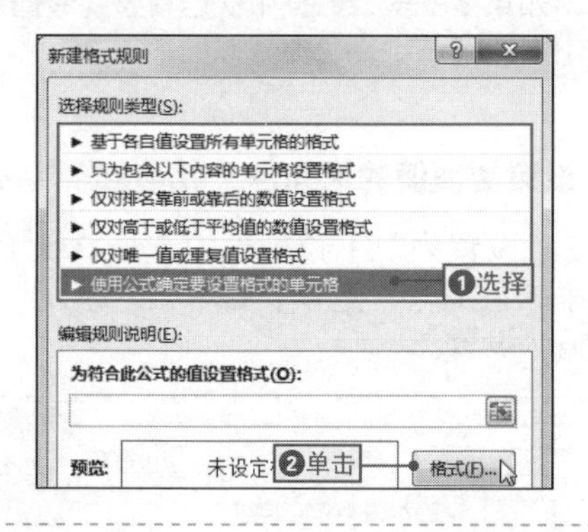

4 选择填充颜色

❶在打开的“设置单元格格式”对话框中单击“填充”选项卡，❷选择相应的颜色选项，然后单击“确定”按钮。

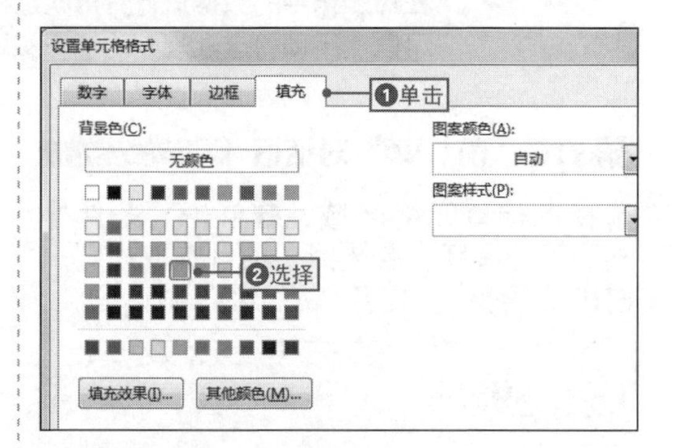

5 输入公式

返回“新建格式规则”对话框中，❶输入相应的公式，❷单击“确定”按钮确认设置。

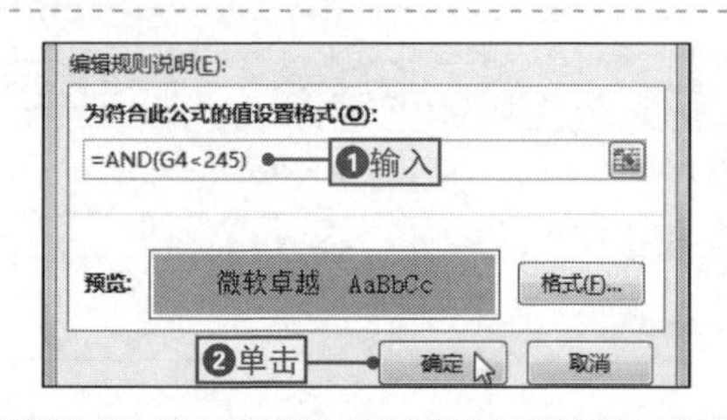

NO.

485 使用公式隔行填充表格

用户在浏览数据量非常大的表格时，常常会出现看错行的问题，如果可以隔行填充表格，则会解决这个问题，这时可以在条件规则中使用公式来实现，其具体操作如下。

1 打开“设置单元格格式”对话框

❶打开“新建格式规则”对话框，❷选择“使用公式确定要设置格式的单元格”选项，❸单击“格式”按钮。

2 设置隔行的填充色

❶在打开的“设置单元格格式”对话框中单击“填充”选项卡，❷选择需要的颜色选项，然后单击“确定”按钮。

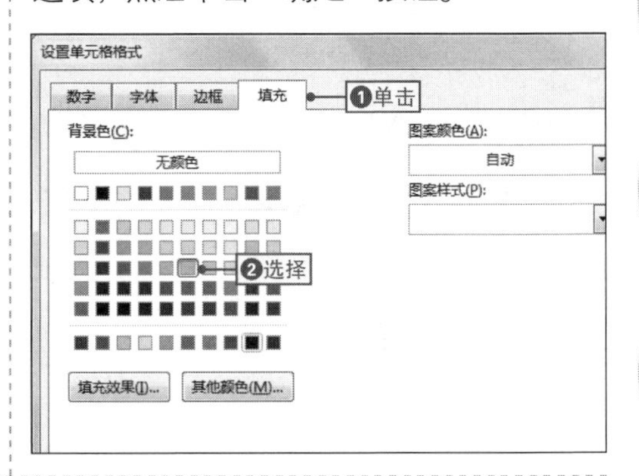

3 输入公式

返回“新建格式规则”对话框中，❶在文本框中输入公式“=MOD(ROW(),2)=0”，❷单击“确定”按钮确认设置。

NO.

486 使用公式为表格设置边框

在表格中，Excel提供了许多“自动”的功能，合理地使用这些功能，可以在很大程度上提高工作效率，其中比较常用的一种功能就是利用条件格式为Excel单元格自动添加数据区域边框，其具体操作如下。

1 打开“设置单元格格式”对话框

打开“新建格式规则”对话框，❶选择“使用公式确定要设置格式的单元格”选项，❷单击“格式”按钮，打开“设置单元格格式”对话框。

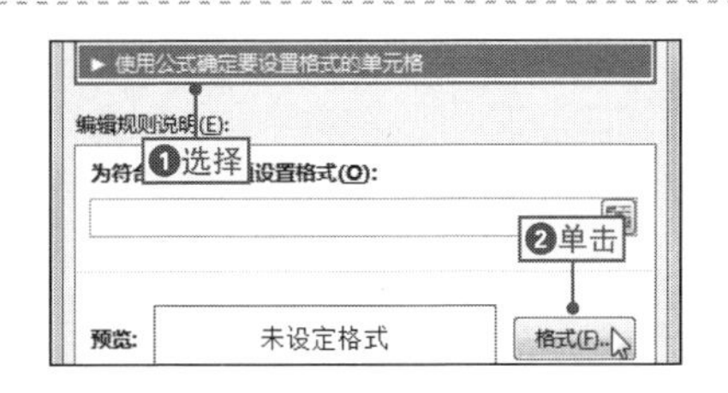

2 设置边框的样式和颜色

❶单击“边框”选项卡，❷选择需要的边框样式选项，❸在颜色下拉列表中选择颜色选项。

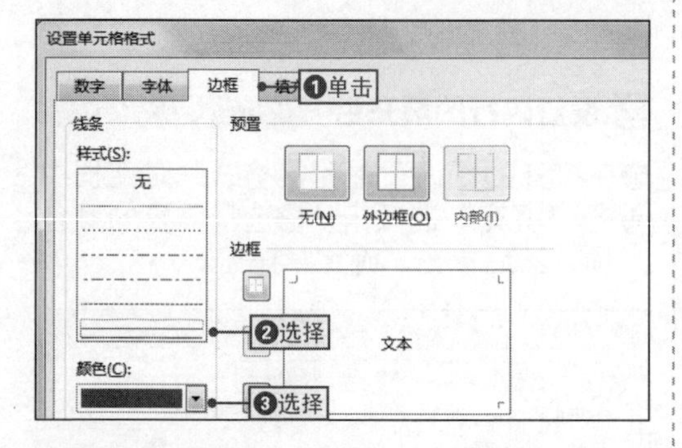

3 添加外边框

在“预置”选项组中单击“外边框”按钮，然后单击“确认”按钮，返回“新建格式规则”对话框中。

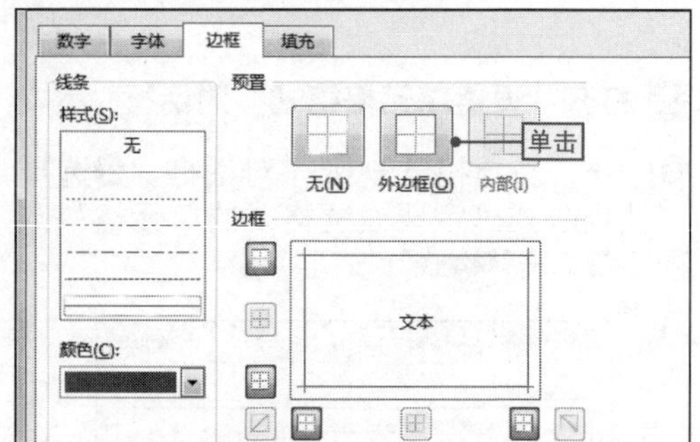

4 设置边框的样式和颜色

❶在文本框中输入公式“=OR($A1<>"",$B1<>"",$C1<>"",$D1<>"")”，❷单击“确定”按钮确认设置。

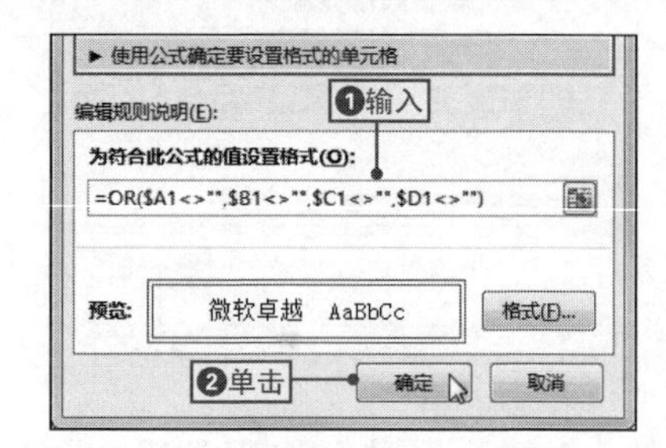

CHAPTER 10

本章导读

Excel的数据分析功能非常强大，通过图表对数据进行分析，能使展示的结果更加清晰、更容易理解，本章将通过实例介绍迷你图、图表、数据透视表以及数据透视图的使用技巧。

图表与数据分析技巧

本章技巧

迷你图的制作与使用技巧

NO.487 快速创建迷你图
NO.488 选择数据源时的注意事项
NO.489 使用插入法创建一组迷你图
……

图表的创建和编辑技巧

NO.502 快速创建图表
NO.503 使用图表向导创建图表
NO.504 利用对话框创建图表
……

数据透视表的创建和编辑技巧

NO.532 创建数据透视表
NO.533 在新工作表中创建数据透视表
NO.534 打开/关闭“数据透视表字段”的方法
……

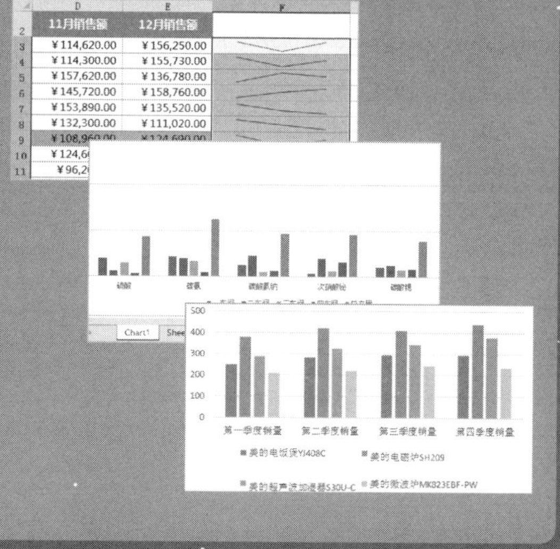

NO. 487 快速创建迷你图

案例028 产品销量分析表

◎\素材\第10章\产品销量分析表.xlsx　　◎\效果\第10章\产品销量分析表.xlsx

迷你图可以对数据进行简单的分析，让用户可直观地观察数据的变化，Excel中提供3种类型的迷你图，分别是折线图、柱形图和盈亏图，用户可以根据实际情况插入迷你图，下面将通过在表格中插入迷你图为例来进行讲解，其具体操作如下。

1 打开“创建迷你图”对话框

❶打开“产品销量分析表.xlsx”文件，❷选择目标单元格，❸在“插入”选项卡的“迷你图”选项组中单击“折线图”按钮。

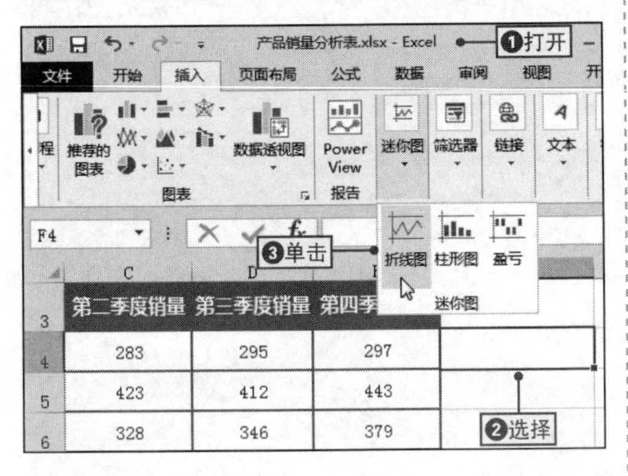

2 选择数据源

❷在打开的“创建迷你图”对话框中单击“折叠”按钮，❷选择需要创建迷你图的数据源。

3 确认创建迷你图

❶单击“展开”按钮展开对话框，❷单击“确定”按钮确认创建迷你图。

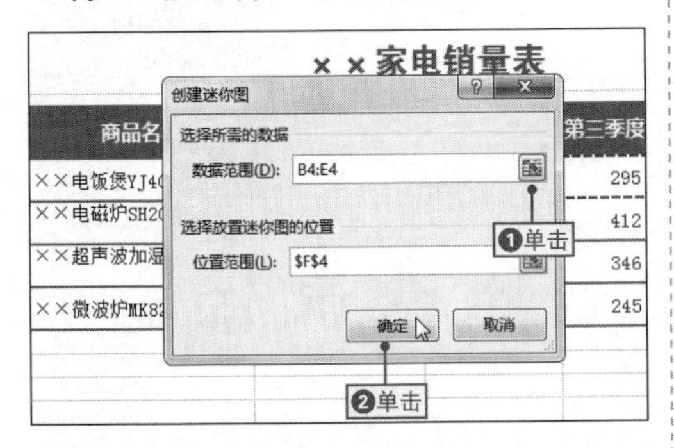

4 查看创建效果

返回表格中，在选择的单元格中即可查看到创建的迷你图。

NO.
488 选择数据源时的注意事项

在创建迷你图选择数据源时需要注意一点，单个的迷你图只能选择一行或一列单元格区域，如果选择了多行或多列单元格区域，系统则会自动打开错误提示对话框，提示用户位置引用或数据区域无效，如右图所示。

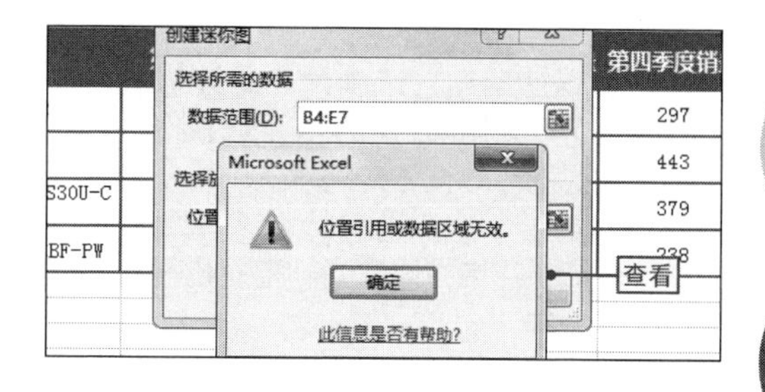

NO.
489 使用插入法创建一组迷你图

前面的例子讲解了如何为一行数据创建单个迷你图，其实在Excel中还可以为多行或多列连续的数据单元格区域创建迷你图，这时可以使用插入法的方式来实现，其具体操作如下。

1 打开“创建迷你图”对话框

❶选择需要插入迷你图的单元格区域，❷在“插入”选项卡中的“迷你图”选项组中单击“折线图”按钮。

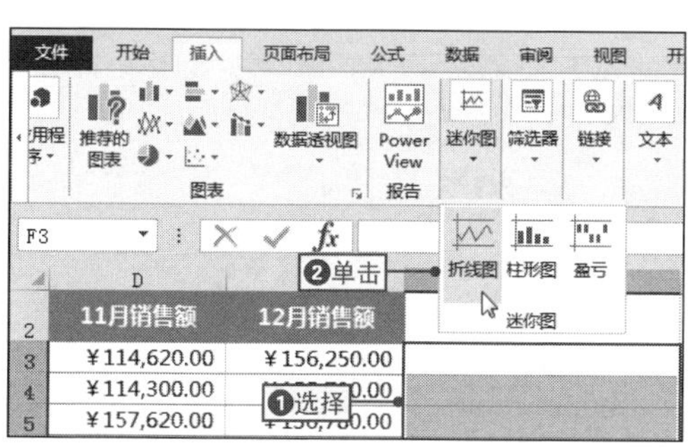

2 设置数据区域

❶在打开的“创建迷你图”对话框中设置数据源的范围，❷单击“确定”按钮。

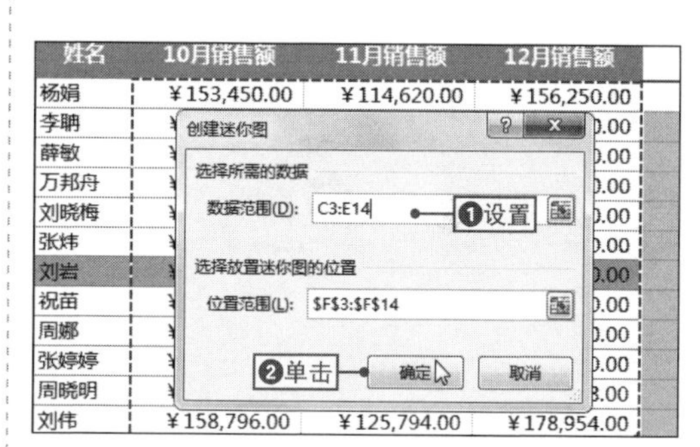

3 查看创建效果

返回表格中，在选择的单元格区域中即可查看到创建的一组迷你图。

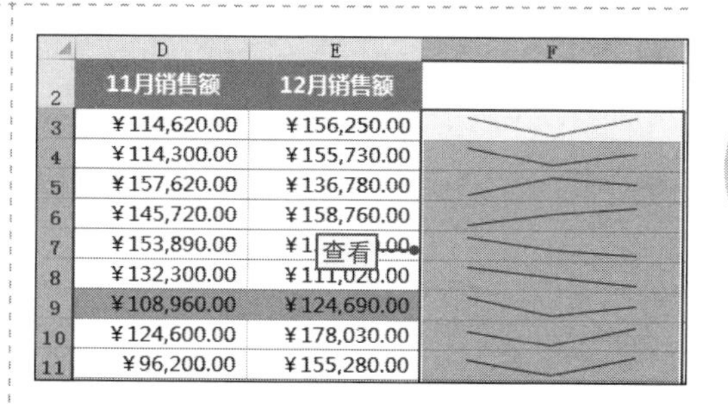

NO.

490 使用填充法创建一组迷你图

除了可以使用插入法创建一组迷你图外，还可以使用填充法来实现该操作，填充迷你图和填充公式的方法一样，其具体操作是：选择含有迷你图的单元格，然后向下填充迷你图到相应位置即可完成操作。

	11月销售额	12月销售额
3	¥114,620.00	¥156,250.00
4	¥114,300.00	¥155,730.00
5	¥157,620.00	¥136,780.00
6	¥145,720.00	¥158,760.00
7	¥153,890.00	¥1[illegible]20.00
8	¥132,300.00	¥111,020.00
9	¥108,960.00	¥124,690.00
10	¥124,600.00	¥178,030.00
11	¥96,200.00	¥155,280.00

拖动

NO.

491 更改一组迷你图类型

案例028 产品销量分析表

◉\素材\第10章\产品销量分析表2.xlsx　◉\效果\第10章\产品销量分析表2.xlsx

在迷你图创建完成后，用户可以根据实际需要对它的类型进行更改，下面将通过更改“产品销量分析表2.xlsx”表格中的一组迷你图类型为例来进行讲解，其具体操作如下。

1 选择迷你图

❶打开“产品销量分析表2.xlsx”文件，❷在迷你图组中选择任意单元格。

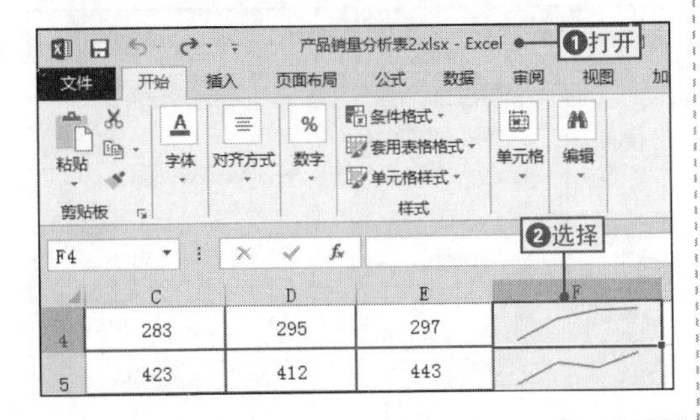

2 更改迷你图类型

❶单击“迷你图工具-设计”选项卡，❷在“类型”选项组中单击“柱形图”按钮。

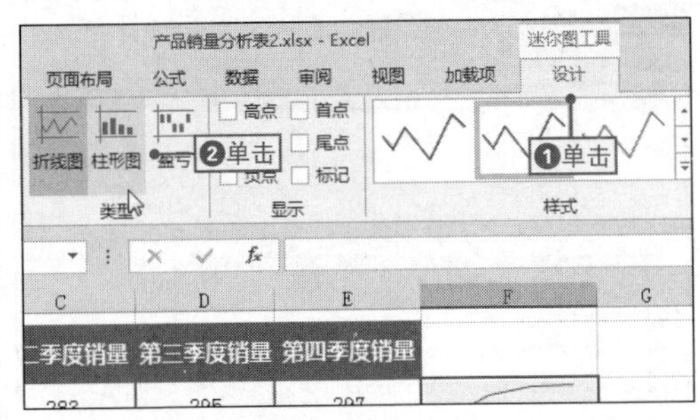

3 查看更改效果

返回表格中，即可查看到整组的迷你图类型都发生改变。

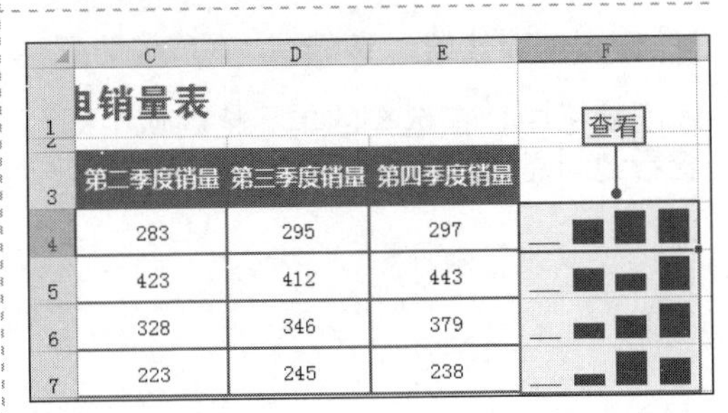

NO. 492 更改单个迷你图类型

在表格中，不仅可以对一组迷你图类型进行更改，而且还能对单个迷你图类型进行更改，更改单个迷你图类型需要先将迷你图独立出来，然后再对其进行更改，其具体操作如下。

1 取消迷你图组合

❶选择迷你图单元格，❷单击“迷你图工具-设计”选项卡，❸在“分组”选项组中单击“取消组合”按钮。

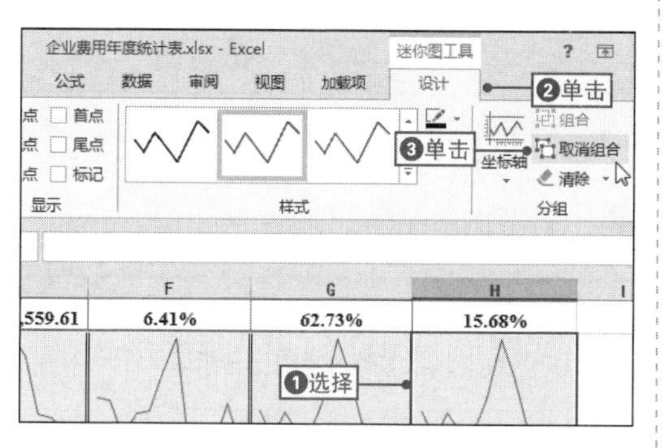

2 更改迷你图类型

❶在“类型”选项组中单击“柱形图”按钮，❷在表格中即可查看到只有单个的迷你图类型发生了改变。

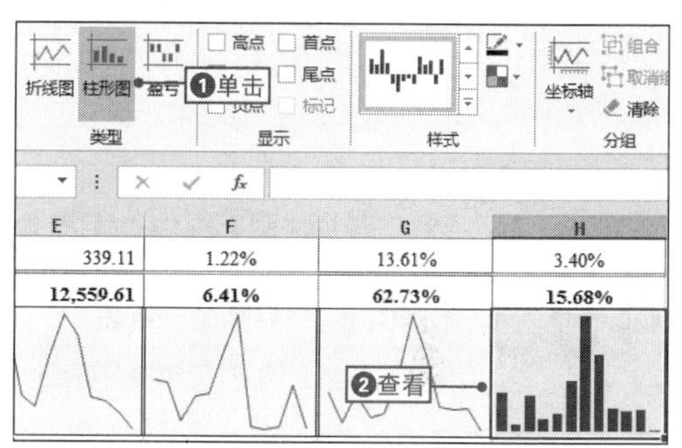

NO. 493 添加标记数据点

案例028 产品销量分析表

◉\素材\第10章\产品销量分析表3.xlsx　　◉\效果\第10章\产品销量分析表3.xlsx

在表格中插入折线迷你图后，可查看到插入的折线迷你图是一条折线，这时可以为折线添加标记点，从而使其更加清晰地展示数据，下面将通过为“产品销量分析表3.xlsx”表格中的迷你图添加标记数据点为例来讲解，其具体操作如下。

1 选择迷你图

❶打开“产品销量分析表3.xlsx”文件，❷在迷你图组中选择任意单元格。

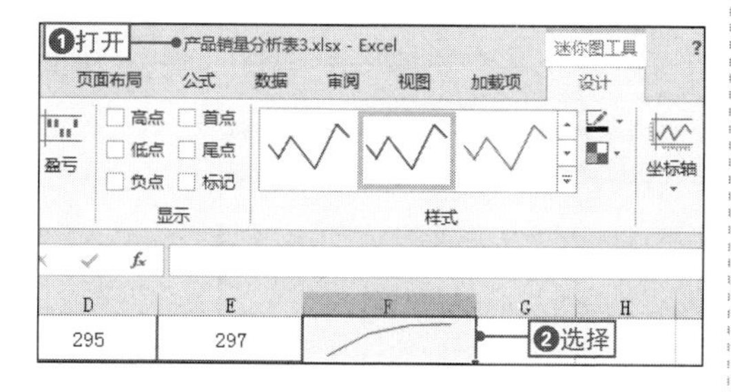

2 添加标记数据点

在“迷你图工具-设计”选项卡中选中“标记”复选框，即可为其添加标记数据点。

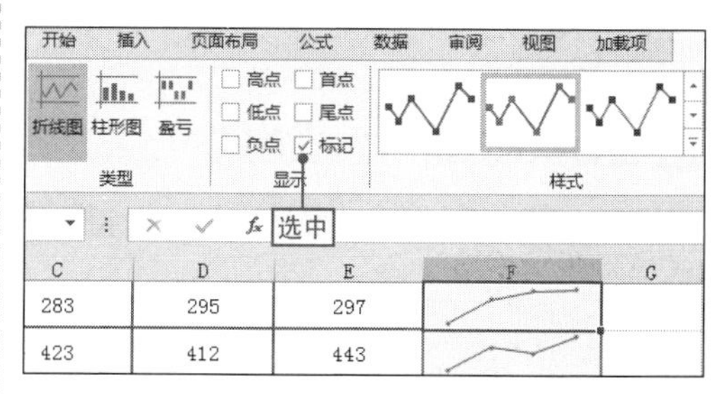

NO.

494 突出显示高点和低点

在表格中创建迷你图后，为了更好地分析数据，可以突出显示迷你图的高点和低点，其具体操作是：❶选择任意迷你图，❷单击“迷你图工具-设计”选项卡，❸在“显示”选项组中选中“高点”和“低点”复选框，即可使迷你图高点和低点突出显示。

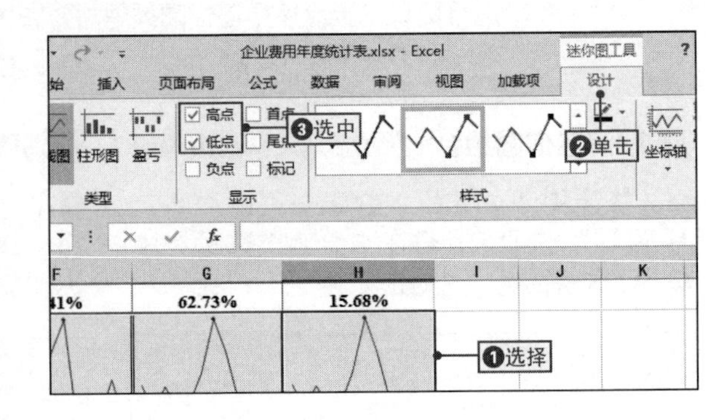

NO.

495 快速应用迷你图样式

案例028 产品销量分析表

◎\素材\第10章\产品销量分析表4.xlsx　　◎\效果\第10章\产品销量分析表4.xlsx

插入的折线迷你图应用的是系统默认的样式，既不美观，也不能直观地展示和分析数据，用户可以根据需求快速为迷你图应用样式，下面将通过为创建的迷你图应用其他样式为例来进行讲解，其具体操作如下。

1 切换到“迷你图工具–设计”选项卡

❶打开“产品销量分析表4.xlsx”文件，❷在表格中选择迷你图，❸单击“迷你图工具-设计”选项卡。

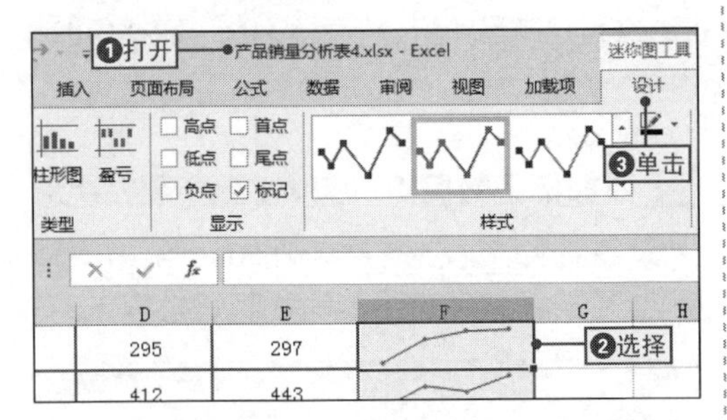

2 快速应用样式

❶在“样式”选项组中单击“其他”下拉按钮，❷在打开的下拉列表中选择相应的样式选项。

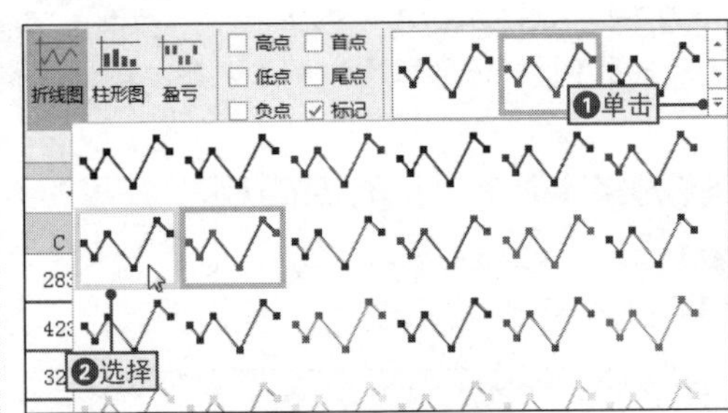

3 查看样式效果

返回表格中，即可查看到整组的迷你图样式都发生了改变。

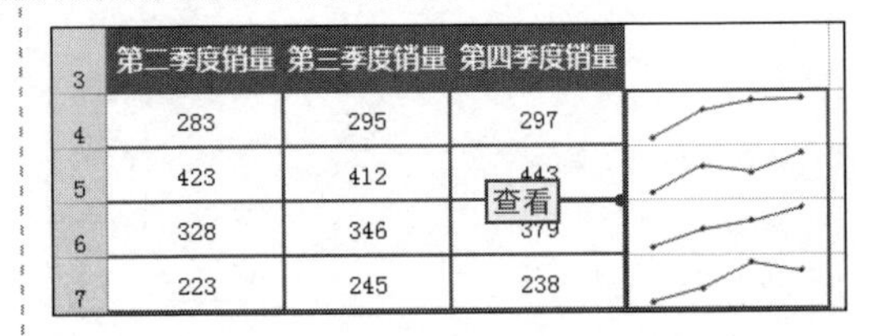

	第二季度销量	第三季度销量	第四季度销量	
4	283	295	297	
5	423	412	443	
6	328	346	379	
7	223	245	238	

NO.
496 为迷你图设置颜色

迷你图的颜色是指折线迷你图的折线颜色、柱形迷你图和盈亏迷你图中的柱形颜色，用户可以根据需要为迷你图设置各种颜色，丰富迷你图的显示，让数据更加直观地呈现，其具体操作如下。

1 选择迷你图颜色

❶选择任意迷你图，❷在“迷你图工具-设计”选项卡中单击“迷你图颜色”下拉按钮，❸选择相应的颜色选项。

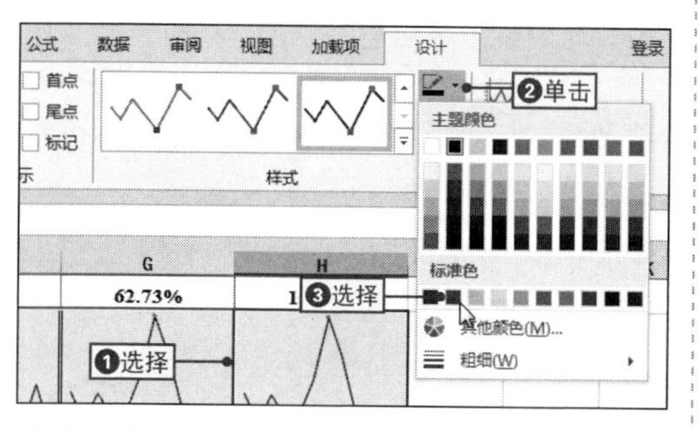

2 设置折线的粗细

保持迷你图为选择状态，❶单击“迷你图颜色”下拉按钮，❷选择“粗细”命令，❸选择相应的线条选项。

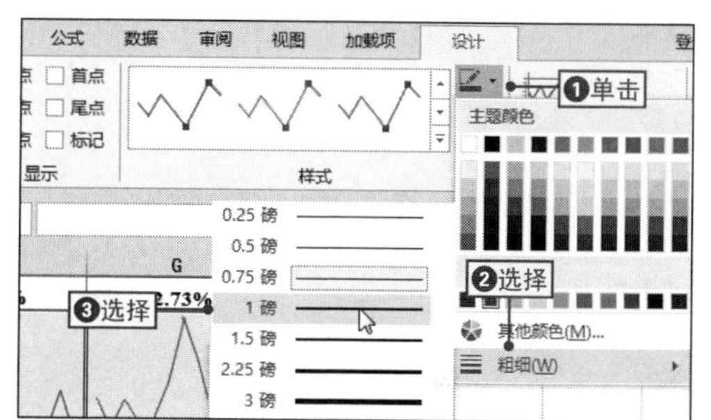

NO.
497 为迷你图标记设置颜色

迷你图的标记主要是指数据点、高点、低点、首点、尾点和负点，为了使它们更加直观，可以为其设置颜色，其具体操作如下。

1 选择迷你图的标记颜色

❶选择任意迷你图，❷单击“标记颜色”下拉按钮，❸选择“标记”命令，❹选择相应的颜色选项。

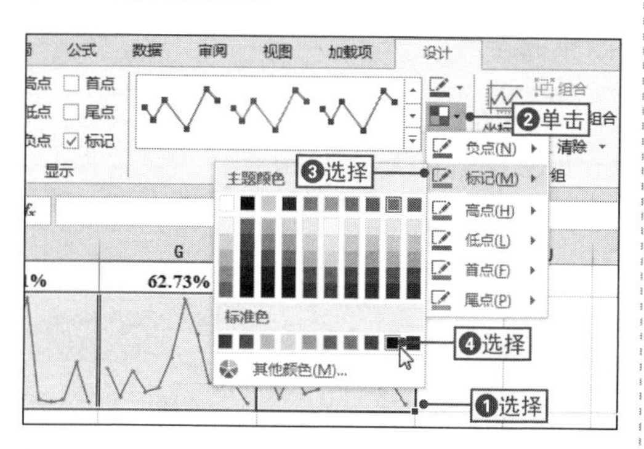

2 查看设置效果

返回表格中，即可查看到迷你图的标记颜色发生改变，显示更加突出。

		E	F	G	H
8	¥	1,938.83	21.63%	210.03%	52.5
9	¥	1,636.56	1.64%	142.85%	35.7
10	¥	781.53	1.16%	52.75%	13.1
11	¥	726.81	1.69%	48.19%	12.0
12	¥	553.83	9.03%	49.99%	12.5
13	¥	339.11	1.22%	13.61%	3.40
14	¥	12,559.61	6.41%	62.73%	15.6
15					

查看

NO.

498 自定义设置迷你图的纵坐标

案例028 产品销量分析表

◉\素材\第10章\产品销量分析表5.xlsx　　◉\效果\第10章\产品销量分析表5.xlsx

因为迷你图各数据点之间的距离不同，默认的迷你图类型不能很好地体现数据之间的差异，用户可以自定义设置迷你图的坐标轴，从而更加方便地分析迷你图的中数据，下面将通过自定义迷你图的纵坐标为例来进行讲解，其具体操作如下。

1 切换到“迷你图工具-设计”选项卡

❶打开“产品销量分析表5.xlsx”文件，❷在表格中选择迷你图，❸单击“迷你图工具-设计”选项卡。

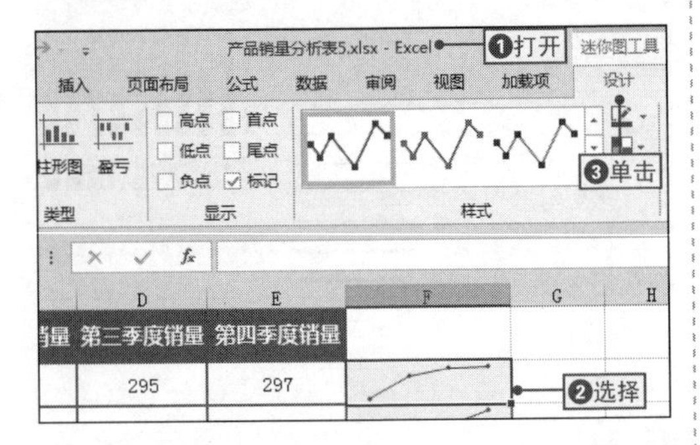

2 打开“迷你图垂直轴设置”对话框

❶在“分组”选项组中单击“坐标轴”下拉按钮，❷选择“自定义值”命令，打开“迷你图垂直轴设置”对话框。

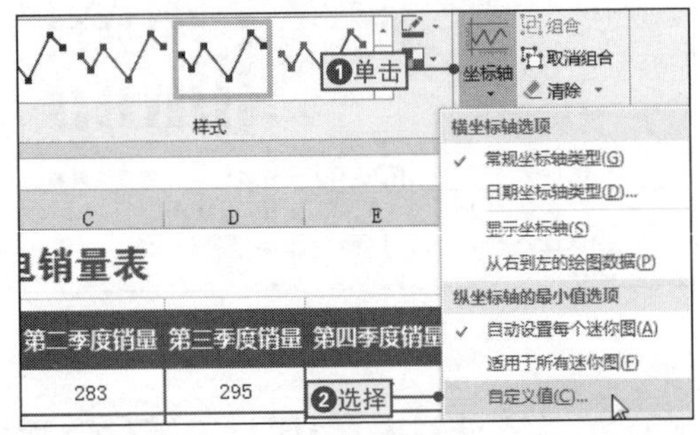

3 设置垂直轴的最小值

❶在“输入垂直轴的最小值”文本框中输入相应的最小值，❷单击“确定”按钮确认设置。

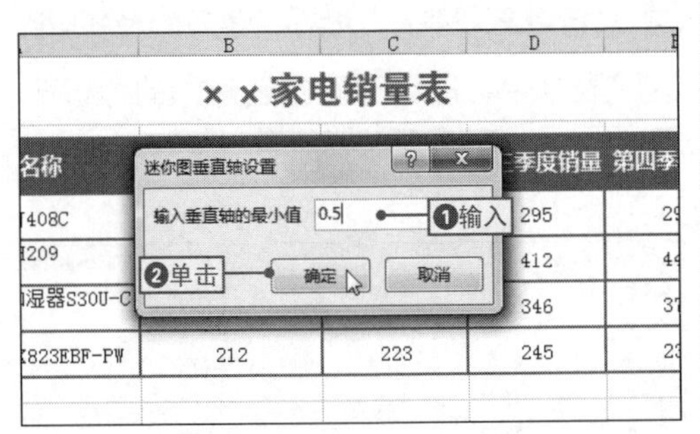

4 打开“迷你图垂直轴设置”对话框

❶单击“坐标轴”下拉按钮，❷选择“自定义值”命令，打开“迷你图垂直轴设置”对话框。

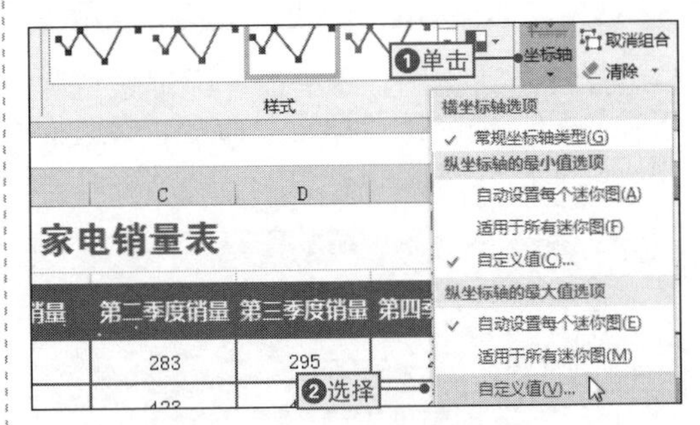

5 设置垂直轴的最大值

❶在“输入垂直轴的最大值”文本框中输入相应的最大值，❷单击“确定”按钮确认设置。

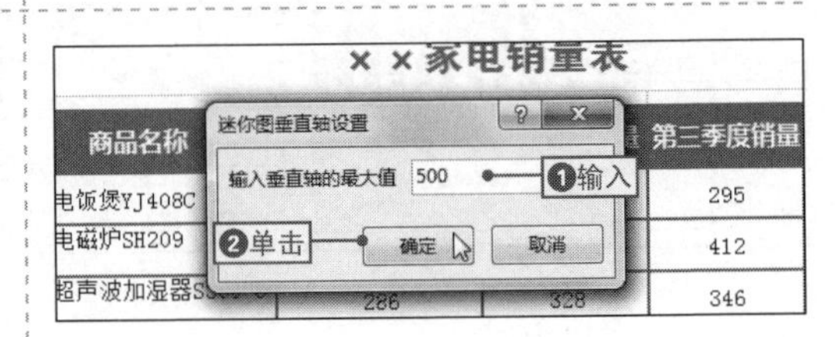

NO.
499 显示横坐标轴

在默认情况下，创建的迷你图不显示横坐标轴，如果用户想要通过横坐标轴来查看数据，可以通过设置使其显示出来，其具体操作如下：❶在"迷你图工具-设计"选项卡中单击"坐标轴"下拉按钮，❷选择"显示坐标轴"选项，即可使迷你图显示横坐标轴。

显示横坐标轴主要是针对盈亏迷你图，因为折线迷你图和柱形迷你图不含负值数据点，就算对其设置显示横坐标轴，也不会将横坐标显示出来；而盈亏迷你图不管是否含有负值数据点，都会将横坐标轴显示出来。

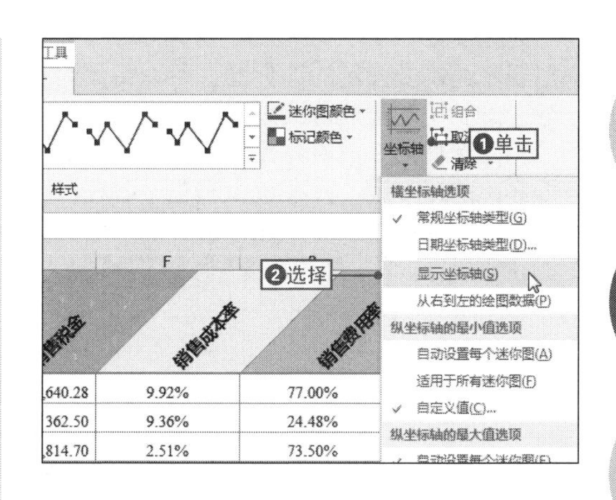

NO.
500 使用日期坐标轴

在表格中，对于含有日期数据系列的迷你图，可以使用日期坐标轴来显示数据，如果某个日期上缺少对应的数据，程序会自动在迷你图上显示空白，其具体操作如下。

1 打开"迷你图日期范围"对话框

选择任意迷你图，❶单击"坐标轴"下拉按钮，❷选择"日期坐标轴类型"命令，打开"迷你图日期范围"对话框。

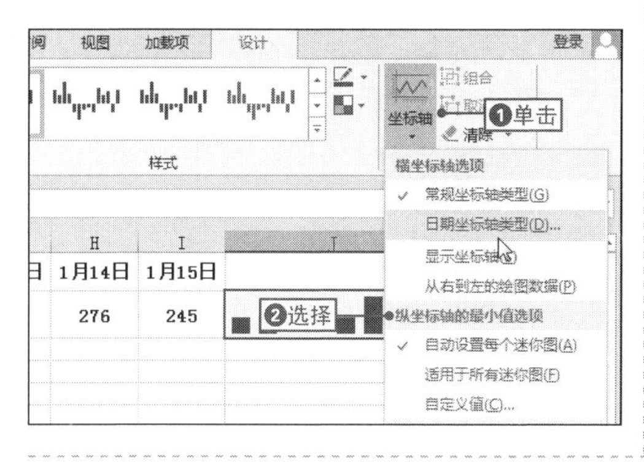

2 设置日期值的范围

❶在"选择包含迷你图数据对应的日期值的范围"文本框中设置单元格区域，❷单击"确定"按钮确认设置。

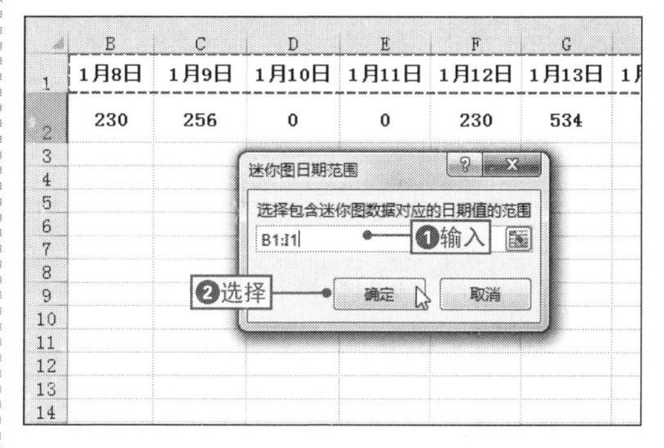

NO.

501 删除指定迷你图

对于不再需要使用的迷你图，可以将其删除，最常用的删除方法是通过快捷菜单命令删除迷你图，其具体操作是：❶选择需要删除的迷你图，并在其上右击，❷在弹出的快捷菜单中选择“迷你图→清除所选的迷你图”命令，即可快速删除迷你图。

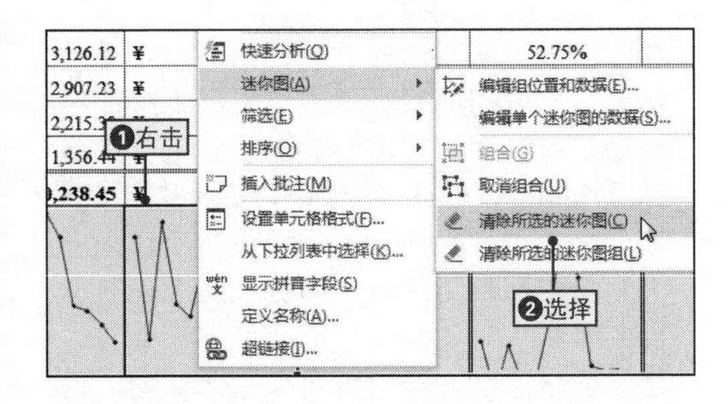

10.2 图表的创建和编辑技巧

NO.

502 快速创建图表

案例018 贷款投资经营表

◉\素材\第10章\贷款投资经营表.xlsx　　◉\效果\第10章\贷款投资经营表.xlsx

在对表格中的数据进行分析时，为了更加直观地观察和分析数据，可以将数据用图表来呈现，这时就需要根据数据类型选择合理的图表并将其插入表格中，下面将通过在表格中插入柱形图为例来进行讲解，其具体操作如下。

1 选择数据源

❶打开“贷款投资经营表.xlsx”文件，❷选择数据源，这里选择A4、A6:A15、C4、C6:C15、E4、E6:E15单元格区域。

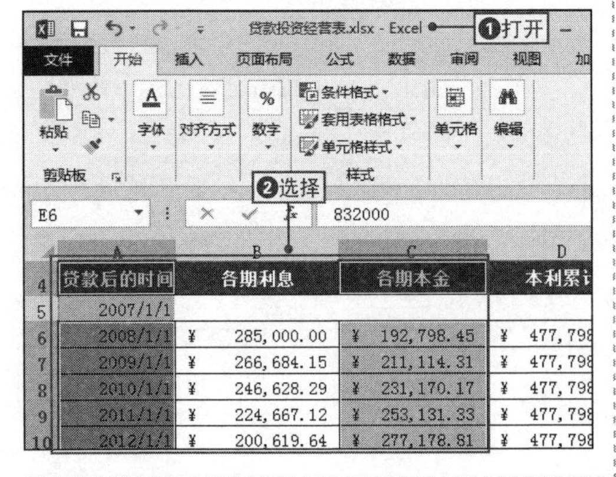

2 创建簇状柱形图

❶在“插入”选项卡的“图表”选项组中单击“柱形图”下拉按钮，❷选择“簇状柱形图”命令即可创建图表。

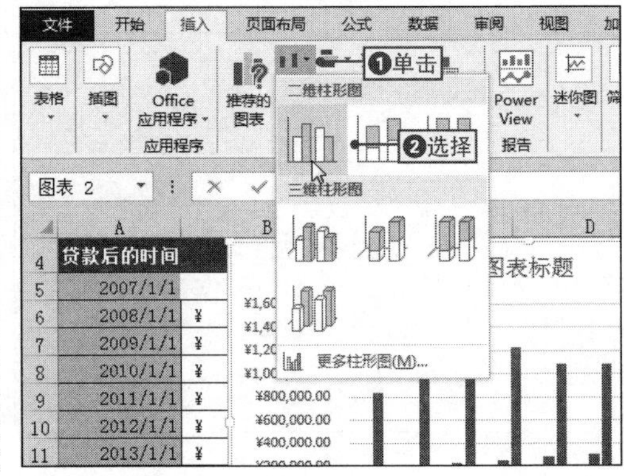

NO.
503

使用图表向导创建图表

如果用户无法选择出合适数据的图表，可通过Excel提供的图表向导功能，使用Excel推荐的图表，其具体操作如下。

1 打开“插入图表”对话框

❶选择需要创建图表的数据源，❷在“插入”选项卡的“图表”选项组中单击“推荐的图表”按钮。

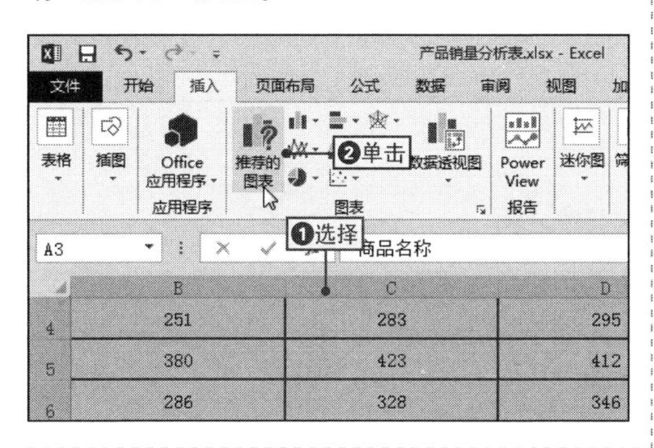

2 选择图表类型

在打开的“插入图表”对话框中选择系统推荐的图表选项，然后单击“确定”按钮即可确认选择。

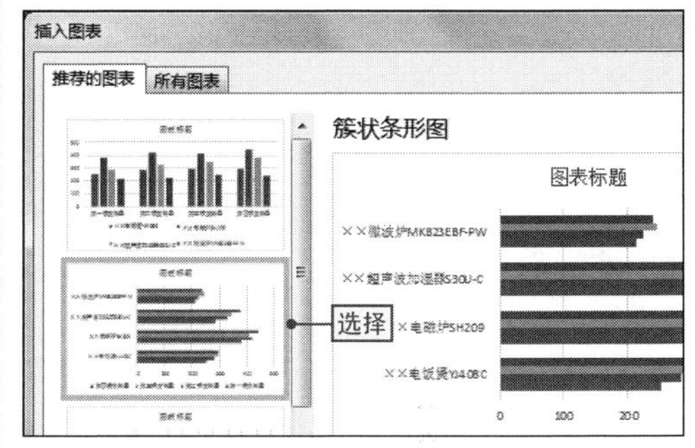

NO.
504

利用对话框创建图表

在表格中，除了可以通过命令菜单创建图表外，还可以通过对话框来创建图表，这种方式可以创建类型更加复杂的图表，其具体操作如下。

1 打开“插入图表”对话框

❶选择数据源，❷在“插入”选项卡的“图表”选项组中单击“对话框启动器”按钮，打开“插入图表”对话框。

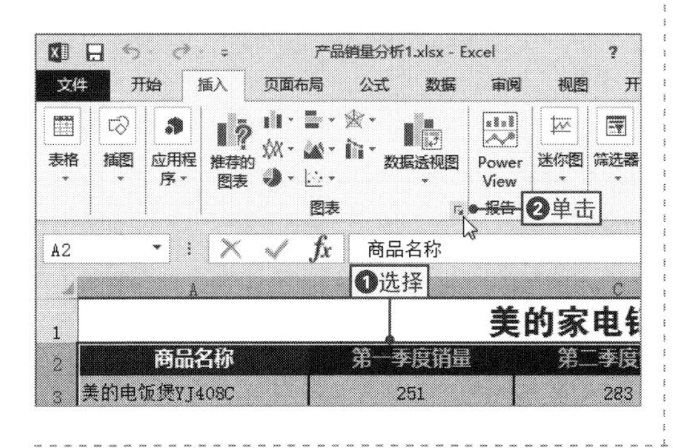

2 选择图表类型

❶单击“所有图表”选项卡，❷单击“饼图”选项卡，❸选择“复合饼图”选项，然后单击“确定”按钮确认设置。

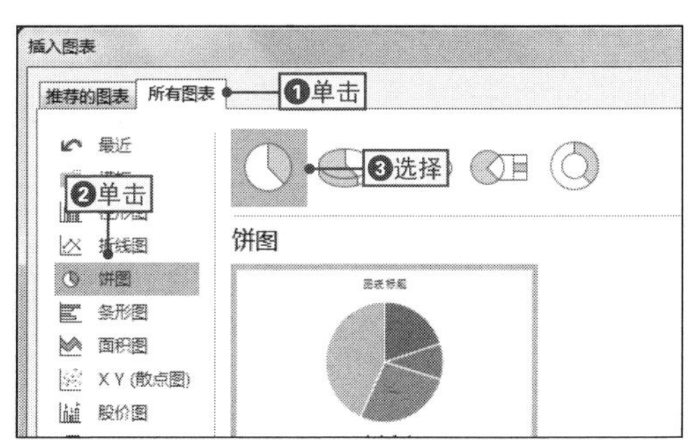

NO. 505 将图表创建到新的工作表中

在Excel中，还提供了在新工作表中自动创建相应的图表的功能，这对于要求不高又想要快速创建图表的用户来说非常实用，其具体操作是：选择表格中的数据源区域，按【F11】键，程序将自动创建一个名为"Chart1"的工作表，并创建相应的柱形图。

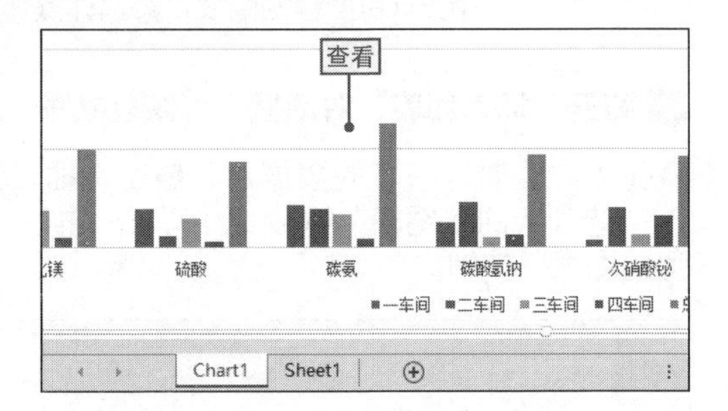

NO. 506 断开图表与数据源的联系

如果是通过数据创建的图表，则图表中的数据系列和数据源保持着链接关系，若是不想图表中的数据系列随数据源的改变而更新，就需要断开图表与数据源的链接，其具体操作如下。

1 打开"选择性粘贴"对话框

复制需要断开数据源链接的图表，❶单击"粘贴"下拉按钮，❷选择"选择性粘贴"命令，打开"选择性粘贴"对话框。

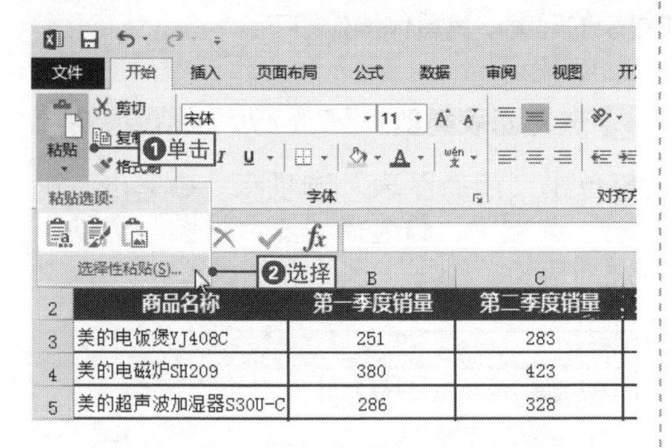

2 设置粘贴方式

❶在"方式"下拉列表框中选择"图片（增强型图元文件）"选项，❷单击"确定"按钮。

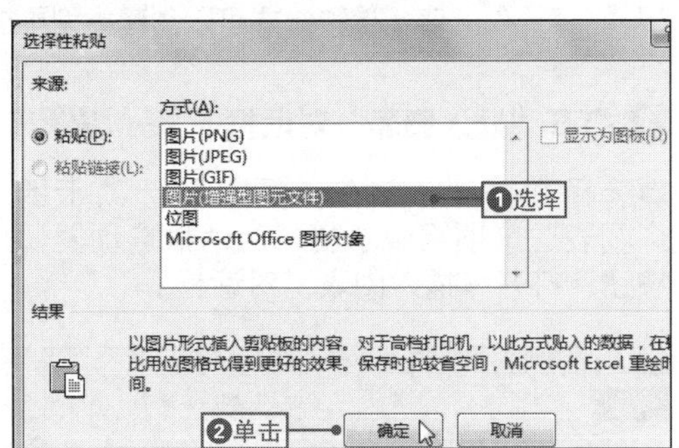

3 删除原图表

返回表格中，选择原图表，按【Delete】键将其删除，新生成的图表将以图片的形式显示。

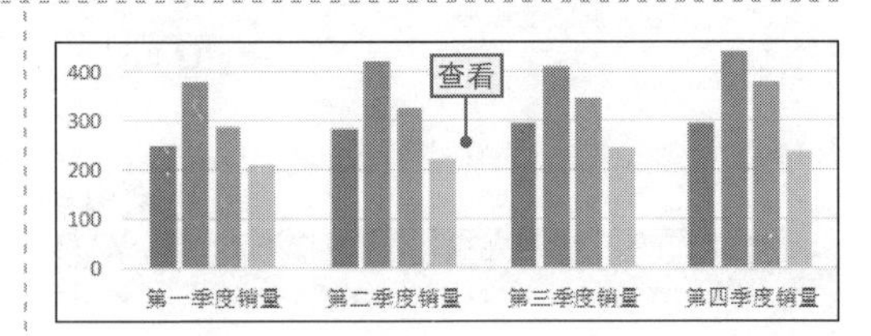

NO.
507
为图表添加标题

为了更加直观地体现图表所要表达的信息，可以为图表添加相应的标题，其具体操作如下。

1 切换到“图表工具-设计”选项卡

❶选择需要添加标题的图表，❷单击“图表工具 设计”选项卡。

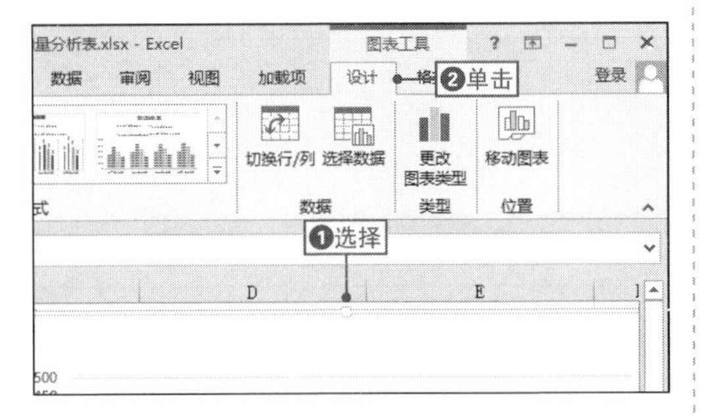

2 为图表添加标题

❶单击“添加图表元素”下拉按钮，❷选择“图表标题→图表上方”选项。

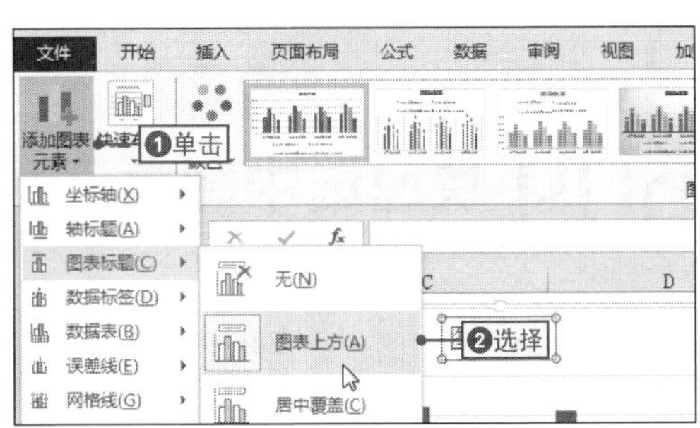

3 输入图表标题

将文本插入点定位到图表上方的标题文本框中，输入相应的标题即可。

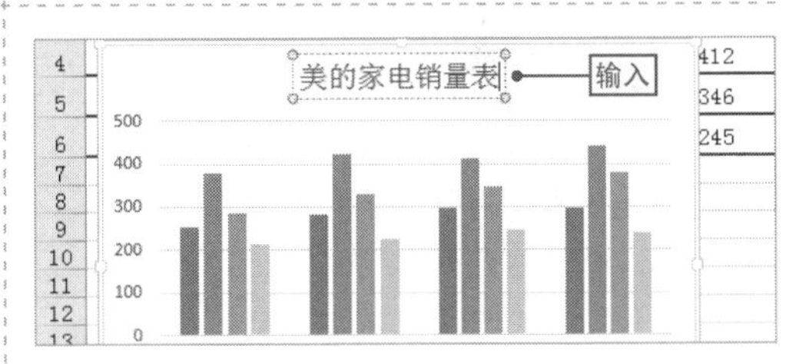

NO.
508
快速为图表应用样式

案例018 贷款投资经营表

◉\素材\第10章\贷款投资经营表1.xlsx ◉\效果\第10章\贷款投资经营表1.xlsx

在表格中插入图表后，如果图表样式不协调，可以对其进行美化，使图表美观得体，这时可以通过对图表快速应用样式来实现，下面将通过具体实例来讲解，其具体操作如下。

1 选择图表

❶打开“贷款投资经营表1.xlsx”文件，❷选择需要应用样式的图表。

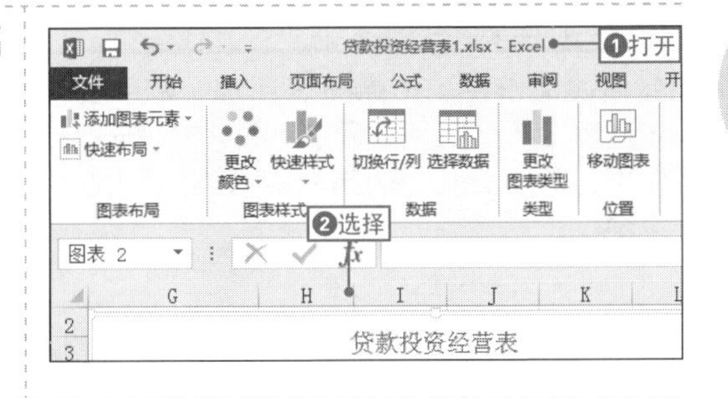

2 更改图表样式

❶在“图表工具-设计”选项卡中单击“其他”按钮，❷选择需要的图表样式。

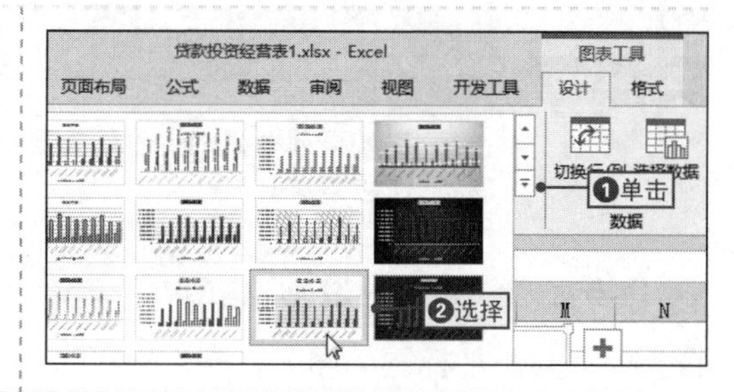

NO.509 快速选中图表元素

美化图表其实是对图表中的各元素进行美化，使它们的形状、颜色等更具特色，用户在美化各图表前，需要选中相应的图表元素，其具体操作是：❶单击“图表工具-格式”选项卡，❷单击“图表元素”下拉按钮，❸在打开的下拉列表中选择需要的图表元素选项，完成设置即可。

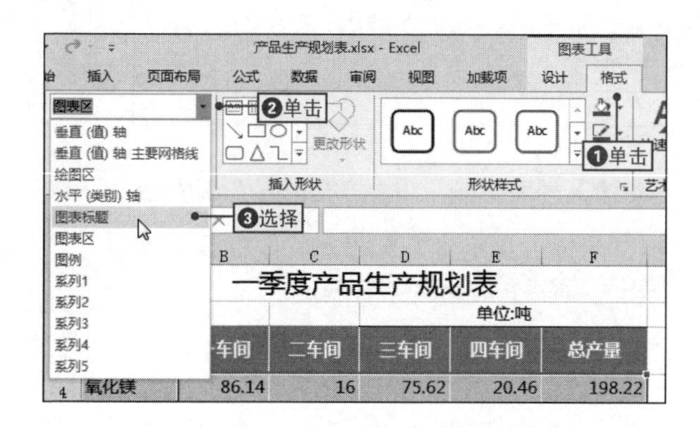

NO.510 快速为图表设置形状轮廓

在Excel中，为了突出显示添加的图表，用户可以为图标设置形状轮廓，也就是更改图表元素中的线条颜色、宽度和样式，也可以为选定的形状创建自定义边框。

其具体操作是：选择图表元素，❶单击“图表工具-设计”选项卡，❷单击“形状轮廓”下拉按钮，❸选择相应的轮廓颜色选项。

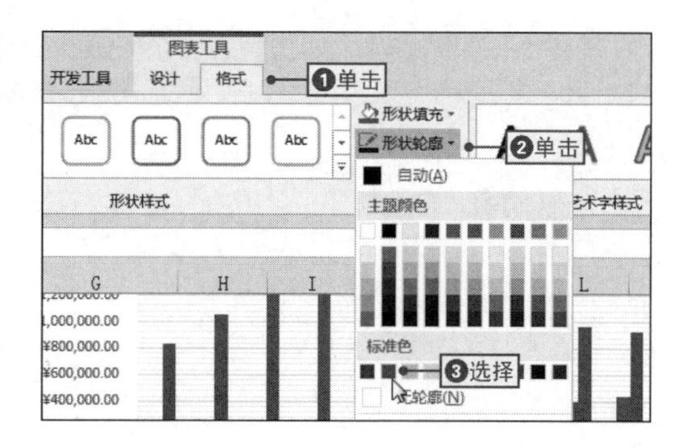

NO.
511 快速更改图表默认布局

在表格中的图表既要求能准确传递信息，又要求美观大方，这时需要对图表进行合理的布局以达到目的，其具体操作是：选择目标图表元素，❶单击“图表工具-设计”选项卡，❷单击“快速布局”下拉按钮，❸选择相应的布局选项。

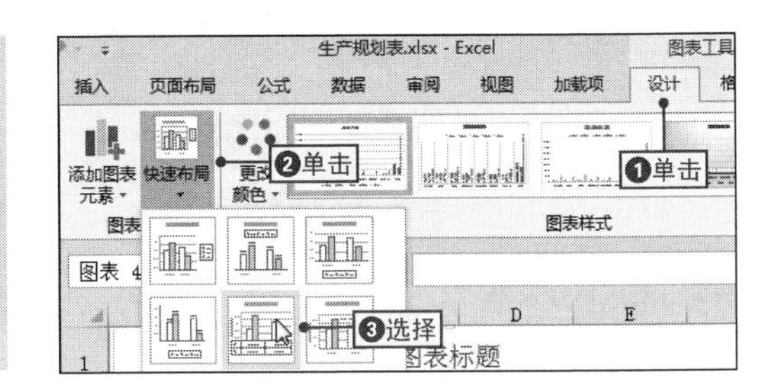

NO.
512 添加数据系列

案例028 产品销量分析表

◎\素材\第10章\产品销量分析表6.xlsx　◎\效果\第10章\产品销量分析表6.xlsx

在Excel中的图表是依据数据源创建，如果数据源中的数据发生改变，则图表会自动更新，但图表不会自动添加数据系列，这时需要手动进行添加，下面将通过在图标中添加数据系列为例来进行讲解，其具体操作如下。

1 打开“选择数据源”对话框

❶打开“产品销量分析表6.xlsx”文件，❷选择图表，❸在“图表工具-设计”选项卡中单击“选择数据”按钮。

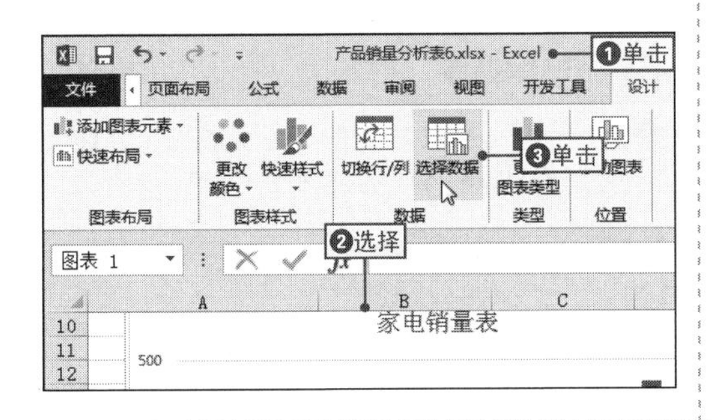

2 打开“编辑数据系列”对话框

在打开的“选择数据源”对话框中单击“添加”按钮，打开“编辑数据系列”对话框。

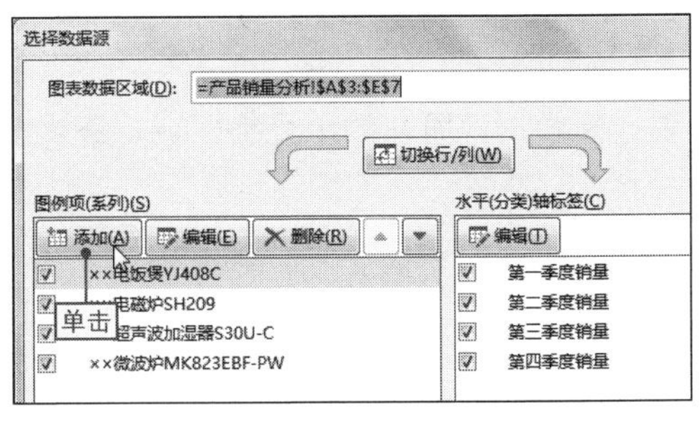

3 编辑数据系列

❶将鼠标光标定位到“系列名称”文本框中，并选择A8单元格，❷以相同方法设置系列值，❸单击“确定”按钮即可。

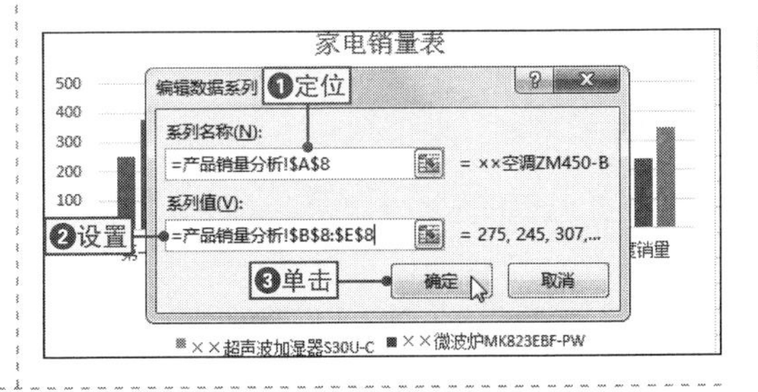

NO.
513
编辑数据系列

数据系列可以通过直接输入数据构成系列值，也可以引用表格中的单元格数据，用户可以根据需要对数据系列进行编辑，其具体操作如下。

1 打开“编辑数据系列”对话框

❶打开“选择数据源”对话框，❷在“图例项”下拉列表框中选择需要编辑的选项，❸单击“编辑”按钮。

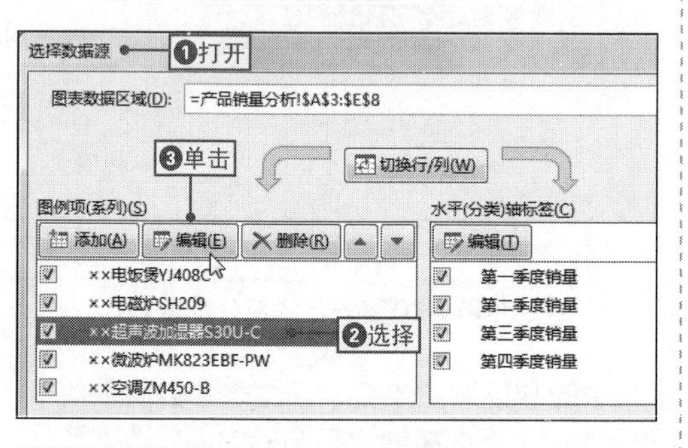

2 编辑数据系列

❶在打开的“编辑数据系列”对话框中设置系列名称和系列值，❷单击“确定”按钮确认设置。

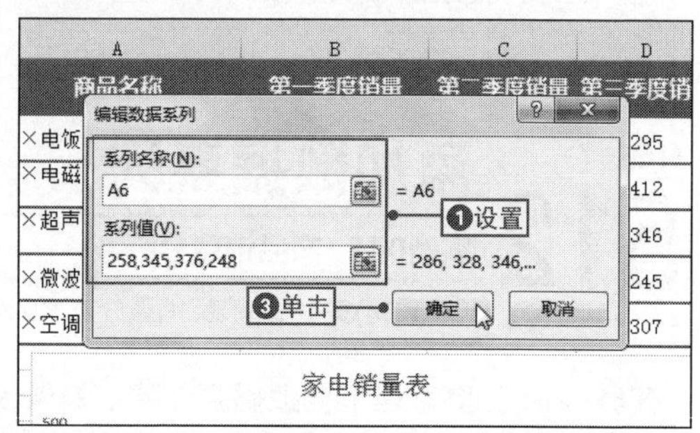

NO.
514
快速添加数据系列

如果想要在图表中快速添加数据系列，可以通过复制粘贴的方式来实现，其具体操作如下。

1 复制数据源

❶选择数据源所在的单元格区域，❷单击“复制”按钮。

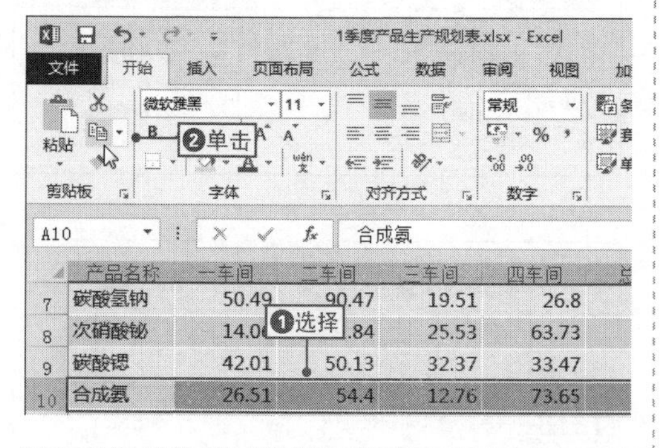

2 粘贴数据源

❶选择目标图表，❷单击“粘贴”按钮，即可将数据系列快速添加到图表中。

NO.

515 删除数据系列

在图表中，对于多余的数据系列，为了避免影响数据的分析结果，可以将其删除，其具体操作如下：❶打开“选择数据源”对话框，❷在“图例项”下拉列表框中选择需要删除的数据系列选项，❸单击“删除”按钮，即可将其删除。

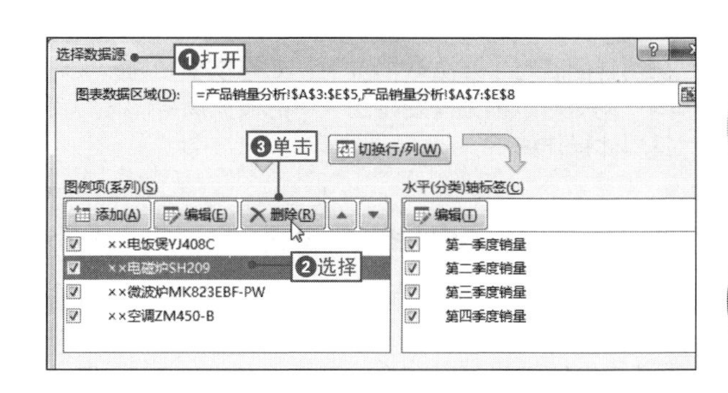

NO.

516 显示/隐藏行列中的图表

如果表格数据中存在隐藏数据行或数据列的情况，那么在图表中也不会显示隐藏的数据系列，若是想要使隐藏的数据系列显示出来，可以通过以下方法解决该问题，其具体操作如下。

1 打开“选择数据源”对话框

❶选择图表，❷在“图表工具-设计”选项卡中单击“选择数据”按钮，打开“选择数据源”对话框。

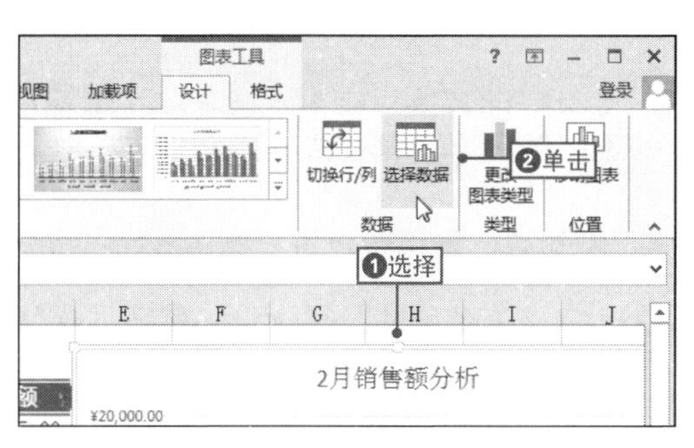

2 打开“隐藏和空单元格设置”对话框

单击“隐藏的单元格和空单元格”按钮，打开“隐藏和空单元格设置”对话框。

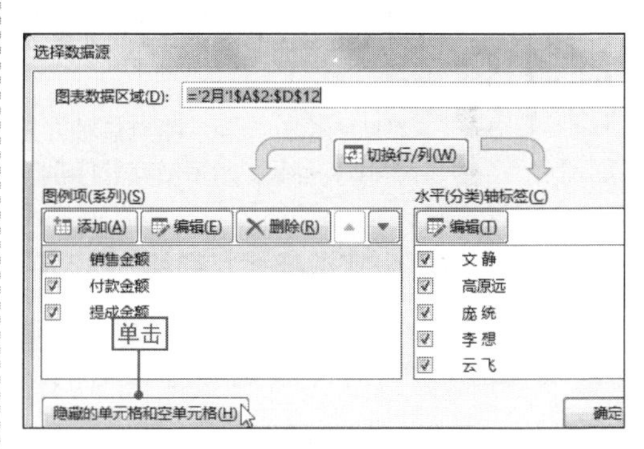

3 设置显示隐藏的行列数据

❶选中“显示隐藏行列中的数据”复选框，❷单击“确定”按钮即可确认设置。

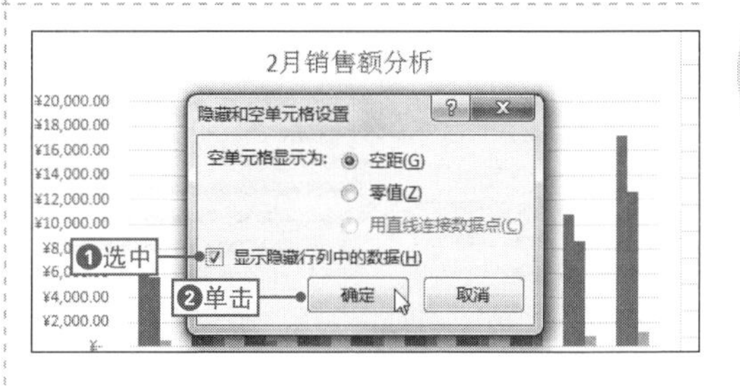

NO.
517

使数据点绘制在刻度线上

案例029 洗化类商品销售比例表

◎\素材\第10章\洗化类商品销售比例表.xlsx ◎\效果\第10章\洗化类商品销售比例表.xlsx

在创建图表时，在默认情况下，如果水平轴为分类轴，则图表中的数据点绘制在分类轴的中间，用户可以根据需要将图表中的数据点绘制在主刻度线上，下面将通过具体实例来讲解，其具体操作如下。

1 打开“设置坐标轴格式”窗格

❶打开“洗化类商品销售比例表.xlsx”文件，❷在分列坐标轴上的右击，❸选择“设置坐标轴格式”命令。

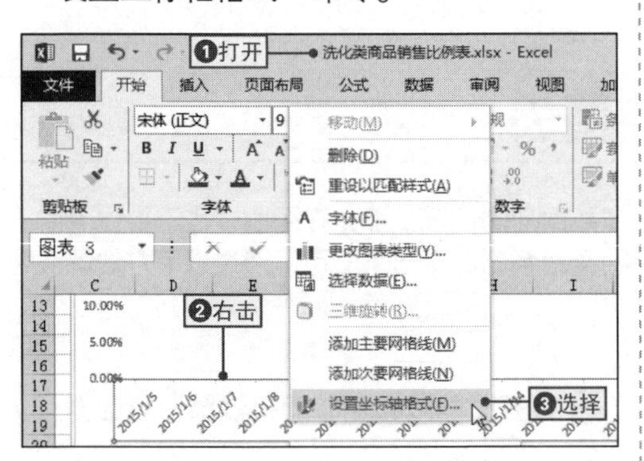

2 设置坐标轴位置在刻度线上

❶在打开的“设置坐标轴格式”窗格的“坐标轴位置”选项组中选中“在刻度线上”单选按钮，❷单击“关闭”按钮。

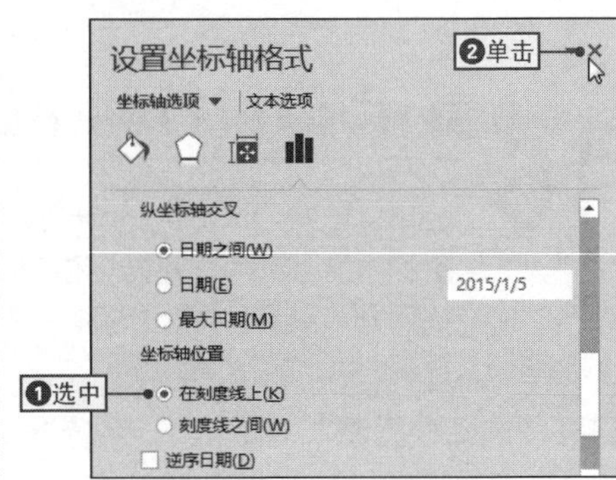

NO.
518

设置分类轴逆序显示

默认创建的图表，若垂直轴为分类轴，则图表中的数据点顺序与表格中对应的数据点顺序相反，为了使其顺序相同，可以通过下面的操作来实现，其具体操作如下。

1 打开“设置坐标轴格式”窗格

❶在坐标轴上右击，❷选择“设置坐标轴格式”命令，打开“设置坐标轴格式”窗格。

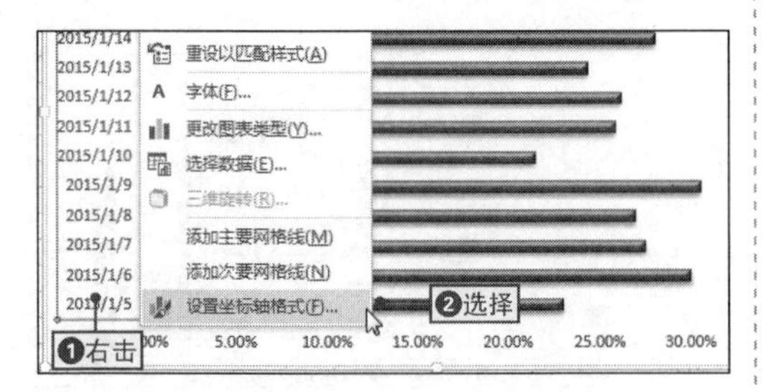

2 设置分类轴逆序显示

❶选中“逆序日期”复选框，❷在“横坐标轴交叉”选项组中选中“最大日期”单选按钮，然后关闭窗格即可。

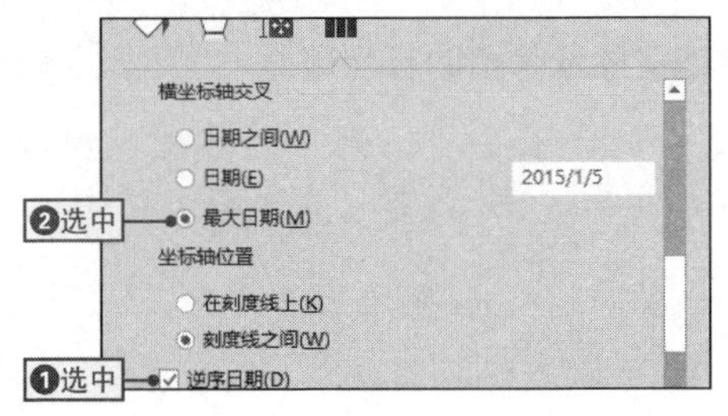

NO.
519 对数值轴的格式进行设置

案例029 洗化类商品销售比例表

◉\素材\第10章\洗化类商品销售比例表1.xlsx ◉\效果\第10章\洗化类商品销售比例表1.xlsx

在创建图表后，图表数值轴上的刻度值是由Excel自动设置的，而在日常工作中，需要对其进行调整，如图表中的数据系列跨度较大时，图表中较小的数值就不能明确的显示，下面将通过对数值轴的格式进行设置来讲解，其具体操作如下。

1 打开“设置坐标轴格式”窗格

❶打开“洗化类商品销售比例表1.xlsx”文件，❷双击垂直坐标轴，打开“设置坐标轴格式”窗格。

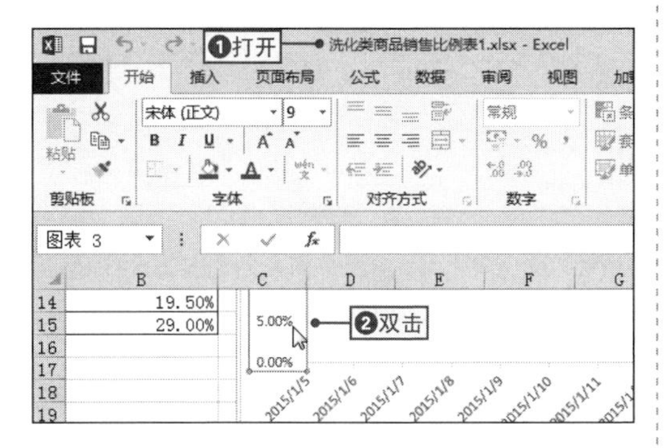

2 设置数值轴的格式

❶在“坐标轴选择”选项卡的“边界”选项组中设置最大值和最小值，❷单击“关闭”按钮即可。

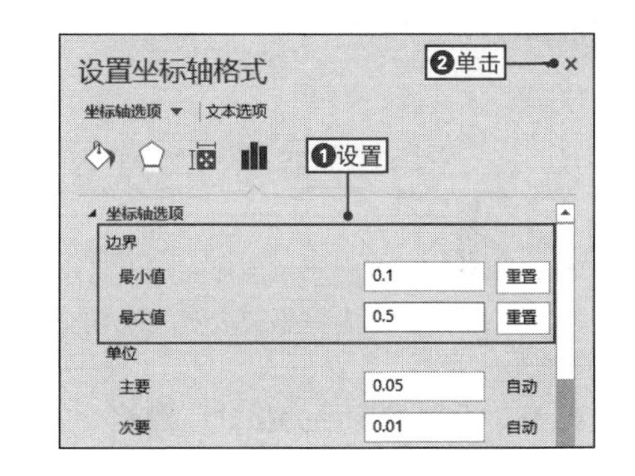

NO.
520 设置日期坐标轴格式

由于日期是连续的，所以在图表中显示日期的坐标轴序号也应是连续的，就算工作表中日期的对应项中没有数据，在图表中也需要将日期显示出来，这时就需要将显示日期的坐标轴设置为日期坐标轴。

其具体操作是：❶双击相应的坐标轴打开“设置坐标轴格式”窗格，❷在“坐标轴类型”选项组中选中“日期坐标轴”单选按钮，❸单击“关闭”按钮，即可将坐标轴设置为日期坐标轴格式。

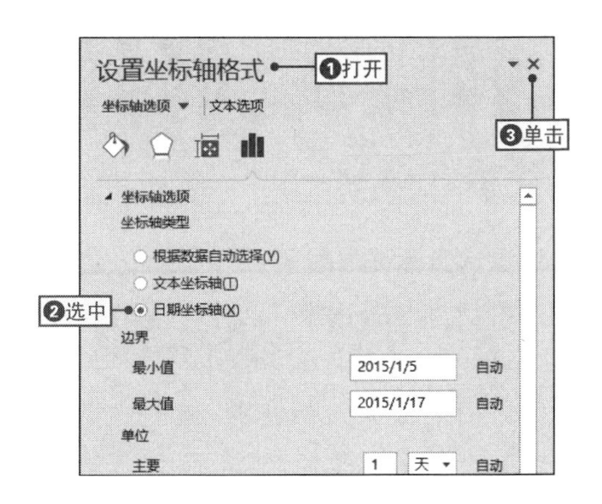

NO.
521 设置对数坐标轴格式

在插入的图表中，如果各数据系列的数值都是正数，且跨度相对也比较大时，而图表中较小的数值就不能明确地显示出来，这时就需要使用对数刻度的坐标轴来显示图表。

其具体操作是：❶打开“设置坐标轴格式”窗格，❷选中“对数刻度”复选框，❸单击“关闭”按钮关闭窗格，这时返回表格中，即可查看到图表中的刻度以10倍递增的方式进行显示。

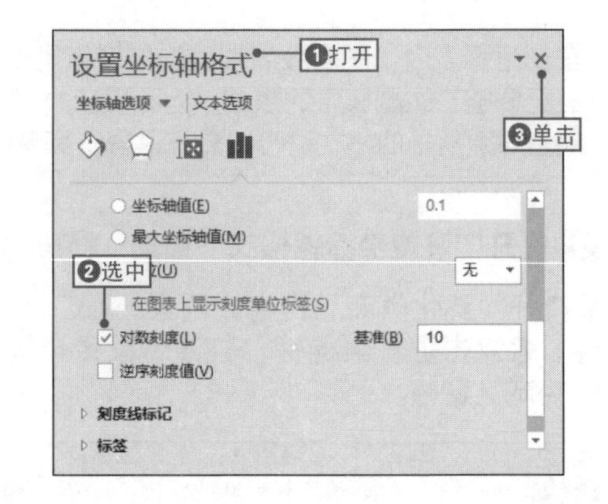

NO.
522 为图表添加次坐标轴

在图表中，次坐标轴也是一种比较常用的坐标轴，在图表中对两种数据进行比较时，为其添加次坐标轴可以使结果更加清晰直观地显示出来，其具体操作如下。

1 打开“设置数据系列格式”窗格

❶选择图表中的数据系列，并在其上右击，❷在弹出的快捷菜单中选择“设置数据系列格式”命令。

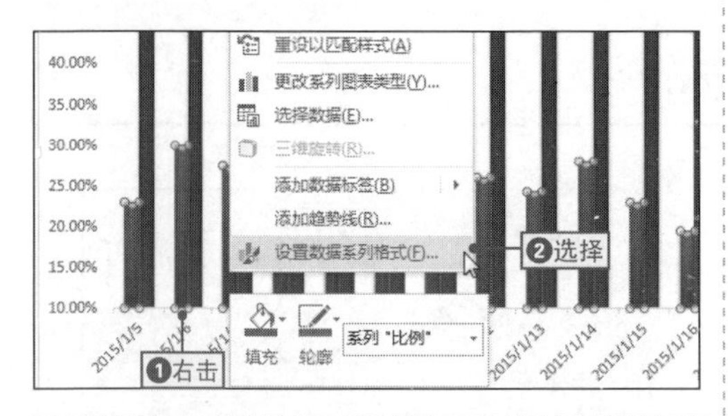

2 添加次坐标轴

❶在打开的“设置数据系列格式”窗格的“系列绘制在”选项组中选中“次坐标轴”单选按钮，❷单击“关闭”按钮。

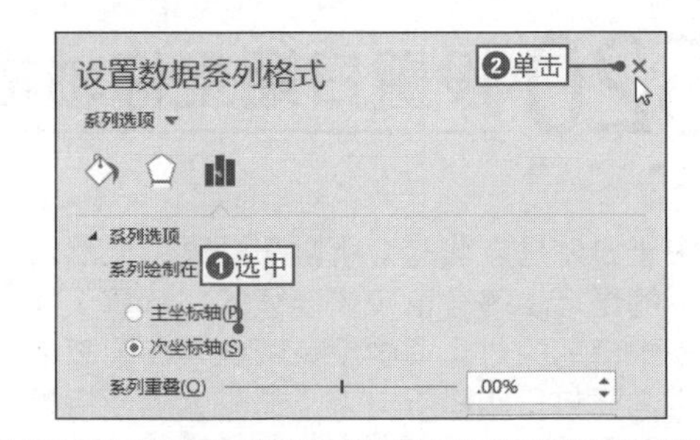

3 设置次坐标轴数据

打开“设置坐标轴格式”窗格，❶在“单位”区域的“主要”文本框中输入相应的数值，❷单击“关闭”按钮，即可完成对次坐标的设置。

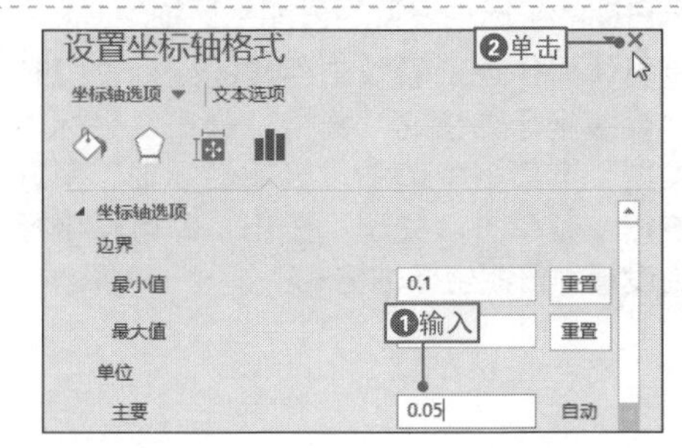

NO.
523 为数据系列添加趋势线

案例029 洗化类商品销售比例表

◎\素材\第10章\洗化类商品销售比例表2.xlsx ◎\效果\第10章\洗化类商品销售比例表2.xlsx

如果想要查看图表中某一系列数据的变化趋势，用户可以为图表添加趋势线来解决，用户借助趋势线可以方便、快速地对数据的走势进行分析，下面将通过具体实例来讲解添加趋势线的步骤，其具体操作如下。

1 打开"设置趋势线格式"窗格

❶打开"洗化类商品销售比例表2.xlsx"文件，❷在数据系列上右击，❸选择"添加趋势线"命令。

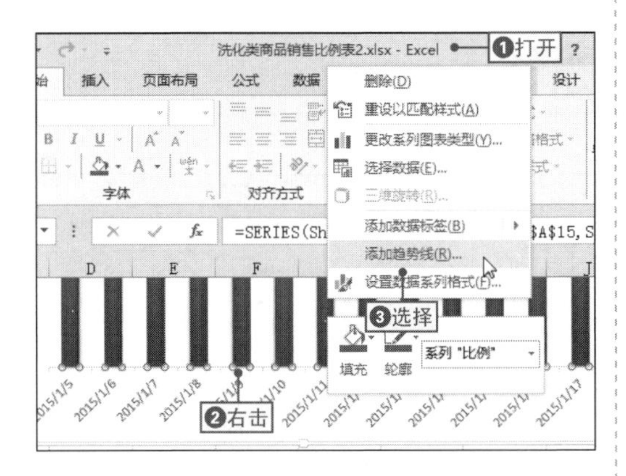

2 添加趋势线

❶在打开的"设置趋势线格式"窗格中选中"线性"单选按钮，❷单击"关闭"按钮即可。

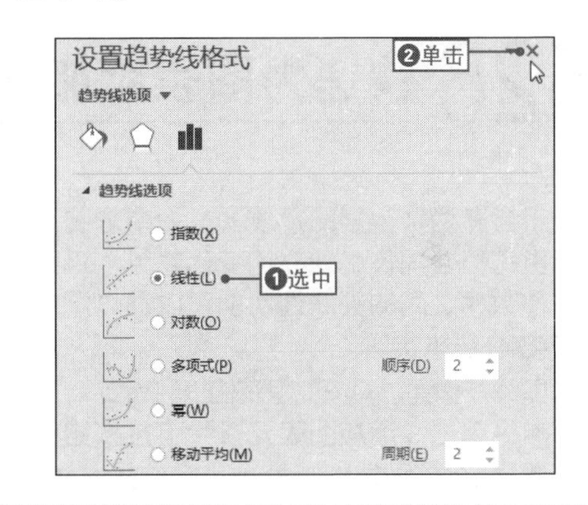

NO.
524 快速为图表添加垂直线

如果想要直接看到各数据点对应在水平轴上的值，可以通过为图表添加垂直线来实现，垂直线是连接水平轴和数据系列之间的折线，主要在折线图和面积图中使用。

其具体操作是：❶选择目标图表，❷单击"图表工具-设计"选项卡，❸单击"添加图表元素"下拉按钮，❹选择"线条→垂直线"命令，即可快速为二维图表添加相应的垂直线。

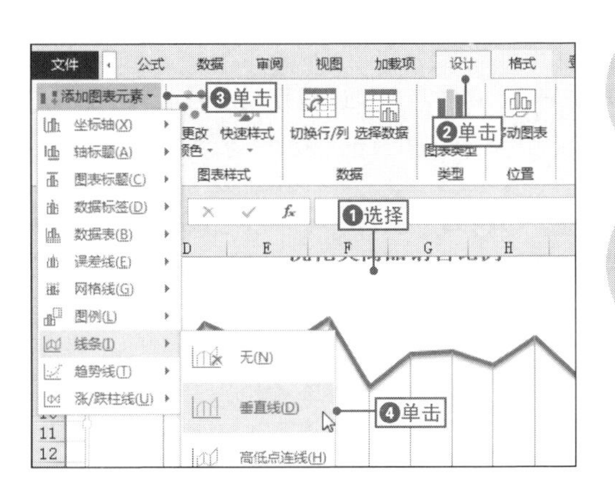

NO.
525 快速为图表添加误差线

在使用图表分析数据时，可以通过添加误差线来显示数据潜在的误差，误差线以图形形式进行显示。

其具体操作是：❶单击“图表工具-设计”选项卡，❷单击“添加图表元素”下拉按钮，❸选择“误差线→标准误差”命令，即可为二维图表添加标准误差线。

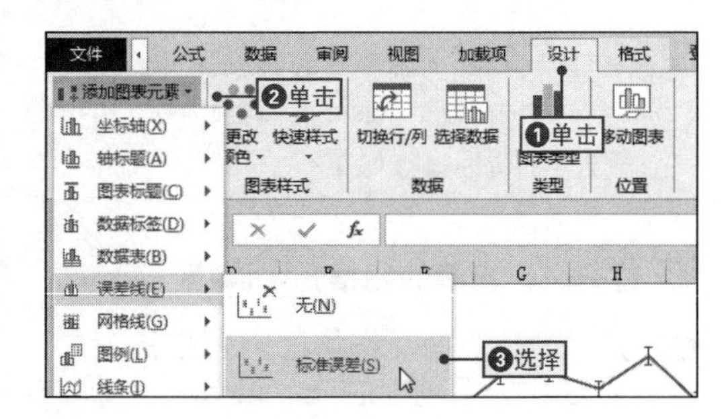

NO.
526 快速为图表添加涨/跌柱线

对于含有两种数据的折线图，如果想要显示出它们之间彼此独立的变化趋势，观察两种数据之间的关联性，就可以通过添加涨/跌柱线来实现。

其具体操作是：❶在“图表工具-设计”选项卡中单击“添加图表元素”下拉按钮，❷选择“涨/跌柱线”命令，❸选择“涨/跌柱线”选项即可。

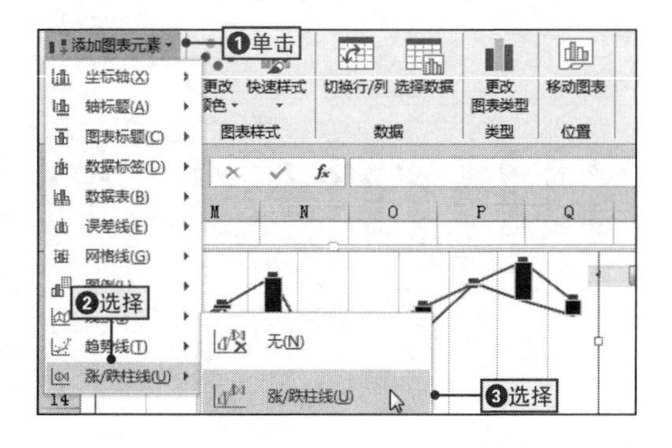

NO.
527 打印表格中的图表

案例030 新产品铺货率分析

◉\素材\第10章\新产品铺货率分析1.xlsx ◉\效果\第10章\无

在Excel中对图表创建完成以后，为了方便查阅和分析，可以单独打印图表，下面将通过具体的实例来讲解，其具体操作如下。

1 切换到“文件”选项卡

❶打开“新产品铺货率分析1”文件，❷表格中选择需要打印的图表，❸单击“文件”按钮。

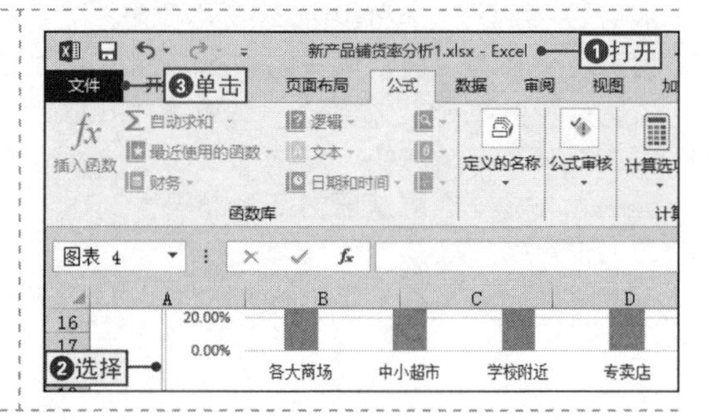

2 打印图表

❶切换到“打印”选项卡，对打印机进行相应设置，❷单击“打印”按钮对表格中的图表进行打印。

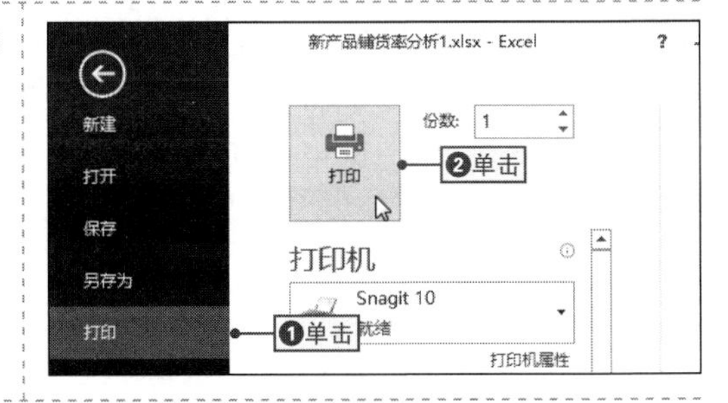

NO.528 图表作为表格的一部分打印

如果用户希望能更加清楚地了解表格中的数据，可以将图表作为表格中的一部分将其打印出来，其具体操作如下。

1 显示页面布局视图

选择表格中的任意单元格，在编辑区下方的状态栏中单击“页面布局”按钮，显示页面布局视图。

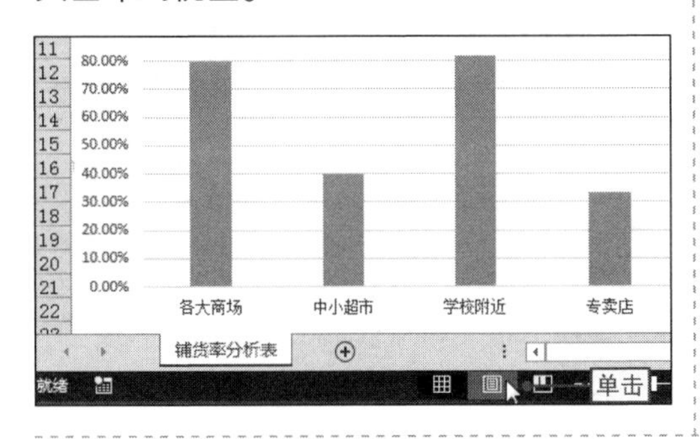

2 调整打印数据

调整右侧和下侧的边距，使需要打印的图表和表格数据位于同一页中，然后再对表格进行打印操作。

新产品上市第一月铺货率分析

铺货地点	目标铺货	实现铺货	铺货率
各大商场	100	80	80.00%
中小超市	75	30	40.00%
学校附近	98	80	81.63%
专卖店	60	20	33.33%
批发	0		还未定目标铺货

新品铺货率分析

调整

NO.529 不打印表格中的图表

在表格中，有时使用图表分析数据后，用户并不希望将其打印出来，这时可以设置不打印表格中的图表，其具体操作如下。

1 打开“设置图表区格式”窗格

❶在图表上右击，❷在弹出的快捷菜单上选择“设置图表区域格式”命令，打开“设置图表区格式”窗格。

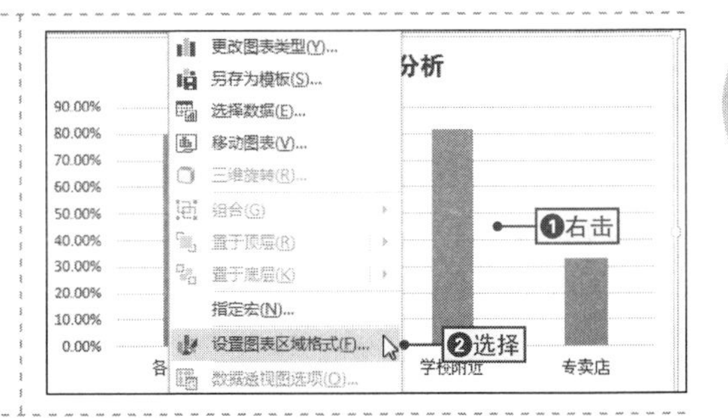

2 取消打印对象功能

切换到“大小属性”对话框，❶单击“属性”选项卡，❷取消选中“打印对象”复选框，❸单击“关闭”按钮即可。

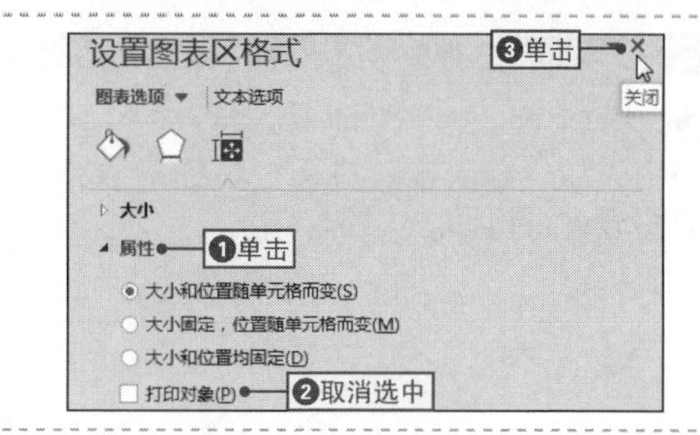

NO. 530 将图表另存为图片

案例030 新产品铺货率分析

◉\素材\第10章\新产品铺货率分析2.xlsx　◉\效果\第10章\新产品铺货率分析2.files

在日常办公中，有时需要将制作好的图表插入其他文档中，如Word文档或网页等，这时就需要将图表转化为图片，最简单的操作就是将其另存为网页文件，然后在网页文件夹中就可以找到图表对应的图片，下面将通过具体实例来讲解，其具体操作如下。

1 保存表格

打开“新产品铺货率分析2.xlsx”文件，❶在“保存类型”下拉列表中选择“网页”选项，❷单击“保存”按钮。

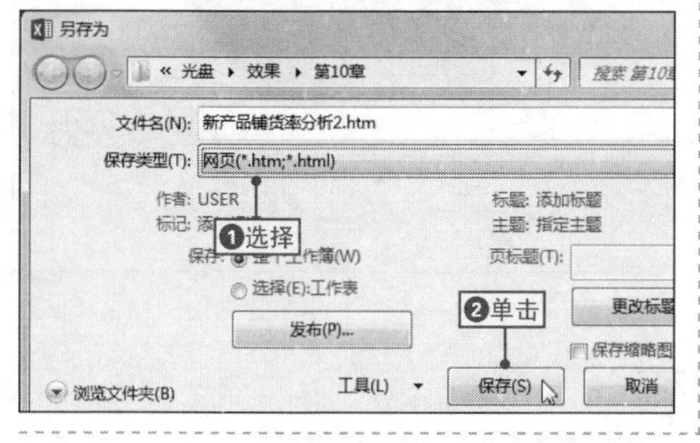

2 查看保存效果

打开保存的网页文件夹，在其中就可以查看到表格中的图表以图片的形式被提取出来，扩展名为“.png”。

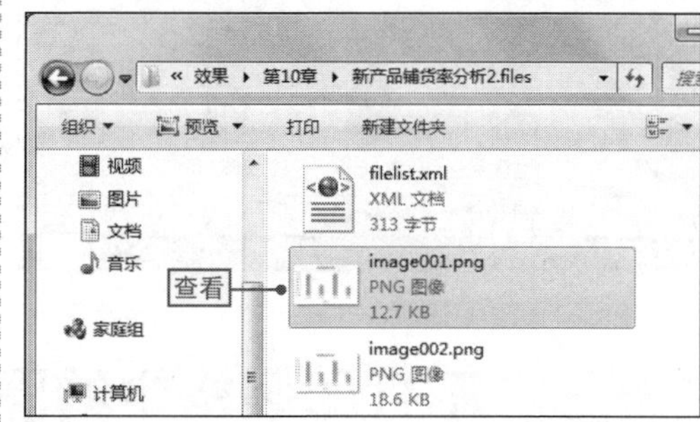

NO. 531 将图表另存为PDF文件

对于制作好的图表，若只希望他人使用其分析数据，而不能对其进行修改，就可以将表格中的图表转化为PDF格式的文件。

其具体操作是：❶打开“另存为”对话框，❷在“保存类型”下拉列表中选择“PDF”选项，然后单击“保存”按钮。

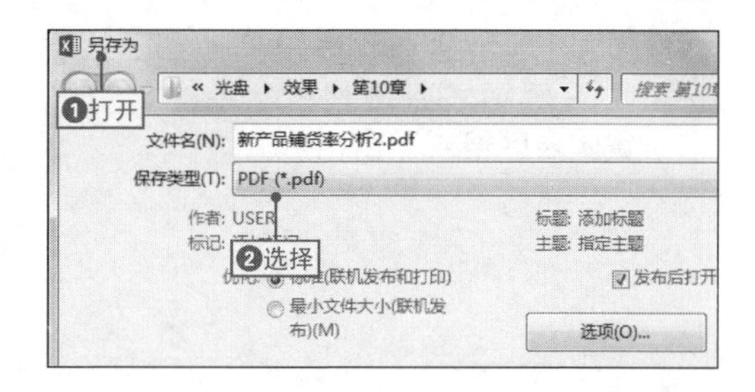

10.3 数据透视表的创建和编辑技巧

NO.532

创建数据透视表

案例031　历届奥运会奖牌数量

◉\素材\第10章\历届奥运会奖牌数量.xlsx　　◉\效果\第10章\历届奥运会奖牌数量.xlsx

数据透视表是一种特殊的表格，主要用于将相同类别的数据以某种方式快速汇总到一起，下面将通过在表格中创建历届奥运会奖牌数量透视表为例来讲解，其具体操作如下。

1 打开“创建数据透视表”对话框

❶打开“历届奥运会奖牌数量.xlsx”文件，❷选择目标单元格区域，❸在“插入”选项卡中单击“数据透视表”按钮。

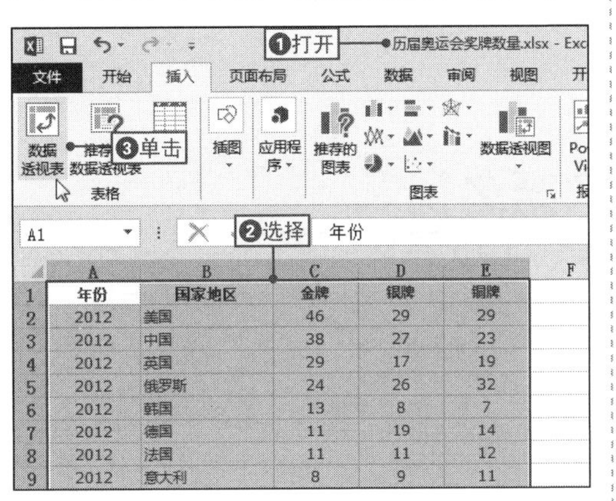

2 创建数据透视表

❶在打开的对话框中选中“现有工作表”单选按钮，❷在“位置”文本框中设置透视表存放的位置，❸单击“确定”按钮。

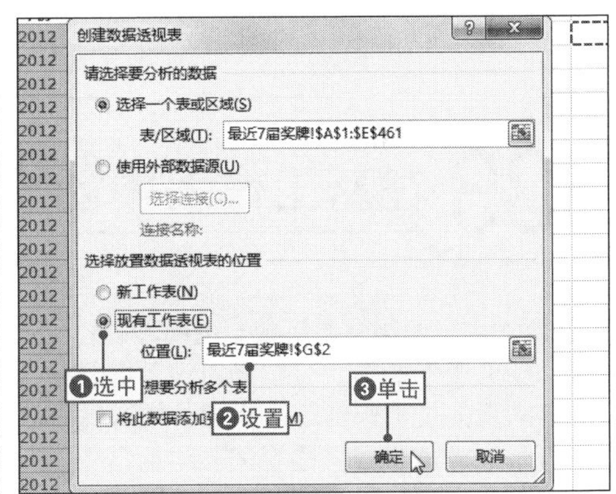

3 选择字段列表

❶在打开的“数据透视表字段”窗格中选中相应的复选框，❷单击“关闭”按钮。

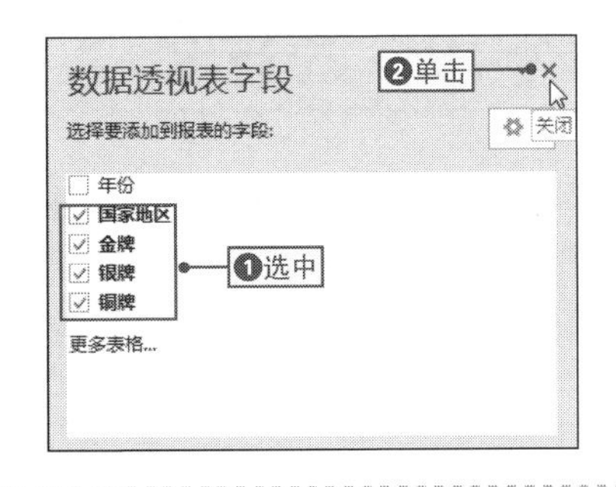

4 打开“插入计算字段”对话框

❶单击“数据透视表工具-分析”选项卡，❷单击“字段、项目和集”下拉按钮，❸选择“计算字段”命令。

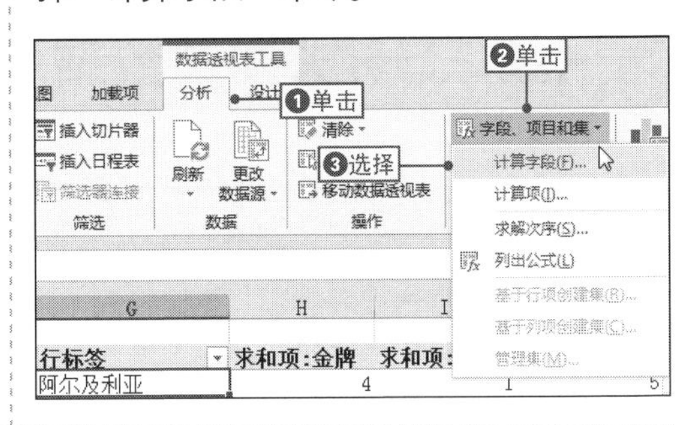

5 设置字段的名称和公式

❶在打开的对话框的“名称”文本框中输入字段名称，❷在“公式”文本框中输入相应公式，❸单击“确定”按钮。

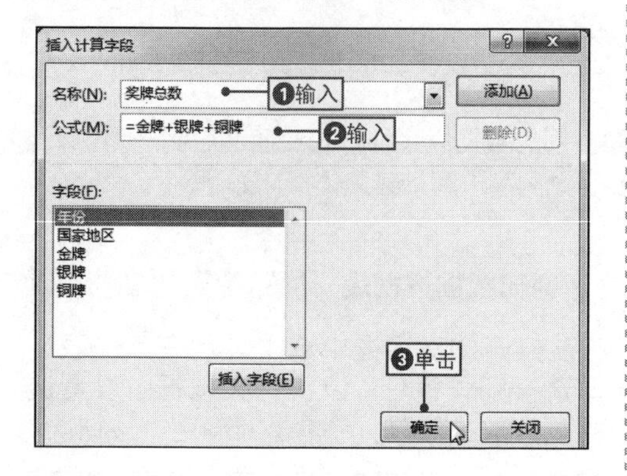

6 查看常见的数据透视表

返回表格中，即可查看到创建的数据透视表以及添加的字段效果。

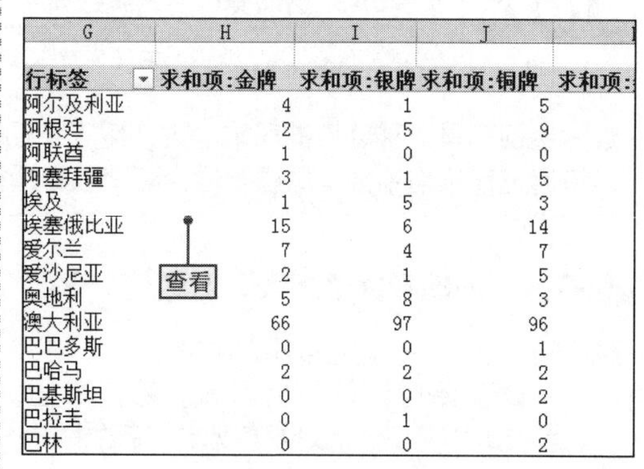

行标签	求和项:金牌	求和项:银牌	求和项:铜牌	求和项:
阿尔及利亚	4	1	5	
阿根廷	2	5	9	
阿联酋	1	0	0	
阿塞拜疆	3	1	5	
埃及	1	5	3	
埃塞俄比亚	15	6	14	
爱尔兰	7	4	7	
爱沙尼亚	2	1	5	
奥地利	5	8	3	
澳大利亚	66	97	96	
巴巴多斯	0	0	1	
巴哈马	2	2	2	
巴基斯坦	0	0	2	
巴拉圭	0	1	0	
巴林	0	0	2	

NO.

533 在新工作表中创建数据透视表

在Excel中，如果想要将数据透视表创建到一个新的工作表中，可以通过设置数据透视表放置的位置来实现，其具体操作是：在打开的“创建数据透视表”对话框中选中“新工作表”单选按钮，然后单击“确定”按钮确认设置，系统将自动在新工作表中创建数据透视表。

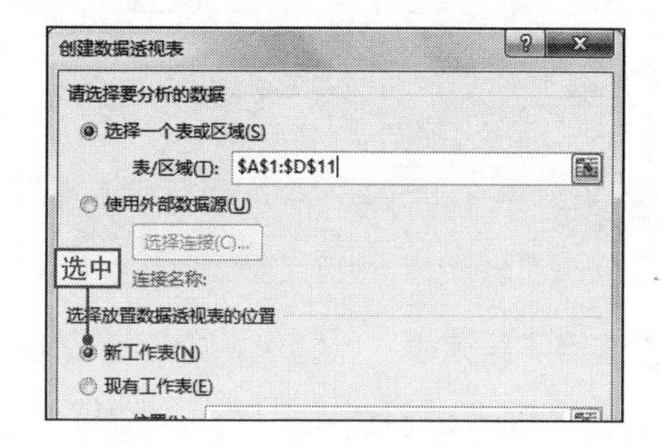

NO.

534 打开/关闭“数据透视表字段”的方法

在表格中创建好数据透视表后，如果需要再次对数据透视表的字段进行编辑，这时就需要将“数据透视表字段”窗格打开，打开其窗格的具体操作是：选择数据透视表，❶单击“数据透视表工具-分析”选项卡，❷在“显示”选项组中单击“字段列表”按钮即可。

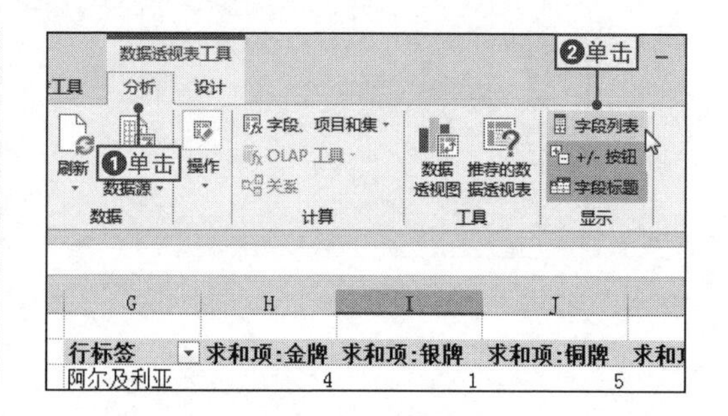

NO.

535 快速清除数据透视表中的数据

在创建好数据透视表后，如果要清除数据透视表中的数据，可以通过删除字段的方法来实现，但是对于数据较大的透视表来说，这种方式比较烦琐，这时可以通过清除命令来快速清除数据透视表中的数据。

其具体操作如下：❶单击“数据透视表工具-分析”选项卡，❷在“操作”选项组中单击“清除”下拉按钮，❸选择“全部清除”命令，即可快速清除数据表中的数据。

行标签	求和项:金牌	求和项:银牌	求和项:铜牌	求和项:奖牌总数
阿尔及利亚	4	1	5	10
阿根廷	2	5	9	16
阿联酋	1	0	0	1
阿塞拜疆	3	1	5	9
埃及	1	5	3	9
埃塞俄比亚	15	6	14	35
爱尔兰	7	4	7	18
爱沙尼亚	2	1	5	8
奥地利	5	8	3	16
澳大利亚	66	97	96	259
巴巴多斯	0	0	1	1

NO.

536 在“数据透视表字段”窗格中显示更多字段

若使用字段较多的表格数据创建数据透视表，那么在“数据透视表字段列表”窗格中无法显示所有的字段选项，只能通过滚动条来进行查看，影响了数据透视表的操作速度，这时可以通过设置将所有字段都显示出来，其具体操作如下。

1 设置段节和区域节并排

❶在“数据透视表字段”窗格中单击列表框右侧的下拉按钮，❷选择“字段节和区域节并排”选项。

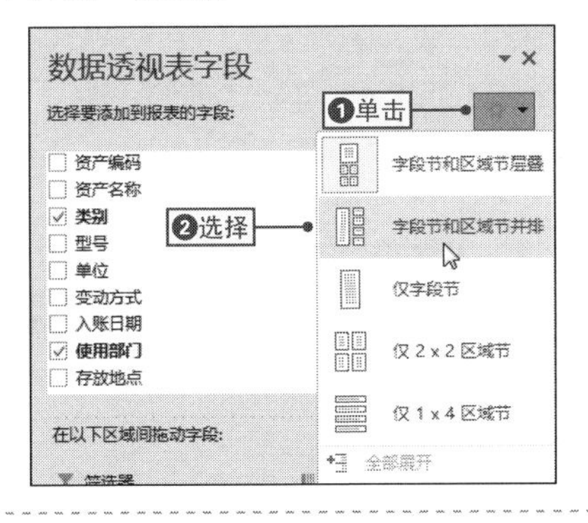

2 查看设置效果

此时在“选择要添加到报表的字段”列表框中将会显示所有的字段。

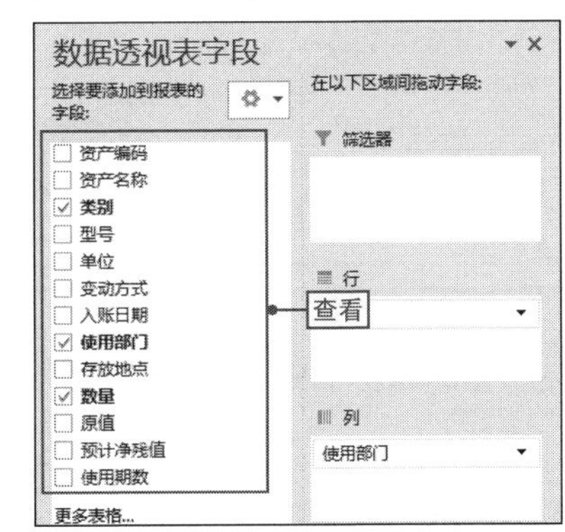

NO.
537 自动套用数据透视表样式

案例031 历届奥运会奖牌数量

◎\素材\第10章\历届奥运会奖牌数量1.xlsx ◎\效果\第10章\历届奥运会奖牌数量1.xlsx

在创建表格后，一般都要对表格进行适当的美化，而对于创建的数据透视表同样需要进行美化，美化数据透视表最快速的方式就是自动套用数据透视表样式，下面将通过具体实例来讲解，其具体操作如下。

1 展开其他数据透视表样式

❶打开“历届奥运会奖牌数量1.xlsx”文件，❷选择任意单元格，❸在“数据透视表工具-设计”选项卡中单击“其他”按钮。

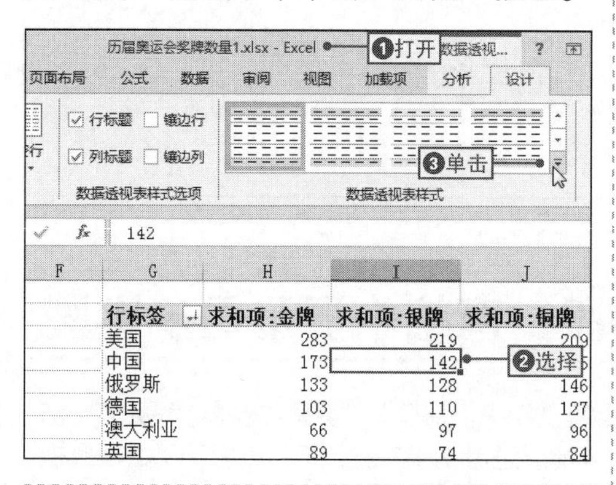

2 选择数据透视表样式

在打开的下拉列表的“深色”选项组中选择相应的数据透视表样式。

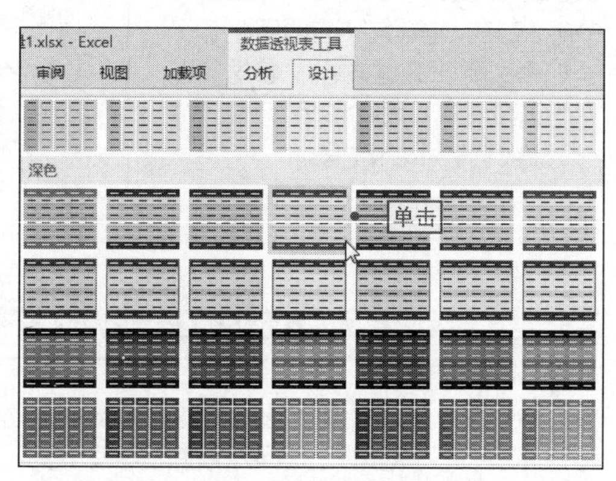

3 查看设置效果

在表格中可以查看到数据透视表应用了内置样式后的效果。

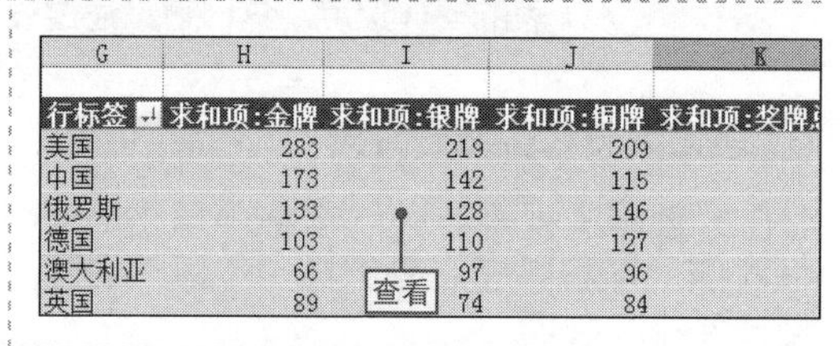

NO.
538 为数据透视表应用表格格式

创建的数据透视表不仅可以直接应用内置的数据透视表样式，而且还可以套用表格格式，其具体操作是：选择数据透视表中的任意单元格，❶在“开始”选项卡中单击“套用表格格式”下拉按钮，❷在弹出的下拉列表中选择需要的样式选项即可。

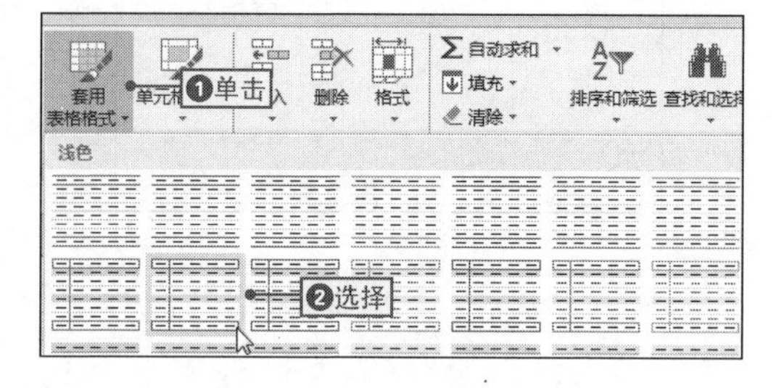

NO.
539

批量设置某类数据的格式

在为数据透视表设置格式时，有时需要为一些不连续的同类数据同时设置相同的格式，这时可以通过批量为同类数据设置格式的方法来实现，其具体操作如下。

1 启动选定内容功能

选择数据透视表中任意单元格，❶在“数据透视表工具-分析”选项卡中单击“选择”下拉按钮，❷选择“启动选定内容”命令。

2 选择数据

将鼠标光标移动到需要选择的单元格边框上，此时鼠标光标就会变成➡形状，单击鼠标，即可选择该类数据。

	A	B	C
3	地	品名	存储数量
4	白城	沸腾钢中板	2000.008
5		冷轧薄板	2960.448
6		取向矽钢片	1794.04
7		镇静钢中板	1667.254
8	宝丰	冷轧薄板	2495.965
9		冷轧镀锌薄板	1506.063
10		取向矽钢片	1508.029
11		热轧碳结圆钢	1057.2647
12	保定	冷轧薄板	1452.466
13		取向矽钢片	2100.663
14	昌平	冷轧薄板	328.966
15		冷轧不锈钢薄板	92.899
16	当阳	冷轧镀锡薄板	3129.139

单击

3 设置数据格式

❶在“开始”选项卡中单击“填充”下拉按钮，❷选择相应的填充色，即可完成批量设置某类数据的格式。

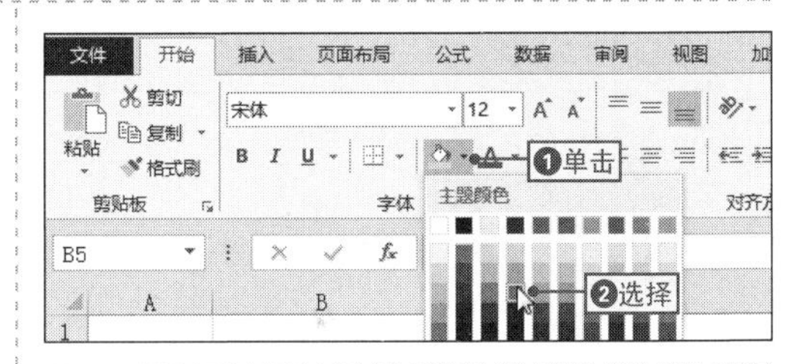

NO.
540

手动刷新数据透视表

案例032 钢材存储明细表

◎\素材\第10章\钢材存储明细表.xlsx ◎\效果\第10章\钢材存储明细表.xlsx

如果数据透视表中引用的数据源发生变化，用户可以手动对数据透视表进行刷新，使数据透视表能及时显示最新数据，下面将通过更新“钢材存储明细表.xlsx”表格中的数据透视表为例进行讲解，其具体操作如下。

1 修改表格数据

打开“钢材存储明细表.xlsx”文件，在表格中对相应数据进行修改。

D88 孝感

	A	B	C	D	E	F
1	批号	品名	省	地	仓库	规格型号
87	86	镇静钢中板	湖北	孝感	338	4.5×1250×6000mm
88	87	镇静钢中板	湖北	孝感	338	50×6000mm

修改

2 刷新数据透视表

切换到数据透视表，❶在任意单元格上右击，❷选择“刷新”命令即可。

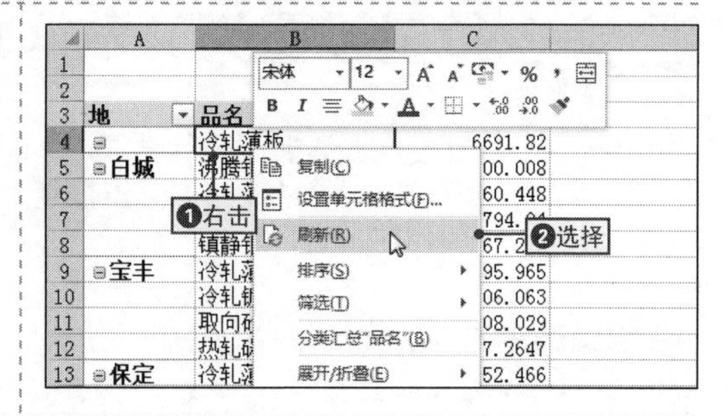

NO. 541 使文件打开时自动刷新数据

在Excel中，用户还可以通过设置数据透视表在每次打开文件时，自动进行刷新操作，其具体设置如下。

1 打开“数据透视表选项”对话框

❶在数据透视表上右击，❷在弹出的快捷菜单中选择“数据透视表选项”命令，打开“数据透视表选项”对话框。

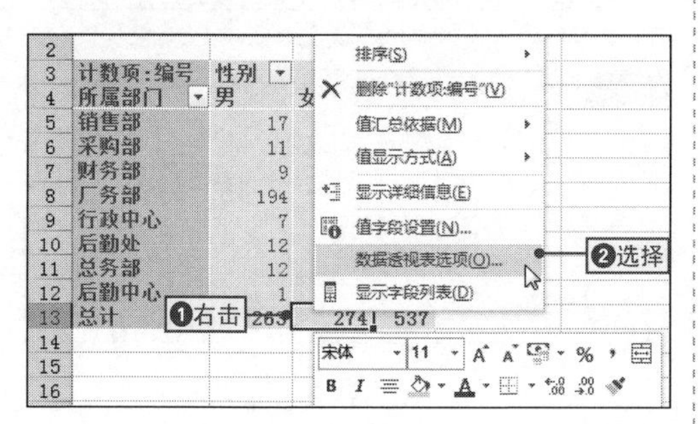

2 设置打开文件时刷新数据

❶单击“数据”选项卡，❷选中“打开文件时刷新数据”复选框，然后单击“确定”按钮确认设置。

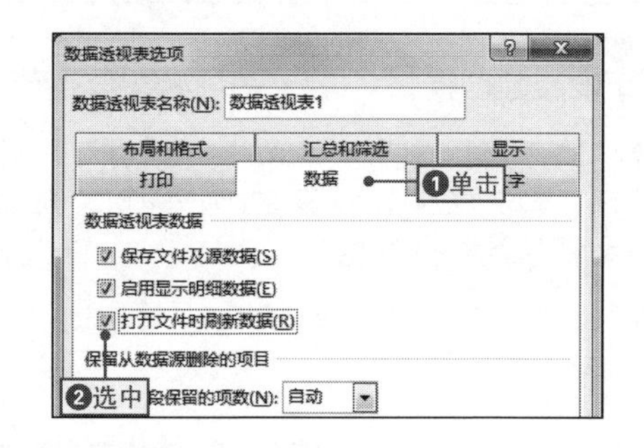

NO. 542 通过VBA代码设置自动刷新

在Excel中，实现功能的自动化，最常用的方法是使用VBA代码，同样数据透视表也可以通过VBA代码来设置自动刷新，其具体操作如下。

1 打开VBA代码生成器

❶在数据透视表所在工作表名称上右击，❷在弹出的快捷菜单中选择“查看代码”命令。

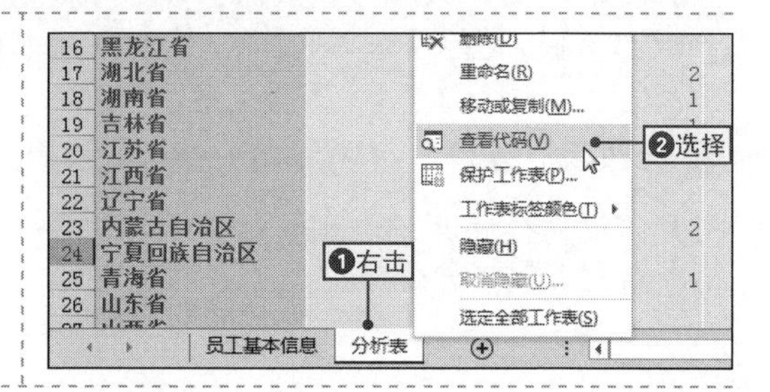

2 输入自动刷新代码

在打开的VBA代码生成器中输入相应的数据透视表自动刷新代码，然后关闭代码生成器，完成操作。

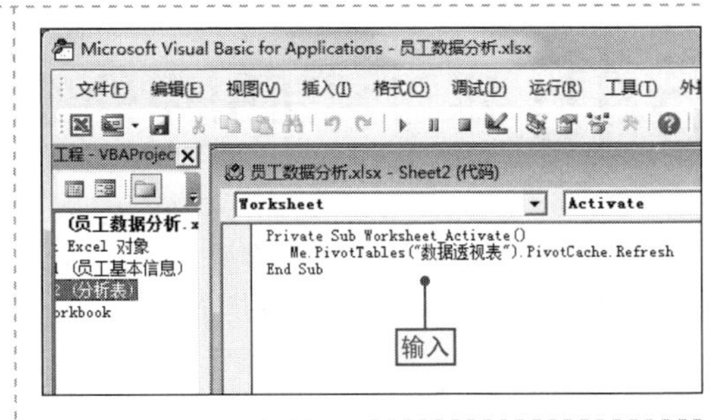

NO.

543 后台刷新引用外部数据源的数据透视表

在Excel中，如果数据透视表引用了外部数据源，程序允许工作时在后台执行数据的刷新操作，其具体操作如下。

1 打开“连接属性”对话框

选择数据透视表中任意单元格，❶单击“数据”选项卡，❷在“连接”选项组中单击“属性”按钮。

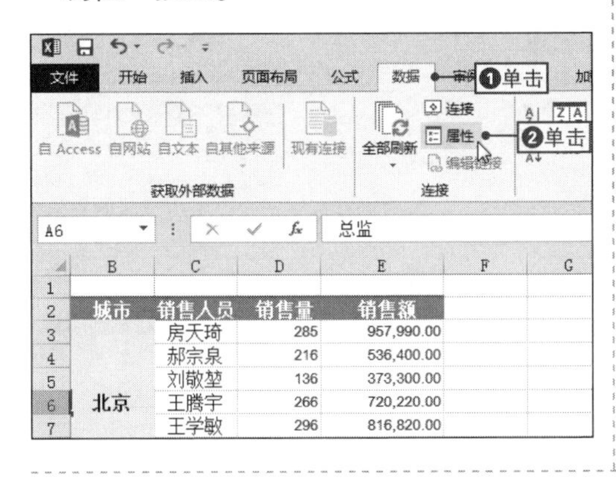

2 设置允许后台刷新

在打开的“连接属性”对话框中选中“允许后台刷新”复选框，然后单击“确定”按钮确认设置。

NO.

544 打开文件时刷新引用外部数据源的数据

如果数据透视表引用的是外部数据源，还可以为其设置打开文件时自动刷新数据透视表，其具体的操作是：❶打开“连接属性”对话框，❷选中“打开文件时刷新数据”复选框，然后单击“确定”按钮确认设置，即可在打开文件时自动对数据透视表进行刷新。

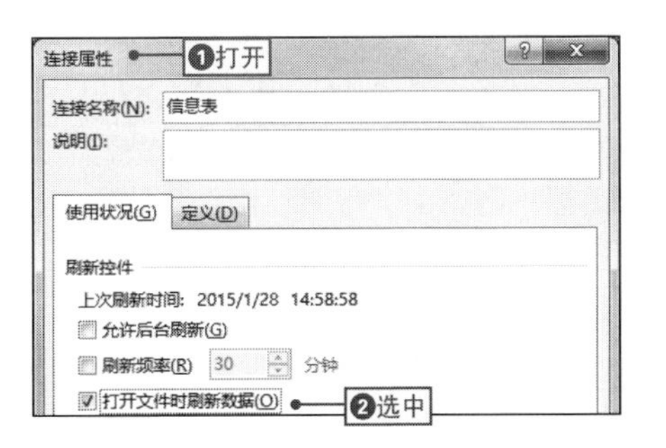

NO.
545 定时刷新引用外部数据源的数据透视表

引用外部数据源创建的数据透视表，可以为其设置固定时间间隔的自动刷新频率，即定时刷新。

其具体操作是：❶打开“连接属性”对话框，❷选中“刷新频率”复选框，❸在其后的数值框中设置刷新的固定时间间隔，然后单击“确定”按钮，即可定时刷新数据透视表。

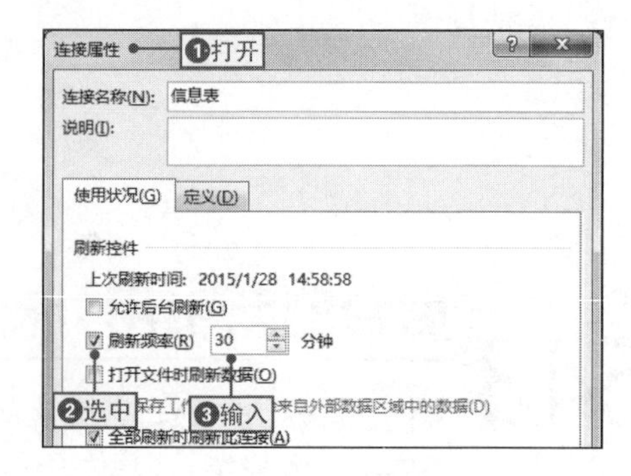

NO.
546 同时刷新工作簿中的所有数据

如果一个工作簿中创建了多个数据透视表，通过设置可以同时对这些数据透视表进行刷新，其具体操作是：在数据透视表中选择任意单元格，❶单击“数据透视表工具-分析”选项卡，❷单击“刷新”下拉按钮，❸选择“全部刷新”命令，即可对工作簿中所有数据透视表进行刷新。

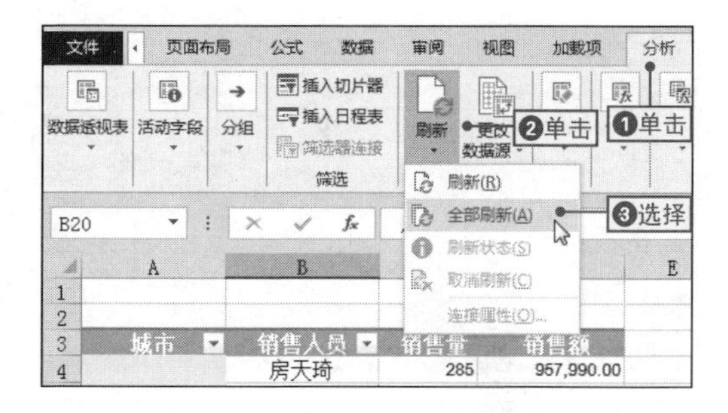

NO.
547 刷新后保持数据透视表列宽不变

对设置好列宽的数据透视表进行刷新后，数据透视表的列宽会发生改变，为了避免重新调整列宽，用户可以取消更新时自动调整列宽的功能。

其具体操作是：打开“数据透视表选项”对话框，❶单击“布局和格式”选项卡，❷取消选中“更新时自动调整列宽”复选框，然后单击“确定”按钮确认设置。

NO.

548 在数据透视表中插入切片器

案例032 钢材存储明细表

◉\素材\第10章\钢材存储明细表1.xlsx ◉\效果\第10章\钢材存储明细表1.xlsx

切片器是一个高效的筛选工具，在数据透视表中插入切片器，就可以对数据透视表进行快速、直观的数据筛选，下面将通过具体实例为例进行讲解，其具体操作如下。

1 打开"插入切片器"对话框

❶打开"钢材存储明细表1.xlsx"文件，选择任意单元格，❷在"数据透视表工具-分析"选项卡中单击"插入切片器"按钮。

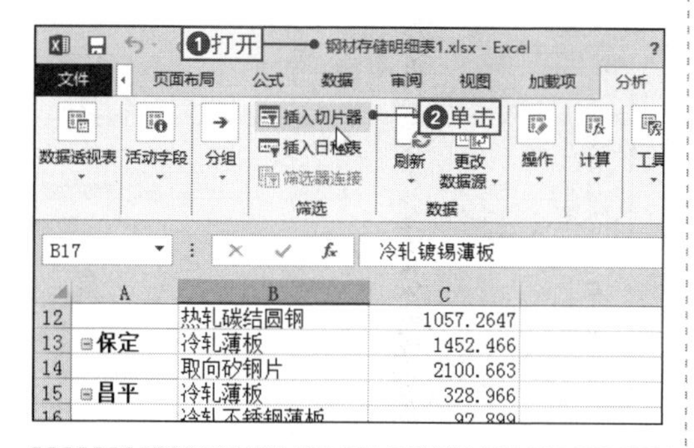

2 插入切片器

❶在打开的"插入切片器"对话框中选中"品名"复选框，❷单击"确认"按钮确认设置。

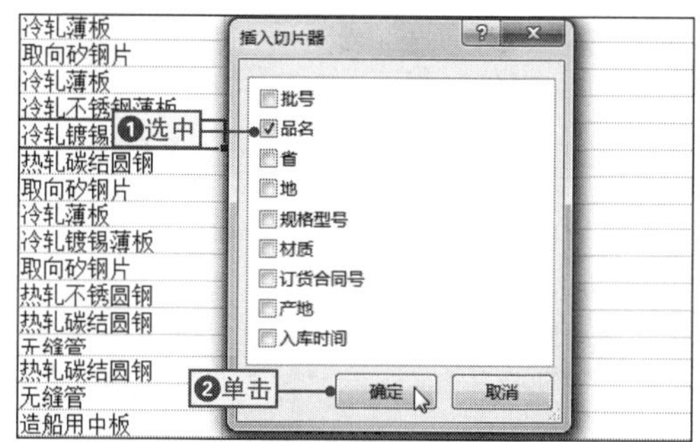

3 查看插入的切片器

返回表格中，即可查看到插入名称为"品名"的切片器。

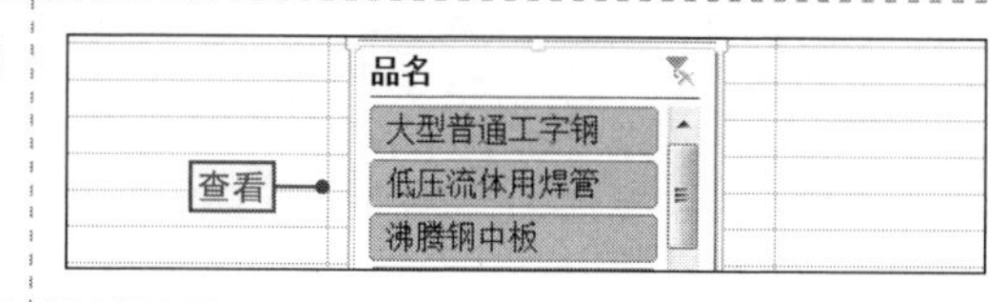

NO.

549 对切片器的格式进行设置

在数据透视表中插入的切片器，可以通过"切片器工具-选项"选项卡对其格式进行设置，和设置其他对象格式的方法相似，但切片器有一个非常有用的功能，就是可以让切片器每行显示多个按钮。

其具体操作如下：在透视表中选择切片器，❶单击"切片器工具-选项"选项卡，❷在"按钮"选项组的"列"数值框中输入"3"，可使切片器的每行显示3个按钮。

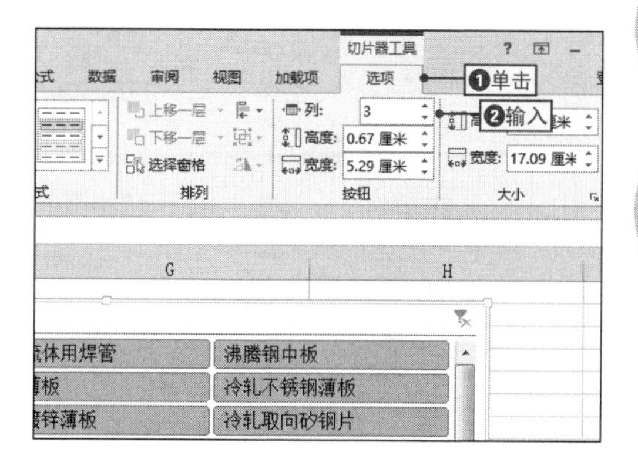

NO.

550 使用切片器筛选某个字段为某个值的数据

案例032 钢材存储明细表

◎\素材\第10章\钢材存储明细表2.xlsx　　◎\效果\第10章\钢材存储明细表2.xlsx

创建好切片器后，就可以使用其对数据透视表中的数据进行筛选，最常用的就是筛选某个字段为指定值的数据，下面将通过切片器筛选出品名为“冷轧薄板”的数据为例，为进行讲解，其具体操作如下。

1 选择某个字段的某个值

❶打开“钢材存储明细表2.xlsx”文件，❷在切片器中单击“冷轧薄板”按钮。

2 查看筛选结果

此时在数据透视表中，可以查看到筛选出品名为“冷轧薄板”的所有数据。

地	品名	存储数量
⊟	冷轧薄板	6691.82
⊟白城	冷轧薄板	2960.448
⊟宝丰	冷轧薄板	2495.965
⊟保定	冷轧薄板	1452.466
⊟昌平	冷轧薄板	328.966
⊟分宜	冷轧薄板	341.452
⊟巩义	冷轧薄板	8946.199
⊟含山县	冷轧薄板	1856.969
⊟集宁市	冷轧薄板	2558.056
⊟济南	冷轧薄板	8321.403
⊟兰州	冷轧薄板	1705.515
⊟乐昌	冷轧薄板	1988.4
⊟龙江县	冷轧薄板	2374.796
⊟鹿泉市	冷轧薄板	718.783
⊟洛阳	冷轧薄板	4455.829
⊟齐齐哈尔	冷轧薄板	3313.781
⊟太原	冷轧薄板	2449.265
⊟铁岭	冷轧薄板	1796.606
⊟武汉	冷轧薄板	3669.819
⊟西安	冷轧薄板	2148.188
⊟西宁	冷轧薄板	1339.031

NO.

551 筛选某个字段为多个值的数据

在使用切片器筛选数据时，有时需要筛选多项，这时只需在切片器中选择多个数据即可实现，其具体操作是：在切片器中按住【Ctrl】键同时单击多个值按钮，即可同时选择多项。

NO.

552 同时使用多个切片器筛选数据

在数据透视表中可以同时插入多个切片器，也可以同时使用多个切片器筛选数据，只需要按住【Ctrl】键，然后分别在各切片器中单击相应的按钮即可。

NO.

553 断开切片器连接

案例032 钢材存储明细表

◉\素材\第10章\钢材存储明细表3.xlsx ◉\效果\第10章\钢材存储明细表3.xlsx

对于暂时不使用的切片器，可以使用数据透视表断开与切片器的连接，断开连接后，单击切片器中的按钮不会再对数据透视表中的数据进行相应的筛选，下面将通过具体实例来进行讲解，其具体操作如下。

1 清除筛选器

❶打开“钢材存储明细表3.xlsx”文件，❷在切片器中单击“清除筛选器”按钮，清除切片器中的筛选器。

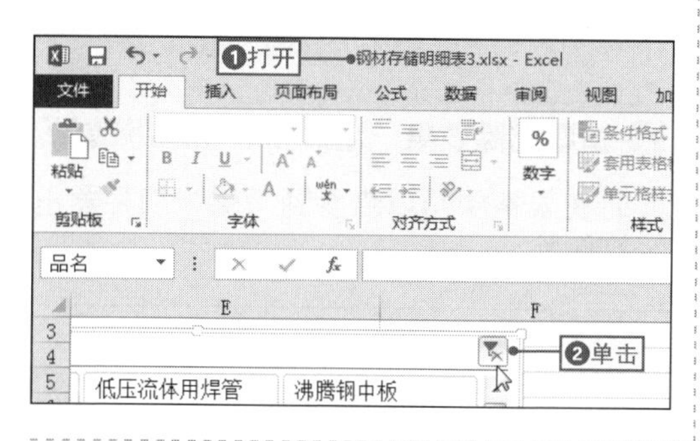

2 打开“数据透视表连接”对话框

❶在切片器上右击，❷在弹出的快捷菜单中选择“报表连接”命令，打开“数据透视表连接”对话框。

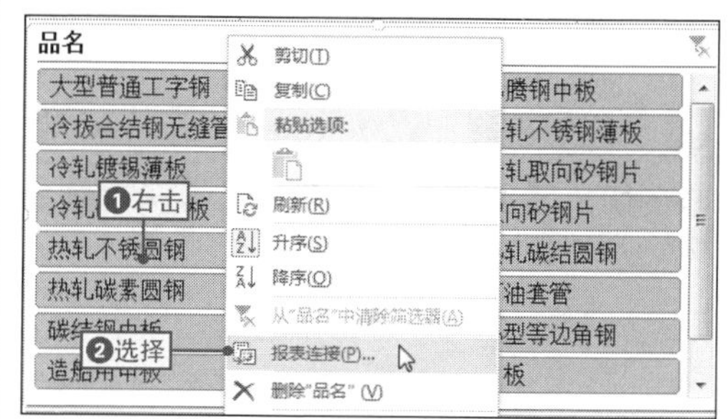

3 断开数据透视表与切片器的连接

❶在列表框中取消选中“数据透视表1”复选框，❷单击“确定”按钮，即可断开数据透视表与切片器的连接。

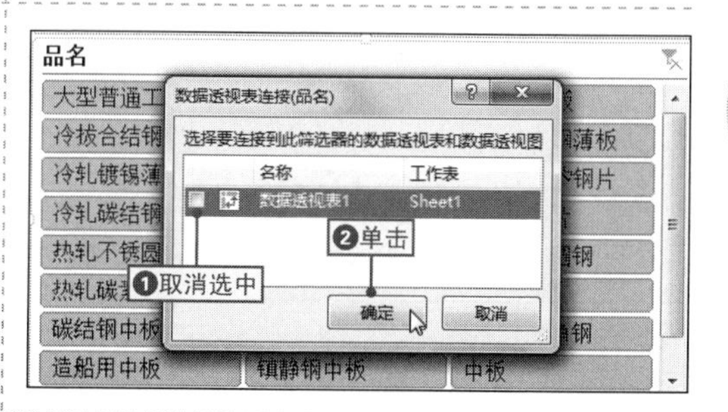

NO.
554

连接已经断开的切片器

如果需要使用已经与数据透视表断开的切片器，同样可以通过“数据透视表连接”对话框来进行操作，其具体操作如下。

1 打开“筛选连接”对话框

选择数据透视表中任意单元格，❶单击“数据透视表工具-分析”选项卡，❷单击“筛选器连接”按钮。

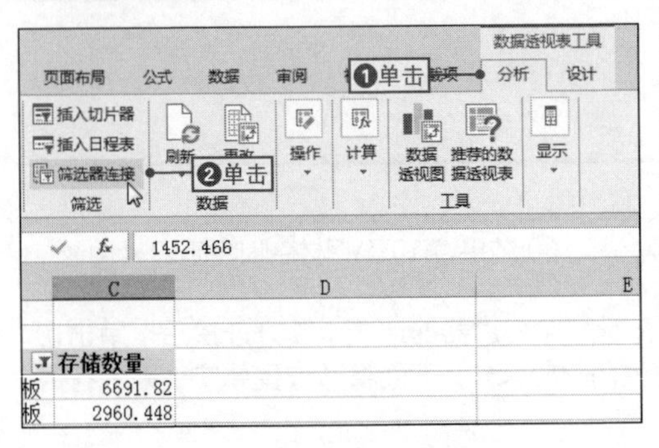

2 连接切片器

❶在打开的“筛选器连接”对话框中选中相应的切片器复选框，❷单击“确定”按钮确认设置，完成操作。

NO.
555

删除切片器

对于在表格中插入的某些切片器，如果不会再对其进行使用，可以将其删除，其具体操作如下。

1 删除切片器

❶在切片器上右击，❷在弹出的快捷菜单中选择“删除‘省’”命令。

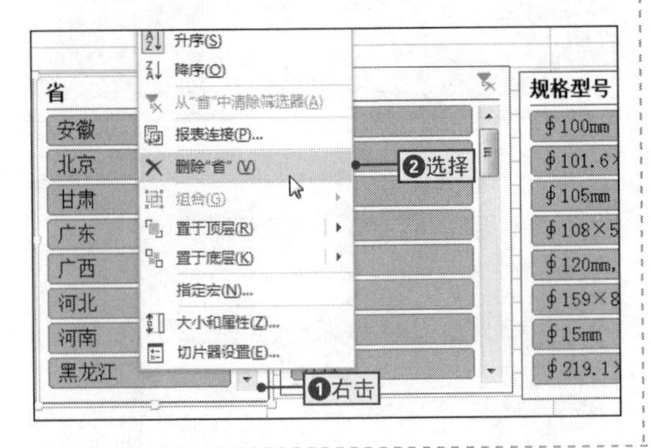

2 查看删除效果

此时在表格中可以查看到“省”切片器已经被删除。

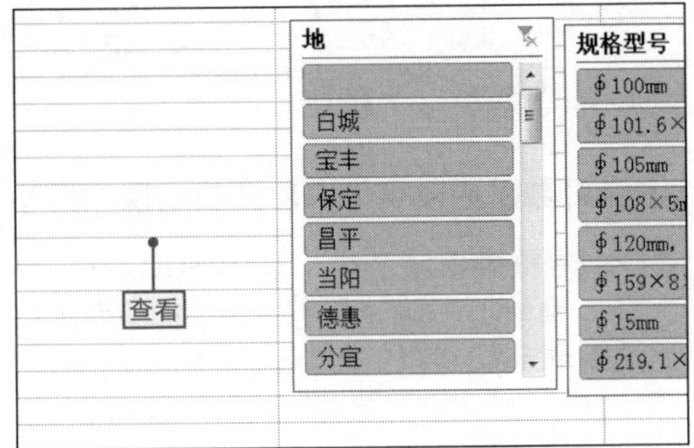

NO.556

直接创建数据透视图

案例033 采购记录表

◎\素材\第10章\采购记录表.xlsx ◎\效果\第10章\采购记录表.xlsx

数据透视表虽然可以很好地汇总数据，但是不能很好地展示数据的分析结果，这时就可以通过数据透视图来弥补这一缺点，创建数据透视图的方法有多种，下面将通过直接创建数据透视图的方法来进行讲解，其具体操作如下。

1 打开“创建数据透视表”对话框

❶打开“采购记录表.xlsx”文件，❷在“插入”选项卡中单击“数据透视图”下拉按钮，❸选择“数据透视图”命令。

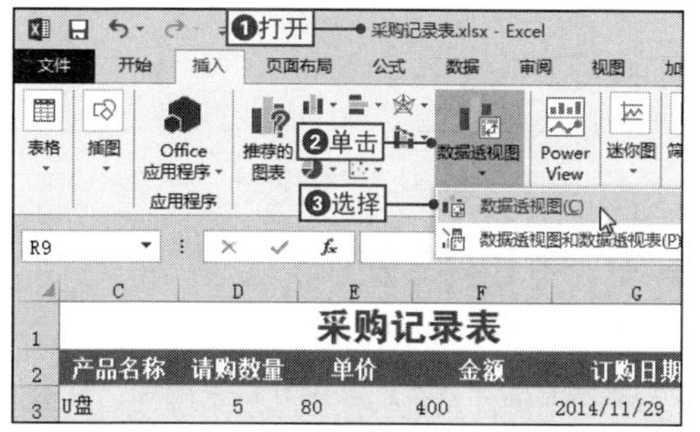

2 创建数据透视图

❶在“表/区域”文本框中设置数据源，❷选中“新工作表”单选按钮，然后单击“确定”按钮。

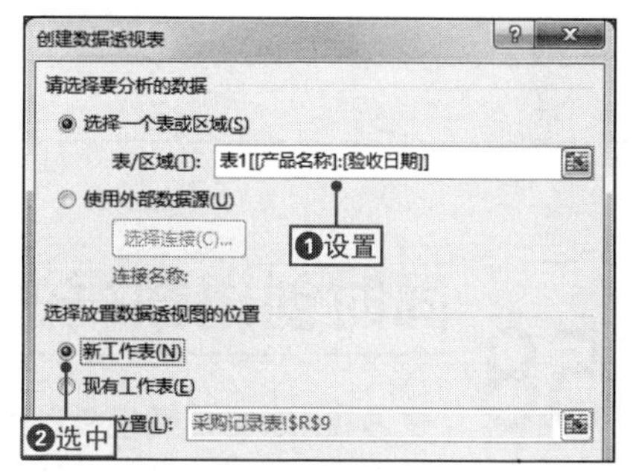

3 设置显示在数据透视图中的字段

❶在打开的“数据透视表字段”窗格中选中相应的复选框，❷单击“关闭”按钮。

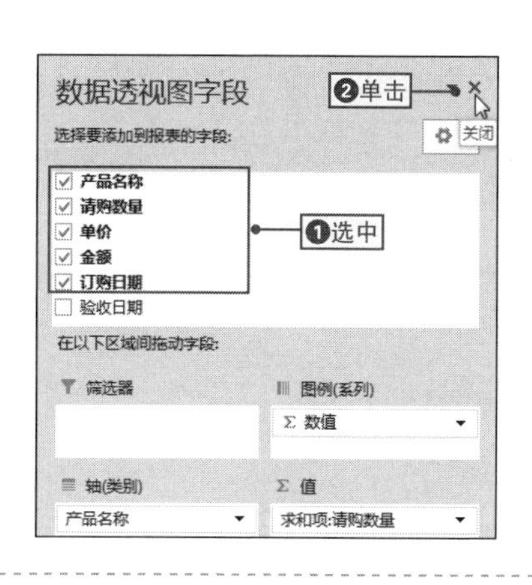

4 查看创建的数据透视图

此时程序将会自动在新的工作表中创建相应的数据透视图。

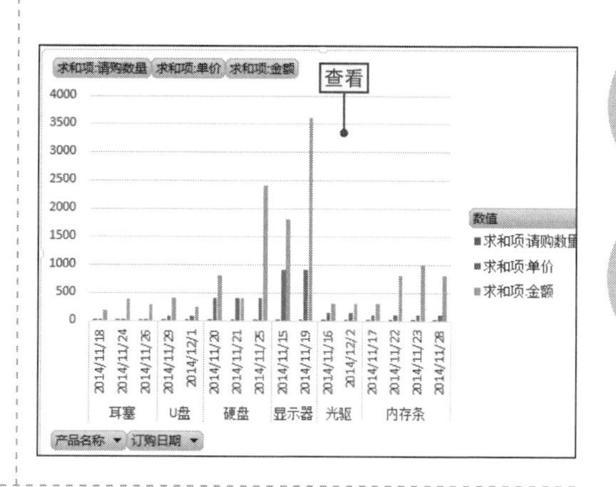

NO.
557

在数据透视表上创建数据透视图

在一般情况下，图表都是对分析好的数据进行展示，如果已经使用数据透视表分析了数据，就需要对分析结果进行展示，这时可以通过在数据透视表上创建数据透视图来实现，其具体操作如下。

1 打开“插入图表”对话框

选择数据透视表中任意单元格，❶单击“数据透视表工具-分析”选项卡，❷单击“数据透视图”按钮。

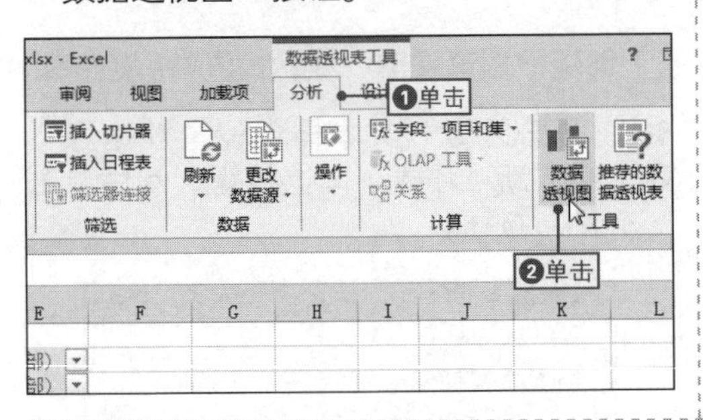

2 插入折线图

❶在打开的“插入图表”对话框中单击“折线图”选项卡，❷选择“折线图”选项，然后单击“确定”按钮。

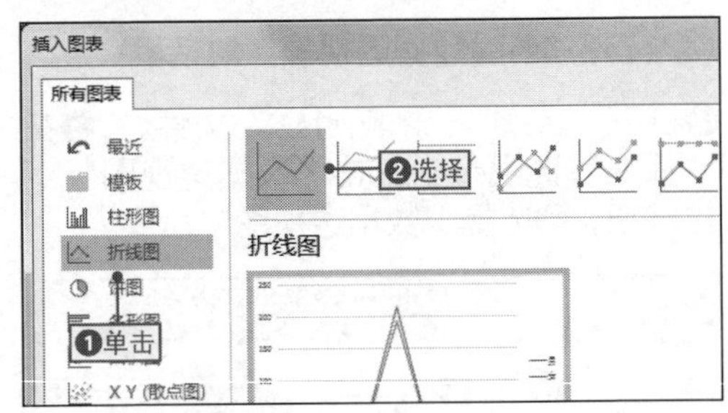

NO.
558

同时创建数据透视表和数据透视图

在没有创建数据透视表且源数据较为复杂的情况下，如使用外部数据源、多重区域合并计算，要对数据进行分析并将其展示出来，就可以通过同时创建数据透视表和数据透视图来实现，其具体操作如下。

1 打开“创建数据透视表”对话框

选择任意数据单元格，❶在“插入”选项卡中单击“数据透视图”下拉按钮，❷选择“数据透视图和数据透视表”命令。

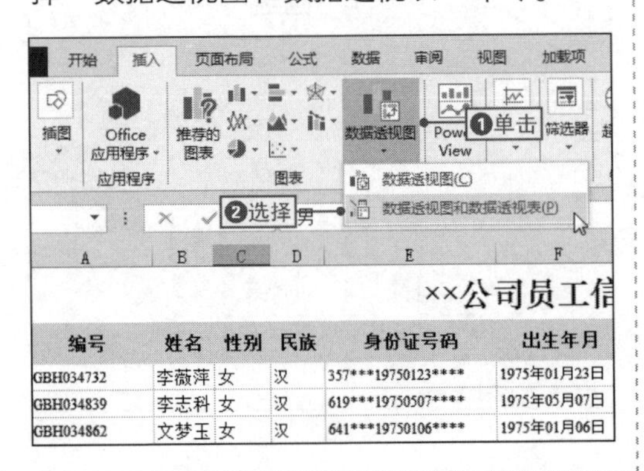

2 插入数据透视表和数据透视图

在打开的“创建数据透视表”对话框中设置数据源，然后单击“确定”按钮，然后在窗格中对字段进行设置即可。

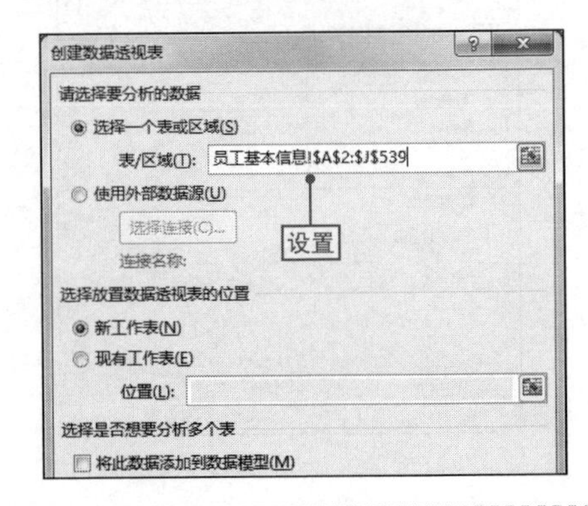

NO.
559 通过复制粘贴快速移动数据透视图的位置

案例033 采购记录表

◉\素材\第10章\采购记录表1.xlsx　　◉\效果\第10章\采购记录表1.xlsx

与文本、图片以及普通图表等对象一样，数据透视图在创建完成后也可以根据实际需要移动位置，最常用的方法就是直接通过复制粘贴的方式来达到目的，下面将通过具体实例来进行讲解，其具体操作如下。

1 复制数据透视图

❶打开“采购记录表1.xlsx”文件，❷选择目标数据透视图，❸单击“复制”下拉按钮，❹选择“复制”命令。

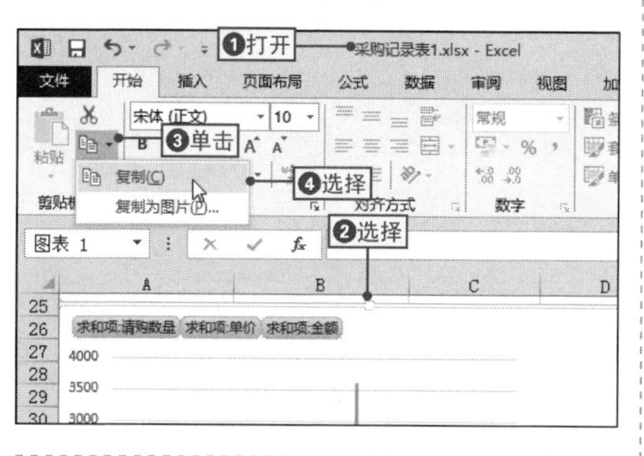

2 创建数据透视图

❶切换到“采购结果清单”工作表中，❷按【Ctrl+V】组合键即可将数据透视图粘贴到目标工作表中。

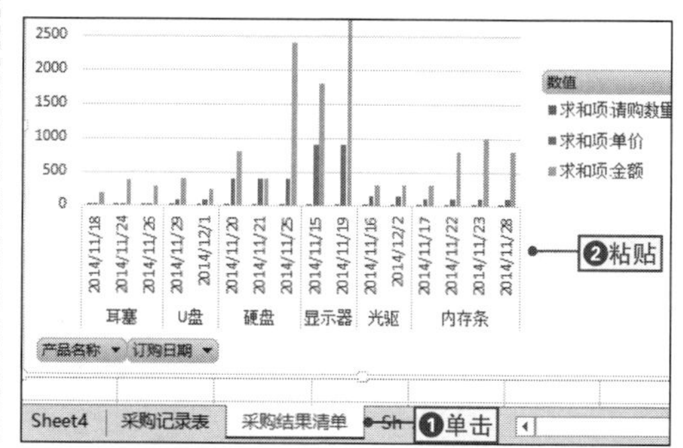

NO.
560 通过快捷菜单移动数据透视图

如果要将数据透视图移动到新建工作表中，可以通过快捷菜单来实现操作目的，其具体操作如下。

1 打开“移动图表”对话框

❶在数据透视图中右击，❷在弹出的快捷菜单中选择“移动图表”命令，打开“移动图表”对话框。

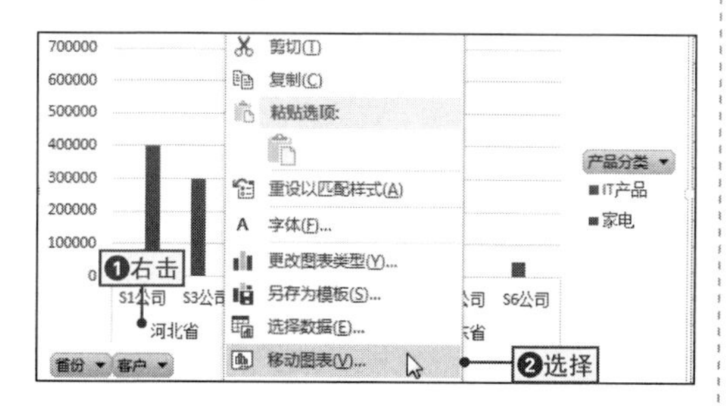

2 移动到新工作表中

❶选中“新工作表”单选按钮，❷在其文本框中输入新工作表的名称，❸单击“确定”按钮确认设置。

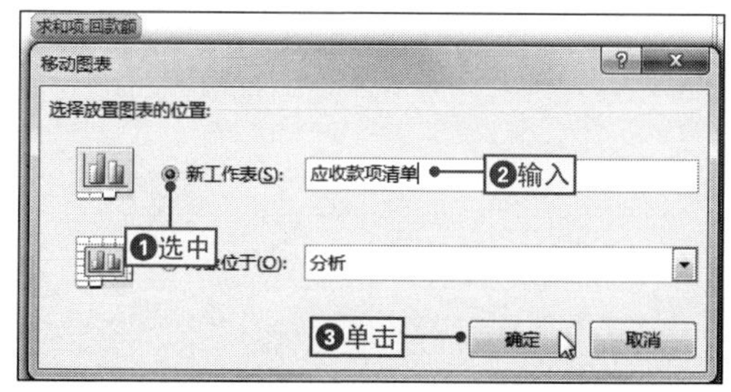

NO.

561 通过功能区按钮移动数据透视图

在Excel中，除了前面的方法外，还可以通过功能按钮快速移动数据透视图，该方法同样可以打开“移动图表”对话框，其具体操作是：选择数据透视图，❶单击“数据透视图工具-设计”选项卡，❷在“位置”选项组中单击“移动图表”按钮，即可打开“移动图表”对话框，后面的操作与上一个技巧相同。

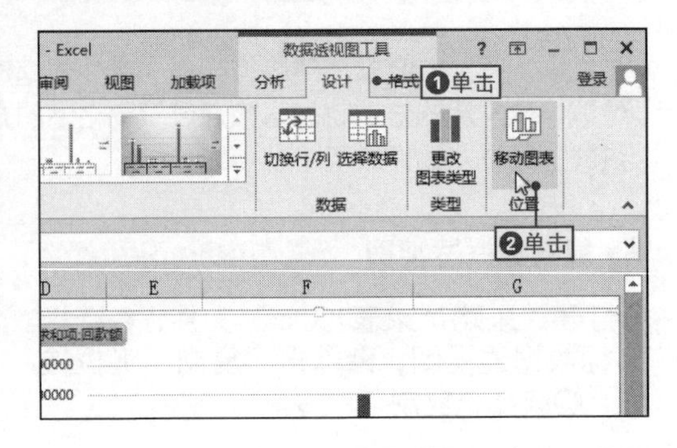

CHAPTER 11

本章导读

在许多专业的商务演示文稿中，为了能快速为演示文稿设置统一的风格，可以制作一个幻灯片母版，然后对通过幻灯片母版创建的演示文稿进行文本的编辑来实现，本章将主要介绍相关技巧。

统一风格演示文稿的制作技巧

本章技巧

模板与主题的制作技巧

NO.562 创建空白演示文稿
NO.563 更改默认模板新建演示文稿
NO.564 通过母版设置幻灯片的风格
NO.565 占位符的功能和类型
NO.566 为单个演示文稿应用多个主题
……

文本的添加与处理技巧

NO.582 在绘制的文本框中输入
NO.583 在占位符中输入文本
NO.584 应用大纲窗格添加文本内容
NO.585 制作可以滚动的文本框
NO.586 改变幻灯片中文本的方向
……

11.1 模板与主题的制作技巧

NO. 562

创建空白演示文稿

案例034 员工培训

◉\素材\第11章\无　　◉\效果\第11章\员工培训.pptx

要制作演示文稿，首先需要创建一个演示文稿，然后在其中输入文本，下面将通过创建一个名为“员工培训”的空白演示文稿为例来进行讲解，其具体操作如下。

1 新建空白演示文稿

❶启动PPT 2013应用程序并新建一个空白演示文稿，❷在快速访问工具栏中单击“保存”按钮。

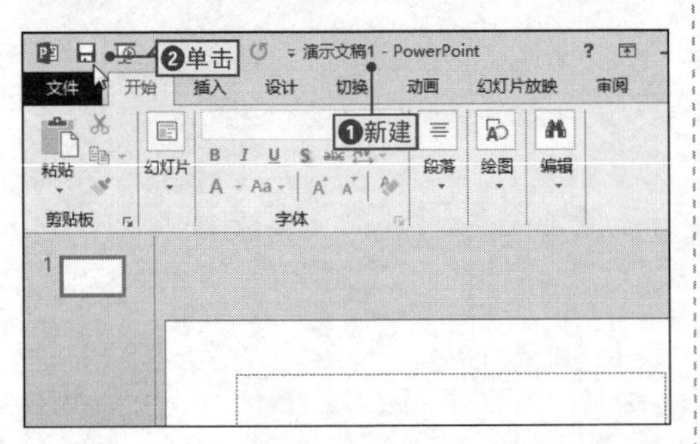

2 保存空白演示文稿

❶打开“另存为”对话框，❷设置保存路径，❸在“文件名”文本框中输入名称，❹单击“保存”按钮保存文件。

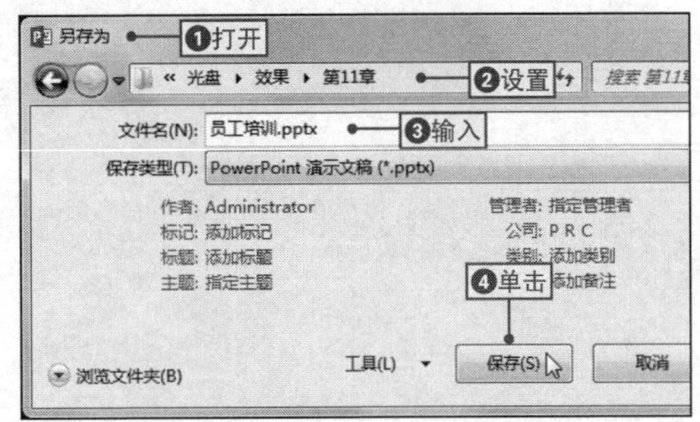

NO. 563

更改默认模板新建演示文稿

对于一些包含固定信息的演示文稿，通过修改PPT的默认模板，将固定信息保存到模板中，然后设置PPT启动时自动新建含有固定信息的演示文稿，从而提高工作效率，其具体操作如下。

1 切换到“幻灯片母版”选项卡

❶单击“视图”选项卡，❷在“母版视图”选项组中单击“幻灯片母版”按钮。

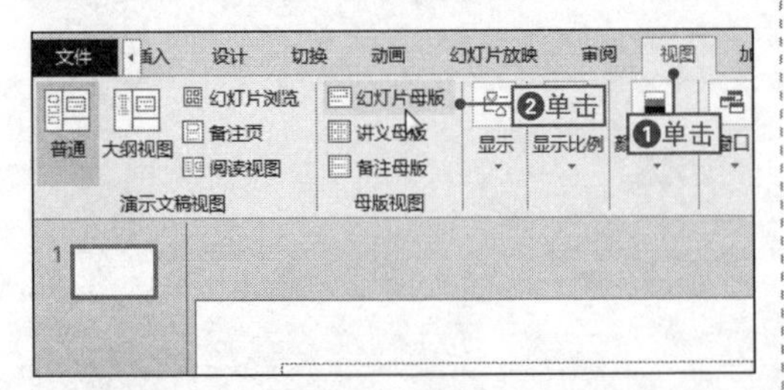

2 设置默认包含的内容

❶选择幻灯片母版，设置默认包含的内容，❷单击“关闭母版视图”按钮。

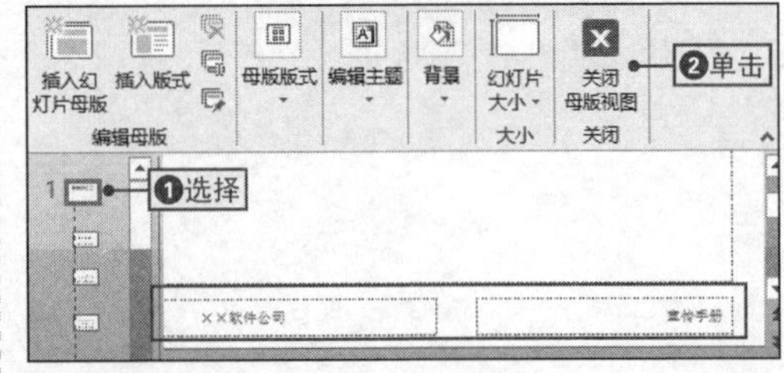

3 保存模板文件

❶打开“另存为”对话框，❷在“保存类型”下拉列表中选择“PPT模板”选项，❸在“文件名”文本框中输入“blank.potx”，❹单击“保存”按钮。

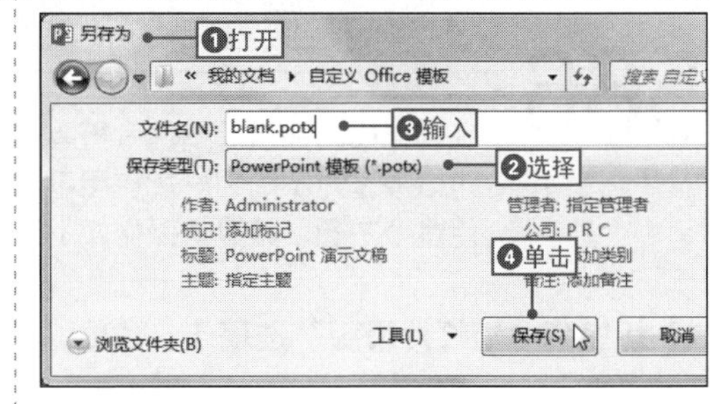

NO. 564 通过母版设置幻灯片的风格

案例034 员工培训

◎\素材\第11章\员工培训1.pptx ◎\效果\第11章\员工培训1.pptx

创建了演示文稿后，就可以对其格式进行设置，这时可以通过幻灯片母版统一设置文本格式、背景以及其他对象等，从而提高工作效率，下面将通过对“员工培训1.pptx”演示文稿统一设置主题母版格式为例进行讲解，其具体操作如下。

1 切换到“幻灯片母版”选项卡

❶打开“员工培训1.pptx”文件，❷单击“视图”选项卡，❸单击“幻灯片母版”按钮，切换到“幻灯片母版”选项卡。

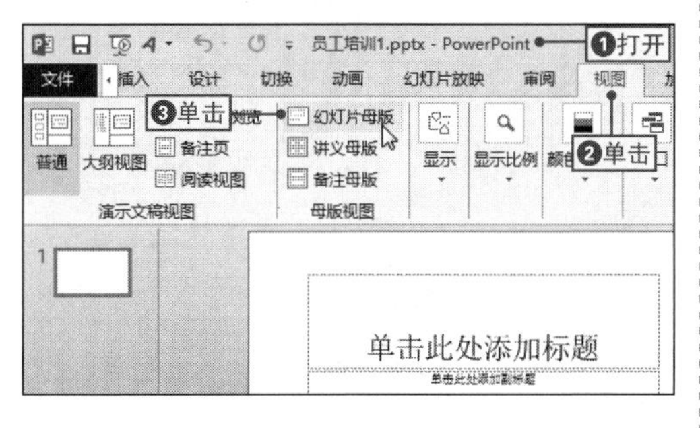

2 统一设置幻灯片主题和背景

❶选择主母版幻灯片，❷设置统一的幻灯片主题、颜色、字体以及效果，然后关闭幻灯母版即可。

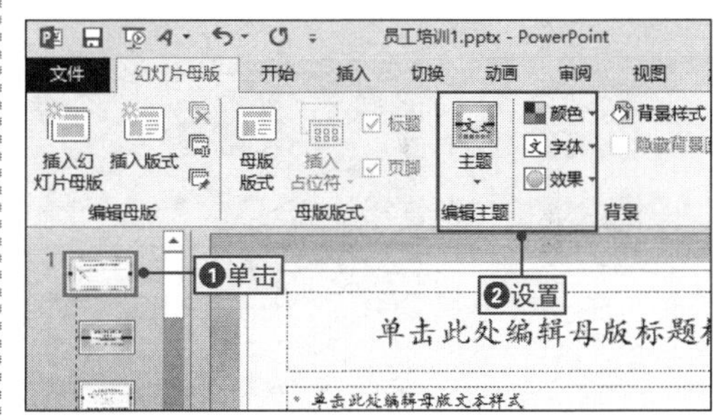

NO. 565 占位符的功能和类型

在新建演示文稿时，幻灯片中会有许多默认的占位符，有的占位符用于输入文本，称为文本占位符，有的占位符用于插入对象，称为项目占位符，如右图所示。

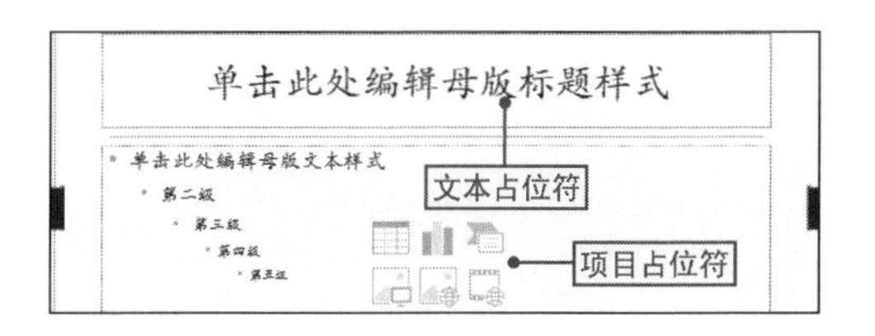

NO.

566

为单个演示文稿应用多个主题

在制作市场报告、销售分析等演示文稿时，为了突出显示不同幻灯片的内容，可以通过对不同幻灯片应用不同的主题来实现，这时就需要对一个演示文稿应用多个主题，其具体操作如下。

1 切换到“幻灯片母版”选项卡

❶在演示文稿中单击“视图”选项卡，❷在“母版视图”选项组中单击“幻灯片母版”按钮。

2 应用主题

❶在“幻灯片母版”选项卡的“编辑主题”选项组中单击“主题”下拉按钮，❷选择需要设置的主题选项。

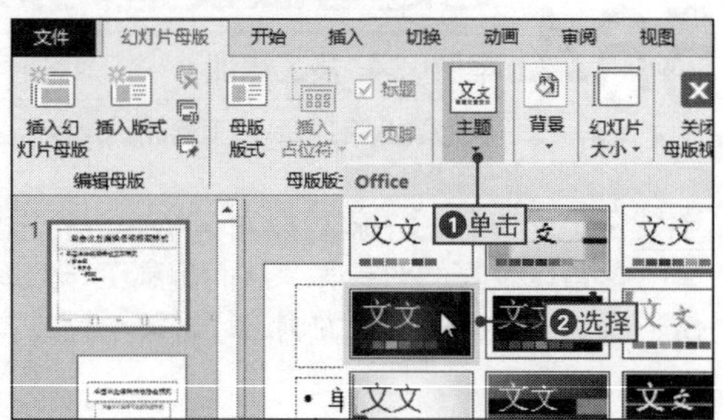

3 定位文本插入点

在幻灯片母版和版式母版缩略图窗格中，单击最后一张版式母版缩略图正下方的空白处。

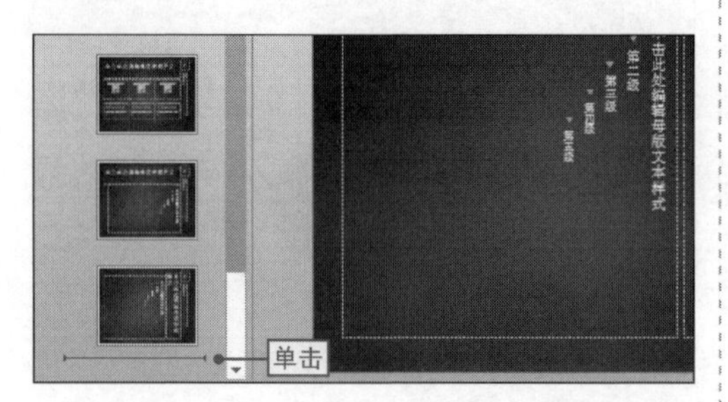

4 应用主题

❶在“幻灯片母版”选项卡的“编辑主题”选项组中单击“主题”下拉按钮，❷选择需要设置的主题选项。

5 创建新幻灯片母版

此时PPT将以选择的主题创建新的幻灯片母版，以相同的方法创建其他不同主题的幻灯片母版。

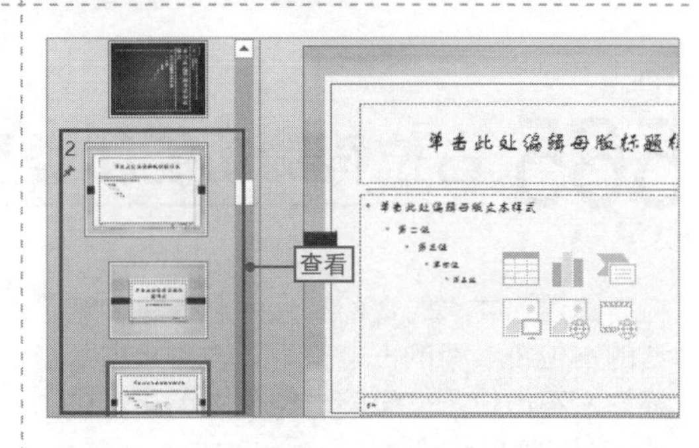

NO.

567 为演示文稿母版添加背景图片

使用幻灯片母版后，还可以对所有幻灯片设置统一的背景色或背景图片，该设置将应用到所有使用该母版的幻灯片中，下面将通过为幻灯片母版添加背景图片为例来进行讲解，其具体操作如下。

1 打开“设置背景格式”窗格

❶选择“主母版幻灯片”选项，❷单击“背景样式”下拉按钮，❸选择“设置背景格式”命令。

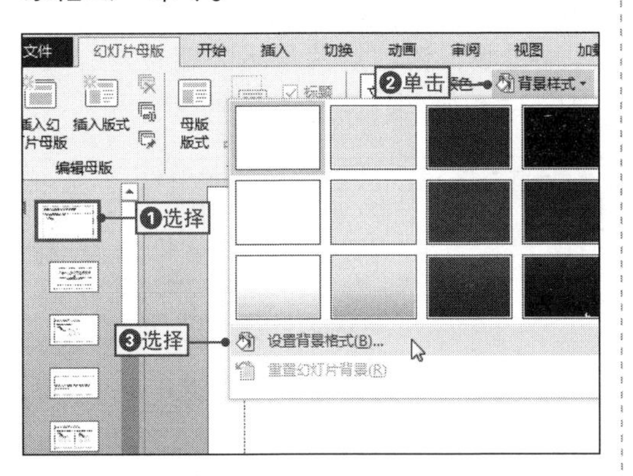

2 打开“插入图片”对话框

❶在打开的“设置背景格式”窗格中选中“图片或纹理填充”单选按钮，❷单击“文件”按钮。

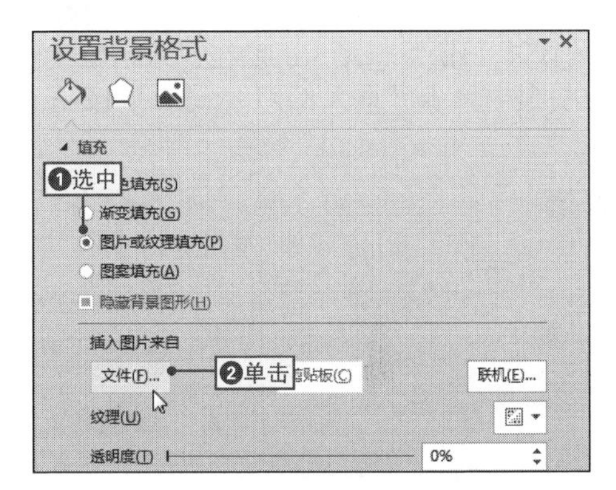

3 插入背景图片

❶在打开的“插入图片”对话框中选择需要插入的图片选项，❷单击“插入”按钮插入背景图片，然后关闭“设置背景格式”窗格即可完成操作。

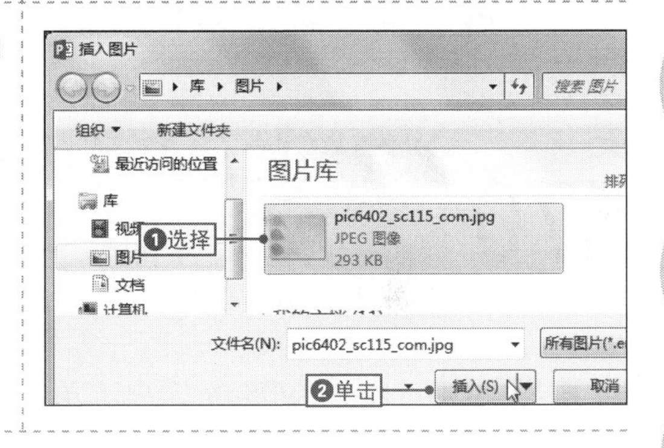

NO.

568 设置背景图片的注意事项

在“设置背景格式”窗格中单击“重置背景”按钮可恢复对象的默认背景；单击“全部应用”按钮，可将该设置应用到所有母版幻灯片中。

NO.

569

添加幻灯片母版

案例034 员工培训

◎\素材\第11章\员工培训2.pptx　　◎\效果\第11章\员工培训2.pptx

一个幻灯片母版可以为一套幻灯片统一设置样式，而一个演示文稿中可以同时存在多个幻灯片母版，然后将其保存为模板，从而方便使用，下面将通过在“员工培训2.pptx”演示文稿中添加幻灯片母版为例来进行讲解，其具体操作如下。

1 插入幻灯片母版

❶打开“员工培训2.pptx”文件，切换到“幻灯片母版”选项卡，❷在“编辑母版”选项组中单击“插入幻灯片母版”按钮。

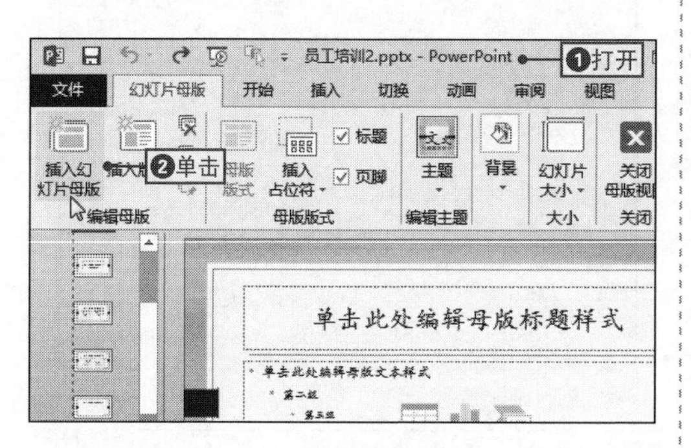

2 查看添加效果

此时在左侧母版缩略图中出现一个新的幻灯片母版，该幻灯片母版的编号为2，且由1个主母版和11个版式母版构成。

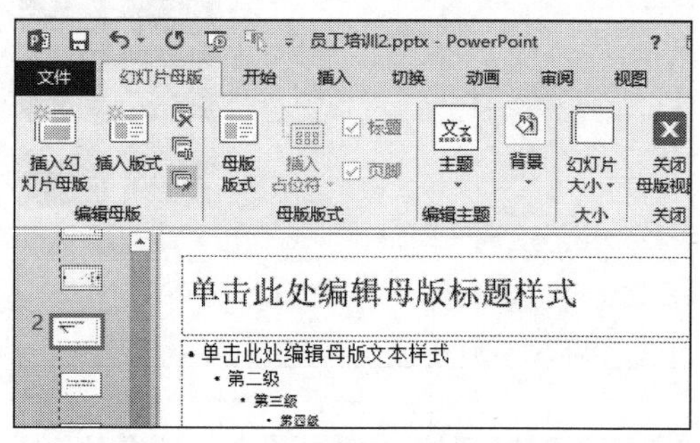

NO.

570

创建新的幻灯片版式母版

PPT默认有11种版式母版，如果用户还想使用其他版式母版，则可以根据实际需要添加新的版式母版，其具体操作如下。

1 插入版式幻灯片

切换到“幻灯片母版”选项卡，单击“插入版式”按钮。

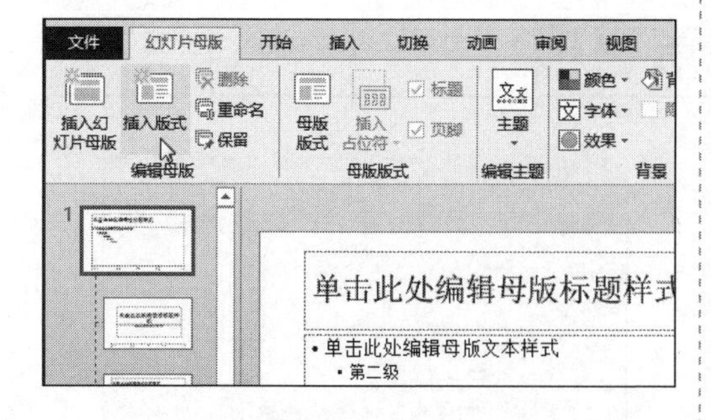

2 查看添加版式母版的效果

此时在版式母版的最后会自动添加一个新的版式母版，其中包含相应的信息。

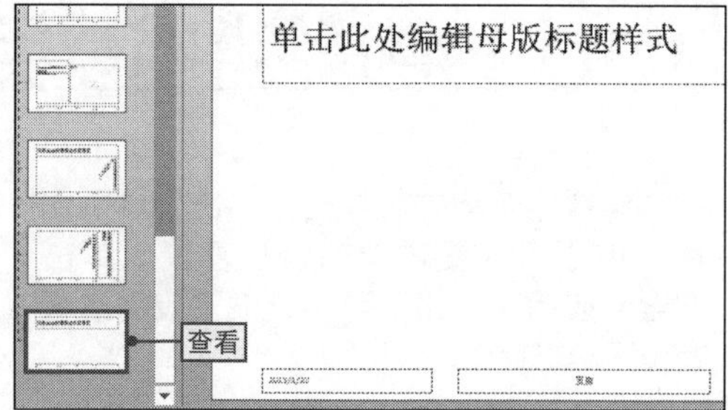

NO.

571 重命名幻灯片母版或版式母版

在PPT 2013中，如果在幻灯片母版中添加了其他占位符，改变了它们的用途，为了便于识别它们，可以对幻灯片母版重命名，其具体操作如下。

1 打开“重命名版式”对话框

❶选择需要重命名的版式母版，并在其上右击，❷在弹出的快捷菜单中选择“重命名版式”命令。

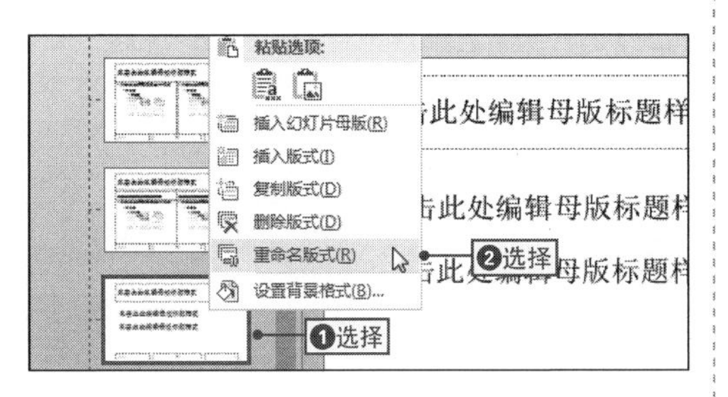

2 输入版式名称

❶在打开的“重命名版式”对话框的“版式名称”文本框输入名称，❷单击“重命名”按钮即可完成操作。

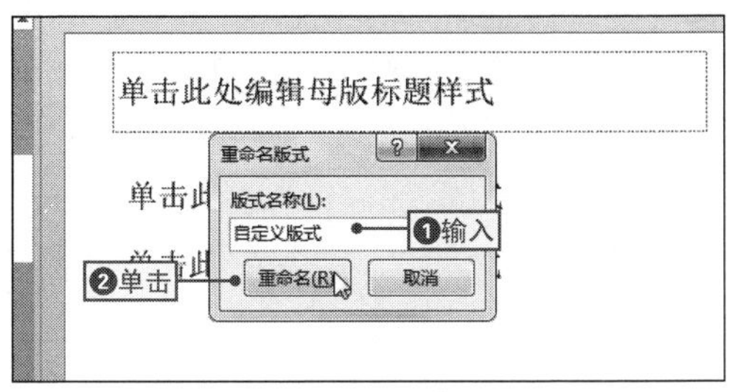

NO.

572 通过功能按钮删除幻灯片母版

在使用幻灯片母版制作演示文稿时，如果发现幻灯片母版中有不需要使用的母版，可以将其删除，其具体操作如下：❶选择需要删除的母版，❷在“幻灯片母版”选项卡中的“编辑母版”选项组中单击“删除”按钮，即可快速将其删除。

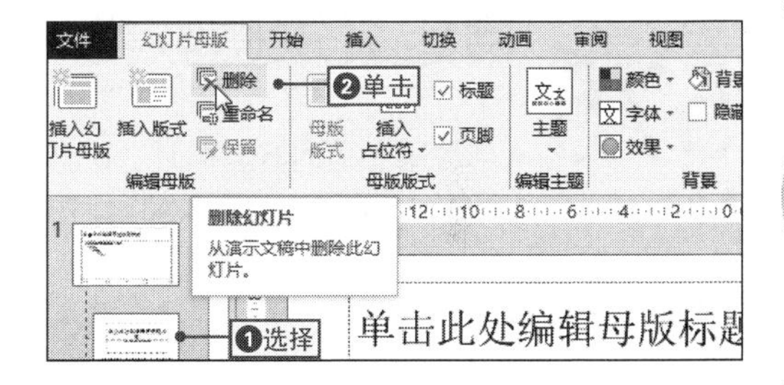

NO.

573 保留母版设置

对幻灯片母版进行设置后，可以保留对它的设置，使其保留在演示文稿中，以便以后使用，其具体操作是：❶在新建的主母版上右击，❷在弹出的快捷菜单中选择“保留设置”命令即可。

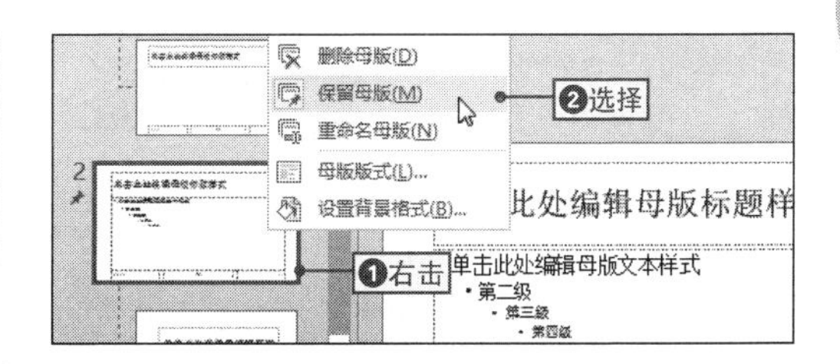

NO.
574

应用幻灯片主题样式

案例034 员工培训

◉\素材\第11章\员工培训3.pptx　　◉\效果\第11章\员工培训3.pptx

在制作演示文稿时，如果直接在创建的空白幻灯片中输入数据，这样的演示文稿不仅不美观，而且比较单调，这时可以应用PPT系统提供的主题样式来快速更改演示文稿中的字体和配色方案，下面将通过具体实例来进行讲解，其具体操作如下。

1 展开主题样式列表

❶打开“员工培训3.pptx”文件，❷单击“设计”选项卡，❸在“主题”选项组中单击“其他”按钮。

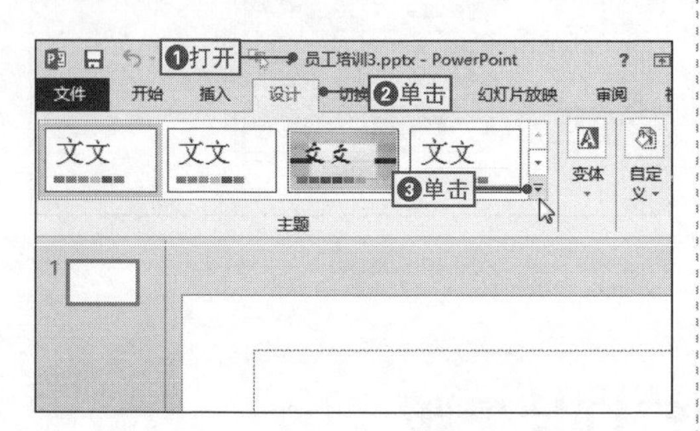

2 应用主题样式

在打开的下拉列表中选择需要的主题样式选项，即可将新的主题快速应用的演示文稿中。

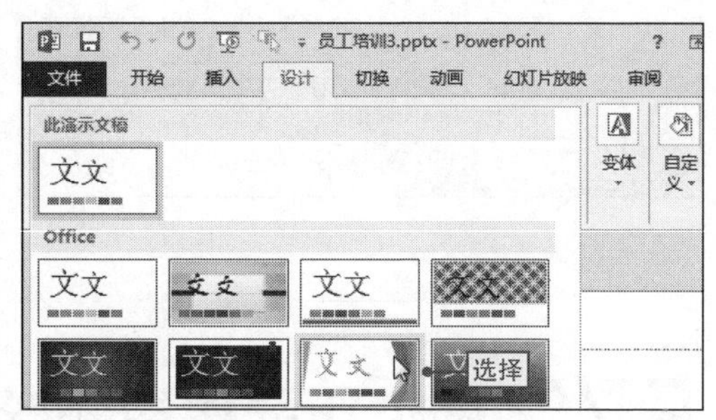

NO.
575

自定义主题颜色

与应用主题的方法相似，在制作各类演示文稿时，用户可以根据自己的需求自定义主题颜色，其具体操作如下。

1 展开变体列表

❶单击“设计”选项卡，❷在“变体”选项组中单击“其他”按钮。

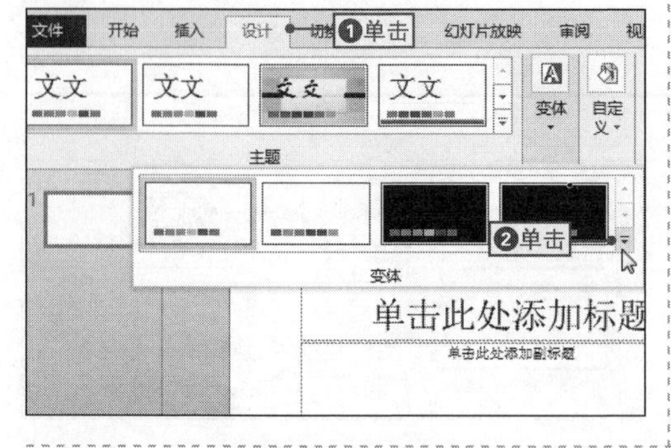

2 打开“新建主题颜色”对话框

❶在弹出的下拉列表中选择“颜色”命令，❷在弹出子菜单中选择“自定义颜色”命令。

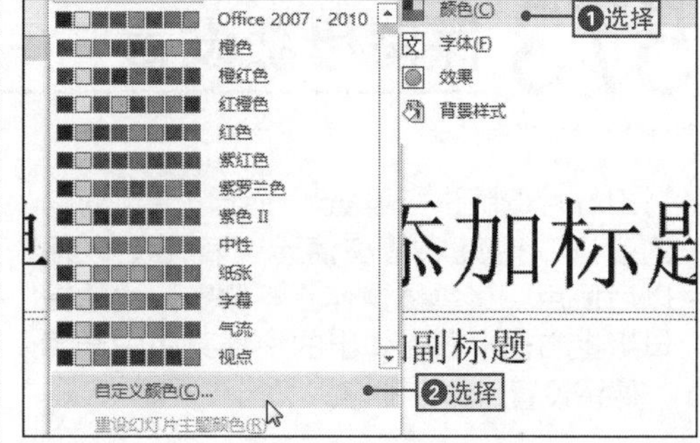

3 为主题设置颜色

❶在打开的“新建主题颜色”对话框中依次为文字、背景等设置颜色，❷在“示例”区域中预览效果。

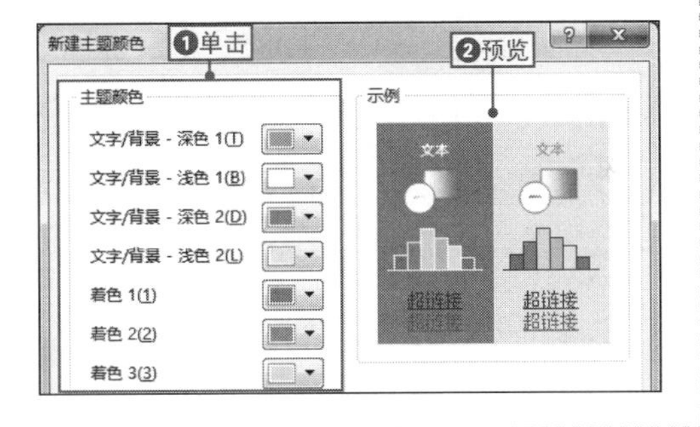

4 保存自定义主题颜色

❶在“名称”文本框中输入自定义主题颜色名称，❷单击“保存”按钮即可保存自定义主题颜色。

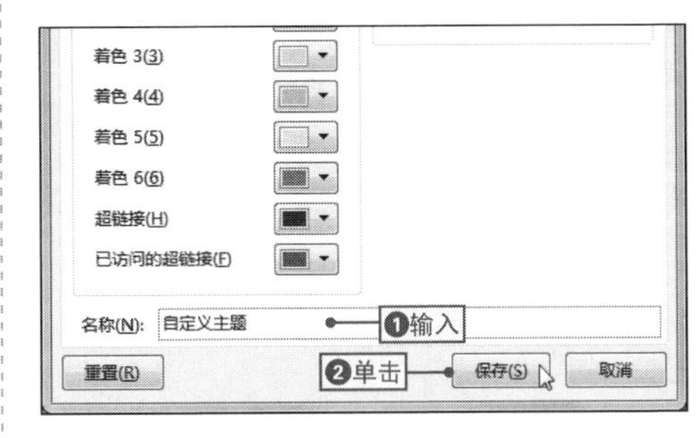

NO.

576 快速应用自定义主题颜色

在新建了主题颜色后，如果要应用该颜色，可以通过以下方式实现：切换到“幻灯片母版”选项卡中，❶在“背景”选项组中的单击“颜色”下拉按钮，❷在弹出的下拉列表中选择自定义的主题颜色选项，即可将其快速应用到演示文稿中。

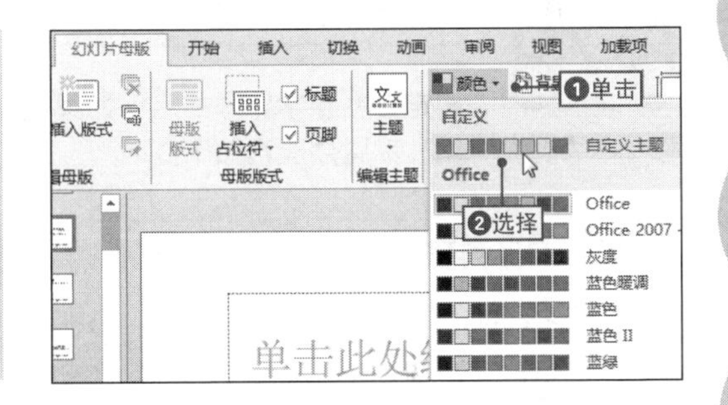

NO.

577 自定义主题字体样式

字体是文字的表现形式，在制作专业的演示文稿中，合适的字体可以提升演示文稿的展示效果与品位，为了使自己的字体更加合理，可以通过自定义字体样式来实现，其具体操作如下。

1 展开变体列表

❶单击“设计”选项卡，❷在“变体”选项组中单击“其他”按钮。

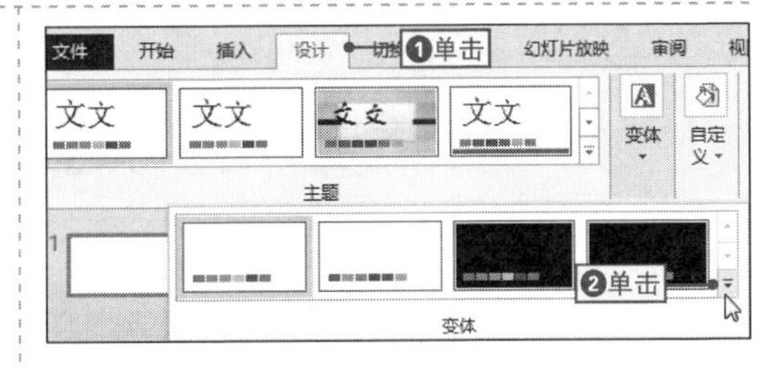

2 打开“新建主题字体”对话框

❶在弹出的下拉列表中选择“字体”命令，❷在弹出子菜单中选择“自定义字体”命令，打开“新建主题字体”对话框。

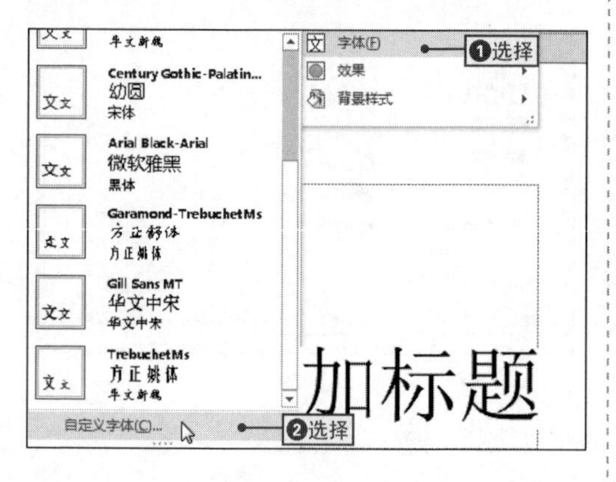

3 设置自定义主题字体

❶分别对中西文的“标题字体”和“正文字体”进行设置，❷预览设置效果，❸输入名称，❹单击“保存”按钮保存设置。

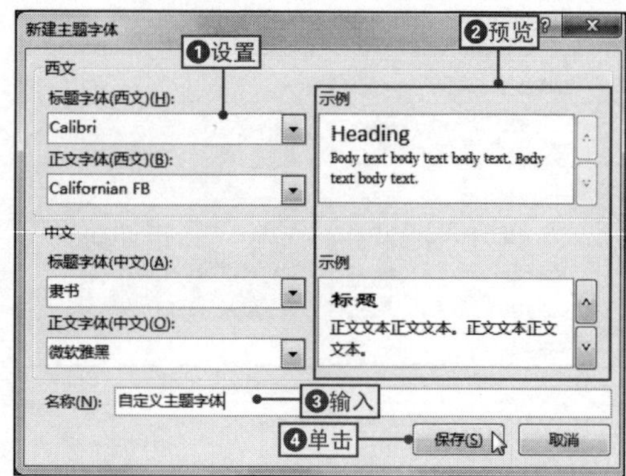

NO. 578 编辑自定义主题字体

自定义主题字体样式后，如果用户对样式不满意，可以重新对字体样式进行编辑，其具体操作如下。

1 展开变体列表

❶在自定义的主题字体选项上右击，❷在弹出的快捷菜单中选择“编辑”命令。

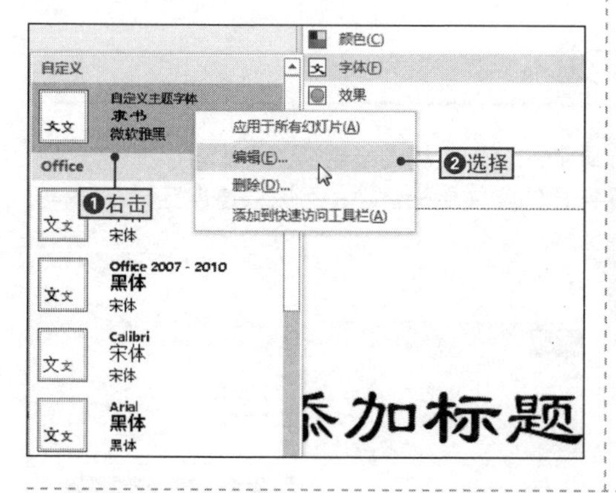

2 更改主题字体

❶在打开的“编辑主题字体”对话框中对主题字体重新进行编辑，❷完成后单击“保存”按钮完成操作。

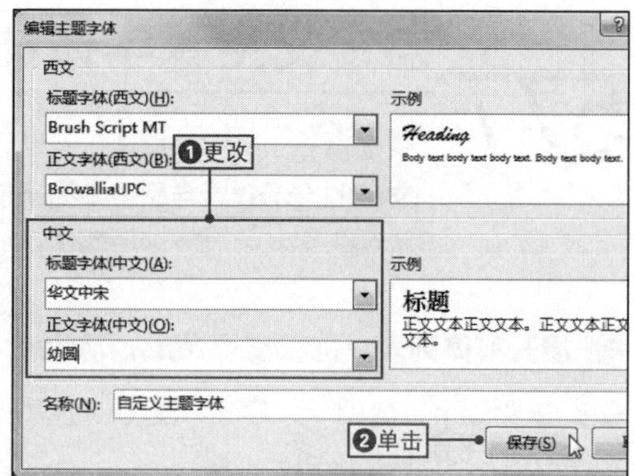

NO.

579 删除自定义主题字体

对于不需要的自定义主题字体，可以将其删除，其具体操作是：❶在自定义的主题字体选项上右击，❷在弹出的快捷菜单中选择“删除”命令。

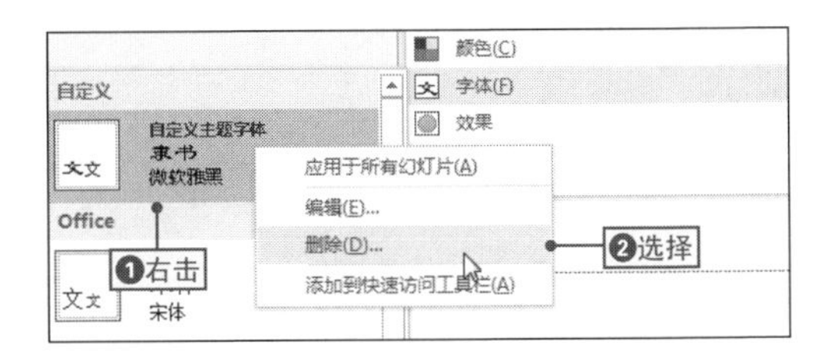

NO.

580 快速应用主题效果

主题颜色和主题字体可以影响到演示文稿的整体效果，但是除了它们外，还可以为演示应用与主题相协调的对象效果，它可以对表格、图表以及各种图示进行微调，应用主题效果的具体操作是：❶在“变体”下拉列表中选择“效果”命令，❷在其子菜单中选择需要的效果选项，即可快速应用主题效果。

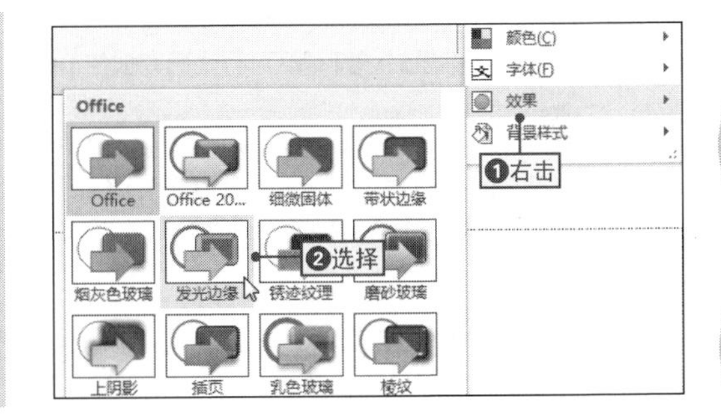

NO.

581 保存自定义的主题效果

在对幻灯片的主题进行修改后，如果需要在其他演示文稿中应用修改后的主题，则可以将修改后的主题进行保存，其具体操作如下。

1 打开“保存当前主题”对话框

❶在“主题”选项组中单击“其他”按钮，❷在打开的下拉列表中选择“保存当前主题”命令，即可打开“保存当前主题”对话框。

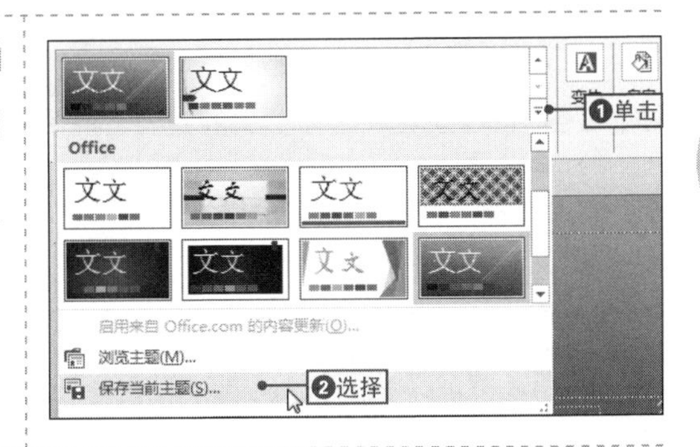

2 保存主题

❶设置主题保存的位置，❷在“文件名”文本框中输入主题的名称，❸单击“保存”按钮即可完成操作。

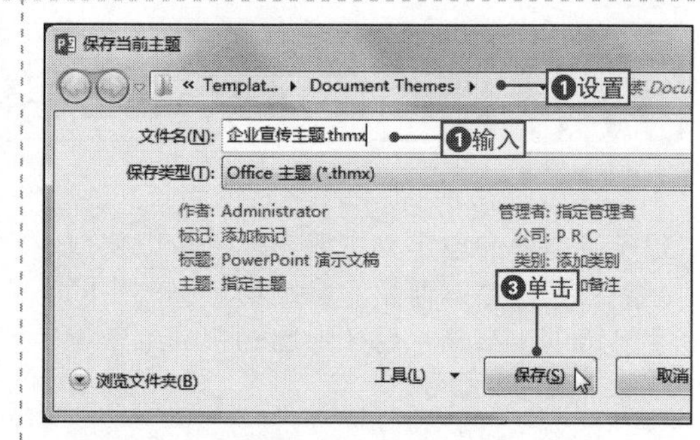

11.2 文本的添加与处理技巧

NO.582 在绘制的文本框中输入

案例035 可行性研究报告

◎\素材\第11章\可行性研究报告.pptx ◎\效果\第11章\可行性研究报告.pptx

在PPT中，使用文本框输入文本内容是一种比较常见的文本输入方式，通过文本框可以灵活地在幻灯片中添加文本，用户只需手动绘制文本框并在其中输入文本即可，下面将通过具体实例来进行讲解，其具体操作如下。

1 选择“横排文本框”选项

❶打开“可行性研究报告.pptx”文件，❷在“插入”选项卡中单击“文本框”下拉按钮，❸选择“横排文本框”选项。

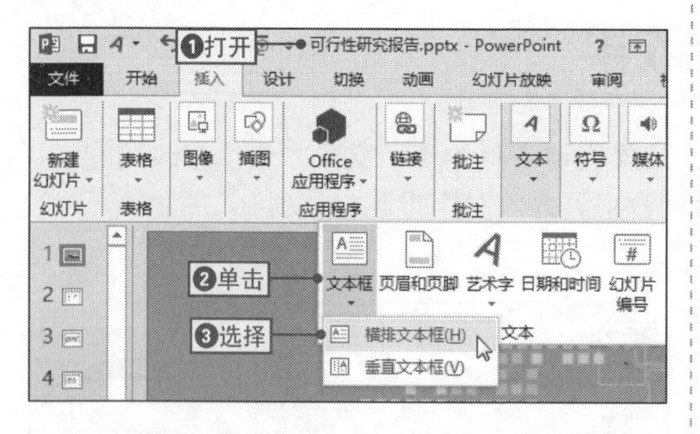

2 绘制文本框

此时鼠标光标呈现↓形状，在幻灯片相应位置按住鼠标右键拖动绘制一个文本框，完成后释放鼠标。

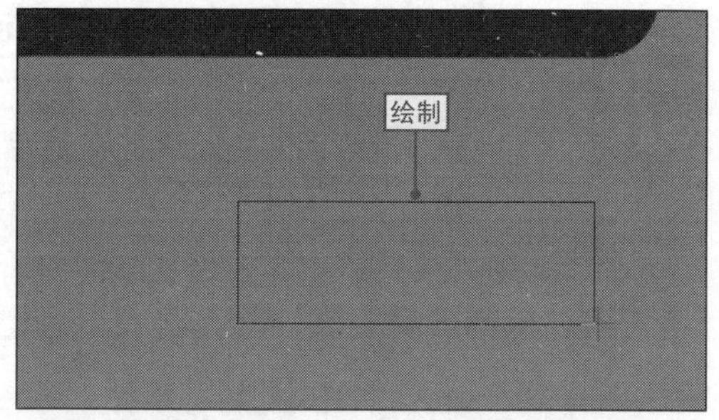

3 输入文本

文本框绘制完成后，在闪烁的文本插入点处直接输入相应的文本内容，然后单击任意位置即可完成文本的输入。

NO. 583 在占位符中输入文本

在新建的空白演示文稿或选择系统提供的幻灯片版式中，都有带虚线边框的占位符，最常见的是文本占位符，它主要用于文本的输入，文本占位符分为标题占位符、副标题占位符和正文占位符，其具体操作如下。

1 选择占位符

在相应占位符中单击，如这里选择标题占位符，占位符中的提示文本将自动消失。

2 输入文本

此时可以查看到占位符中显示的文本插入点，直接输入相应文本内容即可。

NO. 584 应用大纲窗格添加文本内容

在幻灯片中输入文本的方法有多种，除了前面讲解的两种，还可以通过大纲窗格来添加文本，对于幻灯片页数较多的情况，使用该方法可以为用户省略掉切换幻灯片时的频繁单击操作，其具体操作如下。

1 打开大纲窗格

❶单击“视图”选项卡，❷在“演示文稿视图”选项组中单击“大纲视图”按钮，打开“大纲视图”窗格。

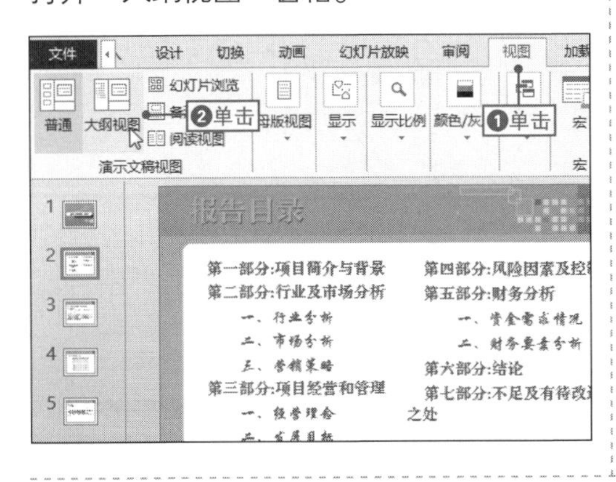

2 插入幻灯片

❶将文本插入点定位到大纲窗格中文本的末尾处，❷在“开始”选项卡中单击“新建幻灯片”下拉按钮插入一张幻灯片。

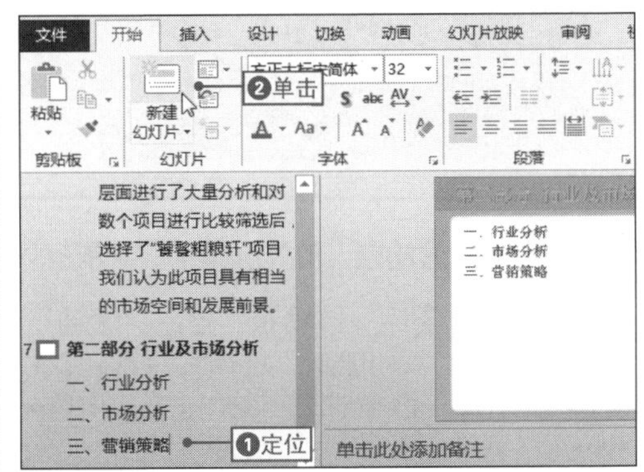

3 输入标题内容

❶在“大纲视图”窗格中直接输入文本内容，❷按【Enter】键再插入一张幻灯片，并在其中输入文本内容。

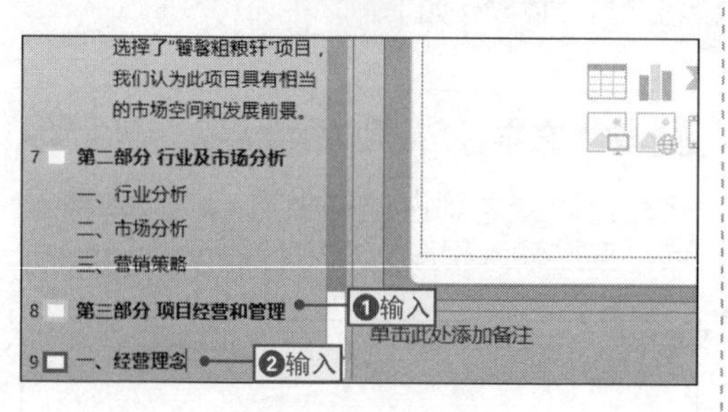

4 输入副标题内容

保持文本插入点的位置，按【Tab】键，将当前幻灯片中的标题内容转变为前一页幻灯片的副标题内容。

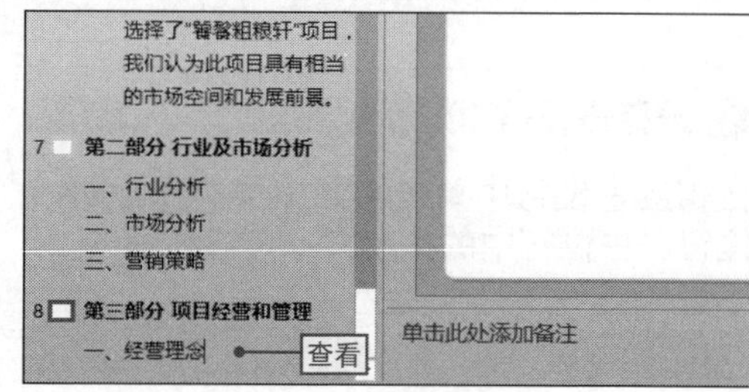

NO. 585 制作可以滚动的文本框

在制作演示文稿时，如果需要在一张幻灯片中输入大量的文本内容，但又不想在多张幻灯片中显示文本，而缩小文本又会导致看不清文本，这时就可以通过制作带滚动条的文本框来解决，其具体操作如下。

1 绘制文本框

❶单击“开发工具”选项卡，❷在“控件”选项组中单击“文本框”按钮，❸在幻灯片合适位置绘制一个文本框。

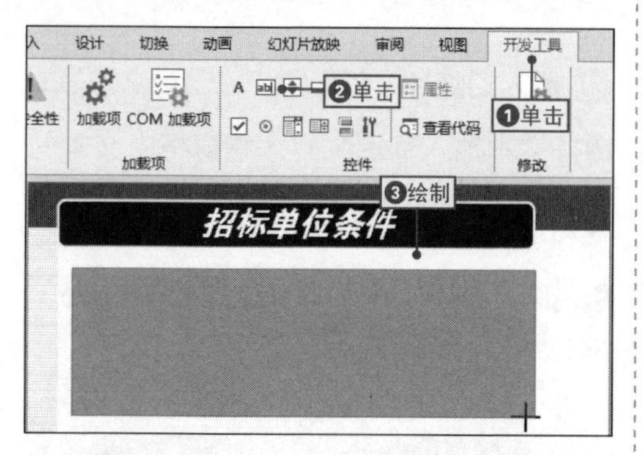

2 打开“属性”对话框

❶在绘制的文本框上右击，❷在弹出的快捷菜单中选择“属性表”命令，打开“属性”对话框。

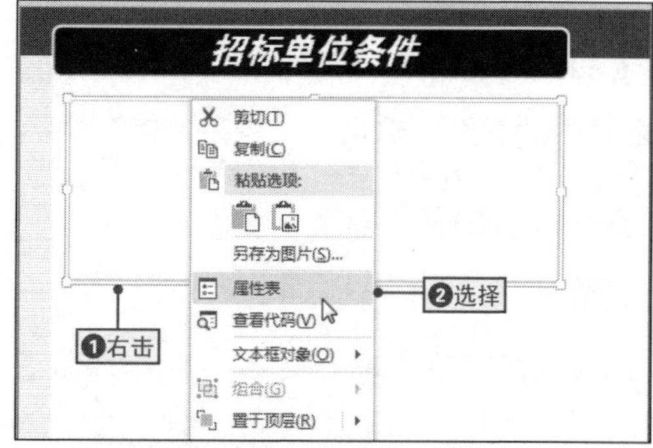

3 添加垂直滚动条

❶单击“按分类序”选项卡，❷在“滚动”区域中选择“ScrillBars”选项，❸在其右侧的下拉列表框中选择“2-fmScrollBars Vertical（垂直滚动条）”选项。

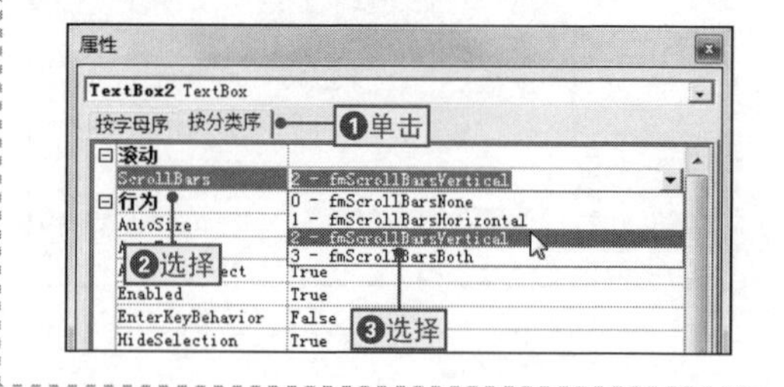

4 设置文本框为多行

❶在“行为”下拉列表框中选择“MultiLine”选项，❷在其右侧的下拉列表框中选择“True”选项。

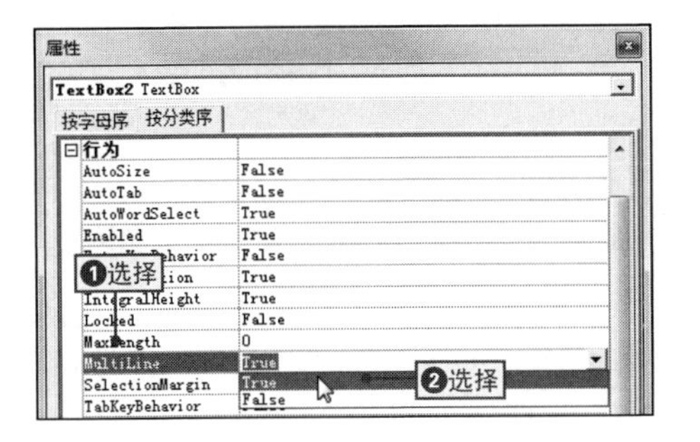

5 选择“编辑”命令

关闭“属性”对话框，❶在幻灯片中的文本框上右击，❷在弹出的快捷菜单中选择“文本框对象→编辑”命令。

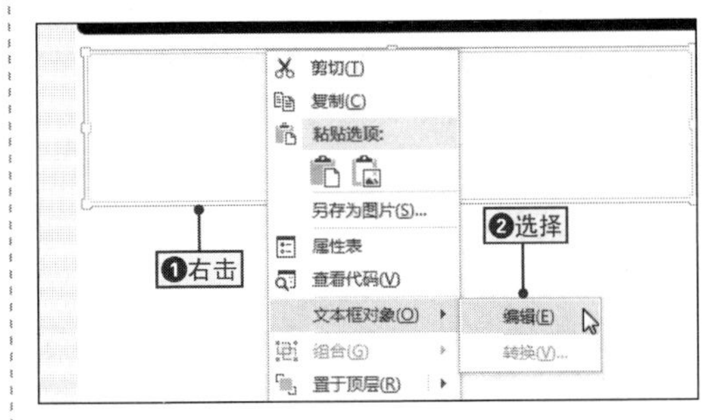

6 输入文本内容

此时文本框控件为可编辑状态，将文本插入点定位到文本框控件中，直接输入相应文本内容。

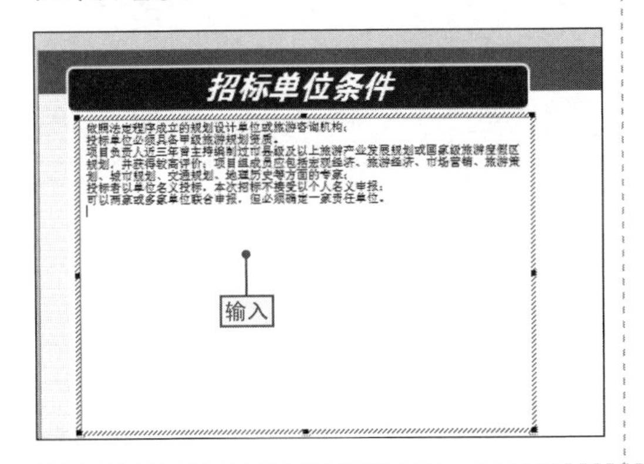

7 打开“字体”对话框

再次打开“属性”对话框，❶单击“按分类序”选项卡，❷在“字体”区域中选择“Font”选项，❸单击其右侧的...按钮。

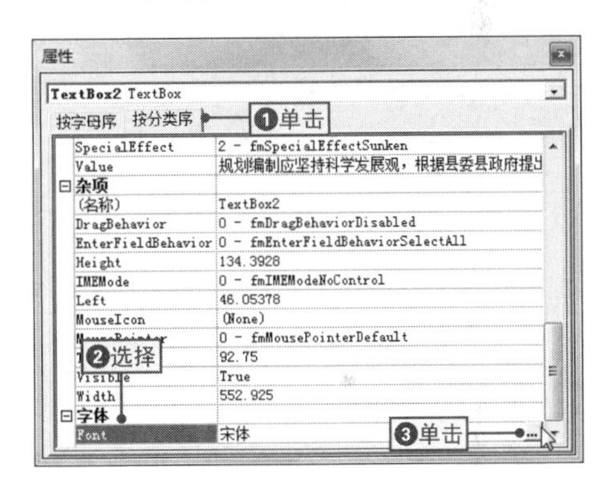

8 设置字体格式

❶在打开的“字体”对话框中对字体的格式进行相应设置，❷单击“确定”按钮。

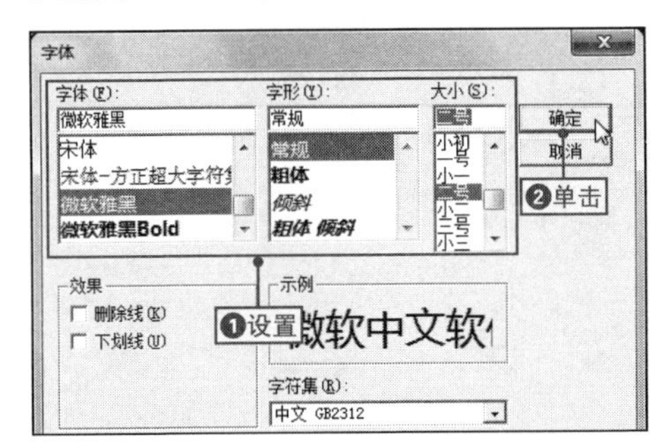

9 查看设置的效果

关闭“属性”对话框，在幻灯片中可查看到设置的文本效果。

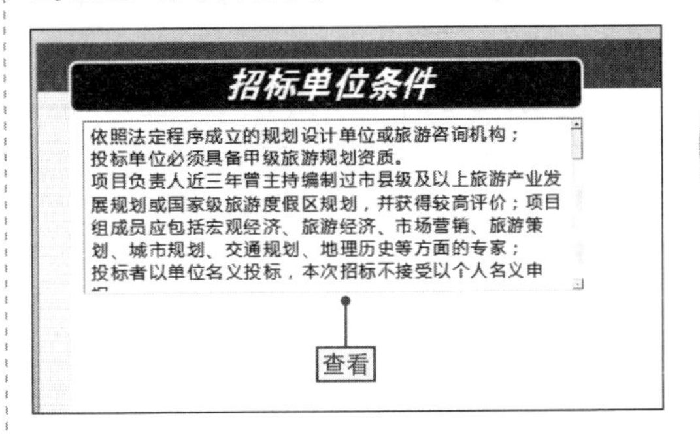

NO.
586 改变幻灯片中文本的方向

案例036 项目策划方案

◉\素材\第11章\项目策划方案.pptx ◉\效果\第11章\项目策划方案.pptx

在幻灯片中可以绘制横向或竖向的文本框，在其中可以输入横排方向或竖排方向的文本，如果已经完成文本的输入却要更改文本的显示方向，应该如何操作呢？下面将通过具体的实例来进行讲解，其具体操作如下。

1 更改文字方向

❶打开“项目策划方案.pptx”文件，选择需要调整方向的文本，❷单击“文字方向”按钮，❸选择“横排”命令。

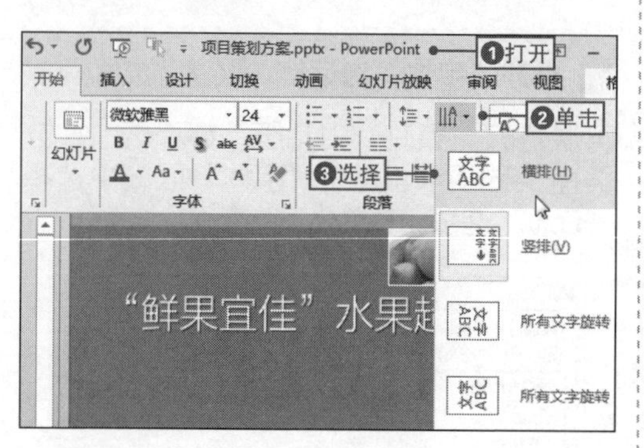

2 调整文本框的方向

文本方向更改后，在竖向的文本框中显示的区别不大，这时需要调整文本框的方向，即可使文本横排显示。

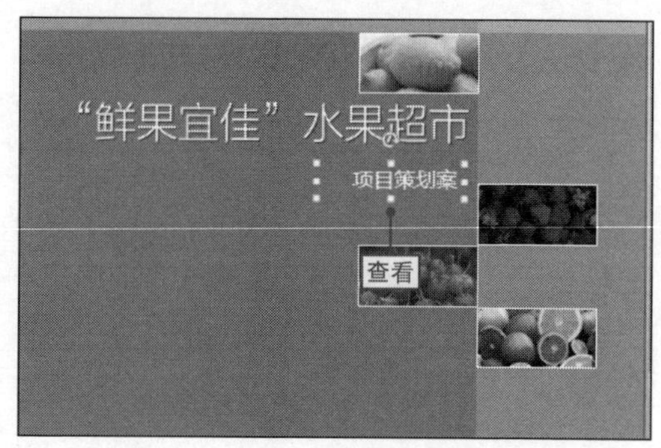

NO.
587 任意旋转文本的方向

在一些比较活泼的演示文稿中，可以随意调整文本的旋转角度，从而带给观众不一样的感受，旋转文本有多种方式，下面将通过精确输入任意角度数据旋转文本为例来进行讲解，其具体操作如下。

1 打开“设置形状格式”窗格

❶选择目标文本框，❷单击“绘图工具-格式”选项卡，❸单击“旋转”下拉按钮，❹选择“其他旋转选项”命令。

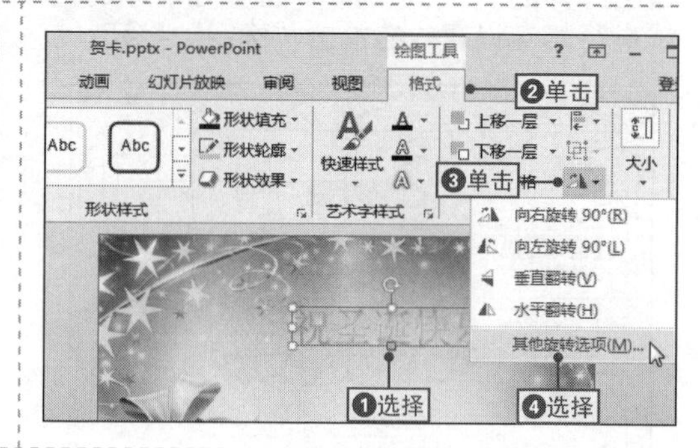

2 设置旋转角度

❶在打开的窗格中单击“大小属性”选项卡，❷在“旋转”数值框中输入旋转角度，❸单击“关闭”按钮关闭窗格。

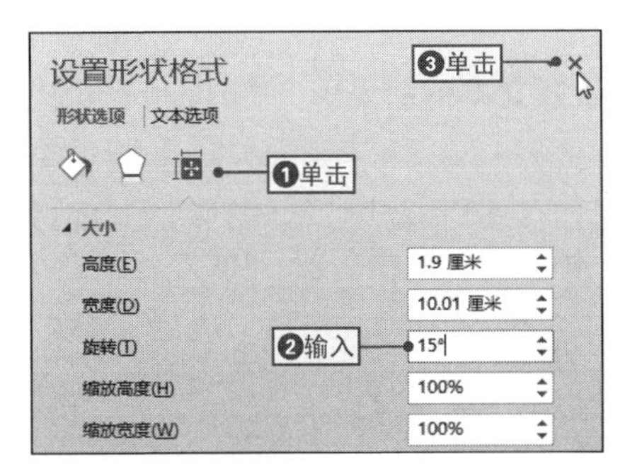

3 查看旋转效果

返回幻灯片中，即可查看到设置角度后，文本内容的旋转效果。

NO.
588 调整文本框的位置和大小

案例035 可行性研究报告

◉\素材\第11章\可行性研究报告1.pptx　◉\效果\第11章\可行性研究报告1.pptx

幻灯片中自动生成的占位符是一种特殊的文本框，它们出现在幻灯片的固定位置，且含有内置的文本格式，想要灵活地在占位符中输入文本和更好地展示数据，就需要调整文本框的位置和大小，其具体操作如下。

1 移动文本框对象

打开“可行性研究报告1.pptx”文件，选择需要移动的文本框对象，按住鼠标左键将其拖动到合适位置。

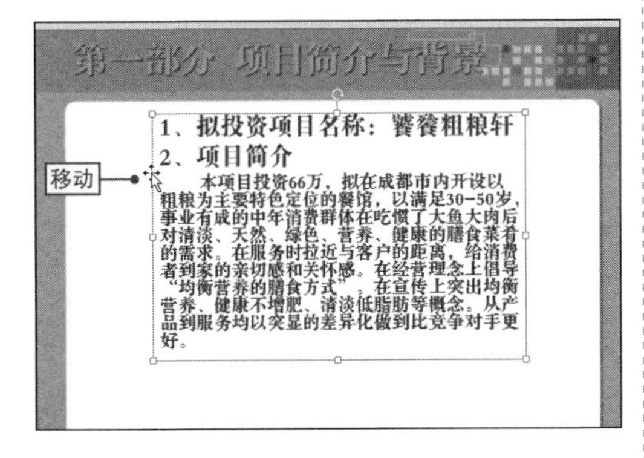

2 调整文本框的大小

将鼠标光标移动到文本框四周任意控制点上，当鼠标光标变为双向十字箭头时按住鼠标左键拖动，即可调整其大小。

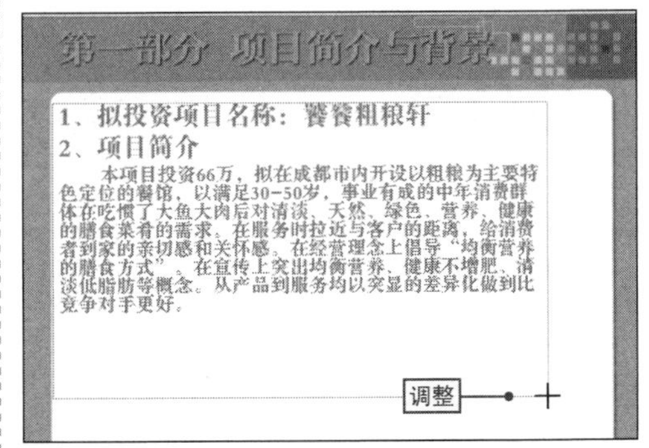

NO.
589 精确调整文本框的大小和位置

通过拖动鼠标的方法可以快速调整文本框的大小和位置，如果想要精确设置文本框的大小和位置，可通过具体实例来实现，其具体操作如下。

1 打开"设置形状格式"窗格

选择目标文本框，❶单击"绘图工具-格式"选项卡，❷在"大小"选项组中单击"对话框启动器"按钮。

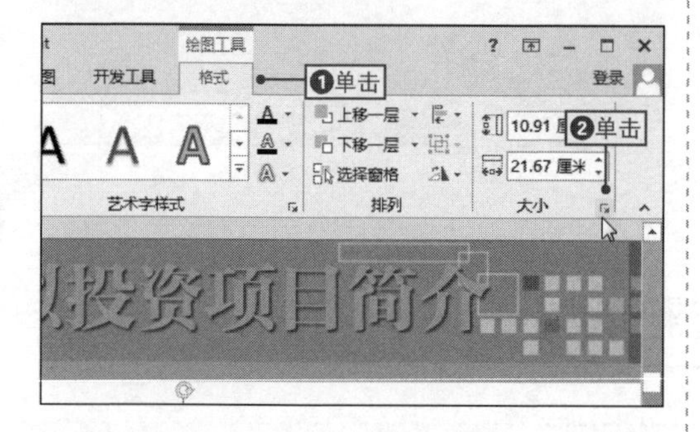

2 设置文本框的大小

❶在打开窗格的"大小"选项组中设置"高度"和"宽度"，❷保持"缩放高度"和"缩放宽度"为"100%"。

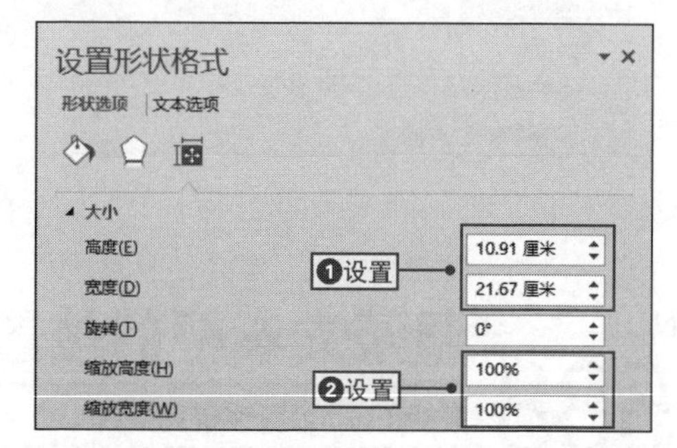

3 设置文本框的位置

❷单击"位置"按钮，❷设置文本框的水平位置和垂直位置，❸单击"关闭"按钮关闭窗格。

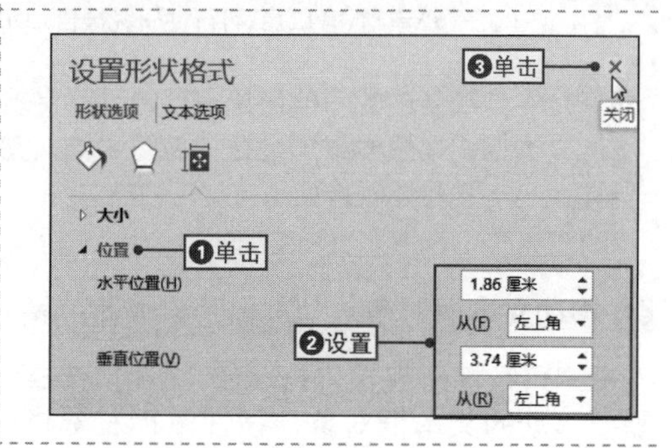

NO.
590 通过功能区调整文本框大小

除了前面两种方法外，用户还可以通功能区选项卡精确调整文本框的大小，其具体操作是：选择目标文本框，❶单击"绘图工具-格式"选项卡，❷在"大小"选项组中设置文本框的高度和宽度。

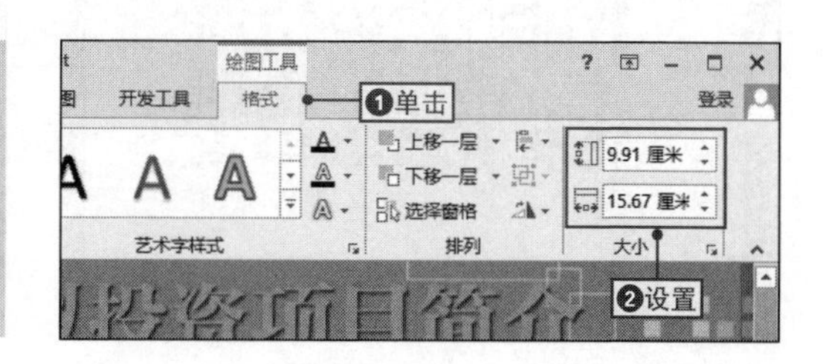

NO.
591

让文本框中的文本更具特色

案例035 可行性研究报告

◎\素材\第11章\可行性研究报告2.pptx　◎\效果\第11章\可行性研究报告2.pptx

在制作幻灯片时，为了让文本更具有特色，除了直接对文本进行格式设置外，还可以通过设置文本框的填充、边框等外观格式来实现，下面将通过对“可行性研究报告2.pptx”演示文稿中的文本框设置外观格式为例来进行讲解，其具体操作如下。

1 选择目标文本框

❶打开“可行性研究报告2.pptx”文件，❷选择需要调整的文本框或占位符。

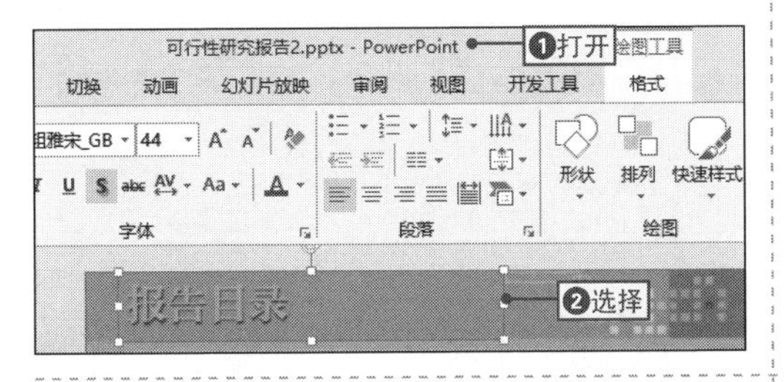

2 打开“设置形状格式”窗格

❶单击“绘图工具-格式”选项卡，❷在“形状样式”选项组中单击“对话框启动器”按钮。

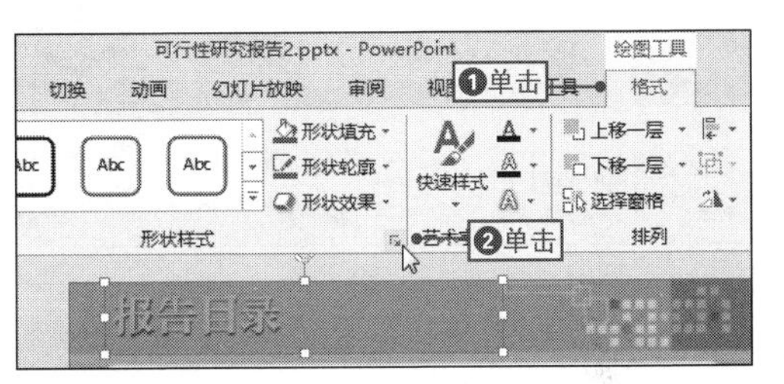

3 选择渐变填充

❶在打开的对话框中单击“填充”按钮，❷选中“渐变填充”单选按钮。

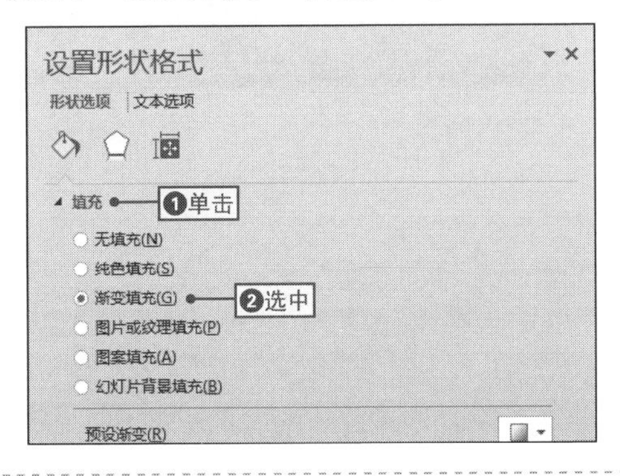

4 设置填充属性

在展开的属性区域中设置渐变填充的详细属性信息。

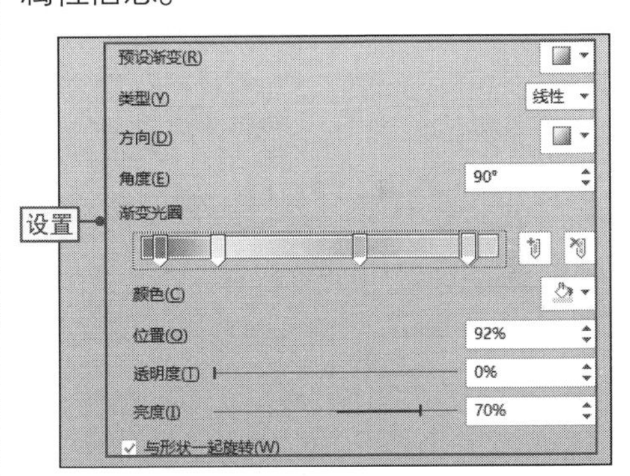

5 设置线条属性

❶单击“线条”按钮，❷选中“实线”单选按钮，❸设置线条的属性，然后关闭窗格即可完成操作。

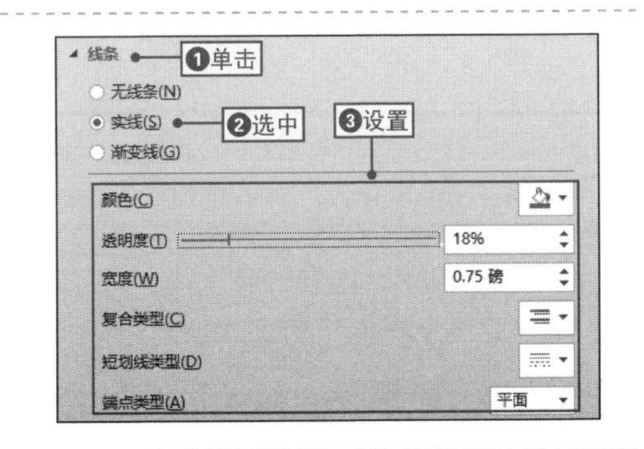

NO.

592

文本框的内部边距设置

在文本框中输入文本后，可以查看到文本不能靠齐文本框的边框，出现这种情况主要是受文本框内部对齐格式和边距的控制，这时用户可以根据实际情况对其进行调整，其具体操作如下。

1 打开“设置形状格式”窗格

❶在目标文本框上右击，❷在弹出的快捷菜单中选择“设置形状格式”命令。

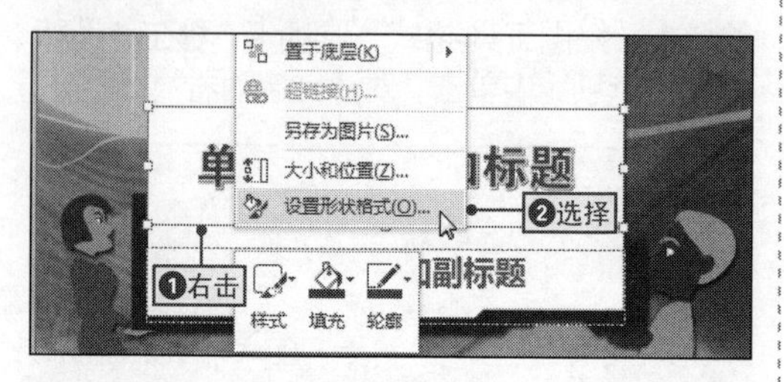

2 展开文本框内部格式的属性

❶在打开的窗格中单击“大小属性”选项卡，❷单击“文本框”按钮。

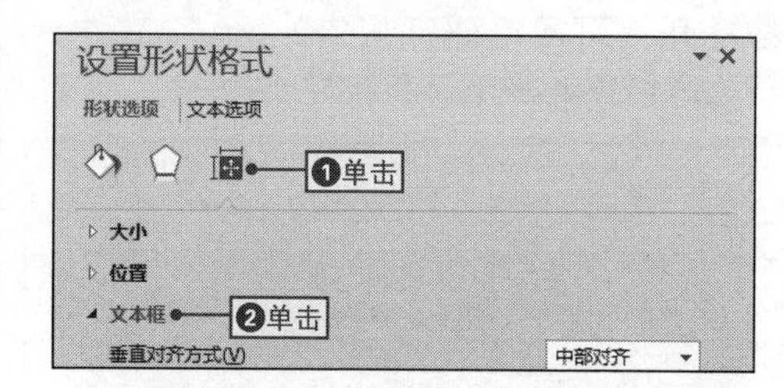

3 设置文本框的内部格式

对文本框的内部格式进行相应的设置，如垂直对齐方式、文字方向以及各个方向的边距等。

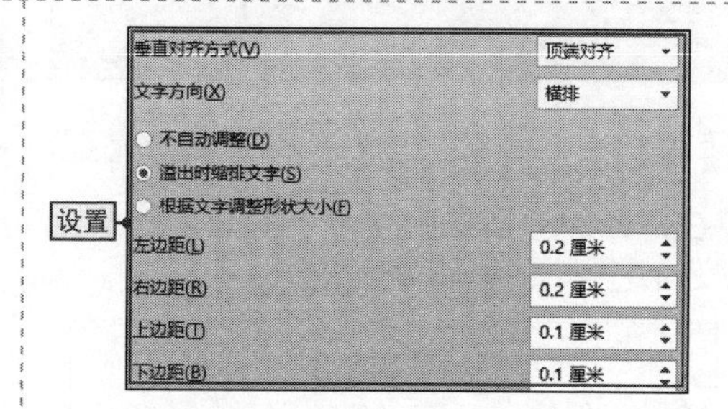

CHAPTER 12

本章导读

为了让制作的演示文稿更具艺术效果，可以在幻灯片中使用图形对象，用户通过使用图形对象可以把自己想要表达的信息组织在图文并茂的画面中，本章将介绍图形对象的使用技巧。

图形对象的使用技巧

本章技巧

相册的制作技巧

NO.595 使用电子相册功能创建相册
NO.596 相册版式的设计
NO.597 在相册中添加照片
……

SmartArt图形的使用技巧

NO.604 插入SmartArt图形
NO.605 快速插入SmartArt图形
NO.606 将项目符号转换为SmartArt图形
……

图表的高级使用技巧

NO.625 快速插入三维饼图
NO.626 显示饼图中的数据标签
NO.627 分离饼图
……

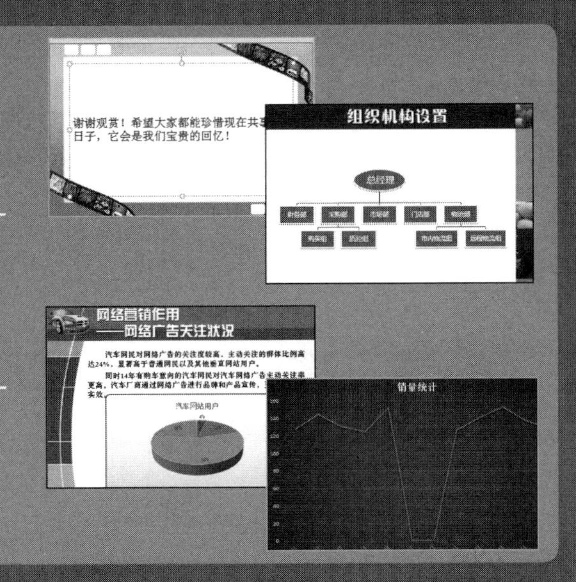

NO.
593

使用电子相册功能创建相册

案例037 公司相册

◉\素材\第12章\公司相册.pptx ◉\效果\第12章\公司相册.pptx

企业在制作员工相册或企业文化宣传演示文稿时，需要在幻灯片中添加大量的图片，若是一张张地添加效率会非常低，这时可以利用PPT的相册功能快速创建相册，下面将通过具体实例来进行讲解，其具体操作如下。

1 打开“相册”对话框

❶打开“公司相册.pptx”文件，❷单击“插入”选项卡，❸在“图像”选项组中单击“相册”下拉按钮，❹选择“新建相册”命令。

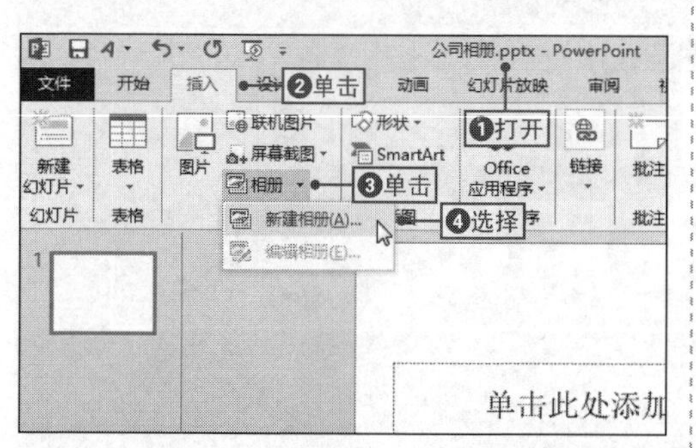

2 打开“插入新图片”对话框

在打开的“相册”对话框的“相册内容”选项组中单击“文件/磁盘”按钮，打开“插入新图片”对话框。

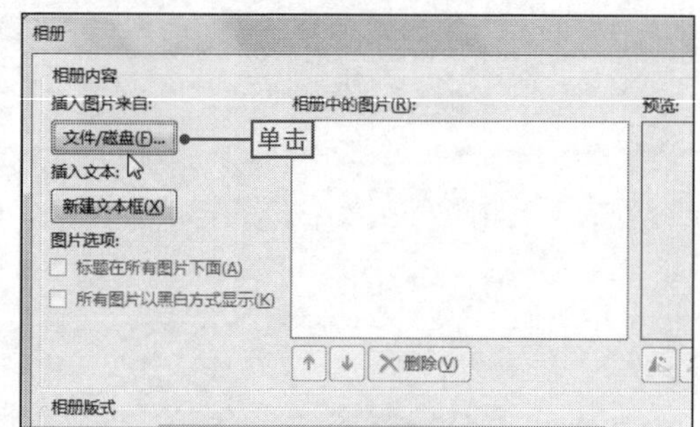

3 插入图片

❶选择需要插入相册中的图片，❷单击“插入”按钮插入图片，返回“相册”对话框中。

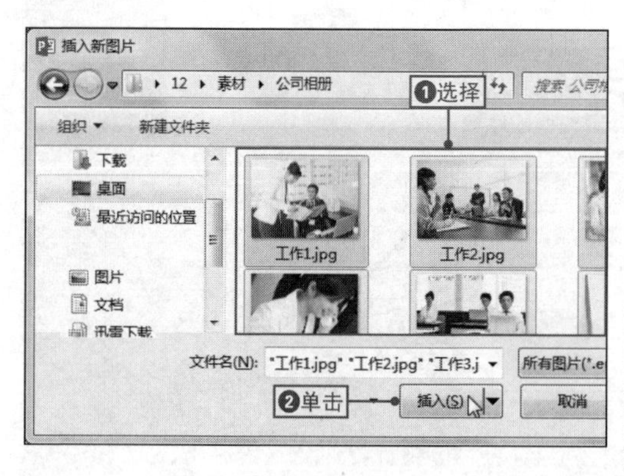

4 创建相册

❶选中“相册中的图片”下拉列表框中的所有复选框，❷单击“创建”按钮创建相册。

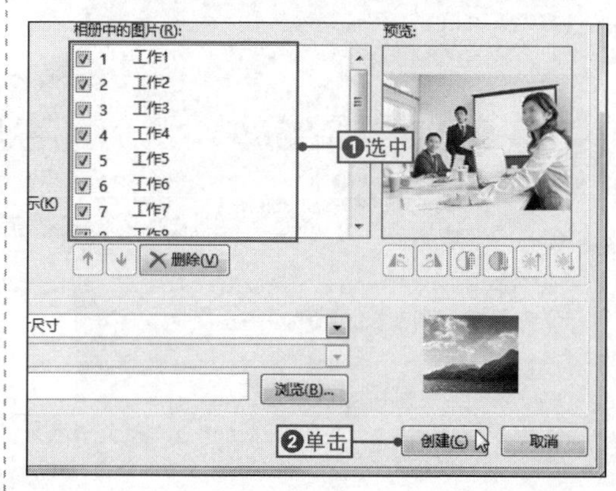

NO. 594

相册版式的设计

在使用PPT制作相册时，在默认情况下，每张幻灯片中插入一张图片，且图片居中对齐显示，这样相册就显得特别单调，为了使相册更具特色，可以在添加图片时为其设计版式，其具体操作如下。

1 设置图片版式

打开“相册”对话框，❶单击“图片版式”下拉按钮，❷选择相应的图片版式。

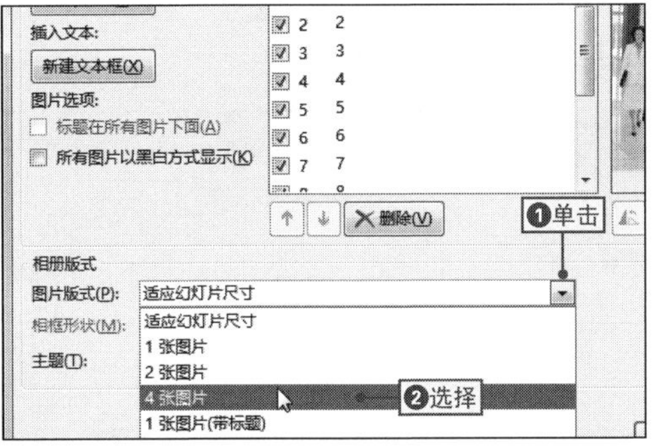

2 查看新版式效果

设置新的图片版式后，在“相册中的图片”下拉列表框中可以查看幻灯片的编号数字，表示一张幻灯片中包含4张图片。

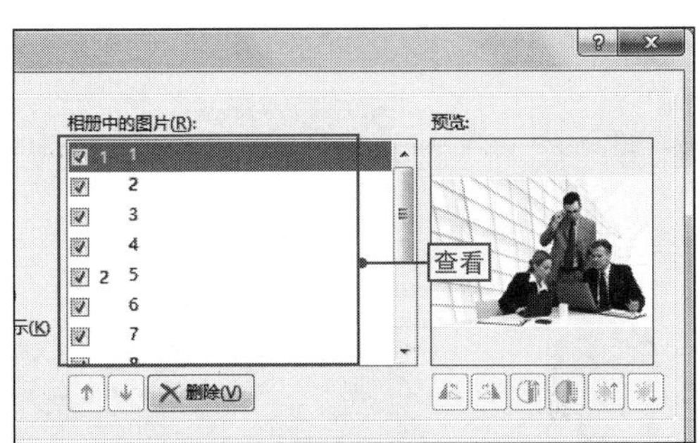

3 设置相框形状

❶在“相框形状”下拉列表中选择相应相框形状选项，❷单击“浏览”按钮。

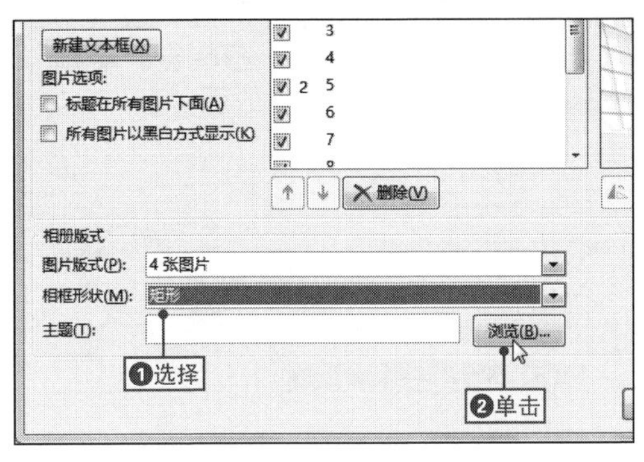

4 选择主题选项

❶在打开的“选择主题”对话框中选择需要的主题选项，❷单击“选择”按钮。

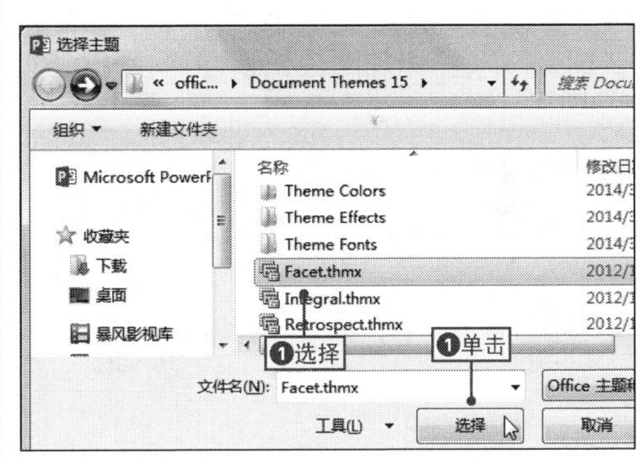

5 创建含有版式的相册

返回“相册”对话框中，单击“创建”按钮即可创建带有版式的相册。

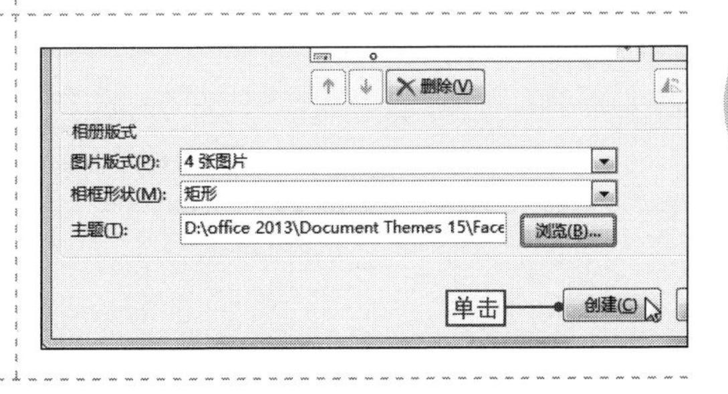

NO. 595

在相册中添加照片

案例037 公司相册

◎\素材\第12章\公司相册1.pptx　　◎\效果\第12章\公司相册1.pptx

在PPT中创建好相册后，若发现某些照片需要显示却没有添加到幻灯片中，这就需要对相册进行编辑，下面将通过在“编辑相册”对话框中添加照片为例来进行讲解，其具体操作如下。

1 打开“编辑相册”对话框

❶打开“公司相册1.pptx”文件，❷在“插入”选项卡中单击“相册”下拉按钮，❸选择“编辑相册”命令。

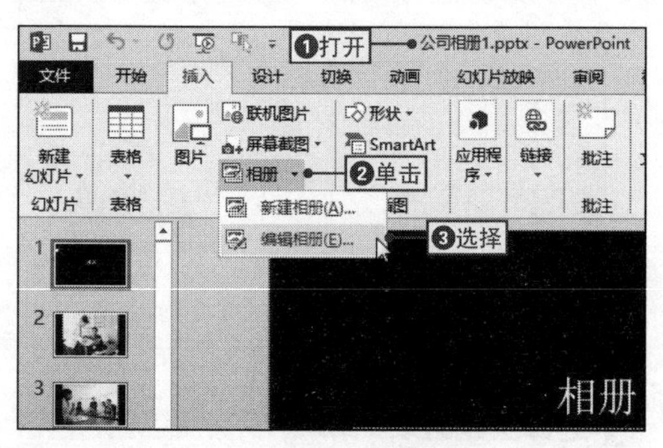

2 打开“插入新图片”对话框

在打开的“编辑相册”对话框的“相册内容”区域中单击“文件/磁盘”按钮，打开“插入新图片”对话框。

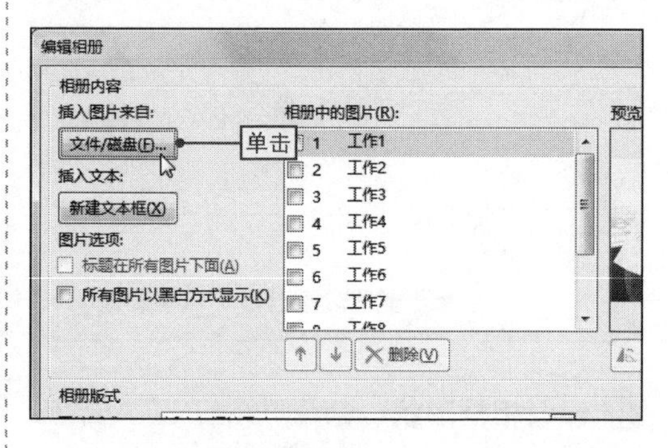

3 添加图片

❶选择需要添加到相册中的图片，❷单击“插入”按钮添加图片，返回“相册”对话框中。

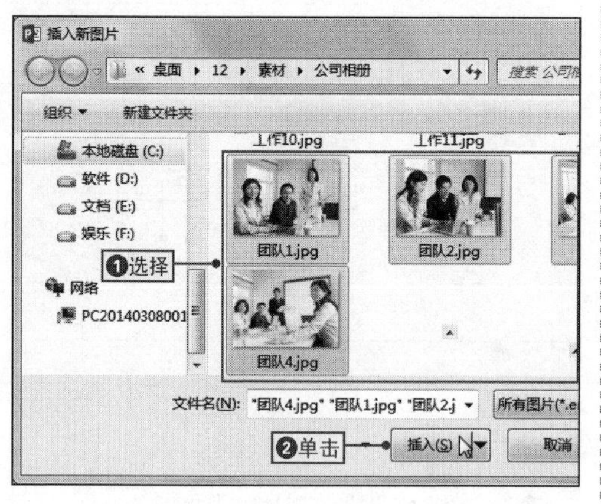

4 更新演示文稿中的图片

❶选中“相册中的图片”下拉列表框中的需要添加的照片复选框，❷单击“更新”按钮即可更新演示文稿中的图片。

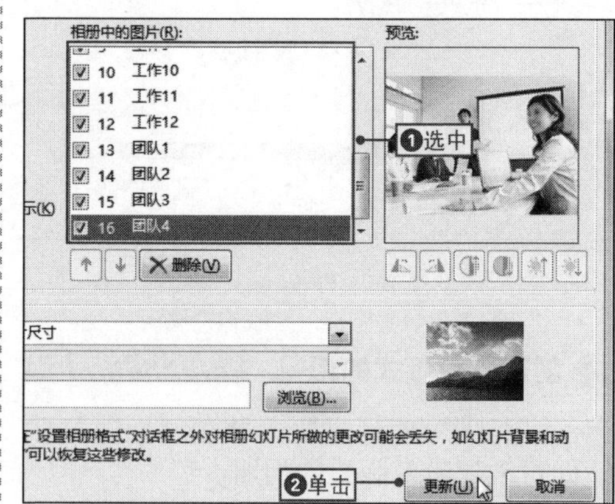

NO.
596 删除相册中的图片

相册创建完成后，如果发现某些照片是多余的，则可以将其删除，其具体操作是：❶打开“编辑相册”对话框，❷在“相册中的图片”下拉列表框中选中需要删除的图片选项复选框，❸单击“删除”按钮即可快速将其删除。

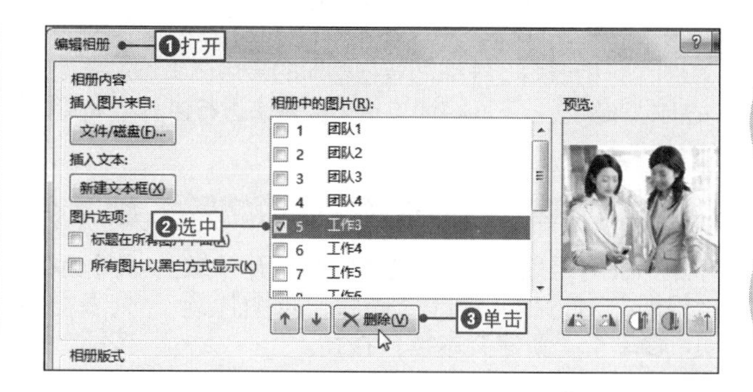

NO.
597 调整相册中图片的位置

由于插入相册中的图片都是由默认方式进行排列的，用户可以根据实际需要任意调整图片在幻灯片中的位置，其具体操作是：❶打开“编辑相册”对话框，❷在“相册中的图片”下拉列表框中选中需要调整的图片选项复选框，❸单击列表框底端的↑或↓按钮，向上或向下调整图片在演示文稿中的位置，如右图所示。

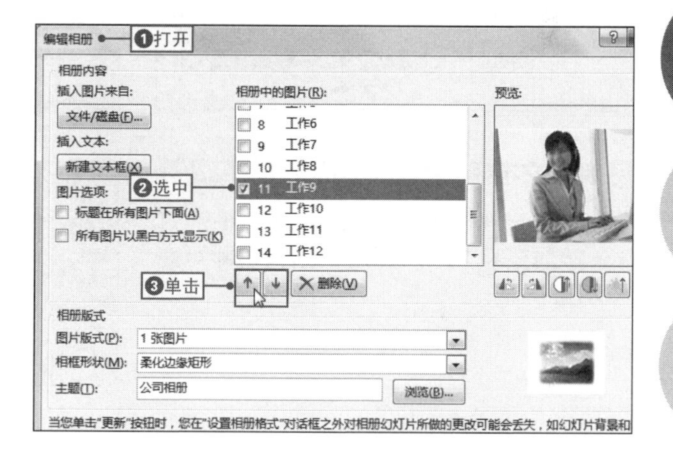

NO.
598 调整相册中图片的效果

在“编辑相册”对话框中还可以对相册中的图片效果进行调整，其具体操作是：❶在“编辑相册”对话框中选中目标图片选项复选框，❷单击“预览”区域下方的相应按钮即可对图片的效果进行设置。

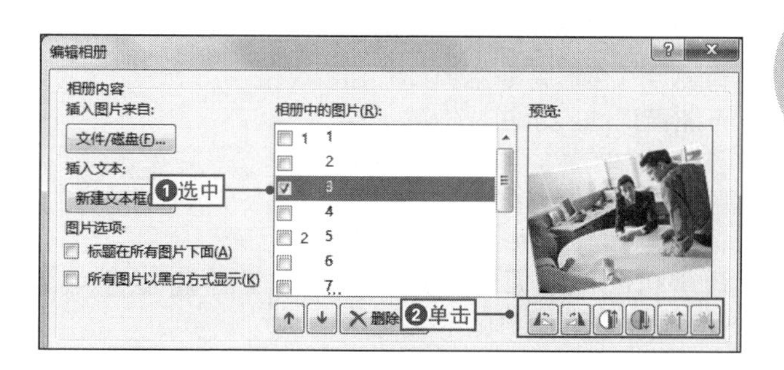

NO.
599 插入文本到相册的最后一页

案例037 公司相册

◉\素材\第12章\公司相册2.pptx ◉\效果\第12章\公司相册2.pptx

在创建好相册后，往往需要在相册的最后一页添加结束语，这时可以通过在相册中插入文本的方式来实现，下面将通过具体实例来进行讲解，其具体操作如下。

1 新建文本框

打开“公司相册2.pptx”文件，❶打开“编辑相册”对话框，❷选择最后一张图片选项，❸单击“新建文本框”按钮。

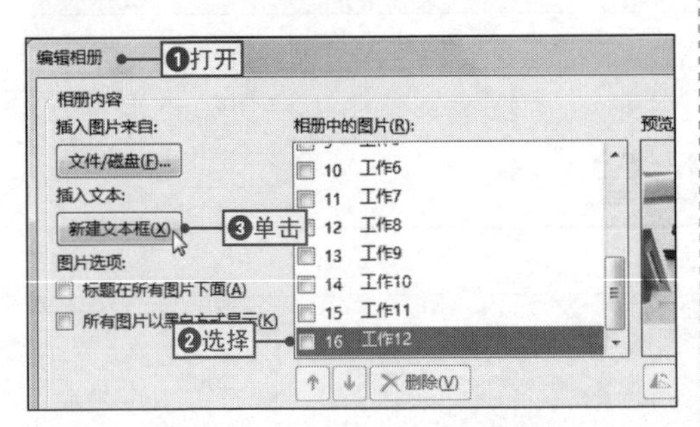

2 更新设置

此时系统会自动在“相册中的图片”下拉列表框中插入文本框选项，单击“更新”按钮，返回演示文稿中。

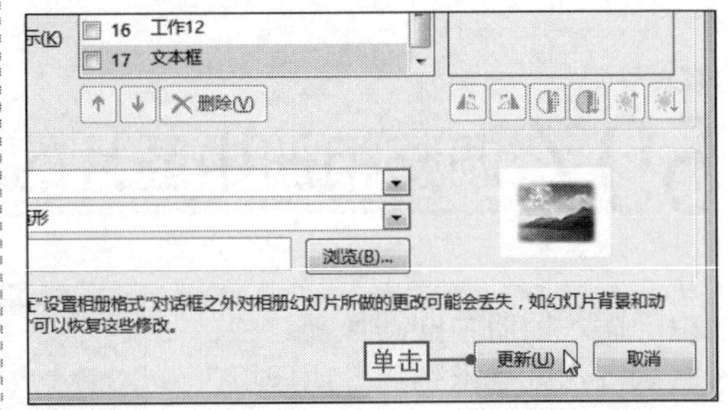

3 新建文本框

在左侧缩略图窗格中选择最后一张幻灯片，然后在其中输入相应的结束语即可完成操作。

NO.
600 在照片中添加图片说明

在PPT中创建好相册后，若只有图片，会显得非常单调，且不能直观地展示图片信息，这时可以为图片添加文本说明信息，其具体操作是：❶在“编辑相册”对话框中选中“标题在所有图片下面”复选框，❷单击“更新”按钮。

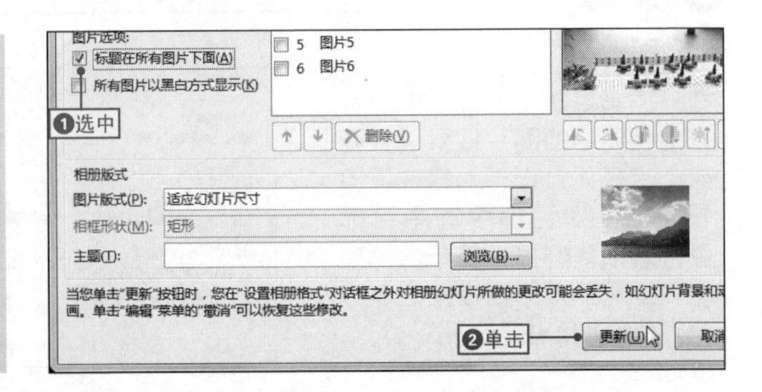

NO. 601

解决图片过多幻灯片速度变慢的问题

在插入了大量图片的演示文稿中，常常会出现内存占用过大，操作PPT速度变慢的情况，这时可以通过压缩图片的方法来解决，其具体操作如下。

1 打开"压缩图片"对话框

❶在幻灯片中选择某张图片，❷单击"图片工具-格式"选项卡，❸单击"压缩图片"按钮，打开"压缩图片"对话框。

2 设置输出分辨率

❶选中相应的压缩选项复选框，❷选中相应的目标输出单选按钮，❸单击"确定"按钮确认设置。

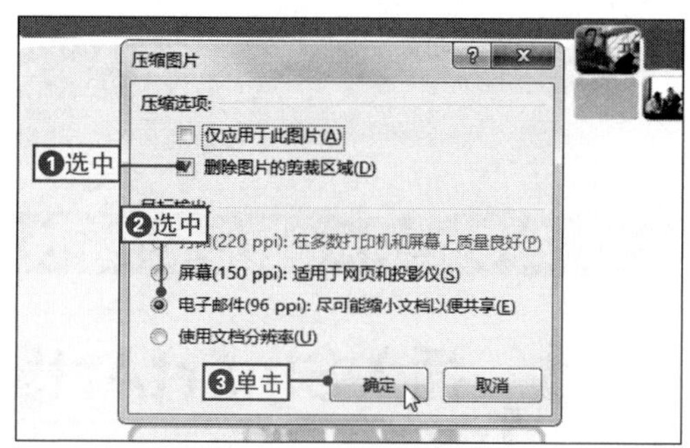

NO. 602

压缩图片减小演示文稿大小

减小内存空间，除了以上方法外，还可以通过"另存为"对话框来统一压缩图片的大小来减小演示文稿的大小，其具体操作如下。

1 打开"压缩图片"选项卡

打开"另存为"对话框，❶单击"工具"下拉按钮，❷选择"压缩图片"命令，打开"压缩图片"对话框。

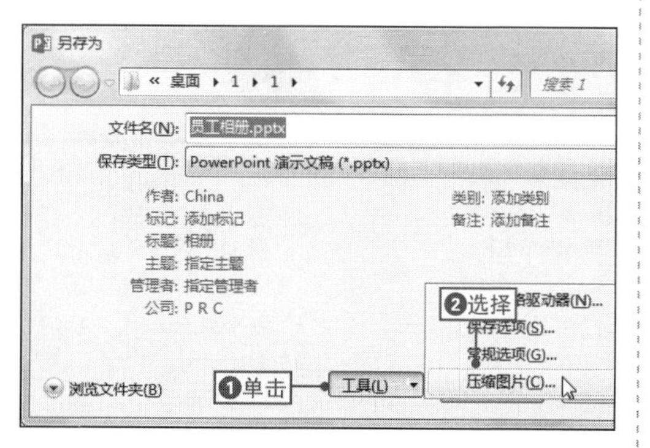

2 设置输出分辨率

❶选中"电子邮件（96ppi）：尽可能缩小文档以便共享"单选按钮，❷单击"确定"按钮确认设置。

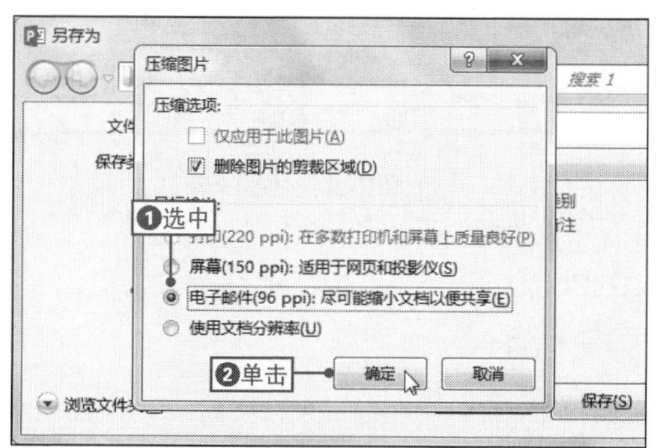

NO.
603 如何让照片以黑白方式显示

在制作相册时，用户还可以根据实际需求让相册中的图片以黑白方式进行显示，其具体操作是：在"编辑相册"对话框中选中"所有图片以黑白方式显示"复选框，然后单击"更新"按钮即可。

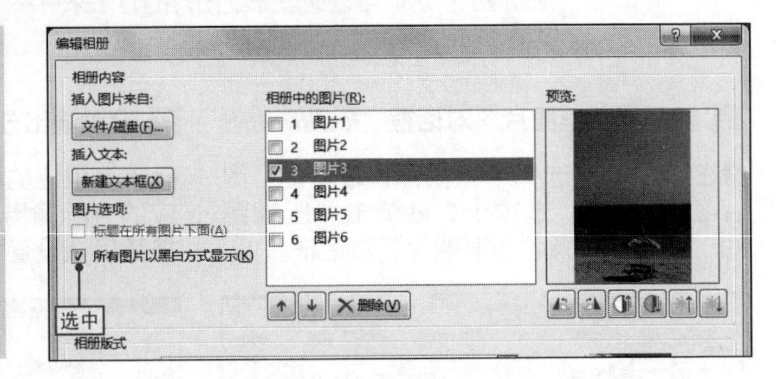

12.2 SmartArt图形的使用技巧

NO.
604 插入SmartArt图形

案例036 项目策划方案

◉\素材\第12章\项目策划方案.pptx　　◉\效果\第12章\项目策划方案.pptx

在制作产品生产技术培训、企业简介等演示文稿时，可以通过图示来展示产品生产过程、企业的组成结构等，它比文字描述更加直观，在PPT中，可以直接插入SmartArt图示来展示数据，下面将通过具体实例来进行讲解，其具体操作如下。

1 打开"选择SmartArt图形"对话框

❶打开"项目策划方案.pptx"文件，❷选择目标幻灯片，❸单击"插入"选项卡，❹单击"SmartArt"按钮。

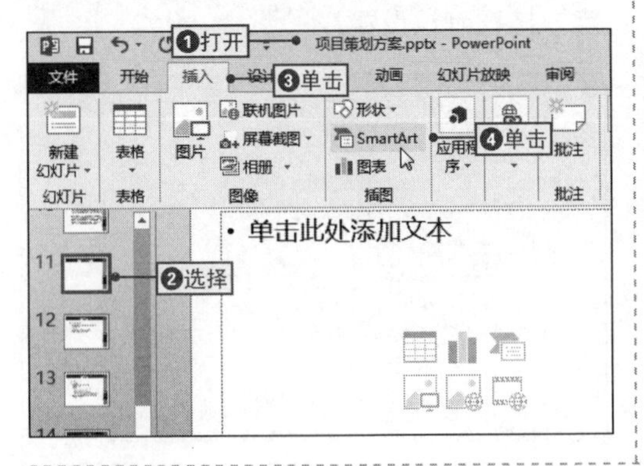

2 选择SmartArt图形

❶在打开的"选择SmartArt图形"对话框中单击"层次结构"选项卡，❷选择"组织结构图"选项，❸单击"确定"按钮。

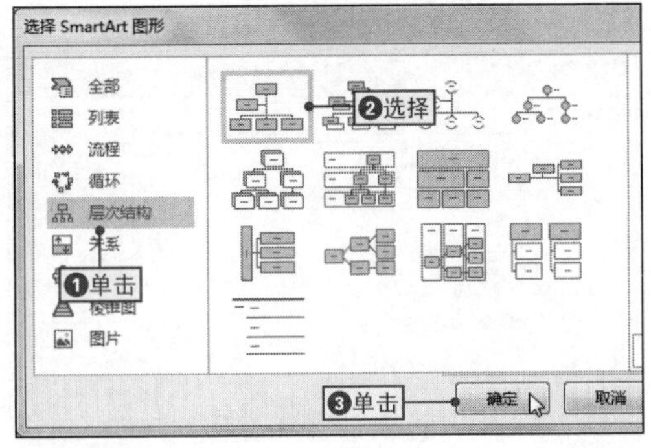

NO.
605 快速插入SmartArt图形

对于含有未输入任何内容的占位符的幻灯片，可以向其中快速插入SmartArt图，其具体操作是：在幻灯片的占位符中单击“插入SmartArt图形”按钮，快速打开“选择SmartArt图形”对话框，在其中可选择需要的SmartArt图形。

NO.
606 将项目符号转换为SmartArt图形

如果在幻灯片的占位符中输入文本，且用项目符号对文本进行了标识，用户就可以将该文本转换为SmartArt图形，其具体操作是：❶选择需要转换为SmartArt图形的文本，并在其上右击，❷在弹出的快捷菜单中选择“转换为SmartArt”命令，❸在弹出的子菜单中选择相应的SmartArt图形选项即可。

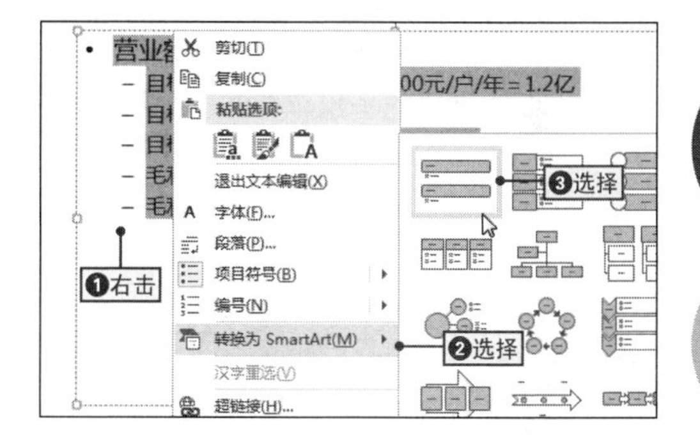

NO.
607 在SmartArt图形中添加形状

案例036 项目策划方案

◉\素材\第12章\项目策划方案1.pptx　　◉\效果\第12章\项目策划方案1.pptx

在幻灯片中插入SmartArt图形，在默认情况下SmartArt图形中的形状可能不能满足用户实际的需求，这时可向其中添加形状，下面将通过在SmartArt图形中添加相应的形状来进行讲解，其具体操作如下。

1 选择目标形状

打开“项目策划方案1.pptx”文件，❶选择需要在其附近添加形状的形状，❷单击“SMARTART工具-设计”选项卡。

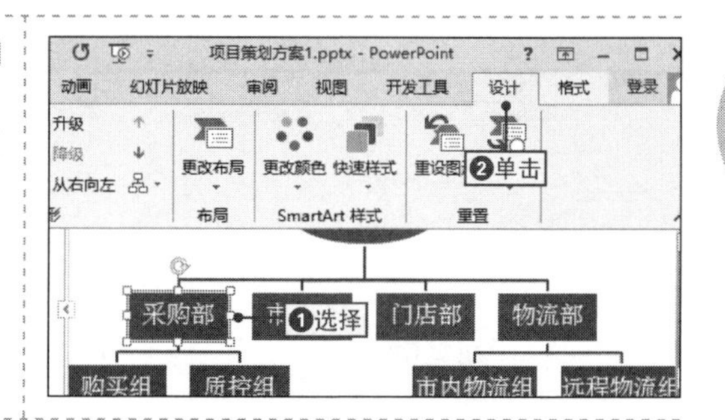

2 添加形状

❶在“创建图形”选项组中单击“添加形状”下拉按钮，❷选择“在前面添加形状”选项。

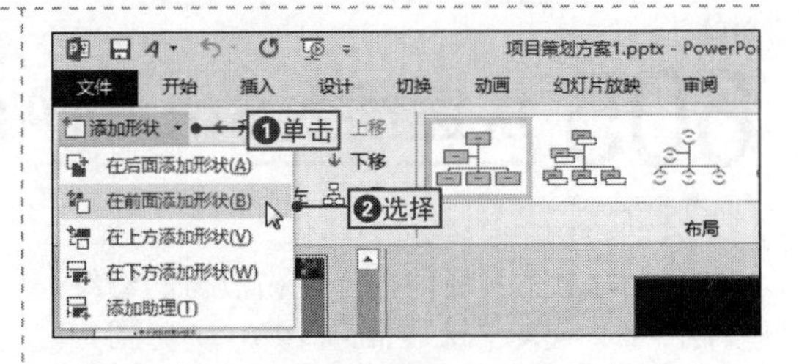

NO.608 通过快捷菜单快速添加形状

在SmartArt图形中添加形状，除了使用前面的方法外，还可以使用快捷菜单快速进行添加，其具体操作是：❶选中需要在其附近添加形状的形状，并在其上右击，❷在弹出的快捷菜单中选择“添加形状”命令，❸在弹出的子菜单中选择形状的插入方式命令，如选择“在后面添加形状”选项即可。

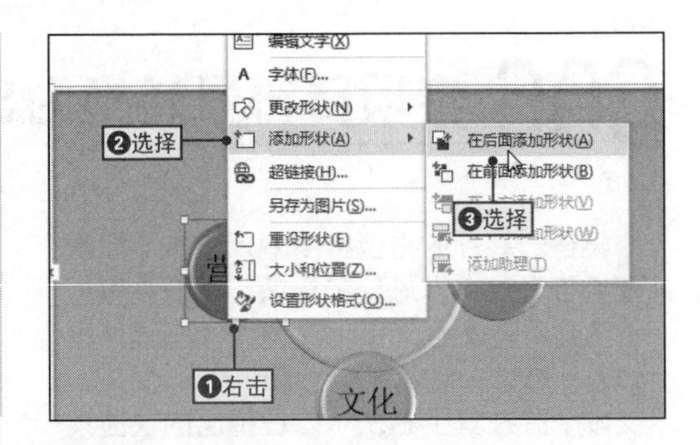

NO.609 通过文本窗格添加形状

除了使用常规方法添加SmartArt图形的形状外，还可以使用文本窗格来实现，在文本窗格中只需按【Enter】键即可添加一个形状，其具体操作如下。

1 打开“文本窗格”窗格

❶在幻灯片中选择SmartArt图形，❷单击“SMARTART工具-设计”选项卡，❸单击“文本窗格”按钮。

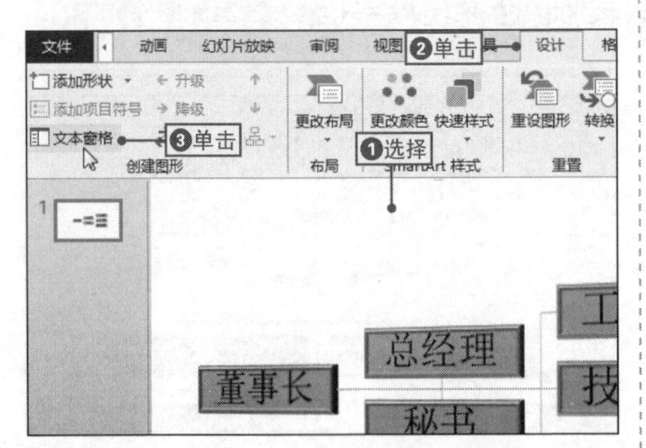

2 添加SmartArt形状

在“文本窗格”窗格中需要添加形状的位置按【Enter】键，即可在SmartArt图形中的对应位置快速添加形状。

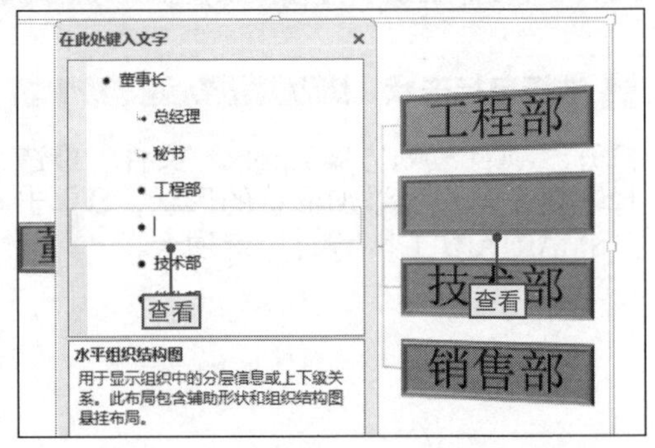

NO.
610 删除SmartArt图形中的形状

如果用户不再需要SmartArt图形中的形状，可以将其删除，其具体操作是：选择SmartArt图形中需要删除的形状，按【Delete】键，即可快速将其删除。

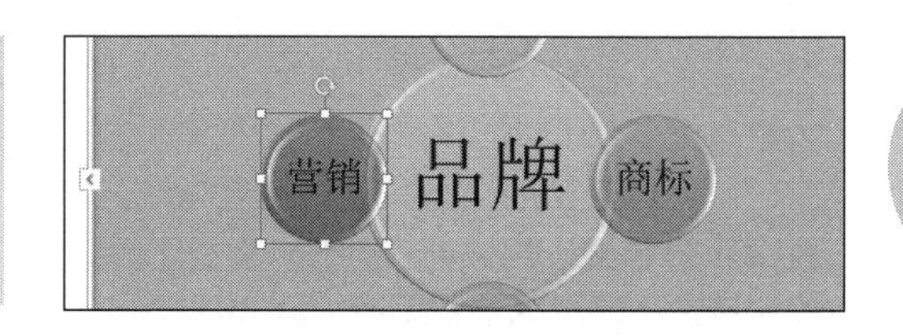

NO.
611 更改SmartArt图形中的形状

案例036 项目策划方案

◎\素材\第12章\项目策划方案2.pptx　◎\效果\第12章\项目策划方案2.pptx

在PPT中插入的SmartArt图形默认的是几何图形，如圆形、矩形等，用户可以根据实际需要将SmartArt图形的形状改变为形状库中的任意形状，下面通过将矩形更改为椭圆形为例来进行讲解，其具体操作如下。

1 选择SmartArt图形中的形状

❶打开“项目策划方案2.pptx”文件，❷在SmartArt图形中选择需要更改的形状，❸单击“SMARTART工具-格式”选项卡。

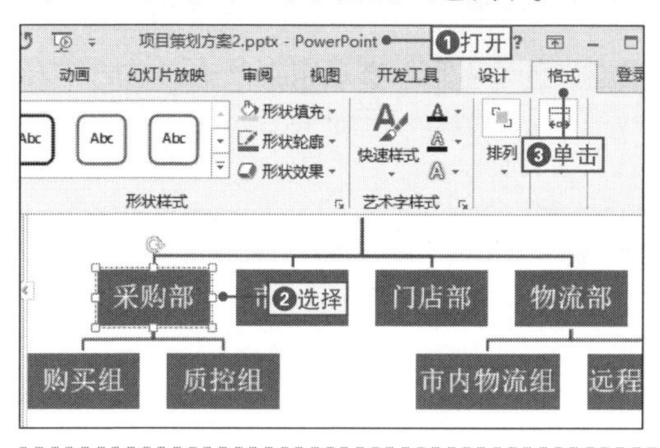

2 更改形状

❶在“形状”选项组中单击“更改形状”下拉按钮，❷在“基本形状”选项组中选择“椭圆”选项。

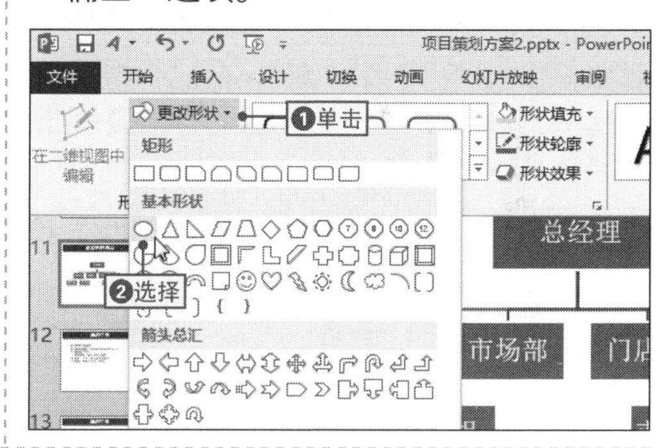

3 查看更改形状效果

在幻灯片中即可查看到SmartArt图形中的矩形形状更改为椭圆形。

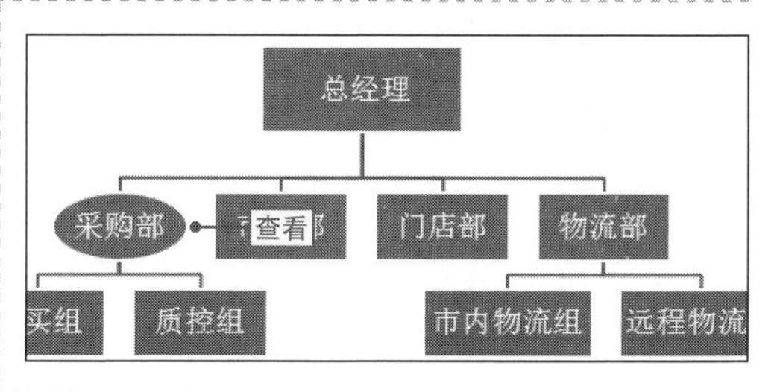

NO.

612 调整SmartArt图形中形状的大小

在SmartArt中，用户可以根据实际需要更改单个形状的大小，当形状的大小发生改变时，其他形状的大小和位置也会自动进行相应的调整，其具体操作是：❶选择需要调整大小的形状，❷单击“SmartArt工具-格式”选项卡，❸在“形状”选项组中单击“增大”/“减小”按钮，即可使形状增大/减小，而其他形状则会相应地调整。

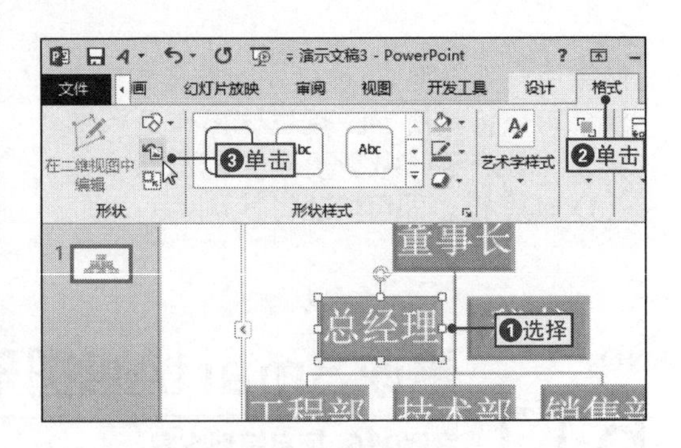

NO.

613 更改SmartArt图形中的形状布局

案例036 项目策划方案

◉\素材\第12章\项目策划方案3.pptx　　◉\效果\第12章\项目策划方案3.pptx

在默认情况下，在幻灯片中插入的SmartArt图形都是固定的组织结构，如果用户需要快速调整各形状的方向和位置，这时可以直接通过“布局”下拉按钮中的功能对形状的布局进行相应的调整，其具体操作如下。

1 选择SmartArt图形中的形状

❶打开“项目策划方案3.pptx”文件，❷选择SmartArt图形中的形状，❸单击“SMARTART工具-设计”选项卡。

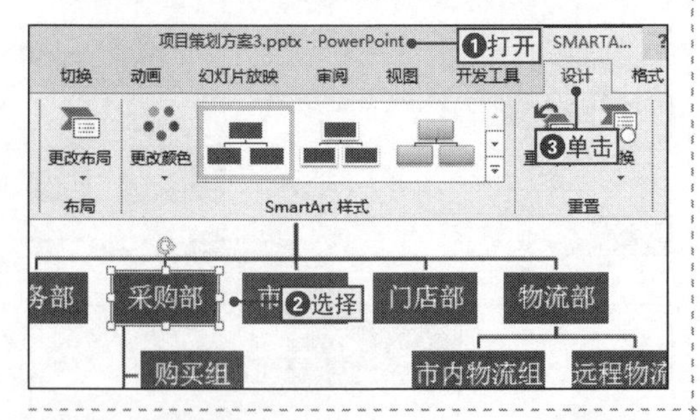

2 更改布局

❶在“创建图形”选项组中单击“布局”下拉按钮，❷选择“左悬挂”命令，即可对形状调整方向。

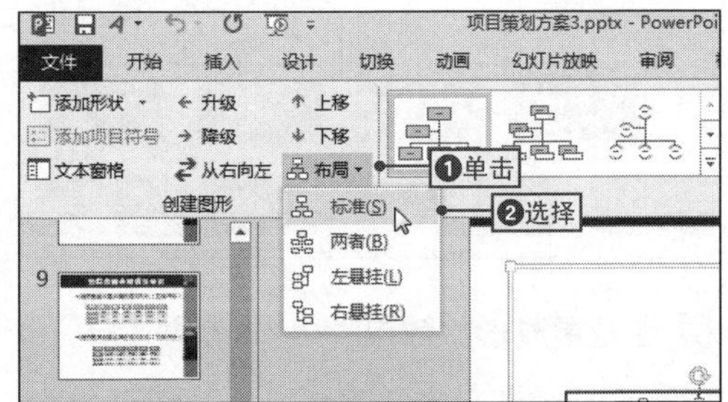

3 查看形状更改效果

此时，在SmartArt图形中可以查看到形状的布局进行了相应调整。

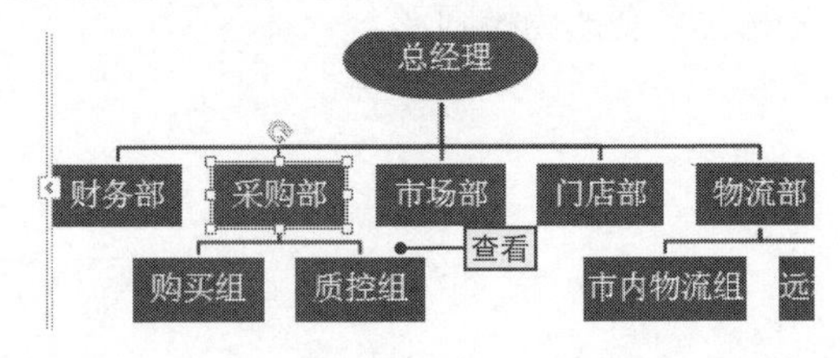

NO.
614
快速更改SmartArt图形的布局

SmartArt图形是商务演示文稿中比较常用的对象，除了可以对其中的形状进行布局的更改外，还可以对整个SmartArt图形的布局进行更改，如下面将SmartArt图形的布局更改为“射线维恩图”样式为例来进行讲解，其具体操作如下。

1 选择布局选项

选择SmartArt图形，❶单击“SMARTART工具-设计”对话框，❷单击“更改布局”下拉按钮，❸选择“射线维恩图”选项。

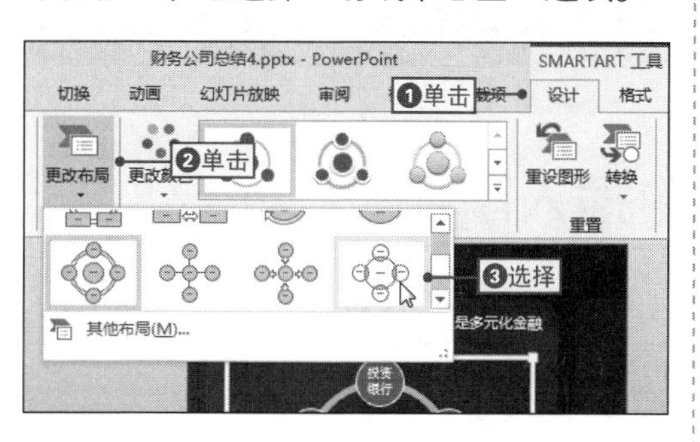

2 查看更改布局效果

返回幻灯片中，即可查看到SmartArt图形的布局发生了更改。

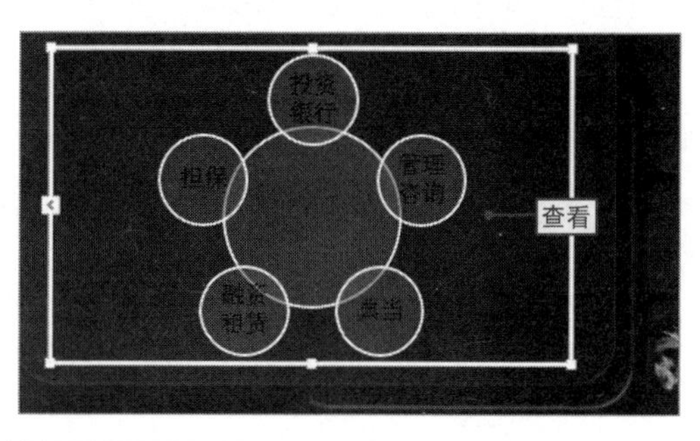

NO.
615
在SmartArt图形中添加文本

案例036 项目策划方案

◎\素材\第12章\项目策划方案4.pptx　　◎\效果\第12章\项目策划方案4.pptx

在演示文稿中插入SmartArt图形后，图形中只有各种形状和占位符，而没有文本内容，这时就需要向SmartArt图形的形状中添加文本，下面将通过“文本窗格”窗格为形状添加文本为例来进行讲解，其具体操作如下。

1 打开“文本窗格”窗格

❶打开“项目策划方案4.pptx”文件，❷选择SmartArt图形，单击图形左侧的展开按钮。

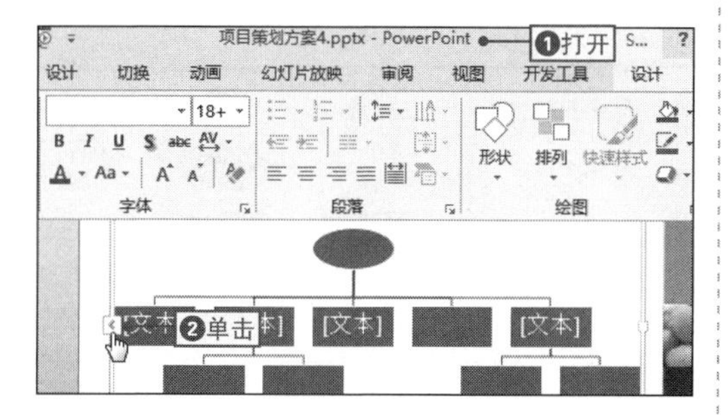

2 输入文本

❶在SmartArt图形的文本窗格中直接输入文本，❷单击“关闭”按钮关闭窗格即可。

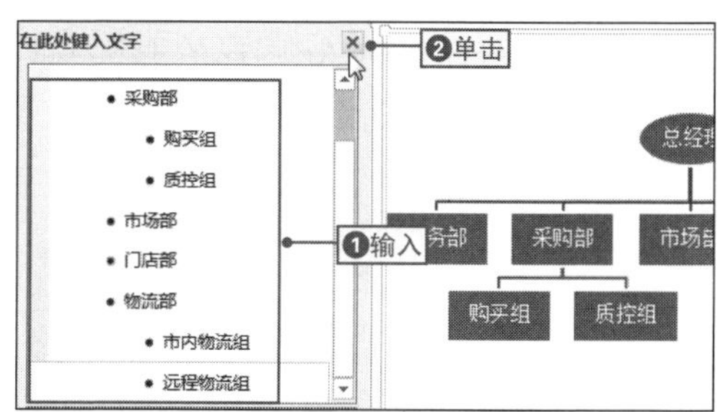

NO.
616 快速在SmartArt图形中添加文本

除了可以通过文本窗格添加文本外，还有一种比较快速的方法，就是直接在形状上输入文本，但是这种方法在SmartArt图形中形状较少的情况下比较实用，其具体操作是：选择SmartArt图形中的形状，将文本插入点定位到形状的内部，这时内部的占位符消失，直接输入文本即可。

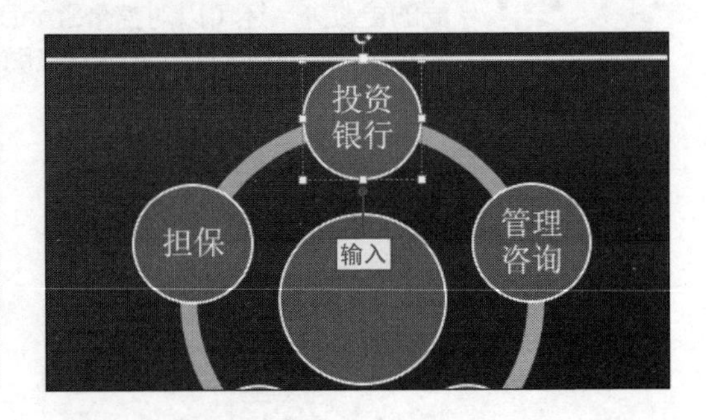

NO.
617 在SmartArt图形中插入图片

在Office中SmartArt图形分为带图片和不带图片两种形式，而对带图片的SmartArt图形，用户可以轻松为其添加图片，其具体操作如下。

1 打开“插入图片”窗口

在插入的SmartArt图形的任意形状中单击“插入图片”占位符，打开“插入图片”窗口。

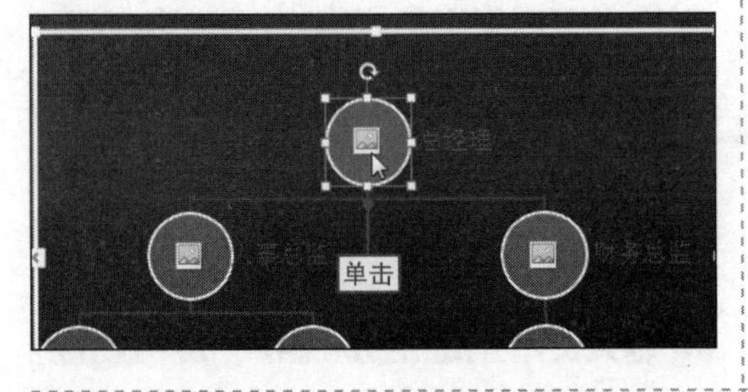

2 打开“插入图片”对话框

在“来自文件”区域中单击“浏览”按钮，打开“插入图片”对话框。

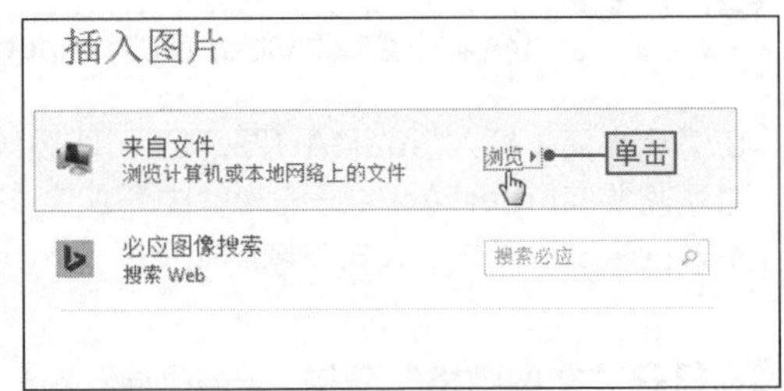

3 插入图片

❶选择需要的图片选项，❷单击“插入”选项卡，即可在SmartArt图形的形状中插入图片。

NO.
618 设置SmartArt图形中文本的格式

案例036 项目策划方案

◉\素材\第12章\项目策划方案5.pptx　　◉\效果\第12章\项目策划方案5.pptx

在SmartArt图形中添加文本后，为了让图形的效果更加美观，可以通过对SmartArt图形中的文本格式进行设置来实现，下面将通过对话框对文本的格式进行设置为例来进行讲解，其具体操作如下。

1 打开“字体”对话框

❶打开“项目策划方案5.pptx”文件，❷在SmartArt图形中选择文本，❸在“字体”选项组中单击“对话框启动器”按钮。

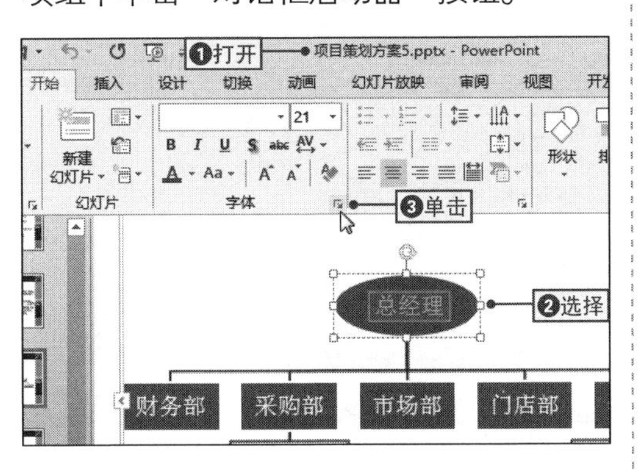

2 设置字体格式

在打开的“字体”对话框的“字体”选项组中对各个属性进行设置，如中西文字体、字体样式以及字体大小等，最后确认即可。

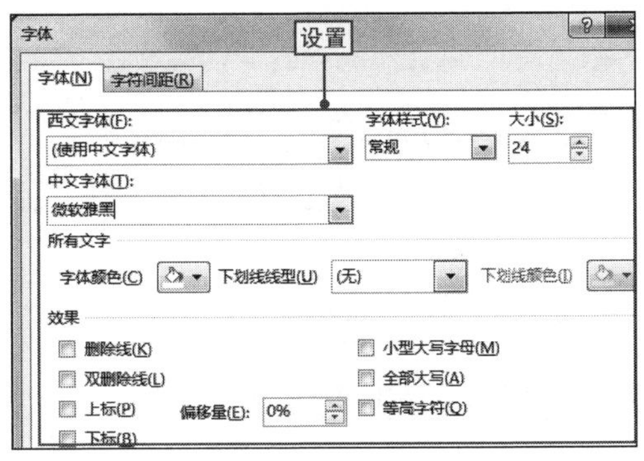

NO.
619 为SmartArt图形中的文本添加艺术效果

只是给SmartArt图形中的文本设置文本格式，虽然可以达到美化SmartArt图形的效果，但是会使图形显得比较单调，这时可以通过给文本应用艺术字效果，从而使SmartArt图形呈现出多样化。

其具体操作是：❶在SmartArt图形中选择需要设置格式的文本，❷单击“SMARTART工具-格式”选项卡，❸在“艺术字样式”选项组中选择需要的艺术字选项，即可应用艺术字效果。

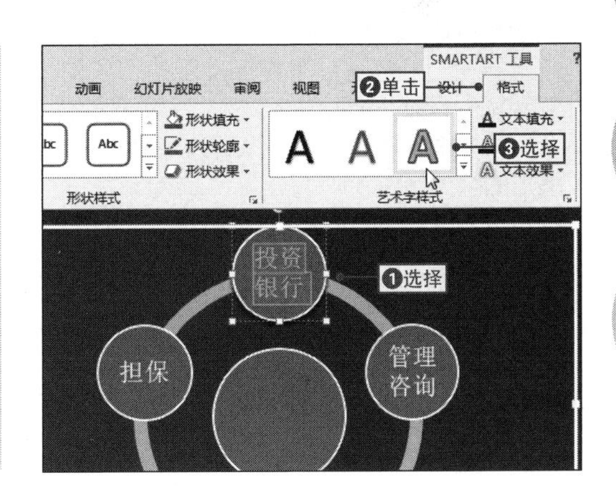

NO.
620 使SmartArt图形套用内置样式

案例036 项目策划方案

◉\素材\第12章\项目策划方案6.pptx ◉\效果\第12章\项目策划方案6.pptx

在插入SmartArt图形后，会发现图像的默认效果比较单一，这时可以为其设置样式，从而吸引观众的注意，下面将通过为SmartArt应用内置的样式为例来进行讲解，其具体操作如下。

1 选择SmartArt图形

❶打开“项目策划方案6.pptx”文件，❷选择SmartArt图形，❸切换到“SMARTART工具-设计”选项卡。

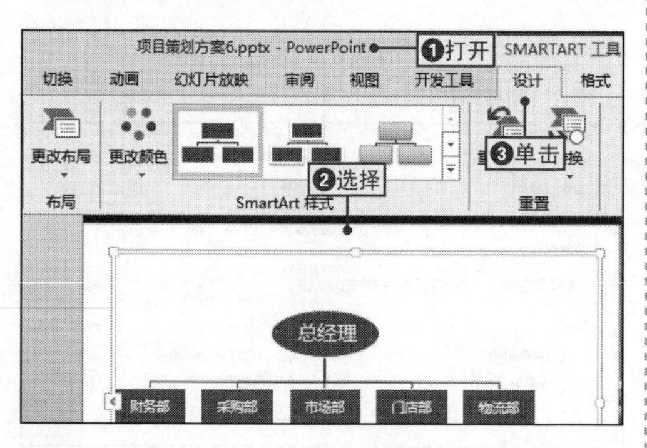

2 选择SmartArt样式

在“SmartArt样式”选项组中单击“其他”按钮，在打开的下拉列表中选择需要的SmartArt样式选项即可。

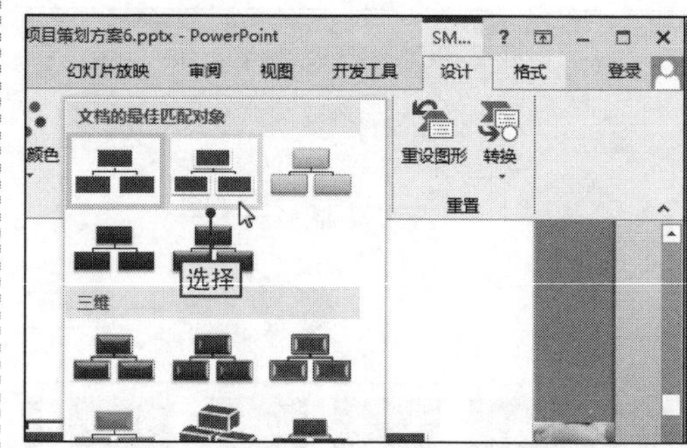

NO.
621 更改SmartArt图形的整体颜色

SmartArt图形是一种相对固定的结构图，如果要使幻灯片看起来更加美观，可以对SmartArt图形的颜色进行修改，对于其中含有较多形状的情况，可以更改SmartArt图形的整体颜色。

其具体操作是：在幻灯片中选择SmartArt图形，❶单击“SMARTART工具-设计”选项卡，❷在“SmartArt样式”选项组中单击“更改颜色”下拉按钮，❸选择需要应用颜色选项，即可快速为SmartArt图形更改颜色。

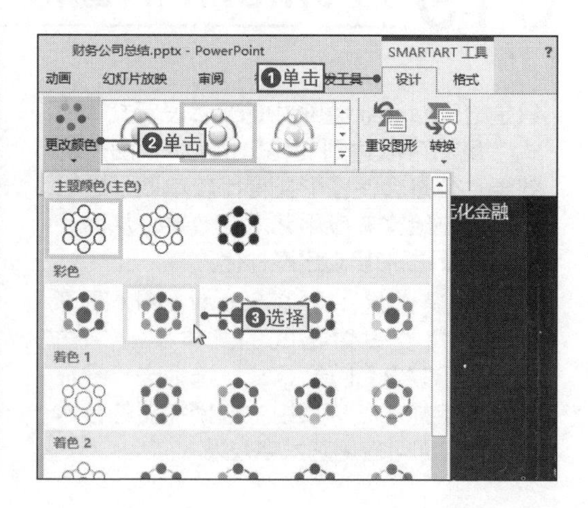

NO.
622 更改SmartArt图形中单个形状的颜色

对于形状较少的SmartArt图形，还可以通过修改SmartArt图形中单个形状的颜色来美化幻灯片。

其具体操作是：在幻灯片中选择SmartArt图形中的某个形状，❶单击“SMARTART工具-格式”选项卡，❷在“形状样式”选项组中单击“形状填充”下拉按钮，❸选择需要的颜色选项即可。

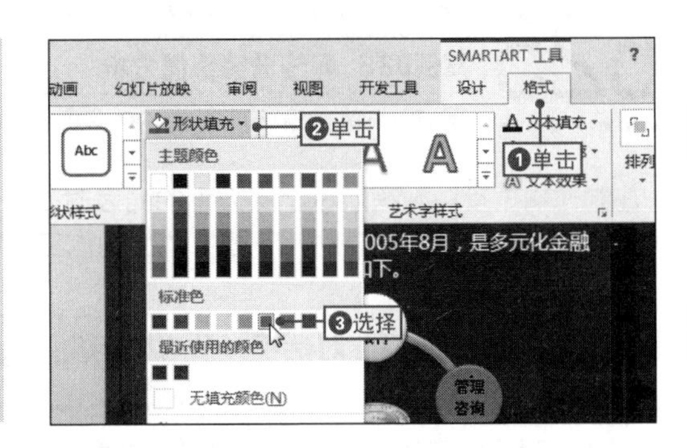

NO.
623 设置SmartArt图形的连接线样式

在商务演示文稿中，不仅要让SmartArt图形正确的展示数据，还要让其美化幻灯片，要实现该目的，除了对SmartArt图形以及其中的形状进行设置外，还可以对其中的连接线进行设置。

其具体操作是：选择SmartArt图形中的连接线，❶单击“SMARTART工具-格式”选项卡，❷在“形状样式”选项组中单击“形状轮廓”下拉按钮，❸在弹出的下拉菜单中即可设置连接线的样式，如线条粗细、线型等。

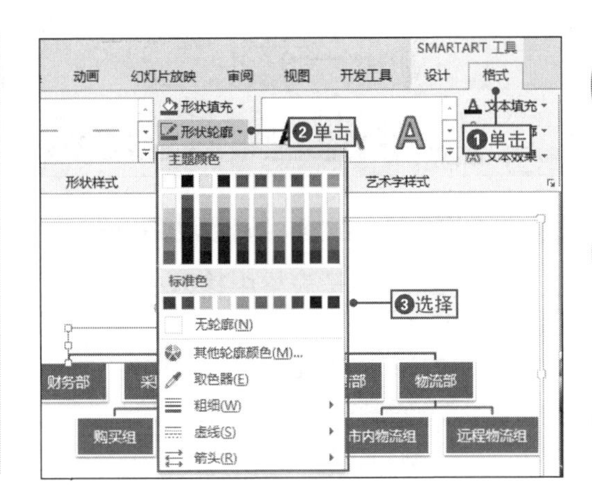

NO.
624 设置SmartArt图形的底纹

在一些背景颜色较浅的演示文稿中，可以为SmartArt图形设置背景样式，从而使其更加突出的显示出来。

其具体操作是：选择SmartArt图形的绘图区，❶单击“SMARTART工具-格式”选项卡，❷在“形状样式”选项组中单击“形状填充”下拉按钮，❸在弹出的下拉菜单中选择相应的背景颜色选项即可。

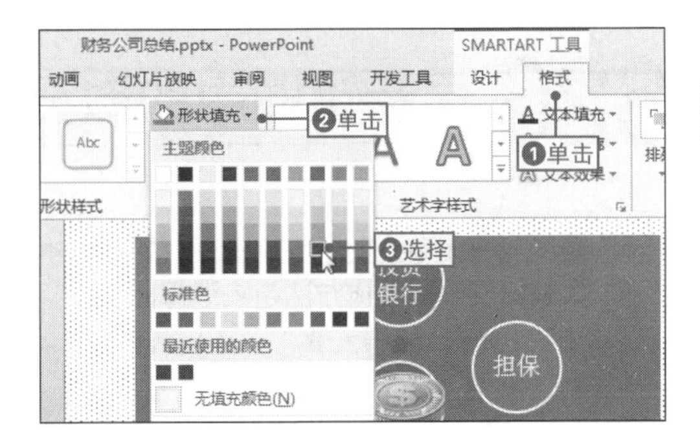

NO.

625 快速插入三维饼图

案例038 网络营销价值分析

◉\素材\第12章\网络营销价值分析.pptx　◉\效果\第12章\网络营销价值分析.pptx

在制作需要反映数据所占比例大小的图表时，可以通过饼图来进行表达，而使用立体的饼图可以使展示结果更加直观，下面将通过制作三维饼图为例来进行讲解，其具体操作如下。

1 打开“插入图表”对话框

❶打开“网络营销价值分析.pptx”文件，❷选择目标幻灯片，❸在“插入”选项卡中单击“图表”按钮。

2 选择三维饼图选项

❶在打开的“插入图表”对话框中单击“饼图”选项卡，❷选择“三维饼图”选项，然后单击“确定”按钮。

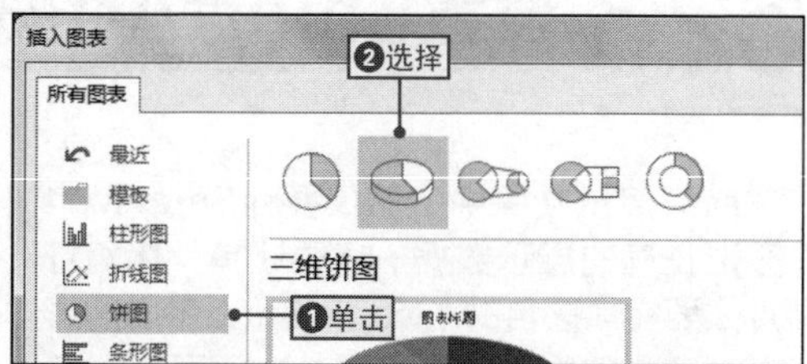

3 在表格中输入数据

在打开的Excel电子表格中输入相应的数据，然后关闭表格。

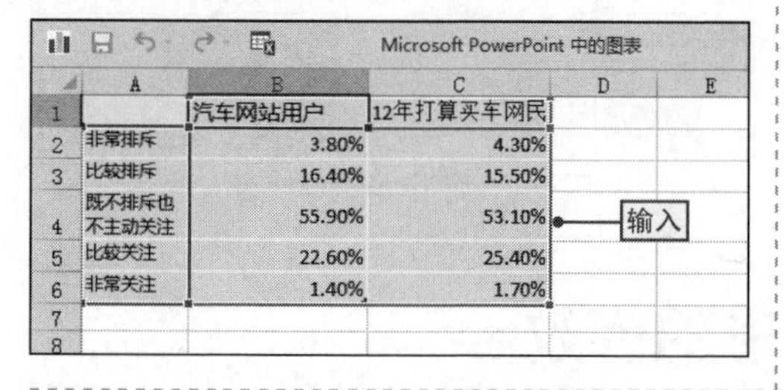

	A	B	C	D	E
1		汽车网站用户	12年打算买车网民		
2	非常排斥	3.80%	4.30%		
3	比较排斥	16.40%	15.50%		
4	既不排斥也不主动关注	55.90%	53.10%		
5	比较关注	22.60%	25.40%		
6	非常关注	1.40%	1.70%		
7					
8					

4 调整饼图的大小和位置

返回幻灯片中，调整饼图的大小和位置，完成操作。

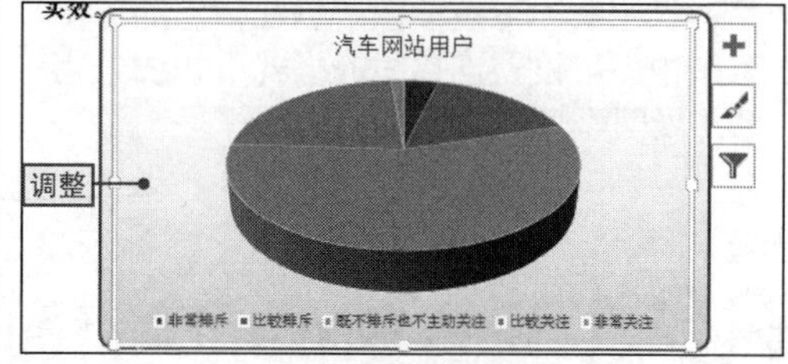

NO.

626 显示饼图中的数据标签

默认插入的饼图不会显示数据标签，如果要显示数据标签，其操作方法是：选择图表，❶单击右侧的“图表元素”按钮，❷选中“数据标签”复选框即可。

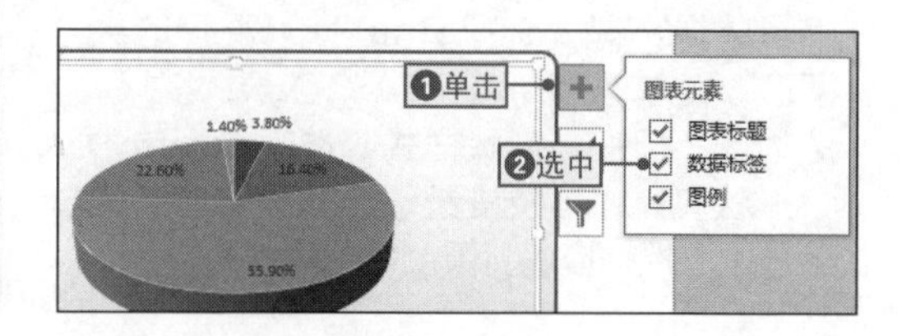

NO.
627 分离饼图

案例038 网络营销价值分析

◎\素材\第12章\网络营销价值分析1.pptx ◎\效果\第12章\网络营销价值分析1.pptx

饼图与其他图表相比，有一个比较特殊的特点，就是可以将其中的扇区分离开来，而且分离程度用户可以自行控制，从而达到美化图表和展示数据的目的，下面将通过具体实例来进行讲解，其具体操作如下。

1 打开“设置数据系列格式”窗格

❶打开“网络营销价值分析1.pptx”文件，❷选择图表中的数据系列并在其上右击，❸选择“设置数据系列格式”命令。

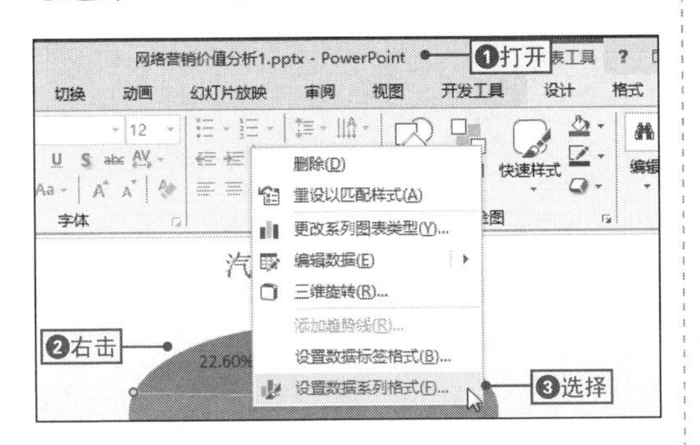

2 调整扇区的分离程度

❶在打开的对话框中拖动“饼图分离程度”滑块，调整各扇区的分离状态，❷单击“关闭”按钮关闭窗格。

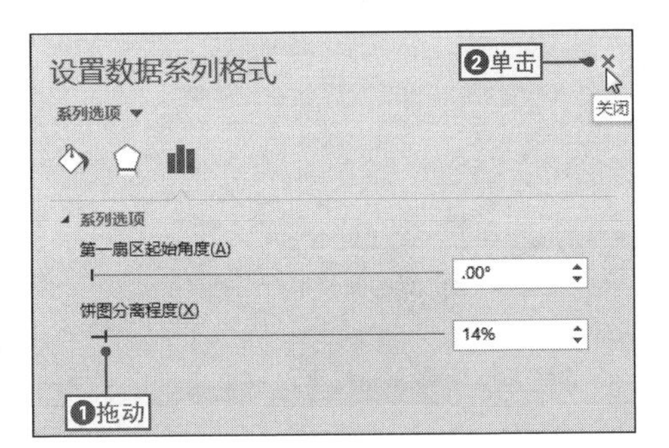

NO.
628 如何分离表格中的某一个扇区

如果只想将饼图中的某个扇区分离出来，用以特别说明，则只需要对单个扇区进行操作即可实现，其具体操作如下。

1 打开“设置数据点格式”窗格

❶在图表中选择某个扇区并在其上右击，❷在弹出的快捷菜单上选择“设置数据点格式”命令。

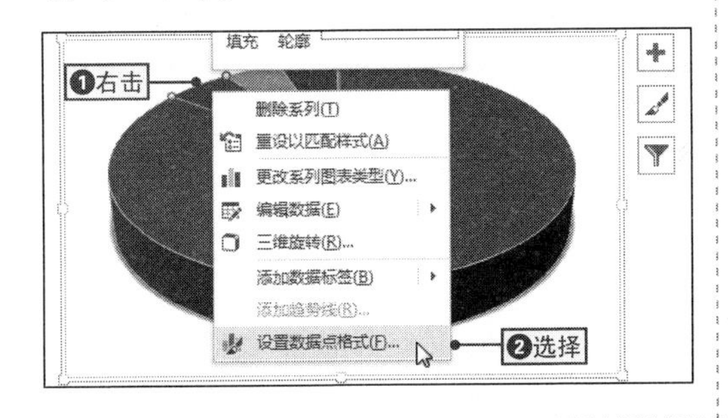

2 调整扇区的分离角度

❶在打开的对话框中拖动“点爆炸型”滑块，调整单个扇区的分离状态，❷单击“关闭”按钮关闭窗格。

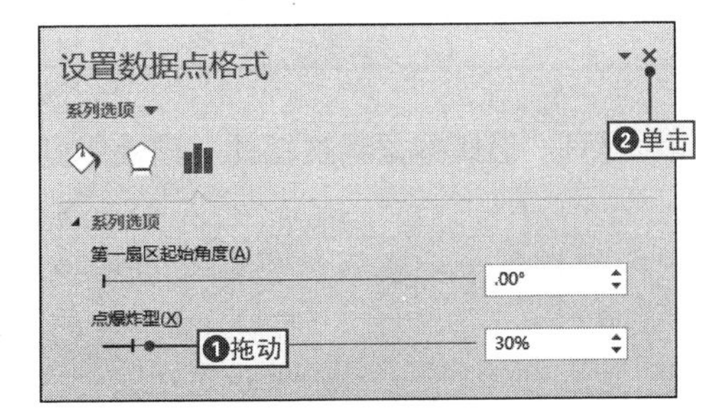

NO.
629 隐藏接近于0的数据标签

案例038 网络营销价值分析

◎\素材\第12章\网络营销价值分析2.pptx ◎\效果\第12章\网络营销价值分析2.pptx

在使用饼图展示数据时，常常会因为百分比相差比较大，或百分比趋近于0，无法显示出相应的扇区，而只显示一个数据标签，为了使布局标签布局更加合理，使整个图表看起来更加美观，可以设置隐藏小于设定值的数据标签，其具体操作如下。

1 打开"设置数据标签格式"窗格

❶打开"网络营销价值分析2.pptx"文件，❷选择图表中的数据标签并在其上右击，❸选择"设置数据标签格式"命令。

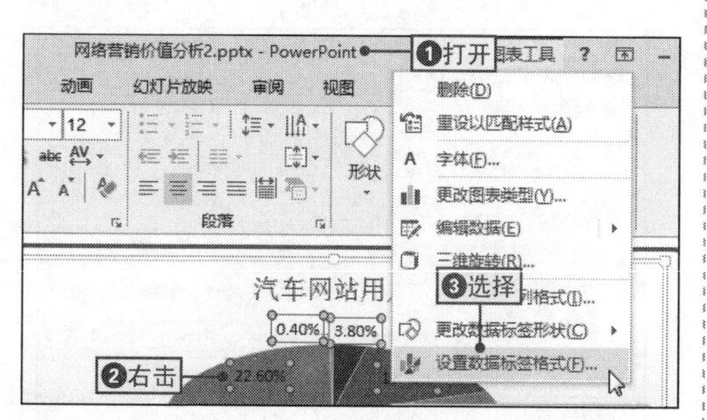

2 设置数据的类别

❶在打开的"设置数据标签格式"窗格中单击"数字"按钮，❷在"类别"下拉列表中选择"自定义"选项。

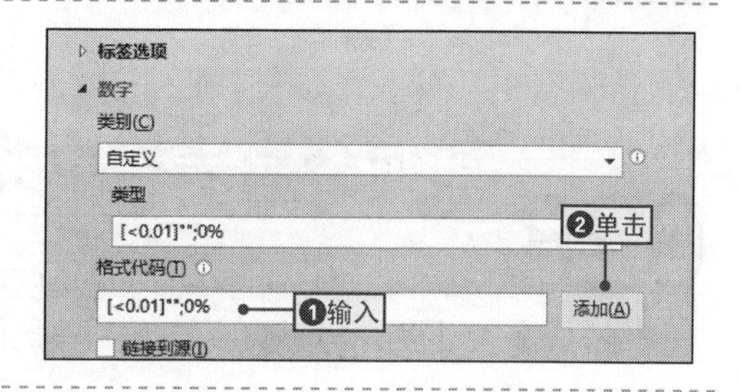

3 设置格式代码

❶在"格式代码"文本框中输入相应的代码，❷单击"添加"按钮，然后单击"关闭"按钮关闭窗格。

NO.
630 让负数始终自动显示为红色

如果数据源中存在负值，那么制作的图表的数据系列将会自动分布在正负数值轴上，为了突出图表中的负值，可以将负数的数据标签设置为特定颜色，如红色，使其与正数相区分，其具体操作如下。

1 打开"设置数据标签格式"窗格

❶在图表中选择数据标签并右击，❷在弹出的快捷菜单上选择"设置数据标签格式"命令。

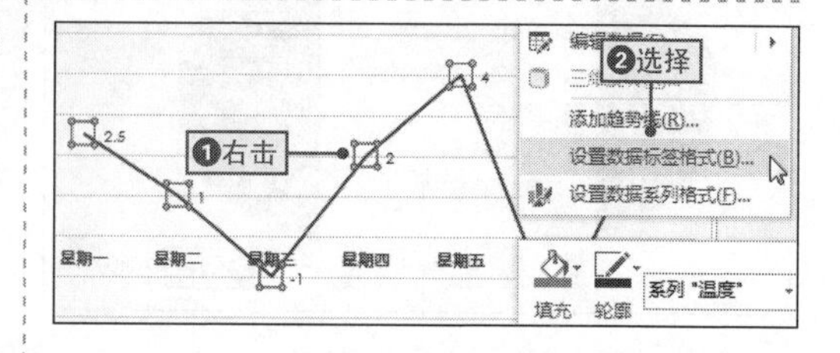

2 设置数据的类别

❶在打开的“设置数据标签格式”对话框中单击“数字”按钮，❷在“类别”下拉列表中选择“自定义”选项。

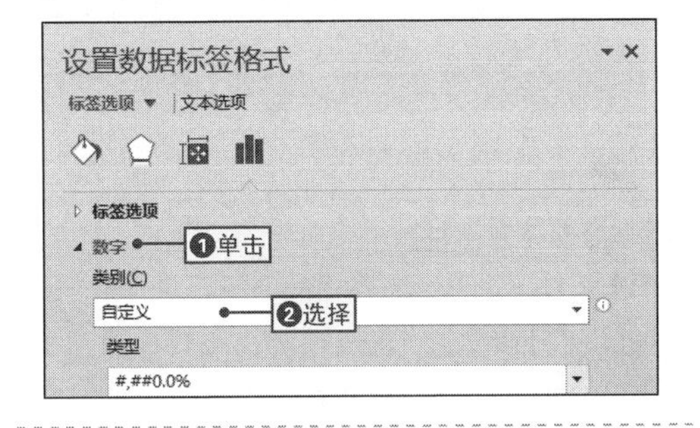

3 设置格式代码

❶在“格式代码”文本框中输入“[红色][<0]-#.0;[黑色][>0]#.0;#.0”，❷单击“添加”按钮，然后单击“关闭”按钮即可。

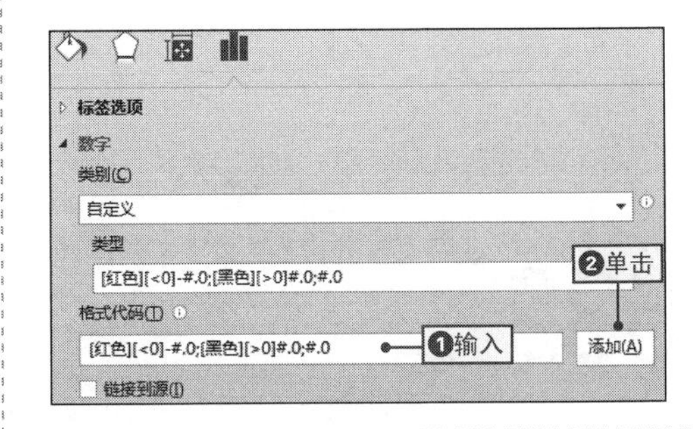

NO.
631 巧妙处理折线图中的空值

如果要创建的图表类型是折线图图表类型，而数据源中又存在空白数据，那么创建出的折线图就会出现断裂的现象，这时用户可根据实际情况对折线图中的控制进行巧妙处理，其具体操作如下。

1 打开“选择数据源”对话框

选择目标图表，❶单击“图表工具-设计”选项卡，❷单击“选择数据”按钮，打开“选择数据源”对话框。

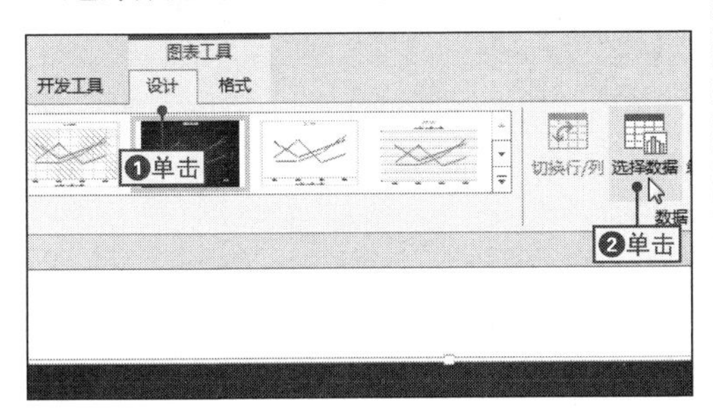

2 打开“隐藏和空单元格设置”对话框

单击“隐藏的单元格和空单元格”按钮，打开“隐藏和空单元格设置”对话框。

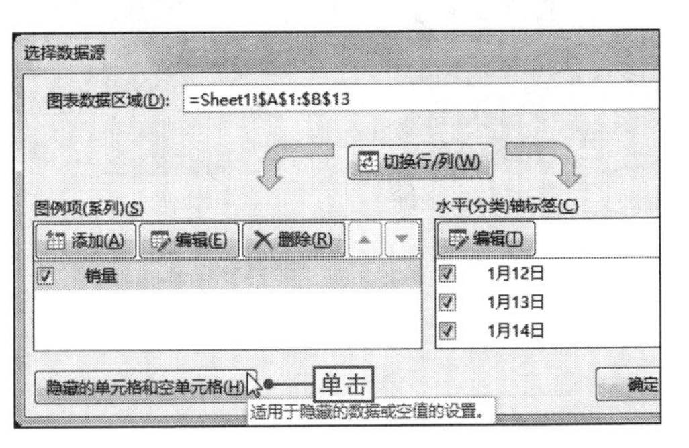

3 将空单元格显示为零值

❶在“空单元格显示为”选项组中选中“零值”单选按钮，❷单击“确定”按钮确认设置。

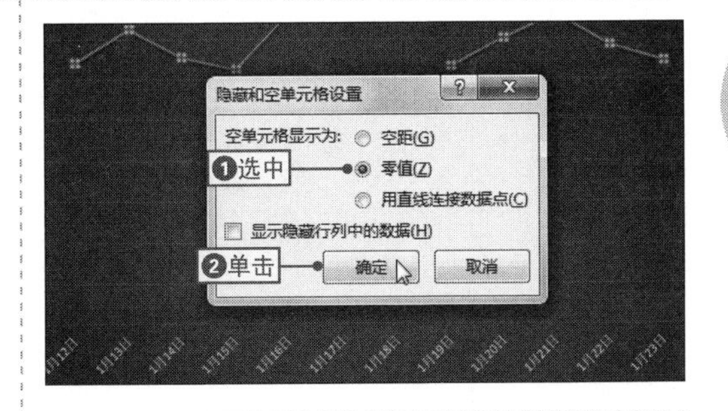

4 查看设置效果

返回“选择数据源”对话框中单击“确定”按钮，返回幻灯片中即可查看到图表中的空值用零值代替的效果。

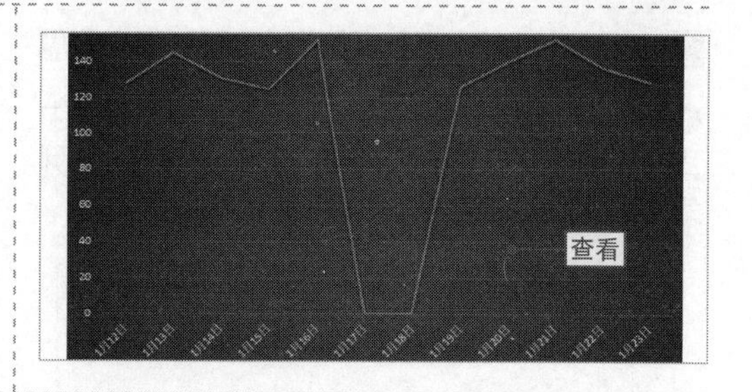

NO.
632
巧妙删除坐标轴上的空白日期

在图表中如果使用日期作为数据的坐标轴，图表会默认使用连续的日期显示，若日期数据不连续，则对应的数据点就会显示是空值，坐标轴上就会出现“缺口”现象，这时可以通过隐藏空白日期的方法来解决，其具体操作如下。

1 打开“设置坐标轴格式”窗格

❶在图表中选择日期坐标轴并在其上右击，❷在弹出的快捷菜单中选择“设置坐标轴格式”命令。

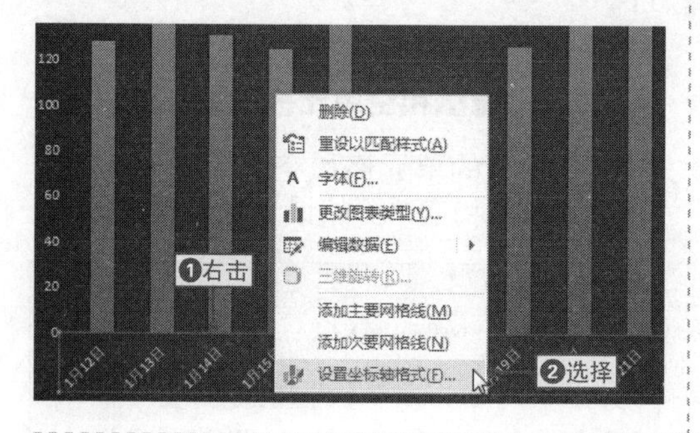

2 设置坐标轴类型

❶在打开的“设置坐标轴格式”窗格中选中“文本坐标轴”单选按钮，❷单击“关闭”按钮关闭窗格。

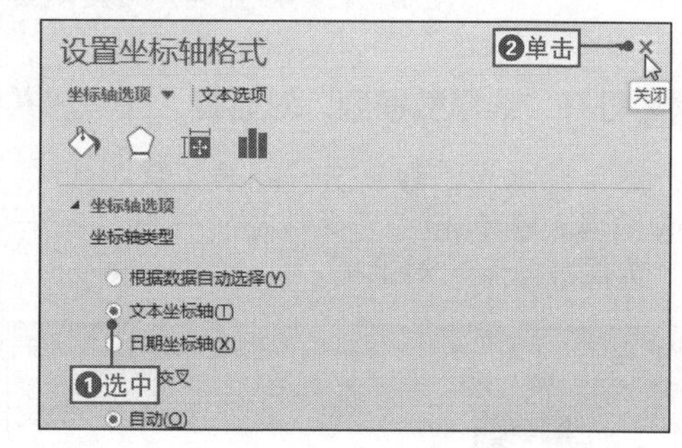

CHAPTER 13

多媒体元素和动画的操作技巧

本章导读

在幻灯片中添加音频、视频等多媒体元素不仅能使演示文稿声色多姿，而且还能使其中的信息显示变得多元化，而为幻灯片设置动画效果，可使幻灯片更具有韵律感，本章将主要介绍多媒体元素和动画的操作技巧。

本章技巧

音频的插入和编辑技巧

NO.633 快速插入本地电脑中的音频
NO.634 插入联机音频文件
NO.635 插入实时录制的声音
……

视频的插入和编辑技巧

NO.654 快速插入本地电脑中的视频
NO.655 链接网络中的视频文件
NO.656 删除视频文件的方法
……

动画效果的设置技巧

NO.677 在幻灯片中快速添加动画
NO.678 在幻灯片中添加自定义动画
NO.679 查看动画效果的编号标记
……

NO. 633

快速插入本地电脑中的音频

案例039 客户节日贺卡

◎\素材\第13章\客户节日贺卡.pptx ◎\效果\第13章\客户节日贺卡.pptx

在PPT中插入音频文件的方法有多种，最常见的就是插入本地电脑中的音频文件，因为该音频文件是用户事先准备好的，比较符合演示文稿的要求，下面将通过向演示文稿中插入春节音频文件为例，来讲解插入本地音频文件的步骤，其具体操作如下。

1 打开“插入音频”对话框

❶打开“客户节日贺卡.pptx”文件，❷在“插入”选项卡中单击“音频”下拉按钮，❸选择“PC上的音频”命令。

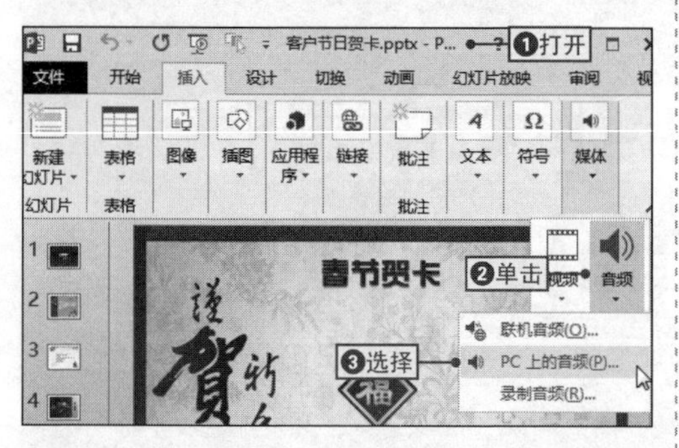

2 插入音频文件

❶在打开的“插入音频”对话框中选择需要的音频文件选项，❷单击“插入”按钮，插入音频文件到演示文稿中。

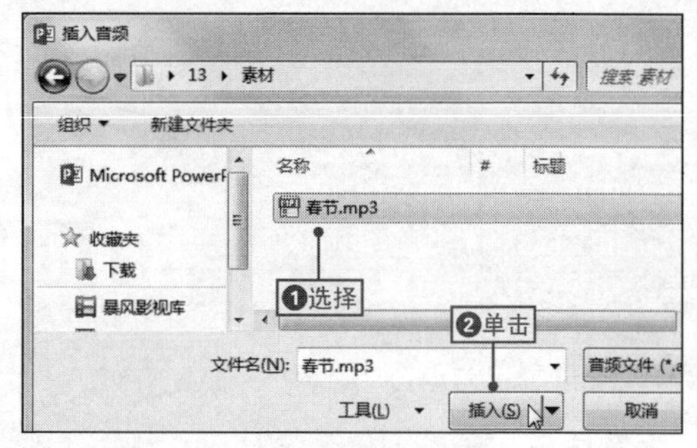

NO. 634

插入联机音频文件

如果需要插入一些特殊的声音效果，而本地电脑又没有保存相应的音频文件，这时就可以通过插入联机音频文件来实现，其具体操作如下。

1 打开“插入音频”对话框

❶在“插入”选项卡中单击“音频”下拉按钮，❷选择“联机音频”命令，打开“插入音频”对话框。

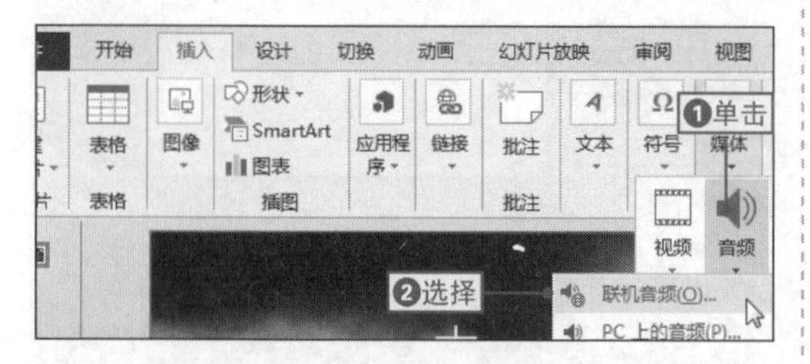

2 搜索音频文件

❶在“Office.com剪切画”文本框中输入需要搜索的内容，❷单击“搜索”按钮开始搜索。

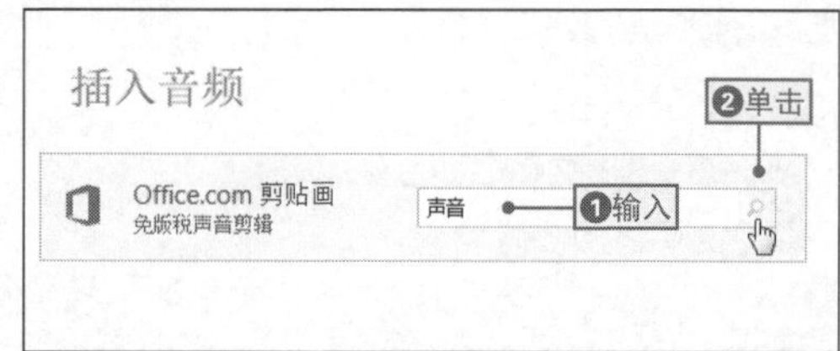

3 插入音频文件

❶在搜索结果列表框中选择需要的音频文件，❷单击“插入”按钮，即可插入音频文件。

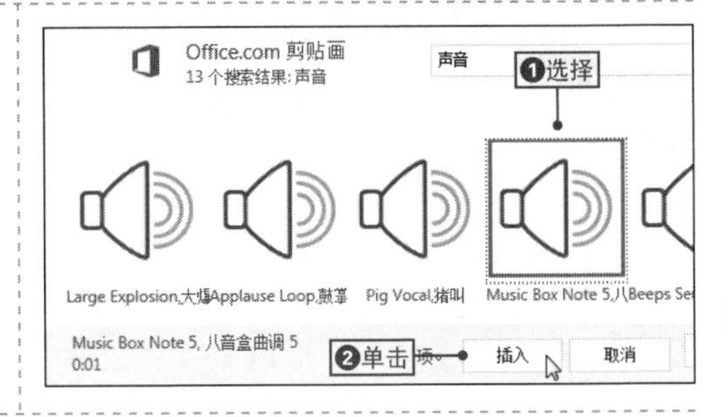

NO. 635 插入实时录制的声音

在制作幻灯片时，不仅可以插入好听的音乐，而且还可以插入自行朗读的旁白或实时的解读，这时可使用PPT程序的录制音频功能来实现，其具体操作如下。

1 打开“录制声音”对话框

❶在“插入”选项卡中单击“音频”下拉按钮，❷选择“录制音频”命令，打开“录制声音”对话框。

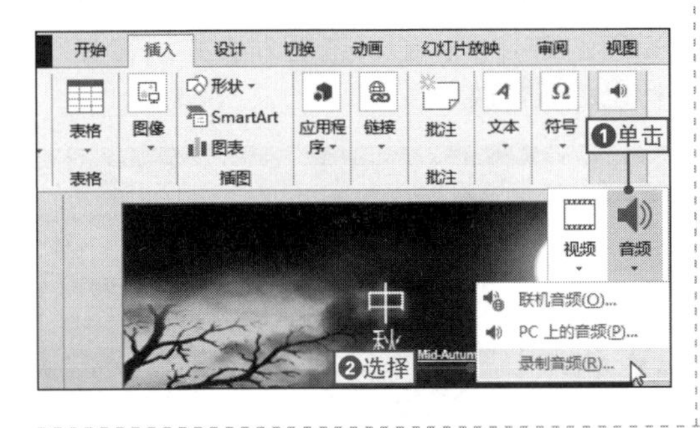

2 录制和插入声音

❶输入音频名称，❷单击“录制”按钮开始录制，❸录制完成后单击“停止”按钮，❹单击“确定”按钮确认插入。

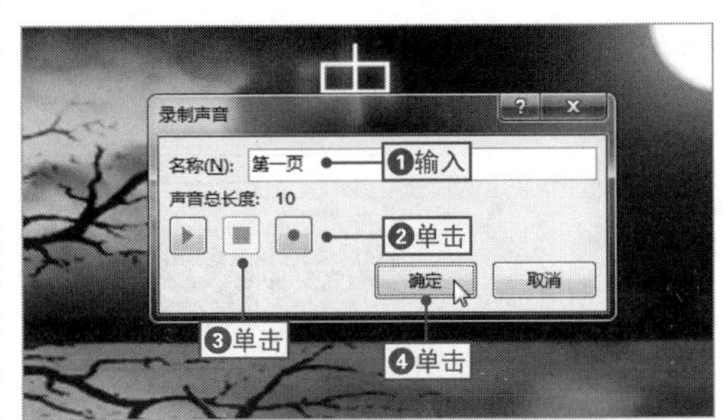

NO. 636 预览音频文件的方法

在幻灯片中插入了音频文件后，如果要预览声音效果，可通过简单的操作来实现，其具体操作是：❶选择插入的音频文件图标，❷在显示播放控制条上单击“播放”按钮，即可对音频文件进行预览。

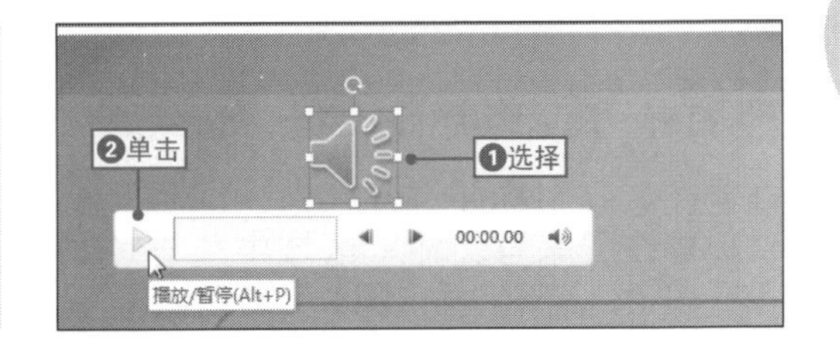

NO.
637 快速更换音频图标

案例039 客户节日贺卡

◎\素材\第13章\客户节日贺卡1.pptx　　◎\效果\第13章\客户节日贺卡1.pptx

在幻灯片中插入声音后，都会使用默认的小喇叭，不仅不美观，而且在同一幻灯片中插入多个声音还会产生混淆，这时用户可以更改声音的默认图标来进行区分，下面将通过具体实例来进行讲解，其具体操作如下。

1 打开“插入图片”对话框

打开“客户节日贺卡1.pptx”文件，❶在音频图标上右击，❷在弹出的快捷菜单中选择“更改图片”命令。

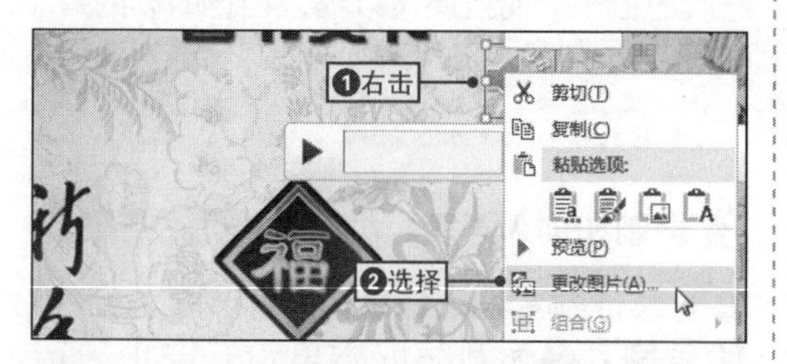

2 搜索声音图标

❶在打开的“插入图片”对话框的“必应图像搜索”文本框中输入搜索内容，❷单击“搜索”按钮。

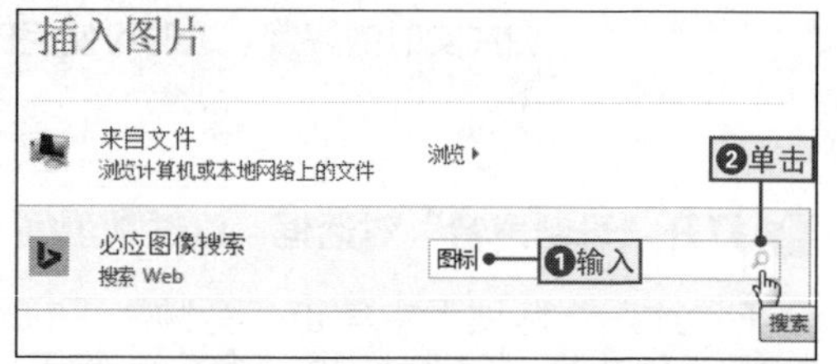

3 插入图标

❶在搜索结果列表中选择需要的图标选项，❷单击“插入”按钮。

4 查看更换音频图标效果

返回幻灯片中，即可查看到原来的音频图标已经被替换。

NO.
638 为不同声音设置不同标识图片

如果在同一张幻灯片中插入了多个声音时，除了可以通过更改音频的默认图标外，还可以为其设置不同的标识图片，其具体操作如下。

1 打开“插入图片”对话框

❶选择音频图标并打开“插入图片”窗口，❷在“来自文件”区域中单击“浏览”按钮，打开“插入图片”对话框。

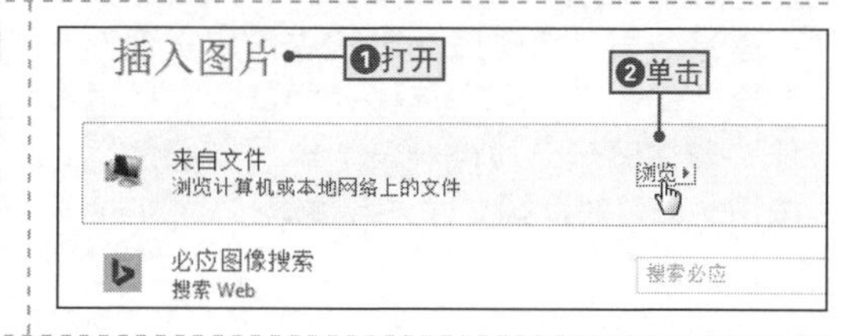

2 插入图片

❶选择目标图片选项，❷单击“插入”按钮，即可为幻灯片中不同的声音设置不同的标识图片。

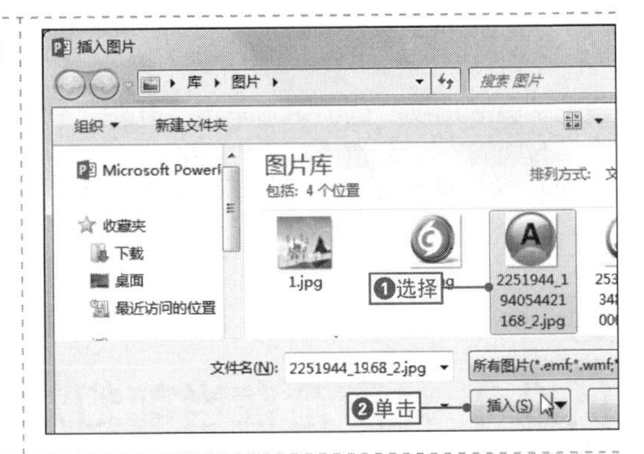

NO.

639 为音频图标设置阴影效果

音频图标与幻灯片中的其他对象一样，也具有一些美化特征，如为音频图标设置影响效果，其具体操作是：选择音频图标，❶单击“音频工具-格式”选项卡中的“图片效果”下拉按钮，❷选择“阴影”命令，❸在弹出的子菜单中选择相应的阴影效果选项，可快速为音频图标设置阴影效果。

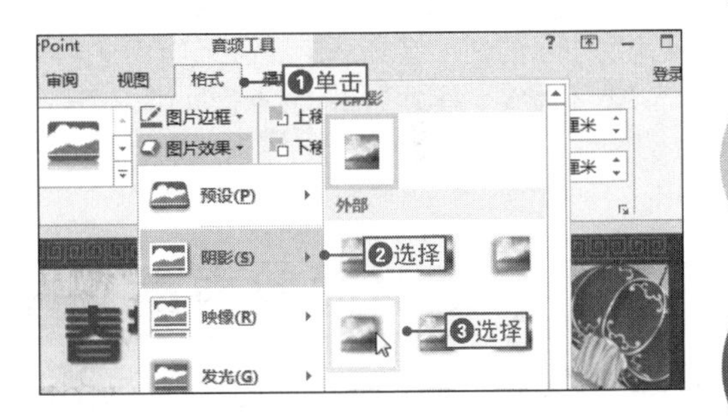

NO.

640 设置声音的常规播放方式

案例039 客户节日贺卡

◉\素材\第13章\客户节日贺卡2.pptx　　◉\效果\第13章\客户节日贺卡2.pptx

在同一张幻灯片中可能含有多个音频文件，在默认情况下，在PPT中插入的音频文件需要单击相应的声音图标才能开始播放，这时用户可以根据需要设置声音的播放方式为自动播放，下面将通过实例来进行讲解，其具体操作如下。

1 切换到“音频工具–播放”选项卡

❶打开“客户节日贺卡2.pptx”文件，❷在幻灯片中选择声音图标，❸单击“音频工具-播放”选项卡。

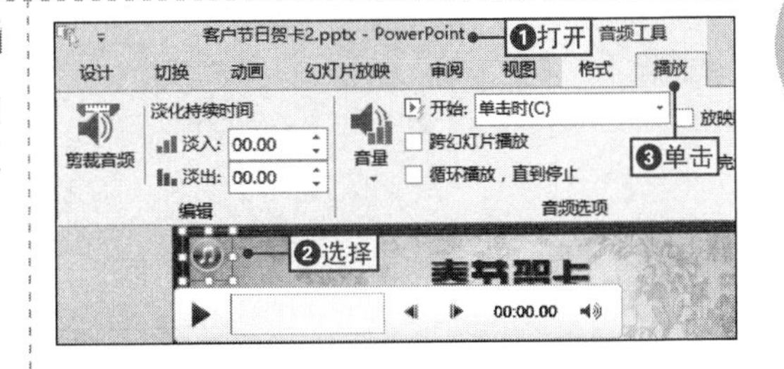

2 设置自动播放声音

❶在“音频选项”选项组中单击“开始”列表框右侧的下拉按钮，❷选择“自动”命令，即可在放映到该幻灯片时自动播放声音。

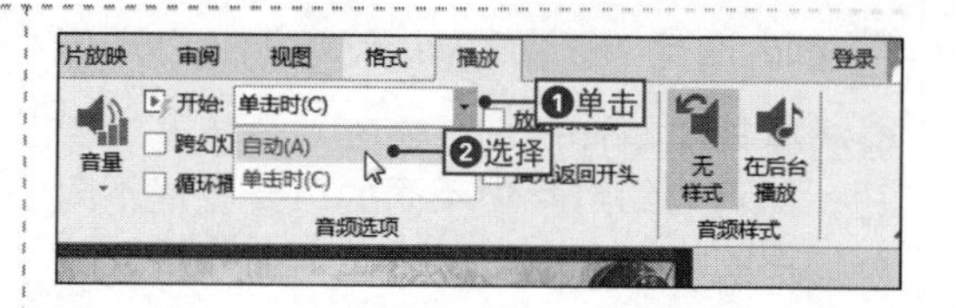

NO.

641 让声音在当前幻灯片中循环播放

在一些产品展示类的演示文稿中，一张幻灯片的播放时间可能比较长，这时就需要设置声音在当前幻灯片中循环播放，直至幻灯片放映结束为止，其具体设置是：选择音频图标，❶单击“音频工具-格式”选项卡，❷在“音频选项”选项组中选中“循环播放，直到停止”复选框即可。

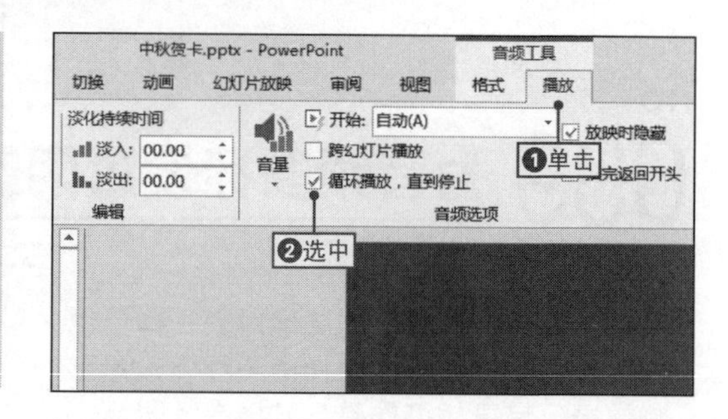

NO.

642 定时播放声音文件

在一些演示文稿中，还可以根据需要设置在某张幻灯片放映多长时间后开始播放音频文件，从而达到定时播放声音的目的，其具体操作如下。

1 打开“动画窗格”窗格

选择幻灯片中的声音图标，❶单击“动画”选项卡，❷在“高级动画”选项组中单击“动画窗格”按钮。

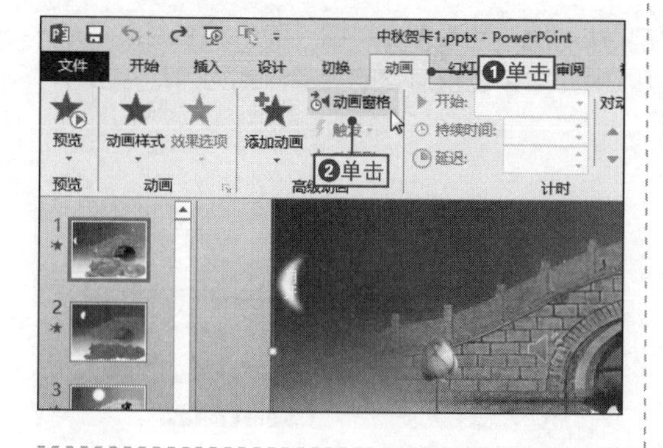

2 启用音频计时功能

❶在打开的“动画窗格”窗格中单击设置效果的声音右侧的下拉按钮，❷选择“计时”命令。

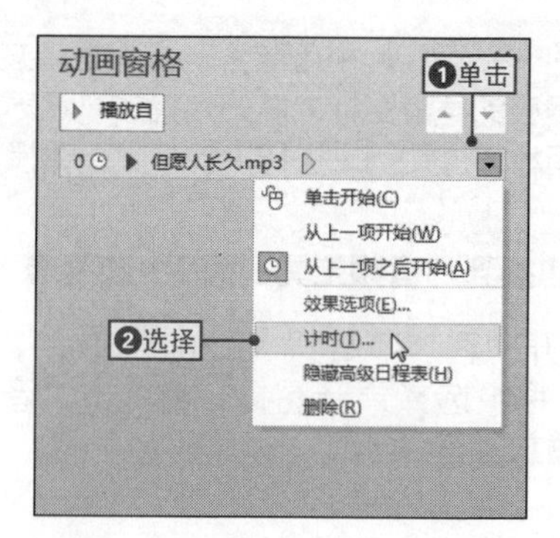

3 设置延迟方式

❶在打开的“播放音频”对话框中单击“开始”下拉按钮，❷选择“与上一动画同时”命令。

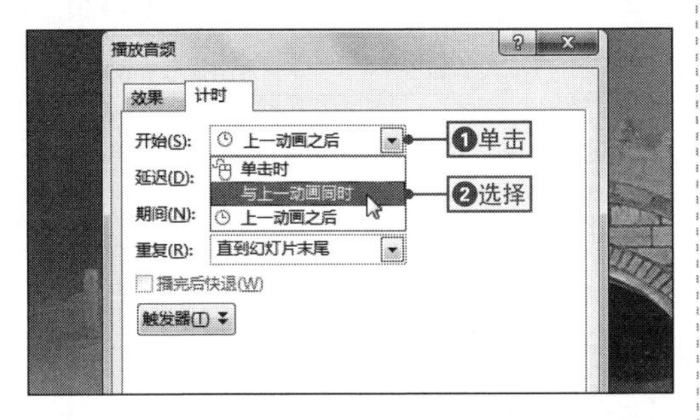

4 设置延迟时间

在“延迟”数值框中输入“30”然后单击“确定”按钮确认设置。

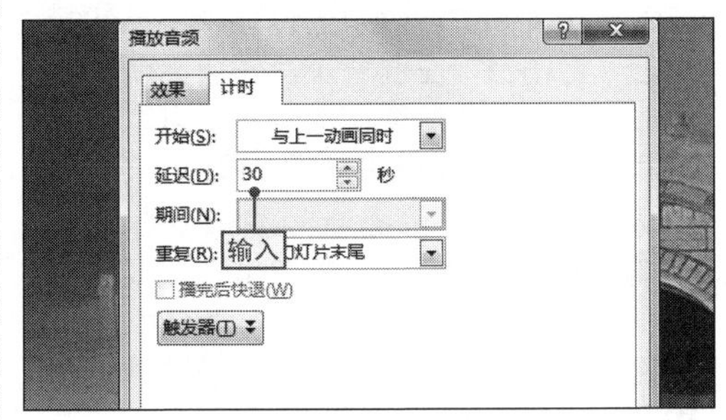

NO.

643 设置声音贯穿整个演示文稿

当制作企业宣传、电子相册等演示文稿时，通常都需要设置背景音乐，这时可以通过设置声音贯穿整个演示文稿来实现，其具体设置是：选择音频图标，❶单击“音频工具-播放”选项卡，❷在“音频选项”选项组中选中“跨幻灯片播放”复选框，即可将声音设置为背景音乐。

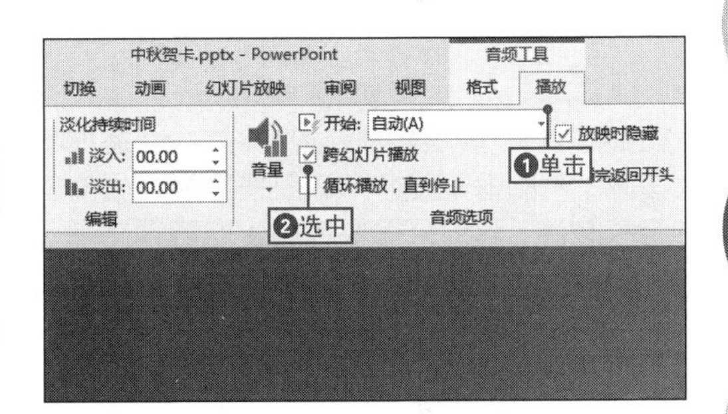

NO.

644 精确控制声音的播放范围

在某些商务演示文稿中，为其设置的背景音乐可能只需要其中的某一部分进行播放，其具体设置是：选择音频图标，❶打开“播放音频”对话框，❷单击“效果”选项卡，❸在“开始播放”选项组中选中“开始时间”单选按钮并设置开始时间，❹在“停止播放”选项组中选中“在：”单选按钮并设置在第几张幻灯片之后停止播放，然后单击“确定”按钮确认设置。

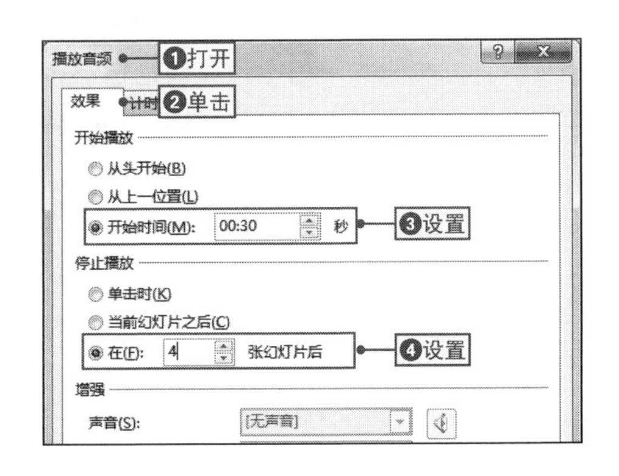

NO.

645 设置单击鼠标左键时背景音乐不停止

在对演示文稿进行放映的过程中，默认情况下，单击鼠标左键背景音乐会自动停止播放，为了避免这种情况发生，可以通过"播放音频"对话框来进行设置。

其具体操作是：选择音频图标，❶打开"播放音频"对话框，❷单击"效果"选项卡，❸在"停止播放"选项组中选中"在："单选按钮，❹在其后的数值框中输入相应的幻灯片张数，然后单击"确定"按钮确认设置即可。

NO.

646 解决幻灯片中多个声音无法播放的问题

在幻灯片中插入多个音频文件时，会造成音频文件重叠，程序默认只播放最上层的音频文件，这时只需要将重叠的音频文件图标分离，如右图所示，然后分别双击各声音图标即可正常播放。

NO.

647 设置声音播放时的淡化时间

在幻灯片中插入音频文件后，如果需要音频文件在开始或结束播放时，声音自动逐渐增大或减小，则可通过声音播放时的淡化时间来实现。

其具体设置是：❶选择声音图标，❷单击"音频工具-播放"选项卡，❸在"编辑"选项组中输入淡入和淡出的时间，这时再播放音频文件时则会出现淡化的效果。

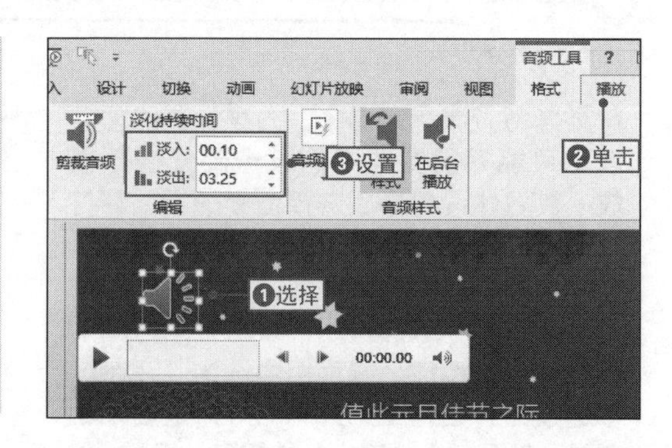

NO.

648 放映时隐藏音频图标

在幻灯片中插入音频文件后，幻灯片中会默认出现一个图标，虽然图标不大，但是在放映时也会影响到幻灯片的美观，这时就可以将声音图标隐藏起来。

其具体操作是：❶选择声音图标，❷在“音频工具-播放”选项卡中选中“放映时隐藏”复选框，即可在放映幻灯片时隐藏声音图标。

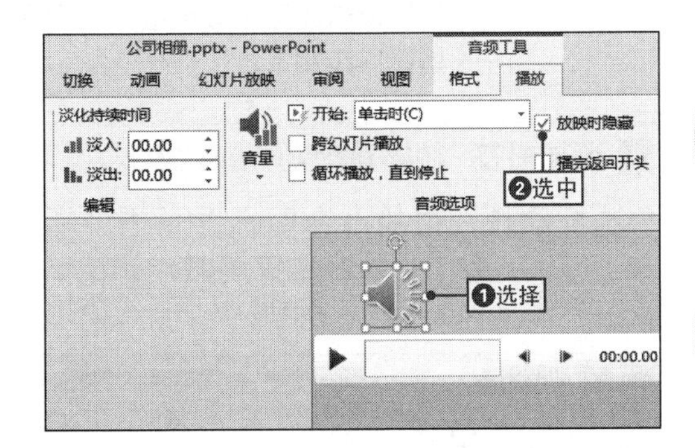

NO.

649 剪裁音频

案例039 客户节日贺卡

◉\素材\第13章\客户节日贺卡3.pptx ◉\效果\第13章\客户节日贺卡3.pptx

如果在幻灯片中插入的音频文件播放时间过长，不需要播放音乐文件的前奏部分或只需要高潮部分，则可以直接使用PPT 2013的音频剪裁功能对音频文件进行剪裁，去掉音频文件中不需要的部分，下面将通过具体实例来进行讲解，其具体操作如下。

1 打开“剪裁音频”对话框

❶打开“客户节日贺卡3.pptx”文件，❷在幻灯片中选择声音图标，❸在“音频工具-播放”选项卡中单击“剪裁音频”按钮。

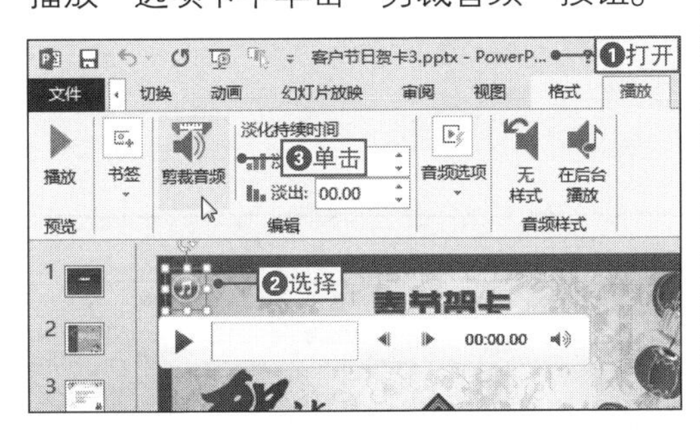

2 设置声音开始位置

❶在打开对话框中单击“播放”按钮，试听到合适位置时暂停播放，❷将绿色滑块拖动到停止位置即可将前面的片段裁剪掉。

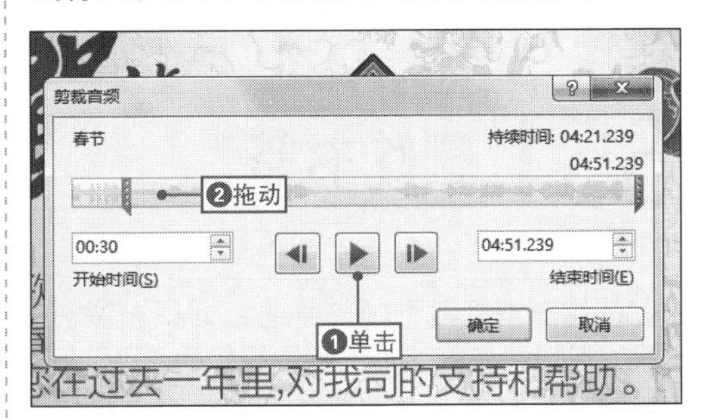

3 设置声音结束位置

❶继续试听音频，在合适的位置暂停播放，拖动红色滑块到合适位置将后面的片段裁剪掉，❷单击“确认”按钮确认裁剪。

NO. 650 添加音频剪辑的书签

在产品宣传、风景展示等演示文稿中，如果希望背景音乐播放到某个位置时，幻灯片自动显示某个图片或文本，则可以通过为音频剪辑添加书签来实现，其具体操作如下。

1 添加书签

❶选择幻灯片中的声音图标并单击“播放”按钮，❷试听到合适位置时，在“书签”单击“添加书签”按钮。

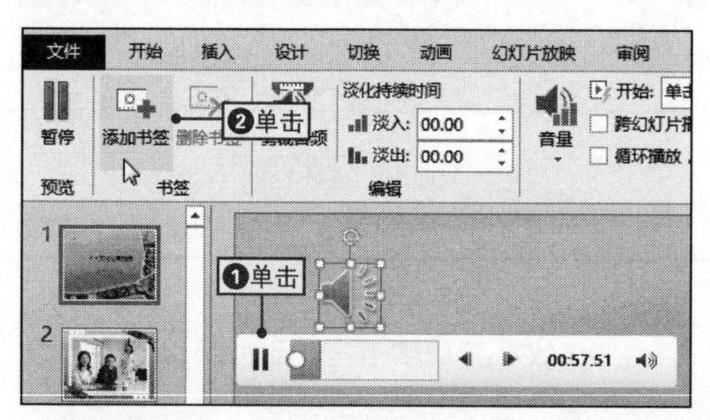

2 打开“剪裁音频”对话框

❶单击“播放”按钮继续试听声音，❷在合适位置单击“添加书签”按钮，❸单击“剪裁音频”按钮。

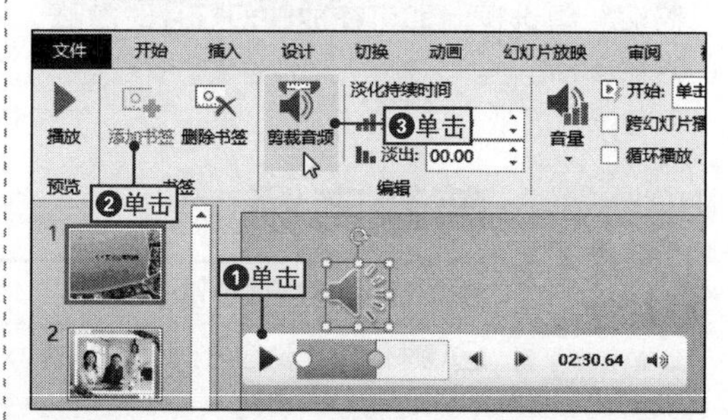

3 剪裁音频

❶在打开的“剪裁音频”对话框中将滑块分别拖到两个书签的标记位置，❷单击“确定”按钮即可完成操作。

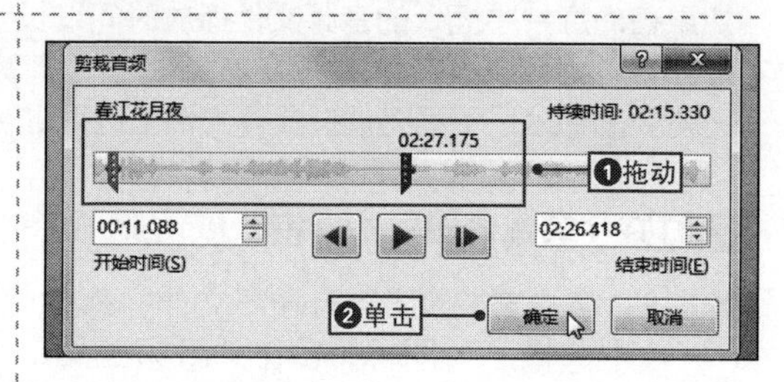

NO. 651 删除书签

在使用书签剪裁音频文件时，如果剪裁错误，可以将其删除，重新进行裁剪。

其具体操作是：❶选择需要删除书签的声音图标，❷在显示的工具栏中选择要删除的标签，❸在“音频工具-播放”选项卡中单击“删除标签”按钮，即可快速将标签删除。

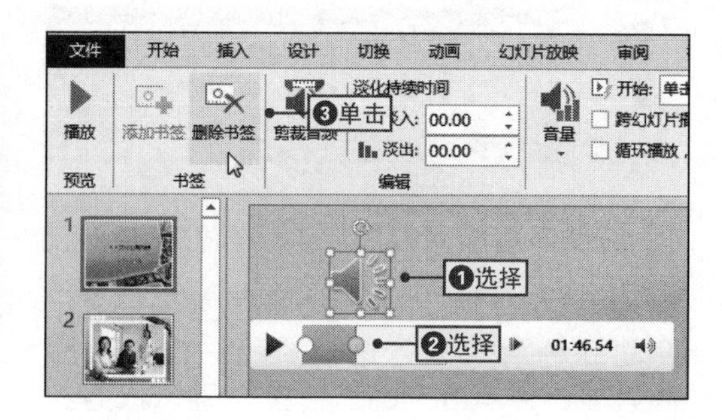

NO.

652 压缩音频文件

案例039 客户节日贺卡

◎\素材\第13章\客户节日贺卡4.pptx ◎\效果\第13章\客户节日贺卡4.pptx

在演示文稿中插入音频文件时嵌入演示文稿中的，如果插入的音频文件过多，就会导致演示文稿的体积变大，为了减小演示文稿的体积，可以在不影响实际内容的前提下对媒体文件进行压缩，下面将通过具体实例来进行讲解，其具体操作如下。

1 打开“压缩媒体音频”对话框

❶打开“客户节日贺卡4.pptx”文件，切换到“信息”选项卡，❷单击“压缩媒体”下拉按钮，❸选择“演示文稿质量”命令。

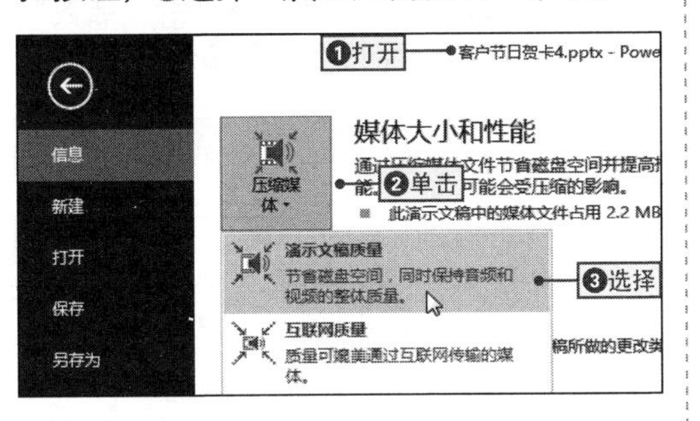

2 开始压缩音频文件

此时程序将自动对演示文稿中的音频文件进行压缩，压缩完成后单击“关闭”按钮关闭对话框即可。

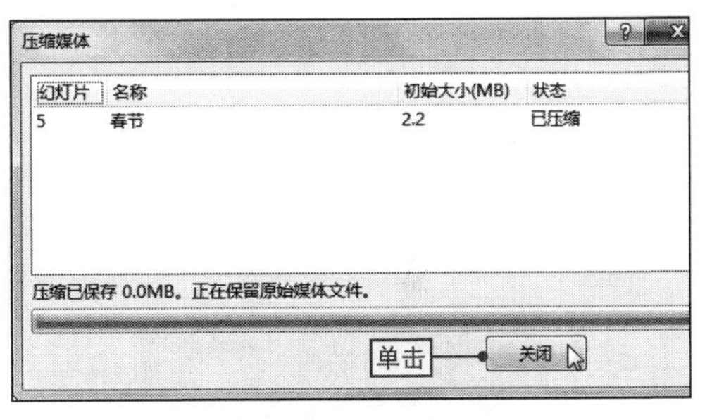

NO.

653 指定媒体文件的质量

音频文件的大小由音频文件的质量所决定，在“压缩媒体”下拉列表中共有3种压缩方式可以选择，不同的方式可以得到不同的压缩效果，其具体操作如下。

命令1 演示文稿质量

如果选择“演示文稿质量”命令，不仅能达到节省磁盘的目的，而且还能保证音频文件的整体质量。

命令2 互联网质量

如果选择“互联网质量”命令，压缩后音频文件的质量和互联网上传播的音频文件的质量相同。

命令3 低质量

如果选择“低质量”命令，则可以最大限度地压缩音频文件，但是音频文件的质量却无法得到保证。

13.2 视频的插入和编辑技巧

NO.

654 快速插入本地电脑中的视频

案例040 旅游景点介绍

◉\素材\第13章\旅游景点介绍.pptx　　◉\效果\第13章\旅游景点介绍.pptx

在PPT 2013中，可以直接向演示文稿中插入本地电脑中的视频，从而使演示文稿更加充实，下面将通过向“旅游景点介绍”演示文稿中插入本地视频为例来进行讲解，其具体操作如下。

1 打开“插入视频文件”对话框

❶打开“旅游景点介绍.pptx”文件，❷在“插入”选项卡中单击“视频”下拉按钮，❸选择“PC上的视频”命令。

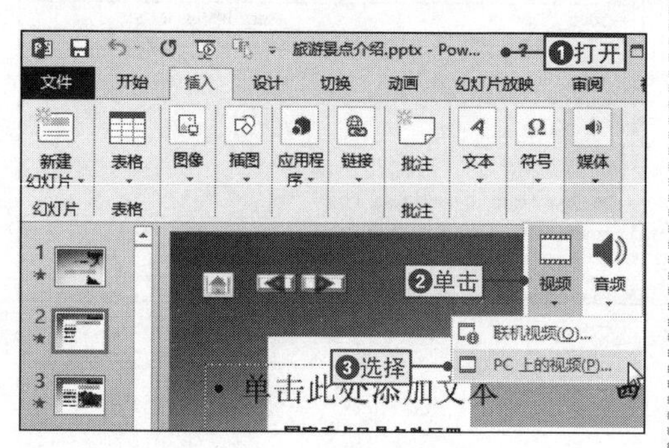

2 插入视频文件

❶在打开的“插入视频文件”对话框中选择需要的视频文件选项，❷单击“插入”按钮，即可插入视频文件到演示文稿中。

NO.

655 链接网络中的视频文件

如果用户既想要在演示文稿中插入视频，又想要控制演示文稿的体积大小，这时就可以通过插入网络中的视频到幻灯片中来解决，其具体操作如下。

1 复制网络视频链接代码

使用浏览器找到需要插入的网络视频文件，在分享视频处单击“html：”文本框后的“复制”按钮，对代码进行复制。

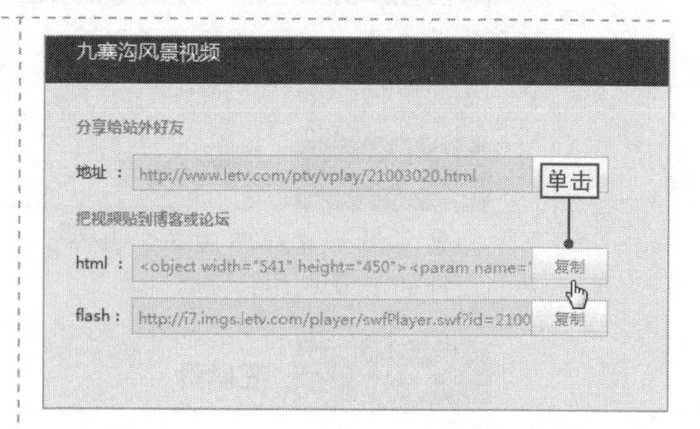

2 打开“插入视频”对话框

❶在PPT程序的“插入”选项卡中单击“视频”下拉按钮，❷选择“联机视频”命令。

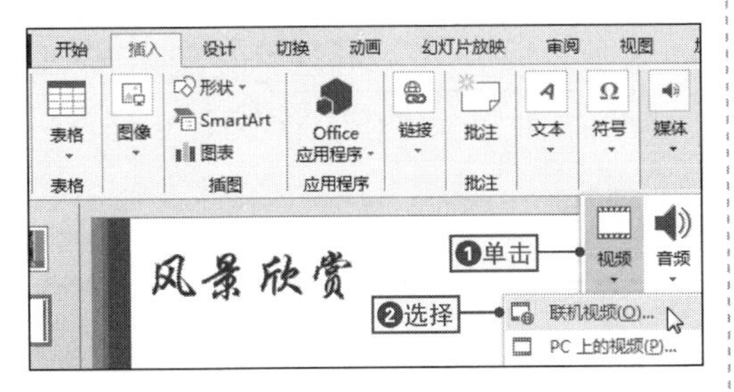

3 插入视频文件

❶在打开的“插入视频”对话框的“来自视频嵌入代码”文本框中粘贴视频链接代码，❷单击“插入”按钮，即可完成操作。

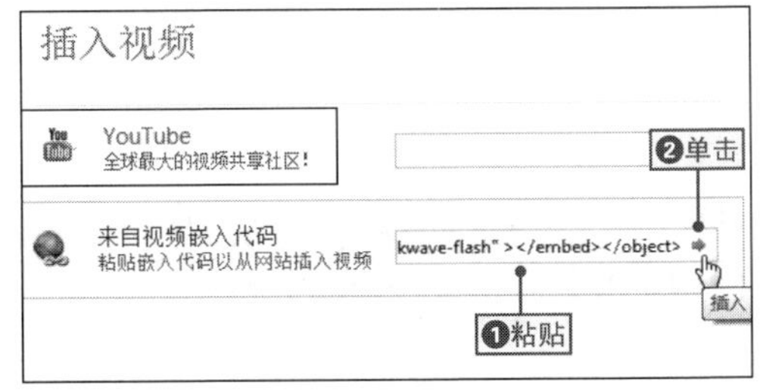

NO.
656 删除视频文件的方法

在幻灯片中插入视频文件后，若不再使用视频文件，可以将其删除，其具体操作是：❶选择需要删除视频的幻灯片，❷选择视频文件，按【Delete】键即可。

需要注意的是，视频文件一般会占用幻灯片大量的空间，所以在删除时需要注意不要在幻灯片中留太多的空白；如果视频文件位于幻灯片母版中，则需要通过母版对其进行删除。

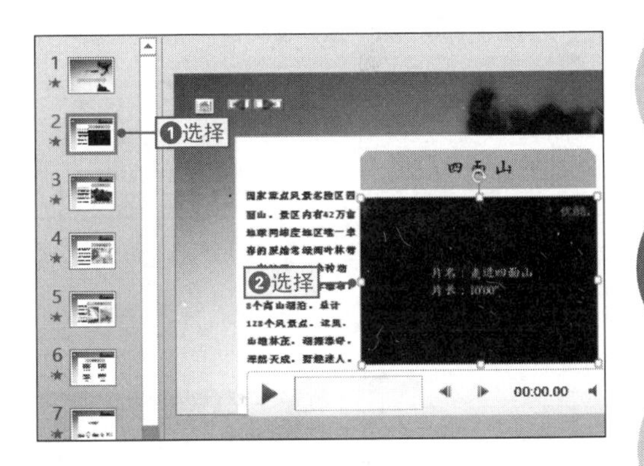

NO.
657 在演示文稿中链接本地视频

在演示文稿中插入本地电脑中的视频文件时，如果不想演示文稿占用太多的磁盘空间，可以通过链接的方式将本地电脑中的视频文件插入演示文稿中，其具体操作如下。

1 打开“插入视频文件”对话框

❶在“插入”选项卡中单击“视频”下拉按钮，❷选择“PC上的视频”命令，打开“插入视频文件”对话框。

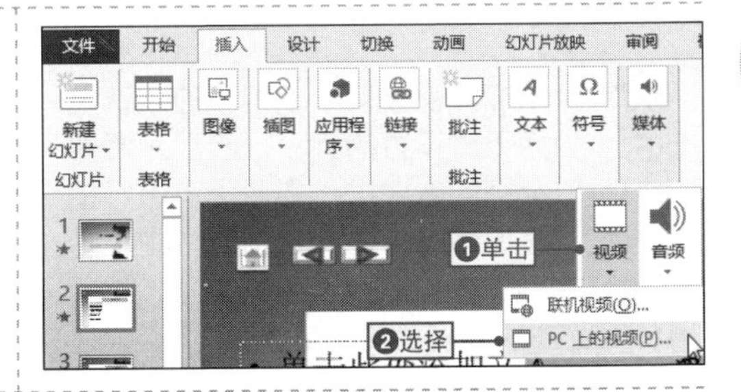

2 将视频文件链接到幻灯片中

❶选择需要的视频文件选项，❷单击“插入”下拉按钮，❸选择“链接到文件”命令，即可以链接的形式插入视频文件。

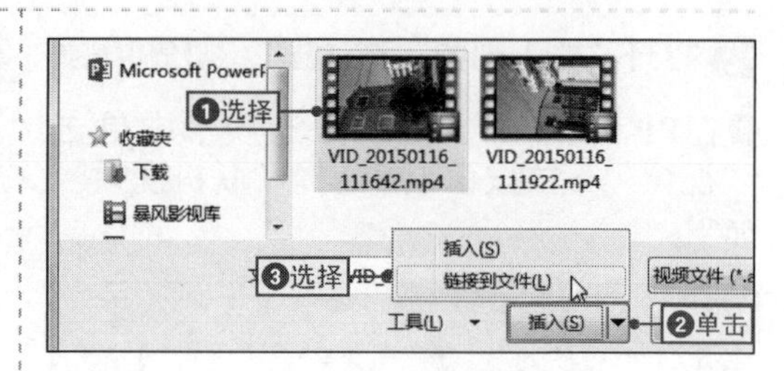

NO. 658 自动播放幻灯片中的视频

案例040 旅游景点介绍

◉\素材\第13章\旅游景点介绍1.pptx　　◉\效果\第13章\旅游景点介绍1.pptx

在幻灯片中插入视频文件后，默认需要用户单击该视频的“播放”按钮才会开始播放，但是对于一些展示类的演示文稿，需要使其自动播放，下面将通过具体实例来讲解对幻灯片中的视频设置自动播放的步骤，其具体操作如下。

1 选择视频对象

❶打开“旅游景点介绍1.pptx”文件，❷选择需要设置视频对象的幻灯片，❸选择需设置的视频对象。

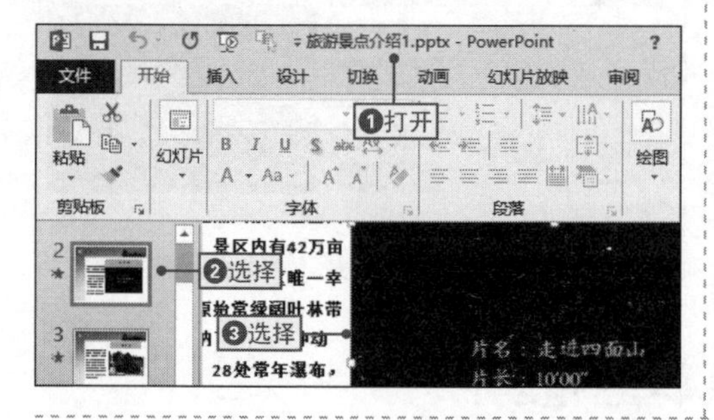

2 设置视频自动播放

❶单击“视频工具-播放”选项卡，❷单击“开始”列表框右侧的下拉按钮，❸选择“自动”命令，即可使视频自动播放。

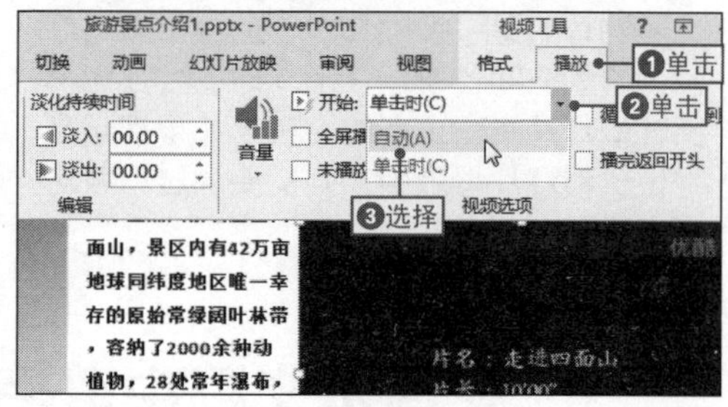

NO. 659 设置全屏播放视频

在幻灯片中插入视频后，该视频的默认播放大小为插入时设置的大小，若用户需要让视频以全屏的方式进行播放，可进行相应设置，其具体操作是：在幻灯片中选择视频对象，❶单击“视频工具-播放”选项卡，❷选中“全屏播放”复选框即可。

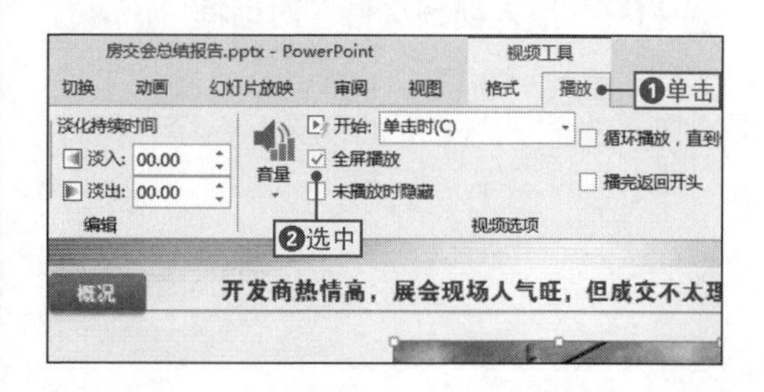

NO. 660 解决插入的视频不能播放的问题

将视频文件插入幻灯片中，会比其他对象制作的幻灯片略胜一筹，但是所插入的视频文件一定要恰当，不然就不能正常地播放。在幻灯片中插入视频后，无法正常播放的原因主要有以下几种。

原因1 视频文件格式

在幻灯片中只能插入avi、asx、asf、mlv以及mpg等格式的视频文件，对于rm、flv等格式就不支持，这时可通过格式转换工具转换视频的格式来解决。

原因2 文件传输中造成损坏

如果演示文稿或视频文件需要通过网络进行传递，最好将文件打包压缩后再进行传递，以避免造成文件的损坏。

原因3 存放路径

视频无法播放最常见的原因就是幻灯片在路径中无法找到相应的视频，用户最好是将演示文稿和视频文件存放在相同的路径下。

NO. 661 让视频在幻灯片中保持最佳播放质量

在幻灯片中插入视频文件后，由于随意调整视频的大小，可能视频在播放的过程中出现画面变形或模糊的情况，如果想让画面保持最佳的播放质量，可以通过具体实例来设置，其具体操作如下。

1 打开“设置视频格式”窗格

❶在幻灯片中选择视频对象，❷单击“视频工具-格式”选项卡，❸在“大小”选项组中单击“大小和位置”按钮。

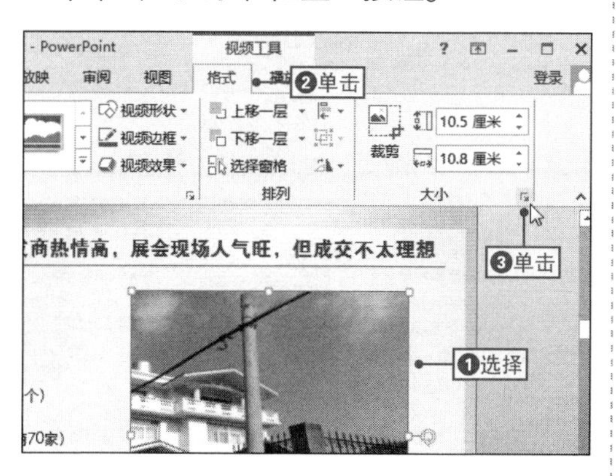

2 设置幻灯片的最佳比例

❶在窗格中选中“幻灯片最佳比例”复选框，❷在“分辨率”下拉列表中选择合适分辨率选项，❸单击“关闭”按钮即可。

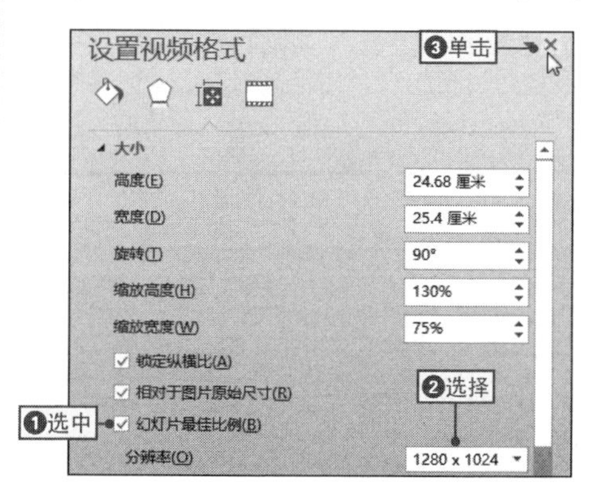

NO.

662 设置循环播放视频

在放映演示文稿时，如果演讲者需要讲解的内容比较多，就需要循环播放幻灯片中插入的视频，其具体设置是：在幻灯片中选择视频对象，❶单击“视频工具-播放”选项卡，❷选中“循环播放，直到停止”复选框，即可实现视频的循环播放。

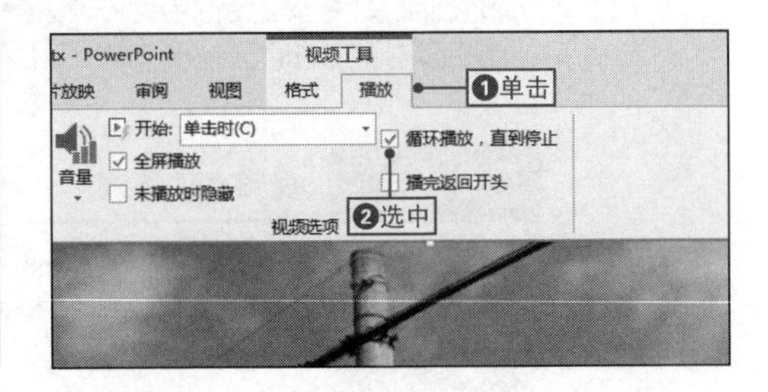

NO.

663 设置视频的播放音量

在放映演示文稿时，演讲者需要根据不同的场合对视频设置不同大小的音量，其具体设置是：在幻灯片中选择视频对象，❶单击“视频工具-播放”选项卡，❷单击“音量”下拉按钮，❸选择相应的音量，即可调整视频的音量。

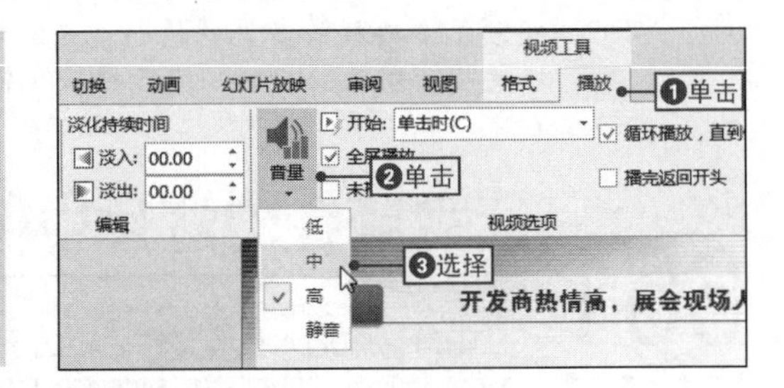

NO.

664 设置不播放时隐藏视频

在放映演示文稿时，可以先将视频隐藏起来，在需要的时候再让其进行放映，其具体设置是：在幻灯片中选择视频对象，❶单击“视频工具-播放”选项卡，❷选中“未播放时隐藏”复选框，即可在不播放时隐藏视频。

需要注意的是：在使用该功能前，必须先在幻灯片中创建一个自动或触发的动画（后面会详细介绍动画）来启动视频播放，不然在放映幻灯片的过程中将无法正常插入视频。

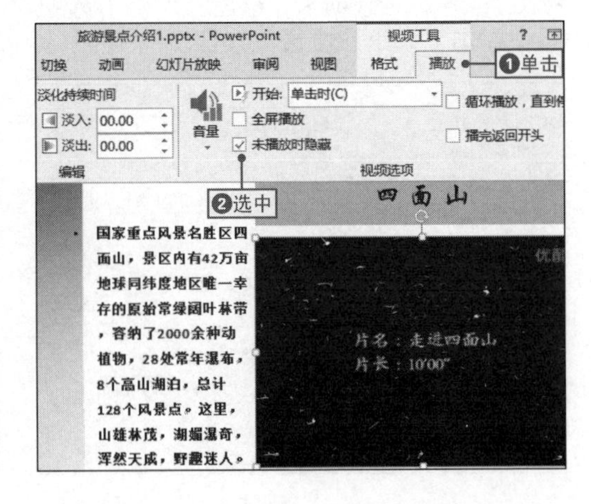

NO.
665 设置视频播完后返回开头

为了使视频播放完后自动返回到第一帧并再播放一次后停止，可以为其设置播放后倒带，其具体操作是：在幻灯片中选择视频对象，❶单击“视频工具-播放”选项卡，❷选中“播完返回开头”复选框，即可使视频播放完成后返回到开头。

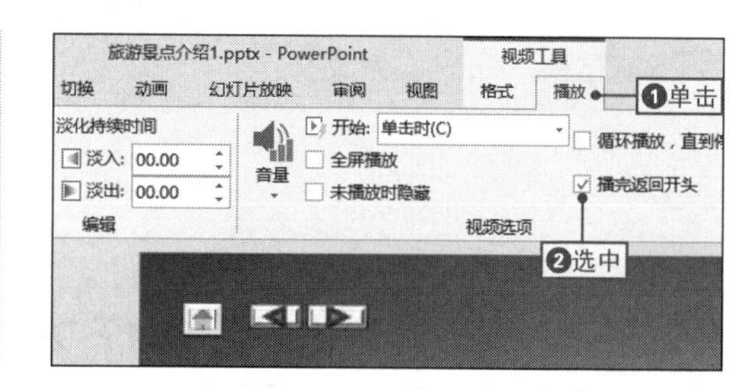

NO.
666 显示媒体控件

媒体控件可以在播放视频的过程中控制视频的快退、快进已及音量等，如果要播放视频时显示媒体控件，则可以通过简单设置来实现，其具体操作是：在幻灯片中选择相应的视频对象，❶单击“幻灯片放映”选项卡，❷选中“显示媒体控件”复选框，即可在播放视频时显示媒体控件。

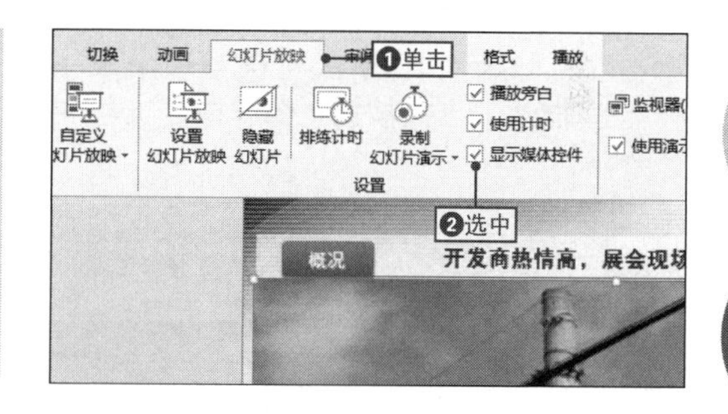

NO.
667 为视频添加标牌框架

案例040 旅游景点介绍

◉\素材\第13章\旅游景点介绍2.pptx　　◉\效果\第13章\旅游景点介绍2.pptx

标牌框架就是在视频未播放时所展示出的画面，在默认情况下插入演示文稿中的视频在未播放时显示为一个黑色的框架，为了让观众看到一个特定的画面，可以为视频设置标牌框架，下面将通过具体实例来讲解，其具体操作如下。

1 播放视频文件

❶打开“旅游景点介绍2.pptx”文件，❷在幻灯片中选择视频对象，❸在视频控制条上单击“播放”按钮。

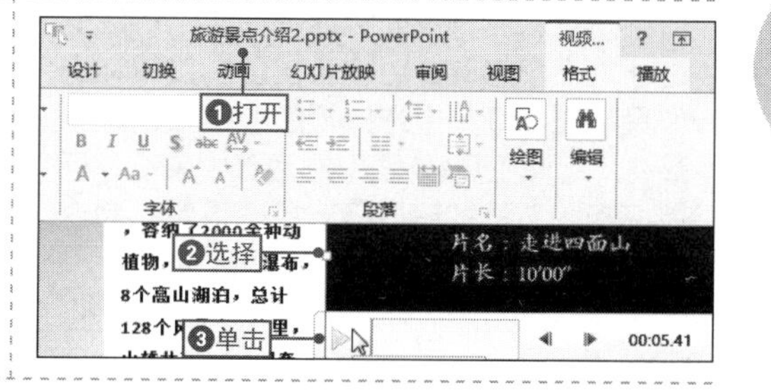

2 设置标牌框架

❶在需要显示标牌框架的画面单击“暂停”按钮，❷在“视频工具-格式”对话框中单击“标牌框架”下拉按钮，❸选择“当前框架”命令，完成操作。

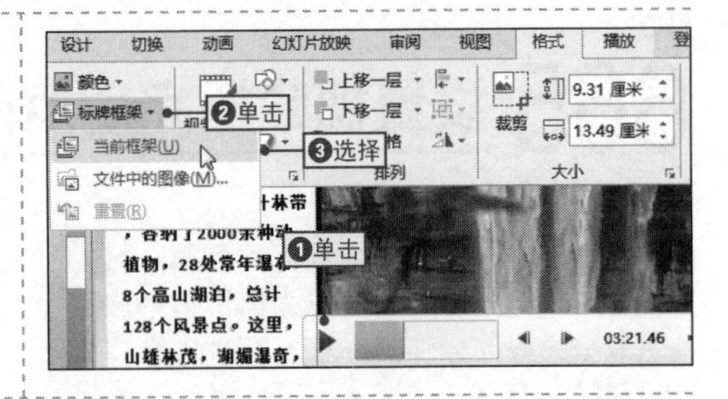

NO. 668 使用外部文件作为标牌框架

在PPT 2013中，不仅可以直接使用视频中的画面作为标牌框架，而且还可以使用本地电脑中的图片作为标牌框架，从而满足日常工作的需求，其具体操作如下。

1 打开“插入图片”窗口

❶在“幻灯片工具-格式”选项卡中单击“标牌框架”下拉按钮，❷选择“文件中的图像”命令。

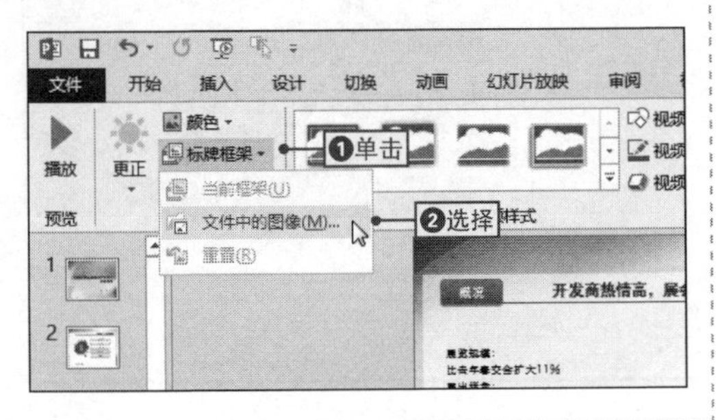

2 插入外部图片作为标牌框架

通过“插入图片”窗口打开“插入图片”对话框，❶选择需要的图片选项，❷单击“插入”按钮，即可完成操作。

NO. 669 重置标牌框架

如果要重新设置或删除标牌框架，可以通过标牌框架的重置功能来实现，其具体操作是：在幻灯片中选择相应的视频对象，❶在“视频工具-格式”选项卡中单击“标牌框架”下拉按钮，❷选择“重置”命令即可清除对视频设置的标牌框架。

NO.
670 剪裁视频

案例040 旅游景点介绍

◎\素材\第13章\旅游景点介绍3.pptx ◎\效果\第13章\旅游景点介绍3.pptx

在某些视频中，可能还有一些与当前演示文稿的主旨无关的内容，为了突出演示文稿的主旨，可以将其删除，下面将通过具体实例来讲解，其具体操作如下。

1 打开“剪裁视频”对话框

❶打开“旅游景点介绍3.pptx”文件，❷在幻灯片中选择视频对象，❸在“视频工具-播放”选项卡中单击“剪裁视频”按钮。

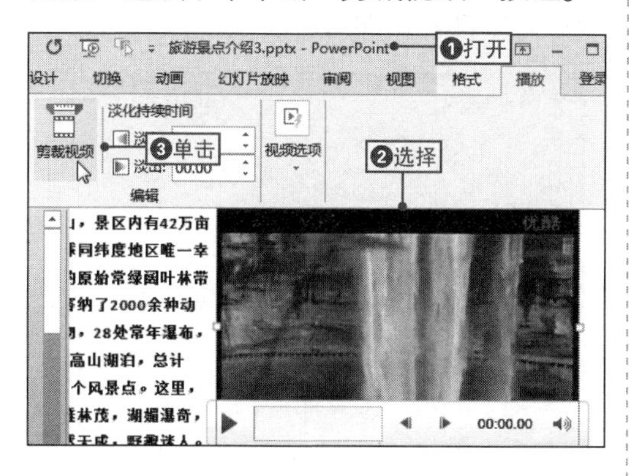

2 剪裁视频

❶在打开的“剪裁视频”对话框中拖动滑块调整开始时间和结束时间，❷单击“确定”按钮确认设置。

NO.
671 添加音频剪辑的书签

在演示文稿中，如果用户希望视频播放到某个位置时，幻灯片就自动展示某段文字或某张图片等对象，则可以直接向视频中添加标签来实现。

其具体操作是：❶选择要添加标签的视频对象，❷在自动显示出的工具条上定位插入书签的位置，❸单击“视频工具-播放”选项卡，❹在“书签”选项组中单击“添加书签”按钮，即可在当前视屏的播放位置插入一个标签。

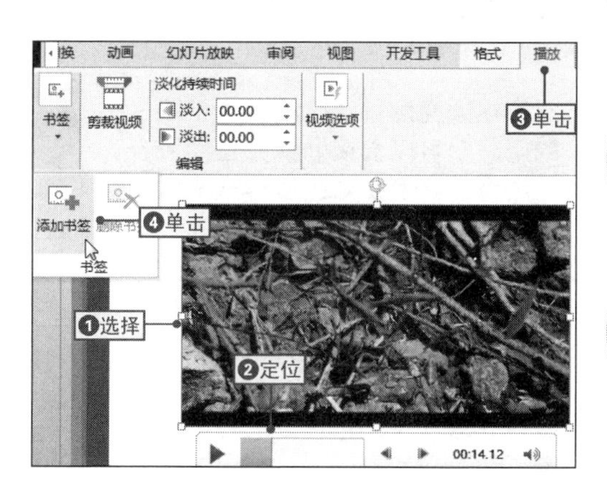

NO.
672 调整视频的亮度和对比度

案例040 旅游景点介绍

◉\素材\第13章\旅游景点介绍4.pptx ◉\效果\第13章\旅游景点介绍4.pptx

为了使插入演示文稿中的视频以更好的效果播放出来，用户可以适当的调整视频的亮度和对比度，下面将通过调整“旅游景点介绍4”演示文稿中视频的亮度和对比度为例，来讲解相关的步骤，其具体操作如下。

1 打开“设置视频格式”窗格

❶打开“旅游景点介绍4.pptx”文件，选择视频对象，❷单击“更正”按钮，❸选择“视频更正选项”命令。

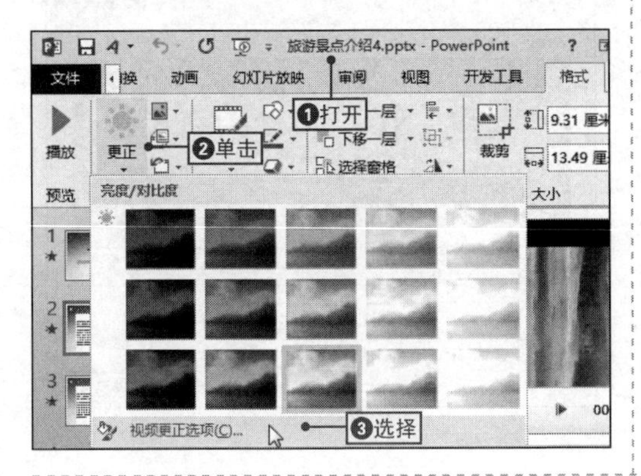

2 设置亮度和对比度

❶在打开的“设置视频格式”窗格中拖动滑块调整视频的亮度和对比度，❷单击“关闭”按钮，即可完成操作。

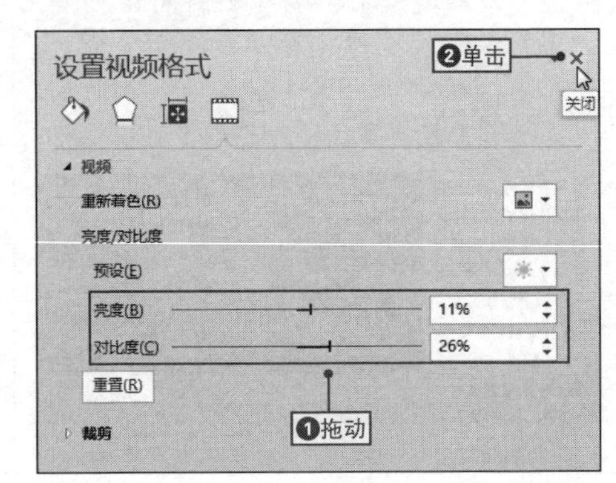

NO.
673 快速调整视频的亮度和对比度

对于视频亮度和对比度要求不高的用户，可以直接为视频应用系统内置的亮度和对比度样式来快速进行设置。

其具体操作是：选择需要调整的视频对象，❶在“视频工具-格式”选项卡中单击“更正”下拉按钮，❷选择合适的亮度和对比度样式选项，即可快速调整视频的亮度和对比度。

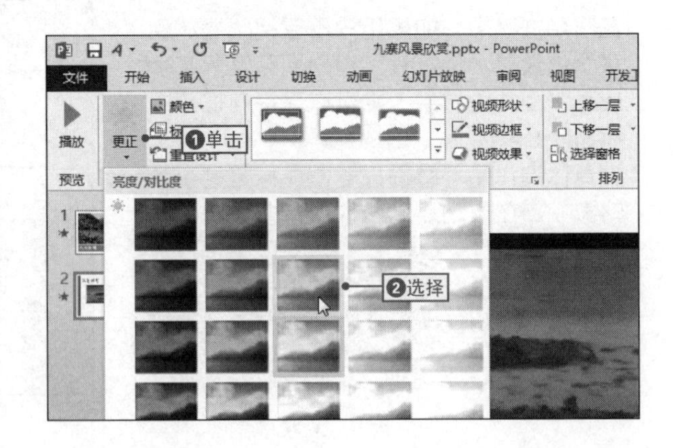

NO.
674 如何将彩色视频设置为黑白画面

在某些演示文稿中，并不需要插入的视频为彩色视频，为了产生特殊的效果，需要将彩色的视频以黑白效果进行显示，其具体操作如下。

其具体操作是：在幻灯片中选择视频对象，❶在“视频工具-格式”选项卡中单击“颜色”下拉按钮，❷选择“灰度”选项，即可将视频设置为黑白模式。

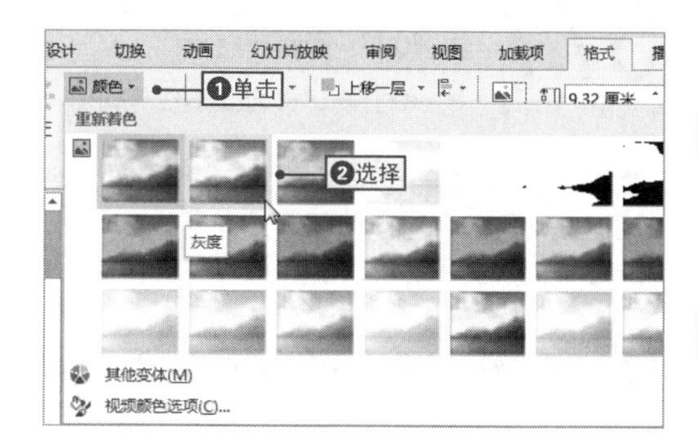

NO.
675 自定义视频的形状

视频也可以像图片一样，可以根据实际需要自定义它的外观形状，从而使其更具吸引力。

其具体操作是：在幻灯片中选择视频对象，❶在“视频工具-格式”选项卡的“视频样式”选项组中单击“视频形状”下拉按钮，❷选择合适的视频形状选项，即可快速更改视频的形状。

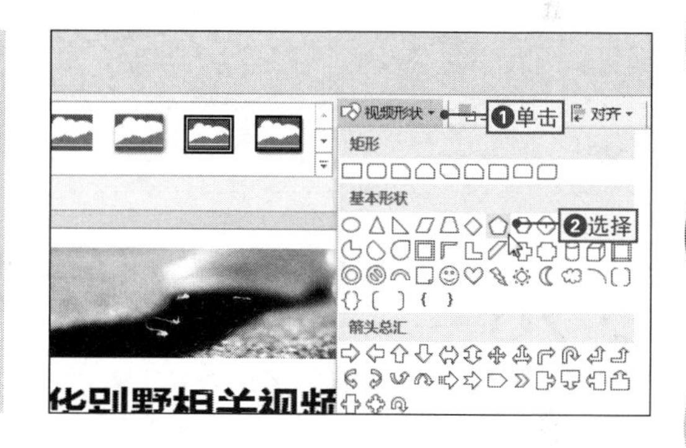

NO.
676 快速设置视频的外观样式

为了让视频更具个性化，还可以快速为视频设置精美的外观样式，其方法与设置图片样式类似。

其具体操作是：在幻灯片中选择视频对象，❶在“视频工具-格式”选项卡的“视频样式”选项组中单击“其他”下拉按钮，❷选择合适的外观样式，即可快速为视频应用外观样式。

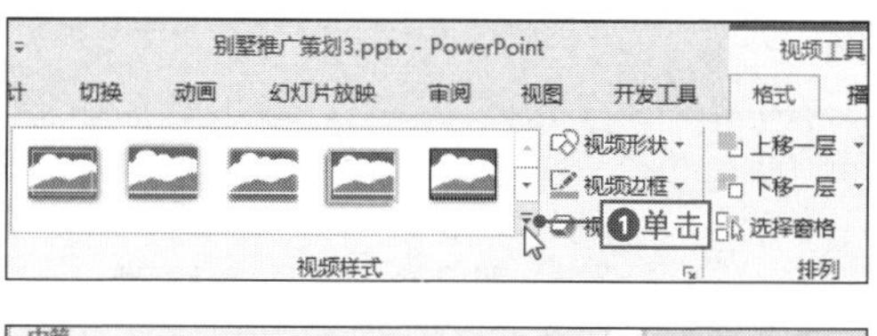

NO. 677 在幻灯片中快速添加动画

案例041 圣诞节贺卡

◉\素材\第13章\圣诞节贺卡.pptx　　◉\效果\第13章\圣诞节贺卡.pptx

在PPT 2013中内置了4种动画效果，分别是进入动画、强调动画、退出动画和动作路径，使用这些动画效果可以使幻灯片动起来，用户可以根据实际需要选择相应的动画效果，下面将通过具体实例来进行讲解，其具体操作如下。

1 选择对象

❶打开“圣诞节贺卡.pptx”文件，❷在幻灯片中选择要制作成动画的对象。

2 选择动画效果

❶单击“动画”选项卡，❷在“动画”选项组的列表框中选择“飞入”选项即可。

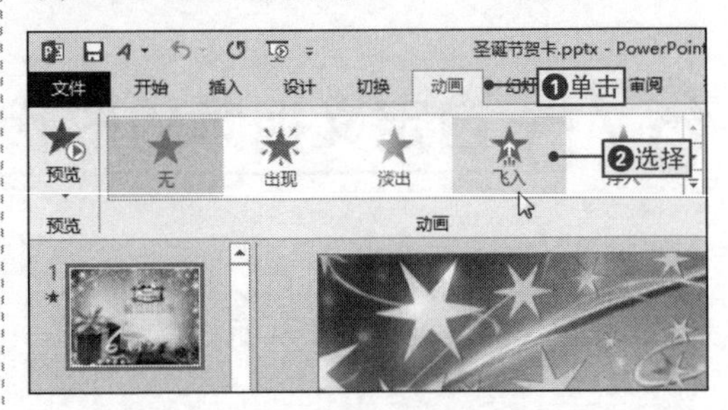

NO. 678 在幻灯片中添加自定义动画

在幻灯片中添加内置动画效果后，应用动画效果的对象会按照默认的效果运行，这时用户可以根据需要自定义动画效果，让其按照设置的方式运行，其具体操作如下。

1 打开“动画窗格”窗口

选择目标对象，❶单击“动画”选项卡，❷单击“动画窗格”按钮，打开“动画窗格”窗格。

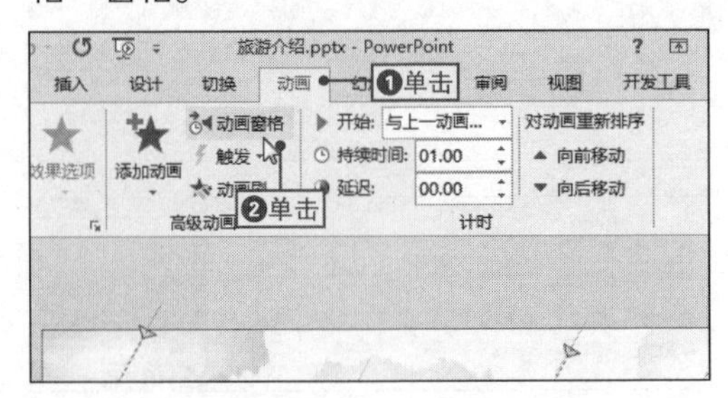

2 打开“圆形扩展”对话框

❶在需要设置自定义动画效果的选项右侧单击下拉按钮，❷选择“效果选项”命令，打开“圆形扩展”对话框。

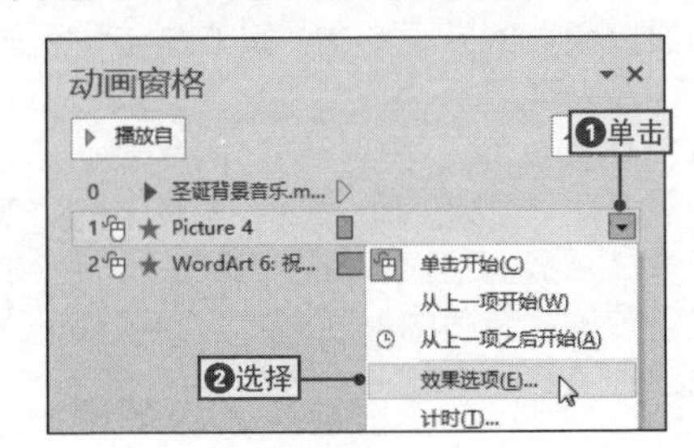

3 自定义动画效果

在打开的对话框中对“增强”选项组中的效果进行自定义，然后单击“确定”按钮即可确认设置。

NO. 679 查看动画效果的编号标记

在为幻灯片中的对象应用了动画效果后，幻灯片上已经应用动画的项目会自动标上不会被打印的编号标记，该标记显示在对象的旁边，如右图所示，通过该标记，用户可以知道动画的展示顺序。

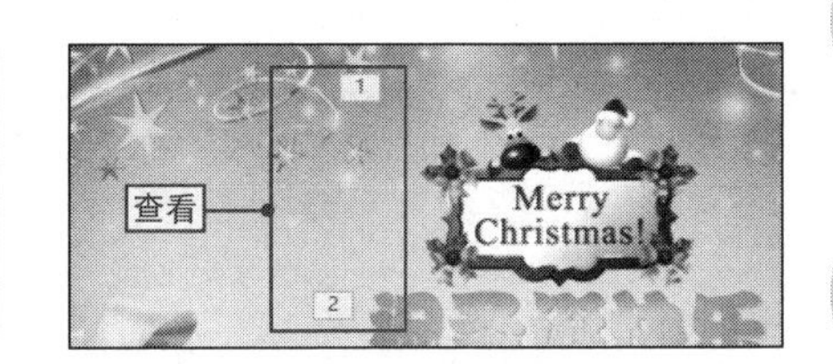

NO. 680 更改设置的动画效果

在为幻灯片中的对象设置动画效果后，如果对该效果不满意，则可以将其更改为其他样式的效果，其具体操作如下。

1 展开其他动画效果样式

❶选择目标对象，❷单击“动画”选项卡，❸在“动画”选项组中单击“其他”按钮。

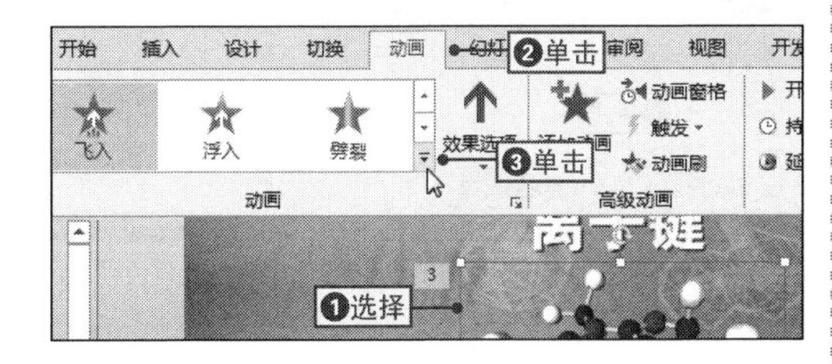

2 更改对象的动画效果

在打开的下拉列表的“强调”选项组中选择需要的动画效果选项，完成操作。

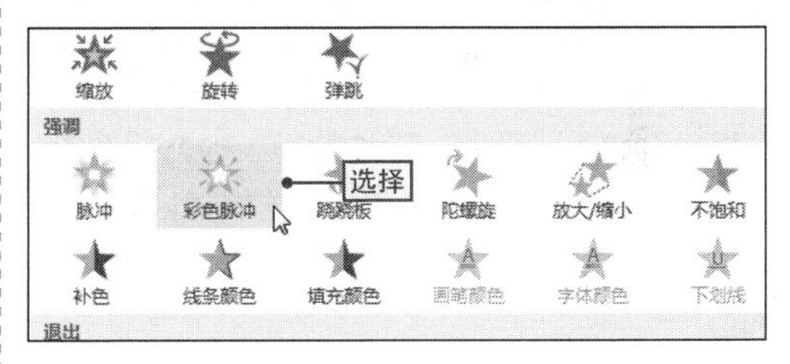

NO. 681 删除对象上的动画效果

在幻灯片中为对象应用了动画效果后，如果不再需要该动画效果，则可以将其删除，其具体操作是：打开“动画窗格”窗格，❶在需要删除的动画选项右侧单击下拉按钮，❷选择“删除”命令，即可删除相应对象上的动画效果。

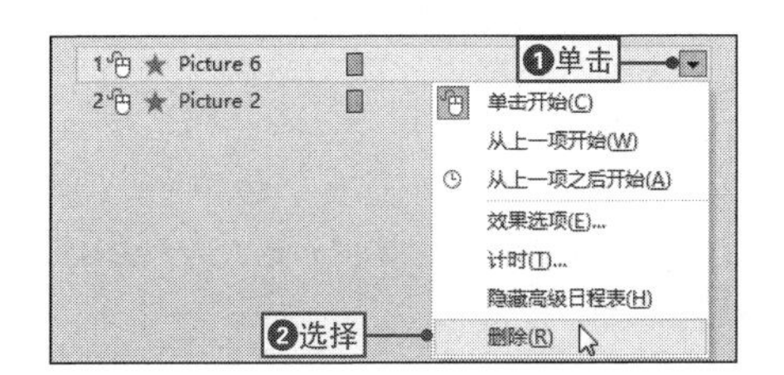

NO. 682 在幻灯片中快速预览动画效果

案例041 圣诞节贺卡

◎\素材\第13章\圣诞节贺卡1.pptx ◎\效果\第13章\圣诞节贺卡1.pptx

在将幻灯片中的对象设置了动画后，为了查看对象的展示效果，可以对其进行预览，下面将通过预览圣诞动画效果为例来进行讲解，其具体操作如下。

1 选择幻灯片

❶打开“圣诞节贺卡1.pptx”文件，❷选择需要预览的幻灯片选项。

2 预览动画效果

❶单击“动画”选项卡，❷在“预览”选项组中单击“预览”按钮即可预览动画效果。

NO. 683 如何让动画不自动预览

当为某个对象应用动画效果后，系统默认自动预览该动画效果，如果不想让其自动预览，可取消自动预览功能，其具体操作是：❶单击“预览”下拉按钮，❷选择“自动预览”命令，即可取消自动预览功能。

NO. 684 通过动画窗格从头预览动画效果

在幻灯片中为多个对象添加动画效果后，需要从头开始预览展示效果，以便做出调整，这时可以通过动画窗格进行预览，其具体操作是：❶打开“动画窗格”窗格，❷选择第一个动画选项，❸单击“播放自”按钮，即可在幻灯片中从头开始预览动画效果。

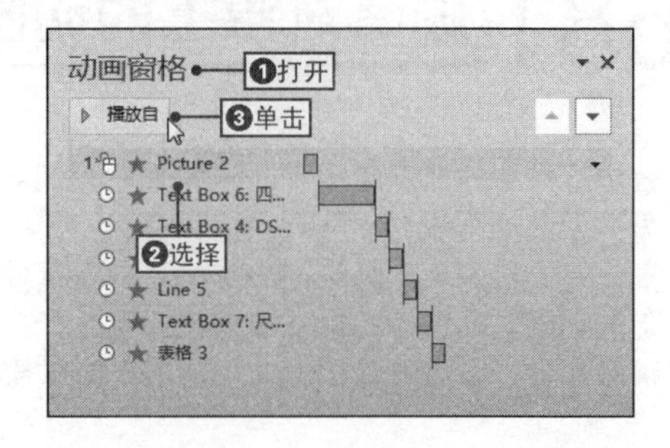

NO. 685 通过动画窗格预览指定动画效果

若每次都从头预览幻灯片中的动画效果，会使工作效率降低，其实，用户可以根据实际需要从中间开始预览动画效果，其具体操作是：❶打开“动画窗格”窗格，❷选择要进行预览的动画选项，❸单击“播放自”按钮，即可从选择的选项处开始预览动画效果。

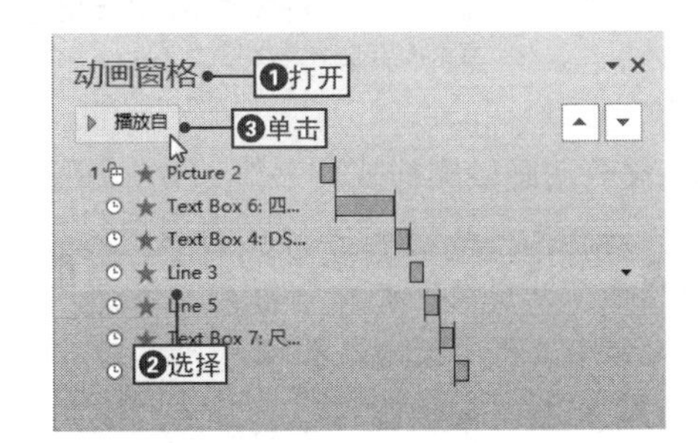

NO. 686 让同一个对象显示多个动画

案例041 圣诞节贺卡

◉\素材\第13章\圣诞节贺卡2.pptx　◉\效果\第13章\圣诞节贺卡2.pptx

在实际工作中，有时为了强调或提示某个重要的图示或内容，可能需要对其设置多种动画，下面将通过具体实例来讲解，其具体操作如下。

1 选择对象

❶打开“圣诞节贺卡2.pptx”文件，❷在幻灯片中选择需要设置动画效果的对象。

2 为对象应用动画效果

❶单击“动画”选项卡，❷在“动画”选项组的列表框中选择需要的动画效果选项。

3 为对象再次应用动画效果

❶在“高级动画”选项组中单击“添加动画”下拉按钮，❷选择需要的动画效果选项，即可完成操作。

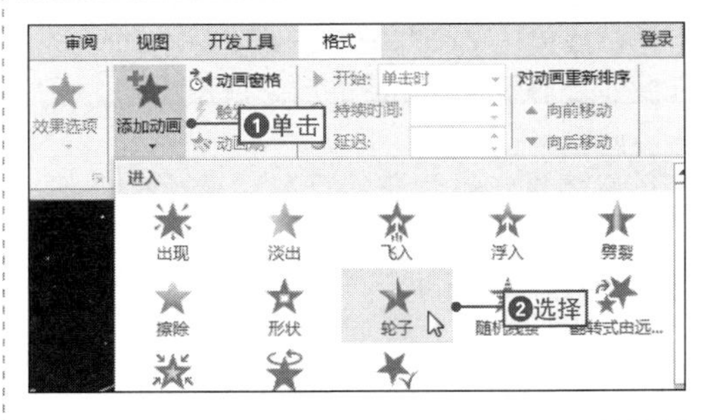

NO.
687 让对象按指定的路径运动

由于在PPT 2013中内置的对象路径效果有限，即使通过控制点对路径进行修改，也不能完全满足用户的需求，这时用户就可以自定义路径来指定对象的线路，其具体操作如下。

1 展开动画效果样式列表框

在幻灯片中选择设置动画的对象，❶单击“动画”选项卡，❷在“动画”选项组的列表框中单击“其他”按钮。

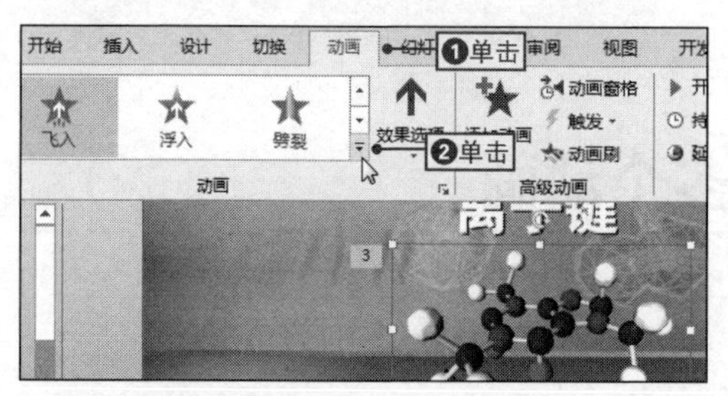

2 选择“自定义路径”选项

在打开的下拉列表的“动作路径”选项组中选择“自定义路径”选项，激活绘制动作路径功能。

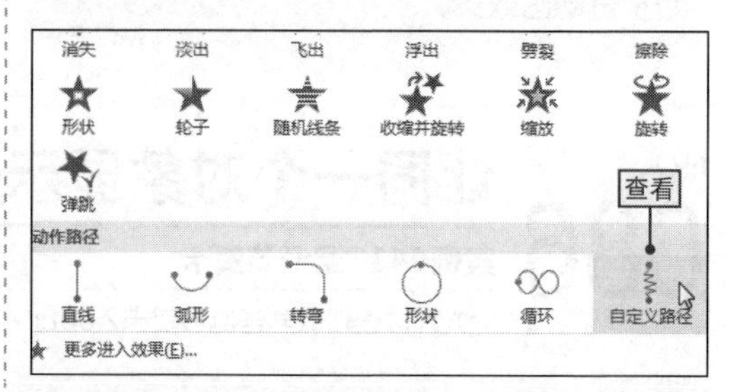

3 绘制对象运动路径

当鼠标光标成+形状时，在幻灯片中按住鼠标左键并拖动绘制对象的运动路径，绘制完成后释放鼠标即可。

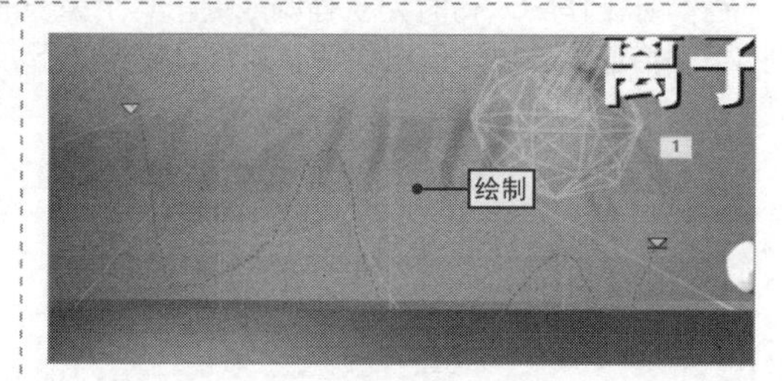

NO.
688 适时展示动画效果

如果在幻灯片中为多个对象设置了动画效果，或是在某个对象上设置了多个动画，要使各对象按照相应的要求展示出来，可以通过设置延迟时间来实现。

其具体操作是：在幻灯片中选择需要设置的对象，❶单击“动画”选项卡，❷在“计时”选项组的“延迟”数值框中输入相应的值即可。

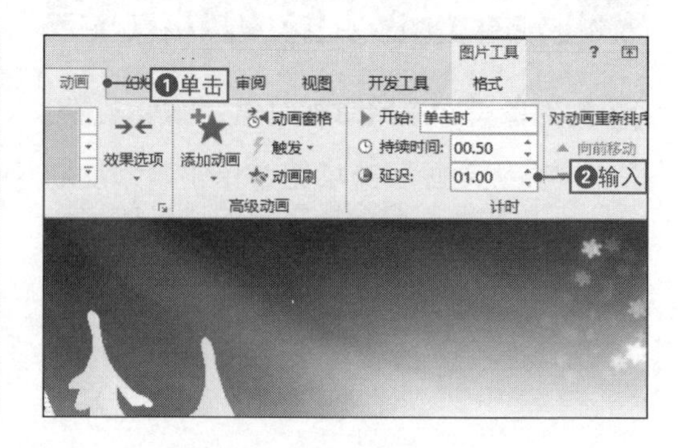

NO.
689 调整动画的开始方式

若一张幻灯片中有多个对象应用了动画效果，就需要对它们的播放开始方式进行设置，其具体操作是：选择目标对象，❶在"动画"选项卡中单击"开始"下拉按钮，❷选择"上一动画之后"命令即可。

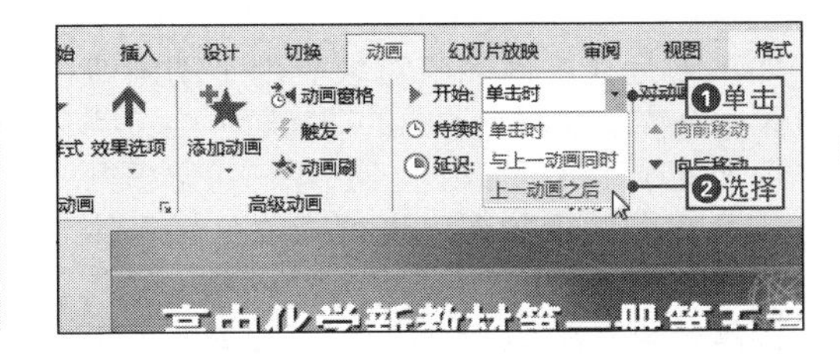

NO.
690 控制动画的播放速度

案例041 圣诞节贺卡

◉\素材\第13章\圣诞节贺卡3.pptx　　◉\效果\第13章\圣诞节贺卡3.pptx

在实际的演示场合中，不同的动画，其播放速度应该是不同的，这时就需要对动画的播放速度进行自定义，下面将通过具体实例来讲解，其具体操作如下。

1 打开"飞入"对话框

❶打开"圣诞节贺卡3.pptx"文件，打开"动画窗格"窗格，❷在需要设置动画选项右侧单击下拉按钮，❸选择"计时"命令。

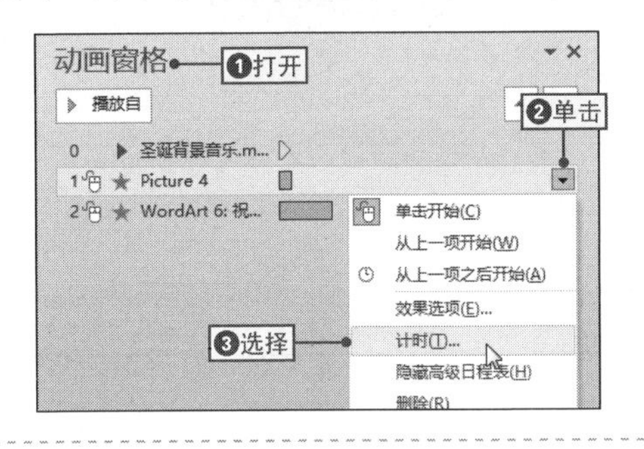

2 设置动画的展示速度

❶在打开的"飞入"对话框的"期间"下拉列表中选择"慢速（3秒）"选项，❷单击"确定"按钮确认设置。

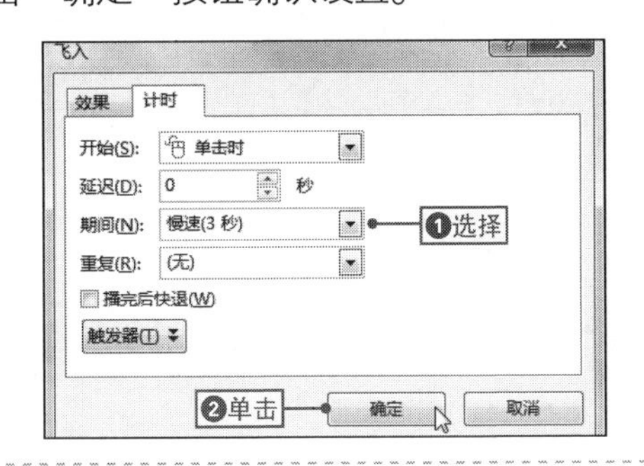

NO.
691 精确自定义动画播放速度

除了通过对话框的方式设置动画播放速度外，还可以通过组来精确自定义动画的播放速度，其具体操作是：选择需要设置播放速度的动画，在"动画"选项卡的"持续时间"数值框中输入相应的时间即可。

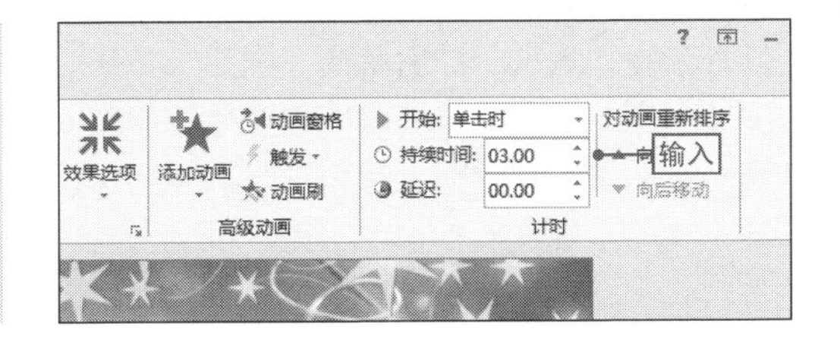

NO.

692 设置动画的播放顺序

如果幻灯片中对多个对象应用了动画效果，在默认情况下动画的播放顺序会按照添加的顺序进行加载，不过用户可以根据实际需要对播放顺序进行修改，其具体操作是：❶打开“动画窗格”窗格，❷选择需要调整顺序的动画选项，❸单击“向下”/“向上”按钮，即可让动画播放顺序向下/向上移动。

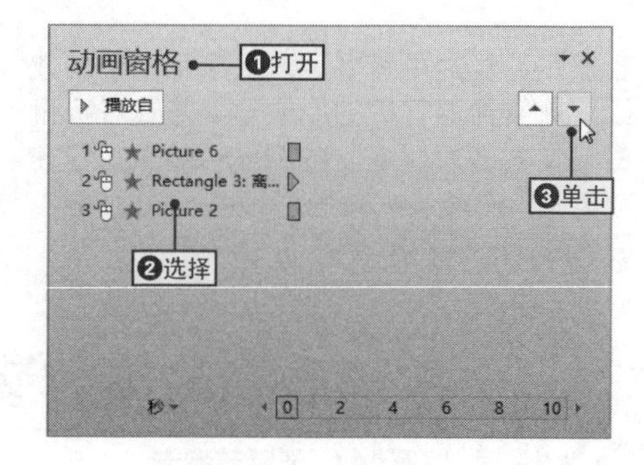

NO.

693 设置动画的延迟播放

对动画设置延迟播放，可以使动画在设置时间才开始出现，对动画设置适当的延迟时间，可使幻灯片整体放映方式更加的合理，其具体操作是：选择目标对象，在“动画”选项卡的“延迟”数值框中输入相应时间，即可使动画在延迟的时间后才开始出现。

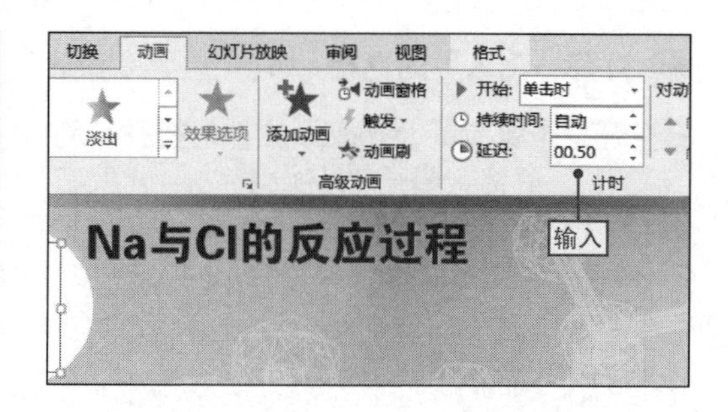

NO.

694 设置动画的循环播放

在对演示文稿进行放映时，用户根据需求可能需要让某个动画效果循环播放，可以通过相应设置来实现。

其具体操作是：❶打开“飞入”对话框，❷在“计时”选项卡中单击“重复”下拉按钮，❸在打开的下拉列表中选择“直到幻灯片末尾”选项，然后单击“确定”按钮确认设置，即可使应用的动画循环播放，直到幻灯片放映结束。

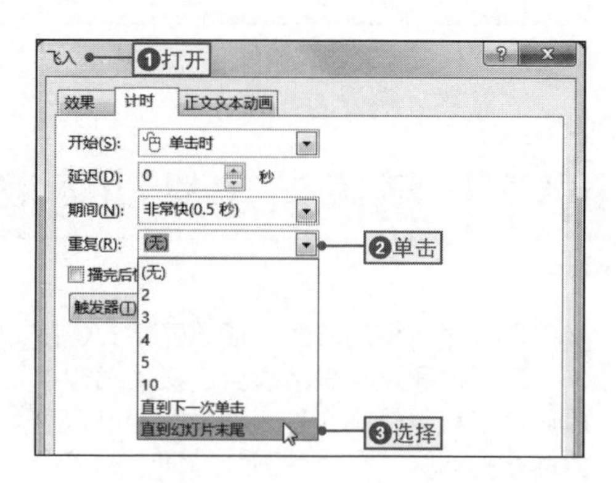

NO.

695 巧用动画刷快速复制动画效果

在一个演示文稿中，对象的动画效果不宜过多，最好在3种以内，这时就需要对多个对象设置相同的动画效果，如果依次手动对其进行设置，会降低工作效率，这时可以通过动作刷工具来完成。

其具体操作是：❶选择需要复制动作效果的源对象，❷单击“动画”选项卡，❸在“高级动画”选项组中单击“动作刷”按钮，然后在需要复制动画效果的目标对象上单击鼠标即可。

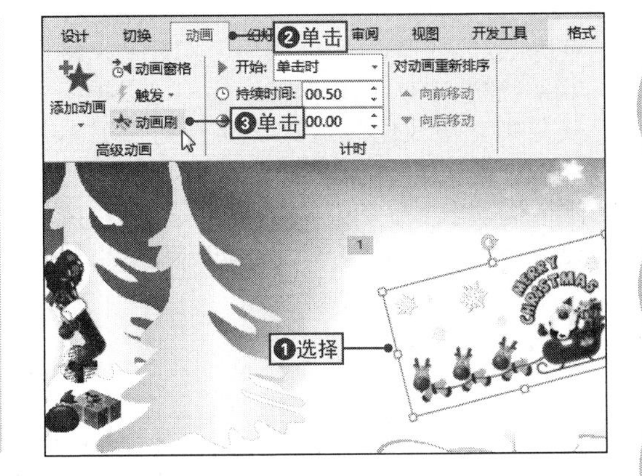

NO.

696 让幻灯片灵活进入下一页

案例041 圣诞节贺卡

◉\素材\第13章\圣诞节贺卡4.pptx　　◉\效果\第13章\圣诞节贺卡4.pptx

在放映幻灯片的过程中，为了让幻灯片灵活的进入下一页，可以为其设置一些特殊效果，这时可以通过设置幻灯片的切换效果来实现，从而达到引出新的幻灯片或强调某一张幻灯片的目的，下面将通过具体实例来讲解，其具体操作如下。

1 展开其他幻灯片动画效果样式

❶打开“圣诞节贺卡4.pptx”文件，❷选择目标幻灯片，❸单击“切换”选项卡，❹在列表框中单击“其他”下拉按钮。

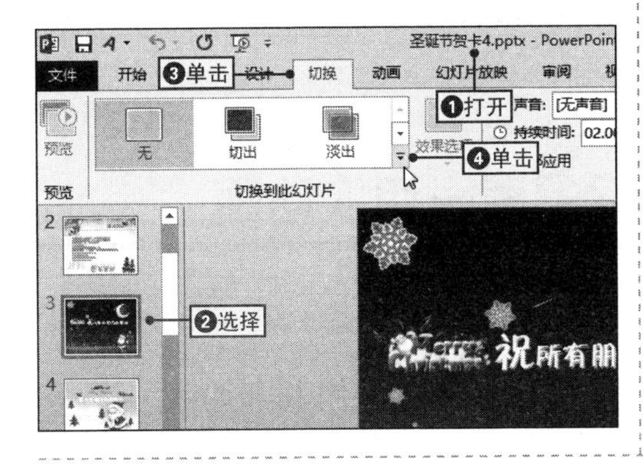

2 设置幻灯片的切换效果

在弹出的下拉列表中可以看到系统提供的多种切换效果缩略图，在“细微型”选项组中选择相应的动画效果选项即可。

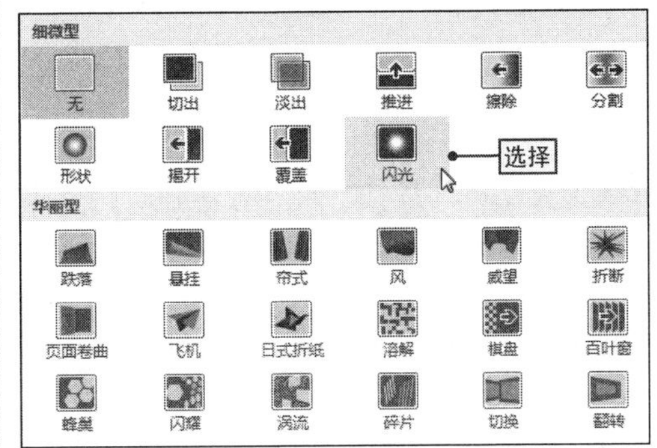

NO.
697 快速更改幻灯片的切换方向

在为幻灯片设置动画效果后，幻灯片是按照系统默认的方向切换的，用户可以根据实际需求更改幻灯片的切换方向，其具体操作是：选择目标幻灯片，❶单击“切换”选项卡，❷单击“效果选项”下拉按钮，❸选择“水平”命令，即可使幻灯片水平进行切换。

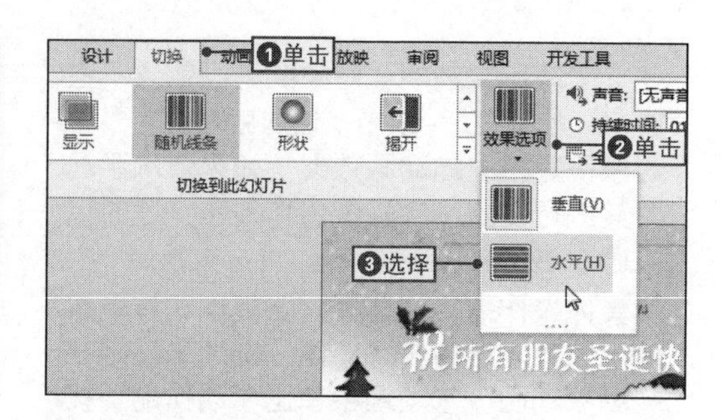

NO.
698 快速为所有幻灯片设置相同的切换效果

在对演示文稿中的幻灯片设置切换动画效果时，如果需要对所有幻灯片设置相同的切换效果，可以通过具体实例来快速实现，其具体操作如下。

1 展开其他动画效果样式

在打开的演示文稿中，在幻灯片缩略图窗格中单击空白处，然后按【Ctrl+A】组合键选择所有的幻灯片。

2 选择幻灯片切换效果

❶单击“切换”选项卡，❷在“切换到此幻灯片”列表框中选择需要的切换效果选项，即可完成操作。

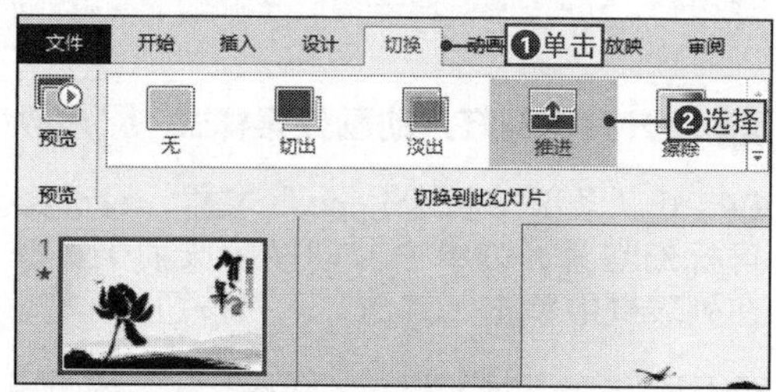

NO.
699 快速为所有幻灯片设置同一切换动画

在对幻灯片设置切换效果时，在默认情况下只对当前幻灯片有效，如果用户希望为所有幻灯片都应用相同的切换效果，则可以通过相应设置来实现，其具体操作是：为目标幻灯片设置切换动画后，❶单击“切换”选项卡，❷单击“全部应用”按钮即可。

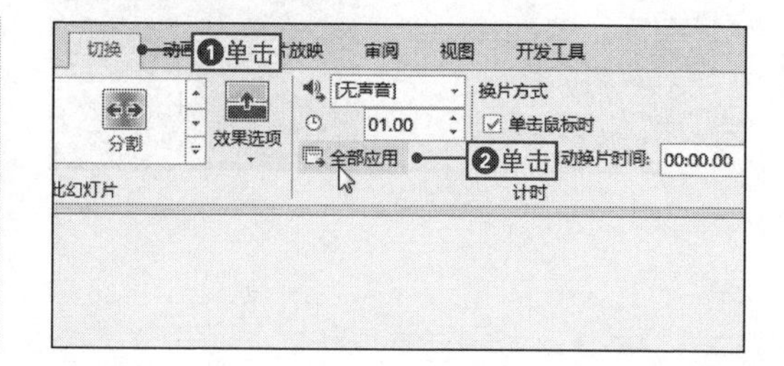

NO.

700 在规定时间自动切换幻灯片

对于许多无人演讲的演示文稿，在演示文稿进入放映状态时，无法通过单击鼠标切换幻灯片，这时可以使幻灯片在规定时间内自动进行切换，其具体操作是：选择目标幻灯片，❶在“切换”选项卡中选中“设置自动换片时间”复选框，❷在其后的数值框中输入相应时间，即可使幻灯片在规定时间自动进行切换。

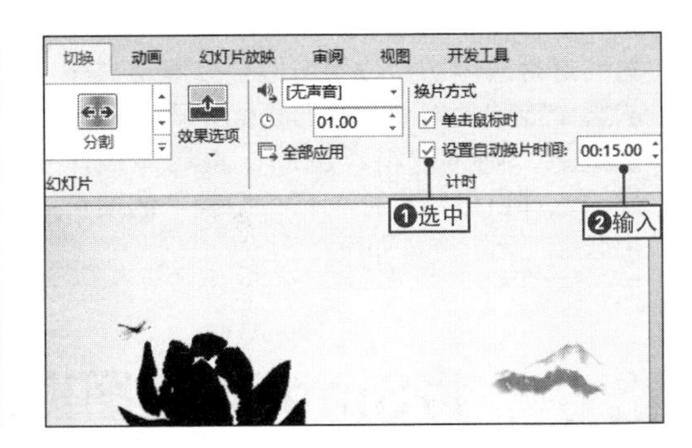

NO.

701 为幻灯片添加切换声音

在演示文稿中，为了突出显示幻灯片的切换效果，可以为其设置切换声音，其具体操作是：选择目标幻灯片，❶在“切换”选项卡中单击“声音”列表框右侧的下拉按钮，❷在弹出的下拉列表中选择需要的声音选项，即可快速为幻灯片切换效果添加声音。

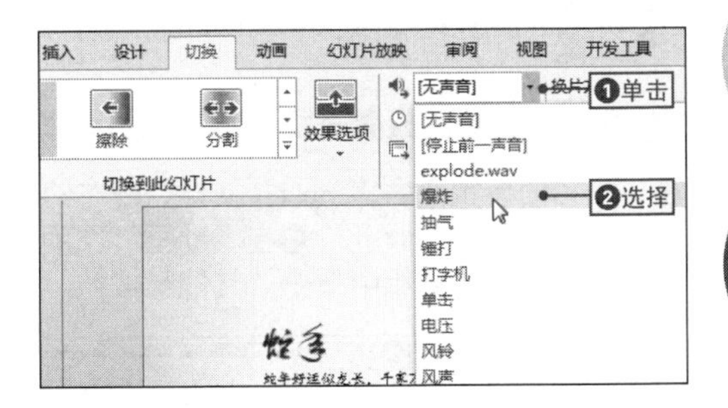

NO.

702 为幻灯片添加非系统切换声音

由于系统的声音有限，为了使幻灯片的切换声音更加具有个性化，可以通过添加非系统提供的声音来实现。

其具体操作是：选择目标幻灯片，❶在“切换”选项卡中单击“声音”列表框右侧的下拉按钮，❷在列表的下拉列表中选择“其他声音”选项，然后在打开的“添加音频”对话框中选择需要的声音文件即可完成操作。

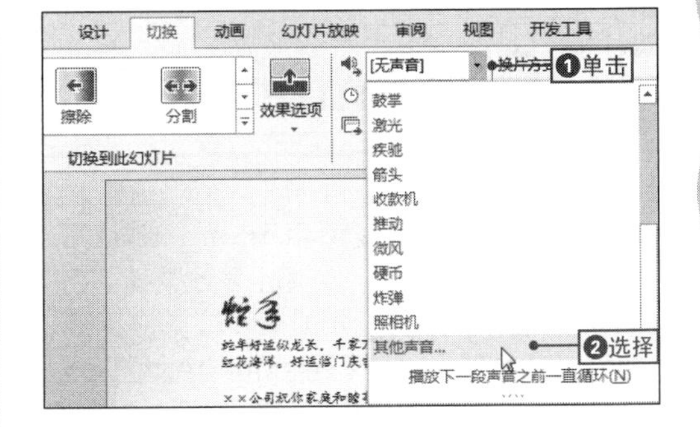

NO.
703 删除幻灯片的切换效果

对幻灯片应用切换效果可以更改演示文稿的整个放映效果，若某些页面不再需要切换效果，则可以将其删除，其具体操作是：选择目标幻灯片，在“切换”选项卡中选择“无”选项即可。

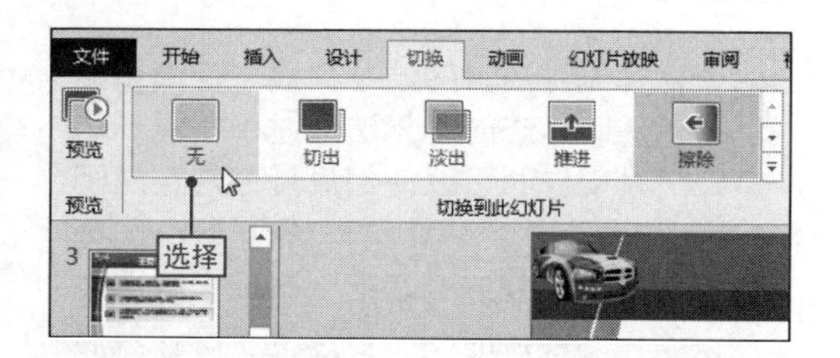

NO.
704 将SmartArt图形制作成动画

案例036 项目策划方案

◎\素材\第13章\项目策划方案.pptx ◎\效果\第13章\项目策划方案.pptx

在许多商务演示文稿中，常常会使用SmartArt图形来表示一些流程关系、组织结构等，在对数据关系进行展示时，也可以通过动画的方式来实现，下面将通过“项目策划方案.pptx”演示文稿中的SmartArt图形制作成动画为例来进行讲解，其具体操作如下。

1 展开其他动画效果样式

❶打开“项目策划方案.pptx”文件，❷在幻灯片中选择SmartArt图形，❸在“动画”选项卡的“动画”选项组中单击“其他”按钮。

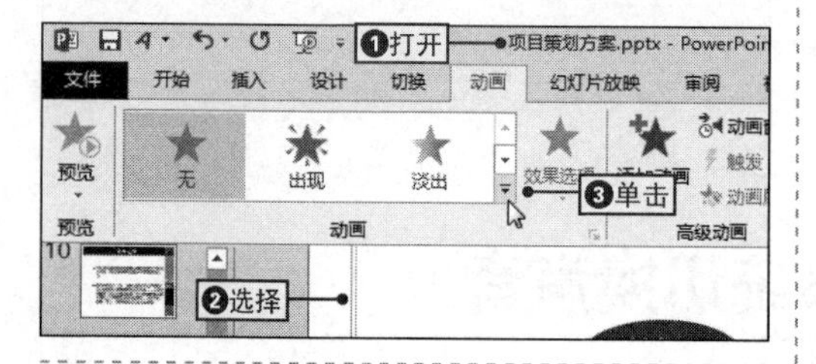

2 为SmartArt图形设置动画效果

在下拉列表中可以看到系统提供的多种动画效果缩略图，在“退出”选项组中选择“浮出”选项即可。

NO.
705 为SmartArt图形应用动画的注意事项

不是所有的动画都能适用于SmartArt图形，如“旋转”效果、“退出”效果等，它们只能适用于形状，如果想要让其应用到SmartArt图形中，则需要将SmartArt图形转换成形状，其具体操作是：❶右击SmartArt图形，❷选择“转换为形状”命令即可。

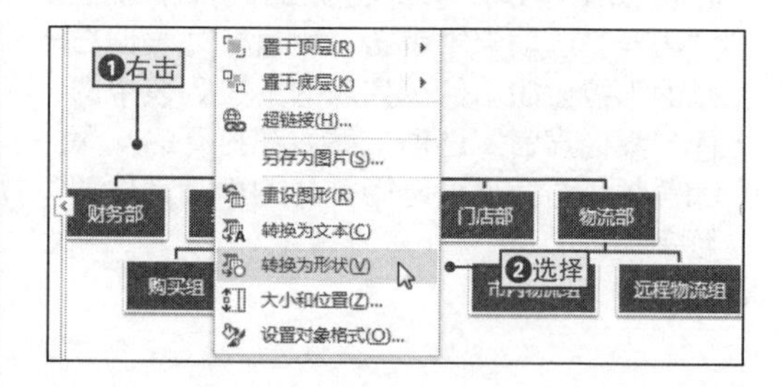

NO.
706 取消SmartArt图形上的动画

对于应用了动画效果的SmartArt图形，如果不再需要该动画效果，可以将其取消，其具体操作是：选择目标SmartArt图形，在“动画”选项卡的“动画”选项组中选择“无”选项即可。

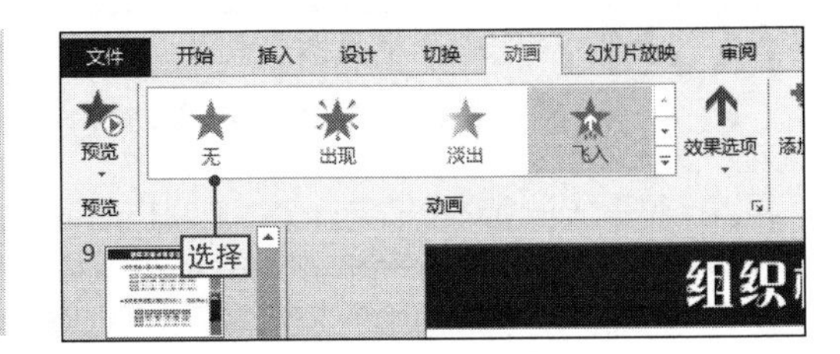

NO.
707 设置SmartArt图形的动画效果

在默认情况下，在演示文稿中插入的SmartArt图形是一个整体，为其应用动画效果后，程序默认将其以整体的方式加载出来，如果用户希望逐个形状进行加载，则可以通过更改动画效果来实现。

其具体操作是：在幻灯片中选择SmartArt图形，❶在“动画”选项卡中单击“效果选项”下拉按钮，❷在“序列”选项组中选择相应选择更改动画的加载方式。

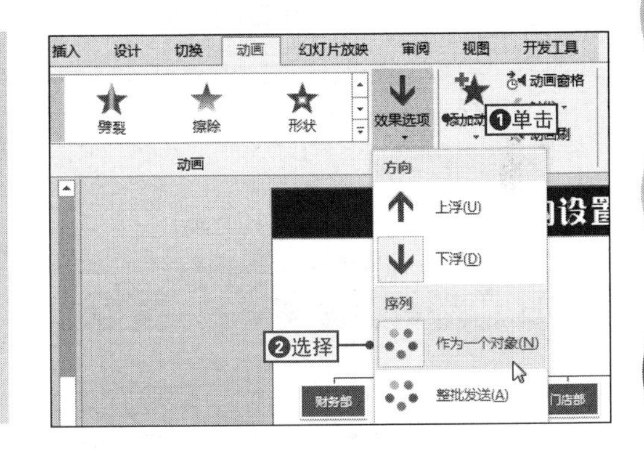

NO.
708 颠倒动画的顺序

在默认情况下为SmartArt图形应用动画效果后，程序会自动顺序播放，不过用户可以根据实际需求让SmartArt图形按照倒序的方式播放，其具体操作如下。

1 打开“轮子”对话框

❶打开“动画窗格”窗格，❷单击要进行设置的动画选项右侧的下拉按钮，❸选择“效果选项”命令。

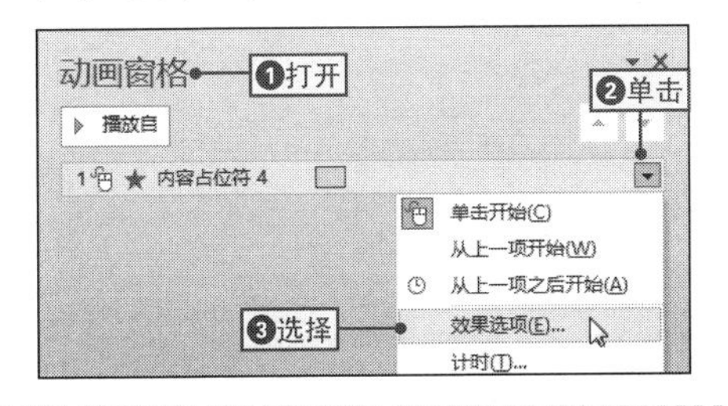

2 设置动画倒序播放

❶在打开的对话框中单击“SmartArt 动画”选项卡，❷选中“倒序”复选框，然后单击“确定”按钮确认设置。

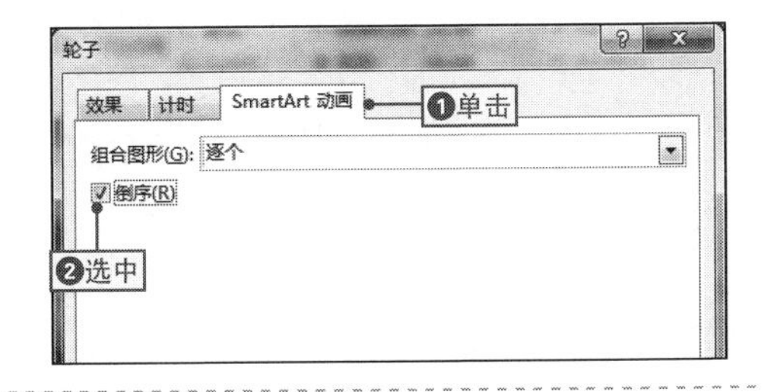

13.4 交互式动画的操作技巧

NO.
709
快速创建超链接

案例042 楼盘推广策划

◎\素材\第13章\楼盘推广策划.pptx　　◎\效果\第13章\楼盘推广策划.pptx

超链接是指从一个对象指向一个相应目标的链接关系，在实际放映中，若演示文稿中的幻灯片并不需要按照制作的顺序进行放映，这时就可借助超链接来控制幻灯片的播放顺序，下面将通过在“楼盘推广策划.pptx”演示文稿中添加超链接为例来进行讲解，其具体操作如下。

1 打开“插入超链接”对话框

❶打开“楼盘推广策划.pptx”文件，❷选择要作为描点的链接对象，❸单击“超链接”按钮，打开“插入超链接”对话框。

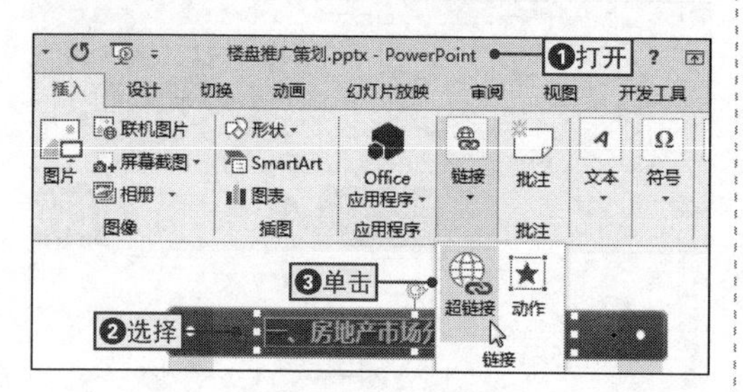

2 设置链接的幻灯片

❶单击“本文档中的位置”按钮，❷在“请选择文档中的位置”列表框中选择要跳转的幻灯片，然后单击“确定”按钮。

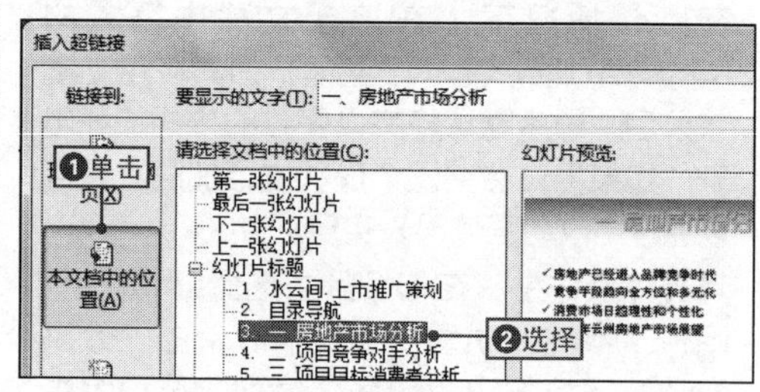

NO.
710
链接不同演示文稿中的幻灯片

用户如果想要通过当前演示文稿打开其他演示文稿中的幻灯片，可以通过超链接来实现，通过对象直接链接到其他演示文稿中的幻灯片，其具体操作如下。

1 打开“在文档中选择位置”对话框

❶打开“插入超链接”对话框，❷单击“现有文件或网页”按钮，❸选择需要链接的演示文稿，❹单击“书签”按钮。

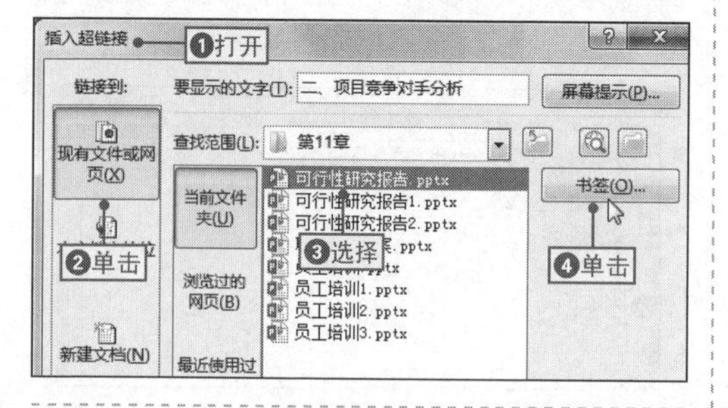

2 选择链接的幻灯片

❶在打开的“在文档中选择位置”对话框中选择需要链接的幻灯片，❷依次单击“确定”按钮即可。

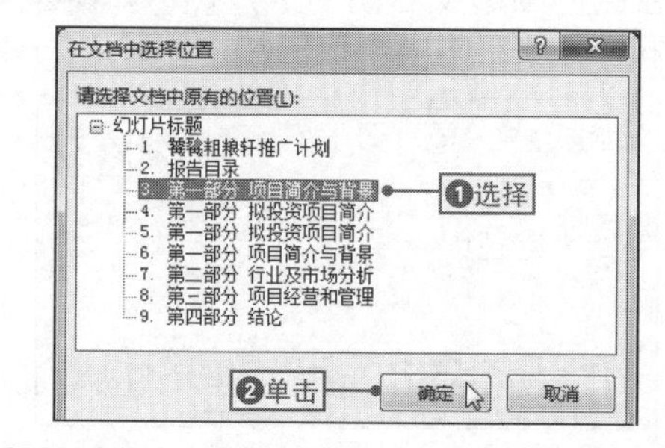

NO.
711 以Web网页创建超链接

在对幻灯片进行放映时，可能需要链接到网络中查看相应信息，这时可以通过将幻灯片中的对象链接到指定网页来实现。

其具体操作是：❶打开“插入超链接”对话框，❷单击“现有文件或网页”按钮，❸在“地址”文本框中输入链接的网址，然后单击“确定”按钮确认设置。

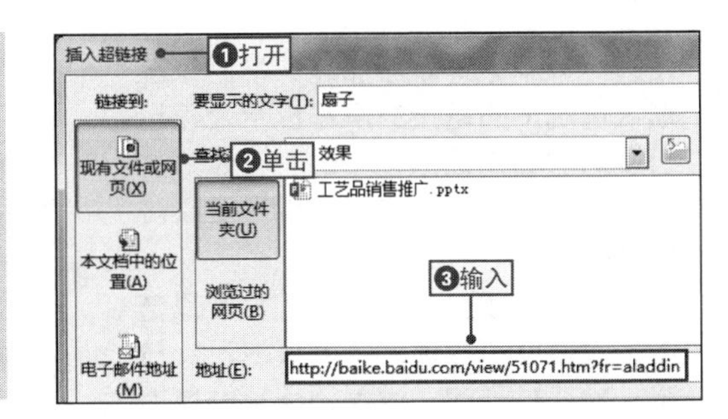

NO.
712 以新文件创建超链接

如果还未创建需要链接的目标文件，用户可以根据实际需要在创建超链接的同时创建一个新文件。

其具体操作是：❶打开“插入超链接”对话框，❷单击“新建文档”按钮，❸在“新建文档名称”文本框中输入新建文档的名称，然后单击“确定”按钮确认设置。

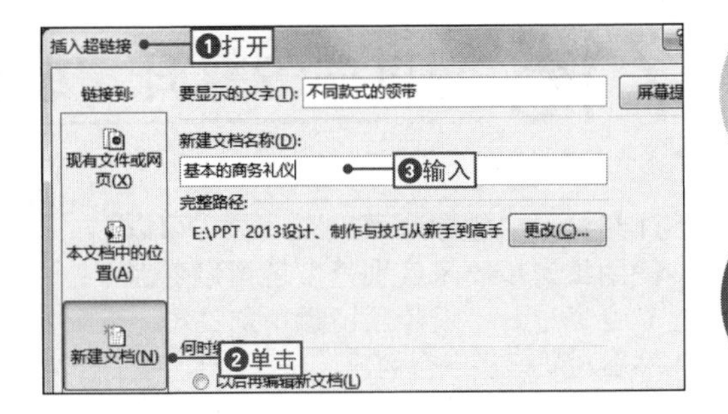

NO.
713 以电子邮件地址创建超链接

在幻灯片中创建超链接，除了前面几种方法外，还可以创建指向电子邮件地址的超链接，该超链接将会自动启动电子邮件程序，并显示填入的电子邮件电子与主题。

其具体操作是：❶打开“插入超链接”对话框，❷单击“电子邮件地址”按钮，❸在“电子邮件地址”文本框中输入电子邮件的地址，❹在“主题”文本框中输入电子邮件的主题，然后单击“确定”按钮确认设置。

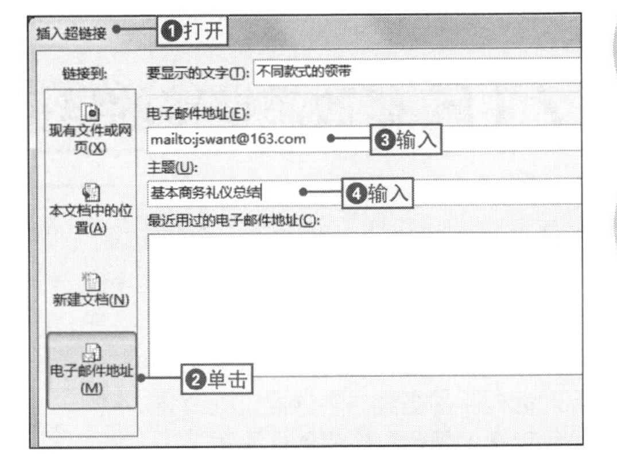

NO.
714 自定义超链接的屏幕提示

在幻灯片中为对象添加超链接后，在默认情况下超链接的屏幕提示会显示链接对象的详细信息，但有的信息并不想让他人知道，这时可以自定义屏幕提示信息。

其具体操作是：❶打开“插入超链接”对话框，❷单击“屏幕提示”按钮，❸在打开的“设置超链接屏幕提示”对话框的“屏幕提示文字”文本框中输入提示文本，❹依次单击“确定”按钮即可确认设置。

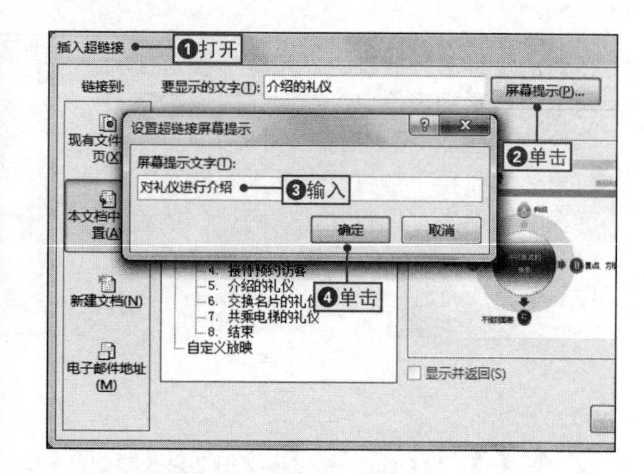

NO.
715 通过命令打开“编辑超链接”对话框

在幻灯片中创建超链接时，除了可以使用工具按钮来实现外，还可以通过命令来打开“编辑超链接”对话框，然后对超链接进行创建。

其具体操作是：❶在需要创建超链接的对象上右击，❷在弹出的快捷菜单上选择“超链接”命令，即可快速打开“编辑超链接”对话框。

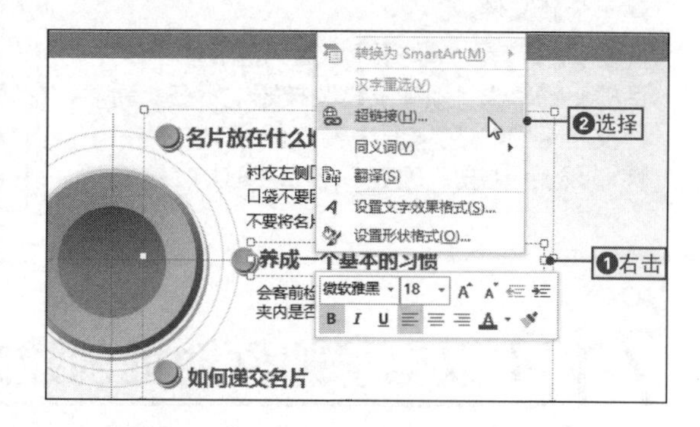

NO.
716 修改超链接的链接目标

对于已经创建好的超链接对象，如果要对其链接的目标，可在“编辑超链接”对话框中进行操作。

其具体操作是：❶打开“编辑超链接”对话框，❷在其中进行相应的设置，然后单击“确定”按钮确认设置。

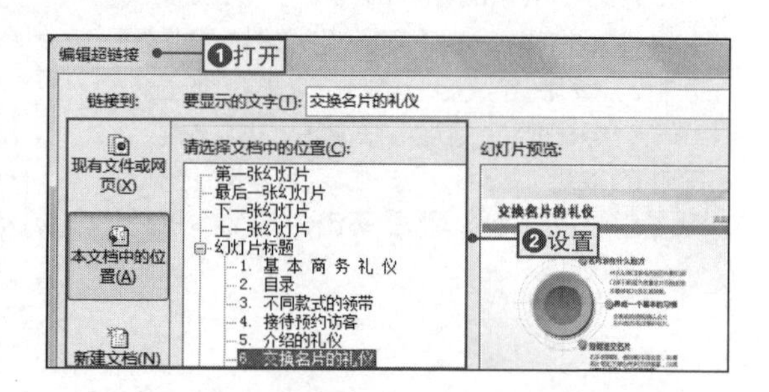

NO.
717 删除超链接

在为幻灯片中的对象添加超链接后，如果不再需要使用该超链接，可将其删除。

其具体操作是：❶在需要删除超链接的对象上右击，❷在弹出的快捷菜单中选择"取消超链接"命令，即可快速删除对象上的超链接。

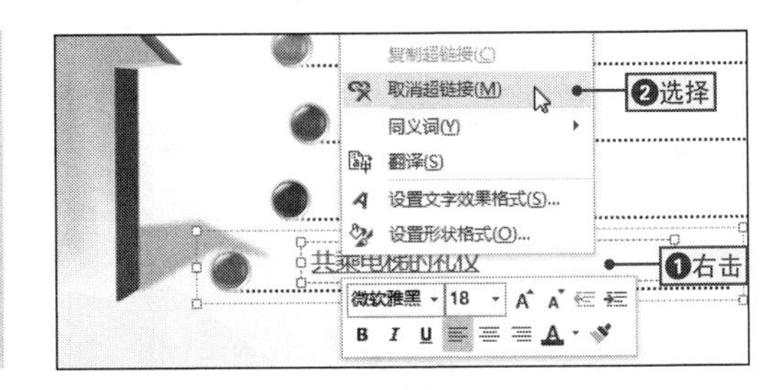

NO.
718 自定义超链接的文本颜色

案例042 楼盘推广策划

◉\素材\第13章\楼盘推广策划1.pptx　◉\效果\第13章\楼盘推广策划1.pptx

除了可对文本以外的对象设置超链接外，对象本身的格式不会发生变化，而对文本设置超链接，文本的颜色将自动变为主题默认的超链接文本颜色，并会在文本下方出现下画线，用户可以根据实际需求更改超链接的颜色，下面将通过具体实例来进行讲解，其具体操作如下。

1 打开"新建主题颜色"对话框

❶打开"楼盘推广策划1.pptx"文件，❷单击"设计"选项卡，❸在"变体"选项组中"其他"下拉列表中选择"自定义颜色"命令。

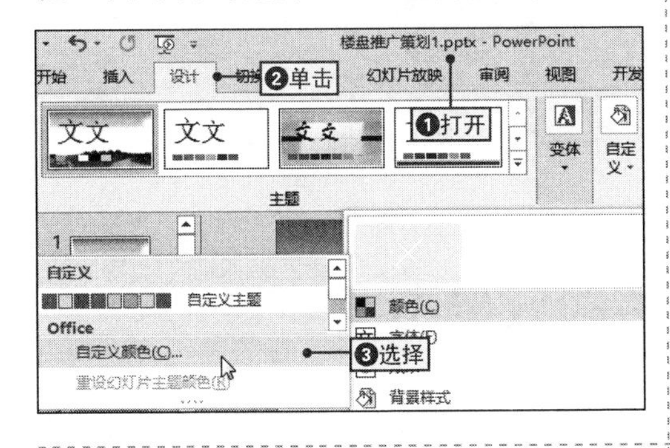

2 设置超链接颜色

❶在打开的对话框的"名称"文本框中输入主题颜色名称，❷单击超链接主题颜色下拉按钮，❸选择需要的颜色选项。

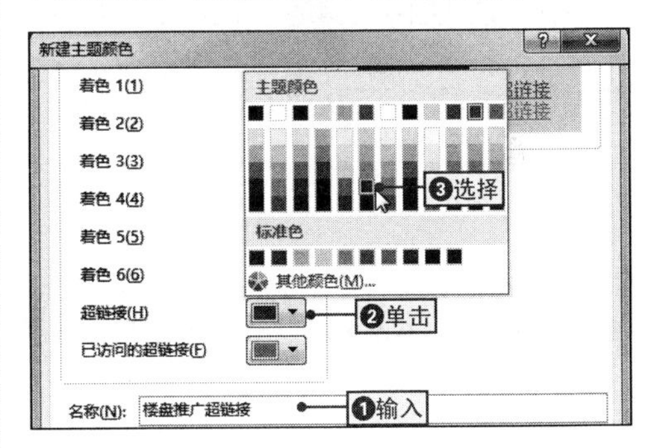

3 打开"颜色"对话框

❶单击已访问的超链接主题颜色下拉按钮，❷在弹出的下拉列表中选择"其他颜色"命令，打开"颜色"对话框。

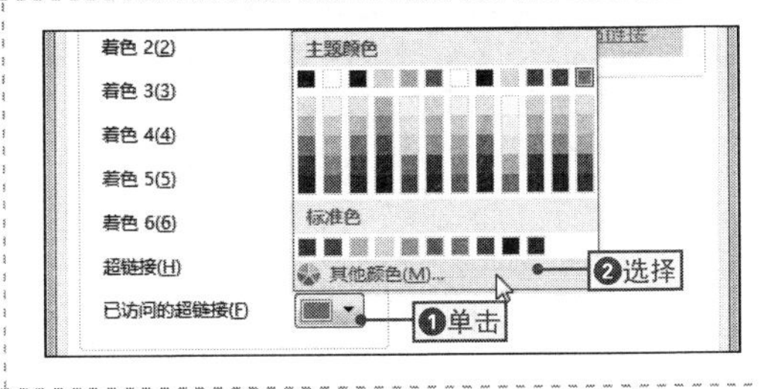

4 设置已访问的超链接颜色

❶单击“自定义”选项卡，❷在“颜色”区域中选择颜色，❸拖动滑块选择合适的颜色，❹单击“确定”按钮确认设置。

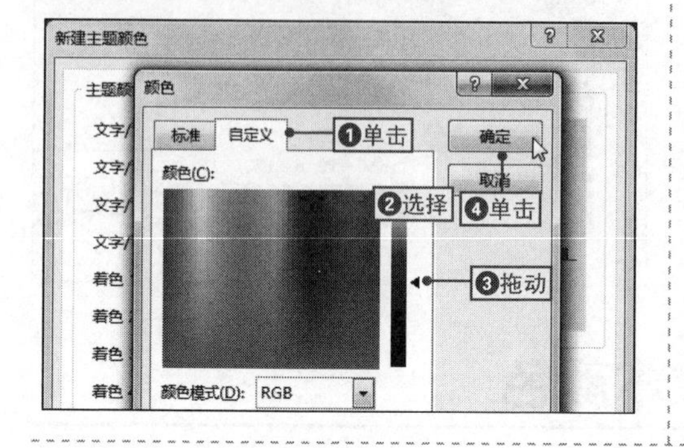

5 保存新建的主题颜色

返回“新建主题颜色”对话框中，❶在“示例”区域中可以查看到自定义的超链接，❷单击“保存”按钮，即可完成操作。

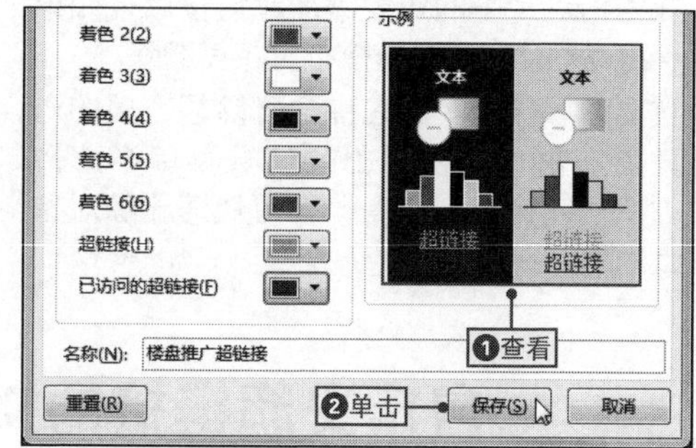

NO.

719 快速更改超链接颜色

有时幻灯片的背景颜色与超链接默认的颜色相似或相同，从而导致不容易辨认超链接，这时可以通过将超链接更改为其他颜色来解决。

其具体操作是：❶单击“设计”选项卡，❷在“变体”选项组中“其他”下拉列表中选择“颜色”命令，❸在弹出的子菜单中选择需要的颜色选项，即可快速更改超链接颜色。

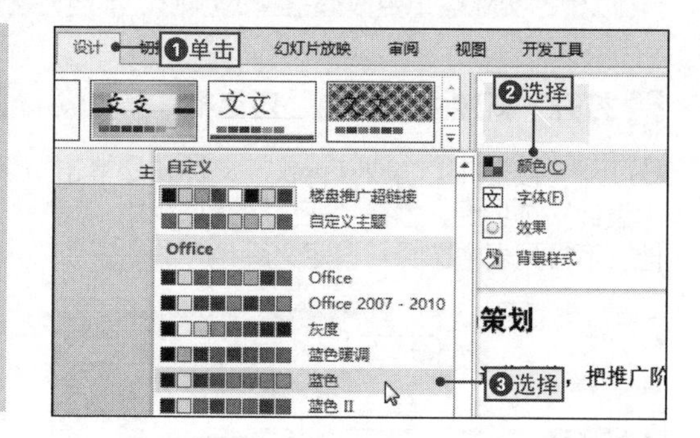

NO.

720 设置超链接单击前后的效果不变

在对添加了超链接的幻灯片进行放映时，为了不让超链接影响放映效果，可以对超链接设置单击前后效果不发生改变。

其具体操作是：打开“编辑主题颜色”对话框，❶在“超链接”和“已访问的超链接”下拉列表中选择相同的颜色，❷单击“保存”按钮，即可完成操作。

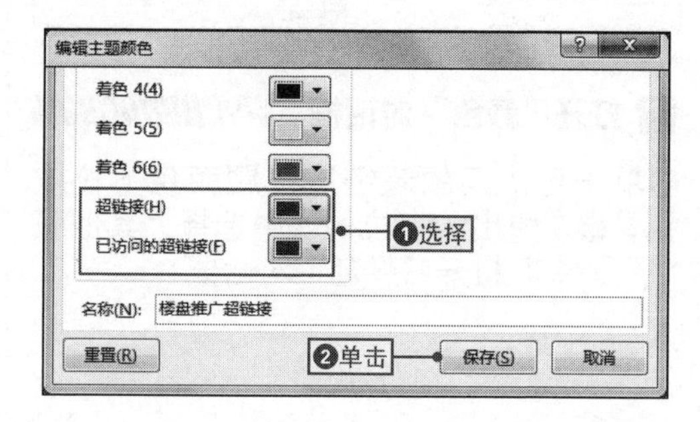

NO.
721 使用动作按钮灵活切换幻灯片

案例042 楼盘推广策划

◉\素材\第13章\楼盘推广策划2.pptx ◉\效果\第13章\楼盘推广策划2.pptx

在放映演示文稿时，在默认情况下是按照制作顺序来对幻灯片进行播放，若是想要返回上一页或首页中，就需要通过快捷菜单来实现，但是这种方法操作比较麻烦，这时可以通过工作按钮来实现，下面将通过具体实例来进行讲解，其具体操作如下。

1 选择主页动作按钮

❶打开“楼盘推广策划2.pptx”文件，❷单击“形状”下拉按钮，❸在“动作按钮”选项组中选择“动作按钮：第一张”命令。

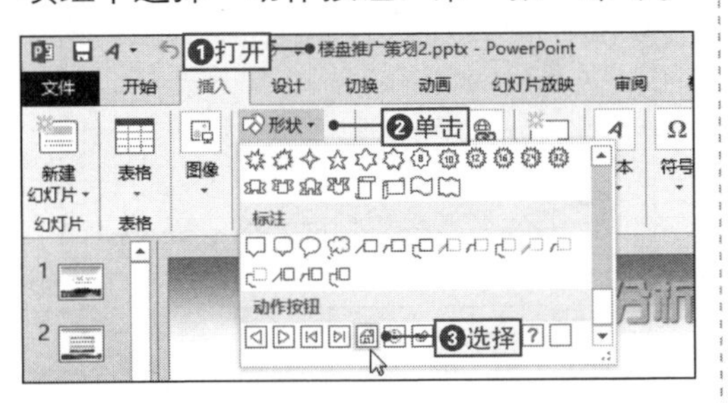

2 设置动作事件

❶单击目标按钮，❷在打开的“操作设置”对话框中选中“超链接到”单选按钮，❸选择“第一张幻灯片”选项，然后确定设置。

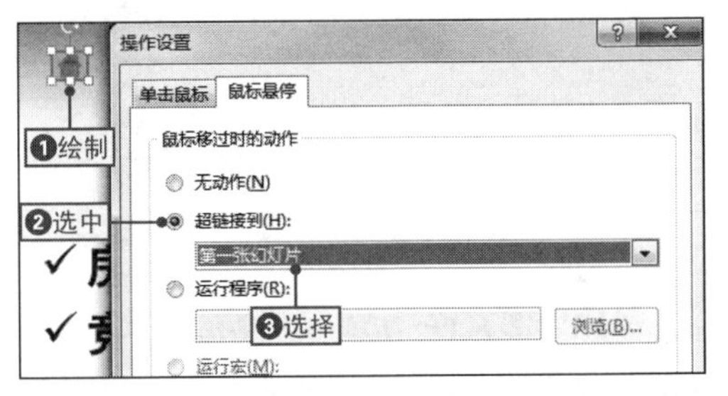

3 选择自定义动作按钮

以相同的方法分别添加◁、▷、|◁和▷|按钮，它们分别表示前一页、后一页、第一页和最后一页。

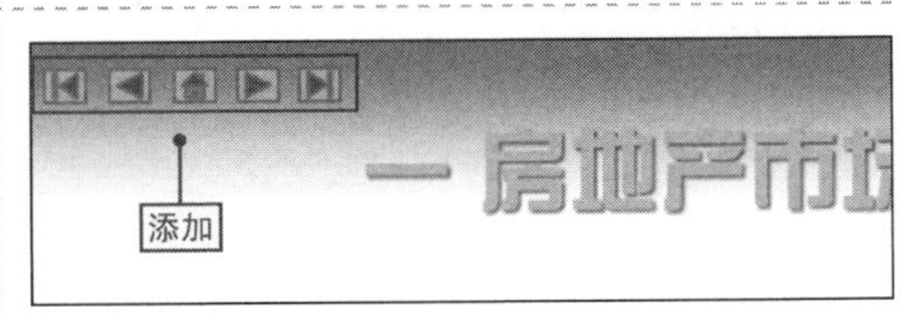

NO.
722 在母版中添加动作按钮

在为幻灯片设置动作按钮时，一般情况下，多张幻灯片中会添加相同的动作按钮，对于相同内容出现在多张幻灯片中的情况，为了提高工作效率，可以在母版中进行添加。

其具体操作是：切换到母版视图，❶在“插入”选项卡中单击“形状”下拉按钮，❷选择相应的动作按钮即可。

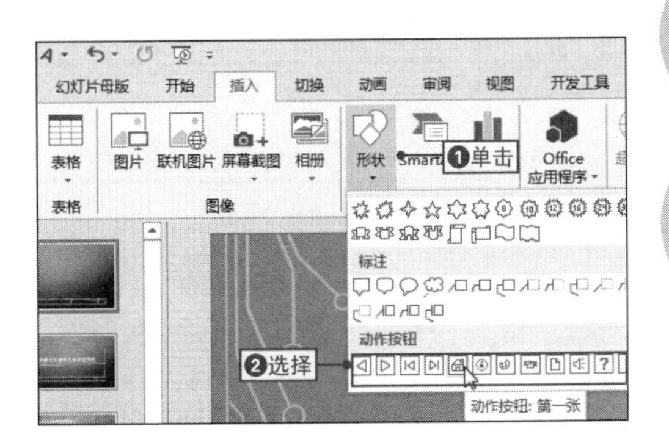

NO.

723 自定义动作按钮

动作按钮与超链接比较相似，都是由一个对象指向另一个对象，所以通过自定义动作按钮也是可以链接到外部的文件，其具体操作如下。

1 打开“操作设置”对话框

选择目标幻灯片，❶在“插入”选项卡中单击“形状”下拉按钮，❷在“动作按钮”选项组中选择“动作按钮：自定义”按钮。

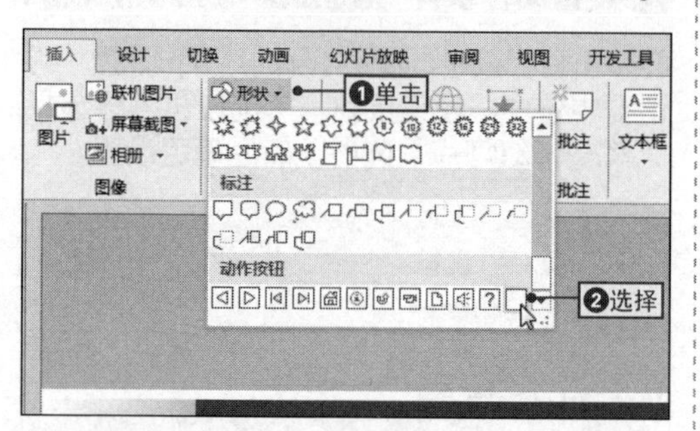

2 打开“超链接到其他文件”对话框

绘制动作按钮并打开“操作设置”对话框，❶选中“超链接到”单选按钮，❷在其下拉列表中选择“其他文件”命令。

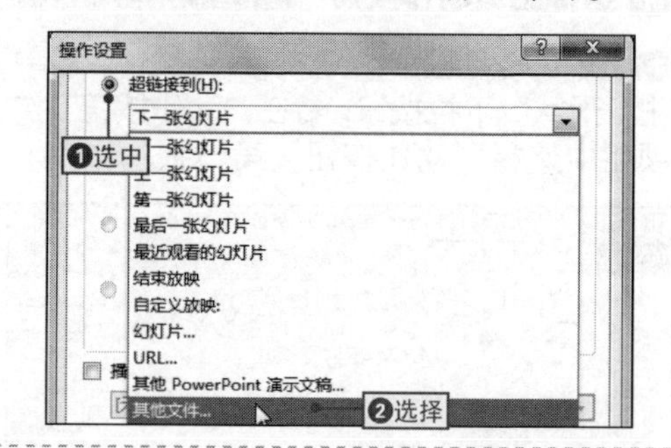

3 链接外部文件

❶在打开的“超链接到其他文件”对话框中选择需要链接的文件选项，❷依次单击“确定”按钮，即可完成操作。

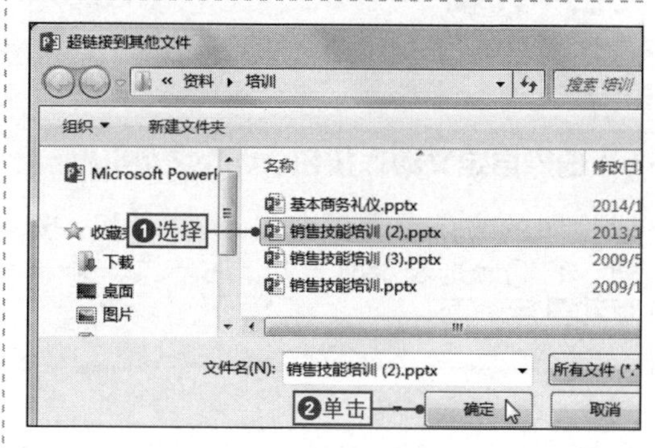

NO.

724 使用动作按钮结束放映操作

动作按钮除了可以使幻灯片之间发生跳转外，还可以结束幻灯片的放映操作。

其具体操作是：打开“操作设置”对话框，❶选中“超链接到”单选按钮，❷单击其后的下拉按钮，❸选择“结束放映”选项，然后单击“确定”按钮确认设置。

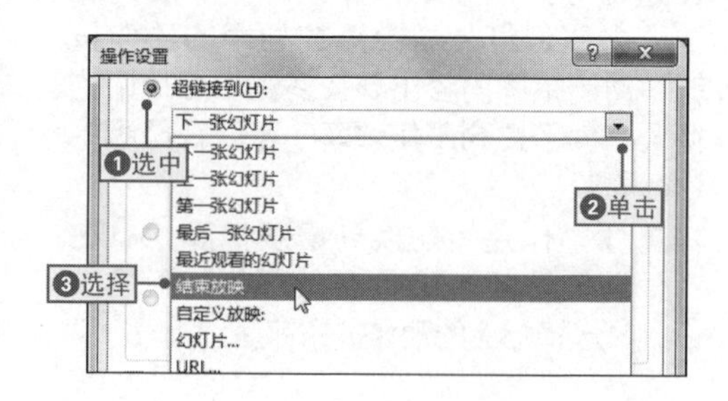

CHAPTER 14

本章导读

在制作好演示文稿后，还需要将其完美地展示给观众，展示的方法有多种，常见的有放映、发布、共享以及打印等，本章将主要介绍这些操作技巧。

幻灯片的放映及其他操作技巧

本章技巧

幻灯片放映技巧

NO.725 自定义幻灯片的放映
NO.726 更改自定义放映文件
NO.727 复制自定义放映
……

打包与分享演示文稿操作技巧

NO.764 将演示文稿打包
NO.765 打包并非压缩
NO.766 解压演示文稿
……

转换演示文稿格式技巧

NO.779 将演示文稿保存为图片
NO.780 将演示文稿另存为JPEG图片格式
NO.781 将演示文稿另存为图片格式
……

NO.
725

自定义幻灯片的放映

案例043 陶瓷产品介绍与展示

◉\素材\第14章\陶瓷产品介绍与展示.pptx ◉\效果\第14章\陶瓷产品介绍与展示.pptx

一份完整的演示文稿由多张幻灯片组成，每张幻灯片的对象也不相同，用户在演讲的过程中，可以针对不同的场合或不同的观众选择性地放映部分幻灯片，这时就可以自定义需要放映的幻灯片来实现，下面将通过具体实例来进行讲解，其具体操作如下。

1 切换到“幻灯片放映”选项卡

❶打开“陶瓷产品介绍与展示.pptx”文件，❷单击“幻灯片放映”选项卡。

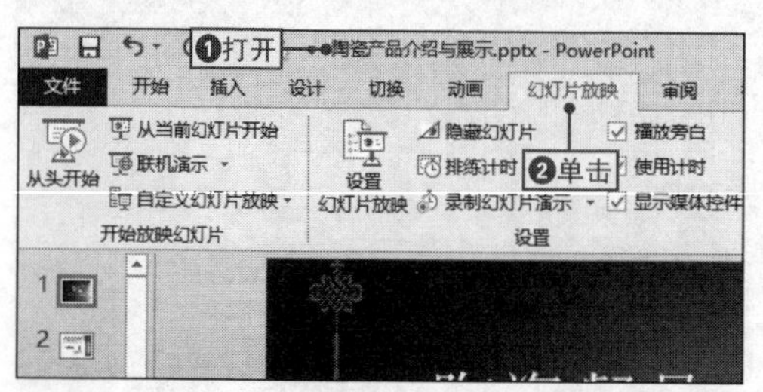

2 打开“自定义放映”对话框

❶单击“自定义幻灯片放映”下拉按钮，❷选择“自定义放映”命令。

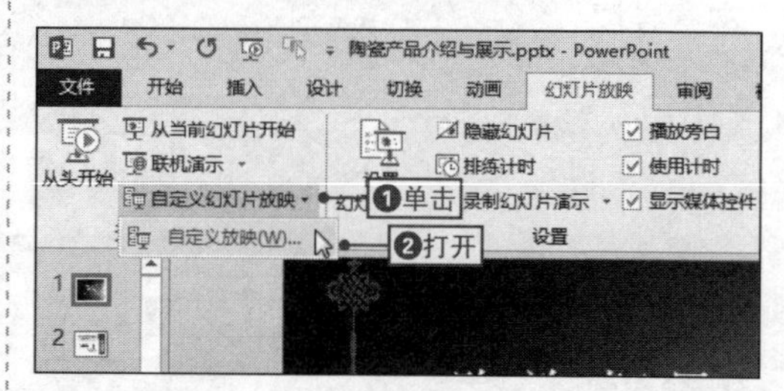

3 打开“定义自定义放映”对话框

在打开的“自定义放映”对话框中单击“新建”按钮，打开“定义自定义放映”对话框。

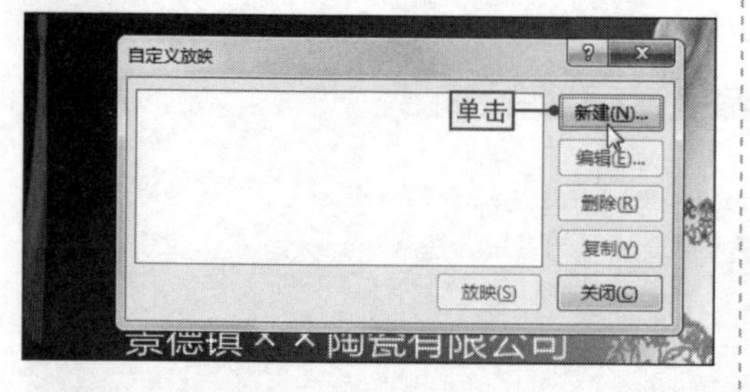

4 设置需要放映的幻灯片

❶在“幻灯片放映名称”文本框中输入名称，❷选中需要放映的幻灯片复选框，❸单击“添加”按钮，❹单击“确定”按钮。

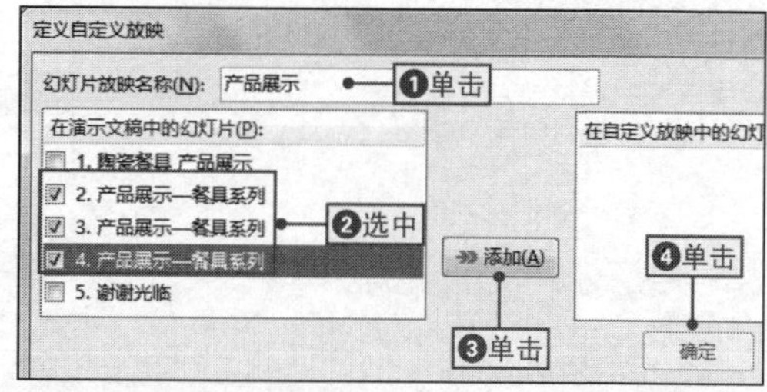

5 显示出创建的自定义放映名称

❶返回“自定义放映”对话框中可查看到刚刚创建的自定义放映名称，❷单击“关闭”按钮关闭对话框。

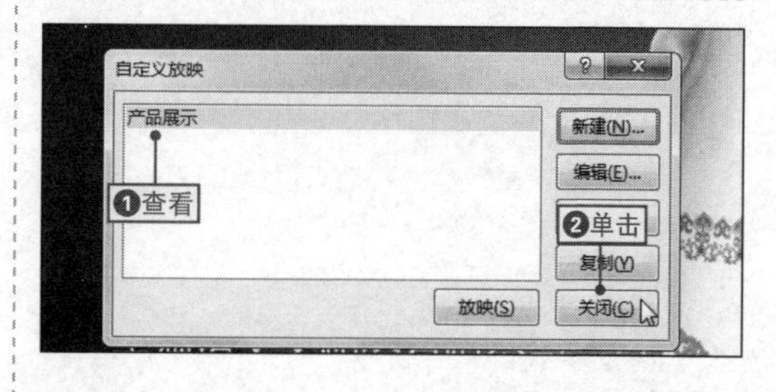

6 放映幻灯片

返回演示文稿中，❶在“幻灯片放映”选项卡中单击“自定义幻灯片放映”下拉按钮，❷选择需要执行的放映方案。

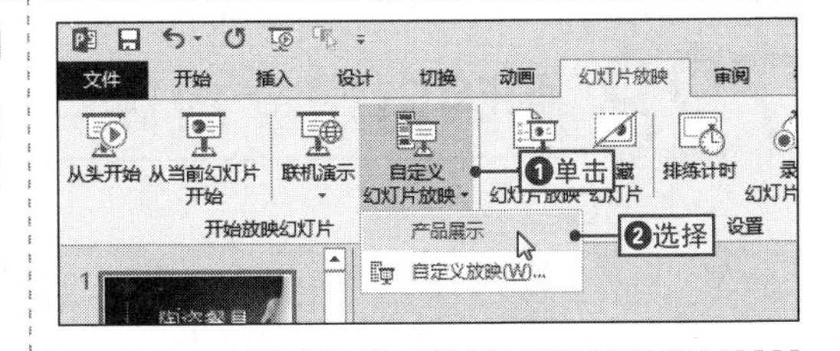

NO.
726 更改自定义放映文件

对于已经创建好的自定义放映文件，可以根据实际需要对其进行编辑，下面将通过调整自定义放映文件中幻灯片的放映顺序为例来进行讲解，其具体操作如下。

1 打开“定义自定义放映”对话框

❶打开“自定义放映”对话框，❷选择需要编辑的放映文件选项，❸单击“编辑”按钮，打开“定义自定义放映”对话框。

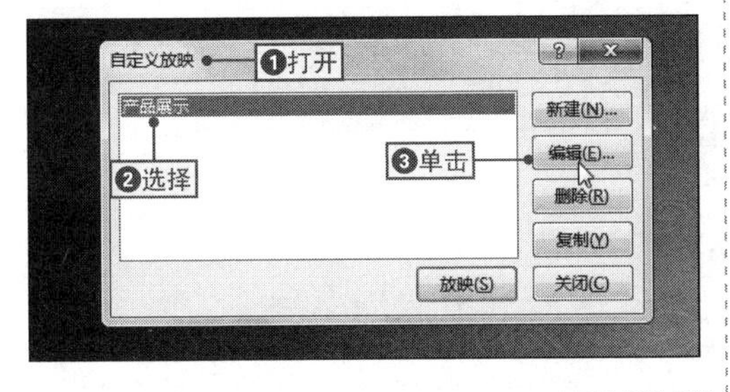

2 调整幻灯片的放映顺序

❶在右侧的列表框中选择需要调整顺序的幻灯片选项，❷单击“向上”按钮，然后单击“确定”按钮即可。

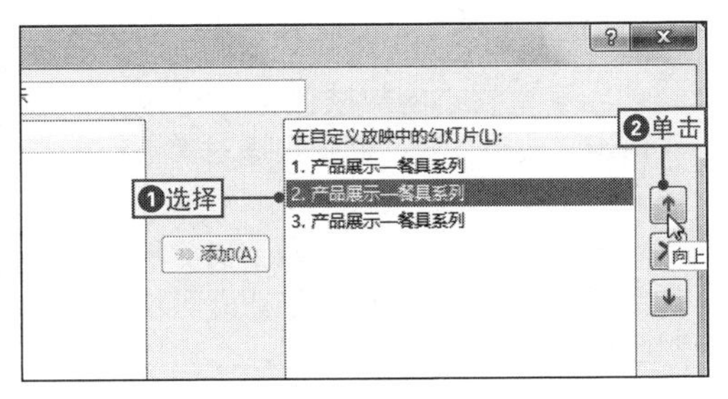

NO.
727 复制自定义放映

如果要创建多个相似的自定义放映，首先要创建第一个自定义放映，然后连续复制多个即可，最后对这些复制的放映进行相应的修改即可，复制自定义放映的具体操作是：❶打开“自定义放映”对话框，❷选择需要复制的自定义放映选项，❸单击“复制”按钮，即可将自定义放映方案进行复制。

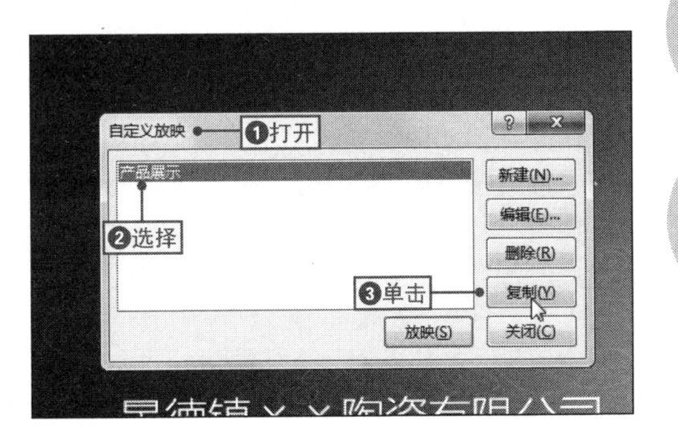

NO.

728 删除自定义放映

当某一自定义放映方案不再被需要时，为了使自己的演示文稿更加整齐有序，可以将其删除。

其具体操作是：打开“自定义放映”对话框，❶选择需要删除的自定义放映选项，❷单击“删除”按钮，即可将自定义放映方案删除。

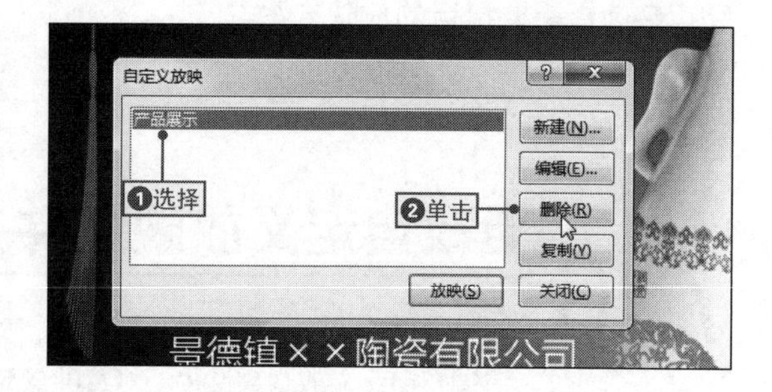

NO.

729 快速放映自定义放映

在演示文稿中，对于创建好的自定义放映，为了查看它的放映效果，可以在“自定义放映”对话框中快速对其进行放映。

其具体操作是：❶打开“自定义放映”对话框，❷单击“放映”按钮即可快速对自定义放映文件进行预览。

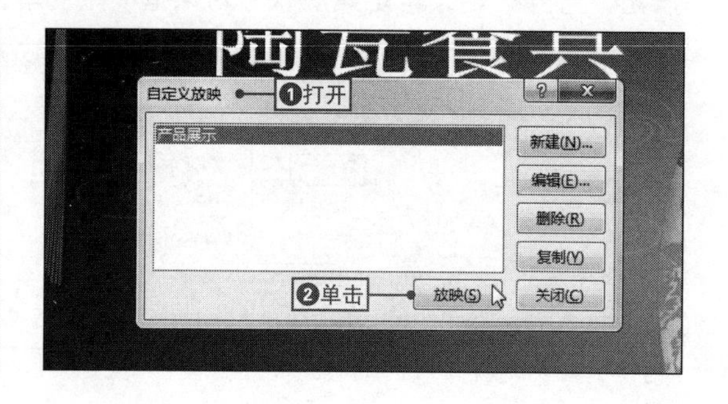

NO.

730 快速放映演示文稿

在使用PPT制作演示文稿时，对于制作好的演示文稿需要对其进行预览，以便确认是否为用户需要的演示效果，这时可以通过快速放映全部的幻灯片来实现操作。

其具体操作是：❶单击“幻灯片放映”选项卡，❷在“开始放映幻灯片”选项组中单击“从头开始”按钮即可。

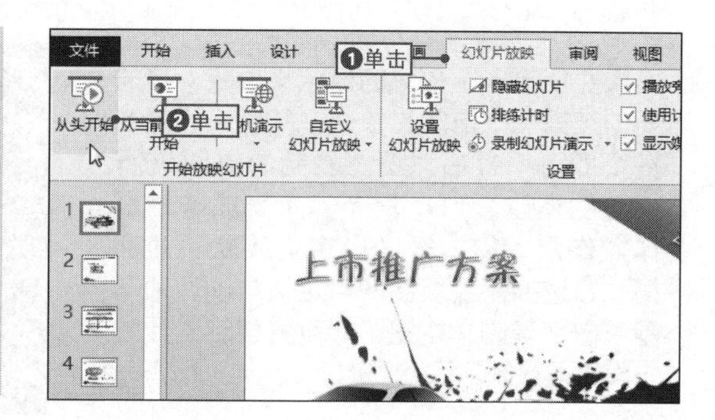

NO.
731 从当前幻灯片开始放映

在PPT 2013中还可以从任意位置开始放映幻灯片，其具体操作是：❶单击“幻灯片放映”选项卡，❷在“开始放映幻灯片”选项组中单击“从当前幻灯片开始”按钮，即可从当前幻灯片开始放映。

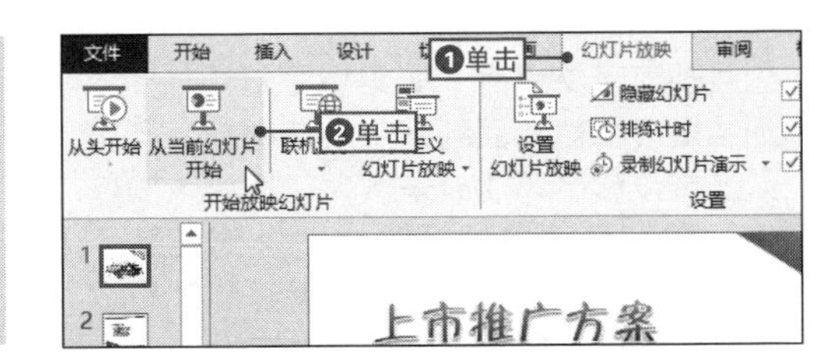

NO.
732 结束演示文稿的放映

在演示文稿放映过程中，若想要提前结束放映，可以通过相关命令来实现，其具体操作是：❶在正在放映的幻灯片中右击，❷在弹出的快捷菜单中选择“结束放映”命令，即可结束演示文稿的放映。

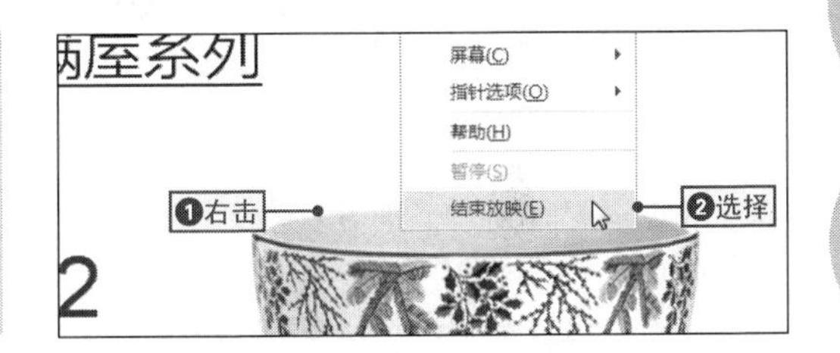

NO.
733 设置“在展台浏览”放映方式

案例043 陶瓷产品介绍与展示

◎\素材\第14章\陶瓷产品介绍与展示1.pptx ◎\效果\第14章\陶瓷产品介绍与展示1.pptx

在产品展示、风景浏览等演示文稿中，为了避免观众修改演示文稿中的内容，需将演示文稿设置为自动放映，这时可以通过将放映方式设置为“在展台浏览”来实现，下面将通过具体实例来讲解，其具体操作如下。

1 打开“设置放映方式”对话框

❶打开“陶瓷产品介绍与展示1.pptx”文件，❷单击“幻灯片放映”选项卡，❸在“设置”选项组中单击“设置幻灯片放映”按钮。

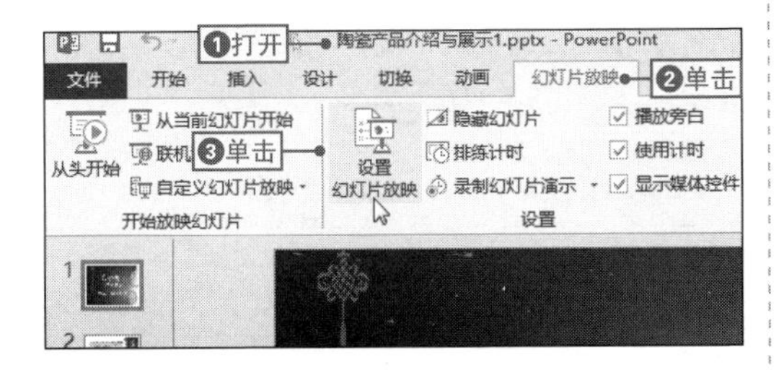

2 设置在展台浏览演示文稿

在打开的“设置放映方式”对话框中选中“在展台浏览（全屏幕）”单选按钮，然后单击“确定”按钮确认设置。

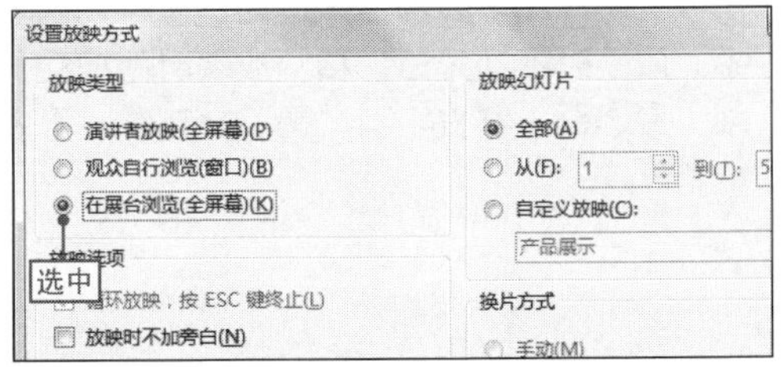

NO.

734 如何实现自动循环播放演示文稿

在放映演示文稿时，如果想要幻灯片播放到结尾后，自动回到开头继续播放，则可以通过设置循环播放来实现，其具体操作是：❶打开“设置放映方式”对话框，❷选中“循环放映，按Esc键终止”复选框，然后确认即可。

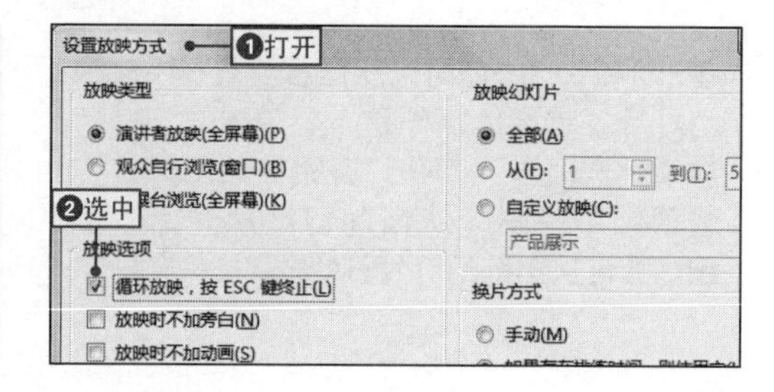

NO.

735 设置放映部分连续的幻灯片

在放映演示文稿时，如果用户想要指定放映某个范围内的幻灯片，则可以通过设置放映部分幻灯片来实现。

其具体操作是：❶打开“设置放映方式”对话框，❷在“放映幻灯片”选项组中选择“从：”单选按钮，❸设置放映的幻灯片范围，然后单击“确定”按钮确认设置。

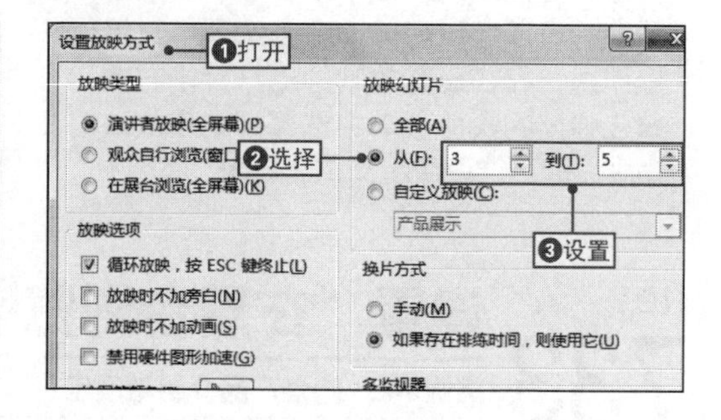

NO.

736 如何不放映旁白和动画

如果在演示文稿中设置了旁白或动画，在对演示文稿进行放映时却不想将其放映出来，则可以通过设置放映选项来实现，其具体操作是：❶打开“设置放映方式”对话框，❷在“放映选项”选项组中分别选中“放映时不加旁白”和“放映时不加动画”复选框，然后单击“确定”按钮，确认设置。

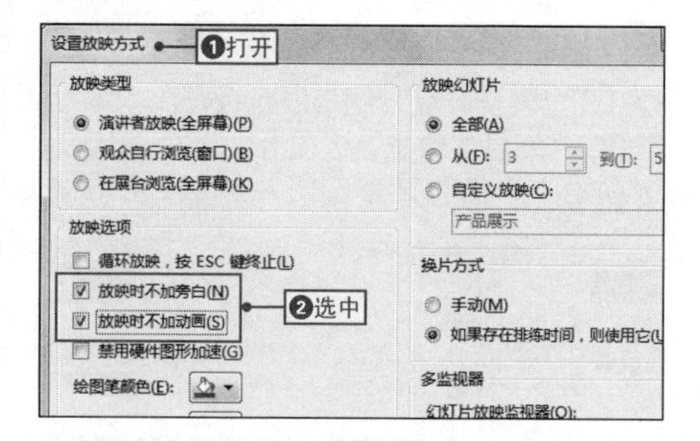

NO.
737 设置演示文稿放映时的换片方式

对于一些需要演讲的演示文稿，如公司文化培训、产品说明等，在放映演示文稿时，需要手动对其进行切换，这时就需要对切换方式进行设置。

其具体操作是：❶打开“设置放映方式”对话框，❷在“换片方式”选项组中选中“手动”单选按钮，然后单击“确定”按钮确认设置，即可完成操作。

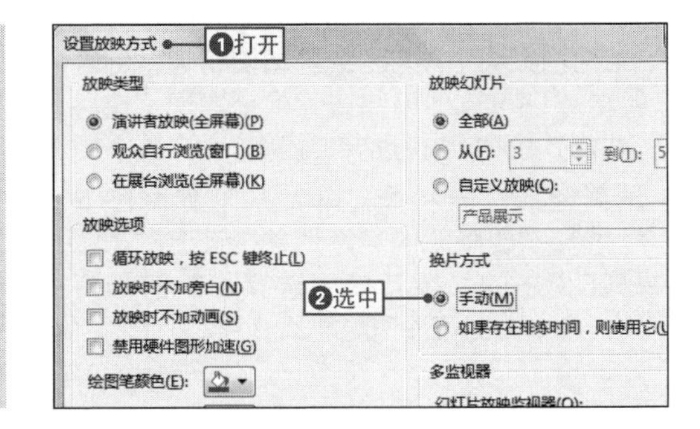

NO.
738 使自定义放映作为主演示文稿

如果自定义放映一个完整的放映文件时，则可以将其作为默认的演示文稿来放映，这时可以通过设置启动该自定义放映方式来实现。

其具体操作是：❶打开“设置放映方式”对话框，❷在“放映幻灯片”选项中选中“自定义放映”单选按钮，❸在其下拉列表中选择相应的自定义放映选项，然后单击“确定”按钮确认设置。

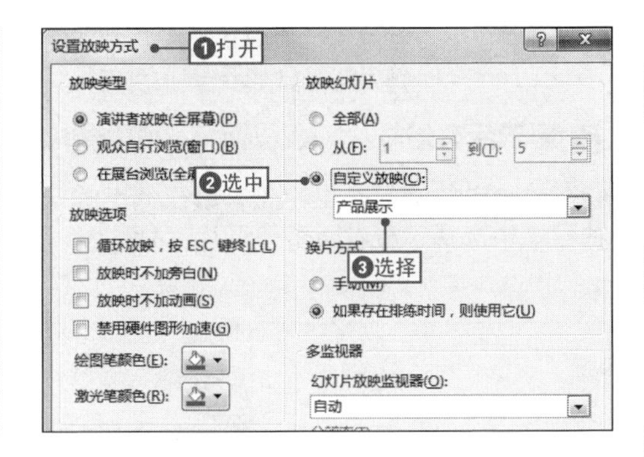

NO.
739 隐藏幻灯片使其不被放映出来

在制作演示文稿的过程中，针对不同的场所或观众需要放映不同的幻灯片内容，这时就需要将某些页面隐藏起来，其具体操作如下。

1 隐藏幻灯片

选择目标幻灯片，❶单击“幻灯片放映”选项卡，❷在“设置”选项组中单击“隐藏幻灯片”按钮。

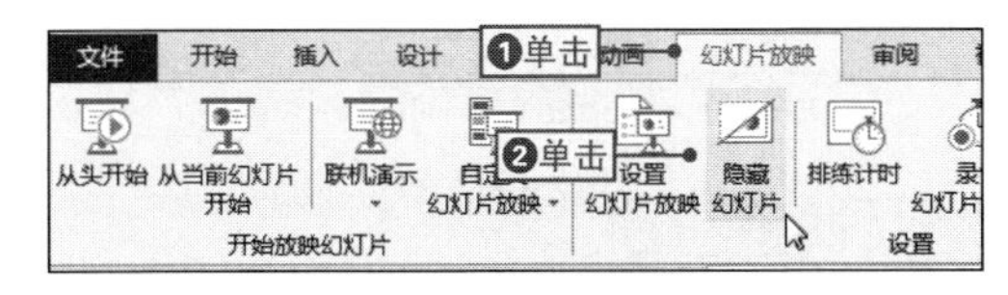

2 查看隐藏标识

此时在“幻灯片”窗格中可以查看到相应幻灯片编号上将出现隐藏符号，表示当前幻灯片在放映时将不会被显示出来。

NO.
740 通过快捷菜单命令隐藏幻灯片

除了可以通过功能区中功能按钮隐藏幻灯片外，还可以使用快捷菜单来实现，这种方式可以更加快速地完成操作。

其具体操作是：在“幻灯片”窗格中，❶选择需要隐藏的幻灯片并在其上右击，❷在弹出的快捷菜单中选择“隐藏幻灯片”命令，即可快速隐藏幻灯片。

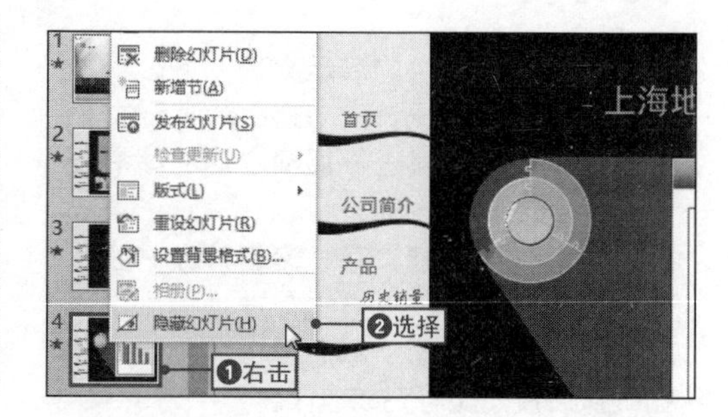

NO.
741 在演示过程中放映隐藏的幻灯片

在放映幻灯片的过程中，从上一张幻灯片切换到下一张幻灯片时，被隐藏的幻灯片不会被放映出来，如果要放映隐藏的某张幻灯片，则可通过具体实例来进行讲解，其具体操作如下。

1 显示所有幻灯片

❶在放映中的幻灯片上右击，❷在弹出的快捷菜单中选择“查看所有幻灯片”命令。

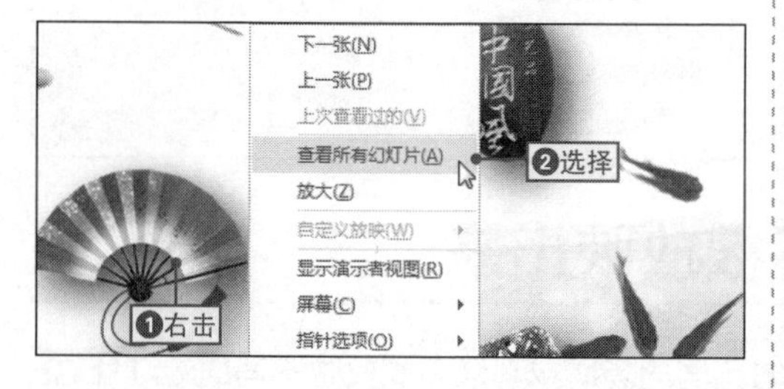

2 放映隐藏的幻灯片

在打开的所有幻灯片窗口中可以看到隐藏的幻灯片为阴影显示，且编号上有隐藏符号，直接选择即可使其放映。

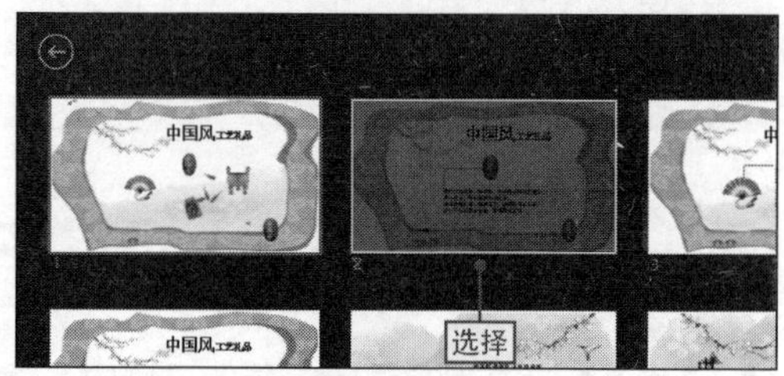

NO.
742 显示隐藏的幻灯片

如果需要显示被隐藏的幻灯片，则可以通过显示隐藏的幻灯片设置来实现，其具体操作是：❶选择被隐藏的幻灯片，❷单击“幻灯片放映”选项卡，❸在“设置”选项组中单击“隐藏幻灯片”按钮。

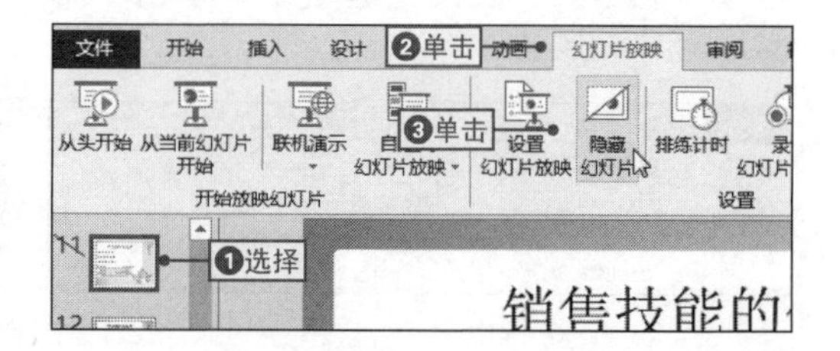

NO.

743 为幻灯片设置排练计时

案例043 陶瓷产品介绍与展示

◎\素材\第14章\陶瓷产品介绍与展示2.pptx ◎\效果\第14章\陶瓷产品介绍与展示2.pptx

PPT 2013向用户提供了排练计时功能，演讲者只需要使用该功能记录下演讲的时间，在正式演讲时使幻灯片随着演讲者的进度自动放映，从而达到幻灯片的切换速度与演讲者的讲述一致，下面将通过具体实例来进行讲解，其具体操作如下。

1 进入排练计时状态

❶打开“陶瓷产品介绍与展示2.pptx”文件，❷在单击“幻灯片放映”选项卡，❸在“设置”选项组中单击“排练计时”按钮。

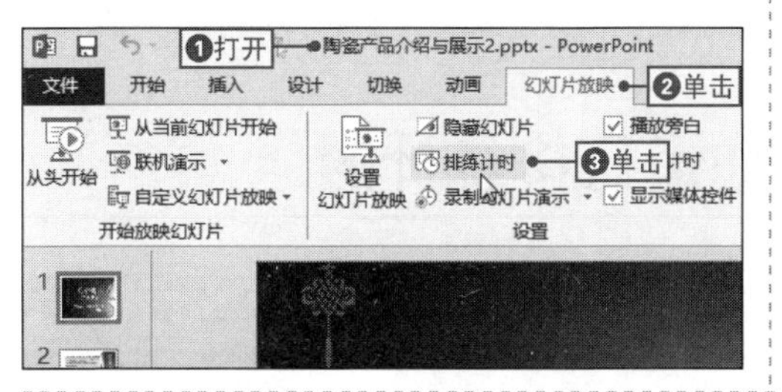

2 进入下一项

此时幻灯片进入全屏模式进行播放，在左上角会显示“录制”工具栏，单击“下一项”按钮会切换到下一张幻灯片。

3 保存录制时间

当所有幻灯片录制完成后，程序会自动打开提示对话框，单击“是”按钮，即可保留新的幻灯片计时。

NO.

744 查看排练计时

对演示文稿的排练计时操作完成后，可以对录制的结果进行查看。

其具体操作是：❶单击“视图”选项卡，❷在“演示文稿视图”选项组中单击“幻灯片浏览”按钮，即可查看到各幻灯片录制的详细时间。

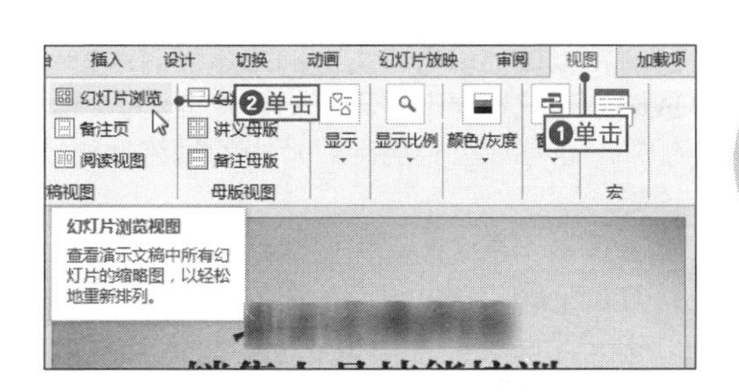

NO.
745 通过“设置放映方式”对话框运行排练计时

在对演示文稿设置了排练计时后，可以通过“设置放映方式”对话框设置演讲演示文稿是自动运行排练计时。

其具体操作是：打开“设置放映方式”对话框，在“换片方式”选项组中选中“如果存在排练时间，则使用它”单选按钮，然后单击“确定”按钮确认设置，即可自动运行排练计时。

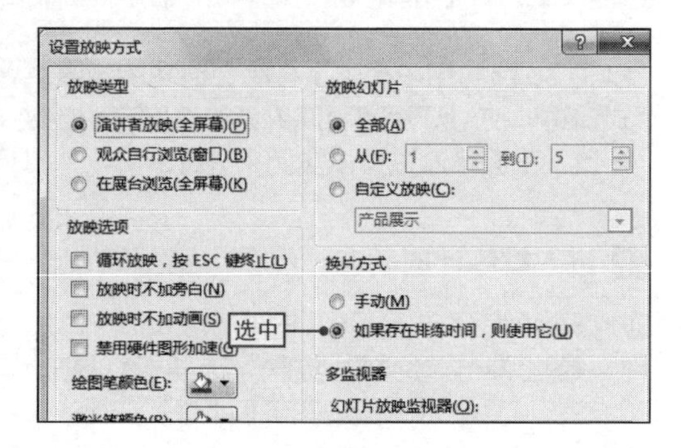

NO.
746 通过功能区设置自动运行排练计时

除了以上方法外，还可以通过功能区设置自动运行排练计时，设置了这种方式后，在任何放映方式下，在放映时都可以自动运行排练计时。

其具体操作是：❶单击“幻灯片放映”选项卡，❷在“设置”选项组中选中“使用计时”复选框，即可在放映演示文稿时自动运行排练计时。

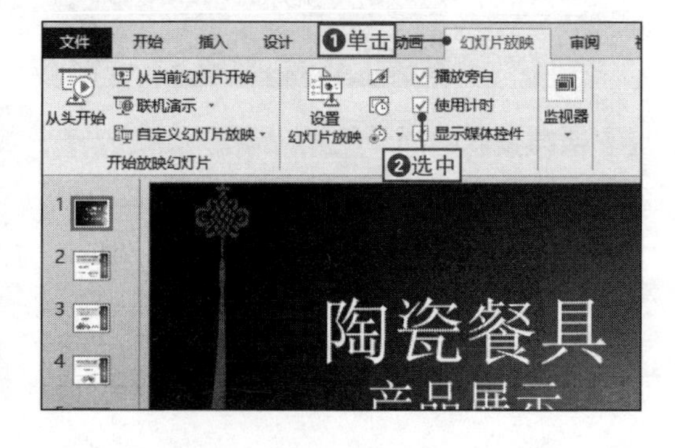

NO.
747 通过设置换片时间清除排练计时

在为演示文稿设置了排练计时，放映幻灯片时将根据记录自动切换到排练计时进行放映，用户如果不想某张幻灯片自动进行切换，则可以将相应幻灯片中的排练计时清除。

其具体操作是：选择需要清除排练计时的幻灯片，❶单击“切换”选项卡，❷取消选中“设置自动换片时间”复选框，❸在其后的数值框中输入“00:00:00”，即可清除排练计时。

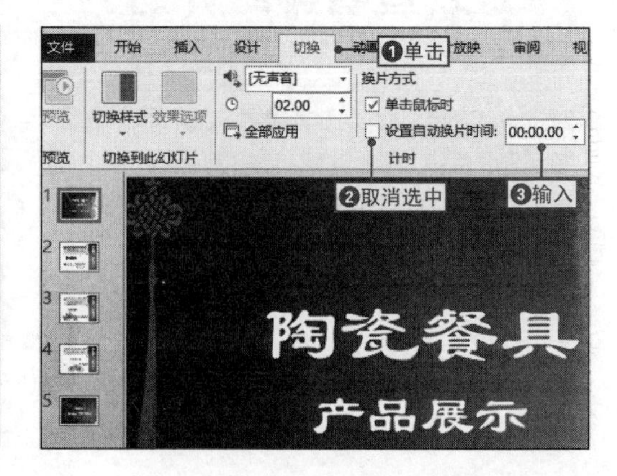

NO.

748 录制幻灯片的演示过程

使用PPT 2013的录制幻灯片演示功能，不仅可以记录幻灯片放映的时间，而且还可以对放映的幻灯片进行注释，同时还会记录演讲者的声音，从而实现脱离演讲者智能放映的目的，其具体操作如下。

1 打开“录制幻灯片演示”对话框

❶单击“幻灯片放映”选项卡，❷在“设置”选项组中单击“录制幻灯片演示”下拉按钮，❸选择“从头开始录制”命令。

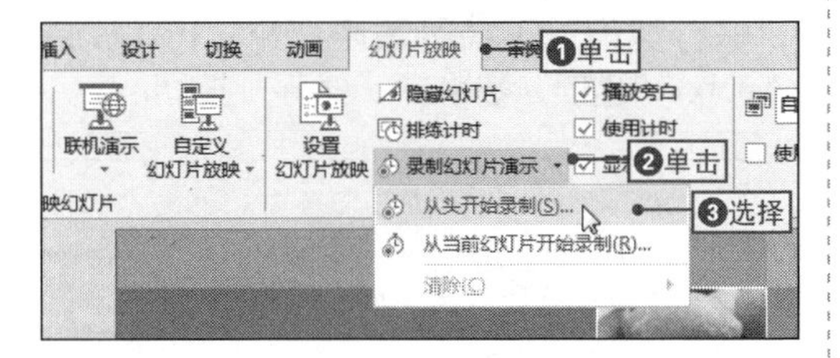

2 开始录制演示文稿

在打开的对话框中保持默认复选框的选中状态，单击“开始录制”按钮，以排练计时相同的方法进行录制即可。

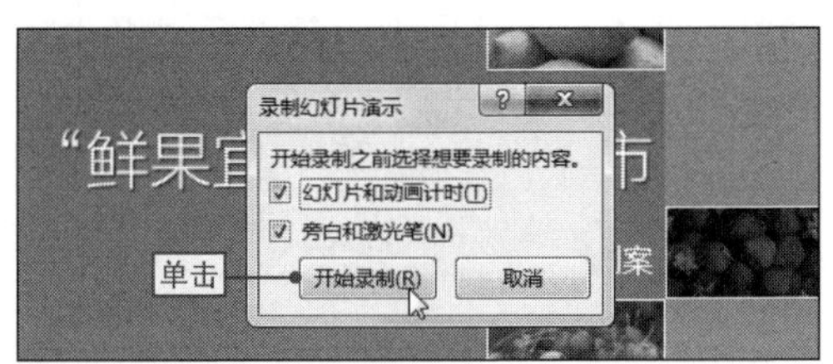

NO.

749 录制旁白内容

若需要在自动放映演示文稿时，同时播放某些特定的解说词语，可以通过录制旁白的方式来为每张幻灯片进行讲解。

其具体操作是：在录制演示文稿时，连接好话筒设置，直接每张幻灯片录入声音即可，完成录制返回幻灯片中，可以查看到幻灯片右下角出现了声音图标。

NO.

750 清除所有幻灯片中的计时

如果用户不需要使用演示文稿中的计时，可以通过清除所有幻灯片中的计时功能来实现。其具体操作是：❶在“幻灯片放映”选项卡中单击“录制幻灯片演示”下拉按钮，❷选择“清除→清除所有幻灯片中的计时”选项，完成操作。

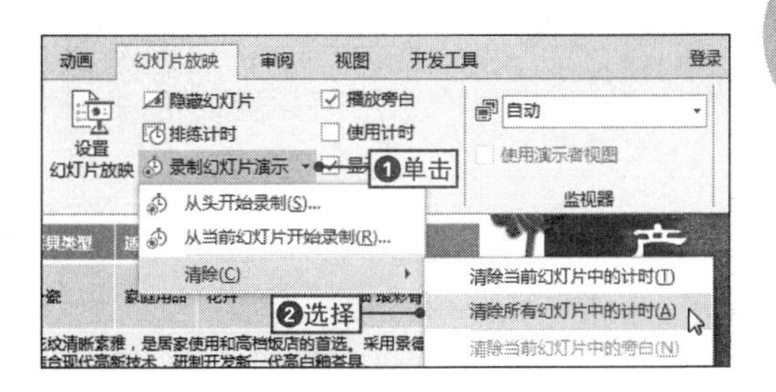

NO.
751 创建自放映文件

案例043 陶瓷产品介绍与展示

◎\素材\第14章\陶瓷产品介绍与展示3.pptx ◎\效果\第14章\陶瓷产品介绍与展示3.pptx

在默认情况下，双击演示文稿文件时会自动通过PPT程序打开，然后可对其进行编辑和放映，但对于一些宣传类的演示文稿，制作者并不希望被他人编辑，希望双击文件后直接进行放映，可以将其另存为自动放映文件来实现，下面将通过具体实例来进行讲解，其具体操作如下。

1 打开“另存为”对话框

打开“陶瓷产品介绍与展示3.pptx”文件，❶单击“导出”选项卡，❷选择“更改文件类型”选项，❸单击“另存为”按钮。

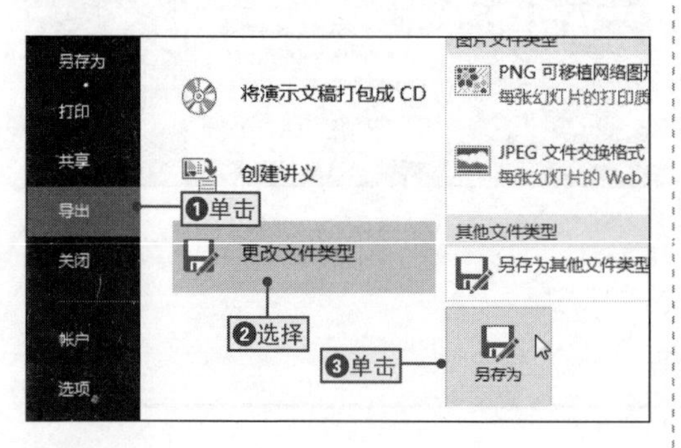

2 将演示文稿保存为自放映文件

❶在打开的对话框中输入文件名，❷在“保存类型”下拉列表中选择“PPT放映(*.ppsx)”选项，❸单击“保存”按钮。

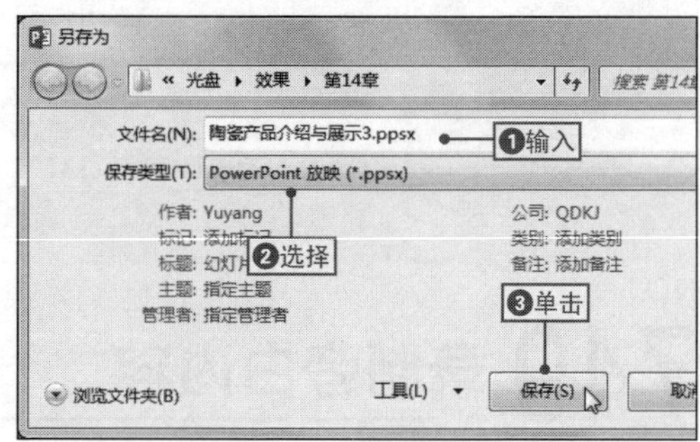

NO.
752 重新编辑自放映文件

将演示文稿制作成自放映文件后，双击文件名即可自动放映演示文稿，且不会打开PPT程序，如果要对自放映文件进行编辑，只能通过PPT程序将其打开，然后对其进行编辑。

其具体操作是：❶打开“打开”对话框，❷选择需要进行编辑的自放映文件，❸单击“打开”按钮，即可对打开的自放映文件进行编辑。

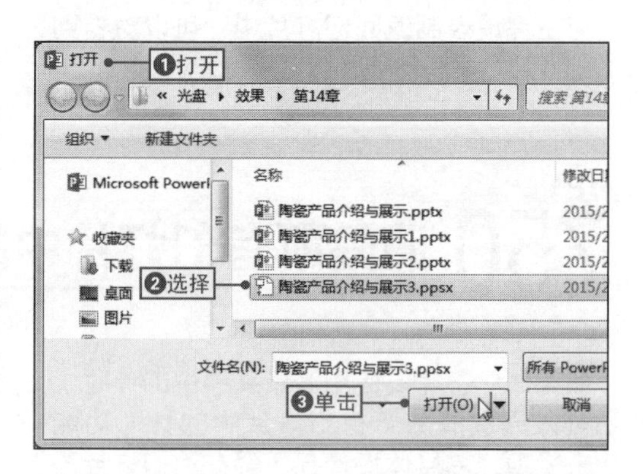

NO.
753 巧妙地切换到任意指定的幻灯片

案例043 陶瓷产品介绍与展示

◎\素材\第14章\陶瓷产品介绍与展示4.pptx ◎\效果\第14章\陶瓷产品介绍与展示4.pptx

在对演示文稿进行放映的过程中，有时需要快速切换到某张特定幻灯片中查看内容，对于连续的幻灯片页面，可以直接按【→】键或回车键来实现，而对于不连续的幻灯片页面，可以通过具体实例来进行讲解，其具体操作如下。

1 放映演示文稿

❶打开“陶瓷产品介绍与展示4.pptx”文件，❷在“幻灯片放映”选项卡中单击“从头开始”按钮。

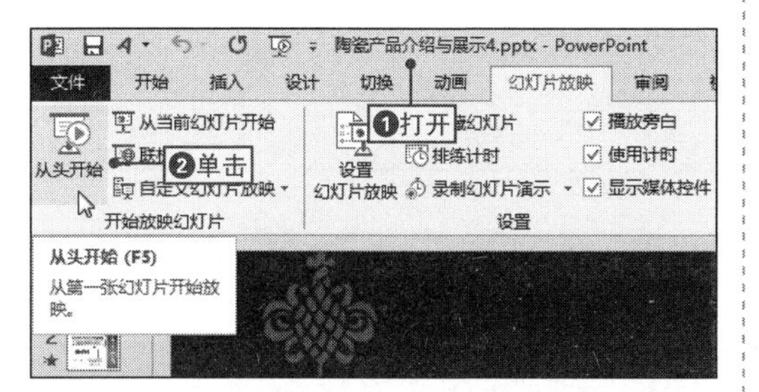

2 查看所有幻灯片

❶在放映的演示文稿中右击，❷在弹出的快捷菜单中选择“显示演示者视图”命令。

3 切换幻灯片

在打开的窗口中，可以查看到所有幻灯片缩略图，在其中选择需要切换的幻灯片选项即可完成操作。

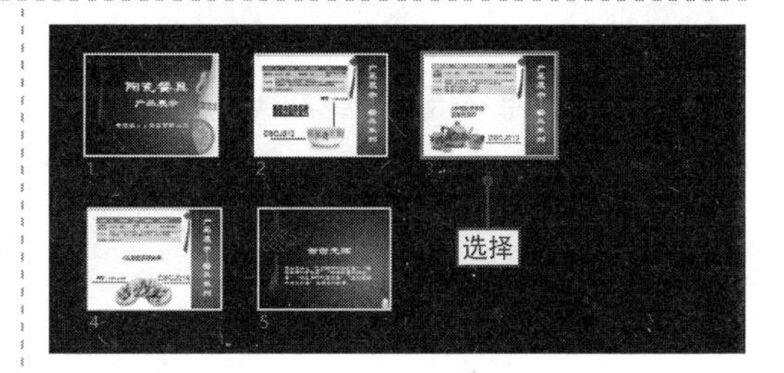

NO.
754 快速切换到上一次浏览的页面

在放映幻灯片的过程中，可能需要切换到上一次浏览的幻灯片中查看内容，可以通过命令来快速实现，其具体操作是：❶在放映的演示文稿中右击，❷在弹出的快捷菜单中选择“上次查看过的”命令，即可快速切换到上一次浏览的页面。

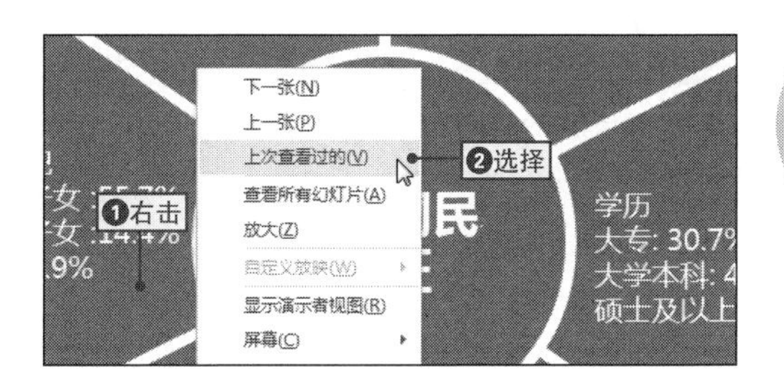

NO.
755 快速定位幻灯片

除了直接切换到相应幻灯片中外，还可以通过定位的方式直接跳转到相应幻灯片中，这种方法比较快速，但是无法查看到幻灯片的缩略图。

其具体操作是：在放映的演示文稿中按【Ctrl+S】组合键，❶在打开的“所有幻灯片”对话框中选择需要定位的幻灯片标题，❷单击“定位至”按钮，即可完成操作。

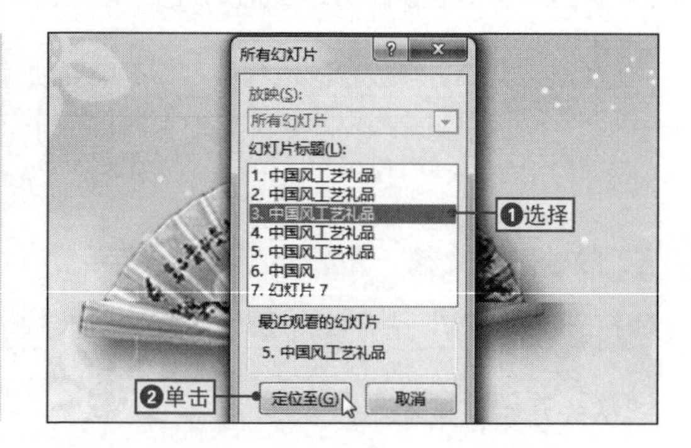

NO.
756 使用画笔制作标注

案例043 陶瓷产品介绍与展示

◉\素材\第14章\陶瓷产品介绍与展示5.pptx ◉\效果\第14章\陶瓷产品介绍与展示5.pptx

在演示文稿的放映过程中，如果需要在幻灯片中圈释重点内容或添加说明性文字，可以通过画笔工具来实现，下面将通过具体实例来讲解使用画笔工具标注重点内容，其具体操作如下。

1 启动笔功能

打开“陶瓷产品介绍与展示5.pptx”文件，❶在放映的幻灯片中右击，❷在弹出的快捷菜单中选择“指针选项→笔”命令。

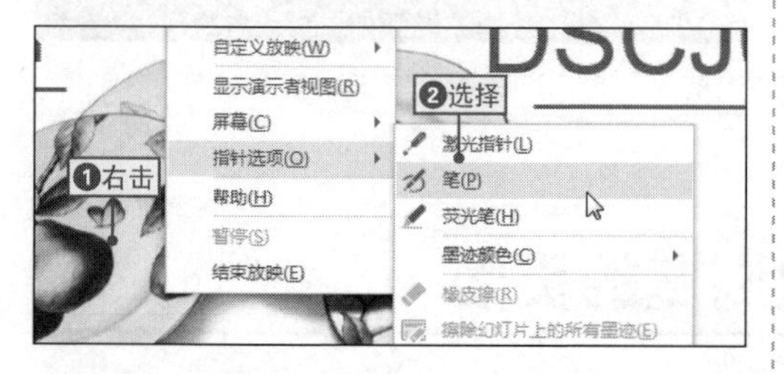

2 标注重点内容

此时可以看到鼠标光标变为红色圆点，按住鼠标左键，在幻灯片中的重要位置进行标记或写出标注文本。

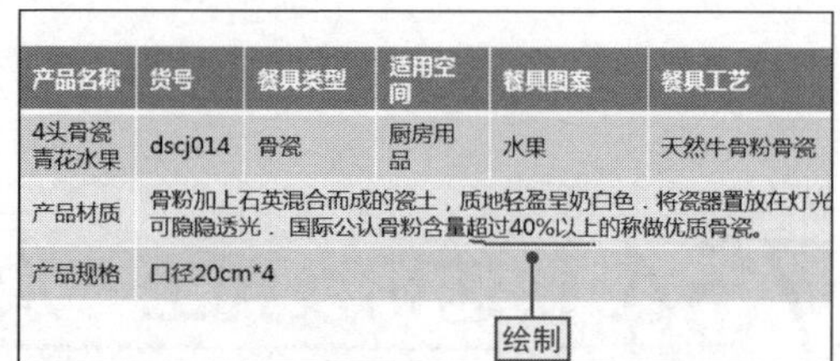

3 保留墨迹注释

在演示文稿中对内容标记完成后，退出演示文稿放映时会打开一个提示对话框，单击“保留”按钮，即可保留墨迹注释。

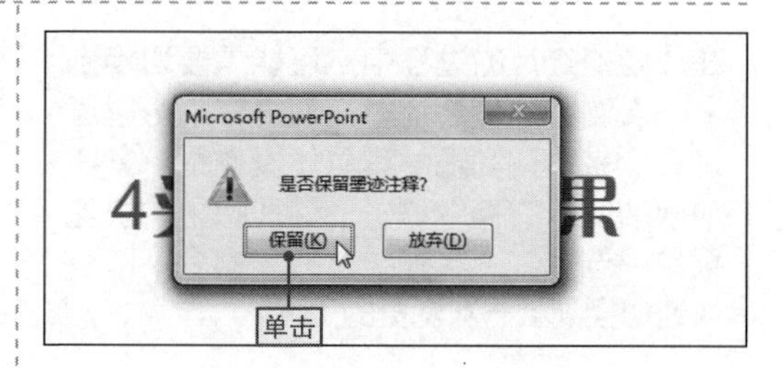

NO.
757 更改墨迹的颜色

在对演示过程中的幻灯片进行标注时，不仅可以使用不同的墨迹选项，还可以更改墨迹的颜色。

其具体操作是：❶在放映的幻灯片中右击，❷在弹出的快捷菜单中选择“指针选项→墨迹颜色”命令，❸在弹出的子菜单中选择需要的墨迹颜色选项。

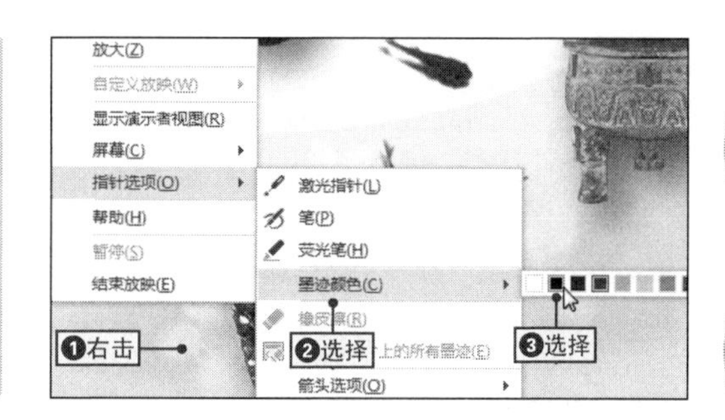

NO.
758 使用荧光笔制作标注

在演示文稿的放映过程中，除了可以使用画笔来制作标注外，还可以使用荧光笔来实现该操作，荧光笔能更加突出勾画的重点，其具体操作如下。

1 启用荧光笔功能

在需要制作标记的幻灯片上右击，在弹出的快捷菜单中选择“指针选项→荧光笔”命令。

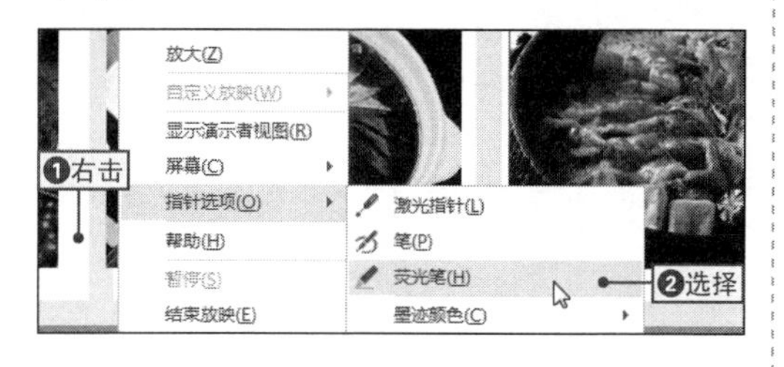

2 用荧光笔进行标记

在需要标记的位置按住鼠标左键，绘制出文本中的重点内容，然后保留墨迹注释，即可完成操作。

NO.
759 标注幻灯片重点的其他方法

除了可以通过命令启动标注工具外，还可以通过控制按钮来快速启动，这种方式更加简单方便。

其具体操作是：❶在演示文稿播放界面的控制按钮区单击按钮，❷在弹出的快捷菜单中选择相应的注笔选项，即可在幻灯片中对重点内容进行标注。

NO.
760 擦除错误的标记

在放映演示文稿的过程中，如果使用了笔或荧光笔等工具对幻灯片进行标记时出现错误，可以通过使用橡皮擦来清除错误的标记。

其具体操作是：❶在需要擦除标记的幻灯片中右击，❷在弹出的快捷菜单中选择“指针选项→橡皮擦”命令，然后在要擦除的标记上单击即可将其清除。

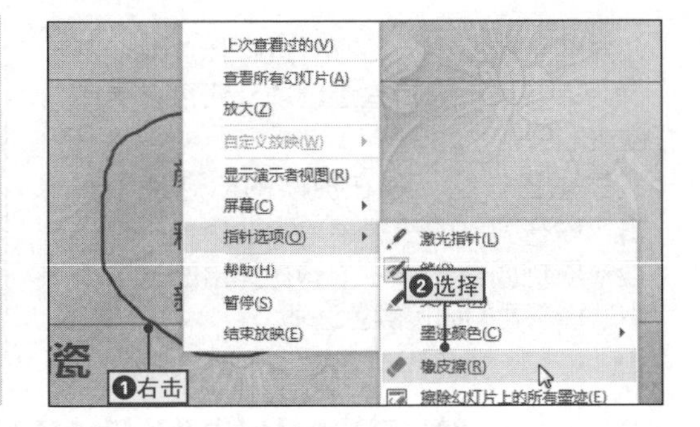

NO.
761 让观众的屏幕与自己的屏幕显示不同内容

在制作演示文稿时，作者会为某个幻灯片添加备注信息，通常备注信息不能让观众看到，这时可以通过使用演讲者视图进行演示来实现。

其具体操作是：❶在演示文稿播放界面的控制按钮区单击“其他”按钮，❷在弹出的快捷菜单中选择“显示演讲者视图”命令，即可显示出演讲者视图。

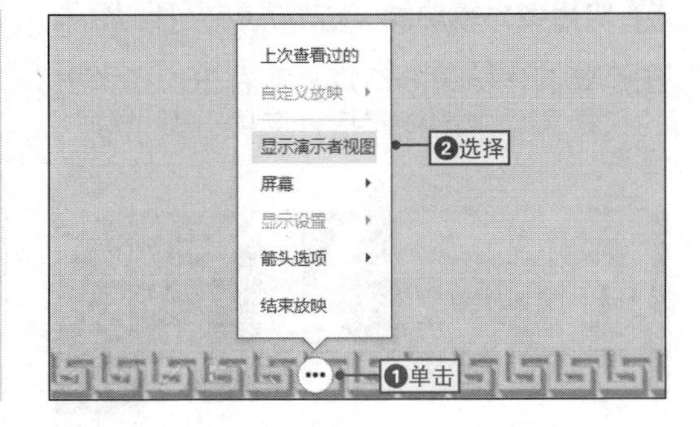

NO.
762 在放映时隐藏鼠标光标

在默认情况下，在放映演示文稿时，鼠标光标会显示在屏幕上，为了不给观众造成影响，可以将鼠标光标隐藏起来，其具体操作是：在放映的幻灯片中右击，❶在弹出的快捷菜单中选择“指针选项→箭头选项”命令，❷在弹出的子菜单中选择“永远隐藏”选项即可。

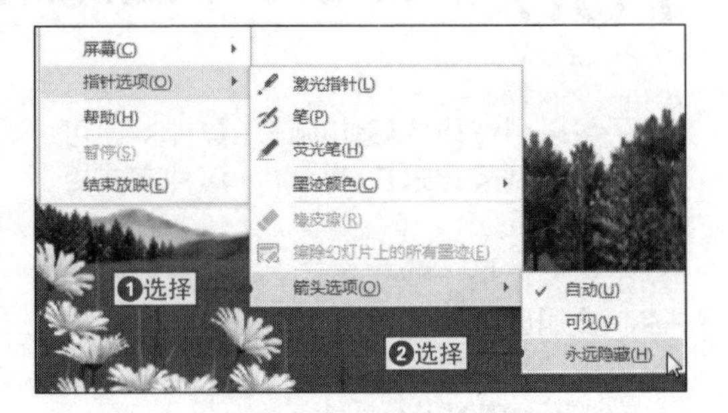

NO.
763 标注重点需要注意

如果在放映幻灯片时标注了重点，并在结束时保留了绘制的墨迹，返回幻灯片中即可查看墨迹将以图片对象的方式存在于幻灯片中，而这些图片对象也会在下一次放映时自动显示出来，若用户不想墨迹影响下一次的放映，可以在提示对话框中单击“放弃”按钮即可。

Microsoft PowerPoint
是否保留墨迹注释?
保留(K)
放弃(D)
单击

14.2 打包与分享演示文稿操作技巧

NO.
764 将演示文稿打包

案例044 轿车上市推广方案

◎\素材\第14章\轿车上市推广方案.pptx　　◎\效果\第14章\轿车上市推广方案.pptx

在制作演示文稿时，可以将其中所使用的图片、声音和动画等外部文件打包，这样不仅可以防止因丢失关联文件而导致演示文稿无法正常放映的情况，而且还能方便保存、携带和放映，下面将通过具体实例来进行讲解，其具体操作如下。

1 打开“打包成CD”对话框

打开“轿车上市推广方案.pptx”文件，❶单击“导出”选项卡，❷选择“将演示文稿打包成CD”选项，❸单击“打包成CD”按钮。

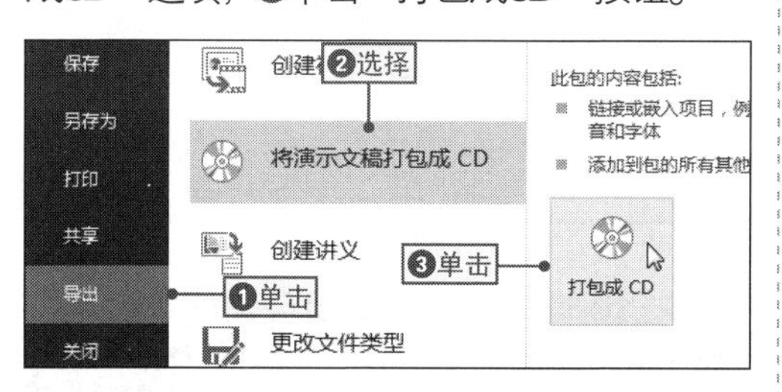

2 打开“选项”对话框

❶在打开的“打包成CD”对话框的“将CD命名为”文本框中输入打包文件的名称，❷单击“选项”按钮。

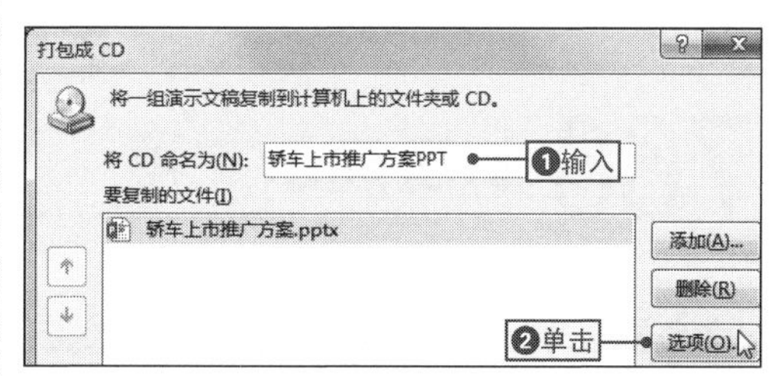

3 设置文件的打开和修改密码

在打开的“选项”对话框中分别输入打开和修改演示文稿所用密码，单击“确定”按钮后需要再次输入打开和修改演示文稿所用密码，单击“确定”按钮。

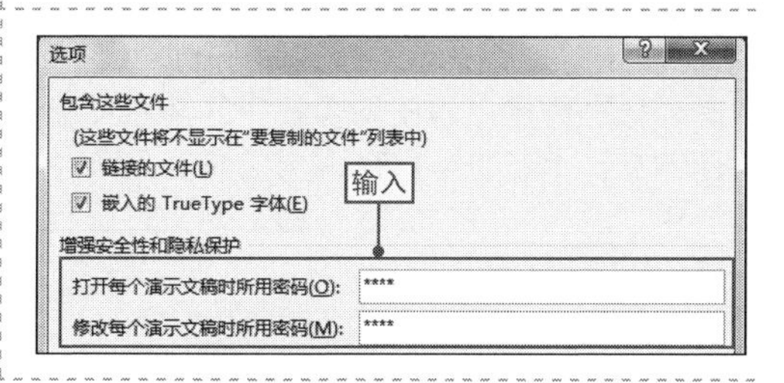

4 打包演示文稿

❶返回“打包成CD”对话框中单击“复制到文件夹”按钮，❷在打开的对话框中设置文件夹名称和位置，❸单击“确定”按钮。

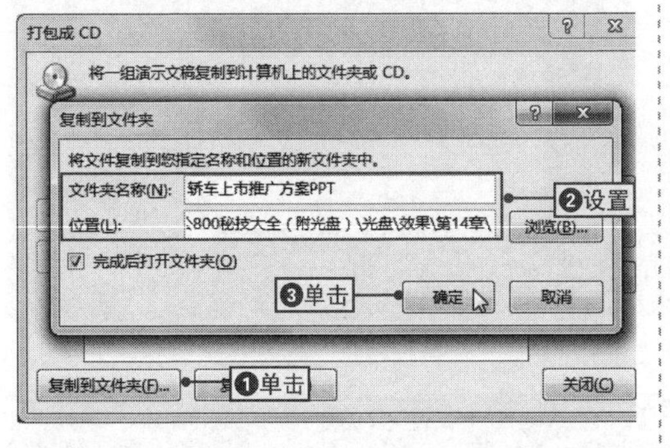

5 确认要在包中包含链接文件

在打开的提示对话框中提示“是否要在包中包含链接文件”，单击“是”按钮，系统将自动进行打包。

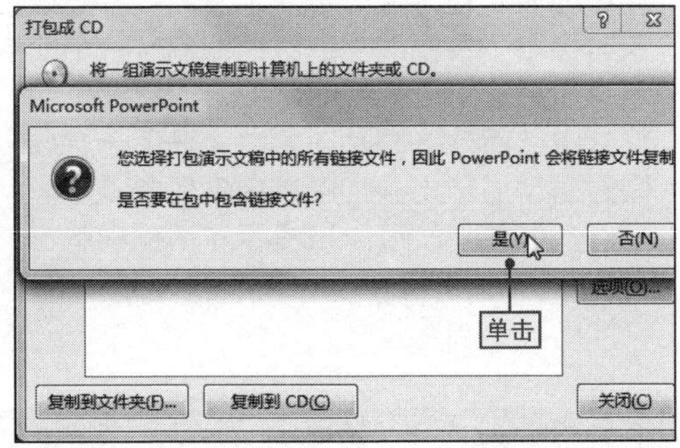

NO.

765 打包并非压缩

在日常办公中，常常有人会说将进行文件“打包”，这个“打包”是指通过压缩软件将文件压缩成一个压缩包，如右图所示。而上例中的“打包”是将演示文稿打包成一个CD压缩包，只有打包成CD压缩包后才能在未安装PPT软件的电脑上放映演示文稿。

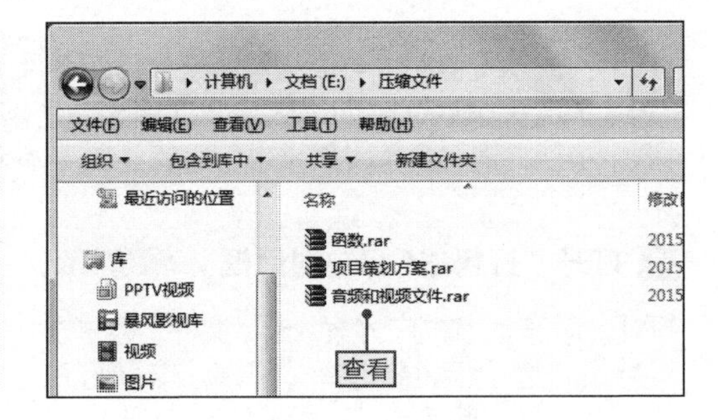

NO.

766 解压演示文稿

如果使用聊天工具的文件传输功能接收他人发送的演示文稿压缩文件，想查看演示文稿的内容，就需要对该文件进行解压。

其具体操作是：❶在需要解压的演示文稿压缩文件上右击，❷在弹出的快捷菜单中选择“解压文件”命令，即可对文件进行解压操作。

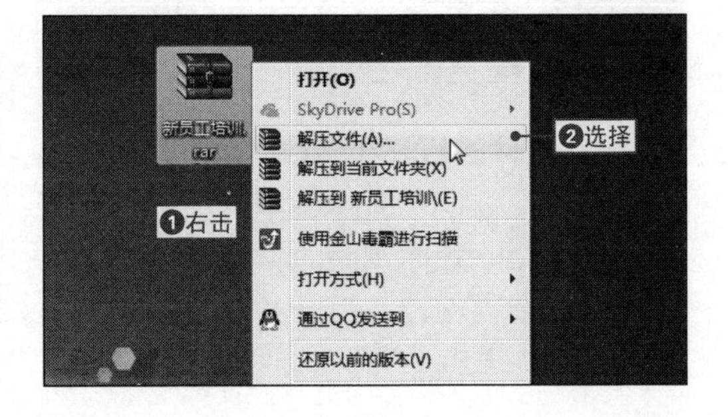

NO.

767

打开打包演示文稿

将演示文稿打包后，可以通过移动工具或网络将其移动或发送到其他电脑上进行放映，但是在放映之前，需要将演示文稿进行解包操作，其具体操作如下。

1 打开网页文件

在相应路径下打开被打包的演示文稿文件夹，在“PresentationPackage”文件夹中双击“PresentationPackage.html”网页文件。

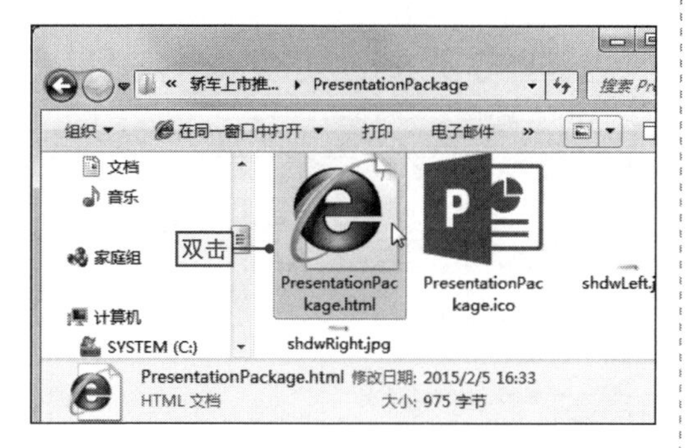

2 保存打包的演示文稿

❶在打开的页面中单击打包的演示文稿的名称，❷在打开的“另存为”对话框中设置保存位置，❸单击“保存”按钮。

3 输入文件打开密码

打开保存的演示文稿，❶在打开的“密码”对话框中输入打开文件的密码，❷单击“确定”按钮。

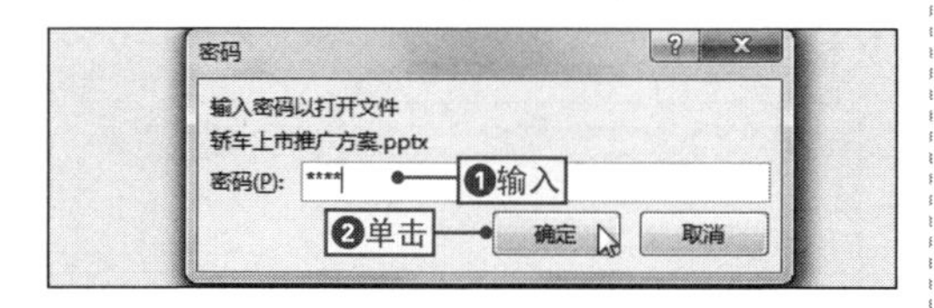

4 输入文件打开密码

❶在打开的“密码”对话框中输入修改文件的密码，❷单击“确定”按钮。

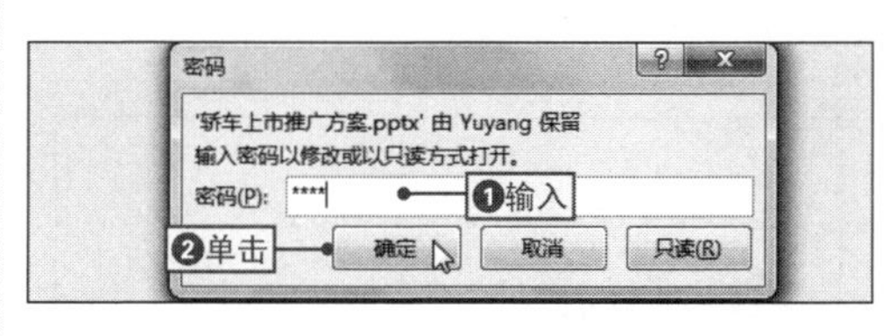

NO.

768

在未安装PPT程序的电脑上放映PPT

如果用户需要在未安装PPT程序的电脑上放映打包的演示文稿，则需要在打开演示文稿之前，先下载并安装PPTViewer程序。

其具体操作是：打开网页文件，单击“下载查看器”按钮，下载完成后对查看器进行安装，即可运行演示文稿。

NO.

769 联机演示幻灯片

案例044 轿车上市推广方案

◉\素材\第14章\轿车上市推广方案1.pptx ◉\效果\第14章\无

在放映演示文稿时，如果其他人不能参加会议，则可以通过联机演示幻灯片的方式，让身处异地的成员也能同步观看演示文稿的放映，设置联机演示幻灯片之前，需要先登录Office账户，下面将通过以附件发送为例来进行讲解，其具体操作如下。

1 选择演示文稿的发送方式

打开“轿车上市推广方案1.pptx”文件，❶单击“共享”选项卡，❷选择“联机演示”选项，❸单击“联机演示”按钮。

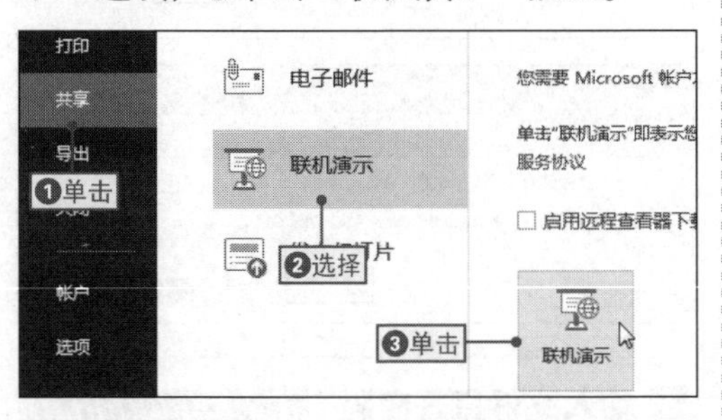

2 发送电子邮件

❶在打开的“联机演示”界面中选中“启用远程查看器下载演示文稿”复选框，❷单击“连接”按钮。

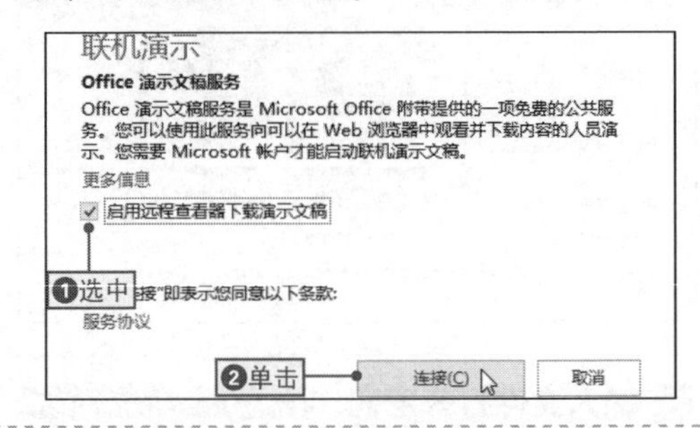

3 复制联机地址

待发布成功后，对话框中会显示共享幻灯片的超链接，单击“复制链接”按钮，再将链接通过任意方式发送给其他用户。

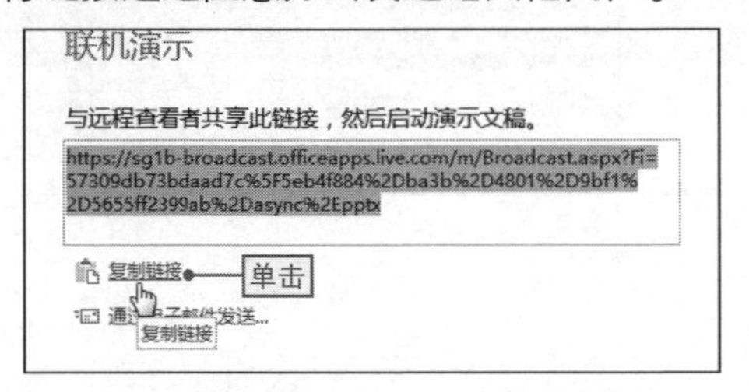

4 放映幻灯片

当用户收到链接并打开以后，演讲者需要在“联机演示”对话框中单击“启动演示文稿”按钮，开始放映幻灯片。

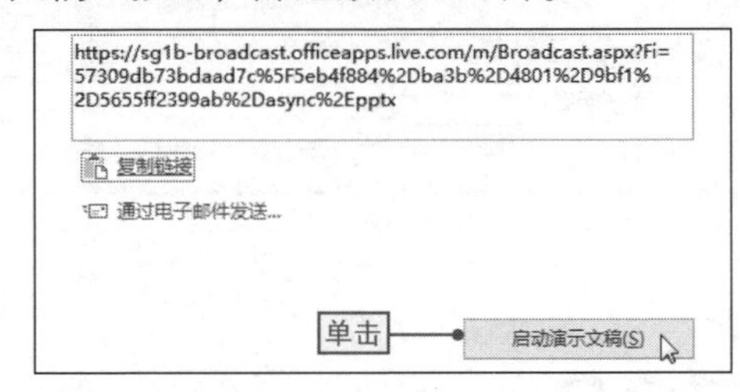

NO.

770 以全屏视图观看联机演示文稿

用户在观看联机演示文稿时是默认幻灯片尺寸，若想要更好地观看演示文稿，可以使其全屏显示，其具体操作是：在“PPT Online”窗口中单击“全屏视图”按钮，可全屏观看放映的幻灯片。

NO.
771 结束联机演示文稿

当演示文稿放映完毕或演讲者要终止演示文稿的放映时，可以通过结束幻灯片联机演示来实现。

其具体操作是：❶在演示文稿操作界面的"联机演示"选项组中单击"结束联机演示"按钮，❷在打开的提示对话框中单击"结束联机演示文稿"按钮，即可结束联机演示文稿。

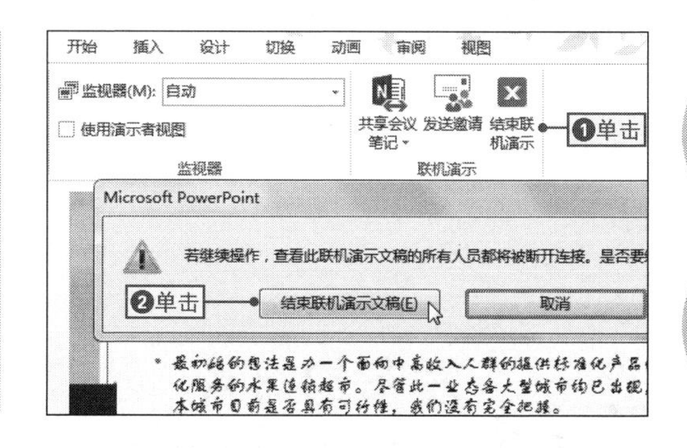

NO.
772 邀请其他用户观看联机演示文稿

在进行联机演示文稿的过程中，如果有其他观众想要观看演示文稿的放映，可以对其发送邀请。

其具体操作是：在"联机演示"选项组中单击"发送邀请"按钮，在打开的"联机演示"对话框中复制超链接，然后将超链接发送给观众即可。

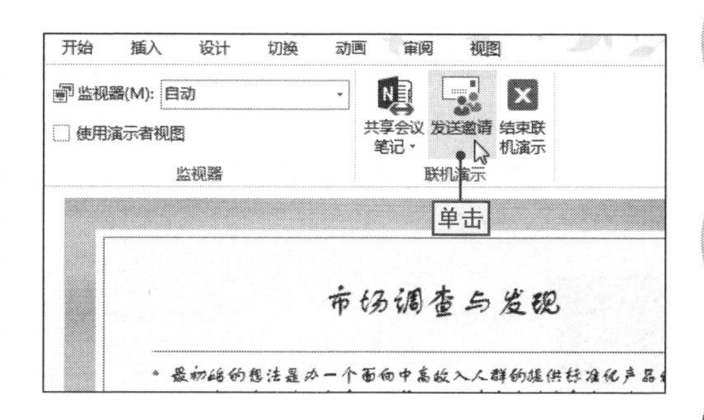

NO.
773 通过电子邮件共享演示文稿

在PPT 2013中，如果想要与他人共享演示文稿，可以通过电子邮件的方式将演示文稿发送给他人，使用电子邮件发送演示文稿可作为附件发送，也可以PDF形式发送等，下面将通过以附件发送为例来进行讲解，其具体操作如下。

1 选择演示文稿的发送方式

❶单击"共享"选项卡，❷选择"电子邮件"选项，❸单击"作为附件发送"按钮。

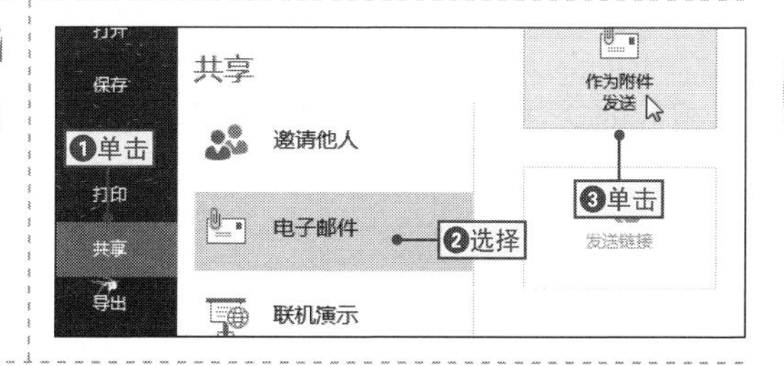

2 发送电子邮件

系统自动启动Outlook程序，❶在打开的主界面中输入收件人、主题等信息，❷单击"发送"按钮，即可完成操作。

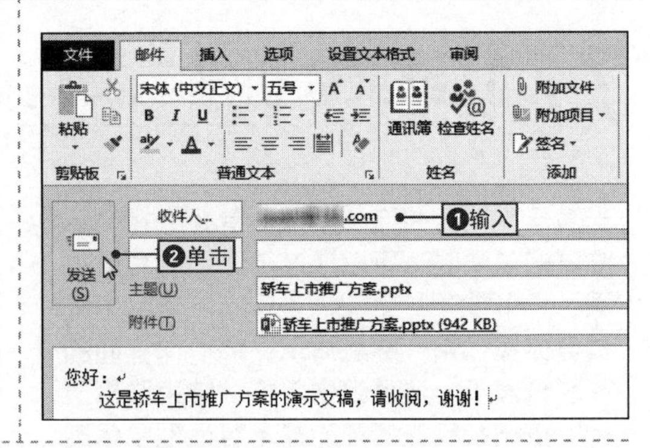

NO. 774 发布幻灯片

案例044 轿车上市推广方案

◉\素材\第14章\轿车上市推广方案2.pptx ◉\效果\第14章\无

在PPT 2013中，如果只希望将演示文稿中的某张或某几张幻灯片与他人共享，那么可以通过发布幻灯片来实现，下面将通过具体实例来讲解发布幻灯片的步骤，其具体操作如下。

1 打开"发布幻灯片"对话框

打开"轿车上市推广方案2.pptx"文件，❶单击"共享"选项卡，❷选择"发布幻灯片"选项，❸单击"发布幻灯片"按钮。

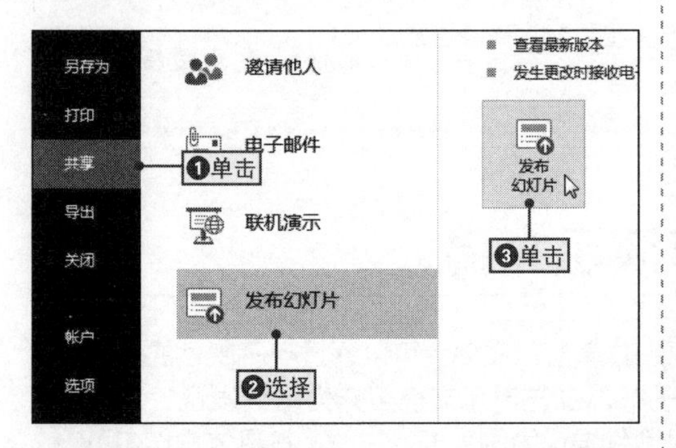

2 选择需要发布的幻灯片

❶在打开的"发布幻灯片"对话框中选中需要发布的幻灯片的复选框，❷单击"浏览"按钮。

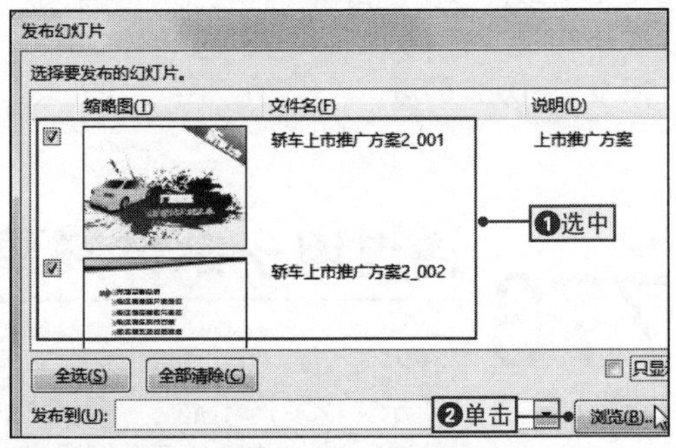

3 选择发布的目标位置

❶在打开的"选择幻灯片库"对话框中选择相应的文件夹选项，❷单击"选择"按钮。

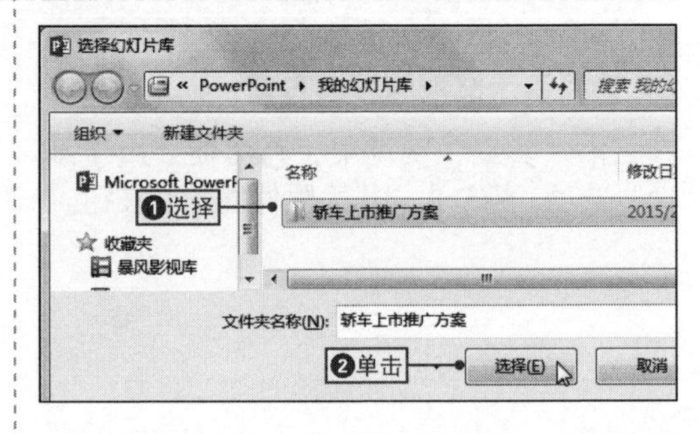

4 发布幻灯片

返回“发布幻灯片”对话框中，单击“发布”按钮进行发布，即可完成幻灯片的发布操作。

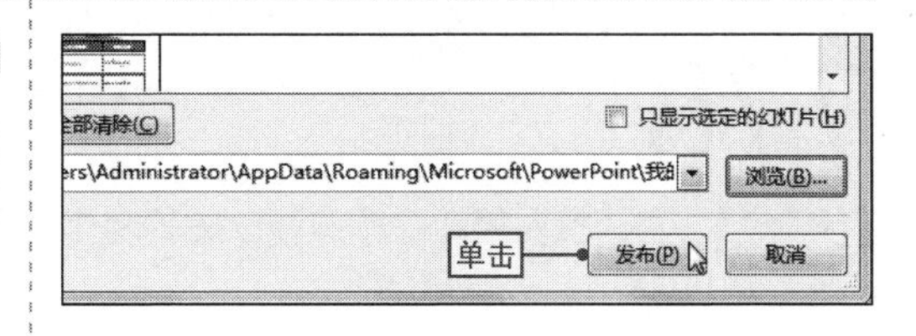

NO.
775 快速选择所有需要发布的幻灯片

在发布幻灯片时，如果要发布演示文稿中的所有幻灯片，则可以通过全选功能按钮来实现。

其具体操作是：打开“发布幻灯片”对话框，在对话框的右下角单击“全选”按钮，即可快速选择演示文稿中的所有幻灯片，然后将其发布。

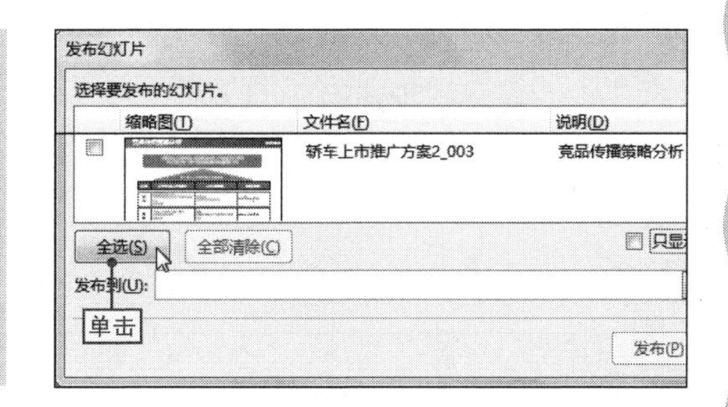

NO.
776 查看发布后的幻灯片

在幻灯片发布成功后，其他用户能够访问到发布幻灯片的位置，可以发现发布了几张幻灯片就生成了几个演示文稿，双击其中的某个演示文稿，可以查看到打开的演示文稿中只有一张幻灯片，如右图所示。

NO.
777 用检查器检查演示文稿

在制作好演示文稿并准备向他人分享或发布之前，可以使用检查器功能对演示文稿中的内容进行检查，其方法与Word程序中使用检查器类似，其具体操作是：❶在“信息”选项卡的“检查问题”下拉列表中选择“检查文档”命令，打开“文档检查器”对话框，❷选中相应的复选框，❸单击“检查”按钮即可根据提示进行操作。

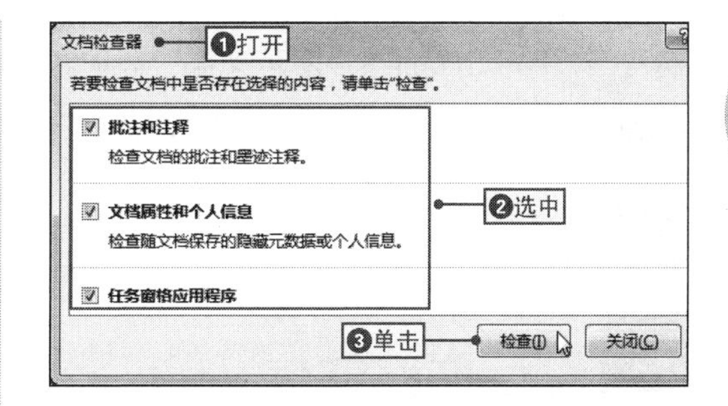

NO.
778 调用幻灯片库中的幻灯片

在制作一些特定的幻灯片时，如果幻灯片库中保存有相关的幻灯片，则可以直接调用库中的资源以提高制作幻灯片的效率，其具体操作如下。

1 打开“插入大纲”对话框

❶在“开始”选项卡中单击“新建幻灯片”下拉按钮，❷选择“幻灯片（从大纲）”命令，打开“插入大纲”对话框。

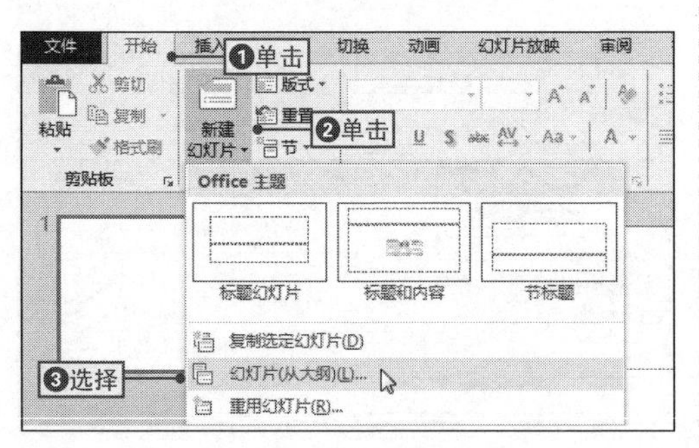

2 插入发布的幻灯片

❶设置文件类型为所有文件（*.*），❷设置文件保存的位置，❸选择需要的幻灯片选项，❹单击“插入”按钮，即可完成操作。

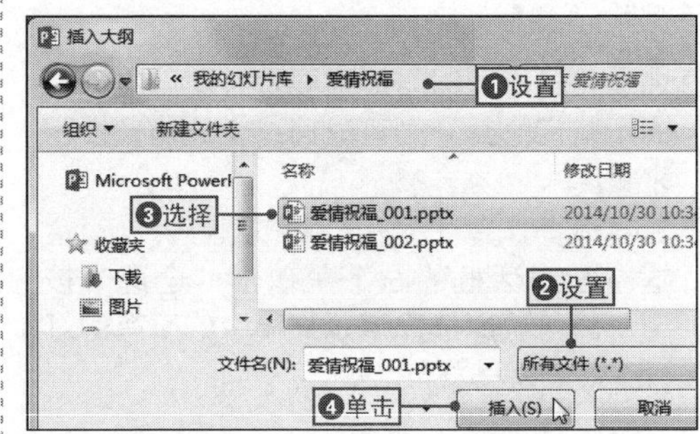

14.3 转换演示文稿格式技巧

NO.
779 将演示文稿保存为图片

案例044 轿车上市推广方案

◎\素材\第14章\轿车上市推广方案3.pptx　◎\效果\第14章\轿车上市推广方案3.pptx

对于一些不含有超链接或动画的演示文稿，可以将其保存为图片，这样对于没有安装PPT软件的用户也可以观看演示文稿，下面将通过将“轿车上市推广方案3.pptx”演示文稿保存为图片为例来进行讲解，其具体操作如下。

1 打开“另存为”对话框

打开“轿车上市推广方案3.pptx”文件，❶在“导出”选项卡中选择“更改文件类型”选项，❷双击“PowerPoint图片演示文稿”选项。

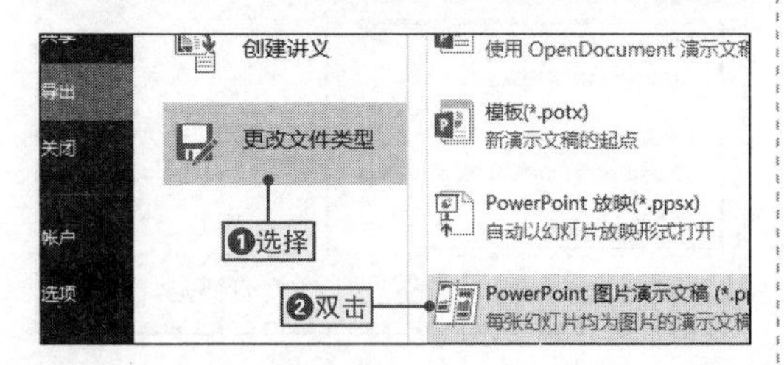

2 设置文件的保存位置

❶在打开的“另存为”对话框中设置文件的保存位置，❷单击“保存”按钮对其进行保存。

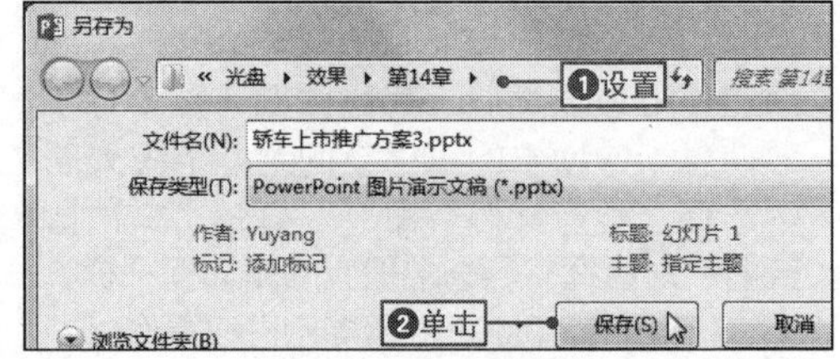

3 成功创建演示文稿的副本

将演示文稿成功创建为图片后，程序自动打开提示对话框，单击“确定”按钮，即可完成操作。

NO.
780 将演示文稿另存为JPEG图片格式

除了可以使用前面的方式将演示文稿转换为图片外，还可以将演示文稿另存为相应的图片格式来实现，其具体操作是：❶打开“另存为”对话框，❷在“保存类型”下拉列表中选择“JPEG文件交换格式（*.jpg）”选项，最后保存即可。

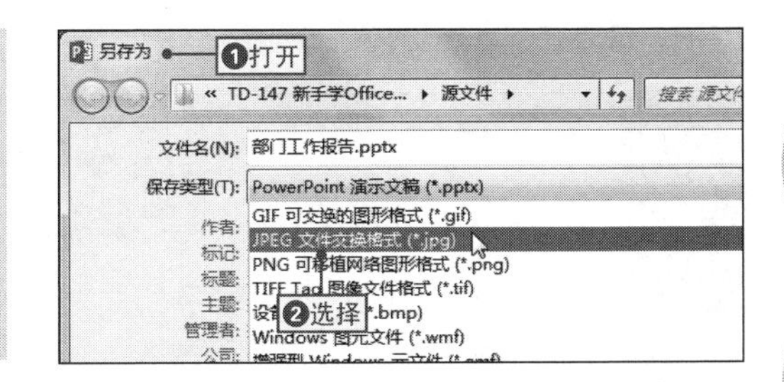

NO.
781 将演示文稿另存为图片格式

将演示文稿保存为图片后，其中的各幻灯片即具有与图片相同的特征，就可以对其效果进行设置，其具体操作是：❶选择需要设置效果的幻灯片，❷切换到“图片格式-格式”选项卡，即可对图片幻灯片的效果进行相应设置。

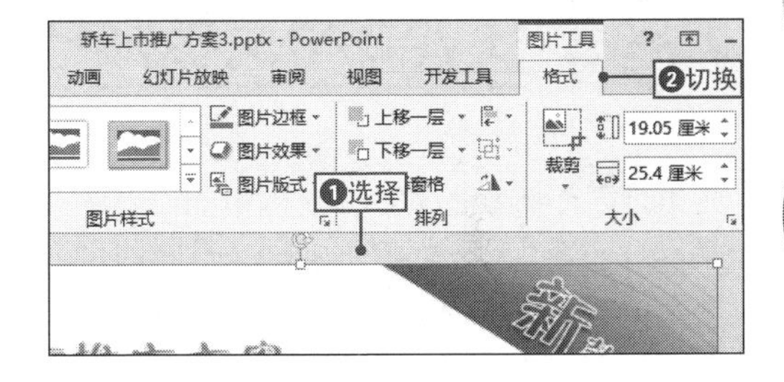

NO.
782 将演示文稿保存为RTF文档

对于某些演示文稿，可能需要将其与他人进行共享，这时可以将演示文稿转化为RTF格式文档来方便操作，其具体操作是：❶打开“另存为”对话框，❷在“保存类型”下拉列表中选择“大纲/RTF文件（*.rtf）”选项，❸单击“保存”按钮即可。

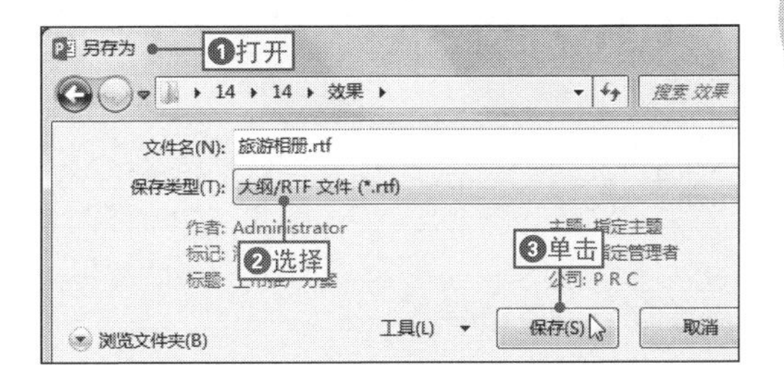

NO.

783 将演示文稿转换为Word文档

案例044 轿车上市推广方案

◎\素材\第14章\轿车上市推广方案4.pptx ◎\效果\第14章\轿车上市推广方案4.pptx

要将演示文稿分享或发布时，可以将其转化为Word文档，用户可以根据实际情况设置转化的Word文档是否随着PPT内容的更改而自动更新，下面将通过转化为不受PPT内容更改影响的Word文档为例来进行讲解，其具体操作如下。

1 打开“发送到Microsoft Word”对话框

打开“轿车上市推广方案4.pptx”文件，❶在“导出”选项卡中选择“创建讲义”选项，❷单击“创建讲义”按钮。

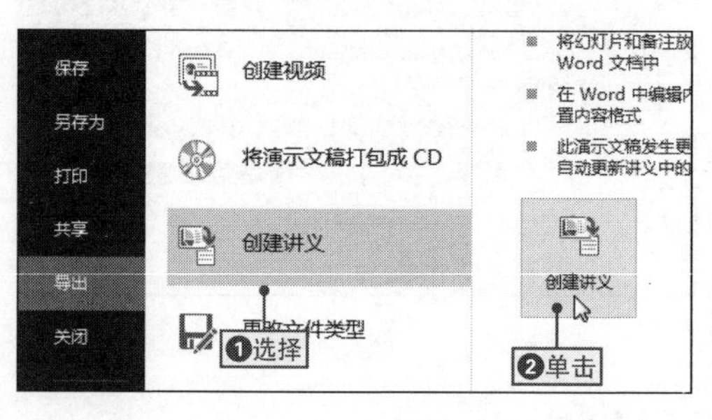

2 创建讲义

❶在打开“发送到Microsoft Word”对话框中选择需要的页面布局，❷选中“粘贴”单选按钮，❸单击“确定”按钮。

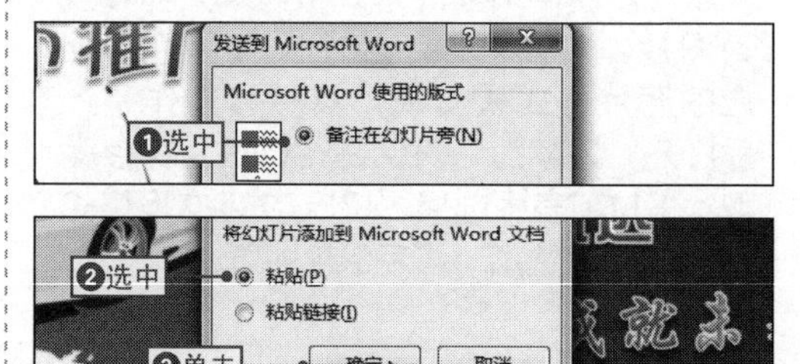

NO.

784 让Word文档随PPT内容自动更新

如果想要使转换的Word文档中的内容随着PPT中演示文稿中内容的改变而自动更新，则需要设置保持它们之间的链接关系，其具体操作是：❶打开“发送到Microsoft Word”对话框，❷选中“粘贴链接”单选按钮，最后确认即可。

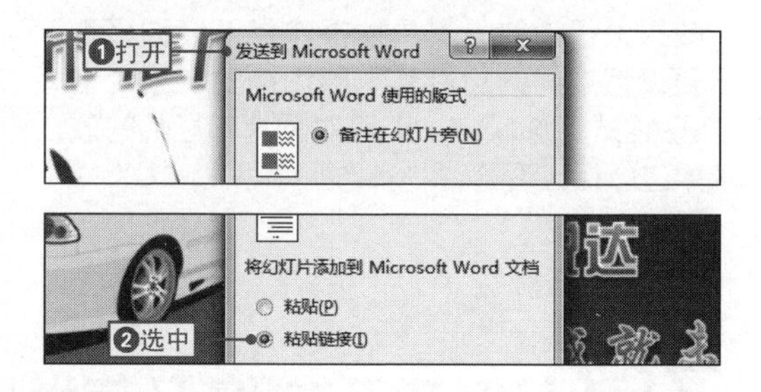

NO.

785 转换Word文档时需要注意

将演示文稿转换为Word文档就是将每张幻灯片以对象的形式插入Word文档中，插入的对象可能变小，如右图所示，用户可以对其进行调整和编辑。

NO.
786 将演示文稿转换为PDF格式

案例044 轿车上市推广方案

◎\素材\第14章\轿车上市推广方案5.pptx　◎\效果\第14章\轿车上市推广方案5.pptx

如果将演示文稿转化为Word文档，其他用户可以对其进行修改与编辑，若只想他人查看文档中的内容，而不能对其进行编辑，则可以将其转换为PDF格式的文档，下面将通过具体实例来进行讲解，其具体操作如下。

1 打开“发布为PDF或XPS”对话框

打开“轿车上市推广方案5.pptx”文件，❶在“导出”选项卡中选择“创建PDF/XPS文档”选项，❷单击“创建PDF/XPS文档”按钮。

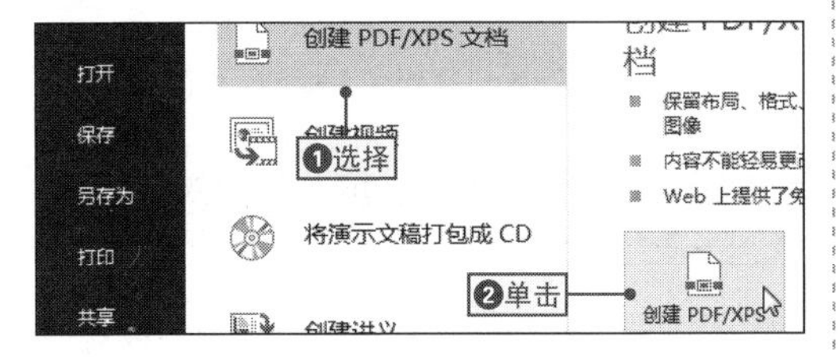

2 转换文件格式

❶在打开“发布为PDF或XPS”对话框中设置文件的保存位置，❷输入文件名，❸单击“发布”按钮对其进行转化。

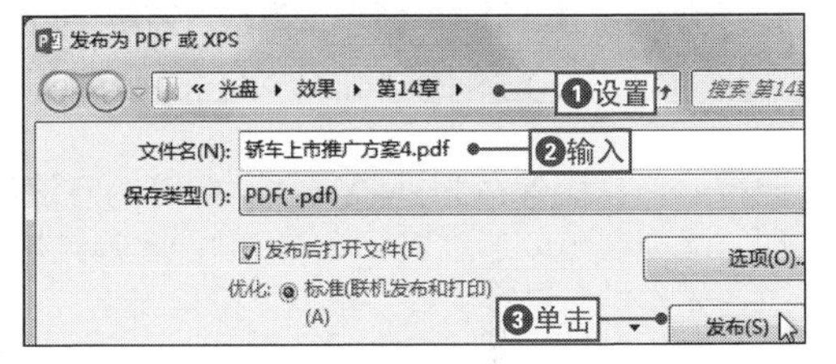

NO.
787 指定需要转换为PDF文件的幻灯片

如果想要将指定范围中的幻灯片转换为PDF文件，可以通过相应设置来实现，其具体操作是：❶在“发布为PDF/XPS”对话框中单击“选项”按钮，❷在打开的“选项”对话框中选中“幻灯片”单选按钮，❸设置幻灯片的范围，然后确认设置。

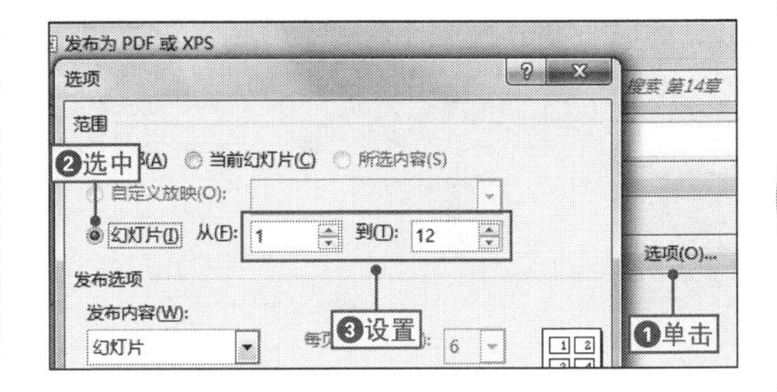

NO.
788 将隐藏的幻灯片转换为PDF文件

在默认情况下，隐藏的幻灯片不会转化到PDF文件中，如果想要将其一并转化，则可以通过设置来实现。

其具体操作是：❶打开“选项”对话框，❷选中“包括隐藏的幻灯片”复选框，然后确认设置即可。

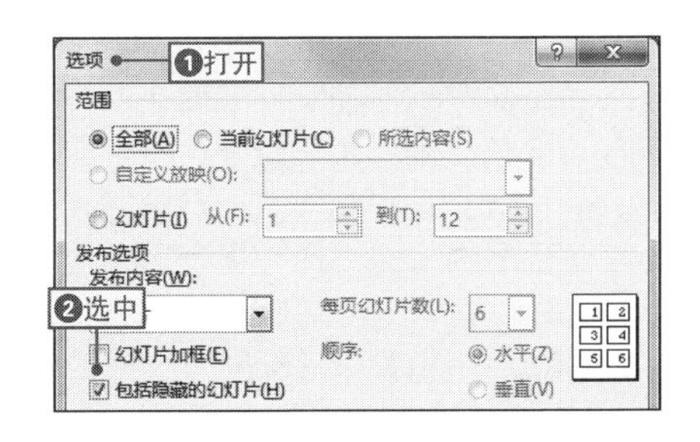

NO.

789 将演示文稿创建为XPS文档

如果要将演示文稿创建为XPS文档，可通过文件的选择保存类型来实现，其具体操作是：❶打开“发布为PDF或XPS”对话框，❷单击“保存类型”下拉按钮，❸选择“XPS文档（*.xps）”选项，最后发布即可。

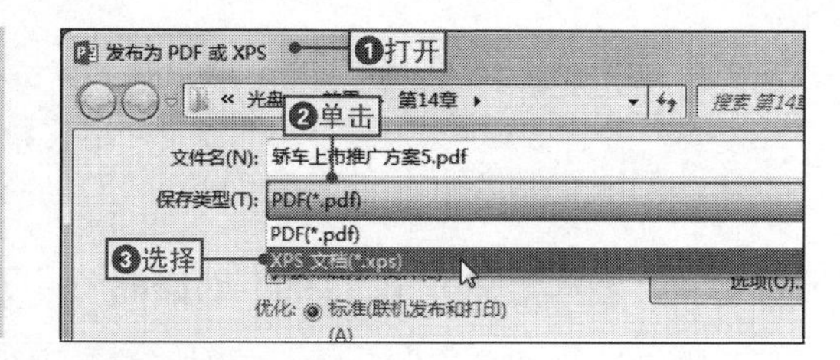

NO.

790 将演示文稿保存成为视频文件

案例044 轿车上市推广方案

◎\素材\第14章\轿车上市推广方案6.pptx　◎\效果\第14章\轿车上市推广方案6.pptx

要将演示文稿保存为视频文件，传统的方法就是使用格式转换软件或是屏幕录制软件来实现，而现在可以通过PPT 2013的创建视频功能快速将演示文稿保存为视频文件，下面将通过具体实例来进行讲解，其具体操作如下。

1 打开“另存为”对话框

打开“轿车上市推广方案6.pptx”文件，❶在“导出”选项卡中选择“创建视频”选项，❷单击“创建视频”按钮。

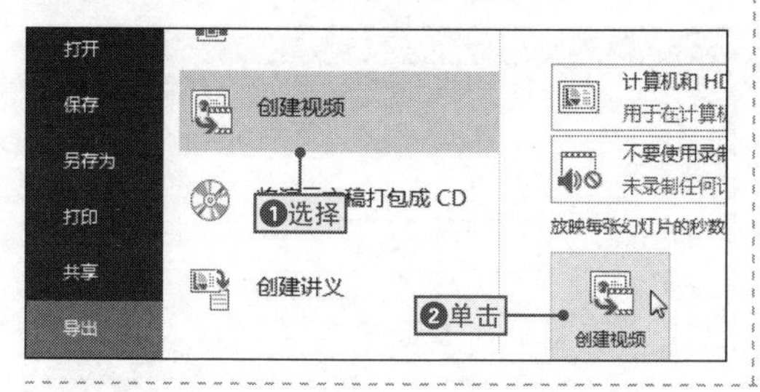

2 保存为视频文件

❶在打开的“另存为”对话框中设置文件的保存位置，输入文件名，❷单击“保存”按钮对其进行保存。

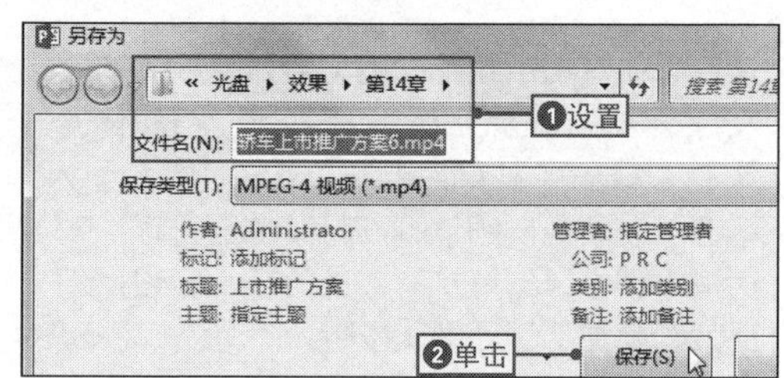

NO.

791 将视频文件保存为Windows Media视频

将演示文稿保存为视频文件，默认保存为MPEG-4视频文件，如果想要将其保存为Windows Media视频格式，❶可在“另存为”对话框中单击“保存类型”下拉按钮，❷选择“Windows Media视频”选项，最后单击“保存”按钮即可。

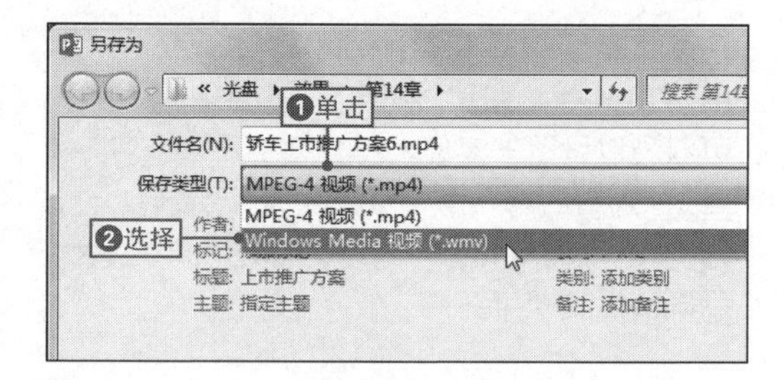

NO.

792 在转换视频时设置幻灯片的放映时间

在对演示文稿转换为视频的过程中，除了可以手动设置幻灯片的切换时间外，还可以统一为其设置时间。

其具体操作是：❶在“导出”选项卡中选择“创建视频”选项，❷在“放映每张幻灯片的秒数”数值框中输入相应时间即可，最后按【Enter】键确认。

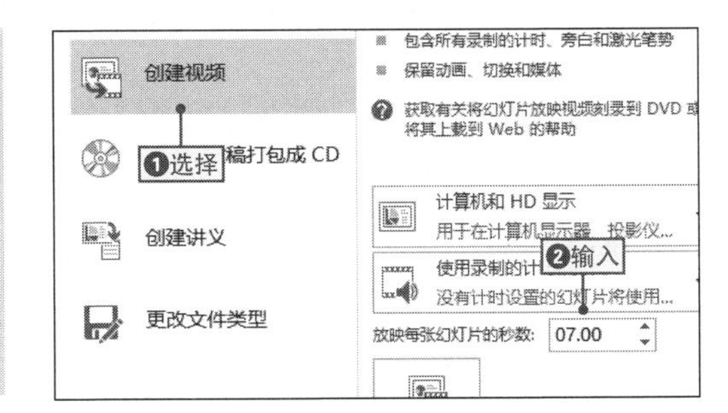

14.4 打印设置技巧

NO.

793 自定义幻灯片的页面大小

案例045 工艺品销售推广

◎\素材\第14章\工艺品销售推广.pptx　　◎\效果\第14章\工艺品销售推广.pptx

对于某些需要打印的幻灯片，如邀请卡、节日贺卡以及推广文稿等，在进行打印之前，需要根据实际情况对其页面大小进行设置，下面将通过具体实例来进行讲解，其具体操作如下。

1 打开“幻灯片大小”对话框

❶打开“工艺品销售推广1.pptx”文件，❷在“设计”选项卡中单击“幻灯片大小”下拉按钮，❸选择“自定义幻灯片大小”命令。

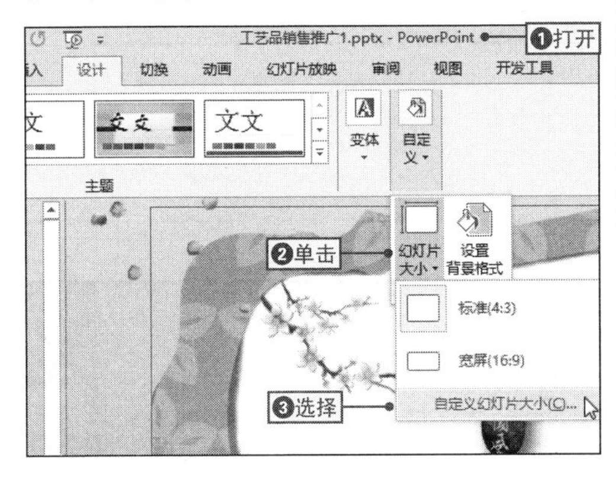

2 设置幻灯片的大小

❶在打开的“幻灯片”对话框中设置幻灯片的宽度和高度，❷单击“确认”按钮确认设置。

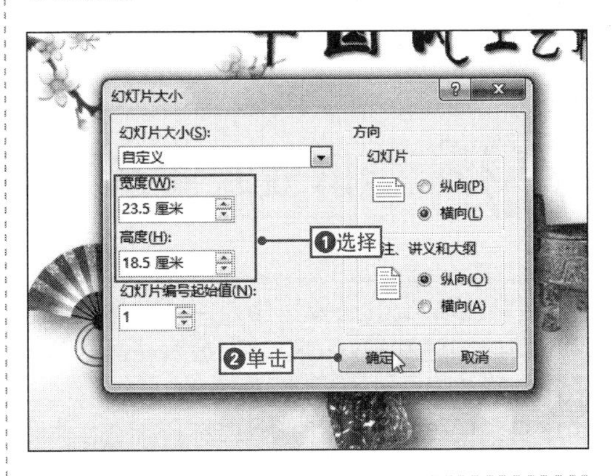

NO. 794 设置幻灯片的页面方向

在默认情况下，幻灯片的布局是以横向页面进行打印的，为了使幻灯片的打印效果更好，用户可以对其页面方向进行设置，其具体操作如下。

1 设置幻灯片的方向

❶打开“幻灯片大小”对话框，❷在“方向”选项组选中“纵向”单选按钮，然后单击“确定”按钮确认设置。

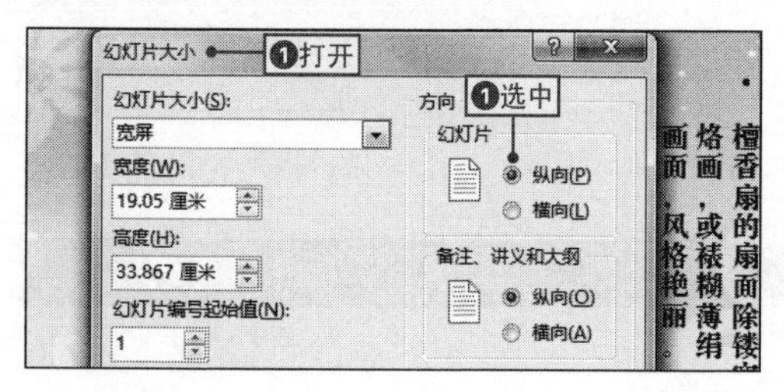

2 设置幻灯片的缩放方式

在打开的提示对话框中单击“确保适合”按钮，完成操作。

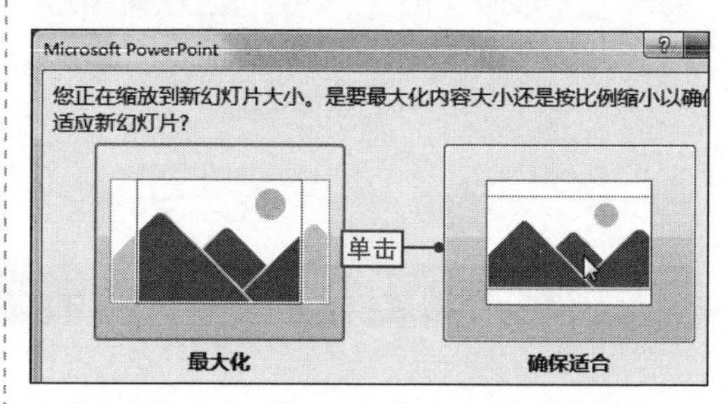

NO. 795 设置幻灯片编号

在打印幻灯片之前，除了设置页面的大小和方向外，对幻灯片的编号进行设置也是一项非常重要的操作，其具体操作是：❶打开“幻灯片大小”对话框，❷在“幻灯片编号起始值”数值框中输入要打印幻灯片的起始编号，❸单击“确定”按钮即可确认设置。

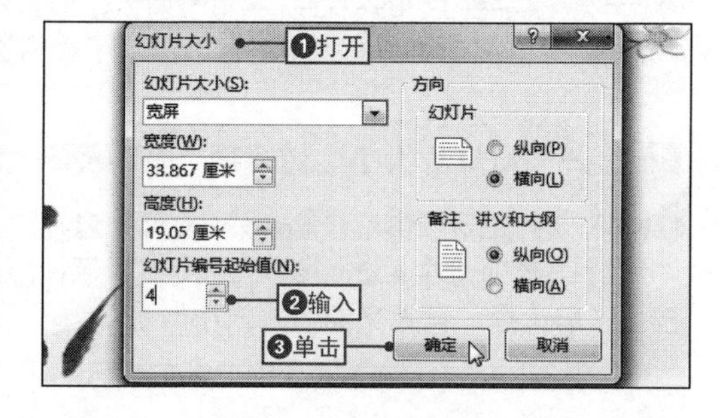

NO. 796 全屏放映演示文稿

如果演示文稿的主要作用是用于放映，为了使放映达到最好的效果，最好将其设置为全屏放映。

其具体操作是：❶打开“幻灯片大小”对话框，❷在“幻灯片大小”下拉列表中选择“全屏显示（16:9）”选项，❸单击“确定”按钮确认设置。

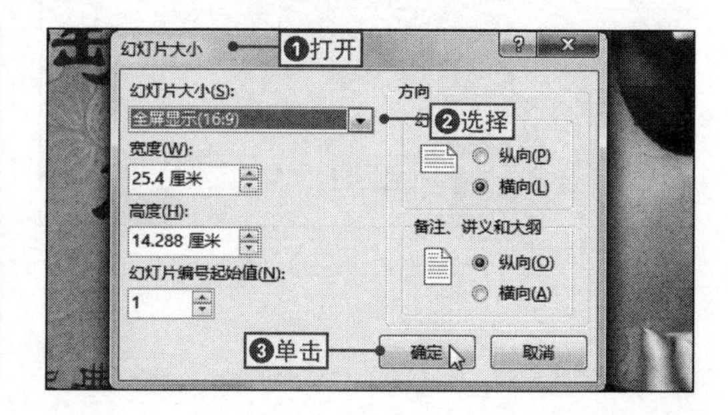

NO. 797 自定义页眉和页脚的打印

案例045 工艺品销售推广

◎\素材\第14章\工艺品销售推广1.pptx ◎\效果\第14章\工艺品销售推广1.pptx

在对幻灯片进行打印时，除了可以打印出幻灯片的正文内容外，还可以为其添加页眉和页脚，如幻灯片的编号、时间和日期等信息，并将其打印出来，下面将通过具体实例来进行讲解，其具体操作如下。

1 打开“页眉和页脚”对话框

打开“工艺品销售推广1.pptx”文件，❶单击“打印”选项卡，❷单击“编辑页眉和页脚”超链接，打开“页眉和页脚”对话框。

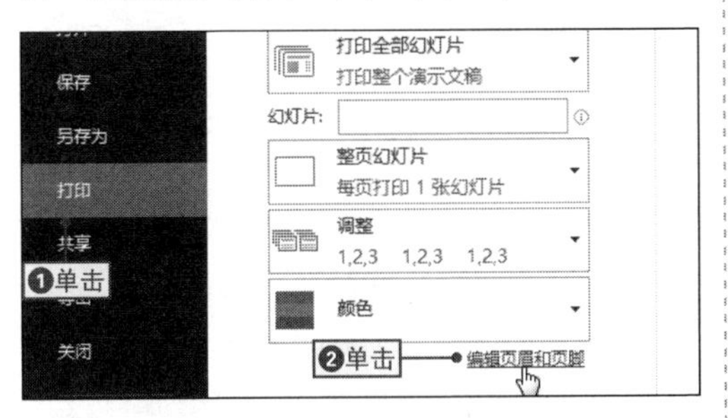

2 设置固定的打印时间

❶单击“备注和讲义”选项卡，❷选中“日期和时间”复选框，❸选中“固定”单选按钮，❹在文本框中输入打印时间。

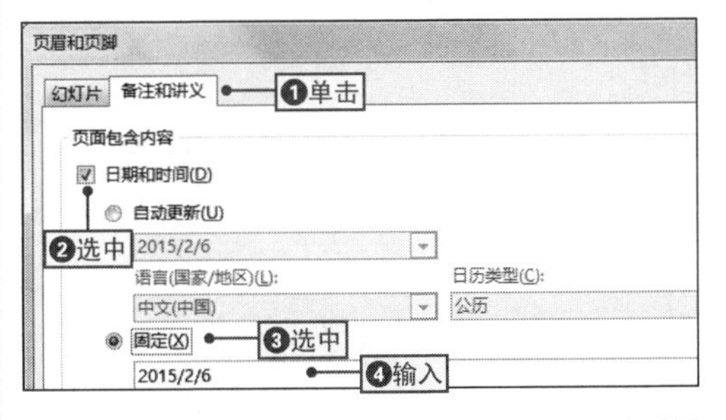

3 应用到所有幻灯片中

❶选中“页眉”复选框，并在其后的文本框中输入相应文本，❷选中“页脚”复选框，并在其后的文本框中输入相应文本，❸单击“全部应用”按钮，即可完成操作。

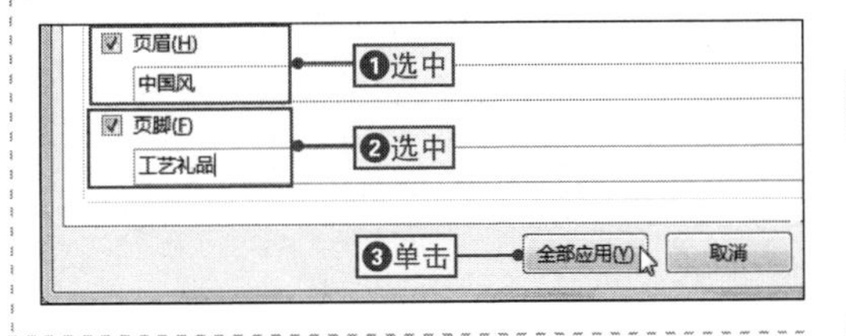

NO. 798 对需打印的幻灯片设置页眉和页脚

在对演示文稿的打印进行设置时，如果要打印幻灯片中的所用内容，这时就需要在“幻灯片”选项卡中对页眉和页脚进行设置。

其具体操作是：❶打开“页眉和页脚”对话框，❷单击“幻灯片”选项卡，❸在其中对页眉和页脚进行相应设置即可。

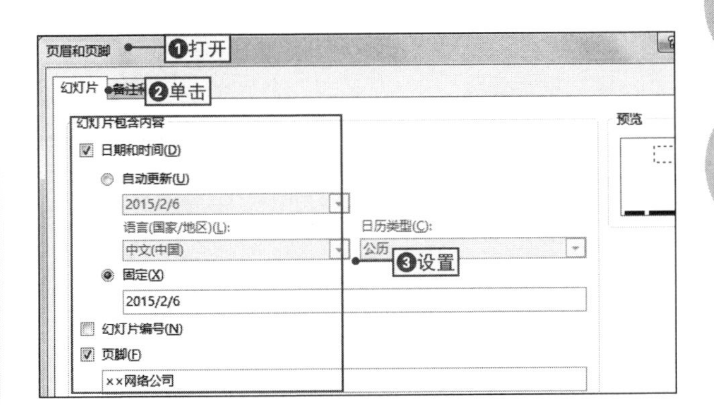

NO.

799 删除页眉和页脚

在对幻灯片设置了页眉和页脚后，如果不再需要其显示在幻灯片中，则可以将其删除。

其具体操作是：打开“页眉和页脚”对话框，❶取消选中“页眉”和“页脚”复选框，❷单击“全部应用”按钮，即可快速删除页眉和页脚。

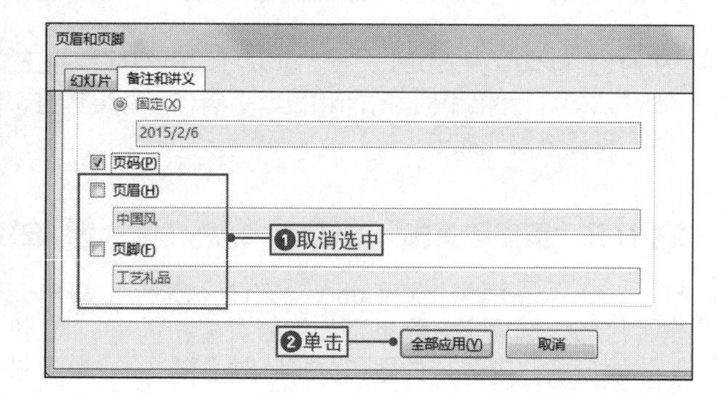

NO.

800 保存打印设置

如果对打印机选项进行设置后，想要将其作为默认的设置保留，则可以通过相应的操作来实现，其具体操作是：❶打开“PowerPoint选项”对话框，❷单击“高级”选项卡，❸选中“使用最近使用过的打印设置”复选框，❹单击“确定”按钮确认设置。

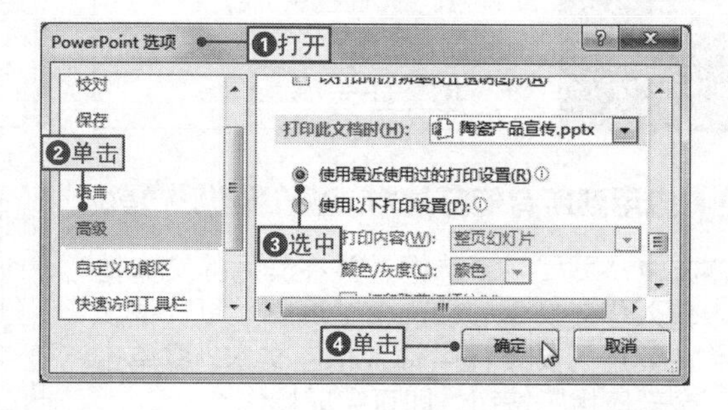

NO.001 巧妙使用录制宏减少操作

◉\素材\附录\员工基本信息.xlsm　　◉\效果\附录\员工基本信息.xlsm

宏是Microsoft公司为Office办公软件提供的一项特殊功能，使用它可将一些操作保存下来，若下次需要再次大量执行相同操作时，只需运行该宏软件，系统即可自动完成相应的操作，下面将以在Excel中录制设置字体宏为例来进行讲解，其具体操作如下。

1 单击“录制宏”按钮

❶打开“员工基本信息.xlsx”工作簿，❷单击“开发工具”选项卡，❸在“代码”选项组中单击“录制宏”按钮。

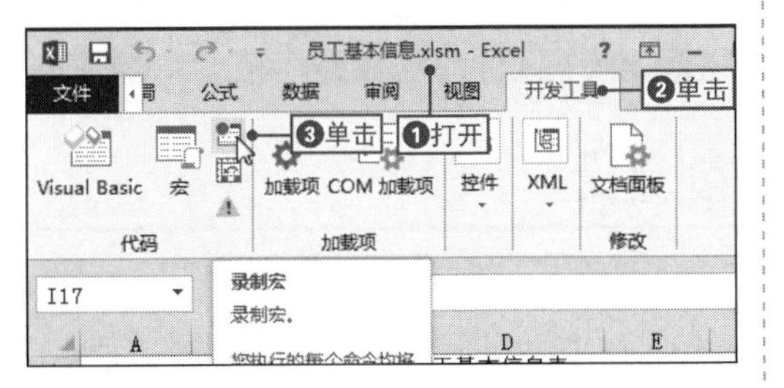

2 设置宏名称

❶在打开的“录制宏”对话框中设置宏名称为“设置字体格式”，❷单击“确定”按钮开始录制宏。

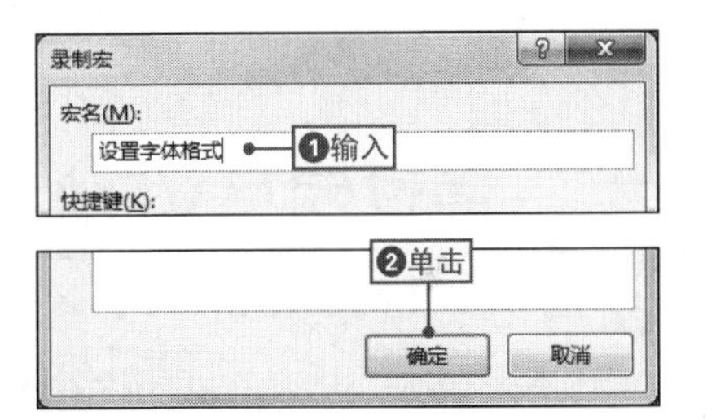

3 设置字体格式

❶选择A1单元格，❷设置其字体格式为“方正大黑简体、16”。

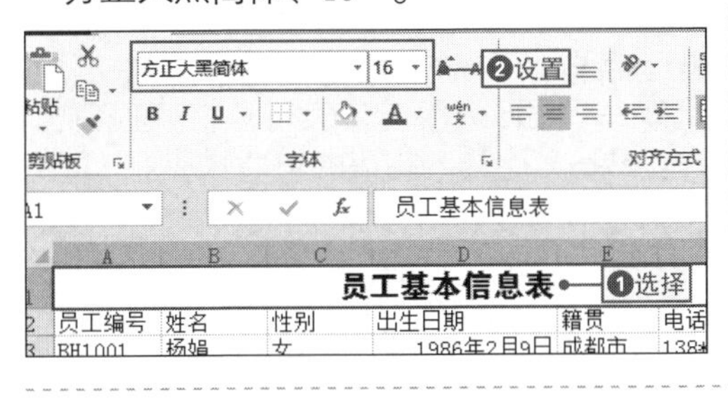

4 停止录制宏

❶单击“开发工具”选项卡，❷单击“停止录制”按钮宏的创建。

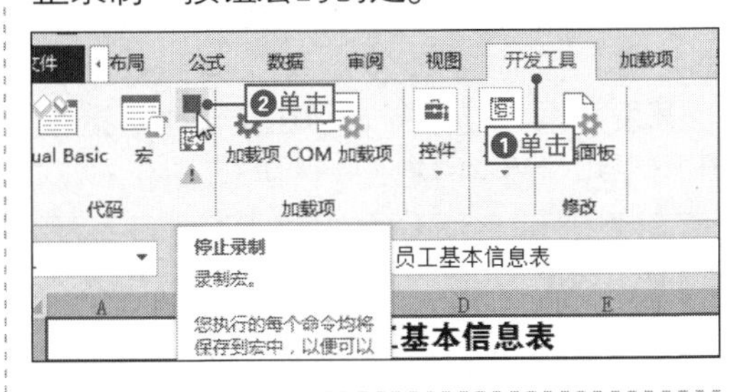

NO.002 快速创建宏

在Office界面的状态栏中，直接单击“录制新宏”按钮，可以快速打开“录制宏”对话框，如右图所示，从而快速创建宏。

NO.

003 包含录制宏的文档格式说明

如果是对普通Office文件创建宏，如.docx的Word文档，或者.xlsx格式的Excel表格，在完成宏的创建后，执行保存操作，系统将打开一个提示对话框，提示“无法在未启用宏的工作簿中保存以下功能：VB项目”信息，如右图所示，因此需要单击“否”按钮，在切换到的“文件”选项卡中将设置了宏的文档保存为启用宏的文件格式，如将普通Excel文件保存为.xlsm格式，这种格式的文件是基于XML且启用宏的文件格式。它能够存储VBA宏代码或Excel 4.0宏工作表。

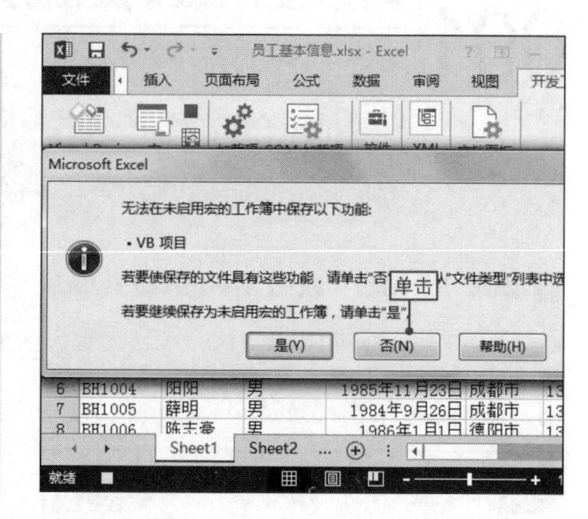

NO.

004 通过编写VBA代码创建宏

◎\素材\附录\员工职务表.xlsm ◎\效果\附录\员工职务表.xlsm

VBA（Visual Basic for Application）是以VB语言为基础的一种编程语言，由于VBA代码能完成大部分的宏功能，因此用户还可以通过编写VBA代码来创建宏，下面将通过具体实例来进行讲解，其具体操作如下。

1 单击“Visual Basic”按钮

❶打开“员工职务表”工作簿，❷单击“开发工具”选项卡，❸在“代码”选项组中单击“Visual Basic”按钮。

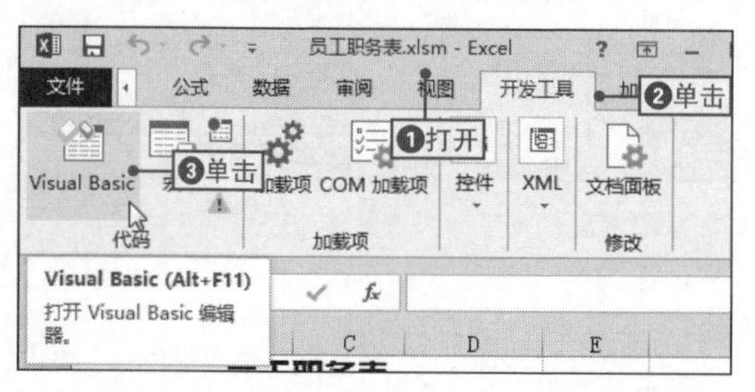

2 编写VBA代码

❶程序自动启动VBE编辑器，在左侧窗格双击“Sheet1”工作表对象打开代码窗口，❷在其中输入相应的VBA代码。

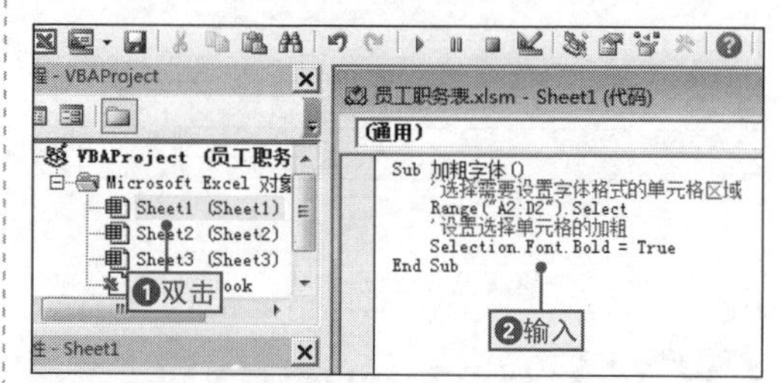

3 保存宏并退出VBE编辑器

❶按【Ctrl+S】组合键保存创建的宏，单击“文件”菜单项，❷在弹出的下拉菜单中选择“关闭并返回到Microsoft Excel”命令返回工作簿。

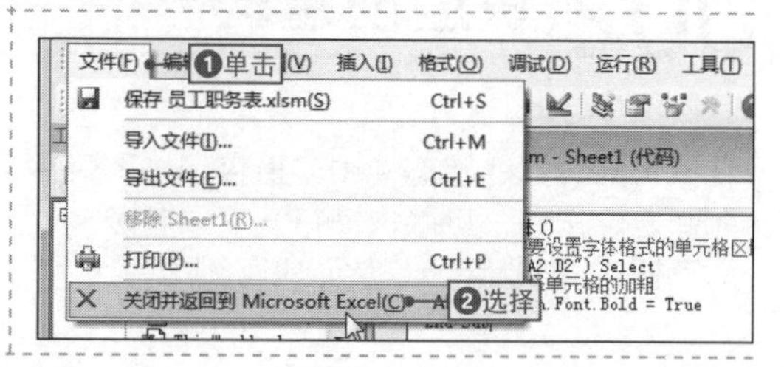

NO.

005 快速启动VBE编辑器

在Excel 2013中，如果没有在功能区中添加“开发工具”选项卡，此时用户可以直接在工作表中按【Alt+F11】组合键快速启动VBE编辑器，此时程序只启动VBE编辑器，并不会打开任何工作表对象的代码窗口，如右图所示。

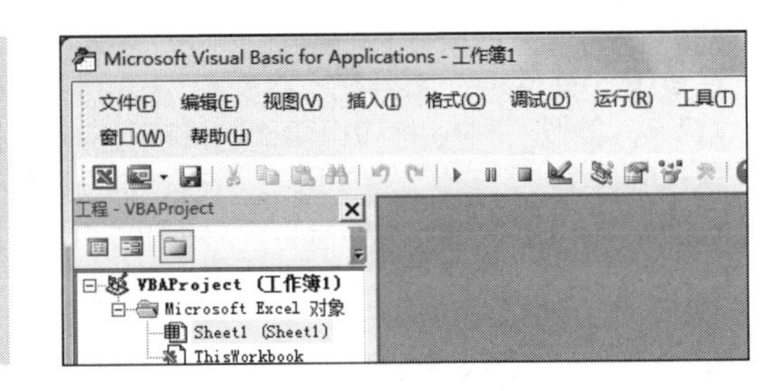

NO.

006 编辑宏代码

◎\素材\附录\员工基本信息1.xlsm　　◎\效果\附录\员工基本信息1.xlsm

无论是录制功能创建的宏，还是编写VBA代码创建的宏，用户都可以通过修改VBA代码对创建的宏进行编辑，其具体操作如下。

1 单击“宏”按钮

❶打开“员工基本信息1.xlsx”工作簿，❷单击“开发工具”选项卡，❸在“代码”选项组中单击“宏”按钮。

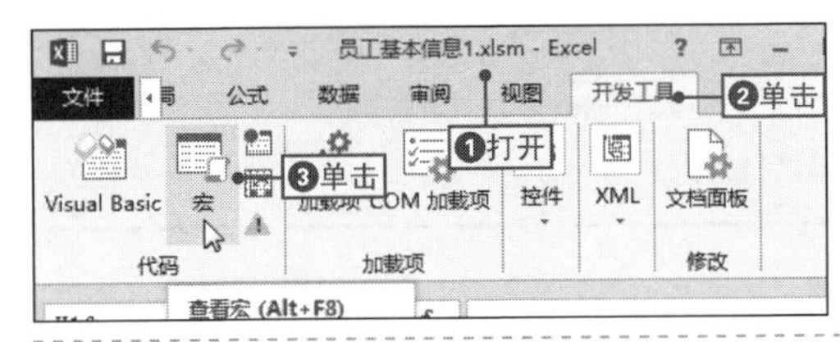

2 单击“编辑”按钮

在打开的“宏”对话框中选择要编辑的宏，这里程序自动选择“设置字体格式”宏，单击“编辑”按钮。

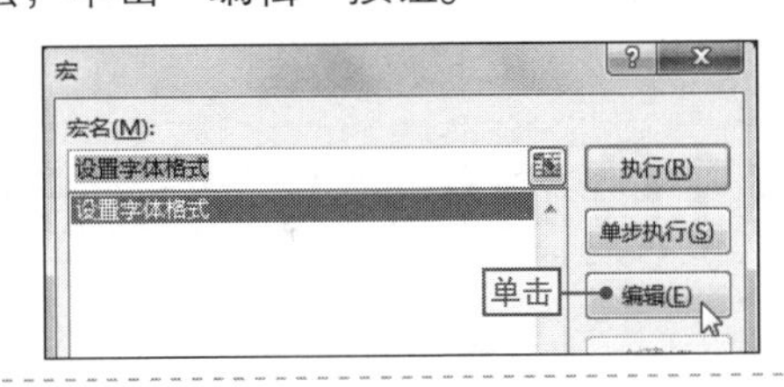

3 编辑宏代码完成字号修改

在打开的代码窗口中将设置字号的Size属性的值修改为18，执行保存操作即可。

NO.

007 查看宏代码的其他方法

对于通过宏录制器创建的宏，如果要查看其宏代码，还可以在启动VBE编辑器后，在VBE开发环境的左侧窗格（即工程资源管理器）中双击对应的宏的模块来查看相关宏的代码，如右图所示。

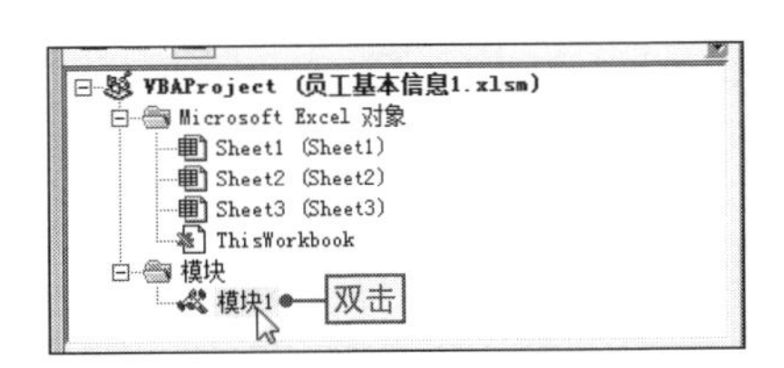

NO.
008 通过对话框运行宏

在Office文件中，如果在一个文件中录制了多个宏，通过“宏”对话框可以精确选择运行的宏，其具体操作是：打开“宏”对话框，在其中选择要运行的宏，单击“执行”按钮即可，如右图所示。

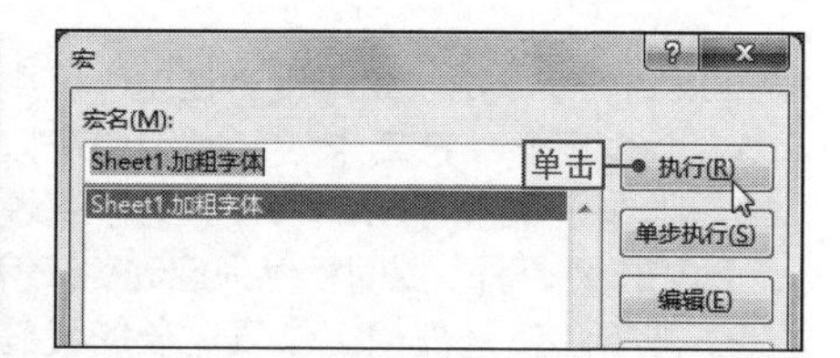

NO.
009 通过VBE编辑器运行宏

如果当前用户处于VBE编辑器中，❶可以直接将文本插入点定位到宏代码中后，❷单击“运行”菜单项，❸选择“运行子过程/用户窗体”选项，如下左图所示，或者单击“运行子过程/用户窗体”按钮运行宏，如下右图所示。

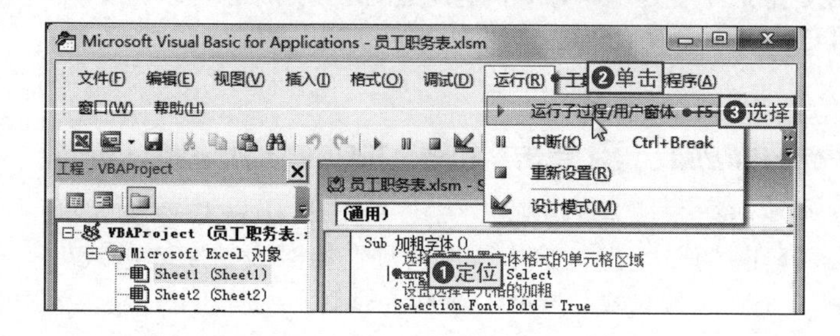

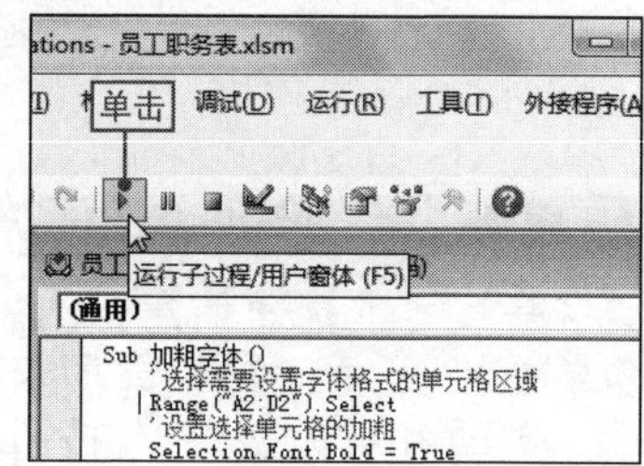

NO.
010 通过快捷键运行宏

如果要使用快捷键运行宏，必须在通过宏录制器创建宏时，在“录制新宏”对话框的“快捷键”区域中设置快捷键，如右图所示，需要注意的是，指定的快捷键只能与字母组合，不能与数字组合，而且指定的字母组合是不区分大小的。

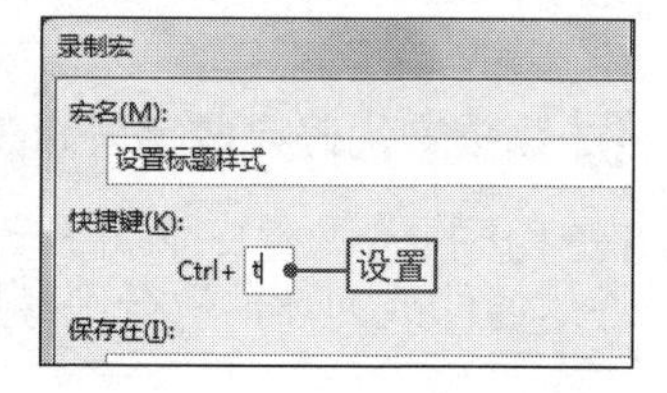

NO.
011 删除宏的通用方法

在Office中，无论用户是通过宏录制器创建的宏，还是通过编写VBA代码创建的宏，都可以通过打开“宏”对话框，❶在其中选择要删除的宏，❷单击“删除”按钮将其删除，如右图所示。

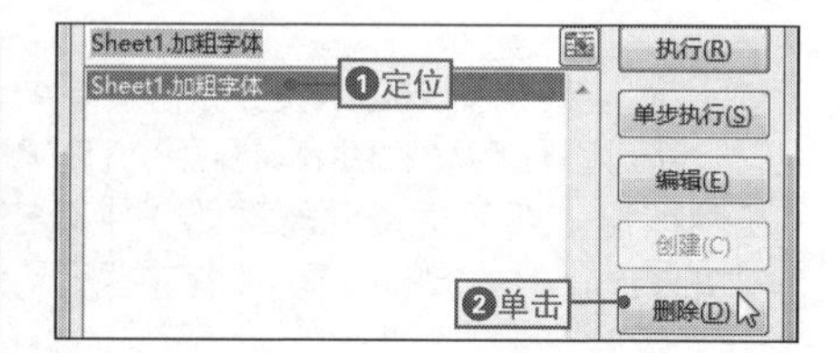

NO. 012 为VBA工程设置访问密码

◎\素材\附录\员工工资管理.xlsm　　◎\效果\附录\员工工资管理.xlsm

在VBA中，为了防止其他用户查看和编辑录制的宏，此时可以通过为VBA工程设置密码保护来确保该工作簿中的所有宏不被恶意修改，其具体操作如下。

1 执行VBAProject属性命令

❶打开“员工工资管理.xlsx”工作簿的VBE编辑器，❷单击“工具”菜单项，❸选择“VBAProject属性”命令。

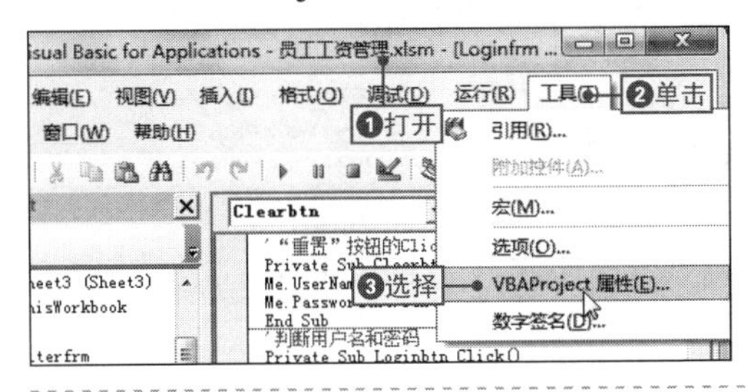

2 锁定工程

❶在打开的工程属性对话框中单击“保护”选项卡，❷在“锁定工程”区域中选中“查看时锁定工程”复选框。

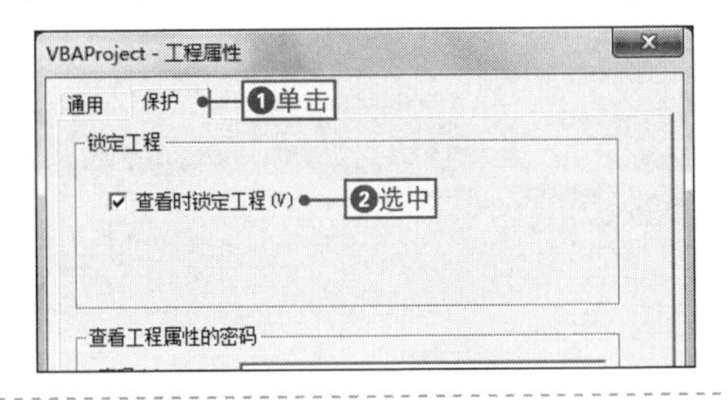

3 设置工程的密码保护

❶在对话框下方的“密码”和“确认密码”文本框中输入“yxl1986”，❷单击“确定”按钮，保存修改过的工作簿后关闭该工作簿完成操作。

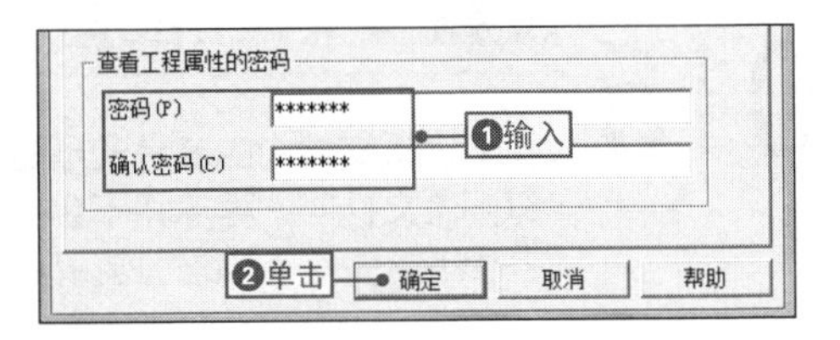

NO. 013 为VBA工程自定义工程名称

在默认情况下，VBA工程都是以“VBAProject（工作簿名称）”格式命名，为了让VBA工程的作用更直接，可自定义工程名称，其具体操作是在“VBAProject - 工程属性”对话框的“通用”选项卡中完成的，如下图所示。

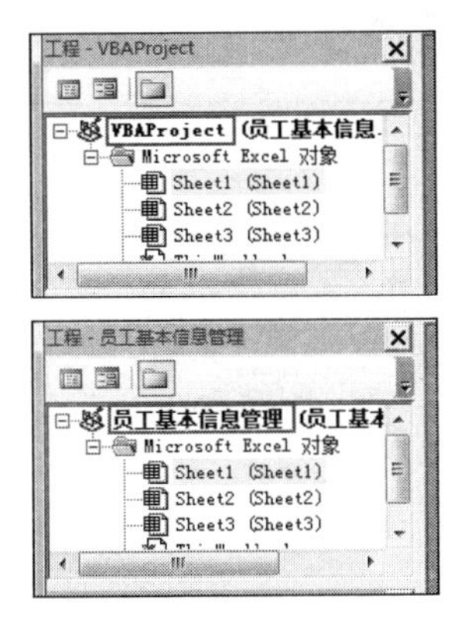

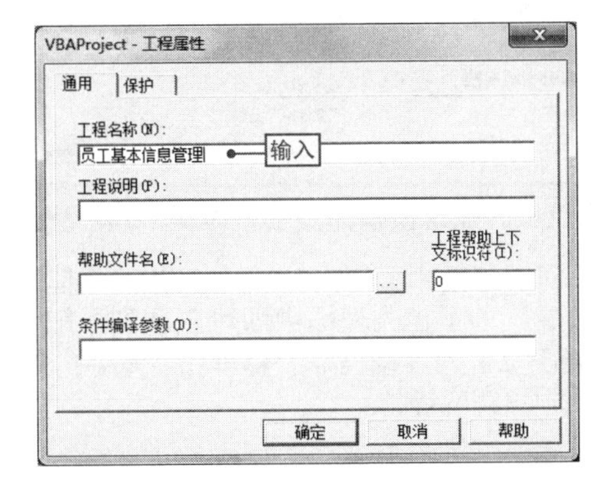

NO.
014 自定义宏的安全级别

在录制宏的过程中，为了避免感染宏病毒，Office各组件在默认情况下将宏的安全性设置为禁用状态，但是在这种状态下打开带有宏的工作簿，系统将提示宏禁用的信息，此时用户可以根据需要自定义宏的安全级别，其具体操作如下。

1 单击“信任中心设置”按钮

❶在“Excel选项”对话框的左侧单击“信任中心”选项卡，❷在右侧单击“信任中心设置”按钮。

2 更改宏的安全级别

❶在打开的“信任中心”对话框的左侧单击“宏设置”选项卡，❷在右侧选择宏的安全级别单选按钮即可。

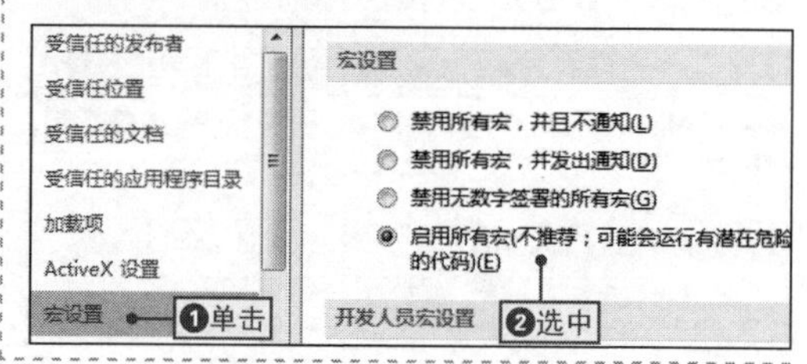

NO.
015 设置受信任位置

如果确认文件中的宏是安全的，可以将这些文件保存到受信任的位置，当再次打开该文件时，程序将不会提示警告信息。从而在不设置宏的安全级别的前提条件下，安全使用宏，其具体操作如下。

1 单击“添加新位置”按钮

❶在“信任中心”对话框的左侧单击“受信任位置”选项卡，❷在右侧单击“添加新位置”按钮。

2 指定受信任位置的路径

❶在打开的“Microsoft Office受信任位置”对话框中设置受信任位置的路径，❷单击“确定”按钮。

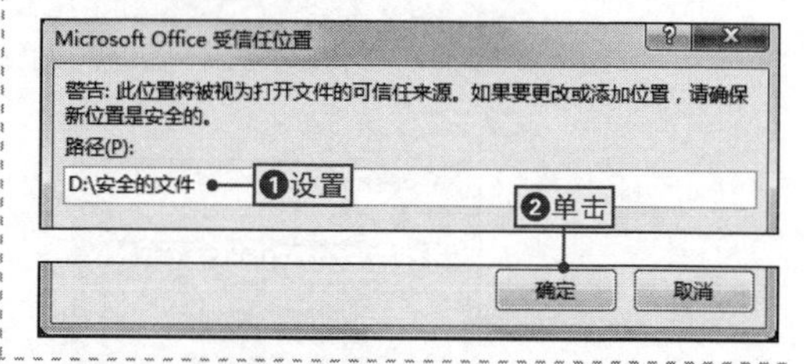

3 查看并确定设置的受信任位置

❶返回“信任中心”对话框中，在“受信任位置”的下拉列表框中即可查看到添加的信任位置的详细信息，❷单击“确定”按钮即可完成操作。

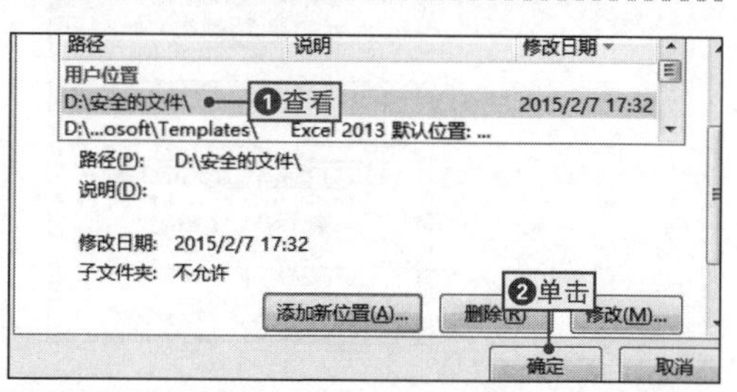

附录2 日常办公必知快捷键

表1 Word常用快捷键

快捷键	功能	快捷键	功能
Ctrl+F	查找文字、格式和特殊项	Ctrl+B	使字符变为粗体
Ctrl+U	为字符添加下画线	Ctrl+Q	删除段落格式
Ctrl+C	复制所选文本或对象	Ctrl+X	剪切所选文本或对象
Ctrl+V	粘贴文本或对象	Ctrl+Z	撤销上一操作
Ctrl+Y	重复上一操作	Ctrl+1	单倍行距
Ctrl+2	双倍行距	Ctrl+5	1.5倍行距
Ctrl+0	在段前添加一行间距	Ctrl+E	段落居中
Ctrl+Shift+D	分散对齐	Ctrl+Shift+M	取消左侧段落缩进
Ctrl+T	创建悬挂缩进	Ctrl+Shift+T	减小悬挂缩进量
Ctrl+O	打开文档	Alt+Shift+C	撤销拆分文档窗口
Ctrl+N	创建与当前或最近使用过的文档类型相同的新文档		

表2 Excel常用快捷键

快捷键	功能
Ctrl+Page Down	移动到工作簿中的下一张工作表
Ctrl+Page Up	移动到工作簿中的上一张工作表或选中其他工作表
Shift+Ctrl+Page Down	选中当前工作表和下一张工作表
Ctrl+Page Down	取消选中多张工作表
Ctrl+Shift+Page Up	选中当前工作表和上一张工作表
Home	移动到行首或窗口左上角的单元格
Ctrl+Home/End	移动到文件首/尾
Alt+Page Down	向右移动一屏
Alt+Page Up	向左移动一屏
Ctrl+Shift+~	应用“常规”数字格式

续表

快捷键	功能
Ctrl+Shift+$	应用带两个小数位的“货币”格式（负数在括号内）
Ctrl+Shift+%	应用不带小数位的“百分比”格式
Ctrl+Shift+^	应用带两位小数位的“科学记数”数字格式
Ctrl+Shift+#	应用含年、月、日的“日期”格式
Ctrl+Shift+@	应用含小时和分钟并标明上午或下午的“时间”格式
Ctrl+Shift+!	应用带两位小数位，使用千位分隔符且负数用负号表示的“数字”格式
F5	打开“定位”对话框
Shift+F5	打开“查找和替换”对话框
Tab	在选定单元格区域中从右向右移动，如果选定单列单元格，则从上向下移动
Ctrl+Enter	用当前输入项填充选定的单元格区域
Ctrl+Shift+:	输入时间
Ctrl+9	隐藏选中行

表3　PPT常用快捷键

快捷键	功能	快捷键	功能
Ctrl+Shift+C	复制文本格式	Ctrl+Shift+V	粘贴文本格式
F5	全屏开始放映演示文稿	Esc	结束演示文稿
E	擦除屏幕上的注释	H	转到下一张隐藏的幻灯片
T	排练时设置新的排练时间	O	排练时使用原排练时间
M	排练时通过鼠标单击前进	R	重新记录幻灯片旁白和计时
A 或 =	显示或隐藏箭头指针	Ctrl+T	小/大写之间更改字符格式
Ctrl+空格键	删除手动字符格式，如下标和上标		
B 或句号	显示空白的黑色幻灯片，或者从空白的黑色幻灯片返回演示文稿中		
W 或逗号	显示空白的白色幻灯片，或者从空白的白色幻灯片返回演示文稿中		

附录3 常用工作表函数

表4 日期和时间函数

函数名	语法格式	功能说明
DATE	DATE(year,month,day)	返回表示给定日期的连续序列号
DATEVALUE	DATEVALUE(date_text)	将文本格式的日期转换为连续的序列号
DAY	DAY(serial_number)	返回以序列号表示的某日期的天数
HOUR	HOUR(serial_number)	返回给定时间的小时部分
MONTH	MONTH(serial_number)	返回以序列号表示的日期中的月份
MINUTE	MINUTE(serial_number)	返回给定时间的分钟部分
SECOND	SECOND(serial_number)	返回给定时间的秒部分
TIME	TIME(hour, minute,second)	返回一个给定时间的小数值
TIMEVALUE	TIMEVALUE(time_text)	返回由文本字符串代表的时间的小数值
WORKDAY	WORKDAY(start_date,days,[holidays])	返回代表与指定日期相隔days工作日（除去周末和节假日）的序列号
WEEKNUM	WEEKNUM(serial_number,[return_type])	返回特定日期的周数

表5 财务函数

函数名	语法格式	功能说明
CUMIPMT	CUMIPMT(rate,nper,pv, start_period,end_period,type)	返回两个付款期之间累积支付的利息
CUMPRINC	CUMPRINC(rate,nper,pv, start_period,end_period,type)	返回两个付款期之间贷款累积支付的本金
DB	DB(cost,salvage,life,period, [month])	使用固定余额递减法计算资产的折旧值
DDB	DDB(cost,salvage,life,period, [factor])	使用双倍余额递减法计算资产的折旧值

续表

函数名	语法格式	功能说明
FVSCHEDULE	FVSCHEDULE(principal, schedule)	基于一系列复利返回本金的未来值
ISPMT	ISPMT(rate,per,nper,pv)	计算特定投资期内要支付的利息
RATE	RATE(nper,pmt,pv,[fv],[type],[guess])	返回年金的各期利率
RECEIVED	RECEIVED(settlement,maturity,investment,discount,[basis])	返回一次性付息的有价证券到期收回金额
SLN	SLN(cost,salvage,life)	返回某项资产在一个期间中的线性折旧值
SYD	SYD(cost,salvage,life,per)	返回某项固定资产按年限总和折旧法计算的每期折旧金额
VDB	VDB(cost,salvage,life,start_period,end_period,[factor],[no_switch])	使用余额递减法，返回一笔资产在给定期间或部分期间内的折旧值

表6　信息函数

函数名	语法格式	功能说明
CELL	CELL(info_type,[reference])	返回有关单元格的格式、位置或内容的信息
ISEVEN	ISEVEN(value)	如果数字为偶数，则返回True
ISBLANK	ISBLANK(value)	如果值为空，则返回True
ISERROR	ISERROR(value)	如果值为任何错误值，则返回True
ISNA	ISNA(value)	如果值为错误值#N/A，则返回True
ISODD	ISODD(value)	如果数字为奇数，则返回True
ISTEXT	ISTEXT(value)	如果值为文本，则返回True
N	N(value)	返回转换为数字后的值
NA	NA()	返回错误值#N/A，该函数无参数

表7 逻辑函数

函数名	语法格式	功能说明
AND	AND(logical1,[logical2],...)	所有参数为True，则返回True，否则返回False
IF	IF(logical_test,[value_if_true],[value_if_false])	判断条件成立与否，并分别返回两个值
IFERROR	IFERROR(value,value_if_error)	如果公式的计算结果为错误，则返回指定值；否则返回公式的结果
NOT	NOT(logical)	对其参数的逻辑求反
OR	OR(logical1,[logical2],...)	所有参数为False，则返回False，否则返回True

表8 查找和引用函数

函数名	语法格式	功能说明
ADDRESS	ADDRESS(row_num,column_num,[abs_num],[a1],[sheet_text])	以文本形式将引用值返回工作表的单个单元格
CHOOSE	CHOOSE(index_num,value1,[value2],...)	用index_num返回数值参数列表中的数值
COLUMN	COLUMN([reference])	返回当前单元格或引用的列号
HLOOKUP	HLOOKUP(lookup_value,table_array,row_index_num,[range_lookup])	查找数组的首行，并返回指定单元格的值
HYPERLINK	HYPERLINK(link_location,[friendly_name])	创建快捷方式或跳转
INDIRECT	INDIRECT(ref_text,[a1])	返回由文本字符串指定的引用
MATCH	MATCH(lookup_value,lookup_array,[match_type])	在引用或单元格区域中搜索指定项，并返回该项在单元格区域中的相对位置
OFFSET	OFFSET(reference,rows,cols,[height],[width])	以指定的引用为参照系，通过给定偏移量得到新的引用
TRANSPOSE	TRANSPOSE(array)	返回转置单元格区域或数组

表9　数学和三角函数

函数名	语法格式	功能说明
PROUDUCT	PRODUCT(number1,[number2],...)	返回参数列表中所有参数相乘的积
RANDBETWEEN	RANDBETWEEN(bottom,top)	返回两个数之间的一个随机数
SIN	SIN(number)	返回给定角度的正弦值
SUM	SUM(number1,[number2],...)	求参数列表中所有参数相加的和
TAN	TAN(number)	返回给定角度的正切值
TRUNC	TRUNC(number,[num_digits])	截去数字的小数部分，返回整数

表10　统计函数

函数名	语法格式	功能说明
AVERAGEA	AVERAGEA(value1,[value2],...)	返回其参数平均值，包括数字、文本和逻辑值
AVERAGEIF	AVERAGEIF(range,criteria,[average_range])	返回某个区域内满足给定条件的所有单元格的算术平均值
AVERAGEIFS	AVERAGEIFS(A_range,C_range1,criteria1,[C_range2,criteria2],...)	根据给定的多个条件，返回满足条件的所有单元格的算术平均值
COUNTA	COUNTA(value1,[value2],...)	返回参数列表中值的个数
COUNTBLANK	COUNTBLANK(range)	返回区域中空白单元格的数量
COUNTIFS	COUNTIFS(criteria_range1,criteria1,[criteria_range2,criteria2]...)	将条件应用于跨多个区域的单元格，并计算符合所有条件的次数
LARGE	LARGE(array,k)	返回数据集中第k个最大值
MAX	MAX(number1,[number2],...)	返回一组数字中的最大值
MIN	MIN(number1,[number2],...)	返回一组数字中的最小值
MODE.MULT	MODE.MULT(number1,[number2],...)	返回一组数据中出现频率最高的数值的垂直数组
SMALL	SMALL(array,k)	返回数据集中第k个最小值

表11　文本函数

函数名	语法格式	功能说明
CHAR	CHAR(number)	返回由ANSI字符集代码序号代表的字符
CLEAN	CLEAN(text)	删除文本字符串中所有非打印字符
CODE	CODE(text)	返回文本字符串中第一个字符的数字代码
CONCATENATE	CONCATENATE(text1,[text2],...)	将几个文本项合并为一个文本项
FIND(B)	FIND(find_text,within_text,[start_num])	在一个文本值中精确查找另一个文本值
FIXED	FIXED(number,[decimals],[no_commas])	将数字格式设置为具有固定小数位数的文本
LEFT(B)	LEFT(text,[num_chars])	返回文本字符串中前num_chars个字符
LEN(B)	LEN(text)	返回文本字符串的字符（字节）数
LOWER	LOWER(text)	将文本转换为小写
MID(B)	MID(text,start_num,num_chars)	返回字符串中从指定位置开始的特定数目的字符
REPLACE	REPLACE(old_text,start_num,num_chars,new_text)	替换文本中的字符
REPT	REPT(text, number_times)	按给定次数重复文本
RIGHT(B)	RIGHT(text,[num_chars])	返回文本字符串中后num_chars个字符
SEARCH	SEARCH(find_text,within_text,[start_num])	在一个文本值中查找另一个文本值
T	T(value)	将value转换为文本
TEXT	TEXT(value,format_text)	设置数字格式并将其转换为文本
TRIM	TRIM(text)	删除文本字符串中的所有空格字符